KB163347

개정판

건축물 에너지 평가사

1차
필기대비

필기시리즈 1 건물 에너지 관계법규

▶ 1차 필기대비 완전학습을 위한 필독서
▶ 핵심이론과 필수예제, 예상문제 수록

건축물에너지평가사 수험연구회 www.inup.co.kr

INUP e-learning academy

INUP
365 / 24
www.inup.co.kr

건축물에너지평가사 전용홈페이지를 통한
최신정보제공, 교재내용에 대한
질의응답이 가능합니다.

홈페이지 주요메뉴

❶ 커뮤니티
- 공지사항
- 학습 질의응답
- 쌤컬럼
- 출석체크

❷ 자료실
- 기출문제
- 모의고사
- 동영상 자료실

❸ 최신정보
- 개정법 정보
- 필기 정오표
- 실기 정오표

❹ 시험정보
- 시험일정
- 응시자격
- 출제기준

❺ 교재안내

❻ 동영상강좌

❼ 학원강좌

❽ 나의 강의실

한 솔 아 카 데 미 도 서 는 다 릅 니 다
인터넷 홈페이지 등록회원 학습 관리

본 도서를 구매하신 후 홈페이지에 회원등록을 하시면 아래와 같은
학습 관리시스템을 이용하실 수 있습니다.

01
학습 내용 질의 응답

본 도서 학습 시 궁금한 사항은 전용 홈페이지 학습게시판에 질문하실 수 있으며 함께
공부하시는 분들의 공통적인 질의응답을 통해 보다 효과적인 학습이 되도록 합니다.

> 전용 홈페이지(www.inup.co.kr) – 학습게시판

02
최신정보 및 개정사항

시험에 관한 최신정보를 가장 빠르게 확인할 수 있도록 제공해드리며, 시험과 관련된
법 개정내용은 개정 공포 즉시 신속히 인터넷 홈페이지에 올려드립니다.

> 전용 홈페이지(www.inup.co.kr) – 최신정보

03
전국 모의고사

인터넷 홈페이지를 통한 전국모의고사를 실시하여 학습에 대한 객관적인 평가 및 결과
분석을 알려드림으로써 시험 전 부족한 부분에 대해 충분히 보완할 수 있도록 합니다.

> • 시행일시 : 시험 실시 (세부내용은 인터넷 공지 참조)

건축물에너지평가사 수험연구회 www.inup.co.kr

Electricity

꿈·은·이·루·어·진·다

건축물에너지평가사 자격시험은...

　건축물에너지평가사 시험은 2013년 민간자격(한국에너지공단 주관)으로 1회 시행된 이후 2015년부터는 녹색건축물조성지원법에 의해 국토교통부장관이 주관하는 국가전문자격시험으로 승격되었습니다.

　건축물에너지평가사는 녹색건축물 조성을 위한 건축, 기계, 전기 분야 등 종합지식을 갖춘 유일한 전문가로서 향후 국가온실가스 감축의 핵심역할을 할 것으로 예상되며 그 업무영역은 건축물에너지효율등급 인증 업무 및 건물에너지관련 전문가로서 건물에너지 제도운영 및 효율화 분야 활용 등 점차 확대되어 나갈 것으로 전망됩니다.

　향후 법제도의 정착을 위해서는 건축물에너지평가사 자격취득자가 일정 인원이상 배출되어야 하므로 시행초기가 건축물에너지평가사가 되기 위한 가장 좋은 기회가 될 것이며, 건축물에너지평가사의 업무는 기관에 소속되거나 또는 등록만 하고 개별적인 업무도 가능하도록 법제도가 추진되고 있어 자격증 취득자의 미래는 더욱 밝은 것으로 전망됩니다.

　그러나 건축물에너지평가사의 응시자격대상은 건설분야, 기계분야, 전기분야, 환경분야, 에너지분야 등 범위가 매우 포괄적이어서 향후 경쟁은 점점 높아질 것으로 예상되오니 법제도의 시행초기에 보다 적극적인 학습준비로 건축물에너지평가사 국가전문자격을 취득하시어 건축물에너지분야의 유일한 전문가로서 중추적인 역할을 할 수 있기를 바랍니다.

　본 수험서는 각 분야 전문가 및 전문 강사진으로 구성된 수험연구회를 구성하여 시험에 도전하시는 분께 가장 빠른 합격의 길잡이가 되어 드리고자 체계적으로 차근차근 준비하여 왔으며 건축물에너지평가사 시험에 관한 전문홈페이지(www.inup.co.kr) 통해 향후 변동이 되는 부분이나 최신정보를 지속적으로 전해드릴 수 있도록 합니다.

　끝으로 여러분께서 최종합격하시는 그 날까지 교재연구진 일동은 혼신의 힘을 다할 것을 약속드립니다.

건축물에너지평가사 수험연구회

건축물에너지평가사 직무 및 응시

❶ 개요 및 수행직무

건축물에너지평가사는 건물에너지 부문의 시공, 컨설팅, 인증업무 수행을 위한 고유한 전문자격입니다. 건축, 기계, 전기, 신재생에너지 등의 복합지식 전문가로서 현재는 건축물에너지효율등급의 인증업무가 건축물에너지평가사의 고유업무로 법제화되어 있으며 향후 건물에너지 부문에서 설계, 시공, 컨설팅, 인증업무 분야의 유일한 전문자격 소지자로서 확대·발전되어 나갈 것으로 예상됩니다.

❷ 건축물에너지평가사 도입배경

1. 건축물 분야 국가온실가스 감축 목표달성 요구
   2020년까지 건축물 부문의 국가 온실가스 배출량 26.9% 감축목표 설정
2. 건축물 분야의 건축, 기계, 전기, 신재생 분야 등 종합적인 지식을 갖춘 전문인력 양성

❸ 수행업무

1. 건축물에너지효율등급 인증기관에 소속되거나 등록되어 인증평가업무 수행(법 17조의 3항)
2. 그린리모델링 사업자 등록기준 중 인력기준에 해당(시행령 제18조의 4)

❹ 건축물에너지평가사 업무의 법적 근거[한국에너지공단 발표자료 참조]

건축물 에너지효율등급 인증 제도【법 제17조제3항】
③ 건축물에너지효율등급 인증을 받으려는 자는 대통령령으로 정하는 건축물의 용도 및 규모에 따라 제2항에 따라 인증기관에게 신청하여야 하며, 인증평가 업무는 인증기관에 소속되거나 등록된 건축물에너지평가사가 수행하여야 한다.

〈현행〉
효율등급 인증기관에서 평가

➡

〈향후〉
인증기관에 소속/등록된 평가사가
효율등급 평가

• 인증기관 : LH, 건설기술연구원, 에너지기술연구원, 시설안전공단, 한국감정원, 교육환경연구원, 친환경건축연구원, 건물에너지기술원, 생산성인증본부 총 9개 기관

◎ 건물에너지 관련 전문가로서 건물에너지 제도운영 및 효율화 분야에 활용 가능

1. 건축물에너지효율등급 인증제도
- 건물에 대한 에너지효율등급 인증은 2015.5.29부터는 에너지평가사만 할 수 있다.
- 업무형태
  - 인증기관에 소속 : 에너지평가사가 인증기관에 취업하여 인증업무 처리
  - 인증기관에 등록 : 에너지평가사가 인증기관에 등록만하고 개별적 인증업무 처리예상

인증대상 건축물		• 단독주택, 공동주택(기숙사 포함) • 업무시설, 냉방 또는 난방면적이 500m² 이상인 건축물
의무대상	공공건물	• 연면적 3,000m² 이상의 공공건축물을 신축하거나 별동으로 증축하는 경우 1등급 이상 취득 의무화(공동주택(기숙사 제외)의 경우 2등급 이상)
	민간건물	• 현재) 인센티브에 의한 자발적 신청 → 개선) 2016년부터 모든 건축물 에너지효율등급 취득 단계적 의무화 예정(2014. 3 국토부 보도자료 참조)
효율등급 인증 취득시 인센티브 부여		• 지방세 감면(취득세 5~15% 경감, 재산세 3~15% 경감) • 건축기준완화(용적률, 조경면적, 최대높이 4~12% 완화)

2. 건물에너지 관련 전문가로서 건물에너지 제도운영 및 효율화 분야에 활용 가능
- 건축물에너지 관리시스템(BEMS), 그린 리모델링 사업분야, 온실가스 감축 검증사업 등 각 건물에너지 제도 운영 및 효율화 분야에 점차 확대되어 나갈 것으로 전망

❺ 건축물에너지평가사 응시자격 기준

1. 「국가기술자격법 시행규칙」 별표 2의 직무 분야 중 건설, 기계, 전기·전자, 정보통신, 안전관리, 환경·에너지(이하 "관련 국가기술자격의 직무분야"라 한다)에 해당하는 기사 자격을 취득한 후 관련 직무분야에서 2년 이상 실무에 종사한 자
2. 관련 국가기술자격의 직무분야에 해당하는 산업기사 자격을 취득한 후 관련 직무분야에서 3년 이상 실무에 종사한 자
3. 관련 국가기술자격의 직무분야에 해당하는 기능사 자격을 취득한 후 관련 직무분야에서 5년 이상 실무에 종사한 자
4. 고용노동부장관이 정하여 고시하는 국가기술자격의 종목별 관련 학과의 직무분야별 학과 중 건설, 기계, 전기·전자, 정보통신, 안전관리, 환경·에너지(이하 "관련학과"라 한다)에 해당하는 건축물 에너지 관련 분야 학과 4년제 이상 대학을 졸업한 후 관련 직무분야에서 4년 이상 실무에 종사한 자
5. 관련학과 3년제 대학을 졸업한 후 관련 직무분야에서 5년 이상 실무에 종사한 자
6. 관련학과 2년제 대학을 졸업한 후 관련 직무분야에서 6년 이상 실무에 종사한 자
7. 관련 직무분야에서 7년 이상 실무에 종사한 자
8. 관련 국가기술자격의 직무분야에 해당하는 기술사 자격을 취득한 자
9. 「건축사법」에 따른 건축사 자격을 취득한 자

건축물에너지평가사 시험정보

❶ 검정방법 및 면제과목

● 검정방법

구 분	시험과목	검정방법	문항수	시험 시간(분)	입실시간
1차 시험 (필기)	건물에너지 관계 법규	4지선다 선택형	20	120	당일 09:30까지 입실
	건축환경계획		20		
	건축설비시스템		20		
	건물 에너지효율 설계·평가		20		
2차 시험 (실기)	건물 에너지효율 설계·평가	기입형 서술형 계산형	10 내외	150	

- 시험시간은 면제과목이 있는 경우 면제 1과목당 30분씩 감소 함
- 관련 법률, 기준 등을 적용하여 정답을 구하여야 하는 문제는 "시험시행 공고일" 현재 시행된 법률, 기준 등을 적용하여 그 정답을 구하여야 함

● 면제과목

구분		면제과목 (1차시험)	유의사항
건축사		건축환경계획	과목면제는 수험자 본인의 선택가능임
기술사	건축전기설비기술사	건축설비시스템	
	발송배전기술사		
	건축기계설비기술사		
	공조냉동기계기술사		

- 면제과목에 해당하는 자격증 사본은 응시자격 증빙자료 제출기간에 반드시 제출하여야 하고 원서접수 내용과 다를 경우 해당시험 합격을 무효로 함
- 건축사와 해당 기술사 자격을 동시에 보유한 경우 2과목 동시면제 가능함
- 제1차 시험 합격자에 한해 다음 회 제1차 시험이 면제됨

❷ 합격결정기준

- **1차 필기시험** : 100점 만점기준으로 과목당 40점 이상, 전과목 평균 60점 이상 득점한 자
  - 면제과목이 있는 경우 해당면제과목을 제외한 후 평균점수 산정
- **2차 실기시험** : 100점 만점기준 60점 이상 득점한 자

❸ 원서접수

- 원서접수처 : 한국에너지공단 건축물에너지평가사 홈페이지(http://bea.energy.or.kr)
- 검정수수료

구분	1차 시험	2차 시험
건축물에너지평가사	68,000원	89,000원

- 접수 시 유의사항
  - 면제과목 선택여부는 수험자의 본인의 선택사항이며 1차 시험 원서접수 시에만 가능하고 이후에는 선택이나 변경, 취소가 불가능 함
  - 원서접수는 해당 접수기간 첫날 10:00부터 마지막 날 18:00까지 한국에너지공단 홈페이지를 통하여 접수 가능함

❹ 시험장소

- 1차 시험 : 서울지역
- 2차 시험 : 서울지역
  - 접수인원 증가 시 서울지역 예비시험장 마련
  - 응시장소는 원서접수 시 안내

❺ 응시자격 제출서류(1차 합격 예정자)

- 접수기간 : 1차 필기시험 합격 예정자에 한해 접수 함
  증빙서류 : 졸업(학위)증명서 원본, 자격증사본, 경력(재직) 증명서 원본 중 해당 서류 제출
  - 기타 자세한 사항은 1차 필기시험 합격 예정자 발표시 공지
- 유의사항
- 1차 필기시험 합격 예정자는 해당 증빙서류를 기한 내(13일간)에 제출
- 지정된 기간 내에 증빙서류 미제출, 접수된 내용의 허위작성, 위조 등의 사실이 발견된 경우에는 불합격 또는 합격이 취소될 수 있음
- 응시자격, 면제과목 및 경력산정 기준일 : 1차 시험시행일

건축물에너지평가사 출제기준

[건축물의 에너지효율등급 평가 및 에너지절약계획서 검토 등을 위한 기술 및 관련지식]

❶ 건축물에너지평가사 1차 시험 출제기준(필기)

시험과목	주요항목	출제범위
건물에너지 관계 법규	1. 녹색건축물 조성 지원법	1. 녹색건축물 조성 지원법령
	2. 에너지이용 합리화법	1. 에너지이용 합리화법령 2. 고효율에너지기자재 보급촉진에 관한 규정 및 효율관리기자재 운용규정 등 관련 하위규정
	3. 에너지법	1. 에너지법령
	4. 건축법	1. 건축법령(총칙, 건축물의 건축, 건축물의 유지와 관리, 건축물의 구조 및 재료, 건축설비 보칙) 2. 건축물의 설비기준 등에 관한 규칙 3. 건축물의 설계도서 작성기준 등 관련 하위규정
	5. 그 밖에 건물에너지 관련 법규	1. 건축물 에너지 관련 법령·기준 등 (예 : 건축·설비 설계기준·표준시방서 등)
건축 환경계획	1. 건축환경계획 개요	1. 건축환경계획 일반 2. Passive 건축계획 3. 건물에너지 해석
	2. 열환경계획	1. 건물 외피 계획 2. 단열과 보온 계획 3. 부위별 단열설계 4. 건물의 냉·난방 부하 5. 습기와 결로 6. 일조와 일사
	3. 공기환경계획	1. 환기의 분석 2. 환기와 통풍 3. 필요환기량 산정
	4. 빛환경계획	1. 빛환경 개념 2. 자연채광
	5. 그 밖에 건축환경 관련 계획	
건축설비 시스템	1. 건축설비 관련 기초지식	1. 열역학 2. 유체역학 3. 열전달 기초 4. 건축설비 기초
	2. 건축 기계설비의 이해 및 응용	1. 열원설비 2. 냉난방·공조설비 3. 반송설비 4. 급탕설비
	3. 건축 전기설비 이해 및 응용	1. 전기의 기본사항 2. 전원·동력·자동제어 설비 3. 조명·배선·콘센트설비
	4. 건축 신재생에너지설비 이해 및 응용	1. 태양열·태양광시스템 2. 지열·풍력·연료전지시스템 등
	5. 그 밖에 건축 관련 설비시스템	

시험과목	주요항목	세부항목
건물 에너지효율 설계·평가	1. 건축물 에너지효율등급 평가	1. 건축물 에너지효율등급 인증 및 제로에너지건축물인증에 관한 규칙 2. 건축물 에너지효율등급 인증기준 3. 건축물에너지효율등급인증제도 운영규정
	2. 건물 에너지효율설계 이해 및 응용	1. 에너지절약설계기준 일반(기준, 용어정의) 2. 에너지절약설계기준 의무사항, 권장사항 3. 단열재의 등급 분류 및 이해 4. 지역별 열관류율 기준 5. 열관류율 계산 및 응용 6. 냉난방 용량 계산 7. 에너지데이터 및 건물에너지관리시스템(BEMS) (에너지관리시스템 설치확인 업무 운영규정 등)
	3. 건축, 기계, 전기, 신재생분야 도서 분석능력	1. 도면 등 설계도서 분석능력 2. 건축, 기계, 전기, 신재생 도면의 종류 및 이해
	4. 그 밖에 건물에너지 관련 설계·평가	

❷ 건축물에너지평가사 2차 시험 출제기준(실기)

시험과목	주요항목	출제범위
건물 에너지효율 설계·평가	1. 건물 에너지 효율 설계 및 평가 실무	1. 각종 건축물의 건축계획을 이해하고 실무에 적용할 수 있어야 한다. 2. 단열, 온도, 습도, 결로방지, 기밀, 일사조절 등 열환경계획에 대해 이해하고 실무에 적용할 수 있어야한다. 3. 공기환경계획에 대해 이해하고 실무에 적용할 수있어야 한다. 4. 냉난방 부하계산에 대해 이해하고 실무에 적용할 수 있어야 한다. 5. 열역학, 열전달, 유체역학에 대해 이해하고 실무에 적용할 수 있어야 한다. 6. 열원설비 및 냉난방설비에 대해 이해하고 실무에 적용할 수 있어야 한다. 7. 공조설비에 대해 이해하고 실무에 적용할 수있어야 한다. 8. 전기의 기본 개념 및 변압기, 전동기, 조명설비 등에 대해 이해하고 실무에 적용할 수 있어야 한다. 9. 신재생에너지설비(태양열, 태양광, 지열, 풍력, 연료전지 등)에 대해 이해하고 실무에 적용할 수있어야 한다. 10. 전기식, 전자식 자동제어 등 건물 에너지절약 시스템에 대해 이해하고 실무에 적용할 수 있어야한다. 11. 건축, 기계, 전기 도면에 대해 이해하고 실무에 적용할 수 있어야 한다. 12. 난방, 냉방, 급탕, 조명, 환기 조닝에 대해 이해하고 실무에 적용할 수 있어야 한다. 13. 에너지절약설계기준에 대해 이해하고 실무에 적용할 수 있어야 한다. 14. 건축물에너지효율등급 인증 및 제로에너지빌딩 인증기준을 이해하고 실무에 적용할 수 있어야 한다. 15. 에너지데이터 및 BEMS의 개념, 설치확인기준을이해하고 실무에 적용할 수 있어야 한다.
	2. 그 밖에 건물에너지 관련 설계·평가	

Contents

Contents

제3편 에너지법

제1장 에너지법

Contents

제4편 에너지이용합리화법

제1장 총칙

제2장 에너지이용합리화를 위한 계획 및 조치 등

제3장 에너지이용합리화 시책

제1절 에너지사용기자재 관련 시책

Contents

Contents

제1편
녹색건축물 조성지원법

CHAPTER 01 총 칙

1 목 적

법	시행령
제1조 【목적】 이 법은 「기후위기 대응을 위한 탄소중립·녹색성장 기본법」에 따른 녹색건축물의 조성에 필요한 사항을 정하고, 건축물 온실가스 배출량 감축과 녹색건축물의 확대를 통하여 녹색성장 실현 및 국민의 복리 향상에 기여함을 목적으로 한다. 〈개정 2021. 9. 24.〉	**제1조 【목적】** 이 영은 「녹색건축물 조성 지원법」에서 위임된 사항과 그 시행에 필요한 사항을 규정함을 목적으로 한다.

요점 목 적

목 적	규제수단
• 녹색성장 실현 • 국민복리 향상	• 녹색건축물 조성사항 • 건축물 온실가스 배출량 감축 • 녹색건축물 확대

▪ 녹색건축물 조성지원법 주요 내용
1. 녹색건축물 기본계획
2. 지역 녹색건축물 조성계획
3. 에너지·온실가스 정보체계
4. 지역별 건축물 에너지 총량관리
5. 개별 건축물 에너지 소비총량 제한
6. 에너지 성능개선
7. 에너지절약계획서
8. 녹색 건축물 활성화
9. 녹색 건축 인증
10. 에너지 효율등급 및 제로에너지 건축물 인증
11. 에너지 성능정보의 공개(에너지 평가서)
12. 녹색건축센터 등

예제문제 01

"녹색건축물 조성 지원법" 제1조에 따른 목적에 해당하는 것을 보기에서 모두 고른 것은?　　　　【20년 기출문제】

㉠ 국민경제의 지속가능한 발전	㉡ 녹색성장 실현
㉢ 건설산업의 건전한 발전을 도모	㉣ 국민의 복리 향상

① ㉠, ㉡　　　　　　　　　　② ㉡, ㉢
③ ㉡, ㉣　　　　　　　　　　④ ㉠, ㉢

해설

목 적	규제수단
• 녹색성장 실현 • 국민복리 향상	• 녹색건축물 조성사항 • 건축물 온실가스 배출량 감축 • 녹색건축물 확대

답 : ③

예제문제 02

「녹색 건축물 조성지원법」세부사항을 규정하기 위한 고시가 아닌 것은?

① 건축물 에너지 효율등급 인증 및 제로에너지 건축물 인증규칙
② 녹색건축인증기준
③ 건축물 냉방설비에 대한 설치 및 설계기준
④ 재활용 건축자재 활용기준

[해설] 건축물 냉방설비에 대한 설치 및 설계기준은 건축법 관련규정에 해당된다.

답 : ③

예제문제 03

「녹색건축물 조성지원법」에서 정하고 있는 내용으로 틀린 것은?

① 건축물 에너지 성능정보의 공개
② 에너지 사용계획 수립
③ 녹색건축물 조성기술의 연구개발
④ 지역별 건축물의 에너지 소비총량 관리

[해설] 에너지사용계획은 에너지이용 합리화법률이 정한 바에 따른다.

답 : ②

---

2 용어의 정의

법	시행령
제2조【정의】 이 법에서 사용하는 용어의 뜻은 다음과 같다. 〈개정 2014.5.28, 2016.1.19, 2021.9.24〉 　1. "녹색건축물"이란 「기후위기 대응을 위한 탄소중립 · 녹색성장기본법」 따른 건축물과 환경에 미치는 영향을 최소화하고 동시에 쾌적하고 건강한 거주환경을 제공하는 건축물을 말한다. 　2. "녹색건축물 조성"이란 녹색건축물을 건축하거나 녹색건축물의 성능을 유지하기 위한 건축활동 또는 기존 건축물을 녹색건축물로 전환하기 위한 활동을 말한다. 　3. "건축물에너지평가사"란 에너지효율등급 인증평가 등 건축물의 건축 · 기계 · 전기 · 신재생 분야의 효율적인 에너지 관리를 위한 업무를 하는 사람으로서 제31조에 따라 자격을 취득한 사람을 말한다. 　4. "제로에너지건축물"이란 건축물에 필요한 에너지 부하를 최소화하고 신에너지 및 재생에너지를 활용하여 에너지 소요량을 최소화하는 녹색건축물을 말한다.	

요점 용어의 정의

(1) 녹색건축물 정의

① 에너지 이용효율 및 신재생에너지의 사용비율이 높고 온실가스 배출을 최소화하는 건축물(기후위기 대응을 위한 탄소중립·녹색성장 기본법 제31조)

② 환경에 미치는 영향을 최소화하고 동시에 쾌적하고 건강한 거주환경을 제공하는 건축물(녹색건축물조성지원법 제2조)

■ 녹색건축물 정의기준
• 에너지 이용효율
• 신재생에너지 사용비율
• 온실가스 배출량
• 환경영향
• 거주환경

|참고|

> **법** 기후위기 대응을 위한 탄소중립 · 녹색성장 기본법 제31조【녹색건축물의 확대】
> 정부는 에너지이용 효율 및 신·재생에너지의 사용비율이 높고 온실가스 배출을 최소화하는 건축물(이하 "녹색건축물"이라 한다.)을 확대하기 위하여 녹색건축물 등급제 등의 정책을 수립·시행하여야 한다.

(2) 녹색건축물 조성

녹색건축물을 건축하거나 녹색건축물의 성능을 유지하기 위한 건축활동 또는 기존 건축물을 녹색건축물로 전환하기 위한 활동을 말한다.

(3) 제로에너지 건축물

「제로에너지건축물」이란 건축물에 필요한 에너지 부하를 최소화하고 신에너지 및 재생에너지를 활용하여 에너지 소요량을 최소화하는 녹색건축물을 말한다.

(4) 건축물에너지평가사

에너지효율등급 인증평가 등 건축물의 건축·기계·전기·신재생 분야의 효율적인 에너지 관리를 위한 업무를 하는 사람으로서 녹색건축물 조성지원법 제31조에 따라 자격을 취득한 사람을 말한다.

|참고|

> **법** 녹색건축물 조성지원법 제31조【건축물에너지평가사 자격시험 등】
> ① 건축물에너지평가사가 되려는 사람은 국토교통부장관이 실시하는 자격시험에 합격하여야 한다. 이 경우 국토교통부장관은 자격시험에 합격한 사람에게 자격증을 발급하여야 한다.

예제문제 04

「녹색건축물 조성지원법」에 의한 용어의 정의 중 가장 부적당한 것은?

① 녹색건축물의 정의는 기후위기 대응을 위한 탄소중립·녹색성장기본법과 녹색건축물 조성지원법에 따른다.

② 환경에 미치는 영향을 최소화하거나 쾌적하고 건강한 거주환경을 제공하는 건축물도 녹색건축물에 해당된다.

③ "녹색건축물 조성"이란 녹색건축물을 건축하거나 녹색건축물의 성능을 유지하기 위한 건축활동 또는 기존 건축물을 녹색건축물로 전환하기 위한 활동을 말한다.

④ "건축물에너지평가사"란 에너지효율등급 인증평가 등 건축물의 건축·기계·전기·신재생 분야의 효율적인 에너지 관리를 위한 업무를 하는 사람으로서 자격을 취득한 사람을 말한다.

해설 녹색건축물은 환경에 미치는 영향을 최소화하고 동시에 쾌적하고 건강한 거주환경을 제공하는 건축물이다.

답 : ②

예제문제 05

"녹색건축물 조성 지원법"에 따른 용어의 정의로 적절하지 않은 것은? 【21년 기출문제】

① 건축물에너지관리시스템이란 건축물의 쾌적한 실내환경 유지와 효율적인 에너지 관리를 위해 에너지 사용내역을 모니터링하여 최적화된 건축물에너지 관리 방안을 제공하는 통합 시스템을 말한다.

② 제로에너지건축물이란 건축물에 필요한 에너지 부하를 최소화하고 신에너지 및 재생에너지를 활용하여 에너지 요구량을 제로화 하는 녹색건축물을 말한다.

③ 녹색건축물 조성이란 녹색건축물을 건축하거나 녹색건축물의 성능을 유지하기 위한 건축활동을 말한다.

④ 건축물에너지평가사란 에너지효율등급 인증평가 등 건축물의 건축·기계·전기·신재생 분야의 효율적인 에너지관리를 위한 업무를 할 수 있는 자격을 취득한 사람을 말한다.

해설 「제로에너지건축물」이란 건축물에 필요한 에너지 부하를 최소화하고 신에너지 및 재생에너지를 활용하야 에너지 소요량을 최소화하는 녹색건축물을 말한다.

답 : ②

---

③ 기본원칙 등

법	시행령
제3조【기본원칙】 녹색건축물 조성은 다음 각 호의 기본원칙에 따라 추진되어야 한다. 1. 온실가스 배출량 감축을 통한 녹색건축물 조성 2. 환경 친화적이고 지속가능한 녹색건축물 조성 3. 신·재생에너지 활용 및 자원 절약적인 녹색건축물 조성 4. 기존 건축물에 대한 에너지효율화 추진 5. 녹색건축물의 조성에 대한 계층 간, 지역 간 균형성 확보	
제4조【국가 등의 책무】 ① 국가 및 지방자치단체는 녹색건축물 조성 촉진을 위한 시책을 수립하고, 그 추진에 필요한 행정적·재정적 지원방안을 마련하여야 한다. ② 국가 및 지방자치단체는 녹색건축물 조성이 공정한 기준과 절차에 따라 수행될 수 있도록 노력하여야 한다.	
제5조【다른 법률과의 관계】 ① 녹색건축물 조성에 관하여 다른 법률에 특별한 규정이 있는 경우를 제외하고는 이 법에 따른다. ② 녹색건축물과 관련되는 법률을 제정하거나 개정하는 경우에는 이 법의 목적과 기본원칙에 맞도록 하여야 한다.	

요점 기본원칙

(1) 녹색 건축물 조성의 기본원칙

1. 온실가스 배출량 감축을 통한 녹색건축물 조성	
2. 환경 친화적이고 지속가능한 녹색건축물 조성	
3. 신·재생에너지 활용 및 자원 절약적인 녹색건축물 조성	
4. 기존 건축물에 대한 에너지효율화 추진	
5. 녹색건축물의 조성에 대한 계층 간, 지역 간 균형성 확보	

■ 녹색건축물 조성기본원칙
- 기존 건축물 에너지효율
- 녹색건축물 조성
- 신·재생에너지 활용
- 계층간, 지역 간 균형성 확보

예제문제 06

다음은 "녹색건축물 조성 지원법" 제3조의 녹색 건축물 조성의 기본원칙을 나타낸 것이다. 적합한 것을 모두 고른 것은? 【17. 22년 기출문제】

> ㉠ 기존건축물에 대한 에너지효율화 추진
> ㉡ 신·재생에너지 활용 및 자원절약적인 녹색건축물 조성
> ㉢ 환경친화적이고 지속가능한 녹색건축물 조성
> ㉣ 온실가스 배출량 감축을 통한 녹색건축물 조성
> ㉤ 녹색건축물 조성에 대한 계층간, 지역간 균형성 확보

① ㉠, ㉡, ㉢, ㉣, ㉤　　　　② ㉠, ㉡, ㉢, ㉣
③ ㉠, ㉡, ㉣, ㉤　　　　　　④ ㉠, ㉢, ㉣, ㉤

[해설] **녹색건축물 조성의 기본원칙**
1. 온실가스 배출량 감축을 통한 녹색건축물 조성
2. 환경 친화적이고 지속가능한 녹색건축물 조성
3. 신·재생에너지 활용 및 자원 절약적인 녹색건축물 조성
4. 기존 건축물에 대한 에너지효율화 추진
5. 녹색건축물의 조성에 대한 계층 간, 지역 간 균형성 확보

답 : ①

예제문제 07

녹색건축물 조성 지원법에 따른 녹색건축물 조성의 기본원칙에 해당하지 않는 것은? 【16년 기출문제】

① 기존 건축물에 대한 에너지효율화 추진
② 환경 친화적이고 지속가능한 녹색건축물 조성
③ 신·재생에너지 활용 및 자원 절약적인 녹색건축물 조성
④ 녹색건축물의 조성에 대한 건축물 용도 간, 규모 간 균형성 확보

[해설]
녹색건축물 조성에 대한 계층간, 지역간 균형성 확보

답 : ④

(2) 국가 등의 책무

① 국가 및 지방자치단체는 녹색건축물 조성 촉진을 위한 시책을 수립하고, 그 추진에 필요한 행정적·재정적 지원방안을 마련하여야 한다.
② 녹색건축물 조성에 관하여 다른 법률에 특별한 규정이 있는 경우를 제외하고는 이 법에 따른다.
③ 녹색건축물과 관련되는 법률을 제정하거나 개정하는 경우에는 이 법의 목적과 기본원칙에 맞도록 하여야 한다.

CHAPTER 02 녹색건축물 기본계획 등

1 기본계획의 수립

법	시행령
제6조【녹색건축물 기본계획의 수립】 ① 국토교통부장관은 녹색건축물 조성을 촉진하기 위하여 다음 각 호의 사항이 포함된 녹색건축물 기본계획(이하 "기본계획"이라 한다)을 5년마다 수립하여야 한다. 〈개정 2013.3.23, 2016.1.19〉 1. 녹색건축물의 현황 및 전망에 관한 사항 2. 녹색건축물의 온실가스 감축, 에너지 절약 등의 달성목표 설정 및 추진 방향 3. 녹색건축물 정보체계의 구축 · 운영에 관한 사항 4. 녹색건축물 관련 연구 · 개발에 관한 사항 5. 녹색건축물 전문인력의 육성 · 지원 및 관리에 관한 사항 6. 녹색건축물 조성사업의 지원에 관한 사항 7. 녹색건축물 조성 시범사업에 관한 사항 8. 녹색건축물 조성을 위한 건축자재 및 시공 관련 정책방향에 관한 사항 9. 그 밖에 녹색건축물 조성의 촉진을 위하여 필요한 사항	**제2조【녹색건축물 기본계획의 수립】**「녹색건축물 조성 지원법」(이하 "법"이라 한다) 제6조제1항제9호에서 "그 밖에 녹색건축물 조성의 촉진을 위하여 필요한 사항"이란 다음 각 호의 사항을 말한다. 1. 에너지 이용 효율이 높고 온실가스 배출을 최소화 할 수 있는 건축설비 효율화 계획에 관한 사항 2. 녹색건축물의 설계 · 시공 · 유지 · 관리 · 해체 등의 단계별 에너지 절감 및 비용 절감 대책에 관한 사항 3. 녹색건축물 설계 · 시공 · 감리 · 유지 · 관리업체 육성 정책에 관한 사항

② 국토교통부장관은 기본계획의 수립에 필요한 기초자료를 수집하기 위하여 관계 중앙행정기관의 장, 지방자치단체의 장, 공공기관(「공공기관의 운영에 관한 법률」 제4조에 따른 공공기관을 말한다. 이하 같다) 및 국토교통부령으로 정하는 에너지 관련 전문기관의 장에게 관련 자료의 제출을 요청할 수 있으며, 자료 제출을 요청받은 기관의 장은 특별한 사유가 없으면 이에 따라야 한다.
〈개정 2013.3.23, 2014.5.28〉

③ 국토교통부장관은 기본계획을 수립하려면 기본계획안을 작성하여 관계 중앙행정기관의 장 및 특별시장·광역시장·특별자치시장·도지사 또는 특별자치도지사(이하 "시·도지사"라 한다)와 협의한 후 「기후위기 대응을 위한 탄소중립·녹색성장기본법」 제15조 제1항에 따른 2050 탄소중립 녹색성장위원회의 의견을 들어야 한다.
〈개정 2013.3.23, 2021.9.24〉

④ 국토교통부장관은 기본계획을 수립하거나 변경(제5항에 해당하는 경우는 제외한다)하는 경우 「건축법」 제4조에 따른 건축위원회의 심의를 거쳐야 한다.〈신설 2016.1.19.〉

⑤ 기본계획 중 대통령령으로 정하는 경미한 사항을 변경하고자 하는 경우에는 제3항 및 제4항에 따른 절차를 생략할 수 있다.〈개정 2016.1.19.〉

⑥ 국토교통부장관은 제1항에 따라 기본계획을 수립한 경우 고시하고, 관계 중앙행정기관의 장 및 시·도지사에게 통보하여야 한다. 이 경우 시·도지사는 기본계획을 관할 시장(「제주특별자치도 설치 및 국제자유도시 조성을 위한 특별법」 제11조제2항에 따른 행정시장을 포함한다. 이하 같다)·군수·구청장(자치구의 구청장을 말한다. 이하 같다)에게 알려 일반인이 열람할 수 있게 하여야 한다.〈개정 2013.3.23., 2015.7.24., 2016.1.19.〉

⑦ 제1항부터 제4항까지의 기본계획의 수립과 제6항의 고시 등에 필요한 사항은 대통령령으로 정한다.〈개정 2016.1.19.〉

[시행규칙]

제1조의2【녹색건축물 기본계획 수립에 필요한 기초자료 제출 기관】 「녹색건축물 조성 지원법」 (이하 "법"이라 한다) 제6조제2항에서 "국토교통부령으로 정하는 에너지 관련 전문기관"이란 다음 각 호의 기관을 말한다.
1. 법 제16조제2항에 따라 지정된 녹색건축 인증 운영기관 및 인증기관
2. 법 제17조제2항에 따라 지정된 건축물 에너지효율등급 인증 운영기관 및 인증기관
3. 그 밖에 국토교통부장관이 녹색건축물 기본계획 수립을 위한 기초자료 수집에 필요하다고 인정하는 기관 또는 단체
[본조신설 2015.5.29]

제4조【경미한 사항의 변경】 법 제6조제5항에서 "대통령령으로 정하는 경미한 사항을 변경하고자 하는 경우"란 다음 각 호의 어느 하나에 해당하는 경우를 말한다.
〈개정 2015.5.28., 2016.12.30〉
1. 기본계획 중 녹색건축물의 온실가스 감축 및 에너지 절약 목표량(이하 "목표량"이라 한다)을 100분의 3 이내에서 상향하여 정하는 경우
2. 기본계획에 따른 사업 추진에 드는 비용(이하 이 조에서 "사업비"라 한다)을 100분의 10 이내에서 증감시키는 경우
3. 목표량 설정과 사업비 산정에서 착오 또는 누락된 부분을 정정하는 경우

제3조【녹색건축물 기본계획의 고시】 국토교통부장관은 법 제6조제1항에 따라 녹색건축물 기본계획(이하 "기본계획"이라 한다)을 수립한 경우에는 기본계획의 목적 및 주요 내용을 관보에 고시하여야 하며, 기본계획을 변경한 경우에는 그 변경사유 및 주요 변경내용을 관보에 고시하여야 한다.
[전문개정 2016.12.30.]

요점 녹색건축물 기본계획

(1) 기본계획 수립권자

① 국토교통부장관이 5년마다 녹색건축물 기본계획을 수립하여야 한다.

② 국토교통부장관은 기본계획을 수립하거나 변경하는 경우 「건축법」에 따른 건축위원회의 심의를 거쳐야 한다.

(2) 기본계획 내용

1. 녹색건축물의 현황 및 전망에 관한 사항
2. 녹색건축물의 온실가스 감축, 에너지 절약 등의 달성목표 설정 및 추진 방향
3. 녹색건축물 정보체계의 구축·운영에 관한 사항
4. 녹색건축물 관련 연구·개발에 관한 사항
5. 녹색건축물 전문인력의 육성·지원 및 관리에 관한 사항
6. 녹색건축물 조성사업의 지원에 관한 사항
7. 녹색건축물 조성 시범사업에 관한 사항
8. 녹색건축물 조성을 위한 건축자재 및 시공 관련 정책방향에 관한 사항
9. 에너지 이용 효율이 높고 온실가스 배출을 최소화 할 수 있는 건축설비 효율화 계획에 관한 사항
10. 녹색건축물의 설계·시공·유지·관리·해체 등의 단계별 에너지 절감 및 비용 절감 대책에 관한 사항
11. 녹색건축물 설계·시공·감리·유지·관리업체 육성 정책에 관한 사항

■ **녹색건축물 기본계획**

1. 수립권자 : (국)
2. 수립기한 : 5년마다
3. 협의 : 중행 및 시·도지사
4. 의견청취 : 2050 탄소중립녹색 성장위원회
5. 심의 : 중앙건축위원회
6. 수립·고시 : (국)

(3) 기본계획 수립절차

■ 자료제출 에너지 관련 전문기관
1. 녹색 건축·인증
   운영기관 및 인증기관
2. 에너지효율등급 인증
   운영기관 및 인증기관
3. (국)이 인정하는 단체 또는 기관

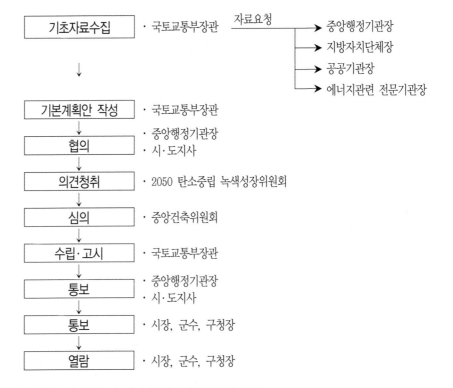

기초자료수집 · 국토교통부장관 ── 자료요청 ──→ 중앙행정기관장
                                        지방자치단체장
                                        공공기관장
                                        에너지관련 전문기관장

기본계획안 작성 · 국토교통부장관

협의 · 중앙행정기관장
     · 시·도지사

의견청취 · 2050 탄소중립 녹색성장위원회

심의 · 중앙건축위원회

수립·고시 · 국토교통부장관

통보 · 중앙행정기관장
     · 시·도지사

통보 · 시장, 군수, 구청장

열람 · 시장, 군수, 구청장

■ 비고 협의·의견청취 및 심의 생략(경미한 변경의 경우)
　1. 기본계획 중 녹색건축물의 온실가스 감축 및 에너지 절약 목표량을 100분의 3 이내에서 상향
　　하여 정하는 경우
　2. 기본계획에 따른 사업 추진에 드는 비용(사업비)을 100분의 10 이내에서 증감시키는 경우
　3. 목표량 설정과 사업비 산정에서 착오 또는 누락된 부분을 정정하는 경우

예제문제 01

다음은 "녹색건축물 조성 지원법" 에서 정하는 녹색 건축물 기본계획수립 관련 사항을 나타낸 것이다. 적합한 것을 모두 고른 것은?　　　　　　　　【17년 기출문제】

ㄱ 녹색건축물 연구 · 개발에 관한 사항
ㄴ 에너지 이용효율이 높고 온실가스 배출을 최소화할 수 있는 건축설비 효율화 계획
ㄷ 녹색건축물 설계 · 시공 · 유지 · 관리 · 해체 등의 단계별 에너지절감 및 비용절감 대책
ㄹ 녹색건축물 설계 · 시공 · 감리 · 유지 · 관리업체 육성 정책

① ㄱ, ㄴ
② ㄱ, ㄴ, ㄷ
③ ㄴ, ㄷ, ㄹ
④ ㄱ, ㄴ, ㄷ, ㄹ

[해설] 기본계획의 내용
1. 녹색건축물의 현황 및 전망에 관한 사항
2. 녹색건축물의 온실가스 감축, 에너지 절약 등의 달성목표 설정 및 추진 방향
3. 녹색건축물 정보체계의 구축·운영에 관한 사항
4. 녹색건축물 관련 연구·개발에 관한 사항
5. 녹색건축물 전문인력의 육성·지원 및 관리에 관한 사항
6. 녹색건축물 조성사업의 지원에 관한 사항
7. 녹색건축물 조성 시범사업에 관한 사항
8. 녹색건축물 조성을 위한 건축자재 및 시공 관련 정책방향에 관한 사항
9. 에너지 이용 효율이 높고 온실가스 배출을 최소화 할 수 있는 건축설비 효율화 계획에 관한 사항
10. 녹색건축물의 설계·시공·유지·관리·해체 등의 단계별 에너지 절감 및 비용 절감 대 관한 시행
11. 녹색건축물 설계·시공·감리·유지·관리업체 육성 정책에 관한 사항

답 : ④

예제문제 02

녹색건축물 조성 지원법에 의한 녹색건축물 기본계획 수립절차에 관한 내용 중 가장 부적당한 것은?

① 국토교통부장관이 5년마다 녹색건축물 기본계획을 수립하여야 한다.
② 국토교통부장관은 기본계획안을 작성하여 중앙행정기관의 장 및 시·도지사와 협의하여야 한다.
③ 국토교통부장관은 기본계획안에 대하여 중앙도시계획위원회의 심의를 거쳐야 한다.
④ 시장·군수·구청장은 수립된 기본계획을 일반인이 열람할 수 있게 하여야 한다.

[해설] 1. 기본계획안
국토교통부장관은 기본계획을 수립하려면 기본계획안을 작성하여 관계 중앙행정기관의 장 및 특별시장·광역시장·특별자치시장·도지사 또는 특별자치도지사(이하 "시·도지사"라 한다.)와 협의한 후 「기후위기 대응을 위한 탄소중립·녹색성장 기본법」에 따른 2050 탄소중립 녹색성장 위원회의 의견을 들어야 한다.

2. 기본계획
국토교통부장관은 녹색건축물 기본계획을 수립하거나 변경하는 경우 「건축법」에 따른 "중앙건축위원회"의 심의를 거쳐야 한다.

답 : ③

예제문제 03

"녹색건축물 조성 지원법"에 따른 녹색건축물 기본계획의 수립에 대한 내용으로 적절하지 **않은** 것은?　【18년 기출문제】

① 녹색건축물의 온실가스 감축, 에너지 절약 등의 달성목표 설정 및 추진방향이 포함되어야 한다.

② 국토교통부장관은 기본계획안을 작성하여 관계 중앙행정기관장 및 시·도지사와 사전 협의 후 국가건축정책위원회의 의견을 청취해야 한다.

③ 국토교통부장관은 기본계획을 수립하거나 변경하는 경우 「건축법」 제4조에 따른 건축위원회의 심의를 거쳐야 한다.

④ 기본계획에 따른 사업추진에 드는 비용을 100분의 10 이내에서 증감시키는 경우에는 사전 협의 및 의견 청취, 심의를 생략할 수 있다.

─────────────────────

[해설] 중앙행정기관장, 시·도지사 사전 협의 후 2050 탄소중립 녹색성장위원회의 의견을 청취하여야 한다.

답 : ②

예제문제 04

"녹색건축물 조성 지원법"에 따른 녹색건축물 기본계획의 수립에 관한 내용으로 적절하지 않은 것은?　【21년 기출문제】

① 녹색건축물의 온실가스 감축, 에너지 절약 등의 달성목표 설정 및 추진방향을 포함하여야 한다.

② 국토교통부장관은 기본계획안을 작성하여 관계 중앙행정기관의 장 및 시·도지사와 협의한 후 녹색성장위원회의 의견을 들어야 한다.

③ 기본계획의 수립 중 경미한 사항의 변경은 기본계획 중 녹색건축물의 온실가스 감축 및 에너지 절약 목표량을 100분의 5를 상향하여 정하는 경우도 해당한다.

④ 국토교통부장관은 녹색건축물 기본계획을 5년마다 수립하여야 한다.

─────────────────────

[해설] 경미한 변경의 범위

1. 기본계획 중 녹색건축물의 온실가스 감축 및 에너지 절약 목표량을 100분의 3 이내에서 상향하여 정하는 경우
2. 기본계획에 따른 사업 추진에 드는 비용을 100분의 10 이내에서 증감시키는 경우
3. 목표량 설정과 사업비 산정에서 착오 또는 누락된 부분을 정정하는 경우

답 : ③

예제문제 05

다음은 "녹색건축물 조성 지원법"에 따른 녹색건축물 기본계획을 변경하고자 하는 경우 '대통령령으로 정하는 경미한 사항의 변경'에 대한 설명이다. 빈칸(㉠, ㉡)에 들어갈 내용으로 적절한 것은?   【23년 기출문제】

- 녹색건축물 기본계획 중 녹색건축물의 온실가스 감축 및 에너지 절약 목표량 100분의 (㉠) 이내에서 상향하여 정하는 경우
- 녹색건축물 기본계획에 따른 사업 추진에 드는 비용을 100분의 (㉡) 이내에서 증감시키는 경우

① ㉠ 2, ㉡ 5   ② ㉠ 2, ㉡ 10
③ ㉠ 3, ㉡ 5   ④ ㉠ 3, ㉡ 10

해설 협의 · 의견청취 및 심의 생략(경미한 변경의 경우)
  1. 기본계획 중 녹색건축물의 온실가스 감축 및 에너지 절약 목표량을 100분의 3 이내에서 상향하여 정하는 경우
  2. 기본계획에 따른 사업 추진에 드는 비용(사업비)을 100분의 10 이내에서 증감시키는 경우
  3. 목표량 설정과 사업비 산정에서 착오 또는 누락된 부분을 정정하는 경우

답 : ④

2 조성계획의 수립

법	시행령
제7조 【지역녹색건축물 조성계획의 수립 등】 ① 시·도지사는 기본계획에 따라 다음 각 호의 사항이 포함된 특별시·광역시·특별자치시·도 또는 특별자치도(이하 "시·도"라 한다)의 녹색건축물 조성에 관한 계획(이하 "조성계획"이라 한다)을 5년마다 수립·시행하여야 한다. 〈개정 2014.5.28〉 1. 지역녹색건축물의 현황 및 전망에 관한 사항 2. 녹색건축물 조성의 기본방향과 달성목표에 관한 사항 3. 녹색건축물의 조성 및 지원에 관한 사항 4. 녹색건축물 조성계획의 추진에 필요한 재원의 조달방안 및 조성된 사업비의 집행·관리·운용 등에 관한 사항 5. 녹색건축물 조성을 위한 건축자재 및 시공에 관한 사항 6. 그 밖에 녹색건축물 조성을 지원하기 위하여 시·도의 조례로 정하는 사항 ② 시·도지사는 조성계획을 수립하려면 「기후위기 대응을 위한 탄소중립·녹색성장기본법」 제22조 제1항에 따른 2050 탄소중립 녹색성장위원회 또는 「건축법」 제4조에 따른 지방건축위원회의 심의를 거쳐야 한다. 〈개정 2021.9.24〉 ③ 시·도지사는 조성계획을 수립한 때에는 그 내용을 국토교통부장관에게 보고하여야 하며, 관할 지역의 시장·군수·구청장에게 알려 일반인이 열람할 수 있게 하여야 한다. 〈개정 2013.3.23〉 ④ 시·도지사는 조성계획을 시행하는 데에 필요한 사업비를 회계연도마다 세출예산에 계상하기 위하여 노력하여야 한다. 〈신설 2014.5.28〉 ⑤ 그 밖에 조성계획의 수립·시행 및 변경 등에 관하여 필요한 사항은 대통령령으로 정한다. 〈개정 2014.5.28〉 **제37조 【기본계획 보고】** 국토교통부장관은 기본계획을 수립하거나 조성계획을 보고받은 때에는 이를 「기후위기 대응을 위한 탄소중립·녹색성장기본법」 제22조 제1항에 따른 2050 탄소중립 녹색성장위원회 및 「건축기본법」 제13조에 따른 국가건축정책위원회에 보고하여야 한다. 〈개정 2013.3.23., 2021.9.24〉	**제5조 【지역녹색건축물 조성계획의 수립 절차 등】** ① 특별시장·광역시장·특별자치시장·도지사 또는 특별자치도지사(이하 "시·도지사"라 한다)는 법 제7조제1항에 따라 특별시·광역시·특별자치시·도 또는 특별자치도(이하 "시·도"라 한다)의 녹색건축물 조성에 관한 계획(이하 "조성계획"이라 한다)을 작성하거나 변경하는 경우 미리 국토교통부장관 및 시장[「제주특별자치도 설치 및 국제자유도시 조성을 위한 특별법」 제11조제2항에 따른 행정시장(이하 "행정시장"이라 한다)을 포함한다. 이하 같다]·군수·구청장(자치구의 구청장을 말한다. 이하 같다)과 협의하여야 한다. 다만, 조성계획 중 국토교통부령으로 정하는 경미한 사항을 변경하려는 경우에는 협의를 생략할 수 있다. 〈개정 2016.12.30.〉 **[시행규칙]** **제2조 【경미한 사항의 변경】** 「녹색건축물 조성 지원법 시행령」(이하 "영"이라 한다) 제5조제1항 단서에서 "국토교통부령으로 정하는 경미한 사항을 변경하려는 경우"란 다음 각 호의 어느 하나에 해당하는 경우를 말한다. 〈개정 2013.3.23., 2015.5.29〉 1. 지역녹색건축물 조성계획(이하 "조성계획"이라 한다.) 중 녹색건축물의 온실가스 감축 및 에너지 절약 목표량(이하 "목표량"이라 한다.)을 100분의 3 이내에서 상향하여 정하는 경우 2. 조성계획에 따른 사업비를 100분의 10 이내에서 증감시키는 경우 3. 목표량 설정과 사업비 산정에서 착오 또는 누락된 부분을 정정하는 경우 ② 시·도지사는 조성계획이 확정되면 이를 해당 시·도의 공보에 게재하여야 하고, 특별시장·광역시장·도지사 또는 특별자치도지사는 이를 관할구역의 시장·군수·구청장에게 통보하여야 한다. ③ 특별자치시장 및 제2항에 따라 통보를 받은 시장·군수·구청장은 조성계획을 30일 이상 일반인이 열람할 수 있게 하여야 한다. ④ 시·도지사는 조성계획의 타당성을 매년 검토하여 그 결과를 조성계획에 반영할 수 있다.

제38조【국가보고서의 작성】 ① 국토교통부장관은 기본계획과 조성계획에서 정하는 바에 따라 국가보고서를 작성할 수 있다. 〈개정 2013.3.23〉

② 국토교통부장관은 제1항에 따른 국가보고서를 작성하기 위하여 필요한 경우 관계 중앙행정기관의 장, 지방자치단체의 장, 공공기관의 장에게 자료 제출을 요구할 수 있다. 이 경우 자료 제출 등을 요청받은 자는 특별한 사유가 없으면 이에 따라야 한다. 〈개정 2013.3.23〉

제8조【다른 계획 등과의 관계】 ① 국가 및 지방자치단체는 관계 법령에 따라 녹색건축물과 관련된 계획을 수립하거나 허가 등을 하는 경우에는 기본계획 및 조성계획의 내용을 고려하여야 한다.

② 기본계획 및 조성계획은 「건축기본법」에 따른 건축정책 기본계획 및 지역건축기본계획과 조화를 이루어야 한다.

요점 **지역 녹색건축물 조성계획**

(1) 조성계획 수립권자

시·도지사가 5년마다 기본계획에 따라 녹색건축물 조성계획을 수립·시행하여야 한다.

(2) 조성계획 내용

1. 지역녹색건축물의 현황 및 전망에 관한 사항
2. 녹색건축물 조성의 기본방향과 달성목표에 관한 사항
3. 녹색건축물의 조성 및 지원에 관한 사항
4. 녹색건축물 조성계획의 추진에 따른 재원의 조달방안 및 조성된 사업비 운용 등에 관한 사항
5. 녹색건축물 조성을 위한 건축자재 및 시공에 관한 사항
6. 그 밖에 녹색건축물 조성을 지원하기 위하여 시·도의 조례로 정하는 사항

■ **녹색건축물 기본계획 내용**
1. 녹색건축물의 현황 및 전망에 관한 사항
2. 녹색건축물의 온실가스 감축, 에너지 절약 등의 달성목표 설정 및 추진 방향
3. 녹색건축물 정보체계의 구축·운영에 관한 사항
4. 녹색건축물 관련 연구·개발에 관한 사항
5. 녹색건축물 전문인력의 육성·지원 및 관리에 관한 사항
6. 녹색건축물 조성사업의 지원에 관한 사항
7. 녹색건축물 조성 시범사업에 관한 사항
8. 녹색건축물 조성을 위한 건축자재 및 시공 관련 정책방향에 관한 사항
9. 에너지 이용 효율이 높고 온실가스 배출을 최소화 할 수 있는 건축설비 효율화 계획에 관한 사항
10. 녹색건축물의 설계·시공·유지·관리·해체 등의 단계별 에너지 절감 및 비용 절감 대책에 관한 사항
11. 녹색건축물 설계·시공·감리·유지·관리업체 육성 정책에 관한 사항

예제문제 06

「녹색건축물 조성지원법」에서 정하고 있는 지역 녹색건축물 조성계획에 포함되는 내용으로 부적당한 것은?

① 녹색건축물의 조성 및 지원에 관한 사항
② 녹색 건축물 조성의 기본방향과 달성 목표에 관한 사항
③ 녹색 건축물 조성계획의 추진에 따른 재원, 전문 인력의 조달 사항
④ 녹색건축물 조성계획의 추진에 따른 재원의 조달계획

해설 녹색건축물 전문인력의 육성, 지원 등에 관한 사항은 녹색건축물 기본계획에 해당된다.

답 : ③

(3) 조성계획 수립절차

■ 지역녹색건축물 조성계획
1. 수립권자 : 시·도지사
2. 수립기한 : 5년마다
3. 심의 : 2050 지방탄소중립 녹색성장위원회 또는 지방건축위원회
4. 확정공고 : 시·도지사
5. 보고 : (국)

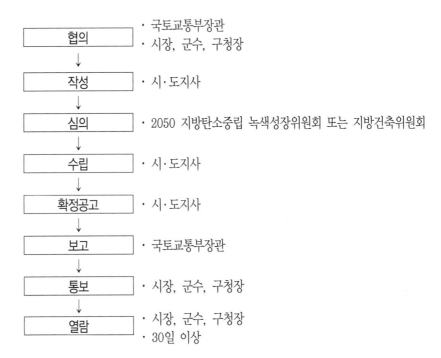

협의	· 국토교통부장관 · 시장, 군수, 구청장
작성	· 시·도지사
심의	· 2050 지방탄소중립 녹색성장위원회 또는 지방건축위원회
수립	· 시·도지사
확정공고	· 시·도지사
보고	· 국토교통부장관
통보	· 시장, 군수, 구청장
열람	· 시장, 군수, 구청장 · 30일 이상

■ 비고 협의 생략(경미한 변경의 경우)
  1. 지역녹색건축물 조성계획 중 녹색건축물의 온실가스 감축 및 에너지 절약 목표량을 100분의 3 이내에서 상향하여 정하는 경우
  2. 조성계획에 따른 사업비를 100분의 10이내에서 증감시키는 경우
  3. 목표량 설정과 사업비 산정에서 착오 또는 누락된 부분을 정정하는 경우

(4) 타당성 검토 등

시·도지사는 매년 타당성을 검토하여 조성계획을 변경할 수 있다.

(5) 국가보고서의 작성

① 국토교통부장관은 기본계획을 수립하거나 조성계획을 보고받은 때에는 이를 녹색성장위원회 및 국가건축정책위원회에 보고하여야 한다.

② 국토교통부장관은 기본계획과 조성계획에서 정하는 바에 따라 국가보고서를 작성할 수 있다.

(6) 기본계획 및 조성계획의 지위

① 기본계획 및 조성계획은 「건축기본법」에 따른 건축정책기본계획 및 지역건축기본계획과 조화를 이루어야 한다.

② 국가 및 지방자치단체는 관계 법령에 따라 녹색건축물과 관련된 계획을 수립하거나 허가 등을 하는 경우에는 기본계획 및 조성계획의 내용을 고려하여야 한다.

예제문제 07

녹색건축물 조성 지원법에 따른 조성계획 수립절차 기준 중 가장 부적당한 것은?

① 시·도지사가 5년마다 기본계획에 따라 녹색건축물 조성계획을 수립·시행하여야 한다.

② 시·도지사가 조성계획을 수립하는 경우 2050 지방탄소중립 녹색성장위원회와 지방 건축위원회의 심의를 거쳐야 한다.

③ 시·도지사가 조성계획을 작성하거나 변경하는 경우, 미리 국토교통부장관 및 시장·군수·구청장과 협의하여야 한다.

④ 시·도지사는 조성계획을 수립한 때에는 그 내용을 국토교통부장관에게 보고하여야 하며, 관할 지역의 시장·군수·구청장에게 알려 30일 이상 일반인이 열람할 수 있게 하여야 한다.

[해설] 시·도지사는 조성계획에 대하여 2050 지방탄소중립 녹색성장위원회 또는 지방건축위원회의 심의를 거쳐야 한다.

답 : ②

예제문제 08

"녹색건축물 조성 지원법"에서 녹색건축물 기본계획과 지역녹색건축물 조성계획의 수립에 관련된 규정으로 가장 부적합한 것은? 【15년 기출문제】

① 국토교통부장관은 5년마다 녹색건축물 기본 계획을 수립하여야 한다.
② 시·도지사는 조성계획 시행에 필요한 사업비를 5년마다 세출 예산에 계상하여야 한다.
③ 시·도지사는 조성계획을 수립한 때에 그 내용을 국토교통부장관에게 보고하고, 관할 지역의 일반인이 열람할 수 있게 하여야 한다.
④ 시·도지사는 조성계획에 대하여 2050 지방탄소중립 녹색성장위원회 또는 지방건축위원회의 심의를 거쳐야 한다.

[해설] 시·도지사는 조성계획 시행 사업비를 매 회계연도마다 세출예산에 계상하여야 한다.

답 : ②

예제문제 09

녹색건축물 조성 지원법에 따른 녹색건축물 기본계획 등에 관한 기준 중 가장 부적당한 것은?

① 기본계획 및 조성계획은 「건축기본법」에 따른 건축정책기본계획 및 지역건축기본계획과 조화를 이루어야 한다.
② 국토교통부장관은 기본계획을 수립하거나 조성계획을 보고받은 때에는 이를 「기후위기 대응을 위한 탄소중립·녹색성장기본법」에 따른 녹색성장위원회 및 「건축기본법」에 따른 국가건축정책위원회에 보고하여야 한다.
③ 국토교통부장관은 기본계획과 조성계획에 정하는 바에 따라 국가보고서를 작성하여야 한다.
④ 조성계획은 기본계획의 내용에 부합되어야 한다.

[해설] 국토교통부장관은 기본계획과 조성계획에 정하는 바에 따라 국가 보고서를 작성할 수 있다.

답 : ③

3 녹색건축물 조성사업 비용계상

법	시행령
제6조의2【녹색건축물 조성사업 등】 ① 정부는 기본계획을 시행하기 위하여 다음 각 호의 사업에 필요한 비용을 회계연도마다 세출예산에 계상(計上)하기 위하여 노력하여야 한다. 〈개정 2016.1.19, 2018.1.1〉 1. 녹색건축물 관련 정보, 기술수요 조사 및 통계 작성 2. 녹색건축의 인증·건축물의 에너지효율등급 인증 및 사후관리 3. 녹색건축물 분야 전문인력의 양성 4. 녹색건축물 분야 특성화대학 및 핵심기술연구센터 육성 5. 녹색건축물 조성기술의 연구·개발 및 기술평가 6. 녹색건축물 분야 기술지도 및 교육·홍보 7. 녹색건축물 조성에 필요한 건축자재(이하 "녹색건축자재"라 한다) 및 설비의 성능평가·인증 및 사후관리 8. 녹색건축자재 및 설비 생산·시공 전문기업에 대한 지원 9. 녹색건축자재 및 설비의 공용화 지원 10. 녹색건축센터의 운영 지원 11. 녹색건축물 조성 시범사업의 실시 12. 제로에너지건축물 활성화 및 확산·보급 사업 13. 온실가스 배출 감축사업 등 시장을 활용한 녹색건축물 조성사업 14. 건축물에너지관리시스템 활성화 및 확산·보급 사업 15. 녹색건축물 관련 국제협력 16. 녹색건축물 기술의 국제표준화 지원 17. 제27조에 따른 그린리모델링에 대한 지원 18. 그 밖에 녹색건축물의 조성을 위하여 필요한 사업으로서 대통령령으로 정하는 사업 ② 제1항제14호의 "건축물에너지관리시스템"이란 건축물의 쾌적한 실내환경 유지와 효율적인 에너지 관리를 위하여 에너지 사용내역을 모니터링하여 최적화된 건축물에너지 관리방안을 제공하는 계측·제어·관리·운영 등이 통합된 시스템을 말한다. 〈신설 2016.1.19.〉 [본조신설 2014.5.28.] **제7조【지역녹색건축물 조성계획의 수립 등】** ④ 시·도지사는 조성계획을 시행하는 데에 필요한 사업비를 회계연도마다 세출예산에 계상하기 위하여 노력하여야 한다. 〈신설 2014.5.28〉	**제4조의2【녹색건축물 조성사업의 범위】** 법 제6조의2제1항제18호에서 "대통령령으로 정하는 사업"이란 다음 각 호의 사업을 말한다. 〈개정 2016.12.30, 2022.4.12〉 1. 삭제 〈2016.12.30.〉 2. 법 제12조에 따른 건축물 에너지 소비 총량 제한에 관한 사업 2의2. 법 제13조에 따라 기존 건축물을 녹색건축물로 전환하는 사업 3. 법 제14조의2제2항에 따른 지능형 계량기의 활성화 및 확산·보급 사업 3의2. 법 제29조제3항에 따른 그린리모델링 사업 4. 「온실가스 배출권의 할당 및 거래에 관한 법률」에 따른 온실가스 배출권 거래에 관한 사업(건축물에 관한 사업으로 한정한다)

요점 녹색건축물 조성사업 비용 계상

① 정부는 기본계획을 시행하기 위하여 다음 각 호의 사업에 필요한 비용을 회계 연도마다 세출예산에 계상(計上)하기 위해 노력하여야 한다.

1. 녹색건축물 관련 정보, 기술수요 조사 및 통계 작성

2. 녹색건축의 인증·건축물의 에너지효율등급 인증 및 사후관리

3. 녹색건축물 분야 전문인력의 양성

4. 녹색건축물 분야 특성화대학 및 핵심기술연구센터 육성

5. 녹색건축물 조성기술의 연구·개발 및 기술평가

6. 녹색건축물 분야 기술지도 및 교육·홍보

7. 녹색건축물 조성에 필요한 건축자재 및 설비의 성능평가·인증 및 사후관리

8. 녹색건축자재 및 설비 생산·시공 전문기업에 대한 지원

9. 녹색건축자재 및 설비의 공용화 지원

10. 녹색건축센터의 운영 지원

11. 녹색건축물 조성 시범사업의 실시

12. 제로에너지건축물 활성화 및 확산·보급 사업

13. 온실가스 배출 감축사업 등 시장을 활용한 녹색건축물 조성사업

14. 건축물에너지관리시스템 활성화 및 확산·보급사업

15. 녹색건축물 관련 국제협력

16. 녹색건축물 기술의 국제표준화 지원

17. 기존건축물을 녹색건축물로 전환하는 사업

18. 건축물 에너지 소비 총량 제한에 관한 사업

19. 지능형 계량기의 활성화 및 확산·보급사업

20. 온실가스 배출권 거래에 관한 건축물에 대한 사업

21. 그린리모델링 사업 및 그린리모델링 지원

■ 비고

14호의 "건축물에너지관리시스템"이란 건축물의 쾌적한 실내환경 유지와 효율적인 에너지 관리를 위하여 에너지 사용내역을 모니터링하여 최적화된 건축물에너지 관리방안을 제공하는 계측·제어·관리·운용 등이 통합된 시스템을 말한다.

② 시·도지사는 조성계획을 시행하는 데에 필요한 사업비를 회계연도마다 세출예산에 계상하기 위해 노력하여야 한다.

4 실태조사

법	시행령
제9조【실태조사】 ① 국토교통부장관은 녹색건축물 조성에 필요한 기초자료를 확보하기 위하여 녹색건축물 조성에 관한 실태조사를 실시할 수 있다. 다만, 관계 중앙행정기관의 장의 요구가 있는 경우에는 합동으로 실태를 조사하여야 한다. 〈개정 2013.3.23〉 ② 국토교통부장관은 녹색건축물 조성과 관련된 단체 및 기관의 장에게 제1항에 따른 실태조사에 필요한 자료의 제출을 요구할 수 있으며, 자료제출을 요구받은 단체 및 기관의 장은 특별한 사유가 없으면 이에 따라야 한다. 〈개정 2013.3.23, 2020.6.9〉 ③ 제1항에 따른 실태조사의 주기·방법 및 대상 등에 관하여 필요한 사항은 국토교통부령으로 정한다. 〈개정 2013.3.23〉	**[시행규칙]** **제3조【실태조사의 주기·방법 및 대상 등】** ① 법 제9조제1항에 따른 녹색건축물 조성에 관한 실태조사(이하 "실태조사"라 한다) 사항은 다음과 같다. 〈개정 2015.5.29〉 1. 지역별 에너지 소비 총량 관리 현황 2. 에너지 절약 계획서 및 건축물 에너지소비 증명 현황 3. 녹색건축물 전문인력 교육 및 양성 현황 4. 녹색건축물 조성을 위한 녹색기술의 연구개발 및 사업화 현황 5. 녹색건축물 조성 시범사업 현황 6. 녹색건축물에 대한 자금 지원 집행 현황 7. 법 제13조의2제1항에 따른 공공건축물(이하 "공공건축물"이라 한다) 현황 및 에너지 소비 현황 ② 실태조사는 다음 각 호의 구분에 따라 실시한다. 〈개정 2013.3.23〉 1. 정기조사: 녹색건축물 조성을 위한 정책수립 등에 활용하기 위하여 매년 실시하는 조사 2. 수시조사: 국토교통부장관이 기본계획 및 조성계획 등을 효율적으로 수립·집행하기 위하여 필요하다고 인정하는 경우 실시하는 조사 ③ 국토교통부장관은 실태조사를 할 때에는 조사 대상을 정하고, 조사의 일시, 취지 및 내용 등을 포함한 조사계획을 법 제9조제2항에 따른 단체 및 기관의 장 등 조사 대상자에게 미리 알려야 한다. 〈개정 2013.3.23〉 ④ 국토교통부장관은 실태조사를 효율적으로 하기 위하여 정보통신망 및 전자우편 등 전자적 방식을 사용할 수 있다. 〈개정 2013.3.23〉

요점 실태조사

(1) 실태조사의 구분

구 분	조사주기	조사목적	조사권자
1. 정기조사	매년	녹색건축물 조성을 위한 정책수립 등에 활용하기 위하여 실시하는 조사	국토교통부장관
2. 수시조사	필요한 시기	국토교통부장관이 기본계획 및 조성계획 등을 효율적으로 수립·집행하기 위하여 실시하는 조사	

(2) 실태조사 실시

① 국토교통부장관은 녹색건축물 조성에 필요한 기초자료를 확보하기 위하여 녹색건축물 조성에 관한 실태조사를 실시할 수 있다.

② 관계 중앙행정기관의 장의 요구가 있는 경우에는 합동으로 실태를 조사하여야 한다.

③ 국토교통부장관은 실태조사를 효율적으로 하기 위하여 정보통신망 및 전자우편 등 전자적 방식을 사용할 수 있다.

(3) 실태조사 항목

1. 지역별 에너지 소비 총량 관리 현황

2. 에너지 절약 계획서 및 건축물 에너지소비 증명 현황

3. 녹색건축물 전문인력 교육 및 양성 현황

4. 녹색건축물 조성을 위한 녹색기술의 연구개발 및 사업화 현황

5. 녹색건축물 조성 시범사업 현황

6. 녹색건축물에 대한 자금 지원 집행 현황

7. 공공건축물의 현황 및 에너지소비 현황

예제문제 10

"녹색건축물 조성 지원법"에 의한 실태조사에 관한 내용으로 가장 적절하지 않은 것은? 【19년 기출문제】

① 실태조사 사항에는 지역별 에너지 소비 총량 관리 현황이 포함된다.

② 실태조사 사항에는 녹색건축물 조성 시범사업 현황이 포함된다.

③ 정기조사란 국토교통부장관이 기본계획 및 조성계획 등을 효율적으로 수립·집행하기 위하여 필요하다고 인정하는 경우 실시하는 조사이다.

④ 국토교통부장관은 관계 중앙행정기관의 장의 요구가 있는 경우 합동으로 실태조사를 하여야 한다.

해설 국토교통부장관은 매년 녹색건축물 조성 정책수립 등에 활용하기 위하여 정기조사를 실시하여야 한다.

답 : ③

예제문제 11

"녹색건축물 조성 지원법"에 따라 국토교통부 장관은 녹색건축물 조성에 필요한 기초 자료를 확보하기 위하여 녹색건축물 조성에 관한 실태조사를 실시할 수 있다. 다음 항목 중 실태조사 항목으로 가장 적절하지 않은 것은? 【23년 기출문제】

① 에너지 절약 계획서 및 건축물 에너지소비 증명 현황
② 녹색건축물 전문인력 교육 및 양성 현황
③ 녹색건축물 조성을 위한 녹색기술의 연구개발 및 사업화 현황
④ 녹색건축 인증 운영기관 및 인증기관 현황

[해설] 녹색건축인증 운영기관 등에 관한 기준은 녹색건축인증에 관한 규칙으로 정한다.

답 : ④

예제문제 12

녹색건축물 조성 지원법에 의한 실태조사에 관한 기준 중 가장 부적당한 것은?

① 국토교통부장관은 녹색건축물 조성에 관한 실태조사를 실시할 수 있다.
② 국토교통부장관은 관계 중앙행정기관의 장의 요구가 있는 경우 실태조사를 합동으로 실시할 수 있다.
③ 실태조사시 징기조사란 녹색건축물 조성을 위한 정책수립 등에 활용하기 위하여 매년 실시하는 조사이다.
④ 실태조사시 수시조사란 국토교통부장관이 기본계획 및 조성계획 등을 효과적으로 수립·집행하기 위하여 필요하다고 인정하는 경우 실시하는 조사이다.

[해설] 국토교통부장관은 관계 중앙행정기관의 장의 요구가 있는 경우에는 합동으로 실태를 조사하여야 한다.

답 : ②

예제문제 13

"녹색건축물 조성 지원법"에 따른 실태조사에 대한 내용으로 가장 적절하지 않은 것은? 【21년 기출문제】

① 정기조사란 국토교통부장관이 기본계획 및 조성계획 등을 효율적으로 수립·집행하기 위하여 필요하다고 인정하는 경우 실시하는 조사이다.
② 실태조사 사항에는 녹색건축물 조성 시범사업 현황이 포함된다.
③ 국토교통부장관은 실태조사를 할 때에는 조사 대상을 정하고, 조사의 일시, 취지 및 내용 등을 포함한 조사계획을 조사 대상자에게 미리 알려야 한다.
④ 국토교통부장관은 관계 중앙행정기관의 장의 요구가 있는 경우 합동으로 실태를 조사하여야 한다.

해설 정기조사는 매년 국토교통부장관이 실시하여야 한다.

답 : ①

예제문제 14

녹색건축물 조성 지원법에 따른 실태조사 항목에 해당되지 않는 것은?

① 개별 건축물 에너지 소비 관리 현황
② 에너지 절약 계획서 및 건축물 에너지소비 증명 현황
③ 녹색건축물 전문인력 교육 및 양성 현황
④ 녹색건축물 조성을 위한 녹색기술의 연구개발 및 사업화 현황

해설 실태조사 항목
1. 지역별 에너지 소비 총량 관리 현황
2. 에너지 절약 계획서 및 건축물 에너지소비 증명 현황
3. 녹색건축물 전문인력 교육 및 양성 현황
4. 녹색건축물 조성을 위한 녹색기술의 연구개발 및 사업화 현황
5. 녹색건축물 조성 시범사업 현황
6. 녹색건축물에 대한 자금 지원 집행 현황
7. 공공건축물의 현황 및 에너지소비 현황

답 : ①

건축물 에너지 및 온실가스 관리대책

1 에너지·온실가스 정보체계

법	시행령
제10조【건축물 에너지·온실가스 정보체계 구축 등】 ① 국토교통부장관은 건축물의 온실가스 배출량 및 에너지 사용량과 관련된 정보 및 통계(이하 "건축물 에너지·온실가스 정보"라 한다)를 개발·검증·관리하기 위하여 건축물 에너지·온실가스 정보체계를 구축하여야 한다. 〈개정 2013.3.23〉 ② 국토교통부장관이 제1항에 따른 건축물 에너지·온실가스 정보체계를 구축하는 때에는 「기후위기 대응을 위한 탄소중립·녹색성장기본법」 제36조 제1항에 따른 국가 온실가스 종합정보관리체계에 부합하도록 하여야 한다. 〈개정 2013.3.23, 2021.9.24〉 ③ 다음 각 호의 에너지 공급기관 또는 관리기관은 건축물 에너지·온실가스 정보를 국토교통부장관에게 제출하여야 한다. 〈개정 2013.3.23, 2014.5.28, 2015.8.11〉 1. 「한국전력공사법」에 따른 한국전력공사 2. 「한국가스공사법」에 따른 한국가스공사 3. 「도시가스사업법」 제2조제2호에 따른 도시가스사업자 4. 「집단에너지사업법」 제2조제3호에 따른 사업자 및 같은 법 제29조에 따른 한국지역난방공사 5. 「수도법」 제3조제21호에 따른 수도사업자 6. 「액화석유가스의 안전관리 및 사업법」 제2조제7호에 따른 액화석유가스 판매사업자 7. 「공동주택관리법」 제2조제1항제10호에 따른 관리주체 8. 「집합건물의 소유 및 관리에 관한 법률」 제23조제1항에 따른 관리단 또는 관리단으로부터 건물의 관리에 대하여 위임을 받은 단체 9. 그 밖에 대통령령으로 정하는 에너지 공급기관 또는 관리기관	**제6조【에너지 공급기관 또는 관리기관 등】** 법 제10조제3항 제9호에서 "대통령령으로 정하는 에너지 공급기관 또는 관리기관"이란 다음 각 호의 기관을 말한다. 1. 「에너지이용 합리화법」 제45조에 따른 한국에너지공단(이하 "한국에너지공단"이라 한다) 2. 「정부출연연구기관 등의 설립·운영 및 육성에 관한 법률」 제8조에 따른 에너지경제연구원 3. 「공동주택관리법」 제88조에 따른 공동주택관리정보시스템의 운영기관 4. 「한국석유공사법」에 따른 한국석유공사 [전문개정 2022. 12. 20.] **[시행규칙]** **제4조【건축물 에너지·온실가스 정보 제출방법 및 공개방법과 절차 등】** ① 법 제10조제3항 및 영 제6조제1항에 따른 에너지공급기관 또는 관리기관(이하 이 조에서 "에너지공급기관등"이라 한다)은 건축물의 온실가스 배출량 및 에너지 사용량과 관련된 정보 및 통계(이하 "건축물 에너지·온실가스 정보"라 한다)를 국토교통부장관이 정하는 바에 따라 매월 말일을 기준으로 다음 달 15일까지 국토교통부장관에게 제출하여야 한다. 〈개정 2013.3.23〉

② 에너지공급기관등이 하나의 건축물에 대하여 여러 세대·호·가구 등으로 구분하여 건축물 에너지·온실가스 정보를 관리하고 있는 경우 그 구분된 각각의 세대·호·가구 등의 건축물 에너지·온실가스 정보를 포함하여 국토교통부장관에게 제출하여야 한다. 〈개정 2013.3.23〉

③ 국토교통부장관은 제1항 및 제2항에 따라 제출된 건축물 에너지·온실가스 정보의 내용을 검토하고, 온실가스 배출량 및 에너지 사용량 등을 지역·용도·규모 등으로 구분하여 공개할 수 있다. 〈개정 2013.3.23, 2015.5.29〉

④ 제1항부터 제3항까지에서 규정한 사항 외에 건축물 에너지·온실가스 정보의 제출 및 그 공개 방법과 절차 등에 관하여 필요한 사항은 국토교통부장관이 정하여 고시한다. 〈개정 2013.3.23〉

④ 국토교통부장관은 제3항의 에너지 공급기관 또는 관리기관에게 건축물 에너지·온실가스 정보체계를 이용하여 전자적인 방법 또는 실시간으로 건축물 에너지·온실가스 정보를 제출하도록 요청할 수 있다. 이 경우 자료 제출을 요청받은 기관은 특별한 사유가 없으면 이에 따라야 한다. 〈신설 2014.5.28〉

⑤ 국토교통부장관은 건축물의 에너지 사용량을 줄이고 온실가스 감축을 장려하기 위하여 건축물 에너지·온실가스 정보를 다음 각 호의 어느 하나에 해당하는 방법으로 공개할 수 있다. 〈개정 2013.3.23, 2014.5.28, 2020.6.9.〉

1. 제1항에 따라 구축한 건축물 에너지·온실가스 정보체계
2. 「정보통신망 이용촉진 및 정보보호 등에 관한 법률」 제2조제1항제3호에 따른 정보통신서비스 제공자(이하 "정보통신서비스 제공자"라 한다) 또는 국토교통부장관이 지정하는 기관·단체가 운영하는 인터넷 홈페이지

⑥ 국토교통부장관은 건축물 에너지·온실가스 정보체계의 구축·운영 등 업무를 원활히 하기 위하여 「주민등록법」 제30조제1항에 따른 주민등록전산정보 중 출생년도 및 성별 자료, 「공동주택관리법」 제23조제4항 각 호에 따른 공동주택 관리비 및 사용량 등 정보의 제공을 해당 정보를 보유 또는 관리하는 자에게 요청할 수 있다. 이 경우 요청을 받은 자는 개인정보의 보호, 정보 보안 등 특별한 사정이 없으면 이에 따라야 한다. 〈신설 2014.5.28, 2015.8.11〉

⑦ 제3항·제4항에 따른 제출 방법·서식, 제5항에 따른 공개 방법·절차 및 제6항에 따른 요청 절차·방법 등 필요한 사항은 국토교통부령으로 정한다. 〈개정 2013.3.23, 2014.5.28〉

⑧ 국토교통부장관은 제1항에 따른 건축물 에너지·온실가스 정보체계의 운영을 대통령령으로 정하는 기관 또는 단체에 위탁할 수 있다. 〈개정 2013.3.23, 2014.5.28〉

제7조【건축물 에너지·온실가스 정보체계의 운영 위탁】
법 제10조제8항에서 "대통령령으로 정하는 기관 또는 단체"란 다음 각 호의 어느 하나에 해당하는 기관 중에서 국토교통부장관이 정하여 고시하는 기관을 말한다. 〈개정 2016.8.31, 2020.12.10, 2022.4.12〉

1. 「정부출연 연구기관 등의 설립·운영 및 육성에 관한 법률」 제8조에 따른 건축공간연구원(이하 "건축공간연구원"이라 한다)
2. 「한국부동산원법」에 따른 한국부동산원(이하 "한국부동산원"이라 한다)
3. 한국에너지공단

요점 건축물 에너지·온실가스 정보체계

(1) 건축물 에너지·온실가스 정보체계

1) 에너지·온실가스 정보체계 구축

국토교통부장관은 건축물의 온실가스 배출량 및 에너지 사용량과 관련된 정보 및 통계를 개발·검증·관리하기 위하여 건축물 에너지·온실가스 정보체계를 「기후위기 대응을 위한 탄소중립·녹색성장기본법」에 따른 "국가 온실가스 종합정보관리체계"에 부합되도록 구축하여야 한다.

2) 에너지·온실가스 정보의 제출

① 다음의 에너지공급기관 또는 관리기관은 건축물에너지·온실가스 정보를 매월 말일을 기준으로 다음달 15일까지 국토교통부장관에게 제출하여야 한다.

1. 한국전력공사	
2. 한국석유공사	
3. 한국가스공사	
4. 도시가스사업자	법 제10조 ③,
5. 에너지 경제 연구원	영 제6조에
6. 집단에너지사업 사업자 및 한국지역난방공사	해당되는 기관
7. 한국에너지공단	
8. 공동주택 관리주체 등	

② 에너지공급기관 등이 하나의 건축물에 대하여 여러 세대·호·가구 등으로 구분하여 건축물 에너지·온실가스 정보를 관리하고 있는 경우 그 구분된 각각의 세대·호·가구 등의 건축물 에너지·온실가스 정보를 포함하여 국토교통부장관에게 제출하여야 한다.

예제문제 01

"녹색건축물 조성 지원법"에서 건축물 에너지·온실가스 정보를 국토교통부장관에게 제출하도록 명시되어 있지 않은 기관은? 【17년 기출문제】

① 「한국가스공사법」에 따른 한국가스공사

② 「대한석탄공사법」에 따른 대한석탄공사

③ 「도시가스사업법」제2조제2호에 따른 도시 가스사업자

④ 「정부출연연구기관 등의 설립·운영 및 육성에 관한 법률」제8조에 따른 에너지경제연구원

답 : ②

■ 정보체계구축
1. 구축의무 : (국)
2. 구축기준
   국가 온실가스 종합 정보관리체계에 부합되어야 함
3. 정보제출
   에너지 공급기관이 매월말일 기준으로 다음달 15일까지 (국)에게 제출(세대등으로 구분된 경우 구분된 단위로 정보제출 함)
4. 정보공개 : (국)

3) 에너지·온실가스 정보체계의 공개

① 국토교통부장관은 건축물의 에너지 사용량을 저감하고 온실가스 감축을 장려하기 위하여 건축물 에너지·온실가스 정보를 건축물 에너지·온실가스 정보체계 등을 통하여 공개할 수 있다.

② 국토교통부장관은 건축물 에너지·온실가스 정보 공개 업무를 수행하기 위하여 불가피한 경우 「개인정보 보호법 시행령」에 따른 주민등록번호가 포함된 자료를 처리할 수 있다.

③ 국토교통부장관은 제출된 건축물 에너지·온실가스 정보의 내용을 검토하고, 온실가스 배출량 및 에너지 사용량 등을 지역·용도·규모 등으로 구분하여 건축물 에너지·온실가스 정보체계 등을 통한 전자적 방식으로 공개할 수 있다.

④ 제①항부터 제③항까지에서 규정한 사항 외에 건축물 에너지·온실가스 정보의 제출 및 그 공개 방법과 절차 등에 관하여 필요한 사항은 국토교통부장관이 정하여 고시한다.

■ 정보체계공개방식(법 제10조⑤)
1. 건축물에너지·온실가스 정보체계
2. 정보통신서비스 제공자
3. (국)이 지정한 기관·단체의 홈페이지

예제문제 02

녹색건축물 조성 지원법에 따른 건축물의 온실가스 배출량 및 에너지 사용량과 관련된 에너지·온실가스 정보체계에 대한 기준 중 가장 부적당한 것은?

① 건축물 에너지·온실가스 정보체계는 국토교통부장관이 구축하여야 한다.

② 건축물 에너지·온실가스 정보체계는 기후위기 대응을 위한 탄소중립·녹색성장기본법에 따른 국가 온실가스 종합정보 관리체계에 부합되어야 한다.

③ 에너지 공급·관리기관은 매월 말일을 기준으로 다음 달 20일까지 건축물 에너지·온실가스 정보를 국토교통부장관에게 제출하여야 한다.

④ 에너지공급기관등이 하나의 건축물에 대하여 여러 세대·호·가구 등으로 구분하여 건축물 에너지·온실가스 정보를 관리하고 있는 경우 그 구분된 각각의 세대·호·가구 등의 건축물 에너지·온실가스 정보를 포함하여 국토교통부장관에게 제출하여야 한다.

해설 매월 말일을 기준으로 다음 달 15일까지 제출하여야 한다.

답 : ③

예제문제 03

"녹색건축물 조성 지원법"에 따른 건축물 에너지·온실가스 정보체계 구축 등과 관련한 내용으로 적절하지 <u>않은</u> 것은? 【18년 기출문제】

① 건축물 에너지·온실가스 정보체계를 구축하는 때에는 국가 온실가스 종합정보관리 체계에 부합하도록 하여야 한다.
② 에너지경제연구원은 국토교통부장관에게 건축물 에너지·온실가스 정보를 제출하여야 한다.
③ 에너지공급기관은 건축물의 온실가스 배출량 및 에너지 사용량과 관련된 정보 및 통계를 매월 말일까지 국토교통부장관에게 제출하여야 한다.
④ 국토교통부장관은 온실가스 배출량 및 에너지 사용량을 지역·용도·규모별로 구분하여 공개할 수 있다.

──────────────────────────────

해설 에너지공급기관 또는 관리기관은 건축물에너지 · 온실가스 정보를 매월 말일을 기준으로 다음달 15일까지 국토교통부장관에게 제출하여야 한다.

답 : ③

예제문제 04

"녹색건축물 조성 지원법" 제10조 따라 건축물 에너지 · 온실가스 정보를 국토교통부장관에게 제출하도록 명시되어 있는 기관으로 가장 적절하지 않은 것은? 【23년 기출문제】

① "한국부동산원법"에 따른 한국부동산원
② "한국석유공사법"에 따른 한국석유공사
③ "공동주택관리법" 제8조에 따른 공동주택관리정보시스템의 운영기관
④ "정부출연연구기관 등의 설립 · 운영 및 육성에 관한 법률" 제8조에 따른 에너지경제연구원

──────────────────────────────

해설 한국부동산원은 정보체계 운영을 위탁 받을 수 있다.

답 : ①

(2) 건축물 에너지·온실가스 정보체계 운영위탁

국토교통부장관은 건축물 에너지·온실가스 정보체계의 운영을 다음의 기관에게 위탁할 수 있다.

1. 건축공간연구원
2. 한국부동산원
3. 한국에너지공단

2 지역별 건축물의 에너지소비 총량 관리

법	시행령
제11조【지역별 건축물의 에너지총량 관리】 ① 시·도지사는 대통령령으로 정하는 바에 따라 관할 지역의 건축물에 대하여 에너지 소비 총량을 설정하고 관리할 수 있다. ② 시·도지사는 제1항에 따라 관할 지역의 건축물에 대하여 에너지 소비 총량을 설정하려면 미리 대통령령으로 정하는 바에 따라 해당 지역주민 및 지방의회의 의견을 들어야 한다.	**제8조【지역별 건축물의 에너지 소비 총량 관리 등】** ① 시·도지사는 법 제11조제1항에 따라 관할 지역의 건축물(「건축법」 제3조제1항에 해당하는 건축물은 제외한다. 이하 같다)에 대하여 기본계획 및 조성계획에서 정하는 목표량의 범위에서 관할 지역 건축물의 에너지 소비 총량을 설정하여 관리할 수 있다. ② 시·도지사는 법 제11조제1항에 따라 관할 지역 건축물의 에너지 소비 총량을 설정하려면 그 내용을 해당 시·도의 공보에 게재하여 30일 이상 주민에게 열람하게 하고, 지방의회의 의견을 들어야 한다. 이 경우 지방의회는 60일 이내에 의견을 제시하여야 하며, 그 기한 내에 의견을 제시하지 아니하면 의견이 없는 것으로 본다. ③ 시·도지사는 제2항에 따라 주민 열람 및 지방의회의 의견을 들은 후 「기후위기 대응을 위한 탄소중립·녹색성장기본법」 제22조에 따른 2050 지방탄소중립 녹색성장위원회(2050 지방탄소중립 녹색성장위원회가 설치되어 있지 아니한 경우에는 「건축법」 제4조에 따라 시·도에 두는 지방건축위원회를 말한다)의 심의를 거쳐 관할 지역 건축물의 에너지 소비 총량을 확정한다. 〈개정 2022.3.25〉 ④ 제1항부터 제3항까지에서 규정한 사항 외에 지역별 건축물의 에너지 소비 총량 설정 방법, 대상, 절차 및 의견조회 방법 등에 관하여 필요한 사항은 시·도의 조례로 정한다.
③ 시·도지사는 관할 지역의 건축물 에너지총량을 달성하기 위한 계획을 수립하여 국토교통부장관과 협약을 체결할 수 있다. 이 경우 국토교통부장관은 협약을 체결한 지방자치단체의 장에게 협약의 이행에 필요한 행정적·재정적 지원을 할 수 있다. 〈개정 2013.3.23〉 ④ 제3항에 따른 협약의 체결 및 이행 등에 필요한 사항은 국토교통부령으로 정한다. 〈개정 2013.3.23〉	**[시행규칙]** **제5조【지역별 건축물의 에너지 소비총량 관리 협약의 체결 및 이행】** ① 법 제11조제3항에 따라 체결하는 협약(이하 "협약"이라 한다)에는 다음 각 호의 사항이 포함되어야 한다. 1. 협약을 체결하는 특별시장·광역시장·특별자치시장·도지사 또는 특별자치도지사(이하 "시·도지사"라 한다)가 설정하는 관할 지역의 건축물(「건축법」 제3조제1항에 따른 건축물은 제외한다. 이하 같다) 에너지 소비총량 목표 및 이를 달성하기 위한 계획(이하 이 조에서 "목표달성계획"이라 한다)에 관한 사항 2. 협약 이행의 보고 및 평가에 관한 사항 3. 협약을 이행하는 데 필요한 행정적·재정적 지원 및 집행에 관한 사항

4. 협약의 유효기간에 관한 사항

5. 협약의 변경 및 해약에 관한 사항

6. 협약을 위반하였을 때의 조치사항

7. 그 밖에 협약 당사자 간에 지역별 건축물의 에너지 소비총량을 달성하기 위하여 필요하다고 인정하는 사항

② 시·도지사는 제1항에 따른 협약 체결 시 지체 없이 그 내용을 주민에게 공고하여야 한다.

③ 시·도지사는 제1항제4호에 따른 협약의 유효기간 동안 다음 각 호의 사항을 포함한 협약의 이행 결과를 매년 3월 31일까지 국토교통부장관에게 보고하여야 한다. 〈개정 2013.3.23〉

1. 목표달성계획에 따른 전년도의 지역별 건축물 에너지 소비 총량의 목표달성 여부

2. 목표달성계획의 이행이 지연되는 경우 그 사유, 조치 및 개선방안

3. 협약의 목표 이행을 위한 예산집행 실적

요점 지역별 건축물의 에너지 소비 총량 관리

(1) 에너지 소비 총량

1) 에너지 소비 총량의 설정

시·도지사는 관할 지역의 건축물(건축법 제3조1항 건축물 제외)에 대하여 기본계획 및 조성계획에서 정하는 목표량의 범위에서 건축물 에너지 소비 총량을 설정하여 관리할 수 있다.

■ 소비총량 적용제외
  (건축법 3조 ①건축물)

1. 문화재

2. 선로부지내 시설

3. 고속도로 통행료 징수시설

4. 컨테이너 창고

|참고|

법 건축법 제3조1항 【건축물】

1. 「문화재보호법」에 따른 지정문화재나 가지정(假指定) 문화재 또는 「자연유산의 보존 및 활용에 관한 법률」에 따라 지정된 명승이나 임시지정 명승

2. 철도나 궤도의 선로 부지(敷地)에 있는 다음 각 목의 시설
    가. 운전보안시설
    나. 철도 선로의 위나 아래를 가로지르는 보행시설
    다. 플랫폼
    라. 해당 철도 또는 궤도사업용 급수(給水)·급탄(給炭)·급유(給由) 시설

3. 고속도로 통행료 징수시설

4. 컨테이너를 이용한 간이창고(「산업집적활성화 및 공장설립에 관한 법률」 제2조제1호에 따른 공장의 용도로만 사용되는 건축물의 대지에 설치하는 것으로서 이동이 쉬운 것만 해당된다.)

5. 「하천법」에 따른 하천구역내의 수문 조작실

예제문제 05

녹색건축물 조성 지원법에 따른 지역별 건축물 에너지 소비 총량 관리 대상에 해당되지 않는 건축물은?

① 교육시설 건축물　　　　　　　② 판매시설 건축물
③ 복지시설 건축물　　　　　　　④ 철도 운전 보안시설 건축물

───

해설 1. 시·도지사는 관할 지역의 건축물(건축법 제3조1항 건축물 제외)에 대하여 기본계획 및 조성계획에서 정하는 목표량의 범위에서 건축물 에너지 소비 총량을 설정하여 관리할 수 있다.
　　2. 건축법 제3조1항 건축물
　　　㉠ 지정문화재나 가지정(假指定) 문화재
　　　㉡ 철도나 궤도의 선로 부지(敷地)에 있는 다음 각 목의 시설
　　　　　운전보안시설
　　　　나. 철도 선로의 위나 아래를 가로지르는 보행시설
　　　　다. 플랫폼
　　　　라. 해당 철도 또는 궤도사업용 급수(給水)·급탄(給炭)·급유(給油) 시설
　　　㉢ 고속도로 통행료 징수시설
　　　㉣ 컨테이너를 이용한 간이창고
　　　㉤ 수문조작실

답 : ④

2) 시·도지사의 업무범위

시·도지사는 건축물 에너지 소비 총량 설정·관리를 위하여 시행령 및 시·도 조례에 따라 다음과 같은 업무를 수행한다.

1. 시행령 근거	① 공고 및 열람 ② 지방의회 의견 청취 ③ 녹색성장위원회 심의(녹색성장위원회 미설치시 건축위원회 심의) ④ 에너지 소비 총량 확정
2. 조례 근거	① 에너지 소비 총량 설정 방법 ② 에너지 소비 총량 관리 대상 ③ 에너지 소비 총량 관리 절차 및 의견 조회

예제문제 06

녹색건축물 조성 지원법에 따른 지역별 건축물의 에너지 총량 관리에 있어서 시·도지사가 시·도의 조례로 정할 수 있는 사항이 아닌 것은? 【16년 기출문제】

① 에너지 소비 총량 설정 방법 등에 관하여 필요한 사항
② 에너지 소비 총량 관리 대상 등에 관하여 필요한 사항
③ 에너지 소비 총량 관리 절차 및 의견조회 방법 등에 관하여 필요한 사항
④ 에너지 소비 총량 협약 체결 및 이행 방법 등에 관하여 필요한 사항

───────────────────────────────

[해설] 지역별 건축물 에너지 소비 총량 관리서 시·도 조례 위임 사항
1. 소비 총량 설정 방법   3. 소비 총량 절차
2. 소비 총량 대상   4. 소비 총량 의견 조회 방법

답 : ④

3) 에너지 소비 총량 설정 절차(시·도지사 주관)

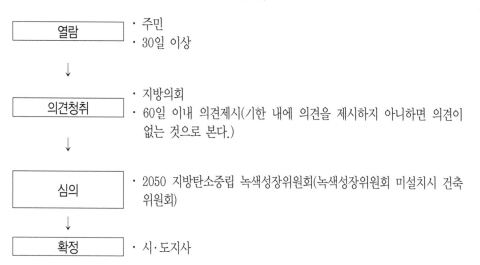

■ 에너지소비총량 설정권자
 : 시·도지사

| 열람 | · 주민
· 30일 이상 |

↓

| 의견청취 | · 지방의회
· 60일 이내 의견제시(기한 내에 의견을 제시하지 아니하면 의견이 없는 것으로 본다.) |

↓

| 심의 | · 2050 지방탄소중립 녹색성장위원회(녹색성장위원회 미설치시 건축위원회) |

↓

| 확정 | · 시·도지사 |

■ 비고
지역별 건축물의 에너지 소비 총량 설정 방법, 대상, 절차 및 의견조회 방법 등에 관하여 필요한 사항은 시·도의 조례로 정한다.

예제문제 07

녹색건축물 조성 지원법에 따른 지역별 건축물 에너지 소비 총량 설정절차에 관한 기준 중 가장 부적당한 것은?

① 시·도지사는 관할지역의 건축물에 대하여 에너지 소비 총량을 설정하고 관리하여야 한다.

② 시·도지사는 에너지 소비 총량을 설정할 경우 그 내용을 시·도공보에 게재하여 30일 이상 주민에게 열람하여야 한다.

③ 지방의회는 부의된 사항에 대하여 60일 이내에 의견을 제시하여야 하며, 그 기한 내에 의견을 제시하지 아니하면 의견이 없는 것으로 본다.

④ 시·도지사는 지방녹색성장위원회(지방녹색성장위원회가 설치되지 않는 경우에는 지방건축위원회)의 심의를 거쳐 관할 지역 건축물의 에너지 소비 총량을 확정한다.

──────────────────────────────────

[해설] 시·도지사는 관할 지역의 건축물에 대하여 소비 총량을 설정하고 관리할 수 있다.

답 : ①

(2) 지역별 건축물 에너지 총량 관리 협약

1) 협약의 체결

① 시·도지사는 관할 지역의 건축물 에너지총량을 달성하기 위한 계획을 수립하여 국토교통부장관과 협약을 체결할 수 있다.

② 국토교통부장관은 협약을 체결한 지방자치단체의 장에게 협약의 이행에 필요한 행정적·재정적 지원을 할 수 있다.

③ 시·도지사는 제1항에 따른 협약 체결 시 지체 없이 그 내용을 주민에게 공고하여야 한다.

2) 협약의 내용

1. 협약을 체결하는 시·도지사가 설정하는 관할 지역의 건축물 에너지 소비총량 목표 및 이를 달성하기 위한 계획(목표달성계획)에 관한 사항

2. 협약 이행의 보고 및 평가에 관한 사항

3. 협약을 이행하는 데 필요한 행정적·재정적 지원 및 집행에 관한 사항

4. 협약의 유효기간에 관한 사항

5. 협약의 변경 및 해약에 관한 사항

6. 협약을 위반하였을 때의 조치사항

7. 그 밖에 협약 당사자 간에 지역별 건축물의 에너지 소비총량을 달성하기 위하여 필요하다고 인정하는 사항

3) 협약결과의 보고

시·도지사는 협약의 유효기간 동안 다음의 협약 이행결과를 매년 3월 31일까지 국토교통부장관에게 보고하여야 한다.

1. 목표달성계획에 따른 전년도의 지역별 건축물 에너지 소비총량의 목표달성 여부

2. 목표달성계획의 이행이 지연되는 경우 그 사유, 조치 및 개선방안

3. 협약의 목표 이행을 위한 예산집행 실적

예제문제 08

녹색건축물 조성 지원법에 의한 지역별 건축물 에너지 총량 관리에 대한 협약체결기준 중 가장 부적당한 것은?

① 시·도지사는 관할 지역의 건축물 에너지총량을 달성하기 위한 계획을 수립하여 국토교통부장관과 협약을 체결할 수 있다.

② 협약 이행의 보고·평가 및 유효기간 등에 관한 사항이 협약의 내용이 된다.

③ 국토교통부장관은 협약을 체결한 지방자치단체의 장에게 협약의 이행에 필요한 행정적·재정적 지원을 할 수 있다.

④ 시·도지사는 협약의 유효기간 동안 협약 이행결과를 매년 12월 31일까지 국토교통부장관에게 보고하여야 한다.

해설 시·도지사는 협약의 유효기간 동안 다음 각 호의 사항을 포함한 협약의 이행 결과를 매년 3월 31일까지 국토교통부장관에게 보고하여야 한다.

1. 목표달성계획에 따른 전년도의 지역별 건축물 에너지 소비총량의 목표달성 여부

2. 목표달성계획의 이행이 지연되는 경우 그 사유, 조치 및 개선방안

3. 협약의 목표 이행을 위한 예산집행 실적

답 : ④

3 개별 건축물 에너지 소비 총량 제한

법	시행령
제12조【개별 건축물의 에너지 소비 총량 제한】 ① 국토교통부장관은 「기후위기 대응을 위한 탄소중립·녹색성장기본법」 제8조에 따른 건물 부문의 중장기 및 연도별 온실가스 감축 목표의 달성을 위하여 신축 건축물 및 기존 건축물의 에너지 소비 총량을 제한할 수 있다. 〈개정 2013.3.23, 2021.9.24〉	제9조【개별 건축물의 에너지 소비 총량 제한 등】 ① 국토교통부장관은 법 제12조제1항에 따라 신축 건축물 및 기존 건축물의 에너지 소비 총량을 제한하려면 그 적용대상과 허용기준 등을 「건축법」 제4조에 따라 국토교통부에 두는 건축위원회의 심의를 거쳐 고시하여야 한다. 〈개정 2013.3.23., 2016.12.30.〉 ② 국토교통부장관은 다음 각 호의 어느 하나에 해당하는 자가 신축 또는 관리하고 있는 건축물에 대하여 에너지 소비 총량을 제한하거나 온실가스·에너지목표관리를 위하여 필요하면 해당 건축물에 대한 에너지 소비 총량 제한 기준을 따로 정하여 고시할 수 있다. 〈개정 2013.3.23, 2022.3.25〉 1. 중앙행정기관의 장 2. 지방자치단체의 장 3. 「기후위기 대응을 위한 탄소중립·녹색성장기본법 시행령」 제30조 제2항에 따른 공공기관 및 교육기관의 장
② 국토교통부장관은 연차별로 건축물 용도에 따른 에너지 소비량 허용기준을 제시하여야 한다. 〈개정 2013.3.23〉 ③ 건축물을 건축하려고 하는 건축주는 해당 건축물의 에너지 소비 총량이 제2항에 따른 허용기준의 이하가 되도록 설계하여야 하며, 건축 허가를 신청할 때에 관련 근거자료를 제출하여야 한다. ④ 기존 건축물의 에너지 소비 총량 관리는 「기후위기 대응을 위한 탄소중립·녹색성장기본법」 제26조 및 제27조에 따른 온실가스·에너지목표관리에 따른다. 〈개정 2021.9.24〉 ⑤ 신축 건축물의 에너지 소비 총량 제한과 기존 건축물의 온실가스·에너지목표관리에 관하여 필요한 사항은 대통령령으로 정한다.	

요점 개별 건축물 에너지 소비총량 제한

(1) 개별 건축물 에너지 소비 총량

① 국토교통부장관은 중앙건축위원회의 심의를 거쳐 신축건축물 및 기존 건축물의 에너지 소비 총량을 제한할 수 있다.

② 국토교통부장관은 연차별로 건축물 용도에 따른 에너지 소비량 허용기준을 제시하여야 한다.

(2) 개별 건축물 에너지 소비 총량 제한방안

① 건축물을 신축하려고 하는 건축주는 해당 건축물의 에너지 소비총량이 국토 교통부장관이 제시한 허용기준 이하가 되도록 설계하여야 하며, 건축허가 신청시 관련 근거자료를 제출하여야 한다.

② 기존 건축물의 에너지 소비 총량 관리는 기후위기 대응을 위한 탄소중립·녹색 성장기본법에 의한 온실가스·에너지 목표관리에 따른다.

③ 국토교통부장관은 다음에 해당하는 자가 신축 또는 관리하고 있는 건축물에 대하여는 에너지 소비 총량제한 기준을 달리 정하여 고시할 수 있다.

> 1. 중앙행정기관의 장
>
> 2. 지방자치단체의 장
>
> 3. 공공기관 및 교육기관의 장(기후위기 대응을 위한 탄소중립·녹색성장기본법 시행령 30조 ②에 해당되는 기관의 장)

■ 개별 건축물 에너지소비총량 제한 기준
1. 신축건축물
• 허용기준 이하 설계
• 허가 신청시 자료제출
2. 기존 건축물
   저탄소 녹색 성장기본법의 온실가스, 에너지 목표관리 적용

■ 공공기관,교육기관의 범위(기후위기 대응을 위한 탄소중립·녹색성장기본법 시행령 30조 ②에 해당되는 기관의 장)
1. 공공기관
2. 지방공사 및 지방공단
3. 정부출연연구기관 및 연구회
4. 과학기술분야 정부출연연구기관 및 연구회
5. 지방자치단체출연연구원
6. 국립대학 및 공립대학

|참고|

법 기후위기 대응을 위한 탄소중립·녹색성장기본법 제8조【중장기 국가 온실가스 감축 목표 등】

① 정부는 국가 온실가스 배출량을 2030년까지 2018년의 국가 온실가스 배출량 대비 35퍼센트 이상의 범위에서 성하는 비율(40퍼센트)만큼 감축 하는 것을 중장기 국가 온실가스 감축 목표로 한다.

예제문제 09

"녹색건축물 조성 지원법"에 따른 개별 건축물의 에너지 소비 총량 제한에 대한 설명으로 가장 적절하지 않은 것은? 【19년 기출문제】

① 국토교통부장관은 신축 건물 뿐만 아니라 기존 건축물의 에너지 소비 총량을 제한할 수 있다.

② 국토교통부장관은 분기별로 건축물 규모에 따른 에너지 소비량 허용기준을 제시하여야 한다.

③ 국토교통부장관은 중앙행정기관의 장 또는 지방자치단체의 장이 관리하고 있는 건축물에 대하여 에너지 소비 총량 제한 기준을 따로 정하여 고시할 수 있다.

④ 개별 건축물의 에너지 소비 총량을 제한하려면 적용대상과 허용기준 등을 국토교통부에 두는 건축위원회의 심의를 거쳐 고시하여야 한다.

[해설] 국토교통부장관은 연차별로 건축물 용도에 따른 에너지 소비량 허용기준을 제시하여야 한다.

답 : ②

예제문제 10

녹색건축물 조성 지원법에 따른 건축물의 에너지 소비 총량 제한 기준 중 가장 부적당한 것은?

① 국토교통부장관은 중앙건축위원회의 심의를 거쳐 신축건축물에 대해서만 에너지 소비 총량을 제한할 수 있다.
② 국토교통부장관은 연차별로 건축물 용도에 따른 에너지 소비량 허용기준을 제시하여야 한다.
③ 건축물을 신축하려고 하는 건축주는 해당 건축물의 에너지 소비총량이 국토교통부장관이 제시한 허용기준 이하가 되도록 설계하여야 하며, 건축허가 신청시 관련 근거자료를 제출하여야 한다.
④ 기존 건축물의 에너지 소비 총량 관리는 기후위기 대응을 위한 탄소중립·녹색성장 기본법에 의한 온실가스·에너지 목표 관리에 따른다.

해설 국토교통부장관은 「기후위기 대응을 위한 탄소중립·녹색성장기본법」에 따른 건축물 부분의 중장기 및 단계별 온실가스 감축 목표의 달성을 위하여 신축 건축물 및 기존 건축물의 에너지 소비 총량을 제한할 수 있다.

답 : ①

예제문제 11

녹색건축물 조성 지원법에 따른 개별 건축물의 에너지 소비 총량 제한에 대한 설명으로 적절하지 않은 것은? 【16년 기출문제】

① 국토교통부장관은 연차별로 건축물 규모에 따른 에너지소비량 허용기준을 제시하여야 한다.
② 국토교통부장관은 신축 건축물뿐만 아니라 기존 건축물의 에너지소비총량을 제한할 수 있다.
③ 개별 건축물의 에너지소비총량을 제한하려면 그 적용대상과 허용기준 등을 중앙건축 위원회의 심의를 거쳐 고시하여야 한다.
④ 국토교통부장관은 정부출연연구기관 또는 국립대학의 장이 관리하고 있는 건축물에 대하여 에너지 소비총량 제한 기준을 따로 정하여 고시할 수 있다.

해설 국토교통부장관은 연차별로 건축물 용도에 따른 에너지 소비량 허용기준을 제시하여야 한다.

답 : ①

4 에너지성능 개선

법	시행령
제13조【기존 건축물의 에너지성능 개선기준】 ① 건축물의 에너지효율을 높이기 위하여 기존 건축물을 녹색건축물로 전환하는 경우에는 국토교통부장관이 고시하는 기준에 적합하여야 한다. 〈개정 2013.3.23〉 ② 제1항에 따른 기존 건축물의 종류 및 공사의 범위는 국토교통부령으로 정한다. 〈개정 2013.3.23〉	[시행규칙] 제6조【기존 건축물의 종류 및 공사의 범위】 ① 법 제13조제1항에 따른 기존 건축물은 「건축법」 제22조에 따른 사용승인을 받은 후 10년이 지난 건축물로 한다. ② 법 제13조제2항에 따른 공사의 범위는 기존 건축물의 리모델링·증축·개축·대수선 및 수선으로 한다. 다만, 수선은 창·문, 설비·기기, 단열재 등을 통하여 에너지성능을 개선하는 공사로 한정한다. [전문개정 2015.5.29]

요점 기존 건축물 에너지 성능 개선 [5편 1장 2절 참고 p.677]

(1) 적용목적

기존 건축물을 국토교통부장관이 고시하는 기준에 적합하게 녹색건축물로 전환함으로써 에너지효율을 높이기 위함이다.

(2) 적용대상 건축물

건축법상 사용승인을 받은 후 10년이 지난 건축물

(3) 적용행위

기존 건축물에 대한 다음의 행위를 말한다.

1. 리모델링, 증축, 개축, 대수선

2. 창·문, 설비·기기, 단열재 등을 통하여 에너지성능을 개선하기 위한 수선 공사

■ 기존 건축물 에너지 성능 개선 적용 행위에 용도변경 행위가 포함되지 않는다.

예제문제 12

기존 건축물의 에너지 효율을 높이기 위하여 녹색건축물로 전환하여야 하는 대상으로 적합한 것은?

① 사용승인 후 5년 이상 경과된 건축물의 개축
② 사용승인 후 10년 이상 경과된 건축물의 대수선
③ 사용승인 후 15년 이상 경과된 건축물의 수선
④ 사용승인 후 20년 이상 경과된 건축물의 용도변경

해설 사용승인 후 10년이 지난 건축물에 대한 리모델링, 증축, 개축, 대수선 및 일정한 수선공사가 해당된다.

답 : ②

예제문제 13

"녹색건축물 조성 지원법"에 따른 기존 건축물의 에너지성능개선 및 그린리모델링 사업에 대한 설명으로 가장 적절하지 <u>않은</u> 것은?　【19년 기출문제】

① 기존 건축물의 에너지 성능개선 공사범위에 창·문의 수선을 통한 에너지성능 개선 공사는 포함되고, 대수선은 포함되지 않는다.
② 기존 건축물은 사용승인을 받은 후 10년이 지난 건축물이다.
③ 그린리모델링 사업자 등록기준에는 인력기준, 장비기준, 시설기준이 있다.
④ 그린리모델링 사업 범위에는 기존 건축물을 녹색건축물로 전환하는 사업이 포함된다.

해설 기존 건축물에 대한 에너지 성능개선사업은 다음과 같다.
1. 리모델링, 증축, 개축, 대수선
2. 창·문, 설비·기기, 단열재 등을 통하여 에너지성능을 개선하기 위한 수선 공사

답 : ①

5 공공건축물의 에너지 소비량 공개

법	시행령
제13조의2【공공건축물의 에너지 소비량 공개 등】 ① 공공부문의 건축물 에너지절약 및 온실가스 감축을 위하여 대통령령으로 정하는 건축물(이하 "공공건축물"이라 한다)의 사용자 또는 관리자는 국토교통부장관에게 해당 건축물의 에너지 소비량을 매 분기마다 보고하여야 한다. ② 국토교통부장관은 제1항에 따라 보고받은 공공건축물의 에너지 소비량을 대통령령으로 정하는 바에 따라 공개하여야 한다.	**제9조의2【공공건축물의 에너지 소비량 공개】** ① 법 제13조의2제1항에서 "대통령령으로 정하는 건축물"이란 다음 각 호의 기준에 모두 해당하는 건축물을 말한다. 1. 제9조제2항 각 호의 기관이 소유 또는 관리하는 건축물일 것 2. 다음 각 목의 어느 하나에 해당하는 용도일 것 　가. 「건축법 시행령」 별표 1 제5호에 따른 문화 및 집회시설(이하 "문화 및 집회시설"이라 한다) 　나. 「건축법 시행령」 별표 1 제8호에 따른 운수시설 　다. 「건축법 시행령」 별표 1 제9호가목에 따른 병원 　라. 「건축법 시행령」 별표 1 제10호가목에 따른 학교 중 고등학교, 전문대학, 대학, 대학교 및 같은 호 바목에 따른 도서관 　마. 「건축법 시행령」 별표 1 제12호에 따른 수련시설 　바. 「건축법 시행령」 별표 1 제14호에 따른 업무시설(이하 "업무시설"이라 한다) 3. 「건축법」 제22조에 따른 사용승인을 받은 후 10년이 지났을 것 4. 연면적이 3천제곱미터 이상일 것 ② 법 제13조의2제2항에 따른 공공건축물의 에너지 소비량 정보 등이 공개에 관하여는 법 제10조제5항을 준용한다. [본조신설 2015.5.28]
③ 국토교통부장관은 제1항에 따라 보고받은 에너지 소비량을 검토한 결과 에너지효율이 낮은 건축물에 대하여는 건축물의 에너지효율 및 성능개선을 요구하여야 하고, 공공건축물의 사용자 또는 관리자는 특별한 사유가 없으면 이에 따라야 한다. 〈2021.7.27〉 ④ 제1항부터 제3항까지에 따른 에너지 소비량 보고, 공개, 표시 방법 및 에너지 소비량의 적정성 검토방법 등 필요한 사항은 국토교통부령으로 정한다. [본조신설 2014.5.28]	**[시행규칙]** **제6조의2【공공건축물의 에너지 소비량 보고 및 공개】** ① 공공건축물의 사용자 또는 관리자(이하 "공공건축물 사용자 등"이라 한다)는 법 제13조의2제1항에 따라 해당 공공건축물의 에너지 소비량 보고서를 매 분기 말일을 기준으로 다음 달 말일까지 국토교통부장관에게 제출하여야 한다. ② 제1항에 따른 에너지 소비량 보고서는 별지 제2호서식과 같다. ③ 국토교통부장관은 제1항에 따라 보고받은 에너지 소비량의 에너지소비 특성 및 이용 상황 등에 대한 적정성 검토를 위하여 현장조사를 실시할 수 있으며, 에너지 소비량 분석결과를 공공건축물 사용자 등에게 미리 통보하고 의견을 들을 수 있다. ④ 공공건축물 사용자 등은 법 제13조의2제2항에 따라 공개된 에너지 소비량을 별지 제2호의2서식을 참고하여 해당 공공건축물의 주출입구에 게시할 수 있다. 〈개정 2017.1.20.〉 ⑤ 제1항부터 제4항까지에서 규정한 사항 외에 공공건축물의 에너지효율 및 성능개선 요구 기준 등 에너지 소비량 공개에 관한 세부사항은 국토교통부장관이 정하여 고시한다. [본조신설 2015.5.29]

요점 공공건축물의 에너지 소비량 공개

1. 목적	공공부문의 건축물 에너지절약 및 온실가스 감축		
2. 대상	**관리기관의 범위 (소유 또는 관리)**	**적용 시설**	**기준**
	• 중앙행정기관의 장 • 지방자치단체의 장 • 기후위기 대응을 위한 탄소중립·녹색성장 기본법 시행령 30조②에 해당기관	• 문화 및 집회시설 • 운수시설 • 병원 • 고등학교, 대학교 • 도서관 • 수련시설 • 업무시설	• 연면적 3,000㎡ 이상으로서 사용 승인 후 10년이 경과 된 건축물
3. 제출 및 공개	• 공공건축물 사용자 또는 관리자 ──제출→ 국토교통부장관 공개 • 매 분기말일을 기준으로 다음달 말일까지 해당 건축물의 에너지 소비량 제출		
4. 관리	① 국토교통부장관은 보고받은 에너지 소비량의 에너지소비 특성 및 이용 상황 등에 대한 적정성 검토를 위하여 현장조사를 실시할 수 있으며, 에너지 소비량 분석결과를 공공건축물 사용자 등에게 미리 통보하고 의견을 들을 수 있다. ② 국토교통부장관은 보고받은 에너지 소비량을 검토한 결과 에너지 효율이 낮은 건축물에 대하여는 건축물의 에너지효율 및 성능개선을 요구하여야 한다. ③ 공공건축물 사용자 등은 공개된 에너지 소비량을 해당 공공건축물의 주출입구에 게시할 수 있다.		

예제문제 14

녹색건축물 조성 지원법에서 사용승인을 받은 후 10년이 지난 연면적 3천 제곱미터 이상의 공공건축물 중 에너지소비량 공개 대상으로 가장 부적합한 것은? 【15년 기출문제】

① 문화 및 집회 시설 ② 노유자 시설
③ 운수 시설 ④ 대학교 도서관

[해설] 에너지소비량 공개대상 건축물의 범위
 1. 문화 및 집회시설
 2. 운수시설
 3. 도서관
 4. 업무시설
 5. 수련시설
 6. 국·공립대학교 등

답 : ②

예제문제 15

"녹색건축물 조성 지원법"에 따라 공공건축물의 사용자 또는 관리자가 국토교통부장관에게 제출해야 하는 공공건축물의 에너지소비량 보고서("녹색건축물 조성 지원법 시행규칙" 별지 제2호서식)에 포함되는 내용으로서 가장 적절하지 않은 것은?

【18년 기출문제】

① 건축물의 냉난방 면적 및 냉난방 방식
② 분기별·에너지원별 건축물 에너지 소비량
③ 연간 단위면적당 1차 에너지 소비량
④ 비교 건물군의 연간 단위면적당 1차 에너지 소비량

[해설] 비교 건물군의 연간 단위면적당 1차 에너지소비량은 건축물에너지 소비량 표시 서식(명판의 표시) 내용에 해당된다.

답 : ④

예제문제 16

"녹색건축물 조성 지원법"에 따른 '공공건축물의 에너지 소비량 보고 및 공개'에 대한 설명으로 가장 적절하지 않은 것은? 【20년 기출문제】

① 공공건축물의 사용자 또는 관리자는 해당 공공 건축물의 에너지 소비량 보고서를 매 년 국토교통부장관에게 제출하여야 한다.
② 국토교통부장관은 보고받은 에너지 소비량의 에너지소비 특성 및 이용 상황 등에 대한 적정성 검토를 위하여 현장조사를 실시할 수 있다.
③ 공공건축물 사용자 등은 공개된 에너지 소비량을 해당 공공건축물의 주출입구에 게시할 수 있다.
④ 공공건축물의 에너지효율 및 성능개선 요구 기준 등 에너지 소비량 공개에 관한 세부사항은 국토교통부장관이 정하여 고시한다.

[해설] 에너지 소비량 보고서는 매 분기마다 보고해야 한다.

답 : ①

■ 녹색건축물 조성 지원법 시행규칙[별지 제2호서식] <개정 2017. 1. 20.>

건축물 에너지 소비량 보고서

에너지소비량 코드번호		연간단위면적당 1차에너지 소비량 3개년 평균		(kWh/㎡·년)

건축물 개요	건축물명		건축물대장 고유번호		건축물 현황 구분		
	소유구분 [ ] 임대 (소유자 :) [ ] 소유		주용도		사용승인 년 월 일		
	규 모 (지상) 층 (지하) 층		연면적 ㎡	냉난방면적 ㎡	냉난방 방식	(난방) [ ]중앙 / [ ] 개별 (냉방) [ ]중앙 / [ ] 개별	
	소 재 지						

보고 기관	기 관 명	대 표 자	법인등록번호
	담 당 자	전화번호(담당)	전자우편(담당)

건축물 에너지 소비량 (※건축물 에너지 소비량 보고기간은 분기를 단위로 최근 3개년(12분기) 실적에 대하여 작성합니다.)

기간	연도													합계
	분기	/4	/4	/4	/4	/4	/4	/4	/4	/4	/4	/4	/4	
에너지소비량	도시가스													(MJ)
	전기													(kWh)
	지역 냉·난방													(Mcal)
	유류													(MJ)
	기타													(MJ)
	합계													(kWh)
단위면적당 1차 에너지 소비량														(kWh/㎡)
연간 단위면적당 1차 에너지 소비량		(kWh/㎡·년)				(kWh/㎡·년)				(kWh/㎡·년)				

「녹색건축물 조성 지원법」제13조의2제1항, 같은 법 시행령 제9조의2 및 같은 법 시행규칙 제6조의2제1항에 따라 건축물의 에너지 소비량을 보고합니다.

년   월   일

○ ○ 기 관 의 장

국 토 교 통 부 장 관 귀하

■ 녹색건축물 조성 지원법 시행규칙[별지 제2호의 2서식] <개정 2017. 1. 20.>

건축물 에너지 소비량 표시 서식

1. 명판의 표시

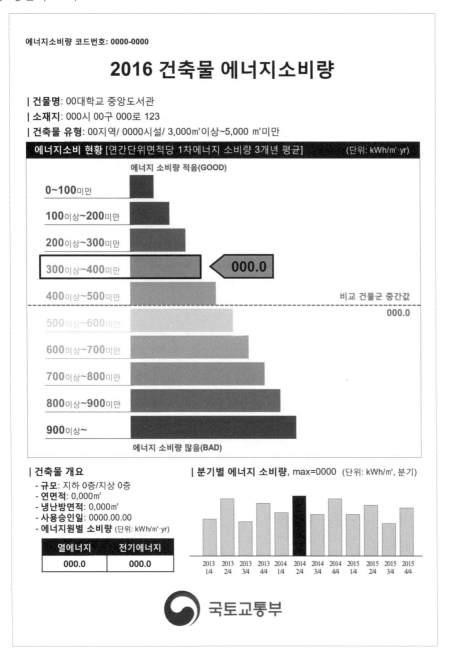

2. 비고

가. 크기: A3 이상

나. 명판의 재질은 명판이 부착되는 건물의 특성에 따라 선택 가능

6 차양 등의 설치

법	시행령
제14조의2 【건축물의 에너지 소비 절감을 위한 차양 등의 설치】 ① 대통령령으로 정하는 건축물을 건축 또는 리모델링하는 경우로서 외벽에 창을 설치하거나 외벽을 유리 등 국토교통부령으로 정하는 재료로 하는 경우 건축주는 에너지효율을 높이기 위하여 국토교통부장관이 고시하는 기준에 따라 일사(日射)의 차단을 위한 차양 등 일사조절장치를 설치하여야 한다. ② 대통령령으로 정하는 건축물을 건축 또는 리모델링하려는 건축주는 에너지 소비 절감 및 효율적인 관리를 위하여 열의 손실을 방지하는 단열재 및 방습층(防濕層), 지능형 계량기, 고효율의 냉방·난방 장치 및 조명기구 등 건축설비를 설치하여야 한다. 이 경우 건축설비의 종류, 설치 기준 등은 국토교통부장관이 고시한다. [본조신설 2014.5.28]	제10조의2 【에너지 소비 절감을 위한 차양 등의 설치 대상 건축물】 법 제14조의2제1항 및 같은 조 제2항 전단에서 "대통령령으로 정하는 건축물"이란 각각 다음 각 호의 기준에 모두 해당하는 건축물을 말한다. 1. 제9조제2항 각 호의 기관이 소유 또는 관리하는 건축물일 것 2. 연면적이 3천제곱미터 이상일 것 3. 용도가 업무시설 또는 「건축법 시행령」 별표 1 제10호에 따른 교육연구시설일 것 [본조신설 2015.5.28] [시행규칙] 제7조의2 【차양 등의 설치가 필요한 외벽 등의 재료】 법 제14조의2제1항에서 "국토교통부령으로 정하는 재료"란 채광(採光)을 위한 유리 또는 플라스틱을 말한다. [본조신설 2015.5.29]

요점 차양 등의 설치

■공공기관·교육기관의 범위
　(기후위기 대응을 위한 탄소중립·
　녹색성장기본법 시행령 30조 ②항)
1. 공공기관
2. 지방공사 및 지방공단
3. 정부출연연구기관 및 연구회
4. 과학기술분야 정부출연연구기관 및 연구회
5. 지방자치단체출연연구원
6. 국립대학 및 공립대학

1. 목적	에너지 효율 증진			
2. 대상	관리기관의 범위 (소유 또는 관리)	적용 시설	규모	적용행위
	• 중앙행정기관의 장 • 지방자치단체의 장 • 공공기관의 장 • 교육기관의 장 • 기후위기 대응을 위한 탄소중립·녹색성장기본법 시행령 30조 ②항	• 업무시설 • 교육연구시설	• 연면적 3,000㎡ 이상	• 건축 • 리모델링
3. 조치	① 다음의 행위시에는 차양 등 일사 조절 장치를 설치하여야 한다. 　1. 외벽에 창을 설치하는 경우 　2. 외벽을 유리, 플라스틱으로 하는 경우 ② 열의 손실을 방지하는 단열재 및 방습층(防濕層), 지능형 계량기, 고효율의 냉방·난방 장치 및 조명기구 등 건축설비를 설치하여야 한다.			
4. 기술 기준	국토교통부장관이 고시			

예제문제 **17**

녹색건축물 조성 지원법에서 공공기관이 신축하는 건축물 중 에너지 소비 절감을 위한 차양설치 의무대상으로 가장 적합한 것은? 【15년 기출문제】

① 연면적 1천 제곱미터 이상의 업무시설
② 연면적 3천 제곱미터 이상의 교육연구시설
③ 연면적 1천 제곱미터 이상의 문화 및 집회시설
④ 연면적 3천 제곱미터 이상의 판매시설

해설 차양 등의 설치대상 건축물
중앙행정기관 등 공공기관이 소유 또는 관리하는 연면적 3,000㎡ 이상인 업무시설 또는 교육연구시설에 대한 건축 및 리모델링

답 : ②

예제문제 **18**

"녹색건축물 조성 지원법"에 따른 에너지 소비 절감을 위한 차양 등 일사조정장치 설치 의무 대상인 건축물로 가장 적절한 것은? 【23년 기출문제】

① 지방자치단체의 장이 관리하는 연면적 5천제곱미터 운수시설의 리모델링
② 지방자치단체의 장이 관리하는 연면적 4천제곱미터 문화 및 집회시설의 건축
③ 공공기관이 장이 관리하는 연면적 3천제곱미터 교육연구시설의 리모델링
④ 공공기관의 장이 관리하는 연면적 2천제곱미터 업무시설의 건축

해설 차양 등의 설치 대상
공공기관 등이 소유·관리하는 연면적 3000m² 이상의 업무시설·교육연구시설의 건축 또는 리모델링

답 : ③

7 에너지절약계획서

법	시행령
제14조【에너지 절약계획서 제출】 ① 대통령령으로 정하는 건축물의 건축주가 다음 각 호의 어느 하나에 해당하는 신청을 하는 경우에는 대통령령으로 정하는 바에 따라 에너지 절약계획서를 제출하여야 한다. 〈개정 2016.1.19.〉 1. 「건축법」 제11조에 따른 건축허가(대수선은 제외한다) 2. 「건축법」 제19조제2항에 따른 용도변경 허가 또는 신고 3. 「건축법」 제19조제3항에 따른 건축물대장 기재내용 변경 ② 제1항에 따라 허가신청 등을 받은 행정기관의 장은 에너지 절약계획서의 적절성 등을 검토하여야 한다. 이 경우 건축주에게 국토교통부령으로 정하는 에너지 관련 전문기관에 에너지 절약계획서의 검토 및 보완을 거치도록 할 수 있다. 〈개정2013.3.23., 2014.5.28.〉 ③ 제2항에도 불구하고 국토교통부장관이 고시하는 바에 따라 사전확인이 이루어진 에너지 절약계획서를 제출하는 경우에는 에너지 절약계획서의 적절성 등을 검토하지 아니할 수 있다. 〈신설2016.1.19.〉 ④ 국토교통부장관은 제2항에 따른 에너지 절약계획서 검토업무의 원활한 운영을 위하여 국토교통부령으로 정하는 에너지 관련 전문기관 중에서 운영기관을 지정하고 운영 관련 업무를 위임할 수 있다. 〈신설 2016.1.19.〉 ⑤ 제2항에 따른 에너지 절약계획서의 검토절차, 제4항에 따른 운영기관의 지정 기준·절차와 업무범위 및 그 밖에 검토업무의 운영에 필요한 사항은 국토교통부령으로 정한다. 〈신설 2016.1.19.〉 ⑥ 에너지 관련 전문기관은 제2항에 따라 에너지 절약계획서의 검토 및 보완을 하는 경우 건축주로부터 국토교통부령으로 정하는 금액과 절차에 따라 수수료를 받을 수 있다. 〈신설 2014.5.28., 2016.1.19.〉	**제10조【에너지 절약계획서 제출 대상 등】** ① 법 제14조제1항 각 호 외의 부분에서 "대통령령으로 정하는 건축물"이란 연면적의 합계가 500제곱미터 이상인 건축물을 말한다. 다만, 다음 각 호의 어느 하나에 해당하는 건축물을 건축하려는 건축주는 에너지 절약계획서를 제출하지 아니한다. 〈개정 2013.3.23, 2015.5.28, 2016.12.30, 2023.5.15〉 1. 「건축법 시행령」 별표 1 제1호에 따른 단독주택 2. 문화 및 집회시설 중 동·식물원 3. 「건축법 시행령」 별표 1 제17호부터 제23호까지, 제23호의2 및 제24호부터 제26호까지의 건축물 중 냉방 및 난방 설비를 모두 설치하지 아니하는 건축물 4. 그 밖에 국토교통부장관이 에너지 절약계획서를 첨부할 필요가 없다고 정하여 고시하는 건축물 ② 제1항 각 호 외의 부분 본문에 해당하는 건축물을 건축하려는 건축주는 건축허가를 신청하거나 용도변경의 허가신청 또는 신고, 건축물대장 기재내용의 변경 시 국토교통부령으로 정하는 에너지 절약계획서(전자문서로 된 서류를 포함한다)를 「건축법」 제5조제1항에 따른 허가권자(「건축법」 외의 다른 법령에 따라 허가·신고 권한이 다른 행정기관의 장에게 속하는 경우에는 해당 행정기관의 장을 말하며, 이하 "허가권자"라 한다)에게 제출하여야 한다. 〈개정 2013.3.23., 2016.12.30.〉 **[시행규칙]** **제7조【에너지 절약계획서 등】** ① 영 제10조제2항에서 "국토교통부령으로 정하는 에너지 절약계획서"란 다음 각 호의 서류를 첨부한 별지 제1호서식의 에너지 절약계획서를 말한다. 〈개정 2013.3.23〉 1. 국토교통부장관이 고시하는 건축물의 에너지 절약 설계기준에 따른 에너지 절약 설계 검토서 2. 설계도면, 설계설명서 및 계산서 등 건축물의 에너지 절약계획서의 내용을 증명할 수 있는 서류(건축, 기계설비, 전기설비 및 신·재생에너지 설비 부문과 관련된 것으로 한정한다) ② 법 제14조제2항 후단에서 "국토교통부령으로 정하는 에너지 관련 전문기관"이란 다음 각 호의 기관(이하 "에너지 절약계획서 검토기관"이라 한다)을 말한다. 〈개정 2015.5.29., 2017.1.20., 2018.1.18., 2020.12.11.〉 1. 「에너지이용 합리화법」 제45조에 따른 한국에너지공단(이하 "한국에너지공단"이라 한다)

2. 「국토안전관리원법」에 따른 국토안전관리원

3. 「한국부동산원법」에 따른 한국부동산원(이하 "한국부동산원"이라 한다)

4. 그 밖에 국토교통부장관이 에너지 절약계획서의 검토업무를 수행할 인력, 조직, 예산 및 시설 등을 갖추었다고 인정하여 고시하는 기관 또는 단체

③ 에너지 절약계획서 검토기관은 법 제14조제2항 후단에 따라 허가권자(「건축법」제5조제1항에 따른 건축허가권자를 말하며, 「건축법」 외의 다른 법령에 따라 허가·신고 권한이 다른 행정기관의 장에게 속하는 경우에는 해당 행정기관의 장을 말한다. 이하 같다)로부터 에너지 절약계획서의 검토 요청을 받은 경우에는 제7항에 따른 수수료가 납부된 날부터 10일 이내에 검토를 완료하고 그 결과를 지체 없이 허가권자에게 제출하여야 한다. 이 경우 건축주가 보완하는 기간 및 공휴일·토요일은 검토기간에서 제외한다. 〈개정 2017.1.20.〉

④ 법 제14조제4항에서 "국토교통부령으로 정하는 에너지 관련 전문기관"이란 법 제23조에 따른 녹색건축센터인 에너지 절약계획서 검토기관을 말한다. 〈신설 2017.1.20.〉

⑤ 국토교통부장관은 법 제14조제4항에 따라 에너지 절약계획서 검토업무 운영기관(이하 "에너지 절약계획서 검토업무 운영기관"이라 한다)을 지정하거나 그 지정을 취소한 경우에는 그 사실을 관보에 고시하여야 한다. 〈신설 2017.1.20.〉

⑥ 에너지 절약계획서 검토업무 운영기관은 다음 각 호의 업무를 수행한다. 〈신설 2017.1.20.〉

1. 법 제15조제1항에 따른 건축물의 에너지절약 설계기준 관련 조사·연구 및 개발에 관한 업무

2. 법 제15조제1항에 따른 건축물의 에너지절약 설계기준 관련 홍보·교육 및 컨설팅에 관한 업무

3. 에너지 절약계획서 작성·검토·이행 등 제도 운영 및 개선에 관한 업무

4. 에너지 절약계획서 검토 관련 프로그램 개발 및 관리에 관한 업무

5. 에너지 절약계획서 검토 관련 통계자료 활용 및 분석에 관한 업무

6. 에너지 절약계획서 검토기관별 검토현황 관리 및 보고에 관한 업무

7. 에너지 절약계획서 검토기관 점검 등 제1호부터 제6호까지에서 규정한 사항 외에 국토교통부장관이 요청하는 업무

⑦ 법 제14조제6항에 따른 에너지 절약계획서 검토 수수료는 별표 1과 같다.
〈신설 2015.3.5., 2015.5.29., 2017.1.20.〉

⑧ 제3항 및 제7항에 따른 에너지 절약계획서의 검토 및 보완 기간과 검토 수수료에 관한 세부적인 사항은 국토교통부장관이 정하여 고시한다.
〈신설 2015.3.5., 2017.1.20.〉

■ 에너지절약계획서 제출 대상이
  아닌 건축물
1. 연면적합계 500m² 미만인 건축물
2. 건축신고 대상 건축물
3. 단독주택
4. 동·식물원
5. 냉방 및 난방설비를 모두 설치
   하지 아니하는 다음의 건축물
· 공장
· 창고시설
· 위험물 저장 및 처리 시설
· 자동차 관련 시설
· 동물 및 식물 관련 시설
· 자원순환 관련시설
· 교정 시설
· 국방·군사 시설
· 방송통신시설
· 발전시설
· 묘지 관련 시설
· 운동시설
· 위락시설
· 관광휴게시설

요점 에너지절약 계획서

(1) 에너지절약계획서 제출

대상 건축물	예외

연면적 합계 500m² 이상 건축물의
┌ 건축허가 - 대수선 제외 [참고1]
└ 용도변경 [참고2]
→ 허가권자에게 제출
	· 건축신고(건축법 14조)[참고4]
	· 단독주택(다가구, 다중, 공관 포함)
	· 동·식물원
	· 공장, 창고시설 등(별표17호내지26호시설)
	  중 냉방 및 난방설비를 모두 설치하지 않은
	  건축물 [참고5]
	· 국토교통부장관이 고시하는 냉·난방설비를
	  설치하지 않는 다음의 건축물(에너지절약 설계
	  기준 3조)
	  ┌ 운동시설
	  ├ 위락시설
	  └ 관광휴게시설 등

|참고 1|

법 건축법 11조 【건축허가】

① 건축물을 건축하거나 대수선하려는 자는 특별자치시장, 특별자치도지사 또는 시장·
  군수·구청장의 허가를 받아야 한다. 다만, 21층 이상의 건축물 등 대통령령으로 정
  하는 용도 및 규모의 건축물을 특별시나 광역시에 건축하려면 특별시장이나 광역시
  장의 허가를 받아야 한다.
② 시장·군수는 제1항에 따라 다음 각 호의 어느 하나에 해당하는 건축물의 건축을 허
  가하려면 미리 건축계획서와 국토교통부령으로 정하는 건축물의 용도, 규모 및 형
  태가 표시된 기본설계도서를 첨부하여 도지사의 승인을 받아야 한다.
  1. 제1항 단서에 해당하는 건축물
  2. 자연환경이나 수질을 보호하기 위하여 도지사가 지정·공고한 구역에 건축하는 3층
    이상 또는 연면적의 합계가 1천제곱미터 이상인 건축물로서 위락시설과 숙박시설
    등 대통령령으로 정하는 용도에 해당하는 건축물
  3. 주거환경이나 교육환경 등 주변 환경을 보호하기 위하여 필요하다고 인정하여 도
    지사가 지정·공고한 구역에 건축하는 위락시설 및 숙박시설에 해당하는 건축물
③ 제1항에 따라 허가를 받으려는 자는 허가신청서에 국토교통부령으로 정하는 설계도
  서를 첨부하여 허가권자에게 제출하여야 한다.

|참고 2|

법 **건축법 19조【용도변경】**

① 건축물의 용도변경은 변경하려는 용도의 건축기준에 맞게 하여야 한다.

② 제22조에 따라 사용승인을 받은 건축물이 용도를 변경하려는 자는 다음 각 호의 구분에 따라 국토교통부령으로 정하는 바에 따라 특별자치도지사 또는 시장·군수·구청장의 허가를 받거나 신고를 하여야 한다.

  1. 허가 대상 : 제4항 각 호의 어느 하나에 해당하는 시설군(施設群)에 속하는 건축물의 용도를 상위군(제4항 각 호의 번호가 용도변경하려는 건축물이 속하는 시설군보다 작은 시설군을 말한다.)에 해당하는 용도로 변경하는 경우

  2. 신고 대상 : 제4항 각 호의 어느 하나에 해당하는 시설군에 속하는 건축물의 용도를 하위군(제4항 각 호의 번호가 용도변경하려는 건축물이 속하는 시설군보다 큰 시설군을 말한다.)에 해당하는 용도로 변경하는 경우

③ 제4항에 따른 시설군 중 같은 시설군 안에서 용도를 변경하려는 자는 국토교통부령으로 정하는 바에 따라 특별자치도지사 또는 시장·군수·구청장에게 건축물대장 기재내용의 변경을 신청하여야 한다. 다만, 대통령령으로 정하는 변경이 경우에는 그러하지 아니하다.

④ 시설군은 다음 각 호와 같고 각 시설군에 속하는 건축물의 세부 용도는 대통령령으로 정한다.

  1. 자동차 관련 시설군　　　　2. 산업 등의 시설군
  3. 전기통신시설군　　　　　　4. 문화 및 집회시설군
  5. 영업시설군　　　　　　　　6. 교육 및 복지시설군
  7. 근린생활시설군　　　　　　8. 주거업무시설군
  9. 그 밖의 시설군

|참고 3|

법 **건축법 11조1항【허가권자】**

① 건축물을 건축하거나 대수선하려는 자는 특별자치도지사 또는 시장·군수·구청장의 허가를 받아야 한다. 다만, 21층 이상의 건축물 등 대통령령으로 정하는 용도 및 규모의 건축물을 특별시나 광역시에 건축하려면 특별시장이나 광역시장의 허가를 받아야 한다.

건축허가 대상 및 허가권자	
1. 대상	건축물의 건축 또는 대수선 행위
2. 허가권자	특별시장·광역시장·특별자치시장·특별자치도지사 또는 시장·군수·구청장(자치구에 한함)

| 참고 4 |

법 **건축법 14조 【건축신고 대상 건축물】**

① 바닥면적 합계가 85m² 이내의 증축·개축·재축

② 읍·면지역에서 농·어업에 필요한 다음 건축물의 건축·대수선

건축물	규모
1. 창고	연면적 200m² 이하
2. 축사, 작물재배사	연면적 400m² 이하

- 예외 : 시장·군수가 지역계획 또는 도시·군관리계획에 지장이 있다고 지정·공고할 구역은 제외

③ 국토의 계획 및 이용에 관한 법률에 의한 관리지역·농림지역 또는 자연환경보전지역 안에서 연면적 200m² 미만이고 3층 미만인 건축물의 건축(다만 지구단위계획구역 안에서 건축을 제외한다.)

④ 연면적 200m² 미만이고 3층 미만인 건축물의 대수선

⑤ 기타 소규모 건축물로서 다음에 해당하는 건축물

1. 연면적 합계 100m² 이하인 건축물

2. 건축물의 높이를 3m 이하의 범위 안에서 증축하는 건축물

3. 표준설계도서에 의한 건축물 중 조례로 정한 건축물 등

| 참고 5 |

법 **건축법 시행령 별표1 제17호 내지 26호 건축물**

17. 공장
18. 창고시설
19. 위험물 저장 및 처리 시설
20. 자동차 관련 시설
21. 동물 및 식물 관련 시설
22. 자원순환 관련시설
23. 교정 군사 시설
23의2. 국방·군사 시설
24. 방송통신시설
25. 발전시설
26. 묘지 관련 시설

| 참고 6 |

법 **제3조(에너지절약계획서 제출 예외대상 등)**

① 영 제10조제1항에 따라 에너지절약계획서를 첨부할 필요가 없는 건축물은 다음 각 호와 같다.

1. 「건축법 시행령」 별표1 제3호 아목에 따른 시설 중 냉방 또는 난방 설비를 설치하지 아니하는 건축물

2. 「건축법 시행령」 별표1 제13호에 따른 운동시설 중 냉방 또는 난방 설비를 설치하지 아니하는 건축물

3. 「건축법 시행령」 별표1 제16호에 따른 위락시설 중 냉방 또는 난방 설비를 설치하지 아니하는 건축물

4. 「건축법 시행령」 별표1 제27호에 따른 관광 휴게시설 중 냉방 또는 난방 설비를 설치하지 아니하는 건축물

5. 「주택법」 제15조제1항에 따라 사업계획 승인을 받아 건설하는 주택으로서 「주택건설기준 등에 관한 규정」 제64조제3항에 따라 「에너지절약형 친환경주택의 건설기준」에 적합한 건축물

예제문제 19

녹색건축물 조성 지원법에 따른 에너지 절약계획서 제출 대상으로 부적합한 것은?

① 연면적 합계 500m²인 건축허가 대상 건축물

② 연면적 합계 1,000m²인 건축신고 대상 건축물

③ 연면적 합계 500m²인 허가 대상 용도변경

④ 연면적 합계 1,000m²인 신고 대상 용도변경

―――――――――――――――――――――――――

해설 에너지 절약계획서 제출 대상 건축물

1. 건축허가 대상 건축물
2. 용도변경(허가·신고·신청) 대상 건축물

답 : ②

예제문제 20

녹색건축물 조성 지원법에 따라 건축허가 신청시 에너지 절약계획서를 제출하여야 하는 건축물은?

① 연면적 합계 1,000m²인 다가구주택 ② 연면적 합계 1,000m²인 다세대주택

③ 연면적 합계 2,000m²인 동물원 ④ 연면적 합계 2,000m²인 식물원

―――――――――――――――――――――――――

해설 에너지 절약계획서 제출 대상 제외 건축물

1. 단독주택(다가구·다중·공관 포함)
2. 동·식물원
3. 공장·창고시설 등 중 냉방 또는 난방설비를 설치하지 않은 건축물
4. 국토교통부장관이 고시하는 건축물(에너지절약설계기준 3조)

답 : ②

예제문제 21

"녹색건축물 조성 지원법"에 따른 신축 건축물의 건축허가 신청 시 에너지 절약계획서 제출대상이 아닌 것은? (용도는 건축법 시행령 별표1에 따름) 【21년 기출문제】

① 연면적의 합계가 600 제곱미터인 다가구주택

② 냉방 및 난방 설비를 모두 설치하지 아니하는 연면적의 합계가 500 제곱미터인 제2종 근린 생활시설 중 일반음식점

③ 연면적의 합계가 1천 제곱미터인 업무시설

④ 냉방 및 난방 설비를 모두 설치하는 연면적의 합계가 500 제곱미터인 공장

―――――――――――――――――――――――――

해설 다가구주택 [단독주택]은 제외된다.

답 : ①

예제문제 22

일정한 건축물에 대해서는 녹색건축물 조성 지원법에 따른 에너지절약계획서를 제출하지 않을 수 있는 바, 이에 해당되지 않는 것은?

① 창고시설   ② 군사시설

③ 복지시설   ④ 발전시설

해설 1. 「건축법 시행령」 별표 1 제17호부터 제26호까지의 건축물 중 냉방 또는 난방 설비를 설치하지 아니하는 건축물에 대해서는 에너지 절약 계획서를 제출하지 아니한다.

2. 「건축법 시행령 별표 1 제17호 내지 26호 건축물」

   17. 공장   18. 창고시설

   19. 위험물 저장 및 처리 시설   20. 자동차 관련 시설

   21. 동물 및 식물 관련 시설   22. 자원순환 관련시설

   23. 교정 시설   23의2. 국방·군사 시설

   24. 방송통신시설   25. 발전시설

   26. 묘지 관련 시설   **답 : ③**

(2) 에너지절약계획서 서식

① 에너지절약계획서(시행규칙 별지 1호 서식)

② 국토교통부장관이 고시하는 건축물의 에너지 절약 설계기준에 따른 에너지 절약 설계 검토서

③ 설계도면, 설계설명서 및 계산서 등 건축물의 에너지 절약계획서의 내용을 증명할 수 있는 서류(건축, 기계설비, 전기설비 및 신·재생에너지 설비 부문과 관련된 것으로 한정한다.)

예제문제 23

녹색건축물 조성 지원법에 따른 에너지 절약계획서 제출서식에 해당되지 않는 것은?

① 에너지절약 설계 검토서   ② 설계도면

③ 설계설명서   ④ 견적서

해설 에너지 절약계획서 제출 서식

1. 에너지 절약계획서(시행규칙 별지 1호 서식)

2. 국토교통부장관이 고시하는 건축물의 에너지 절약 설계기준에 따른 에너지 절약 설계 검토서

3. 설계도면, 설계설명서 및 계산서 등 건축물의 에너지 절약계획서의 내용을 증명할 수 있는 서류(건축, 기계설비, 전기설비 및 신·재생에너지 설비 부문과 관련된 것으로 한정한다.)

                                                         답 : ④

예제문제 24

"녹색건축물 조성 지원법 시행규칙"의 별지 서식으로 가장 적절하지 않은 것은?

【22년 기출문제】

① 에너지절약계획서　　　　　　　② 에너지절약계획 설계 검토서
③ 건축물 에너지 소비량 보고서　　④ 건축물 에너지 평가서

──────────────────────────────────

해설 에너지절약계획 설계 검토서는 국토교통부장관이 고시한다.

답 : ②

예제문제 25

"녹색건축물 조성 지원법"에 따라 업무시설에 적용되는 의무사항 중 면적기준이 다른 것은?

【20년 기출문제】

① 공공건축물의 에너지 소비량 공개 대상
② 에너지 절약계획서 제출 대상
③ 건축물의 에너지 소비 절감을 위한 차양 등의 설치 대상
④ 건축물 에너지성능정보의 공개 및 활용 대상

──────────────────────────────────

해설

• 공공건축물의 에너지 소비량 공개대상(법 13조의2) • 차양등의 설치(법 14조의 2) • 에너지성능정보의 공개 및 활용 대상(법 18조)	연면적 $3000m^2$ 이상
• 에너지절약계획서(법 14조)	연면적 $500m^2$ 이상

답 : ②

(3) 에너지절약계획서 적절성 검토

① 허가신청 등을 받은 행정기관의 장은 에너지절약계획서의 적절성 등을 검토하여야 한다. 다만, 국토교통부장관이 고시하는 바에 따라 사전확인이 이루어진 에너지절약계획서를 제출하는 경우에는 에너지절약계획서의 적절성 등을 검토하지 아니할 수 있다.

② 허가신청 등을 받은 행정기관의 장은 건축주에게 다음의 에너지관련 전문기관에 에너지절약계획서의 검토 및 보완을 거치도록 할 수 있다.

■ 에너지절약계획서 적절성 자문 대상기관
1. 한국에너지공단
2. 국토안전관리원
3. 한국부동산원

1. 한국에너지공단

2. 국토안전관리원

3. 한국부동산원

4. 그 밖에 국토교통부장관이 에너지 절약계획서의 검토업무를 수행할 인력, 조직, 예산 및 시설 등을 갖추었다고 인정하여 고시하는 기관 또는 단체

■ 에너지관련 전문기관 중 운영기관
　녹색건축센터

③ 에너지 관련 전문기관이 에너지절약계획서를 검토하는 경우 접수일로부터 10일 이내에 검토 및 보완을 완료하여야 한다. 이 경우 건축주가 보완하는 기간 및 공휴일 · 토요일은 검토기간에서 제외한다.

④ 에너지 관련 전문기관은 에너지 절약계획서의 검토 및 보완을 하는 경우 건축주로부터 국토교통부령으로 정하는 수수료를 받을 수 있다.

(4) 에너지절약계획서 검토업무 운영기관

■ 에너지관련 전문기관
　1. 한국에너지공단
　2. 국토안전관리원
　3. 한국부동산원

① 국토교통부장관은 에너지관련 전문기관의 에너지절약계획서 검토업무의 원활한 운영을 위하여 녹색건축센터를 에너지절약계획서 검토업무 운영기관으로 지정할 수 있다.

② 운영기관의 업무범위

1. 건축물의 에너지절약 설계기준 관련 조사 · 연구 및 개발에 관한 업무

2. 건축물의 에너지절약 설계기준 관련 홍보 · 교육 및 컨설팅에 관한 업무

3. 에너지절약계획서 작성 · 검토 · 이행 등 제도 운영 및 개선에 관한 업무

4. 에너지절약계획서 검토 관련 프로그램 개발 및 관리에 관한 업무

5. 에너지절약계획서 검토 관련 통계자료 활용 및 분석에 관한 업무

6. 에너지절약계획서 검토기관별 검토현황 관리 및 보고에 관한 업무

7. 에너지절약계획서 검토기관 점검 등 제1호부터 제6호까지에서 규정한 사항 외에 국토교통부장관이 요청하는 업무

(5) 에너지절약계획서 검토 수수료(시행규칙 별표1 발췌)

1) 일반기준

　가. 법 제14조에 따라 에너지절약계획서를 제출하는 건축물이 다음 각 호의 어느 하나에 해당하는 경우에는 해당 검토건에 대한 수수료 적용 시 제2호 각 목의 금액에서 50%를 감면할 수 있다.

　① 법 제17조에 따라 1등급 이상의 건축물 에너지효율등급 인증을 받은 경우, 다만, 다음의 어느 하나에 해당하는 기관이 신축하거나 별동(別棟)으로 증축하는 경우는 제외한다.

　가) 영 제9조제2항 각 호의 기관

　나) 「공공주택 특별법」 공공주택사업자

다) 「사회기반시설에 대한 민간투자법」 사업시행자

② 증축·용도변경·건축물대장의 기재내용 변경인 경우로서 열손실 변동이 있는 경우. 다만, 별동으로 증축하는 경우와 기존 건축물 연면적의 50/100이상을 증축하면서 해당 증축 연면적이 2,000m² 이상인 경우는 제외한다.

③ 열손실방지 등의 조치 예외대상이었으나 용도변경 또는 건축물대장 기재내용의 변경으로 조치대상이 되는 경우

나. 가목에도 불구하고 제출대상건축물에 대하여 같은 대지 내 2개 이상의 에너지 절약계획서를 검토하는 경우에는 다음의 기준에 따른다.

① 같은 대지 내 제출대상건축물의 모든 바닥면적을 합산하여 수수료 부과 기준면적을 산정한다. 다만, 용도(주거와 비주거를 말한다. 이하 같다)가 복합되는 검토 건의 경우에는 용도별로 구분하여 제출대상면적을 각각 산정한다.

② 용도가 복합되는 검토 건의 경우 각각 산정된 수수료를 합산한다.

2) 개별기준

가. 주거부분 수수료

기준면적(m²)	금액(원) ※ 부가가치세 별도
1,000 미만	211,000
1,000 이상 ~ 1,500 미만	317,000
1,500 이상 ~ 2,000 미만	422,000
2,000 이상 ~ 3,000 미만	592,000
3,000 이상 ~ 5,000 미만	761,000
5,000 이상 ~ 10,000 미만	930,000
10,000 이상 ~ 20,000 미만	1,099,000
20,000 이상 ~ 30,000 미만	1,268,000
30,000 이상 ~ 40,000 미만	1,437,000
40,000 이상 ~ 60,000 미만	1,606,000
60,000 이상 ~ 80,000 미만	1,776,000
80,000 이상 ~ 120,000 미만	1,945,000
120,000 이상	2,114,000

나. 비주거부분 수수료

기준면적(m²)	금액(원) ※ 부가가치세 별도
1,000 미만	317,000
1,000 이상 ~ 1,500 미만	422,000
1,500 이상 ~ 2,000 미만	634,000
2,000 이상 ~ 3,000 미만	845,000
3,000 이상 ~ 5,000 미만	1,057,000
5,000 이상 ~ 10,000 미만	1,268,000
10,000 이상 ~ 15,000 미만	1,480,000
15,000 이상 ~ 20,000 미만	1,691,000
20,000 이상 ~ 30,000 미만	1,902,000
30,000 이상 ~ 40,000 미만	2,114,000
40,000 이상 ~ 60,000 미만	2,325,000
60,000 이상	2,537,000

예제문제 26

다음 중 「녹색건축물 조성지원법」에서 정하고 있는 에너지 절약계획서 제출에 관한 설명으로 맞는 것은?

① 숙박시설, 의료시설, 창고시설 중 냉방 및 난방설비를 모두 설치하지 않는 경우 연면적 500m² 이상인 건축물에서도 에너지 절약계획서를 제출하지 않아도 된다.

② 건축설계자는 건축허가 신청, 용도변경의 허가신청 또는 신고 등의 경우 에너지 절약계획서를 제출하여야 한다.

③ 건축법 시행령 별표1 제1호에 따른 단독 주택 등을 포함하여 연면적의 합계가 500m² 이상인 건축물이 제출대상이다.

④ 에너지 절약계획서 제출시에는 에너지 절약 계획서 내용을 증명할 수 있는 서류 및 에너지 절약 설계 검토서를 첨부한다.

해설 ① 숙박시설, 의료시설은 에너지절약계획서를 제출하여야 한다.
② 건축주가 허가권자에게 제출하여야 한다.
③ 단독주택은 에너지절약계획서 제출대상에서 제외된다.

답 : ④

예제문제 27

「녹색건축물 조성지원법」에 따른 에너지 절약계획서 검토 및 수수료에 대한 사항 중 가장 부적합한 것은?　　　　　　　　　　　　　　　【15년 기출문제】

① 1등급 이상의 건축물 에너지효율등급을 인증 받은 경우 검토수수료를 감면받을 수 있다.

② 에너지 관련 전문기관이 에너지절약계획서를 검토하는 경우 접수일로부터 10일 이내 검토 및 보완을 완료하여야 하며, 건축주가 보완하는 기간은 검토 및 보완기간에서 제외한다.

③ 에너지 관련 전문기관은 에너지절약계획서 검토 및 보완을 하는 경우 건축주로부터 수수료를 받을 수 있으며, 주거부분 최대 검토 수수료를 받는 기준면적은 6만 제곱미터 이상이다.

④ 열손실방지 등의 조치 예외대상이었으나, 건축물대장 기재내용의 변경으로 조치대상이 되는 경우 검토 수수료를 감면받을 수 있다.

[해설] 최대 검토 수수료 대상
- 주거부분 : 기준면적 12만㎡ 이상
- 비주거부분 : 기준면적 6만㎡ 이상

답 : ③

예제문제 28

"녹색건축물 조성 지원법"에 따른 에너지 절약 계획서 검토 및 수수료에 대한 사항 중 가장 적절하지 않은 것은?　　　　　　　　　　　　　　　【19년 기출문제】

① 에너지 절약계획서 검토기관은 검토요청을 받은 경우 수수료가 납부된 날부터 10일 이내에 검토를 완료하고 결과를 지체 없이 허가권자에게 제출하여야 한다.

② 주거부분 수수료가 가장 높은 기준면적은 12만 제곱미터 이상이다.

③ 열손실방지 등의 조치 예외대상이었으나, 건축물대장 기재내용의 변경으로 조치대상이 되는 경우 수수료 감면 대상이다.

④ 건축물 에너지효율등급 인증 '3등급'을 받은 경우 수수료 감면 대상이다.

[해설] 1등급 이상의 건축물 에너지효율등급 인증을 받은 경우 등에 있어서 기준 금액의 50%를 감면받을 수 있다.

답 : ④

녹색건축물 등급제 시행

1 녹색건축물 조성의 활성화

법	시행령
제15조 【건축물에 대한 효율적인 에너지 관리와 녹색건축물 조성의 활성화】 ① 국토교통부장관은 건축물에 대한 효율적인 에너지 관리와 녹색건축물 건축의 활성화를 위하여 필요한 설계·시공·감리 및 유지·관리에 관한 기준을 정하여 고시할 수 있다. 〈개정 2013.3.23〉 ② 「건축법」 제5조제1항에 따른 허가권자(이하 "허가권자"라 한다)는 녹색건축물의 조성을 활성화하기 위하여 대통령령으로 정하는 기준에 적합한 건축물에 대하여 제14조제1항 또는 제14조의2를 적용하지 아니하거나 다음 각 호의 구분에 따른 범위에서 그 요건을 완화하여 적용할 수 있다. 〈개정 2014.5.28〉 1. 「건축법」 제56조에 따른 건축물의 용적률: 100분의 115 이하 2. 「건축법」 제60조 및 제61조에 따른 건축물의 높이: 100분의 115 이하 ③ 지방자치단체는 제1항에 따른 고시의 범위에서 건축기준 완화 기준 및 재정지원에 관한 사항을 조례로 정할 수 있다. [제목개정 2014.5.28]	**제11조 【녹색건축물 조성의 활성화 대상 건축물 및 완화기준】** ① 법 제15조제2항에서 "대통령령으로 정하는 기준에 적합한 건축물"이란 다음 각 호의 어느 하나에 해당하는 건축물을 말한다. 〈개정 2013.3.23., 2016.12.30〉 1. 법 제15조제1항에 따라 국토교통부장관이 정하여 고시하는 설계·시공·감리 및 유지·관리에 관한 기준에 맞게 설계된 건축물 2. 법 제16조에 따라 녹색건축의 인증을 받은 건축물 3. 법 제17조에 따라 건축물의 에너지효율등급 인증을 받은 건축물 3의2. 법 제17조에 따라 제로에너지건축물 인증을 받은 건축물 4. 법 제24조제1항에 따른 녹색건축물 조성 시범사업 대상으로 지정된 건축물 5. 건축물의 신축공사를 위한 골조공사에 국토교통부장관이 고시하는 재활용 건축자재를 100분의 15 이상 사용한 건축물 ② 국토교통부장관은 제1항 각 호의 어느 하나에 해당하는 건축물에 대하여 허가권자가 법 제15조제2항에 따라 법 제14조제1항 또는 제14조의2를 적용하지 아니하거나 건축물의 용적률 및 높이 등을 완화하여 적용하기 위한 세부기준을 정하여 고시할 수 있다. 〈개정 2013.3.23, 2015.5.28〉 [제목개정 2015.5.28]

요점 녹색건축물 조성의 활성화

(1) 녹색건축물 활성화 기준

국토교통부장관은 건축물에 대한 효율적인 에너지 관리와 녹색건축물 건축의 활성화를 위하여 필요한 설계·시공·감리 및 유지·관리에 관한 기준을 정하여 고시할 수 있다.

(2) 건축법 적용의 완화

① 허가권자는 녹색건축물 활성화를 위하여 다음의 건축물에 대한 에너지 절약 계획서 제출 등을 적용하지 아니하거나, 건축법의 일부규정을 대통령령으로 정한 바에 따라 완화적용할 수 있다.

1. 대상 건축물	• 국토교통부장관이 정하여 고시하는 설계·시공·감리 및 유지·관리에 관한 기준에 맞게 설계된 건축물 • 녹색건축의 인증을 받은 건축물 • 건축물의 에너지효율등급 인증을 받은 건축물 • 녹색건축물 조성 시범사업 대상으로 지정된 건축물 • 제로에너지 건축물 인증을 받은 건축물 • 건축물의 신축공사를 위한 골조공사에 국토교통부장관이 고시하는 재활용 건축자재를 100분의 15 이상 사용한 건축물
2. 완화 기준	① 에너지 절약계획서 제출(법 제14조①) 배제 ② 건축물 에너지 소비절감을 위한 차양 등의 설치(법 제14조의2) 배제 ③ 건축법에 따른 다음 각 호의 범위 내 완화 　• 용적률(건축법 56조) ┐ 　• 건축물 높이 제한(건축법 60조) ┤ 기준의 115/100 　• 일조 등의 확보를 위한 건축물 높이 제한(건축법 61조) ┘
	①, ②, ③ 중 하나를 택하여 적용한다.

② 국토교통부장관은 건축물의 용적률 및 높이 등을 완화하여 적용하기 위한 세부기준을 정하여 고시할 수 있다.

예제문제 01

녹색건축물 활성화를 위하여 건축법의 일부규정을 완화 적용할 수 있는 바, 이에 해당되지 않는 건축물은?

① 에너지절약계획서 제출 대상 건축물
② 건축물이 신축공사를 위한 골조공사에 재활용 건축자재를 15/100 이상 사용한 건축물
③ 녹색건축의 인증을 받은 건축물
④ 녹색건축물 조성 시범사업 대상으로 지정된 건축물

해설 허가권자는 녹색건축물 활성화를 위하여 다음의 건축물에 대한 건축법의 일부규정을 조례로 정한 바에 따라 완화적용할 수 있다.
1. 국토교통부장관이 정하여 고시하는 설계·시공·감리 및 유지·관리에 관한 기준에 맞게 설계된 건축물
2. 녹색건축의 인증을 받은 건축물
3. 건축물의 에너지효율등급 인증을 받은 건축물
4. 제로에너지 건축물 인증을 받은 건축물
5. 녹색건축물 조성 시범사업 대상으로 지정된 건축물
6. 건축물의 신축공사를 위한 골조공사에 국토교통부장관이 고시하는 재활용 건축자재를 100분의 15 이상 사용한 건축물

답 : ①

예제문제 02

"녹색건축물 조성 지원법"에서 규정하고 있는 녹색건축물 조성의 활성화를 위한 건축기준 완화대상 건축물이 아닌 것은? 【15년 기출문제】

① 녹색건축물 조성 시범사업 대상으로 지정된 건축물
② 건축물의 신축공사를 위한 골조공사에 국토교통부 장관이 고시하는 재용 건축자재를 100분의 15이상 사용한 건축물
③ 친환경주택의 건설기준 및 성능에 적합한 공동주택
④ 건축물의 에너지효율등급 인증을 받은 건축물

답 : ③

예제문제 03

"녹색건축물 조성 지원법"에서 녹색건축물 조성의 활성화를 위한 건축기준 완화 내용으로 가장 적합한 것은? 【17년 기출문제】

① 건축물의 높이는 100분의 120 이하의 완화 기준이 적용된다.
② 조경설치면적은 기준의 100분의 85 이내의 완화기준이 적용된다.
③ 용적률은 기준의 100분의 120 이하의 완화기준이 적용된다.
④ 건축물의 신축공사를 위한 골조공사에 국토교통부장관이 고시하는 재활용 건축자재를 100분의 20 이상 사용한 건축물은 완화 대상이다.

해설 녹색건축물 활성화를 위한 완화기준

1. 용적률(건축법 56조)	
2. 건축물 높이제한(건축법 60조)	기준의 115/100 이내
3. 일조 등의 확보를 위한 건축물 높이 제한(건축법 61조)	

답 : ④

예제문제 04

"건축법"과 "녹색건축물 조성 지원법"에 따른 건축 기준 완화에 대한 설명으로 가장 적절하지 않은 것은?
【19년 기출문제】

① 녹색건축 인증, 건축물 에너지효율등급 인증 및 제로에너지건축물 인증을 받은 건축물은 건폐율, 용적률 및 건축물의 높이제한을 100분의 115 범위내에서 완화 가능
② 신축 건축물 골조공사에서 재활용 건축자재를 사용한 경우 용적률 및 건축물의 높이 제한을 100분의 115 범위내에서 완화 가능
③ 리모델링이 쉬운 구조의 공동주택 건축 시 용적률, 건축물의 높이 제한 및 일조 등의 확보를 위한 건축물의 높이 제한 기준을 100분의 120 범위내에서 완화 가능
④ 지능형건축물 인증을 받은 건축물은 조경설치 면적의 100분의 85까지 완화 가능, 용적률 및 건축물의 높이제한을 100분의 115 범위 내에서 완화 가능

해설 녹색건축 인증 등을 받은 경우 건축법 완화기준

1. 용적률(건축법 56조)	
2. 건축물 높이제한(건축법 60조)	기준의 115/100 이내
3. 일조 등의 확보를 위한 건축물 높이 제한(건축법 61조)	

답 : ①

예제문제 05

녹색건축의 인증을 받은 건축물에 대하여 완화적용할 수 있는 건축법의 기준으로 적합한 것은?
【16 · 23년 기출문제】

a. 건폐율	b. 용적률	c. 건축물의 높이제한
d. 일조 등의 확보를 위한 건축물 높이 제한		e. 공개공지 설치면적

① a, b, c
② b, c, d
③ c, d, e
④ a, b, d

해설 건축법의 완화기준

· 용적률(건축법 56조)	
· 건축물 높이제한(건축법 60조)	기준의 115/100 이내
· 일조 등의 확보를 위한 건축물 높이 제한(건축법 61조)	

답 : ②

2 녹색건축의 인증

법	시행령
제16조【녹색건축의 인증】 ① 국토교통부장관은 지속가능한 개발의 실현과 자원절약형이고 자연친화적인 건축물의 건축을 유도하기 위하여 녹색건축 인증제를 시행한다. 〈개정 2013.3.23〉 ② 국토교통부장관은 제1항에 따른 녹색건축 인증제를 시행하기 위하여 운영기관 및 인증기관을 지정하고 녹색건축 인증 업무를 위임할 수 있다. 〈개정 2013.3.23〉 ③ 국토교통부장관은 제2항에 따른 인증기관의 인증 업무를 주기적으로 점검하고 관리·감독하여야 하며, 그 결과를 인증기관의 재지정 시 고려할 수 있다. 〈신설 2019.4.30.〉 ④ 녹색건축의 인증을 받으려는 자는 제2항에 따른 인증기관에 인증을 신청하여야 한다. 〈개정 2019.4.30.〉 ⑤ 제2항에 따른 인증기관은 제4항에 따라 녹색건축의 인증을 신청한 자로부터 수수료를 받을 수 있다. 〈신설 2019.4.30.〉 ⑥ 제1항에 따른 녹색건축 인증제의 운영과 관련하여 다음 각 호의 사항에 대하여는 국토교통부와 환경부의 공동부령으로 정한다. 〈개정 2013.3.23, 2014.5.28, 2019.4.30.〉 1. 인증 대상 건축물의 종류 2. 인증기준 및 인증절차 3. 인증유효기간 4. 수수료 5. 인증기관 및 운영기관의 지정 기준, 지정 절차 및 업무범위 6. 인증받은 건축물에 대한 점검이나 실태조사 7. 인증 결과의 표시 방법 ⑦ 대통령령으로 정하는 건축물을 건축 또는 리모델링하는 건축주는 해당 건축물에 대하여 녹색건축의 인증을 받아 그 결과를 표시하고,「건축법」제22조에 따라 건축물의 사용승인을 신청할 때 관련 서류를 첨부하여야 한다. 이 경우 사용승인을 한 허가권자는「건축법」제38조에 따른 건축물대장에 해당 사항을 지체 없이 적어야 한다. 〈신설 2014.5.28, 2016.1.19, 2019.4.30.〉	**제11조의3【녹색건축 인증대상 건축물】** 법 제16조제7항 전단에서 "대통령령으로 정하는 건축물"이란 다음 각 호의 기준에 모두 해당하는 건축물을 말한다. 〈개정 2020.1.1.〉 1. 제9조제2항 각 호의 기관 또는 교육감이 소유 또는 관리하는 건축물일 것 〈개정 2023.12.19〉 2. 신축·재축 또는 증축하는 건축물일 것. 다만, 증축의 경우에는 건축물이 있는 대지에 별개의 건축물로 증축하는 경우로 한정한다. 3. 연면적(하나의 대지에 복수의 건축물이 있는 경우 모든 건축물의 연면적을 합산한 면적을 말한다)이 3천제곱미터 이상일 것 4. 법 제14조제1항에 따른 에너지 절약계획서 제출 대상일 것 [본조신설 2015.5.28]

요점 **녹색건축의 인증**

(1) 녹색건축의 인증

국토교통부장관은 지속가능한 개발의 실현과 자원절약형이고 자연친화적인 건축물의 건축을 유도하기 위하여 녹색건축 인증제를 시행한다.

(2) 녹색건축의 인증기준

1. 인증 대상 건축물의 종류	
2. 인증기준 및 인증절차	
3. 인증유효기간	
4. 수수료	국토교통부와 환경부의 공동부령으로 정함
5. 인증기관 및 운영기관의 지정 기준, 지정 절차 및 업무범위	
6. 인증받은 건축물에 대한 점검이나 실태조사	
7. 인증결과의 표시방법	

■ 인증기관
· 한국건설기술연구원
· LH공사토지주택연구원
· 한국교육녹색환경연구원
· 한국건물에너지기술원
· 한국감정원
· 한국시설안전공단
· 한국에너지기술원
· 한국친환경건축연구원
· 한국생산성본부인증원
· 한국그린빌딩협의회 등

|참고|

녹색건축인증규칙[발췌]

1. 시행	국토교통부장관			
2. 인증기준	① 기준고시	국토교통부장관과 환경부장관이 공동수립·고시		
	② 대상	· 임의규정	국방·군사시설을 제외한 모든 건축물	
		· 강행규정 (의무대상)	· 중앙행정기관 · 지방자치단체 · 공공기관 · 지방공사 · 국·공립학교 · 정부출연기관 등	에너지절약계획서 제출대상 중 연면적 합계 3,000m² 이상 건축물의 신축, 별동 증축, 재축
	③ 등급	· 최우수(그린 1등급) · 우수(그린 2등급) · 우량(그린 3등급) · 일반(그린 4등급)		
	④ 유효기간	· 5년		
3. 인증기관	환경부장관 협의– 인증운영위원회심의 – 국토교통부장관 지정(유효기간 : 5년)			
4. 인증신청	건축주 ──→ 인증기관의 장			

(3) 녹색건축인증대상 건축물

다음 각호의 기준이 모두 해당되는 건축물

■ 영 제9조② 적용범위
(개별 건축물의 에너지 소비 총량 제한 별도기준 적용 대상 건축물)
1. 중앙행정기관
2. 지방자치단체
3. 기후위기 대응을 위한 탄소중립·녹색 성장 기본법 시행령 제30조②항에 따른 공공기관 및 교육 기관

1. 중앙행정기관 등 영 제9조②항에 따른 공공기관의 장, 교육감이 소유 또는 관리하는 건축물일 것

2. 신축·재축 또는 별동 증축하는 건축물일 것

3. 연면적(하나의 대지에 복수의 건축물이 있는 경우 모든 건축물의 연면적을 합산한 면적을 말한다)이 3,000㎡ 이상일 것

4. 에너지 절약계획서 제출 대상일 것

(4) 녹색건축의 인증신청

■ 탄소중립·녹색기본법 시행령 30조②
1. 공공기관
2. 지방공사 및 지방공단
3. 국립대학 및 공립대학
4. 정부출연 연구기관 등

① 국토교통부장관은 녹색건축 인증제를 시행하기 위하여 운영기관 및 인증기관을 지정하고 녹색건축 인증 업무를 위임할 수 있다.

② 녹색건축의 인증을 받으려는 자는 제①항에 따른 인증기관에 인증을 신청하여야 한다.

③ 인증기관의 장은 인증 신청을 받으면 인증심사단을 구성하여 인증기준에 따라 서류심사와 현장실사(現場實査)를 하고, 심사 내용, 점수, 인증 여부 및 인증 등급을 포함한 인증심사결과서를 작성하여야 한다.

④ 인증심사결과서를 작성한 인증기관의 장은 인증심의위원회의 심의를 거쳐 인증 여부 및 인증 등급을 결정한다.

⑤ 인증기관은 인증을 신청한 자로부터 수수료를 받을 수 있다.

(5) 건축물대장의 녹색건축 인증등급 등재

1. 대상	(3)에 해당되는 녹색건축인증 대상 건축물
2. 절차	① 해당 건축물의 건축주는 녹색건축 인증을 받아 사용승인 신청시 허가권자에게 제출하여야 한다. ② 허가권자는 사용승인시 건축물 대장에 해당사항을 지체없이 적어야 한다.

예제문제 06

녹색건축인증제는 원칙적으로 임의규정이나 특정한 건축물은 의무적으로 녹색건축인증을 받아야 하는 바, 이에 해당되지 않는 것은?

① 연면적 합계 2,000㎡인 대학 신축

② 연면적 합계 3,000㎡인 국립병원 신축

③ 연면적 합계 5,000㎡인 공공기관 신축

④ 연면적 합계 6,000㎡인 중앙행정기관 청사 재축

해설 녹색건축인증 의무대상

다음 각 호의 기준이 모두 해당되는 건축물

① 중앙행정기관, 지방자치단체, 공공기관의 장 및 교육감이 소유 또는 관리하는 건축물일 것

② 신축·재축 또는 별동 증축하는 건축물일 것

③ 연면적 합계 3,000㎡ 이상일 것

④ 에너지 절약계획서 제출 대상일 것

답 : ①

예제문제 07

녹색건축물 조성 지원법에 따른 녹색건축의 인증기준에 관한 내용 중 가장 부적합한 것은?

① 녹색건축의 인증기준은 국토교통부와 환경부의 공동부령으로 정한다.

② 국토교통부장관은 녹색건축 인증제를 시행하기 위하여 운영기관 및 인증기관을 지정하고 녹색 건축 인증 업무를 위임할 수 있다.

③ 녹색건축의 인증을 받으려는 자는 국토교통부장관에게 인증을 신청하여야 한다.

④ 녹색건축의 인증을 받은 건축물에 대해서는 용적률을 115/100 범위에서 완화하여 적용할 수 있다.

해설 녹색건축의 인증을 받으려는 자는 인증기관에 인증을 신청하여야 한다.

답 : ③

3 에너지 효율등급 및 제로에너지 건축물 인증

법	시행령
제17조【건축물의 에너지효율등급 인증 및 제로에너지건축물 인증】 ① 국토교통부장관은 에너지성능이 높은 건축물을 확대하고, 건축물의 효과적인 에너지관리를 위하여 건축물 에너지효율등급 인증제 및 제로에너지건축물 인증제를 시행한다. 〈개정 2013.3.23., 2016.1.19.〉 ② 국토교통부장관은 제1항에 따른 건축물 에너지효율등급 인증제 및 제로에너지건축물 인증제를 시행하기 위하여 운영기관 및 인증기관을 지정하고, 건축물 에너지효율등급 인증 및 제로에너지건축물 인증 업무를 위임할 수 있다. 〈개정 2013.3.23., 2016.1.19.〉 ③ 건축물 에너지효율등급 인증을 받으려는 자는 대통령령으로 정하는 건축물의 용도 및 규모에 따라 제2항에 따른 인증기관에게 신청하여야 하며, 인증평가 업무는 인증기관에 소속되거나 등록된 건축물에너지평가사가 수행하여야 한다. 〈개정 2014.5.28.〉 ④ 제3항의 인증평가 결과가 국토교통부와 산업통상자원부의 공동부령으로 정하는 기준 이상인 건축물에 대하여 제로에너지건축물 인증을 받으려는 자는 제2항에 따른 인증기관에 신청하여야 한다. 〈신설 2016.1.19.〉 ⑤ 제1항에 따른 건축물 에너지효율등급 인증제 및 제로에너지건축물 인증제의 운영과 관련하여 다음 각 호의 사항에 대하여는 국토교통부와 산업통상자원부의 공동부령으로 정한다. 〈개정 2013.3.23., 2014.5.28., 2016.1.19.〉 1. 인증 대상 건축물의 종류 2. 인증기준 및 인증절차 3. 인증유효기간 4. 수수료 5. 인증기관 및 운영기관의 지정 기준, 지정 절차 및 업무범위 6. 인증받은 건축물에 대한 점검이나 실태조사 7. 인증 결과의 표시 방법 8. 인증평가에 대한 건축물에너지평가사의 업무범위 ⑥ 대통령령으로 정하는 건축물을 건축 또는 리모델링하려는 건축주는 해당 건축물에 대하여 에너지효율등급 인증 또는 제로에너지건축물 인증을 받아 그 결과를 표시하고, 「건축법」 제22조에 따라 건축물의 사용승인을 신청할 때 관련 서류를 첨부하여야 한다. 이 경우 사용승인을 한 허가권자는 「건축법」 제38조에 따른 건축물대장에 해당 사항을 지체 없이 적어야 한다. 〈신설 2014.5.28., 2016.1.19., 2019.4.30〉 [제목개정 2016.1.19.]	**제12조【건축물의 에너지효율등급 인증 및 제로에너지건축물 인증 대상 건축물 등】** ① 법 제17조제3항에서 "대통령령으로 정하는 건축물의 용도 및 규모"란 다음 각 호의 용도 등을 말한다. 〈개정 2013.3.23., 2015.5.28., 2016.12.30.〉 1. 「건축법 시행령」 별표 1 제2호가목부터 다목까지의 공동주택(이하 "공동주택"이라 한다) 2. 업무시설 3. 그 밖에 법 제17조제5항제1호에 따라 국토교통부와 산업통상자원부의 공동부령으로 정하는 건축물 ② 법 제17조제6항 전단에 따라 에너지효율등급 인증 또는 제로에너지건축물 인증을 받아 그 결과를 표시해야 하는 건축물은 각각 별표 1 각 호의 요건을 모두 갖춘 건축물로 한다. 〈개정 2020.1.1.〉

|참고| 1. 녹색건축물 조성 지원법 시행령 [별표 1] 〈개정 2023. 5. 16.〉

에너지효율등급 인증 또는 제로에너지건축물 인증 표시 의무 대상 건축물
(제12조제2항 관련)

요건	에너지효율등급 인증 표시 의무 대상	제로에너지건축물 인증 및 에너지효율등급 인증 표시 의무 대상
1. 소유 또는 관리 주체	가. 제9조제2항 각 호의 기관 나. 교육감 다. 「공공주택 특별법」 제4조에 따른 공공주택사업자	가. 제9조제2항 각 호의 기관 나. 교육감 다. 「공공주택 특별법」 제4조에 따른 공공주택사업자
2. 건축 및 리모델링의 범위	신축·재축 또는 증축하는 경우일 것. 다만, 증축의 경우에는 기존 건축물의 대지에 별개의 건축물로 증축하는 경우로 한정한다.	신축·재축 또는 증축하는 경우일 것. 다만, 증축의 경우에는 기존 건축물의 대지에 별개의 건축물로 증축하는 경우로 한정한다.
3. 건축물의 범위	법 제17조제5항제1호에 따라 국토교통부와 산업통상자원부의 공동부령으로 정하는 건축물	법 제17조제5항제1호에 따라 국토교통부와 산업통상자원부의 공동부령으로 정하는 건축물. 다만, 「건축법 시행령」 별표 1 제2호라목에 따른 기숙사(이하 "기숙사"라 한다)는 제외한다.
4. 공동주택의 세대수 또는 건축물의 연면적	가. 공동주택의 경우: 전체 세대수 30세대 이상 나. 기숙사의 경우: 연면적 3천제곱미터 이상 다. 공동주택 및 기숙사 외의 건축물의 경우: 연면적 5백제곱미터 이상	가. 공동주택의 경우: 전체 세대수 30세대 이상 나. 공동주택 외의 건축물의 경우: 연면적 5백제곱미터 이상
5. 에너지 절약계획서 등 제출 대상 여부	가. 공동주택의 경우: 「주택건설기준 등에 관한 규정」 제64조제2항에 따른 친환경 주택 에너지 절약계획 제출 대상일 것 나. 공동주택 외의 건축물의 경우: 법 제14조제1항에 따른 에너지 절약계획서 제출 대상일 것	가. 공동주택의 경우: 「주택건설기준 등에 관한 규정」 제64조제2항에 따른 친환경 주택 에너지 절약계획 제출 대상일 것 나. 공동주택 외의 건축물의 경우: 법 제14조제1항에 따른 에너지 절약계획서 제출 대상일 것

요점 에너지 효율등급 인증 등

(1) 에너지 효율등급 및 제로에너지 건축물 인증

국토교통부장관은 에너지성능이 높은 건축물을 확대하고, 건축물의 효과적인 에너지관리를 위하여 건축물 에너지효율등급 인증제 및 제로에너지 건축물 인증제를 시행한다.

(2) 에너지 효율등급 및 제로에너지 건축물 인증 기준

■ 녹색건축 인증 기준
1. 인증 등급 : 4등급
2. 인증 유효 기간 : 5년

■ 에너지 효율 등급 인증 기준
1. 인증 등급 : 10등급
2. 인증 유효 기간 : 10년

■ 제로에너지 인증 기준
1. 인증 등급 : 5등급
2. 인증 유효 기간 : 효율등급 1^{++}의 잔여 유효기간

1. 인증 대상 건축물의 종류	
2. 인증기준 및 인증절차	
3. 인증유효기간	
4. 수수료	국토교통부와
5. 인증기관 및 운영기관의 지정 기준, 지정 절차 및 업무범위	산업통상자원부의
6. 인증받은 건축물에 대한 점검이나 실태조사	공동부령으로 정함
7. 인증결과의 표시방법	
8. 인증평가에 대한 건축물에너지평가사의 업무범위	

(3) 에너지효율등급 및 제로에너지 건축물 인증 표시 의무 대상(시행령 별표1)

■ 공공기관·교육기관의 범위
(기후위기 대응을 위한 탄소중립·녹색성장기본법 시행령 제30조 ②항)
1. 공공기관
2. 지방공사 및 지방공단
3. 정부출연연구기관 및 연구회
4. 과학기술분야 정부출연연구기관 및 연구회
5. 지방자치단체출연연구원
6. 국립대학 및 공립대학

구 분		에너지효율등급	제로에너지
1. 소유 또는 관리주체		•중앙행정기관　　　　•지방자치단체 •공공주택사업자 •기후위기 대응을 위한 탄소중립·녹색성장기본법 시행령 제30조 ②항에 따른 공공기관·교육기관	
2. 건축 및 리모델링의 범위		•신축　　　　　•재축 •증축(동일 대지안에서의 별개 건축물의 증축인 경우)	
3. 건축물의 범위		건축법 시행령 별표 1의 모든 건축물 **예외** 1. 단독주택·공동주택·업무시설을 제외한 건축물 중 연면적 50%이상의 공간이 실내 냉·난방 온도 설정조건으로 인증평가가 불가능한 건축물은 제외한다. 2. 기숙사는 제로에너지건축물 인증대상에서 제외한다.	
4. 대상 규모	공동주택	30세대 이상	
	기숙사	연면적 3,000m² 이상(제로에너지건축물 인증 제외)	
	기타건축물	연면적 500m² 이상	
5. 계획서 제출대상	공동주택	친환경 주택 에너지 절약계획 제출 대상	
	기타건축물	에너지 절약계획서 제출 대상	
6. 1^{++} 이상의 에너지효율등급을 받은 경우 제로에너지 건축물 인증 신청을 할 수 있다.			

예제문제 08

녹색건축물 조성 지원법에 따른 제로에너지 건축물 인증 대상인 건축물은?

① 기숙사
② 단독주택
③ 연립주택
④ 아파트

───────────────────────────────

해설 제로에너지 건축물 인증 대상
1. 단독주택
2. 업무시설
3. 국토교통부와 산업통상자원부의 공동부령으로 정하는 건축물

답 : ①

예제문제 09

"녹색건축물 조성 지원법"에 따른 '제로에너지건축물 인증 및 에너지효율등급 인증 표시 의무 대상'에 관한 설명으로 가장 적절한 것은?

【20년 기출문제】

① 연면적 330제곱미터인 단독주택은 의무 대상이다.
② "건축법 시행령" [별표 1] 제2호에 따른 아파트는 연면적 3천제곱미터 이상인 경우 제로에너지건축물 인증 표시 의무 대상이다.
③ 기숙사는 제로에너지건축물 인증 표시 의무 대상에서 제외된다.
④ 증축에 따른 의무 대상은 기존 건축물 층수를 늘리는 경우로 한정한다.

───────────────────────────────

해설
① 단독주택은 연면적 500m^2 이상인 경우임
② 아파트는 30세대 이상인 경우임
④ 증축의 경우 동일 대지 내 별개의 건축물 증축만 해당됨

답 : ③

예제문제 10

"녹색건축물 조성 지원법"에 따른 제로에너지건축물 인증 표시 의무 대상 건축물의 각 요건과 대상이 바르게 연결되지 않은 것은?

【21년 기출문제】

요 건	인증 표시 의무 대상
① 에너지 절약 계획서 제출 대상 여부	제출 대상일 것
② 소유 또는 관리주체	시행령 제9조제2항 각 호의 기관장, 교육감
③ 건축물의 연면적	500 제곱미터 이상
④ 건축 및 리모델링의 범위	신축·개축 또는 별개의 건축물로 증축

───────────────────────────────

해설 건축 및 리모델링의 범위는 신축, 재축, 동일대지내 별개 건축물의 증축이 해당된다.

답 : ④

예제문제 11

"녹색건축물 조성 지원법"에 따른 제로에너지건축물 인증 및 에너지효율등급 인증 표시 의무 대상 건축물로 가장 적절한 것은? 【23년 기출문제】

① 공공기관이 관리하는 연면적 1천제곱미터 기숙사 신축

② 교육감이 관리하는 연면적 1천제곱미터 학교 신축

③ 공공주택사업자가 관리하는 30세대 공동주택 리모델링

④ 개인이 소유한 연면적 1천제곱미터 업무시설 신축

[해설] ① 기숙사 : 연면적 3000m² 이상(제로에너지건축물 인증 제외)

② 교육감이 관리하는 연면적 500m² 이상의 국·공립대학

③ 공공기관 등이 소유·관리하는 건축물

답 : ③

(4) 에너지 효율등급 및 제로에너지 건축물 인증신청

① 국토교통부장관은 건축물의 에너지효율등급 인증제 및 제로에너지 건축물 인증제를 시행하기 위하여 운영기관 및 인증기관을 지정하고, 건축물 에너지효율등급 및 제로에너지 건축물 인증 업무를 위임할 수 있다.

② 건축물 에너지효율등급 인증을 받으려는 자는 인증기관에게 신청하여야 한다.

③ 건축물 에너지효율등급 인증 평가 업무는 인증기관에 소속되거나 등록된 건축물 에너지 평가사가 수행하여야 한다.

④ ③항의 인증평가결과에 따라 1^{++}이상의 등급을 받은 경우 제로에너지 건축물 인증을 받으려는 자는 인증기관에게 신청하여야 한다.

⑤ 인증기관은 인증을 신청한 자로부터 수수료를 받을 수 있다.

|참고| 2. 효율등급, 제로에너지 등급 인증 신청자의 범위

1. 건축주
2. 건축물 소유자
3. 사업주체
4. 시공자

■ 녹색건축물 인증
1. 인증권자 : (국)
2. 인증신청 :
 • 건축주 → 인증기관
3. 인증평가업무수행 :
 • 인증기관
4. 인증기준 :
 (국), (환) 공동수립

■ 에너지효율 등급 인증
1. 인증권자 : (국)
2. 인증신청 :
 • 건축주 → 인증기관
3. 인증평가업무수행 :
 • 인증기관 소속 또는 등록된 건축물에너지평가사
4. 인증기준 :
 (국), (산) 공동수립

예제문제 12

"녹색건축물 조성 지원법"에 따라 건축물의 에너지 효율등급 인증제 및 제로에너지건축물 인증제의 운영과 관련하여 국토교통부와 산업통상자원부의 공동부령으로 정하는 사항을 보기에서 모두 고른 것은? 【22년 기출문제】

〈보기〉
ㄱ 수수료
ㄴ 인증기관 및 운영기관의 지정 기준, 지정 절차 및 업무범위
ㄷ 인증받은 건축물에 대한 점검이나 실태조사
ㄹ 인증 결과의 표시 방법
ㅁ 인증 평가에 대한 건축물에너지평가사의 업무범위

① ㄴ, ㄷ
② ㄴ, ㄷ, ㅁ
③ ㄱ, ㄴ, ㄷ, ㄹ
④ ㄱ, ㄴ, ㄷ, ㄹ, ㅁ

[해설] 건축물 에너지효율등급 인증 및 제로에너지 건축물 인증에 관한 규칙(건축물 에너지 인증 규칙) 참조

답 : ④

예제문제 13

「녹색건축물 조성지원법」에서 정하고 있는 건축물의 에너지효율등급 인증대상 건축물로 틀린 것은?

① 주택으로 쓰는 30세대 이상인 아파트
② 주택으로 쓰는 1개동의 바닥면적 합계가 660m² 으로서 19세대 이하가 거주하는 다가구 주택
③ 난방면적 500m² 인 업무시설
④ 난방면적 2,000m² 인 기숙사

[해설]
1. 30세대 이상인 아파트
2. 연면적 3,000m² 이상인 기숙사
3. 기타 건축물(단독주택 포함)으로서 500m² 이상

답 : ④

■ 건축물에너지평가사
건축물에너지평가사란 에너지효율등급 인증평가 등 건축물의 건축·기계·전기·신재생 분야의 효율적인 에너지 관리를 위한 업무를 하는 사람으로서 자격을 취득한 사람을 말한다.

| 참고 | 3. 건축물 에너지효율등급 인증서(인증규칙 별지 제4호 서식 2017.1.20)

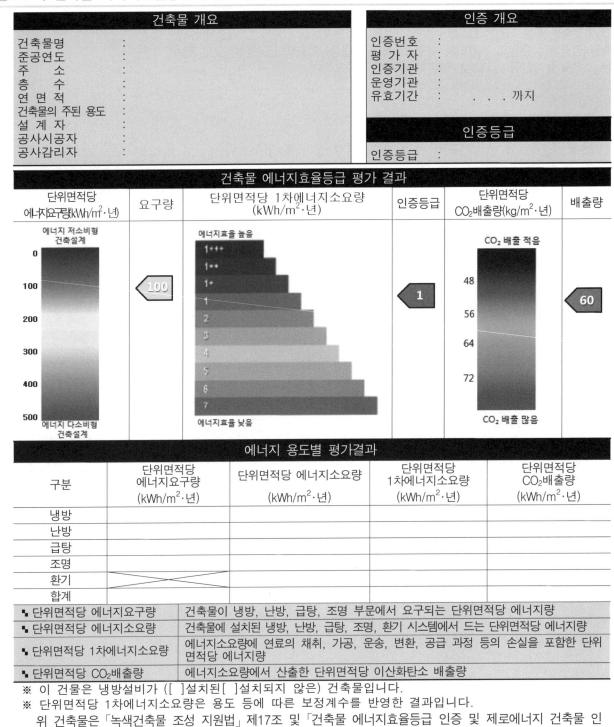

※ 이 건물은 냉방설비가 ([　]설치된[　]설치되지 않은) 건축물입니다.
※ 단위면적당 1차에너지소요량은 용도 등에 따른 보정계수를 반영한 결과입니다.

　위 건축물은「녹색건축물 조성 지원법」제17조 및「건축물 에너지효율등급 인증 및 제로에너지 건축물 인증에 관한 규칙」제9조제1항에 따라 에너지효율등급(　 등급) 건축물로 인증되었기에 인증서를 발급합니다.

　　　　　　　　　　　　　　년　　　　　　월　　　　　　일

인증기관의 장　　[직인]

210mm×297mm(보존용지(1종) 120g/㎡)

| 참고 | 4.

에너지효율등급 인증 평가항목

1차 에너지 소요량	난방 에너지 소요량
	냉방 에너지 소요량
	급탕 에너지 소요량
	조명 에너지 소요량
	환기 에너지 소요량

| 참고 | 5.

건축물 에너지효율등급

1. 등급	1+++, 1++, 1+, 1, 2, 3, 4, 5, 6, 7(10종)
2. 유효기간	10년

|참고| 6. 제로에너지건축물 인증서(인증규칙 별지 제4호의 2서식 2019.5.13)

건축물 개요	인증 등급	
건축물명 :	제로에너지건축물 인증등급	:
준공연도 :	단위면적당 1차에너지소비량	:
주　　소 :	단위면적당 1차에너지생산량	:
층　　수 :	에너지자립률　　합　계	:
연 면 적 :	대지 내	:
건축물의 주된 용도 :	대지 외	:
건축물 대지 외 :	건축물 에너지효율등급	:
신에너지 및 재생에너지		
설비 주소		

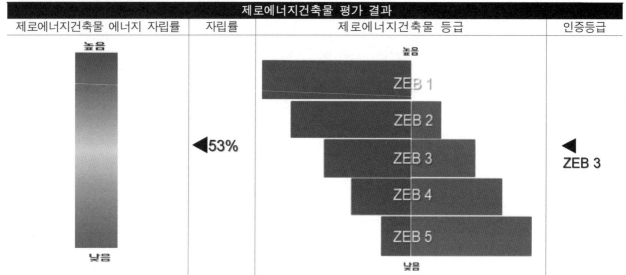

제로에너지건축물 평가 결과

제로에너지건축물 에너지 자립률	자립률	제로에너지건축물 등급	인증등급
높음 ~ 낮음	◀53%	높음 / ZEB 1 / ZEB 2 / ZEB 3 / ZEB 4 / ZEB 5 / 낮음	◀ ZEB 3

건축물에너지관리시스템 또는 전자식 원격검침계량기 설치 유무 [　]

• 단위면적당 1차 에너지 소비량	∑(에너지소비량 × 해당 1차 에너지 환산계수) / 평가면적
• 단위면적당 1차 에너지 생산량	∑{[대지 내 신재생에너지 순 생산량 + (대지 외 신재생에너지 순 생산량 × 보정계수)] × 해당 1차 에너지 환산계수} / 평가면적
• 에너지자립률	1차 에너지 소비량 대비 1차 에너지 생산량에 대한 백분율

※ 이 건물은 냉방설비가 [　] 설치된 [　] 설치되지 않은 건축물입니다.

　위 건축물은 「녹색건축물 조성 지원법」 제17조 및 「건축물 에너지효율등급 인증 및 제로에너지건축물 인증에 관한 규칙」 제9조제1항에 따라 제로에너지건축물 (　　　)등급으로 인증되었기에 인증서를 발급합니다.

년　　　　　월　　　　　일

인증기관의 장　　[직인]

210mm×297mm[백상지(150g/ ㎡)]

| 참고 | 7. 제로에너지 건축물 인증서 기재 내용

1. 단위 면적당 1차 에너지 소비량
2. 단위 면적당 1차 에너지 생산량
3. 에너지 자립률
4. 건축물 에너지효율등급
5. 제로에너지 건축물 등급

예제문제 14

녹색건축물 조성 지원법에 따른 에너지 효율등급 인증 기준에 관한 내용 중 가장 부적합한 것은?

① 국토교통부장관은 에너지성능이 높은 건축물을 확대하고, 건축물의 효과적인 에너지관리를 위하여 건축물 에너지효율등급 인증제를 시행한다.
② 에너지효율등급 인증기준은 국토교통부와 환경부의 공동부령으로 정한다.
③ 건축물 에너지효율등급 인증을 받으려는 자는 인증기관에게 신청하여야 한다.
④ 건축물에너지평가사란 국토교통부장관이 실시하는 자격시험에 합격하여 자격증을 발급받은 사람이다.

해설 건축물 에너지효율등급 인증제의 운영과 인증기준 등에 대하여는 국토교통부와 산업통상자원부이 공동부령으로 정한다.

답 : ②

예제문제 15

「녹색건축물 조성지원법」에서 정하고 있는 건축물의 에너지효율등급 인증을 위한 평가항목으로 틀린 것은?

① 냉방 에너지 소요량　　　　② 급탕 에너지 소요량
③ 조명 에너지 소요량　　　　④ 가전 에너지 소요량

해설 건축물 에너지효율등급 인증 평가항목(1차 에너지 소요량)
1. 난방 에너지 소요량
2. 냉방 에너지 소요량
3. 급탕 에너지 소요량
4. 조명 에너지 소요량
5. 환기 에너지 소요량

답 : ④

(5) 건축물 대장의 에너지효율등급 등재

1. 신청	당해 건축물의 건축주가 에너지효율등급 인증 또는 제로에너지 건축물인증을 받아 사용승인신청시 허가권자에서 첨부 제출하여야 한다.
2. 등재	사용승인을 한 허가권자는 건축물대장에 지체없이 등재 하여야 한다.

4 녹색건축물의 유지관리

법	시행령
제15조의2【녹색건축물의 유지·관리】 녹색건축물의 소유자 또는 관리자는 제12조, 제14조, 제14조의2, 제15조, 제16조, 제17조에 적합하도록 유지·관리하여야 하고, 국토교통부장관, 시·도지사, 시장·군수·구청장은 대통령령으로 정하는 바에 따라 유지·관리의 적합 여부 확인을 위한 점검이나 실태조사를 할 수 있다. 다만, 제16조 및 제17조는 인증을 받은 경우에 한정한다. [본조신설 2014.5.28]	제11조의2【녹색건축물의 유지·관리 점검】 법 제15조의2에 따른 점검 및 실태조사는 건축허가를 받아 녹색건축물을 리모델링·증축·개축·대수선하는 경우에 할 수 있다. [본조신설 2015.5.28]

요점 녹색건축물의 유지관리

1. 유지관리 의무	녹색건축물의 소유자 또는 관리자
2. 점검사유	녹색건축물에 리모델링·증축·개축·대수선의 사유가 발생하여 점검이 필요한 경우
3. 점검항목	• 개별 건축물의 에너지소비 총량 제한(법 제12조) • 에너지 절약계획서 제출(법 제14조) • 건축물의 에너지소비 절감을 위한 차양 등의 설치(법 제14조의2) • 녹색건축물 조성의 활성화(법 제15조) • 녹색건축의 인증(법 제16조) • 건축물의 에너지효율등급 인증(법 제17조)
4. 점검 및 실태조사	• 국토교통부장관, 시·도지사, 시장·군수·구청장

예제문제 16

「녹색건축물조성지원법」에 따라 녹색건축물에 대한 유지관리 점검항목에 해당되지 않는 것은?

① 에너지절약계획서 제출　　　　② 건축물에너지 소비 증명

③ 녹색건축의 인증　　　　　　　④ 건축물의 에너지효율 등급 인증

──

[해설] 건축물에너지 소비 증명은 특정한 건축물의 매매·임대 계약시 첨부되는 서식이다.

답 : ②

5 인증의 취소 등

법	시행령
제19조【인증기관 지정의 취소】 국토교통부장관은 제16조제2항 및 제17조제2항에 따라 지정된 인증기관이 다음 각 호의 어느 하나에 해당하면 환경부장관 또는 산업통상자원부장관과 협의하여 인증기관의 지정을 취소하거나 1년 이내의 기간을 정하여 업무의 전부 또는 일부의 정지를 명할 수 있다. 다만, 제1호 및 제5호에 해당하는 경우에는 그 지정을 취소하여야 한다. 〈개정 2013.3.23., 2019.4.30〉 1. 거짓이나 부정한 방법으로 시성을 받은 경우 2. 정당한 사유 없이 지정받은 날부터 2년 이상 계속하여 인증업무를 수행하지 아니한 경우 3. 인증의 기준 및 절차를 위반하거나 부당하게 인증업무를 수행한 경우 4. 정당한 사유 없이 인증심사를 거부한 경우 5. 업무정지 기간 중에 인증업무를 수행한 경우 6. 인증기관의 임직원이 인증업무와 관련하여 벌금 이상의 형을 선고받아 그 형이 확정된 경우 7. 그 밖에 인증기관으로서의 업무를 수행할 수 없게 된 경우 **제20조【인증의 취소】** ① 제16조제2항 및 제17조제2항에 따라 지정된 인증기관의 장은 인증을 받은 건축물이 다음 각 호의 어느 하나에 해당하면 그 인증을 취소하여야 한다. 〈2021.7.27〉〈개정 2020.6.9〉 1. 인증의 근거나 전제가 되는 주요한 사실이 변경된 경우 2. 인증 신청 및 심사 중 제공된 중요 정보나 문서가 거짓인 것으로 밝혀진 경우 3. 인증을 받은 건축물의 건축주 등이 인증서를 인증기관에 반납한 경우 4. 인증을 받은 건축물의 건축허가 등이 취소된 경우 ② 인증기관의 장은 제1항에 따라 인증을 취소한 경우에는 그 내용을 국토교통부장관에게 보고하여야 한다. 〈개정 2013.3.23〉	

요점 **인증의 취소**

(1) 인증기관 지정의 취소

국토교통부장관은 녹색건축의 인증 및 에너지효율등급 인증제에 따라 지정된 인증기관이 다음 각 호의 어느 하나에 해당하면 환경부장관 또는 산업통상자원부장관과 협의하여 인증기관의 지정을 취소하거나 1년 이내의 기간을 정하여 업무의 전부 또는 일부의 정지를 명할 수 있다.

1. 거짓이나 부정한 방법으로 지정을 받은 경우	• 강행 취소
2. 업무정지 기간 중에 인증업무를 수행한 경우	
3. 정당한 사유 없이 지정받은 날부터 2년 이상 계속하여 인증업무를 수행하지 아니한 경우	• 임의 취소 • 1년 이내 업무 정지
4. 인증의 기준 및 절차를 위반하거나 부당하게 인증업무를 수행한 경우	
5. 정당한 사유 없이 인증심사를 거부한 경우	
6. 인증기관의 임직원이 인증업무와 관련하여 벌금 이상의 형을 선고받아 그 형이 확정된 경우	
7. 그 밖에 인증기관으로서의 업무를 수행할 수 없게 된 경우	

예제문제 **17**

다음의 위반사유 중 녹색건축 인증기관의 지정을 취소하여야 하는 것은?

① 거짓이나 부정한 방법으로 지정을 받은 경우
② 정당한 사유 없이 지정받은 날부터 2년 이상 계속하여 인증업무를 수행하지 아니한 경우
③ 인증의 기준 및 절차를 위반하여 인증업무를 수행한 경우
④ 정당한 사유 없이 인증심사를 거부한 경우

해설 국토교통부장관은 녹색건축의 인증 및 에너지효율등급 인증제에 각 호의 어느 하나에 해당하면 환경부장관 또는 산업통상자원부장관과 협의하여 지정의 취소 또는 1년 이내의 업무정지를 명할 수 있다.

1. 거짓이나 부정한 방법으로 지정을 받은 경우	• 강행 취소
2. 업무정지 기간 중에 인증업무를 수행한 경우	
3. 정당한 사유 없이 지정받은 날부터 2년 이상 계속하여 인증업무를 수행하지 아니한 경우	• 임의 취소 • 1년 이내 업무 정지
4. 인증의 기준 및 절차를 위반하거나 부당하게 인증업무를 수행한 경우	
5. 정당한 사유 없이 인증심사를 거부한 경우	
6. 인증기관의 임직원이 인증업무와 관련하여 벌금 이상의 형을 선고받아 그 형이 확정된 경우	
7. 그 밖에 인증기관으로서의 업무를 수행할 수 없게 된 경우	

답 : ①

(2) 건축물의 인증취소

① 녹색건축의 인증 및 에너지효율등급 인증제에 따라 지정된 인증기관의 장은 인증을 받은 건축물이 다음 각 호의 어느 하나에 해당하면 그 인증을 취소하여야 한다.

1. 인증의 근거나 전제가 되는 주요한 사실이 변경된 경우	강행 취소
2. 인증 신청 및 심사 중 제공된 중요 정보나 문서가 거짓인 것으로 밝혀진 경우	
3. 인증을 받은 건축물의 건축주 등이 인증서를 인증기관에 반납한 경우	
4. 인증을 받은 건축물의 건축허가 등이 취소된 경우	

② 인증기관의 장은 인증을 취소한 경우에는 그 내용을 국토교통부장관에게 보고하여야 한다.

예제문제 18

녹색건축인증 또는 에너지효율등급 인증을 받은 건축물에 대한 인증 취소 사유에 해당되지 않는 것은? 【21년 기출문제】

① 인증의 근거나 전제가 되는 주요한 사실이 변경된 경우
② 인증 신청 및 심사 중 제공된 중요 정보나 문서가 거짓인 것으로 판명된 경우
③ 인증을 받은 건축물의 건축허가 등이 취소된 경우
④ 정당한 사유없이 인증심사를 거부한 경우

해설 **건축물의 인증 취소**
1. 녹색건축의 인증 및 에너지 효율등급 인증제에 따라 지정된 인증기관의 장은 인증을 받은 건축물이 다음 각 호의 어느 하나에 해당하면 그 인증을 취소하여야 한다.
　㉠ 인증의 근거나 전제가 되는 주요한 사실이 변경된 경우
　㉡ 인증 신청 및 심사 중 제공된 중요 정보나 문서가 거짓인 것으로 판명된 경우
　㉢ 인증을 받은 건축물의 건축주 등이 인증서를 인증기관에 반납한 경우
　㉣ 인증을 받은 건축물의 건축허가 등이 취소된 경우
　※ ④항은 인증기관에 대한 지정취소 또는 1년 이내의 업무정지 사유이다.
2. 인증기관의 장은 인증을 취소한 경우에는 그 내용을 국토교통부장관에게 보고하여야 한다.

답 : ④

6 건축물 에너지 성능정보의 공개

법	시행령
제18조【건축물 에너지성능정보의 공개 및 활용 등】 ① 국토 교통부장관은 대통령령으로 정하는 건축물의 연간 에너지사용량, 온실가스 배출량 또는 제17조에 따라 인증받은 해당 건축물의 에너지효율등급 등이 표시된 건축물 에너지 평가서를 제10조제5항에 따른 방법으로 공개하여야 한다. 〈개정2014.5.28., 2016.1.19.〉 ② 「공인중개사법」에 따른 중개업자가 제1항에 해당하는 건축물을 중개할 때에는 매입자 또는 임차인이 중개 대상 건축물의 에너지 평가서를 확인할 수 있도록 안내할 수 있다. 〈개정 2014.5.28., 2018.8.14.〉 ③ 건축물 에너지 평가서의 내용, 공개 기준 및 절차, 활용방안, 운영기관 등 건축물 에너지성능정보의 공개 및 활용에 관한 구체적인 사항은 국토교통부령으로 정한다. 〈개정2016.1.19.〉 [제목개정 2016.1.19.]	제13조【건축물 에너지성능정보의 공개 및 활용 등】 ① 법 제18조제1항에서 "대통령령으로 정하는 건축물"이란 법 제10조제1항에 따른 건축물 에너지·온실가스 정보체계가 구축된 지역에 있는 다음 각 호의 어느 하나에 해당하는 건축물을 말한다. 〈개정 2016.12.30., 2020.1.1., 2022.12.27〉 1. 전체 세대수가 100세대 이상인 주택단지 내의 공동주택 2. 연면적 2천제곱미터 이상의 업무시설(「건축법 시행령」 별표 1 제14호나목2)에 따른 오피스텔은 제외한다) ② 삭제 〈2015.5.28〉 **[시행규칙]** **제8조【건축물 에너지 평가서의 내용 및 공개기준 등】** ① 법 제18조제1항에 따른 건축물 에너지 평가서는 별지 제3호서식과 같다. ② 하나의 건축물이 여러 세대·호·가구 등으로 구분되어 건축물 에너지·온실가스 정보가 관리되는 경우 국토교통부장관은 세대·호·가구 등을 구분하여 제1항에 따른 건축물 에너지 평가서를 공개할 수 있다. ③ 법 제18조제3항에 따른 에너지성능정보 공개·활용 운영기관은 다음 각 호의 어느 하나에 해당하는 기관 또는 단체 중에서 국토교통부장관이 정하여 고시한다. 〈개정 2017.1.20, 2020.12.10〉 1. 한국부동산원 2. 한국에너지공단 3. 그 밖에 국토교통부장관이 에너지성능정보의 공개 및 활용 업무를 수행할 인력, 조직, 예산 및 시설 등을 갖추었다고 인정하여 고시하는 기관 또는 단체 ④ 제1항부터 제3항까지에서 규정한 사항 외에 건축물 에너지 평가서의 관리 등에 필요한 사항은 국토교통부장관이 정하여 고시한다. [전문개정 2015.5.29]

요점 건축물에너지 성능정보의 공개

(1) 에너지평가서 공개

① 국토교통부장관은 건축물의 매입 또는 임차인이 건축물의 에너지 정보를 확인할
   수 있도록 다음에 해당되는 건축물의 연간 에너지 사용량, 온실가스 배출량 또는
   해당 건축물의 에너지효율등급 등이 표시된 건축물 에너지 평가서를 「건축물에
   너지·온실가스 정보체계」 등을 통하여 공개하여야 한다.

에너지평가서 공개대상	건축물 에너지·온실가스 정보체계가 구축된 지역 에 있는	• 전체 세대수가 100세대 이상 인 주택단지 내의 공동주택 • 연면적 2,000m² 이상의 업무 시설(오피스텔 제외)	매매 또는 임대계약시

② 「공인중개사법」에 따른 중개업자가 제①항에 해당하는 건축물을 중개할 때에는
   매입 또는 임차인이 중개 대상 건축물의 에너지 평가서를 확인할 수 있도록 안
   내할 수 있다.

(2) 에너지평가서의 운영

① 국토교통부장관은 연간 에너지 사용량, 온실가스 배출량 또는 해당 건축물
   의 에너지효율등급 등이 표시된 건축물 에너지 평가서를 전자적방식 등으로
   공개하여야 한다.

② 하나의 건축물이 여러 세대·호·가구 등으로 구분되어 건축물 에너지·온실가
   스 정보가 관리되는 경우 국토교통부장관은 세대·호·가구 등을 구분하여 에너
   지 평가서를 공개할 수 있다.

③ 국토교통부장관은 다음 기관 중에서 에너지 소비증명제 운영기관을 지정할 수
   있다.

1. 한국부동산원
2. 한국에너지공단
3. 국토교통부장관이 지정하는 기관 또는 단체

(3) 에너지평가서의 내용

에너지평가서는 다음의 내용을 담은 서식으로 한다.

■ 에너지효율등급 평가항목 　(1차에너지 소요량) 1. 난방에너지 소요량 2. 급탕에너지 소요량 3. 냉방에너지 소요량 4. 조명에너지 소요량 5. 환기에너지 소요량	

1. 건축물 현황

2. 건축물 에너지효율등급

3. 건축물 연간 에너지 사용량

4. 단위 면적당 에너지 연간 소요량[난방, 급탕, 냉방, 조명, 환기]

5. 단위 면적당 에너지 연간 사용량[열(도시가스+지역 냉ㆍ난방), 전기

6. 연간 온실가스 배출량

7. 최근 4분기별 표준 에너지 사용량 대비 에너지 사용량 비율(에너지 사용량 등급)

|참고| 녹색건축물 조성 지원법 시행규칙[별지 제3호 서식] 〈개정 2022.12.27.〉

건축물 에너지 평가서 [ ] 공동주택 [ ] 업무시설

건축물 현황	건축물명		준공연도	
	소재지			
	연면적/전용면적　　　㎡/ ㎡		주용도	

건축물에너지 관련 인증 현황

건축물 에너지 효율등급 인증 (1+++ ~ 7등급)	인증등급		1차 에너지 소요량	kWh/㎡
	유효기간	．．．~ ．．．		
제로에너지 건축물 인증 (1 ~ 5등급)	인증등급		에너지 자립률	%
	유효기간	．．．~ ．．．		

* 건축물 에너지효율등급 인증란 및 제로에너지건축물 인증란에 적힌 내용은 「녹색건축물 조성 지원법」제17조에 따라 인증기관으로부터 등급 인증을 받은 결과입니다.
** 건축물 에너지효율등급 인증란의 '1차 에너지 소요량'은 건축물 자체의 물리적 성능을 정량적으로 평가하여 산정한 값으로, 다음의 단위면적 당 에너지 사용량 및 온실가스 배출량 현황표의 '에너지 사용량'(건축물의 실제 사용 환경에 따라 변동되는 에너지의 사용량)과 일치하지는 않습니다.

단위면적 당 에너지 사용량 및 온실가스 배출량 현황

에너지 사용량	도시가스	kWh/㎡·년	온실가스 배출량	kg/㎡·년
	지역냉난방	kWh/㎡·년		
	열 (a)	kWh/㎡·년		
	전 기 (b)	kWh/㎡·년		
	합 계 (a+b)	kWh/㎡·년		

이 건축물과 유사한 면적인 다른 건축물의 연간
표준에너지 사용량(　　kWh/㎡·년)
▼

에너지사용량 낮음		에너지사용량 높음

▲
이 건축물의 연간 에너지 사용량
(　　　kWh/㎡·년)

이 건축물의 단위면적 당 에너지 사용량(열+전기)은 이 건축물과 유사한 면적인 다른 건축물 (이 건축물과 같은 시·도에 있는 건축물)의 표준에너지사용량 대비 %(열 %, 전기 %)입니다.

※ 우리집 에너지사용량에 대한 상세한 내용은 그린투게더(www.greentogether.go.kr)에서 확인하실 수 있습니다.
※ 건축물 연간 에너지 사용량은 매년 4월 중 새로 공개됩니다(전년도에 사용한 연간 에너지사용량 기준).

년 월 일

국토교통부 CI　　　　　　　　　　　　운영기관 CI

210mm×297mm[보존용지(1종) 120g/㎡]

예제문제 19

녹색건축물 조성 지원법에 따른 에너지평가서 공개대상 건축물에 대한 기준 중 가장 부적합한 것은?

① 연면적 5,000m²인 오피스텔의 매매
② 연면적 2,000m² 이상인 사무실 임대
③ 전체 세대수 100세대 이상인 아파트 매매
④ 전체 세대수 500세대인 다세대주택 임대

해설 다음의 건축물을 매입하거나 임차하려는 경우 해당 건축물의 연간 에너지 소요량 또는 온실가스 배출량 등이 표시된 건축물 에너지 평가서를 확인할 수 있게 하여야 한다.

에너지 평가서 공개대상	건축물 에너지·온실가스 정보체계가 구축된 지역에 있는	· 전체 세대수가 100세대 이상인 주택단지 내의 공동주택 · 연면적 2,000m² (오피스텔 제외) 이상의 업무시설	매매 또는 임대계약시

답 : ①

예제문제 20

"녹색건축물 조성 지원법"에서 정하는 건축물 에너지 성능정보의 공개 및 활용에 대한 설명으로 가장 적절하지 않은 것은? 【23년 기출문제】

① 건축물 에너지·온실가스 정보체제가 구축된 지역에 있는 건축물 중 연면적 3천제곱미터 오피스텔은 정보공개대상에 포함된다.
② 건축물 에너지·온실가스 정보체제가 구축된 지역에 있는 건축물 중 연면적 2천제곱미터 업무시설은 정보공개대상에 포함된다.
③ 건축물 에너지·온실가스 정보체제가 구축된 지역에 있는 건축물 중 전체 세대수가 100세대인 주택단지 내의 공동주택은 정보공개대상에 포함된다.
④ 국토교통부 장관이 지정하는 기관·단체가 운영하는 인터넷 홈페이지를 통해 정보공개대상 건축물 에너지 정보를 공개할 수 있다.

해설 업무시설 중 오피스텔은 제외된다.

답 : ①

예제문제 21

"녹색건축물 조성 지원법"에 따라 에너지성능정보를 공개해야 하는 건축물에 해당하지 않는 것은? (단, 해당 건축물이 건축물 에너지·온실가스 정보 체계가 구축된 지역에 있는 것을 전제로 한다.)　　　　　【19년 기출문제】

① 전체 세대수가 300세대인 주택단지 내의 공동주택

② 전체 세대수가 500세대인 주택단지 내의 공동주택

③ 연면적 3,000제곱미터 사무소

④ 연면적 5,000제곱미터 오피스텔

답 : ④

예제문제 22

"녹색건축물 조성 지원법"에서 정하는 에너지소비량 또는 정보 공개와 관련된 내용으로 가장 적합하지 않은 것은?　　　　　【17년 기출문제】

① '건축물의 에너지·온실가스 정보체계 구축 등' 조항에 의한 건축물 에너지·온실가스 정보

② '공공건축물의 에너지소비량 공개 등' 조항에 의힌 공공건축물의 온실가스 배출량

③ '건축물 에너지성능정보의 공개 및 활용 등' 조항에 의한 전체 세대수 100세대 이상 주택 단지 내 공동주택의 건축물 에너지 평가서

④ '건축물 에너지성능정보의 공개 및 활용 등' 조항에 의한 연면적 2천제곱미터 이상 업무시설의 연간 에너지 사용량

답 : ②

예제문제 23

녹색건축물 조성 지원법에 따른 건축물에너지성능정보의 공개 및 활용에 대한 설명으로 적절하지 않은 것은? 【16년 기출문제】

① 전체 세대수가 500세대인 주택단지 내의 공동주택은 정보공개대상에서 제외된다.
② 연면적 5천제곱미터의 오피스텔은 정보공개 대상에서 제외된다.
③ 대통령령으로 정하는 정보공개 대상 건축물 이란 건축물에너지·온실가스 정보체계가 구축된 지역에 있는 건축물을 말한다.
④ 국토교통부장관이 지정한 단체의 인터넷 홈페이지를 통해 정보공개대상건축물의 에너지평가서를 공개할 수 있다.

해설 100세대 이상인 공동주택이 정보공개 대상에 해당된다.

답 : ①

예제문제 24

녹색건축물 조성 지원법에서 정하고 있는 건축물 에너지 평가서의 기재사항에 해당되지 않는 것은?

① 건축물 에너지효율등급
② 단위 면적당 1차 에너지 사용량
③ 월별 건축물 에너지 사용량
④ 연간 온실 가스 배출량

해설 건축물 에너지 사용량은 연간 사용량으로 기재한다.

답 : ③

CHAPTER
05 **녹색건축물 조성의 실현 및 지원**

1 녹색건축물 전문인력의 양성 등

법	시행령
제21조【녹색건축물 전문인력의 양성 및 지원】 ① 국토교통부장관은 녹색건축물 관련 전문인력의 양성 및 고용 촉진을 위하여 시책을 마련하여야 한다. 〈개정 2013.3.23〉 ② 국토교통부장관은 녹색건축물 전문인력의 양성을 위한 사업에 대하여 예산의 범위에서 교육 및 훈련에 필요한 비용의 전부 또는 일부를 지원할 수 있다. 〈개정 2013.3.23, 2016.1.19〉 ③ 국토교통부장관은 녹색건축물 조성 관련 사업시행자에게 녹색건축물 전문인력의 고용을 확대하도록 권고할 수 있다. 〈개정 2013.3.23〉	**제14조** 삭제 〈2016.12.30〉

요점 녹색건축물 전문인력의 양성 등

① 국토교통부장관은 녹색건축물 관련 전문인력의 양성 및 고용 촉진을 위하여 시책을 마련하여야 한다.

② 국토교통부장관은 녹색건축물 전문인력의 양성을 위하여 전문기관을 지정하고 예산의 범위에서 교육 및 훈련에 필요한 비용의 전부 또는 일부를 지원할 수 있다.

③ 국토교통부장관은 녹색건축물 조성 관련 사업시행자에게 녹색건축물 전문인력의 고용을 확대하도록 권고할 수 있다.

2 녹색건축물 조성기술의 연구개발

법	시행령
제22조【녹색건축물 조성기술의 연구개발 등】① 국토교통부장관은 녹색건축물 조성을 위한 녹색기술(이하 "녹색건축물 조성기술"이라 한다)의 연구개발 및 사업화 등을 촉진하기 위하여 다음 각 호의 사항을 포함하는 시책을 수립·시행할 수 있다. 〈개정 2013.3.23, 2014.5.28〉 1. 녹색건축물과 관련된 정보의 수집·분석 및 제공 2. 녹색건축물 평가기법의 개발 및 보급 3. 녹색건축물 조성기술의 연구개발 및 사업화 등의 촉진을 위한 금융지원 4. 녹색건축자재 개발 및 시공 기술의 개발 ② 국토교통부장관은 「기후위기 대응을 위한 탄소중립·녹색성장기본법」 제56조에 따른 시책을 추진할 경우 정책시행의 시급성과 효과성을 고려하여 녹색건축물 조성에 관한 사항을 우선적으로 고려하여야 한다. 〈개정 2013.3.23, 2021.9.24〉 ③ 국토교통부장관은 제1항에 따라 개발된 연구성과의 이용·보급 및 관련 산업과의 연계를 촉진하기 위하여 필요하다고 판단하는 경우에는 녹색건축물 조성기술의 이용·보급 등에 관한 시범사업을 실시할 수 있다. 〈개정 2013.3.23〉 ④ 제1항부터 제3항까지의 지원 등에 필요한 사항은 국토교통부령으로 정한다. 〈개정 2013.3.23〉	

요점 녹색건축물 조성기술의 연구개발

① 국토교통부장관은 녹색건축물 조성을 위한 녹색기술(녹색건축물 조성기술)의 연구개발 및 사업화 등을 촉진하기 위하여 다음 각 호의 사항을 포함하는 시책을 수립·시행할 수 있다.

1. 녹색건축물과 관련된 정보의 수집·분석 및 제공

2. 녹색건축물 평가기법의 개발 및 보급

3. 녹색건축물 조성기술의 연구개발 및 사업화 등의 촉진을 위한 금융지원

4. 녹색건축자재 개발 및 시공 기술의 개발

② 국토교통부장관은 녹색기술 시책을 추진할 경우 정책시행의 시급성과 효과성을 고려하여 녹색건축물 조성에 관한 사항을 우선적으로 고려하여야 한다.

③ 국토교통부장관은 필요한 경우에는 녹색건축물 조성기술의 이용·보급 등에 관한 시범사업을 실시할 수 있다.

|참고|

법 기후위기 대응을 위한 탄소중립·녹색성장기본법 제56조 【녹색기술의 연구개발 및 사업화 등의 촉진】

① 정부는 녹색기술의 연구개발 및 사업화 등을 촉진하기 위하여 다음 각 호의 사항을 포함하는 시책을 수립·시행할 수 있다.
  1. 녹색기술과 관련된 정보의 수집·분석 및 제공
  2. 녹색기술 평가기법의 개발 및 보급
  3. 녹색기술 연구개발 및 사업화 등의 촉진을 위한 금융지원
  4. 녹색기술 전문인력의 양성 및 국제협력 등
② 정부는 정보통신·나노·생명공학 기술 등의 융합을 촉진하고 녹색기술의 지식재산 권화를 통하여 저탄소 지식기반경제로의 이행을 신속하게 추진하여야 한다.

예제문제 01

녹색건축물 조성 지원법에 따라 녹색건축물 조성기술의 사업화 촉진을 위하여 국토교통부장관이 수립하는 시책의 내용으로 가장 부적합한 것은?

① 녹색건축물 조성기술 전문인력의 양성 및 국제협력
② 녹색건축물 평가기법의 개발 및 보급
③ 녹색건축물 조성기술의 연구개발 및 사업화 등의 촉진을 위한 금융지원
④ 녹색건축물 조성에 필요한 건축자재 개발 및 시공 기술의 개발

해설 ①항은 기후위기 대응을 위한 탄소중립·녹색성장 기본법의 시책사항에 해당된다.

답 : ①

예제문제 02

"녹색건축물 조성 지원법"에 따른 사업 중 국토교통부 장관이 협의해야 할 사업과 협의대상이 바르게 연결되지 <u>않은</u> 것은? 【20년 기출문제】

① 그린리모델링 창조센터 설립 – 기획재정부장관
② 녹색건축물 전문인력의 양성 및 지원 – 고용 노동부장관
③ 녹색건축 인증제 운영과 인증기관 취소 – 환경부 장관
④ 건축물 에너지효율등급 인증제 운영과 인증 기관 취소 – 산업통상자원부장관

해설 녹색건축물 전문인력의 양성 및 자원은 국토교통부장관의 전권사항이다.

답 : ②

3 녹색건축센터

법	시행령
제23조 【녹색건축센터의 지정 등】 ① 국토교통부장관은 녹색건축물 조성기술의 연구·개발 및 보급 등을 효율적으로 추진하기 위하여 대통령령으로 정하는 전문기관을 녹색건축센터로 지정할 수 있다. 〈개정 2013.3.23〉	제15조 【녹색건축센터의 지정 등】 ① 법 제23조제1항에서 "대통령령으로 정하는 전문기관"이란 다음 각 호의 어느 하나에 해당하는 기관 또는 단체를 말한다. 〈개정 2016.12.30., 2020.12.10., 2022.4.12〉 1. 건축공간연구원 2. 한국부동산원 3. 한국에너지공단 4. 「과학기술분야 정부출연연구기관 등의 설립·운영 및 육성에 관한 법률」 제8조에 따른 한국건설기술연구원(이하 "한국건설기술연구원"이라 한다) 5. 「국토안전관리원법」에 따른 국토안전관리원(이하 "국토안전관리원"이라 한다) 5의2. 「한국토지주택공사법」에 따른 한국토지주택공사(이하 "한국토지주택공사"라 한다) 6. 그 밖에 국토교통부장관이 녹색건축물 조성을 위한 녹색기술의 연구·개발 및 보급 등에 관한 업무를 수행할 인력, 조직, 예산 및 시설을 갖추었다고 인정하여 고시하는 기관 또는 단체 ② 중앙행정기관의 장은 소관 업무의 수행과 관련하여 녹색건축물 조성기술의 연구·개발을 지원하기 위하여 필요한 경우 국토교통부장관이 정하는 인력, 조직, 예산 및 시설을 갖춘 기관 또는 단체를 녹색건축센터로 지정하여 줄 것을 국토교통부장관에게 요청할 수 있다. 〈개정 2013.3.23〉 ③ 법 제23조제1항에 따라 녹색건축센터로 지정받으려는 자는 다음 각 호의 구분에 따른 요건을 갖추어야 한다. 1. 법 제23조제2항제1호에 해당하는 업무를 수행하려는 경우 　가. 전담조직·예산·사무실과 사업계획 및 운영규정을 갖출 것 　나. 전산 관련 업무 전문가 2명 이상, 전산실 및 보안체계 등 전산정보처리조직을 갖출 것 2. 법 제23조제2항제2호 및 제3호에 해당하는 업무를 수행하려는 경우 　가. 제1호가목의 요건을 갖출 것 　나. 법 제16조 및 제17조에 따른 인증업무를 수행할 수 있는 전문인력을 10명 이상 보유할 것 3. 법 제23조제2항제6호에 따른 업무를 수행하려는 경우: 제1호가목의 요건을 갖출 것 ④ 법 제23조제1항에 따라 녹색건축센터로 지정받으려는 자는 국토교통부령으로 정하는 녹색건축센터 지정신청서에 다음 각 호의 서류를 첨부하여 국토교통부장관에게 제출하여야 한다. 〈개정 2013.3.23〉

1. 녹색건축센터 운영계획
2. 녹색건축센터 조직 현황
3. 녹색건축센터 인력 및 시설 확보 현황
4. 녹색건축센터 운영에 따른 예산 및 조달계획
5. 법 제16조제2항 또는 제17조제2항에 따라 인증기관으로 지정되었음을 증명하는 서류(법 제23조제2항제2호 또는 제3호의 업무를 수행하려는 자로 한정한다)

[시행규칙]

제10조 【녹색건축센터의 지정】 ① 영 제15조제4항에 따른 녹색건축센터 지정신청서는 별지 제6호서식에 따르고, 같은 조 제5항에 따른 녹색건축센터 지정서는 별지 제7호서식에 따른다.

② 제1항의 녹색건축센터 지정신청서를 제출받은 국토교통부장관은 「전자정부법」 제36조제1항에 따른 행정정보의 공동이용을 통하여 신청인의 법인 등기사항증명서 또는 사업자등록증을 확인하여야 한다. 다만, 사업자등록증의 확인에 신청인이 동의하지 아니하는 경우에는 그 서류의 사본을 제출하도록 하여야 한다. 〈개정 2013.3.23.〉

② 제1항의 녹색건축센터는 다음 각 호의 업무를 수행한다. 〈개정 2016.1.19.〉
1. 제10조제1항에 따른 건축물 에너지·온실가스 정보체계의 운영
2. 녹색건축의 인증
3. 건축물의 에너지효율등급 인증
4. 녹색건축물 관련 전문인력 양성 및 교육
5. 제로에너지건축물 시범사업 운영 및 인증 업무
6. 그 밖에 녹색건축물 조성 촉진을 위하여 필요한 사업
③ 국토교통부장관은 제1항의 녹색건축센터를 업무의 내용과 기능에 따라 녹색건축지원센터, 녹색건축사업센터 및 제로에너지건축물 지원센터로 구분하여 지정할 수 있다. 〈개정 2013.3.23., 2016.1.19.〉
④ 국토교통부장관은 제1항의 녹색건축센터에 대하여 예산의 범위에서 제2항 각 호의 업무를 수행하는 데 필요한 비용의 일부를 출연하거나 지원할 수 있다. 〈개정 2013.3.23〉

⑤ 국토교통부장관은 법 제23조제1항에 따라 녹색건축센터로 지정한 경우에는 국토교통부령으로 정하는 녹색건축센터 지정서를 발급하고, 그 사실을 관보에 공고하여야 한다. 〈개정 2013.3.23〉
⑥ 녹색건축센터는 다음 각 호의 구분에 따른 시기까지 녹색건축센터의 사업내용을 국토교통부장관에게 보고하여야 한다. 〈개정 2013.3.23〉
1. 그 해의 사업계획: 매년 2월 말일까지
2. 분기별 사업추진 실적: 매 분기 말일을 기준으로 다음 달 10일까지
3. 전년도 사업추진 실적: 다음 해 3월 31일까지

⑤ 제1항의 녹색건축센터의 지정 및 지정취소의 기준과 절
차 등에 필요한 사항은 대통령령으로 정한다.

제16조【녹색건축센터의 지정취소】 ① 국토교통부장관은 다
음 각 호의 어느 하나에 해당하는 경우에는 녹색건축센터
의 지정을 취소할 수 있다. 다만, 제1호에 해당하는 경우에
는 녹색건축센터의 지정을 취소하여야 한다.
〈개정 2013.3.23〉
1. 거짓이나 부정한 방법으로 녹색건축센터로 지정받은 경우
2. 정당한 사유 없이 지정받은 날부터 6개월 이상 녹색건축
센터의 업무를 수행하지 아니하는 경우
3. 제15조제3항에 따른 요건을 갖추지 못하게 된 경우
4. 그 밖에 녹색건축센터로서의 업무를 수행할 수 없게 된
경우
② 국토교통부장관은 제1항에 따라 녹색건축센터의 지정을 취
소한 경우에는 그 사실을 관보에 공고하여야 한다.
〈개정 2013.3.23〉

요점 **녹색건축센터**

(1) 녹색건축센터의 지정

① 국토교통부장관은 녹색건축물 조성기술의 연구·개발 및 보급 등을 효율적으
로 추진하기 위하여 다음의 전문기관을 녹색건축센터로 지정할 수 있다.

1. 건축공간연구원
2. 한국부동산원
3. 한국에너지공단
4. 한국건설기술연구원
5. 국토안전관리원
6. 한국토지주택공사
7. 그 밖에 국토교통부장관이 인정하여 고시하는 기관 또는 단체

② 중앙행정기관의 장은 필요한 경우 일정한 기관 또는 단체를 녹색건축센터로
지정하여 줄 것을 국토교통부장관에게 요청할 수 있다.

(2) 녹색건축센터의 업무

① 업무내용

■ **녹색건축센터의 구분**
1. 녹색건축 지원센터
2. 녹색건축 사업센터
3. 제로에너지건축물 지원센터

1. 건축물 에너지·온실가스 정보체계의 운영
2. 녹색건축의 인증
3. 건축물의 에너지효율등급 인증
4. 녹색건축물 관련 전문인력 양성 및 교육

5. 제로에너지건축물 시범사업 운영 및 인증 업무

6. 그 밖에 녹색건축물 조성 촉진을 위하여 필요한 사업

② 국토교통부장관은 녹색건축센터를 업무의 내용과 기능에 따라 녹색건축지원센터와 녹색건축사업센터 및 제로에너지건축물 지원센터로 구분하여 지정할 수 있다.

③ 국토교통부장관은 녹색건축센터에 대하여 예산의 범위에서 업무를 수행하는 데 필요한 비용의 일부를 출연하거나 지원할 수 있다.

(3) 녹색건축센터의 업무별 지정요건

① 건축물 에너지·온실가스 정보체계의 운영 업무수행의 경우

1. 전담조직·예산·사무실과 사업계획 및 운영규정을 갖출 것

2. 전산 관련 업무 전문가 2명 이상 보유할 것

3. 전산실 및 보안체계 등 전산정보처리조직을 갖출 것

② 녹색건축의 인증 및 건축물 에너지효율등급 인증 업무수행의 경우

1. 전담조직·예산·사무실과 사업계획 및 운영규정을 갖출 것

2. 인증업무를 수행할 수 있는 전문인력을 10명 이상 보유할 것

③ 녹색건축물 조성 촉진 사업 수행의 경우 전담조직·예산·사무실과 사업계획 및 운영규정을 갖출 것

예제문제 03

녹색건축물 조성 지원법에 따른 녹색건축센터에 관한 기준 중 가장 적합한 것은?

① 시·도지사는 한국에너지공단·건축공간연구원 등의 기관을 녹색건축센터로 지정할 수 있다.

② 중앙행정기관의 장은 필요한 경우 일정한 조건을 갖춘 기관의 녹색건축센터 지정을 시·도지사에게 요청할 수 있다.

③ 녹색건축센터는 업무의 내용과 기능에 따라 녹색건축지원센터와 녹색건축사업센터 및 제로에너지건축물 지원센터로 구분하여 지정하여야 한다.

④ 녹색건축센터는 녹색건축의 인증 및 녹색건축물 조성 촉진을 위하여 필요한 사업 등을 시행할 수 있다.

해설 1. ①, ② 시·도지사 → 국토교통부장관
2. 국토교통부장관은 녹색건축센터를 업무의 내용과 기능에 따라 녹색건축지원센터와 녹색건축사업센터 및 제로에너지건축물 지원센터로 구분하여 지정할 수 있다.

답 : ④

예제문제 04

녹색건축의 인증 및 건축물 에너지 효율등급 인증 업무를 수행하기 위한 녹색건축센터 지정요건 중 보유하여야 할 전문인력 수로 적합한 것은?

① 2명   ② 3명
③ 5명   ④ 10명

해설 녹색건축센터의 업무별 지정요건
1) 녹색건축의 인증 및 건축물 에너지 효율등급 인증 업무수행의 경우
  1. 전담조직·예산·사무실과 사업계획 및 운영규정을 갖출 것
  2. 인증업무를 수행할 수 있는 전문인력을 10명 이상 보유할 것
2) 건축물 에너지·온실가스 정보체계의 운영 업무수행의 경우
  1. 전담조직·예산·사무실과 사업계획 및 운영규정을 갖출 것
  2. 전산 관련 업무 전문가 2명 이상 보유할 것
  3. 전산실 및 보안체계 등 전산정보처리조직을 갖출 것
3) 녹색건축물 조성 촉진 사업 수행의 경우
  전담조직·예산·사무실과 사업계획 및 운영 규정을 갖출 것

답 : ④

---

(4) 녹색건축센터 지정절차

① 녹색건축센터로 지정받으려는 자는 지정신청서에 다음 각 호의 서류를 첨부하여 국토교통부장관에게 제출하여야 한다.

1. 녹색건축센터 운영계획
2. 녹색건축센터 조직 현황
3. 녹색건축센터 인력 및 시설 확보 현황
4. 녹색건축센터 운영에 따른 예산 및 조달계획
5. 녹색건축의 인증 또는 건축물 에너지효율등급 인증기관으로 지정되었음을 증명하는 서류

② 국토교통부장관은 녹색건축센터로 지정한 경우에는 녹색건축센터 지정서를 발급하고, 그 사실을 관보에 공고하여야 한다.

③ 녹색건축센터는 다음 각 호의 구분에 따른 시기까지 녹색건축센터의 사업내용을 국토교통부장관에게 보고하여야 한다.

1. 그 해의 사업계획	매년 2월 말일까지
2. 분기별 사업추진 실적	매 분기 말일을 기준으로 다음 달 10일까지
3. 전년도 사업추진 실적	다음 해 3월 31일까지

예제문제 05

녹색건축센터 사업내용의 보고시기로 적합한 것은?

① 매년 2월 말일까지 그 해의 사업계획을 보고한다.

② 매년 3월 말일까지 그 해의 사업계획을 보고한다.

③ 매분기 말일을 기준으로 그 달 말일까지 분기별 사업추진실적을 보고한다.

④ 매분기 말일을 기준으로 다음 달 말일까지 분기별 사업추진실적을 보고한다.

[해설] **사업내용 보고시기**

녹색건축센터는 다음 각 호의 구분에 따른 시기까지 녹색건축센터의 사업내용을 국토교통부장관에게 보고하여야 한다.

1. 그 해의 사업계획	매년 2월 말일까지
2. 분기별 사업추진 실적	매 분기 말일을 기준으로 다음 달 10일까지
3. 전년도 사업추진 실적	다음 해 3월 31일까지

답 : ①

예제문제 06

"녹색건축물 조성 지원법"에 따른 녹색건축센터에 대한 설명으로 적절하지 않은 것은?
【18년 기출문제】

① 녹색건축물 조성기술의 연구·개발 및 보급등을 효율적으로 추진하기 위해 지정한다.

② 수행업무에는 제로에너지 건축물 시범사업 운영 및 인증 업무가 포함된다.

③ 국토교통부장관은 업무의 내용과 기능에 따라 녹색건축지원센터, 녹색건축사업센터, 제로에너지건축물 지원센터로 구분하여 지정할 수 있다.

④ 녹색건축센터로 지정받으려는 자로서 건축물의 에너지효율등급 인증을 수행하려는 경우, 해당 인증업무를 수행할 수 있는 전문인력을 5명 이상 보유해야 한다.

[해설] ■ **전문인력 보유기준**

1. 정보체계 운영 업무 – 2명 이상
2. 인증 업무 – 10명 이상

답 : ④

(5) 녹색건축센터 지정취소

① 국토교통부장관은 다음 각 호의 어느 하나에 해당하는 경우에는 녹색건축센터의 지정을 취소할 수 있다.

1. 거짓이나 부정한 방법으로 녹색건축센터로 지정받은 경우	강행 취소
2. 정당한 사유 없이 지정받은 날부터 6개월 이상 녹색건축센터의 업무를 수행하지 아니하는 경우	임의 취소
3. 녹색건축센터 지정 요건을 갖추지 못하게 된 경우	
4. 그 밖에 녹색건축센터로서의 업무를 수행할 수 없게 된 경우	

■ 비고 : 제1호에 해당하는 경우에는 녹색건축센터의 지정을 취소하여야 한다.

② 국토교통부장관은 녹색건축센터의 지정을 취소한 경우에는 그 사실을 관보에 공고하여야 한다.

예제문제 07

국토교통부장관에 의한 녹색건축센터의 지정을 반드시 취소하여야 하는 경우는?

① 거짓이나 부정한 방법으로 녹색건축센터로 지정받은 경우
② 정당한 사유 없이 지정받은 날부터 6개월 이상 녹색건축센터의 업무를 수행하지 아니하는 경우
③ 지정된 시기까지 녹색건축센터 사업내용을 보고하지 아니하는 경우
④ 녹색건축센터 지정요건을 갖추지 못하게 된 경우

[해설] 국토교통부장관은 다음 각 호의 어느 하나에 해당하는 경우에는 녹색건축센터의 지정을 취소할 수 있다. 다만, 제1호에 해당하는 경우에는 녹색건축센터의 지정을 취소하여야 한다.
1. 거짓이나 부정한 방법으로 녹색건축센터로 지정받은 경우
2. 정당한 사유 없이 지정받은 날부터 6개월 이상 녹색건축센터의 업무를 수행하지 아니하는 경우
3. 녹색건축센터 지정 요건을 갖추지 못하게 된 경우
4. 녹색건축센터로서의 업무를 수행할 수 없게 된 경우

답 : ①

---

4 녹색건축물 조성 시범사업 등

법	시행령
제24조 【녹색건축물 조성 시범사업 실시】 ① 중앙행정기관의 장 및 지방자치단체의 장은 녹색건축물에 대한 국민의 인식을 높이고 녹색건축물 조성의 촉진을 위하여 다음 각 호의 사업을 시범사업으로 지정할 수 있다. 〈개정 2016.1.19.〉 1. 공공기관이 시행하는 사업 2. 기존 주택을 녹색건축물로 전환하는 사업 3. 녹색건축물을 신규로 조성하는 사업 4. 기존 주택 외의 건축물을 녹색건축물로 전환하는 사업으로서 대통령령으로 정하는 사업 ② 중앙행정기관의 장 및 지방자치단체의 장은 제1항에 따른 시범사업에 대하여 재정지원 등을 통하여 지원할 수 있다. ③ 제1항 및 제2항에 따른 녹색건축물 조성 시범사업의 지정절차, 녹색건축물 조성 기준의 적용, 재정지원 등에 대하여 필요한 사항은 국토교통부령으로 정한다. 〈개정 2013.3.23〉	**제17조 【녹색건축물 조성 시범사업】** 법 제24조제1항제4호에서 "대통령령으로 정하는 사업"이란 국토교통부장관이 법 제13조제1항에 따라 고시하는 기준에 적합하게 기존 주택 외의 건축물을 녹색건축물로 전환하기 위하여 건축물의 리모델링·증축·개축·대수선 및 수선을 하는 사업을 말한다. 다만, 수선은 창·문, 설비·기기, 단열재 등을 통하여 에너지성능을 개선하는 사업으로 한정한다. 〈개정 2013.3.23, 2015.5.28, 2016.12.30〉

제25조【녹색건축물 조성사업에 대한 지원 · 특례 등】
① 국가 및 지방자치단체는 녹색건축물 조성을 위한 사업 등에 대하여 보조금의 지급 등 필요한 지원을 할 수 있다.
② 「신용보증기금법」에 따라 설립된 신용보증기금 및 「기술보증기금법」에 따라 설립된 기술보증기금은 녹색건축물 조성사업에 우선적으로 신용보증을 하거나 보증조건 등을 우대할 수 있다. 〈개정 2016.3.29〉
③ 국가 및 지방자치단체는 녹색건축물 조성사업과 관련된 기업을 지원하기 위하여 「조세특례제한법」과 「지방세특례제한법」에서 정하는 바에 따라 소득세 · 법인세 · 취득세 · 재산세 · 등록세 등을 감면할 수 있다. 〈개정 2016.1.19〉
④ 국가 및 지방자치단체는 녹색건축물 조성사업과 관련된 기업이 「외국인투자 촉진법」 제2조제1항제4호에 따른 외국인투자를 유치하는 경우에 이를 최대한 지원하기 위하여 노력하여야 한다.

[시행규칙]

제11조【녹색건축물 조성 시범사업의 지정절차 등】 ① 법 제24조제1항에 따른 녹색건축물 조성 시범사업(이하 "시범사업"이라 한다)으로 지정을 받으려는 자는 다음 각 호의 사항에 대한 근거 자료를 첨부하여 중앙행정기관의 장 및 지방자치단체의 장에게 신청하여야 한다.
1. 시범사업 추진계획(시범사업의 위치 · 범위 · 면적 등 사업규모를 포함한다)
2. 시범사업의 지정 목적 및 필요성
3. 녹색건축물 조성 기준의 구체적인 적용 방법
4. 시범사업의 적용기술 및 효과
5. 시범사업의 모니터링 및 유지 · 관리 등 사후관리 방법
② 중앙행정기관의 장 및 지방자치단체의 장은 제1항에 따른 녹색건축물 조성 시범사업을 지정하거나 지정을 취소하는 경우에는 다음 각 호의 사항을 관보에 고시하여야 한다.
1. 시범사업의 지정 또는 지정 취소 사유
2. 시범사업의 위치 · 범위 · 면적 등 사업규모
③ 시범사업은 법 제13조제1항, 제15조제1항, 제16조제7항 및 제17조제4항에 따른 녹색건축물 조성 기준에 적합해야 한다. 〈개정 2017.1.20, 2020.1.1〉
④ 중앙행정기관의 장 및 지방자치단체의 장은 녹색건축물 조성 시범사업이 원활하게 추진될 수 있도록 다음 각 호의 어느 하나에 해당하는 전문가에게 자문할 수 있다. 〈개정 2015.5.29〉
1. 법 제23조제1항에 따른 녹색건축센터의 장
2. 「건축사법」 제2조제1호에 따른 건축사
3. 「기술사법」 제2조에 따른 기술사(건축, 에너지 또는 설비 분야로 한정한다)
4. 대학에서 건축, 에너지 또는 설비 관련 학문을 전공한 사람으로서 「고등교육법」 제2조에 따른 학교 또는 공인된 연구기관에서 부교수 이상의 직 또는 이에 상당하는 직에 있거나 있었던 사람
5. 건축물에너지평가사
⑤ 중앙행정기관의 장 및 지방자치단체의 장은 시범사업의 실시와 관련하여 필요한 경우 국토교통부장관에게 시범사업의 실시에 필요한 지원을 요청할 수 있다. 〈개정 2013.3.23〉
⑥ 제5항에 따른 지원 요청을 받은 국토교통부장관은 다음 각 호의 사항을 고려하여 시범사업의 실시에 필요한 지원을 결정하여야 한다. 〈개정 2013.3.23〉
1. 국가 및 지방자치단체의 녹색건축물 조성 목표 설정 기여도

2. 건축물의 온실가스 배출량 감소 정도

3. 실효적인 녹색건축물 조성 기준 개발 가능성

제26조【금융의 지원 및 활성화】 정부는 녹색건축물 조성을 촉진하기 위하여 다음 각 호의 사항을 포함하는 금융 시책을 수립 · 시행하여야 한다.

1. 녹색건축물 조성의 지원 등을 위한 재원의 조성 및 자금 지원

2. 녹색건축물 조성을 지원하는 새로운 금융상품의 개발

3. 녹색건축물 조성을 위한 기반시설 구축사업에 대한 민간 투자 활성화

제36조【국제협력 및 해외진출의 지원】 ① 국토교통부장관은 녹색건축물 조성사업의 국제협력과 해외진출을 촉진하기 위하여 필요한 경우에는 관련 정보의 제공, 해외진출에 대한 상담 · 지도, 관련 기술 및 인력의 국제교류, 국제행사에의 참가, 국제공동연구 개발사업 등을 지원할 수 있다. 〈개정 2013.3.23〉

② 국토교통부장관은 제1항에 따른 사업을 효율적으로 지원하기 위하여 대통령령으로 정하는 관련 기관이나 단체에 이를 위탁 또는 대행하게 할 수 있으며 예산의 범위에서 필요한 비용의 전부 또는 일부를 보조할 수 있다. 〈개정 2013.3.23〉

제19조【업무의 위탁】

② 법 제36조제2항에서 "대통령령으로 정하는 관련 기관이나 단체"란 법 제23조에 따른 녹색건축센터 및 법 제29조에 따른 그린리모델링 창조센터를 말한다. [전문개정 2015.5.28]

요점 **녹색건축물 조성 시범사업 등**

(1) 녹색건축물 조성 시범사업

1) 시범사업의 범위

중앙행정기관의 장 및 지방자치단체의 장은 녹색건축물에 대한 국민의 인식을 높이고 녹색건축물 조성의 촉진을 위하여 다음 각 호의 사업을 시범사업으로 지정할 수 있다.

1. 공공기관이 시행하는 사업
2. 녹색건축물을 신규로 조성하는 사업
3. 기존 주택을 녹색건축물로 전환하는 사업
4. 기존 주택 외의 건축물을 녹색건축물로 전환하는 사업(건축물의 리모델링, 증축, 개축, 대수선 및 창·문, 설비·기기, 단열재 등을 통하여 에너지 성능을 개선하는 수선)

예제문제 08

「녹색건축물 조성지원법」에서 녹색 건축물 조성 시범사업에 해당되는 것은?

① 태양열발전단지 조성사업
② 기존주택의 녹색건축물 전환사업
③ 민간기관이 시행하는 사업
④ 풍력발전관리 조성사업

해설 녹색건축물 조성 시범사업의 범위

1. 공공기관이 시행하는 사업

2. 녹색건축물을 신규로 조성하는 사업

3. 기존 주택을 녹색건축물로 전환하는 사업

4. 기존 주택 외의 건축물을 녹색건축물로 전환하는 사업(건축물의 리모델링, 증축, 개축, 대수선 및 창호·단열재·설비·기기교체에 관한 수선)

답 : ②

2) 시범사업 지정절차

① 시범사업으로 지정을 받으려는 자는 다음 각 호의 사항에 대한 근거 자료를 첨부하여 중앙행정기관의 장 및 지방자치단체의 장에게 신청하여야 한다.

1. 시범사업 추진계획(시범사업의 위치·범위·면적 등 사업규모를 포함한다.)

2. 시범사업의 지정 목적 및 필요성

3. 녹색건축물 조성 기준의 구체적인 적용 방법

4. 시범사업의 적용기술 및 효과

5. 시범사업의 모니터링 및 유지·관리 등 사후관리 방법

② 중앙행정기관의 장 및 지방자치단체의 장은 녹색건축물 조성 시범사업을 지정하거나 지정을 취소하는 경우에는 다음 각 호의 사항을 관보에 고시하여야 한다.

1. 시범사업의 지정 또는 지정 취소 사유

2. 시범사업의 위치·범위·면적 등 사업규모

③ 중앙행정기관의 장 및 지방자치단체의 장은 녹색건축물 조성 시범사업이 원활하게 추진될 수 있도록 다음의 전문가에게 자문할 수 있다.

1. 녹색건축센터의 장

2. 건축사

3. 기술사(건축, 에너지 또는 설비 분야로 한정한다.)

4. 대학에서 건축, 에너지 또는 설비 관련 학문을 전공한 사람으로서 학교 또는 공인된 연구기관에서 부교수 이상의 직 또는 이에 상당하는 직에 있거나 있었던 사람

5. 건축물 에너지 평가사

예제문제 09

"녹색건축물 조성 지원법"에 따라 녹색건축물 조성 시범사업이 원활하게 추진될 수 있도록 자문할 수 있는 전문가에 해당되지 않는 자는? 【22년 기출문제】

① 법 제23조1항에 따른 녹색건축센터의 장
② 건축물에너지평가사
③ 건축물의 에너지효율등급 및 제로에너지건축물 인증기관의 장
④ "기술사법"에 따른 기술사(건축, 에너지 또는 설비분야)

해설 자문 전문가
1. 녹색건축센터의 장
2. 건축물에너지평가사
3. 건축사
4. 기술사
5. 관련분야 대학·연구기관의 부교수 이상의 직위자

답 : ③

---

3) 시범사업의 적법성 검토

시범사업은 다음과 같은 녹색건축물 조성기준에 적합하여야 한다.

1. 기존 건축물의 에너지성능 개선기준(법 제13조①)

2. 건축물에 대한 효율적인 에너지 관리와 녹색건축물 건축의 활성화(법 제15조①)

3. 녹색건축의 인증(법 제16조⑦)

4. 건축물의 에너지효율등급 인증 및 제로에너지 건축물 인증(법 제17조④)

녹색건축물 조성 시범사업의 적법성 검토 기준에 해당되지 않는 것은?

① 기존 건축물의 에너지 성능 개선 기준
② 녹색건축의 인증
③ 친환경 건축 설계 기준
④ 제로에너지 건축물 인증

해설 **시범사업의 적법성 검토**
시범사업은 다음과 같은 녹색건축물 조성기준에 적합하여야 한다.
1. 기존 건축물의 에너지 성능 개선기준(법 제13조①)
2. 건축물에 대한 효율적인 에너지 관리와 녹색건축물 건축의 활성화(법 제15조①)
3. 녹색건축의 인증(법 제16조④)
4. 건축물의 에너지효율 등급 인증(법 제17조④)
5. 제로에너지 건축물 인증(법 제17조④)

답 : ③

4) 시범사업의 지원

① 중앙행정기관의 장 및 지방자치단체의 장은 시범사업에 대하여 재정지원 등을 통하여 지원할 수 있다.
② 중앙행정기관의 장 및 지방자치단체의 장은 시범사업의 실시와 관련하여 필요한 경우 국토교통부장관에게 시범사업의 실시에 필요한 지원을 요청할 수 있다.
③ 지원 요청을 받은 국토교통부장관은 다음 각 호의 사항을 고려하여 시범사업의 실시에 필요한 지원을 결정하여야 한다.

1. 국가 및 지방자치단체의 녹색건축물 조성 목표 설정 기여도

2. 건축물의 온실가스 배출량 감소 정도

3. 실효적인 녹색건축물 조성 기준 개발 가능성

예제문제 **11**

"녹색건축물 조성 지원법"에 따라 국토교통부장관이 녹색건축물 조성 시범사업의 지원을 결정하기 위해 고려해야 할 사항으로 가장 적절하지 않은 것은?

【18, 22년 기출문제】

① 국가 및 지방자치단체의 녹색건축물 조성 목표 설정 기여도
② 건축물의 용적률 및 높이에 대한 건축기준완화 적용 여부
③ 건축물의 온실가스 배출량 감소 정도
④ 실효적인 녹색건축물 조성 기준 개발 가능성

해설 시범사업 지원 결정 기준

1. 국가 및 지방자치단체의 녹색건축물 조성 목표 설정 기여도
2. 건축물의 온실가스 배출량 감소 정도
3. 실효적인 녹색건축물 조성 기준 개발 가능성

답 : ②

(2) 조성사업 지원

① 국가 및 지방자치단체는 녹색건축물 조성을 위한 사업 등에 대하여 보조금의 지급 등 필요한 지원을 할 수 있다.
② 신용보증기금 및 기술보증기금은 녹색건축물 조성사업에 우선적으로 신용보증을 하거나 보증조건 등을 우대할 수 있다.
③ 국가 및 지방자치단체는 녹색건축물 조성사업과 관련된 기업을 지원하기 위하여 소득세·법인세·취득세·재산세·등록세 등을 감면할 수 있다.
④ 국가 및 지방자치단체는 녹색건축물 조성사업과 관련된 기업이 외국인투자를 유치하는 경우에 이를 최대한 지원하기 위하여 노력하여야 한다.
⑤ 정부는 녹색건축물 조성을 촉진하기 위하여 다음 각 호의 사항을 포함하는 금융 시책을 수립·시행하여야 한다.

1. 녹색건축물 조성의 지원 등을 위한 재원의 조성 및 자금 지원
2. 녹색건축물 조성을 지원하는 새로운 금융상품의 개발
3. 녹색건축물 조성을 위한 기반시설 구축사업에 대한 민간투자 활성화

(3) 국제협력 등의 지원

① 국토교통부장관은 녹색건축물 조성사업의 국제협력과 해외진출을 촉진하기 위하여 필요한 경우에는 관련 정보의 제공, 해외진출에 대한 상담·지도, 관련 기술 및 인력의 국제교류, 국제행사에의 참가, 국제공동연구 개발사업 등을

지원할 수 있다.

② 국토교통부장관은 제1항에 따른 사업을 효율적으로 지원하기 위하여 녹색건축센터 및 그린리모델링창조센터에 이를 위탁 또는 대행하게 할 수 있으며 예산의 범위에서 필요한 비용의 전부 또는 일부를 보조할 수 있다.

예제문제 12

녹색건축물 조성 지원법에 따른 녹색건축물 조성 시범사업에 대한 기준 중 가장 부적합한 것은?

① 중앙행정기관의 장 및 지방자치단체의 장은 녹색건축물에 대한 국민의 인식을 높이고 녹색건축물 조성의 촉진을 위하여 공공기관이 시행하는 사업을 시범사업으로 지정할 수 있다.

② 중앙행정기관의 장 및 지방자치단체의 장은 녹색건축물 조성 시범사업이 원활하게 추진될 수 있도록 건축사 등 전문가에게 자문할 수 있다.

③ 중앙행정기관의 장 및 지방자치단체의 장은 녹색건축물 조성사업의 국제협력과 해외진출을 촉진하기 위하여 필요한 경우에는 관련 정보의 제공, 해외진출에 대한 상담·지도, 관련 기술 및 인력의 국제교류, 국제행사에의 참가, 국제공동연구 개발사업 등을 지원할 수 있다.

④ 신용보증기금 및 기술보증기금은 녹색건축물 조성사업에 우선적으로 신용보증을 하거나 보증조건 등을 우대할 수 있다.

해설 녹색건축물 조성사업의 국제협력, 해외진출 촉진 등의 업무를 국토교통부장관이 시행한다.

답 : ③

06 그린리모델링 활성화

1 그린리모델링

법	시행령
제27조【그린리모델링에 대한 지원】 국가 및 지방자치단체는 에너지 성능향상 및 효율 개선 등을 위한 리모델링(이하 "그린리모델링"이라 한다)에 대하여 보조금의 지급 등 필요한 지원을 할 수 있다. 이 경우 국토교통부장관은 지원받을 그린리모델링의 구체적인 대상·범위 및 기준 등을 고시하여야 한다. [본조신설 2014.5.28] **제28조【그린리모델링기금의 조성 등】** ① 시·도지사는 그린리모델링을 효율적으로 시행하기 위한 그린리모델링기금(이하 "기금"이라 한다)을 설치하여야 하고, 시장(「제주특별자치도 설치 및 국제자유도시 조성을 위한 특별법」 제11조제2항에 따른 행정시장은 제외한다)·군수·구청장은 조례로 정하는 바에 따라 기금을 설치할 수 있다.〈개정 2018.1.1〉 ② 기금은 다음 각 호의 재원으로 조성한다.〈개정 2018.1.1〉 1. 정부 외의 자(「공공기관의 운영에 관한 법률」 제5조제3항제1호의 공기업을 포함한다)로부터의 출연금 및 기부금 2. 일반회계 또는 다른 기금으로부터의 전입금 3. 기금의 운용수익금 4. 「건축법」 제80조에 따른 이행강제금으로부터의 전입금 5. 그 밖에 해당 지방자치단체의 조례로 정하는 수익금 ③ 기금의 운용 및 관리에 필요한 사항은 해당 지방자치단체의 조례로 정한다.〈개정 2018.1.1〉 [본조신설 2014.5.28]	

요점 **그린리모델링**

(1) 그린리모델링 정의

에너지 성능향상 및 효율개선 등을 위한 리모델링을 말한다.

(2) 그린리모델링 지원

① 국가 및 지방자치단체는 그린리모델링에 대하여 보조금의 지급 등 필요한 지원을 할 수 있다.
② 국토교통부장관은 지원받을 그린리모델링의 구체적인 대상·범위 및 기준 등을 고시하여야 한다.

(3) 그린리모델링기금의 조성

1. 기금설치목적	그린리모델링의 효율적 시행
2. 기금설치의무	• 원칙 : 시·도지사 • 예외(조례에 따라) : 시장, 군수, 구청장
3. 기금재원	① 정부 외의 자(「공공기관의 운영에 관한 법률」의 공기업을 포함한다)로부터의 출연금 및 기부금 ② 일반회계 또는 다른 기금으로부터의 전입금 ③ 기금의 운용수익금 ④ 「건축법」에 따른 이행강제금으로부터의 전입금 ⑤ 그 밖에 해당 지방자치단체의 조례로 정하는 수익금
4. 기금운용기준	해당 지방자치단체 조례

2 그린리모델링 창조센터

법	시행령
제29조【그린리모델링 창조센터의 설립】① 국토교통부장관은 그린리모델링 대상 건축물의 지원 및 관리를 위하여 그린리모델링 창조센터를 설립하거나 그린리모델링 업무를 전문으로 하는 공공기관을 그린리모델링 창조센터로 지정할 수 있다. 다만, 그린리모델링 창조센터를 설립하고자 하는 경우에는 기획재정부장관과 사전에 협의를 하여야 한다. ② 그린리모델링 창조센터는 센터의 효율적인 운영을 위하여 필요한 경우에는 중앙행정기관, 지방자치단체 소속의 공무원 및 대통령령으로 정하는 공공기관, 관련 민간기관·단체 또는 연구소, 기업 임직원 등의 파견 또는 겸임을 요청할 수 있다. ③ 그린리모델링 창조센터는 다음 각 호의 사업을 수행한다.〈개정 2016.1.19〉 1. 건축물의 에너지성능 향상 또는 효율 개선 및 이를 통하여 온실가스의 배출을 줄이기 위한 사업 2. 그린리모델링 기술의 연구·개발·도입·지도 및 보급 3. 그린리모델링 사업발굴, 기획, 타당성 분석 및 사업관리	제18조의2【그린리모델링 창조센터의 지정】 ① 국토교통부장관은 법 제29조제1항 본문에 따라 그린리모델링 창조센터를 지정한 경우에는 그 사실을 관보 및 홈페이지에 공고하여야 한다. ② 법 제29조제2항에서 "대통령령으로 정하는 공공기관"이란 다음 각 호의 기관 또는 단체를 말한다.〈개정 2015.7.24, 2016.12.30, 2020.12.10, 2022.4.12〉 1. 건축공간연구원 2. 한국부동산원 3. 한국에너지공단 4. 한국건설기술연구원 5. 국토안전관리원 5의 2. 한국토지주택공사 6. 제1호부터 제5호까지의 기관 외에 그린리모델링 업무에 전문성이 있는 기관 또는 단체

4. 건축물의 에너지성능 평가 및 개선에 관한 사항
5. 에너지성능 향상 및 효율 개선에 관한 조사 · 연구 · 교육 및 홍보
6. 기존 건축물의 에너지성능 향상 및 효율 개선을 위한 지원 및 자금관리
7. 그린리모델링 전문가 양성 및 교육
8. 국가 및 지방자치단체가 시행하는 그린리모델링 사업의 발주, 사업자 선정, 수행, 관리 등의 업무 및 업무지원
9. 제1호부터 제8호까지의 사업과 관련된 사업
④ 정부는 그린리모델링 창조센터의 사업과 운영에 필요한 비용을 충당하기 위하여 예산의 범위에서 출연금을 지급하거나 행정적 · 재정적 지원을 할 수 있다.
⑤ 그린리모델링 창조센터는 대통령령으로 정하는 바에 따라 사업계획서 등을 다음 각 호의 구분에 해당하는 시기에 국토교통부장관에게 제출하여야 한다.
1. 사업계획서 및 예산서: 매 사업연도 개시일까지
2. 사업연도 결산서: 다음 사업연도 3월 31일까지
⑥ 그 밖에 그린리모델링 창조센터의 설립 · 지정과 운영 등 필요한 사항은 대통령령으로 정한다.
[본조신설 2014.5.28]

③ 법 제29조제5항에 따라 제출하여야 하는 사업계획서에는 다음 각 호의 사항을 포함하여야 한다.
1. 전년도 사업실적 및 금년도 사업내용
2. 그린리모델링 업무의 운영 계획
3. 조직 현황
4. 인력 및 시설 확보 현황
[본조신설 2015.5.28]

요점 그린리모델링 창조센터

(1) 그린리모델링 창조센터의 설립 또는 지정

1. 목적	그린리모델링 대상 건축물의 지원 및 관리
2. 절차	① 기획재정부장관과 협의 후 국토교통부장관이 설립 ② 다음의 공공기관 중 국토교통부장관이 지정 · 건축공간연구원 · 한국부동산원 · 한국에너지공단 · 한국건설기술연구원 · 국토안전관리원 · 한국토지주택공사 · 그린리모델링 업무에 전문성이 있는 기관 또는 단체
3. 지원	① 정부는 그린리모델링 창조센터의 사업과 운영에 필요한 비용을 충당하기 위하여 예산의 범위에서 출연금을 지급하거나 행정적·재정적 지원을 할 수 있다. ② 그린리모델링 창조센터는 센터의 효율적인 운영을 위하여 필요한 경우에는 중앙행정기관, 지방자치단체 소속의 공무원 및 공공기관, 관련 민간기관·단체 또는 연구소, 기업 임직원 등의 파견 또는 겸임을 요청할 수 있다.

(2) 그린리모델링 창조센터 사업범위

1. 건축물의 에너지성능향상 또는 효율개선 및 이를 통하여 온실가스의 배출을 줄이기 위한 사업

2. 그린리모델링 기술의 연구·개발·도입·지도 및 보급

3. 그린리모델링 사업발굴, 기획, 타당성 분석 및 사업관리

4. 건축물의 에너지성능평가 및 개선에 관한 사항

5. 에너지성능향상 및 효율개선에 관한 조사·연구·교육 및 홍보

6. 기존 건축물의 에너지성능향상 및 효율개선을 위한 지원 및 자금관리

7. 그린리모델링 전문가 양성 및 교육

8. 국가 및 지방자치 단체가 시행하는 그린리모델링 사업의 발주, 사업자 선정, 수행, 관리 등의 업무 및 업무지원

9. 제1호부터 제8호까지의 사업과 관련된 사업

■ 녹색건축센터

1. 산업 범위
   ① 건축물 에너지·온실가스 정보 체계의 운영
   ② 녹색건축의 인증
   ③ 건축물의 에너지효율등급 인증
   ④ 그 밖에 녹색건축물 조성 촉진을 위하여 필요한 사업

2. 사업계획보고
   ① 그 해의 사업계획 : 매년 2월 말일까지
   ② 분기별 사업추진 실적 : 매 분기 말일을 기준으로 다음 달 10일까지
   ③ 전년도 사업추진 실적 : 다음 해 3월 31일까지

(3) 사업계획 보고

1) 보고시기

그린리모델링 창조센터는 사업계획서 등을 다음 각 호의 구분에 해당하는 시기에 국토교통부장관에게 제출하여야 한다.

1. 사업계획서 및 예산서	매 사업연도 개시일까지
2. 사업연도 결산서	다음 사업연도 3월 31일까지

2) 사업계획서 내용

1. 전년도 사업실적 및 금년도 사업내용

2. 그린리모델링 업무의 운영 계획

3. 조직 현황

4. 인력 및 시설 확보 현황

예제문제 01

"녹색건축물 조성 지원법"에 따른 그린리모델링 사업의 범위를 보기에서 모두 고른 것은? 【22년 기출문제】

〈보기〉
㉠ 건축물의 에너지성능 향상 또는 효율 개선 사업
㉡ 그린리모델링을 위한 건축 자재 및 설비 개발 사업
㉢ 그린리모델링 사후관리에 관한 사업
㉣ 그린리모델링 사업 발굴, 기획, 타당성 분석에 관한 사업
㉤ 기존 건축물을 녹색건축물로 전환하는 사업
㉥ 그린리모델링을 통한 에너지절감 예상액의 배분을 기초로 재원을 조달하여 그린리모델링을 하는 사업

① ㉠, ㉣
② ㉠, ㉡, ㉢, ㉣
③ ㉠, ㉢, ㉣, ㉤
④ ㉠, ㉢, ㉣, ㉤, ㉥

해설 그린리모델링 사업범위
1. 건축물의 에너지 성능향상 또는 효율개선 사업
2. 기존 건축물을 녹색건축물로 전환하는 사업
3. 그린리모델링 사업발굴, 기획, 타당성 분석, 설계·시공 및 사후관리 등에 관한 사업
4. 그린리모델링을 통한 에너지절감 예상액의 배분을 기초로 재원을 조달하여 그린리모델링을 하는 사업

답 : ④

예제문제 02

「녹색건축물조성지원법」에 따른 그린리모델링 창조센터의 사업내용에 해당되지 않는 것은?

① 건축물의 에너지성능 평가 및 개선에 관한 사항
② 그린리모델링 기술의 연구·개발 등에 관한 사항
③ 건축물 에너지·온실가스 정보체계의 운영에 관한 사항
④ 기존 건축물의 에너지 성능향상을 위한 지원사항

해설 건축물 에너지·온실가스 정보체계의 운영은 녹색건축센터의 업무에 해당된다.

답 : ③

예제문제 03

「녹색건축물조성지원법」에 따른 그린리모델링 사업에 대한 설명으로 적절하지 않은 것은? 【16년 기출문제】

① 국토교통부장관은 그린리모델링 창조센터를 설립하고자 하는 경우 산업통상자원부장관과 사전에 협의를 하여야 한다.

② 그린리모델링 창조센터에 의해 지원을 받을 수 있는 그린리모델링 사업의 범위에는 에너지절감 예상액의 배분을 기초로 재원을 조달하는 사업이 포함된다.

③ 그린리모델링 창조센터는 건축물의 에너지 성능 향상 및 효율개선에 관한 조사·연구·교육 및 홍보사업을 수행할 수 있다.

④ 시·도지사는 정부 외의 자로부터의 출연금 및 기부금, 일반회계 또는 다른 기금으로부터의 전입금을 재원으로 하여 그린리모델링 기금을 설치 할 수 있다.

해설 국토교통부장관은 그린리모델링 창조센터 설립시 기획재정부장관과 협의하여야 한다.

답 : ①

예제문제 04

「녹색건축물조성지원법」에 따라 그린리모델링 창조센터가 사업연도 결산서를 국토교통부장관에게 제출하여야 할 시한은?

① 매 사업연도 개시일까지 ② 당해 사업연도 3월 31일까지
③ 매 사업연도 종료일까지 ④ 다음 사업연도 3월 31일까지

해설 보고시한

1. 사업계획서 및 예산서	매사업연도 개시일까지
2. 사업연도 결산서	다음 사업연도 3월 31일까지

답 : ④

③ 그린리모델링 사업의 등록

법	시행령
제30조【그린리모델링 사업의 등록】 ① 국토교통부장관은 제29조제3항 각 호의 사업 중 대통령령으로 정하는 사업을 제3자로부터 위탁을 받아 시행하려는 자(이하 "그린리모델링 사업자"라 한다)에게 필요한 지원을 할 수 있다. ② 제1항에 따른 그린리모델링 사업자로 등록하려는 자는 대통령령으로 정하는 바에 따라 장비, 자산 및 기술인력 등의 등록기준을 갖추어 국토교통부장관에게 등록을 신청하여야 한다. 이 경우 국토교통부장관은 그린리모델링 사업자 등록 및 관리업무를 그린리모델링 창조센터에 위탁할 수 있다. ③ 국토교통부장관은 제2항에 따라 그린리모델링 사업자로 등록한 자가 다음 각 호의 어느 하나에 해당하는 경우에는 등록을 취소하거나 1년 이내의 기간을 정하여 업무의 전부 또는 일부의 정지를 명할 수 있다. 다만, 제1호에 해당하는 경우에는 그 등록을 취소하여야 한다. 1. 거짓이나 부정한 방법으로 등록을 한 경우 2. 정당한 사유 없이 등록한 날부터 2년 이상 계속하여 업무를 수행하지 아니한 경우 3. 등록기준 및 절차를 위반하여 업무를 수행한 경우 4. 정당한 사유 없이 업무수행을 거부한 경우 5. 그 밖에 그린리모델링 사업자로서의 업무를 수행할 수 없게 된 경우 [본조신설 2014.5.28]	**제18조의3【그린리모델링 사업의 범위】** 법 제30조제1항에서 "대통령령으로 정하는 사업"이란 다음 각 호의 사업을 말한다. 1. 건축물의 에너지성능 향상 또는 효율 개선 사업 2. 기존 건축물을 녹색건축물로 전환하는 사업 3. 그린리모델링 사업발굴, 기획, 타당성 분석, 설계·시공 및 사후관리 등에 관한 사업 4. 그린리모델링을 통한 에너지 절감 예상액의 배분을 기초로 재원을 조달하여 그린리모델링을 하는 사업 [본조신설 2015.5.28.] **제18조의4【그린리모델링 사업자의 등록】** ① 법 제30조제2항 전단에 따른 그린리모델링 사업자의 등록기준은 다음 각 호와 같다. 〈개정 2018.12.11, 2022.4.12〉 1. 인력기준: 다음 각 목의 어느 하나에 해당하는 자로서 상시 근무하는 자 1명(「국가기술자격법」, 「건설기술 진흥법」 또는 이 법에 따라 그 자격이 정지되거나 업무정지 처분을 받고 그 기간 중에 있는 자는 제외한다) 이상 　가. 「건설기술 진흥법 시행령」 별표 1에 따른 건축분야 중급 기술인 　나. 건축물에너지평가사 2. 장비기준 　가. 컴퓨터 　나. 건물에너지 시뮬레이션 프로그램 　다. 온도·습도계 　라. 표면온도계 3. 시설기준: 그린리모델링 사업에 필요한 사무실 등 사무공간(다른자와 공동으로 사용하는 사무공간을 포함한다.) ② 그린리모델링 사업자는 제1항에 따라 등록한 사항을 변경하려는 경우에는 국토교통부장관에게 변경등록을 하여야 한다. [본조신설 2015.5.28]

요점 그린리모델링 사업의 등록

(1) 그린리모델링 사업자 정의

그린리모델링 창조센터의 사업(법 제29조③) 중 그린리모델링 사업을 제3자로부터 위탁을 받아 시행하려는 자를 말한다.

(2) 그린리모델링사업

1. 건축물의 에너지 성능향상 또는 효율개선 사업

2. 기존 건축물을 녹색건축물로 전환하는 사업

3. 그린리모델링 사업발굴, 기획, 타당성 분석, 설계·시공 및 사후관리 등에 관한 사업

4. 그린리모델링을 통한 에너지절감 예상액의 배분을 기초로 재원을 조달하여 그린리모델링을 하는 사업

예제문제 05

"녹색건축물 조성 지원법"에 따라 국토교통부장관이 지원할 수 있는 그린리모델링 사업의 종류로 적절하지 않은 것은? 【18년 기출문제】

① 그린리모델링 건축자재 및 설비의 성능평가 인증

② 기존 건축물을 녹색건축물로 전환하는 사업

③ 그린리모델링 사업발굴, 기획, 타당성 분석, 설계·시공 및 사후관리 등에 관한 사업

④ 그린리모델링을 통한 에너지 절감 예상액의 배분을 기초로 재원을 조달하여 그린리모델링을 하는 사업

답 : ①

---

(3) 그린리모델링 사업자 등록

① 그린리모델링 사업자로 등록하려는 자는 다음의 등록기준을 갖추어 국토교통부장관에게 등록을 신청하여야 한다.

그린리모델링 사업자 등록기준			
업종	인력기준	장비기준	시설기준
그린리모델링 사업자	다음 각 목의 어느 하나에 해당하는 자로서 상시 근무하는자 1명 이상 1. 건축분야 중급 기술인 2. 건축물 에너지 평가사	1. 컴퓨터 2. 건물에너지 시뮬레이션 프로그램 3. 온도·습도계 4. 표면온도계	사무공간 (사무실 등) 확보

■ 그린리모델링 창조센터 사업범위

1. 건축물의 에너지성능 향상 또는 효율 개선 및 이를 통하여 온실가스의 배출을 줄이기 위한 사업

2. 그린리모델링 기술의 연구·개발·도입·지도 및 보급

3. 그린리모델링 사업발굴, 기획, 타당성 분석 및 사업관리

4. 건축물의 에너지성능 평가 및 개선에 관한 사항

5. 에너지성능 향상 및 효율 개선에 관한 조사·연구·교육 및 홍보

6. 기존 건축물의 에너지성능 향상 및 효율 개선을 위한 지원 및 자금관리

7. 그린리모델링 전문가 양성 및 교육

8. 국가·지방자치단체가 시행하는 그린리모델링 사업의 발주, 시공자 선정 등의 업무

9. 제1호부터 제8호까지의 사업과 관련된 사업

② 국토교통부장관은 그린리모델링 사업자 등록 및 관리업무를 그린리모델링 창조
센터에 위탁할 수 있다.
③ 국토교통부장관은 그린리모델링 사업자에게 필요한 지원을 할 수 있다.

예제문제 06

"녹색건축물 조성 지원법"에 따른 그린리모델링 사업자의 등록기준이 아닌 것은?

【15년 기출문제】

① 인력기준　　　　　　　　　　② 실적기준
③ 장비기준　　　　　　　　　　④ 시설기준

해설 그린리모델링 사업자 등록기준
1. 인력기준
2. 장비기준
3. 시설기준

답 : ②

---

(4) 등록의 취소 등

국토교통부장관은 그린리모델링 사업자로 등록한 자가 다음 각 호의 어느 하나에
해당하는 경우에는 등록을 취소하거나 1년 이내의 기간을 정하여 업무의 전부 또는
일부의 정지를 명할 수 있다.

1. 거짓이나 부정한 방법으로 등록을 한 경우	등록취소(강행)
2. 정당한 사유 없이 등록한 날부터 2년 이상 계속하여 업무를 수행하지 아니한 경우	등록취소 또는 1년 이내 업무정지
3. 등록기준 및 절차를 위반하여 업무를 수행한 경우	
4. 정당한 사유 없이 업무수행을 거부한 경우	
5. 그 밖에 그린리모델링 사업자로서의 업무를 수행할 수 없게 된 경우	

예제문제 07

「녹색건축물조성지원법」에 따라 그린리모델링 사업자의 등록취소 또는 1년 이내의 업무정지 사유에 가장 부적합한 것은?

① 등록한 날로부터 1년 이상 계속하여 업무를 수행하지 아니한 경우
② 그린리모델링 사업자로서의 업무를 수행할 수 없게 된 경우
③ 정당한 사유 없이 업무수행을 거부한 경우
④ 등록기준 및 절차를 위반하여 업무를 수행한 경우

[해설] 2년 이상 계속하여 업무를 수행하지 않은 경우가 해당된다.

답 : ①

예제문제 08

"녹색건축물 조성 지원법"에 따른 그린리모델링 사업에 대한 설명으로 가장 적절하지 않은 것은?　【20년 기출문제】

① 그린리모델링을 효율적으로 시행하기 위해 시·도 지사는 그린리모델링기금을 설치하여야 한다.
② 그린리모델링 창조센터는 그린리모델링 사업 발굴, 기획, 타당성 분석 및 사업관리 등을 수행한다.
③ 그린리모델링 사업자로 등록하려는 자는 장비, 자산, 기술인력 등의 등록기준을 갖추어 국토교통부장관에게 등록을 신청하여야 한다.
④ 그린리모델링 사업자가 거짓이나 부정한 방법으로 등록을 한 경우 국토교통부장관은 1년 이내의 업무 정지를 명할 수 있다.

[해설] 거짓이나 부정한 방법으로 그린리모델링 사업자 등록한 경우에는 그 등록을 취소하여야 한다.

답 : ④

CHAPTER 07 건축물에너지평가사

1 자격의 취득

	시행령

제31조 【건축물에너지평가사 자격시험 등】

① 건축물에너지평가사가 되려는 사람은 국토교통부장관이 실시하는 자격시험에 합격하여야 한다. 이 경우 국토교통부장관은 자격시험에 합격한 사람에게 자격증을 발급하여야 한다.

② 다음 각 호의 어느 하나에 해당하는 사람은 건축물에너지평가사가 될 수 없다. 〈개정 2018.8.14〉

1. 피성년후견인 또는 미성년자
2. 〈삭제 2018.8.14〉
3. 이 법, 「에너지이용합리화법」, 「신에너지 및 재생에너지 개발·이용·보급 촉진법」을 위반하여 징역 이상의 실형을 선고 받고 그 형의 집행이 끝나거나(집행이 끝난 것으로 보는 경우를 포함한다) 집행을 받지 아니하기로 확정된 날부터 2년이 지나지 아니한 사람
4. 이 법, 「에너지이용합리화법」, 「신에너지 및 재생에너지 개발·이용·보급 촉진법」을 위반하여 징역 이상의 형의 집행유예를 선고 받고 그 유예기간 중에 있는 사람
5. 제33조에 따라 건축물에너지평가사의 자격이 취소(이 항 제1호에 해당하여 자격이 취소된 경우는 제외한다)된 후 3년이 지나지 아니한 사람

⑤ 건축물에너지평가사 자격시험의 등급구분, 응시자격, 검정방법, 시험과목의 일부면제, 자격 관리, 시험절차, 검정수수료, 경력관리 및 교육훈련의 방법, 자격시험 시행기관의 지정기준 등 필요한 사항은 국토교통부령으로 정한다.

[시행규칙]

제16조 【자격·경력관리 및 교육훈련 등】

① 법 제31조제1항에 따른 자격증은 별지 제8호서식과 같다.

② 법 제31조제1항에 따라 자격증을 발급받은 사람은 근무처·경력·학력 등(이하 "근무처 등"이라 한다)의 관리에 필요한 사항을 전문기관의 장에게 통보할 수 있다. 근무처 등에 관한 사항이 변경된 경우에도 또한 같다.

[시행규칙]

제12조 【건축물에너지평가사 자격시험의 시행 및 응시자격】

① 법 제31조제1항에 따른 건축물에너지평가사 자격시험(이하 "자격시험"이라 한다)은 매년 1회 이상 시행한다. 다만, 부득이한 사정이 있는 경우에는 법 제34조에 따른 건축물에너지평가사 자격심의위원회(이하 "자격심의위원회"라 한다)의 심의를 거쳐 해당 연도의 시험을 시행하지 아니할 수 있다.

② 법 제31조제5항에 따른 자격시험의 응시자격은 별표 2와 같다.

[본조신설 2015.5.29]

제13조 【검정수수료】

① 자격시험에 응시하려는 사람은 법 제31조제6항에 따른 전문기관(이하 "전문기관"이라 한다)의 장이 정하는 검정 수수료를 납부하여야 한다.

② 전문기관의 장은 제1항에 따라 검정 수수료를 납부한 사람에 대하여 다음 각 호의 구분에 따라 검정 수수료의 전부 또는 일부를 반환하여야 한다.

1. 수수료를 과오납(過誤納)한 경우: 과오납한 금액의 전부
2. 전문기관의 책임 있는 사유로 응시하지 못한 경우: 납부한 수수료 전부
3. 응시원서 접수기간에 접수를 취소하는 경우: 납부한 수수료 전부
4. 응시원서 접수 마감일의 다음 날부터 시험 시행 5일 전까지 접수를 취소하는 경우: 납부한 수수료의 100분의 50

[본조신설 2015.5.29]

제14조 【시험방법 및 절차】

① 자격시험은 제1차 시험과 제2차 시험으로 구분하여 다음 각 호의 방법으로 시행한다.

1. 제1차 시험: 선택형으로 하되, 기입형 또는 논문형을 포함할 수 있다.
2. 제2차 시험: 기입형, 서술형, 계산형 또는 논문형 등으로 한다.

③ 전문기관의 장은 제2항에 따라 통보받은 근무처 등에 관한 사항을 기록·관리하여야 하며, 건축물에너지평가사가 근무처 등에 관한 증명서를 신청하면 이를 발급하여야 한다.

④ 국토교통부장관은 관계 기관 또는 단체에 제2항에 따라 통보받은 근무처 등의 확인을 요청할 수 있다. 이 경우 확인 요청을 받은 기관 또는 단체는 특별한 사유가 없으면 요청에 따라야 한다.

② 제1차 시험에 합격하지 아니하면 제2차 시험에 응시할 수 없다.

③ 제1차 시험 및 제2차 시험의 과목 및 시험과목의 면제 범위는 별표 3과 같다.

[본조신설 2015.5.29.]

제15조【합격자의 결정 및 제1차 시험의 면제】 ① 제1차 시험과 제2차 시험의 합격자는 과목당 100점을 만점으로 하여 매 과목 40점 이상, 전 과목 평균 60점 이상을 득점한 사람으로 한다.

② 제1차 시험에 합격한 사람에 대해서는 다음 회의 시험에 한정하여 제1차 시험을 면제한다.

③ 제1차 시험의 합격자는 제2차 시험에 응시하려면 응시 자격 확인에 필요한 증명서류를 전문기관의 장에게 제출하여야 한다.

④ 전문기관의 장은 제3항에 따른 응시자격 확인을 위하여 필요한 경우에는 관계 기관 또는 단체에 관련 자료를 요청할 수 있다. 이 경우 관련 자료 제출을 요청받은 기관 또는 단체는 특별한 사유가 없으면 요청에 따라야 한다.

[본조신설 2015.5.29.]

요점 자격의 취득

(1) 건축물에너지평가사 응시자격(시행규칙 별표 2)

1. "관련 국가기술자격의 직무분야"에 해당하는 기사 자격을 취득한 후 관련 직무분야에서 2년 이상 실무에 종사한 자
2. "관련 국가기술자격의 직무분야"에 해당하는 산업기사 자격을 취득한 후 관련 직무분야에서 3년 이상 실무에 종사한 자
3. "관련 국가기술자격의 직무분야"에 해당하는 기능사 자격을 취득한 후 관련 직무분야 에서 5년 이상 실무에 종사한 자
4. "관련학과"에 해당하는 건축물 에너지 관련 분야 학과 4년제 이상 대학을 졸업한 후 관련 직무분야에서 4년 이상 실무에 종사한 자
5. "관련학과" 3년제 대학을 졸업한 후 관련 직무분야에서 5년 이상 실무에 종사한 자
6. "관련학과" 2년제 대학을 졸업한 후 관련 직무분야에서 6년 이상 실무에 종사한 자
7. 관련 직무분야에서 7년 이상 실무에 종사한 자
8. "관련 국가기술자격의 직무분야"에 해당하는 기술사 자격을 취득한 자
9. 「건축사법」에 따른 건축사 자격을 취득한 자

■ 비고
 1. 관련 국가기술자격의 직무분야
  국가기술자격법 시행규칙 제3조에 따른 별표2의 "국가기술자격의 직무분야 및 국가기술자격의 종목"의 직무분야 중 건설·기계·전기·전자·정보통신·안전관리·환경·에너지 분야
 2. 관련학과
  국가기술자격의 종목별 관련학과 고시에 따른 별표2의 직무분야별 학과 중 건설·기계·전기·전자·정보통신·안전관리·환경·에너지 분야 학과

■ 전문기관
한국에너지공단

(2) 건축물에너지평가사 자격

① 건축물에너지평가사가 되려는 사람은 국토교통부장관이 실시하는 자격시험에 합격하여야 한다.
② 국토교통부장관은 자격시험에 합격한 사람에게 자격증을 발급하여야 한다.
③ 자격증을 발급 받은 사람은 근무처·경력·학력 등의 관리에 필요한 사항을 전문기관의 장에게 통보할 수 있다.
④ 전문기관의 장은 ③에 따라 통보받은 근무처 등에 관한 사항을 기록·관리하여야 하며, 건축물 에너지 평가사가 근무처 등에 관한 증명서를 신청하면 이를 발급하여야 한다.
⑤ 국토교통부장관은 관계 기관 또는 단체에 따라 통보받은 근무처 등의 확인을 요청할 수 있다.

(3) 결격사유

■ 피성년후견인(민법 제10조)
질병·장애·노령·그 밖의 사유로 인한 정신적 제약으로 사무를 처리할 능력이 지속적으로 결여된 사람으로서 가정법원으로부터 성년후견개시의 심판을 받은 사람

다음 각 호의 어느 하나에 해당하는 사람은 건축물에너지평가사가 될 수 없다.

1. 피성년후견인 또는 미성년자
2. 징역 이상의 실형을 선고받고 그 형의 집행이 끝나거나 집행을 받지 아니하기로 확정된 날부터 2년이 지나지 아니한 사람
3. 징역 이상의 형의 집행유예를 선고받고 그 유예기간 중에 있는 사람
4. 건축물에너지평가사의 자격이 취소(1호에 의한 자격 취소는 제외)된 후 3년이 지나지 아니한 사람

예제문제 01

건축물에너지평가사 결격사유에 해당되지 않는 경우는?

① 징역 이상의 실형을 선고받고 그 형의 집행이 끝나거나 집행을 받지 아니하기로 확정된 날부터 3년이 지난 사람
② 징역 이상의 형의 집행유예를 선고받고 그 유예기간 중에 있는 사람
③ 건축물에너지평가사의 자격이 취소된 후 3년이 지나지 아니한 사람
④ 피성년후견인

해설 집행이 끝나거나 집행을 받지 아니하기로 확정된 날로부터 2년이 지난 경우는 결격사유에 해당되지 않는다.

답 : ①

2 건축물에너지평가사 업무수행

법	시행령
제31조 【건축물에너지평가사 자격시험 등】 ③ 건축물에너지평가사 자격시험에 합격한 사람이 제17조의 건축물 에너지효율등급 인증평가 업무를 하려면 국토교통부장관이 실시하는 교육훈련을 이수하여야 한다. ④ 건축물에너지평가사가 아닌 자는 건축물에너지평가사 또는 이와 비슷한 명칭을 사용하지 못한다. **제32조 【건축물에너지평가사의 준수사항】** ① 건축물에너지평가사는 관련 규정에 따라 업무를 공정하게 수행하여야 한다. ② 건축물에너지평가사는 국토교통부장관으로부터 발급받은 건축물에너지평가사 자격증을 다른 사람에게 빌려주거나, 다른 사람에게 자기의 이름으로 건축물에너지평가사 업무를 하게 하여서는 아니 된다. [본조신설 2014.5.28] ③ 누구든지 다른 사람의 건축물에너지평가사 자격증을 빌리거나, 다른 사람의 이름을 사용하여 건축물에너지평가사 업무를 수행해서는 아니 된다. 〈개정 2020.10.8〉 ④ 누구든지 제2항이나 제3항에서 금지된 행위를 알선해서는 아니 된다. 〈개정 2020.10.8〉	**[시행규칙]** **제16조 【자격·경력관리 및 교육훈련 등】** ⑤ 법 제31조제3항에 따라 건축물에너지평가사 자격시험에 합격한 사람이 건축물 에너지효율등급 인증 평가 업무를 하려면 전문기관의 장이 실시하는 실무교육을 3개월 이상 받아야 한다. 〈신설 2015.11.18〉 ⑥ 건축물에너지평가사는 법 제31조제3항에 따라 전문기관의 장이 실시하는 교육훈련을 3년마다 20시간 이상 받아야 한다. 〈개정 2015.11.18〉 ⑦ 전문기관의 장은 자격·경력관리, 교육훈련 등 필요한 사항에 대하여 신청인으로부터 일정한 수수료를 받을 수 있다. 〈개정 2015.11.18〉 [본조신설 2015.5.29] **제17조 【전문기관의 지정 및 업무 위탁】** ① 법 제31조제6항에 따른 전문기관은 한국에너지공단으로 한다.

요점 건축물에너지평가사 업무수행

(1) 교육

1) 실무교육

건축물에너지평가사 자격시험에 합격한 사람이 건축물 에너지효율등급 인증 평가업무를 하려면 국토교통부장관(업무위탁 : 한국에너지공단의 장)이 실시하는 실무교육을 3개월 이상 받아야 한다.

2) 보수교육

건축물에너지평가사는 국토교통부장관(업무위탁 : 한국에너지공단의 장)이 실시하는 교육훈련을 3년마다 20시간 이상 받아야 한다.

3) 수수료 징수

한국에너지공단의 장은 자격·경력관리·교육등에 대하여 신청인으로부터 일정한 수수료를 받을 수 있다.

(2) 업무수행

① 건축물에너지평가사는 관련 규정에 따라 업무를 공정하게 수행하여야 한다.

② 건축물에너지평가사는 국토교통부장관으로부터 발급받은 건축물에너지평가사 자격증을 다른 사람에게 빌려주거나, 다른 사람에게 자기의 이름으로 건축물에너지평가사 업무를 하게 하여서는 아니 된다.

③ 누구든지 다른 사람의 건축물에너지평가사 자격증을 빌리거나, 다른 사람의 이름을 사용하여 건축물에너지평가사 업무를 수행해서는 아니 된다.

④ ②, ③항의 금지행위를 알선해서는 아니 된다.

⑤ 건축물에너지평가사가 아닌 자는 건축물에너지평가사 또는 이와 비슷한 명칭을 사용하지 못한다.

(3) 에너지평가사 업무범위(효율등급 인증규칙 제11조의2)

실무교육을 받은 건축물에너지평가사는 건축물에너지 효율등급 및 제로에너지 건축물 인증에 관한 본인증과 예비인증에 대한 다음 업무를 수행한다.

1. 도서평가

2. 현장실사

3. 인증평가서 작성

4. 건축물에너지 효율 개선방안 작성

예제문제 02

「녹색건축물조성지원법」에 따른 건축물에너지평가사의 자격·경력관리 및 교육훈련에 대한 설명으로 적절하지 않은 것은?　【16년 기출문제】

① 건축물에너지평가사는 전문기관의 장이 실시하는 교육훈련을 1년마다 20시간 이상 받아야 한다.

② 건축물에너지효율등급 인증평가업무를 하려면 자격시험에 합격하고 3개월 이상의 실무교육을 받아야 한다.

③ 건축물에너지평가사 자격증을 다른 사람에게 2회 이상 빌려주어 업무를 하게 할 경우 자격이 취소된다.

④ 전문기관의 장은 자격·경력관리, 교육훈련 등 필요한 사항에 대하여 신청인으로부터 일정한 수수료를 받을 수 있다.

[해설] 에너지평가사 교육

① 실무교육 : 3개월 이상　　② 보수교육 : 3년마다 20시간 이상

답 : ①

예제문제 03

"녹색건축물 조성 지원법"에 따른 건축물에너지평가사에 대한 설명으로 가장 적절하지 않은 것은? 【22년 기출문제】

① 건축물에너지효율등급 인증평가 업무를 하려면 전문기관의 장이 실시하는 실무교육을 3개월 이상 받아야 한다.
② "건축물에너지평가사"란 건축물 에너지 효율등급 인증평가 등 건축물의 건축·기계·전기·신재생 분야의 효율적인 에너지 관리를 위한 업무를 하는 사람으로서 제31조에 따라 자격을 취득한 사람을 말한다.
③ 건축물 에너지소비총량평가 업무는 인증기관에 소속되거나 등록된 건축물에너지평가사가 수행하여야 한다.
④ 건축물에너지평가사는 그린리모델링 사업자의 등록기준(인력기준)에 포함된다.

[해설] 실무교육을 받은 건축물에너지평가사는 건출물에너지 효율등급 및 제로에너지 건축물 인증에 관한 업무등을 수행한다.

답 : ③

예제문제 04

「녹색건축물조성지원빕」에 따른 건축물에너지평가사 업무수행 기준 중 가장 부적합한 것은?

① 건축물에너지평가사는 건축주의 편에 서서 업무를 수행하여야 한다.
② 건축물에너지평가사는 건축물에너지평가사 자격증을 다른 사람에게 빌려주거나, 다른 사람에게 자기의 이름으로 건축물에너지평가사 업무를 하게 하여서는 아니 된다.
③ 건축물에너지평가사 자격시험에 합격한 사람이 건축물 에너지효율등급 인증평가 업무를 하려면 한국에너지공단의 장이 실시하는 실무교육을 3개월 이상 이수하여야 한다.
④ 건축물에너지평가사가 아닌 자는 건축물에너지평가사 또는 이와 비슷한 명칭을 사용하지 못한다.

[해설] 건축물에너지평가사는 관련 규정에 따라 업무를 공정하게 수행하여야 한다.

답 : ①

3 건축물에너지평가사의 자격취소 등

법	시행령
제33조【건축물에너지평가사의 자격취소 등】 ① 국토교통부장관은 건축물에너지평가사가 다음 각 호의 어느 하나에 해당하면 그 자격을 취소하거나 3년의 범위에서 자격을 정지시킬 수 있다. 다만, 제1호·제2호 및 제4호에 해당하는 경우에는 그 자격을 취소하여야 한다. 〈개정 2020.10.8〉 1. 거짓이나 그 밖의 부정한 방법으로 건축물에너지평가사 자격을 취득한 경우 2. 최근 1년 이내에 두 번의 자격정지처분을 받고 다시 자격정지처분에 해당하는 행위를 한 경우 3. 고의 또는 중대한 과실로 건축물에너지평가 업무를 거짓 또는 부실하게 수행한 경우 4. 제31조제2항 각 호의 어느 하나에 해당하는 경우 5. 제32조제2항 또는 제4항을 위반한 경우 6. 자격정지처분 기간 중에 건축물에너지평가 업무를 한 경우 ② 제1항에 따른 건축물에너지평가사 자격의 취소 및 정지 처분에 관한 기준은 그 처분의 사유와 위반의 정도 등을 고려하여 대통령령으로 정한다. [본조신설 2014.5.28]	**제18조의5【건축물에너지평가사 자격의 취소 및 정지 처분 기준】** 법 제33조제2항에 따른 건축물에너지평가사에 대한 자격의 취소 및 정지에 관한 처분의 기준은 별표 1의 2와 같다. [본조신설 2015.5.28] **[별표 1의 2]** 〈개정 2019.12.31〉 건축물에너지평가사 자격의 취소 및 정지에 관한 처분 기준 (제18조의5 관련)

위반행위	근거 법조문	행정처분기준
1. 거짓이나 그 밖의 부정한 방법으로 건축물에너지평가사 자격을 취득한 경우	법 제33조제1항제1호	자격취소
2. 최근 1년 이내에 두 번의 자격정지 처분을 받고 다시 자격정치처분에 해당하는 행위를 한 경우	법 제33조제1항제2호	자격취소
3. 고의 또는 중대한 과실로 건축물에너지평가 업무를 거짓 또는 부실하게 수행한 경우	법 제33조제1항제3호	
가. 금고 이상의 형을 선고받고 그 형이 확정된 경우		자격취소
나. 벌금 이하의 형을 선고받고 그 형이 확정된 경우		자격정지 2년
다. 가목 및 나목 외의 경우		자격정지 1년
4. 법 제31조제2항 각 호의 어느 하나에 해당하는 경우	법 제33조제1항제4호	자격취소
5. 법 제32조제2항을 위반하여 자격증을 다른 사람에게 빌려주거나, 다른 사람에게 자기의 이름으로 건축물에너지평가사의 업무를 하게 한 경우	법 제33조제1항제5호	
가. 1회 위반한 경우		자격정지 3년
나. 2회 이상 위반한 경우		자격취소
다. 다른 사람에게 손해를 끼친 경우		자격취소
6. 자격정지처분 기간 중에 건축물에너지평가 업무를 한 경우	법 제33조제1항제6호	자격취소

요점 **자격취소**

국토교통부장관은 건축물에너지평가사가 다음 각 호의 어느 하나에 해당하면 그 자격을 취소하거나 3년 범위 내에서 자격을 정지시킬 수 있다.

1. 거짓이나 그 밖의 부정한 방법으로 건축물에너지평가사 자격을 취득한 경우	• 자격의 취소 (강행규정)
2. 최근 1년 이내에 두 번의 자격정지처분을 받고 다시 자격정지처분에 해당하는 행위를 한 경우	
3. 건축물에너지평가사 결격사유 중 어느 하나에 해당하는 경우	
4. 자격정지처분 기간 중에 건축물에너지평가 업무를 한 경우	
5. 자격증을 다른 사람에게 빌려주거나, 다른 사람에게 자기의 이름으로 건축물에너지평가사의 업무를 하게 한 경우 가. 1회 위반한 경우 나. 2회 이상 위반한 경우 다. 다른 사람에게 손해를 끼친 경우	 • 자격정지 3년 • 자격의 취소 • 자격의 취소
6. 고의 또는 중대한 과실로 건축물에너지평가 업무를 거짓 또는 부실하게 수행한 경우 가. 금고 이상의 형을 선고 받고 그 형이 확정된 경우 나. 벌금 이하의 형을 선고 받고 그 형이 확정된 경우 다. 가목 및 나목 이외의 경우	 • 자격의 취소 • 자격정지 2년 • 자격정지 1년

■ 에너지평가사 결격사유
1. 피성년후견인 또는 미성년자
2. 징역 이상의 실형을 선고받고 그 형의 집행이 끝나거나(집행이 끝난 것으로 보는 경우를 포함한다) 집행을 받지 아니하기로 확정된 날부터 2년이 지나지 아니한 사람
3. 징역 이상의 형의 집행유예를 선고받고 그 유예기간 중에 있는 사람
4. 건축물에너지평가사의 자격이 취소된 후 3년이 지나지 아니한 사람

예제문제 05

"녹색건축물 조성 지원법"에서 정하는 건축물에너지 평가사에 대한 다음 설명 중 틀린 것은? 【17년 기출문제】

① 건축물에너지평가사 자격이 취소된 후 3년이 지나지 아니한 사람은 건축물에너지평가가 될 수 없다.

② 건축물에너지평가사 자격시험에 합격한 사람이 건축물에너지효율등급 인증평가 업무를 하려면 국토교통부장관이 실시하는 교육훈련을 이수하여야 한다.

③ 피성년후견인은 건축물에너지평가사가 될 수 없다.

④ 최근 1년 이내에 한 번의 자격정지처분을 받고 다시 자격정지처분에 해당하는 행위를 한 경우에는 그 자격을 취소한다.

해설 최근 1년 이내에 2번의 자격정지 처분을 받고 다시 자격정지 처분에 해당되는 행위를 한 경우 자격이 취소된다.

답 : ④

예제문제 06

"녹색건축물 조성 지원법"에서 건축물에너지평가사의 자격취소에 해당하는 경우가 아닌 것은?　【15년 기출문제】

① 최근 1년 이내에 두 번의 자격정지처분을 받고 다시 자격정지처분에 해당하는 행위를 한 경우

② 거짓이나 그 밖에 부정한 방법으로 건축물에너지평가사 자격을 취득한 경우

③ 자격정지처분 기간 중에 건축물에너지평가사 업무를 한 경우

④ 고의로 건축물에너지평가 업무를 부실하게 수행하여 벌금 이하의 형을 선고받고, 그 형이 확정된 경우

―――――――――――――――――――――――――――――――――――――――

해설 벌금이하의 형을 선고받고 확정된 경우는 자격정지 2년의 처분사유이다.

답 : ④

예제문제 07

"녹색건축물 조성 지원법"에 따른 건축물에너지평가사 자격의 취소 또는 정지 기준에 관하여 위반행위와 행정처분기준이 바르게 연결된 것은?　【18년 기출문제】

① 징역형의 집행유예기간 중에 있는 사람 – 자격취소

② 최근 1년 이내에 두 번의 자격정지처분을 받고 다시 자격정지처분에 해당하는 행위를 한 경우 – 자격정지 3년

③ 고의 또는 중대한 과실로 건축물에너지평가업무를 거짓 또는 부실하게 수행하여 벌금 이하의 형을 선고받고 그 형이 확정된 경우 – 자격정지 1년

④ 건축물에너지평가사 자격정지처분 기간 중에 건축물에너지평가서 업무를 한 경우 – 자격정지 2년

―――――――――――――――――――――――――――――――――――――――

해설
① 결격사유 중 하나 – 자격 취소 사유
② 자격 취소 사유
③ 자격 정지 2년 사유
④ 자격 취소 사유

답 : ①

예제문제 08

다음 보기의 (   )안에 가장 적합한 것은?

〈보기〉
건축물에너지평가사가 자격증을 (   ) 이상 대여한 경우에는 자격을 취소하여야
한다.

① 1회   ② 2회
③ 3회   ④ 5회

해설 자격증을 다른 사람에게 빌려주거나, 다른 사람에게 자기의 이름으로 에너지평가사의
업무를 하게 한 경우 다음과 같다.

가. 2회 이상 대여한 경우	자격취소
나. 1회 대여한 경우	자격정지 3년
다. 자격증 대여로 인하여 다른 사람에게 손해를 가한 경우	자격취소

답 : ②

예제문제 09

"녹색건축물 조성 지원법"에서 정하는 건축물에너지 평가사에 대한 설명으로 가장
적절하지 않은 것은?

① 고의 또는 중대한 과실로 건축물에너지평가 업무를 거짓 또는 부실하게 수행하여
   벌금 이하의 형을 선고받고 그 형이 확정된 경우 행정처분 기준은 1년 자격정지
   이다.

② 건축물에너지평가사 자격시험에 합격한 사람이 건축물 에너지효율등급 인증 평가
   업무를 하려면 전문기관의 장이 실시하는 실무교육을 3개월 이상 받아야 한다.

③ 시험과목의 일부 면제 대상자에 관한 사항, 시험 선발인원 결정에 관한 사항은 건
   축물 에너지평가사 자격심의위원회 심의사항에 해당된다.

④ 최근 1년 이내에 두 번의 자격정지처분을 받고 다시 자격정지처분에 해당하는 행위
   를 한 경우에는 자격 취소사유에 해당한다.

해설 자격정지 2년에 해당된다.

답 : ①

예제문제 10

"녹색건축물 조성 지원법"에 따라 건축물에너지 평가사의 자격을 취소 또는 정지시킬 수 있는 사유가 <u>아닌</u> 것은?　　　　　　　　　　　　　　　　【20년 기출문제】

① 정당한 사유 없이 건축물에너지평가 업무 수행을 거부한 경우
② 고의 또는 중대한 과실로 건축물에너지평가 업무를 거짓 또는 부실하게 수행한 경우
③ 자격증을 다른 사람에게 빌려주거나, 다른 사람에게 자기의 이름으로 건축물에너지 평가사의 업무를 하게 한 경우
④ 자격정지처분 기간 중에 건축물에너지평가 업무를 한 경우

──────────────────────────────

해설 에너지평가 업무수행의 거부행위는 평가사 자격 취소·정지사유에 해당되지 아니한다.

답 : ①

4 업무의 위탁

법	시행령
제31조【건축물에너지평가사 자격시험 등】 ⑥ 국토교통부장관은 제1항에 따른 건축물에너지평가사 자격시험 및 관련 업무의 수행을 위하여 국토교통부령으로 정하는 바에 따라 전문기관을 지정하고 다음 각 호의 업무를 위탁할 수 있다. 1. 건축물에너지평가사 자격시험에 관한 업무 2. 건축물에너지평가사 교육훈련에 관한 업무 3. 건축물에너지평가사의 경력관리 및 지원에 관한 업무 4. 그 밖에 국토교통부령으로 정하는 업무 [본조신설 2014.5.28]	[시행규칙] **제17조【전문기관의 지정 및 업무 위탁】** ① 법 제31조제6항에 따른 전문기관은 한국에너지공단으로 한다. ② 국토교통부장관은 제1항에 따른 전문기관에 법 제31조제6항 각 호의 업무를 위탁한다. [본조신설 2015.5.29] **제18조【민감정보 및 고유식별정보의 처리】** 국토교통부장관(전문기관을 포함한다)은 법 제31조제6항제1호부터 제4호까지의 업무를 수행하기 위하여 불가피한 경우 「개인정보 보호법 시행령」 제18조제2호에 따른 범죄경력자료에 해당하는 정보, 같은 영 제19조제1호 또는 제4호에 따른 주민등록번호 또는 외국인등록번호가 포함된 자료를 처리할 수 있다. [본조신설 2015.5.29]

요점 업무의 위탁

(1) 업무의 위탁 범위

국토교통부장관은 건축물에너지평가사가 자격시험 및 관련업무의 수행을 위하여 한국에너지공단을 전문기관으로 지정하고 다음 각 호의 업무를 위탁할 수 있다.

1. 건축물에너지평가사 자격시험에 관한 업무

2. 건축물에너지평가사 교육훈련에 관한 업무

3. 건축물에너지평가사의 경력관리 및 지원에 관한 업무

4. 그 밖에 국토교통부령으로 정하는 업무

(2) 민간정보 이용

국토교통부장관 및 한국에너지공단의 장은 업무를 수행하기 위하여 불가피한 경우 개인정보 보호법 시행령에 따른 범죄경력 자료에 해당하는 정보, 주민등록번호 또는 외국인등록번호가 포함된 자료를 처리할 수 있다.

5 자격심의위원회

법	시행령
제34조【건축물에너지평가사 자격심의위원회】① 건축물에 너지평가사 자격 취득 및 시험 운영과 관련한 다음 각 호의 사항을 심의하기 위하여 국토교통부에 건축물에너지평가사 자격심의위원회를 둘 수 있다. 1. 응시자격, 시험과목 등 시험에 관한 사항 2. 시험 선발인원의 결정에 관한 사항 3. 시험과목의 일부 면제 대상자에 관한 사항 4. 그 밖에 건축물에너지평가사 자격의 취득과 관련한 사항 ② 제1항에 따른 건축물에너지평가사 자격심의위원회의 구성·기능 및 운영 등 필요한 사항은 국토교통부령으로 정한다. [본조신설 2014.5.28]	[시행규칙] 제19조【자격심의위원회 구성 및 운영】① 자격심의위원회는 위원장 1명을 포함하여 15명 이내의 위원으로 구성한다. ② 심의위원회의 위원은 전문기관의 장이 추천하는 건축물에너지평가 관련 분야 전문가 중에서 국토교통부장관이 위촉하되, 성별을 고려하여야 한다. ③ 위원장은 위원 중에서 호선(互選)한다. ④ 위원장 및 다른 위원의 임기는 3년으로 한다. ⑤ 심의위원회의 회의는 재적위원 과반수의 출석으로 개의하고, 출석위원 과반수의 찬성으로 의결한다. ⑥ 심의위원회에 출석한 위원에게는 예산의 범위 안에서 수당 및 여비를 지급할 수 있다. ⑦ 제1항부터 제6항까지 규정한 사항 외에 심의위원회 운영에 필요한 사항은 국토교통부장관이 정한다. [본조신설 2015.5.29.]

요점 자격심의위원회

건축물에너지평가사 자격 취득 및 시험 운영과 관련한 다음 각 호의 사항을 심의하기 위하여 국토교통부에 건축물에너지평가사 자격심의위원회를 둘 수 있다.

1. 설치	국토교통부
2. 심의사항	① 응시자격, 시험과목 등 시험에 관한 사항 ② 시험 선발인원의 결정에 관한 사항 ③ 시험과목의 일부 면제 대상자에 관한 사항 ④ 그 밖에 건축물에너지평가사 자격의 취득과 관련한 사항
3. 운영 등	① 자격심의위원회는 위원장 1명을 포함하여 15인 이내로 구성하여야 한다. ② 자격심의위원회의 위원은 한국에너지공단의 장이 추천하는 사람을 국토교통부장관이 위촉하며, 위원장은 위원 중에서 호선한다. ③ 위원장 및 위원의 임기는 3년으로 한다. ④ 자격심의위원회의 회의는 재적위원 과반수의 출석으로 개최하고, 출석위원 과반수의 찬성으로 의결한다. ⑤ 자격심의위원회에 출석한 위원에 대하여는 예산의 범위 안에서 수당 및 여비를 지급할 수 있다. ⑥ 제①항부터 제⑤항까지 규정한 사항 외에 자격심의위원회 운영에 필요한 사항은 국토교통부장관이 정한다.

보 칙

1 권한의 위임 등

법	시행령
제35조【권한의 위임 및 위탁 등】 ① 이 법에 따른 국토교통부장관의 업무는 대통령령으로 정하는 바에 따라 그 일부를 시·도지사에게 위임할 수 있다. 〈개정 2013.3.23, 2014.5.28〉 ② 국토교통부장관은 제6조의2 각 호의 사업을 효율적으로 추진하기 위하여 다음 각 호의 어느 하나에 해당하는 자에게 사업을 위탁할 수 있다. 〈신설 2014.5.28, 2016.3.22〉 1. 중앙행정기관, 지방자치단체 및 공공기관 2. 국공립연구기관 3. 「특정연구기관 육성법」에 따른 특정연구기관 4. 「기초연구진흥 및 기술개발지원에 관한 법률」 제14조제1항제2호에 따라 인정받은 기업부설연구소 5. 「산업기술연구조합 육성법」에 따른 산업기술연구조합 6. 「고등교육법」에 따른 대학 또는 전문대학 7. 제23조에 따른 녹색건축센터 8. 그 밖에 국토교통부장관이 업무수행에 적합하다고 인정하는 자 ③ 국토교통부장관은 제13조의2에 따라 공공건축물의 에너지 소비량 관리를 위한 업무를 대통령령으로 정하는 기관 또는 단체에 위탁할 수 있다. 〈신설 2014.5.28〉 ④ 국토교통부장관은 제2항 및 제3항에 해당하는 기관에게 업무를 수행하는 데에 필요한 비용의 일부를 출연하거나 지원할 수 있다. 〈신설 2014.5.28〉 [제목개정 2014.5.28]	**제19조【업무의 위탁】** ① 법 제35조제3항에서 "대통령령으로 정하는 기관 또는 단체"란 법 제23조에 따른 녹색건축센터를 말한다. ② 법 제36조제2항에서 "대통령령으로 정하는 관련 기관이나 단체"란 법 제23조에 따른 녹색건축센터 및 법 제29조에 따른 그린리모델링 창조센터를 말한다. [전문개정 2015.5.28]

요점 권한의 위임 등

(1) 권한의 위임

이 법에 따른 국토교통부장관의 업무는 대통령령으로 정하는 바에 따라 그 일부를 시·도지사에게 위임할 수 있다.

(2) 권한의 위탁

1) 녹색건축물조성사업(법 제6조의2) 위탁

국토교통부장관은 제6조의2 각 호의 사업을 효율적으로 추진하기 위하여 다음 각
호의 어느 하나에 해당하는 자에게 사업을 위탁할 수 있다.

1. 중앙행정기관, 지방자치단체 및 공공기관
2. 국·공립연구기관
3. 특정연구기관
4. 기업부설연구소
5. 산업기술연구조합
6. 대학 또는 전문대학
7. 녹색건축센터
8. 그 밖에 국토교통부장관이 업무수행에 적합하다고 인정하는 자

┃참고┃

법 녹색건축물 조성지원법 제6조의2【녹색건축물 조성사업 등】

정부는 기본계획을 시행하기 위하여 다음 각 호의 사업에 필요한 비용을 회계연도마다
세출예산에 계상(計上)하기 위해 노력하여야 한다.
1. 녹색건축물 관련 정보, 기술수요 조사 및 통계 작성
2. 녹색건축의 인증·건축물의 에너지효율등급 인증 및 사후관리
3. 녹색건축물 분야 전문인력의 양성
4. 녹색건축물 분야 특성화대학 및 핵심기술연구센터 육성
5. 녹색건축물 조성기술의 연구·개발 및 기술평가
6. 녹색건축물 분야 기술지도 및 교육·홍보
7. 녹색건축물 조성에 필요한 건축자재(이하 "녹색건축자재"라 한다) 및 설비의 성능평
   가·인증 및 사후관리
8. 녹색건축자재 및 설비 생산·시공 전문기업에 대한 지원
9. 녹색건축자재 및 설비의 공용화 지원
10. 녹색건축센터의 운영 지원
11. 녹색건축물 조성 시범사업의 실시
12. 녹색건축물 관련 국제협력
13. 녹색건축물 기술의 국제표준화 지원
14. 그 밖에 녹색건축물의 조성을 위하여 필요한 사업으로서 대통령령으로 정하는 사업

2) 공공건축물 에너지소비량관리(법 제13조의2) 위탁

국토교통부장관은 제13조의2에 따라 공공건축물의 에너지 소비량 관리를 위한
업무를 대통령령으로 정하는 기관 또는 단체에 위탁할 수 있다.

| 참고 |

> **법** **녹색건축물 조성지원법 제13조의2【공공건축물의 에너지 소비량 공개 등】**
> ① 공공부문의 건축물 에너지절약 및 온실가스 감축을 위하여 대통령령으로 정하는 건축물(이하 "공공건축물"이라 한다)의 사용자 또는 관리자는 국토교통부장관에게 해당 건축물의 에너지 소비량을 매 분기마다 보고하여야 한다.
> ② 국토교통부장관은 제1항에 따라 보고받은 공공건축물의 에너지 소비량을 대통령령으로 정하는 바에 따라 공개하여야 한다.

(3) 비용의 지원

국토교통부장관은 (2)에 해당하는 기관에게 업무를 수행하는데 필요한 비용의 일부를 출연하거나 지원할 수 있다.

2 청문

법	시행령
제39조【청문】 국토교통부장관은 다음 각 호의 어느 하나에 해당하는 처분을 하려면 청문을 하여야 한다. 1. 제19조에 따른 인증기관 지정의 취소 2. 제20조에 따른 인증의 취소 3. 제23조에 따른 녹색건축센터의 지정 취소 4. 제30조에 따른 그린리모델링 사업자의 등록 취소 5. 제33조에 따른 건축물에너지평가사의 자격 취소 또는 정지 [본조신설 2014.5.28]	

요점 청문

국토교통부장관은 다음 경우에는 청문을 하여야 한다.

1. 녹색건축 및 건축물 에너지효율등급 인증기관 지정의 취소(법 제9조)
2. 녹색건축의 인증 및 에너지효율등급 인증을 받은 건축물 인증의 취소(법 제20조)
3. 녹색건축센터의 지정 취소(법 제23조)
4. 그린리모델링 사업자의 등록 취소(법 제30조)
5. 건축물에너지평가사의 자격 취소 또는 정지(법 제33조)

예제문제 01

녹색건축물 조성지원법상 국토교통부장관의 행정처분에 앞서 청문을 거쳐야만 하는 사유에 해당되지 않는 것은?

① 그린리모델링 사업자의 등록 취소   ② 고효율에너지기자재 인증의 취소
③ 녹색건축센터의 지정 취소   ④ 건축물 에너지효율등급 인증기관 지정의 취소

해설 청문사유
1. 녹색건축 및 건축물 에너지효율등급 인증기관 지정의 취소
2. 녹색건축의 인증 및 에너지효율등급 인증을 받은 건축물 인증의 취소
3. 녹색건축센터의 지정 취소
4. 그린리모델링 사업자의 등록 취소
5. 건축물에너지평가사의 자격 취소 또는 정지

답 : ②

CHAPTER 09 벌 칙

1 벌칙

법	시행령
제40조【벌칙】 다음 각 호의 어느 하나에 해당하는 사람은 1년 이하의 징역 또는 1천만원 이하의 벌금에 처한다. 〈개정 2020.10.8〉 1. 제32조제2항을 위반하여 건축물에너지평가사 자격증을 다른 사람에게 빌려주거나, 다른 사람에게 자기의 이름으로 건축물에너지평가사 업무를 하게 한 사람 2. 제32조제3항을 위반하여 다른 사람의 건축물에너지평가사 자격증을 빌리거나, 다른 사람의 이름을 사용하여 건축물에너지평가사 업무를 수행한 사람 3. 제32조제4항을 위반하여 제1호 및 제2호의 행위를 알선한 사람 **제39조의2【벌칙 적용에서 공무원 의제】** 제35조제2항 및 제3항에 따라 사업 또는 업무를 위탁받은 자 가운데 공무원이 아닌 임직원은 「형법」 제129조부터 제132조까지의 규정에 따른 벌칙을 적용할 때에는 공무원으로 본다. [본조신설 2018.1.1]	

요점 벌칙

위반사유	처벌
• 건축물에너지평가사 자격증을 다른 사람에게 빌려주는 사람 • 다른 사람에게 자신의 이름으로 건축물에너지평가사의 업무를 하게 한 사람 • 다른 사람의 건축물에너지평가사 자격증을 빌리거나 다른 사람의 이름은 사용하여 건축물에너지평가사 업무를 수행한 사람 • 상기행위를 알선한 사람	1년 이하 징역 또는 1천만 원 이하 벌금

2 과태료

법	시행령
제41조 【과태료】 ① 다음 각 호의 어느 하나에 해당하는 자에게는 대통령령으로 정하는 바에 따라 2천만 원 이하의 과태료를 부과한다. 〈개정 2014.5.28, 2016.1.19〉 1. 제10조제3항 및 제4항을 위반하여 건축물 에너지·온실가스 정보를 제출하지 아니한 자 2. 제12조제3항, 제14조제1항을 위반하여 정당한 사유 없이 허가권자에게 근거자료 또는 에너지 절약계획서를 제출하지 아니하거나 거짓이나 그 밖의 부정한 방법으로 근거자료 또는 에너지 절약계획서를 제출한 건축주 3. 제14조의2제1항을 위반하여 일사의 차단을 위한 차양 등 일사조절장치를 설치하지 아니한 자 4. 제14조의2제2항을 위반하여 단열재를 설치하지 아니하거나 지능형 계량기 등 건축설비를 설치하지 아니한 자 5. 제14조의 에너지 절약계획서 검토업무 및 사전확인을 거짓이나 그 밖의 부정한 방법으로 수행한 에너지 관련 전문기관 6. 제15조의2를 위반한 건축물의 소유자 또는 관리자와 제16조 및 제17조에 따른 인증 신청서류를 거짓으로 작성하여 제출한 자 7. 제16조제7항을 위반하여 녹색건축 인증의 결과를 표시하지 아니하거나 건축물의 사용승인을 신청할 때 관련 서류를 첨부하지 아니하거나 거짓이나 그 밖의 부정한 방법으로 표시 또는 첨부한 자 8. 제17조제6항을 위반하여 에너지효율등급 인증 또는 제로에너지건축물 인증의 결과를 표시하지 아니하거나 건축물의 사용승인을 신청할 때 관련 서류를 첨부하지 아니하거나 거짓이나 그 밖의 부정한 방법으로 표시 또는 첨부한 자 9. 제31조제4항을 위반하여 건축물에너지평가사 또는 이와 비슷한 명칭을 사용한 사람 ② 제1항에 따른 과태료는 다음 각 호의 구분에 따른 자가 부과·징수한다. 〈신설 2016.1.19.〉 1. 제1항제1호 및 제9호에 따른 과태료: 국토교통부장관 2. 제1항제2호부터 제5호까지, 제7호 및 제8호에 따른 과태료: 허가권자 3. 제1항제6호에 따른 과태료: 국토교통부장관, 시·도지사, 시장·군수·구청장	제20조 【과태료의 부과·징수】 법 제41조에 따른 과태료의 부과기준은 별표 2와 같다. 〈개정 2016.12.30〉

요점 **과태료**

(1) 2천만 원 이하의 과태료 처분사유

위반행위	부과금액	부과권자
1. 건축물 에너지, 온실가스 정보를 제출하지 않은 경우	100만 원	국토교통부장관
2. 건축물에너지평가사 또는 이와 비슷한 명칭을 사용한 경우		
3. 녹색건축물의 유지관리를 위반한 건축물의 소유자 또는 관리자와 녹색건축의 인증 및 건축물의 에너지효율등급 인증 신청서류를 거짓으로 작성하여 제출한 자	100만 원	국토교통부장관 시·도지사· 시장·군수·구청장
4. 건축주가 정당한 사유 없이 허가권자에게 근거자료 또는 에너지 절약계획서를 제출하지 않거나 거짓이나 그 밖의 부정한 방법으로 근거자료 또는 에너지 절약계획서를 제출한 경우	100만 원	허가권자
5. 일사의 차단을 위한 차양 등 일사조절장치를 설치하지 않은 경우	200만 원	
6. 단열재를 설치하지 않거나 지능형 계량기 등 건축설비를 설치하지 않은 경우		
7. 에너지 관련 전문기관이 에너지 절약계획서 검토업무를 거짓이나 그 밖의 부정한 방법으로 수행한 경우	300만 원	
8. 녹색건축 인증의 결과를 표시하지 아니하거나 건축물의 사용승인을 신청할 때 관련 서류를 첨부하지 않거나 거짓이나 그 밖의 부정한 방법으로 표시 또는 첨부한 경우 ① 녹색건축 인증의 결과를 표시하지 않은 경우 ② 건축물의 사용승인을 신청할 때 관련 서류를 첨부하지 않거나 거짓이나 그 밖의 부정한 방법으로 표시 또는 첨부한 경우	50만 원 100만 원	
9. 에너지효율등급 인증 또는 제로에너지건축물 인증의 결과를 표시하지 않거나 건축물의 사용승인을 신청할 때 관련 서류를 첨부하지 않거나 거짓이나 그 밖의 부정한 방법으로 표시 또는 첨부한 경우 ① 에너지효율등급 인증 또는 제로에너지 건축물 인증의 결과를 표시하지 않은 경우 ② 건축물의 사용승인을 신청할 때 관련 서류를 첨부하지 않거나 거짓이나 그 밖의 부정한 방법으로 표시 또는 첨부한 경우		

(2) 과태료부과의 증감

1) 부과권자는 다음의 어느 하나에 해당하는 경우에는 과태료 금액의 2분의 1 범위에서 그 금액을 감경할 수 있다. 다만, 과태료를 체납하고 있는 위반행위자의 경우에는 그러하지 아니하다.

　① 위반행위자가「질서위반행위규제법 시행령」제2조의2제1항 각 호의 어느 하나에 해당하는 경우

　② 위반행위가 사소한 부주의나 오류로 인한 것으로 인정되는 경우

　③ 위반행위자가 위반행위를 바로 정정하거나 시정하여 법 위반상태를 해소한 경우

　④ 그 밖에 위반행위의 횟수, 정도, 위반행위의 동기와 그 결과 등을 고려하여 감경할 필요가 있다고 인정되는 경우

2) 부과권자는 다음의 어느 하나에 해당하는 경우에는 과태료 금액의 2분의 1 범위에서 그 금액을 가중할 수 있다. 다만 과태료 금액의 상한을 넘을 수 없다.

　① 위반의 내용 정도가 중대하여 이해관계인 등에게 미치는 피해가 크다고 인정되는 경우

　② 법 위반상태의 기간이 6개월 이상인 경우

　③ 그 밖의 위반행위의 횟수, 정도, 위반행위의 동기와 그 결과 등을 고려하여 가중할 필요가 있다고 인정되는 경우

|참고|

[별표 2] 과태료의 부과기준 시행령(제20조 관련) 〈개정 2019.12.31〉

1. 일반기준

가. 부과권자는 다음의 어느 하나에 해당하는 경우에는 제2호에 따른 과태료 금액의 2분의 1 범위에서 그 금액을 감경할 수 있다. 다만, 과태료를 체납하고 있는 위반행위자의 경우에는 그러하지 아니하다.

 1) 위반행위자가 「질서위반행위규제법 시행령」 제2조의2제1항 각 호의 어느 하나에 해당하는 경우

 2) 위반행위가 사소한 부주의나 오류로 인한 것으로 인정되는 경우

 3) 위반행위자가 위반행위를 바로 정정하거나 시정하여 법 위반상태를 해소한 경우

 4) 그 밖에 위반행위의 횟수, 정도, 위반행위의 동기와 그 결과 등을 고려하여 감경할 필요가 있다고 인정되는 경우

나. 부과권자는 다음의 어느 하나에 해당하는 경우에는 제2호에 따른 과태료 금액의 2분의 1 범위에서 그 금액을 가중할 수 있다. 다만, 법 제41조에 따른 과태료 금액의 상한을 넘을 수 없다.

 1) 위반의 내용·정도가 중대하여 이해관계인 등에게 미치는 피해가 크다고 인정되는 경우

 2) 법 위반상태의 기간이 6개월 이상인 경우

 3) 그 밖에 위반행위의 횟수, 정도, 위반행위의 동기와 그 결과 등을 고려하여 가중할 필요가 있다고 인정되는 경우

2. 개별기준

(단위: 만원)

위반행위	근거 법조문	과태료 금액
가. 법 제10조제3항 및 제4항을 위반하여 건축물 에너지·온실가스 정보를 제출하지 않은 경우	법 제41조제1항 제1호	100
나. 건축주가 법 제12조제3항 및 제14조제1항을 위반하여 정당한 사유 없이 허가권자에게 근거자료 또는 에너지 절약계획서를 제출하지 않거나 거짓이나 그 밖의 부정한 방법으로 근거자료 또는 에너지 절약계획서를 제출한 경우	법 제41조제1항 제2호	100
다. 법 제14조의2제1항을 위반하여 일사의 차단을 위한 차양 등 일사조절장치를 설치하지 않은 경우	법 제41조제1항 제3호	200
라. 법 제14조의2제2항을 위반하여 단열재를 설치하지 않거나 지능형 계량기 등 건축설비를 설치하지 않은 경우	법 제41조제1항 제4호	200
마. 에너지 관련 전문기관이 법 제14조의 에너지 절약계획서 검토 업무를 거짓이나 그 밖의 부정한 방법으로 수행한 경우	법 제41조제1항 제5호	300
바. 건축물의 소유자 또는 관리자가 법 제15조의2를 위반한 경우와 법 제16조 및 제17조에 따른 인증 신청서류를 거짓으로 작성하여 제출한 경우	법 제41조제1항 제6호	100

사. 법 제16조제7항을 위반하여 녹색건축 인증의 결과를 표시하지 않거나 건축물의 사용승인을 신청할 때 관련 서류를 첨부하지 않거나 거짓이나 그 밖의 부정한 방법으로 표시 또는 첨부한 경우	법 제41조제1항 제7호	
1) 녹색건축 인증의 결과를 표시하지 않은 경우		50
2) 건축물의 사용승인을 신청할 때 관련 서류를 첨부하지 않거나 거짓이나 그 밖의 부정한 방법으로 표시 또는 첨부한 경우		100
아. 법 제17조제6항을 위반하여 에너지효율등급 인증의 결과를 표시하지 않거나 건축물의 사용승인을 신청할 때 관련 서류를 첨부하지 않거나 거짓이나 그 밖의 부정한 방법으로 표시 또는 첨부한 경우	법 제41조제1항 제8호	
1) 에너지효율등급 인증의 결과를 표시하지 않은 경우		50
2) 건축물의 사용승인을 신청할 때 관련 서류를 첨부하지 않거나 거짓이나 그 밖의 부정한 방법으로 표시 또는 첨부한 경우		100
자. 법 제31조제4항을 위반하여 건축물에너지평가사 또는 이와 비슷한 명칭을 사용한 경우	법 제41조제1항 제9호	100

예제문제 **01**

「녹색건축물조성지원법」 기준에 따라 가장 과중한 처벌 사유에 해당되는 것은?

① 녹색건축물 유지관리 기준에 위반한 경우
② 건축물에너지평가사와 유사한 명칭을 사용한 경우
③ 건축물에너지평가사 자격증을 다른 사람에게 빌려주는 경우
④ 건축물의 에너지효율등급 인증 신청서류를 거짓으로 작성하여 제출하는 경우

해설 ①, ②, ④항은 2000만 원 이하의 과태료 처분사유이며, ③항은 1년 이하의 징역 또는 1000만 원 이하의 벌금처분사유이다.

답 : ③

예제문제 02

다음 중 "녹색건축물 조성 지원법" 제41조에 따른 2천만 원 이하의 과태료 부과대상
에 해당되지 않는 것은?　　　　　　　　　　　　　　　　　　【17년 기출문제】

① 건축물에너지평가사 자격증을 다른 사람에게 빌려준 경우

② 일사의 차단을 위한 차양 등 일사조절장치 설치 대상인 건축물이 이를 설치하지 않은
경우

③ 에너지 관련 전문기관이 에너지절약계획서 검토업무 및 사전확인을 거짓으로 수행한 경우

④ 에너지 절약계획서 제출대상인 건축주가 정당한 사유없이 허가권자에게 에너지 절
약계획서를 제출하지 않은 경우

해설 자격증 대여는 1년 이하의 징역 또는 1천만 원 이하의 벌금 부과 사유에 해당된다.

답 : ①

예제문제 03

"녹색건축물 조성 지원법"에 의거한 과태료의 부과 기준 중 개별기준에 따른 과태료
금액이 가장 높은 위반행위에 해당하는 것은?　　　　　　　　　　　【19년 기출문제】

① 국토교통부장관에게 건축물 에너지·온실가스 정보를 제출하여야 하는 에너지 공급
기관 또는 관리기관이 이를 위반하여 제출하지 아니한 경우

② 에너지 관련 전문기관이 에너지 절약계획서 검토업무 및 사전확인을 거짓으로 수행
한 경우

③ 건축물의 소유자 또는 관리자가 녹색건축 인증, 에너지효율등급 인증 및 제로에너
지 건축물 인증 신청서류를 거짓으로 작성하여 제출한 경우

④ 에너지 절약계획서를 제출하여야 하는 건축주가 정당한 사유없이 허가권자에게 제
출하지 않은 경우

해설 사안별 개별기준에 따른 과태료 부과금액
①항 100만원
②항 300만원
③항 100만원
④항 100만원

답 : ②

예제문제 **04**

"녹색건축물 조성 지원법"에 따른 과태료 부과와 관련하여 적절하지 않은 것은?

【21년 기출문제】

① 에너지효율등급 인증 또는 제로에너지건축물 인증 표시 의무 대상이나 인증의 결과를 표시하지 아니한 자에게 부과한다.
② 에너지 절약계획서 검토업무 및 사전확인을 거짓으로 수행한 에너지 관련 전문기관에게 부과한다.
③ 에너지 절약계획서 제출대상이나 에너지 절약계획서를 제출하지 아니한 건축주에게 부과한다.
④ 녹색건축 인증의 결과를 표시하지 아니한 경우 운영기관의 장에게 부과한다.

해설 녹색건축 인증 결과 표시의 의무는 건축주에게 있으므로 과태료는 건축주에게 부과한다.

답 : ④

3 규제의 재검토

법	시행령
	제19조의2【규제의 재검토】 국토교통부장관은 제15조제1항에 따른 녹색건축센터 지정 대상에 대하여 2018년 1월 1일을 기준으로 3년마다(매 3년이 되는 해의 1월 1일 전까지를 말한다) 그 타당성을 검토하여 개선 등의 조치를 하여야 한다. 1. 삭제 〈2016.12.30〉 2. 제15조제1항에 따른 녹색건축센터 지정 대상: 2015년 1월 1일 3. 제17조에 따른 녹색건축물 조성 시범사업 대상: 2015년 1월 1일 [본조신설 2014.12.9.] 〈개정 2018.1.1〉

요점 규제의 재검토

국토교통부장관은 다음 각호에 대하여 2018년 1월 1일을 기준으로 매 3년마다 그 타당성을 검토하여 개선 등의 조치를 하여야 한다.

1. 녹색건축센터 지정
2. 녹색건축물 조성 시범 사업

제2편
건축법

CHAPTER 01 총 칙

1 목 적

법	시행령
제1장 총 칙	제1장 총 칙
제1조【목적】 이 법은 건축물의 대지·구조·설비 기준 및 용도 등을 정하여 건축물의 안전·기능·환경 및 미관을 향상시킴으로써 공공복리의 증진에 이바지하는 것을 목적으로 한다.	**제1조【목적】** 이 영은 「건축법」에서 위임된 사항과 그 시행에 필요한 사항을 규정함을 목적으로 한다. [전문개정 2008. 10. 29]

요점 목적

「건축법」은 건축물에 관한 법이므로 건축물로 정의되는 것에 적용되는 법이다.

따라서, 신축물이 건축되는 대지, 건축물의 구조, 건축물에 사용되는 설비와 건축물의 용도 등이 규정되어 있다. 또한 「건축법」은 계획·설계·구조·설비 등에 관한 최저기준을 규정하여 건축물의 안전·기능·환경 및 미관을 향상시키고, 나아가서 공공복리증진의 구현을 목적으로 한다.

■ 건축법 구성체계
- 건축법
- 건축법 시행령
- 건축법 시행규칙
- 건축물의 설비기준 등에 관한 규칙
- 건축물의 구조기준 등에 관한 규칙
- 건축물의 피난·방화구조 등의 기준에 관한 규칙
- 건축물 대장의 기재 및 관리 등에 관한 규칙
- 표준설계도서 등의 운영에 관한 규칙
- 지능형건축물인증에 관한 규칙
- 지방건축조례

■ 「건축법」의 목적 및 내용

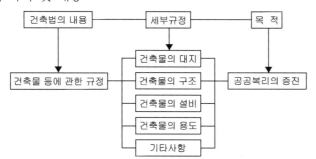

1. 목적	공공복리의 증진
2. 규정	건축물의 대지, 구조, 설비, 용도

예제문제 01

다음은 "건축법" 제1조 목적에 대한 설명이다. (   )에 알맞은 것은?　　【15년 기출문제】

> 이 법은 건축물의 대지·구조·(   ) 및 용도 등을 정하여 건축물의 안전·기능·환경 및 미관을 향상시킴으로써 공공복리의 증진에 이바지하는 것을 목적으로 한다.

① 설계 기준　　　　　　　　　　　② 마감재료

③ 허가 기준　　　　　　　　　　　④ 설비 기준

답 : ④

예제문제 02

"건축법"에서 규정하고 있지 않은 내용은?　　【15년 기출문제】

① 건축물의 범죄예방

② 건축 행정 전산화

③ 건축물 부설주차장의 설치

④ 건축종합민원실의 설치

해설 건축물 부설 주차장의 설치는 주차장법에 관한 사항이다.

답 : ③

예제문제 03

다음 보기 중 "건축법"에서 정하여 실시하는 건축물 인증제도에 해당하는 것을 모두 고른 것은?　　【18년 기출문제】

> ㉠ 지능형건축물 인증제　　　　　　㉡ 녹색건물 인증제
> ㉢ 건축물 에너지효율등급 인증제　　㉣ 장애물 없는 생활환경 인증제

① ㉠　　　　　　　　　　　　　　② ㉠, ㉣

③ ㉡, ㉢　　　　　　　　　　　　④ ㉠, ㉡, ㉢

해설
- •녹색건축 인증제 ──────┐
- •건축물에너지 효율등급 인증제 ─┘ 녹색건축물 조성 지원법
- •장애물 없는 생활환경 인증제 - 장애인·노인·임산부 등의 편의증진 보장에 관한 법률

답 : ①

2 용어의 정의

(1) 대지

법	시행령
제2조【정의】① 이 법에서 사용하는 용어의 뜻은 다음과 같다. 〈2016.2.3〉 1. "대지(垈地)"란 「공간정보의 구축 및 관리 등에 관한 법률」에 따라 각 필지(筆地)로 나눈 토지를 말한다. 다만, 대통령령으로 정하는 토지는 둘 이상의 필지를 하나의 대지로 하거나 하나 이상의 필지의 일부를 하나의 대지로 할 수 있다.	제3조【대지의 범위】① 법 제2조제1항제1호 단서에 따라 둘 이상의 필지를 하나의 대지로 할 수 있는 토지는 다음 각 호와 같다. 〈개정 2016.8.11〉 1. 하나의 건축물을 두 필지 이상에 걸쳐 건축하는 경우: 그 건축물이 건축되는 각 필지의 토지를 합한 토지 2. 「공간정보의 구축 및 관리 등에 관한 법률」제80조제3항에 따라 합병이 불가능한 경우 중 다음 각 목의 어느하나에 해당하는 경우: 그 합병이 불가능한 필지의 토지를 합한 토지. 다만, 토지의 소유자가 서로 다르거나 소유권 외의 권리관계가 서로 다른 경우는 제외한다. 　가. 각 필지의 지번부여지역(地番附與地域)이 서로 다른 경우 　나. 각 필지의 도면의 축척이 다른 경우 　다. 서로 인접하고 있는 필지로서 각 필지의 지반(地盤)이 연속되지 아니한 경우 3. 「국토의 계획 및 이용에 관한 법률」제2조제7호에 따른 도시·군계획시설에 해당하는 건축물을 건축하는 경우: 그 도시·군계획시설이 설치되는 일단(一團)의 토지 4. 「주택법」제15조에 따른 사업계획승인을 받아 주택과 그 부대시설 및 복리시설을 건축하는 경우: 같은 법 제2조제12호에 따른 주택단지 5. 도로의 지표 아래에 건축하는 건축물의 경우: 특별시장·광역시장·특별자치시장·특별자치도지사·시장·군수 또는 구청장(자치구의 구청장을 말한다. 이하 같다)이 그 건축물이 건축되는 토지로 정하는 토지 6. 법 제22조에 따른 사용승인을 신청할 때 둘 이상의 필지를 하나의 필지로 합칠 것을 조건으로 건축허가를 하는 경우: 그 필지가 합쳐지는 토지. 다만, 토지의 소유자가 서로 다른 경우는 제외한다. ② 법 제2조제1항제1호 단서에 따라 하나 이상의 필지의 일부를 하나의 대지로 할 수 있는 토지는 다음 각 호와 같다. 〈2012.4.10〉 1. 하나 이상의 필지의 일부에 대하여 도시·군계획시설이 결정·고시된 경우: 그 결정·고시된 부분의 토지 2. 하나 이상의 필지의 일부에 대하여 「농지법」제34조에 따른 농지전용허가를 받은 경우: 그 허가받은 부분의 토지 3. 하나 이상의 필지의 일부에 대하여 「산지관리법」제14조에 따른 산지전용허가를 받은 경우: 그 허가받은 부분의 토지

4. 하나 이상의 필지의 일부에 대하여 「국토의 계획 및 이용에 관한 법률」 제56조에 따른 개발행위허가를 받은 경우: 그 허가받은 부분의 토지
5. 법 제22조에 따른 사용승인을 신청할 때 필지를 나눌것을 조건으로 건축허가를 하는 경우: 그 필지가 나누어지는토지 [전문개정 2008.10.29]

■ 건축법상의 대지(垈地)와 공간정보의 구축 및 관리 등에 관한 법률상의 대(垈)의 구분
공간정보의 구축 및 관리 등에 관한 법률상의 대(垈)라 함은 토지의 사용목적에 따라 정한 지목을 말하며 건축법상의 대지(垈地)는 건축법상의 기준조건이 충족되어 건축행위가 이루어질 수 있는 토지 범위를 말한다.

■ 대지의 기본단위 : 필지

요점 대지

「공간정보의 구축 및 관리 등에 관한 법률」에 따라 각 필지로 구획된 토지를 말한다.

「공간정보의 구축 및 관리 등에 관한 법률」에 따라 구획된 각 필지의 토지를 하나의 대지로 함

1필지 = 1대지

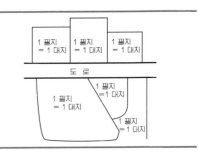

|참고|

■ **지적관련 용어(공간정보의 구축 및 관리 등에 관한 법률 제2조)**
① 지번부여지역 : 지번을 부여하는 단위지역으로서, 동·리 또는 이에 준하는 지역
② 지목(地目) : 토지의 주된 용도에 따라 토지의 종류를 구분하여 지적공부에 등록한 것
③ 필지(筆地) : 대통령령이 정하는 바에 따라 구획되는 토지의 등록단위
④ 지번(地番) : 필지에 부여하여 지적공부에 등록한 번호
⑤ 분할 : 지적공부에 등록된 1필지를 2필지 이상으로 나누어 등록하는 것
⑥ 합병 : 지적공부에 등록된 2필지 이상을 1필지로 합하여 등록하는 것
⑦ 지목변경 : 지적공부에 등록된 지목을 다른 지목으로 바꾸어 등록하는 것
⑧ 지적공부 : 토지대장·임야대장·공유지연명부·대지권등록부·지적도·임야도 및 경계점좌표

| 참고 |

■ **지목일람표**

지 목	지목부호	지 목	지목부호
1. 전	전	15. 철도용지	철
2. 답	답	16. 제방	제
3. 과수원	과	17. 하천	천
4. 목장용지	목	18. 구거	구
5. 임야	임	19. 유지	유
6. 광천지	광	20. 양어장	양
7. 염전	염	21. 수도용지	수
8. 대	대	22. 공원	공
9. 공장용지	장	23. 체육용지	체
10. 학교용지	학	24. 유원지	원
11. 주차장	차	25. 종교용지	종
12. 주유소용지	주	26. 사적지	사
13. 창고용지	창	27. 묘지	묘
14. 도로	도	28. 잡종지	잡

예제문제 **04**

건축법령에서 "대지"라는 용어를 정의한 근본취지에 가장 적합한 것은?

① 대지의 안전   ② 대지의 형태
③ 대지의 범위   ④ 토지의 지목

──────────────────────────────────

해설 건축법의 대지는 「공간정보의 구축 및 관리에 관한 법률」 상의 토지의 사용목적인 지목 (地目)으로서의 대(垈)와 달리 건축법령의 대지로서의 기준에 적합하여 건축물의 건축이 가능한 일단의 토지범위를 지칭한다.

답 : ③

(2) 건축물

법	시행령
제2조 【정의】 ① 2. "건축물"이란 토지에 정착(定着)하는 공작물 중 지붕과 기둥 또는 벽이 있는 것과 이에 딸린 시설물, 지하나 고가(高架)의 공작물에 설치하는 사무소·공연장·점포·차고·창고, 그 밖에 대통령령으로 정하는 것을 말한다. 8의2. "결합건축"이란 제56조에 따른 용적률을 개별 대지마다 적용하지 아니하고, 2개 이상의 대지를 대상으로 통합적용하여 건축물을 건축하는 것을 말한다. 〈신설 2021.1.8〉 19. "고층건축물"이란 층수가 30층 이상이거나 높이가 120미터 이상인 건축물을 말한다. 〈신설 2011.9.16〉	**제2조 【정의】** 〈2017.2.3〉 15. "초고층 건축물"이란 층수가 50층 이상이거나 높이가 200미터 이상인 건축물을 말한다. 〈신설 2009.7.16〉 15의 2. "준초고층 건축물"이란 고층건축물 중 초고층건축물이 아닌 것을 말한다. 〈2011.12.30/시행 2012.3.17〉 16. "한옥"이란 「한옥 등 건축자산의 진흥에 관한 법률」 제2조제2호에 따른 한옥을 말한다. 〈개정 2016.1.19〉 17. "다중이용 건축물"이란 다음 각 목의 어느 하나에 해당하는 건축물을 말한다. 〈2018.9.4〉 가. 다음의 어느 하나에 해당하는 용도로 쓰는 바닥면적의 합계가 5천제곱미터 이상인 건축물 1) 문화 및 집회시설(동물원·식물원은 제외한다) 2) 종교시설 3) 판매시설 4) 운수시설 중 여객용시설 5) 의료시설 중 종합병원 6) 숙박시설 중 관광숙박시설 나. 16층 이상인 건축물 17의2. "준다중이용 건축물"이란 다중이용 건축물 외의 건축물로서 다음 각 목의 어느 하나에 해당하는 용도로 쓰는 바닥면적의 합계가 1천제곱미터 이상인 건축물을 말한다. 가. 문화 및 집회시설(동물원 및 식물원은 제외한다) 나. 종교시설 다. 판매시설 라. 운수시설 중 여객용시설 마. 의료시설 중 종합병원 바. 교육연구시설 사. 노유자시설 아. 운동시설 자. 숙박시설 중 관광숙박시설 차. 위락시설 카. 관광 휴게시설 타. 장례시설 18. "특수구조 건축물"이란 다음 각 목의 어느 하나에 해당하는 건축물을 말한다. 가. 한쪽 끝은 고정되고 다른 끝은 지지(支持)되지 아니한 구조로 된 보·차양 등이 외벽(외벽이 없는 경우에는 외곽기둥을 말한다)의 중심선으로부터 3미터 이상 돌출된 건축물 〈2018.9.4〉

나. 기둥과 기둥 사이의 거리(기둥의 중심선 사이의 거리를 말하며, 기둥이 없는 경우에는 내력벽과 내력벽의 중심선 사이의 거리를 말한다. 이와 같다)가 20미터 이상인 건축물

다. 특수한 설계·시공·공법 등이 필요한 건축물로서 국토교통부장관이 정하여 고시하는 구조로 된 건축물

12. "부속건축물"이란 같은 대지에서 주된 건축물과 분리된 부속용도의 건축물로서 주된 건축물을 이용 또는 관리하는 데에 필요한 건축물을 말한다.

요점 **건축물**

1) 건축물의 의의

건축물은 토지에 기반을 둔 것으로서, 지붕과 기둥 또는 벽으로 구성되어 인간 생활에 필요한 공간(Space)이 확보된 공작물이다. 또한 건축물로 정의되지 않으면 「건축법」의 적용대상이 되지 않으므로 건축물로 정의 되는지 여부의 판단이 매우 중요하다.

건축물	·토지에 정착하는 건축물 중 ① 지붕과 기둥이 있는 것 ② 지붕과 벽이 있는 것 ③ ①,②에 부속되는 대문, 담장 등의 시설물
	·지하나 고가에 설치하는 사무소, 공연장, 점포, 차고, 창고

예제문제 05

건축물에 관한 다음 기술 중 가장 부적당한 것은?

① 건축면적이 없는 것은 모두 건축물이 될 수 없다.

② 건축물은 토지에 정착하여야 한다.

③ 일정 규모 이상의 옹벽 및 공작물 등의 축조시에는 건축법령의 일부 규정을 준용한다.

④ 고가의 공작물에 설치하는 차고는 건축물이다.

해설 건축물에 대한 정의는 형태와 용도기능에 의해 기준되며, 규모에 대한 제한은 없다.

답 : ①

2) 고층건축물 등

1. 고층건축물	• 층수 30층 이상인 건축물
	• 건축물 높이 120m 이상인 건축물
2. 초고층 건축물	• 층수 50층 이상인 건축물
	• 건축물 높이 200m 이상인 건축물
3. 준초고층 건축물	• 고층건축물 중 초고층 건축물이 아닌 것

3) 다중이용건축물

■ 문화 및 집회시설
1. 공연장
2. 집회장
3. 관람장
4. 전시장
5. 동물원
6. 식물원

1. 16층 이상 건축물
2. 다음의 용도 바닥면적의 합계가 5,000㎡ 이상인 건축물
   ① 문화 및 집회시설(동물원, 식물원 제외)
   ② 종교시설
   ③ 판매시설
   ④ 의료시설 중 종합병원
   ⑤ 숙박시설 중 관광숙박시설
   ⑥ 운수시설 중 여객용시설

4) 준다중이용건축물

다중이용건축물 외의 건축물로서 다음 각 목의 어느 하나에 해당하는 용도로 쓰는 바닥면적의 합계가 1,000m² 이상인 건축물을 말한다.

① 문화 및 집회시설(동물원 및 식물은 제외)

② 종교시설

③ 판매시설

④ 여객용시설

⑤ 종합병원

⑥ 교육연구시설

⑦ 노유자시설

⑧ 운동시설

⑨ 관광숙박시설

⑩ 위락시설

⑪ 관광 휴게시설

⑫ 장례시설

5) 특수구조건축물

1. 내민구조 보, 차양 등이 외벽의 중심선으로부터 3m 이상 돌출된 건축물
2. 기둥과 기둥사이의 거리가 20m 이상 건축물
3. 국토교통부장관이 고시하는 건축물

6) 한옥

한옥이란 「한옥등 건축자산의 진흥에 관한 법률」에 따른 한옥을 말한다.

|참고|

■ **한옥등 건축자산의 진흥에 관한 법률(제2조2호)**

2. "한옥"이란 주요 구조가 기둥·보 및 한식지붕틀로 된 목구조로서 우리나라 전통양식이 반영된 건축물 및 그 부속건축물을 말한다.

7) 결합건축

용적률을 개별대지마다 적용하지 아니하고 2개 이상의 대지를 대상으로 통합 적용하여 건축물을 건축하는 것

8) 부속건축물

같은 대지에서 주된 건축물과 분리된 부속용도의 건축물로서 주된 건축물을 이용 또는 관리하는 데에 필요한 건축물을 말한다.

■ **건축법 적용 대상 공작물**
1. 높이 2m를 넘는 옹벽·담장
2. 높이 4m를 넘는 장식탑·기념탑·첨탑·광고탑·광고판
3. 높이 5m를 넘는 태양에너지 발전 설비
4. 높이 6m를 넘는 굴뚝
5. 높이 8m를 넘는 고가수조
6. 바닥면적 30m²를 넘는 지하대피호 등

예제문제 06

다음의 초고층 건축물의 정의에 관한 기준 내용 중 (   ) 안에 알맞은 것은?

"초고층 건축물"이란 층수가(㉠)층 이상이거나 높이가 (㉡)미터 이상인 건축물을 말한다.

① ㉠ 30, ㉡ 120   ② ㉠ 30, ㉡ 200
③ ㉠ 50, ㉡ 150   ④ ㉠ 50, ㉡ 200

해설 ㉠ 고층건축물 : 30층 이상, 120m 이상
㉡ 초고층건축물 : 50층 이상, 200m 이상

답 : ④

예제문제 07

층수가 15층인 건축물에서 건축법상 다중이용건축물에 해당되는 것은?

① 바닥면적의 합계가 3,000㎡인 관광숙박시설

② 바닥면적의 합계가 5,000㎡인 운동시설

③ 바닥면적의 합계가 3,000㎡인 교육연구시설

④ 바닥면적의 합계가 5,000㎡인 종합병원

[해설] ① 16층 이상인 건축물

② 문화 및 집회시설(동ㆍ식물원 제외), 종교시설, 판매시설, 운수시설(여객용시설에 한한다), 종합병원, 관광숙박시설의 용도에 쓰이는 바닥면적의 합계가 5,000m² 이상인 건축물

답 : ④

예제문제 08

다음 중 준다중이용건축물에 해당되지 않는 것은?

① 용도바닥면적 1,000㎡인 전시장

② 용도바닥면적 2,000㎡인 종합병원

③ 용도바닥면적 3,000㎡인 운동시설

④ 용도바닥면적 4,000㎡인 업무시설

[해설] 용도바닥면적 1,000m² 이상 5,000m² 미만인 문화 및 집회시설 중 공연장, 집회장, 관람장, 전시장은 준다중이용건축물에 해당된다.

답 : ④

예제문제 09

다음의 건축물 중 특수구조건축물에 해당되는 것은?

① 16층 이상의 건축물

② 30층 이상의 건축물

③ 경간 20m 이상 건축물

④ 경간 30m 이상 건축물

[해설] 특수구조건축물

1. 내민구조의 보 차양 등의 길이가 3m 이상인 건축물

2. 경간(기둥과 기둥 사이의 거리) 20m 이상인 건축물

답 : ③

(3) 건축설비

법	시행령
제2조 【정의】 ① 4. "건축설비"란 건축물에 설치하는 전기 · 전화 설비, 초고속 정보통신 설비, 지능형 홈네트워크 설비, 가스 · 급수 · 배수(配水) · 배수(排水) · 환기 · 난방 · 냉방 · 소화(消火) · 배연(排煙) 및 오물처리의 설비, 굴뚝, 승강기, 피뢰침, 국기 게양대, 공동시청안테나, 유선방송수신 시설, 우편함, 저수조(貯水槽), 방범시설, 그 밖에 국토교통부령으로 정하는 설비를 말한다.	

요점 **건축설비**

건축설비란 건축물의 구조체, 공간 등의 효용성을 높이기 위한 최소한의 규제로서 건축물의 내·외부의 시설을 말하며, 위의 건축법령에서 규제되는 설비 이외에도 소방관련법 등의 관련규정이 다수 있다.

■ 건축설비
셔터, 차양, 부엌은 건축설비가 아니다.

|참고|

「건축법」의 건축설비규제 일람표

구 분	규 제 조 항
1. 승용승강기	설치대상(법 제64조 ①항)
	설치기준[건축물의 설비기준 등에 관한 규칙(이하 "설비규칙") 제5조]
2. 비상용승강기	설치대상(법 제64조 ②항)
	설치기준(영 제90조 ①, ②항)
	승강장 및 승강로의 구조(설비규칙 제10조)
3. 피난용승강기	설치대상 및 구조[건축물의 피난 · 방화 등에 관한 규칙(이하 "피난 · 방화 규칙") 제29조]
	설치기준(피난 · 방화규칙 제30조)
4. 온돌 및 난방설비	설치기준(설비규칙 제4조)
5. 난방설비	개별난방설비기준(설비규칙 제13조)
6. 배연설비	배연설비대상 및 설비기준(설비규칙 제14조)
7. 환기설비	공동주택 및 다중이용시설의 환기설비기준 등 (설비규칙 제11조)
8. 배관설비	급수, 배수, 음용수용 배관 설비기준 (설비규칙 제17조, 제18조)
9. 피뢰설비	피뢰설비 대상 및 설비기준(설비규칙 제20조)
10. 굴뚝	굴뚝의 설치기준 [피난 · 방화 규칙 제20조]

〈이하 생략〉

건축법상의 건축설비로서 옳은 것은?

① 전산정보처리 설비　　　　　② 유선방송 수신시설
③ 모사전송(FAX) 수신설비　　④ 기계식 주차설비

해설 건축설비의 종류로는 유선방송 수신시설, 굴뚝, 승강기, 환기, 소화시설, 국기게양대 등
이 있다.

답 : ②

(4) 지하층

법	시행령
제2조 【정의】 ① 5. "지하층"이란 건축물의 바닥이 지표면 아래에 있는 층으로 　서 바닥에서 지표면까지 평균높이가 해당 층 높이의 2분의 　1 이상인 것을 말한다.	

요점 **지하층**

바닥으로부터 지표면까지의 평균높이(h)가 해당 층 높이(H)의 1/2 이상인 것	
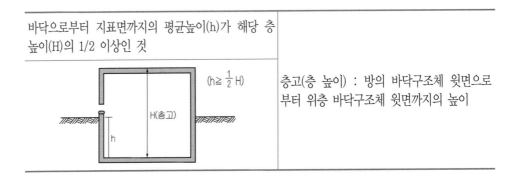	층고(층 높이) : 방의 바닥구조체 윗면으로 부터 위층 바닥구조체 윗면까지의 높이

│참고│

■지하층의 법적용 내용
1. 층수산정(지하층 층수 제외)
2. 용적율 산정을 위한 면적(지하층 바닥면적 제외)

예제문제 11

지하층에 관한 다음 기술 중 적당하지 않은 것은?

① 지하층 인정기준은 건축물의 용도와 무관하다.

② 건축물의 바닥이 지표면 아래에 있는 층으로서 그 바닥으로부터 지표면까지의 평균 높이가 당해 층높이의 1/2 이상인 것을 지하층이라 한다.

③ 지하층의 바닥면적은 용적률에 영향을 끼치지 않는다.

④ 지하층의 바닥면적은 연면적에서 제외된다.

해설 연면적은 지하층·지상층 및 옥탑층의 바닥면적의 합으로 한다. 다만, 용적율 산정시 지하층 바닥면적은 제외한다.

답 : ④

(5) 거실

법	시행령
제2조 【정의】 ① 6. "거실"이란 건축물 안에서 거주, 집무, 작업, 집회, 오락, 그 밖에 이와 유사한 목적을 위하여 사용되는 방을 말한다.	

요점 거실

'거실' 이란 현관·복도·계단실·변소·욕실·창고·기계실과 같이 일시적으로 사용하는 공간이 아니라, 「건축법」에서는 거주·집무·작업·집회·오락 등의 일정한 이용목적을 가지고 지속적으로 사용하는 공간의 의미가 있다. 좁은 의미로는 주거공간(침실, 거실, 부엌)에서부터 의료시설의 병실, 숙박시설의 객실, 학교의 교실, 판매공간 등 광범위하며, 인간이 장시간 거주가 가능하도록 반자높이, 채광, 환기, 방화, 피난에 이르기까지 거실공간에 대한 규제가 관련되어 있다.

|참고|

■ **거실관련규정**

관련규정		관련조항	내 용
1. 직통계단의 설치		영 제34조제2항 제2호~제5호	직통계단을 2개소 이상 설치규정 적용시, 거실바닥면적의 합계로서 적용
2. 옥외피난계단의 설치		영 제36조 제1호, 제2호	별도의 옥외피난계단 증설에 관한 규정 적용시, 거실바닥면적의 합계로서 규정
3. 거실반자의 설치		영 제50조, 피난·방화 제16조	거실부분의 반자에 대한 최소 높이의 규정
4. 거실의 채광 등	채광·환기	영 제51조제1항, 피난·방화 제17조	채광을 위한 거실부분의 창문 등의 면적 산정시 거실바닥면적에 대한 비율로 산정
	배연·설비	영 제51조제2항, 설비기준 제14조	거실공간에서의 배연설비에 대한 규정
5. 거실의 방습 등		영 제52조, 피난·방화 제18조	건축물의 최하층에 위치한 거실(바닥이 목조인 경우)의 방습에 대한 규정
6. 건축물의 내부마감재료		법 제52조, 영 제61조, 피난·방화 제24조	건축물의 내부마감재료 규정 적용시 거실바닥면적의 합계로서 적용
7. 승용승강기의 설치		법 제64조, 설비기준 제5조, 제9조, 별표 1	승용승강기 설치기준 적용시 6층 이상 부분의 거실바닥면적의 합계로서 적용
8. 계단 및 복도의 설치 기준		피난·방화 제15조 제2항제4호	일반용도의 계단 및 계단참의 너비 규정 적용시 거실 및 바로 위층 거실바닥면적의 합계로서 규정
9. 지하층 규정		법 제53조, 피난·방화 제25조	지하층의 환기설비규정 적용시 거실바닥면적의 합계로서 규정

(6) 주요구조부

법	시행령
제2조 【정의】 ① 7. "주요구조부"란 내력벽(耐力壁), 기둥, 바닥, 보, 지붕틀 및 주계단(主階段)을 말한다. 다만, 사이 기둥, 최하층 바닥, 작은 보, 차양, 옥외 계단, 그 밖에 이와 유사한 것으로 건축물의 구조상 중요하지 아니한 부분은 제외한다.	

요점 주요구조부

「건축법」에서 주요구조부란 건축물의 공간형성과 방화상(불이 번지는 경로상)에 있어서의 주요한 부분을 말하며, 구조내력상 주요한 부분이라 함은 건축물의 내력상의 주요한 부분을 말한다.

주요구조부	그 림	제외되는 부분
1. 지붕틀		1. 차양
2. 기둥		2. 사이기둥
3. 내력벽		3. 비내력벽
4. 바닥		4. 최하층 바닥
5. 보		5. 작은 보
6. 주계단		6. 옥외 계단 등

■ 주요구조부와 구조내력상 주요한 부분의 구분

구분	종류	기능
주요 구조부	내력벽, 기둥, 바닥, 보, 지붕틀, 주계단	방재
구조 내력상 주요한 부분	기초, 벽, 기둥, 바닥판, 지붕틀, 토대, 사재(가새, 버팀대, 귀잡이 등), 가로재(보, 도리)	구조 안전

※ 기초는 구조내력상 주요한 부분에 해당되나, 주요구조부는 아니다.

|참고|

규 **구조내력상 주요한 부분**
【건축물의 구조기준 등에 관한 규칙(이하 "구조규칙") 제2조제1호】

주요 구조부	주요 구조부	−	기둥	내력벽	바닥	보	지붕틀	−	−
	제외	−	사이기둥	칸막이벽	최하층 바닥	작은보	차양	−	−
구조내력상 주요한 부분		기초	기둥	벽	바닥판	보, 도리 (가로재)	지붕틀	토대	사재*

* 사재 : 가새, 버팀대, 귀잡이 그 밖에 이와 유사한 것

(7) 건축, 대수선, 리모델링, 실내건축

법	시행령
제2조【정의】① 8. "건축"이란 건축물을 신축·증축·개축·재축(再築)하거나 건축물을 이전하는 것을 말한다.	**제2조【정의】** 1. "신축"이란 건축물이 없는 대지(기존 건축물이 해체되거나 멸실된 대지를 포함한다)에 새로 건축물을 축조(築造)하는 것[부속건축물만 있는 대지에 새로 주된 건축물을 축조하는 것을 포함하되, 개축(改築) 또는 재축(再築)하는 것은 제외한다]을 말한다. 〈개정 2020.5.1〉 2. "증축"이란 기존 건축물이 있는 대지에서 건축물의 건축면적, 연면적, 층수 또는 높이를 늘리는 것을 말한다. 3. "개축"이란 기존 건축물의 전부 또는 일부[내력벽·기둥·보·지붕틀(제16호에 따른 한옥의 경우에는 지붕틀의 범위에서 서까래는 제외한다) 중 셋 이상이 포함되는 경우를 말한다]를 해체하고 그 대지에 종전과 같은 규모의 범위에서 건축물을 다시 축조하는 것을 말한다. 〈개정 2020.5.1〉 4. "재축"이란 건축물이 천재지변이나 그 밖의 재해(災害)로 멸실된 경우 그 대지에 다음 각 목의 요건을 모두 갖추어 다시 축조하는 것을 말한다. 가. 연면적 합계는 종전 규모 이하로 할 것

9. "대수선"이란 건축물의 기둥, 보, 내력벽, 주계단 등의구조나 외부형태를 수선·변경하거나 증설하는 것으로서 대통령령으로 정하는 것을 말한다.

10. "리모델링"이란 건축물의 노후화를 억제하거나 기능향상 등을 위하여 대수선하거나 일부를 증축 또는 개축하는 행위를 말한다.

20. "실내건축"이란 건축물의 실내를 안전하고 쾌적하며 효율적으로 사용하기 위하여 내부 공간을 칸막이로 구획하거나 벽지, 천장재, 바닥재, 유리 등 대통령령으로 정하는 재료 또는 장식물을 설치하는 것을 말한다.

나. 동(棟)수, 층수 및 높이는 다음의 어느 하나에 해당할 것
1) 동수, 층수 및 높이가 모두 종전 규모 이하일 것
2) 동수, 층수 또는 높이의 어느 하나가 종전 규모를 초과하는 경우에는 해당 동수, 층수 및 높이가 「건축법」(이하 "법"이라 한다), 이 영 또는 건축조례(이하 "법령 등"이라 한다)에 모두 적합할 것
5. "이전"이란 건축물의 주요구조부를 해체하지 아니하고 같은 대지의 다른 위치로 옮기는 것을 말한다.

제3조의2【대수선의 범위】 법 제2조제1항제9호에서"대통령령으로 정하는 것"이란 다음 각 호의 어느 하나에 해당하는 것으로서 증축·개축 또는 재축에 해당하지 아니하는 것을 말한다. 〈개정 2010.2.18, 2014.11.28〉
1. 내력벽을 증설 또는 해체하거나 그 벽면적을 30제곱미터 이상 수선 또는 변경하는 것
2. 기둥을 증설 또는 해체하거나 세 개 이상 수선 또는 변경하는 것
3. 보를 증설 또는 해체하거나 세 개 이상 수선 또는 변경하는 것
4. 지붕틀(한옥의 경우에는 지붕틀의 범위에서 서까래는 제외한다)을 증설 또는 해체하거나 세 개 이상 수선 또는 변경하는 것
5. 방화벽 또는 방화구획을 위한 바닥 또는 벽을 증설 또는 해체하거나 수선 또는 변경하는 것
6. 주계단·피난계단 또는 특별피난계단을 증설 또는 해체하거나 수선 또는 변경하는 것
7. 삭제 〈2019.10.24〉
8. 다가구주택의 가구간 경계벽 또는 다세대주택의 세대간 경계벽을 증설 또는 해체하거나 수선 또는 변경하는 것
9. 건축물의 외벽에 사용하는 마감재료(법 제52조제2항에 따른 마감재료를 말한다)를 증설 또는 해체하거나 벽면적 30제곱미터 이상 수선 또는 변경하는 것
〈개정 2014.11.28〉

제3조의4【실내건축의 재료 등】
법 제2조제1항제20호에서 "벽지, 천장재, 바닥재, 유리 등 대통령령으로 정하는 재료 또는 장식물" 이란 다음 각 호의 재료를 말한다. 〈2014.11.28〉
1. 벽, 천장, 바닥 및 반자틀의 재료
2. 실내에 설치하는 난간, 창호 및 출입문의 재료
3. 실내에 설치하는 전기·가스·급수(給水), 배수(排水)·환기시설의 재료
4. 실내에 설치하는 충돌·끼임 등 사용자의 안전사고 방지를 위한 시설의 재료

요점 건축, 대수선, 리모델링, 실내건축

1) 건축

구분	행위요소	도해(행위 전→행위 후)
1. 신축	건축물이 없는 대지에 건축물 축조	건축물이 없는 대지 ⇨ 새로이 축조
	기존 건축물의 전부를 해체(멸실)한 후 종전규모보다 크게 건축물 축조	기존건축물의 해체·멸실 ⇨ 종전보다 규모를 크게 축조
	부속건축물만 있는 대지에 새로이 주된 건축물 축조	① 부속건축물만 있는대지 ⇨ 주된건축물 ② 축조
2. 증축	기존 건축물의 규모 증가	☐ ⇨ 규모 증가
	기존 건축물의 일부를 해체(멸실)한 후 종전규모보다 크게 건축물 축조	기존 건축물 일부 해체·멸실 ⇨ 종전규모 보다 크게 축조
	주된 건축물이 있는 대지에 새로이 부속건축물 축조	① 주된 건축물 ⇨ ① ② 부속건축물축조
3. 개축	기존건축물의 전부 또는 일부(내력벽·기둥·보·지붕틀 중 3 이상이 포함되는 경우에 한함)를 해체하고 당해 대지 안에 종전과 동일한 규모의 범위 안에서 건축물을 다시 축조	인위적인 해체 ⇨ 종전과 동일규모이내로 다시축조
4. 재축	건축물이 천재지변이나 그 밖의 재해(災害)로 멸실된 경우 그 대지에 다음 각 목의 요건을 모두 갖추어 다시 축조 가. 연면적 합계는 종전 규모 이하로 할 것 나. 동(棟)수, 층수 및 높이는 다음 ①, ② 중 어느 하나에 해당 할 것 ① 동수, 층수 및 높이가 모두 종전 규모 이하일 것 ② 동수, 층수 또는 높이의 어느 하나가 종전 규모를 초과하는 경우에는 해당 동수, 층수 및 높이가 「건축법령」에 모두 적합할 것	천재지변에 의한 멸실 ⇨ 동일규모이내로 다시축조
5. 이전	기존 건축물의 주요구조부를 해체하지 않고 동일 대지내에서 건축물의 위치를 옮기는 행위	동일대지 내 / 기존 건축물 → 위치이동 → ☐

■ **건축행위의 비교**

① **신축과 증축**
- 부속건축물만 있는 대지에 주된 건축물을 건축하는 것은 신축이다.
- 주된 건축물이 있는 대지에 부속건축물을 새로이 축조하는 것 또는 동일한 용도의 건축물을 새로이 축조하는 것은 증축이다.

② **신축과 개축**

기존건축물의 전부를 해체한 후 종전 규모 범위내에서 새로이 축조하는 것은 개축이나 종전규모를 초과할 경우에는 신축이다.

③ **개축**

내력벽, 기둥, 보, 지붕 중 3개 이상을 해체하고 종전의 규모내에서 다시 축조하는 행위이다.

예제문제 12

다음 설명 중 틀린 것은 어느 것인가?

① 건축물 높이만 증가시키는 것도 "증축"에 해당된다.

② 건축물의 내력벽·기둥·보·지붕틀 중 3 이상을 해체하고 그 대지 안에 종전과 동일한 규모의 범위 안에서 건축물을 다시 축조하는 것을 "개축"이라 한다.

③ 건축물의 주요구조부를 해체하지 아니하고 동일한 대지 안의 다른 위치로 옮기는 것을 "이전"이라 한다.

④ "건축"이라 함은 건축물을 신축·증축·개축·대수선하는 것을 말한다.

해설 건축이란 신축·증축·개축·재축·이전을 말한다.

답 : ④

예제문제 13

"건축법"에 따른 정의로 가장 적합한 것은?　　　　　　　　　【17년 기출문제】

① '거실'이란 건축물 안에서 거주, 집무, 작업, 집회, 오락, 그 밖에 이와 유사한 목적을 위해 사용되는 방을 말하나, 특별히 거실이 아닌 냉·난방 공간 또는 거실에 포함된다.

② '고층건축물'이란 층수가 50층 이상이거나 높이가 200미터 이상인 건축물을 말한다.

③ '증축'이란 기존 건축물이 있는 대지에서 건축물의 건축면적, 연면적, 층수 또는 높이를 늘리는 것을 말한다.

④ '이전'이란 건축물의 주요 구조부를 해체하지 않고 인접 대지로 옮기는 것을 말한다.

해설 냉·난방 공간, 기계실, 창고와 같이 일시적으로 사용하는 공간은 거실에 해당되지 않는다.

답 : ③

2) 대수선

① 의의 : 대수선은 건축물의 주요구조부 또는 외부형태를 증설·해체하거나 수선·변경하는 것으로서 건축주 임의대로 공사를 할 경우에는 여러 가지의 문제점이 있을 수 있으므로, '건축' 행위와 마찬가지로 '대수선' 도 허가대상으로 하여 규제하도록 법규정이 개정되어, 일정 규모 이상의 대수선은 허가대상으로, 소규모 건축물(연면적 $200m^2$ 미만이고 3층 미만)의 '대수선' 행위는 신고로서 허가를 받은 것으로 보아 법규정을 적용하고 있다.

② 대수선의 범위

부 위	내 용	비 고
1. 내력벽	증설·해체하거나 벽면적 $30m^2$ 이상 수선·변경	· 증설·해체의 경우 면적, 개수 제한 없음
2. 기둥	증설·해체하거나 3개 이상 수선·변경	
3. 보	증설·해체하거나 3개 이상 수선·변경	
4. 지붕틀(한옥의 경우 서까래 제외)	증설·해체하거나 3개 이상 수선·변경	· 4부분 중 3부분 이상 수선시 개축 행위로 봄
5. 방화벽, 방화구획의 바닥·벽	일부라도 증설·해체하거나 수선·변경	면적 제한 없음
6. 계단*	일부라도 증설·해체하거나 수선·변경	면적 제한 없음
7. 다가구주택 및 다세대주택	가구 및 세대간의 경계벽을 증설·해체하거나 수선·변경	—

8. 다음 건축물의 외벽 마감재를 증설·해체하거나 벽면적 $30m^2$ 이상 수선·변경

　　① 3층 이상 건축물
　　② 높이 9m 이상 건축물
　　③ 의료시설·교육연구시설·노유자시설·수련시설인 건축물
　　④ 상업지역(근린 상업 지역 제외) 안의 건축물 중
　　　　- 용도 바닥 면적 $2,000m^2$ 이상인 근린생활시설·문화 및 집회 시설 종교시설·판매시설·운동시설·위락시설인 건축물
　　　　- 공장으로부터 6m이내의 건축물

* 주계단·피난계단·특별피난계단을 말함

■ 대수선의 인정여부

공사범위	판 정
내력벽 $30m^2$ 이상 수선변경	대수선
방화벽수선 (규모와 관계없이)	대수선
방화구획벽 수선 (규모와 관계없이)	대수선
비내력벽수선 (규모와 관계없이)	대수선 아님
기둥 3개 수선변경	대수선
기둥1+보2개 수선변경	대수선 아님
기둥 1개 증설	대수설
보 2개 해체	대수선
기둥1+보1+지붕틀1 +수선	개축

■ 상업지역
1. 중심상업지역
2. 일반상업지역
3. 유통상업지역
4. 근린상업지역

예제문제 14

건축법령상 대수선 범위에 해당되지 않는 것은?

① 내력벽을 증설 또는 해체하거나 그 벽면적으로 20m² 이상 수선 또는 변경하는 행위
② 기둥 4개를 수선 또는 변경하는 행위
③ 보를 증설 또는 해체하는 행위
④ 방화벽 또는 방화구획을 위한 바닥 또는 벽을 증설 또는 해체하거나 수선 또는 변경하는 행위

[해설] 내력벽에 대한 대수선행위
• 벽면적 30m² 이상 수선 또는 변경   • 증설 또는 해체

답 : ①

예제문제 15

"건축법"에 따른 대수선과 관련된 설명으로 가장 적절하지 않은 것은?

【21년 기출문제】

① 건축물의 노후화를 억제하거나 기능 향상 등을 위하여 대수선하는 행위는 리모델링에 해당한다.
② 대수선은 건축물의 기둥, 보, 내력벽, 주계단 등의 구조나 외부형태를 수선·변경하거나 증설하는 것으로 증축 또는 개축을 포함한다.
③ 연면적 200제곱미터 미만이고 3층 미만인 건축물의 대수선은 신고로 건축허가를 받은 것으로 본다.
④ 방화벽 또는 방화구획을 위한 바닥 또는 벽을 해체하는 대수선은 건축허가를 받아야 한다.

[해설] 증축·개축은 건축에 포함되는 행위이다.

답 : ②

---

3) 리모델링

1. 목적	• 건축물의 노후화 억제 • 건축물의 기능 향상
2. 행위	• 대수선 • 일부 증축 • 개축

"건축법"에 따른 용어 정의로 가장 적절하지 않은 것은?　　　【23년 기출문제】

① "지하층"이란 건축물의 바닥이 지표면 아래에 있는 층으로서 바닥에서 지표면까지 평균 높이가 해당 층 높이의 2분의 1 이상인 것을 말한다.

② "거실"이란 건축물 안에서 거주, 집무, 작업, 집회, 오락, 그 밖에 이와 유사한 목적을 위하여 사용되는 방을 말한다.

③ "대수선"이란 건축물의 기둥, 보, 내력벽, 주계단 등의 구조나 외부 형태를 수선·변경 하거나 증설하는 것으로서 대통령령으로 정하는 것을 말한다.

④ "리모델링"이란 건축물의 노후화를 억제하거나 기능 향상 등을 위하여 대수선하거나 건 축물의 일부를 증축 또는 재축하는 행위를 말한다.

해설 "리모델링"이란 건축물의 노후화를 억제하거나 기능향상 등을 위하여 대수선하거나 일 부를 증축 또는 개축하는 행위를 말한다.

답 : ④

4) 실내건축

건축물의 실내를 안전하고 쾌적하며 효율적으로 사용하기 위한 다음의 행위를 말한다.

1. 내부공간을 칸막이로 구획	
2. 벽·천장·바닥 및 반자틀 설치	
3. 실내에 설치하는	난간, 창호 및 출입문 설치
	전기, 가스, 급수, 배수, 환기시설 설치
	충돌, 끼임 등 사용자의 안전시설 설치

다음 보기 중 "건축법"에 따른 실내건축의 재료 또는 장식물에 해당하는 것을 모두 고른 것은?　　　【18년 기출문제】

　㉠ 벽, 천장, 바닥 및 반자틀의 재료
　㉡ 실내에 설치하는 난간, 창호 및 출입문의 재료
　㉢ 실내에 설치하는 전기·가스·급수(給水), 배수(排水)·환기시설의 재료
　㉣ 실내에 설치하는 충돌끼임 등 사용자의 안전사고 방지를 위한 시설의 재료

① ㉠

② ㉠, ㉡

③ ㉠, ㉡, ㉢

④ ㉠, ㉡, ㉢, ㉣

답 : ④

(8) 도로

법	시행령
제2조 【정의】 ① 11. "도로"란 보행과 자동차 통행이 가능한 너비 4미터 이상의 도로(지형적으로 자동차 통행이 불가능한 경우와 막다른 도로의 경우에는 대통령령으로 정하는 구조와 너비의 도로)로서 다음 각 목의 어느 하나에 해당하는 도로나 그 예정도로를 말한다. 가.「국토의 계획 및 이용에 관한 법률」,「도로법」,「사도법」, 그 밖의 관계 법령에 따라 신설 또는 변경에 관한 고시가 된 도로 나. 건축허가 또는 신고 시에 특별시장·광역시장·특별자치시장·도지사·특별자치도지사(이하 "시·도지사"라 한다) 또는 시장·군수·구청장(자치구의 구청장을 말한다. 이하 같다)이 위치를 지정하여 공고한 도로	제3조의3 【지형적 조건 등에 따른 도로의 구조와 너비】 법 제2조제1항제11호 각 목 외의 부분에서 "대통령령으로 정하는 구조와 너비의 도로"란 다음 각 호의 어느 하나에 해당하는 도로를 말한다. 〈개정 2014.10.14〉 1. 특별자치시장·특별자치도지사 또는 시장·군수·구청장이 지형적 조건으로 인하여 차량 통행을 위한 도로의 설치가 곤란하다고 인정하여 그 위치를 지정·공고하는 구간의 너비 3미터 이상(길이가 10미터 미만인 막다른 도로인 경우에는 너비 2미터 이상)인 도로 2. 제1호에 해당하지 아니하는 막다른 도로로서 그 도로의 너비가 그 길이에 따라 각각 다음 표에 정하는 기준 이상인 도로

시행령 제2호 표:

막다른 도로의 길이	도로의 너비
10미터 미만	2미터
10미터 이상 35미터 미만	3미터
35미터 이상	6미터(도시지역이 아닌 읍·면지역은 4미터)

[전문개정 2008.10.29]

요점 도로

1) 도로의 정의

"도로"라 함은 보행 및 자동차 통행이 가능한 너비 4m 이상의 도로로서 다음에 해당하는 도로 또는 그 예정도로를 말한다.

① 국토의 계획 및 이용에 관한 법, 도로법, 사도법 등에 의하여 신설 또는 변경에 관한 고시가 된 도로

② 건축허가시 또는 건축신고시 특별시장·광역시장·특별자치시장·도지사(특별자치도지사 포함) 및 시장·군수·구청장이 그 위치를 지정한 도로

2) 조건에 따른 도로의 인정

① 차량통행을 위한 도로의 설치가 곤란한 경우

지형적 조건으로 차량통행을 위한 도로의 설치가 곤란하여 특별자치시장·특별자치도지사 또는 시장·군수·구청장이 그 위치를 지정·공고하는 구간내의 너비 3m 이상 (길이가 10m 미만이 막다른 도로인 경우에는 너비 2m 이상)인 도로

■ 도로의 기준 너비
1. 원칙
   4m 이상
2. 예외
① 지형상 조건(통과도로)
   3m 이상
② 막다른 도로
• 도로길이 10m 미만 2m
• 도로길이 35m 미만 3m
• 도로길이 35m 이상 6m

② 막다른 도로의 경우

막다른 도로의 길이	도로의 너비
10m 미만	2m
10m 이상 35m 미만	3m
35m 이상	6m(도시지역이 아닌 읍·면지역은 4m)

|참고|

도로의 기준 폭

	구분		기준폭
	통과도로		$W_1 \geq 4$
막다른 도로		$\ell < 10$	$W_2 \geq 2$
		$10 < \ell < 35$	$W_2 \geq 3$
		$\ell \geq 35$	$W_2 \geq 6$

예제문제 18

건축법상의 도로에 관한 설명으로 가장 적당한 것은?

① 고속국도법에 의한 고속도로도 도로이다.
② 도로법에 의한 "도로"의 정의에 적합해야 한다.
③ 폭 4m 미만의 도로는 일체 인정되지 않는다.
④ 관계법령의 규정에 의하여 변경에 관한 고시가 된 예정도로도 도로이다.

해설
· 건축법상의 도로의 구조기준은 폭 4m 이상으로 보행 및 자동차 통행이 가능하여야 한다.
  단, 지형상 조건이 인정될 경우에는 폭 3m 이상으로 한다.
· 도로의 범위는 관계법령에 의하여 관리되는 도로(예정도로 포함)와 건축허가시 허가권자
  가 지정한 도로로서 도로의 구조기준에 적합하여야 한다.

답 : ④

(9) 설계도서

법	시행령
제2조【정의】① 14. "설계도서"란 건축물의 건축 등에 관한 공사용 도면, 구조계산서, 시방서(示方書), 그 밖에 국토교통부령으로 정하는 공사에 필요한 서류를 말한다.	**[시행규칙]** **제1조의2【설계도서의 범위】**「건축법」(이하 "법"이라 한다) 제2조제14호에서 "그 밖에 국토교통부령으로 정하는 공사에 필요한 서류"란 다음 각 호의 서류를 말한다. 〈개정 2013.3.23〉 1. 건축설비계산 관계서류 2. 토질 및 지질 관계서류 3. 기타 공사에 필요한 서류

■ 설계도서
1. 공사용도면
2. 구조계산서
3. 시방서
4. 건축설비 관계 서류
5. 토질 및 지질 관계 서류 등

요점 설계도서

관계 법령	내용	허가신청시 필요도서 (건축, 대수선, 가설건축물 허가)	신고신청시 필요도서 (건축·대수선·용도변경·가설건축물 신고)	착공신고시 필요도서	사용승인 신청시
건축법	·공사용 도면 ·구조 계산서 ·시방서	·건축계획서 ·배치도 ·평면도 ·입면도 ·단면도 ·구조도 (구조안전 확인 또는 내진설계 대상) ·구조계산서 (구조안전 확인 또는 내진설계 대상) ·소방설비도	**건축** ·배치도　·층별 평면도 ·입면도　·단면도 ·실내마감도 ■ 연면적합계 100m² 초과 단독주택 ·건축계획서·배치도·평면도·입면도· 단면도·구조도 ■ 표준설계도서에 의한 건축 ·건축계획서·배치도 ■ 사전결정 받은 경우 ·평면도 **용도변경** ·용도를 변경하고자 하는 층의 변경 전·후의 평면도 ·변경되는 내화·방화·피난 또는 건축 설비에 관한 사항을 표시한 도서 **가설건축물 축조** ·배치도 ·평면도	·건축관계자 상호간의 계약서 사본 ■ 건축분야 ·도면 목록표 ·안내도 ·개요서 ·구적도 ·실·내외 재료마감표 ·배치도 ·주차계획도 ·각 층 및 지붕평면도 ·2면 이상 입면도 ·종·횡 단면도 ·수직동선 상세도 ·부분상세도 ·창호도 ·건축설비도 ·방화구획 상세도 ·외벽 마감 재료의 단면 상세도 ■ 일반분야 ·시방서 ■ 그 밖에 구조·기계·전 기·통신·토목·조경 분 야 등의 서류가 있음	·공사감리 완료보고서 ·최종공사 완료 도서 ·현황도면 ·액화석유가스 완성검사필증 등
건축법 시행 규칙	·건축 설비 관계 서류 ·토질 및 지질 관계 서류 ·기타 공사에 필요한 서류				

(10) 기타 용어

법	시행령
제2조【용어】① 12. "건축주"란 건축물의 건축·대수선·용도변경, 건축설비의 설치 또는 공작물의 축조(이하 "건축물의 건축 등"이라 한다)에 관한 공사를 발주하거나 현장관리인을 두어 스스로 그 공사를 하는 자를 말한다. 12의2. "제조업자"란 건축물의 건축·대수선·용도변경, 건축설비의 설치 또는 공작물의 축조 등에 필요한 건축자재를 제조하는 사람을 말한다. 12의3. "유통업자"란 건축물의 건축·대수선·용도변경, 건축설비의 설치 또는 공작물의 축조에 필요한 건축자재를 판매하거나 공사현장에 납품하는 사람을 말한다. 13. "설계자"란 자기의 책임(보조자의 도움을 받는 경우를 포함한다)으로 설계도서를 작성하고 그 설계도서에서 의도하는 바를 해설하며, 지도하고 자문에 응하는 자를 말한다. 15. "공사감리자"란 자기의 책임(보조자의 도움을 받는 경우를 포함한다)으로 이 법으로 정하는 바에 따라 건축물, 건축설비 또는 공작물이 설계도서의 내용대로 시공되는지를 확인하고, 품질관리·공사관리·안전관리 등에 대하여 지도·감독하는 자를 말한다. 16. "공사시공자"란 「건설산업기본법」 제2조제4호에 따른 건설공사를 하는 자를 말한다. 16의2. "건축물의 유지관리"란 건축물의 소유자나 관리자가 사용승인된 건축물의 대지·구조·설비 및 용도 등을 지속적으로 유지하기 위하여 건축물이 멸실될 때까지 관리하는 행위를 말한다. 17. "관계전문기술자"란 건축물의 구조·설비 등 건축물과 관련된 전문기술자격을 보유하고 설계와 공사감리에 참여하여 설계자 및 공사감리자와 협력하는 자를 말한다. 18. "특별건축구역"이란 조화롭고 창의적인 건축물의 건축을 통하여 도시경관의 창출, 건설기술 수준향상 및 건축 관련 제도개선을 도모하기 위하여 이 법 또는 관계 법령에 따라 일부 규정을 적용하지 아니하거나 완화 또는 통합하여 적용할 수 있도록 특별히 지정하는 구역을 말한다.	**제2조【정의】** 6. "내수재료(耐水材料)"란 인조석·콘크리트 등 내수성을 가진 재료로서 국토교통부령으로 정하는 재료를 말한다. 7. "내화구조(耐火構造)"란 화재에 견딜 수 있는 성능을 가진 구조로서 국토교통부령으로 정하는 기준에 적합한 구조를 말한다. 8. "방화구조(防火構造)"란 화염의 확산을 막을 수 있는 성능을 가진 구조로서 국토교통부령으로 정하는 기준에 적합한 구조를 말한다. 9. "난연재료(難燃材料)"란 불에 잘 타지 아니하는 성능을 가진 재료로서 국토교통부령으로 정하는 기준에 적합한 재료를 말한다. 10. "불연재료(不燃材料)"란 불에 타지 아니하는 성질을 가진 재료로서 국토교통부령으로 정하는 기준에 적합한 재료를 말한다. 11. "준불연재료"란 불연재료에 준하는 성질을 가진 재료로서 국토교통부령으로 정하는 기준에 적합한 재료를 말한다.

예제문제 19

다음 중에서 건축법상 용어의 정의로 가장 부적합한 것은?

① "건축"이란 건축물을 신축·증축·개축·재축 또는 대수선하는 것을 말한다.
② "건축주"란 건축물의 건축 등에 관한 공사를 발주하거나 현장관리인을 두어 스스로 그 공사를 하는 자를 말한다.
③ "설계자"란 자기의 책임으로 설계도서를 작성하고 그 설계도서에서 의도하는 바를 해설하며 지도·자문하는 자를 말한다.
④ "주요구조부"란 내력벽, 기둥, 바닥, 보, 지붕틀 및 주계단을 말한다.

해설 대수선은 건축에 해당되지 않는다.

답 : ①

예제문제 20

건축법상 용어의 정의로서 가장 적합한 것은?

① 도로는 자동차 통행이 가능한 너비 4미터 이상의 도로를 말한다.
② 주요구조부는 내력벽, 기둥, 바닥, 보, 지붕틀 및 옥외계단을 말한다.
③ 지하층은 건축물의 바닥이 지표면 아래에 있는 층으로서 바닥에서 지표면까지 평균 높이가 해당 층 높이의 3분의 1 이상인 것을 말한다.
④ 리모델링은 건축물의 노후화를 억제하거나 기능향상 등을 위하여 대수선하거나 일부 증축·개축하는 행위를 말한다.

해설 ① 도로 : 보행 및 자동차 통행이 가능한 구조
② 주요구조부 : 옥외계단은 불포함
③ 지하층 : 해당 층높이의 1/2 이상

답 : ④

예제문제 21

건축법 용어정의 중 적합한 것은?

① 대지란 원칙적으로 공간정보의 구축 및 관리 등에 관한 법률에 따라 각 필지로 나눈 토지를 말한다.
② 주요구조부는 내력벽, 기둥, 바닥, 보, 옥외계단 및 기초를 말한다.
③ 리모델링이란 건축물의 노후화를 억제하거나 기능향상 등을 위하여 증축하거나 재축하는 행위를 말한다.
④ 초고층 건축물이란 층수가 50층 이상이거나 높이가 150m 이상인 건축물을 말한다.

해설 ② 옥외계단, 기초는 주요구조부에 해당되지 않는다.
③ 리모델링이란 개축·일부 증축 및 대수선에 해당되는 행위이다.
④ 초고층 건축물이란 50층 이상이거나 건축물높이 200m 이상이다.

답 : ①

예제문제 22

건축법령에서 규정하고 있는 용어의 정의로서 가장 부적당한 것은?

① 대지라 함은 건축법에 의하여 각 필지로 구획된 토지를 말한다.

② 거실이라 함은 건축물 안에서 거주·집무·오락·작업·집회 기타 이와 유사한 목적을 위하여 사용되는 방을 말한다.

③ 이전이라 함은 건축물을 그 주요구조부를 해체하지 아니하고 동일한 대지 안의 다른 위치로 옮기는 것을 말한다.

④ 내수재료란 벽돌·자연석·인조석·콘크리트·아스팔트·유리 기타 이와 유사한 내수성의 건축재료를 말한다.

───────────────

해설 필지 : 공간정보의 구축 및 관리 등에 관한 법률상의 구획 단위

답 : ①

예제문제 23

"건축법"에 따른 설명 중 적절하지 않은 것은? 【16년 기출문제】

① "건축물"이란 토지에 정착(定着)하는 공작물 중 지붕과 기둥 또는 벽이 있는 것과 이에 딸린 시설물, 지하나 고가(高架)의 공작물에 설치하는 공연장·차고·창고, 그 밖에 대통령령으로 정하는 것을 말한다.

② "건축설비"란 건축물에 설치하는 전기·전화설비, 초고속 정보통신 설비, 지능형 홈네트워크 설비, 가스·급수·배수(配水)·배수(排水)·환기·난방·소화(消火)·배연(排煙) 및 오물처리의 설비, 굴뚝, 승강기, 피뢰침, 국기 게양대, 공동시청 안테나, 유선방송 수신시설, 우편함, 저수조(貯水槽), 방법시설, 그 밖에 국토교통부령으로 정하는 설비를 말한다.

③ "공사시공자"란 건축물의 건축·대수선·용도변경, 건축설비의 설치 또는 공작물의 축조에 관한 공사를 발주하거나 현장 관리인을 두어 스스로 그 공사를 하는 자를 말한다.

④ "리모델링"이란 건축물의 노후화를 억제하거나 기능 향상 등을 위하여 대수선하거나 일부 증축·개축하는 행위를 말한다.

───────────────

해설 건축물의 건축·대수선 등의 행위를 하는 자는 건축주에 해당된다.

답 : ③

예제문제 24

"건축법"에 따른 정의로 가장 적절한 것은? 【18년 기출문제】

① "지하층"이란 건축물의 바닥이 지표면 아래에 있는 층으로서 바닥에서 지표면까지 최대 높이가 해당 층 높이의 2분의 1이상인 것을 말한다.

② "설계자"란 자기의 책임으로 설계도서를 작성하고 그 설계도서에서 의도하는 바를 해설하며, 지도하고 자문에 응하는 자를 말한다.

③ "내화구조"란 화염의 확산을 막을 수 있는 성능을 가진 재료로서 국토교통부령으로 정하는 기준에 적합한 구조를 말한다.

④ "불연재료"란 불에 잘 타지 아니하는 성능을 가진 재료로서 국토교통부령으로 정하는 기준에 적합한 재료를 말한다.

[해설] ① 지하층 : 바닥에서 지표면까지 평균 높이가 해당층 높이의 1/2 이상
② 내화 구조 : 화재에 견딜 수 있는 성능
③ 불연 재료 : 불에 타지 아니하는 성질

답 : ②

예제문제 25

"건축법"에 따른 용어정의로 가장 적절하지 않은 것은? 【20년 기출문제】

① "지하층"이란 건축물의 바닥이 지표면 아래에 있는 층으로서 바닥에서 지표면까지 평균높이가 해당 층 높이의 3분의 1 이상인 것을 말한다.

② "거실"이란 건축물 안에서 거주, 집무, 작업, 집회, 오락, 그 밖에 이와 유사한 목적을 위하여 사용되는 방을 말한다.

③ "대수선"이란 건축물의 기둥, 보, 내력벽, 주계단 등의 구조나 외부 형태를 수선·변경하거나 증설하는 것으로서 대통령령으로 정하는 것을 말한다.

④ "리모델링"이란 건축물의 노후화를 억제하거나 기능 향상 등을 위하여 대수선하거나 건축물의 일부를 증축 또는 개축하는 행위를 말한다.

[해설] "지하층"이란 건축물의 바닥이 지표면 아래에 있는 층으로서 바닥에서 지표면까지 평균 높이가 해당 층 높이의 2분의 1 이상인 것을 말한다.

답 : ①

예제문제 26

건축법령의 정의에 규정되어 있지 않은 것은?

① 방화구조　　　② 방수재료　　　③ 난연재료　　　④ 준불연재료

[해설] 건축물의 피난·방화구조 등의 기준에 관한 규칙
제2조 [내수재료]　　제3조 [내화구조]　　제4조 [방화구조]　　제5조 [난연재료]
제6조 [불연재료]　　제7조 [준불연재료] 등

답 : ②

예제문제 **27**

"건축법"에 따른 용어 정의로 가장 적절한 것은?   【22년 기출문제】

① "지하층"이란 건축물의 바닥이 지표면 아래에 있는 층으로서 바닥에서 지표면까지 최대높이가 해당 층 높이의 2분의 1 이상인 것을 말한다.

② "리모델링"이란 건축물의 노후화를 억제하거나 기능향상을 위하여 대수선하거나 일부를 증축 또는 개축하는 행위를 말한다.

③ "방화구조"란 화재에 견딜 수 있는 성능을 가진 구조로서 국토교통부령으로 정하는 기준에 적합한 구조를 말한다.

④ "난연재료"란 불에 타지 아니하는 성능을 가진 재료로서 국토교통부령으로 정하는 기준에 적합한 재료를 말한다.

─────────────────────────────────

해설 ① 최대 높이 → 평균높이

③ 화재에 견디는 성능 → 화염 확산 방지 성능

④ 불에 타지 않는 성능 → 불에 잘 타지 않는 성능

답 : ②

|참고|

■ 면적 및 높이의 산정
[1] 면적의 산정
(1) 대지면적

1) 원칙

대지면적이란 건축법상의 기준폭이 확보된 도로의 경계선과 인접대지 경계선으로 구획된 수평투영면적이다.

2) 기준폭 미달 도로에 접한 대지

기준폭이 미달된 도로에 접한 대지에 있어서는 도로의 기준폭을 확보하기 위하여 지정된 건축선과 도로 경계선 사이의 면적을 제외한다.

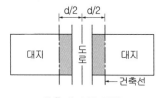
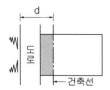

양측대지의 경우   **일측대지의 경우**

3) 도로의 기준폭

구분	막다른 도로의 길이	기준폭	차량통행이 불가능한 지형상 조건의 인정시
통과도로	–	4m	3m
막다른 도로	35m 이상	6m (*4m)	3m
	10m 이상 35m 미만	3m	–
	10m 미만	2m	–

※ ( )안의 숫자는 도시지역이 아닌 읍·면지역의 기준

예제문제 28

그림과 같은 대지에 건축할 경우 대지면적으로 옳은 것은?

① 600m²
② 580m²
③ 560m²
④ 520m²

해설 당해 대지내로 2m 후퇴하여 2m 도로를 4m 도로로 확인하여야 한다.
따라서, 대지면적(A)=(30－2)×20＝560m²

답 : ③

(2) 건축면적

1) 건축면적의 산정기준

건축물의 외벽(외벽이 없는 경우에는 외곽부분의 기둥)의 중심선으로 둘러싸인 부분의 수평투영면적으로 산정한다.

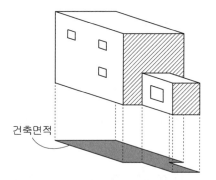

2) 적용

① 이중벽인 경우는 벽체 두께 합의 중심선으로 하지만 태양열을 이용하는 주택과 단열재를 구조체의 외기측에 설치하는 단열공법으로 건축된 건축물은 내측 내력벽의 중심으로 한다.

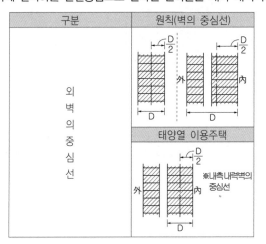

② 처마, 차양, 부연 등이 외벽의 중심선으로부터 수평거리 1m 이상 돌출된 경우에는 다음과 같이 돌출된 끝부분으로부터 일정거리를 후퇴한 선으로 구획된 면적으로 한다.

1. 전통사찰	4m
2. 축사	3m
3. 한옥	2m
4. 기타	1m (창고의 경우 : 6m)

3) 건축면적 산정시 제외되는 부분

1. 지표면으로부터 1m 이하의 부분
2. 다중이용업소의 비상구에 연결하는 폭 2m 이하의 옥외피난계단
3. 지상층에 설치한 보행통로 또는 차량통로
4. 지하주차장의 경사로
5. 지하층의 출입구 상부
6. 생활폐기물 보관시설 등

예제문제 29

건축면적의 산정방법에 관한 기술 중 부적절한 것은?

① 건축면적은 건축물의 외벽의 중심선으로 둘러싸인 부분의 수평투영면적으로 한다.

② 태양열을 주된 에너지원으로 이용하는 주택인 경우 그 건축면적의 산정방법은 건축물의 외벽 중 내측내력벽의 중심선을 기준으로 한다.

③ 지표면상 1m이하에 해당되는 건축물의 부분은 건축면적산정에서 제외된다.

④ 건축물의 차양과 부연은 건축물의 건축면적 산정에서 제외된다.

해설 건축물의 차양과 부연이 그 끝부분으로부터 수평거리 1m를 후퇴한 선으로 둘러싸인 부분의 수평투영면적은 제외되고 건축면적에 산정된다.

답 : ④

예제문제 30

"건축법"에서 태양열을 주된 에너지원으로 이용하는 주택의 건축면적 산정을 위한 기준으로 적합한 것은? 【17년 기출문제】

① 건축물의 내부 마감선

② 건축물의 외벽의 중심선

③ 건축물의 외벽중 단열재의 중심선

④ 건축물의 외벽중 내측 내력벽의 중심선

답 : ④

(3) 바닥면적

1) 바닥면적 산정기준

바닥면적은 건축면적과 달리 하나의 건축물 각 층의 외벽 또는 외곽기둥의 중심선으로 둘러싸인 수평투영면적이다.

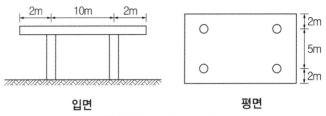

입면   **평면**

· 바닥면적 A=10×5=50m²

2) 적용

① 벽, 기둥의 구획이 없는 건축물은 그 지붕 끝부분으로부터 수평거리 1m를 후퇴한 선으로 둘러싸인 수평투영면적을 바닥면적으로 한다.

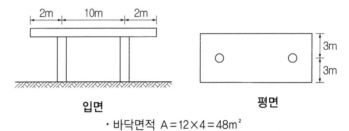

입면   **평면**

· 바닥면적 A=12×4=48m²

② 노대등의 바닥면적

난간등의 설치여부에 관계없이 노대 등의 면적에서 노대 등의 접한 가장 긴 외벽에 접한 길이에 1.5m를 곱한 값을 공제한 면적을 바닥면적에 산입한다.

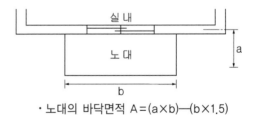

· 노대의 바닥면적 A=(a×b)—(b×1.5)

3) 바닥면적 산정시 제외되는 부분

1. 승강기탑·계단탑·장식탑·굴뚝·더스트슈트·설비덕트·층고 1.5m(경사진 형태인 경우 : 1.8m) 이하인 다락 등
2. 옥상, 옥외 또는 지하에 설치하는 물탱크·기름탱크·냉각탑·정화조·도시가스정압기 등의 설치를 위한 구조물
3. 공동주택의 지상층에 설치한 기계실·전기실·어린이놀이터·조경시설·생활폐기물 보관시설
4. 다중이용업소의 비상구에 연결하는 폭 1.5m 이하의 옥외피난계단
5. 리모델링시 외벽에 부가하여 마감재 등을 설치하는 부분
6. 단열재를 구조체의 외벽에 설치한 경우 외벽 중 내측 내력벽 중심선까지의 부분 등

예제문제 **31**

건축법령상 건축물의 바닥면적에 포함되는 것은?

① 건축물의 지상층 내부에 설치하는 물탱크

② 공동주택의 지상층에 설치하는 기계실

③ 건축물의 외부 또는 내부에 설치하는 굴뚝

④ 승강기탑

해설 건축물의 옥상·옥외 또는 지하에 설치하는 물탱크, 기름탱크, 정화조 등은 바닥면적 산정시 제외되나, 건축물 내부에 설치되는 물탱크 등은 바닥면적에 산정되어야 한다.

답 : ①

(4) 연면적

1) 연면적 산정기준
   연면적은 하나의 건축물의 각 층 바닥면적의 합계로 한다. 따라서 바닥면적 산정시 제외되는 부분은 연면적 산정시에도 제외된다.

2) 연면적의 합계
   동일대지 내에 2동 이상의 건축물이 있는 경우 각각의 건축물에 대한 연면적을 합한 면적을 말한다.

3) 용적률 산정시의 연면적 기준
   용적률은 대지면적에 대한 연면적의 비율로서 동일대지내에 2동 이상의 건축물이 있는 경우에는 각동의 연면적을 합한 합계면적을 기준으로 한다.
   다만, 용적률 산정시에는 연면적 중 다음의 면적을 제외한다.

   1. 지하층 면적

   2. 부속용도인 주차장 면적

   3. 고층건축물 피난안전구역 면적

   4. 경사지붕 아래에 설치하는 대피공간 면적

   5. 바닥면적 산정시 제외되는 부분의 면적

(5) 건폐율 및 용적률의 정의

1. 건폐율 = $\dfrac{\text{건축면적}\left(\substack{\text{동일 대지 내 2동 이상의 건축물이 있는} \\ \text{경우에는 각 동의 건축면적 합계}}\right)}{\text{대지면적}} \times 100(\%)$

2. 용적률 = $\dfrac{\text{연면적의 합(지하층, 부설주차장 면적 등 제외)}}{\text{대지면적}} \times 100(\%)$

예제문제 32

「건축법」에 따른 건축물의 면적 산정 방법으로 부적합한 것은?

① 1층 바닥면으로부터 1m 이하는 산입되지 않는다.

② 공중의 통행에 전용되는 필로티부분은 바닥면적에 산정되지 아니한다.

③ 건축물을 리모델링을 하는 경우로서, 미관향상, 열의 손실방지 등을 위하여, 외벽에 부가하여 마감재 등을 설치하는 부분은 바닥면적에 산입되지 않는다.

④ 단열재를 구조체의 외기측에 설치하는 단열공법으로 건축된 건물의 경우, 단열재가 설치된 외벽 중 내측내력벽의 중심선을 기준으로 산정한 면적을 건축면적으로 한다.

[해설] 건축면적 산정시 지표면으로부터 1m 이하인 부분을 제외한다.

답 : ①

예제문제 33

건축법에 의한 〈보기〉 건축물의 용적률을 산정하는데 필요한 바닥면적의 합계는 얼마인가?

> ·지하층 바닥면적 : 200m² ·1층 바닥면적 : 200m²(100m²는 주차면적임)
>
> ·2층 바닥면적 : 200m² ·3층 바닥면적 : 200m²
>
> ·4층 바닥면적 : 100m² ·옥상 물탱크실 : 50m²

① 500m²

② 600m²

③ 650m²

④ 950m²

[해설] 용적률 산정시 지하층 바닥면적, 지상층 부설 주차장면적과 옥탑이 거실 이외의 용도(옥상 물탱크실)로 사용되는 경우에는 연면적에 포함되지 않는다.

답 : ②

[2] 높이 산정

1) 건축물 높이
지표면으로부터 당해 건축물 상단까지의 높이로 한다.

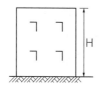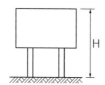

2) 처마높이
지표면으로부터 건축물의 지붕틀 또는 이와 유사한 수평재를 지지하는 벽·깔도리 또는 기둥의 상단까지의 높이로 한다.

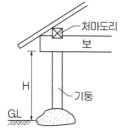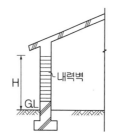

처마높이:H≒깔도리 상단까지　처마높이:H≒기둥 상단까지　처마높이:H≒내력벽 상단까지

3) 반자높이
① 반자높이의 기준 : 방의 바닥면으로부터 반자까지의 높이로 한다.
② 반자높이가 다른 부위가 있는 경우 : 방의 부피를 바닥면적으로 나눈 가중 평균높이를 반자높이로 한다.

4) 층고
방의 바닥구조체 윗면으로부터 위층 바닥구조체의 윗면까지의 높이로 한다.
다만, 동일한 방에서 반자높이가 다른 부분이 있는 경우에는 그 각 부분의 반자의 면적에 따라 가중평균한 높이로 한다.

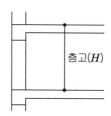

5) 층수

1. 지상층의 층수만으로 산정한다.
2. 층의 구분이 명확하지 않을 경우 건축물 높이 4m마다 1개층으로 한다.
3. 부분적으로 층수를 달리할 경우에는 그 중 가장 많은 층수로 산정한다.

예제문제 34

건축법상 용어에 대한 설명으로 적합한 것은?

① 연면적 : 하나의 건축물 각층의 건축면적의 합계

② 층고 : 해당층의 바닥구조체 윗면으로부터 위층 바닥구조체의 아랫면까지의 높이

③ 건축면적 : 건축물의 내벽인 중심선으로 둘러싸인 부분의 수평투영면적

④ 건축물의 높이 : 지표면으로부터 그 건축물의 상단까지의 높이

[해설] 건축면적이란 건축물의 외벽의 중심선으로 둘러싸인 부분의 수평투영면적으로 산정한다.

답 : ④

3 건축물의 용도

법	시행령

제2조【정의】① 이 법에서 사용하는 용어의 뜻은 다음과 같다.
3. "건축물의 용도"란 건축물의 종류를 유사한 구조, 이용 목적 및 형태별로 묶어 분류한 것을 말한다. 〈2016.2.3〉
② 건축물의 용도는 다음과 같이 구분하되, 각 용도에 속하는 건축물의 세부 용도는 대통령령으로 정한다. 〈2022.11.15〉
  1. 단독주택
  2. 공동주택
  3. 제1종 근린생활시설
  4. 제2종 근린생활시설
  5. 문화 및 집회시설
  6. 종교시설
  7. 판매시설
  8. 운수시설
  9. 의료시설
  10. 교육연구시설
  11. 노유자(老幼者 : 노인 및 어린이)시설
  12. 수련시설
  13. 운동시설
  14. 업무시설
  15. 숙박시설
  16. 위락(慰樂)시설
  17. 공장
  18. 창고시설
  19. 위험물 저장 및 처리 시설
  20. 자동차 관련 시설
  21. 동물 및 식물 관련 시설
  22. 자원순환 관련시설
  23. 교정(矯正) 시설
  24. 국방·군사 시설
  25. 방송통신시설
  26. 발전시설
  27. 묘지 관련 시설
  28. 관광 휴게시설
  29. 그 밖에 대통령령으로 정하는 시설
	제3조의5【용도별 건축물의 종류】
	  법 제2조제2항 각 호의 용도에 속하는 건축물의 종류는 별표 1과 같다.
	〈개정 2014.11.28, 2017.2.3〉
	
	제2조【용어】
	13. "부속용도"란 건축물의 주된 용도의 기능에 필수적인 용도로서 다음 각 목의 어느 하나에 해당하는 용도를 말한다.
	  가. 건축물의 설비, 대피, 위생, 그 밖에 이와 비슷한 시설의 용도

나. 사무, 작업, 집회, 물품저장, 주차, 그 밖에 이와 비슷한 시설의 용도
다. 구내식당 · 직장어린이집 · 구내운동시설 등 종업원 후생 복리시설, 구내소각시설, 그 밖에 이와 비슷한 시설의 용도
라. 관계 법령에서 주된 용도의 부수시설로 설치할 수 있게 규정하고 있는 시설의 용도

요점 **건축물의 용도**

"건축물의 용도"라 함은 건축법에서 건축물의 종류를 유사한 구조 · 이 용목적 및 형태별로 분류한 것으로서 30개군으로 나누어져 있다.

■ **가정보육시설**
개인이 가정 또는 그에 준하는 곳에서 설치 · 운영하는 시설
• 보육시설 : 보호자가 근로 또는 질병 기타 사정으로 영유아를 보호하기 어려운 경우에 보호자의 위탁을 받아 영유아를 보육하는 시설(영유아 보육법 참조)

(1) 단독주택[단독주택 형태를 갖춘 가정어린이집 · 공동생활가정 · 지역아동센터 및 노인복지시설(노인복지주택을 제외)을 포함]

구분	내용	기타
가. 단독주택	–	–
나. 다중주택	학생 또는 직장인 등의 다수인이 장기간 거주할 수 있는 구조로된 주택으로서 주택으로 쓰이는 바닥면적의 합계 660m² 이하, 3개층 이하인 것	독립된 주거형태가 아닐 것 (각 실별로 욕실은 설치할 수 있으나 취사시설은 설치하지 아니한다.)
다. 다가구주택	① 주택으로 쓰이는 층수(지하 층을 제외)가 3개층 이하 ② 주택으로 쓰이는 바닥면적의 합계가 660m² (부설주차장 바닥면적 제외) 이하 ③ 19세대 이하가 거주할 수 있는 주택	1층 바닥면적의 전부 또는 일부를 필로티구 조로 하여 주차장으로 사용하고 나머지 부분을 주택외의 용도로 사용하는 경우 해당층을 주택의 층수에서 제외
4. 공관	–	–

|참고|

필로티 구조의 주차장의 적용(다가구 주택, 다세대 주택의 경우만 적용)
1층 바닥면적의 전부 또는 일부를 필로티 구조로 하여 주차장으로 사용하고, 일부를 다른 용도로 사용하더라도 주택의 층수에서 제외됨

다가구 3층	
다가구 2층	
다가구 1층	
근린생활	필로티 주차장

(2) 공동주택[공동주택의 형태를 갖춘 가정어린이집·공동생활가정·지역아동센터·노인복지시설(노인복지주택을 제외) 및 「주택법」에 따른 소형주택을 포함]

구분	내용	기타
가. 아파트	주택으로 쓰이는 층수가 5개층 이상인 주택	1층 전부를 필로티구 조로하여 주차장으로 사용하는 경우에는 필로티부분을 층수에서 제외
나. 연립주택	① 주택으로 쓰이는 1개동의 바닥면적(부설주차장 면적 제외)의 합계가 660m²를 초과 ② 층수가 4개층 이하인 주택	
다. 다세대 주택	① 주택으로 쓰이는 1개동의 바닥면적(부설주차장 면적 제외)의 합계가 660m²이하 ② 층수가 4개층 이하인 주택	1층 바닥면적의 전부 또는 일부를 필로티구 조로 하여 주차장으로 사용하고 나머지 부분을 주택외의 용도로 사용하는 경우 해당층을 주택의 층수에서 제외
라. 기숙사	1. 일반기숙사 학교 또는 공장 등의 학생 또는 종업원 등을 위하여 사용 되는 것으로서 1개동의 공동 취사시설이용세대수가 전체의 50%이상인 것 2. 임대형 기숙사 ① 공공주택사업자, 임대사업자 만이 사용 ② 사용규모 : 20실 이하 ③ 공동취사시설 이용세대수 : 전체 세대수의 50% 이상	

(3) 제1종 근린생활시설

가. 이용원·미용원·목욕장·세탁소(공장이 부설된 것을 제외)	
나. 의원·치과의원·한의원·침술원·접골원·조산원·안마원·산후조리원	
다. 마을회관·마을공동작업소·마을공동구 판장 기타 이와 유사한 것	_
라. 변전소·양수장·정수장·대피소·공중 화장실 기타 이와 유사한 것	
마. 지역아동센터·도시가스배관시설	
바. 금융업소, 사무소, 부동산중개사무소, 결혼 상담소, 출판사 등	용도바닥면적의 합계 30m² 미만인 것
사. 휴게음식점·제과점	용도바닥면적의 합계 300m² 미만인 것
아. 탁구장·체육도장	용도바닥면적의 합계 500m² 미만인 것
자. 지역자치센터·파출소·지구대·소방서·우체국·전기자동차충전소·통신용시설·방송국·보건소·공공도서관·건강보험공단 기타 이와 유사한 것	용도바닥면적의 합계 1,000m² 미만인 것
차. 일용품(서적·식품·잡화·의류·완구·건축자재·의약품)등의 소매점	

※ 용도시설 중의 바닥면적은 같은 건축물(하나의 대지에 2동 이상의 건축물이 있는 경우 이를 같은 건축물로 봄)에서 해당 용도로 쓰는 바닥면적의 합계로 한다.

■ 주택의 규모기준

구분		규모기준
단독주택	다중주택	• 용도바닥면적 330m² 이하 • 3개층 이하
	다가구주택	• 동(棟)당 용도바닥면적의 합계 660m² 이하 • 3개층 이하 • 19세대 이하 거주
공동주택	아파트	• 5개층 이상
	연립주택	• 4개층 이하 • 동(棟)당 용도바닥 면적의 합계 660m² 초과
	다세대주택	• 4개층 이하 • 동(棟)당 용도바닥 면적의 합계 660m² 이하

※ 다중주택을 제외한 주택의 면적 산정시 지하 주차장면적은 제외한다.

■ 용도바닥면적에 따른 용도분류

용도	용도바닥 면적의 합계	분류
일용품점 (소매점)	1000m² 미만	1종 근린 생활시설
	1000m² 이상	판매시설
휴게 음식점	300m² 미만	1종 근린 생활시설
	300m² 이상	2종 근린 생활시설
소방서	1000m² 미만	1종 근린 생활시설
	1000m² 이상	업무시설
테니스장, 당구장 등	500m² 미만	2종 근린 생활시설
	500m² 이상	운동시설
공연장	500m² 미만	2종 근린 생활시설
	500m² 이상	문화 및 집회시설
학원	500m² 미만	2종 근린 생활시설
	500m² 이상	교육연구 시설
단란주점	150m² 미만	2종 근린 생활시설
	150m² 이상	위락시설
다중생활 시설 (고시원)	500m² 미만	2종 근린 생활시설
	500m² 이상	숙박시설

■ 주요용도분류

• 유스호스텔 : 수련시설
• 자동차학원 : 자동차 관련시설
• 무도학원 : 위락시설
• 독서실 : 2종 근린생활시설
• 치과의원 : 1종 근린생활시설
• 치과병원 : 의료시설
• 동물병원 : 2종 근린생활시설
• 장례식장 : 장례시설

(4) 제2종 근린생활시설

가. 일반음식점 · 기원 · 독서실 · 사진관 · 표구점	
나. 안마시술소 · 노래연습장 · 총포판매소	–
다. 장의사 · 동물병원 · 동물미용실 · 동물위탁관리시설	
라. 단란주점	용도바닥면적의 합계 150m² 미만인 것
마. 휴게음식점 · 제과점으로서 제1종 근린생활시설에 해당하지 아니한 것	용도바닥면적의 합계 300m² 이상인 것
바. 종교집회장 · 공연장이나 비디오물감상 실 · 비디오물 소극장	
사. 청소년 게임제공업소, 복합유통게임제공 업소 등	
아. 학원 │ 자동차학원, 무도학원, 원격통신 학원 제외	
자. 교습소 │ 자동차교습, 무도교습, 원격통신 교습 제외	
차. 직업 훈련소 │ 운전 · 정비관련 직업훈련소 제외	용도바닥면적의 합계 500m² 미만인 것
카. 테니스장 · 체력단련장 · 에어로빅장 · 볼링장 · 당구장 · 실내낚시터 · 골프연습장 · 물놀이형시설 기타 이와 유사한 것	
타. 금융업소, 사무소, 부동산중개업사무소, 결혼상담소 등의 소개업소, 출판사 기타 이와 유사한 것	
파. 제조업소, 수리점 기타 이와 유사한 것	
하. 다중생활시설 (고시원)	
거. 자동차영업소	용도바닥면적의 합계 1,000m² 미만인 것
너. 서점으로서 제1종 근린생활에 해당하지 아니한 것	용도바닥면적의 합계 1,000m² 이상인 것

(5) 문화 및 집회시설

가. 공연장	극장 · 영화관 · 연예장 · 음악당 · 서커스장 · 비디오물 감상실 · 비디오물 소극장 기타 이와 유사한 것	용도바닥면적의 합계가 500m²이상인 것
나. 집회장	예식장 · 공회당 · 회의장 · 마권장 외 발매소 · 마권전화투표소 기타 이와 유사한 것	
다. 관람장	경마장 · 경륜장 · 경정장 · 자동차 경기장 기타 이와 유사한 것 및 체육관 · 운동장	관람석의 용도바닥면 적의 합계가 1,000m² 이상인 것
라. 전시장	박물관 · 미술관 · 과학관 · 문화관 · 체험관 · 기념관 · 산업전시 장 · 박람회장 기타 이와 유사한 것	–
마. 동·식물원	동물원, 식물원, 수족관 기타 이와 유사한 것	–

(6) 종교시설

가. 종교집회장	교회 · 성당 · 사찰 · 기도원 · 수도원 · 수녀원 · 제실 · 사당, 기타 이와 유사한 것	용도바닥면적의 합계가 500m²이상인 것
나. 봉안당	종교집회장 안에 설치한 것	–

(7) 판매시설

가. 도매시장		그 안에 있는 근린생 활시설을 포함
나. 소매시장	유통산업발전법에 의한 대규모 점포 기타 이와 유사한 것	
다. 상점	제1종 근린생활시설 중 일용품 등의 용도(서점 제외)	용도바닥면적의 합계 1,000m²이상인 것
라. 청소년게임제공업의 시설, 복합유통게임 제공업소 등		용도바닥면적의 합계 500m²이상인 것

(8) 운수시설

가. 여객자동차터미널	
나. 철도시설	
다. 공항시설	
라. 항만시설	

(9) 의료시설

가. 병원(종합병원, 병원, 치과병원, 한방병원, 정신병원 및 요양병원을 말함)	
나. 격리병원(전염병원, 마약진료소 기타 이와 유사한 것)	

(10) 교육연구시설(제2종 근린생활시설에 해당하는 것 제외)

가. 학교(유치원·초등학교·중학교·고등학교·전문대학·대학·대학교 기타 이에 준하는 각종학교를 말함)	–
나. 교육원(연수원, 그 밖에 이와 비슷한 것)	–
다. 직업훈련소	운전 및 정비관련 직업훈련소 제외
라. 학원·교습소	자동차학원 및 무도학원 제외
마. 연구소	–
바. 도서관	–

(11) 노유자시설

가. 아동관련시설(어린이집·아동복지시설, 그 밖에 이와 유사한 것)	
나. 노인복지시설	
다. 그 밖에 다른 용도로 분류되지 아니한 사회복지시설 및 근로복지시설	

(12) 수련시설

가. 생활권 수련시설(청소년수련관·청소년 문화의 집·청소년특화시설, 그 밖에 이와 유사한 것)	
나. 자연권 수련시설(청소년수련원·청소년 야영장, 그 밖에 이와 유사한 것	
다. 유스호스텔	
라. 야영장시설	용도바닥면적의 합계 300m² 이상인 것

(13) 운동시설

가. 탁구장 · 체육도장 · 테니스장 · 체력단련장 · 에어로빅장 · 볼링장 · 당구장 · 실내낚시터 · 골프연습장 · 놀이형시설 등	용도바닥면적의 합계 500m² 이상인 것
나. 체육관	관람석이 없거나 관람석의 바닥면적이 1,000m² 미만인 것
다. 운동장(육상 · 구기 · 볼링 · 수영 · 스케이트 · 로울러스케이트 · 승마 · 사격 · 궁도 · 골프장 등과 이에 부수되는 건축물)	

(14) 업무시설

가. 공공 업무시설	국가 또는 지방자치단체의 청사 및 외국공관의 건축물	용도바닥면적의 합계 1,000m² 이상인 것
나. 일반 업무시설	금융업소, 사무소, 결혼상담소, 출판사, 신문사, 오피스텔 기타 이와 유사한 것	용도바닥면적의 합계 500m² 이상인 것

(15) 숙박시설

가. 일반 숙박시설(호텔, 여관 및 여인숙), 생활숙박시설	–
나. 관광숙박시설(관광호텔, 수상관광호텔, 한국전통호텔, 가족호텔, 호스텔, 소형호텔, 의료관광호텔 및 휴양콘도미니엄)	–
다. 다중생활시설(고시원)	용도바닥면적의 합계 500m² 이상인 것
라. 기타 위의 시설과 유사한 것	–

(16) 위락시설

가. 단란주점	용도바닥면적의 합계 150m² 이상인 것
나. 유흥주점과 이와 유사한 것	–
다. 유원시설업의 시설 기타 이와 유사한 것	
라. 카지노영업소	
마. 무도장과 무도학원	

(17) 공장

물품의 제조·가공(염색, 도장, 표백, 재봉, 건조, 인쇄 등을 포함한다.) 또는 수리에 계속적으로 이용되는 건축물

(18) 창고시설

가. 창고(물품저장시설로서 냉장·냉동창 고를 포함)

나. 하역장

다. 물류터미널

라. 집배송시설

(19) 위험물 저장 및 처리시설

가. 주유소(기계식 세차설비 포함) 및 석유판 매소

나. 액화석유가스충전소(기계식 세차설비 포함)

다. 위험물제조소·저장소·취급소

라. 액화가스취급소·판매소

마. 유독물 보관·저장·판매시설

바. 고압가스 충전소·판매소·저장소

사. 도료류 판매소

아. 도시가스 공급시설

자. 화약류 저장소

(20) 자동차 관련시설(건설기계관련시설을 포함)

가. 주차장	마. 매매장
나. 세차장	바. 정비공장
다. 폐차장	사. 운전학원·정비학원(운전 및 정비관련 직업훈련소 포함)
라. 검사장	아. 차고 및 주기장
	자. 전기자동차충전소

(21) 동물 및 식물관련시설

가. 축사	양잠·양봉·양어시설 및 부화장 등 포함
나. 가축시설(가축용운동시설·인공수정센터·관리사·가축용 창고·가축시장·동물검역소·실험동물사육시설 기타 이와 유사한 것)	–
다. 도축장	–
라. 도계장	–
마. 작물재배사	–
바. 종묘배양시설	–
사. 화초 및 분재 등의 온실	–
아. 동물 및 식물과 관련된 시설	동·식물원 제외

(22) 자원순환 관련시설

가. 하수 등 처리시설

나. 고물상

다. 폐기물처분시설, 폐기물 재활용시설 및폐기물감량화시설

(23) 교정 시설(제1종 근린생활시설에 해당하는 것을 제외)

가. 정시설	구치소·교도소·보호감호소 포함
나. 생보호시설, 소년원, 소년분류심사원	–

(24) 국방·군사시설

국방·군사시설	–

(25) 방송통신시설(제1종 근린생활시설에 해당하는 것을 제외)

가. 방송국(방송프로그램 제작시설 및 송신·수신·중 계시설을 포함)

나. 전신전화국

다. 촬영소

라. 통신용 시설

마. 데이터센터

(26) 발전시설

발전소(집단에너지 공급시설을 포함)

(27) 묘지관련시설

가. 화장시설	–
나. 봉안당(종교시설에 해당하는 것을 제외)	종교집회장 내의 봉안 당제외
다. 묘지와 자연장지에 부수되는 건축물	
라. 동물화장시설, 동물건조장시설 및 동물전 용의 납골시설	

(28) 관광휴게시설

가. 야외음악당
나. 야외극장
다. 어린이회관
라. 관망탑
마. 휴게소
바. 공원·유원지 또는 관광지에 부수되는 시설

(29) 장례시설

가. 장례식장(의료시설의 부수시설 제외)
나. 동물 전용의 장례식장

(30) 야영장시설

관리동, 화장실, 샤워실, 대피소, 취사시설 등 포함	용도바닥면적합계 $300m^2$ 미만인 것

| 참고 |

1. 주택의 규모기준

단 독 주 택		공 동 주 택	
• 다중주택	• 용도바닥면적 660㎡ 이하 • 3개층 이하	• 아파트	• 5개층 이상

• 다가구주택	• 동(棟)당 용도바닥면적의
	  합계 660㎡ 이하
	• 3개층 이하
	• 19세대 이하 거주
		• 연립주택	• 4개층 이하
			• 동(棟)당 용도바닥면적의
			  합계 660㎡ 초과

• 공관	-	• 다세대주택	• 4개층 이하 • 동(棟)당 용도바닥면적의 합계 660㎡ 이하

2. 용도바닥면적에 따른 용도분류

용도	용도바닥면적의 합계	분류	용도	용도바닥면적의 합계	분류
수퍼마켓, 일용품점	1,000㎡ 미만	1종 근린생활시설	다중생활시설 (고시원)	500㎡ 미만	2종 근린생활시설
	1,000㎡ 이상	판매시설		500㎡ 이상	숙박시설
휴게음식점	300㎡ 미만	1종 근린생활시설	학원	500㎡ 미만	2종 근린생활시선
	300㎡ 이상	2종 근린생활시설		500㎡ 이상	교육연구시설
보건소	1,000㎡ 미만	1종 근린생활시설	단란주점	150㎡ 미만	2종 근린생활시설
	1,000㎡ 이상	업무시설		150㎡ 이상	위락시설

3. 부속용도

건축물의 주된 용도의 기능에 필수적인 용도로서 다음과 같다.

1. 건축물의 설비·대피 및 위생 기타 이와 유사한 시설의 용도

2. 사무·작업·집회·물품저장·주차 기타 이와 유사한 시설의 용도

3. 구내식당·직장어린이집·구내운동시설 등 종업원 후생복리시설, 구내소각시설, 그 밖에 이와 비슷한 시설의 용도. 이 경우 다음의 요건을 모두 갖춘 휴게음식점(별표 1 제3호의 제1종 근린생활시설 중 같은 호 나목에 따른 휴게음식점을 말한다)은 구내식당에 포함되는 것으로 본다.
   1) 구내식당 내부에 설치할 것
   2) 설치면적이 구내식당 전체 면적의 3분의 1 이하로서 50제곱미터 이하일 것
   3) 다류(茶類)를 조리·판매하는 휴게음식점일 것

4. 관계법령에서 주된 용도의 부수시설로 설치할 수 있도록 규정하고 있는 시설의 용도

4. 부속건축물

동일한 대지안에서 주된 건축물과 분리된 부속용도의 건축물로서 주된 건축물의 이용 또는 관리에 필요한 건축물

5. 부속구조물

건축물의 안전·기능·환경 등을 향상시키기 위하여 건축물에 추가적으로 설치하는 환기시설물 등 대통령령으로 정하는 구조물을 말한다.

예제문제 35

다음 용도별 건축물의 종류 중에서 단독주택에 해당되는 것은?

① 아파트　　　　　　　　　　② 다가구주택
③ 연립주택　　　　　　　　　　④ 기숙사

해설 공동주택 : 아파트, 연립주택, 다세대주택, 기숙사(다가구주택은 단독주택에 해당됨)

답 : ②

예제문제 36

다음의 조건 모두를 갖춘 주택의 용도로 가장 타당한 것은?

> 지하1층은 주차장으로 사용하고, 지상1층은 피로티구조로서 주차장으로 전부를
> 사용하며, 2층, 3층, 4층, 5층은 주택으로 사용한다.(단, 각 층 바닥면적은 각각
> 200m² 임)

① 다가구주택　　　　　　　　　② 다세대주택
③ 연립주택　　　　　　　　　　④ 아파트

해설 주택으로 사용되는 것이 4개층(지하층 및 1층 필로티 주차장 제외)이며 주택 용도바닥
면적(부설주차장 면적 제외)의 합이 800m²이므로 연립주택에 해당된다.

답 : ③

예제문제 37

「건축법」에서 정하는 다가구 주택의 조건으로 적합한 것은?

① 20세대 이하
② 주택으로 쓰는 층수 4층 이하
③ 1층 바닥면적의 1/2 을 필로티 구조의 주차장일 때 주택 개층에서 제외
④ 1개동 바닥면적은 주차장 제외하고 330m² 이하

해설 ① 19세대 이하
② 주택으로 쓰이는 층수를 3개층 이하
④ 용도바닥면적 660m² 이하

답 : ③

예제문제 **38**

다음 중 용도별 건축물의 종류 중 결합이 가장 부적합한 것은 어느 것인가?

① 판매시설 : 도매시장, 1,500m²인 게임제공업소

② 위락시설 : 주점영업, 무도장

③ 묘지관련시설 : 화장장, 봉안당, 장의사

④ 제2종 근린생활시설 : 동물병원, 독서실

해설 장의사 : 제2종 근린생활시설

답 : ③

예제문제 **39**

건축법령상 용도별 건축물의 종류가 서로 잘못 연결된 것은?

① 운동시설 – 체육관으로서 관람석이 없거나 관람석 바닥면적이 1,000m² 미만인 것

② 숙박시설 – 청소년활동진흥법에 따른 유스호스텔

③ 동물 및 식물관련시설 – 종묘배양시설

④ 교정 및 군사시설 – 소년원 및 소년분류심사원

해설 유스호스텔 – 수련시설

답 : ②

4 적용 제외

법	시행령
제3조【적용 제외】 ① 다음 각 호의 어느 하나에 해당하는 건축물에는 이 법을 적용하지 아니한다. 〈개정 2023.8.8〉 1. 「문화재보호법」에 따른 지정문화재나 임시지정 문화재 또는 「자연유산의 보존 및 활용에 관한 법률」에 따라 지정된 명승이나 임시지정명승 2. 철도나 궤도의 선로 부지(敷地)에 있는 다음 각 목의 시설 　가. 운전보안시설 　나. 철도 선로의 위나 아래를 가로지르는 보행시설 　다. 플랫폼 　라. 해당 철도 또는 궤도사업용 급수(給水)·급탄(給炭) 및 급유(給油) 시설 3. 고속도로 통행료 징수시설	

4. 컨테이너를 이용한 간이창고「(산업집적활성화 및 공장설립에 관한 법률」제2조제1호에 따른 공장의 용도로만 사용되는 건축물의 대지에 설치하는 것으로서 이동이 쉬운 것만 해당된다)

5. 「하천법」에 따른 하천구역내의 수문조작실

② 「국토의 계획 및 이용에 관한 법률」에 따른 도시지역 및 같은 법 제51조제3항에 따른 지구단위계획구역 외의 지역으로서 동이나 읍(동이나 읍에 속하는 섬의 경우에는 인구가 500명 이상인 경우만 해당된다)이 아닌 지역은 제44조부터 제47조까지, 제51조 및 제57조를 적용하지 아니한다. 〈개정 2011.4.14, 2014.1.14〉

③ 「국토의 계획 및 이용에 관한 법률」 제47조제7항에 따른 건축물이나 공작물을 도시·군계획시설로 결정된 도로의 예정지에 건축하는 경우에는 제45조부터 제47조까지의 규정을 적용하지 아니한다. 〈개정 2011.4.14〉

요점 **적용제외**

(1) 「건축법」의 적용구분

■ 건축법의 전부적용지역
1. 도시지역
2. 지구단위계획구역
3. 동 또는 읍의 지역(섬의 경우 인구 500인 이상인 경우 해당됨)

■ 국토의 계획 및 이용에 관한 법에 의한 용도지역
1. 도시지역
2. 관리지역
3. 농림지역
4. 자연환경 보전지역

구 분			전부 적용	일부규정 적용제외	적용제외 규정
1. 도시지역 및 지구단위계획구역			○		법 제44조 [대지와 도로의 관계] 법 제45조 [도로의 지정·폐지 또는 변경] 법 제46조 [건축선의 지정] 법 제47조 [건축선에 따른 건축제한] 법 제51조 [방화지구안의 건축물] 법 제57조 [대지의 분할제한]
2. 위 1. 외의 지역	동 또는 읍의 지역	일반지역	○		
		인구 500인 이상의 섬	○		
		인구 500인 미만의 섬		○	
	동 또는 읍이 아닌 지역			○	

(2) 적용 제외

다음의 건축물은 건축물로는 정의되지만 고증에 따른 복원, 원형의 보존 및 관리의 효율성을 기하기 위하여「건축법」적용에서 제외한다.

건축물 구분	내 용
1. 지정·임시지정 문화재·명승	•「문화재보호법」,「자연유산의 보존 및 활용에 관한 법률」에 의하여 지정된 것
2. 철도 또는 궤도의 선로 부지 안에 있는 시설	• 운전보안시설 • 철도 선로의 위나 아래를 가로지르는 보행시설 • 플랫폼 • 해당 철도 또는 궤도사업용 급수·급탄 및 급유 시설
3. 고속도로 통행료 징수시설	–
4. 컨테이너를 이용한 간이창고	•「산업집적활성화 및 공장설립에 관한 법률」에 따른 공장의 용도로만 사용되는 건축물의 대지에 설치하는 것으로서 이동이 쉬운 것
5. 수문조작실	•「하천법」에 따른 하천내에 있는 것

예제문제 40

건축법의 적용범위에 대한 기술 중 가장 부적당한 것은?

① 건축법의 일부규정은 적용되는 지역적 범위가 제한된다.
② 건폐율에 관한 규정은 전국적으로 적용한다.
③ 문화재보호법에 의한 지정·임시지정 문화재에 해당하는 건축물에는 건축법을 적용하지 아니한다.
④ 동 또는 읍의 지역에 속하는 섬의 인구가 500인 미만인 지역은 건축법을 적용하지 아니한다.

해설 동 또는 읍의 지역에 속한 인구 500인 미만인 섬의 지역은 건축법의 일부규정을 적용하지 않는다.

답 : ④

예제문제 41

다음 중 "건축법"을 적용해야 하는 건축물로 가장 적합한 것은? 【17년 기출문제】

① 「문화재보호법」에 따른 지정문화재
② 철도나 궤도의 선로 부지(敷地)에 있는 운전 보안시설
③ 「한옥 등 건축자산의 진흥에 관한 법률」에 따른 한옥
④ 「하천법」에 따른 하천구역 내의 수문조작실

답 : ③

5 리모델링에 대비한 특례

법	시행령
제8조【리모델링에 대비한 특례 등】 리모델링이 쉬운 구조의 공동주택의 건축을 촉진하기 위하여 공동주택을 대통령령으로 정하는 구조로 하여 건축허가를 신청하면 제56조, 제60조 및 제61조에 따른 기준을 100분의 120의 범위에서 대통령령으로 정하는 비율로 완화하여 적용할 수 있다.	**제6조의4【리모델링이 쉬운 구조 등】** ① 법 제8조에서 "대통령령으로 정하는 구조"란 다음 각 호의 요건에 적합한 구조를 말한다. 이 경우 다음 각 호의 요건에 적합한지에 관한 세부적인 판단 기준은 국토교통부장관이 정하여 고시한다. 〈개정 2009.7.16, 2013.3.23〉 1. 각 세대는 인접한 세대와 수직 또는 수평 방향으로 통합하거나 분할할 수 있을 것 2. 구조체에서 건축설비, 내부 마감재료 및 외부 마감재료를 분리할 수 있을 것 3. 개별 세대 안에서 구획된 실(室)의 크기, 개수 또는 위치 등을 변경할 수 있을 것 ② 법 제8조에서 "대통령령으로 정하는 비율"이란 100분의 120을 말한다. 다만, 건축조례에서 지역별 특성 등을 고려하여 그 비율을 강화한 경우에는 건축조례로 정하는 기준에 따른다. [전문개정 2008.10.29]

요점 리모델링에 대비한 특례

건축물의 노후화 억제 또는 기능향상을 위한 리모델링이 용이한 구조의 공동주택의 건축을 촉진하기 위하여 리모델링이 용이한 구조로 건축허가를 신청하는 경우 「건축법」의 일부규정을 완화하여 적용할 수 있게 함

리모델링이 용이한 구조	완화규정 및 내용		비 고
1. 각 세대는 인접한 세대와 수직 또는 수평방향으로 통합하거나 분할할 수 있을 것 2. 구조체에서 건축설비, 내부 마감재료 및 외부 마감재료를 분리할 수 있을 것 3. 개별 세대 안에서 구획된 실의 크기, 개수 또는 위치 등을 변경할 수 있을 것	법 제56조	건축물의 용적률	• 세부적인 판단기준은 국토교통부장관이 정하여 고시함 • 건축조례에서 지역별 특성 등을 고려하여 그 비율을 강화한 경우 조례가 정하는 기준에 따름
	법 제60조	건축물의 높이제한	• 120/100의 범위에서 완화적용 가능
	법 제61조	일조 등의 확보를 위한 건축물의 높이제한	

예제문제 42

"건축법"에 따라 공동주택을 리모델링이 쉬운 구조로 건축허가를 신청할 경우 용적률 등 건축기준을 완화하여 적용할 수 있다. 다음 중 리모델링이 쉬운 구조의 요건으로 가장 적절하지 않은 것은?　【23년 기출문제】

① 인접한 세대와 수평 방향으로 통합할 수 있는 구조
② 인접한 세대와 수직 방향으로 통합할 수 있는 구조
③ 구조체에서 실내 붙박이 가구를 분리할 수 있는 구조
④ 개별 세대 안에서 구획된 실의 위치 등을 변경할 수 있는 구조

해설 리모델링이 용이한 구조
· 각 세대는 인접한 세대와 수직 또는 수평방향으로 통합하거나 분할할 수 있을 것
· 구조체에서 건축설비, 내부 마감재료 및 외부 마감재료를 분리할 수 있을 것
· 개별 세대 안에서 구획된 실의 크기, 개수 또는 위치 등을 변경할 수 있을 것

답 : ③

|참고| 사용승인 후 15년 이상 경과된 건축물의 리모델링에 대한 적용 완화

1. 건축법(영 제6조①, 6)
 (1) 증축의 규모
  1) 연면적의 증가
   ① 공동주택(소형주택으로의 용도변경을 위한 증축 포함) : 건축위원회에서 정한 범위 내
   ② 이외의 건축물 : 1/10(리모델링 활성화 지역은 3/10) 이내에서 건축위원회가 정한 범위 내
  2) 건축물의 층수 및 높이의 증가
    건축위원회 심의에서 정한 범위 이내

 (2) 증축할 수 있는 범위

가. 공동주택	㉠ 승강기·계단 및 복도 ㉡ 각 세대 내의 노대·화장실·창고 및 거실 ㉢ 주택법에 의한 부대시설 ㉣ 주택법에 의한 복리시설 ㉤ 높이, 층수, 층별 세대수
나. 공동주택 이외의 건축물	㉠ 승강기·계단 및 주차시설 ㉡ 노인 및 장애인 등을 위한 편의시설 ㉢ 외부벽체 ㉣ 통신시설·기계설비·화장실·정화조 및 오수처리시설 ㉤ 높이, 층수 ㉥ 거실

 (3) 공동주택의 리모델링은 복리시설을 분양하기 위한 것이 아닐 것

2. 주택법(법 제2조, 15)
 (1) 연면적의 증가
  ① 전용면적 85m² 이하 : 기존면적의 40% 이하
  ② 전용면적 85m² 초과 : 기존면적의 30% 이하
 (2) 세대수 증가 : 전체 세대(가구) 수의 15% 이하
 (3) 층수 증가 : 3개층 이하

■ 적용완화 대상
1. 수면위에 건축하는 건축물 등 대지의 범위를 설정하기 곤란한 경우
2. 거실이 없는 통신시설 및 기계·설비시설인 경우
3. 31층 이상인 건축물(공동주택 제외)과 발전소 및 제철소 및 운동시설 등 특수용도의 건축물
4. 전통사찰, 전통한옥 밀집지역으로서 시·도조례로 정한 지역의 건축물
5. 사용승인을 얻은 후 15년 이상 경과되어 리모델링이 필요한 건축물인 경우
6. 경사진 대지에 계단식 공동주택인 경우 및 초고층 건축물
7. 기존건축물에 장애인 등의 편의시설을 설치한 경우
8. 방재지구 또는 지반붕괴 위험지역내 건축물로서 재해예방 조치를 한 경우 등

■ 적용완화 절차

6 부유식 건축물의 특례

법	시행령
제6조의3【부유식 건축물의 특례】① 「공유수면 관리 및 매립에 관한 법률」제8조에 따른 공유수면 위에 고정된 인공대지(제2조제1항제1호의 "대지"로 본다)를 설치하고 그 위에 설치한 건축물(이하 "부유식 건축물"이라 한다)은 제40조부터 제44조까지, 제46조 및 제47조를 적용할 때 대통령령으로 정하는 바에 따라 달리 적용할 수 있다. ② 부유식 건축물의 설계, 시공 및 유지관리 등에 대하여 이 법을 적용하기 어려운 경우에는 대통령령으로 정하는 바에 따라 변경하여 적용할 수 있다. [본조신설 2016.1.19.]	제6조의4【부유식 건축물의 특례】① 법 제6조의3제1항에 따라 같은 항에 따른 부유식 건축물(이하 "부유식 건축물"이라 한다)에 대해서는 다음 각 호의 구분기준에 따라 법 제40조부터 제44조까지, 제46조 및 제47조를 적용한다. 1. 법 제40조에 따른 대지의 안전 기준의 경우: 같은 조 제3항에 따른 오수의 배출 및 처리에 관한 부분만 적용 2. 법 제41조부터 제44조까지, 제46조 및 제47조의 경우: 미적용. 다만, 법 제44조는 부유식 건축물의 출입에 지장이 없다고 인정하는 경우에만 적용하지 아니한다. ② 제1항에도 불구하고 건축조례에서 지역별 특성 등을 고려하여 그 기준을 달리 정한 경우에는 그 기준에 따른다. 이 경우 그 기준은 법 제40조부터 제44조까지, 제46조 및 제47조에 따른 기준의 범위에서 정하여야 한다. [본조신설 2016.7.19.]

요점 부유식 건축물의 특례

(1) 부유식건축물의 정의

공유 수면 위에 고정된 인공대지를 설치하고 그 위에 설치한 건축물

(2) 부유식건축물에 대한 특례

부유식 건축물에 대해서는 다음과 같이 건축법 기준을 적용하지 않는다.

조항	적용 특례
1. 대지의 안전	오수의 배출 및 처리 기준만 적용
2. 토지 굴착 부분에 대한 조치 등	미적용 (대지와 도로와의 관계 기준은 부유식건축물의 출입에 지장이 없는 경우만 적용하지 않는다.)
3. 대지의 조경	
4. 공개 공지 등의 확보	
5. 대지와 도로와의 관계	
6. 건축선	
7. 건축선에 의한 건축제한	

예제문제 43

건축법에 따른 부유식 건축물에 대해서 적용되는 기준은?

① 대지의 안전
② 대지와 도로와의 관계
③ 건축선에 의한 건축제한
④ 건축물의 유지·관리

답 : ④

7 발코니의 거실 사용

법	시행령
	제2조 【정의】 14. "발코니"란 건축물의 내부와 외부를 연결하는 완충공간으로서 전망이나 휴식 등의 목적으로 건축물 외벽에 접하여 부가적 (附加的)으로 설치되는 공간을 말한다. 이 경우 주택에 설치되는 발코니로서 국토교통부장관이 정하는 기준에 적합한 발코니는 필요에 따라 거실·침실·창고 등의 용도로 사용할 수 있다. **제46조 【방화구획의 설치】** ④ 공동주택 중 아파트로서 4층 이상인 층의 각 세대가 2개 이상의 직통계단을 사용할 수 없는 경우에는 발코니(발코니의 외부에 접하는 경우를 포함한다)에 인접 세대와 공동으로 또는 각 세대별로 다음 각 호의 요건을 모두 갖춘 대피공간을 하나 이상 설치하여야 한다. 이 경우 인접 세대와 공동으로 설치하는 대피공간은 인접 세대를 통하여 2개 이상의 직통계단을 쓸 수 있는 위치에 우선 설치되어야 한다. 〈개정 2013.3.23, 2020.10.8, 2023.9.12〉 1. 대피공간은 바깥의 공기와 접할 것 2. 대피공간은 실내의 다른 부분과 방화구획으로 구획될 것 3. 대피공간의 바닥면적은 인접 세대와 공동으로 설치하는 경우에는 3제곱미터 이상, 각 세대별로 설치하는 경우에는 2제곱미터 이상일 것 4. 대피공간으로 통하는 출입문에는 제64조 제1항 제1호에 따른 60분+방화문을 설치할 것 ⑤ 제4항에도 불구하고 아파트의 4층 이상인 층에서 발코니(제4호의 경우에는 발코니의 외부에 접하는 경우를 포함한다)에 다음 각 호의 어느 하나에 해당하는 구조 또는 시설을 설치한 경우에는 대피공간을 설치하지 않을 수 있다. 〈개정 2014.8.27, 2022.2.11, 2023.9.12〉 1. 발코니와 인접 세대와의 경계벽이 파괴하기 쉬운 경량구조 등인 경우

2. 발코니의 경계벽에 피난구를 설치한 경우
3. 발코니 바닥에 국토교통부령으로 정하는 하향식 피난구를 설치한 경우
4. 국토교통부장관이 제4항에 따른 대피공간과 동일하거나 그 이상의 성능이 있다고 인정하여 고시하는 구조 또는 시설(이하 이 호에서 "대체시설"이라 한다)을 갖춘 경우. 이 경우 국토교통부장관은 대체시설의 성능에 대해 미리 「과학기술분야 정부출연연구기관 등의 설립·운영 및 육성에 관한 법률」 제8조제1항에 따라 설립된 한국건설기술연구원(이하 "한국건설기술연구원"이라 한다)의 기술검토를 받은 후 고시해야 한다. 〈개정 2015.5.28〉

(1) 정의

① 건축물의 내부와 외부를 연결하는 완충공간으로서 전망·휴식 등의 목적으로 건축물 외벽에 접하여 부가적으로 설치되는 공간을 말한다.
② 주택에 설치되는 발코니로서 국토교통부장관이 정하는 기준에 적합한 발코니는 필요에 따라 거실·침실·창고 등 다양한 용도로 사용할 수 있다.

(2) 발코니 대피공간의 설치

공동주택 중 아파트로서 4층 이상의 층에서는 발코니를 거실 등으로 전환할 경우 다음의 요건을 모두 갖춘 대피공간을 1개소 이상 설치하여야 한다.
다만, 경량구조 또는 피난구를 설치한 경계벽의 경우이거나 발코니 바닥에 하향식 피난구를 설치한 경우에는 제외한다.

1. 대피공간은 바깥의 공기와 접할 것
2. 대피공간은 실내의 다른 부분과 방화구획으로 구획될 것
3. 대피공간의 바닥면적은 인접세대와 공동으로 설치하는 경우에는 $3m^2$ 이상, 각 세대별로 설치하는 경우에는 $2m^2$ 이상일 것
4. 대피공간으로의 출입문은 60분+방화문으로 한다.

참고

■ 방화문의 구분 (영64 ①, 피난·방화 규칙 9등)

	연기·불꽃 차단 시간	역차단 시간
① 60분+방화문 (피난·방화규칙에서는 60+방화문)	60분 이상	30분 이상
② 60분 방화문	60분 이상	–
③ 30분 방화문	30분 이상 60분 미만	

예제문제 44

건축법령상 아파트로서 4층 이상의 발코니에 인접세대와 공동으로 설치하는 대피 공간에 관한 설명으로 가장 부적합한 것은?

① 대피공간은 바깥의 공기와 접하여야 한다.
② 대피공간은 실내의 다른 부분과 방화구획이 되어야 한다.
③ 대피공간의 바닥면적은 $2m^2$ 이상으로 하여야 한다.
④ 경계벽에 피난구를 설치한 경우 대피공간을 설치하지 아니할 수 있다.

해설 대피공간의 면적
· 각 세대별 설치의 경우 : 2㎡ 이상
· 인접세대와 공동으로 설치한 경우 : 3㎡ 이상

답 : ③

8 건축위원회

법	시행령
제4조【건축위원회】 ① 국토교통부장관, 시·도지사 및 시장·군수·구청장은 다음 각 호의 사항을 조사·심의·재정(이하 이 조에서 "심의등"이라 한다) 하기 위하여 각각 건축위원회를 두어야 한다. 〈2014.5.28〉 1. 이 법과 조례의 제정·개정 및 시행에 관한 중요 사항 2. 건축물의 건축등과 관련된 분쟁의 조정 또는 재정에 관한 사항. 다만, 시·도지사 및 시장·군수·구청장이 두는 건축위원회는 제외한다. 3. 건축물의 건축등과 관련된 민원에 관한 사항. 다만, 국토교통부장관이 두는 건축위원회는 제외한다. 4. 건축물의 건축 또는 대수선에 관한 사항 5. 다른 법령에서 건축위원회의 심의를 받도록 규정한 사항 ② 국토교통부장관, 시·도지사 및 시장·군수·구청장은 건축위원회의 심의등을 효율적으로 수행하기 위하여 필요하면 자신이 설치하는 건축위원회에 다음 각호의 전문위원회를 두어 운영할 수 있다. 〈개정 2009.4.1, 2013.3.23, 2014.5.28〉 1. 건축분쟁전문위원회(국토교통부에 설치하는 건축위원회에 한정한다) 2. 건축민원전문위원회(시·도 및 시·군·구에 설치하는 건축위원회에 한정한다) 3. 건축계획·건축구조·건축설비 등 분야별 전문위원회 ③ 제2항에 따른 전문위원회는 중앙건축위원회가 정하는 사항에 대하여 심의 등을 한다. 〈개정 2009.4.1, 2014.5.28〉 ④ 제3항에 따라 전문위원회의 심의 등을 거친 사항은 건축위원회의 심의등을 거친 것으로 본다. 〈개정 2009.4.1, 2014.5.28〉 ⑤ 제1항에 따른 각 건축위원회의 조직·운영, 그 밖에 필요한 사항은 대통령령으로 정하는 바에 따라 국토교통부령이나 해당 지방자치단체의 조례(자치구의 경우에는 특별시나 광역시의 조례를 말한다. 이하 같다)로 정한다. 〈개정 2013.3.23〉 〈이하 생략〉	**제5조【중앙건축위원회의 설치 등】** ① 법 제4조제1항에 따라 국토교통부에 두는 건축위원회(이하 "중앙건축위원회"라 한다)는 다음 각 호의 사항을 조사·심의·조정 또는 재정(이하 "심의등"이라 한다)한다. 〈2014.11.28〉 1. 법 제23조제4항에 따른 표준설계도서의 인정에 관한 사항 2. 건축물의 건축·대수선·용도변경, 건축설비의 설치 또는 공작물의 축조(이하 "건축물의 건축등"이라 한다)와 관련된 분쟁의 조정 또는 재정에 관한 사항 3. 법과 이 영의 제정·개정 및 시행에 관한 중요 사항 4. 다른 법령에서 중앙건축위원회의 심의를 받도록 한 경우 해당 법령에서 규정한 심의사항 5. 그 밖에 국토교통부장관이 중앙건축위원회의 심의가 필요하다고 인정하여 회의에 부치는 사항 ② 제1항에 따라 심의 등을 받은 건축물이 다음 각 호의 어느 하나에 해당하는 경우에는 해당 건축물의 건축등에 관한 중앙건축위원회의 심의 등을 생략할 수 있다. 1. 건축물의 규모를 변경하는 것으로서 다음 각 목의 요건을 모두 갖춘 경우 　가. 건축위원회의 심의 등의 결과에 위반되지 아니할 것 　나. 심의등을 받은 건축물의 건축면적, 연면적, 층수 또는 높이 중 어느 하나도 10분의 1을 넘지 아니하는 범위에서 변경할 것 2. 중앙건축위원회의 심의 등의 결과를 반영하기 위하여 건축물의 건축등에 관한 사항을 변경하는 경우 ③ 중앙건축위원회는 위원장 및 부위원장 각 1명을 포함하여 70명 이내의 위원으로 구성한다. ④ 중앙건축위원회의 위원은 관계 공무원과 건축에 관한 학식 또는 경험이 풍부한 사람 중에서 국토교통부장관이 임명하거나 위촉한다. 〈2013.3.23〉 ⑤ 중앙건축위원회의 위원장과 부위원장은 제4항에 따라 임명 또는 위촉된 위원 중에서 국토교통부장관이 임명하거나 위촉한다. 〈2013.3.23〉 ⑥ 공무원이 아닌 위원의 임기는 2년으로 하며, 한 차례만 연임할 수 있다. [전문개정 2012.12.12] **제5조의5【지방건축위원회】** ① 법 제4조제1항에 따라 특별시·광역시·도·특별자치도(이하 "시·도"라 한다) 및 시·군·구(자치구를 말한다. 이하 같다)에 두는 건축위원회(이하 "지방건축위원회"라 한다)는 다음 각 호의 사항에 대한 심의 등을 한다. 〈2014.11.28〉

1. 법 제46조제2항에 따른 건축선(建築線)의 지정에 관한 사항
2. 법 또는 이 영에 따른 조례(해당 지방자치단체의 장이 발의하는 조례만 해당한다)의 제정ㆍ개정 및 시행에 관한 중요 사항
3. 삭제 〈2014.11.11〉
4. 다중이용 건축물 및 특수구조 건축물의 구조안전에 관한 사항
5. 삭제 〈2016.1.19〉
6. 삭제 〈2020.10.22〉
7. 다른 법령에서 지방건축위원회의 심의를 받도록 한 경우 해당 법령에서 규정한 심의사항
8. 특별시장ㆍ광역시장ㆍ특별자치시장ㆍ도지사 또는 특별자치도지사(이하 "시ㆍ도지사"라 한다) 및 시장ㆍ군수ㆍ구청장이 도시 및 건축 환경의 체계적인 관리를 위하여 필요하다고 인정하여 지정ㆍ공고한 지역에서 건축조례로 정하는 건축물의 건축 등에 관한 것으로서 시ㆍ도지사 및 시장ㆍ군수ㆍ구청장이 지방건축위원회의 심의가 필요하다고 인정한 사항. 이 경우 심의사항은 시ㆍ도지사 및 시장ㆍ군수ㆍ구청장이 건축 계획, 구조 및 설비 등에 대해 심의 기준을 정하여 공고한 사항으로 한정한다. 〈개정 2020.10.22〉
② 제1항에 따라 심의등을 받은 건축물이 제5조제2항 각 호의 어느 하나에 해당하는 경우에는 해당 건축물의 건축 등에 관한 지방건축위원회의 심의등을 생략할 수 있다.
③ 제1항에 따른 지방건축위원회는 위원장 및 부위원장 각 1명을 포함하여 25명 이상 100명 이하의 위원으로 구성한다.
④ 지방건축위원회의 위원은 다음 각 호의 어느 하나에 해당하는 사람 중에서 시ㆍ도지사 및 시장ㆍ군수ㆍ구 청장이 임명하거나 위촉한다.
1. 도시계획 및 건축 관계 공무원
2. 도시계획 및 건축 등에서 학식과 경험이 풍부한 사람
⑤ 지방건축위원회의 위원장과 부위원장은 제4항에 따라 임명 또는 위촉된 위원 중에서 시ㆍ도지사 및 시장ㆍ군수ㆍ구청장이 임명하거나 위촉한다.

〈이하 생략〉

요점 건축위원회

(1) 중앙건축위원회

1) 중앙건축위원회의 설치

국토교통부에 설치

2) 위원회의 구성

① 위원장 및 부위원장 각 1명을 포함하여 70명 이내의 위원으로 구성
② 중앙건축위원회의 위원은 관계 공무원과 건축에 관한 학식 또는 경험이 풍부한 사람 중에서 국토교통부장관이 임명하거나 위촉
③ 중앙건축위원회의 위원장과 부위원장은 위원 중에서 국토교통부장관이 임명하거나 위촉
④ 공무원이 아닌 위원의 임기 : 2년(한 차례만 연임가능)

3) 심의사항

1. 표준설계도서의 인정에 관한 사항
2. 건축물의 건축·대수선·용도변경, 건축설비의 설치 또는 공작물의 축조와 관련된 분쟁의 조정 또는 재정에 관한 사항
3. 법 및 이 영의 시행에 관한 사항
4. 다른 법령에서 중앙건축위원회의 심의를 받도록 한 경우 해당 법령에서 규정한 심의사항
5. 그 밖에 국토교통부장관이 중앙건축위원회의 심의가 필요하다고 인정하여 회의에 부치는 사항

(2) 지방건축위원회

1) 지방건축위원회의 설치

특별시·광역시·도·특별자치도(이하 "시·도")·시·군 및 구(자치구)에 설치

2) 위원회의 구성

① 위원장 및 부위원장 각 1명을 포함하여 25명 이상 150명 이하의 위원으로 구성
② 지방건축위원회의 위원은 다음에 해당하는 사람 중에서 시·도지사 및 시장·군수·구청장이 임명하거나 위촉

1. 도시계획 및 건축 관계 공무원
2. 도시계획 및 건축 등에서 학식과 경험이 풍부한 사람

■ 건축위원회 편제

1. 중앙건축위원회

설 치	국토교통부
위 원	70인 이내 (위원장 포함)
위원장	국토교통부장관이 임명
임기	2년으로 하되 1회 연임가능 (공무원 제외)

2. 지방건축위원회

설 치	특별시·광역시·도· 시·군 및 자치구
위 원	25명 이상 150명 이하(위원장 포함)
위원장	시·도지사 및 시장· 군수·구청장이 임명
임기	3년 이내(공무원 제외)로 조례로 정하되 1회 연임 가능

③ 지방건축위원회의 위원장과 부위원장은 위원 중에서 시·도지사 및 시장·군수·구청장이 임명하거나 위촉

④ 공무원이 아닌 위원의 임기는 3년 이내로 하며, 필요시 한 차례만 연임할 수 있게 할 것

3) 심의사항

1. 법 또는 이 영에 따른 조례(해당 지방자치단체의 장이 발의하는 조례만 해당)의 제정·개정에 관한 사항

2. 건축선(建築線)의 지정에 관한 사항

3. 다중이용 건축물 및 특수구조건축물의 구조안전에 관한 사항

4. 다른 법령에서 지방건축위원회의 심의를 받도록 규정한 심의사항

5. 건축조례로 정하는 건축물의 건축 등으로서 시·도지사 및 시장·군수·구청장이 지방건축위원회의 심의가 필요하다고 인정한 사항

|참고|

1. 다중이용건축물

구 분	관 련 주 요 규 정
·문화 및 집회시설(동·식물원 제외), 종교시설, 판매시설, 운수시설(여객용시설만 해당), 의료시설 중 종합병원 또는 숙박시설 중 관광숙박시설의 용도로 쓰는 바닥면적의 합계가 5,000m² 이상인 건축물 ·16층 이상인 건축물	·지방건축위원회의 심의 : 건축에 관한 사항 ·구조안전에 관한 규정 : 구조기술사가 구조안전 확인 협조 ·공사감리에 관한 규정 : 건설기술용역업자(건축감리전문회사, 종합감리전문회사)의 감리

2. 특수구조건축물
· 내민구조 보·차양 등의 길이가 3m 이상 돌출된 건축물
· 경간 20m이상 건축물

예제문제 **45**

건축법령상 지방건축위원회의 심의 내용으로 가장 부적당한 것은?

① 건축조례의 제정·개정에 관한 사항

② 건축선의 지정에 관한 사항

③ 지구단위계획구역의 지정에 관한 사항

④ 16층 이상인 건축물의 건축에 관한 사항

[해설] 지방건축위원회 심의사항
· 건축조례의 제정·개정에 관한 사항
· 건축선의 지정에 관한 사항
· 다중이용건축물 및 특수 구조 건축물의 구조 안전에 관한 사항

답 : ③

예제문제 **46**

건축법상 다중이용건축물에 해당되지 않는 것은?

① 문화 및 집회시설 중 동물원 용도로 쓰이는 바닥면적 합계가 5,000m²인 건축물

② 판매시설 중 백화점 용도로 쓰이는 바닥면적 합계가 5,500m²인 건축물

③ 의료시설 중 종합병원 용도로 쓰이는 17층인 건축물

④ 종교시설 중 종교집회장 용도로 쓰이는 바닥면적 합계가 6,000m²인 건축물

[해설] 문화 및 집회시설에 대한 다중이용건축물 범위
· 16층 이상
· 용도바닥면적 합계 5,000m² 이상인 문화 및 집회시설(동·식물원 제외) 등

답 : ①

CHAPTER 02 건축물의 건축

1 적용절차

(1) 사전결정

법	시행령
제2장 건축물의 건축 **제10조【건축 관련 입지와 규모의 사전결정】** ① 제11조에 따른 건축허가 대상 건축물을 건축하려는 자는 건축허가를 신청하기 전에 허가권자에게 그 건축물의 건축에 관한 다음 각 호의 사항에 대한 사전결정을 신청할 수 있다. 〈개정 2015.5.18〉 1. 해당대지에 건축하는 것이 이법이나 관계 법령에서 허용되는지 여부 2. 이 법 또는 관계 법령에 따른 건축기준 및 건축제한, 그 완화에 관한 사항 등을 고려하여 해당 대지에 건축 가능한 건축물의 규모 3. 건축허가를 받기 위하여 신청자가 고려하여야 할 사항 ② 제1항에 따른 사전결정을 신청하는 자(이하 "사전결정 신청자"라 한다)는 건축위원회 심의와 「도시교통정비 촉진법」에 따른 교통영향평가서의 검토를 동시에 신청할 수 있다. 〈개정 2015.7.24〉 ③ 허가권자는 제1항에 따라 사전결정이 신청된 건축물의 대지면적이 「환경영향평가법」 제43조에 따른 소규모 환경영향평가 대상사업인 경우 환경부장관이나 지방환경관서의 장과 소규모 환경영향평가에 관한 협의를 하여야 한다. 〈개정 2011.7.21〉 ④ 허가권자는 제1항과 제2항에 따른 신청을 받으면 입지, 건축물의 규모, 용도 등을 사전결정한 후 사전결정 신청자에게 알려야 한다. ⑤ 제1항과 제2항에 따른 신청 절차, 신청 서류, 통지 등에 필요한 사항은 국토교통부령으로 정한다. 〈개정 2013.3.23〉 ⑥ 제4항에 따른 사전결정 통지를 받은 경우에는 다음 각 호의 허가를 받거나 신고 또는 협의를 한 것으로 본다. 〈개정 2010.5.31〉 1. 「국토의 계획 및 이용에 관한 법률」 제56조에 따른 개발행	**[시행규칙]** **제5조【건축에 관한 입지 및 규모의 사전결정서 등】** ①허가권자는 법 제10조제4항에 따라 사전결정을 한 후 별지 제1호의3서식의 사전결정서를 사전결정일부터 7일 이내에 사전결정을 신청한 자에게 송부하여야 한다. 〈개정 2012.12.12, 2014.11.28〉 ② 제1항에 따른 사전결정서에는 법·영 또는 해당지방 자치단체의 건축에 관한 조례(이하 "건축조례"라 한다) 등(이하 "법령 등"이라 한다)에의 적합 여부와 법 제10조제6항에

위허가

2. 「산지관리법」 제14조와 제15조에 따른 산지전용허가와 산지전용신고), 같은 법 제15조의2에 따른 산지일시사용허가·신고. 다만, 보전산지인 경우에는 도시지역만 해당된다.

3. 「농지법」 제34조, 제35조 및 제43조에 따른 농지전용 허가·신고 및 협의

4. 「하천법」 제33조에 따른 하천점용허가

⑦ 허가권자는 제6항 각 호의 어느 하나에 해당되는 내용이 포함된 사전결정을 하려면 미리 관계 행정기관의 장과 협의하여야 하며, 협의를 요청받은 관계 행정기관의 장은 요청받은 날부터 15일 이내에 의견을 제출하여야 한다.

⑧ 관계 행정기관의 장이 제7항에서 정한 기간(「민원 처리에 관한 법률」 제20조제2항에 따라 회신기간을 연장한 경우에는 그 연장된 기간을 말한다) 내에 의견을 제출하지 아니하면 협의가 이루어진 것으로 본다. 〈신설 2018. 12. 18.〉

⑨ 사전결정신청자는 제4항에 따른 사전결정을 통지받은 날부터 2년 이내에 제11조에 따른 건축허가를 신청하여야 하며, 이 기간에 건축허가를 신청하지 아니하면 사전결정의 효력이 상실된다. 〈개정 2018. 12. 18.〉

[시행일 : 2019. 1. 19.] 제10조

따른 관계법률의 허가·신고 또는 협의 여부를 표시하여야 한다. 〈개정 2012.12.12〉

[본조신설 2006.5.12]

요점 사전결정

대상	시기	내용	통지	비고
건축허가 대상 건축물	건축허가 신청전	이 법 또는 다른 법령의 규정에 의하여 허용되는지의 여부 등	사전 결정일로부터 7일 이내	사전결정신청자는 ·건축위원회심의와 ·교통영향분석·개선대책의 검토를 동시에 신청할 수 있음

· 사전결정신청자는 사전결정을 통지받은 날부터 2년 이내에 건축허가를 신청하지 아니하는 경우에는 사전결정의 효력이 상실됨

예제문제 01

사전결정제도에 관한 설명 중 옳지 않은 것은?

① 건축허가대상 건축물에 대하여 건축허가 신청 전에 건축허가여부를 사전 결정하기 위한 제도이다.

② 사전결정신청은 당해 시장, 군수, 구청장에게 하여야 한다.

③ 사전결정통지에 따른 허가신청은 통지일로부터 2년 이내에 하여야 한다.

④ 사전결정에 따라서 농지법에 의한 농지전용허가가 있는 것으로 본다.

해설 사전결정신청은 허가권자에게 한다.

답 : ②

(2) 건축허가

법	시행령
제11조【건축허가】 ① 건축물을 건축하거나 대수선하려는 자는 특별자치시장, 특별자치도지사 또는 시장·군수·구청장의 허가를 받아야 한다. 다만, 21층 이상의 건축물 등 대통령령으로 정하는 용도 및 규모의 건축물을 특별시나 광역시에 건축하려면 특별시장이나 광역시장의 허가를 받아야 한다. 〈개정 2014.1.14〉 ② 시장·군수는 제1항에 따라 다음 각 호의 어느 하나에 해당하는 건축물의 건축을 허가하려면 미리 건축계획서와 국토교통부령으로 정하는 건축물의 용도, 규모 및 형태가 표시된 기본설계도서를 첨부하여 도지사의 승인을 받아야 한다. 〈개정 2014.5.28〉 1. 제1항 단서에 해당하는 건축물. 다만, 도시환경, 광역교통 등을 고려하여 해당 도의 조례로 정하는 건축물은 제외한다. 2. 자연환경이나 수질을 보호하기 위하여 도지사가 지정·공고한 구역에 건축하는 3층 이상 또는 연면적의 합계가 1천제곱미터 이상인 건축물로서 위락시설과 숙박시설 등 대통령령으로 정하는 용도에 해당하는 건축물 3. 주거환경이나 교육환경 등 주변 환경을 보호하기 위하여 필요하다고 인정하여 도지사가 지정·공고한 구역에 건축하는 위락시설 및 숙박시설에 해당하는 건축물 ③ 제1항에 따라 허가를 받으려는 자는 허가신청서에 국토교통부령으로 정하는 설계도서와 제5항 각 호에 따른 허가 등을 받거나 신고를 하기 위하여 관계법령에서 제출하도록 의무화하고 있는 신청서 및 구비서류를 첨부하여 허가권자에게 제출하여야 한다. 다만, 국토교통부장관이 관계 행정기관의 장과 협의하여 국토교통부령으로 정하는 신청서 및 구비서류는 제21조에 따른 착공신고 전까지 제출할 수 있다. 〈개정 2013.3.23, 2015.5.18〉	**제8조【건축허가】** ① 법 제11조제1항 단서에 따라 특별시장 또는 광역시장의 허가를 받아야 하는 건축물의 건축은 층수가 21층 이상이거나 연면적의 합계가 10만 제곱미터 이상인 건축물의 건축(연면적의 10분의 3 이상을 증축하여 층수가 21층 이상으로 되거나 연면적의 합계가 10만 제곱미터 이상으로 되는 경우를 포함한다)을 말한다. 다만, 다음 각 호의 어느 하나에 해당하는 건축물의 건축은 제외한다. 〈개정 2012.12.12, 2014.11.28〉 1. 공장 2. 창고 3. 지방건축위원회의 심의를 거친 건축물(특별시 또는 광역시의 건축조례로 정하는 바에 따라 해당 지방건축위원회의 심의사항으로 할 수 있는 건축물에 한정하며, 초고층 건축물은 제외한다) ② 삭제 〈2006.5.8〉 ③ 법 제11조제2항제2호에서 "위락시설과 숙박시설 등 대통령령으로 정하는 용도에 해당하는 건축물"이란 다음 각 호의 건축물을 말한다. 〈개정 2008.10.29〉 1. 공동주택 2. 제2종 근린생활시설(일반음식점만 해당한다) 3. 업무시설(일반업무시설만 해당한다) 4. 숙박시설 5. 위락시설 ④ 삭제 〈2006.5.8〉 ⑤ 삭제 〈2006.5.8〉 ⑥ 법 제11조제2항에 따른 승인신청에 필요한 신청서류 및 절차 등에 관하여 필요한 사항은 국토교통부령으로 정한다. 〈개정 2008.10.29, 2013.3.23〉 [전문개정 1999.4.30] **[시행규칙]** **제7조【건축허가의 사전승인】** ① 법 제11조제2항에 따라 건축허가사전승인 대상건축물의 건축허가에 관한 승인을 받으려는 시장·군수는 허가 신청일로부터 15일 이내에 다음 각 호의 구분에 따른 도서를 도지사에게 제출(전자문서로 제출하는 것을 포함한다)하여야 한다. 〈개정 2016.7.20〉 1. 법 제11조제2항제1호의 경우 : 별표 3의 도서 2. 법제11조제2항제2호및제3호의경우: 별표3의2의도서 ② 제1항의 규정에 의하여 사전승인의 신청을 받은 도지사는 승인요청을 받은 날부터 50일 이내에 승인여부를 시장·군수에게 통보(전자문서에 의한 통보를 포함한다)하여야 한다. 다만, 건축물의 규모가 큰 경우등 불가피한 경우에는 30일의 범위내에서 그 기간을 연장할 수 있다. 〈개정 2007.12.13.〉 [제목개정 1999.5.11]

■ 특별시·광역시에 소재하는 연면적의 합계 100,000m² 이상인 공장의 허가권자 : 구청장(도지사의 사전승인대상에서도 제외된다.)

■ **연면적과 연면적 합계의 구분**
1. 연면적 : 하나의 건축물에 있어서 각 층(지하층과 지상층) 바닥면적의 합
2. 연면적의 합계 : 동일 대지안에 2동 이상의 건축물이 있을시 각각의 건축물에 대한 연면적의 합

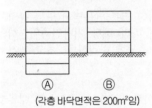

(각층 바닥면적은 200m²임)

연면적	Ⓐ : 200 × 6 = 1,200m²
	Ⓑ : 200 × 4 = 800m²
연면적의 합계	Ⓐ + Ⓑ : 2,000m²

■ **사전승인 절차**

건축계획서·기본설계도의 작성 사전승인 신청 — 시장·군수

사전승인 통보 — 도지사

건축허가 — 시장·군수

요점 **건축허가**

1) 시장, 군수 등의 허가대상

건축물을 건축 또는 대수선하고자 하는 자는 특별자치시장·특별자치도지사, 시장, 군수, 구청장의 허가를 받아야 한다.

2) 특별시장·광역시장의 허가대상

대상지역	허가권자	규모	예외
·특별시 ·광역시	특별시장 광역시장	·21층 이상 건축물 ·연면적의 합계가 10만m² 이상인 건축물 ·연면적의 3/10 이상의 증축으로 인하여 층수가 21층 이상으로 되거나 연면적의 합계가 10만m² 이상인 건축물의 건축	·공장 ·창고 ·지방건축위원회 심의를 거친 건축물 (초고층 건축물 제외)

3) 사전승인 대상

다음 건축의 경우 시장·군수는 허가를 하기에 앞서 도지사의 승인을 받아야 한다.

① 대규모 건축물인 경우

건축물의 소재지	건축물의 규모		예외
특별시·광역시 이외의 지역	층수	21층 이상인 건축물	·공장 ·창고 ·지방건축위원회 심의를 거친 건축물
	연면적 합계	연면적 합계가 10만m² 이상인 건축물	
	증축	연면적 3/10 이상의 증축으로 인하여 21층 이상 또는 연면적 합계가 10만m² 이상 되는 건축물	

② 환경보호에 저촉되는 경우

대상지역	건축물 용도	건축물의 규모
1. 자연환경 또는 수질보호를 위해 도지사가 공고한 구역	• 공동주택 • 일반음식점 • 일반업무시설 • 숙박시설 • 위락시설	3층 이상 또는 연면적 합계 1,000m² 이상
2. 주거환경 또는 교육환경의 보호가 필요하여 도지사가 공고한 구역	• 위락시설 • 숙박시설	–

|참고| 1. 서식 등

■ 허가신청 서식 등

번호	내용
①	• 건축할 대지에 관한 서류
②	• 건축할 대지의 소유 또는 그 사용에 관한 권리 증명 서류 　1. 집합건물의 공동부분을 변경하는 경우 : 「집합건물의 소유 및 관리에 관한 법률」에 따라 결의가 있었음을 증명하는 서류 　2. 분양을 목적으로 하는 공동주택의 건축 : 대지의 소유를 증명하는 서류(다만, 주택과 주택외의 시설을 동일 건축물로 건축하는 허가를 받아 20세대 이상으로 건설·공급하는 경우 대지의 소유권에 관한 사항은 「주택법」을 준용)
③	• 사전결정서
④	• 허가신청에 필요한 설계도서 | 도서의 종류	내용
건축계획서	1. 개요(위치·대지면적 등) 2. 지역·지구 및 도시계획사항 3. 건축물의 규모(건축면적·연면적·높이·층수 등) 4. 건축물의 용도별 면적 5. 주차장규모 6. 에너지절약계획서(해당건축물에 한한다) 7. 노인 및 장애인 등을 위한 편의시설 설치계획서(관계법령에 의하여 설치의무가 있는 경우에 한한다)
배치도	1. 축척 및 방위 2. 대지에 접한 도로의 길이 및 너비 3. 대지의 종·횡단면도 4. 건축선 및 대지경계선으로부터 건축물까지의 거리 5. 주차동선 및 옥외주차계획 6. 공개공지 및 조경계획
평면도	1. 1층 및 기준층 평면도 2. 기둥·벽·창문 등의 위치	

	3. 방화구획 및 방화문의 위치 4. 복도 및 계단의 위치 5. 승강기의 위치
입면도	1. 2면 이상의 입면계획 2. 외부마감재료 3. 간판의 설치계획(크기·위치)
단면도	1. 종·횡 단면도 2. 건축물의 높이, 각층의 높이 및 반자높이
구조도 (구조안전확인 또는 내진설계 대상건축물)	1. 구조내력상 주요한 부분의 평면 및 단면 2. 주요부분의 상세도면 3. 구조 안전 확인서
구조계산서 (구조안전확인 또는 내진설계 대상 건축물)	1. 구조계산서 목록표 2. 구조내력상 주요한 부분의 응력 및 단면 산정 과정 3. 내진설계의 내용(지진에 대한 안전 여부 확인 대상 건축물)
소방 설비도	「소방시설설치유지 및 안전관리에 관한 법률」에 따라 소방관서의 장의 동의를 얻어야 하는 건축물의 해당소방 관련 설비

⑤ 허가 등을 받거나 신고를 하기 위하여 해당 법령(법 제11조제5항 각 호)에서 제출하도록 의무화하고 있는 신청서 및 구비서류

■ 허가·신고에 따른 타법의 의제 범위(법 제11조 ⑤항)

관련법	허가·신고내용
1. 건축법	공사용 가설건축물의 축조신고
	공작물의 축조허가·신고
2. 국토의 계획 및 이용에 관한 법	개발 행위 허가
	도시·군계획사업 시행자의 지정
	도시·군계획사업의 실시계획 인가
3. 산지관리법	산지전용허가
	산지전용신고
4. 사도법	사도개설허가
5. 도로법	도로의 점용허가
	비관리청 공사시행 허가 및 도로의 연결 허가
6. 농지법	농지전용허가·신고 또는 협의
7. 하천법	하천점용 등의 허가
8. 하수도법	배수설비의 설치신고
	개인하수처리시설의 설치신고
9. 수도법	수도사업자가 지방자치단체인 경우 조례에 의한 상수도 공급신청
10. 전기안전관리법 등	자가용 전기설비 공사계획의 인가 또는 신고 등

|참고| 2. 주택법

주택법 사업계획 승인 대상(법 제15조)

1. 단독주택	• 30호 이상	
	• 공공택지에서 건축하는 경우 • 한옥	50호 이상
2. 공동주택	• 30세대 이상 (증가하는 세대수가 30세대 이상인 리모델링 포함)	
	• 단지형 연립주택 • 단지형 다세대주택	세대별 주거전용면적 $30m^2$ 이상으로서 해당 주택단지 진입 도로 폭이 6m 이상인 경우	50세대 이상
	• 주거환경개선사업, 주거환경관리사업인 공동주택	
3. 대지조성	• 1만m^2 이상	

|참고| 3. 건축법 시행령 제12조

사용승인 신청시 일괄신고의 범위

일괄변경 신고대상	조건
1. 변경되는 부분의 바닥면적의 합계가 $50m^2$ 이하로서 다음의 요건을 모두 갖춘 경우 ① 변경되는 부분의 높이가 1m 이하이거나 전체 높이의 1/10 이하일 것 ② 위치 변경 범위가 1m 이내일 것 ③ 신고에 의한 건축물인 경우 변경 후 건축허가 규모가 아닐 것	건축물의 동수나 층수를 변경하지 아니하는 경우에 한함
2. 변경되는 부분이 연면적 합계의 1/10 이하인 경우(연면적 5,000m^2 이상인 경우 각층 바닥면적이 $50m^2$ 이하인 경우로 한다)	
3. 대수선에 해당하는 경우	-
4. 변경되는 부분의 높이가 1m 이하이거나 전체 높이의 1/10 이하인 경우	건축물의 층수를 변경하지 아니하는 경우에 한함
5. 변경되는 부분의 위치가 1m 이하인 경우	-

예제문제 02

다음 중 건축허가권을 가지고 있지 아니한 자는 누구인가?

① 특별시장　　　　　　　　　　　② 광역시장
③ 도지사　　　　　　　　　　　　④ 시장

해설 건축허가권자
• 원칙 : 특별자치도 도지사, 시장, 군수, 구청장
• 예외 : 특별시장, 광역시장

답 : ③

예제문제 03

특별시 또는 광역시에 건축물을 건축하고자 하는 경우 특별시장 또는 광역시장의 허가를 받아야 하는 것으로 가장 타당한 것은?

① 연면적 합계가 10만m²인 공장　　② 연면적 합계가 10만m²인 오피스텔
③ 연면적 합계가 5만m²인 오피스　　④ 연면적 합계가 5만m²인 백화점

해설 특별시장, 광역시장의 허가대상
• 21층 이상 건축물
• 연면적합계 100,000m² 이상 건축물(단, 공장, 창고 등 제외)

답 : ②

예제문제 04

다음 중 건축법상 건축허가신청에 필요한 설계도서로 가장 부적합한 것은?

① 건축계획서　　　　　　　　　　② 배치도
③ 시방서　　　　　　　　　　　　④ 공정표

답 : ④

예제문제 05

건축허가신청에 필요한 기본설계도서 중 배치도에 표시하여야 할 사항이 아닌 것은?

① 주차동선 및 옥외주차계획
② 승강기의 위치
③ 공개공지 및 조경계획
④ 축척 및 방위

해설 배치도 표시 내용
· 축척 및 방위
· 대지에 접한 도로의 길이 및 너비
· 대지의 종·횡단면도
· 건축선 및 대지경계선으로부터 건축물까지의 거리
· 주차동선 및 옥외주차계획
· 공개공지 및 조경계획

답 : ②

예제문제 06

"건축법" 제 11조에 따라 건축허가를 받으면 허가등을 받거나 신고를 한 것으로 보이는 사항으로 적절하지 않은 것은? 【18년 기출문제】

① 「건축법」 제83조에 따른 공작물의 축조신고
② 「주택법」 제15조에 따른 사업계획의 승인
③ 「도로법」 제61조에 따른 도로의 점용·허가
④ 「물환경보전법」 제33조에 따른 수질오염 물질 배출시설 설치의 허가나 신고

해설 주택법의 사업계획이 승인된 경우 건축법의 건축허가를 받은 것으로 본다.

답 : ②

(3) 건축신고

법	시행령
제14조 【건축신고】 ① 제11조에 해당하는 허가 대상 건축물이라 하더라도 다음 각 호의 어느 하나에 해당하는 경우에는 미리 특별자치시장·특별자치도지사 또는 시장·군수·구청장에게 국토교통부령으로 정하는 바에 따라 신고를 하면 건축허가를 받은 것으로 본다. 〈개정 2014.5.28〉 1. 바닥면적의 합계가 85제곱미터 이내의 증축·개축 또는 재축. 다만, 3층 이상 건축물인 경우에는 증축·개축 또는 재축하려는 부분의 바닥면적의 합계가 건축물 연면적의 10분의 1 이내인 경우로 한정한다. 2. 「국토의 계획 및 이용에 관한 법률」에 따른 관리지역, 농림지역 또는 자연환경보전지역에서 연면적이 200제곱미터 미만이고 3층 미만인 건축물의 건축. 다만, 다음 각 목의 어느 하나에 해당하는 구역에서의 건축은 제외한다.) 　가. 지구단위계획구역 　나. 방재지구 등 재해취약지역으로서 대통령령으로 정하는 구역 3. 연면적이 200제곱미터 미만이고 3층 미만인 건축물의 대수선 4. 주요구조부의 해체가 없는 등 대통령령으로 정하는 대수선 5. 그 밖에 소규모 건축물로서 대통령령으로 정하는 건축물의 건축 ② 제1항에 따른 건축신고에 관하여는 제11조제5항 및 제6항을 준용한다. 〈개정 2014.5.28.〉 ③ 특별자치시장·특별자치도지사 또는 시장·군수·구청장은 제1항에 따른 신고를 받은 날부터 5일 이내에 신고수리 여부 또는 민원 처리 관련 법령에 따른 처리기간의 연장 여부를 신고인에게 통지하여야 한다. 다만, 이 법 또는 다른 법령에 따라 심의, 동의, 협의, 확인 등이 필요한 경우에는 20일 이내에 통지하여야 한다. 〈신설 2017.4.18.〉 ④ 특별자치시장·특별자치도지사 또는 시장·군수·구청장은 제1항에 따른 신고가 제3항 단서에 해당하는 경우에는 신고를 받은 날부터 5일 이내에 신고인에게 그 내용을 통지하여야 한다. 〈신설 2017.4.18.〉 ⑤ 제1항에 따라 신고를 한 자가 신고일부터 1년 이내에 공사에 착수하지 아니하면 그 신고의 효력은 없어진다. 다만, 건축주의 요청에 따라 허가권자가 정당한 사유가 있다고 인정하면 1년의 범위에서 착수기한을 연장할 수 있다. 〈개정 2016.1.19., 2017.4.18.〉	**제11조 【건축신고】** ① 법 제14조제1항제2호나목에서 "방재지구 등 재해취약지역으로서 대통령령으로 정하는 구역"이란 다음 각 호의 어느 하나에 해당하는 지역 또는 지구를 말한다. 〈개정 2016.6.30〉 1. 「국토의 계획 및 이용에 관한 법률」 제37조에 따라 지정된 방재지구(防災地區) 2. 「급경사지 재해예방에 관한 법률」 제6조에 따라 지정된 붕괴위험지역 ② 법 제14조제1항제4호에서 주요구조부의 해체가 없는 등 대통령령으로 정하는 대수선이란 다음 각 호의 어느 하나에 해당하는 대수선을 말한다. 1. 내력벽의 면적을 30제곱미터 이상 수선하는 것 2. 기둥을 세 개 이상 수선하는 것 3. 보를 세 개 이상 수선하는 것 4. 지붕틀을 세 개 이상 수선하는 것 5. 방화벽또는방화구획을위한바닥또는벽을수선하는것 6. 주계단·피난계단 또는 특별피난계단을 수선하는 것 ③ 법 제14조제1항제5호에서 "대통령령으로 정하는 건축물"이란 다음 각 호의 어느 하나에 해당하는 건축물을 말한다. 〈개정 2014.11.11〉 1. 연면적의 합계가 100제곱미터 이하인 건축물 2. 건축물의 높이를 3미터 이하의 범위에서 증축하는 건축물 3. 법 제23조제4항에 따른 표준설계도서(이하 "표준설계도서"라 한다)에 따라 건축하는 건축물로서 그 용도 및 규모가 주위환경이나 미관에 지장이 없다고 인정하여 건축조례로 정하는 건축물 4. 「국토의 계획 및 이용에 관한 법률」 제36조제1항제1호 다목에 따른 공업지역, 같은 법 제51조제3항에 따른지구단위계획구역(같은 법 시행령 제48조제10호에 따른 산업·유통형만 해당한다) 및 「산업입지 및 개발에 관한 법률」에 따른 산업단지에서 건축하는 2층 이하인 건축물로서 연면적 합계 500제곱미터 이하인 공장(별표1 제14호 너목에 따른 제조업소 등 물품의 제조·가공을 위한 시설을 포함한다) 5. 농업이나 수산업을 경영하기 위하여 읍·면지역(특별자치시장·특별자치도지사·시장·군수가 지역계획 또는 도시·군계획에 지장이 있다고 지정·공고한 구역은 제외한다)에서 건축하는 연면적 200제곱미터 이하의 창고 및 연면적 400제곱미터 이하의 축사·작물재배사(作物栽培舍), 종묘배양시설, 화초 및 분대 등의 온실 ④ 법 제14조에 따른 건축신고에 관하여는 제9조제1항을 준용한다. 〈개정 2014.10.14〉

요점 건축신고

(1) 건축신고 대상

다음에 해당하는 건축물은 허가대상 건축물이라 하더라도 특별자치시장·특별자치도지사, 시장·군수·구청장에게 신고함으로서 건축허가를 받은 것으로 본다.

신고대상			비고
1. 바닥면적 85m² 이내의 증축·개축·재축			–
2. 관리지역·농림지역 또는 자연환경보전지역내의 연면적 200m² 미만이고 3층 미만인 건축물의 건축			지구단위계획구역, 방재지구 및 붕괴위험지역 등에서의 건축 제외
3. 대수선			연면적 200m² 미만이고 3층 미만인 건축물에 한함
4. 주요구조부의 해체가 없는 다음의 대수선 ① 내력벽 면적 30m² 이상 수선 ② 기둥·보·지붕틀 각각 3개 이상 수선 ③ 방화벽 또는 방화구획을 위한 바닥 또는 벽의 수선 ④ 주계단·피난계단·특별피난계단의 수선			–
5. 연면적의 합계가 100m² 이하인 건축물			–
6. 높이 3m 이하의 범위에서 증축하는 건축물			–
7. 표준설계도서에 의하여 건축하는 건축물			건축조례로 정함
8. 공장 (2층 이하로서 연면적 합계 500m² 이하)	공업지역		「국토의 계획 및 이용에 관한 법률」에 의한 지정구역
	지구단위계획구역(산업·유통형만 해당)		
	산업단지		「산업입지 및 개발에 관한 법률」에 의한 지정지역
9. 읍·면 지역의 건축물 (농업·수산업을 경영하기 위한 것)	·창고	연면적 200m² 이하	특별자치도지사 또는 시장·군수가 지역계획 또는 도시·군계획에 지장이 있다고 인정하여 지정·공고한 구역 제외
	·축사, 작물재배사 ·종묘배양시설 ·화초 및 분재 등의 온실	연면적 400m² 이하	

■ 비고
  건축신고의 취소 : 건축신고일로부터 1년(1년의 범위 안에서 연장가능) 이내에 착공하지 아니하면 신고의 효력은 취소된다.

(2) 신고처리 기한 통지

시장·군수 등은 신고를 받은 날로부터 5일 이내에 신고 수리여부 등을 신고인에게 통지하여야 한다. 다만, 법령에 따라 심의, 협의 등이 필요한 경우에는 신고를 받은 날로부터 20일 이내에 통지한다는 사실을 5일 이내에 통지한다.

■ 건축허가와 건축신고의 차이
  건축허가(법 제11조)와 건축신고(법 제14조)는 법률적 효과(건축물 축조권리 회복, 타법의 의제, 허가의 취소 등)는 같으나, 건축허가는 신청된 건축물이 관계법령에 위반된 경우 행정청(허가권자)이 불허가처분을 할 수 있는데 비하여 건축신고는 거부를 할 수 없다.

■ 용어해설
• A이거나 B : A값과 B값 중 최대값을 기준으로 한다.
• A이고 B : A값과 B값 중 최소값을 기준으로 한다.
• 초과, 넘는, 미만 : 기준 숫자를 포함하지 않는다.
• 이하, 이상, 이내 : 기준 숫자를 포함한다.

예제문제 07

건축법령상 건축물의 건축 또는 대수선시 신고 대상이 아닌 것은?

① 바닥면적의 합계가 85m² 이내의 증축·개축 또는 재축
② 연면적 300m² 이하이고 3층 이하인 건축물의 대수선
③ 주요구조부의 해체가 없이 방화벽 또는 방화구획을 위한 바닥 또는 벽의 대수선
④ 건축물의 높이 3m 이하 범위에서의 증축

해설 **신고대상건축물**
· 바닥면적의 합계가 85m² 이내의 증축·개축 또는 재축
· 관리지역, 농림지역, 자연환경 보전지역 안에서 연면적 200m² 미만이고 3층 미만인 건축물의 건축(지구단위계획구역 제외)
· 연면적 200m² 미만이고 3층 미만인 건축물의 대수선 등

답 : ②

예제문제 08

건축법"에 따라 이미 허가를 받았거나 신고한 사항을 변경할 경우 사용승인 신청시 일괄하여 신고가 가능한 사항으로 가장 적절하지 않은 것은? 【23년 기출문제】

① 대수선에 해당하는 경우
② 건축물의 동수나 층수를 변경하지 아니하면서 변경되는 부분의 바닥면적의 합계가 85제곱미터 이하인 경우
③ 건축물의 동수나 층수를 변경하지 아니하면서 변경되는 부분의 연면적 합계의 10분의 1 이하인 경우
④ 건축 중인 부분의 위치가 1미터 이내에서 변경되는 경우

해설 **사용승인 신청시 일괄신고의 범위 (건축법 시행령 12조)**

일괄변경 신고대상	조건
1. 변경되는 부분의 바닥면적의 합계가 50m² 이하로서 다음의 요건을 모두 갖춘 경우 ① 변경되는 부분의 높이가 1m 이하이거나 전체높이의 1/10 이하일 것 ② 위치변경 범위가 1m 이내일 것 ③ 신고에 의한 건축물인 경우 변경 후 건축허가 규모가 아닐 것	건축물의 동수나 층수를 변경하지 아니하는 경우에 한함
2. 변경되는 부분이 연면적 합계의 1/10 이하인 경우 (연면적이 5,000m² 이상인 경우 각층 바닥면적이 50m² 이하인 경우로 한다)	
3. 대수선에 해당하는 경우	–
4. 변경되는 부분의 높이가 1m 이하이거나 전체 높이의 1/10 이하인 경우	건축물의 층수를 변경하지 아니하는 경우에 한함
5. 변경되는 부분의 위치가 1m 이하인 경우	–

답 : ②

(4) 대지 소유권의 확보

법	시행령
제11조【건축허가】 ① 건축물을 건축하거나 대수선하려는 자는 특별자치시장·특별자치도지사 또는 시장·군수·구청장의 허가를 받아야 한다. 다만, 21층 이상의 건축물 등 대통령령으로 정하는 용도 및 규모의 건축물을 특별시나 광역시에 건축하려면 특별시장이나 광역시장의 허가를 받아야 한다. 〈개정 2014.1.14.〉 ⑪ 제1항에 따라 건축허가를 받으려는 자는 해당 대지의 소유권을 확보하여야 한다. 다만, 다음 각 호의 어느 하나에 해당하는 경우에는 그러하지 아니하다. 〈신설 2016.1.19., 2017.1.17.〉 1. 건축주가 대지의 소유권을 확보하지 못하였으나 그 대지를 사용할 수 있는 권원을 확보한 경우. 다만, 분양을 목적으로 하는 공동주택은 제외한다. 2. 건축주가 건축물의 노후화 또는 구조안전 문제 등 대통령령으로 정하는 사유로 건축물을 신축·개축·재축 및 리모델링을 하기 위하여 건축물 및 해당 대지의 공유자 수의 100분의 80 이상의 동의를 얻고 동의한 공유자의 지분 합계가 전체 지분의 100분의 80 이상인 경우 3. 건축주가 제1항에 따른 건축허가를 받아 주택과 주택 외의 시설을 동일 건축물로 건축하기 위하여 「주택법」 제21조를 준용한 대지 소유 등의 권리 관계를 증명한 경우. 다만, 「주택법」 제15조제1항 각 호 외의 부분 본문에 따른 대통령령으로 정하는 호수 이상으로 건설·공급하는 경우에 한정한다. 〈신설 2017.1.17〉 4. 건축하려는 대지에 포함된 국유지 또는 공유지에 대하여 허가권자가 해당 토지의 관리청이 해당 토지를 건축주에게 매각하거나 양여할 것을 확인한 경우 〈신설 2017.1.17〉 5. 건축주가 집합건물의 공용부분을 변경하기 위하여 「집합건물의 소유 및 관리에 관한 법률」 제15조제1항에 따른 결의가 있었음을 증명한 경우 〈신설 2017.1.17〉 6. 건축주가 집합건물을 재건축하기 위하여 「집합건물의 소유 및 관리에 관한 법률」 제47조에 따른 결의가 있었음을 증명한 경우 〈신설 2021.11.11〉 **제17조의2【매도청구 등】** ① 제11조제11항제2호에 따라 건축허가를 받은 건축주는 해당 건축물 또는 대지의 공유자 중 동의하지 아니한 공유자에게 그 공유지분을 시가(市價)로 매도할 것을 청구할 수 있다. 이 경우 매도청구를 하기 전에 매도청구 대상이 되는 공유자와 3개월 이상 협의를 하여야 한다. ② 제1항에 따른 매도청구에 관하여는 「집합건물의 소유 및 관리에 관한 법률」 제48조를 준용한다. 이 경우 구분소유권 및 대지사용권은 매도청구의 대상이 되는 대지 또는 건축물의 공유지분으로 본다. [본조신설 2016.1.19.]	**제9조의2【건축허가 신청 시 소유권 확보 예외 사유】** ① 법 제11조제11항제2호에서 "건축물의 노후화 또는 구조안전 문제 등 대통령령으로 정하는 사유"란 건축물이 다음 각 호의 어느 하나에 해당하는 경우를 말한다. 1. 급수·배수·오수 설비 등의 설비 또는 지붕·벽 등의 노후화나 손상으로 그 기능 유지가 곤란할 것으로 우려되는 경우 2. 건축물의 노후화로 내구성에 영향을 주는 기능적 결함이나 구조적 결함이 있는 경우 3. 건축물이 훼손되거나 일부가 멸실되어 붕괴 등 그 밖의 안전사고가 우려되는 경우 4. 천재지변이나 그 밖의 재해로 붕괴되어 다시 신축하거나 재축하려는 경우 ② 허가권자는 건축주가 제1항제1호부터 제3호까지의 어느 하나에 해당하는 사유로 법 제11조제11항제2호의 동의요건을 갖추어 같은 조 제1항에 따른 건축허가를 신청한 경우에는 그 사유 해당 여부를 확인하기 위하여 현지조사를 하여야 한다. 이 경우 필요한 경우에는 건축주에게 다음 각 호의 어느 하나에 해당하는 자로부터 안전진단을 받고 그 결과를 제출하도록 할 수 있다. 1. 건축사 2. 「기술사법」 제5조의7에 따라 등록한 건축구조기술사(이하 "건축구조기술사"라 한다) 3. 「시설물의 안전관리에 관한 특별법」 제9조제1항에 따라 등록한 건축 분야 안전진단전문기관 [본조신설 2016.7.19.]

제17조의3【소유자를 확인하기 곤란한 공유지분 등에 대한 처분】 ① 제11조제11항제2호에 따라 건축허가를 받은 건축주는 해당 건축물 또는 대지의 공유자가 거주하는 곳을 확인하기가 현저히 곤란한 경우에는 전국적으로 배포되는 둘 이상의 일간신문에 두 차례 이상 공고하고, 공고한 날부터 30일 이상이 지났을 때에는 제17조의2에 따른 매도청구 대상이 되는 건축물 또는 대지로 본다.
② 건축주는 제1항에 따른 매도청구 대상 공유지분의 감정평가액에 해당하는 금액을 법원에 공탁(供託)하고 착공할 수 있다.
③ 제2항에 따른 공유지분의 감정평가액은 허가권자가 추천하는 「감정평가 및 감정평가사에 관한 법률」에 따른 감정평가법인 등 2인 이상이 평가한 금액을 산술평균하여 산정한다.
〈개정 2016.1.19., 2020.7.8〉
[본조신설 2016.1.19.]

요점 대지 소유권의 확보

[1] 대지 소유권의 확보 시기

(1) 원칙

건축허가를 받으려는 자는 당해 대지의 소유권을 건축허가 신청전에 확보하여야 한다.

(2) 예외

다음에 해당되는 경우에는 각각의 기준에 따라 건축허가 신청을 할 수 있다.

1) 사용권을 확보한 경우

건축주가 대지의 소유권을 확보하지 못하였으나 그 대지를 사용할 수 있는 권원을 확보한 경우.
다만, 분양을 목적으로 하는 공동주택은 제외한다.

2) 노후화된 건축물 등의 경우

① 건축주가 건축물의 노후화 또는 구조안전 문제 등 다음의 사유로 건축물을 신축·개축·재축 및 리모델링을 하기 위하여 건축물 및 해당 대지의 공유자 수의 100분의 80 이상의 동의를 얻고 동의한 공유자의 지분 합계가 전체 지분의 100분의 80 이상인 경우

1. 급수·배수·오수 설비 등의 설비 또는 지붕·벽 등의 노후화나 손상으로 그 기능 유지가 곤란할 것으로 우려되는 경우
2. 건축물의 노후화로 내구성에 영향을 주는 기능적 결함이나 구조적 결함이 있는 경우
3. 건축물이 훼손되거나 일부가 멸실되어 붕괴 등 그 밖의 안전사고가 우려되는 경우
4. 천재지변이나 그 밖의 재해로 붕괴되어 다시 신축하거나 재축하려는 경우

② 허가권자는 건축주가 ①항 1호, 2호, 3호에 해당되는 사유로 건축허가신청을 한 경우에는 현지조사를 하여야 한다.

③ 허가권자는 ②항의 적용 시 필요한 경우 건축주에게 다음의 어느 하나에 해당하는 자로부터 안전진단을 받고 그 결과를 제출하도록 할 수 있다.

1. 건축사

2. 건축구조기술사

3. 건축분야 안전진단전문기관

3) 주상복합건축물의 경우

1. 주택법에 다른 사업 계획 승인 대상 호수 이상의 주택과 주택외의 시설을 건축법상의 건축허가를 받아 동일 건축물로 건축하기 위하여 대지 소유등의 권리관계를 증명한 경우

2. 건축하려는 대지에 포함된 국유지 또는 공유지에 대하여 허가권자가 해당 토지의 관리청이 해당 토지를 건축주에게 매각하거나 양여할 것을 확인한 경우

3. 건축주가 집합건물의 공용부분의 변경 또는 재건축하기 위하여 「집합건물의 소유 및 관리에 관한 법률」에 따른 결의가 있었음을 증명한 경우

[2] 매도청구

① 대지소유권 확보에 대한 예외규정 중 노후화 된 건축물 등의 경우에 따라 건축허가를 받은 건축주는 동의하지 아니한 공유자와 3개월 이상의 기간으로 매도협의를 하여야 한다.

② ①항에 따른 협의가 성립되지 아니한 경우에는 「집합건물의 소유 및 관리에 관한 법률」 규정에 따라 시가로 매도할 것을 청구할 수 있다.

③ 건축허가를 받은 건축주는 해당 건축물 또는 대지의 공유자가 거주하는 곳을 확인하기가 현저히 곤란한 경우에는 전국적으로 배포되는 둘 이상의 일간신문에 두 차례 이상 공고하고, 공고한 날부터 30일 이상이 지났을 때에는 매도청구 대상이 되는 건축물 또는 대지로 본다.

④ 건축주는 ③항에 따른 매도청구 대상 공유지분의 감정평가액에 해당하는 금액을 법원에 공탁하고 착공할 수 있다.

⑤ ④항에 따른 공유지분의 감정평가액은 허가권자가 추천하는 「감정평가 및 감정평가사에 관한 법률」 에 따른 감정평가법인 등 2인 이상이 평가한 금액을 산술평균하여 산정한다.

예제문제 09

건축법에 따른 건축허가 신청시 건축물의 노후화로 구조적 결함이 있는 경우 건축물 및 해당 대지의 전체 공유자수 및 지분합계에 대한 최소 동의수는?

① 95% ② 90%

③ 80% ④ 70%

[해설]
건축물 및 해당 대지의 공유자 수의 80% 이상의 동의를 얻고 동의한 공유자의 지분합계가 전체지분의 80% 이상인 경우 허가신청을 할 수 있다.

답 : ③

---

(5) 건축물 안전영향평가

법	시행령
제13조의2【건축물 안전영향평가】 ① 허가권자는 초고층 건축물 등 대통령령으로 정하는 주요 건축물에 대하여 제11조에 따른 건축허가를 하기 전에 건축물의 구조·지반 및 풍환경(風環境)등이 건축물의 구조안전과 인접 대지의 안전에 미치는 영향 등을 평가하는 건축물 안전영향평가(이하 "안전영향평가"라 한다)를 안전영향평가기관에 의뢰하여 실시하여야 한다. (개정 2021.12.23) ②안전영향평가기관은 국토교통부장관이「공공기관의 운영에 관한 법률」제4조에 따른 공공기관으로서 건축 관련 업무를 수행하는 기관 중에서 지정하여 고시한다. ③안전영향평가 결과는 건축위원회의 심의를 거쳐 확정한다. 이 경우 제4조의2에 따라 건축위원회의 심의를 받아야 하는 건축물은 건축위원회 심의에 안전영향평가 결과를 포함하여 심의할 수 있다. ④안전영향평가 대상 건축물의 건축주는 건축허가 신청 시 제출하여야 하는 도서에 안전영향평가 결과를 반영하여야 하며, 건축물의 계획상 반영이 곤란하다고 판단되는 경우에는 그 근거 자료를 첨부하여 허가권자에게 건축위원회의 재심의를 요청할 수 있다. ⑤안전영향평가의 검토 항목과 건축주의 안전영향평가 의뢰, 평가 비용 납부 및 처리 절차 등 그 밖에 필요한 사항은 대통령령으로 정한다. ⑥ 허가권자는 제3항 및 제4항의 심의 결과 및 안전영향평가 내용을 국토교통부령으로 정하는 방법에 따라 즉시 공개하여야 한다. ⑦ 안전영향평가를 실시하여야 하는 건축물이 다른 법률에 따라 구조안전과 인접 대지의 안전에 미치는 영향 등을 평가 받은 경우에는 안전영향평가의 해당 항목을 평가 받은 것으로 본다. [본조신설 2016.2.3.]	**제10조의3【건축물 안전영향평가】** ① 법 제13조의2제1항에서 "초고층 건축물 등 대통령령으로 정하는 주요 건축물"이란 다음 각 호의 어느 하나에 해당하는 건축물을 말한다. (2017.10.24) 1. 초고층 건축물 2. 다음 각목의 요건을 모두 충족하는 건축물 가. 연면적(하나의 대지에 둘 이상의 건축물을 건축하는 경우에는 각각의 건축물의 연면적을 말한다)이 10만 제곱미터 이상인 건축물 나. 16층 이상일 것 ②제1항 각 호의 건축물을 건축하려는 자는 법 제11조에 따른 건축허가를 신청하기 전에 다음 각 호의 자료를 첨부하여 허가권자에게 법 제13조의2제1항에 따른 건축물 안전영향평가(이하 "안전영향평가"라 한다)를 의뢰하여야 한다. 1. 건축계획서 및 기본설계도서 등 국토교통부령으로 정하는 도서 2. 인접 대지에 설치된 상수도·하수도 등 국토교통부장관이 정하여 고시하는 지하시설물의 현황도 3. 그 밖에 국토교통부장관이 정하여 고시하는 자료 ③ 법 제13조의2제1항에 따라 허가권자로부터 안전영향평가를 의뢰받은 기관(같은 조 제2항에 따라 지정·고시된 기관을 말하며, 이하 "안전영향평가기관"이라 한다)은 다음 각 호의 항목을 검토하여야 한다. 1. 해당 건축물에 적용된 설계 기준 및 하중의 적정성 2. 해당 건축물의 하중저항시스템의 해석 및 설계의 적정성 3. 지반조사 방법 및 지내력(地耐力) 산정결과의 적정성 4. 굴착공사에 따른 지하수위 변화 및 지반 안전성에 관한 사항 5. 그 밖에 건축물의 안전영향평가를 위하여 국토교통부장관이 필요하다고 인정하는 사항

④ 안전영향평가기관은 안전영향평가를 의뢰받은 날부터 30일 이내에 안전영향평가 결과를 허가권자에게 제출하여야 한다. 다만, 부득이한 경우에는 20일의 범위에서 그 기간을 한 차례만 연장할 수 있다.

⑤ 제2항에 따라 안전영향평가를 의뢰한 자가 보완하는 기간 및 공휴일·토요일은 제4항에 따른 기간의 산정에서 제외한다.

⑥ 허가권자는 제4항에 따라 안전영향평가 결과를 제출받은 경우에는 지체 없이 제2항에 따라 안전영향평가를 의뢰한 자에게 그 내용을 통보하여야 한다.

⑦ 안전영향평가에 드는 비용은 제2항에 따라 안전영향평가를 의뢰한 자가 부담한다.

⑧ 제1항부터 제7항까지에서 규정한 사항 외에 안전영향평가에 관하여 필요한 사항은 국토교통부장관이 정하여 고시한다.
[본조신설 2017.2.3.]

요점 **건축물의 안전영향평가**

1) 평가대상

1. 초고층 건축물

2. 건축물 한동의 연면적이 $10만m^2$ 이상이며 16층 이상인 건축물

2) 평가절차

① 건축주는 건축허가를 신청하기 전에 다음 각호의 서류를 첨부하여 허가권자에게 건축물 안전영향평가를 신청하여야 한다.

1. 건축계획서 및 기본설계도서 등 국토교통부령으로 정하는 도서

2. 인접 대지에 설치된 상수도·하수도 등 국토교통부장관이 정하여 고시하는 지하시설물의 현황도

3. 그 밖에 국토교통부장관이 정하여 고시하는 자료

② 허가권자는 국토교통부장관이 지정·고시한 안정영향평가기관에 신청된 건축물에 대한 안전영향평가를 의뢰하여 실시하여야 한다.

③ 안전영향평가를 의뢰받은 안전영향평가기관은 건축물 안전영향평가를 의뢰받은 날부터 30일 이내에 평가결과를 허가권자에게 제출하여야 한다.
다만, 부득이한 경우에는 20일의 범위에서 그 기간을 한 차례만 연장할 수 있다.

④ ③항의 경우 대상 건축물의 건축주가 안전영향평가 자료를 보완하는데 걸린 기간과 공휴일·토요일은 평가기간에 산입하지 아니한다.

⑤ 평가결과를 제출받은 허가권자는 이를 지체 없이 건축물 등을 설치하려는 자에게 통보하여야 하며, 평가결과가 건축허가 신청 시 제출하여야 하는 도서에 반영되었는지 확인하여야 한다.

3) 평가항목

1. 해당 건축물에 적용된 설계 기준 및 하중의 적정성
2. 해당 건축물의 하중저항시스템의 해석 및 설계의 적정성
3. 지반조사 방법 및 지내력(地耐力) 산정결과의 적정성
4. 굴착공사에 따른 지하수위 변화 및 지반 안전성에 관한 사항
5. 그 밖에 건축물의 안전영향평가를 위하여 국토교통부장관이 필요하다고 인정하는 사항

4) 비용부담

허가권자는 안전영향평가의 평가 비용을 건축주에게 부담하게 한다.

예제문제 10

"건축법"에 따라 건축물 안전영향평가를 실시하는 대상 및 평가절차에 대한 설명으로 가장 적절하지 않은 것은? 【20년 기출문제】

① 층수가 50층 이상인 초고층 건축물을 대상으로 한다.
② 연면적이 10만 제곱미터 이상인 건축물 또는 16층 이상인 건축물을 대상으로 한다.
③ 평가대상 건축물의 건축주는 건축허가 신청 전에 허가권자에게 안전영향평가를 의뢰하여야 한다.
④ 허가권자는 건축물 안전영향평가를 국토교통부장관이 지정 고시한 안전영향평가기관에 의뢰하여 실시하여야 한다.

[해설] 안전 영향 평가 대상

1. 초고층 건축물
2. 건축물 한동의 연면적이 10만m^2 이상이며 16층 이상인 건축물

답 : ②

(6) 건축허가의 불허

법	시행령
제11조 【건축허가】 ④ 허가권자는 제1항에 따른 건축허가를 하고자 하는 때에 건축기본법 제25조에 따른 한국건축규정의 준수 여부를 확인하여야 한다. 다만, 다음 각 호의 어느 하나에 해당하는 경우에는 이 법이나 다른 법률에도 불구하고 건축위원회의 심의를 거쳐 건축허가를 하지 아니할 수 있다. 〈개정 2017.4.18〉 1. 위락시설이나 숙박시설에 해당하는 건축물의 건축을 허가하는 경우 해당 대지에 건축하려는 건축물의 용도·규모 또는 형태가 주거환경이나 교육환경 등 주변환경을 고려할 때 부적합하다고 인정되는 경우 2. 「국토의 계획 및 이용에 관한 법률」 제37조 제1항 제4호에 따른 방재지구 및 「자연재해대책법」 제12조 제1항에 따른 자연재해위험개선지구 등 상습적으로 침수되거나 침수가 우려되는 지역에 건축하려는 건축물에 대하여 지하층 등 일부 공간을 주거용으로 사용하거나 거실을 설치하는 것이 부적합하다고 인정되는 경우	

요점 건축허가의 불허

대상 건축물	불허이유	비고
1. 위락시설 또는 숙박시설인 경우	당해 대지에 건축하고자 하는 건축물의 용도 규모 또는 형태가 주거환경, 또는 교육환경 등 주변환경을 감안할 때 부적합하다고 인정하는 경우	허가권자는 건축위원회의 심의를 거쳐 건축허가를 하지 않을 수 있다.
2. 방재지구 및 자연재해위험개선지구 등 상습 침수(우려)지역인 경우	지하층 등 일부공간을 주거용 또는 거실로 설치하는 것이 부적합하다고 인정하는 경우	

■ 건축허가의 불허
적법한 건축일지라도 주거환경 등에 위해하다고 인정되는 경우 건축위원회의 심의를 거쳐 허가권자는 건축허가를 불허할 수 있다.

건축위원회의 심의를 거쳐 건축허가를 거부할 수 있는 대상으로 옳게 조합된 것은?

㉠ 위락시설	㉡ 숙박시설
㉢ 업무시설	㉣ 방재지구
㉤ 방화지구	㉥ 자연재해위험개선지구

① ㉠, ㉡, ㉣, ㉤

② ㉠, ㉡, ㉣, ㉥

③ ㉠, ㉢, ㉣, ㉤

④ ㉠, ㉢, ㉣, ㉥

[해설] 건축허가 거부 대상 건축물
· 위락시설, 숙박시설
· 방재지구, 자연재해위험지구 등 상습 침수(우려)지역

답 : ②

(7) 건축허가 및 착공제한

법	시행령
제18조 【건축허가 제한 등】 ① 국토교통부장관은 국토관리를 위하여 특히 필요하다고 인정하거나 주무부장관이 국방, 「국가유산기본법」 제3조에 따른 국가유산의 보존, 환경보전 또는 국민경제를 위하여 특히 필요하다고 인정하여 요청하면 허가권자의 건축허가나 허가를 받은 건축물의 착공을 제한할 수 있다. 〈개정 2023.5.16〉 ② 특별시장·광역시장·도지사는 지역계획이나 도시·군계획에 특히 필요하다고 인정하면 시장·군수·구청장의 건축허가나 허가를 받은 건축물의 착공을 제한할 수 있다. 〈개정 2011.4.14, 2014.1.14〉 ③ 국토교통부장관이나 시·도지사는 제1항이나 제2항에 따라 건축허가나 건축허가를 받은 건축물의 착공을 제한하려는 경우에는 「토지이용규제 기본법」 제8조에 따라 주민의견을 청취한 후 건축위원회의 심의를 거쳐야 한다. 〈신설 2014.5.28〉 ④ 제1항이나 제2항에 따라 건축허가나 건축물의 착공을 제한하는 경우 제한기간은 2년 이내로 한다. 다만, 1회에 한하여 1년 이내의 범위에서 제한기간을 연장할수 있다. 〈개정 2014.5.28〉 ⑤ 국토교통부장관이나 특별시장·광역시장·도지사는제1항이나 제2항에 따라 건축허가나 건축물의 착공을 제한하는 경우 제한 목적·기간, 대상 건축물의 용도와 대상 구역의 위치·면적·경계 등을 상세하게 정하여 허가권자에게 통보하여야 하며, 통보를 받은 허가권자는 지체 없이 이를 공고하여야 한다. 〈개정 2013.3.23, 2014.1.14, 2014.5.28〉	

⑥ 특별시장·광역시장·도지사는 제2항에 따라 시장·군수·구 청장의 건축허가나 건축물의 착공을 제한한 경우 즉시 국토교 통부장관에게 보고하여야 하며, 보고를 받은 국토교통부장관 은 제한 내용이 지나치다고 인정하면 해제를 명할 수 있다. 〈개정 2013.3.23, 2014.1.14, 2014.5.28〉

요점 건축허가 및 착공제한

1) 제한사유

제한권자	제한사유
1. 국토교통부장관	① 국토관리상 특히 필요하다고 인정한 경우 ② 주무장관이 국방·국가유산보존·환경보존·국민경제상 특히 필요하다고 요청하는 경우
2. 특별시장·광역시장·도지사	지역계획 또는 도시·군계획상 특히 필요하다고 인정하는 경우

2) 제한방법

1. 제한기간 2년 이내로 하되 연장은 1회에 한하여 1년 이내로 할 것

2. 제한목적을 상세히 할 것

3. 대상구역의 위치·면적·구역경계 등을 상세히 할 것

4. 대상건축물의 용도를 상세히 할 것

■ 제한기간
2년을 원칙으로 하되 최대 3년으로 한다.

3) 제한절차

국토교통부 장관이나 특별시장·광역시장·도지사는 주민의견 청취 후 건축위원회의 심의를 거쳐 제한하여야 한다.

4) 보고 등

특별시장·광역시장·도지사가 시장·군수·구청장의 건축허가를 제외한 경우 즉시 국토교통부장관에게 보고하여야 하며, 보고를 받은 국토교통부장관은 제한의 내용이 과도하다고 인정하는 경우 그 해제를 명할 수 있다.

예제문제 12

건축허가에 관한 설명으로 가장 타당한 것은?

① 국토교통부장관은 국토관리상 특히 필요하다고 인정하는 경우에는 시장·군수·구청장의 건축허가를 제한할 수 있다.

② 판매시설의 건축의 경우 건축물의 용도·규모 또는 형태가 주거나 교육 등 주변 환경상 부적합하다고 인정될 때는 허가가 거부될 수도 있다.

③ 시·도지사가 시장·군수·구청장의 건축허가를 제한할 수 있는 최대기간은 2년이다.

④ 시·도지사는 주무부장관이 국민경제상 특히 필요하다고 요청하는 경우 허가권자의 건축허가를 제한할 수 있다.

[해설] ② 건축허가 거부대상 : 위락시설·숙박시설

③ 건축허가 최대기간 : 3년 이내(단서에 의한 연장기간을 포함하여야 한다.)

④ 주무부장관은 건축허가제한을 국토교통부장관에게 요청하여야 한다.

답 : ①

(8) 건축허가의 취소

법	시행령
제11조【건축허가】 ⑦ 허가권자는 제1항에 따른 허가를 받은 자가 다음 각호의 어느 하나에 해당하면 허가를 취소하여야 한다. 다만, 제1호에 해당하는 경우로서 정당한 사유가 있다고 인정되면 1년의 범위에서 공사의 착수기간을 연장할 수 있다. 〈개정 2014.1.14, 2017.1.17〉 1. 허가를 받은 날부터 2년(「산업집적활성화 및 공장설립에 관한 법률」제13조에 따라 공장의 신설·증설 또는 업종변경의 승인을 받은 공장은 3년) 이내에 공사에 착수하지 아니한 경우 2. 제1호의 기간 이내에 공사에 착수하였으나 공사의 완료가 불가능하다고 인정되는 경우 3. 제21조에 따른 착공신고 전에 경매 또는 공매 등으로 건축주가 대지의 소유권을 상실한 때부터 6개월이 지난 이후 공사의 착수가 불가능하다고 판단되는 경우 〈개정 2020.6.9〉 ⑧ 제5항 각 호의 어느 하나에 해당하는 사항과 제12조제1항의 관계 법령을 관장하는 중앙행정기관의 장은 그 처리기준을 국토교통부장관에게 통보하여야 한다. 처리기준을 변경한 경우에도 또한 같다. 〈개정 2013.3.23〉	

⑨ 국토교통부장관은 제8항에 따라 처리기준을 통보받은 때에는 이를 통합하여 고시하여야 한다. 〈개정 2013.3.23〉

⑩ 제4조제1항에 따른 건축위원회의 심의를 받은 자가 심의 결과를 통지 받은 날부터 2년 이내에 건축허가를 신청하지 아니하면 건축위원회 심의의 효력이 상실된다. 〈신설 2011.5.30.〉

요점 건축허가 및 신고의 취소

건축허가의 취소 사유	비고
1. 허가 후 2년(신고의 경우 1년) 이내 착공하지 아니한 경우(단, 정당한 사유가 있다고 인정하는 경우에는 1년간 연장가능)	허가권자가 청문 절차 없이 허가 취소한다.
2. 공사의 완료가 불가능하다고 인정한 경우(건축허가에 한함)	
3. 착공신고 전에 경·공매 등으로 건축주가 대지의 소유권을 상실한 때부터 6개월 경과 후 공사 착공이 불가능하다고 판단되는 경우	

■ 비고
건축위원회 심의를 받은 자가 심의결과 통지를 받은 날로부터 2년 이내에 건축허가를 신청하지 아니하면 건축위원회 심의 효력은 상실된다.

예제문제 13

건축허가에 관련한 다음 내용 중 현저히 부적당한 것은?

① 공사의 완료가 불가능하다고 인정되는 경우에는 건축허가 취소 사유가 된다.

② 허가권자는 건축허가를 받은 자가 2년 이내에 공사에 착공하지 않을 경우 허가를 취소하여야 한다.

③ "②"의 경우 정당한 사유가 있다고 인정하는 경우에는 1년의 범위 내에서 그 공사의 착수기간을 연장할 수 있다.

④ 건축주는 당해 건축공사의 현장에 건축허가 표지를 설치해야 한다.

해설 건축허가 표지판 설치의무자는 시공자이다.

답 : ④

예제문제 14

"건축법"에 따른 건축허가에 대한 내용으로 적절한 것은?　　　　**【21년 기출문제】**

① 특별시나 광역시에 21층 이상이거나 연면적의 합계가 10만 제곱미터 이상인 건축물을 건축하는 경우 특별시장 또는 광역시장의 허가를 받아야 한다.

② 허가를 받은 날부터 1년 이내에 공사에 착수하지 아니한 경우에는 허가를 취소할 수 있다.

③ 허가를 받은 발부터 1년 이내에 공사에 착수하지 아니한 경우라도 정당한 사유가 있다고 인정되면 1년의 범위에서 공사의 착수기간을 연장할 수 있다.

④ 건축위원회의 심의 결과를 통지 받은 날부터 1년 이내에 건축허가를 신청하지 아니하면 건축위원회 심의의 효력이 상실된다.

해설 ② 허가를 받은 후 2년 내 미착공시 허가취소
③ 허가를 받은 후 2년 내　미착공시 착공연기 신청(1년 연장 가능)
④ 심의결과 통지 후 2년 내 건축허가 미신청시 심의효력 상실

답 : ①

2 가설건축물

법	시행령
제20조【가설건축물】 ① 도시·군계획시설 및 도시·군계획시설예정지에서 가설건축물을 건축하려는 자는 특별자치시장·특별자치도지사 또는 시장·군수·구청장의 허가를 받아야 한다. 〈개정 2011.4.14, 2014.1.14〉 ② 특별자치시장·특별자치도지사 또는 시장·군수·구청장은 해당 가설건축물의 건축이 다음 각 호의 어느 하나에 해당하는 경우가 아니면 제1항에 따른 허가를 하여야 한다. 〈신설 2014.1.14〉 1. 「국토의 계획 및 이용에 관한 법률」 제64조에 위배되는 경우 2. 4층 이상인 경우 3. 구조, 존치기간, 설치목적 및 다른 시설 설치 필요성 등에 관하여 대통령령으로 정하는 기준의 범위에서 조례로 정하는 바에 따르지 아니한 경우 4. 그 밖에 이 법 또는 다른 법령에 따른 제한규정을 위반하는 경우 ③ 제1항에도 불구하고 재해복구, 흥행, 전람회, 공사용 가설건축물 등 대통령령으로 정하는 용도의 가설건축물을 축조하려는 자는 대통령령으로 정하는 존치 기간, 설치 기준 및 절차에 따라 특별자치시장·특별자치도지사 또는 시장·군수·구청장에게 신고한 후 착공하여야 한다. 〈개정 2014.1.14〉 ④ 제3항에 따른 신고에 관하여는 제14조제3항 및 제4항을 준용한다. 〈신설 2017.4.18.〉 ⑤ 제1항과 제3항에 따른 가설건축물을 건축하거나 축조할 때에는 대통령령으로 정하는 바에 따라 제25조, 제38조부터 제42조까지, 제44조부터 제50조까지, 제50조의2, 제51조부터 제64조까지, 제67조, 제68조와 「녹색건축물 조성 지원법」 제15조 및 「국토의 계획 및 이용에 관한 법률」 제76조 중 일부 규정을 적용하지 아니한다. 〈개정 2017.4.18〉 ⑥ 특별자치시장·특별자치도지사 또는 시장·군수·구청장은 제1항부터 제3항까지의 규정에 따라 가설건축물의 건축을 허가하거나 축조신고를 받은 경우 국토교통부령으로 정하는 바에 따라 가설건축물대장에 이를 기재하여 관리하여야 한다. 〈개정 2013.3.23, 2017.4.18〉 ⑦ 제2항 또는 제3항에 따라 가설건축물의 건축허가 신청 또는 축조신고를 받은 때에는 다른 법령에 따른 제한 규정에 대하여 확인이 필요한 경우 관계 행정기관의 장과 미리 협의하여야 하고, 협의 요청을 받은 관계 행정기관의 장은 요청을 받은 날부터 15일 이내에 의견을 제출하여야 한다. 이 경우 관계 행정기관의 장이 협의 요청을 받은 날부터 15일 이내에 의견을 제출하지 아니하면 협의가 이루어진 것으로 본다. 〈신설 2017.1.17., 2017.4.18.〉	**제15조【가설건축물】** ① 법 제20조제2항제3호에서 "대통령령으로 정하는 기준"이란 다음 각 호의 기준을 말한다. 〈개정 2012.4.10, 2014.10.14〉 1. 철근콘크리트조 또는 철골철근콘크리트조가 아닐 것 2. 존치기간은 3년 이내일 것. 다만, 도시·군계획사업이 시행될 때까지 그 기간을 연장할 수 있다. 3. 전기·수도·가스 등 새로운 간선 공급설비의 설치를 필요로 하지 아니할 것 4. 공동주택·판매시설·운수시설 등으로서 분양을 목적으로 건축하는 건축물이 아닐 것 ② 제1항에 따른 가설건축물에 대하여는 법 제38조를 적용하지 아니한다. ③ 제1항에 따른 가설건축물 중 시장의 공지 또는 도로에 설치하는 차양시설에 대하여는 법 제46조 및 법 제55조를 적용하지 아니한다. ④ 제1항에 따른 가설건축물을 도시·군계획 예정 도로에 건축하는 경우에는 법 제45조부터 제47조를 적용하지 아니한다. 〈개정 2012.4.10〉 ⑤ 법 제20조제3항에서 "재해복구, 흥행, 전람회, 공사용 가설건축물 등 대통령령으로 정하는 용도의 가설건축물"이란 다음 각 호의 어느 하나에 해당하는 것을 말한다. 〈개정 2016.6.30〉 1. 재해가 발생한 구역 또는 그 인접구역으로서 특별자치시장·특별자치도지사 또는 시장·군수·구청장이 지정하는 구역에서 일시사용을 위하여 건축하는 것 2. 특별자치시장·특별자치도지사 또는 시장·군수·구청장이 도시미관이나 교통소통에 지장이 없다고 인정하는 가설전람회장, 농·수·축산물 직거래용 가설점포, 그 밖에 이와 비슷한 것 3. 공사에 필요한 규모의 공사용 가설건축물 및 공작물 4. 전시를 위한 견본주택이나 그 밖에 이와 비슷한 것 〈이하 생략〉 **제15조의2【가설건축물의 존치기간 연장】** ① 특별자치시장·특별자치도지사 또는 시장·군수·구청장은 법 제20조에 따른 가설건축물의 존치기간 만료일 30일 전까지 해당 가설건축물의 건축주에게 다음 각 호의 사항을 알려야 한다. 〈개정 2016.6.30〉 1. 존치기간 만료일 2. 존치기간 연장 가능 여부 3. 제15조의3에 따라 존치기간이 연장될 수 있다는 사실(공장에 설치한 가설건축물에 한정한다) ② 존치기간을 연장하려는 가설건축물의 건축주는 다음 각 호

의 구분에 따라 특별자치시장·특별자치도지사 또는 시장·군수·구청장에게 허가를 신청하거나 신고하여야 한다. 〈개정 2014.10.14〉

1. 허가 대상 가설건축물 : 존치기간 만료일 14일 전까지 허가신청

2. 신고 대상 가설건축물 : 존치기간 만료일 7일 전까지 신고 〈이하 생략〉

③ 제2항에 따른 존치기간 연장허가신청 또는 존치기간 연장신고에 관하여는 제15조제8항 본문 및 같은 조 제9항을 준용한다. 이 경우 "건축허가"는 "존치기간 연장허가"로, "축조신고"는 "존치기간 연장신고"로 본다. 〈신설 2018.9.4〉

요점 가설건축물

(1) 허가대상 가설건축물

특별자치시장·특별자치도지사, 시장, 군수, 구청장은 도시·군계획시설 또는 도시·군계획시설 예정지에 있어서 가설건축물의 건축을 다음과 같이 허가할 수 있다.

1. 철근콘크리트조 또는 철골철근콘크리트조가 아닐 것

2. 존치기간은 3년 이내일 것 (단, 도시·군계획사업이 시행될 때까지 기간연장 가능)

3. 3층 이하일 것

4. 전기, 수도, 가스 등 새로운 간선공급설비의 설치를 요하지 아니할 것

5. 공동주택, 판매시설, 운수시설 등의 분양을 목적으로 건축하는 건축물이 아닐 것

6. 국토의 계획 및 이용에 관한 법률 규정에 의한 도시·군계획시설부지에서의 개발행위에 적합할 것

■ 가설건축물의 비교
(허가대상 및 신고대상)

	허가대상 가설건축물	신고대상 가설건축물
대상	도시·군계획시설 또는 도시·군계획시설예정지에 설치하는 건축물 (도시·군계획사업의 지장이 없는 범위 내)	재해복구·흥행, 전람회·공사용가설건축물 등 제한된 용도의 건축물

■ 비고
존치기간 연장 신청 : 존치기간 만료 14일 전까지 하여야 함.

예제문제 15

도시·군계획시설 또는 도시·군계획시설 예정지에 가설건축물의 건축을 허가할 수 있는 기준으로 가장 부적당한 것은?

① 철골철근콘크리트조 또는 철골조일 것
② 공동주택·판매 및 영업시설 등으로서 분양을 목적으로 건축하는 건축물이 아닐 것
③ 전기, 가스 등 새로운 간선공급설비의 설치를 요하지 아니할 것
④ 3층 이하의 규모일 것

해설 가설건축물 설치기준
· 철근콘크리트조 또는 철골철근콘크리트조가 아닐 것
· 존치기간은 3년 이내일 것(단, 도시·군계획사업이 시행될 때까지 기간연장 가능)
· 3층 이하일 것
· 전기, 수도, 가스 등 새로운 간선공급설비의 설치를 요하지 아니할 것
· 공동주택, 판매시설 등의 분양을 목적으로 하는 건축물이 아닌 것
· 국토계획법의 단계별집행계획의 규정에 적합할 것

답 : ①

(2) 신고대상 가설건축물

① 재해복구·흥행·전람회·공사용 가설건축물 등의 가설건축물을 축조하고자 하는 자는 그 선축불의 존치기간을 정하여 특별자치시장, 특별자치도지사, 시장·군수·구청장에게 신고하여야 한다.

② 시장 등은 신고를 받은 날로부터 5일 이내에 수리여부를 신고인에게 통지하여야 한다. 단, 협의 등이 필요한 경우에는 20일 이내에 신고수리여부를 통지한다고 5일 이내에 통지 한다.

③ 신고한 가설건축물의 존치기간을 3년 이내로 하되 연장하고자 하는 자는 존치기간 만료 7일 전(허가대상인 경우에는 14일 전)에 시장 등에게 신고하여야 한다.

④ 시장 등은 존치기간 만료일 30일 전까지 건축주에게 존치기간 만료일을 통지하여야 한다.

3 용도변경

법	시행령
제19조【용도변경】 ① 건축물의 용도변경은 변경하려는용도의 건축기준에 맞게 하여야 한다. ② 제22조에 따라 사용승인을 받은 건축물의 용도를 변경하려는 자는 다음 각 호의 구분에 따라 국토교통부령으로 정하는 바에 따라 특별자치시장·특별자치도지사 또는 시장·군수·구청장의 허가를 받거나 신고를 하여야 한다.〈개정 2013.3.23, 2014.1.14〉 1. 허가 대상 : 제4항 각 호의 어느 하나에 해당하는 시설군(施設群)에 속하는 건축물의 용도를 상위군(제4항 각 호의 번호가 용도변경하려는 건축물이 속하는 시설군보다 작은 시설군을 말한다)에 해당하는 용도로 변경하는 경우 2. 신고 대상 : 제4항 각 호의 어느 하나에 해당하는 시설군에 속하는 건축물의 용도를 하위군(제4항 각 호의 번호가 용도변경하려는 건축물이 속하는 시설군보다 큰 시설군을 말한다)에 해당하는 용도로 변경하는 경우 ③ 제4항에 따른 시설군 중 같은 시설군 안에서 용도를 변경하려는 자는 국토교통부령으로 정하는 바에 따라 특별자치시장, 특별자치도지사 또는 시장·군수·구청장에게 건축물대장 기재내용의 변경을 신청하여야 한다. 다만, 대통령령으로 정하는 변경의 경우에는 그러하지 아니하다.〈개정 2013.3.23, 2014.1.14〉 ④ 시설군은 다음 각 호와 같고 각 시설군에 속하는 건축물의 세부 용도는 대통령령으로 정한다. 1. 자동차 관련 시설군 2. 산업 등의 시설군 3. 전기통신시설군 4. 문화 및 집회시설군 5. 영업시설군 6. 교육 및 복지시설군 7. 근린생활시설군 8. 주거업무시설군 9. 그 밖의 시설군	**제14조【용도변경】** ① 삭제 〈2006.5.8〉 ② 삭제 〈2006.5.8〉 ③ 국토교통부장관은 법 제19조제1항에 따른 용도변경을 할 때 적용되는 건축기준을 고시할 수 있다. 이 경우 다른 행정기관의 권한에 속하는 건축기준에 대하여는 미리 관계 행정기관의 장과 협의하여야 한다.〈개정 2008.10.29, 2011.6.29, 2012.12.12, 2013.3.24〉 ④ 법 제19조제3항 단서에서 "대통령령으로 정하는 변경"이란 다음 각 호의 어느 하나에 해당하는 건축물 상호 간의 용도변경을 말한다. 다만, 별표 1 제3호다목(목욕장만 해당한다)·라목, 같은 표 제4호가목·사목·카목·파목(골프연습장, 놀이형시설만 해당한다)·더목·러목, 같은 표 제7호다목2) 및 같은 표 제16호가목·나목에 해당하는 용도로 변경하는 경우는 제외한다. 〈개정 2014.3.24, 2019.10.22〉 1. 별표 1의 같은 호에 속하는 건축물 상호 간의 용도변경. 2. 「국토의 계획 및 이용에 관한 법률」이나 그 밖의 관계 법령에서 정하는 용도제한에 적합한 범위에서 제1종 근린생활시설과 제2종 근린생활시설 상호 간의 용도 변경 ⑤ 법 제19조제4항 각 호의 시설군에 속하는 건축물의 용도는 다음 각 호와 같다. 〈개정 2016.2.11, 2023.5.15〉 1. 자동차 관련 시설군 　자동차 관련 시설 2. 산업 등 시설군 　가. 운수시설 　나. 창고시설 　다. 공장 　라. 위험물저장 및 처리시설 　마. 자원순환관련시설 　바. 묘지 관련 시설 　사. 장례시설 3. 전기통신시설군 　가. 방송통신시설 　나. 발전시설 4. 문화집회시설군 　가. 문화 및 집회시설 　나. 종교시설 　다. 위락시설 　라. 관광휴게시설

⑤ 제2항에 따른 허가나 신고 대상인 경우로서 용도변경하려는 부분의 바닥면적의 합계가 100제곱미터 이상인 경우의 사용승인에 관하여는 제22조를 준용한다. 다만, 용도변경하려는 부분의 바닥면적의 합계가 500제곱미터 미만으로서 대수선에 해당되는 공사를 수반하지 아니하는 경우에는 그러하지 아니하다. 〈개정 2016.1.19.〉

⑥ 제2항에 따른 허가 대상인 경우로서 용도변경하려는 부분의 바닥면적의 합계가 500제곱미터 이상인 용도변경(대통령령으로 정하는 경우는 제외한다)의 설계에 관하여는 제23조를 준용한다.

⑦ 제1항과 제2항에 따른 건축물의 용도변경에 관하여는 제3조, 제5조, 제6조, 제7조, 제11조제2항부터 제9항까지, 제12조, 제14조부터 제16조까지, 제18조, 제20조, 제27조, 제29조, 제38조, 제42조부터 제44조까지, 제48조부터 제50조까지, 제50조의2, 제51조부터 제56조까지, 제58조, 제60조부터 제64조까지, 제67조, 제68조, 제78조부터 제87조까지의 규정과 「녹색건축물 조성 지원법」 제15조 및 「국토의 계획 및 이용에 관한 법률」 제54조를 준용한다. 〈개정 2014.5.28, 2019.4.30〉

제19조의2【복수 용도의 인정】 ① 건축주는 건축물의 용도를 복수로 하여 제11조에 따른 건축허가, 제14조에 따른 건축신고 및 제19조에 따른 용도변경 허가·신고 또는 건축물대장 기재내용의 변경 신청을 할 수 있다.

② 허가권자는 제1항에 따라 신청한 복수의 용도가 이 법 및 관계 법령에 정한 건축기준과 입지기준 등에 모두 적합한 경우에 한정하여 국토교통부령으로 정하는 바에 따라 복수용도를 허용할 수 있다.

[본조신설 2016.1.19.]

5. 영업시설군
   가. 판매시설
   나. 운동시설
   다. 숙박시설
   라. 제2종 근린생활시설 중 다중생활시설
6. 교육 및 복지시설군
   가. 의료시설
   나. 교육연구시설
   다. 노유자시설(老幼者施設)
   라. 수련시설
   마. 야영장시설
7. 근린생활시설군
   가. 제1종 근린생활시설
   나. 제2종 근린생활시설(다중생활시설은 제외한다)
8. 주거업무시설군
   가. 단독주택
   나. 공동주택
   다. 업무시설
   라. 교정 시설
   마. 국방·군사 시설
9. 그 밖의 시설군
   가. 동물 및 식물 관련 시설

⑥ 기존의 건축물 또는 대지가 법령의 제정·개정이나 제6조의2제1항 각 호의 사유로 법령 등에 부적합하게 된 경우에는 건축조례로 정하는 바에 따라 용도변경을 할 수 있다. 〈개정 2008.10.29〉

⑦ 법 제19조제6항에서 "대통령령으로 정하는 경우"란 1층인 축사를 공장으로 용도변경하는 경우로서 증축·개축 또는 대수선이 수반되지 아니하고 구조 안전이나 피난 등에 지장이 없는 경우를 말한다. 〈개정 2008.10.29〉

요점 **용도변경**

(1) 행정절차

사용승인을 얻은 건축물의 용도변경은 다음과 같이 특별자치시장·특별자치도지사, 시장, 군수, 구청장의 허가 또는 신고대상 행위와 임의적인 자유변경행위로 구분한다.

분류	시설군	절차
1. 자동차 관련 시설군	· 자동차 관련 시설	① 허가대상 : 상위군(오름차순)에 해당하는 용도로 변경하는 행위 ② 신고대상 : 하위군(내림차순)에 해당하는 용도로 변경하는 행위 ③ 임의(건축물대장 기재변경 신청) : 동일한 시설군내에서 용도를 변경하는 행위 ④ 건축법대장 기재사항변경 신청 없이 용도 변경가능 대상 : 다음 가. 나에 해당하는 행위 가. 건축법시행령 별표1의 같은 호에 속하는 건축물 상호간의 용도변경 나. 「국토의 계획 및 이용에 관한 법률」 등에서 정하는 용도제한에 적합한 범위에서 제1종 근린생활시설과 제2종 근린생활시설 상호 간의 용도변경
2. 산업 등의 시설군	· 운수시설 · 창고시설 · 공장 · 위험물저장 및 처리시설 · 자원순환 관련시설 · 묘지관련시설 · 장례시설	
3. 전기통신시설군	· 방송통신시설 · 발전시설	
4. 문화 및 집회시설군	· 문화 및 집회시설 · 종교시설 · 위락시설 · 관광휴게시설	
5. 영업시설군	· 판매시설 · 운동시설 · 숙박시설 · 다중생활시설	
6. 교육 및 복지시설군	· 의료시설 · 교육연구시설 · 노유자시설 · 수련시설 · 야영장시설	
7. 근린생활시설군	· 1종 및 2종 근린생활시설	
8. 주거업무시설군	· 단독, 공동주택 · 업무시설 · 교정 시설 · 국방·군사 시설	
9. 기타 시설군	· 동물 및 식물관련시설	

(2) 적용법령

용도변경 행위는 법42조(대지안의 조경), 48조(구조내력 등), 55조(건폐율) 등의 규정을 준용하나 사용승인과 건축물의 설계에 대한 기준은 다음과 같이 적용한다.

준용법령	용도변경 범위
법22조 (건축물의 사용승인)	허가 또는 신고대상인 용도변경하는 부분의 바닥면적 합계가 100m² 이상인 용도변경의 사용승인
법23조 (건축물의 설계)	허가대상인 용도변경하고자 하는 부분의 바닥면적 합계가 500m² 이상인 용도변경의 설계(단, 1층인 축사를 공장으로 용도변경시 제외)

(3) 복수용도의 인정

① 건축주는 건축물의 용도를 복수로하여 허가·신고 및 용도변경을 신청할 수 있다.

② 허가권자는 ①항의 신청이 용도변경 분류절차 중 같은 시설군내에서(다른 시설군 간의 경우에는 건축위원회의 심의를 거쳐야 함) 적법한 경우 허용할 수 있다.

예제문제 16

건축법상 건축물의 용도변경 시 운동시설(A)과 교정 및 군사시설(B)이 속하는 시설군은?

	A	B
①	문화 및 집회시설군	산업 등 시설군
②	문화 및 집회시설군	주거업무시설군
③	영업시설군	산업 등 시설군
④	영업시설군	주거업무시설군

해설 용도변경에 대한 시설분류
· 영업시설군 : 판매시설, 운동시설, 숙박시설
· 주거업무시설군 : 단독주택, 공동주택, 업무시설, 교정 시설, 국방·군사시설

답 : ④

예제문제 17

"건축법"에 따라 사용승인을 받은 건축물의 용도를 변경하려고 할 때 용도변경의 허가를 받아야 하는 경우로 가장 적절한 것은? 【18년 기출문제】

	〈기 존〉		〈변 경〉
①	문화 및 집회시설	→	위락시설
②	방송통신시설	→	교육연구시설
③	종교시설	→	노유자시설
④	업무시설	→	공장

[해설] ① 4군 → 4군 : 임의
　　　② 3군 → 6군 ┐
　　　　　　　　　　┤신고
　　　③ 4군 → 6군 ┘
　　　④ 8군 → 2군 : 허가

답 : ④

예제문제 18

건축법령상 건축물의 용도변경에 관한 설명 중 가장 적합한 것은?

① 문화 및 집회시설군을 교육 및 복지시설군으로 용도 변경 시 허가를 받아야 한다.
② 숙박시설에서 교정 시설로 용도 변경시 신고를 해야 한다.
③ 용도변경하려는 부분의 바닥면적의 합계가 100m² 이상인 경우 건축법의 건축물 설계에 관한 규정을 준용한다.
④ 같은 시설군 안에서 용도를 변경하는 모든 경우 건축물대장 기재내용의 변경을 신청하지 아니한다.

[해설] 숙박시설(영업시설군 : 5분류)에서 교정 시설(주거업무시설군 : 8분류)로의 변경은 신고 대상 행위임

답 : ②

|참고|

■ 허가신고사항의 변경

■ 건축물의 건축 행위
1. 신축
2. 증축
3. 개축
4. 재축
5. 이전

1. 설계변경에 대한 재허가 또는 재신고의 행정절차

설계변경 행위	절차구분
1. 바닥면적의 합계가 85m²를 초과하는 신축, 증축, 개축에 해당하는 경우	재허가대상
2. 상기 1.이 아닌 기타의 경우	재신고대상
3. 신고로서 허가를 갈음한 건축물 중 연면적이 신고로서 허가에 갈음할 수 있는 규모 안에서의 변경	재신고대상
4. 건축주, 건축사, 공사시공자 또는 공사감리자를 변경하는 경우	재신고대상
5. 건축(신축·증축·개축·재축·이전) 또는 대수선에 해당하지 않는 변경	건축주 임의

2. 사용승인 신청시 일괄신고의 범위

일괄변경 신고대상	조건
1. 변경되는 부분의 바닥면적의 합계가 50m² 이하로서 다음의 요건을 모두 갖춘 경우 ① 변경되는 부분의 높이가 1m 이하이거나 전체 높이의 1/10 이하일 것 ② 위치 변경 범위가 1m 이내일 것 ③ 신고에 의한 건축물인 경우 변경 후 건축허가 규모가 아닐 것	건축물의 동수나 층수를 변경하지 아니하는 경우에 한함
2. 연면적 합계의 1/10 이하인 경우(연면적 5,000m² 이상인 건축물은 각 층의 바닥면적이 50m² 이하의 범위 안에서의 변경일 것)	건축물의 동수나 층수를 변경하지 아니하는 경우에 한함
3. 대수선에 해당하는 경우	-
4. 변경되는 부분의 높이가 1m 이하이거나 전체 높이의 1/10 이하인 경우	건축물의 층수를 변경하지 아니하는 경우에 한함
5. 변경되는 부분의 위치가 1m 이하인 경우	-

예제문제 19

이미 건축허가를 받았거나 신고한 사항을 다시 변경하고자 하는 경우에 변경 후 사용승인시 일괄하여 신고할 수 있는 것이 아닌 것은?

① 건축물의 동수나 층수를 변경하지 않고 변경되는 부분의 바닥면적의 합계가 85m² 이하인 경우

② 건축물의 동수나 층수를 변경하지 않고 변경되는 부분의 연면적 합계가 1/10 이하인 경우

③ 대수선에 해당하는 경우

④ 변경되는 부분의 위치가 1m 이하인 경우

해설 바닥면적의 합계 50m² 이하의 변경

답 : ①

4 건설 절차

(1) 착공신고

법	시행령
제21조【착공신고 등】 ① 제11조·제14조 또는 제20조제1항에 따라 허가를 받거나 신고를 한 건축물의 공사를 착수하려는 건축주는 국토교통부령으로 정하는바에 따라 허가권자에게 공사계획을 신고하여야 한다. 〈개정 2013.3.23, 2019.4.30, 2021.10.28〉 ② 제1항에 따라 공사계획을 신고하거나 변경신고를 하는 경우 해당 공사감리자(제25조제1항에 따른 공사감리자를 지정한 경우만 해당된다)와 공사시공자가 신고서에 함께 서명하여야 한다. ③ 허가권자는 제1항 본문에 따른 신고를 받은 날부터 3일 이내에 신고수리 여부 또는 민원 처리 관련 법령에 따른 처리기간의 연장 여부를 신고인에게 통지하여야 한다. 〈신설 2017.4.18.〉 ④ 허가권자가 제3항에서 정한 기간 내에 신고수리 여부 또는 민원 처리 관련 법령에 따른 처리기간의 연장 여부를 신고인에게 통지하지 아니하면 그 기간이 끝난 날의 다음 날에 신고를 수리한 것으로 본다. 〈신설 2017.4.18.〉 ⑤ 건축주는 「건설산업기본법」 제41조를 위반하여 건축물의 공사를 하거나 하게 할 수 없다. 〈개정 2017.4.18.〉 ⑥ 제11조에 따라 허가를 받은 건축물의 건축주는 제1항에 따른 신고를 할 때에는 제15조제2항에 따른 각 계약서의 사본을 첨부하여야 한다. 〈개정 2017.4.18.〉 **제13조【건축 공사현장 안전관리 예치금 등】** ① 제11조에 따라 건축허가를 받은 자는 건축물의 건축공사를 중단하고 장기간 공사현장을 방치할 경우 공사현장의 미관 개선과 안전관리 등 필요한 조치를 하여야 한다. ② 허가권자는 연면적이 1천제곱미터 이상인 건축물(「주택도시기금법」에 따른 주택도시보증공사가 분양보증을 한 건축물, 「건축물의 분양에 관한 법률」 제4조제1항제1호에 따른 분양보증이나 신탁계약을 체결한 건축물은 제외한다)로서 해당 지방자치단체의 조례로 정하는 건축물에 대하여는 제21조에 따른 착공신고를 하는 건축주(「한국토지주택공사법」에 따른 한국토지주택공사 또는 「지방공기업법」에 따라 건축사업을 수행하기 위하여 설립된 지방공사는 제외한다)에게 장기간 건축물의 공사현장이 방치되는 것에 대비하여 미리 미관 개선과 안전관리에 필요한 비용(대통령령으로 정하는 보증서를 포함하며, 이하 "예치금"이라 한	**[시행규칙]** **제14조【착공신고 등】** ① 법 제21조제1항에 따른 건축공사의 착공신고를 하려는 자는 별지 제13호서식의 착공신고서(전자문서로 된 신고서를 포함한다)에 다음 각 호의 서류 및 도서를 첨부하여 허가권자에게 제출하여야 한다. 〈개정 2016.7.20, 2021.12.31〉 1. 법 제15조에 따른 건축관계자 상호간의 계약서 사본(해당 사항이 있는 경우로 한정한다) 2. 별표 4의2의 설계도서. 다만, 법 제11조 또는 제14조에 따라 건축허가 또는 신고를 할 때 제출한 경우에는 제출하지 않으며, 변경사항이 있는 경우에는 변경사항을 반영한 설계도서를 제출한다. 〈개정 2018.11.29〉 3. 법 제25조제1항에 따른 감리계약서(해당사항이 있는 경우로 한정한다) 4. 「건축사법 시행령」 제21조 제2항에 따라 제출 받은 보험 증서 또는 공제증서의 사본 ② 건축주는 법 제11조제7항 각 호 외의 부분 단서에 따라 공사착수시기를 연기하려는 경우에는 별지 제14호서식의 착공연기신청서(전자문서로 된 신청서를 포함한다)를 허가권자에게 제출하여야 한다. 〈개정 2008.12.11〉 〈이하 생략〉

다)을 건축공사비의 1퍼센트의 범위에서 예치하게 할 수 있다. 〈개정 2012.12.18., 2014.5.28., 2015.1.6.〉

③ 허가권자가 예치금을 반환할 때에는 대통령령으로 정하는 이율로 산정한 이자를 포함하여 반환하여야 한다. 다만, 보증서를 예치한 경우에는 그러하지 아니하다.

④ 제2항에 따른 예치금의 산정·예치 방법, 반환 등에 관하여 필요한 사항은 해당 지방자치단체의 조례로 정한다.

⑤ 허가권자는 공사현장이 방치되어 도시미관을 저해하고 안전을 위해한다고 판단되면 건축허가를 받은 자에게 건축물 공사현장의 미관과 안전관리를 위한 다음 각 호의 개선을 명할 수 있다. 〈개정 2014.5.28, 2019.4.30, 2020.6.9〉
1. 안전울타리 설치 등 안전조치
2. 공사재개 또는 해체 등 정비

요점 착공신고

1) 착공신고

다음과 같은 건축물의 건축주는 공사착수 전에 허가권자에게 공사계획을 신고하여야 한다.

구 분	내 용
① 대상	1. 건축허가 대상(법 제11조) 2. 건축신고 대상(법 제14조) 3. 가설건축물 축조허가 대상(법 제20조 제1항)
② 의무자 및 시기	건축주가 공사착수 전 허가권자에게 공사계획을 신고
③ 첨부서류 및 도서	1. 건축관계자 상호간의 계약서 사본(해당사항의 경우) 2. 시방서, 실내재료 마감표, 건축설비도, 토지굴착 및 옹벽도 3. 흙막이 구조도면(지하 2층 이상의 지하층을 설치하는 경우) 4. 구조안전 확인서 5. 보험 증서 또는 공제증서의 사본
④ 절차 등	1. 공사계획을 신고하거나 변경신고하는 경우 해당 공사감리자 및 공사시공자가 신고서에 함께 서명 2. 건축주는 공사착수시기를 연기하고자 하는 경우 착공연기신청서를 허가권자에게 제출 3. 허가권자는 착공신고서 또는 착공연기신청서를 접수한 때에는 3일 이내에 착공신고필증, 착공연기확인서를 신고인이나 신청인에 통지 4. 허가권자는 가스, 전기·통신, 상·하수도 등 지하매설물에 영향을 줄 우려가 있는 토지굴착공사를 수반하는 건축물의 착공신고가 있는 경우, 당해 지하매설물의 관리기관에 토지굴착공사에 관한 사항을 통보 5. 착공신고대상 건축물 중 석면 조사대상 건축물(산업안전보건법 시행령 제30조의3)에 대하여 착공신고를 하려는 자는 석면조사결과 사본을 첨부

■ 석면조사대상 건축물(산업안전보건법 시행령 제30조의 3)
1. 주택 : 연면적 합계 200m² 이상이면서 철거·해체부분 면적 200m² 이상인 경우
2. 주택이외의 건축물
   연면적 합계 50m² 이상으로서 철거·해체 부분면적 50m² 이상인 경우 등

예제문제 20

착공신고에 관련된 내용으로 부적합한 것은?

① 공사시공자는 건축공사에 착수하기 전까지 허가권자에게 그 공사계획을 신고하여야 한다.

② 착공을 제한하는 경우 착공 제한일로부터 2년 이내로 한다.

③ 착공신고시 석면조사 대상 건축물은 석면조사결과 사본을 제출하여야 한다.

④ 지하 2층 이상의 지하층을 설치하는 경우 흙막이 구조도면이 필요하다.

해설 착공신고는 건축주가 허가권자에게 당해 공사계획을 신고하여야 한다.

답 : ①

2) 안전관리 예치금

① 대상	연면적 $1,000m^2$ 이상으로서 조례가 정하는 건축물
② 예치금	허가권자는 대상건축물의 착공 신고시 건축주에게 건축공사비와 1% 범위 안에서 예치하게 할 수 있다.
③ 예치금의 반환이율	허가권자가 예치금을 반환하는 때에는 한국은행이 조사, 발표하는 생산자 물가지수에 의한 비율로 산정한 이자를 포함하여 반환하여야 한다.
④ 예치금의 산정 등	예치금의 산정·예치방법 및 반환 등에 관하여 필요한 사항은 당해 지방자치단체의 조례로 정한다.

(2) 사용승인

법	시행령
제22조 【건축물의 사용승인】 ① 건축주가 제11조·제14조 또는 제20조제1항에 따라 허가를 받았거나 신고를 한 건축물의 건축공사를 완료[하나의 대지에 둘 이상의 건축물을 건축하는 경우 동(棟)별 공사를 완료한 경우를 포함한다]한 후 그 건축물을 사용하려면 제25조제6항에 따라 공사감리자가 작성한 감리 완료보고서(같은 조 제1항에 따른 공사감리자를 지정한 경우만 해당된다)와 국토교통부령으로 정하는 공사완료도서를 첨부하여 허가권자에게 사용승인을 신청하여야 한다. 〈개정 2016.2.3〉 ② 허가권자는 제1항에 따른 사용승인신청을 받은 경우 국토교통부령으로 정하는 기간에 다음 각 호의 사항에 대한 검사를 실시하고, 검사에 합격된 건축물에 대하여는 사용승인서를 내주어야 한다. 다만, 해당 지방자치단체의 조례로 정하는 건축물은 사용승인을 위한 검사를 실시하지 아니하고 사용승인서를 내줄 수 있다. 〈개정 2013.3.23〉 1. 사용승인을 신청한 건축물이 이 법에 따라 허가 또는 신고한 설계도서대로 시공되었는지의 여부 2. 감리완료보고서, 공사완료도서 등의 서류 및 도서가 적합하게 작성되었는지의 여부 ③ 건축주는 제2항에 따라 사용승인을 받은 후가 아니면 건축물을 사용하거나 사용하게 할 수 없다. 다만, 다음 각 호의 어느 하나에 해당하는 경우에는 그러하지 아니하다. 〈개정 2013.3.23〉 1. 허가권자가 제2항에 따른 기간 내에 사용승인서를 교부하지 아니한 경우 2. 사용승인서를 교부받기 전에 공사가 완료된 부분이 건폐율, 용적률, 설비, 피난·방화 등 국토교통부령으로 정하는 기준에 적합한 경우로서 기간을 정하여 대통령령으로 정하는 바에 따라 임시로 사용의 승인을 한 경우 ④ 건축주가 제2항에 따른 사용승인을 받은 경우에는 다음 각 호에 따른 사용승인·준공검사 또는 등록신청등을 받거나 한 것으로 보며, 공장건축물의 경우에는 「산업집적활성화 및 공장설립에 관한 법률」 제14조의2에 따라 관련 법률의 검사 등을 받은 것으로 본다. 〈개정 2017.1.17., 2019.3.28., 2021.4.1.〉 1. 「하수도법」 제27조에 따른 배수설비(排水設備)의 준공검사 및 같은 법 제37조에 다른 개인하수처리시설의 준공검사 2. 「공간정보의 구축 및 관리 등에 관한 법률」 제64조에 따른 지적공부(地籍公簿)의 변동사항 등록신청 3. 「승강기 안전관리법」 제28조에 따른 승강기 설치 검사	제17조 【건축물의 사용승인】 ① 삭제 〈2006.5.8〉 ② 건축주는 법 제22조제3항제2호에 따라 사용승인서를 받기 전에 공사가 완료된 부분에 대한 임시사용의 승인을 받으려는 경우에는 국토교통부령으로 정하는 바에 따라 임시사용승인신청서를 허가권자에게 제출(전자문서에 의한 제출을 포함한다)하여야 한다. 〈개정 2008.10.29, 2013.3.23〉 ③ 허가권자는 제2항의 신청서를 접수한 경우에는 공사가 완료된 부분이 법 제22조제3항제2호에 따른 기준에 적합한 경우에만 임시사용을 승인할 수 있으며, 식수 등 조경에 필요한 조치를 하기에 부적합한 시기에 건축공사가 완료된 건축물은 허가권자가 지정하는 시기까지 식수(植樹) 등 조경에 필요한 조치를 할 것을 조건으로 임시사용을 승인할 수 있다. 〈개정 2008.10.29〉 ④ 임시사용승인의 기간은 2년 이내로 한다. 다만, 허가권자는 대형 건축물 또는 암반공사 등으로 인하여 공사기간이 긴 건축물에 대하여는 그 기간을 연장할 수 있다. 〈개정 2008.10.29〉 ⑤ 법 제22조제6항 후단에서 "대통령령으로 정히는 주요 공사의 시공자"란 다음 각 호의 어느 하나에 해당하는 자를 말한다. 〈개정 2008.10.29, 2020.2.18, 2023.9.12〉 1. 「건설산업기본법」 제9조에 따라 종합공사 또는 전문공사를 시공하는 업종을 등록한 자로서 발주자로부터 건설공사를 도급 받은 건설 사업자 2. 「전기공사업법」·「소방시설공사업법」 또는 「정보통신공사업법」 에 따라 공사를 수행하는 시공자 [시행규칙] 제16조 【사용승인신청】 ② 허가권자는 제1항에 따른 사용승인신청을 받은 경우에는 법 제22조제2항에 따라 그 신청서를 받은 날부터 7일 이내에 사용승인을 위한 현장검사를 실시하여야 하며, 현장검사에 합격된 건축물에 대하여는 별지 제18호서식의 사용승인서를 신청인에게 발급하여야 한다. 〈개정 2008.12.11〉

4. 「에너지이용 합리화법」 제39조에 따른 보일러 설치검사
5. 「전기안전관리법」 제9조에 따른 전기설비의 사용전검사
6. 「정보통신공사업법」 제36조에 따른 정보통신공사의 사용전검사
7. 「도로법」 제38조제3항에 따른 도로점용공사 완료확인
8. 「국토의 계획 및 이용에 관한 법률」 제62조에 따른 개발행위의 준공검사
9. 「국토의 계획 및 이용에 관한 법률」 제98조에 따른 도시·군계획시설사업의 준공검사
10. 「물환경보전법」 제37조에 따른 수질오염물질 배출시설의 가동개시의 신고
11. 「대기환경보전법」 제30조에 따른 대기오염물질 배출 시설의 가동개시의 신고
12. 삭제 〈2009.6.9〉
⑤ 허가권자는 제2항에 따른 사용승인을 하는 경우 제4항 각 호의 어느 하나에 해당하는 내용이 포함되어 있으면 관계 행정기관의 장과 미리 협의하여야 한다.
⑥ 특별시장 또는 광역시장은 제2항에 따라 사용승인을 한 경우 지체 없이 그 사실을 군수 또는 구청장에게 알려서 건축물대장에 적게 하여야 한다. 이 경우 건축물대장에는 설계자, 대통령령으로 정하는 주요 공사의 시공자, 공사감리자를 적어야 한다.

제26조 【허용오차】 대지의 측량(「공간정보의 구축 및 관리 등에 관한 법률」에 따른 지적측량은 제외한다)이나 건축물의 건축 과정에서 부득이하게 발생하는 오차는 이 법을 적용할 때 국토교통부령으로 정하는 범위에서 허용한다. 〈개정 2014.6.3〉

제17조 【임시사용승인신청 등】 ① 영 제17조제2항의 규정에 의한 임시사용승인신청서는 별지 제17호서식에 의한다. 〈개정 1996.1.18, 1999.5.11〉
② 영 제17조제3항에 따라 허가권자는 건축물 및 대지의 일부가 법 제40조부터 제58조까지, 법 제60조부터 제62조까지, 법 제64조, 법 제67조부터 제68조 및 법 제77조를 위반하여 건축된 경우에는 해당 건축물의 임시사용을 승인하여서는 아니된다. 〈개정 2008.12.11, 2012.12.12〉
③ 허가권자는 제1항의 규정에 의한 임시사용승인신청을 받은 경우에는 당해 신청서를 받은 날부터 7일 이내에 별지 제19호서식의 임시사용승인서를 신청인에게 교부하여야 한다. 〈신설 1999.5.11〉

요점 **사용승인**

1) 건축물의 사용승인

① 건축주는 공사완료(동별 공사 완료 포함) 후 감리보고서와 공사완료 도서를 첨부하여 허가권자에게 사용 승인 신청을 하여야 한다.

② 건축주의 사용승인신청에 대하여 허가권자는 감리비용 지불 확인 후 신청 접수일로부터 7일 이내에 사용승인검사를 실시하여 검사에 합격한 후 즉시 사용승인서를 교부한다.

③ 하나의 대지에 2 이상의 건축물을 건축하는 경우 동별공사를 완료한 경우 사용승인신청을 할 수 있다.

④ 건축주는 원칙적으로 사용승인을 얻은 후에 그 건축물을 사용하거나 사용하게 할 수 있다.

(단, 기간 내에 사용승인서를 교부하지 않거나, 임시사용승인의 경우 제외)

2) 임시사용승인

구분	내용
① 대상	· 사용승인서를 교부받기 전에 공사가 완료된 부분 · 식수 등 조경에 필요한 조치를 하기에 부적합한 시기에 건축공사가 완료된 건축물
② 기간	· 2년 이내(다만, 허가권자는 대형건축물 또는 암반공사 등으로 인하여 공사기간이 장기간인 건축물에 대하여는 그 기간을 연장할 수 있음)
③ 신청	· 건축주가 임시사용승인 신청서를 허가권자에게 제출
④ 승인	· 신청받은 날부터 7일 이내에 임시사용승인서를 신청인에 교부

3) 건축물대장 기재 통지

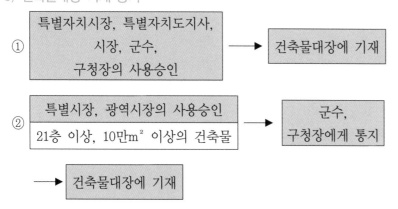

③ 허가(신고)대상 가설건축물은 가설건축물관리대장에 기재·관리한다.

예제문제 21

건축법상 건축물의 사용승인에 관한 사항 중 가장 부적합한 것은?

① 건축주는 원칙적으로 사용승인을 얻은 후가 아니면 그 건축물을 사용하거나 타인에게 사용하게 할 수 없다.

② 임시사용승인의 기간은 2년 이내로 하되 허가권자는 특별한 경우 그 기간을 연장할 수 있다.

③ 허가권자는 사용승인 신청을 받은 때에는 14일 이내에 사용승인을 위한 검사를 하여야 한다.

④ 건축주는 공사감리자를 지정한 경우 공사감리완료보고서를 첨부하여 사용승인을 신청하여야 한다.

해설 사용승인 신청일로부터 7일 이내에 사용승인검사를 실시한다.

답 : ③

예제문제 22

건축물의 사용승인 등에 대한 기술 중 가장 부적당한 것은?

① 건축주가 사용승인을 신청하는 경우에는 공사감리자가 작성한 감리완료보고서를 첨부하여야 한다.

② 사용검사에 합격된 건축물에 대해서 시장 등이 7일 이내에 사용승인서를 교부하여야 한다.

③ 건축주는 사용승인서를 교부받기 전에 공사가 완료된 부분에 대하여 임시사용승인을 얻을 수 있다.

④ 임시사용승인의 기간은 2년 이내로 한다.

해설 사용승인검사에 합격된 경우에는 즉시 사용승인서를 교부하여야 한다.

답 : ②

4) 허용오차

대지의 측량(공간정보의 구축 및 관리에 관한 법률에 의한 측량 제외) 과정과 건축물의 건축에 있어 부득이하게 발생하는 오차의 허용범위는 다음과 같다.

① 대지관련 건축기준의 허용오차(시행규칙 별표5)

항목	허용되는 오차의 범위
1. 건축선의 후퇴거리	3% 이내
2. 인접대지경계선과의 거리	
3. 인접건축물과의 거리	
4. 건폐율	0.5% 이내(단, 건축면적 5m²를 초과할 수 없다.)
5. 용적률	1% 이내(단, 연면적 30m²를 초과할 수 없다.)

■ 용어해설
1. 이상, 이하, 이내 : 기준 숫자를 포함한다.
2. 미만, 초과, 넘는 : 기준 숫자를 포함하지 않는다.

```
              ┌──→ 10이상
---- 9  (10)  11 ----
      10이하 ←┘
                    ┌──→ 10을 넘는
                    │    (초과)
---- (9)  10  (11) ----
      10미만 ←┘
```

② 건축물 관련 건축기준의 허용오차(시행규칙 별표5)

항목	허용되는 오차의 범위	
1. 건축물의 높이	2% 이내	1m를 초과할 수 없다.
2. 출구 너비		–
3. 반자높이		–
4. 평면길이		·건축물 전체 길이는 1m를 초과할 수 없다. ·벽으로 구획된 각실은 10cm를 초과할 수 없다.
5. 벽체두께	3% 이내	
6. 바닥판 두께		

예제문제 23

건축법상 허용오차에 대한 설명으로 가장 부적합한 것은?

① 건축선의 후퇴거리 : 3퍼센트 이내

② 용적률 : 1퍼센트 이내(연면적 30m²를 초과할 수 없다)

③ 건폐율 : 1퍼센트 이내(건축면적 10m²를 초과할 수 없다)

④ 건축물 높이 : 2퍼센트 이내(1m를 초과할 수 없다)

해설 건폐율에 대한 허용오차 : 0.5% 이내로서 5m²를 초과할 수 없다.

답 : ③

5 건축물의 설계 등

(1) 설계

법	시행령
제23조【건축물의 설계】① 제11조제1항에 따라 건축허가를 받아야 하거나 제14조제1항에 따라 건축신고를 하여야 하는 건축물 또는 「주택법」 제66조제1항 또는 제2항에 따른 리모델링을 하는 건축물의 건축등을 위한 설계는 건축사가 아니면 할 수 없다. 다만, 다음 각 호의 어느 하나에 해당하는 경우에는 그러하지 아니다. 〈개정 2016.1.19〉 1. 바닥면적의 합계가 85제곱미터 미만인 증축·개축 또는 재축 2. 연면적이 200제곱미터 미만이고 층수가 3층 미만인 건축물의 대수선 3. 그 밖에 건축물의 특수성과 용도 등을 고려하여 대통령령으로 정하는 건축물의 건축 등 ② 설계자는 건축물이 이 법과 이 법에 따른 명령이나 처분, 그 밖의 관계 법령에 맞고 안전·기능 및 미관에 지장이 없도록 설계하여야 하며, 국토교통부장관이 정하여 고시하는 설계도서 작성기준에 따라 설계도서를 작성하여야 한다. 다만, 해당 건축물의 공법(工法)등이 특수한 경우로서 국토교통부령으로 정하는 바에 따라 건축위원회의 심의를 거친 때에는 그러하지 아니하다. 〈개정 2013.3.23〉 ③ 제2항에 따라 설계도서를 작성한 설계자는 설계가 이법과 이 법에 따른 명령이나 처분, 그 밖의 관계 법령에 맞게 작성되었는지를 확인한 후 설계도서에 서명 날인하여야 한다. ④ 국토교통부장관이 국토교통부령으로 정하는 바에 따라 작성하거나 인정하는 표준설계도서나 특수한 공법을 적용한 설계도서에 따라 건축물을 건축하는 경우에는 제1항을 적용하지 아니한다. 〈개정 2013.3.23〉	제18조【설계도서의 작성】법 제23조제1항제3호에서 "대통령령으로 정하는 건축물"이란 다음 각 호의 어느 하나에 해당하는 건축물을 말한다. 〈개정 2016.6.30〉 1. 읍·면 지역(시장 또는 군수가 지역계획 또는 도시·군계획에 지장이 있다고 인정하여 지정·공고한 구역은 제외한다)에서 건축하는 건축물 중 연면적 200제곱미터 이하인 창고 및 농막(「농지법」에 따른 농막을 말한다)과 연면적 400제곱미터 이하인 축사, 작물재배사, 종료배양시설, 화초 및 분재 등의 온실 2. 제15조제5항 각 호의 어느 하나에 해당하는 가설건축물로서 건축조례로 정하는 가설건축물 [전문개정 2008.10.29]

요점 설계

다음과 같이 정하는 지역, 용도, 규모 및 구조의 건축물의 건축 등을 위한 설계는 건축사가 아니면 이를 할 수 없다.

건축사 설계 대상	예외
1. 건축허가 대상 건축물	• 바닥면적의 합계가 85m² 미만의 증축·개축 또는 재축
2. 건축신고 대상 건축물	• 연면적이 200m² 미만이고 층수가 3층 미만인 건축물의 대수선
3. 「주택법」에 따른 리모델링 건축물	• 읍, 면 지역에서 연면적 200m² 이하 창고, 농막과 400m² 이하인 축사, 작물재배사, 종료배양시설, 화초 및 분재 등의 온실
4. 허가대상 가설건축물	• 신고대상 가설건축물 • 표준 설계도서, 특수공법적용 설계도서

■ 설계도서
공사용 도면과 구조계산서 및 시방서, 건축설비계산관계서류, 토질 및 지질관계 서류, 기타 공사에 필요한 서류를 말함

■ 서명날인
설계자는 당해 설계가 건축법 및 관계법령의 규정에 적합하게 작성되었는지를 확인한 후 그 설계도서에 서명날인하여야 함

예제문제 24

건축법상 건축사가 설계를 하여야 하는 건축물은?

① 연면적 150m²인 2층 건축물의 대수선
② 연면적 80m²인 신축
③ 바닥면적의 합계 80m²의 증축
④ 바닥면적의 합계 80m²의 개축

해설 **건축사 설계대상 건축물**

건축사 설계 대상	예외
다음 건축물의 건축 등을 위한 설계 1. 건축허가 대상 건축물 2. 건축신고 대상 건축물 3. 「주택법」에 따른 리모델링을 하는 건축물 4. 허가대상 가설건축물	① 바닥면적의 합계가 85m² 미만의 증축·개축 또는 재축 ② 연면적이 200m² 미만이고 층수가 3층 미만인 건축물의 대수선 ③ 읍, 면 지역에서 연면적 200m² 이하 창고와 400m² 이하인 축사 및 재배사 ④ 신고대상 가설건축물

답 : ②

(2) 건축시공

법	시행령
제24조 【건축시공】 ① 공사시공자는 제15조제2항에 따른 계약 대로 성실하게 공사를 수행하여야 하며, 이 법과 이 법에 따른 명령이나 처분, 그 밖의 관계 법령에 맞게 건축물을 건축하여 건축주에게 인도하여야 한다. ② 공사시공자는 건축물(건축허가나 용도변경허가 대상인 것만 해당된다)의 공사현장에 설계도서를 갖추어 두어야 한다. ③ 공사시공자는 설계도서가 이 법과 이 법에 따른 명령이나 처분, 그 밖의 관계 법령에 맞지 아니하거나 공사의 여건상 불합리하다고 인정되면 건축주와 공사감리자의 동의를 받아 서면으로 설계자에게 설계를 변경하도록 요청할 수 있다. 이 경우 설계자는 정당한 사유가 없으면 요청에 따라야 한다. ④ 공사시공자는 공사를 하는 데에 필요하다고 인정하거나 제25조제5항에 따라 공사감리자로부터 상세시공 도면을 작성하도록 요청을 받으면 상세시공도면을 작성하여 공사감리자의 확인을 받아야 하며, 이에 따라 공사를 하여야 한다. 〈개정 2016.2.3〉 ⑤ 공사시공자는 건축허가나 용도변경허가가 필요한 건축물의 건축공사를 착수한 경우에는 해당 건축공사의 현장에 국토교통부령으로 정하는 바에 따라 건축허가 표지판을 설치하여야 한다. 〈개정 2013.3.23〉 ⑥ 「건설산업기본법」 제41조제1항 각 호에 해당하지 아니하는 건축물의 건축주는 공사 현장의 공정 및 안전을 관리하기 위하여 같은 법 제2조제15호에 따른 건설기술인 1명을 현장관리인으로 지정하여야 한다. 이 경우 현장관리인은 국토교통부령으로 정하는 바에 따라 공정 및 안전관리 업무를 수행하여야 하며, 건축주의 승낙을 받지 아니하고는 정당한 사유 없이 그 공사 현장을 이탈하여서는 아니 된다. 〈신설 2016.2.3, 2019.2.15〉 ⑦ 공동주택, 종합병원, 관광숙박시설 등 대통령령으로 정하는 용도 및 규모의 건축물의 공사시공자는 건축주, 공사감리자 및 허가권자가 설계도서에 따라 적정하게 공사되었는지를 확인할 수 있도록 공사의 공정이 대통령령으로 정하는 진도에 다다른 때마다 사진 및 동영상을 촬영하고 보관하여야 한다. 이 경우 촬영 및 보관 등 그 밖에 필요한 사항은 국토교통부령으로 정한다. 〈신설 2016.2.3〉 제28조 【공사현장의 위해방지 등】 ① 건축물의 공사시공자는 대통령령으로 정하는 바에 따라 공사현장의 위해를 방지하기 위하여 필요한 조치를 하여야 한다. ② 허가권자는 건축물의 공사와 관련하여 건축관계자간 분쟁상담 등의 필요한 조치를 하여야 한다.	**[시행규칙]** 제18조 【건축허가표지판】 법 제24조제5항에 따라 공사시공자는 건축물의 규모·용도·설계자·시공자 및 감리자 등을 표시한 건축허가표지판을 주민이 보기 쉽도록 해당 건축공사 현장의 주요 출입구에 설치하여야 한다. 〈개정 2008.12.11〉 [본조신설 2006.5.12] 제18조의2 【사진 및 동영상 촬영 대상 건축물 등】 ① 법 제24조제7항 전단에서 "공동주택, 종합병원, 관광숙박시설 등 대통령령으로 정하는 용도 및 규모의 건축물"이란 다음 각 호의 어느 하나에 해당하는 건축물을 말한다. 〈개정 2018. 12. 4.〉 1. 다중이용 건축물 2. 특수구조 건축물 3. 건축물의 하층부가 필로티나 그 밖에 이와 비슷한 구조(벽면적의 2분의 1 이상이 그 층의 바닥면에서 위층 바닥 아래면까지 공간으로 된 것만 해당한다)로서 상층부와 다른 구조형식으로 설계된 건축물(이하 "필로티형식 건축물"이라 한다) 중 3층 이상인 건축물 ② 법 제24조제7항 전단에서 "대통령령으로 정하는 진도에 다다른 때"란 다음 각 호의 구분에 따른 단계에 다다른 경우를 말한다. 〈개정 2018.12.4, 2019.8.6〉 1. 다중이용 건축물: 제19조제3항 제1호부터 제3호까지의 구분에 따른 단계 2. 특수구조 건축물: 다음 각 목의 어느 하나에 해당하는 단계 가. 매 층마다 상부 슬래브배근을 완료한 경우 나. 매 층마다 주요구조부의 조립을 완료한 경우 3. 3층 이상의 필로티형식 건축물: 다음 각 목의 어느 하나에 해당하는 단계 가. 기초공사 시 철근배치를 완료한 경우 나. 건축물 상층부의 하중이 상층부와 다른 구조형식의 하층부로 전달되는 다음의 어느 하나에 해당하는 부재(部材)의 철근배치를 완료한 경우 1) 기둥 또는 벽체 중 하나 2) 보 또는 슬래브 중 하나 제21조 【공사현장의 위해방지】 건축물의 시공 또는 철거에 따른 유해·위험의 방지에 관한 사항은 산업안전보건에 관한 법령에서 정하는 바에 따른다. [전문개정 2008.10.29]

요점 건축시공

1) 성실시공의무 등

① 공사시공자는 건축주와의 계약에 따라 성실하게 공사를 수행하여야 하며, 공사현장의 위해방지 조치를 하여야 한다.
② 건축법 및 기타 관계법령의 규정에 적합하게 건축하여 건축주에게 인도하여야 한다.
③ 공사현장에 설계도서를 비치하여야 한다.
④ 건축공사를 착수한 경우에는 공사현장에 건축허가 표지판을 설치하여야 한다.
⑤ 공사시공자는 다중이용건축물이 중간감리보고서 작성 진도에 다다른 때마다 사진 및 동영상을 촬영하여 보관하여야 한다.

2) 설계변경의 요청

공사시공자는 다음의 경우 건축주 및 공사감리자의 동의를 얻어 서면으로 설계자에게 설계변경요청 할 수 있다.
① 설계도서가 건축법 및 기타 관계법령의 규정에 적합하지 않은 경우
② 설계도서가 공사의 여건상 불합리하다고 인정되는 경우

3) 상세시공도면의 작성

공사시공자는 다음의 경우 상세시공도면을 작성하여 공사를 하여야 한다. 이 경우 공사감리자의 확인을 받아야 한다.
① 공사시공자가 당해 공사를 함에 있어 필요하다고 인정하는 경우
② 공사감리자로부터 상세시공도면의 요청을 받은 경우

> **상세시공도면의 작성**
> 연면적의 합계가 5,000m² 이상의 건축공사에 있어 공사감리가 필요하다고 인정하는 경우에는 공사시공자로 하여금 상세시공도면을 작성하도록 요청할 수 있다.

4) 현장관리인 지정

① 다음에 해당되는 건축물의 건축주는 공사 현장의 공정을 관리하기 위하여 따른 건설기술자 1명을 현장관리인으로 지정하고 직접 시공할 수 있다.

1. 연면적 200m² 이하인 주거용 건축물로서 공동주택, 다중주택, 다가구주택, 공관 이외의 건축물
2. 연면적 200m² 이하인 기타 건축물 등

|참고|

1. 「건설산업기본법」 제41조제1항

제41조【건설공사 시공자의 제한】 ① 다음 각 호의 어느 하나에 해당하는 건축물의 건축 또는 대수선(大修繕)에 관한 건설공사(제9조제1항 단서에 따른 경미한 건설공사는 제외한다. 이하 이 조에서 같다)는 건설업자가 하여야 한다. 다만, 다음 각 호 외의 건설공사와 농업용, 축산업용 건축물 등 대통령령으로 정하는 건축물의 건설공사는 건축주가 직접 시공하거나 건설업자에게 도급하여야 한다. 〈개정 2019.4.30〉

1. 연면적이 200제곱미터를 초과하는 건축물
2. 연면적이 200제곱미터 이하인 건축물로서 다음 각 목의 어느 하나에 해당하는 경우
   가. 「건축법」에 따른 공동주택
   나. 「건축법」에 따른 단독주택 중 다중주택, 다가구주택, 공관, 그 밖에 대통령령으로 정하는 경우
   다. 주거용 외의 건축물로서 많은 사람이 이용하는 건축물 중 학교, 병원 등 대통령령으로 정하는 건축물

2. 「건설산업기본법」 제2조제15호

제2조【정의】
15. "건설기술자"란 관계 법령에 따라 건설공사에 관한 기술이나 기능을 가졌다고 인정된 사람을 말한다.

② 현장관리인은 건축주의 승낙을 받지 아니하고는 정당한 사유 없이 그 공사현장을 이탈하여서는 아니된다.(무단이탈의 경우 과태료 50만원 이하 부과)

5) 사진 및 동영상 보관

1. 촬영 의무 건축물	• 다중이용건축물 • 특수구조건축물 • 건축물의 하층부가 필로티등의 구조로서 상층부와 다른 구조형식인 3층 이상의 건축물
2. 촬영 의무자	공사시공자
3. 제출 절차	시공자 · 작성 ↓ 감리자 · 감리보고서 제출시 ↓ 건축주 · 사용승인 신청시 ↓ 허가권자

6) 공사현장의 위해방지

공사시공자는 건축물의 시공 또는 철거시 산업안전보건에 관한 법령에 따른 위해방지 조치를 하여야 한다.

(3) 건축물의 공사감리

법	시행령
제25조【건축물의 공사감리】 ① 건축주는 대통령령으로 정하는 용도·규모 및 구조의 건축물을 건축하는 경우 건축사나 대통령령으로 정하는 자를 공사감리자(공사시공자 본인 및 「독점규제 및 공정거래에 관한 법률」 제2조에 따른 계열회사는 제외한다)로 지정하여 공사감리를 하게 하여야 한다. 〈개정 2016.2.3.〉 ② 제1항에도 불구하고 「건설산업기본법」 제41조제1항 각 호에 해당하지 아니하는 소규모 건축물로서 건축주가 직접 시공하는 건축물 및 주택으로 사용하는 건축물 중 대통령령으로 정하는 건축물의 경우에는 대통령령으로 정하는 바에 따라 허가권자가 해당 건축물의 설계에 참여하지 아니한 자 중에서 공사감리자를 지정하여야 한다. 다만, 다음 각 호의 어느 하나에 해당하는 건축물의 건축주가 국토교통부령으로 정하는 바에 따라 허가권자에게 신청하는 경우에는 해당 건축물을 설계한 자를 공사감리자로 지정할 수 있다. 〈개정 2016.2.3., 2019.2.15., 2021.1.8〉 1. 「건설기술 진흥법」 제14조에 따른 신기술 중 대통령령으로 정하는 신기술을 보유한 자가 그 신기술을 적용하여 설계한 건축물 2. 「건축서비스산업 진흥법」 제13조제4항에 따른 역량 있는 건축사가 설계한 건축물 3. 설계공모를 통하여 설계한 건축물	**제19조【공사감리】** ① 법 제25조제1항에 따라 공사감리자를 지정하여 공사감리를 하게 하는 경우에는 다음 각 호의 구분에 따른 자를 공사감리자로 지정하여야한다. 〈개정 2014.5.22, 2018.12.11, 2021.12.28〉 1. 다음 각 목의 어느 하나에 해당하는 경우: 건축사 　가. 법 제11조에 따라 건축허가를 받아야 하는 건축물(법 제14조에 따른 건축신고 대상 건축물은 제외한다)을 건축하는 경우 　나. 제6조제1항제6호에 따른 건축물을 리모델링하는 경우 2. 다중이용 건축물을 건축하는 경우 : 「건설기술 진흥법」에 따른 건설엔지니어링사업자(공사시공자 본인이거나 「독점규제 및 공정거래에 관한 법률」 제2조 제2항에 따른 계열회사인 건설엔지니어링사업자는 제외한다) 또는 건축사(「건설기술 진흥법 시행령」 제60조에 따라 건설사업 관리기술자를 배치하는 경우만 해당한다) ② 제1항에 따라 다중이용 건축물의 공사감리자를 지정하는 경우 감리원의 배치기준 및 감리대가는 「건설기술진흥법」에서 정하는 바에 따른다. 〈개정 2014.5.22〉 **제19조의2【허가권자가 공사감리자를 지정하는 건축물 등】** ① 법 제25조제2항 각 호 외의 부분 본문에서 "대통령령으로 정하는 건축물"이란 다음 각 호의 건축물을 말한다.〈2019.12.12〉 1. 「건설산업기본법」 제41조제1항 각 호에 해당하지 아니하는 건축물 중 다음 각 목의 어느 하나에 해당하지 아니하는 건축물 　가. 별표 1 제1호가목의 단독주택 　나. 농업·임업·축산업 또는 어업용으로 설치하는 창고·저장고·작업장·퇴비사·축사·양어장 및 그 밖에 이와 유사한 용도의 건축물 　다. 해당 건축물의 건설공사가 「건설산업기본법 시행령」 제8조제1항 각 호의 어느 하나에 해당하는 경미한 건설공사인 경우 2. 주택으로 사용하는 다음 각 목의 어느 하나에 해당하는 건축물(각 목에 해당하는 건축물과 그 외의 건축물이 하나의 건축물로 복합된 경우를 포함한다) 　가. 아파트 　나. 연립주택 　다. 다세대주택 　라. 다중주택 　마. 다가구주택 3. 삭제 〈2019.2.12.〉 ② 시·도지사는 법 제25조제2항 각 호 외의 부분 본문에 따라 공사감리자를 지정하기 위하여 다음 각 호의 구분에 따른 자를 대상으로 모집공고를 거쳐 공사감리자의 명부를 작성하고 관리해야 한다. 이 경우 시·도지사는 미리 관할 시장·군수·구청장과 협의해야 한다. 〈개정 2020.10.22, 2021.9.14〉

1. 다중이용 건축물의 경우: 「건축사법」 제23조제1항에 따라 건축사 사무소의 개설신고를 한 건축사 및 「건설기술 진흥법」에 따른 건설엔지니어링사업자

2. 그 밖의 경우: 「건축사법」 제23조제1항에 따라 건축사사무소의 개설신고를 한 건축사

③ 제1항 각 호의 어느 하나에 해당하는 건축물의 건축주는 법 제21조에 따른 착공신고를 하기 전에 국토교통부령으로 정하는 바에 따라 허가권자에게 공사감리자의 지정을 신청하여야 한다.

④ 허가권자는 제2항에 따른 명부에서 공사감리자를 지정하여야 한다.

⑤ 제3항 및 제4항에서 규정한 사항 외에 공사감리자 모집공고, 명부작성 방법 및 공사감리자 지정 방법 등에 관한 세부적인 사항은 시·도의 조례로 정한다.

⑥ 법 제25조제13항에서 "해당 계약서 등 대통령령으로 정하는 서류"란 다음 각 호의 서류를 말한다. 〈신설 2019.2.12〉

1. 설계자의 건축과정 참여에 관한 계획서

2. 건축주와 설계자와의 계약서

[본조신설 2016.7.19.]

[시행규칙]

제19조 【감리보고서 등】 ① 법 제25조제3항에 따라 공사감리자는 건축공사기간 중 발견한 위법사항에 관하여 시정·재시공 또는 공사중지의 요청을 하였음에도 불구하고 공사시공자가 이에 따르지 아니하는 경우에는 시정 등을 요청할 때에 명시한 기간이 만료되는 날부터 7일 이내에 별지 제20호서식의 위법 건축공사보고서를 허가권자에게 제출(전자문서로 제출하는 것을 포함한다)하여야 한다. 〈개정 2007.12.13, 2008.12.11〉

② 삭제 〈1999.5.11〉

③ 법 제25조제6항에 따른 공사감리일지는 별지 제21호서식에 따른다. 〈개정 2018.11.29〉 [전문개정 1996.1.18]

제19조 【공사감리】 ④ 법 제25조제5항에서 "대통령령으로 정하는 용도 또는 규모의 공사"란 연면적의 합계가 5천 제곱미터 이상인 건축공사를 말한다. 〈2017.2.3〉

③ 법 제25조제6항에서 "공사의 공정이 대통령령으로 정하는 진도에 다다른 경우"란 공사(하나의 대지에 둘 이상의 건축물을 건축하는 경우에는 각각의 건축물에 대한 공사를 말한다)의 공정이 다음 각 호의 구분에 따른 단계에 다다른 경우를 말한다. 〈개정 2017.2.3, 2019.8.6〉

1. 해당 건축물의 구조가 철근콘크리트조·철골철근콘크리트조·조적조 또는 보강콘크리트블럭조인 경우 다음 각 목의 어느 하나에 해당하는 단계

가. 기초공사 시 철근배치를 완료한 경우

나. 지붕슬래브배근을 완료한 경우

다. 지상 5개 층마다 상부 슬래브배근을 완료한 경우

③ 공사감리자는 공사감리를 할 때 이 법과 이 법에 따른 명령이나 처분, 그 밖의 관계 법령에 위반된 사항을 발견하거나 공사시공자가 설계도서대로 공사를 하지 아니하면 이를 건축주에게 알린 후 공사시공자에게 시정하거나 재시공하도록 요청하여야 하며, 공사시공자가 시정이나 재시공 요청에 따르지 아니하면 서면으로 그 건축공사를 중지하도록 요청할 수 있다. 이 경우 공사중지를 요청받은 공사시공자는 정당한 사유가 없으면 즉시 공사를 중지하여야 한다. 〈개정 2016.2.3.〉

④ 공사감리자는 제3항에 따라 공사시공자가 시정이나 재시공 요청을 받은 후 이에 따르지 아니하거나 공사중지 요청을 받고도 공사를 계속하면 국토교통부령으로 정하는 바에 따라 이를 허가권자에게 보고하여야 한다.

〈개정 2013.3.23., 2016.2.3.〉

⑤ 대통령령으로 정하는 용도 또는 규모의 공사의 공사감리자는 필요하다고 인정하면 공사시공자에게 상세시공도면을 작성하도록 요청할 수 있다. 〈개정 2016.2.3.〉

⑥ 공사감리자는 국토교통부령으로 정하는 바에 따라 감리일지를 기록·유지하여야 하고, 공사의 공정(工程)이 대통령령으로 정하는 진도에 다다른 경우에는 감리중간보고서를, 공사를 완료한 경우에는 감리완료보고서를 국토교통부령으로 정하는 바에 따라 각각 작성하여 건축주에게 제출하여야 하며, 건축주는 제22조에 따른 건축물의 사용승인을 신청할 때 중간감리보고서와 감리완료보고서를 첨부하여 허가권자에게 제출하여야 한다.

〈개정 2013.3.23., 2016.2.3.〉

⑦ 건축주나 공사시공자는 제3항과 제4항에 따라 위반사항에 대한 시정이나 재시공을 요청하거나 위반사항을 허가권자에게 보고한 공사감리자에게 이를 이유로 공사감리자의 지정을 취소하거나 보수의 지급을 거부하거나 지연시키는 등 불이익을 주어서는 아니 된다. 〈개정 2016.2.3.〉

⑧ 제1항에 따른 공사감리의 방법 및 범위 등은 건축물의 용도·규모 등에 따라 대통령령으로 정하되, 이에 따른 세부기준이 필요한 경우에는 국토교통부장관이 정하거나 건축사협회로 하여금 국토교통부장관의 승인을 받아 정하도록 할 수 있다. 〈개정 2013.3.23., 2016.2.3.〉

⑨ 국토교통부장관은 제8항에 따라 세부기준을 정하거나 승인을 한 경우 이를 고시하여야 한다. 〈개정 2013.3.23., 2016.2.3.〉

⑩ 「주택법」 제15조에 따른 사업계획 승인 대상과 「건설기술 진흥법」 제39조제2항에 따라 건설사업관리를 하게 하는 건축물의 공사감리는 제1항부터 제9항까지 및 제11항부터 제14항까지의 규정에도 불구하고 각각 해당 법령으로 정하는 바에 따른다. 〈개정 2013.5.22., 2016.1.19., 2019.2.15.〉

⑪ 제1항에 따라 건축주가 공사감리자를 지정하거나 제2항에 따라 허가권자가 공사감리자를 지정하는 건축물의 건축주는 제21조에 따른 착공신고를 하는 때에 감리비용이 명시된 감리 계약서를 허가권자에게 제출하여야 하고, 제22조에 따른 사용승인을 신청하는 때에는 감리용역 계약내용에 따라 감리비용을 지급하여야 한다. 이 경우 허가권자는 감리 계약서에 따라 감리비용이 지급되었는지를 확인한 후 사용승인을 하여야 한다. 〈신설 2016.2.3, 2021.7.27〉

⑫ 제2항에 따라 허가권자가 공사감리자를 지정하는 건축물의 건축주는 설계자의 설계의도가 구현되도록 해당 건축물의 설계자를 건축과정에 참여시켜야 한다. 이 경우 「건축서비스산업 진흥법」 제22조를 준용한다. 〈개정 2020.8.15.〉

2. 해당 건축물의 구조가 철골조인 경우 다음 각 목의 어느 하나에 해당하는 단계
  가. 기초공사 시 철근배치를 완료한 경우
  나. 지붕철골 조립을 완료한 경우
  다. 지상 3개 층마다 또는 높이 20미터마다 주요구조부의 조립을 완료한 경우
3. 해당 건축물의 구조가 제1호 또는 제2호 외의 구조인 경우에는 기초공사에서 거푸집 또는 주춧돌의 설치를 완료한 경우
4. 제1호부터 제3호까지에 해당하는 건축물이 3층 이상의 필로티형식 건축물인 경우: 다음 각 목의 어느 하나에 해당하는 단계
  가. 해당 건축물의 구조에 따라 제1호부터 제3호까지의 어느 하나에 해당하는 경우
  나. 제18조의2제2항제3호나목에 해당하는 경우

⑤ 공사감리자는 수시로 또는 필요할 때 공사현장에서 감리업무를 수행해야 하며, 다음 각 호의 건축공사를 감리하는 경우에는 「건축사법」 제2조제2호에 따른 건축사보 「기술사법」 제6조에 따른 기술사사무소 또는 「건축사법」 제23조제9항 각 호의 건설엔지니어링사업자 등에 소속되어 있는 사람으로서 「국가기술자격법」에 따른 해당 분야 기술계 자격을 취득한 사람과 「건설기술 진흥법 시행령」 제4조에 따른 건설사업관리를 수행할 자격이 있는 사람을 포함한다) 중 건축 분야의 건축사보 한 명 이상을 전체 공사기간 동안, 토목·전기 또는 기계 분야의 건축사보 한 명 이상을 각 분야별 해당 공사기간 동안 각각 공사현장에서 감리업무를 수행하게 하여야 한다. 이 경우 건축사보는 해당 분야의 건축공사의 설계·시공·시험·검사·공사감독 또는 감리업무 등에 2년 이상 종사한 경력이 있는 사람이어야 한다. 〈개정 2018.9.4., 2020.10.22., 2021.9.14〉

1. 바닥면적의 합계가 5천 제곱미터 이상인 건축공사. 다만, 축사 또는 작물 재배사의 건축공사는 제외한다.
2. 연속된 5개 층(지하층을 포함한다) 이상으로서 바닥면적의 합계가 3천 제곱미터 이상인 건축공사
3. 아파트 건축공사
4. 준다중이용건축물 건축공사

⑥ 공사감리자는 제5항 각호에 해당하지 않는 건축공사로서 깊이 10미터 이상의 토지 굴착공사 또는 높이 5미터 이상의 옹벽 등의 공사(「산업집적활성화 및 공장설립에 관한 법률」 제2조제14호에 따른 산업단지에서 바닥면적 합계가 2천제곱미터 이하인 공장을 건축하는 경우는 제외한다)를 감리하는 경우에는 건축사보 중 건축 또는 토목 분야의 건축사보 한 명 이상을 해당 공사기간 동안 공사현장에서 감리업무를 수행하게 해야 한다. 이 경우 건축사보는 건축공사의 시공·공사감독 또는 감리업무 등에 2년 이상 종사한 경력이 있는 사람이어야 한다. 〈신설 2020.10.22., 2022.2.11., 2023.9.12〉

⑬ 제12항에 따라 설계자를 건축과정에 참여시켜야 하는 건축주는 제21조에 따른 착공신고를 하는 때에 해당 계약서 등 대통령령으로 정하는 서류를 허가권자에게 제출하여야 한다. 〈개정 2020.8.15.〉

⑭ 허가권자는 제11항의 감리비용에 관한 기준을 해당 지방자치단체의 조례로 정할 수 있다. 〈개정 2020.8.15.〉

⑦ 공사감리자가 수행하여야 하는 감리업무는 다음과 같다. 〈개정 2013.3.23〉

1. 공사시공자가 설계도서에 따라 적합하게 시공하는지 여부의 확인
2. 공사시공자가 사용하는 건축자재가 관계 법령에 따른 기준에 적합한 건축자재인지 여부의 확인
3. 그 밖에 공사감리에 관한 사항으로서 국토교통부령으로 정하는 사항

[시행규칙]

제19조의2 【공사감리업무 등】 ① 영제19조제6항제3호의 규정에 의하여 공사감리자는 다음 각 호의 업무를 수행한다.

1. 건축물 및 대지가 관계법령에 적합하도록 공사시공자및 건축주를 지도
2. 시공계획 및 공사관리의 적정여부의 확인
2의2. 건축공사의 하도급과 관련된 다음 각 목의 확인
   가. 수급인(하수급인을 포함한다. 이하 이 호에서 같다)이 「건설산업기본법」 제16조에 따른 시공자격을 갖춘 건설사업자에게 건축공사를 하도급했는지에 대한 확인
   나. 수급인이 「건설산업기본법」 제40조제1항에 따라 공사현장에 건설기술인을 배치했는지에 대한 확인
3. 공사현장에서의 안전관리의 지도
4. 공정표의 검토
5. 상세시공도면의 검토·확인
6. 구조물의 위치와 규격의 적정여부의 검토·확인
7. 품질시험의 실시여부 및 시험성과의 검토·확인
8. 설계변경의 적정여부의 검토·확인
9. 기타 공사감리계약으로 정하는 사항 〈2021.12.31〉

⑩ 제5항 및 6항에 따라 공사현장에 건축사보를 두는 공사감리자는 다음 각 호의 구분에 따른 기간에 국토교통부령으로 정하는 바에 따라 건축사보의 배치현황을 허가권자에게 제출하여야 한다. 〈개정 2013.3.23, 2014.11.28, 2020.10.22〉

1. 최초로 건축사보를 배치하는 경우에는 착공 예정일(제6항 또는 7항에 다라 배치하는 경우에는 배치일을 말한다)부터 7일
2. 건축사보의 배치가 변경된 경우에는 변경된 날부터 7일
3. 건축사보가 철수한 경우에는 철수한 날로부터 7일

⑪ 허가권자는 제10항에 따라 공사감리자로부터 건축사보의 배치현황을 받으면 지체 없이 그 배치현황을 「건축사법」에 따른 대한건축사협회에 보내야 한다. 〈개정 2013.3.23, 2022.8.4〉

⑫ 제11항에 따라 건축사보의 배치현황을 받은 대한건축사협회는 이를 관리하여야 하며, 건축사보가 이중으로 배치된 사실등을 발견한 경우에는 지체 없이 그 사실 등을 관계 특별시장·광역시장·도지사 또는 특별자치도지사(이하 "시·도지사"라한다)에게 알려야 한다. 〈개정 2012.12.12, 2022.8.4〉

[전문개정 2008.10.29]

요점 **건축물의 공사감리**

1) 공사감리 업무내용

1. 공사시공자가 설계도서에 따라 적합하게 시공하는지 여부의 확인

2. 공사시공자가 사용하는 건축자재가 관계법령에 따른 기준에 적합한 건축자재인지 여부의 확인

3. 건축물 및 대지가 관계법령에 적합하도록 공사시공자 및 건축주를 지도

4. 시공계획 및 공사관리의 적정여부 확인

5. 공사현장에서의 안전관리의 지도

6. 공정표의 검토

7. 상세시공도면의 검토·확인

8. 구조물의 위치와 규격의 적정여부의 검토·확인

9. 품질시험의 실시여부 및 시험성과의 검토·확인

10. 설계변경의 적정여부의 검토·확인

11. 수급인의 하도급 적법성 및 건설기술인 배치에 관한 확인

12. 기타 공사감리계약으로 정하는 사항

2) 감리권한

1. 건축주에 의한 공사감리자 지정

감리 종류 및 대상	감리자 자격	감리자 배치 및 감리방법 등
1. 일반공사감리 ① 건축허가대상 건축물의 건축 ② 사용승인 후 15년 이상 경과된 건축물의 리모델링	건축사	• 수시 및 필요한 때 감리업무 수행
2. 상주공사감리 ① 바닥면적의 합계 5천m² 이상인 건축공사(축사 또는 작물 재배사의 건축공사는 제외) ② 연속된 5개층(지하층 포함)으로서 바닥면적의 합계가 3천m² 이상인 건축공사 ③ 아파트 ④ 준다중이용 건축물 건축공사 ⑤ 깊이 10m 이상 토지굴착공사 ⑥ 높이 5m 이상 옹벽공사	건축사	• 건축분야의 건축사보 1인 이상을 전체 공사기간 동안 공사현장에 배치하여 감리업무수행 • 토목·전기·기계분야 건축사보 1인 이상이 각 분야별 해당공사 기간 동안 감리업무 수행
3. 다중이용 건축물의 공사감리	• 「건설기술진흥법」에 따른 - 건설엔지니어링사업자 • 건축사(「건설기술진흥법」에 따른 건설사업관리기술자 배치시)	• 책임감리원을 공사 현장에 상주시켜 감리 업무 수행

▪ **건축사 설계대상 건축물**

1. 건축허가 대상 건축물
2. 건축신고 대상 건축물
3. 「주택법」에 따른 리모델링 건축물
4. 허가대상 가설건축물

▪ **공사감리권**

건축사보는 건축사의 공사감리 업무를 보조할 뿐 어떠한 경우라도 공사감리업무권한을 행사할 수 없다.

▪ **다중이용건축물**

1. • 문화 및 집회시설(동·식물원 제외)
   • 판매시설·여객용시설·종교시설·종합병원
   • 관광숙박시설
   위 용도에 쓰이는 바닥면적의 합계가 5,000m² 이상인 건축물
2. 16층 이상인 건축물

■ **준다중이용건축물**
다중이용건축물 이외의 건축물로서 동·식물원을 제외한 문화 및 집회시설, 종교시설, 판매시설 등의 용도로 쓰이는 바닥면적의 합계가 1,000㎡ 이상인 건축물

■ **건설엔지니어링사업자**
1. 종합감리 전문회사
2. 건축감리 전문회사

■ **건설산업기본법 제41조 제①**
건축물
1. 연면적 200㎡ 초과 건축물
2. 연면적 200㎡ 이하 주거용 건축물 등

2. 허가권자에 의한 공사감리자 지정

허가권자는 건축주의 신청에 의해 착공신고 전에 다음의 건축물에 대해서 해당 건축물의 설계에 참여하지 아니한 자 중에서 공사감리자를 지정하여야 한다.

1. 연면적 200㎡ 이하인 건축물
   (단독주택, 농업용 등에 사용되는 창고, 작업장, 축사, 양어장 제외)

2. 아파트, 연립주택, 다세대주택, 다중주택, 다가구주택 (복합용도 건축물 포함)

■ 예외 : 다음 각 호의 어느 하나에 해당하는 건축물의 건축주가 허가권자에게 신청하는 경우에는 해당 건축물을 설계한 자를 공사감리자로 지정할 수 있다.

1. 「건설기술 진흥법」에 따른 신기술을 적용하여 설계한 건축물

2. 「건축서비스산업 진흥법」에 따른 역량 있는 건축사가 설계한 건축물

3. 설계공모를 통하여 설계한 건축물

＊ 허가권자는 신청일로부터 7일 이내에 결정 통지하여야 한다.

|참고|

■ **건축사보 배치현황 제출**
공사현장에 건축사보를 두는 공사감리자는 다음의 기간에 건축사보 배치현황(별지 제22호의2서식)을 허가권자에게 제출하여야 한다.

구 분	내 용
① 최초로 건축사보를 배치하는 경우	착공 예정일부터 7일
② 건축사보의 배치가 변경된 경우	변경된 날부터 7일

예제문제 25

건축분야의 건축사보가 전체 공사 기간 동안 상주해야 하는 상주공사감리대상 건축물로 가장 적합한 것은?

① 연속된 5개층 이상으로서 바닥면적의 합계가 2,000㎡ 이상의 건축공사
② 연속된 5개층 이상으로서 바닥면적의 합계가 3,000㎡ 이상의 건축공사
③ 연속된 3개층 이상으로서 바닥면적의 합계가 3,000㎡ 이상의 건축공사
④ 연속된 3개층 이상으로서 바닥면적의 합계가 2,000㎡ 이상의 건축공사

해설 **상주공사감리대상 건축물**
・바닥면적의 합계 5,000㎡ 이상
・연속된 5개층(지하층 포함)으로서 바닥면적의 합계가 3,000㎡ 이상
・아파트
・준다중이용건축물

답 : ②

예제문제 26

다음의 용도로 사용하는 바닥면적의 합계가 6,000m²이고, 6층인 건축물을 신축하고자 할 때 건축법령상 건설기술용역업자를 공사감리자로 지정하여야 하는 것은?

① 영화관   ② 도서관
③ 주차장   ④ 무도장

[해설] ㉠ 공사감리권한자

일반건축물	건축사
다중이용건축물	건설기술용역업자

㉡ 다중이용건축물

용도	규모
1. 용도와 관계없이	16층 이상인 건축물
2. 문화 및 집회시설(동·식물원 제외)	해당용도 바닥면적의 합계 5,000m² 이상인 건축물
3. 판매시설	
4. 종합병원	
5. 관광숙박시설	
6. 종교시설	
7. 여객용시설	

답 : ①

예제문제 27

건축법에 따른 허가권자의 감리자 지정 대상 건축물에 해당되지 않는 건축물은?
(연면적 200m² 임.)

① 단독주택
② 아파트
③ 연립주택
④ 다세대주택

[해설] 단독주택의 경우에는 건축주가 직접 감리자를 지정하여야 한다.

답 : ①

3) 상세시공도면의 작성요청

연면적의 합계가 5,000m² 이상의 건축공사에 있어 공사감리자가 필요하다고 인정하는 경우에는 공사시공자에게 상세시공도면을 작성하도록 요청할 수 있다.

4) 감리보고서 등의 작성 등

■ 감리보고서의 제출

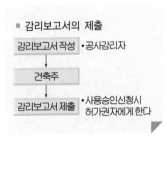

작성자	구 분	내 용	제 출
감리자	감리일지	감리기간동안 감리일지 기록·유지	–
	감리 중간보고서	공사의 공정이 다음에 다다른 경우(하나의 대지에 2 이상의 건축물을 건축하는 경우 각각의 건축물의 공사를 말함) 1. 철골철근콘크리트조·철근콘크리트조·조적조·보강콘크리트 블록조 ① 기초공사시 기초 철근배치를 완료한 때 ② 지붕슬래브 배근을 완료한 때 ③ 지상 5개 층마다 상부 슬래브 배근을 완료한 때 2. 철골조 ① 기초공사 시 철근배치를 완료한 경우 ② 지붕철골 조립을 완료한 경우 ③ 지상 3개 층마다 또는 높이 20미터마다 주요구조부의 조립을 완료한 경우 3. 기타의 구조 　기초공사시 거푸집 또는 주춧돌의 설치를 완료한 때	·감리자가 건축주에게 제출 ·건축주는 사용승인신청시 ① 감리중간보고서 ② 감리완료보고서를 첨부하여 허가권자에게 제출
	감리완료 보고서	공사를 완료한 때 감리보고서를 작성제출	
	위법건축공사 보고서	건축공사기간 중 발견한 위법사항에 관하여 시정·재시공 또는 공사중지의 요청에 공사시공자가 따르지 아니하는 경우	감리자가 허가권자에게 제출

5) 감리행위의 종료

① 적법하게 건축하는 경우

  ㉠ 감리일지를 기록·유지하여야 하며

  ㉡ 감리중간보고서, 감리완료보고서를 건축주에게 제출함으로서 감리 종료

② 위법건축인 경우

  ㉠ 공사감리시「건축법」과 이 법에 따른 명령이나 처분 그 밖에 관계법령에 위반된 사항을 발견하거나, 공사시공자가 설계도서대로 공사를 하지 아니하는 경우에는 다음과 같은 절차에 따른다.

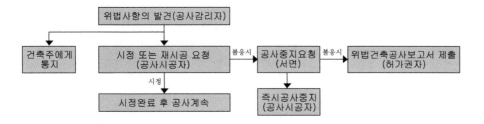

  ㉡ ㉠항에 따른 후속조치

  | 1. 공사시공자가 시공이나 재시공의 과정을 거쳐 적법하게 완료되는 경우 |
  | 2. 시정이나 재시공 요청을 받은 후에 따르지 않는 경우 |
  | 3. 공사중지 요청을 받은 후 공사를 계속하는 경우 |

  ※ 1의 경우는 감리중간보고서, 감리완료보고서를 건축주에게 제출 후 공사감리 종료. 2, 3의 경우는 명시기간이 만료되는 날부터 7일 이내에 위법건축공사보고서를 제출함으로서 공사감리를 종료한 것으로 한다.

예제문제 28

공사감리에 관한 다음 기술 중 가장 적합한 것은?

① 공사감리자는 감리완료보고서를 시장 등에게 제출하여야 한다.

② 상주공사감리가 의무화된 건축공사에는 건축사가 상주하여야 한다.

③ 공사감리 중 위법 시정기간 내에 시정하지 않으면 3일 이내에 이를 시장 등에게 보고하여야 한다.

④ 건축허가를 받은 건축공사에는 공사감리자를 지정하여야 한다.

[해설] ① 건축주가 제출한다.

② 건축사보가 상주한다.

③ 7일 이내에 보고한다.

답 : ④

6 건축자재의 제조 및 유통관리

법	시행령
제52조의3【건축자재의 제조 및 유통 관리】 ① 제조업자 및 유통업자는 건축물의 안전과 기능 등에 지장을 주지 아니하도록 건축자재를 제조·보관 및 유통하여야 한다. ② 국토교통부장관, 시·도지사 및 시장·군수·구청장은 건축물의 구조 및 재료의 기준 등이 공사현장에서 준수되고 있는지를 확인하기 위하여 제조업자 및 유통업자에게 필요한 자료의 제출을 요구하거나 건축공사장, 제조업자의 제조현장 및 유통업자의 유통장소 등을 점검할 수 있으며 필요한 경우에는 시료를 채취하여 성능 확인을 위한 시험을 할 수 있다. ③ 국토교통부장관, 시·도지사 및 시장·군수·구청장은 제2항의 점검을 통하여 위법 사실을 확인한 경우 대통령령으로 정하는 바에 따라 공사 중단, 사용 중단 등의 조치를 하거나 관계 기관에 대하여 관계 법률에 따른 영업정지 등의 요청을 할 수 있다. ④ 국토교통부장관, 시·도지사, 시장·군수·구청장은 제2항의 점검업무를 대통령령으로 정하는 전문기관으로 하여금 대행하게 할 수 있다. ⑤ 제2항에 따른 점검에 관한 절차 등에 관하여 필요한 사항은 국토교통부령으로 정한다. [본조신설 2016.2.3] 〈2019.4.23〉 **[시행규칙]** **제27조【건축자재 제조 및 유통에 관한 위법 사실의 점검 절차 등】** ① 국토교통부장관, 시·도지사 및 시장·군수·구청장은 법 제52조의3제2항에 따른 점검을 하려는 경우에는 다음 각 호의 사항이 포함된 점검계획을 수립하여야 한다. 1. 점검 대상 2. 점검 항목 　가. 건축물의 설계도서와의 적합성 　나. 건축자재 제조현장에서의 자재의 품질과 기준의 적합성 　다. 건축자재 유통장소에서의 자재의 품질과 기준의 적합성 　라. 건축공사장에 반입 또는 사용된 건축자재의 품질과 기준의 적합성 　마. 건축자재의 제조현장, 유통장소, 건축공사장에서 시료를 채취하는 경우 채취된 시료의 품질과 기준의 적합성 3. 그 밖에 점검을 위하여 필요하다고 인정하는 사항	**제61조의3【건축자재 제조 및 유통에 관한 위법 사실의 점검 및 조치】** ① 국토교통부장관, 시·도지사 및 시장·군수·구청장은 법 제52조의3제2항에 따른 점검을 통하여 위법 사실을 확인한 경우에는 같은 조 제3항에 따라 해당 건축관계자 및 제조업자·유통업자에게 위법 사실을 통보해야 하며, 해당 건축관계자 및 제조업자·유통업자에 대하여 다음 각 호의 구분에 따른 조치를 할 수 있다. 〈개정 2019.10.22〉 1. 건축관계자에 대한 조치 　가. 해당 건축자재를 사용하여 시공한 부분이 있는 경우: 시공부분의 시정, 해당 공정에 대한 공사 중단 및 해당 건축자재의 사용 중단 명령 　나. 해당 건축자재가 공사현장에 반입 및 보관되어 있는 경우: 해당 건축자재의 사용 중단 명령 2. 제조업자 및 유통업자에 대한 조치: 관계 행정기관의 장에게 관계 법률에 따른 해당 제조업자 및 유통업자에 대한 영업정지 등의 요청 ② 건축관계자 및 제조업자·유통업자는 제1항에 따라 위법 사실을 통보받거나 같은 항 제1호의 명령을 받은 경우에는 그 날부터 7일 이내에 조치계획을 수립하여 국토교통부장관, 시·도지사 및 시장·군수·구청장에게 제출하여야 한다. ③ 국토교통부장관, 시·도지사 및 시장·군수·구청장은 제2항에 따른 조치계획(제1항제1호가목의 명령에 따른 조치계획만 해당한다)에 따른 개선조치가 이루어졌다고 인정되면 공사 중단 명령을 해제하여야 한다. **제61조의4【위법 사실의 점검업무 대행 전문기관】** ① 법 제52조의3제4항에서 "대통령령으로 정하는 전문기관"이란 다음 각 호의 기관을 말한다. 〈개정 2020.12.1, 2021.12.21〉 1. 한국건설기술연구원 2. 「국토안전관리원법」에 따른 국토안전관리원(이하 "국토안전관리원"이라 한다) 3. 「한국토지주택공사법」에 따른 한국토지주택공사 4. 제63조 제2호에 따른 자 및 같은 조 제3호에 다른 시험·검사기관 5. 그 밖에 점검업무를 수행할 수 있다고 인정하여 국토교통부장관이 지정하여 고시하는 기관

② 국토교통부장관, 시·도지사 및 시장·군수·구청장은 법 제52조의3제2항에 따라 점검 대상자에게 다음 각 호의 자료를 제출하도록 요구할 수 있다. 다만, 제2호의 서류는 해당 건축물의 허가권자가 아닌 자만 요구할 수 있다. 〈개정 2019.11.18〉

1. 건축자재의 시험성적서 및 납품확인서 등 건축자재의 품질을 확인할 수 있는 서류
2. 해당 건축물의 설계도서
3. 그 밖에 해당 건축자재의 점검을 위하여 필요하다고 인정하는 자료

③ 법 제52조의3제4항에 따라 점검업무를 대행하는 전문기관은 점검을 완료한 후 해당 결과를 14일 이내에 점검을 대행하게 한 국토교통부장관, 시·도지사 또는 시장·군수·구청장에게 보고하여야 한다. 〈개정 2019.11.18〉

④ 시·도지사 또는 시장·군수·구청장은 영 제61조의3제1항에 따른 조치를 한 경우에는 그 사실을 국토교통부장관에게 통보하여야 한다. 〈개정 2019.11.18〉

⑤ 국토교통부장관은 제1항제2호 각 목에 따른 점검 항목 및 제2항 각 호에 따른 자료제출에 관한 세부적인 사항을 정하여 고시할 수 있다.

[본조신설 2016.7.20]

② 법 제52조의3제4항에 따라 위법 사실의 점검업무를 대행하는 기관의 직원은 그 권한을 나타내는 증표를 지니고 관계인에게 내보여야 한다. 〈개정 2019.10.22〉

요점 건축자재의 제조 및 유통관리

(1) 관리기본

건축자재의 제조업자 및 유통업자는 건축물의 안전과 기능 등에 지장을 주지 아니하도록 건축자재를 제조·보관 및 유통하여야 한다.

(2) 관리점검

국토교통부장관 등은 건축물의 구조 및 재료의 기준 등이 공사현장에서 준수되고 있는지를 확인하기 위하여 다음과 같이 점검 조치할 수 있다.

1. 조치권자	국토교통부장관, 시·도지사 및 시장, 군수, 구청장 ■ 예외 : 점검업무 대행 전문기관 ① 한국건설기술연구원 ② 국토안전관리원 ③ 한국토지주택공사 ④ 건설엔지니어링사업자 등
2. 조치사항	① 자료제출의 요구 　점검권자는 점검 대상자에게 다음 각 호의 자료를 제출하도록 요구할 수 있다.

	1. 건축자재의 시험성적서 및 납품확인서 등 건축자재의 품질을 확인할 수 있는 서류
	2. 해당 건축물의 설계도서 (해당 건축물의 허가권자가 아닌 자만 요구할 수 있다.)
	3. 그 밖에 해당 건축자재의 점검을 위하여 필요하다고 인정하는 자료
	② 제조 현장 및 유통 장소 등 점검 ③ 채취 시료 성능 확인 시험
3. 점검절차	① 점검권자는 점검을 하려는 경우 다음과 같은 점검계획을 수립하여야 한다.
	1. 점검 대상
	2. 점검 항목 　가. 건축물의 설계도서와의 적합성 　나. 건축자재 제조형장에서의 자재의 품질과 기준의 적합성 　다. 건축자재 유통장소에서의 자재의 품질과 기준의 적합성 　라. 건축공사장에 반입 또는 사용된 건축자재의 품질과 기준의 적합성 　마. 건축자재의 제조현장, 유통장소, 건축공사장에서 시료를 채취하는 경우 채취된 시료의 품질과 기준의 적합성
	3. 그 밖에 점검을 위하여 필요하다고 인정하는 사항
	② 시·도지사 또는 시장·군수·구청장은 점검계획을 수립한 경우에는 그 사실을 국토교통부장관에게 통보하여야 한다. ③ 점검업무를 대행하는 전문기관은 점검을 완료한 후 해당 결과를 14일 이내에 점검을 대행하게 한 점검권자에게 보고하여야 한다.
4. 행정조치	① 행정조치 내용 국토교통부장관등은 점검 결과 위법 사실을 확인한 경우에는 해당 건축관계자(건축주, 설계자, 공사시공자 또는 공사감리자를 말한다.) 및 제조업자·유통업자에게 위법 사실을 통보하여야 하며, 다음 각 호의 기준에 따른 조치를 할 수 있다.
	1. 시정명령
	2. 공사중지명령
	3. 해당 자재 사용중단 명령
	4. 관계 행정기관의 장에게 관계 법률에 따른 해당 제조업자 및 유통업자에 대한 영업정지 등의 요청
	② 조치계획의 제출 1. 건축관계자 및 제조업자·유통업자는 위법 사실을 통보받거나 명령을 받은 경우에는 그 날부터 7일 이내에 조치계획을 수립하여 국토교통부장관 등에게 제출하여야 한다. 2. 국토교통부장관 등은 조치계획에 따른 개선조치가 이루어졌다고 인정되면 공사 중단 명령을 해제하여야 한다.

예제문제 29

건축법에 따른 건축자재의 제조 및 유통관리 점검시 점검계획의 내용으로 부적합한 것은?

① 점검대상

② 건축물의 설계도서와의 적합성

③ 건축자재 제조원가의 적합성

④ 건축자재 품질기준의 적합성

─────────────────────────────

해설 **검검계획 내용**

1. 점검 대상

2. 점검 항목
   가. 건축물의 설계도서와의 적합성
   나. 건축자재 제조현장에서의 자재의 품질과 기준의 적합성
   다. 건축자재 유통장소에서의 자제의 품질과 기준의 적합성
   라. 건축공사장에 반입 또는 사용된 건축자재의 품질과 기준의 적합성
   마. 건축자재의 제조현장, 유통장소, 건축공사장에서 시료를 채취하는 경우 채취된 시료의 품질과 기준의 적합성

3. 그 밖에 점검을 위하여 필요하다고 인정하는 사항

답 : ③

7 건축관계자 업무제한

법	시행령
제25조의2【건축관계자등에 대한 업무제한】 ① 허가권자는 설계자, 공사시공자, 공사감리자 및 관계전문기술자(이하 " 건축관계자등"이라 한다)가 대통령령으로 정하는 주요 건축물에 대하여 제21조에 따른 착공신고 시부터 「건설산업기본법」 제28조에 따른 하자담보책임 기간에 제40조, 제41조, 제48조, 제50조 및 제51조를 위반하거나 중대한 과실로 건축물의 기초 및 주요구조부에 중대한 손괴를 일으켜 사람을 사망하게 한 경우에는 1년 이내의 기간을 정하여 이 법에 의한 업무를 수행할 수 없도록 업무정지를 명할 수 있다. ② 허가권자는 건축관계자등이 제40조, 제41조, 제48조, 제49조, 제50조, 제50조의2, 제51조, 제52조 및 제52조의4를 위반하여 건축물의 기초 및 주요구조부에 중대한 손괴를 일으켜 대통령령으로 정하는 규모 이상의 재산상 의 피해가 발생한 경우(제1항에 해당하는 위반행위는 제외한다)에는 다음 각 호에서 정하는 기간 이내의 범위에서 다중이용건축물 등 대통령령으로 정하는 주요 건축물에 대하여 이 법에 의한 업무를 수행할 수 없도록 업무정지를 명할 수 있다. 〈개정 2019.4.23〉	**제19조의3【업무제한 대상 건축물 등】** ① 법 제25조의2제1항에서 "대통령령으로 정하는 주요 건축물"이란 다음 각 호의 건축물을 말한다. 1. 다중이용 건축물 2. 준다중이용 건축물 ② 법 제25조의2제2항 각 호 외의 부분에서 "대통령령으로 정하는 규모 이상의 재산상의 피해"란 도급 또는 하도급받은 금액의 100분의 10 이상으로서 그 금액이 1억원 이상인 재산상의 피해를 말한다. ③ 법 제25조의2제2항 각 호 외의 부분에서 "다중이용건축물 등 대통령령으로 정하는 주요 건축물"이란 다음 각 호의 건축물을 말한다. 1. 다중이용 건축물 2. 준다중이용 건축물 [본조신설 2017.2.3.]

1. 최초로 위반행위가 발생한 경우: 업무정지일부터 6개월
2. 2년 이내에 동일한 현장에서 위반행위가 다시 발생한 경우: 다시 업무정지를 받는 날부터 1년

③ 허가권자는 건축관계자등이 제40조, 제41조, 제48조, 제49조, 제50조, 제50조의2, 제51조, 제52조 및 제52조의4를 위반한 경우(제1항 및 제2항에 해당하는 위반행위는 제외한다)와 제28조를 위반하여 가설시설물이 붕괴된 경우에는 기간을 정하여 시정을 명하거나 필요한 지시를 할 수 있다. 〈개정 2019.4.23〉

④ 허가권자는 제3항에 따른 시정명령 등에도 불구하고 특별한 이유 없이 이를 이행하지 아니한 경우에는 다음 각 호에서 정하는 기간 이내의 범위에서 이 법에 의한 업무를 수행할 수 없도록 업무정지를 명할 수 있다.

1. 최초의 위반행위가 발생하여 허가권자가 지정한 시정기간 동안 특별한 사유 없이 시정하지 아니하는 경우: 업무정지일부터 3개월
2. 2년 이내에 제3항에 따른 위반행위가 동일한 현장에서 2차례 발생한 경우: 업무정지일부터 3개월
3. 2년 이내에 제3항에 따른 위반행위가 동일한 현장에서 3차례 발생한 경우: 업무정지일부터 1년

⑤ 허가권자는 제4항에 따른 업무정지처분을 갈음하여 다음 각 호의 구분에 따라 건축관계자등에게 과징금을 부과할 수 있다.

1. 제4항제1호 또는 제2호에 해당하는 경우: 3억원 이하
2. 제4항제3호에 해당하는 경우: 10억원 이하

⑥ 건축관계자등은 제1항, 제2항 또는 제4항에 따른 업무정지처분에도 불구하고 그 처분을 받기 전에 계약을 체결하였거나 관계 법령에 따라 허가, 인가 등을 받아 착수한 업무는 제22조에 따른 사용승인을 받은 때까지 계속 수행할 수 있다.

⑦ 제1항부터 제5항까지에 해당하는 조치는 그 소속 법인 또는 단체에게도 동일하게 적용한다. 다만, 소속 법인 또는 단체가 위반행위를 방지하기 위하여 해당 업무에 관하여 상당한 주의와 감독을 게을리하지 아니한 경우에는 그러하지 아니하다.

⑧ 제1항부터 제5항까지의 조치는 관계 법률에 따라 건축허가를 의제하는 경우의 건축관계자등에게 동일하게 적용한다.

⑨ 허가권자는 제1항부터 제5항까지의 조치를 한 경우 그 내용을 국토교통부장관에게 통보하여야 한다.

⑩ 국토교통부장관은 제9항에 따라 통보된 사항을 종합관리하고, 허가권자가 해당 건축관계자등과 그 소속 법인 또는 단체를 알 수 있도록 국토교통부령으로 정하는 바에 따라 공개하여야 한다.

⑪ 건축관계자등, 소속 법인 또는 단체에 대한 업무정지처분을 하려는 경우에는 청문을 하여야 한다.

[본조신설 2016.2.3.]

요점 건축관계자 업무제한

[1] 업무제한 조치

① 허가권자는 설계자·공사시공자·공사감리자 및 관계전문기술자(건축관계자 등)에 대하여 특정된 경우 업무정지 또는 시정명령 등의 조치를 명할 수 있다.

② 허가권자는 건축관계자 등 소속 법인 또는 단체에 대한 업무정지처분을 하려는 경우에는 청문을 하여야 한다.

③ 업무정지 등의 조치는 그 소속 법인 또는 단체에게도 동일하게 적용한다. 다만, 소속 법인 또는 단체가 위반행위를 방지하기 위하여 해당 업무에 관하여 상당한 주의와 감독을 게을리하지 아니한 경우에는 그러하지 아니하다.

④ 업무정지 등의 조치는 관계 법률에 따라 건축허가를 의제하는 경우의 건축관계자등에게 동일하게 적용한다.

⑤ 허가권자는 업무정지 등의 조치를 한 경우 그 내용을 국토교통부장관에게 통보하여야 한다.

[2] 업무제한 기준

(1) 업무정지

① 1년 이내의 업무정지

대상건축물	위반사항	
• 다중이용건축물 • 준다중이용건축물	• 대지의 안전 (40조) • 토지 굴착 부분에 대한 조치 등 (41조) • 건축물의 구조 (48조) • 건축물의 내화구조와 방화벽 (50조) • 방화지구 안의 건축물 (51조) • 중대한 과실로 기초 및 주요 구조부에 중대한 손괴 유발	착공신고 시부터 건설산업 기본법의 하자 담보책임기간 내에 사람이 사망하게 된 경우

│참고│

■ **건설산업 기본법 제28조**

제28조【건설공사 수급인 등의 하자담보책임】 ① 수급인은 발주자에 대하여 다음 각 호의 범위에서 공사의 종류별로 대통령령으로 정하는 기간에 발생한 하자에 대하여 담보책임이 있다. 〈개정 2015.8.11.〉

1. 건설공사의 목적물이 벽돌쌓기식구조, 철근콘크리트구조, 철골구조, 철골철근콘크리트구조, 그 밖에 이와 유사한 구조로 된 것인 경우: 건설공사의 완공일과 목적물의 관리·사용을 개시한 날 중에서 먼저 도래한 날로부터 10년

2. 제1호 이외의 구조로 된 것인 경우: 건설공사 완공일과 목적물의 관리·사용을 개시한 날 중에서 먼저 도래한 날로부터 5년

② 6개월 이내의 업무정지 등

대상건축물	위반사항		업무정지기간	
• 다중이용건축물 • 준다중이용건축물	• 대지의 안전 (40조) • 토지 굴착 부분에 대한 조치 등 (41조) • 건축물의 구조 (48조) • 건축물의 피난시설 및 용도제한 등 (49조) • 건축물의 내화구조와 방화벽 (50조) • 고층건축물의 피난 및 안전관리 (50조의2) • 방화지구 안의 건축물 (51조) • 건축물의 마감재료 (52조) • 복합자재의 품질관리 등 (52조의3)	기초 및 주요구조부에 중대한 손괴를 일으켜 1억원이상으로서 (하)도급금액의 10% 이상의 재산상 피해가 발생한 경우	• 최초 위반의 경우	• 6개월 이내
			• 2년 이내에 동일한 현장에서 위반이 재발된 경우	• 1년 이내

(2) 시정명령

① 시정명령

위반사항	시정명령
• 대지의 안전 (40조) • 토지 굴착 부분에 대한 조치 등 (41조) • 건축물의 구조 (48조) • 건축물의 피난시설 및 용도제한 등 (49조) • 건축물의 내화구조와 방화벽 (50조) • 고층건축물의 피난 및 안전관리 (50조의2) • 방화지구 안의 건축물 (51조) • 건축물의 마감재료 (52조) • 복합자재의 품질관리 등 (52조의3) • 공사현장의 위해 방지 등 (28조) 위반으로 가설건축물이 붕괴된 경우	기간을 정하여 시정을 명하거나 필요한 지시

② 시정명령 불응의 경우

허가권자는 ①항에 따른 시정명령 등에도 불구하고 특별한 이유 없이 이를 이행하지 아니한 경우에는 다음 각호에서 정하는 기간 이내의 범위에서 이 법에 의한 업무를 수행할 수 없도록 업무정지를 명하거나 건축관계자 등에게 과징금을 부과할 수 있다.

위반사항	조치 기준
• ①항의 위반이 최초인 경우에 대한 불응 • 2년 이내에 ①항의 위반이 동일현장에서 2차례 발생한 경우에 대한 불응	3개월 이내의 업무정지 또는 3억원 이하의 과징금
• 2년 이내에 ①항의 위반이 동일현장에서 3차례 발생한 경우에 대한 불응	1년 이내의 업무정지 또는 10억원 이하의 과징금

(3) 업무정지처분에 대한 업무수행

건축관계자등은 업무정지처분에도 불구하고 그 처분을 받기 전에 계약을 체결하였거나 관계 법령에 따라 허가, 인가 등을 받아 착수한 업무는 사용승인을 받은 때까지 계속 수행할 수 있다.

예제문제 30

건축법에 따라 특정한 건축물에 대하여 위반사항에 의해 사람이 사망하게 된 경우 당해 건축물의 설계자 등에게 1년 이내의 업무정지 명령 부과 사유에 해당되지 않는 것은?

① 대지의 안전
② 건축물의 내화구조와 방화벽
③ 방화지구안의 건축물
④ 복합자재의 품질관리

해설 복합자재의 품질관리등(법 제53조의3) 규정은 기준에 위배되어 재산상 피해가 일어난 경우 6개월 이내의 업무정지 사유이며 또한 동일한 현장에서 2년 이내에 위반이 재발된 경우에 1년 이내의 업무정지 부과 대상이 된다.

답 : ④

8 건축관계자 변경신고

법	시행령
제15조【건축주와의 계약 등】 ① 건축관계자는 건축물이 설계도서에 따라 이 법과 이 법에 따른 명령이나 처분, 그 밖의 관계 법령에 맞게 건축되도록 업무를 성실히 수행하여야 하며, 서로 위법하거나 부당한 일을 하도록 강요하거나 이와 관련하여 어떠한 불이익도 주어서는 아니 된다. ② 건축관계자 간의 책임에 관한 내용과 그 범위는 이 법에서 규정한 것 외에는 건축주와 설계자, 건축주와 공사시공자, 건축주와 공사감리자 간의 계약으로 정한다. ③ 국토교통부장관은 제2항에 따른 계약의 체결에 필요한 표준계약서를 작성하여 보급하고 활용하게 하거나 「건축사법」 제31조에 따른 건축사협회(이하 "건축사협회"라 한다), 「건설산업기본법」 제50조에 따른 건설사업자단체로 하여금 표준계약서를 작성하여 보급하고 활용하게 할 수 있다. 〈개정 2013.3.23, 2014.1.14, 2019.4.30〉	**[시행규칙]** **제11조【건축관계자 변경신고】** ① 법 제11조 및 제14조에 따라 건축 또는 대수선에 관한 허가를 받거나 신고를 한 자가 다음 각 호의 어느 하나에 해당하게 된 경우에는 그 양수인·상속인 또는 합병후 존속하거나 합병에 의하여 설립되는 법인은 그 사실이 발생한 날부터 7일 이내에 별지 제4호서식의 건축관계자 변경신고서에 변경 전 건축주의 명의변경동의서 또는 권리관계의 변경사실을 증명할 수 있는 서류를 첨부하여 허가권자에게 제출(전자문서로 제출하는 것을 포함한다)하여야 한다. 〈개정 2007.12.13, 2008.12.11, 2012.12.12〉 1. 건축 또는 대수선 중인 건축물을 양수한 경우 2. 허가를 받거나 신고를 한 건축주가 사망한 경우 3. 허가를 받거나 신고를 한 법인이 다른 법인과 합병을 한 경우 ② 건축주는 설계자, 공사시공자 또는 공사감리자를 변경한 때에는 그 변경한 날부터 7일 이내에 별지 제4호서식의 건축관계자변경신고서를 허가권자에게 제출(전자문서에 의한 제출을 포함한다)하여야 한다. 〈개정 2017.1.20〉

요점 건축관계자 변경신고

- **변경신고 기한**
  발생일로부터 7일 이내에 허가권자에게 신고

내 용		신고자	신고기한
① 건축 또는 대수선에 관한 허가를 받거나 신고한 자의 변동사항	·허가 또는 신고대상 건축물을 양도한 경우	양수인	사유발생일로부터 7일 이내
	·허가를 받거나 신고를 한 건축주가 사망한 경우	상속인	
	·허가를 받거나 신고를 한 법인이 다른 법인과 합병을 한 경우	법인(합병 후 존속되거나, 합병에 의해 설립되는)	
② 설계자, 공사시공자 및 공사감리자의 변경		건축주	

9 건축지도원

법	시행령
제37조【건축지도원】 ① 특별자치시장·특별자치도지사 또는 시장·군수·구청장은 이 법 또는 이 법에 따른 명령이나 처분에 위반되는 건축물의 발생을 예방하고 건축물을 적법하게 유지·관리하도록 지도하기 위하여 대통령령으로 정하는 바에 따라 건축지도원을 지정할 수 있다. 〈개정 2014. 1. 14.〉 ② 제1항에 따른 건축지도원의 자격과 업무 범위 등은 대통령령으로 정한다.	**제24조【건축지도원】** ① 법 제37조에 따른 건축지도원(이하 "건축지도원"이라 한다)은 특별자치시장·특별자치도지사 또는 시장·군수·구청장이 특별자치시·특별자치도 또는 시·군·구에 근무하는 건축직렬의 공무원과 건축에 관한 학식이 풍부한 자로서 건축조례로 정하는 자격을 갖춘 자 중에서 지정한다. 〈개정 2014. 10. 15.〉 ② 건축지도원의 업무는 다음 각 호와 같다. 1. 건축신고를 하고 건축 중에 있는 건축물의 시공 지도와 위법 시공 여부의 확인·지도 및 단속 2. 건축물의 대지, 높이 및 형태, 구조 안전 및 화재 안전, 건축설비 등이 법령등에 적합하게 유지·관리되고 있는지의 확인·지도 및 단속 3. 허가를 받지 아니하거나 신고를 하지 아니하고 건축하거나 용도 변경한 건축물의 단속 ③ 건축지도원은 제2항의 업무를 수행할 때에는 권한을 나타내는 증표를 지니고 관계인에게 내보여야 한다. ④ 건축지도원의 지정 절차, 보수 기준 등에 관하여 필요한 사항은 건축조례로 정한다. [전문개정 2008. 10. 29.]

요점 건축지도원

구 분	내 용
1. 지도원의 지정	특별자치시장·특별자치도지사 또는 시장·군수·구청장이 지정
2. 지도원의 자격	건축직렬의 공무원과 건축에 관한 학식이 풍부한 자 중 건축조례가 정하는 자격을 갖춘 자
3. 지도원의 업무	① 건축신고를 하고 건축 중에 있는 건축물의 시공지도와 위법시공여부의 확인·지도 및 단속 ② 건축물의 대지, 높이 및 형태, 구조안전 및 화재안전, 건축설비등이 법령등에 적합하게 유지·관리 되고 있는지의 확인·지도 및 단속 ③ 허가를 받지 아니하거나 신고를 하지 아니하고 건축허가나 용도 변경한 건축물의 단속
4. 기타	•건축지도원의 지정절차 보수기준 등에 관하여 필요한 사항은 건축조례로 정함

10 건축물 대장

법	시행령
제38조【건축물대장】 ① 특별자치시장·특별자치도지사 또는 시장·군수·구청장은 건축물의 소유·이용 및 유지·관리 상태를 확인하거나 건축정책의 기초 자료로 활용하기 위하여 다음 각 호의 어느 하나에 해당하면 건축물대장에 건축물과 그 대지의 현황 및 국토교통부령으로 정하는 건축물의 구조내력(構造耐力)에 관한 정보를 적어서 보관하고 이를 지속적으로 정비하여야 한다. 〈개정 2012.1.17., 2014.1.14., 2015.1.6., 2017.10.24.〉 1. 제22조제2항에 따라 사용승인서를 내준 경우 2. 제11조에 따른 건축허가 대상 건축물(제14조에 따른 신고 대상 건축물을 포함한다) 외의 건축물의 공사를 끝낸 후 기재를 요청한 경우 3. 삭제 〈2019.4.30〉 4. 그 밖에 대통령령으로 정하는 경우 ② 특별자치시장·특별자치도지사 또는 시장·군수·구청장은 건축물대장의 작성·보관 및 정비를 위하여 필요한 자료나 정보의 제공을 중앙행정기관의 장 또는 지방자치단체의 장에게 요청할 수 있다. 이 경우 자료나 정보의 제공을 요청받은 기관의 장은 특별한 사유가 없으면 그 요청에 따라야 한다. 〈신설 2017.10.24.〉 ③ 제1항 및 제2항에 따른 건축물대장의 서식, 기재 내용, 기재 절차, 그 밖에 필요한 사항은 국토교통부령으로 정한다. 〈개정 2013.3.23., 2017.10.24.〉 [시행일 : 2018.4.25.]	**제25조【건축물대장】** 법 제38조제1항제4호에서 대통령령으로 정하는 경우"란 다음 각 호의 어느 하나에 해당하는 경우를 말한다. 〈개정 2012.7.19, 2013.3.23〉 1. 「집합건물의 소유 및 관리에 관한 법률」 제56조 및 제57조에 따른 건축물대장의 신규등록 및 변경등록의 신청이 있는 경우 2. 법 시행일 전에 법령 등에 적합하게 건축되고 유지·관리된 건축물의 소유자가 그 건축물의 건축물관리대장이나 그 밖에 이와 비슷한 공부(公簿)를 법 제38조에 따른 건축물대장에 옮겨 적을 것을 신청한 경우 3. 그 밖에 기재내용의 변경 등이 필요한 경우로서 국토교통부령으로 정하는 경우 [전문개정 2008.10.29]

■ 건축물대장이라 함은 건축물의 소재지, 구조, 용도, 층수, 건축물 연면적, 대지면적, 허가연월일, 사용승인연월일, 등재연월일 등 건축물 및 대지의 일반 사항과 소유자주소, 성명 등 소유권에 관한 사항 및 건축물의 이용상태 등을 기재하여 확인하거나 건축정책자료로 활용하기 위한 것이다.

■ 건축물대장의 종류

구 분	1동 건축물의 소유권
• 일반 건축물 대장	1인
• 집합 건축물 대장	2인 이상

요점 건축물 대장

구 분	내 용
1. 기재 및 보관의무자	특별자치시장·특별자치도지사 또는 시장·군수·구청장
2. 목적	건축물의 소유·이용 및 유지·관리 상태를 확인하거나 건축정책의 기초자료로 활용하기 위함
3. 기재 및 보관하여야 하는 경우	① 사용승인서를 교부한 경우(법 제22조제2항) ② 건축허가 대상건축물(신고대상건축물 포함) 외의 건축물이 공사를 끝낸 후 기재요청을 한 경우 ③ 「집합건물의 소유 및 관리에 관한 법률」에 따른 건축물대장의 신규등록 및 변경등록의 신청이 있는 경우 ④ 건축물의 소유자가 건축물의 관리대장 기타 이와 유사한 공부를 건축물대장으로의 이기 신청이 있는 경우 ⑤ 기타 기재내용의 변경 등의 필요가 있는 경우로서 국토교통부령으로 정하는 경우
4. 서식, 절차 등	건축물대장의 서식·기재내용·기재절차 등 기타 필요한 사항은 국토교통부령으로 정함

참고| 건축물대장의 기재 및 관리 등에 관한 규칙 [별지 제1호서식] 〈개정 2023.8.1〉

일반건축물대장(갑)

건물ID		고유번호		명칭	호수/가구수/세대수

대지위치			지번	도로명주소

※대지면적 ㎡	연면적 ㎡	※지역	※지구	※구역
건축면적 ㎡	용적률 산정용 연면적 ㎡	주구조	주용도	층수 지하: 층, 지상: 층
※건폐율 %	※용적률 %	높이 m	지붕	부속건축물 동 ㎡
※조경면적 ㎡	※공개 공지·공간 면적 ㎡	※건축선 후퇴면적 ㎡	※건축선 후퇴거리 m	

건축물 현황					소유자 현황			
구분	층별	구조	용도	면적(㎡)	성명(명칭)	주소	소유권 지분	변동일
					주민(법인) 등록번호 (부동산등기용 등록번호)			변동원인

이 등(초)본은 건축물대장의 원본내용과 틀림없음을 증명합니다.

발급일: 년   월   일

담당자:
전 화:

특별자치시장·특별자치도지사 또는 시장·군수·구청장 [인]

※ 표시 항목은 총괄표제부가 있는 경우에는 적지 않을 수 있습니다.

297mm×210mm[백상지 80g/㎡]

대지위치						명칭				호수/가구수/세대수	
지번	지번 관련 주소					도로명주소					
						도로명주소 관련 주소					

구분	성명 또는 명칭	면허(등록) 번호	※주차장					승강기			인허가 시기
건축주			구분	옥내	옥외	인근	면제	승용 대	비상용 대		허가일
설계자			자주식	대 m²	대 m²	대 m²	대	※하수 처리 시설	※급수설비 (저수조)		착공일
									구분	수량 및 총 용량	
공사감리자			기계식	대 m²	대 m²	대 m²		형식	지상	개 m²	사용승인일
공사시공자 (현장관리인)			전기차	대 m²	대 m²	대 m²		용량	지하	개 m²	

※건축물 인증 현황			건축물 구조 현황		건축물 관리 현황	
인증명	유효기간	성능				
			내진설계 적용 여부	내진능력	관리계획 수립 여부 (해당, 미해당)	
			특수구조 건축물 [해당(유형:), 미해당]	지하수위 G.L m	건축물 관리점검 현황	
			기초형식: [ ] 지내력기초 (t/m²) [ ] 파일기초	구조설계해석법: [ ] 등가정적해석법 [ ] 동적해석법	종류	점검유효 기간

변동사항				그 밖의 기재사항
변동일	변동내용 및 원인	변동일	변동내용 및 원인	

※ 표시 항목은 총괄표제부가 있는 경우에는 적지 않을 수 있습니다.

건축물현황도

건물ID		고유번호		명칭		호수/가구수/세대수
대지위치		지번	도로명주소			

도면의 종류	축척		도면 작성자	
		1 :		(서명 또는 인)

예제문제 31

건축물 대장의 작성 및 관리기준에 관한 사항 중 가장 부적당한 것은?

① 건축물의 사용승인서를 교부한 경우 건축물 대장에 기재한다.

② 건축물 대장은 허가단위를 기준으로 작성한다.

③ 건축물 대장은 일반건축물 대장과 집합건축물 대장으로 구분한다.

④ 건축물 대장을 말소 또는 폐쇄한 경우에도 영구 보전하여야 한다.

──────────────────────────────

해설 건축물 대장은 건축물 1동을 단위로 하여 각 건축물마다 작성하나, 부속건축물은 주 건축물에 포함하여 작성한다.

답 : ②

CHAPTER

03 건축물의 구조 및 재료

1 구조안전의 확인

법	시행령
제5장 건축물의 구조 및 재료	제5장 건축물의 구조 및 재료

제48조 【구조내력 등】 ① 건축물은 고정하중, 적재하중(積載荷重), 적설하중(積雪荷重), 풍압(風壓), 지진, 그 밖의 진동 및 충격 등에 대하여 안전한 구조를 가져야 한다.
② 제11조제1항에 따른 건축물을 건축하거나 대수선하는 경우에는 대통령령으로 정하는 바에 따라 구조의 안전을 확인하여야 한다.
③ 지방자치단체의 장은 제2항에 따른 구조 안전 확인대상 건축물에 대하여 허가 등을 하는 경우 내진(耐震)성능 확보 여부를 확인하여야 한다. 〈신설 2011.9.16〉
④ 제1항에 따른 구조내력의 기준과 구조 계산의 방법 등에 관하여 필요한 사항은 국토교통부령으로 정한다.
〈개정 2013.3.23, 2015.1.6〉

[구조규칙]

제56조 【적용범위】 ③ 영 제32조제1항제7호에서"국가적 문화유산으로 보존할 가치가 있는 건축물로서 국토교통부령이 정하는 것"이란 국가적 문화유산으로 보존할 가치가 있는 박물관·기념관 그 밖에 이와 유사한 것으로서 연면적의 합계가 5천제곱미터 이상인 건축물을 말한다.
[본조신설 2009.12.31] 〈개정 2014.11.28〉

제48조의2 【건축물 내진등급의 설정】 ① 국토교통부장관은 지진으로부터 건축물의 구조 안전을 확보하기 위하여 건축물의 용도, 규모 및 설계구조의 중요도에 따라 내진등급(耐震等級)을 설정하여야 한다.
② 제1항에 따른 내진등급을 설정하기 위한 내진등급기준 등 필요한 사항은 국토교통부령으로 정한다.
〈본조신설 2013.7.16〉

제32조 【구조 안전의 확인】 ① 법 제48조제2항에 따라 법 제11조제1항에 따른 건축물을 건축하거나 대수선하는 경우 해당 건축물의 설계자는 국토교통부령으로 정하는 구조기준 등에 따라 그 구조의 안전을 확인하여야 한다. 〈개정 2013.5.31, 2014.11.28〉
② 제1항에 따라 구조 안전을 확인한 건축물 중 다음 각호의 어느 하나에 해당하는 건축물의 건축주는 해당 건축물의 설계자로부터 구조 안전의 확인 서류를 받아 법 제21조에 따른 착공신고를 하는 때에 그 확인 서류를 허가권자에게 제출하여야 한다. 다만, 표준설계도서에 따라 건축하는 건축물은 제외한다. 〈개정 2017.2.3, 2017.10.24., 2018.12.4.〉
1. 층수가 2층(주요구조부인 기둥과 보를 설치하는 건축물로서 그 기둥과 보가 목재인 목구조 건축물의 경우에는 3층) 이상인 건축물 〈2017.2.3 개정〉
2. 연면적이 200제곱미터(목구조 건축물의 경우에는 500제곱미터 이상인 건축물. 다만, 창고, 축사, 작물 재배사는 제외한다.
3. 높이가 13미터 이상인 건축물
4. 처마높이가 9미터 이상인 건축물
5. 기둥과 기둥 사이의 거리가 10미터 이상인 건축물
6. 국토교통부령으로 정하는 지진구역 안의 건축물
7. 국가적 문화유산으로 보존할 가리가 있는 건축물로서 국토교통부령으로 정하는 것
8. 제2조제18호가목 및 다목의 건축물
9. 별표1 제1호의 단독주택 및 같은 표 제2호의 공동주택

제91조의3 【관계전문기술자와의 협력】 ① 다음 각 호의 어느 하나에 해당하는 건축물의 설계자는 제32조에 따라 해당 건축물에 대한 구조의 안전을 확인하는 경우에는 건축구조기술사의 협력을 받아야 한다.
〈개정 2015.9.22, 2018.12.4〉
1. 6층 이상인 건축물
2. 특수구조 건축물
3. 다중이용건축물
4. 준다중이용건축물
5. 3층 이상의 필로티 형식 건축물
6. 제32조제1항제6호에 해당하는 건축물 중 국토교통부령으로 정하는 건축물

제48조의3【건축물의 내진능력 공개】 ① 다음 각 호의 어느 하나에 해당하는 건축물을 건축하고자 하는 자는 제22조에 따른 사용승인을 받는 즉시 건축물이 지진 발생 시에 견딜 수 있는 능력(이하 "내진능력"이라 한다)을 공개하여야 한다. 다만, 제48조제2항에 따른 구조안전 확인 대상 건축물이 아니거나 내진능력 산정이 곤란한 건축물로서 대통령령으로 정하는 건축물은 공개하지 아니한다. 〈개정 2019.3.28.〉

1. 층수가 2층[주요구조부인 기둥과 보를 설치하는 건축물로서 그 기둥과 보가 목재인 목구조 건축물(이하 "목구조 건축물"이라 한다)의 경우에는 3층] 이상인 건축물

2. 연면적이 200제곱미터(목구조 건축물의 경우에는 500제곱미터) 이상인 건축물

3. 그 밖에 건축물의 규모와 중요도를 고려하여 대통령령으로 정하는 건축물

② 제1항의 내진능력의 산정 기준과 공개 방법 등 세부사항은 국토교통부령으로 정한다.

제32조의2【건축물의 내진능력 공개】 ① 법 제48조의3제1항 각 호 외의 부분 단서에서 "대통령령으로 정하는 건축물"이란 다음 각 호의 어느 하나에 해당하는 건축물을 말한다.

1. 창고, 축사, 작물 재배사 및 표준설계도서에 따라 건축하는 건축물로서 제32조제2항제1호 및 제3호부터 제9호까지의 어느 하나에도 해당하지 아니하는 건축물

2. 제32조제1항에 따른 구조기준 중 국토교통부령으로 정하는 소규모건축구조기준을 적용한 건축물

② 법 제48조의3제1항제3호에서 "대통령령으로 정하는 건축물"이란 제32조제2항제3호부터 제9호까지의 어느 하나에 해당하는 건축물을 말한다.

[본조신설 2018.6.26]

요점 **구조안전의 확인**

건축물은 고정하중, 적재하중, 풍압, 지진 기타의 진동 및 충격 등에 안전한 구조를 가져야 한다. 따라서, 일정규모 이상의 건축물을 건축하거나 대수선하는 경우에 건축물에 작용하는 하중에 대한 안전여부를 구조계산을 통하여 사전에 구조안전에 대한 확인을 필요로 한다.

(1) 구조안전의 확인

건축허가를 받아야 하는 건축물을 건축하거나 대수선하는 경우 해당 건축물의 설계자는 구조의 안전을 확인하여야 한다.

(2) 구조안전 확인서의 제출

다음에 해당하는 건축물의 건축주는 착공신고시 설계자로부터 받은 구조안전확인서를 허가권자에게 제출하여야 한다.

■ 예외 : 표준설계도서에 따른 건축물

1. 연면적	200m² 이상(창고, 축사, 작물재배사는 제외하며, 목구조인 경우에는 500m² 이상)
2. 층수	2층 이상(기둥과 보가 목구조인 경우 3층 이상)
3. 건축물 높이	13m 이상
4. 처마높이	9m 이상
5. 경간	10m 이상
6. 단독주택 및 공동주택	
7. 국가적 문화유산으로서 보존가치가 있는 연면적 합계 5,000m² 이상인 박물관, 기념관 등	
8. 한쪽 끝은 고정되고 다른 끝은 지지되지 아니한 구조로 된 보, 차양 등이 외벽의 중심선으로부터 3m 이상 돌출된 건축물	
9. 중요도 「특」 또는 「1」에 해당되는 건축물	
10. 특수한 설계, 시공 등이 필요한 건축물로서 국토교통부장관이 고시하는 건축물	

■ 경간(Span)
1. 기둥과 기둥사이의 거리
2. 내력벽과 내력벽사이의 거리

| 참고 |

1. 지진구역의 구분

건축물의 구조기준 등에 관한 규칙 별표10 (지진구역 및 지진계수)

지진구역		행 정 구 역	지진구역계수
Ⅰ	시	서울특별시, 부산광역시, 인천광역시, 대구광역시, 대전광역시, 광주광역시, 울산광역시, 세종특별자치시	0.22g
	도	경기도, 강원도 남부^{주1)}, 충청북도, 충청남도, 전라북도, 전라남도, 경상북도, 경상남도	
Ⅱ	도	강원도 북부^{주2)}, 제주도	0.14g

비고
주1) 강원도 남부: 강릉시, 동해시, 삼척시, 원주시, 태백시, 영월군, 정선군
주2) 강원도 북부: 속초시, 춘천시, 고성군, 양구군, 양양군, 인제군, 철원군, 평창군, 화천군, 홍천군, 횡성군

2. 중요도에 의한 건축물의 분류

건축물의 구조기준 등에 관한 규칙 별표11 (중요도 및 중요계수)

중요도	특	1	2	3
건축물의 용도 및 규모	1. 연면적 1,000m² 이상인 위험물 저장 및 처리 시설·국가 또는 지방자치단체의 청사·외국공관·소방서·발전소·방송국·전신전화국·국가 또는 지방자치단체의 데이터센터 2. 종합병원, 수술시설이나 응급시설이 있는 병원	1. 연면적 1,000m²미만인 위험물 저장 및 처리시설·국가 또는 지방자치단체의 청사·외국공관·소방서·발전소·방송국·전신전화국·중요도(특)에 해당하지 않는 데이터센터 2. 연면적 5,000m²이상인 공연장·집회장·관람장·전시장·운동시설·판매시설·운수시설(화물터미널과 집배송시설은 제외함) 3. 아동관련시설·노인복지시설·사회복지시설·근로복지시설 4. 5층 이상인 숙박시설·오피스텔·기숙사·아파트·교정시설 5. 학교 6. 수술시설과 응급시설 모두 없는 병원, 기타 연면적 1,000m²이상인 의료시설로서 중요도(특)에 해당하지 않는 건축물	1. 중요도 (특), (1), (3)에 해당하지 않는 건축물	1. 농업시설물, 소규모창고 2. 가설구조물
중요도계수	1.5	1.2	1.0	1.0

건축물을 건축하거나 대수선하는 경우 구조안전을 확인하여야 하는 건축물의 기준으로 가장 타당한 것은?

㉠ 층수가 3층 이상인 건축물	㉡ 연면적이 200m² 이상인 건축물
㉢ 높이가 10m 이상인 건축물	㉣ 기둥과 기둥 사이 거리가 10m 이상인 건축물

① ㉠, ㉡   ② ㉡, ㉢

③ ㉡, ㉣   ④ ㉢, ㉣

해설 구조안전의 확인대상 건축물
- 연면적 : 200m² 이상   · 층수 : 2층 이상
- 건축물 높이 : 13m 이상   · 처마 높이 : 9m 이상
- 경간 : 10m 이상

답 : ③

(3) 건축구조 기술사 협력대상 건축물

1. 6층 이상 건축물		건축구조 기술사의 협력을 받아 설계자가 구조안전을 확인하여야 한다.
2. 특수구조 건축물	경간 20m 이상 건축물	
	보, 차양 등의 내민길이 3m 이상 건축물	
3. 다중이용건축물		
4. 준다중이용건축물		
5. 3층 이상인 필로티형식의 건축물		
6. 지진구역 1의 중요도 「특」인 건축물		

▪ 다중이용건축물
1. 16층 이상 건축물
2. 문화 및 집회시설(동·식물원 제외), 판매시설, 종교시설, 여객용시설, 종합병원, 관광숙박시설의 용도에 쓰이는 바닥면적의 합계가 5,000m² 이상인 건축물

구조기술사 또는 이와 동등 이상의 기술능력이나 자격을 갖춘 자의 협력을 받아 구조안전을 확인해야 하는 건축물의 범위가 아닌 것은 어느 것인가?

① 층수가 6층 이상인 건축물

② 다중이용건축물

③ 기둥과 기둥 사이의 거리가 20m 이상인 건축물

④ 연면적 10,000m² 이상인 업무시설

해설 연면적에 의한 구조안전 협력대상 건축물은 적용되지 않는다.

답 : ④

(4) 건축물 내진등급의 설정

① 국토교통부장관은 지진으로부터 건축물의 구조 안전을 확보하기 위하여 건축물의 용도, 규모 및 설계구조의 중요도에 따라 내진등급(耐震等級)을 설정하여야 한다.

② 내진등급을 설정하기 위한 내진등급기준 등 필요한 사항은 국토교통부령으로 정한다.

(5) 내진능력 공개

다음에 해당되는 건축물을 건축하고자 하는 자는 사용승인을 받는 즉시 건축물의 내진능력을 공개하여야 한다.

1. 2층 이상인 건축물(목구조의 경우 3층)
2. 연면적 200m² 이상인 건축물(목구조의 경우 500m²)
3. 그 밖에 건축물의 규모와 중요도를 고려하여 대통령령으로 정하는 건축물

2 피난규정

[1] 건축물의 피난시설

법	시행령
제49조【건축물의 피난시설 및 용도제한 등】① 대통령령으로 정하는 용도 및 규모의 건축물과 그 대지에는 국토교통부령으로 정하는 바에 따라 복도, 계단, 출입구, 그 밖의 피난시설과 저수조(貯水槽), 대지 안의 피난과 소화에 필요한 통로를 설치하여야 한다. 〈개정 2013.3.23, 2018.10.18.〉 ② 대통령령으로 정하는 용도 및 규모의 건축물의 안전·위생 및 방화(防火) 등을 위하여 필요한 용도 및 구조의 제한, 방화구획(防火區劃), 화장실의 구조, 계단·출입구, 거실의 반자 높이, 거실의 채광·환기·배연설비와 바닥의 방습 등에 관하여 필요한 사항은 국토교통부령으로 정한다. 다만, 대규모 창고시설 등 대통령령으로 정하는 용도 및 규모의 건축물에 대해서는 방화구획 등 화재안전에 필요한 사항을 국토교통부령으로 별도로 정할 수 있다. 〈개정 2013.3.23, 2019.4.23, 2021.10.19〉 ③ 대통령령으로 정하는 건축물은 국토교통부령으로 정하는 기준에 따라 소방관이 진입할 수 있는 창을 설치하고, 외부에서 주야간에 식별할 수 있는 표시를 하여야 한다. 〈신설 2019.4.23〉	

요점 건축물의 피난시설

건축법에 있어서의 피난규정은 건축물에 화재가 발생했을 경우 건축물 내에 있는 사람을 화재로부터 안전한 장소로 대피시키기 위한 피난경로상의 공간을 확보하겠다는 취지이며, 건축물에 발생된 화재로부터의 피난경로는 다음과 같다.

구분	피난규정이 적용되는 공간
지상으로의 경로	거실 → 출구 → 복도 → 계단 → 피난층 → 출구 → 지상
옥상광장으로의 경로	거실 → 출구 → 복도 → 계단 → 옥상광장

[2] 거실출구제한

법	시행령
[피난·방화규칙] **제10조【관람실등으로부터의 출구의 설치기준】** ① 영 제38조 각호의 1에 해당하는 건축물의 관람석 또는 집회실로부터 바깥쪽으로의 출구로 쓰이는 문은 안여닫이로 하여서는 아니 된다. ② 영 제38조의 규정에 의하여 문화 및 집회시설중 공연장의 개별관람실(바닥면적이 300제곱미터 이상인 것에 한한다)의 출구는 다음각호의기준에적합하게설치하여야한다. 1. 관람실별로 2개소 이상 설치할 것 2. 각 출구의 유효너비는 1.5미터 이상일 것 3. 개별 관람실 출구의 유효너비의 합계는 개별 관람실의 바닥면적 100제곱미터마다 0.6미터의 비율로 산정한 너비 이상으로 할 것	**제38조【관람실 등으로부터의 출구 설치】** 법 제49조제1항에 따라 다음 각 호의 어느 하나에 해당하는 건축물에는 국토교통부령으로 정하는 기준에 따라 관람실 또는 집회실로부터의 출구를 설치해야 한다. 〈개정 2017.2.3, 2019.8.6〉 1. 제2종 근린생활시설 중 공연장·종교집회장(해당 용도로 쓰는 바닥면적의 합계가 각각 300제곱미터 이상인 경우만 해당한다) 2. 문화 및 집회시설(전시장 및 동·식물원은 제외한다) 3. 종교시설 4. 위락시설 5. 장례시설 [전문개정 2008.10.29]

요점 **거실출구 제한**

1) 문화 및 집회시설 등의 출구 방향

제한용도	제한기준
·제2종 근린생활시설 중 300m² 이상인 공연장·종교집회장 ·문화 및 집회시설(전시장, 동·식물원 제외) ·종교시설 ·장례시설 ·위락시설	관람실 또는 집회실의 바깥쪽 출구로 쓰이는 문은 안여닫이로 해서는 안 된다.

▪ 문화 및 집회시설
1. 공연장
2. 집회장
3. 관람장
4. 전시장
5. 동·식물원

|참고|

관람실 등의 실내로부터의 출구 방향

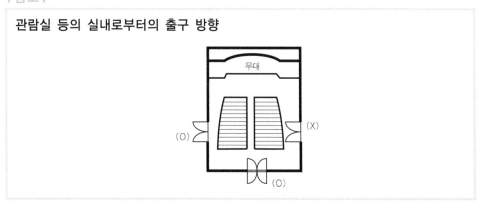

2) 문화 및 집회시설 중 공연장 개별 관람실의 출구 기준

대 상		제한기준
개별 관람실 바닥면적 300m² 이상	출구설치	2개소 이상
	출구유효너비	최소 1.5m 이상
	출구유효너비의 합계	$\dfrac{\text{관람석 바닥면적}(m^2)}{100m^2} \times 0.6m$ 이상

예제문제 03

건축법상 관람실 바닥면적 300m²인 공연장의 관람실 출구에 관한 기술 중 가장 부적합한 것은?

① 각 출구의 유효너비는 1.2m 이상이어야 한다.

② 관람실별로 2개소 이상을 설치하여야 한다.

③ 개별 관람실 출구의 유효너비 합계는 관람실 바닥면적 100m²마다 0.6m의 비율로 산정한 너비 이상으로 한다.

④ 바깥쪽으로의 출구는 안여닫이로 해서는 아니된다.

해설 각 출구의 유효너비는 1.5m 이상이어야 한다.

답 : ①

[3] 복도 제한

법	시행령
	제48조【계단·복도 및 출입구의 설치】① 법 제49조제2항에 따라 연면적 200제곱미터를 초과하는 건축물에 설치하는 계단 및 복도는 국토교통부령으로 정하는 기준에 적합하여야 한다. 〈개정 2013.3.23〉

[시행규칙]

제15조의2 【복도의 너비 및 설치기준】① 영 제48조의규정에 의하여 건축물에 설치하는 복도의 유효너비는 다음 표와 같이 하여야 한다.

구분	양 옆에 거실이 있는 복도	기타의 복도
유치원·초등학교·중학교·고등학교	2.4미터 이상	1.8미터 이상
공동주택·오피스텔	1.8미터 이상	1.2미터 이상
당해 층 거실의 바닥면적 합계가 200제곱미터 이상의 경우	1.5미터 이상 (의료시설의 복도 1.8미터 이상)	1.2미터 이상

② 문화 및 집회시설(공연장·집회장·관람장·전시상에 한한다), 종교시설 중 종교집회장, 노유자시설 중 아동 관련시설·노인복지시설, 수련시설 중 생활권 수련시설, 위락시설 중 유흥주점 및 장례시설의 의 관람실 또는 집회실과 접하는 복도의 유효너비는 제1항의 규정에 불구하고 다음 각 호에서 정하는 너비로 하여야 한다. 〈개정 2010.4.7〉

1. 당해 층의 바닥면적의 합계가 500제곱미터 미만인 경우 1.5미터 이상
2. 당해 층의 바닥면적의 합계가 500제곱미터 이상 1천 제곱미터 미만인 경우 1.8미터 이상
3. 당해 층의 바닥면적의 합계가 1천제곱미터 이상인 경우 2.4미터 이상

③ 문화 및 집회시설중 공연장에 설치하는 복도는 다음각 호의 기준에 적합하여야 한다.

1. 공연장의 개별 관람실(바닥면적이 300제곱미터 이상인 경우에 한한다)의 바깥쪽에는 그 양쪽 및 뒤쪽에 각각 복도를 설치할 것
2. 하나의 층에 개별 관람실(바닥면적이 300제곱미터 미만인 경우에 한한다)을 2개소 이상 연속하여 설치하는 경우에는 그 관람석의 바깥쪽의 앞쪽과 뒤쪽에 각각 복도를 설치할 것

[본조신설 2005.7.22]

요점 **복도제한**

1) 복도의 설치

복도에 대한 설치기준은 공연장에 대해서만 적용되며, 그 설치기준은 공연장의 관람실 바닥면적에 따라 그 설치위치가 제한되나 당해 복도폭에 대한 기준은 규정되어 있지 않다.

구분	복도위치	도해
1. 공연장의 개별관람실(바닥면적이 300m² 이상인 경우)의 바깥쪽	양쪽 및 뒤쪽에 각각 복도를 설치할 것	
2. 하나의 층에 개별관람실(바닥면적이 300m² 미만인 경우)을 2개소 이상 연속하여 설치하는 경우	관람실의 바깥쪽의 앞쪽과 뒤쪽에 각각 복도를 설치할 것	

2) 복도의 폭

구 분	양옆에 거실이 있는 복도	그 밖의 복도
1. 유치원·초등학교·중학교·고등학교	2.4m 이상	1.8m 이상
2. 공동주택·오피스텔	1.8m 이상	1.2m 이상
3. 당해 층 거실의 바닥면적 200m² 이상인 경우	1.5m 이상 (의료시설의 복도는 1.8m 이상)	1.2m 이상
4. 공연장·집회장·관람장·전시장·종교집회장·아동관련시설·노인복지시설·생활권 수련시설·유흥주점·장례시설	당해층 바닥면적의 합계에 따른 복도의 폭 : · 500m² 미만 : 1.5m 이상 · 1,000m² 미만 : 1.8m 이상 · 1,000m² 이상 : 2.4m 이상	

예제문제 **04**

용도바닥면적 500m²인 공연장의 최소 복도의 너비는?

① 1.2m 이상　　　　　　　　② 1.5m 이상

③ 1.8m 이상　　　　　　　　④ 2.4m 이상

─────────────────────────────────────

해설 복도의 너비

| 공연장 · 집회장 · 관람장 · 전시장 · 종교
집회장 · 아동관련시설 · 노인복지시설 ·
생활권 수련시설 · 유흥주점 · 장례시설 | 당해층 바닥면적의 합계에 따른 복도의 폭 :
· 500m² 미만 : 1.5m 이상
· 1,000m² 미만 : 1.8m 이상
· 1,000m² 이상 : 2.4m 이상 |

답 : ③

[4] 계단

(1) 계단의 설치

법	시행령
	제34조【직통계단의 설치】 ① 건축물의 피난층(직접 지상으로 통하는 출입구가 있는 층 및 제3항과 제4항에 따른 피난안전구역을 말한다. 이하 같다) 외의 층에서는 피난층 또는 지상으로 통하는 직통계단(경사로를 포함한다. 이하 같다)을 거실의 각 부분으로부터 계단(거실로부터 가장 가까운 거리에 있는 1개소의 계단을 말한다)에 이르는 보행거리가 30미터 이하가 되도록 설치해야 한다. 다만, 건축물(지하층에 설치하는 것으로서 바닥면적의 합계가 300제곱미터 이상인 공연장 · 집회장 · 관람장 및 전시장은 제외한다)의 주요구조부가 내화구조 또는 불연재료로 된 건축물은 그 보행거리가 50미터(층수가 16층 이상인 공동주택의 경우 16층 이상인 층에 대해서는 40미터) 이하가 되도록 설치할 수 있으며, 자동화 생산시설에 스프링클러 등 자동식 소화설비를 설치한 공장으로서 국토교통부령으로 정하는 공장인 경우에는 그 보행거리가 75미터(무인화 공장인 경우에는 100미터) 이하가 되도록 설치할 수 있다. 〈개정 2019.8.6, 2020.10.8〉 ② 법 제49조제1항에 따라 피난층 외의 층이 다음 각 호의 어느 하나에 해당하는 용도 및 규모의 건축물에는 국토교통부령으로 정하는 기준에 따라 피난층 또는 지상으로 통하는 직통계단을 2개소 이상 설치하여야 한다. 〈개정 2015.9.22, 2017.2.3〉 1. 제2종 근린생활시설 중 공연장 · 종교집회장, 문화 및 집회시설(전시장 및 동 · 식물원은 제외한다), 종교시설, 위락시설 중 주점영업 또는 장례시설의 용도로 쓰는 층으로서 그

층에서 해당 용도로 쓰는 바닥면적의 합계가 200제곱미터
(제2종 근린생활시설 중 공연장·종교집회장은 각각 300제
곱미터) 이상인 것

2. 단독주택 중 다중주택·다가구주택, 제1종 근린생활시설
중 정신과의원(입원실이 있는 경우로 한정한다), 제2종 근
린생활시설 중 인터넷컴퓨터게임시설제공업소(해당 용도
로 쓰는 바닥면적의 합계가 300제곱미터 이상인 경우만 해
당한다)·학원·독서실, 판매시설, 운수시설(여객용 시설
만 해당한다), 의료시설(입원실이 없는 치과병원은 제외한
다), 교육연구시설 중 학원, 노유자시설 중 아동 관련 시
설·노인복지시설·장애인 거주시설(「장애인복지법」 제
58조제1항제1호에 따른 장애인 거주시설 중 국토교통부령
으로 정하는 시설을 말한다. 이하 같다) 및 「장애인복지
법」 제58조제1항제4호에 따른 장애인 의료재활시설(이하
"장애인 의료재활시설"이라 한다), 수련시설 중 유스호스텔
또는 숙박시설의 용도로 쓰는 3층 이상의 층으로서 그 층
의 해당 용도로 쓰는 거실의 바닥면적의 합계가 200제곱미
터 이상인 것

3. 공동주택(층당 4세대 이하인 것은 제외한다) 또는 업무시설
중 오피스텔의 용도로 쓰는 층으로서 그 층의 해당 용도로
쓰는 거실의 바닥면적의 합계가 300제곱미터 이상인 것

4. 제1호부터 제3호까지의 용도로 쓰지 아니하는 3층 이상의
층으로서 그 층 거실의 바닥면적의 합계가 400제곱미터 이
상인 것

5. 지하층으로서 그 층 거실의 바닥면적의 합계가 200제곱미
터 이상인 것

제35조【피난계단의 설치】 ⑤ 건축물의 5층 이상인 층으로
서 문화 및 집회시설 중 전시장 또는 동·식물원, 판매시설,
운수시설(여객용시설만 해당한다), 운동시설, 위락시설, 관
광휴게시설(다중이 이용하는 시설만 해당한다) 또는 수련시
설 중 생활권 수련시설의 용도로 쓰는 층에는 제34조에 따
른 직통계단 외에 그 층의 해당 용도로 쓰는 바닥면적의 합
계가 2천 제곱미터를 넘는 경우에는 그 넘는 2천제곱미터
이내마다 1개소의 피난계단 또는 특별피난 계단(4층 이하의
층에는 쓰지 아니하는 피난계단 또는 특별피난계단만 해당
한다)을 설치하여야 한다. 〈개정 2008.10.29, 2009.7.16〉

제36조【옥외 피난계단의 설치】 건축물의 3층 이상인 층(피
난층은 제외한다)으로서 다음 각 호의 어느 하나에 해당하
는 용도로 쓰는 층에는 제34조에 따른 직통계단 외에 그 층
으로부터 지상으로 통하는 옥외피난계단을 따로 설치하여
야 한다. 〈개정 2014.3.24〉

1. 제2종 근린생활시설 중 공연장(해당 용도로 쓰는 바닥면적 합계가 300제곱미터 이상인 경우만 해당된다)문화 및 집회시설 중 공연장이나 위락시설 중 주점영업의 용도로 쓰는 층으로서 그 층 거실의 바닥면적의 합계가 300제곱미터 이상인 것
2. 문화 및 집회시설 중 집회장의 용도로 쓰는 층으로서 그 층 거실의 바닥면적의 합계가 1천 제곱미터 이상인 것
   [전문개정 2008.10.29]

요점 계단의 설치

1) 용어의 정의

① 피난층

정의	도해
직접 지상으로 통하는 출입구가 있는 층	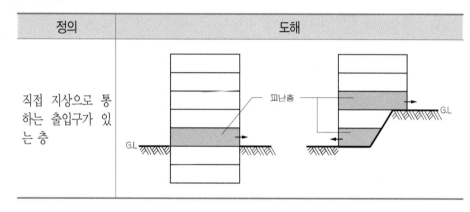

■ 피난층
피난층이란 지상으로 직접 통할 수 있는 층으로서 지형상 조건에 따라서는 하나의 건축물에 피난층이 2이상 있을 수도 있다.

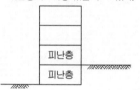

■ **계단의 구조**
피난규정의 기준에 적합한 계단이란 피난층이 아닌 층으로부터 피난층 또는 지상으로 연속적으로 연결된 직통계단이어야 하며 직통계단은 일반계단, 피난계단, 특별피난계단으로 분류된다.

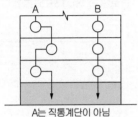

A는 직통계단이 아님

■ **계단의 설치기준**
1. 원칙 : 보행거리
2. 예외(추가설치)
• 용도와 규모에 따라 보행거리에 불구하고 최소 2개 이상 설치
• 옥외 피난계단의 추가 설치

② 직통계단

직통계단이란 건축물의 피난층 외의 층에서 피난층 또는 지상으로 통하는 계단을 말함. 피난상 계단·계단참 등이 연속적으로 연결되어 피난의 경로가 명확히 구분되어야 한다.

③ 직통계단까지의 보행거리

정의	도해
기준층 거실 각 부위로부터 피난의 용도로 제공되는 계단에 이르는 실질적인 거리	① ② ③

2) 계단의 설치

① 보행거리에 의한 직통계단의 설치

피난층이 아닌 층에서 거실 각 부분으로부터 피난층 또는 지상으로 통하는 직통계단(경사로 포함)에 이르는 보행거리는 다음과 같이 유지되어야 한다.

구분		보행거리
1. 원칙		30m 이하
2. 주요구조부가 내화구조 또는 불연재료로 된 건축물(지하층에 설치한 바닥면적의 합계 300m² 이상인 공연장, 집회장, 관람장, 전시장 제외)	일반적인 경우	50m 이하
	공동주택의 16층 이상 층인 경우	40m 이하
	자동화생산시설의 자동식 소화설비 공장인 경우	75m 이하(무인화공장 : 100m 이하)

예제문제 05

건축물의 피난층 외의 층에서 지상으로 통하는 직통계단의 경우, 거실의 각 부분으로부터 직통계단에 이르는 보행거리는 얼마까지 할 수 있는가? (단, 건축물의 주요 구조부는 내화구조이고 층수는 15층임)

① 30m   ② 40m
③ 50m   ④ 60m

해설 주요구조부가 내화구조 또는 불연재료로 된 건축물의 계단에 이르는 보행거리는 50m 이내로 한다. 단, 16층 이상인 공동주택의 경우에는 40m 이내로 하여야 한다.

답 : ③

② 2개소 이상의 직통계단 설치대상

다음에 해당하는 용도 및 규모의 건축물에는 피난층 또는 지상으로 통하는 직통계단(경사로 포함)을 보행거리에 의한 설치기준에 적합한 상태에서 최소한 2개 이상 설치해야 한다.

건축물의 용도	해당부분	바닥면적 합계
1. ・제2종 근린생활시설 중 300m² 이상인 공연장·종교집회장 ・문화 및 집회시설(전시장, 동·식물원 제외) ・종교시설 ・장례시설 ・유흥주점	해당층의 관람석 또는 집회실	
2. ・다중주택　　　　　・다가구주택 ・학원, 독서실　　　・판매시설 ・300m² 이상인 인터넷 컴퓨터 게임시설 제공업소 ・운수시설(여객용 시설에 한함) ・의료시설 ・제1종 근린생활시설 중 입원실이 있는 정신과 의원 ・장애인 의료재활시설·장애인 거주시설 ・아동관련시설·노인복지시설 ・유스호스텔 ・숙박시설	3층 이상으로서 당해 용도로 쓰이는 거실	200m² 이상
3. 지하층	해당층의 거실	
4. 공동주택(층당 4세대 이하인 것을 세외), 오피스텔	해당층의 거실	300m² 이상
5. 앞의 1, 2, 4에 해당하지 않는 용도	3층 이상의 층으로 해당층의 거실	400m² 이상

■ 2개소 이상의 직통계단 설치

・문화 및 집회시설 (전시장, 동·식물원 제외) ・종교시설 ・유흥주점 ・장례시설 ・지하층		200m²
・층당 5세대 이상 공동주택 ・오피스텔		300m²
3층 이상층	・판매시설 ・의료시설 ・숙박시설 등	200m²
	・업무시설 등	400m²

예제문제 06

건축법령상 피난층 외의 층으로부터 피난층 또는 지상으로 통하는 직통계단을 2개소 이상 설치해야 하는 건축물은?

① 오피스텔의 용도로 쓰는 층의 거실 바닥 면적의 합계가 300m²인 건축물
② 장례시설의 용도로 쓰는 층의 바닥면적의 합계가 100m²인 건축물
③ 종교시설의 용도로 쓰는 층의 바닥면적의 합계가 150m²인 건축물
④ 문화 및 집회시설 중 집회장 용도로 쓰는 층의 바닥면적의 합계가 150m²인 건축물

──────────────────────────────────

해설 건축물의 피난층이 아닌 층에서 피난층 또는 지상으로 통하는 직통계단을 2개소 이상 설치해야 하는 경우

피난층 외의 층의 용도	해당 부분	바닥면적합계
・문화 및 집회시설(전시장, 동·식물원 제외) ・종교시설 ・유흥주점 ・장례시설	해당층의 관람석 또는 집회실	200m² 이상

답 : ①

| 참고 |

직통계단의 구조 선택

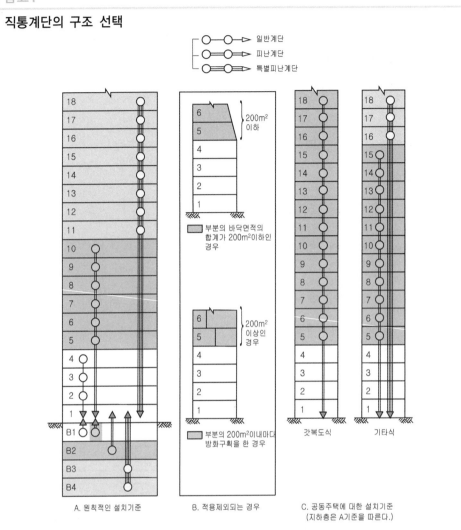

A. 원칙적인 설치기준

B. 적용제외되는 경우

C. 공동주택에 대한 설치기준
(지하층은 A기준을 따른다.)

1. 직통계단을 피난계단 또는 특별피난계단으로 설치하여야 하는 경우

설치층의 위치		예 외
・5층 이상의 층 ・지하 2층 이하의 층	내화구조 또는 불연재료 건축 물의 5층 이상의 층이	바닥면적의 합계가 200m² 이하인 경우
		매 바닥면적 200m²마다 방화구획이 되어있는 경우

※ 판매시설의 용도로 쓰이는 층으로부터의 직통계단은 1개소 이상 특별피난계단으로 설치하여야 한다.

2. 직통계단을 특별피난계단으로 설치하여야 하는 경우

설치층의 위치	예 외
・11층 이상인 층(공동주택은 16층 이상) ・지하 3층 이하인 층	・갓복도식 공동주택은 제외 ・바닥면적 400m² 미만인 층은 층수산정에서 제외

(2) 계단의 구조 제한

법	시행령
	제48조【계단·복도 및 출입구의 설치】 ① 법 제49조제2항에 따라 연면적 200제곱미터를 초과하는 건축물에 설치하는 계단 및 복도는 국토교통부령으로 정하는 기준에 적합하여야 한다. 〈개정 2013.3.23〉 ② 법 제49조제2항에 따라 제39조제1항 각 호의 어느 하나에 해당하는 건축물의 출입구는 국토교통부령으로 정하는 기준에 적합하여야 한다. 〈개정 2013.3.23〉 [전문개정 2008.10.29]

요점 계단의 구조제한(피난·방화 규칙 제9조 등)

계단참, 계단폭, 단너비 등에 대한 구조제한은 연면적 200m²를 초과하는 건축물에 설치하는 복도 및 계단에 대해서만 적용하되, 승강기 기계실용 계단, 망루용 계단 등 특수한 용도로 쓰이는 계단에는 적용하지 않는다.

1) 계단참 등에 대한 구조제한

대상		설치기준
1. 계단참	높이가 3m를 넘는 계단	높이 3m 이내마다 너비 1.2m 이상의 계단참을 설치할 것
2. 난간	높이가 1m를 넘는 계단 및 계단참	양옆에는 난간(벽 또는 이에 대치되는 것을 포함한다)을 설치할 것
3. 중간난간	너비가 3m를 넘는 계단	계단의 중간에 너비 3m 이내마다 난간을 설치할 것. ■예외 : 계단의 단 높이가 15cm 이하이고, 단너비가 30cm 이상인 경우 예외
4. 계단의 유효높이(계단의 바닥마감면으로부터 상부구조체의 하부마감면까지의 연직방향의 높이)		2.1m 이상

2) 계단폭 등에 대한 구조제한

■ 옥외계단의 최소폭
1. 주계단 및 피난계단이 아닌 경우
   : 60cm 이상
2. 피난계단인 경우 : 90cm 이상

■ 돌음계단의 단너비 측정위치 :
   안쪽의 30cm 지점

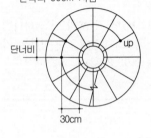

계단의 종류	계단 및 계단참의 폭	단 높이	단 너비
1. 초등학교	150 이상	16 이하	26 이상
2. 중·고등학교	150 이상	18 이하	26 이상
3. 문화 및 집회시설(공연장, 집회장, 관람장에 한함) 4. 판매시설 5. 기타 이와 유사한 용도에 쓰이는 건축물의 계단 6. 위층의 거실 바닥면적의 합계가 200m² 이상 7. 거실 바닥면적의 합계가 100m² 이상인 지하층	120 이상	–	–
8. 준초고층건축물 · 공동주택	120 이상	–	–
8. 준초고층건축물 · 기타	150 이상	–	–
9. 기타의 계단인 경우	60 이상	–	–

■ 비고
돌음계단의 단너비는 그 좁은 너비의 끝부분으로부터 30cm 위치에서 측정한다.

예제문제 07

건축법령상 계단의 기준에 관한 다음의 내용 중 가장 부적합한 것은?

① 계단을 대체하여 설치하는 경사로의 경사도는 1 : 8을 넘지 아니하여야 한다.
② 높이가 3m를 넘는 계단에는 높이 3m 이내마다 너비 1.5m 이상의 계단참을 설치하여야 한다.
③ 계단의 유효높이는 2.1m 이상이어야 한다.
④ 중·고등학교의 계단은 단의 높이 18cm 이하, 단의 너비 26cm 이상으로 하여야 한다.

───────────────

해설 일반계단의 계단참 설치 : 계단높이 3m 이내마다 너비 1.2m 이상의 계단참 설치

답 : ②

3) 노유자 등을 위한 손잡이 설치

구 분	내 용	
1. 용도	· 공동주택(기숙사 제외) · 제2종 근린생활시설 · 판매시설 · 노유자시설 · 운수시설 · 숙박시설 · 관광휴게시설	· 제1종 근린생활시설 · 문화 및 집회시설 · 의료시설 · 종교시설 · 업무시설 · 위락시설
2. 대상	· 주계단 · 특별피난계단	· 피난계단
3. 부위	· 계단에 설치하는 난간 및 바닥	
4. 구조	· 아동의 이용에 안전한 구조 · 노약자 및 신체장애인의 이용에 편리한 구조	
5. 손잡이의 설치기준	· 최대지름이 3.2cm 이상 3.8cm 이하인 원형 또는 타원형으로 할 것 · 손잡이는 벽 등으로부터 5cm 이상 떨어지도록 하고, 계단으로부터의 높이는 85cm가 되도록 할 것 · 계단이 끝나는 수평부분에서의 손잡이는 바깥쪽으로 30cm 이상 나오도록 할 것	

4) 피난계단의 설치기준(피난·방화규칙 제9조)

피난 계단의 구조	세부규정	
 옥내 피난계단 망입유리의 붙박이창으로서 면적이 1m² 이하 내화구조의 벽 방화문 (출입구의 유효너비는 0.9m 이상으로 하고 출입문은 피난의 방향으로 열 수 있고, 언제나 닫힌 상태를 유지하거나 화재시 연기의 발생 또는 온도의 상승에 의하여 자동적으로 닫히는 구조) 내장 : 불연재료 예비전원에 의한 조명설비 옥외 옥내	1. 계단실의 벽	내화구조로 할 것(창문, 출입구, 기타 개구부 제외)
	2. 계단실의 내장	불연재료로 할 것(바닥, 벽 및 반자 등 실내에 면한 모든 부분을 말함)
	3. 계단실의 채광	예비전원에 의한 조명설비를 할 것
	4. 옥외에 접하는 계단실의 창	당해 건축물의 다른 부분에 설치하는 창문 등으로부터 2m 이상 거리를 두고 설치(망이 들어있는 붙박이창으로서 면적이 각각 1m² 이하인 것 제외)
	5. 내부와 면하는 계단실의 창	망이 들어 있는 유리의 붙박이창으로서 그 면적을 각각 1m² 이하로 할 것(출입구 제외)
	6. 계단실의 출입구의 문	60분+방화문 또는 60분 방화문으로 설치할 것(출입구의 유효너비는 0.9m 이상으로 하고, 출입문은 피난의 방향으로 열 수 있고, 언제나 닫힌 상태를 유지하거나 화재 시 연기의 발생 또는 온도의 상승에 의하여 자동적으로 닫히는 구조이어야 함)
	7. 계단의 구조	내화구조로 하고 피난층 또는 지상까지 직접 연결되도록 할 것
 옥외 피난계단 방화문 옥내 옥외 2m이상 2m이상 계단의 유효너비는 0.9m이상 망입유리의 붙박이창으로 1m² 이하일 것 내화구조의 계단 (지상까지 직접연결 되도록 할것)	1. 계단의 위치 및 계단실의 옥외창	계단실의 출입구 이외의 창문(망이 들어있는 유리의 붙박이창으로서 그 면적이 각각 1m² 이하인 것 제외) 등으로부터 2m 이상의 거리를 두고 설치
	2. 계단실의 출입구	60분+방화문 또는 60분 방화문을 설치할 것
	3. 계단의 유효너비	0.9m 이상으로 할 것
	4. 계단의 구조	내화구조로 하고 지상까지 직접 연결되도록 할 것

┃참고

■ **방화문의 구분**

구분	연기·불꽃 차단시간	열차단시간
60분+방화문	60분 이상	30분 이상
60분방화문	60분 이상	-
30분방화문	30분 이상 60분 미만	

5) 특별피난계단 설치기준(피난·방화규칙 제9조)

피난 계단의 구조	세부규정	
노대가 설치된 경우 2m이상(망입유리의 붙박이창으로 1m² 이하인 것 제외) 방화문(유효너비 0.9m이상) 망입유리의 붙박이창으로 면적 1m²이하인 것 노대 내화구조의 벽 불연재료로 마감(마감을 위한 바탕포함) 방화문(유효너비 0.9m이상) 옥외 / 옥내	1. 부속실 등의 설치	건축물의 내부와 계단실은 노대 또는 부속실을 통하여 연결할 것 • 부속실 구조제한(1, 2 중 어느 하나로 한다) 1. 외부를 향해 열 수 있는 면적 1m² 이상의 창문(바닥으로부터 1m 이상의 높이에 설치한 것에 한함) 설치 2. 배연설비 설치(부속실의 면적은 3m² 이상일 것)
	2. 계단실·노대 및 부속실의 벽	창문 등을 제외하고는 내화구조의 벽으로 각각 구획할 것
	3. 계단실 및 부속실의 마감	실내에 접하는 부분의 마감을 불연재료로 할 것 (바닥, 벽 및 반자 등 실내에 면한 모든 부분을 말함)
	4. 계단실의 채광	예비전원에 의한 조명설비를 할 것
창문이 있는 부속실이 설치된 경우 (면적 1m² 이상으로서 외부로 향해 열 수 있는 것) 옥내 방화문(유효너비 0.9m이상) 내화구조의 벽 방화문(유효너비 0.9m이상) 부속실 외부를 향해서 열수있는 면적1m² 이상의 창문(바닥으로 부터 1m 이상의 높이에 설치할 것) 불연재료로 마감 (마감을 위한 바탕포함) 옥내 망이 들어 있는 유리의 붙박이창으로 면적이 1m² 이하인 것	5. 옥외에 접하는 창문 등(계단실, 노대, 부속실에 설치)	계단실·노대 또는 부속실외에 당해 건축물의 다른 부분에 설치하는 창문 등으로부터 2m 이상의 거리를 두고 설치할 것 • 망이 들어있는 유리의 붙박이창으로서 그 면적이 각각 1m² 이하인 것을 제외
	6. 내부와 면하는 계단실의 창	노대 또는 부속실에 접하는 부분 외에는 건축물의 내부와 접하는 창문 등을 설치하지 아니할 것
	7. 계단실과 노대 또는 부속실에 면하는 창	망이 들어 있는 유리의 붙박이창으로서 그 면적을 각각 1m² 이하로 할 것
	8. 내부와 면하는 노대 및 부속실의 창	계단실외의 건축물의 내부와 접하는 창문 등을 설치하지 아니할 것. 출입구 제외
배연설비가 있는 부속실이 설치된 경우 내화구조의 벽 / 옥내 방화문(유효너비 0.9m이상) 부속실 방화문(유효너비 0.9m이상) 배연설비 2m이상(망이 들어있는 유리의 붙박이창으로 1m² 이하인 것 제외) 불연재료로 마감(마감을 위한 바탕포함) 옥외 채광이 될 수 있는 창문등을 설치하거나 예비전원에 의한 조명설비를 할 것	9. 출입구에 설치하는 문	건축물 내부에서 노대, 부속실로 60분+방화문 또는 60분 방화문을 설치할 것 노대, 부속실에서 계단실로 60분+방화문, 60분 방화문 또는 30분 방화문을 설치할 것
	10. 출입구의 너비	유효너비는 0.9m 이상으로 할 것
	11. 계단의 구조	내화구조로 하고, 피난층 또는 지상까지 직접 연결되도록 할 것

■ 비고
• 피난계단 또는 특별피난계단은 돌음계단으로 하여서는 안된다.
• 옥상광장을 설치하여야 하는 건축물의 피난계단 또는 특별피난계단은 당해 건축물의 옥상광장으로 통하도록 설치하여야 함.

6) 계단에 대체되는 경사로의 설치기준(피난·방화규칙 제15조 ⑤, ⑥)

계단을 대체하여 설치하는 경사로는 다음표의 기준에 적합하도록 설치해야 한다.

구분	구조기준
1. 경사도	1 : 8 이하
2. 재료마감	표면을 거친 면으로 하거나 미끄러지지 않는 재료로 할 것
3. 설치기준 및 구조	상기 계단에 대한 구조제한 기준을 준용한다.

예제문제 08

건축물 안에 설치하는 피난계단 및 특별피난계단에 관한 기술 중 가장 부적당한 것은?

① 계단실의 실내에 접하는 부분의 마감은 불연재료로 할 것
② 계단실에는 예비전원에 의한 조명설비를 할 것
③ 출입구의 유효너비는 0.9m 이상으로 할 것
④ 건축물의 내부에서 노대 또는 부속실로 통하는 출입구에는 60분 방화문 또는 30분 방화문을 설치할 것

해설 특별피난계단의 출입문 구조
• 실내 → 부속실 : 60분+방화문, 60분 방화문
• 부속실 → 계단실 : 60분+방화문, 60분 방화문, 30분 방화문

<u>답 : ④</u>

---

[5] 고층건축물의 피난안전구역

법	시행령
제50조의2【고층건축물의 피난 및 안전관리】 ① 고층건축물에는 대통령령으로 정하는 바에 따라 피난안전구역을 설치하거나 대피공간을 확보한 계단을 설치하여야 한다. 이 경우 피난안전구역의 설치 기준, 계단의 설치 기준과 구조 등에 관하여 필요한 사항은 국토교통부령으로 정한다. 〈개정 2013.3.23〉 ② 고층건축물에 설치된 피난안전구역·피난시설 또는 대피공간에는 국토교통부령으로 정하는 바에 따라 화재 등의 경우에 피난 용도로 사용되는 것임을 표시하여야 한다. 〈신설 2015.1.6〉	**제34조【직통계단의 설치】** ③ 초고층 건축물에는 피난층 또는 지상으로 통하는 직통계단과 직접 연결되는 피난안전구역(건축물의 피난·안전을 위하여 건축물 중간층에 설치하는 대피공간을 말한다. 이하 같다)을 지상층으로부터 최대 30개 층마다 1개소 이상 설치하여야 한다. 〈신설 2009.7.16, 2011.12.30〉 ④ 준초고층 선축물에는 피난층 또는 지상으로 통하는 직통계단과 직접 연결되는 피난안전구역을 해당 건축물 전체 층수의 2분의 1에 해당하는 층으로부터 상하 5개층 이내에 1개소 이상 설치하여야 한다. 다만, 국토교통부령으로 정하는 기준에 따라 피난층 또는 지상으로 통하는 직통계단을 설치

③ 고층건축물의 화재예방 및 피해경감을 위하여 국토교통부령으로 정하는 바에 따라 제48조부터 제50조까지의 기준을 강화하여 적용할 수 있다.
〈개정 2015.1.6., 2018.10.18.〉

하는 경우에는 그러하지 아니하다.
〈개정 2011.12.30, 2013.3.23〉

[피난·방화규칙]

제8조의2 【피난안전구역의 설치기준】 ① 영 제34조제3항 및 제4항에 따라 설치하는 피난안전구역(이하 "피난안전구역"이라 한다)은 해당 건축물의 1개층을 대피공간으로 하며, 대피에 장애가 되지 아니하는 범위에서 기계실, 보일러실, 전기실 등 건축설비를 설치하기 위한 공간과 같은 층에 설치할 수 있다. 이 경우 피난안전구역은 건축설비가 설치되는 공간과 내화구조로 구획하여야 한다.
〈개정 2012.1.6〉

② 피난안전구역에 연결되는 특별피난계단은 피난안전구역을 거쳐서 상·하층으로 갈 수 있는 구조로 설치하여야 한다.

③ 피난안전구역의 구조 및 설비는 다음 각 호의 기준에 적합하여야 한다. 〈개정 2012.1.6, 2014.11.19, 2019.8.6〉

1. 피난안전구역의 바로 아래층 및 윗층은 녹색건축물조성지원법 제15조제1항에 따라 국토교통부장관이 정하여 고시한 기준에 적합한 단열재를 설치할 것. 이 경우 아래층은 최상층에 있는 거실의 반자 또는 지붕 기준을 준용하고, 윗층은 최하층에 있는 거실의 바닥 기준을 준용할 것
2. 피난안전구역의 내부마감재료는 불연재료로 설치할 것
3. 건축물의 내부에서 피난안전구역으로 통하는 계단은 특별피난계단의 구조로 설치할 것
4. 비상용 승강기는 피난안전구역에 승하차 할 수 있는 구조로 설치할 것
5. 피난안전구역에는 식수공급을 위한 급수전을 1개소 이상 설치하고 예비전원에 의한 조명설비를 설치할 것
6. 관리사무소 또는 방재센터 등과 긴급연락이 가능한 경보 및 통신시설을 설치할 것
7. 별표 1의2에서 정하는 기준에 따라 산정한 면적 이상일 것
8. 피난안전구역의 높이는 2.1미터 이상일 것
9. 「건축물의 설비기준 등에 관한 규칙」 제14조에 따른 배연설비를 설치할 것
10. 그 밖에 소방청장이 정하는 소방 등 재난관리를 위한 설비를 갖출 것
[본조신설 2010.4.7]

요점 고층건축물의 피난안전구역

1) 피난안전구역의 설치

건축물의 피난·안전을 위하여 건축물 중간층에 다음과 같이 피난층 또는 지상으로 통하는 직통계단과 직접 연결되는 피난안전구역을 설치하여야 한다.

■ **고층건축물**
1. 고층건축물 : 30층 이상, 120m 이상
2. 초고층건축물 : 50층 이상, 200m 이상
3. 준초고층건축물 : 고층건축물 중 초고층건축물이 아닌 건축물

구분	설치장소
1. 초고층건축물	지상층으로부터 최대 30개층마다 1개소 이상
2. 준초고층건축물	해당 건축물 전체 층수의 1/2에 해당하는 층으로부터 상하 5개층 이내에 1개소 이상

2) 피난안전구역 구조기준

1. 피난안전구역은 해당 건축물의 1개층을 대피공간으로 하며, 대피에 장애가 되지 아니하는 범위에서 기계실, 보일러실, 전기실 등 건축설비를 설치하기 위한 공간과 같은 층에 설치할 수 있다. 이 경우 피난안전구역은 건축설비가 설치되는 공간과 내화구조로 구획하여야 한다.

2. 피난안전구역에 연결되는 특별피난계단은 피난안전구역을 거쳐서 상하층으로 갈 수 있는 구조로 설치하여야 한다.

3. 피난안전구역의 바로 아래층 및 위층은 기준에 적합한 단열재를 설치할 것. 이 경우 아래층은 최상층에 있는 거실의 반자 또는 지붕 기준을 준용하고, 위층은 최하층에 있는 거실의 바닥 기준을 준용할 것

4. 피난안전구역의 내부마감재료는 불연재료로 설치할 것

5. 건축물의 내부에서 피난안전구역으로 통하는 계단은 특별피난계단의 구조로 설치할 것

6. 비상용 승강기는 피난안전구역에서 승하차할 수 있는 구조로 설치할 것

7. 피난안전구역에는 식수공급을 위한 급수전을 1개소 이상 설치하고 예비전원에 의한 조명설비를 설치할 것

8. 관리사무소 또는 방재센터 등과 긴급연락이 가능한 경보 및 통신시설을 설치할 것

9. 피난안전구역의 높이는 2.1m 이상일 것

10. 피난안전구역의 면적은 (피난안전구역 윗층 재실자 수×0.5)×0.28m² 이상일 것

11. 피난안전구역에는 배연설비를 설치할 것

3) 고층건축물에 대한 기준의 강화

1. 건축물의 구조(법 제48조)
2. 건축물의 피난시설 및 용도제한 등(법 제49조)
3. 건축물의 내화구조와 방화벽(법 제50조)

건축법상 고층건축물에 대한 피난안전구역 기준 중 부적합한 것은?

① 준초고층건축물에서는 해당건축물 전체 층수를 1/2에 해당하는 층으로부터 상하 5개층 이내에 1개소 이상 설치하여야 한다.
② 피난안전구역은 해당 건축물의 1층으로 하여야 한다.
③ 피난안전구역의 내부마감재료는 불연재료 또는 준불연재료로 하여야 한다.
④ 피난안전구역으로 통하는 계단은 특별피난계단으로 하여야 한다.

[해설] 내부마감재료는 불연재료로 하여야 한다.

답 : ③

[6] 옥상광장 등

법	시행령
[피난·방화규칙] **제13조【헬리포트 및 구조공간 설치 기준】** ③ 영 제40조제3항제2호에 따라 설치하는 대피공간은 다음 각 호의 기준에 적합하여야 한다. 〈신설 2012.1.6〉 1. 대피공간의 면적은 지붕 수평투영면적의 10분의 1 이상일 것 2. 특별피난계단 또는 피난계단과 연결되도록 할 것 3. 출입구·창문을 제외한 부분은 해당 건축물의 다른 부분과 내화구조의 바닥 및 벽으로 구획할 것 4. 출입구는 유효너비 0.9미터 이상으로 하고, 그 출입구에는 갑종방화문을 설치할 것 5. 내부마감재료는 불연재료로 할 것 6. 예비전원으로 작동하는 조명설비를 설치할 것 7. 관리사무소 등과 긴급 연락이 가능한 통신시설을 설치할 것 [제목개정 2010.4.7]	**제40조【옥상광장 등의 설치】** ① 옥상광장 또는 2층 이상인 층에 있는 노대 등[노대(露臺)나 그 밖에 이와 비슷한 것을 말한다. 이와 같다.] 주위에는 높이 1.2미터 이상의 난간을 설치하여야 한다. 다만, 그 노대 등에 출입할 수 없는 구조인 경우에는 그러하지 아니하다. 〈개정 2018.9.4〉 ② 5층 이상인 층이 제2종 근린생활시설 중 공연장·종교집회장·인터넷컴퓨터게임시설제공업소(해당 용도로 쓰는 바닥면적의 합계가 각각 300제곱미터 이상인 경우만 해당한다), 문화 및 집회시설(전시장 및 동·식물원은 제외한다), 종교시설, 판매시설, 위락시설 중 주점영업 또는 장례시설의 용도로 쓰는 경우에는 피난용도로 쓸 수 있는 광장을 옥상에 설치하여야 한다. 〈개정 2014.3.24, 2017.2.3〉 ④ 층수가 11층 이상인 건축물로서 11층 이상인 층의 바닥면적의 합계가 1만 제곱미터 이상인 건축물의 옥상에는 다음 각 호의 구분에 따른 공간을 확보하여야 한다. 〈개정 2009.7.16, 2011.12.30, 2022.1.8〉 1. 건축물의 지붕을 평지붕으로 하는 경우: 헬리포트를 설치하거나 헬리콥터를 통하여 인명 등을 구조할 수 있는 공간 2. 건축물의 지붕을 경사지붕으로 하는 경우: 경사지붕 아래에 설치하는 대피공간 ⑤ 제3항에 따른 헬리포트를 설치하거나 헬리콥터를 통하여 인명 등을 구조할 수 있는 공간 및 경사지붕 아래에 설치하는 대피공간의 설치기준은 국토교통부령으로 정한다. 〈신설 2011.12.30, 2013.3.23, 2021.1.8〉 [전문개정 2008.10.29]

요점 옥상광장 등

1) 난간설치

옥상광장 또는 2층 이상인 층에 있는 노대 등의 주위에는 높이 1.2m 이상의 난간을 설치하여야 한다.

- 예외 : 당해 노대 등에 출입할 수 없는 구조는 제외

2) 옥상광장의 설치대상

다음에 해당되는 건축물은 피난용 옥상광장을 설치하여야 한다.

층위치	용 도
5층 이상의 층	• 용도바닥면적합계 300m² 이상인 공연장·종교집회장·인터넷컴퓨터게임제공업소 • 문화 및 집회시설(전시장, 동·식물원 제외) • 종교시설 • 장례시설 • 유흥주점 • 판매시설

3) 피난계단, 특별피난계단의 옥상광장으로의 연결

옥상광장을 설치하는 건축물의 피난, 특별피난계단은 피난층 뿐만 아니라 옥상광장으로도 통하게 하여야 한다.

4) 헬리포트의 설치

① 설치대상

층수가 11층 이상으로서 11층 이상 부분의 바닥면적의 합계가 1만m² 이상인 건축물	• 평지붕 - 건축물의 옥상에 헬리포트 설치할 것 - 헬리콥터를 통한 인명구조 공간 설치할 것
	• 경사지붕 - 경사지붕 아래에 대피공간 설치할 것

② 헬리포트 설치기준(피난·방화규칙 제13조)

1. 헬리포트의 길이와 너비는 각각 22m 이상으로 할 것
   - 예외 : 옥상의 길이와 너비가 22m 이하인 경우에는 15m까지 감축가능

2. 헬리포트의 중심에서 반경 12m 이내에는 헬리콥터 이착륙에 장애가 되는 건축물, 공작물, 조경시설 또는 난간 등을 설치하지 않을 것
   - 예외 : 난간벽으로서 높이 1.2m 이하는 예외

3. 헬리포트의 주위한계선 – 백색으로 너비 38cm로 할 것

4. 헬리포트의 중앙부분에는 지름 8m의 Ⓗ 표지는 백색으로 하되 "H" 표지의 선너비는 38cm "O" 표지의 선너비는 60cm로 할 것

| 참고 |

헬리포트의 설치기준(피난·방화 규칙 제13조①)

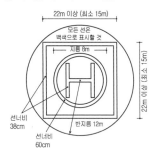

5) 경사지붕 아래에 설치하는 대피공간

1. 대피공간의 면적은 지붕 수평투영면적의 1/10 이상일 것

2. 특별피난계단 또는 피난계단과 연결되도록 할 것

3. 출입구·창문을 제외한 부분은 해당 건축물의 다른 부분과 내화구조의 바닥 및 벽으로 구획할 것

4. 출입구는 유효너비 0.9m 이상으로 하고, 그 출입구에는 60분+방화문 또는 60분 방화문을 설치할 것

5. 내부마감재료는 불연재료로 할 것

6. 예비전원으로 작동하는 조명설비를 설치할 것

7. 관리사무소 등과 긴급 연락이 가능한 통신시설을 설치할 것

예제문제 10

5층 이상의 건축물로서 피난용 옥상광장을 설치하여야 대상건축물에 속하지 않는 것은?

① 장례시설　　　　　　　② 전시장
③ 도매시장　　　　　　　④ 유흥주점

해설 문화 및 집회시설 중 전시장과 동·식물원은 제외된다.

답 : ②

| 참고 |

1. 피난층에서의 보행거리(영 제39조)

피난층의 계단 및 거실로부터 가장 가까운 건축물 바깥쪽으로의 출구에 이르는 보행거리는 다음과 같다.

대상 건축물	구분	원칙	주요구조부가 내화구조, 불연재료일 경우
1. 2종근린생활시설 중 공연장·종교 집회장·인터넷컴퓨터게임시설 제공업소(300m² 이상일 것) 2. 문화 및 집회시설(전시장, 동·식물원 제외) 3. 종교시설	계단으로부터 옥외로의 출구에 이르는 보행거리	30m 이하	50m 이하 (16층 이상 공동주택 : 40m)
4. 판매시설 5. 국가 또는 지방자치 단체의 청사 6. 장례시설 7. 위락시설 8. 학교 9. 연면적 5,000m² 이상인 창고시설 10. 승강기를 설치해야 하는 건축물	거실로부터 옥외로의 출구에 이르는 보행거리 (피난에 지장이 없는 출입구가 있는 것을 제외)	60m 이하	100m 이하 (16층 이상 공동주택 : 80m)

■ 피난층에서의 보행거리 산정

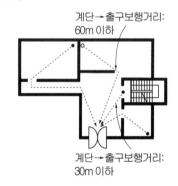

계단→출구보행거리: 60m 이하

계단→출구보행거리: 30m 이하

2. 바깥쪽으로의 출구설치 기준(피난·방화 규칙 제11조 등)

구분	설치대상	설치기준
1. 출구의 개폐방향	·문화 및 집회시설 (전시장, 동·식물원 제외) ·종교시설 ·장례시설 ·위락시설	안여닫이로 해서는 안된다.
2. 출구 수	관람실 바닥면적의 합계 300m² 이상인 집회장, 공연장	건축물 바깥쪽으로의 주된 출구 외에 보조출구 또는 비상구를 2개소 이상 설치

3. 옥외로의 출구의 유효너비의 합계	판매시설	$\left(\dfrac{\text{해당용도로 쓰이는 바닥면적이}}{100\text{m}^2}\right) \times 0.6\text{m}$ 이상

4. 회전문	・계단이나 에스컬레이터로부터 2m 이상 이격
	・회전문과 문틀 사이간격 등
	  - 문과 문틀 5cm 이상
	  - 문과 바닥 3cm 이하
	・회전문 길이 140cm 이상
	・회전속도 : 분당 회전수
	  - 8회 이하
		피난·방화 규칙
		제12조

3. 요양병원 등의 장애인 거주시설의 안전(영 제46조 ⑥)

다음에 해당되는 건축물에는 피난층 외의 층에 대피공간등의 시설 중 하나를 설치하여야 한다.

대상 건축물	설치 시설 구조
・요양병원 ・정신병원 ・노인요양시설 ・장애인 거주시설 ・장애인 의료재활시설	1. 각 층마다 별도로 방화구획된 대피 공간 2. 거실에 접하여 설치된 노대 등 3. 연결 복도 또는 연결 통로

예제문제 11

건축법상 건축물의 출입구에 설치하는 회전문의 설치기준으로 가장 적합한 것은?

① 계단이나 에스컬레이터로부터 1미터 이상의 거리를 둘 것
② 회전문과 문틀 사이는 5센티미터 이상 간격을 확보할 것
③ 회전문의 크기는 반경 80센티미터 이상이 되도록 할 것
④ 회전속도는 분당 회전수가 6회를 넘지 아니하도록 할 것

해설 ① 2m 이상
③ 140cm 이상
④ 8회 이하

답 : ②

[7] 대지내 통로 등

법	시행령
	제37조【지하층과 피난층 사이의 개방공간 설치】 바닥면적의 합계가 3천 제곱미터 이상인 공연장·집회장·관람장 또는 전시장을 지하층에 설치하는 경우에는 각 실에 있는 자가 지하층 각 층에서 건축물 밖으로 피난하여 옥외 계단 또는 경사로 등을 이용하여 피난층으로 대피할 수 있도록 천장이 개방된 외부 공간을 설치하여야 한다. [전문개정 2008.10.29] **제41조【대지 안의 피난 및 소화에 필요한 통로 설치】** ① 건축물의 대지 안에는 그 건축물 바깥쪽으로 통하는 주된 출구와 지상으로 통하는 피난계단 및 특별피난계단으로부터 도로 또는 공지(공원, 광장, 그 밖에 이와 비슷한 것으로서 피난 및 소화를 위하여 해당 대지의 출입에 지장이 없는 것을 말한다)로 통하는 통로를 다음 각 호의 기준에 따라 설치하여야 한다. 〈개정 2015.9.22, 2017.2.3〉 1. 통로의 너비는 다음 각 목의구분에 따른 기준에 따라 확보할 것 　가. 단독주택 : 유효 너비 0.9미터 이상 　나. 바닥면적의 합계가 500제곱미터 이상인 문화 집회시설, 종교시설, 의료시설, 위락시설 또는 장례시설: 유효 너비 3미터 이상 　다. 그 밖의 용도로 쓰는 건축물 : 너비 1.5미터 이상 2. 통로의 길이가 2미터 이상인 경우에는 피난 및 소화활동에 장애가 발생하지 아니하도록 자동차 진입억제용 말뚝 등 통로 보호시설을 설치하거나 통로에 단차(段差)를 둘 것 ② 제1항에도 불구하고 다중이용 건축물, 준다중이용 건축물 또는 층수가 11층 이상인 건축물이 건축되는 대지에는 그 안의 모든 다중이용 건축물, 준다중이용 건축물 또는 층수가 11층 이상인 건축물에「소방기본법」제21조에 따른 소방자동차(이하 "소방자동차"라 한다)의 접근이 가능한 통로를 설치하여야 한다. 다만, 모든 다중이용 건축물, 준다중이용 건축물 또는 층수가 11층 이상인 건축물이 소방자동차의 접근이 가능한 도로 또는 공지에 직접 접하여 건축되는 경우로서 소방자동차가 도로 또는 공지에서 직접 소방활동이 가능한 경우에는 그러하지 아니하다. 〈신설 2010.12.13, 2011.12.30〉 [전문개정 2008.10.29]

요점 대지내 통로 등

1) 개방공간 설치

① 설치대상

규모	용도
바닥면적 합계 3,000m² 이상	지하층에 설치한 · 공연장 · 집회장 · 관람장 · 전시장

② 설치기준

지하층 각층에서 건축물 밖으로 피난하여 옥외계단 또는 경사로 등을 이용하여 피난층으로 대피할 수 있도록 천장이 개방된 외부공간을 설치하여야 한다.

2) 대지안의 통로

① 통로의 설치

· 건축물의 바깥쪽으로의 주된 출구 ┐ 으로부터 도로, 공지로 동하는 통로를
· 피난·특별피난계단 ──────┘ 설치하여야 한다.

② 통로의 유효 폭

규모	용도
1. 단독주택	0.9m 이상
2. 바닥면적합계 500m² 이상인 · 문화 및 집회시설·종교시설 · 위락시설 · 의료시설 · 장례시설	3m 이상
3. 기타	1.5m 이상

③ 소화 통로의 설치

다중이용건축물·준다중이용건축물 또는 11층 이상인 건축물이 있는 대지에는 소방자동차의 접근이 가능한 통로를 설치할 것

■ 예외 : 당해 대지가 소방자동차의 접근이 가능한 도로 또는 공지에 직접 접한 경우

예제문제 12

지하층에 바닥면적 3,000m² 이상의 특정용도시설을 설치하는 경우 지하층 각층에서 건축물 밖으로 피난하여 옥외계단 또는 경사로 등을 이용하여 피난층으로 대피할 수 있도록 천장이 개방된 외부공간을 설치하여야 하는 바, 이에 해당되지 않는 시설은?

① 공연장   ② 전시장

③ 동물원   ④ 집회장

해설 개방공간 설치대상

규모	용도
바닥면적 합계 3,000m² 이상	지하층에 설치한 · 공연장 · 집회장 · 관람장 · 전시장

답 : ③

예제문제 13

건축법령상 바닥면적의 합계가 1,000m²인 의료시설이 있는 대지안에 피난 및 소화에 필요한 통로의 유효너비로 가장 적합한 것은?

① 1.5m 이상   ② 2.0m 이상

③ 2.5m 이상   ④ 3.0m 이상

해설 대지안의 통로 유효 폭

대상	통로 폭
① 단독주택	0.9m 이상
② 바닥면적 합계 500m² 이상인 · 문화 및 집회시설 · 의료시설 · 종교시설 · 위락시설 · 장례시설	3m 이상
③ 기타	1.5m 이상

답 : ④

3 방화규정

(1) 방화에 장애가 되는 용도의 제한

법	시행령
제49조【건축물의 피난시설 및 용도제한 등】② 대통령령으로 정하는 용도 및 규모의 건축물의 안전·위생 및 방화(防火) 등을 위하여 필요한 용도 및 구조의 제한, 방화구획(防火區劃), 화장실의 구조, 계단·출입구, 거실의 반자 높이, 거실의 채광·환기와 바닥의 방습 등에 관하여 필요한 사항은 국토교통부령으로 정한다. 〈개정 2013.3.23〉 [피난·방화규칙] 제14조의2【복합건축물의 피난시설 등】 영 제47조제1항 단서의 규정에 의하여 같은 건축물안에 공동주택·의료시설·아동관련시설 또는 노인복지시설(이하 이조에서 "공동주택등"이라 한다)중 하나 이상과 위락시설·위험물저장 및 처리시설·공장 또는 자동차정비공장(이하 이 조에서 "위락시설 등"이라 한다)중 하나 이상을 함께 설치하고자 하는 경우에는 다음 각 호의 기준에 적합하여야 한다. 〈개정 2005.7.22〉 1. 공동주택 등의 출입구와 위락시설 등의 출입구는 서로 그 보행거리가 30미터 이상이 되도록 설치할 것 2. 공동주택 등(당해 공동주택 등에 출입하는 통로를 포함한다)과 위락시설 등(당해 위락시설 등에 출입하는 통로를 포함한다)은 내화구조로 된 바닥 및 벽으로 구획하여 서로 차단할 것 3. 공동주택 등과 위락시설 등은 서로 이웃하지 아니하도록 배치할 것 4. 건축물의 주요 구조부를 내화구조로 할 것 5. 거실의 벽 및 반자가 실내에 면하는 부분(반자돌림대·창대 그 밖에 이와 유사한 것을 제외한다. 이하 이 조에서 같다)의 마감은 불연재료·준불연재료 또는 난연재료로 하고, 그 거실로부터 지상으로 통하는 주된 복도·계단 그밖에 통로의 벽 및 반자가 실내에 면하는 부분의 마감은 불연재료 또는 준불연재료로 할 것 [본조신설 2003.1.6]	제47조【방화에 장애가 되는 용도의 제한】① 법 제49조제2항 본문에 따라 의료시설, 노유자시설(아동 관련 시설 및 노인복지시설만 해당한다), 공동주택, 장례시설 또는 제1종 근린생활시설(산후조리원만 해당한다)과 위락시설, 위험물저장 및 처리시설, 공장 또는 자동차 관련 시설(정비공장만 해당한다)은 같은 건축물에 함께 설치할 수 없다. 다만, 다음 각 호에 해당하는 경우로서 국토교통부령으로 정하는 경우에는 같은 건축물에 함께 설치할 수 있다. 〈개정 2017.2.3., 2018.2.9, 2022.4.29〉 1. 공동주택(기숙사만 해당한다)과 공장이 같은 건축물에 있는 경우 2. 중심상업지역·일반상업지역 또는 근린상업지역에서 「도시 및 주거환경정비법」에 따른 재개발사업을 시행하는 경우 3. 공동주택과 위락시설이 같은 초고층 건축물에 있는 경우. 다만, 사생활을 보호하고 방범·방화 등 주거 안전을 보장하며 소음·악취 등으로부터 주거환경을 보호할 수 있도록 주택의 출입구·계단 및 승강기 등을 주택 외의 시설과 분리된 구조로 하여야 한다. 4. 「산업집적활성화 및 공장설립에 관한 법률」 제2조제13호에 따른 지식산업센터와 「영유아보육법」 제10조제4호에 따른 직장어린이집이 같은 건축물에 있는 경우 ② 법 제49조제2항 본문에 따라 다음 각 호에 해당하는 용도의 시설은 같은 건축물에 함께 설치할 수 없다. 〈개정 2012.12.12, 2014.3.24, 2022.4.29〉 1. 노유자시설 중 아동 관련 시설 또는 노인복지시설과 판매시설 중 도매시장 또는 소매시장 2. 단독주택(다중주택, 다가구주택에 한정한다). 공동주택, 제1종 근린생활시설 중 조산원 또는 산후조리원과 제2종 근린생활시설 중 다중생활시설 [전문개정 2008.10.29]

요점 **방화에 장애가 되는 용도의 제한**

1) 용도제한의 원칙

동일한 건축물 안에 공동주택 등의 시설과 위락시설 등의 시설을 함께 설치할 수 없다.

공동주택 등	• 공동주택 • 아동관련시설 • 장례시설	• 의료시설 • 노인복지시설 • 산후조리원
위락시설 등	• 위락시설 • 공장	• 위험물저장 및 처리시설 • 자동차정비 공장
예외	1. 기숙사와 공장이 같은 건축물 2. 중심상업지역·일반상업지역 또는 근린상업지역에서 도시 및 주거환경정비법에 의한 재개발사업을 시행하는 경우 3. 공동주택과 위락시설이 같은 초고층 건축물에 있는 경우 4. 지식산업센터와 직장어린이 집	
공동주택 등과 위락시설 등의 필요조치	1. 출입구는 서로 그 보행거리가 30m 이상 되도록 설치 2. 내화구조의 바닥 및 벽으로 구획하여 차단(출입통로포함) 3. 서로 이웃하지 않게 배치할 것 4. 건축물의 주요구조부를 내화구조로 할 것 5. • 거실의 벽 및 반자가 실내에 면하는 부분의 마감 – 불연재료·준불연재료·난연재료 　• 복도·계단 그 밖의 통로의 벽 및 반자가 실내에 면하는 부분의 마감 – 불연재료 또는 준불연재료	

2) 용도제한의 강화

다음의 용도시설은 어떠한 경우라도 같은 건축물 안에 설치할 수 없다.

■ 용도제한의 판정

동일 건축물내의 용도	판정
의료시설-공동주택	허용
위락시설-정비공장	허용
의료시설-위락시설	불가

1. 아동관련시설, 노인복지시설	도, 소매 시장
2. 공동주택, 다가구주택, 다중주택, 조산원	다중생활시설 (2종근린생활시설인 고시원의 경우)

예제문제 14

공동주택에 병설할 수 없는 용도는?

① 격리병원 ② 도매시장

③ 무도학원 ④ 업무시설

해설 동일건축물내의 용도제한 기준

・의료시설 ・아동관련시설

・노유자시설 ・공동주택

・위락시설 ・정비공장

・위험물 저장 및 처리시설

답 : ③

---

(2) 방화구획

1) 주요구조부가 내화구조 또는 불연재료인 건축물의 방화구획

법	시행령
[피난・방화규칙] **제14조【방화구획의 설치기준】** ①영 제46조에 따라 건축물에 설치하는 방화구획은 다음 각호의 기준에 적합하여야 한다. 〈개정 2010.4.7, 2019.8.6〉 1. 10층 이하의 층은 바닥면적 1천제곱미터(스프링클러 기타 이와 유사한 자동식 소화설비를 설치한 경우에는 바닥면적 3천제곱미터)이내마다 구획할 것 2. 매층마다 구획할 것. 다만, 지하 1층에서 지상으로 직접 연결하는 경사로 부위는 제외한다. 3. 11층 이상의 층은 바닥면적 200제곱미터(스프링클러 기타 이와 유사한 자동식 소화설비를 설치한 경우에는 600제곱미터)이내마다 구획할 것. 다만, 벽 및 반자의 실내에 접하는 부분의 마감을 불연재료5로 한 경우에는 바닥면적 500제곱미터(스프링클러 기타 이와 유사한 자동식 소화설비를 설치한 경우에는 1천500제곱미터)이내마다 구획하여야 한다. 4. 필로티나 그 밖에 이와 비슷한 구조(벽면적의 2분의 1 이상이 그 층의 바닥면에서 위층 바닥 아래면까지 공간으로 된 것만 해당한다)의 부분을 주차장으로 사용하는 경우 그 부분은 건축물의 다른 부분과 구획할 것 ② 제1항에 따른 방화구획은 다음 각 호의 기준에 적합하게 설치하여야 한다. 〈개정 2012.1.6, 2013.3.23〉 1. 영 제46조의 규정에 의한 방화구획으로 사용하는 제26조에 따른 갑종방화문은 언제나 닫힌 상태를 유지하거나 화재로 인한 연기, 온도, 불꽃 등을 가장 신속하게 감지하여 자동적으로 닫히는 구조로 할 것	**제46조【방화구획의 설치】** ① 법 제49조제2항 본문에 따라 주요구조부가 내화구조 또는 불연재료로 된 건축물로서 연면적이 1천 제곱미터를 넘는 것은 국토교통부령으로 정하는 기준에 따라 다음 각 호의 구조물로 구획(이하 "방화구획"이라 한다)을 해야 한다. 다만, 「원자력안전법」 제2조제8호 및 제10호에 따른 원자로 및 관계시설은 같은 법에서 정하는 바에 따른다. 〈개정 2020.10.8, 2022.4.29.〉 1. 내화구조로 된 바닥 및 벽 2. 제64조제1항제1호・제2호에 따른 방화문 또는 자동방화셔터(국토교통부령으로 정하는 기준에 적합한 것을 말한다. 이하 같다) ② 다음 각 호에 해당하는 건축물의 부분에는 제1항을 적용하지 않거나 그 사용에 지장이 없는 범위에서 제1항을 완화하여 적용할 수 있다. 〈개정 2010.2.18, 2022.4.29, 2023.5.15〉 1. 문화 및 집회시설(동・식물원은 제외한다), 종교시설, 운동시설 또는 장례시설의 용도로 쓰는 거실로서 시선 및 활동공간의 확보를 위하여 불가피한 부분 2. 물품의 제조・가공 및 운반 등(보관은 제외한다)에 필요한 고정식 대형 기기(器機) 또는 설비의 설치를 위하여 불가피한 부분. 다만, 지하층인 경우에는 지하층의 외벽 한쪽 면(지하층의 바닥면에서 지상층 바닥 아래면까지의 외벽 면적 중 4분의 1 이상이 되는 면을 말한다) 전체가 건물 밖으로 개방되어 보행과 자동차의 진입・출입이 가능한 경우로 한정한다. 3. 계단실부분・복도 또는 승강기의 승강장 및 승강로 부분으로서 그 건축물의 다른 부분과 방화구획으로 구획된 부분. 다만, 해당부분에 위치하는 설비배관 등이 바닥을 관통하는 부분은 제외한다. 〈개정 2020.10.8〉

2. 급수관·배전관 그 밖의 관이 방화구획으로 되어 있는 부분을 관통하는 경우 그로 인하여 방화구획에 틈이 생긴 때에는 그 틈을 다음 각 목의 어느 하나에 해당하는 것으로 메울 것

가. 「산업표준화법」에 따른 한국산업규격에서 내화충전성능을 인정한 구조로 된 것

나. 한국건설기술연구원장이 국토교통부장관이 정하여 고시하는 기준에 따라 내화충전성능을 인정한 구조로 된 것

3. 환기·난방 또는 냉방시설의 풍도가 방화구획을 관통하는 경우에는 그 관통부분 또는 이에 근접한 부분에 다음 각목의 기준에 적합한 댐퍼를 설치할 것. 다만, 반도체 공장건축물로서 방화구획을 관통하는 풍도의 주위에 스프링클러헤드를 설치하는 경우에는 그러하지 아니하다.

가. 철재로서 철판의 두께가 1.5밀리미터 이상일 것

나. 화재가 발생한 경우에는 연기의 발생 또는 온도의 상승에 의하여 자동적으로 닫힐 것

다. 닫힌 경우에는 방화에 지장이 있는 틈이 생기지 아니할 것

라. 「산업표준화법」에 의한 한국산업규격상의 방화댐퍼의 방연시험방법에 적합할 것

4. 건축물의 최상층 또는 피난층으로서 대규모 회의장·강당·스카이라운지·로비 또는 피난안전구역 등의 용도로 쓰는 부분으로서 그 용도로 사용하기 위하여 불가피한 부분

5. 복층형 공동주택의 세대별 층간 바닥 부분

6. 주요구조부가 내화구조 또는 불연재료로 된 주차장

7. 단독주택, 동물 및 식물 관련 시설 또는 국방·군사 시설(집회, 체육, 창고 등의 용도로 사용되는 시설만 해당한다)로 쓰는 건축물

8. 건축물의 1층과 2층의 일부를 동일한 용도로 사용하며 그 건축물의 다른 부분과 방화구획으로 구획된 부분(바닥면적의 합계가 500제곱미터 이하인 경우로 한정한다).

③ 건축물 일부의 주요구조부를 내화구조로 하거나 제2항에 따라 건축물의 일부에 제1항을 완화하여 적용한 경우에는 내화구조로 한 부분 또는 제1항을 완화하여 적용한 부분과 그 밖의 부분을 방화구획으로 구획하여야 한다. 〈개정 2018.9.4〉

요점 **주요구조부가 내화구조 또는 불연재료인 건축물의 방화구획**

1) 방화구획 적용대상

주요구조부가 내화구조 또는 불연재료로 된 건축물로서 연면적이 1,000m²를 넘는 것은 내화구조의 바닥, 벽 및 방화문(자동방화 셔터 포함)으로 구획하여야 한다.

- 예외 : 원자로 및 관계시설은 원자력안전법이 정하는 바에 의한다.

2) 방화구획기준

■ 방화구획에 영향을 주는 요소
1. 건축물의 층수
2. 지하층
3. 바닥면적
4. 실내마감재
5. 자동식 소화설비 유무

건축물의 규모		구획기준	
1. 10층 이하의 층		바닥면적 1,000m² (3,000m²) 이내마다 구획	·내화구조의 바닥, 벽 및 60분+방화문 또는 60분 방화문(자동방화 셔터포함)으로 구획한다. ·( )안의 면적은 스프링클러 등 자동식 소화설비를 설치한 때임.
2. 11층 이상의 층	실내마감이 불연재료의 경우	바닥면적 500m² (1,500m²) 이내마다 내화구조벽으로 구획	
	실내마감이 불연재료가 아닌 경우	바닥면적 200m² (600m²) 이내마다 내화구조벽으로 구획	
3. 지상층		매층마다 내화구조의 바닥으로 구획 (지하1층에서 지상으로 연결되는 경사로 제외)	
4. 지하층			

3) 방화구획의 구조

구분		구조기준
1. 벽체 및 바닥		내화구조
2. 출입구 방화문	60분+방화문	·항상 닫힌 상태로 유지
	60분방화문	·연기 또는 불꽃을 감지하여 자동으로 닫히는 구조로 할 것
3. 자동방화셔터		·방화문으로부터 3m 이내에 별도로 설치할 것
4. 급수관, 배전관 등에 관통하는 경우		·급수관·배전관과 방화구획과의 틈을 내화 채움 성능구조로 메울 것
5. 환기·난방·냉방시설의 풍도가 관통하는 경우		관통부분 또는 이에 근접한 부분에 다음의 댐퍼를 설치할 것 ·화재가 발생한 경우에는 연기의 발생 또는 온도의 상승에 의하여 자동적으로 닫힐 것 ·국토교통부장관이 정하는 비차열 성능 및 방연 성능 등의 기준에 적합할 것

▪ Damper
순환하는 공기의 방향·속도·양을 조절하기 위하여 Duct 내에 설치된 장치

4) 방화구획기준의 완화

다음에 해당하는 건축물의 부분에는 방화규획의 규정을 적용하지 않거나 그 사용에 지장을 초래하지 않는 범위에서 규정을 완화하여 적용할 수 있다.

1. 문화 및 집회시설(동·식물원을 제외), 종교시설, 장례시설, 운동시설의 용도에 쓰이는 거실	시선 및 활동공간의 확보를 위하여 불가피한 부분
2. 물품의 제조, 가공 및 운반 등에 필요	대형기기 설비의 설치, 운영을 위하여 불가피한 부분
3. 계단실 부분, 복도 또는 승강기의 승강장 및 승강로 부분	당해 건축물의 다른 부분과 방화구획으로 구획된 부분
4. 건축물의 최상층 또는 피난층	대규모 회의장, 강당, 스카이라운지, 로비 또는 피난안전구역 등의 용도에 사용하는 부분으로서 당해 용도로서의 사용을 위하여 불가피한 부분
5. 복층형인 공동주택	세대 안의 층간 바닥부분
6. 주요 구조부가 내화구조 또는 불연재료로 된 주차장 부분	
7. 단독주택, 동물 및 식물관련시설, 국방·군사시설 중 집회, 창고, 체육 등에 쓰이는 건축물	

| 참고 |

▪ **주요 구조부**

"주요구조부"란 내력벽(耐力壁), 기둥, 바닥, 보, 지붕틀 및 주계단(主階段)을 말한다. 다만, 사이 기둥, 최하층 바닥, 작은 보, 차양, 옥외 계단, 그 밖에 이와 유사한 것으로 건축물의 구조상 중요하지 아니한 부분은 제외한다.

| 참고 |

■ **내화구조**

내화구조란 화재에 견딜 수 있는 성능을 가진 다음의 구조를 말한다.

구분	철근콘크리트조 철골·철근콘크리트조	철골조		무근콘크리트조, 콘크리트 블록조, 벽돌조, 석조, 기타구조
		피복재	피복 두께	
1. 벽	두께≧10cm	철망모르타르	4cm 이상	• 철재로 보강된 콘크리트블록조, 벽돌조, 석조로서 철재에 덮은 콘크리트 블록 등의 두께가 5cm 이상인 것 • 벽돌조로서 두께가 19cm 이상인 것 • 고온·고압의 증기로 양생된 경량기포콘크리트 패널 또는 경량기포콘크리트 블록조로서 두께가 10cm 이상인 것
		콘크리트블록 벽돌, 석재	5cm 이상	
2. 외벽 중 비내력벽	두께≧7cm	철망모르타르	3cm 이상	• 철재로 보강된 콘크리트블록조·벽돌조·석조로서 철재에 덮은 콘크리트블록 등의 두께가 4cm 이상인 것 • 무근콘크리트조, 콘크리트블록조, 벽돌조 또는 석조로서 그 두께가 7cm 이상인 것
		콘크리트블록 벽돌, 석재	4cm 이상	
3. 기둥(작은 지름이 25cm 이상인 것)	≧25cm ≧25cm	철망모르타르	6cm 이상	
		철망모르타르 (경량골재사용)	5cm 이상	
		콘크리트블록 벽돌, 석재	7cm 이상	
		콘크리트	5cm 이상	
4. 바닥	두께≧10cm	철망모르타르	5cm 이상	• 철재로 보강된 콘크리트블록조, 벽돌조 또는 석조로서 철재에 덮은 콘크리트 블록 등의 두께가 5cm 이상인 것
		콘크리트		
5. 보(지붕틀 포함)	치수규제없음	철망모르타르	5cm 이상	
		철망모르타르 (경량골재사용)		
		콘크리트		
		철골조의 지붕틀(바닥으로부터 그 아래부분까지의 높이가 4m 이상인 것에 한함)로서 바로 아래에 반자가 없거나 불연재료로 된 반자가 있는 것		
6. 지붕	치수규제없음	철재로 보강된 유리블록 또는 망입유리로 된 것		• 철재로 보강된 콘크리트블록조·벽돌조 또는 석조
7. 계단	치수규제없음	철골조 계단		• 철재로 보강된 콘크리트블록조·벽돌조 또는 석조 • 무근콘크리트조·콘크리트블록조·벽돌조 또는 석조

|참고|

■ 방화구조

화염의 확산을 막을 수 있는 성능을 가진 다음의 구조를 말한다.

구조부분	방화구조의 기준
1. 철망모르타르 바르기	바름두께가 2cm 이상
2. 석고판 위에 시멘트모르타르 또는 회반죽을 바른 것	두께의 합계가 2.5cm 이상
3. 시멘트모르타르 위에 타일을 붙인 것	
4. 심벽에 흙으로 맞벽치기 한 것	두께에 관계없이 인정
5. 한국산업표준이 정한 방화2급 이상에 해당되는 것	

■ 건축재료

구조부분	방화구조의 기준
1. 불연재료	콘크리트, 석재, 벽돌기와, 철강, 알루미늄, 유리, 시멘트모르타르, 회 및 기타 이와 유사한 것
2. 준불연재료	불연재료에 준하는 성질을 가진 재료
3. 난연재료	불에 잘 타지 아니하는 성질을 가진 재료
4. 내수재료	벽돌, 자연석, 인조석, 콘크리트, 아스팔트, 도자기질 재료, 유리, 기타 이와 유사한 내수성이 있는 재료

■ 방화문의 성능

구 분	연기·불꽃 차단시간	열차단시간
1. 60분+방화문	60분 이상	30분 이상
2. 60분 방화문	60분 이상	–
3. 30분 방화문	30분 이상 60분 미만	

예제문제 **15**

주요 구조부가 내화구조 또는 불연재료로 된 건축물로서 연면적이 1,000m²를 넘는 것의 방화구획으로서 틀린 것은?

① 10층 이하의 층은 바닥면적 1,000m² 이내마다 구획한다.

② 11층 이상의 부분은 실내 내장을 불연재료로 사용할 경우에는 바닥면적의 500m² 이내마다 구획한다.

③ 10층 이하의 층은 스프링쿨러 등 자동식 소화설비를 설치할 경우에는 바닥면적 3,000m² 이내마다 구획한다.

④ 11층 이상의 층에 있어서는 바닥면적 300m² 이내마다 구획한다.

해설 불연재료 마감인 11층 이상 층의 방화구획은 바닥면적 500m² 이내마다로 한다.

답 : ④

예제문제 16

철근콘크리트 구조로서 내화구조가 아닌 것은?

① 벽체의 경우 그 두께가 10cm 이상인 것
② 기둥의 경우 그 작은 지름이 20cm 이상인 것
③ 바닥의 경우 그 두께가 10cm 이상인 것
④ 보, 지붕, 계단의 경우 구조관련기준에 의한 두께 이상인 것

해설 기둥 : 작은 지름 25cm 이상

답 : ②

예제문제 17

다음 중 방화구조에 대한 기술 중 부적합한 것은?

① 바름 두께 2cm 이상의 철망모르타르
② 시멘트모르타르 위에 타일을 붙인 것으로서 두께 1.5cm 이상인 것
③ 석고판 위에 회반죽을 바른 것으로서 두께의 합이 2.5cm 이상인 것
④ 심벽에 흙으로 맞벽치기한 것

해설 시멘트모르타르 위에 타일을 붙인 것으로 두께의 합계가 2.5cm 이상을 방화구조의 기준으로 한다.

답 : ②

2) 주요구조부가 내화구조 또는 불연재료가 아닌 건축물의 방화구획

법	시행령
제50조【건축물의 내화구조와 방화벽】 ② 대통령령으로 정하는 용도 및 규모의 건축물은 국토교통부령으로 정하는 기준에 따라 방화벽으로 구획하여야 한다. 〈개정 2013.3.23〉 [피난 · 방화규칙] **제22조【대규모 목조건축물의 외벽 등】** ① 영 제57조제3항의 규정에 의하여 연면적이 1천제곱미터 이상인 목조의 건축물은 그 외벽 및 처마밑의 연소할 우려가 있는 부분을 방화구조로 하되, 그 지붕은 불연재료로 하여야 한다. ② 제1항에서 "연소할 우려가 있는 부분"이라 함은 인접 대지경계선 · 도로중심선 또는 동일한 대지안에 있는 2동이상의 건축물(연면적의 합계가 500제곱미터이하인 건축물은 이를 하나의 건축물로 본다) 상호의 외벽간의 중심선으로부터 1층에 있어서는 3미터이내, 2층 이상에 있어서는 5미터이내의 거리에 있는 건축물의 각 부분을 말한다. 다만, 공원 · 광장 · 하천의 공지나 수면 또는 내화구조의 벽 기타 이와 유사한 것에 접하는 부분을 제외한다.	**제57조【대규모 건축물의 방화벽 등】** ① 법 제50조제2항에 따라 연면적 1천 제곱미터 이상인 건축물은 방화벽으로 구획하되, 각 구획된 바닥면적의 합계는 1천 제곱미터 미만이어야 한다. 다만, 주요구조부가 내화구조이거나 불연재료인 건축물과 제56조제1항 제5호 단서에 따른 건축물 또는 내부설비의 구조상 방화벽으로 구획할 수 없는 창고시설의 경우에는 그러하지 아니하다. ② 제1항에 따른 방화벽의 구조에 관하여 필요한 사항은 국토교통부령으로 정한다. 〈개정 2013.3.23〉 ③ 연면적 1천 제곱미터 이상인 목조 건축물의 구조는 국토교통부령으로 정하는 바에 따라 방화구조로 하거나 불연재료로 하여야 한다. 〈개정 2013.3.23〉 [전문개정 2008.10.29] [피난 · 방화규칙] **제21조【방화벽의 구조】** ① 영 제57조제2항에 따라 건축물에 설치하는 방화벽은 다음 각호의 기준에 적합하여야 한다. 〈개성 2010.4.7, 2021.8.7〉 1. 내화구조로서 홀로 설 수 있는 구조일 것 2. 방화벽의 양쪽 끝과 윗쪽 끝을 건축물의 외벽면 및 지붕면으로부터 0.5미터이상 튀어 나오게 할 것 3. 방화벽에 설치하는 출입문의 너비 및 높이는 각각 2.5미터이하로 하고, 해당 출입문에는 60분+방화문 또는 60분 방화문을 설치할 것 ② 제14조제2항의 규정은 제1항의 규정에 의한 방화벽의 구조에 관하여 이를 준용한다.

요점 주요구조부가 내화구조 또는 불연재료가 아닌 건축물의 방화구획

1) 방화구획 적용대상

주요구조부가 내화구조 또는 불연재료가 아닌 연면적 1,000m² 이상인 건축물은 방화벽 등으로 방화구획을 하여야 한다.

2) 방화구획기준

① 바닥면적 1,000m² 미만마다 방화벽으로 구획한다.

■ 예외 : 다음의 경우에는 그러하지 아니하다.

1. 주요구조부가 내화구조이거나 불연재료인 건축물
2. 단독주택, 동물 및 식물관련시설, 교도소, 감화원, 화장장을 제외한 묘지관련시설
3. 구조상 방화벽으로 구획할 수 없는 창고시설

② 외벽 및 처마 밑의 연소우려가 있는 부분은 방화구조로 해야 한다.

③ 지붕은 불연재료로 한다.

■ 연소우려의 범위

기준선	• 인접대지 경계선 • 도로중심선 • 동일대지내에 2동 이상 건축물의 상호 외벽간의 중심선	
연소범위	1층 부분	3m 이내
	2층 이상 부분	5m 이내

3) 방화벽의 구조기준

구 분	구조기준
1. 방화벽의 구조	• 내화구조로서 자립할 수 있는 구조 • 양쪽 끝과 위쪽 끝을 건축물의 외벽면 지붕면으로부터 0.5m 이상 튀어나오게 할 것
2. 출입문	• 크기 : 2.5m×2.5m • 60분+방화문 또는 60분 방화문 설치 • 항상 닫힌 상태로 유지 • 연기발생 또는 온도상승에 의하여 자동적으로 닫히는 구조로 할 것
3. 급수관·배전관 등이 관통하는 경우	• 급수관·배전관과 방화구획과의 틈을 시멘트모르타르 또는 불연재료로 메울 것
4. 환기·난방·냉방시설의 풍도가 관통하는 경우	관통부분 또는 이에 근접한 부분에 다음의 댐퍼를 설치할 것 • 화재시 연기의 발생 또는 온도의 상승에 의하여 자동적으로 닫힐 것 • 닫힌 경우에는 방화에 지장이 있는 틈이 생기지 아니할 것 • 산업표준화법에 의한 한국산업규격상 방화댐퍼의 방연시험에 적합할 것

| 참고 |

방화벽의 설치

예제문제 **18**

방화벽과 관련된 내용으로 부적합한 것은?

① 방화벽설치는 연면적 1,000m² 이상인 건축물로 주요구조부가 내화구조이어야 한다.

② 단독주택은 방화구획을 하지 않아도 된다.

③ 내부설비의 구조상 방화벽으로 구획할 수 없는 창고시설은 방화구획을 하지 않을 수 있다.

④ 방화벽에 설치하는 출입문의 크기는 2.5m×2.5m 이하로 하고 60분+방화문 또는 60분 방화문을 설치해야 한다.

해설 방화벽은 주요구조부가 내화구조이거나 불연재료인 건축물에는 설치하지 않아도 된다.

답 : ①

(3) 주요구조부를 내화구조로 하여야 하는 건축물

법	시행령
제50조【건축물의 내화구조와 방화벽】 ① 문화 및 집회시설, 의료시설, 공동주택 등 대통령령으로 정하는 건축물은 국토교통부령으로 정하는 기준에 따라 주요구조부와 지붕을 내화(耐火)구조로 하여야 한다. 다만, 막구조 등 대통령령으로 정하는 구조는 주요구조부에만 내화구조로 할 수 있다. 〈개정 2013.3.23., 2018.8.14., 2020.8.15〉 ② 대통령령으로 정하는 용도 및 규모의 건축물은 국토교통부령으로 정하는 기준에 따라 방화벽으로 구획하여야 한다. 〈개정 2013.3.23〉	**제56조【건축물의 내화구조】** ① 법 제50조제1항에 따라 다음 각 호의 어느 하나에 해당하는 건축물(제5호에 해당하는 건축물로서 2층 이하인 건축물은 지하층 부분만 해당한다)의 주요구조부와 지붕은 내화구조로 하여야 한다. 다만, 연면적이 50제곱미터 이하인 단층의 부속건축물로서 외벽 및 처마 밑면을 방화구조로 한 것과 무대의 바닥은 그렇지 않다. 〈개정 2014.3.24, 2017.2.3, 2019.10.22〉

[피난·방화규칙]

제20조의2 【내화구조의 적용이 제외되는 공장건축물】 건축법시행령 제56조제1항제3호 단서에서 "국토교통부령이 정하는 공장"이라 함은 별표2의 업종에 해당하는 공장으로서 주요구조부가 불연재료로 되어 있는 2층 이하의 공장을 말한다.

〈개정 2008.3.14, 2009.7.1, 2013.3.23〉

[본조신설 2000.6.3]

1. 제2종 근린생활시설 중 공연장·종교집회장(해당 용도로 쓰는 바닥면적의 합계가 각각 300제곱미터 이상인 경우만 해당한다), 문화 및 집회시설(전시장 및 동·식물원은 제외한다), 종교시설, 위락시설 중 유흥주점 및 장례시설의 용도로 쓰는 건축물로서 관람실 또는집회실의 바닥면적의 합계가 200제곱미터(옥외 관람석의 경우에는 1천 제곱미터) 이상인 건축물

2. 문화 및 집회시설 중 전시장 또는 동·식물원, 판매시설, 운수시설, 교육연구시설에 설치하는 체육관·강당, 수련시설, 운동시설 중 체육관·운동장, 위락시설(주점영업의 용도로 쓰는 것은 제외한다), 창고시설, 위험물저장 및 처리시설, 자동차 관련 시설, 방송통신시설 중 방송국·전신전화국·촬영소, 묘지 관련 시설 중 화장시설, 동물화장시설 또는 관광휴게시설의 용도로 쓰는 건축물로서 그 용도로 쓰는 바닥면적의 합계가 500제곱미터 이상인 건축물

3. 공장의 용도로 쓰는 건축물로서 그 용도로 쓰는 바닥면적의 합계가 2천 제곱미터 이상인 건축물. 다만, 화재의 위험이 적은 공장으로서 국토교통부령으로 정하는 공장은 제외한다.

4. 건축물의 2층이 단독주택 중 다중주택 및 다가구주택, 공동주택, 제1종 근린생활시설(의료의 용도로 쓰는 시설만 해당한다), 제2종 근린생활시설 중 다중생활시설, 의료시설, 노유자시설 중 아동 관련 시설 및 노인복지시설, 수련시설 중 유스호스텔, 업무시설 중 오피스텔, 숙박시설 또는 장례시설의 용도로 쓰는 건축물로서 그 용도로 쓰는 바닥면적의 합계가 400제곱미터 이상인 건축물

5. 3층 이상인 건축물 및 지하층이 있는 건축물. 다만, 단독주택(다중주택 및 다가구주택은 제외한다), 동물 및 식물 관련 시설, 발전시설(발전소의 부속용도로 쓰는 시설은 제외한다), 교도소·감화원 또는 묘지 관련 시설(화장시설, 동물화장시설은 제외한다)의 용도로 쓰는 건축물과 철강 관련 업종의 공장 중 제어실로 사용하기 위하여 연면적 50제곱미터 이하로 증축하는 부분은 제외한다.

[전문개정 2008.10.29]

요점 **주요구조부를 내화구조로 하여야 하는 건축물**

건축물의 용도와 규모에 따라 당해 건축물의 주요구조부와 지붕을 내화구조로 하여야 하는 기준으로, 건축물에 화재발생시 우려되는 화재열로 인한 건축물의 붕괴를 방지하기 위함이다.

건축물의 용도	당해 용도의 바닥면적합계	비고
① · 문화 및 집회시설 (전시장 및 동·식물원 제외) · 300m² 이상인 공연장·종교집회장 · 종교시설 · 장례시설 · 유흥주점 ┐ 관람석·집회실	200m² 이상	옥외 관람석의 경우에는 1,000m² 이상
② · 전시장 및 동·식물원 · 판매시설 · 운수시설 · 수련시설 · 체육관 및 운동장, 강당 · 위락시설(주점영업 제외) · 창고시설 · 위험물 저장 및 처리시설 · 자동차 관련시설 · 방송국·전신전화국 및 촬영소 · 화장시설, 동물화장시설 · 관광휴게시설	500m² 이상	–
③ 공장	2,000m² 이상	화재로 위험이 적은 공장으로서 주요구조부가 불연재료가 된 2층 이하의 공장은 제외
④ 건축물의 2층이 · 다중주택·다가구주택 · 공동주택 · 제1종 근린생활시설(의료의 용도에 쓰이는 시설에 한한다) · 제2종 근린생활시설 중 다중생활시설(고시원) · 의료시설 · 아동관련시설, 노인복지시설 및 유스호스텔 · 오피스텔 · 숙박시설 · 장례시설	400m² 이상	–
⑤ · 3층 이상 건축물 · 지하층이 있는 건축물 ■ 예외 2층 이하인 경우는 지하층 부분에 한함	모든 건축물	단독주택(다중·다가구 제외), 동물 및 식물관련시설 발전소 교도소 및 감화원 또는 묘지관련시설(화장시설, 동물화장시설 제외)은 제외

■ **주요구조부가 내화구조인 건축물**

구 분	바닥면적의 합계	비 고
· 관람석 · 집회실	200m² 이상	옥외관람석 1,000m² 이상
· 공장	2,000m² 이상	
· 3층 이상 · 지하층이 있는 건축물	무조건	단독주택 동·식물관련 시설 교도소, 감화원 묘지관련시설은 제외

※ 묘지관련시설 중 화장장은 내화구조 제한에 적용된다.

■ 예외
1. 연면적이 50m² 이하인 단층의 부속건축물로서, 외벽 및 처마 밑면을 방화구조로 한 것
2. 무대의 바닥

예제문제 **19**

건축법령상 건축물의 주요구조부를 내화구조로 하여야 하는 대상으로 가장 적합한 것은?

① 종교시설의 용도로 쓰는 건축물로서 관람석 또는 집회실의 바닥면적 합계가 150m²
　 인 경우
② 판매시설의 용도로 쓰는 건축물로서 그 용도로 쓰는 바닥면적의 합계가 500m²인 경우
③ 공장의 용도로 쓰는 바닥면적의 합계가 1,000m²인 경우
④ 건축물의 2층을 오피스텔의 용도로 쓰는 바닥면적의 합계가 200m²인 경우

───────────────────────────────

해설 ① 종교시설 : 200m² 이상
③ 공장 : 2,000m² 이상
④ 오피스텔 : 400m² 이상(2층 이상인 경우)

답 : ②

(4) 방화지구 안의 건축제한

법	시행령
제51조【방화지구 안의 건축물】① 「국토의 계획 및 이용에 관한 법률」 제37조 제1항 제3호에 따른 방화지구 안에서는 건축물의 주요구조부와 지붕·외벽을 내화구조로 하여야 한다. 다만, 대통령령으로 정하는 경우에는 그러하지 아니하다. 〈개정 2014.1.14, 2017.4.18., 2020.8.15.〉 ② 방화지구 안의 공작물로서 간판, 광고탑, 그 밖에 대통령령으로 정하는 공작물 중 건축물의 지붕 위에 설치하는 공작물이나 높이 3미터 이상의 공작물은 주요부를 불연(不燃)재료로 하여야 한다. ③ 방화지구 안의 지붕·방화문 및 인접 대지 경계선에 접하는 외벽은 국토교통부령으로 정하는 구조 및 재료로 하여야 한다. 〈개정 2013.3.23〉	**제58조【방화지구의 건축물】** 법 제51조제1항에 따라 그 주요구조부 및 외벽을 내화구조로 하지 아니할 수 있는 건축물은 다음 각 호와 같다. 1. 연면적 30제곱미터 미만인 단층 부속건축물로서 외벽 및 처마면이 내화구조 또는 불연재료로 된 것 2. 도매시장의 용도로 쓰는 건축물로서 그 주요구조부가 불연재료로 된 것 [전문개정 2008.10.29] **[피난·방화규칙]** **제23조【방화지구안의 지붕·방화문 및 외벽등】**① 「건축법」 제41조제3항의 규정에 의하여 방화지구안의 건축물의 지붕으로서 내화구조가 아닌 것은 불연재료로 하여야 한다. 〈개정 2005.7.22, 2010.12.30〉 ② 「건축법」 제51조제3항에 따라 방화지구 안의 건축물의 인접대지경계선에 접하는 외벽에 설치하는 창문등으로서 제22조제2항에 따른 연소할 우려가 있는 부분에는 다음 각호의 방화문 기타 방화설비를 하여야 한다. 〈개정 2010.4.7, 2010.12.30, 2021.3.26〉 1. 60분+방화문 또는 60분 방화문 2. 소방법령이 정하는 기준에 적합하게 창문등에 설치하는 드렌처 3. 당해 창문 등과 연소할 우려가 있는 다른 건축물의 부분을 차단하는 내화구조나 불연재료로 된 벽·담장 기타 이와 유사한 방화설비 4. 환기구멍에 설치하는 불연재료로 된 방화커버 또는 그물눈이 2밀리미터 이하인 금속망

요점 **방화지구안의 건축제한**

1) 건축물의 구조제한

대상	구조제한
1. 주요구조부·지붕 및 외벽	내화구조로 하여야 한다. ■예외 • 연면적이 30m² 미만인 단층부속건축물로서 외벽 및 처마면이 내화구조 또는 불연재료로 된 것 • 주요구조부가 불연재료로 된 도매시장
2. 지붕	내화구조가 아닌 것은 불연재료로 해야 한다.
3. 연소할 우려가 있는 부분의 창문	인접대지경계선에 접하는 외벽에 설치하는 창문 등으로서 연소할 우려가 있는 부분에는 다음의 기준에 적합한 방화설비를 설치해야 한다. • 60분+방화문 또는 60분 방화문 • 소방법령의 기준에 적합하게 창문 등에 설치하는 드렌쳐 • 내화구조나 불연재료로 된 벽·담장 등의 방화설비 • 환기구멍에 설치하는 불연재료로 된 방화카바 또는 그물눈 2mm 이하인 금속망

|참고|

■ **연소할 우려가 있는 부분**

기준	1층	2층 이상 층
• 인접대지 경계선 • 도로중심선 • 동일대지 내에 2동 이상 건축물의 상호외벽간의 중심선(단, 연면적의 합계가 500m² 이하인 건축물은 하나의 건축물로 본다)	3m 이내 부분	5m 이내 부분

■예외
공원. 광장. 하천의 공지나 수면 또는 내화구조의 벽 등에 접하는 부분은 제외

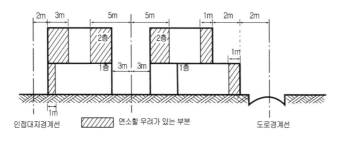

2) 공작물의 구조제한

대 상		구조제한
간판, 광고탑, 공작물	지붕위의 것	공작물의 주요부를 불연재료로 하여야 한다.
	높이 3m 이상의 것	

예제문제 20

방화지구안에 건축물을 건축할 때 인접대지경계선에 접하는 외벽에 설치하는 창문 등으로서 연소할 우려가 있는 부분에 필요한 방화문 기타 방화설비에 해당되지 않는 것은?

① 60분 방화문
② 내화구조로 된 벽
③ 불연재료로 된 담장
④ 환기구멍에 설치하는 그물눈이 3mm인 금속망

해설 방화지구안 건축물의 외벽에 설치하는 창문 등으로서 연소할 우려가 있는 부분에는 다음의 기준에 적합한 방화문등의 방화설비를 설치해야 한다.
1. 60분+방화문 또는 60분 방화문
2. 검정에 합격한 드렌쳐
3. 내화구조나 불연재료로 된 벽, 담장 등
4. 환기구에 설치하는 불연재료로 된 방화카바 또는 그물눈 2mm 이하의 금속망

답 : ④

예제문제 21

건축물의 방화기준에 관한 설명으로 가장 부적합한 것은?

① 주요구조부가 내화구조 또는 불연재료로 된 건축물로 연면적이 1,000m²를 넘는 것은 방화구획을 하여야 한다.
② 복층형인 공동주택 세대안의 층간 바닥 부분은 방화구획을 하지 않아도 된다.
③ 방화벽에 설치하는 출입문의 너비 및 높이는 각각 2.5m 이하로 한다.
④ 방화지구 안에서는 용도·규모와 상관없이 모든 건축물의 외벽은 내화구조로 하여야 한다.

해설 방화지구내 주요구조부가 불연재료로 된 도매시장 등의 경우에는 외벽을 내화구조로 하지 아니할 수 있다.

답 : ④

(5) 마감재료제한

법	시행령
제52조【건축물의 마감재료】 ① 대통령령으로 정하는 용도 및 규모의 건축물의 벽, 반자, 지붕(반자가 없는 경우에 한정한다) 등 내부의 마감재료[제52조의4 제1항의 복합자재의 경우 심재(心는材)를 포함한다]는 방화에 지장이 없는 재료로 하되, 「실내공기질관리법」 제5조 및 제6조에 따른 실내공기질 유지기준 및 권고기준을 고려하고 관계 중앙행정기관의 장과 협의하여 국토교통부령으로 정하는 기준에 따른 것이어야 한다. 〈개정 2015.12.22, 2021.12.23〉	**제61조【건축물의 마감재료】** ①법 제52조제1항에서 "대통령령으로 정하는 용도 및 규모의 건축물"이란 다음 각 호의 어느 하나에 해당하는 건축물을 말한다. 다만, 제1호, 제1호의2, 제2호부터 제7호까지의 어느 하나에 해당하는 건축물(제8호에 해당하는 건축물은 제외한다)의 주요구조부가 내화구조 또는 불연재료로 되어 있고 그 거실의 바닥면적(스프링클러나 그 밖에 이와 비슷한 자동식 소화설비를 설치한 바닥면적을 뺀 면적으로 한다. 이하 이 조에서 같다) 200제곱미터 이내마다 방화구획이 되어 있는 건축물은 제외한다. 〈개정 2009.7.16, 2020.10.8, 2021.8.10.〉 1. 단독주택 중 다중주택·다가구주택 　1의2. 공동주택 2. 제2종 근린생활시설 중 공연장·종교집회장·인터넷컴퓨터게임시설제공업소·학원·독서실·당구장·다중생활시설의 용도로 쓰는 건축물 3. 발전시설, 방송통신시설(방송국·촬영소의 용도로 쓰는 건축물로 한정한다) 4. 공장, 창고시설, 위험물 저장 및 처리 시설(자가난방과 자가발전 등의 용도로 쓰는 시설을 포함한다), 자동차 관련 시설의 용도로 쓰는 건축물 5. 5층 이상인 층 거실의 바닥면적의 합계가 500제곱미터 이상인 건축물 6. 문화 및 집회시설, 종교시설, 판매시설, 운수시설, 의료시설, 교육연구시설 중 학교·학원, 노유자시설, 수련시설, 업무시설 중 오피스텔, 숙박시설, 위락시설, 장례시설 7. 삭제 〈2021. 8. 10.〉 8. 「다중이용업소의 안전관리에 관한 특별법 시행령」 제2조에 따른 다중이용업의 용도로 쓰는 건축물
② 대통령령으로 정하는 건축물의 외벽에 사용하는 마감재료(두 가지 이상의 재료로 제작된 자재의 경우 각 재료를 포함한다)는 방화에 지장이 없는 재료로 하여야 한다. 이 경우 마감재료의 기준은 국토교통부령으로 정한다. 〈신설 2009.12.29, 2013.3.23, 2021.12.31〉 ③ 욕실, 화장실, 목욕장 등의 바닥 마감재료는 미끄럼을 방지할 수 있도록 국토교통부령으로 정하는 기준에 적합하여야 한다. 〈신설 2013.7.16〉	② 법 제52조제2항에서 "대통령령으로 정하는 건축물"이란 다음 각 호의 건축물을 말한다. 〈신설 2013.3.23, 2019.8.6, 2022.2.11〉 1. 상업지역(근린상업지역은 제외한다)의 건축물로서 다음 각 목의 어느 하나에 해당하는 것 　가. 제1종 근린생활시설, 제2종 근린생활시설, 문화 및 집회시설, 종교시설, 판매시설, 운동시설 및 위락시설의 용도로 쓰는 건축물로서 그 용도로 쓰는 바닥면적의 합계가 2천제곱미터 이상인 건축물 　나. 공장(국토교통부령으로 정하는 화재 위험이 적은 공장은 제외한다)의 용도로 쓰는 건축물로부터 6미터 이내에 위치한 건축물

	2. 의료시설, 교육연구시설, 노유자시설 및 수련시설의 용도로 쓰는 건축물
	3. 3층 이상 또는 높이 9미터 이상인 건축물
	4. 1층의 전부 또는 일부를 필로티 구조로 설치하여 주차장으로 쓰는 건축물
	5. 제1항4호에 해당하는 건축물

요점 마감재료 제한

1) 건축물의 내부 마감재료 제한

마감재료 선정에 대한 제한기준은 화재시 발생하는 유독가스로 인한 피해를 예방하기 위한 기준으로서 다음과 같이 적용한다.

구분	거실 부분	통로(복도, 계단 등) 부분
지상층	· 불연재료 · 준불연재료 · 난연재료	· 불연재료 · 준불연재료
지하층	· 불연재료 · 준불연재료	

■예외
1. 주요구조부가 내화구조 또는 불연재료로 된 건축물로서 그 거실의 바닥면적 200m² 이내마다 방화구획되어 있는 건축물
2. 내장제한 규정에서의 거실의 바닥면적산정시 스프링클러 기타 이와 유사한 자동식 소화설비를 설치한 부분의 바닥면적을 제외한 부분으로 한다.
3. 벽 및 반자의 실내에 접하는 부분 중 반자돌림대·창대 기타 이와 유사한 것을 제외함
4. 내부 마감재료라 함은 건축물 내부의 천장·반자·벽(칸막이벽 포함)·기둥 등에 부착되는 마감재료를 말한다. 다만, 「소방시설설치유지 및 안전관리에 관한 법률 시행령」 제2조의 규정에 의한 실내장식물을 제외한다.

2) 건축물의 외부 마감재료의 제한

다음 건축물의 외벽에 사용하는 마감재료는 불연재료 또는 준불연재료로 할 것

1. 상업지역(근린상업지역 제외)의 건축물	· 1종근린생활시설 · 2종근린생활시설 · 문화 및 집회시설 · 종교시설 · 판매시설 · 운동시설 · 위락시설	용도바닥면적의 합계 2,000m² 이상인 건축물
	· 공장(화재 위험이 적은 공장 제외)에서 6m 이내에 위치한 건축물	

2. 의료시설, 교육연구시설, 노유자시설, 수련시설인 건축물

3. 공장, 창고시설, 위험물저장 및 처리시설, 자동차관련시설인 건축물

4. 3층 이상 건축물

5. 높이 9m 이상 건축물

6. 1층의 전부 또는 일부를 필로티 구조로 설치하여 주차장으로 쓰는 건축물

3) 바닥마감

욕실, 화장실, 목욕장 등의 바닥마감재는 미끄러움을 방지할 수 있도록 국토교통부령으로 정하는 기준에 적합하여야 한다.

예제문제 22

"건축법"에 따라 외벽에 사용하는 마감재료를 방화에 지장이 없는 재료로 하여야 하는 건축물로 가장 적합하지 않은 것은?(단, 보기는 지역/용도/해당 용도로 쓰는 바닥면적의 합계/층수/높이를 의미한다.) 【17년 기출문제】

① 일반상업지역 / 판매시설 / 2,000m^2 / 2층 / 18m

② 일반상업지역 / 종교시설 / 1,500m^2 / 5층 / 22m

③ 근린상업지역 / 숙박시설 / 2,500m^2 / 2층 / 8m

④ 근린상업지역 / 업무시설 / 3,500m^2 / 5층 / 24m 위치한 건축물

해설 3층 이상 건축물 또는 건축물 높이 9m 이상인 건축물의 경우에는 용도지역과 상관없이 외벽 재료 제한이 적용된다.

답 : ③

예제문제 23

"건축법"에 따라 외벽에 사용하는 마감재료를 방화에 지장이 없는 재료로 하여야 하는 건축물로 가장 적절하지 않은 것은? 【19년 기출문제】

① 일반주거지역 내 층수 6층의 도시형생활주택

② 근린상업지역 내 높이 25미터의 판매시설

③ 일반상업지역 내 해당 용도로 쓰는 바닥면적 합계가 2천제곱미터인 근린생활시설

④ 근린상업지역 내 층수 2층, 높이 8미터의 업무시설

답 : ④

(6) 실내건축

법	시행령
제52조의2【실내건축】 ① 대통령령으로 정하는 용도 및 규모에 해당하는 건축물의 실내건축은 방화에 지장이 없고 사용자의 안전에 문제가 없는 구조 및 재료로 시공하여야 한다. ② 실내건축의 구조·시공방법 등에 관한 기준은 국토교통부령으로 정한다. ③ 특별자치시장·특별자치도지사 또는 시장·군수·구청장은 제1항에 및 제2항에 따라 실내건축이 적정하게 설치 및 시공되었는지를 검사하여야 한다. 이 경우 검사하는 대상 건축물과 주기(週期)는 건축조례로 정한다. [본조신설 2014.5.28] **제52조의4【건축자재의 품질관리 등】** ① 복합자재(불연재료인 양면 철판, 석재, 콘크리트 또는 이와 유사한 재료와 불연재료가 아닌 심재로 구성된 것을 말한다)를 포함한 제52조에 따른 마감재료, 방화문 등 대통령령으로 정하는 건축자재의 제조업자, 유통업자, 공사시공자 및 공사감리자는 국토교통부령으로 정하는 사항을 기재한 품질관리서(이하 "품질관리서"라 한다)를 대통령령으로 정하는 바에 따라 허가권자에게 제출하여야 한다. 〈개정 2021.12.23〉 ② 제1항에 따른 건축자재의 제조업자, 유통업자는 「과학기술분야 정부출연연구기관 등의 설립·운영 및 육성에 관한 법률」에 따른 한국건설기술연구원 등 대통령령으로 정하는 시험기관에 건축자재의 성능시험을 의뢰하여야 한다. 〈개정 2019.4.23〉 ③ 제2항에 따른 성능시험을 수행하는 시험기관의 장은 성능시험 결과 등 건축자재의 품질관리에 필요한 정보를 국토교통부령으로 정하는 바에 따라 기관 또는 단체에 제공하거나 공개하여야 한다. 〈신설 2019.4.23〉 ④ 제3항에 따라 정보를 제공받은 기관 또는 단체는 해당 건축자재의 정보를 홈페이지 등에 게시하여 일반인이 알 수 있도록 하여야 한다. 〈신설 2019.4.23〉 ⑤ 제1항에 따른 건축자재 중 국토교통부령으로 정하는 단열재는 국토교통부장관이 고시하는 기준에 따라 해당 건축자재에 대한 정보를 표면에 표시하여야 한다. 〈신설 2019.4. 23〉 ⑥ 복합자재에 대한 난연성분 분석시험, 난연성능기준, 시험수수료 등 필요한 사항은 국토교통부령으로 정한다. 〈개정 2019.4.23〉	**제61조의2【실내건축】** 법 제52조의2제1항에서 "대통령령으로 정하는 용도 및 규모에 해당하는 건축물"이란 다음 각 호의 어느 하나에 해당하는 건축물을 말한다. 1. 다중이용 건축물 2. 「건축물의 분양에 관한 법률」 제3조에 따른 건축물 3. 별표 1 제3호나목 및 같은 표 제4호아목에 따른 건축물(칸막이로 거실의 일부를 가로로 구획하거나 가로 및 세로로 구획하는 경우만 해당한다) 〈신설 2020.10.22〉 **[시행규칙]** **제26조의5【실내건축의 구조·시공방법 등의 기준】** ①법 제52조의2제2항에 따른 실내건축의 구조·시공방법 등은 다음 각 호의 기준에 따른다. 〈2015.1.29〉 1. 실내에 설치하는 칸막이는 피난에 지장이 없고 구조적으로 안전할 것 2. 실내에 설치하는 벽, 천장, 바닥 및 반자틀(노출된 경우에 한정)은 방화에 지장이 없는 재료를 사용할 것 3. 바닥 마감재료는 미끄럼을 방지할 수 있는 재료를 사용할 것 4. 실내에 설치하는 난간, 창호 및 출입문은 방화에 지장이 없고, 구조적으로 안전할 것 5. 실내에 설치하는 전기·가스·급수(給水)·배수(排水)·환기시설은 누수·누전 등 안전사고가 없는 재료를 사용하고, 구조적으로 안전할 것 6. 실내의 돌출부 등에는 충돌, 끼임 등 안전사고를 방지할 수 있는 완충재료를 사용할 것 ② 제1항에 따른 실내건축의 구조·시공방법 등에 관한세부 사항은 국토교통부장관이 정하여 고시한다. 〈신설 2014.11.29〉 **제62조【건축자재의 품질관리 등】** ① 법 제52조의4제1항에서 "복합자재[불연재료인 양면 철판, 석재, 콘크리트 또는 이와 유사한 재료와 불연재료가 아닌 심재(心材)로 구성된 것을 말한다]를 포함한 제52조에 따른 마감재료, 방화문 등 대통령령으로 정하는 건축자재"란 다음 각 호의 어느 하나에 해당하는 것을 말한다. 〈개정 2019.10.22, 2020.10.8〉 1. 법 제52조의4제1항에 따른 복합자재 2. 건축물의 외벽에 사용하는 마감재료로서 단열재

3. 제64조 제1항 제1호부터 제3호까지의 규정에 따른 방화문

4. 그 밖에 방화와 관련된 건축자재로서 국토교통부령으로 정하는 건축자재

② 법 제52조의4제1항에 따른 건축자재의 제조업자는 같은 항에 따른 품질관리서(이하 "품질관리서"라 한다)를 건축자재 유통업자에게 제출해야 하며, 건축자재 유통업자는 품질관리서와 건축자재의 일치 여부 등을 확인하여 품질관리서를 공사시공자에게 전달해야 한다. 〈신설 2019.10.22〉

③ 제2항에 따라 품질관리서를 제출받은 공사시공자는 품질관리서와 건축자재의 일치 여부를 확인한 후 해당 건축물에서 사용된 건축자재 품질관리서 전체를 공사감리자에게 제출해야 한다. 〈개정 2019.10.22〉

④ 공사감리자는 제3항에 따라 제출받은 품질관리서를 공사감리완료보고서에 첨부하여 법 제25조제6항에 따라 건축주에게 제출해야 하며, 건축주는 법 제22조에 따른 건축물의 사용승인을 신청할 때에 이를 허가권자에게 제출해야 한다. 〈개정 2019.10.22〉

요점 실내건축

(1) 실내건축

다중이용 건축물 등 건축물의 내부 공간을 구획하거나 내장재 또는 장식물을 설치하는 경우 방화에 지장이 없고 사용자의 안전에 문제가 없는 구조 및 재료로 시공하여야 한다.

1) 대상 건축물

1. 다중이용 건축물

2. 건축물의 분양에 관한 법률 제3조에 따른 다음의 건축물
   - 분양하는 부분의 바닥면적이 3,000㎡ 이상인 건축물
   - 30실 이상인 오피스텔(일반업무시설)
   - 주택 외의 시설과 주택을 동일 건축물로 짓는 건축물 중 주택 외 용도의 바닥면적의 합계가 3,000㎡ 이상인 것
   - 바닥면적의 합계가 3,000㎡ 이상으로서 임대 후 분양전환을 조건으로 임대하는 것

3. 휴게음식점

4. 제과점

2) 실내건축의 구조·시공방법 등의 기준

1. 실내에 설치하는 칸막이는 피난에 지장이 없고 구조적으로 안전할 것
2. 실내에 설치하는 벽, 천장, 바닥 및 노출 반자틀은 방화에 지장이 없는 재료를 사용할 것
3. 바닥 마감재료는 미끄럼을 방지할 수 있는 재료를 사용할 것
4. 실내에 설치하는 난간, 창호 및 출입문은 방화에 지장이 없고, 구조적으로 안전할 것
5. 실내에 설치하는 전기·가스·급수(給水)·배수(排水)·환기시설은 누수·누전 등 안전사고가 없는 재료를 사용하고, 구조적으로 안전할 것
6. 실내의 돌출부 등에는 충돌, 끼임 등 안전사고를 방지할 수 있는 완충재료를 사용할 것

■비고 실내건축의 구조방법 등에 관한 세부 사항은 국토교통부장관이 정하여 고시한다.

3) 실내건축 설치의 검사

특별자치시장·특별자치도지사 또는 시장·군수·구청장은 실내건축이 적정하게 설치 및 시공되었는지를 검사하여야 한다.
이 경우 검사 대상 건축물과 주기는 건축조례로 정한다.

(2) 복합자재의 품질관리

1) 복합자재의 정의

「복합자재」란 불연성 재료인 양면 철판 또는 이와 유사한 재료와 불연성이 아닌 재료인 심재(心材)로 구성된 마감재료를 말하며, 복합자재 등은 다음과 같다.

[피난·방화 규칙 24조의 3②]

1. 복합자재
2. 외벽 마감 단열재
3. 방화문
4. 자동방화셔터
5. 방화 댐퍼 등

2) 복합자재 등 품질관리서의 제출

① 복합자재 등을 유통하는 자는 품질관리서를 공사시공자에게 제출하여야 한다.
② 공사시공자는 제출받은 복합자재품질관리서와 공급받은 제품의 일치 여부를 확인한 후 해당 복합자재품질관리서를 공사감리자에게 제출하여야 한다.

③ 공사감리자는 제출받은 복합자재품질관리서를 공사감리완료보고서에 첨부하여 건축주에게 제출하여야 하며, 건축주는 건축물의 사용승인을 신청할 때에 이를 허가권자에게 제출하여야 한다.

3) 복합자재의 난연성분 분석시험

① 제조업자, 유통업자는 「과학기술분야 정부출연연구기관 등의 설립·운영 및 육성에 관한 법률」에 따른 한국건설기술연구원에 난연(難燃) 성분 분석시험을 의뢰하여 난연성능을 확인하여야 한다.

② 복합자재에 대한 난연성분 분석시험, 난연성능기준, 시험수수료 등 필요한 사항은 국토교통부령으로 정한다.

예제문제 24

"건축법"에 따른 건축물의 마감재료 중 복합자재의 품질관리서에 기재할 내용으로 가장 적절한 것은?　【16년 기출문제】

① 난연 성능　　　　　　② 단열 성능
③ 방수 성능　　　　　　④ 방음 성능

해설 복합자재의 품질관리서는 당해 자재의 난연성능을 확인하도록 하여야 한다.

답 : ①

예제문제 25

"건축법"에 따라 품질관리서를 허가권자에게 제출하여야 하는 건축자재로 가장 적절하지 않은 것은?　【21년 기출문제】

① 불연재료인 양면 철판과 불연재료가 아닌 심재(心材)로 구성된 복합자재
② 외벽에 사용하는 마감재료로서 단열재
③ 외기에 직접 면하는 창호
④ 방화구획을 구성하는 자동방화셔터

해설 품질관리서 제출대상

1. 복합자재	5. 방화 댐퍼
2. 외벽마감 단열재	6. 내화구조
3. 방화문	7. 내화 채움 성능 구조
4. 자동방화셔터	

답 : ③

예제문제 26

"건축법"에 따라 건축관계자는 방화성능, 품질관리 등과 관련하여 품질인정을 받은 '건축자재등(건축자재와 내화구조)'을 사용하여 시공하여야 한다. 다음 중 품질인정 대상 '건축자재등'으로 가장 적절하지 않은 것은? 【23년 기출문제】

① 강판과 불연재료가 아닌 심재로 이루어진 복합자재
② 연기 및 불꽃을 차단할 수 있는 시간이 30분 미만인 방화문
③ 방화와 관련된 내화채움성능이 인정된 구조
④ 방화구획에 사용되는 자동방화셔터

해설 방화문의 품질관리 기준

구분	연기·불꽃 차단시간	열차단시간
1. 60분+방화문	60분 이상	30분 이상
2. 60분 방화문	60분 이상	–
3. 30분 방화문	30분 이상 60분 미만	

답 : ②

예제문제 27

"건축법"에 따른 품질관리기준에 관한 기술 중 가장 부적당한 것은?

① 복합자재를 유통업자는 복합자재 품질관리서를 공사시공자에게 제출하여야 한다.
② 공사시공자는 제출 받은 복합자재 품질관리서와 공급받은 제품의 일치여부를 확인하여야 한다.
③ 공사시공자는 복합자재 품질관리서를 건축주에게 제출하여야 한다.
④ 건축주는 사용 승인 신청시 복합자재 품질관리서를 허가권자에게 제출하여야 한다.

해설 공사시공자는 확인된 품질관리서를 감리자에게 제출하여야 한다.

답 : ③

예제문제 28

"**건축법**"에 따른 건축자재의 품질관리에 대한 설명으로 가장 적절하지 <u>않은</u> 것은?

【20년 기출문제】

① 품질관리서를 제출해야 하는 건축자재는 복합자재(불연재료인 양면 철판과 불연재료가 아닌 심재로 구성된 것)를 포함한 마감재료, 방화문 등이다.

② 건축자재의 제조업자, 유통업자는 한국건설기술연구원 등 대통령령으로 정하는 시험기관에 성능시험을 의뢰해야 한다.

③ 건축물의 외벽에 사용하는 마감재료로서 단열재는 국토교통부장관이 고시하는 기준에 따라 해당 건축자재에 대한 정보를 표면에 표시하여야 한다.

④ 건축자재의 제조업자, 유통업자는 품질관리서를 공사계획을 신고할 때에 허가권자에게 제출해야 한다.

해설 품질관리서는 건축주가 사용승인 신청 시 허가권자에게 제출한다.

답 : ④

4 거실 관련 규정

(1) 거실 반자 높이

법	시행령
제49조【건축물의 피난시설 및 용도제한 등】② 대통령령으로 정하는 용도 및 규모의 건축물의 안전·위생 및 방화(防火) 등을 위하여 필요한 용도 및 구조의 제한, 방화구획(防火區劃), 화장실의 구조, 계단·출입구, 거실의 반자 높이, 거실의 채광·환기와 바닥의 방습 등에 관하여 필요한 사항은 국토교통부령으로 정한다. 〈개정 2013.3.23〉 ③ 대통령령으로 정하는 용도 및 규모의 건축물에 대하여 가구·세대 등 간 소음 방지를 위하여 국토교통부령으로 정하는 바에 따라 경계벽 및 바닥을 설치하여야 한다. 〈신설 2014.5.28〉 [피난·방화규칙] 제16조【거실의 반자높이】① 영 제50조의 규정에 의하여 설치하는 거실의 반자(반자가 없는 경우에는 보 또는 바로 윗층의 바닥판의 밑면 기타 이와 유사한것을 말한다. 이하 같다)는 그 높이를 2.1미터 이상으로 하여야 한다. ② 문화 및 집회시설(전시장 및 동·식물원은 제외한다), 종교시설, 장례시설 또는 위락시설 중 유흥주점의 용도에 쓰이는 건축물의 관람실 또는 집회실로서 그 바닥면적이 200제곱미터이상인 것의 반자의 높이는 제1항의 규정에 불구하고 4미터(노대의 아랫부분의 높이는 2.7미터)이상이어야 한다. 다만, 기계환기장치를 설치하는 경우에는 그러하지 아니하다. 〈개정 2010.4.7〉	제50조【거실반자의 설치】법 제49조제2항에 따라 공장, 창고시설, 위험물저장 및 처리시설, 동물 및 식물 관련 시설, 자원순환관련시설 또는 묘지 관련시설 외의 용도로 쓰는 건축물 거실의 반자(반자가 없는 경우에는 보 또는 바로 위층의 바닥판의 밑면, 그 밖에 이와 비슷한 것을 말한다)는 국토교통부령으로 정하는 기준에 적합하여야 한다. 〈개정 2013.3.23, 2014.3.24〉 [전문개정 2008.10.29]

요점 거실 반자높이

거실의 용도		반자높이	예외규정
모든 건축물		2.1m 이상	공장, 창고시설, 위험물저장 및 처리시설, 동물 및 식물관련시설, 분뇨 및 쓰레기처리시설, 묘지관련시설은 제외
·문화 및 집회시설(전시장, 동·식물원 제외) ·종교시설 ·장례시설 ·유흥주점	바닥면적 200m² 이상인 ·관람실 ·집회실	4.0m 이상 ※ 노대 밑부분은 2.7m 이상	기계환기장치를 설치한 경우는 예외

| 참고 |

■ 거실의 반자높이

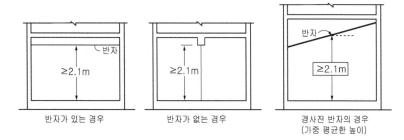

■ 집회시설 등의 관람실 또는 집회실의 반자높이

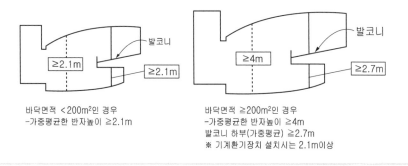

예제문제 29

객석 바닥면적 250m²인 관람시설의 최소 반자높이는 (A)m이고, 노대 아래 부분의 높이는 (B)m 이상이어야 한다. (   ) 안에 맞는 것은?

① A : 2.7, B : 4.0   ② A : 3.0, B : 4.0

③ A : 4.0, B : 2.7   ④ A : 4.0, B : 3.0

答 : ③

(2) 거실의 채광 등

법	시행령
[피난 · 방화규칙] **제17조【채광 및 환기를 위한 창문등】** ① 영 제51조에 따라 채광을 위하여 거실에 설치하는 창문 등의 면적은 그 거실의 바닥면적의 10분의 1 이상이어야 한다. 다만, 거실의 용도에 따라 별표 1의3에 따라 조도 이상의 조명장치를 설치하는 경우에는 그러하지 아니하다. 〈개정 2010.4.7, 2012.1.6〉 ② 영 제51조의 규정에 의하여 환기를 위하여 거실에 설치하는 창문 등의 면적은 그 거실의 바닥면적의 20분의 1이상이어야 한다. 다만, 기계환기장치 및 중앙관리방식의 공기조화설비를 설치하는 경우에는 그러하지 아니하다. ③ 제1항 및 제2항의 규정을 적용함에 있어서 수시로 개방할 수 있는 미닫이로 구획된 2개의 거실은 이를 1개의 거실로 본다. ④ 영 제51조제3항에서 "국토교통부령으로 정하는 기준"이란 높이 1.2미터 이상의 난간이나 그 밖에 이와 유사한 추락방지를 위한 안전시설을 말한다. 〈신설2010.4.7, 2013.3.23〉	**제51조【거실의 채광 등】** ① 법 제49조제2항에 따라 단독주택 및 공동주택의 거실, 교육연구시설 중 학교의 교실, 의료시설의 병실 및 숙박시설의 객실에는 국토교통부령으로 정하는 기준에 따라 채광 및 환기를 위한 창문 등이나 설비를 설치하여야 한다. 〈개정 2013.3.23〉 ③ 법 제49조제2항에 따라 오피스텔에 거실 바닥으로부터 높이 1.2미터 이하 부분에 여닫을 수 있는 창문을 설치하는 경우에는 국토교통부령으로 정하는 기준에 따라 추락방지를 위한 안전시설을 설치하여야 한다. 〈신설 2009.7.16, 2013.3.23〉 ④ 법 제49조제3항에 따라 건축물의 11층 이하의 층에는 소방관이 진입할 수 있는 창을 설치하고, 외부에서 주야간에 식별할 수 있는 표시를 해야 한다. 다만, 다음 각 호의 어느 하나에 해당하는 아파트는 제외한다. 〈개정 2020.8.15.〉 1. 제46조제4항 및 제5항에 따라 대피공간 등을 설치한 아파트 2. 「주택건설기준 등에 관한 규정」 제15조제2항에 따라 비상용승강기를 설치한 아파트

요점 **거실의 채광 등**

1) 채광 및 환기

건축물의 용도	구분	창문 등의 면적	예외
· 주택의 거실 · 학교의 교실 · 의료시설의 병실 · 숙박시설의 객실	채광	거실바닥면적의 1/10 이상	기준조도 이상의 조명장치를 설치한 경우
	환기	거실바닥면적의 1/20 이상	기계환기장치 및 중앙관리방식의 공기조화 설비를 설치하는 경우

■ 비고
수시로 개방할 수 있는 미닫이로 구획된 2개의 거실은 거실의 채광 및 환기를 위한 규정을 적용함에 있어서 이를 1개의 거실로 본다.

|참고|

거실의 용도에 따른 조도기준(피난·방화규칙 별표 1)

거실의 용도구분	조도구분	바닥에서 85cm의 높이에 있는 수평면의 조도(룩스)	거실의 용도구분	조도구분	바닥에서 85cm의 높이에 있는 수평면의 조도(룩스)
1. 거주	독서·식사·조리	150	4. 집회	회의	300
	기타	70		집회	150
2. 집무	설계·제도·계산	700		공연·관람	70
	일반사무	300	5. 오락	오락 일반	150
	기타	150		기타	30
3. 작업	검사·시험·정밀검사·수술	700	6. 기타		1~5중 가장 유사한 용도에 관한 기준을 적용한다.
	일반작업·제조·판매	300			
	포장·세척	150			
	기타	70			

「건축법」에서 실내채광이나 환기를 위한 창문 또는 설비를 설치해야 되는 건축물로 틀린 것은?

① 공동주택의 거실 ② 근린생활시설의 학원교실
③ 의료시설의 병실 ④ 숙박시설의 객실

해설 교육연구시설 중 학교의 교실인 경우에 창문 등의 설치대상이 된다.

답 : ②

"건축법"에 따른 거실의 채광 및 환기에 대한 기술 중 가장 적절하지 않은 것은?

【22년 기출문제】

① 숙박시설의 객실은 각층 바닥면적의 10분의 1 이상의 채광창을 설치하여야 한다.
② 의료시설의 병실은 기계환기장치가 설치되어 있는 경우 환기창을 설치하여야 한다.
③ 기계환기장치 및 중앙관리방식의 공기조화설비가 없는 학교 교실의 경우 바닥면적의 20분의 1 이상의 환기창을 설치하여야 한다.
④ 수시로 개방할 수 있는 미닫이로 구획된 2개의 거실은 이를 1개의 거실로 본다.

해설 기계환기장치와 중앙관리방식의 공기조화설비를 설치한 경우에 예외규정을 적용한다.

답 : ②

예제문제 32

"건축법"에 따른 거실의 채광 및 환기에 대한 기술 중 가장 적절하지 않은 것은?

【16년 기출문제】

① 다세대 주택의 거실은 거실 바닥면적의 1/10 이상의 채광을 위한 창문 등이나 설비
를 설치해야 한다.
② 학원의 교실은 환기를 위해 각층 바닥면적의 1/20 이상의 개폐창을 설치해야 한다.
③ 의료시설의 병실은 기계환기장치가 있는 경우 환기창을 설치하지 않아도 된다.
④ 수시로 개방할 수 있는 미닫이로 구획된 2개의 거실은 이를 1개의 거실로 본다.

──────────────

[해설] 학교의 교실인 경우에 채광 및 환기규정이 적용된다.

답 : ②

2) 안전시설 설치

오피스텔 거실 바닥으로부터 1.2m 이하 부분에 여닫을 수 있는 창문에는 추락
방지용 안전시설을 설치하여야 한다.

3) 식별표시 설치

11층 이하의 건축물은 소방관이 진입할 수 있는 창을 설치하고 외부에서 주·야간
식별할 수 있는 표시를 하여야 한다. 단, 비상용승강기, 대피공간 등을 설치한 아파
트는 제외한다.

(3) 거실 등의 방습

법	시행령
[피난·방화규칙] **제18조【거실 등의 방습】** ① 영 제52조의 규정에 의하여 건축물의 최하층에 있는 거실바닥의 높이는 지표면으로부터 45센티미터 이상으로 하여야 한다. 다만, 지표면을 콘크리트바닥으로 설치하는 등 방습을 위한 조치를 하는 경우에는 그러하지 아니하다. ② 영 제52조에 따라 다음 각 호의 어느 하나에 해당하는 욕실 또는 조리장의 바닥과 그 바닥으로부터 높이 1미터까지의 안벽의 마감은 이를 내수재료로 하여야 한다. 〈개정 2010.4.7〉 1. 제1종 근린생활시설중 목욕장의 욕실과 휴게음식점의 조리장 2. 제2종 근린생활시설중 일반음식점 및 휴게음식점의 조리장과 숙박시설의 욕실	**제52조【거실 등의 방습】** 법 제49조제2항에 따라 다음 각 호의 어느 하나에 해당하는 거실·욕실 또는 조리장의 바닥 부분에는 국토교통부령으로 정하는 기준에 따라 방습을 위한 조치를 하여야 한다. 〈개정2013.3.23〉 1. 건축물의 최하층에 있는 거실(바닥이 목조인 경우만 해당한다) 2. 제1종 근린생활시설 중 목욕장의 욕실과 휴게음식점 및 제과점의 조리장 3. 제2종 근린생활시설 중 일반음식점, 휴게음식점 및 제과점의 조리장과 숙박시설의 욕실 [전문개정 2008.10.29]

요점 거실 등의 방습

구 분	기 준
목조바닥(최하층)	지표면상 45cm 이상
① 1종근린생활시설 중 목욕장의 욕실과 휴게음식점의 조리장 ② 2종근린생활시설 중 일반음식점 및 휴게음식점의 조리장 ③ 숙박시설의 욕실	바닥 및 안벽 1m까지 내수재료 사용

예제문제 33

"건축법"에서 국토교통부령으로 정하는 기준에 따라 방습을 위한 조치를 하여야 하는 대상이 아닌 것은? 【15년 기출문제】

① 건축물의 최하층 바닥이 목조인 경우의 거실
② 제1종 근린생활시설 중 목욕장의 욕실과 휴게음식점 및 제과점의 조리장
③ 숙박시설의 욕실
④ 공동주택의 주방과 욕실

해설 단독주택, 공동주택은 적용되지 않는다.

답 : ④

(4) 경계벽 등의 구조제한

법	시행령
[피난·방화규칙] **제19조【경계벽 및 간막이벽의 구조】** ① 법 제49조제3항에 따라 건축물에 설치하는 경계벽 및 간막이벽은 내화구조로 하고, 지붕밑 또는 바로 윗층의 바닥판까지 닿게 하여야 한다. 〈개정 2014.11.28〉 ② 제1항에 따른 경계벽 및 간막이벽은 소리를 차단하는데 장애가 되는 부분이 없도록 다음 각 호의 어느 하나에 해당하는 구조로 하여야 한다. 다만, 다가구주택 및 공동주택의 세대간의 경계벽인 경우에는 「주택건설기준 등에 관한 규정」 제14조에 따른다. 〈개정 2013.3.23, 2014.11.28〉 1. 철근콘크리트조·철골철근콘크리트조로서 두께가 10센티미터 이상인 것 2. 무근콘크리트조 또는 석조로서 두께가 10센티미터(시멘트모르타르·회반죽 또는 석고플라스터의 바름 두께를 포함한다)이상인 것	**제53조【경계벽 등의 설치】** ① 법 제49조제3항에 따라 다음 각 호의 어느 하나에 해당하는 건축물의 경계벽은 국토교통부령으로 정하는 기준에 따라 설치해야 한다. 〈개정 2015.9.22, 2020.8.15, 2020.10.8〉 1. 단독주택 중 다가구주택의 각 가구 간 또는 공동주택(기숙사는 제외한다)의 각 세대 간 경계벽(제2조제14호 후단에 따라 거실·침실 등의 용도로 쓰지 아니하는 발코니 부분은 제외한다) 2. 공동주택 중 기숙사의 침실, 의료시설의 병실, 교육연구 시설 중 학교의 교실 또는 숙박시설의 객실 간 경계벽 3. 제1종 근린생활시설 중 산후조리원의 다음 각 호의 어느 하나에 해당하는 경계벽 　가. 임산부실 간 경계벽 　나. 신생아실 간 경계벽 　다. 임산부실과 신생아실 간 경계벽 4. 제2종 근린생활시설 중 다중생활시설의 호실 간 경계벽

3. 콘크리트블록조 또는 벽돌조로서 두께가 19센티미터 이상인 것
4. 제1호 내지 제3호의 것외에 국토교통부장관이 정하여 고시하는 기준에 따라 국토교통부장관이 지정하는 자 또는 한국건설기술연구원장이 실시하는 품질시험에 서 그 성능이 확인된 것
5. 한국건설기술연구원장이 제27조제1항에 따라 정한 인정기준에 따라 인정하는 것 〈신설 2010.4.7〉

5. 노유자시설 중 「노인복지법」 제32조제1항제3호에 따른 노인복지주택(이하 "노인복지주택"이라 한다)의 각 세대 간 경계벽
6. 노유자시설 중 노인요양시설의 호실 간 경계벽
② 법 제49조제4항에 따라 다음 각 호의 어느 하나에 해당하는 건축물의 층간바닥(화장실의 바닥은 제외한다)은 국토교통부령으로 정하는 기준에 따라 설치해야 한다. 〈신설 2014.11.28, 2016.8.11〉
1. 단독주택 중 다가구주택
2. 공동주택「주택법」 제15조에 따른 주택건설사업계획 승인 대상은 제외한다)
3. 업무시설 중 오피스텔
4. 제2종 근린생활시설 중 다중생활시설
5. 숙박시설 중 다중생활시설

요점 경계벽 및 칸막이벽등의 구조제한

1) 경계벽 및 칸막이벽의 구조

대상 건축물	구획되는 부분	벽의 구조 및 설치방법
① 공동주택(기숙사 제외) ② 다가구 주택	각 세대간 또는 가구간의 경계벽(발코니 부분은 제외)	차음구조 및 내화구조로 하고, 이를 지붕 및 또는 바로 위층의 바닥판까지 닿게 하여야 한다.
③ 기숙사의 침실 ④ 의료시설의 병실 ⑤ 학교의 교실 ⑥ 숙박시설의 객실 ⑦ 산후조리원 · 임산부실 · 신생아실 · 임산부와 신생아실	각 거실간의 칸막이벽	
⑧ 다중생활시설(2종근린생활시설)	호실간 칸막이벽	
⑨ 노인복지주택	세대간 경계벽	
⑩ 노인요양시설	호실간 경계벽	

2) 차음구조의 기준

경계벽 및 칸막이벽의 차음구조는 다음과 같다.

벽체의 구조	기준 두께
· 철근콘크리트조 · 철골철근콘크리트조	10cm 이상
· 무근콘크리트조 · 석조	10cm 이상 (시멘트모르타르, 회반죽 또는 석고플라스터의 바름두께 포함)
· 콘크리트 블록조 · 벽돌조	19cm 이상

■ 예외 : 공동주택 세대간의 경계벽은 주택건설기준 등에 관한 규정에서 정한다.

..

3) 층간 바닥구조제한 대상 건축물

1. 단독주택 중 다가구주택	
2. 공동주택(주택법 사업계획승인대상제외)	
3. 다중생활시설(고시원: 숙박시설 및 제2종 근린생활시설)	
4. 오피스텔	

■ 비고 : 주택법 층간 바닥충격음 소음방지기준

1. 경량 충격음	58데시벨 이하
2. 중량 충격음	50데시벨 이하

예제문제 34

"건축법"에 따라 가구·세대 간 소음 방지를 위해 국토교통부령으로 정하는 경계벽을 설치해야 하는 건축물의 용도 및 기준으로 가장 적절하지 <u>않은</u> 것은? 19년 기출문제]

① 다가구주택의 각 가구 간 경계벽
② 다중주택의 실 간 경계벽
③ 다중생활시설의 호실 간 경계벽
④ 노유자시설의 노인요양시설의 호실 간 경계벽

해설 차음구조 경계벽 설치대상 건축물

대상 건축물	구획되는 부분
1. 공동주택(기숙사 제외) 2. 다가구 주택	각 세대간 또는 가구간의 경계벽 (발코니 부분은 제외)
3. 기숙사의 침실 4. 의료시설의 병실 5. 학교의 교실 6. 숙박시설의 객실	각 거실간의 칸막이벽
7. 다중생활시설 (고시원 : 2종근린생활시설 포함)	호실간 칸막이벽
8. 노인 복지주택	세대간 경계벽

<u>답 : ②</u>

예제문제 35

"건축법"에 따라 소리를 차단하는데 장애가 되는 부분이 없도록 경계벽을 설치하여야 하는 건축물의 용도 및 기준으로 가장 적절한 것은? 【22년 기출문제】

① 다중주택의 실 간 경계벽　　　② 업무시설의 사무실 간 경계벽
③ 학교의 교실 간 경계벽　　　　④ 도서관의 열람실 간 경계벽

해설 차음구조 경계벽 설치 대
1. 공동주택(기숙사 제외) 2. 다가구주택 3. 기숙사 침실 4. 의료시설 병실 5. 학교의 교실 등

<u>답 : ③</u>

예제문제 **36**

건축법령에 의한 경계벽 및 칸막이벽에 대한 차음구조기준 등에 대한 기술 중 가장 부적당한 것은?

① 기숙사를 제외한 공동주택의 세대간 경계벽(발코니 부분 제외)은 차음구조 및 내화구조로 하여야 한다.

② 기숙사의 침실, 숙박시설의 객실간의 칸막이벽도 차음구조기준에 적합하여야 한다.

③ 단독주택의 거실간의 벽돌조 칸막이 벽두께는 19cm 이상이어야 한다.

④ 차음구조 기준벽은 지붕 또는 바로 윗층의 바닥판까지 닿게 하여야 한다.

해설 단독주택의 거실은 차음구조 기준에 적용되지 않는다.

답 : ③

(5) 범죄예방 및 차면시설

법	시행령
제53조의2 【건축물의 범죄예방】 ① 국토교통부장관은 범죄를 예방하고 안전한 생활환경을 조성하기 위하여 건축물, 건축설비 및 대지에 관한 범죄예방 기준을 정하여 고시할 수 있다. ② 대통령으로 정하는 건축물은 제1항의 범죄예방 기준에 따라 건축하여야 한다. [본조신설 2014.5.28]	제63조의6 【건축물의 범죄예방】 법 제53조의2제2항에서 "대통령령으로 정하는 건축물"이란 다음 각 호의 어느 하나에 해당하는 건축물을 말한다. 〈개정 2019.10.22, 2021.12.21〉 1. 다가구주택, 아파트, 연립주택 및 다세대주택 2. 제1종 근린생활시설 중 일용품을 판매하는 소매점 3. 제2종 근린생활시설 중 다중생활시설 4. 문화 및 집회시설(동·식물원은 제외한다) 5. 교육연구시설(연구소 및 도서관은 제외한다) 6. 노유자시설 7. 수련시설 8. 업무시설 중 오피스텔 9. 숙박시설 중 다중생활시설 [본조신설 2014.11.28] 제55조 【창문 등의 차면시설】 인접 대지경계선으로부터 직선거리 2미터 이내에 이웃 주택의 내부가 보이는 창문 등을 설치하는 경우에는 차면시설(遮面施設)을 설치하여야 한다. [전문개정 2008.10.29]

요점 범죄예방 및 차면시설

1) 범죄예방 대상 건축물

1. 아파트, 연립주택, 다세대주택, 다가구주택	
2. 1종근린생활시설 중 일용품 판매 소매점	
3. 문화 및 집회시설(동·식물원 제외)	
4. 교육연구시설(연구소, 도서관 제외)	안전한 생활환경을 위해 국토교통부장관이 고시하는 기준에 따라 건축하여야 한다.
5. 노유자시설	
6. 수련시설	
7. 다중생활시설(고시원)	
8. 오피스텔	

2) 차면시설

인접대지경계선으로 부터 직선거리 2m 이내에 이웃주택의 내부가 보이는 창문 등을 설치하는 경우에는 차면시설을 설치하여야 한다.

예제문제 37

다음의 창문 등의 차면시설에 관한 기준 내용 중 (   )안에 들어갈 말로 알맞은 것은?

인접대지경계선으로부터 직선거리 (   ) 이내에 이웃주택의 내부가 보이는 창문 등을 설치하는 경우에는 차면시설을 설치하여야 한다.

① 1m   ② 2m
③ 3m   ④ 4m

답 : ②

---

(6) 굴뚝

법	시행령
[피난 · 방화규칙] **제20조【건축물에 설치하는 굴뚝】** 영 제54조에 따라 건축물에 설치하는 굴뚝은 다음 각호의 기준에 적합하여야 한다. 〈개정 2010.4.7〉 1. 굴뚝의 옥상 돌출부는 지붕면으로부터의 수직거리를 1미터 이상으로 할 것. 다만, 용마루 · 계단탑 · 옥탑등이 있는 건축물에 있어서 굴뚝의 주위에 연기의 배출을 방해하는 장애물이 있는 경우에는 그 굴뚝의 상단을 용마루 · 계단탑 · 옥탑등보다 높게 하여야 한다. 2. 굴뚝의 상단으로부터 수평거리 1미터 이내에 다른 건축물이 있는 경우에는 그 건축물의 처마보다 1미터 이상 높게 할 것 3. 금속제 굴뚝으로서 건축물의 지붕속 · 반자위 및 가장 아랫바닥밑에 있는 굴뚝의 부분은 금속외의 불연재료로 덮을 것 4. 금속제 굴뚝은 목재 기타 가연재료로부터 15센티미터 이상 떨어져서 설치할 것. 다만, 두께 10센티미터 이상인 금속외의 불연재료로 덮은 경우에는 그러하지 아니하다.	**제54조【건축물에 설치하는 굴뚝】** 건축물에 설치하는 굴뚝은 국토교통부령으로 정하는 기준에 따라 설치하여야 한다. 〈개정 2013.3.23〉 [전문개정 2008.10.29]

요점 굴뚝 등

1) 일반 굴뚝의 구조

굴뚝의 부분	구조제한
1. 굴뚝의 옥상 돌출부	지붕으로부터의 수직거리를 1m 이상 ■예외 : 굴뚝의 주위에 연기의 원활한 배출을 방해하는 장애물이 있는 경우에는 그 굴뚝의 상단이 용마루, 계단탑, 옥탑 등보다 높게 할 것
2. 굴뚝상단으로부터 수평거리 1m 이내에 다른 건축물이 있는 경우	인접건축물의 처마로부터 1m 이상 높게 할 것

2) 금속제 또는 석면제 굴뚝의 구조

굴뚝의 부분	구조제한
1. 지붕속·반자위 및 가장 아랫 바닥 밑에 있는 부분	금속외의 불연재료로 덮을 것
2. 목재, 기타 가연재료로부터	15cm 이상 떨어져서 설치할 것 ■예외 : 두께 10cm 이상인 금속외의 불연재료로 덮은 부분

5 지하층

법	시행령
제53조 【지하층】 건축물에 설치하는 지하층의 구조 및 설비는 국토교통부령으로 정하는 기준에 맞게 하여야 한다. 〈개정 2013.3.23〉	[피난·방화규칙] 제25조 【지하층의 구조】 ① 「건축법」 제53조에 따라 건축물에 설치하는 지하층의 구조 및 설비는 다음 각 호의 기준에 적합하여야 한다. 〈개정 2006.6.29, 2010.4.7, 2010.12.30〉 1. 거실의 바닥면적이 50제곱미터 이상인 층에는 직통계단외에 피난층 또는 지상으로 통하는 비상탈출구 및 환기통을 설치할 것. 다만, 직통계단이 2개소 이상 설치되어 있는 경우에는 그러하지 아니하다. 1의2. 제2종근린생활시설 중 공연장·단란주점·당구장·노래연습장, 문화 및 집회시설 중 예식장·공연장, 수련시설 중 생활권수련시설·자연권수련시설, 숙박시설중 여관·여인숙, 위락시설 중 단란주점·유흥주점 또는 「다중이용업소의 안전관리에 관한 특별 법 시행령」 제2조에 따른 다중이용업의 용도에 쓰이는 층으로서 그 층의 거실의 바닥면적의 합계가 50제곱미터 이상인 건축물에는 직통계단을 2개소 이상 설치할 것 2. 바닥면적이 1천제곱미터 이상인 층에는 피난층 또는 지상으로 통하는 직통계단을 영 제46조의 규정에 의한 방화구획으로 구획되는 각 부분마다 1개소 이상 설치하되, 이를 피난계단 또는 특별피난계단의 구조로 할 것 3. 거실의 바닥면적의 합계가 1천제곱미터 이상인 층에는 환기설비를 설치할 것 4. 지하층의 바닥면적이 300제곱미터 이상인 층에는 식수공급을 위한 급수전을 1개소이상 설치할 것 ② 제1항제1호에 따른 지하층의 비상탈출구는 다음 각호의 기준에 적합하여야 한다. 다만, 주택의 경우에는 그러하지 아니하다. 〈개정 2010.4.7〉 1. 비상탈출구의 유효너비는 0.75미터 이상으로 하고, 유효높이는 1.5미터 이상으로 할 것 2. 비상탈출구의 문은 피난방향으로 열리도록 하고, 실내서 항상 열 수 있는 구조로 하여야 하며, 내부 및 외부에는 비상탈출구의 표시를 할 것 3. 비상탈출구는 출입구로부터 3미터 이상 떨어진 곳에 설치할 것 4. 지하층의 바닥으로부터 비상탈출구의 아랫부분까지의 높이가 1.2미터 이상이 되는 경우에는 벽체에 발판의 너비가 20센티미터 이상인 사다리를 설치할 것

5. 비상탈출구는 피난층 또는 지상으로 통하는 복도나 직통
   계단에 직접 접하거나 통로 등으로 연결될 수 있도록 설
   치하여야 하며, 피난층 또는 지상으로 통하는 복도나 직
   통계단까지 이르는 피난통로의 유효너비는 0.75미터 이
   상으로 하고, 피난통로의 실내에 접하는 부분의 마감과
   그 바탕은 불연재료로 할 것
6. 비상탈출구의 진입부분 및 피난통로에는 통행에 지장이
   있는 물건을 방치하거나 시설물을 설치하지 아니할 것
7. 비상탈출구의 유도 등과 피난통로의 비상조명 등의 설치
   는 소방법령이 정하는 바에 의할 것

요점 지하층

1) 지하층의 구조기준

■ 지하층의 정의

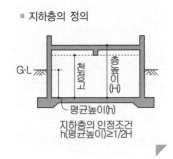

지하층의 인정조건
h(평균높이)≥1/2H

바닥면적 규모	구조기준
1. 거실 바닥면적 50m² 이상인 층	직통계단 외에 피난층 또는 지상으로 통하는 비상탈출구 및 환기통 설치 ■ 예외 : 직통계단이 2이상 설치되어 있는 경우
2. 거실바닥면적 50m² 이상인 ・2종 근린생활시설(공연장, 단란주점, 당구장, 노래연습장) ・문화 및 집회시설(예식장, 공연장) ・수련시설(생활권 수련시설, 자연권 수련시설) ・숙박시설(여관, 여인숙) ・위락시설(단란주점, 유흥주점) ・다중이용업	직통계단을 2개소 이상 설치
3. 바닥면적 1,000m² 이상인 층	피난층 또는 지상으로 통하는 직통계단을 방화구획으로 구획하는 각 부분마다 1이상의 피난계단 또는 특별피난계단 설치
4. 바닥면적 300m² 이상인 층	식수공급을 위한 급수전을 1개소 이상 설치
5. 거실 바닥면적의 합계가 1,000m² 이상인 층	환기설비 설치

|참고|

지하층의 구조

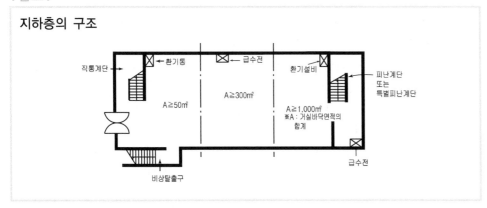

2) 비상탈출구의 구조기준

비상탈출구	구조기준
1. 비상탈출구의 크기	유효너비 0.75m 이상으로 하고, 유효높이는 1.5m 이상으로 할 것
2. 비상탈출구의 구조	피난방향으로 열리도록 하고, 실내에서 항상 열 수 있는 구조로 하며, 내부 및 외부에는 비상탈출구 표시를 할 것
3. 비상탈출구의 설치	출입구로부터 3m 이상 떨어진 곳에 설치할 것
4. 지하층의 바닥으로부터 비상탈출구의 하단까지가 높이 1.2m 이상이 되는 경우	벽체에 발판의 너비가 20cm 이상인 사다리를 설치할 것
5. 피난통로의 유효너비	0.75m 이상으로 하고, 피난통로의 실내에 접하는 부분의 마감과 그 바탕은 불연재료로 할 것

■ 예외 : 주택의 경우에는 적용하지 않는다.

|참고|

비상탈출구의 구조

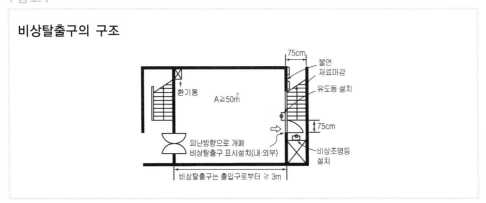

예제문제 38

건축법규상 지하층을 설치하여야 하는 건물의 지하층의 구조에 관한 규정으로서 부적합한 것은?

① 거실 바닥면적 50m² 이상인 층에는 직통계단 이외의 피난층 또는 지상층으로 통하는 비상탈출구 및 환기통을 설치해야 한다.
② 층 바닥면적 1,000m² 이상인 층에는 피난층 또는 지상으로 통하는 직통계단을 피난계단 또는 특별피난계단의 구조로 하여야 한다.
③ 거실의 바닥면적 합계가 1,000m² 이상인 층에는 환기설비를 해야 한다.
④ 지하층 비상탈출구는 출입구로부터 10m 이내에 설치해야 한다.

[해설] 비상탈출구는 출입구로부터 3m 이상 떨어진 곳에 설치한다.

답 : ④

예제문제 39

지하층에 설치하는 비상탈출구의 구조기준에 대한 설명 중 옳은 것은?

① 비상탈출구의 유효너비는 0.85m 이상
② 비상탈출구의 유효높이는 1.8m 이상
③ 비상탈출구는 출입구로부터 3m 이상 떨어진 곳에 설치한다.
④ 지하층 바닥으로부터 비상탈출구의 하단까지의 높이가 1.2m 이상이 되는 경우에는 벽체에 발판의 너비가 30cm 이상인 사다리를 설치한다.

[해설] 비상탈출구의 구조기준
1. 유효너비 : 0.75m 이상
2. 유효높이 : 1.5m 이상
3. 사다리의 너비 : 20cm 이상
·비상탈출구의 비상조명등의 설치는 소방법령에 의한다.

답 : ③

예제문제 40

건축법령상 지하층에 관한 설명으로 가장 부적합한 것은?

① 지하층의 면적은 용적률을 산정할 때 제외한다.

② 바닥면적의 합계가 1,000m² 이상인 공연장을 지하층에 설치하는 경우 피난층 또는 지상으로 대피할 수 있도록 천장이 개방된 외부공간을 설치하여야 한다.

③ 피난층이 아닌 지하층의 거실 바닥면적의 합계가 200m² 이상인 경우 피난층 또는 지상으로 통하는 직통계단을 2개소 이상 설치하여야 한다.

④ 지하층이란 건축물의 바닥이 지표면 아래에 있는 층으로서 바닥에서 지표면까지 평균높이가 해당 층높이의 1/2 이상인 것을 말한다.

해설 지하층과 피난층 사이에의 개방공간 설치

규　모	용　도
바닥면적 합계 3,000m² 이상	지하층에 설치한 ・공연장　・집회장　・관람장　・전시장

답 : ②

CHAPTER 04 건축설비

제1절 건축물의 설비기준 등에 관한 규칙[2021.8.27]

1 건축설비 기준 등

법	시행령
제7장 건축설비	제7장 건축물의 설비등

제62조【건축설비기준 등】 건축설비의 설치 및 구조에 관한 기준과 설계 및 공사감리에 관하여 필요한 사항은 대통령령으로 정한다.

제87조【건축설비 설치의 원칙】 ① 건축설비는 건축물의 안전·방화, 위생, 에너지 및 정보통신의 합리적 이용에 지장이 없도록 설치하여야 하고, 배관피트 및 닥트의 단면적과 수선구의 크기를 해당 설비의 수선에 지장이 없도록 하는 등 설비의 유지·관리가 쉽게 설치하여야 한다.

② 건축물에 설치하는 급수·배수·냉방·난방·환기·피뢰 등 건축설비의 설치에 관한 기술적 기준은 국토교통부령으로 정하되, 에너지 이용 합리화와 관련한 건축설비의 기술적 기준에 관하여는 산업통상자원부장관과 협의하여 정한다. 〈개정 2013.3.23〉

③ 건축물에 설치하여야 하는 장애인 관련 시설 및 설비는 「장애인·노인·임산부 등의 편의증진보장에 관한 법률」 제14조에 따라 작성하여 보급하는 편의시설 상세표준도에 따른다. 〈개정 2012.12.12〉

[설비규칙]

제1조【목적】
이 규칙은 「건축법」 제49조 제62조부터 제64조까지, 제67조 및 제68조와 같은 법 시행령, 제87조, 제89조, 제90조 및 제91조의3에 따른 건축설비의 설치에 관한 기술적 기준등에 필요한 사항을 규정함을 목적으로 한다.
〈개정 2013.2.22, 2015.7.9, 2020.4.9〉

제20조의2【전기설비 설치공간 기준】
영 제87조제6항에 따른 건축물에 전기를 배전(配電)하려는 경우에는 별표 3의3에 따른 공간을 확보하여야 한다.
[본조신설 2010.11.5]

④ 건축물에는 방송수신에 지장이 없도록 공동시청 안테나, 유선방송 수신시설, 위성방송 수신설비, 에프엠(FM)라디오방송 수신설비 또는 방송 공동수신설비를 설치할 수 있다. 다만, 다음 각 호의 건축물에는 방송 공동수신설비를 설치하여야 한다. 〈개정 2009.7.16, 2012.12.12〉

1. 공동주택
2. 바닥면적의 합계가 5천제곱미터 이상으로서 업무시설이나 숙박시설의 용도로 쓰는 건축물

⑤ 제4항에 따른 방송 수신설비의 설치기준은 미래창조과학부장관이 정하여 고시하는 바에 따른다.
〈신설 2009.7.16, 2013.3.23〉

⑥ 연면적이 500제곱미터 이상인 건축물의 대지에는 국토교통부령으로 정하는 바에 따라 「전기사업법」 제2조제2호에 따른 전기사업자가 전기를 배전(配電)하는 데 필요한 전기설비를 설치할 수 있는 공간을 확보하여야 한다.
〈신설 2009.7.16, 2013.3.23〉

⑦ 해풍이나 염분 등으로 인하여 건축물의 재료 및 기계설비 등에 조기 부식과 같은 피해 발생이 우려되는 지역에서는 해당 지방자치단체는 이를 방지하기 위하여 다음 각 호의 사항을 조례로 정할 수 있다. 〈신설 2010.2.18〉
1. 해풍이나 염분 등에 대한 내구성 설계기준
2. 해풍이나 염분 등에 대한 내구성 허용기준
3. 그 밖에 해풍이나 염분 등에 따른 피해를 막기 위하여 필요한 사항
⑧ 건축물에 설치하여야 하는 우편수취함은 「우편법」 제37조의2 기준에 따른다. 〈신설 2014.10.14〉
[전문개정 2008.10.29]

요점 **건축설비 기준 등**

(1) 건축설비 설치의 원칙

1. 급수·배수·냉방·난방·환기·피뢰 등 건축설비의 설치에 관한 기술적 기준은 국토교통부령으로 정하되, 에너지 이용 합리화와 관련한 건축설비의 기술적 기준에 관하여는 산업통상자원부장관과 협의하여 정한다.

2. 건축물에 설치하는 장애인 관련 시설 및 설비는 「장애인·노인·임산부등의 편의증진보장에 관한 법률」 에 따라 작성하여 보급하는 편의시설 상세표준도에 따른다.

3. 방송 수신설비의 설치기준은 미래창조과학부장관이 정하여 고시하는 바에 따른다.

4. 연면적 500m² 이상인 건축물의 대지에는 국토교통부령으로 정하는 바에 따라 배전(配電)하는 데 필요한 전기설비를 설치할 수 있는 공간을 확보하여야 한다.

5. 해풍이나 염분 등으로 인하여 건축물의 재료 및 기계설비 등에 조기 부식과 같은 피해 발생이 우려되는 지역에서는 해당 지방자치단체는 이를 방지하기 위하여 다음 각 호의 사항을 조례로 정할 수 있다.
   ① 해풍이나 염분 등에 대한 내구성 설계기준
   ② 해풍이나 염분 등에 대한 내구성 허용기준
   ③ 그 밖에 해풍이나 염분 등에 따른 피해를 막기 위하여 필요한 사항

6. 우편수취함은 「우편법」 의 기준에 따른다.

(2) 건축물의 설비기준 등에 관한 규칙

건축물의 설비기준 등에 관한 규칙은 다음과 같은 건축설비 설치에 관한 기술적 기준을 정한다.

구분		세부사항
1. 건축법	제62조	건축설비기준 등
	제64조	승강기

	제67조	관계전문기술자
	제68조	기술적 기준
2. 건축법 시행령	제51조②	배연설비설치
	제87조	건축설비 설치의 원칙
	제89조	승용 승강기의 설치
	제90조	비상용 승강기의 설치
	제91조의3	관계전문기술자와의 협력

예제문제 01

건축법 또는 건축법의 규정에 의한 명령에 구체적으로 그 기준을 정하고 있는 것은?

① 배연설비의 설비기준
② 오수정화시설의 구조기준
③ 급수설비를 통한 급수의 수질기준
④ 지하층에 설치하는 배수펌프의 성능기준

해설 「건축법」의 건축설비규제 일람표

구분	규제조항
1. 승용승강기	설치대상(법 제64조 ①항)
	설치기준(건축물의 설비 규칙 제5조)
2. 비상용승강기	설치대상(법 제64조 ②항)
	설치기준(영 제90조 ①, ②항)
	승강장 및 승강로의 구조(설비규칙 제10조)
3. 피난용승강기	설치대상(피난규칙 제29조)
	설치기준(피난규칙 제30조①항)
4. 온돌 및 난방설비	설치기준(설비규칙 제4조)
5. 난방설비	개별난방설비기준(설비규칙 제13조)
6. 배연설비	배연설비대상 및 설비기준
7. 환기설비	공동주택 및 다중이용시설의 환기설비기준 등 (설비규칙 제11조)
8. 배관설비	급수, 배수, 음용수용 배관 설비기준
9. 피뢰설비	피뢰설비 대상 및 설비기준
10. 굴뚝	굴뚝의 설치기준(피난규칙 제20조)
11. 차수설비	차수설비 대상 등(설비규칙 제17조의2)
12. 냉방설비	배기구 설치 제한(설비규칙 제23조 ③항)
13. 우편수취함	우편법

답 : ①

예제문제 02

"건축법"에 따른 건축설비 설치의 원칙에 대한 설명 중 적절하지 않은 것은?

【16년 기출문제】

① 건축설비는 건축물의 안전·방화, 위생, 에너지 및 정보통신의 합리적 이용에 지장이 없도록 설치하여야 하고, 배관피트 및 닥트의 단면적과 수선구의 크기를 해당 설비의 수선에 지장이 없도록 하는 등 설비의 유지·관리가 쉽게 설치하여야 한다.

② 국토교통부장관은 건축물에 설치하는 냉방·난방·환기 등 건축설비의 설치 및 에너지이용합리화와 관련한 기술적 기준에 관하여 산업통상자원부장관과 협의하여 정한다.

③ 연면적이 500제곱미터 이상인 건축물의 대지에는 국토교통부령으로 정하는 바에 따라「전기사업법」제2조제2호에 따른 전기사업자가 전기를 배전(配電)하는 데 필요한 전기설비를 설치할 수 있는 공간을 확보하여야 한다.

④ 해풍이나 염분 등으로 인하여 건축물의 재료 및 기계설비 등에 조기 부식과 같은 피해 발생이 우려되는 지역에서는 해당 지방자치단체는 이를 방지하기 위하여 해풍이나 염분 등에 대한 내구성 설계기준 및 허용기준을 조례로 정할 수 있다.

해설 건축물에 설치하는 냉방·난방·환기 등 건축설비의 설치기준은 국토교통부장관이 정한다. 다만, 당해 건축설비가 에너지이용 합리화와 관련된 기술적 기준에 해당 될 때에는 산업통상자원부장관과 협의하여 정하여야 한다.

답 : ②

예제문제 03

"건축법"에 따른 건축설비 설치의 원칙에 대한 설명 중 적절하지 않은 것은?

【21년 기출문제】

① 건축설비는 에너지 및 정보통신의 합리적 이용에 지장이 없도록 설치하여야 한다.

② 건축물에 설치하는 냉방·난방·환기 등 건축설비의 설치에 관한 기술적 기준은 국토교통부령으로 정한다.

③ 건축물에 설치하는 에너지 이용 합리화와 관련한 건축설비의 기술적 기준은 관계전문기술자와 협의하여 정한다.

④ 건축물에 설치하는 방송수신설비의 설치 기준은 과학기술정보통신부장관이 정하여 고시하는 바에 따른다.

해설 에너지 이용 합리화와 관련한 건축설비의 기술적 기준에 관하여는 산업통상자원부장관과 협의하여 정한다. (시행령 87조 ②)

답 : ③

(3) 방송, 통신 및 전기 관련 설비

1) 방송 공동수신설비 등의 설치

① 임의설치 : 건축물에는 방송수신에 지장이 없도록 공동시청 안테나, 유선방송 수신시설 등을 설치할 수 있다.

② 의무설치 : 다음의 건축물에는 방송 공동수신설비를 설치하여야 한다.

1. 공동주택	
2. 바닥면적 합계 5,000m² 이상	업무시설, 숙박시설

2) 전기설비설치용 공간의 확보

연면적 500m² 이상인 건축물의 대지에는 국토교통부령으로 정하는 바에 따라 「전기사업법」에 따른 전기사업자가 전기를 배전(配電)하는 데 필요한 전기설비를 설치할 수 있는 공간을 다음과 같이 확보하여야 한다.

(설비규칙 별표 3의 3, 개정 2013.9.2)

수전전압	전력수전 용량	확보면적
특고압 또는 고압	100kW 이상	가로 2.8m, 세로 2.8m
저압	75kW 이상 ~ 150kW 미만	가로 2.5m, 세로 2.8m
	150kW 이상 ~ 200kW 미만	가로 2.8m, 세로 2.8m
	200kW 이상 ~ 300kW 미만	가로 2.8m, 세로 4.6m
	300kW 이상	가로 2.8m 이상, 세로 4.6m 이상

■ 비고
1. "저압", "고압" 및 "특고압"의 정의는 각각 「전기사업법 시행규칙」 제2조제8호, 제9호 및 제10호에 따른다.
2. 전기설비 설치공간은 배관, 맨홀 등을 땅속에 설치하는데 지장이 없고 전기사업자의 전기설비 설치, 보수, 점검 및 조작 등 유지관리가 용이한 장소이어야 한다.
3. 전기설비 설치공간은 해당 건축물 외부의 대지상에 확보하여야 한다. 다만, 외부 지상공간이 좁아서 그 공간확보가 불가능한 경우에는 침수우려가 없고 습기가 차지 아니하는 건축물의 내부에 공간을 확보할 수 있다.
4. 수전전압이 저압이고 전력수전 용량이 300kW 이상인 경우 등 건축물의 전력수전 여건상 필요하다고 인정되는 경우에는 상기 표를 기준으로 건축주와 전기사업자가 협의하여 확보면적을 따로 정할 수 있다.
5. 수전전압이 저압이고 전력수전 용량이 150킬로와트 미만이 경우로서 공중으로 전력을 공급받는 경우에는 전기설비 설치공간을 확보하지 않을 수 있다.

2 승강설비

(1) 승용승강기

법	시행령
제64조 【승강기】 ① 건축주는 6층 이상으로서 연면적이 2천 제곱미터 이상인 건축물(대통령령으로 정하는 건축물은 제외한다)을 건축하려면 승강기를 설치하여야 한다. 이 경우 승강기의 규모 및 구조는 국토교통부령으로 정한다. 〈개정 2013.3.23〉	**제89조 【승용 승강기의 설치】** 법 제64조제1항 전단에서 "대통령령으로 정하는 건축물"이란 층수가 6층인 건축물로서 각 층 거실의 바닥면적 300제곱미터 이내마다 1개소 이상의 직통계단을 설치한 건축물을 말한다. [전문개정 2008.10.29]

[설비규칙]

제5조 【승용승강기의 설치기준】 건축법 제64조제1항에 따라 건축물에 설치하는 승용승강기의 설치기준은 별표 1의2와 같다. 다만, 승용승강기가 설치되어 있는 건축물에 1개층을 증축하는 경우에는 승용승강기의 승강로를 연장하여 설치하지 아니할 수 있다. 〈개정 2015.7.9〉

별표1의2 승용승강기의 설치기준(제5조 관련)

건축물의 용도 \ 6층 이상의 거실면적의 합계	3천 제곱미터 이하	3천제곱미터 초과
문화 및 집회시설(공연장·집회장 및 관람장에 한한다) 판매시설(도매시장·소매시장 및 상점에 한한다) 의료시설(병원 및 격리 병원에 한한다)	2대	2대에 3천제곱미터를 초과하는 경우에는 그 초과하는 매2천제곱미터 이내마다 1대의 비율로 가산한 대수
문화 및 집회시설(전시장 및 동·식물원에 한한다) 업무시설·숙박시설·위락시설	1대	1대에 3천제곱미터를 초과하는 경우에는 그 초과하는 매2천제곱미터 이내마다 1대의 비율로 가산한 대수
공동주택 교육연구 및 복지시설 기타 시설	1대	1대에 3천제곱미터를 초과하는 경우에는 그 초과하는 매3천제곱미터 이내마다 1대의 비율로 가산한 대수

■ 비고 : 승강기의 대수기준을 산정함에 있어 8인승 이상 15인승 이하 승강기는 위 표에 의한 1대의 승강기로 보고, 16인승 이상의 승강기는 위 표에 의한 2대의 승강기로 본다.

제6조 【승용승강기의 구조】 법 제64조에 따라 건축물에 설치하는 승강기·에스컬레이터 및 비상용승강기의 구조는 「승강기시설 안전관리법」이 정하는 바에 의한다. 〈개정 2008.7.10, 2010.11.5〉

요점 승용승강기

1) 승용승강기의 설치

원 칙	해 설
6층 이상으로서 연면적이 2,000m² 이상인 건축물에 설치	(그림) · 6층 이상으로서 연면적 2,000m²는 건축물 전체 규모를 말함 · 설치기준은 6층 이상 부분의 거실바닥면적으로 산정(5층 이하 제외)

■ 예외
  1. 층수가 6층인 건축물로서 각 층 바닥면적 300m² 이내마다 1개소 이상의 직통계단을 설치한 경우
  2. 1개층 증축의 경우

2) 설치 기준

■ 승용승강기 설치기준이 가장 강화된 용도
  · 공연장, 집회장, 관람장
  · 판매시설
  · 병원(격리병원 포함)

구분	용 도	6층 이상의 거실 바닥면적의 합계(Am²)		비고
		① 3,000m² 이하인 경우	② 3,000m² 초과인 경우	
1	· 공연장, 집회장, 관람장 · 판매시설 · 의료시설	2대	$2+\dfrac{A-3,000m^2}{2,000m^2}$ (대)	승강기 대수 산정시 8인승 이상 15인승 이하인 경우를 기준으로 하며, 16인승 이상의 경우 2대로 환산함
2	· 전시장 및 동·식물원 · 업무시설 · 숙박시설 · 위락시설	1대	$1+\dfrac{A-3,000m^2}{2,000m^2}$ (대)	
3	기타	1대	$1+\dfrac{A-3,000m^2}{3,000m^2}$ (대)	

3) 승강기의 구조

승강기의 구조는 「승강시설 안전관리법」에 따른다.

예제문제 04

건축법상 승용승강기의 설치기준이 강화되어 있는 건축물 용도부터 완화되어 있는 건축물 용도 순으로 가장 적합하게 나열된 것은?

① 숙박시설 〉 병원 〉 공동주택
② 병원 〉 위락시설 〉 공동주택
③ 위락시설 〉 공연장 〉 교육연구시설
④ 공동주택 〉 업무시설 〉 도매시장

해설 승용승강기 설치기준

건축물의 용도 ＼ 6층 이상의 거실면적의 합계(Am²)	3,000m² 이하인 경우
·공연장·집회장·관람장 ·판매시설 ·의료시설	2대 이상
기타시설	1대 이상

답 : ②

예제문제 05

건축법령상 승강기를 설치해야 하는 경우, 6층 이상의 각 거실 바닥면적의 합계가 9,000m² 인 건축물의 용도별 승용승강기의 최소 대수로서 가장 부적합한 것은?
(단, 8인승 승강기 기준)

① 위락시설 : 4대
② 교육연구시설 : 4대
③ 문화 및 집회시설(관람장) : 5대
④ 의료시설(격리병원) : 5대

해설 교육연구시설 설치대수(N)

$$N = 1 + \frac{9,000 - 3,000}{3,000} = 3대$$

답 : ②

(2) 비상용 승강기

법	시행령
제64조 【승강기】 ② 높이 31미터를 초과하는 건축물에는 대통령령으로 정하는 바에 따라 제1항에 따른 승강기뿐만 아니라 비상용승강기를 추가로 설치하여야 한다. 다만, 국토교통부령으로 정하는 건축물의 경우에는 그러하지 아니하다. 〈개정 2013.3.23〉 [설비규칙] **제9조 【비상용승강기를 설치하지 아니할 수 있는 건축물】** 법 제64조제2항 단서에서 "국토교통부령이 정하는 건축물"이라 함은 다음 각 호의 건축물을 말한다. 〈개정 2013.3.23, 2017.12.4〉 1. 높이 31미터를 넘는 각층을 거실외의 용도로 쓰는 건축물 2. 높이 31미터를 넘는 각층의 바닥면적의 합계가 500제곱미터 이하인 건축물 3. 높이 31미터를 넘는 층수가 4개층이하로서 당해 각층의 바닥면적의 합계 200제곱미터(벽 및 반자가 실내에 접하는 부분의 마감을 불연재료로 한 경우에는 500제곱미터)이내마다 방화구획(영 제46조제1항 본문에 따른 방화구획을 말한다. 이하 같다)으로 구획한 건축물 **제10조 【비상용승강기의 승강장 및 승강로의 구조】** 법 제64조제2항에 따른 비상용승강기의 승강장 및 승강로의 구조는 다음 각 호의 기준에 적합하여야 한다. 〈개정 1996.2.9〉 1. 삭제 〈1996.2.9〉 2. 비상용승강기 승강장의 구조 　가. 승강장의 창문·출입구 기타 개구부를 제외한 부분은 당해 건축물의 다른 부분과 내화구조의 바닥 및 벽으로 구획할 것. 다만, 공동주택의 경우에는 승강장과 특별피난계단 「건축물의 피난·방화구조 등의 기준에 관한 규칙」 제9조의 규정에 의한 특별피난계단을 말한다. 이하 같다)의 부속실과의 겸용부분을 특별피난계단의 계단실과 별도로 구획하는 때에는 승강장을 특별피난계단의 부속실과 겸용할 수 있다. 　나. 승강장은 각층의 내부와 연결될 수 있도록 하되, 그 출입구(승강로의 출입구를 제외한다)에는 60+방화문 또는 60분 방화문을 설치할 것. 다만, 피난층에는 60+방화문 또는 60분 방화문을 설치하지 아니할 수 있다. 　다. 노대 또는 외부를 향하여 열 수 있는 창문이나 제14조제2항의 규정에 의한 배연설비를 설치할 것	**제90조 【비상용 승강기의 설치】** ① 법 제64조제2항에 따라 높이 31미터를 넘는 건축물에는 다음 각 호의 기준에 따른 대수 이상의 비상용 승강기(비상용 승강기의 승강장 및 승강로를 포함한다. 이하 이 조에서 같다)를 설치하여야 한다. 다만, 법 제64조제1항에 따라 설치되는 승강기를 비상용 승강기의 구조로 하는 경우에는 그러하지 아니하다. 1. 높이 31미터를 넘는 각 층의 바닥면적 중 최대 바닥면적이 1천500제곱미터 이하인 건축물 : 1대 이상 2. 높이 31미터를 넘는 각 층의 바닥면적 중 최대 바닥면적이 1천500제곱미터를 넘는 건축물 : 1대에 1천500제곱미터를 넘는 3천 제곱미터 이내마다 1대씩 더한대수 이상 ② 제1항에 따라 2대 이상의 비상용 승강기를 설치하는 경우에는 화재가 났을 때 소화에 지장이 없도록 일정한 간격을 두고 설치하여야 한다. ③ 건축물에 설치하는 비상용 승강기의 구조 등에 관하여 필요한 사항은 국토교통부령으로 정한다. 〈개정 2013.3.23〉 [전문개정 2008.10.29]

라. 벽 및 반자가 실내에 접하는 부분의 마감재료(마감을 위한 바탕을 포함한다)는 불연재료로 할 것

마. 채광이 되는 창문이 있거나 예비전원에 의한 조명설비를 할 것

바. 승강장의 바닥면적은 비상용승강기 1대에 대하여 6제곱미터 이상으로 할 것. 다만, 옥외에 승강장을 설치하는 경우에는 그러하지 아니하다.

사. 피난층이 있는 승강장의 출입구(승강장이 없는 경우에는 승강로의 출입구)로부터 도로 또는 공지(공원 · 광장 기타 이와 유사한 것으로서 피난 및 소화를 위한 당해 대지에의 출입에 지장이 없는 것을 말한다)에 이르는 거리가 30미터 이하일 것

아. 승강장 출입구 부근의 잘 보이는 곳에 당해 승강기가 비상용승강기임을 알 수 있는 표지를 할 것

3. 비상용승강기의 승강로의 구조

가. 승강로는 당해 건축물의 다른 부분과 내화구조로 구획할 것

나. 각층으로부터 피난층까지 이르는 승강로를 단일구조로 연결하여 설치할 것

요점 비상용 승강기

1) 설치기준

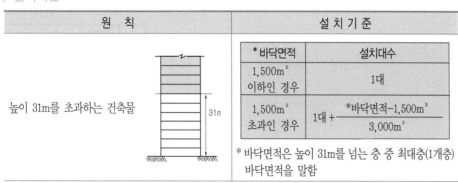

원 칙	설 치 기 준	
	*바닥면적	설치대수
높이 31m를 초과하는 건축물	1,500m² 이하인 경우	1대
	1,500m² 초과인 경우	1대 + $\dfrac{*바닥면적-1,500m^2}{3,000m^2}$
	*바닥면적은 높이 31m를 넘는 층 중 최대층(1개층) 바닥면적을 말함	

■ 승강기 설치기준 면적의 구분

승용승강기	6층 이상 층 거실 바닥 면적의 합
비상용 승강기	31m를 넘는 최대층 바닥면적

※ 거실바닥면적
= 층바닥면적×전용률

· 승용승강기를 비상용 승강기의 구조로 하는 경우에는 별도설치를 하지 않을 수 있다.
· 2대 이상의 비상용 승강기를 설치하는 경우에는 화재시 소화에 지장이 없도록 일정한 간격을 두고 설치하여야 한다.

2) 설치 제외의 경우

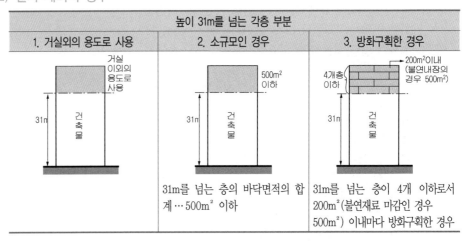

높이 31m를 넘는 각층 부분		
1. 거실외의 용도로 사용	2. 소규모인 경우	3. 방화구획한 경우
	31m를 넘는 층의 바닥면적의 합계 … 500m² 이하	31m를 넘는 층이 4개 이하로서 200m²(불연재료 마감인 경우 500m²) 이내마다 방화구획한 경우

3) 비상용 승강기의 승강장의 구조

내 용	조 치	구 조
1. 내화성능	승강장은 당해건축물의 다른 부분과 내화구조의 바닥 및 벽으로 구획 –창문, 출입구 기타 개구부 제외	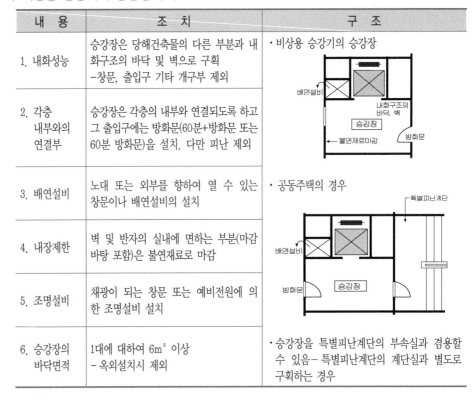
2. 각층 내부와의 연결부	승강장은 각층의 내부와 연결되도록 하고 그 출입구에는 방화문(60분+방화문 또는 60분 방화문)을 설치. 다만 피난 제외	
3. 배연설비	노대 또는 외부를 향하여 열 수 있는 창문이나 배연설비의 설치	
4. 내장제한	벽 및 반자의 실내에 면하는 부분(마감 바탕 포함)은 불연재료로 마감	
5. 조명설비	채광이 되는 창문 또는 예비전원에 의한 조명설비 설치	
6. 승강장의 바닥면적	1대에 대하여 6m² 이상 – 옥외설치시 제외	

■ 비고
· 피난층에서의 거리 : 승강장의 출입구로부터 도로 또는 공지에 이르는 거리가 30m 이하일 것
· 승강장의 출입구 부근의 잘 보이는 곳에 비상용 승강기임을 알 수 있는 표지를 할 것

4) 비상용승강기의 승강로의 구조

1. 승강로는 당해 건축물의 다른 부분과 내화구조로 구획할 것

2. 각 층으로부터 피난층까지 이르는 승강로를 단일구조로 연결하여 설치할 것

예제문제 06

다음 중 비상용 승강기를 설치하지 않아도 되는 것으로서 부적합한 것은?

① 높이 31m를 넘는 각 층이 거실 이외의 용도인 것
② 높이 31m를 넘는 각 층의 거실면적의 합계가 500m² 이하인 것
③ 높이 31m를 넘는 부분의 층수가 4개층 이하로서 당해 각 층의 바닥면적이 200m² 이내마다 방화구획된 것
④ 높이 31m를 넘는 각 층의 바닥면적의 합계가 500m² 이하인 것

──────────────────────────────

해설 높이 31m를 넘는 각 층의 바닥면적의 합계가 500m²인 경우 비상용승강기 설치대상에서 제외된다.

답 : ②

예제문제 07

건축법령상 비상용승강기의 승강장 및 승강로의 구조에 관한 설명 중 가장 적합하지 않은 것은?

① 승강장은 각 층의 내부와 연결될 수 있도록 하되 그 출입구에는 강화문을 설치할 것(승강로의 출입구, 피난층은 제외)
② 승강로는 당해 건축물의 다른 부분과 내화구조로 구획할 것
③ 승강장 구조는 노대 또는 외부를 향해 열 수 있는 창문이나 배연설비를 설치할 것
④ 승강장의 바닥면적은 비상용승강기 1대에 대하여 6m² 이상으로 할 것(옥외에 승강장을 설치하는 경우 제외)

──────────────────────────────

해설 비상용승강기 승강장의 출입구는 방화문으로 구획하여야 한다.

답 : ①

예제문제 08

각층 바닥면적이 2,000m²이고 이중 거실로 전용되는 부분이 50%인 16층 건축물이 관광호텔 용도로 쓰이고 있다. 이 건축물의 승용승강기 및 비상용승강기의 최소 설치대수의 조합으로 적합한 것은? (단, 층고는 3m이다.)

	승용승강기	비상용승강기		승용승강기	비상용승강기
①	10대	2대	②	6대	1대
③	5대	2대	④	4대	1대

──────────────────────────────

해설 · 승용승강기 $= \dfrac{2,000 \times 0.5 \times 11 - 3,000}{2,000} + 1 = 5$대

· 비상용승강기 $= \dfrac{2,000 - 1,500}{3,000} + 1 ≒ 2$대

답 : ③

(3) 피난용승강기의 설치

법	시행령
제64조【승강기】③ 고층건축물에는 제1항에 따라 건축물에 설치하는 승용승강기 중 1대 이상을 대통령령으로 정하는 바에 따라 피난용승강기로 설치하여야 한다. 〈신설 2018. 4. 17.〉	제91조【피난용승강기의 설치】법 제64조제3항에 따른 피난용승강기(피난용승강기의 승강장 및 승강로를 포함한다. 이하 이 조에서 같다)는 다음 각 호의 기준에 맞게 설치하여야 한다. 1. 승강장의 바닥면적은 승강기 1대당 6제곱미터 이상으로 할 것 2. 각 층으로부터 피난층까지 이르는 승강로를 단일구조로 연결하여 설치할 것 3. 예비전원으로 작동하는 조명설비를 설치할 것 4. 승강장의 출입구 부근의 잘 보이는 곳에 해당 승강기가 피난용승강기임을 알리는 표지를 설치할 것 5. 그 밖에 화재예방 및 피해경감을 위하여 국토교통부령으로 정하는 구조 및 설비 등의 기준에 맞을 것 [본조신설 2018. 10. 16.] [피난·방화규칙] 제30조【피난용승강기의 설치기준】영 제91조 제5호에서 "국토교통부령으로 정하는 구조 및 설비 등의 기준"이란 다음 각 호를 말한다. 〈개정 2014.3.5., 2018.10.18, 2021.3.26〉 1. 피난용승강기 승강장의 구조 　가. 승강장의 출입구를 제외한 부분은 해당 건축물의 다른 부분과 내화구조의 바닥 및 벽으로 구획할 것 　나. 승강장은 각 층의 내부와 연결될 수 있도록 하되, 그 출입구에는 60분+방화문 또는 60분 방화문을 설치할 것. 이 경우 방화문은 언제나 닫힌 상태를 유지할 수 있는 구조이어야 한다. 　다. 실내에 접하는 부분(바닥 및 반자 등 실내에 면한 모든 부분을 말한다)의 마감(마감을 위한 바탕을 포함한다)은 불연재료로 할 것 　라. 삭제 〈2018.10.18.〉 　마. 삭제 〈2018.10.18.〉 　바. 삭제 〈2018.10.18.〉 　사. 삭제 〈2014.3.5.〉 　아. 「건축물의 설비기준 등에 관한 규칙」 제14조에 따른 배연설비를 설치할 것. 다만, 「소방시설 설치·유치 및 안전관리에 법률 시행령」 별표 5 제5호가목에 따른 제연설비를 설치한 경우에는 배연설비를 설치하지 아니할 수 있다. 　자. 삭제 〈2014.3.5.〉 2. 피난용승강기 승강로의 구조 　가. 승강로는 해당 건축물의 다른 부분과 내화구조로 구획할 것 　나. 삭제 〈2018.10.18.〉

　　다. 승강로 상부에 「건축물의 설비기준 등에 관한 규칙」 제14
　　　　조에 따른 배연설비를 설치할 것
3. 피난용승강기 기계실의 구조
　　가. 출입구를 제외한 부분은 해당 건축물의 다른 부분과 내화
　　　　구조의 바닥 및 벽으로 구획할 것
　　나. 출입구에는 60분+방화문 또는 60분 방화문을 설치할 것
4. 피난용승강기 전용 예비전원
　　가. 정전시 피난용승강기, 기계실, 승강장 및 폐쇄회로 텔레비
　　　　전 등의 설비를 작동할 수 있는 별도의 예비전원 설비를
　　　　설치할 것
　　나. 가목에 따른 예비전원은 초고층 건축물의 경우에는 2시간
　　　　이상, 준초고층 건축물의 경우에는 1시간 이상 작동이 가
　　　　능한 용량일 것
　　다. 상용전원과 예비전원의 공급을 자동 또는 수동으로 전환이
　　　　가능한 설비를 갖출 것
　　라. 전선관 및 배선은 고온에 견딜 수 있는 내열성 자재를 사
　　　　용하고, 방수조치를 할 것
[본조신설 2012.1.6]

요점 **피난용 승강기**

고층건축물 화재 시 신속한 피난을 위하여 승용승강기 중 1대 이상을 피난용승강기로 설치하도록 하고, 피난용승강기의 승강장·승강로·기계실의 구조와 전용 예비전원 등의 설치기준을 신설하였다.

1) 설치대상
고층건축물

2) 설치대수
승용승강기 중 1대 이상으로 설치

3) 구조제한

1. 승강장	① 승강장의 출입구를 제외한 부분은 해당 건축물의 다른 부분과 내화구조의 바닥 및 벽으로 구획할 것 ② 승강장은 각 층의 내부와 연결될 수 있도록 하되, 그 출입구에는 방화문(60분+방화문 또는 60분 방화문)을 설치할 것. 이 경우 방화문은 언제나 닫힌 상태를 유지할 수 있는 구조이어야 한다. ③ 실내에 접하는 바닥, 벽 및 반자의 마감(마감을 위한 바탕을 포함한다)은 불연재료로 할 것 ④ 예비전원으로 작동하는 조명설비를 설치할 것 ⑤ 승강장의 바닥면적은 피난용승강기 1대에 대하여 6m² 이상으로 할 것 ⑥ 승강장의 출입구 부근에는 피난용승강기임을 알리는 표지를 설치할 것 ⑦ 배연설비를 설치할 것(다만, 제연설비 설치시 제외)
2. 승강로	① 승강로는 해당 건축물의 다른 부분과 내화구조로 구획할 것 ② 각 층으로부터 피난층까지 이르는 승강로를 단일구조로 연결하여 설치할 것 ③ 승강로 상부에 배연설비를 설치할 것
3. 승강기 기계실	① 출입구를 제외한 부분은 해당 건축물의 다른 부분과 내화구조의 바닥 및 벽으로 구획할 것 ② 출입구에는 60분+방화문 또는 60분 방화문을 설치할 것
4. 전용 예비전원	① 정전시 비난용승강기, 기계실, 승강장 및 폐쇄회로 텔레비전 등의 설비를 작동할 수 있는 별도의 예비전원 설비를 설치할 것 ② 예비전원은 초고층 건축물의 경우에는 2시간 이상, 준초고층 건축물의 경우에는 1시간 이상 작동이 가능한 용량일 것 ③ 상용전원과 예비전원의 공급을 자동 또는 수동으로 전환이 가능한 설비를 갖출 것 ④ 전선관 및 배선은 고온에 견딜 수 있는 내열성 자재를 사용하고, 방수조치를 할 것

3 개별난방설비

법	시행령
[설비규칙] **제13조【개별난방설비】** ① 영 제87조제2항의 규정에 의하여 공동주택과 오피스텔의 난방설비를 개별난방방식으로 하는 경우에는 다음 각호의 기준에 적합하여야 한다. 〈개정 2001.1.17, 2017.12.4〉 1. 보일러는 거실외의 곳에 설치하되, 보일러를 설치하는 곳과 거실사이의 경계벽은 출입구를 제외하고는 내화구조의 벽으로 구획할 것 2. 보일러실의 윗부분에는 그 면적이 0.5제곱미터 이상인 환기창을 설치하고, 보일러실의 윗부분과 아랫부분에는 각각 지름 10센티미터 이상의 공기흡입구 및 배기구를 항상 열려있는 상태로 바깥공기에 접하도록 설치할 것. 다만, 전기보일러의 경우에는 그러하지 아니하다. 3. 삭제 〈1999.5.11〉 4. 보일러실과 거실사이의 출입구는 그 출입구가 닫힌 경우에는 보일러가스가 거실에 들어갈 수 없는 구조로 할 것 5. 기름보일러를 설치하는 경우에는 기름저장소를 보일러실 외의 다른 곳에 설치할 것 6. 오피스텔의 경우에는 난방구획을 방화구획으로 구획할 것 7. 보일러의 연도는 내화구조로서 공동연도로 설치할 것 ② 가스보일러에 의한 난방설비를 설치하고 가스를 중앙집중공급방식으로 공급하는 경우에는 제1항의 규정에 불구하고 가스관계법령이 정하는 기준에 의하되, 오피스텔의 경우에는 난방구획마다 내화구조로 된 벽·바닥과 갑종방화문으로 된 출입문으로 구획하여야 한다. ③ 허가권자는 개별 보일러를 설치하는 건축물의 경우 소방청장이 정하여 고시하는 기준에 따라 일산화탄소 경보기를 설치하도록 권장할 수 있다. 〈신설 2020.10.10〉	**제87조【건축설비 설치의 원칙】** ② 건축물에 설치하는 급수·배수·냉방·난방·환기·피뢰 등 건축설비의 설치에 관한 기술적 기준은 국토교통부령으로 정하되, 에너지 이용 합리화와 관련한 건축설비의 기술적 기준에 관하여는 산업통상자원부장관과 협의하여 정한다. 〈개정 2013.3.23〉

요점 개별난방설비

(1) 공동주택과 오피스텔의 난방설비를 개별난방방식으로 하는 경우의 기준

구 분	설 치 내 용	그 림 해 설
1. 보일러실의 위치	· 보일러실의 위치는 거실 이외의 곳에 설치 · 보일러실과 거실의 경계벽은 내화구조의 벽으로 구획(출입구 제외)	
2. 보일러실의 환기	· 환기창 : 0.5m² 이상으로 하고 윗부분에 설치 · 환기구 : 상·하부분에 각각 지름 10cm 이상의 공기흡입구 및 배기구 설치(항상 개방된 상태로 외기에 접하도록 설치) – 전기보일러의 경우 예외	
3. 보일러실의 출입구	· 거실과 출입구는 가스가 거실에 들어갈 수 없는 구조일 것(출입구가 닫힌 경우)	
4. 기름저장소	· 기름저장소는 보일러실 외에 다른 곳에 설치할 것	
5. 보일러의 연도	· 보일러의 연도는 내화구조로서 공동연도로 설치할 것	
6. 오피스텔의 난방구획	· 방화구획으로 할 것	

■ 비고
허가권자는 개별 보일러를 설치하는 건축물의 경우 소방청장이 정하여 고시하는 기준에 따라 일산화탄소 경보기를 설치하도록 권장할 수 있다.

(2) 가스를 중앙집중공급방식으로 공급받는 가스보일러에 의한 난방설비 설치의 경우

① 가스관계 법령이 정하는 기준에 의한다.
② 오피스텔의 경우 난방구획마다 내화구조의 벽 및 바닥과 60분+방화문 또는 60분 방화문으로 된 출입문으로 방화 구획하여야 한다.

예제문제 09

공동주택과 오피스텔의 난방설비를 개별난방방식으로 하는 경우 설치기준에 적합하지 않은 것은?

① 보일러실의 윗부분에는 면적이 0.5m² 이상인 환기창을 설치해야 한다.
② 기름보일러를 설치시 기름 저장소를 보일러실 외의 다른 곳에 설치해야 한다.
③ 보일러의 연도는 내화구조로서 공동연도로 설치해야 한다.
④ 공동주택의 경우에는 난방구획마다 방화구획으로 구획할 것

──────────────────

해설 오피스텔에 대해서만 난방구획마다 방화구획인 내화구조의 벽, 바닥 및 방화문으로 된 출입문으로 구획하여야 한다.

답 : ④

예제문제 **10**

「건축물의 설비기준 등에 관한 규칙」에서 정하고 있는 개별난방설비 기준 중 적합한 것은?

① 보일러실 아랫부분에 지름 10cm이상의 공기 흡입구 및 배기구를 항상 열려 있는 상태로 바깥공기를 접하도록 설치할 것
② 보일러의 연도는 방화구조로서 공동연도로 설치할 것
③ 보일러실 윗부분에는 그 면적이 1m² 이상인 환기창을 설치할 것
④ 보일러실과 거실사이의 경계벽은 출입구를 제외하고는 내화구조의 벽으로 구획할 것

해설 1. 직경 10cm 이상의 공기흡입구(보일러실 아랫부분)와 배기구(보일러실 윗부분)를 각각 설치하여야 한다.
　　　2. 내화구조의 공동연도 설치
　　　3. 0.5m² 이상의 환기창 설치

답 : ④

예제문제 **11**

"건축물의 설비기준 등에 관한 규칙"에 따라 개별난방설비에 관한 기준으로 가장 적절하지 않은 것은?　　　　　【21년 기출문제】

① 개별난방방식을 적용한 공동주택의 보일러는 거실외의 곳에 설치하되, 보일러를 설치하는 곳과 거실사이의 경계벽은 출입구를 제외하고는 내화구조의 벽으로 구획하여야 한다.
② 개별난방방식을 적용한 오피스텔의 경우에는 난방구획을 방화구획으로 구획하여야 한다.
③ 가스보일러에 의한 난방설비를 설치하고 가스를 중앙집중공급방식으로 공급하는 오피스텔의 경우에는 난방구획마다 내화구조로 된 벽·바닥과 60분+방화문 또는 60분 방화문으로 된 출입문으로 구획하여야 한다.
④ 허가권자는 개별 보일러를 옥외에 설치하는 건축물의 경우 소방청장이 정하여 고시하는 기준에 따라 일산화탄소 경보기를 설치하여야 한다.

해설 허가권자는 개별 보일러를 설치하는 건축물의 경우 소방청장이 정하여 고시하는 기준에 따라 일산화탄소 경보기를 설치하도록 권장할 수 있다. (설비규칙 13조 ③)

답 : ④

4 온돌 구조

법	시행령
	제87조【건축설비 설치의 원칙】 ② 건축물에 설치하는 급수·배수·냉방·난방·환기·피뢰 등 건축설비의 설치에 관한 기술적 기준은 국토교통부령으로 정하되, 에너지 이용 합리화와 관련한 건축설비의 기술적 기준에 관하여는 산업통상자원부장관과 협의하여 정한다. 〈개정 2013.3.23〉

설비규칙 제12조【온돌의 설치기준】

① 영 제87조 제2항에 따라 건축물에 온돌을 설치하는 경우에는 그 구조상 열에너지가 효율적으로 관리되고 화재의 위험을 방지하기 위하여 별표 1의7의 기준에 적합하여야 한다. 〈개정 2015.7.9〉

② 제1항에 따라 건축물에 온돌을 시공하는 자는 시공을 끝낸 후 별지 제2호 서식의 온돌 설치확인서를 공사감리자에게 제출하여야 한다. 다만, 제3조제2항에 따른 건축설비설치확인서를 제출한 경우와 공사감리자가 직접 온돌의 설치를 확인한 경우에는 그러하지 아니하다. 〈개정 2010.11.5, 2015.7.9.〉

[별표1의 7] 온돌 및 난방설비의 설치기준(설비규칙 제12조제1항 관련)
〈개정 2015.7.9〉

1. 온수온돌
   가. 온수온돌이란 보일러 또는 그 밖의 열원으로부터 생성된 온수를 바닥에 설치된 배관을 통하여 흐르게 하여 난방을 하는 방식을 말한다.
   나. 온수온돌은 바탕층, 단열층, 채움층, 배관층(방열관을 포함한다) 및 마감층 등으로 구성된다.

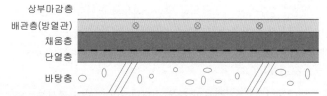

   1) 바탕층이란 온돌이 설치되는 건축물의 최하층 또는 중간층의 바닥을 말한다.
   2) 단열층이란 온수온돌의 배관층에서 방출되는 열이 바탕층 아래로 손실되는 것을 방지하기 위하여 배관층과 바탕층 사이에 단열재를 설치하는 층을 말한다.
   3) 채움층이란 온돌구조의 높이 조정, 차음성능 향상, 보조적인 단열기능 등을 위하여 배관층과 단열층 사이에 완충재 등을 설치하는 층을 말한다.
   4) 배관층이란 단열층 또는 채움층 위에 방열관을 설치하는 층을 말한다.
   5) 방열관이란 열을 발산하는 온수를 순환시키기 위하여 배관층에 설치하는 온수배관을 말한다.
   6) 마감층이란 배관층 위에 시멘트, 모르타르, 미장 등을 설치하거나 마루재, 장판 등 최종 마감재를 설치하는 층을 말한다.
   다. 온수온돌의 설치 기준
   1) 단열층은 「녹색건축물 조성 지원법」 제15조제1항에 따라 국토교통부장관이 고시하는 기준에 적합하여야 하며, 바닥난방을 위한 열이 바탕층 아래 및 측벽으로 손실되는 것을 막을 수 있도록 단열재를 방열관과 바탕층 사이에 설치하여야 한다. 다만, 바탕층의 축열을 직접 이용하는 심야전기이용 온돌(「한국전력공사법」에 따른 한국전력공사의 심야전력이용기기 승인을 받은 것만 해당하며, 이하 "심야전기이용 온돌"이라 한다)의 경우에는 단열재를 바탕층 아래에 설치할 수 있다.
   2) 배관층과 바탕층 사이의 열저항은 층간 바닥인 경우에는 해당 바닥에 요구되는 열관류저항(별표 4에 따른 열관류율의 역수를 말한다. 이하 같다)의 60% 이상이어야 하고, 최하층 바닥인 경우에는 해당 바닥에 요구되는 열관류저항이 70% 이상이어야 한다. 다만, 심야전기이용 온돌의 경우에는 그러하지 아니하다.

3) 단열재는 내열성 및 내구성이 있어야 하며 단열층 위의 적재하중 및 고정하중에 버틸 수 있는 강도를 가지거나 그러한 구조로 설치되어야 한다.

4) 바탕층이 지면에 접하는 경우에는 바탕층 아래와 주변 벽면에 높이 10센티미터 이상의 방수처리를 하여야 하며, 단열재의 윗부분에 방습처리를 하여야 한다.

5) 방열관은 잘 부식되지 아니하고 열에 견딜 수 있어야 하며, 바닥의 표면온도가 균일하도록 설치하여야 한다.

6) 배관층은 방열관에서 방출된 열이 마감층 부위로 최대한 균일하게 전달될 수 있는 높이와 구조를 갖추어야 한다.

7) 마감층은 수평이 되도록 설치하여야 하며, 바닥의 균열을 방지하기 위하여 충분하게 양생하거나 건조시켜 마감재의 뒤틀림이나 변형이 없도록 하여야 한다.

8) 한국산업표준에 따른 조립식 온수온돌판을 사용하여 온수온돌을 시공하는 경우에는 1)부터 7)까지의 규정을 적용하지 아니한다.

9) 국토교통부장관은 1)부터 7)까지에서 규정한 것 외에 온수온돌의 설치에 관하여 필요한 사항을 정하여 고시할 수 있다.

2. 구들온돌

가. 구들온돌이란 연탄 또는 그 밖의 가연물질이 연소할 때 발생하는 연기와 연소열에 의하여 가열된 공기를 바닥 하부로 통과시켜 난방을 하는 방식을 말한다.

나. 구들온돌은 아궁이, 온돌환기구, 공기흡입구, 고래, 굴뚝 및 굴뚝목 등으로 구성된다.

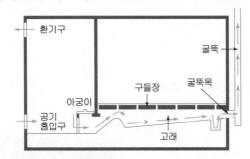

1) 아궁이란 연탄이나 목재 등 가연물질의 연소를 통하여 열을 발생시키는 부위를 말한다.

2) 온돌환기구란 아궁이가 설치되는 공간에서 연탄 등 가연물질의 연소를 통하여 발생하는 가스를 원활하게 배출하기 위한 통로를 말한다.

3) 공기흡입구란 아궁이가 설치되는 공간에서 연탄 등 가연물질의 연소에 필요한 공기를 외부에서 공급받기 위한 통로를 말한다.

4) 고래란 아궁이에서 발생한 연소가스 및 가열된 공기가 굴뚝으로 배출되기 전에 구들 아래에서 최대한 균일하게 흐르도록 하기 위하여 설치된 통로를 말한다.

5) 굴뚝이란 고래를 통하여 구들 아래를 통과한 연소가스 및 가열된 공기를 외부로 원활하게 배출하기 위한 장치를 말한다.

6) 굴뚝목이란 고래에서 굴뚝으로 연결되는 입구 및 그 주변부를 말한다.

다. 구들온돌의 설치 기준

1) 연탄아궁이가 있는 곳은 연탄가스를 원활하게 배출할 수 있도록 그 바닥면적의 10분의 1이상에 해당하는 면적의 환기용 구멍 또는 환기설비를 설치하여야 하며, 외기에 접하는 벽체의 아랫부분에는 연탄의 연소를 촉진하기 위하여 지름 10센티미터 이상 20센티미터 이하의 공기흡입구를 설치하여야 한다.

2) 고래바닥은 연탄가스를 원활하게 배출할 수 있도록 높이/수평거리가 1/5 이상이 되도록 하여야 한다.

3) 부뚜막식 연탄아궁이에 고래로 연기를 유도하기 위하여 유도관을 설치하는 경우에는 20도 이상 45도 이하의 경사를 두어야 한다.

4) 굴뚝의 단면적은 150제곱센티미터 이상으로 하여야 하며, 굴뚝목의 단면적은 굴뚝의 단면적보다 크게 하여야 한다.

5) 연탄식 구들온돌이 아닌 전통 방법에 의한 구들을 설치할 경우에는 1)부터 4)까지의 규정을 적용하지 아니한다.

6) 국토교통부장관은 1)부터 5)까지에서 규정한 것 외에 구들온돌의 설치에 관하여 필요한 사항을 정하여 고시할 수 있다.

요점 온돌시공

(1) 온수온돌 설치기준

1. 단열층	바닥 난방을 위한 열이 바탕층 아래 및 측벽으로 손실되는 것을 막을 수 있도록 단열재를 방열관과 바탕층 사이에 설치
2. 층간바닥 열저항	배관층과 바탕층 사이의 열저항은 층간 바닥인 경우 해당 바닥에 요구되는 열관류저항의 60% 이상이어야 하고, 최하층 바닥인 경우에는 해당 바닥에 요구되는 열관류저항이 70% 이상이어야 함 ■ 예외 : 심야전기이용 온돌의 경우
3. 단열재	내열성 및 내구성이 있어야 하며 단열층 위의 적재하중 및 고정하중에 버틸 수 있는 강도를 가질 수 있는 구조
4. 바탕층	지면에 접하는 경우 바탕층 아래와 주변 벽면에 높이 10cm 이상의 방수처리를 하여야 하며, 단열재의 윗부분에 방습처리를 하여야 함
5. 채움층	온돌구조의 높이 조정, 차음성능 향상, 보조적인 단열기능 등을 위하여 배관층과 단열층 사이에 완충재 등을 설치하는 층을 말한다.

│참고│

■ 온수온돌구조(별표 1)

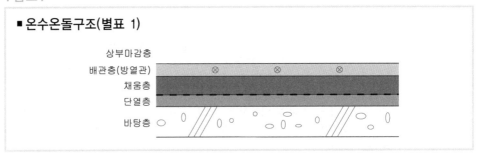

(2) 구들온돌 설치기준

1. 환기	• 연탄아궁이가 있는 곳은 연탄가스를 원활하게 배출할 수 있도록 그 바닥 면적의 1/10 이상에 해당하는 면적의 환기용 구멍 또는 환기설비를 설치하여야 한다. • 외기에 접하는 벽체의 아랫부분에는 연탄의 연소를 촉진하기 위한 지름 10cm 이상 20cm 이하의 공기 흡입구 설치
2. 고래바닥	고래바닥은 연탄가스를 원활하게 배출할 수 있도록 높이/수평거리가 1/5 이상이 되도록 설치
3. 유도관	부뚜막식 연탄아궁이에 고래로 연기를 유도하기 위하여 유도관을 설치하는 경우 20° 이상 45° 이하의 경사를 둠
4. 굴뚝	굴뚝의 단면적은 150cm² 이상으로 하며, 굴뚝목의 단면적은 굴뚝의 단면적보다 크게 하여야 함

|참고|

■ 구들온돌구조(별표 1)

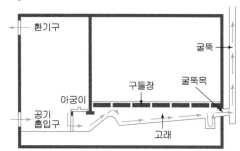

"건축물의 설비기준 등의 규칙"에서 온수온돌 설비 설치의 구성순서로 적합한 것은?

【15년 기출문제】

① 마감층 → 배관층 → 채움층 → 단열층 → 바탕층
② 마감층 → 배관층 → 단열층 → 채움층 → 바탕층
③ 마감층 → 채움층 → 배관층 → 단열층 → 바탕층
④ 마감층 → 채움층 → 단열층 → 배관층 → 바탕층

[해설] 온수온돌 구조

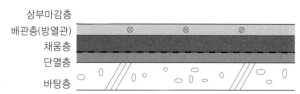

답 : ①

"건축물의 설비기준 등에 관한 규칙"에서 온수 온돌의 단열층에 대한 설명 중 가장 적절하지 않은 것은?

【22년 기출문제】

① 단열재는 내열성 및 내구성이 있어야 하며, 단열층 위의 적재하중 및 고정하중에 버틸 수 있는 강도를 가지거나 그러한 구조로 설치 되어야 한다.
② 온수온돌의 배관층에서 방출되는 열이 바탕층 아래로 손실되는 것을 방지하기 위하여 배관층과 바탕층 사이에 단열재를 설치하는 층을 말한다.
③ 바탕층의 축열을 직접 이용하는 심야전기이용 온돌의 경우에는 단열재를 바탕층 아래에 설치할 수 있다.
④ 최하층 바닥인 경우, 단열층의 열저항은 해당 바닥에 요구되는 열관류 저항의 50% 이상 이어야 한다.

[해설] 최하층바닥 열관류저항은 70% 이상이다.

답 : ④

5 공동주택 및 다중이용시설의 환기설비기준 등

법	시행령
[설비규칙] **제11조 【공동주택 및 다중이용시설의 환기설비 기준 등】** ① 영 제87조제2항의 규정에 따라 신축 또는 리모델링하는 다음 각 호의 어느 하나에 해당하는 주택 또는 건축물(이하 "신축공동주택 등"이라 한다)은 시간당 0.5회 이상의 환기가 이루어질 수 있도록 자연환기설비 또는 기계환기설비를 설치하여야 한다. 〈개정 2013.9.2, 2013.12.27, 2020.10.10〉 1. 30세대 이상의 공동주택 2. 주택을 주택 외의 시설과 동일건축물로 건축하는 경우로서 주택이 30세대 이상인 건축물 ② 신축공동주택 등에 자연환기설비를 설치하는 경우에는 자연환기설비가 제1항에 따른 환기횟수를 충족하는지에 대하여 「건축법」 제4조에 따른 지방건축위원회의 심의를 받아야 한다. 다만, 신축공동주택등에 「산업표준화법」에 따른 한국산업표준(이하 "한국산업표준"이라 한다)의 자연환기설비 환기성능 시험방법(KSF 2921)에 따라 성능시험을 거친 자연환기설비를 별표 1의3에 따른 자연환기설비 설치 길이 이상으로 설치하는 경우는 제외한다. 〈개정 2009.12.31, 2010.11.5, 2015.7.9〉 ③ 신축공동주택 등에 자연환기설비 또는 기계환기설비를 설치하는 경우에는 별표 1의4 또는 별표 1의5의 기준에 적합하여야 한다. 〈개정 2008.7.10, 2009.12.31〉 ④ 특별시장·광역시장·특별자치시장·특별자치도지사 또는 시장·군수·구청장(자치구의 구청장을 말하며, 이하 "허가권자"라 한다)은 30세대 미만인 공동주택과 주택을 주택 외의 시설과 동일 건축물로 건축하는 경우로서 주택이 30세대 미만인 건축물 및 단독주택에 대해 시간당 0.5회 이상의 환기가 이루어질 수 있도록 자연환기설비 또는 기계환기설비의 설치를 권장할 수 있다. 〈신설 2020.10.10.〉 ⑤ 다중이용시설을 신축하는 경우에 기계환기설비를 설치하여야 하는 다중이용시설 및 각 시설의 필요 환기량은 별표 1의6과 같으며, 설치하여야 하는 기계환기설비의 구조 및 설치는 다음 각 호의 기준에 적합하여야 한다. 〈개정 2009.12.31, 2010.11.5, 2020.10.10〉 1. 다중이용시설의 기계환기설비 용량기준은 시설이용 인원당 환기량을 원칙으로 산정할 것 2. 기계환기설비는 다중이용시설로 공급되는 공기의 분포를	**제87조 【건축설비의 원칙】** ② 건축물에 설치하는 급수·배수·냉방·난방·환기·피뢰 등 건축설비의 설치에 관한 기술적 기준은 국토교통부령으로 정하되, 에너지 이용 합리화와 관련한 건축설비의 기술적 기준에 관하여는 산업통상자원부장관과 협의하여 정한다.

최대한 균등하게 하여 실내 기류의 편차가 최소화될 수 있도록 할 것

3. 공기공급체계·공기배출체계 또는 공기흡입구·배기구 등에 설치되는 송풍기는 외부의 기류로 인하여 송풍능력이 떨어지는 구조가 아닐 것

4. 바깥공기를 공급하는 공기공급체계 또는 공기흡입구는 입자형·가스형 오염물질의 제거·여과장치 등 외부로부터 오염물질이 유입되는 것을 최대한 차단할 수 있는 설비를 갖추어야 하며, 제거·여과장치 등의 청소 및 교환 등 유지관리가 쉬운 구조일 것

5. 공기배출체계 및 배기구는 배출되는 공기가 공기공급체계 및 공기흡입구로 직접 들어가지 아니하는 위치에 설치할 것

6. 기계환기설비를 구성하는 설비·기기·장치 및 제품 등의 효율과 성능 등을 판정하는데 있어 이 규칙에서 정하지 아니한 사항에 대하여는 해당항목에 대한 한국산업표준에 적합할 것 [본조신설 2006.2.13]

제11조의2 【환기구의 안전 기준】

① 영 제87조제2항에 따라 환기구[건축물의 환기설비에 부속된 급기(給氣) 및 배기(排氣)를 위한 건축구조물의 개구부(開口部)를 말한다. 이하 같다.]는 보행자 및 건축물 이용자의 안전이 확보되도록 바닥으로부터 2미터 이상의 높이에 설치해야 한다. 다만, 다음 각 호의 어느 하나에 해당하는 경우에는 예외로 한다. 〈개정 2021.8.27〉

1. 환기구를 벽면에 설치하는 등 사람이 올라설 수 없는 구조로 설치하는 경우, 이 경우 배기를 위한 환기구는 배출되는 공기가 보행자 및 건축물 이용자에게 직접 닿지 아니하도록 설치되어야 한다.

2. 안전울타리 또는 조경 등을 이용하여 접근을 차단하는 구조로 하는 경우

② 모든 환기구에는 국토교통부장관이 정하여 고시하는 강도(强度) 이상의 덮개와 덮개 걸침턱 등 추락방지시설을 설치하여야 한다.

[본조신설 2015.7.9]

| 참고 |

[1] 자연환기설비 설치 길이 산정방법 및 설치 기준(별표1의3) 〈개정 2021.8.27〉

1. 설치 대상 세대의 체적 계산
   - 필요한 환기횟수를 만족시킬 수 있는 환기량을 산정하기 위하여, 자연환기설비를 설치하고자 하는 공동주택 단위세대의 전체 및 실별 체적을 계산한다.

2. 단위세대 전체와 실별 설치길이 계산식 설치기준
   - 자연환기설비의 단위세대 전체 및 실별 설치길이는 한국산업표준의 자연환기설비 환기성능 시험방법(KSF 2921)에서 규정하고 있는 자연환기설비의 환기량 측정장치에 의한 평가 결과를 이용하여 다음 식에 따라 계산된 설치길이 L값 이상으로 설치하여야 하며, 세대 및 실 특성별 가중치가 고려되어야 한다.

$$L = \frac{V \times N}{Q_{ref}} \times F$$

여기에서, L : 세대 전체 또는 실별 설치길이(유효 개구부길이 기준, m)

           V : 세대 전체 또는 실 체적(m³)

           N : 필요 환기횟수(0.5회/h)

           Q_{ref} : 자연환기설비의 환기량 측정장치에 의해 평가된 기준 압력차 (2Pa)에서의 환기량(m³/h·m)

           F : 세대 및 실 특성별 가중치**

■ 비고

① 일반적으로 창틀에 접합되는 부분(endcap)과 실제로 공기유입이 이루어지는 개구부 부분으로 구성되는 자연환기설비에서, 유효 개구부길이(설치길이)는 창틀과 결합되는 부분을 제외한 실제 개구부 부분을 기준으로 계산한다.

② 주동형태 및 단위세대의 설계조건을 감안한 세대 및 실 특성별 가중치는 다음과 같다.

구 분	조 건	가중치
세대 조건	1면이 외부에 면하는 경우	1.5
	2면이 외부에 평행하게 면하는 경우	1
	2면이 외부에 평행하지 않게 면하는 경우	1.2
	3면 이상이 외부에 면하는 경우	1
실 조건	대상 실이 외부에 직접 면하는 경우	1
	대상 실이 외부에 직접 면하지 않는 경우	1.5

단, 세대조건과 실 조건이 겹치는 경우에는 가중치가 높은 쪽을 적용하는 것을 원칙으로 한다.

③ 일방향으로 길게 설치하는 형태가 아닌 원형, 사각형 등에는 상기의 계산식을 적용할 수 없으며, 지방건축위원회의 심의를 거쳐야 한다.

[2] 신축공동주택 등의 자연환기설비 설치 기준(별표1의4) 〈개정 2020.4.9〉

제11조제1항에 따라 신축공동주택 등에 설치되는 자연환기설비의 설계·시공 및 성능평가 방법은 다음 각 호의 기준에 적합하여야 한다.

1. 세대에 설치되는 자연환기설비는 세대 내의 모든 실에 바깥공기를 최대한 균일하게 공급할 수 있도록 설치되어야 한다.

2. 세대의 환기량 조절을 위하여 자연환기설비는 환기량을 조절할 수 있는 체계를 갖추

어야 하고, 최대개방 상태에서의 환기량을 기준으로 별표 1의5에 따른 설치길이 이상으로 설치되어야 한다.

3. 자연환기설비는 순간적인 외부 바람 및 실내외 압력차의 증가로 인하여 발생할 수 있는 과도한 바깥공기의 유입 등 바깥공기의 변동에 의한 영향을 최소화할 수 있는 구조와 형태를 갖추어야 한다.

4. 자연환기설비의 각 부분의 재료는 충분한 내구성 및 강도를 유지하여 작동되는 동안 구조 및 성능에 변형이 없어야 하며, 표면결로 및 바깥공기의 직접적인 유입으로 인하여 발생할 수 있는 불쾌감(콜드드래프트 등)을 방지할 수 있는 재료와 구조를 갖추어야 한다.

5. 자연환기설비는 다음 각 목의 요건을 모두 갖춘 공기여과기를 갖춰야 한다.
   가. 도입되는 바깥공기에 포함되어 있는 입자형·가스형 오염물질을 제거 또는 여과하는 성능이 일정 수준 이상일 것
   나. 한국산업표준(KSB 6141)에 따른 입자 포집률이 질량법으로 측정하여 70퍼센트 이상일 것
   다. 청소 또는 교환이 쉬운 구조일 것

6. 자연환기설비를 구성하는 설비·기기·장치 및 제품 등의 효율과 성능 등을 판정함에 있어 이 규칙에서 정하지 아니한 사항에 대하여는 해당 항목에 대한 한국산업표준에 적합하여야 한다.

7. 자연환기설비를 지속적으로 작동시키는 경우에도 대상 공간의 사용에 지장을 주지 아니하는 위치에 설치되어야 한다.

8. 한국산업표준(KSB 2921)의 시험조건하에서 자연환기설비로 인하여 발생하는 소음은 대표길이 1미터(수직 또는 수평 하단)에서 측정하여 40dB 이하가 되어야 한다.

9. 자연환기설비는 가능한 외부의 오염물질이 유입되지 않는 위치에 설치되어야 하고, 화재 등 유사시 안전에 대비할 수 있는 구조와 성능이 확보되어야 한다.

10. 실내로 도입되는 바깥공기를 예열할 수 있는 기능을 갖는 자연환기설비는 최대한 에너지 절약적인 구조와 형태를 가져야 한다.

11. 자연환기설비는 주요 부분의 정기적인 점검 및 정비 등 유지관리가 쉬운 체계로 구성하여야 하고, 제품의 사양 및 시방서에 유지관리 관련 내용을 명시하여야 하며, 유지관리 관련 내용이 수록된 사용자 설명서를 제시하여야 한다.

12. 자연환기설비는 설치되는 실의 바닥부터 수직으로 1.2미터 이상의 높이에 설치하여야 하며, 2개 이상의 자연환기설비를 상하로 설치하는 경우 1미터 이상의 수직간격을 확보하여야 한다.

[3] 신축공동주택등의 기계환기설비의 설치기준(별표1의5) 〈개정 2020.4.9〉

제11조제1항의 규정에 의한 신축공동주택등의 환기횟수를 확보하기 위하여 설치되는 기계환기설비의 설계·시공 및 성능평가방법은 다음 각 호의 기준에 적합하여야 한다.

1. 기계환기설비의 환기기준은 시간당 실내공기 교환횟수(환기설비에 의한 최종공기흡입구에서 세대의 실내로 공급되는 시간당 총 체적 풍량을 실내 총체적으로 나눈 환기횟수를 말한다)로 표시하여야 한다.

2. 하나의 기계환기설비로 세대 내 2 이상의 실에 바깥공기를 공급할 경우의 필요환기량은 각 실에 필요한 환기량의 합계 이상이 되도록 하여야 한다.

3. 세대의 환기량 조절을 위하여 환기설비의 정격풍량을 최소·적정·최대의 3단계 또는 그 이상으로 조절할 수 있는 체계를 갖추어야 하고, 적정 단계의 필요 환기량은 신축공동주택 등의 세대를 시간당 0.5회로 환기할 수 있는 풍량을 확보하여야 한다.

4. 공기공급체계 또는 공기배출체계는 부분적 손실 등 모든 압력 손실의 합계를 고려하여 계산한 공기공급능력 또는 공기배출능력이 제11조제1항의 환기기준을 확보할 수

있도록 하여야 한다.

5. 기계환기설비는 신축공동주택등의 모든 세대가 제11조제1항의 규정에 의한 환기횟수를 만족시킬 수 있도록 24시간 가동할 수 있어야 한다.

6. 기계환기설비의 각 부분의 재료는 충분한 내구성 및 강도를 유지하여 작동되는 동안 구조 및 성능에 변형이 없도록 하여야 한다.

7. 기계환기 설비는 다음 각 목의 어느 하나에 해당되는 체계를 갖추어야 한다.

　가. 바깥공기를 공급하는 송풍기와 실내공기를 배출하는 송풍기가 결합된 환기체계

　나. 바깥공기를 공급하는 송풍기와 실내공기가 배출되는 배기구가 결합된 환기체계

　다. 바깥공기가 도입되는 공기흡입구와 실내공기를 배출하는 송풍기가 결합된 환기체계

8. 바깥공기를 공급하는 공기공급체계 또는 바깥공기가 도입되는 공기흡입구는 다음 각 목의 요건을 모두 갖춘 공기여과기 또는 집진기 등을 갖춰야 한다. 다만, 제7호 다목에 따른 환기체계를 갖춘 경우에는 별표 1의4 제5호를 따른다.

　가. 입자형·가스형 오염물질을 제거 또는 여과하는 성능이 일정 수준 이상일 것

　나. 여과장치 등의 청소 및 교환 등 유지관리가 쉬운 구조일 것

　다. 공기여과기의 경우 한국산업표준(KS B 6141)에 따른 입자 포집률이 계수법으로 측정하여 60퍼센트 이상일 것

9. 기계환기설비를 구성하는 설비·기기·장치 및 제품 등의 효율 및 성능 등을 판정함에 있어 이 규칙에서 정하지 아니한 사항에 대하여는 해당 항목에 대한 한국산업표준에 적합하여야 한다.

10. 기계환기설비는 환기의 효율을 극대화할 수 있는 위치에 설치하여야 하고, 바깥공기의 변동에 의한 영향을 최소화할 수 있도록 공기흡입구 또는 배기구 등에 완충장치 또는 석쇠형 철망 등을 설치하여야 한다.

11. 기계환기설비는 주방 가스대 위의 공기배출장치, 화장실의 공기배출 송풍기등 급속환기 설비와 함께 설치할 수 있다.

12. 공기흡입구 및 배기구와 공기공급체계 및 공기배출체계는 기계환기설비를 지속적으로 작동시키는 경우에도 대상 공간의 사용에 지장을 주지 아니하는 위치에 설치되어야 한다.

13. 기계환기설비에서 발생하는 소음의 측정은 한국산업표준(KS B 6361)에 따르는 것을 원칙으로 한다. 측정위치는 대표길이 1미터(수직 또는 수평 하단)에서 측정하여 소음이 40dB 이하가 되어야 하며, 암소음은 보정하여야 한다. 다만, 환기설비 본체(소음원)가 거주공간 외부에 설치될 경우에는 대표길이 1미터(수직 또는 수평 하단)에서 측정하여 50dB 이하가 되거나, 거주공간 내부의 중앙부 바닥으로부터 1.0~1.2미터 높이에서 측정하여 40dB 이하가 되어야 한다.

14. 외부에 면하는 공기흡입구와 배기구는 교차오염을 방지할 수 있도록 1.5미터 이상의 이격거리를 확보하거나, 공기흡입구와 배기구의 방향이 서로 90도 이상 되는 위치에 설치되어야 하고, 화재 등 유사 시 안전에 대비할 수 있는 구조와 성능이 확보되어야 한다.

15. 기계환기설비의 에너지 절약을 위하여 폐열회수형 환기장치를 설치하는 경우에는 한국산업표준(KS B 6879)에 따라 시험한 폐열회수형 환기장치의 유효환기량이 표시용량의 90퍼센트 이상이어야 하고, 폐열회수형 환기장치의 안과 밖은 물 맺힘이 발생하는 것을 최소화할 수 있는 구조와 성능을 확보하도록 하여야 한다.

16. 기계환기설비는 송풍기, 폐열회수형 환기장치, 공기여과기, 공기가 통하는 관, 공기흡입구 및 배기구, 그 밖의 기기 등 주요 부분의 정기적인 검검 및 정비 등 유지관리가 쉬운 체계로 구성되어야 하고, 제품의 사양 및 시방서에 유지관리 관련 내용을 명시하여야 하며, 유지관리 관련 내용이 수록된 사용자 설명서를 제시하여야 한다.

17. 실외의 기상조건에 따라 환기용송풍기 등 기계환기설비를 작동하지 아니하더라도 자연환기와 기계환기가 동시 운용될 수 있는 혼합형 환기설비가 설계도서 등을 근거로

필요 환기량을 확보할 수 있는 것으로 객관적으로 입증되는 경우에는 기계환기설비를 갖춘 것으로 인정할 수 있다. 이 경우 동시에 운용될 수 있는 자연환기설비와 기계환기설비가 제11조제1항의 환기기준을 각각 만족할 수 있어야 한다.

18. 중앙관리방식의 공기조화설비(실내의 온도·습도 및 청정도 등을 적정하게 유지하는 역할을 하는 설비를 말한다)가 설치된 경우에는 다음 각 목의 기준에도 적합하여야 한다.

　가. 공기조화설비는 24시간 지속적인 환기가 가능한 것일 것. 다만, 주요 환기설비와 분리된 별도의 환기계통을 병행 설치하여 실내에 존재하는 국소 오염원에서 발생하는 오염물질을 신속히 배출할 수 있는 체계로 구성하는 경우에는 그러하지 아니하다.

　나. 중앙관리방식의 공기조화설비의 제어 및 작동상황을 통제할 수 있는 관리실 또는 기능이 있을 것

[4] 기계환기설비를 설치하여야 하는 다중이용시설 및 필요 환기량(별표1의6) 〈개정 2021.8.27〉

1. 기계환기설비를 설치하여야 하는 다중이용시설

　가. 지하시설

　　1) 모든 지하역사(출입통로·대합실·승강장 및 환승통로와 이에 딸린 시설을 포함한다)

　　2) 연면적 2천제곱미터 이상인 지하도상가(지상건물에 딸린 지하층의 시설 및 연속되어 있는 둘 이상의 지하도상가의 연면적 합계가 2천제곱미터 이상인 경우를 포함한다)

　나. 문화 및 집회시설

　　1) 연면적 3천제곱미터 이상인 「건축법 시행령」 별표 1 제5호라목에 따른 전시장

　　2) 연면적 2천제곱미터 이상인 「건정가정의례의 정착 및 지원에 관한 법률」에 따른 혼인예식장

　　3) 연면적 1천제곱미터 이상인 「공연법」 제2조제4호에 따른 공연장

　　4) 관람석 용도로 쓰이는 바닥면적이 1천제곱미터 이상인 「체육시설의 설치·이용에 관한 법률」 제2조제1호에 따른 체육시설

　　5) 「영화 및 비디오들의 진흥에 관한 법률」 제2조제10호에 따른 영화상영관

　다. 판매 및 영업시설

　　1) 「유통산업발전법」 제2조제3호에 따른 대규모점포

　　2) 연면적 300제곱미터 이상인 「게임산업 진흥에 관한 법률」 제2조제7호에 따른 인터넷컴퓨터게임시설제공업의 영업시설

　라. 운수시설

　　1) 「항만법」 제2조제5항에 따른 항만시설 중 연면적 5천제곱미터 이상인 대합실

　　2) 「여객자동차 운수사업법」 제2조제5호에 따른 여객자동차터미널 중 연면적 2천제곱미터 이상인 대합실

　　3) 「철도산업발전기본법」 제3조제2호에 따른 철도시설 중 연면적 2천제곱미터 이상인 대합실

　　4) 「항공법」 제2조제8호에 따른 공항시설 중 연면적 1천5백제곱미터 이상인 여객터미널

　마. 의료시설 : 연면적이 2천제곱미터 이상이거나 병상 수가 100개 이상인 「의료법」 제3조에 따른 의료기관

　바. 교육연구시설

　　1) 연면적 3천제곱미터 이상인 「도서관법」 제2조제1호에 따른 도서관

　　2) 연면적 1천제곱미터 이상인 「학원의 설립·운영 및 과외교습에 관한 법률」 제2

조제1호에 따른 학원

사. 노유자시설

  1) 연면적 430제곱미터 이상인 「영유아보육법」 제10조제1호부터 제4호까지 및 제7호에 따른 국공립어린이집, 사회복지법인어린이집, 법인ㆍ단체등어린이집, 직장어린이집 및 민간어린이집

  2) 연면적 1천제곱미터 이상인 「노인복지법」 제34조제1항제1호에 따른 노인요양시설(국공립노인요양시설로 한정한다)

아. 업무시설: 연면적 3천제곱미터 이상인 「건축법 시행령」 별표 1 제14호 가목에 따른 공공업무시설(국가 또는 지방자치단체의 청사로 한정한다) 및 같은 호 나목에 따른 업무시설

자. 자동차 관련 시설: 연면적 2천제곱미터 이상인 「주차장법」 제2조제1호에 따른 주차장(실내주차장으로 한정하며, 같은 법 제2조제2호에 따른 기계식주차장은 제외한다)

차. 장례시설: 연면적 1천제곱미터 이상인 「장사 등에 관한 법률」 제28조의2 제1항 및 제29조에 따른 장례시설(지하에 설치되는 경우로 한정한다)

카. 그 밖의 시설

  1) 연면적 1천제곱미터 이상인 「공중위생관리법」 제2조제3호에 따른 목욕장업의 영업시설

  2) 연면적 5백제곱미터 이상인 「모자보건법」 제2조제11호에 따른 산후조리원

  3) 연면적 430제곱미터 이상인 「어린이놀이시설 안전관리법」 제2조제2호에 따른 어린이놀이시설 중 실내 어린이놀이시설

2. 각 시설의 필요 환기량

구분		필요 환기량(m^3/인ㆍh)	비고
가. 지하시설	1) 지하역사	25 이상	
	2) 지하도상가	36 이상	매장(상점) 기준
나. 문화 및 집회시설		29 이상	
다. 판매시설		29 이상	
라. 운수시설		29 이상	
마. 의료시설		36 이상	
바. 교육연구시설		36 이상	
사. 노유자시설		36 이상	
아. 업무시설		29 이상	
자. 자동차 관련 시설		27 이상	
차. 장례시설		36 이상	
카. 그 밖의 시설		25 이상	

■ 비고

가. 제1호에서 연면적 또는 바닥면적을 산정할 때에는 실내공간에 설치된 시설이 차지하는 연면적 또는 바닥면적을 기준으로 산정한다.

나. 필요 환기량은 예상 이용인원이 가장 높은 시간대를 기준으로 산정한다.

다. 의료시설 중 수술실 등 특수 용도로 사용되는 실(室)의 경우에는 소관 중앙행정기관의 장이 달리 정할 수 있다.

라. 제1호자목의 자동차 관련 시설의 필요 환기량은 단위면적당 환기량(m^3/m^2ㆍh)으로 산정한다.

요점 환기설비기준

(1) 환기설비대상

① 신축 또는 리모델링하는 다음의 공동주택

1. 30세대 이상의 공동주택	· 자연환기
2. 주택을 주택 외의 시설과 동일건축물로 건축하는 경우로서 주택이 30세대 이상인 건축물	· 기계환기

② 다중이용시설

1. 모든 지하역사	
2. 연면적 2,000㎡ 이상인 지하도상가	
3. 문화 및 집회시설 · 연면적 3,000㎡ 이상인 전시장 · 연면적 2,000㎡ 이상인 혼인예식장 · 연면적 1,000㎡ 이상인 공연장 · 연면적 300㎡ 이상인 영화상영관	· 기계환기
4. 연면적 2,000㎡ 이상이거나 병상수 100개 이상인 의료시설	
5. 연면적 2,000㎡ 이상인 주차장(실외 · 기계식 주차장 제외)	
6. 연면적 1,000㎡ 이상인 장례시설(지하에 설치된 것)등	

(2) 자연환기설비 설치기준 (설비규칙 별표1의4)

① 자연환기설비는 도입되는 바깥공기에 대한 공기여과기를 갖추어야 한다. (이 경우 공기여과기는 입자 포집률을 중량법으로 측정하여 70% 이상 확보하여야 한다.)

② 자연환기설비로 인하여 발생하는 소음은 대표길이 1m(수직 또는 수평 하단)에서 측정하여 40dB 이하가 되어야 한다.

③ 자연환기설비는 설치되는 실의 바닥부터 수직으로 1.2m 이상의 높이에 설치하여야 하며, 2개 이상의 자연환기설비를 상하로 설치하는 경우 1m 이상의 수직 간격을 확보하여야 한다.

④ 필요 환기 회수는 시간당 0.5회로 한다.

(3) 기계환기설비 설치기준 (설비규칙 별표1의5)

① 적정 단계의 필요 환기량은 신축공동주택 등의 세대를 시간당 0.5회로 환기할 수 있는 풍량을 확보하여야한다.

② 기계환기설비는 신축공동주택 등의 모든 세대가 제11조제1항의 규정에 의한 환기횟수를 만족시킬 수 있도록 24시간 가동할 수 있어야 한다.

③ 집진기 또는 공기여과기(입자 포집률 : 질량법 측정하여 70% 이상)를 설치하여야 한다.

④ 소음의 측정위치는 대표길이 1m(수직 또는 수평하단)에서 측정하여 소음이 40dB 이하가 되어야 한다.

⑤ 외부에 면하는 공기흡입구와 배기구는 교차오염으로 방지할 수 있도록 1.5m 이상의 이격거리를 확보하거나, 공기흡입구와 배기구의 방향이 서로 90° 이상이 되는 위치에 설치되어야 한다.

⑥ 폐열회수형 환기장치를 설치하는 경우에는 유효환기량이 표시용량의 90% 이상이어야 한다.

예제문제 14

공동주택의 기계환기 설치기준 중 가장 부적합한 것은?

① 30세대 이상의 기숙사를 제외한 공동주택의 신축 또는 리모델링의 경우 적용한다.

② 환기횟수는 시간당 0.5회 이상이어야 한다.

③ 소음의 측정위치는 대표길이 1~1.2m에서 측정하여 소음이 40dB 이하가 되어야 한다.

④ 거실에서의 소음 측정은 거주공간 내부의 중앙부 바닥으로부터 1~1.2m 높이에서 측정하여 40dB 이하가 되어야 한다.

해설 소음의 측정위치는 대표길이 1m에서 측정한다.

답 : ③

예제문제 15

기계환기설비를 설치하여야 할 다중이용시설에 해당되는 것은?

① 연면적 3,000m² 이상인 도서관

② 연면적 500m² 이상인 지하 장례시설

③ 연면적 1,000m² 이상인 의료기관

④ 연면적 2,000m² 이상인 전시장

해설 ② 1,000m² 이상
③ 2,000m² 이상 또는 병상수 100개 이상
④ 3,000m² 이상

답 : ①

예제문제 **16**

"건축물의 설비기준 등에 관한 규칙"에 따른 공동주택 및 다중이용시설의 환기설비기준에 대한 설명으로 적절하지 않은 것은? 【16년 기출문제】

① 신축 또는 리모델링하는 30세대 이상의 공동주택은 시간당 0.5회 이상의 환기가 이루어질 수 있도록 자연환기설비 또는 기계환기설비를 설치할 것

② 다중이용시설의 기계환기설비 용량기준은 시설이용 시간 당 환기량을 원칙으로 산정할 것

③ 기계환기설비는 다중이용시설로 공급되는 공기의 분포를 최대한 균등하게 하여 실내 기류의 편차가 최소화될 수 있도록 할 것

④ 공기공급체계·공기배출체계 또는 공기흡입구·배기구 등에 설치되는 송풍기는 외부의 기류로 인하여 송풍능력이 떨어지는 구조가 아닐 것

─────────────────────────────

해설 다중이용시설의 기계환기설비 용량기준은 시설이용 인원당 환기량을 원칙으로 산정한다.

답 : ②

예제문제 **17**

"건축물의 설비기준 등에 관한 규칙"에 따라 30세대의 신축공동주택에 기계확기설비를 설치하는 경우 해당 기준으로 가장 적절하지 않은 것은? 【23년 기출문제】

① 세대의 환기량 조절을 위하여 환기설비의 정격풍량을 최소 · 적정 · 최대의 3단계 뜨는 그 이상으로 조절할 수 있는 체계를 갖추어야 한다.

② 환기설비의 정격풍량 조절 단계 중 최소 단계의 필요환기량은 세대를 시간당 0.5회로 환기할 수 있는 풍량을 확보하여야 한다.

③ 모든 세대가 시간당 0.5회의 환기횟수를 만족할 수 있도록 24시간 가동할 수 있어야 한다.

④ 바깥공기를 공급하는 송풍기가 있는 환기체계의 경우 공기여과기는 한국산업표준(KS B 6141)에 따른 입자 포집률이 계수법으로 측정하여 60퍼센트 이상이 되어야 한다.

─────────────────────────────

해설 적정단계의 필요환기량을 기준으로 한다.

답 : ②

예제문제 18

"건축물의 설비기준 등에 관한 규칙"에 따라 기계환기설비를 설치하여야 하는 다중이용시설 및 각 시설의 필요 환기량에 대한 설명으로 가장 적절하지 않은 것은?

【18년 기출문제】

① '다중이용시설'이란 「건축법 시행령」 제2조에서 정의하는 '다중이용 건축물'을 말한다.
② 필요 환기량 기준(㎥/인·h)은 지하시설 중 지하역사에 대해 25 이상, 업무시설에 대해 29 이상으로 규정된다.
③ 판매시설의 필요 환기량은 예상 이용인원이 가장 높은 시간대를 기준으로 산정한다.
④ 자동차 관련 시설의 필요 환기량은 단위면적당 환기량(㎥/㎡·h)으로 산정한다.

[해설] 건축물의 설비기준 등에 관한 규칙에 따른 다중이용시설 등은 동규칙 별표 1의 6에 따른 것이다. (예 : 모든 지하역사 및 연면적 2,000m² 이상인 지하도상가는 기계 환기 설치대상인 다중이용시설에 해당된다.) **답 : ①**

예제문제 19

"건축물의 설비기준 등에 관한 규칙"에 따라 기계환기 설비를 설치하여야 하는 다음 보기의 다중이용시설 중 필요환기량(m^3/인·h)이 큰 용도 순으로 나열한 것은?

【22년 기출문제】

〈보기〉		
㉠ 지하시설 중 지하역사	㉡ 문화 및 집회시설	㉢ 교육연구시설

① ㉢ 〉 ㉠ 〉 ㉡　　　　　　　　　② ㉢ 〉 ㉡ 〉 ㉠
③ ㉡ 〉 ㉠ 〉 ㉢　　　　　　　　　④ ㉡ 〉 ㉢ 〉 ㉠

[해설] **필요환기량(m^3/인·h)**
㉠ 지하역사: 25 이상　　㉡ 문화 및 집회시설: 29 이상　　㉢ 교육연구시설: 36 이상
답 : ②

예제문제 20

"건축물의 설비기준 등에 관한 규칙"에 따라 다중이용시설을 신축하는 경우 기계환기설비의 구조 및 설치에 대한 기준으로 가장 적절하지 **않은** 것은?

【20년 기출문제】

① 기계환기설비 용량기준은 시설면적 당 환기량을 원칙으로 산정한다.

② 공기흡입구·배기구 등에 설치되는 송풍기는 외부의 기류로 인하여 송풍능력이 떨어지는 구조가 되지 않도록 한다.

③ 배기구는 배출되는 공기가 공기흡입구로 직접 들어가지 아니하는 위치에 설치한다.

④ 다중이용시설로 공급되는 공기의 분포를 최대한 균등하게 하여 실내 기류의 편차가 최소화될 수 있도록 한다.

──────

해설 기계환기설비 용량기준은 시설이용 인원당 환기량을 원칙으로 산정한다.(설비규칙 별표 1의 6)

답 : ①

(4) 환기구 안전기준 (설비규칙 제11조의2)

건축물의 환기설비에 부속된 급기 및 배기를 위한 건축구조물의 개구부인 환기구는 다음의 기준에 따라야 한다.

① 보행자 및 건축물 이용자의 안전이 확보되도록 바닥으로부터 2m 이상의 높이에 설치할 것

- 예외 : • 환기구를 벽면에 설치하는 등 사람이 올라설 수 없는 구조로 설치하는 경우
   (배기를 위한 환기구는 배출되는 공기가 보행자 및 건축물 이용자에게 직접 닿지 않도록 설치할 것)
   • 안전펜스 또는 조경 등을 이용하여 접근을 차단하는 구조로 하는 경우

② 모든 환기구에는 국토교통부장관이 정하여 고시하는 강도(强度) 이상의 덮개와 덮개 걸침턱 등 추락방지시설을 설치할 것

6 배연설비

법	시행령
[설비규칙] **제14조【배연설비】** ① 법 제49조제2항에 따라 배연설비를 하여야 하는 건축물에는 다음 각 호의 기준에 적합하게 배연설비를 설치해야 한다. 다만, 피난층인 경우에는 그렇지 않다. 〈개정 2017.12.4, 2020.10.10〉 1. 영 제46조제1항의 규정에 의하여 건축물에 방화구획이 설치된 경우에는 그 구획마다 1개소 이상의 배연창을 설치하되, 배연창의 상변과 천장 또는 반자로부터 수직거리가 0.9미터 이내일 것. 다만, 반자높이가 바닥으로부터 3미터 이상인 경우에는 배연창의 하변이 바닥으로부터 2.1미터 이상의 위치에 놓이도록 설치하여야 한다. 2. 배연창의 유효면적은 별표 2의 산정기준에 의하여 산정된 면적이 1제곱미터 이상으로서 그 면적의 합계가 당해 건축물의 바닥면적(영 제46조제1항 또는 제3항의 규정에 의하여 방화구획이 설치된 경우에는 그 구획된 부분의 바닥면적을 말한다)의 100분의 1이상일 것. 이 경우 바닥면적의 산정에 있어서 거실바닥면적의 20분의 1 이상으로 환기창을 설치한 거실의 면적은 이에 산입하지 아니한다. 3. 배연구는 연기감지기 또는 열감지기에 의하여 자동으로 열 수 있는 구조로 하되, 손으로도 열고 닫을 수 있도록 할 것 4. 배연구는 예비전원에 의하여 열 수 있도록 할 것 5. 기계식 배연설비를 하는 경우에는 제1호 내지 제4호의 규정에 불구하고 소방관계법령의 규정에 적합하도록 할 것 ② 특별피난계단 및 영 제90조제3항의 규정에 의한 비상용승강기의 승강장에 설치하는 배연설비의 구조는 다음 각호의 기준에 적합하여야 한다. 〈개정 1996.2.9, 1999.5.11〉 1. 배연구 및 배연풍도는 불연재료로 하고, 화재가 발생한 경우 원활하게 배연시킬 수 있는 규모로서 외기 또는 평상시에 사용하지 아니하는 굴뚝에 연결할 것 2. 배연구에 설치하는 수동개방장치 또는 자동개방장치(열감지기 또는 연기감지기에 의한 것을 말한다)는 손으로도 열고 닫을 수 있도록 할 것 3. 배연구는 평상시에는 닫힌 상태를 유지하고, 연 경우에는 배연에 의한 기류로 인하여 닫히지 아니하도록할 것 4. 배연구가 외기에 접하지 아니하는 경우에는 배연기를 설치할 것	**제51조【거실의 채광 등】** ② 법 제49조제2항에 따라 다음 각 호의 어느 하나에 해당하는 건축물의 거실(피난층의 거실은 제외한다)에는 배연설비를 해야 한다. 〈개정 2015.9.22, 2017.2.3, 2019.10.22〉 1. 6층 이상인 건축물로서 다음 각 목의 어느 하나에 해당하는 용도로 쓰는 건축물 　가. 제2종 근린생활시설 중 공연장, 종교집회장, 인터넷컴퓨터게임시설제공업소 및 다중생활시설(공연장, 종교집회장 및 인터넷컴퓨터게임시설제공업소는 해당 용도로 쓰는 바닥면적의 합계가 각각 300제곱미터 이상인 경우만 해당한다) 　나. 문화 및 집회시설 　다. 종교시설 　라. 판매시설 　마. 운수시설 　바. 의료시설(요양병원 및 정신병원은 제외한다) 　사. 교육연구시설 중 연구소 　아. 노유자시설 중 아동 관련 시설, 노인복지시설(노인요양시설은 제외한다) 　자. 수련시설 중 유스호스텔 　차. 운동시설 　카. 업무시설 　타. 숙박시설 　파. 위락시설 　하. 관광휴게시설 　거. 장례시설 2. 다음 각 목의 어느 하나에 해당하는 용도로 쓰는 건축물 　가. 의료시설 중 요양병원 및 정신병원 　나. 노유자시설 중 노인요양시설·장애인 거주시설 및 장애인 의료재활시설 　다. 제1종 근린생활시설 중 산후조리원

5. 배연기는 배연구의 열림에 따라 자동적으로 작동하고, 충분한 공기배출 또는 가압능력이 있을 것
6. 배연기에는 예비전원을 설치할 것
7. 공기유입방식을 급기가압방식 또는 급·배기방식으로 하는 경우에는 제1호 내지 제6호의 규정에 불구하고 소방관계법령의 규정에 적합하게 할 것

요점 배연설비

(1) 거실에 설치하는 배연설비 구조기준

규 모	건축물의 용도	구 분	구 조 기 준
① 6층 이상의 건축물	·문화 및 집회시설 ·의료시설 ·운동시설 ·숙박시설 ·관광휴게시설 ·종교시설 ·운수시설 ·판매시설 ·연구소 ·아동관련시설 ·노인복지시설 ·유스호스텔 ·업무시설 ·위락시설 ·장례시설 ·다중생활시설(고시원)	배연창의 위치	건축물에 방화구획이 설치된 경우 - 그 구획마다 1개소 이상의 배연창을 설치하되 배연창의 상변과 천장 또는 반자로부터 수직거리가 0.9m 이내일 것 다만, 반자높이가 3m 이상인 경우 배연창의 하변이 바닥으로부터 2.1m 이상의 위치에 놓이도록 설치
		배연창의 유효면적	·1m² 이상으로서 바닥면적의 1/100 이상 ■ 예외 : 방화구획이 된 경우 거실바닥면적의 1/20 이상으로 환기창을 설치한 거실의 바닥면적을 제외
		배연구의 구조	·연기감지기, 열감지기에 의해 자동으로 열 수 있는 구조로 하되 손으로 여닫을 수 있도록 할 것 ·예비전원에 의해 열 수 있도록 할 것
		기계식 배연설비	·소방관계법령의 규정을 따른다.
② 다음에 해당되는 건축물	·요양병원 ·정신병원 ·노인요양시설 ·장애인거주시설 ·장애인 의료재활시설 ·산후조리원		

■ 예외 : 피난층의 경우에는 제외한다.

|참고|

■ **배연창의 위치**

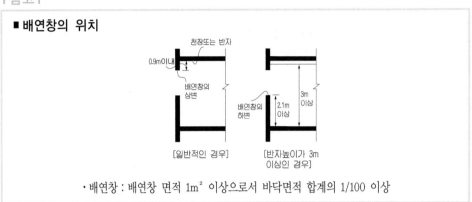

[일반적인 경우]　[반자높이가 3m 이상인 경우]

· 배연창 : 배연창 면적 1m² 이상으로서 바닥면적 합계의 1/100 이상

(2) 특별피난계단, 비상용승강기 및 피난용승강기 승강장에 설치하는 배연설비 구조기준

구 분		구조기준
1. 배연구·배연풍도		불연재료로 하고, 화재가 발생한 경우 원활하게 배연시킬 수 있는 규모로서 외기 또는 평상시에 사용하지 아니하는 굴뚝에 연결할 것
2. 배연구 구조		배연구에 설치하는 수동개방장치 또는 자동개방장치는 손으로도 열고 닫을 수 있도록 할 것
		평상시에는 닫힌 상태를 유지하고, 연 경우에는 배연에 의한 기류로 인하여 닫히지 아니하도록 할 것
		배연구가 외기에 접하지 아니하는 경우에는 배연기를 설치할 것
3. 배연기	개폐방식	배연구의 열림에 따라 자동적으로 작동하고, 충분한 공기배출 또는 가압능력이 있을 것
	전 원	예비전원을 설치할 것
4. 공기유입방식		급기 가압방식 또는 급·배기방식으로 하는 경우 소방관계법령의 규정에 따를 것

예제문제 **21**

"건축법"에서 배연설비 설치대상이 아닌 건축물은?　　【15년 기출문제】

① 5층 규모 건축물의 1층에 위치한 문화 및 집회시설로서 해당면적이 3,000제곱미터 인 건축물

② 6층 규모 건축물의 6층에 위치한 업무시설로서 해당면적이 1,200제곱미터인 건축물

③ 10층 규모 건축물의 8층에 위치한 운동시설로서 해당면적이 500제곱미터인 건축물

④ 6층 규모 건축물의 6층에 위치한 관광휴게시설로서 해당면적이 2,500제곱미터인 건축물

해설
배연설비는 6층 이상 건축물에서 업무시설, 문화 및 집회시설 등의 용도로 쓰이는 거실에 설치한다.

답 : ①

예제문제 **22**

"건축법"에 따라 건축물의 거실에 배연설비를 설치해야 하는 규모와 용도로 적절하지 않은 것은?

【21년 기출문제】

① 5층 요양병원

② 5층 판매시설

③ 6층 업무시설

④ 6층 연구소

[해설] 요양병원은 충수제한을 받지 않으나, 판매시설의 경우에는 6층 이상인 건축물에서 해당된다.

답 : ②

예제문제 **23**

특별피난계단 및 비상용승강기 승강장에 설치하는 배연설비의 구조에 관한 기술로서 부적합한 것은?

① 배연구 및 배연풍도는 불연재료로 하여 외기 또는 평상시 사용하지 않는 굴뚝에 연결할 것

② 배연구에 설치하는 수동개방장치 또는 열감지기에 의한 자동개방장치는 손으로 여닫을 수 있도록 할 것

③ 배연구는 평상시에 개방상태를 유지하고 배연에 따라 발생하는 기류에 의하여 닫히지 않는 구조로 할 것

④ 배연구가 외기에 접하지 않은 경우에는 배연기를 설치할 것

[해설] 배연구는 평상시에 닫힌 상태를 유지하여야 한다.

답 : ③

예제문제 **24**

6층 이상인 문화 및 집회시설의 거실바닥면적이 400m²인 경우 배연창의 최소유효면적으로 적합한 것은?

① 1m²

② 2m²

③ 3m²

④ 4m²

[해설] 배연창의 유효면적은 1m² 이상으로 바닥면의 1/100 이상이어야 한다. 따라서

㉠ 1m²

㉡ $400 \times \dfrac{1}{100} = 4m$ } 중 큰 값

답 : ④

7 배관설비

설비규칙 제17조 【배관설비】

① 건축물에 설치하는 급수·배수 등의 용도로 쓰는 배관설비의 설치 및 구조는 다음 각호의 기준에 적합하여야 한다.

1. 배관설비를 콘크리트에 묻는 경우 부식의 우려가 있는 재료는 부식방지조치를 할 것
2. 건축물의 주요부분을 관통하여 배관하는 경우에는 건축물의 구조내력에 지장이 없도록 할 것
3. 승강기의 승강로 안에는 승강기의 운행에 필요한 배관설비외의 배관설비를 설치하지 아니할 것
4. 압력탱크 및 급탕설비에는 폭발등의 위험을 막을 수 있는 시설을 설치할 것

② 제1항의 규정에 의한 배관설비로서 배수용으로 쓰이는 배관설비는 제1항 각호의 기준 외에 다음 각호의 기준에 적합하여야 한다. 〈개정 1996.2.9〉

1. 배출시키는 빗물 또는 오수의 양 및 수질에 따라 그에 적당한 용량 및 경사를 지게 하거나 그에 적합한 재질을 사용할 것
2. 배관설비에는 배수트랩·통기관을 설치하는 등 위생에 지장이 없도록 할 것
3. 배관설비의 오수에 접하는 부분은 내수재료를 사용할 것
4. 지하실등 공공하수도로 자연배수를 할 수 없는 곳에는 배수용량에 맞는 강제배수시설을 설치할 것
5. 우수관과 오수관은 분리하여 배관할 것
6. 콘크리트구조체에 배관을 매설하거나 배관이 콘크리트구조체를 관통할 경우에는 구조체에 덧관을 미리 매설하는 등 배관의 부식을 방지하고 그 수선 및 교체가 용이하도록 할 것

③ 삭제 〈1996.2.9〉

설비규칙 제18조 【먹는 물용 배관설비】

영 제87조제2항에 따라 건축물에 설치하는 먹는 물용 배관설비의 설치 및 구조는 다음 각호의 기준에 적합하여야 한다. 〈개정 2009.12.31〉

1. 제17조제1항 각호의 기준에 적합할 것
2. 먹는 물용 배관설비는 다른 용도의 배관설비와 직접 연결하지 않을 것
3. 급수관 및 수도계량기는 얼어서 깨지지 아니하도록 별표 3의2의 규정에 의한 기준에 적합하게 설치할 것
4. 제3호에서 정한 기준외에 급수관 및 수도계량기가 얼어서 깨지지 아니하도록 하기 위하여 지역실정에 따라 당해 지방자치단체의 조례로 기준을 정한 경우에는 동기준에 적합하게 설치할 것
5. 급수 및 저수탱크는 「수도시설의 청소 및 위생관리 등에 관한 규칙」 별표 1의 규정에 의한 저수조설치기준에 적합한 구조로 할 것
6. 먹는 물의 급수관의 지름은 건축물의 용도 및 규모에 적정한 규격이상으로 할 것. 다만, 주거용 건축물은 당해 배관에 의하여 급수되는 가구수 또는 바닥면적의 합계에 따라 별표 3의 기준에 적합한 지름의 관으로 배관하여야 한다.
7. 먹는 물용 급수관은 「수도법 시행규칙」 제10조 및 별표 4에 따른 위생안전기준에 적합한 수도용 자재 및 제품을 사용할 것

|참고|

2. 주거용건축물의 급수관의 지름 [별표 3] (개정 1999.5.11)	가구 또는 세대수	1	2·3	4·5	6~8	9~16	17 이상

가구 또는 세대수	1	2·3	4·5	6~8	9~16	17 이상
급수관 지름의 최소 기준(mm)	15	20	25	32	40	50

■ 비고
① 가구 또는 세대의 구분이 불분명한 건축물에 있어서는 주거에 쓰이는 바닥면적의 합계에 따라 다음과 같이 가구수를 산정한다.
　가. 바닥면적 85m² 이하 : 1가구
　나. 바닥면적 85m² 초과 150m² 이하 : 3가구
　다. 바닥면적 150m² 초과 300m² 이하 : 5가구
　라. 바닥면적 300m² 초과 500m² 이하 : 16가구
　마. 바닥면적 500m² 초과 : 17가구
② 가압설비 등을 설치하여 급수되는 각 기구에서의 압력이 0.7kg/cm² 이상인 경우에는 위 표의 기준을 적용하지 아니할 수 있다.

3. 급수관 및 수도계량기 보호함의 설치기준 [별표 3의2] (개정 2010.11.5)

① 급수관의 단열재 두께(단위 : mm)

설치장소	관경(mm, 외경)	20미만	200이상 ~ 50미만	500이상 ~ 70미만	700이상 ~ 100미만	100 이상
·외기에 노출된 배관 ·옥상 등 그밖에 동파가 우려되는 건축물의 부위	설계용 외기온도(℃)					
	−10 미만	200(50)	50(25)	25(25)	25(25)	25(25)
	−5 미만~−10	100(50)	40(25)	25(25)	25(25)	25(25)
	0미만~−5	40(25)	25(25)	25(25)	25(25)	25(25)
	0℃ 이상 유지	20				

㉠ (　)은 기온강하에 따라 자동으로 작동하는 전기 발열선이 설치하는 경우 단열재의 두께를 완화할 수 있는 기준
㉡ 단열재의 열전도율은 0.04kcal/m²·h·℃ 이하인 것으로 한국산업표준제품을 사용할 것
㉢ 설계용 외기온도 : 법 제59조제2항의 규정에 의한 에너지 절약설계기준에 따를 것
② 수도계량기보호함(난방공간내에 설치하는 것 제외)
㉠ 수도계량기와 지수전 및 역지밸브를 지중 혹은 공동주택의 벽면 내부에 설치하는 경우에는 콘크리트 또는 합성수지제 등의 보호함에 넣어 보호할 것
㉡ 보호함내 옆면 및 뒷면과 전면판에 각각 단열재를 부착할 것(단열재는 밀도가 높고 열전도율이 낮은 것으로 한국산업표준제품을 사용할 것)
㉢ 보호함의 배관입출구는 단열재 등으로 밀폐하여 냉기의 침입이 없도록 할 것
㉣ 보온용 단열재와 계량기 사이 공간을 유리섬유 등 보온재로 채울 것
㉤ 보호통과 벽체사이틈을 밀봉재 등으로 채워 냉기의 침투를 방지할 것

■ **주거용 건축물의 급수관 지름**

주거용 건축물은 당해 배관에 의하여 급수되는 가구수 또는 바닥면적의 합계에 따라 다음의 기준에 적합한 지름의 관으로 배관하여야 한다.

주거바닥면적에 따른 가구수	가구 또는 세대 수	급수관 지름의 최소 기준(mm)
•바닥면적 85m² 이하 : 1가구	1	15
•바닥면적 85m² 초과 150m² 이하 3가구	2~3	20
•바닥면적 150m² 초과 300m² 이하 5가구	4~5	25
	6~8	32
•바닥면적 300m² 초과 500m² 이하 : 16가구	9~16	40
•바닥면적 500m² 초과 : 17가구	17 이상	50

예외) 기구압력 0.7kg/cm² 이상일 경우 위 기준을 적용하지 않을 수 있다.

■ **급수관 단열재 두께**

관경 (mm, 외경) 설계용 외기온도 (℃)	20 미만	20이상 ~ 50미만
-10미만	200	50
-5미만~-10	100	40
0미만~-5	40	25
0℃ 이상유지	20	

요점 배관설비

배관구분	기준
1. 급수·배수용 배관설비	•배관설비를 콘크리트에 묻는 경우 부식의 우려가 있는 재료는 부식방지조치를 할 것 •건축물의 주요부분을 관통하여 배관하는 경우에는 건축물의 구조내력에 지장이 없도록 할 것 •승강기의 승강로 안에는 승강기의 운행에 필요한 배관설비외의 배관설비를 설치하지 아니할 것 •압력탱크 및 급탕설비에는 폭발 등의 위험을 막을 수 있는 시설을 설치할 것
2. 배수용 배관설비	•1. 항의 구조기준에 충족할 것 •배관설비의 오수에 접하는 부분은 내수재료를 사용할 것 •우수관과 오수관은 분리하여 배관할 것 •콘크리트 구조체에 배관을 매설하거나 배관이 콘크리트 구조체를 관통할 경우에는 구조체에 덧관을 미리 매설하는 등 배관의 부식을 방지하고 그 수선 및 교체가 용이하도록 할 것
3. 음용수용 배관설비	•1. 항의 구조기준에 충족할 것 •음용수용 배관설비는 다른 용도의 배관설비와 직접연결하지 아니할 것 •음용수의 급수관의 지름은 건축물의 용도 및 규모에 적정한 규격 이상으로 할 것

예제문제 25

배관설비로서 배수용으로 쓰이는 배관설비의 기준으로 옳지 않은 것은?

① 배출시키는 빗물 또는 오수의 양 및 수질에 따라 그에 적당한 용량 및 경사를 지게 하거나 그에 적합한 재질을 사용할 것

② 우수관과 오수관은 분리하여 배관할 것

③ 배관설비의 오수에 접하는 부분은 방수재료를 사용할 것

④ 지하실 등 공공하수도로 재연배수를 할 수 없는 곳에는 배수용량에 맞는 강제배수 시설을 설치할 것

해설 배관설비의 오수에 접하는 부분은 내수재료를 사용할 것

답 : ③

예제문제 26

주거의 용도에 쓰이는 바닥면적의 합계가 400m²인 주거용 건축물의 음용수용 급수 관의 최소 지름은 얼마인가?

① 20mm ② 30mm

③ 40mm ④ 50mm

답 : ③

8 피뢰설비

설비규칙 제20조 【피뢰설비】

영 제87조제2항에 따라 낙뢰의 우려가 있는 건축물, 높이 20미터 이상의 건축물 또는 영 제118조제1항에 따른 공작물로서 높이 20미터 이상의 공작물(건축물에 영 제118조제1항에 따른 공작물을 설치하여 그 전체 높이가 20미터 이상인 것을 포함한다)에는 다음 각 호의 기준에 적합하게 피뢰설비를 설치해야 한다. 〈개정 2012.4.30, 2021.8.27〉

1. 피뢰설비는 한국산업표준이 정하는 피뢰레벨 등급에 적합한 피뢰설비일 것. 다만, 위험물저장 및 처리시설에 설치하는 피뢰설비는 한국산업표준이 정하는 피뢰시스템레벨 Ⅱ 이상이어야 한다.

2. 돌침은 건축물의 맨 윗부분으로부터 25센티미터 이상 돌출시켜 설치하되, 「건축물의 구조기준 등에 관한 규칙」 제9조에 따른 설계하중에 견딜 수 있는 구조일 것

3. 피뢰설비의 재료는 최소 단면적이 피복이 없는 동선(銅線)을 기준으로 수뢰부, 인하도선 및 접지극은 50제곱밀리미터 이상이거나 이와 동등 이상의 성능을 갖출 것

4. 피뢰설비의 인하도선을 대신하여 철골조의 철골구조물과 철근콘크리트조의 철근구조체 등을 사용하는 경우에는 전기적 연속성이 보장될 것. 이 경우 전기적 연속성이 있다고 판단되기 위하여는 건축물 금속 구조체의 최상단부와 지표레벨 사이의 전기저항이 0.2옴 이하이어야 한다.

5. 측면 낙뢰를 방지하기 위하여 높이가 60미터를 초과하는 건축물 등에는 지면에서 건축물 높이의 5분의 4가 되는 지점부터 최상단부분까지의 측면에 수뢰부를 설치하여야 하며, 지표레벨에서 최상단부의 높이가 150미터를 초과하는 건축물은 120미터 지점부터 최상단부분까지의 측면에 수뢰부를 설치할 것. 다만, 건축물의 외벽이 금속부재(部材)로 마감되고, 금속부재 상호간에 제4호 후단에 적합한 전기적 연속성이 보장되며 피뢰시스템레벨 등급에 적합하게 설치하여 인하도선에 연결한 경우에는 측면 수뢰부가 설치된 것으로 본다.

6. 접지(接地)는 환경오염을 일으킬 수 있는 시공방법이나 화학 첨가물 등을 사용하지 아니할 것

7. 급수·급탕·난방·가스 등을 공급하기 위하여 건축물에 설치하는 금속배관 및 금속재 설비는 전위(電位)가 균등하게 이루어지도록 전기적으로 접속할 것

8. 전기설비의 접지계통과 건축물의 피뢰설비 및 통신설비 등의 접지극을 공용하는 통합접지공사를 하는 경우에는 낙뢰 등으로 인한 과전압으로부터 전기설비 등을 보호하기 위하여 한국산업표준에 적합한 서지보호장치[서지(surge : 전류·전압 등의 과도파형을 말한다)로부터 각종 설비를 보호하기 위한 장치를 말한다.]를 설치할 것

9. 그 밖에 피뢰설비와 관련된 사항은 한국산업표준에 적합하게 설치할 것
   [전문개정 2006.2.13, 2021.8.27]

요점 **피뢰설비**

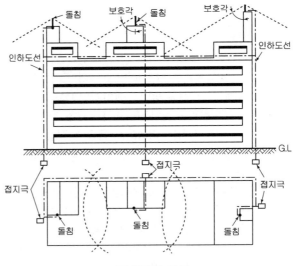

피뢰설비의 구성

구 분	내 용	비 고
1. 설치대상	① 낙뢰의 우려가 있는 건축물 ② 높이 20m 이상의 건축물 ③ 높이 20m 이상의 공작물* ④ 건축물에 공작물*을 설치하여 높이가 20m 이상인 것	* 영 제118조제1항에 따른 공작물을 말함
2. 규격	•한국산업표준이 정하는 피뢰레벨 등급에 적합하게 설치 (위험물 저장 및 처리시설은 피뢰시스템레벨 Ⅱ 이상으로 설치)	–
3. 돌침의 돌출길이 및 구조	•건축물의 맨 윗부분으로부터 25cm 이상으로 돌출시켜 설치하되, 설계하중에 견딜 수 있는 구조로 설치	•건축물의 구조기준 등에 관한 규칙 제9조 참조
4. 피뢰설비의 최소 단면적	•수 뢰 부 •인하도선 } 50mm² 이상 •접 지 극	•최소단면적은 피복이 없는 동선을 기준으로 함
5. 측면수뢰부의 설치	•높이 60m를 초과하는 건축물	•지면에서 건축물의 높이의 4/5가 되는 지점부터 최상단 부분까지의 측면에 설치
	•지표레벨에서 최상단부까지의 높이가 150m를 초과하는 건축물	•120m 지점부터 최상단 부분까지 측면에 설치
	■ 예외 : 건축물 외벽이 금속부재인 경우 금속부재 상호간에 전기적 연속성이 보장되고, 피뢰시스템레벨 등급에 적합하게 설치하여 인하도선에 연결된 경우	

•접지는 환경오염을 일으킬 수 있는 시공방법이나 화학첨가물을 사용하지 아니할 것
•급수·급탕·난방·가스 등을 공급하기 위하여 건축물에 설치하는 금속배관 및 금속재 설비는 전위가 균등하게 이루어지도록 전기적으로 접속하여야 함
•전기설비 접지계통과 건축물의 피뢰설비, 통신설비 등이 접지극을 공유하는 통합접지공사를 하는 경우 낙뢰등의 과전압으로부터 전기설비 등을 보호하기 위해 한국산업표준에 적합한 서지보호장치를 설치할 것
•그 밖에 피뢰설비와 관련사항은 한국산업표준에 적합하게 설치하여야 함

27

건축물에 설치하는 피뢰설비에 관한 기준으로 옳지 않은 것은?

① 측면 낙뢰를 방지하기 위하여 높이가 60m를 초과하는 건축물 등에는 지면까지 건축물 높이의 5분의 3이 되는 지점부터 상단부분까지의 측면에 수뢰부를 설치할 것

② 피뢰설비의 인하도선을 대신하여 철골조의 철골구조물과 철근콘크리트조의 철근구조체 등을 사용하는 경우에는 전기적 연속성이 보장될 것

③ 피뢰설비의 재료는 최소 단면적이 피복이 없는 동선을 기준으로 수뢰부, 인하도선, 접지극은 각각 50mm² 이상이거나 이와 동등 이상의 성능을 갖출 것

④ 돌침은 건축물의 맨 윗부분으로부터 25cm 이상 돌출시켜 설치할 것

해설 건축물 높이의 4/5 되는 지점부터 수뢰부를 설치한다.

답 : ①

9 물막이설비 등

(1) 물막이설비

설비규칙 **제17조2【물막이설비】**

① 다음 각 호의 어느 하나에 해당하는 지역에서 연면적 1만제곱미터 이상의 건축물을 건축하려는 자는 빗물 등의 유입으로 건축물이 침수되지 않도록 해당 건축물의 지하층 및 1층의 출입구(주차장의 출입구를 포함한다)에 물막이판 등 해당 건축물의 침수를 방지할 수 있는 설비(이하 "물막이설비"라 한다)를 설치해야 한다. 다만, 허가권자가 침수의 우려가 없다고 인정하는 경우에는 그렇지 않다. 〈개정 2020.10.10〉

  1. 「국토의 계획 및 이용에 관한 법률」 제37조제1항제5호에 따른 방재지구
  2. 「자연재해대책법」 제12조제1항에 따른 자연재해위험지구

② 제1항에 따라 설치되는 차수설비는 다음 각 호의 기준에 적합하여야 한다. 〈개정 2013.3.23〉

  1. 건축물의 이용 및 피난에 지장이 없는 구조일 것
  2. 그 밖에 국토교통부장관이 정하여 고시하는 기준에 적합하게 설치할 것
    [본조신설 2012.4.30.]

요점 **물막이설비**

1) 대상지역

대상지역	용어의 뜻	관계법규정
1. 방재지구	풍수해, 산사태, 지반의 붕괴, 그 밖의 재해를 예방하기 위하여 필요한 지구	「국토의 계획 및 이용에 관한 법률」 제37조제1항제5호
2. 자연재해 위험지구	시장·군수·구청장은 상습침수지역, 산사태위험지역 등 지형적인 여건 등으로 인하여 재해가 발생할 우려가 있는 지역	「자연재해대책법」 제12조제1항

2) 대상건축물

연면적 1만m² 이상의 건축물의 건축

3) 물막이설비 설치 위치

지하층 및 1층의 출입구(주차장 출입구 포함)

4) 물막이설비의 기준

① 빗물 등의 유입으로 건축물이 침수되지 않도록 물막이판 등을 설치

② 건축물의 이용 및 피난에 지장이 없는 구조일 것

③ 기타 국토교통부장관이 정하여 고시하는 기준에 적합할 것

예제문제 28

물막이설비 설치 대상 건축물에 해당되는 것은?

① 방재지구 내 연면적 5,000m² 이상   ② 방재지구 내 연면적 10,000m² 이상

③ 수변지구 내 연면적 5,000m² 이상   ④ 수변지구 내 연면적 10,000m² 이상

해설 물막이설비 대상 건축물

· 방재지구 ┐
· 자연재해위험지구 ┘ 연면적 10,000m² 이상 건축물

답 : ②

---

(2) 공공건축물 침수방지

법	시행령
제49조 【건축물의 피난시설 및 용도제한 등】 ⑤ 「자연재해대책법」 제12조제1항에 따른 자연재해위험개선지구 중 침수위험지구에 국가·지방자치단체 또는 「공공기관의 운영에 관한 법률」 제4조제1항에 따른 공공기관이 건축하는 건축물은 침수 방지 및 방수를 위하여 다음 각 호의 기준에 따라야 한다. 〈신설 2015.1.6, 2019.4.23〉 1. 건축물의 1층 전체를 필로티(건축물을 사용하기 위한 경비실, 계단실, 승강기실, 그 밖에 이와 비슷한 것을 포함한다) 구조로 할 것 2. 국토교통부령으로 정하는 침수 방지시설을 설치할 것	

요점 공공건축물 침수방지

1. 대상	자연재해위험개선지구 중 침수위험지구에 국가·지방자치단체 또는 공공기관이 건축하는 건축물
2. 침수 방지 기준	① 건축물의 1층 전체를 필로티(건축물을 사용하기 위한 경비실, 계단실, 승강기실, 그 밖에 이와 비슷한 것을 포함한다) 구조로 할 것 ② 차수판, 역류방지 밸브로 침수 방지시설을 설치할 것

(3) 배기구 설치 제한

설비규칙 제23조【건축물의 냉방설비 등】
③ 상업지역 및 주거지역에서 건축물에 설치하는 냉방시설 및 환기시설의 배기구와 배기장치의 설치는 다음 각 호의 기준에 모두 적합하여야 한다. 〈개정 2013.12.27〉
1. 배기구는 도로면으로부터 2미터 이상의 높이에 설치할 것
2. 배기장치에서 나오는 열기가 인근 건축물의 거주자나 보행자에게 직접 닿지 아니하도록 할 것
3. 건축물의 외벽에 배기구 또는 배기장치를 설치할 때에는 외벽 또는 다음 각 목의 기준에 적합한 지지대 등 보호장치와 분리되지 아니하도록 견고하게 연결하여 배기구 또는 배기장치가 떨어지는 것을 방지할 수 있도록 할 것
   가. 배기구 또는 배기장치를 지탱할 수 있는 구조일 것
   나. 부식을 방지할 수 있는 자재를 사용하거나 도장(塗裝)할 것
[제목개정 2012.4.30.]

요점 배기구 설치제한

상업지역, 주거지역에서 도로에 면한 배기구 및 배기장치의 설치는 도로면으로부터 2m 이상의 위치에 설치하여야 한다.

제2절 관계전문 기술자

1 관계전문 기술자와의 협력

법	시행령
제67조 【관계전문기술자】 ① 설계자와 공사감리자는 제40조, 제41조, 제48조부터 제50조까지, 제50조의2, 제51조, 제52조, 제62조 및 제64조와 「녹색건축물 조성 지원법」 제15조에 따른 대지의 안전, 건축물의 구조상 안전, 부속구조물 및 건축설비의 설치 등을 위한 설계 및 공사감리를 할 때 대통령령으로 정하는 바에 따라 다음 각 호의 어느 하나의 자격을 갖춘 관계전문기술자(「기술사법」 제21조제2호에 따라 벌칙을 받은 후 대통령령으로 정하는 기간이 지나지 아니한 자는 제외한다)의 협력을 받아야 한다. 〈개정 2021.6.17〉 1. 「기술사법」 제6조에 따라 기술사사무소를 개설등록한 자 2. 「건설기술 진흥법」 제26조에 따라 건설엔지니어링사업자로 등록한 자 3. 「엔지니어링산업 진흥법」 제21조에 따라 엔지니어링사업자의 신고를 한 자 4. 「전력기술관리법」 제14조에 따라 설계업 및 감리업으로 등록한 자 ② 관계전문기술자는 건축물이 이 법 및 이 법에 따른 명령이나 처분, 그 밖의 관계 법령에 맞고 안전·기능및 미관에 지장이 없도록 업무를 수행하여야 한다. **[설비규칙]** **제2조 【관계전문기술자의 협력을 받아야 하는 건축물】** 「건축법 시행령」 (이하 "영"이라 한다) 제91조의3제2항 각 호 외의 부분에서 "국토교통부령이 정하는 건축물"이라 함은 다음 각호의 건축물을 말한다. 〈개정 2013.3.23, 2013.9.2, 2020.10.10〉 1. 냉동냉장시설·항온항습시설(온도와 습도를 일정하게 유지시키는 특수설비가 설치되어 있는 시설을 말한다) 또는 특수청정시설(세균 또는 먼지등을 제거하는 특수설비가 설치되어 있는 시설을 말한다)로서 당해 용도에 사용되는 바닥면적의 합계가 5백제곱미터 이상인 건축물 2. 영 별표 1 제2호가목 및 나목에 따른 아파트 및 연립주택 3. 다음 각 목의 어느 하나에 해당하는 건축물로서 해당 용도에 사용되는 바닥면적의 합계가 5백제곱미터 이상인 건축물 가. 영 별표 1 제3호다목에 따른 목욕장 나. 영 별표 1 제13호가목에 따른 물놀이형 시설(실내에 설	**제91조의3 【관계전문기술자와의 협력】** ① 다음 각 호의 어느 하나에 해당하는 건축물의 설계자는 제32조제1항에 따라 해당 건축물에 대한 구조의 안전을 확인하는 경우에는 건축구조기술사의 협력을 받아야 한다. 〈개정 2014.11.28, 2015.9.22, 2018.12.4〉 1. 6층 이상인 건축물 2. 특수구조 건축물 3. 다중이용 건축물 4. 준다중이용 건축물 5. 3층 이상의 필로티 형식의 건축물 6. 제32조제2항제6호에 해당하는 건축물 중 국토교통부령으로 정하는 건축물 ② 연면적 1만제곱미터 이상인 건축물(창고시설은 제외한다) 또는 에너지를 대량으로 소비하는 건축물로서 국토교통부령으로 정하는 건축물에 건축설비를 설치하는 경우에는 국토교통부령으로 정하는 바에 따라 다음 각 호의 구분에 따른 관계전문기술자의 협력을 받아야 한다. 〈개정 2009.7.16, 2013.3.23, 2016.5.17, 2017.5.2〉 1. 전기, 승강기(전기 분야만 해당한다) 및 피뢰침: 「기술사법」에 따라 등록한 건축전기설비기술사 또는 발송배전기술사 2. 급수·배수(配水)·배수(排水)·환기·난방·소화·배연·오물처리 설비 및 승강기(기계 분야만 해당한다): 「기술사법」에 따라 등록한 건축기계설비기술사 또는 공조냉동기계기술사 3. 가스설비: 「기술사법」에 따라 등록한 건축기계설비기술사, 공조냉동기계기술사 또는 가스기술사 ③ 깊이 10미터 이상의 토지 굴착공사 또는 높이 5미터 이상의 옹벽 등의 공사를 수반하는 건축물의 설계자 및 공사감리자는 토지 굴착 등에 관하여 국토교통부령으로 정하는 바에 따라 「기술사법」에 따라 등록한 토목 분야 기술사 또는 국토개발 분야의 지질 및 기반 기술사의 협력을 받아야 한다. 〈개정 2009.7.16, 2010.12.13, 2013.3.23, 2016.5.17〉 ④ 설계자 및 공사감리자는 안전상 필요하다고 인정하는 경우, 관계 법령에서 정하는 경우 및 설계계약 또는 감리계약에 따라 건축주가 요청하는 경우에는 관계전문기술자의 협력을 받아야 한다.

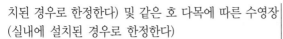

치된 경우로 한정한다) 및 같은 호 다목에 따른 수영장(실내에 설치된 경우로 한정한다)

4. 다음 각 목의 어느 하나에 해당하는 건축물로서 해당 용도에 사용되는 바닥면적의 합계가 2천제곱미터 이상인 건축물
   가. 영 별표 1 제2호라목에 따른 기숙사
   나. 영 별표 1 제9호에 따른 의료시설
   다. 영 별표 1 제12호다목에 따른 유스호스텔
   라. 영 별표 1 제15호에 따른 숙박시설

5. 다음 각 목의 어느 하나에 해당하는 건축물로서 해당 용도에 사용되는 바닥면적의 합계가 3천제곱미터 이상인 건축물
   가. 영 별표 1 제7호에 따른 판매시설
   나. 영 별표 1 제10호마목에 따른 연구소
   다. 영 별표 1 제14호에 따른 업무시설

6. 다음 각 목의 어느 하나에 해당하는 건축물로서 해당 용도에 사용되는 바닥면적의 합계가 1만제곱미터 이상인 건축물
   가. 영 별표 1 제5호가목부터 라목까지에 해당하는 문화 및 집회시설
   나. 영 별표 1 제6호에 따른 종교시설
   다. 영 별표 1 제10호에 따른 교육연구시설(연구소는 제외한다)
   라. 영 별표 1 제28호에 따른 장례시설
   [전문개정 1996.2.9]

[설비규칙]

제3조(관계전문기술자의 협력사항)
① 영 제91조의3제2항에 따른 건축물에 전기, 승강기, 피뢰침, 가스, 급수, 배수(配水), 배수(排水), 환기, 난방, 소화, 배연(排煙) 및 오물처리설비를 설치하는 경우에는 건축사가 해당 건축물의 설계를 총괄하고, 「기술사법」에 따라 등록한 건축전기설비기술사, 발송배전(發送配電)기술사, 건축기계설비기술사, 공조냉동기계기술사 또는 가스기술사(이하 "기술사"라 한다)가 건축사와 협력하여 해당 건축설비를 설계하여야 한다. 〈개정 2010.11.5, 2017.8.3〉

② 영 제91조의3제2항에 따라 건축물에 건축설비를 설치한 경우에는 해당 분야의 기술사가 그 설치상태를 확인한 후 건축주 및 공사감리자에게 별지 제1호서식의 건축설비설치확인서를 제출하여야 한다. 〈개정 2008.7.10., 2010.11.5.〉
[전문개정 1996.2.9.]

⑤ 특수구조 건축물 및 고층건축물의 공사감리자는 제19조제3항제1호 각 목 및 제2호 각 목에 해당하는 공정에 다다를 때 건축구조기술사의 협력을 받아야 한다.
   〈개정 2014.11.28, 2016.5.17〉

⑥ 3층 이상인 필로티형식 건축물의 공사감리자는 법 제48조에 따른 건축물의 구조상 안전을 위한 공사감리를 할 때 공사가 제18조의2제2항제3호나목에 따른 단계에 다다른 경우마다 법 제67조제1항제1호부터 제3호까지의 규정에 따른 관계전문기술자의 협력을 받아야 한다. 이 경우 관계전문기술자는 「건설기술 진흥법 시행령」 별표 1 제3호라목1)에 따른 건축구조 분야의 특급 또는 고급기술자의 자격요건을 갖춘 소속 기술자로 하여금 업무를 수행하게 할 수 있다. 〈신설 2018.12.4〉

⑦ 제1항부터 제6항까지의 규정에 따라 설계자 또는 공사감리자에게 협력한 관계전문기술자는 공사 현장을 확인하고, 그가 작성한 설계도서 또는 감리중간보고서 및 감리완료보고서에 설계자 또는 공사감리자와 함께 서명날인하여야 한다. 〈개정 2013.5.31, 2014.11.28, 2018.12.4〉

⑧ 제32조제1항에 따른 구조 안전의 확인에 관하여 설계자에게 협력한 건축구조기술사는 구조의 안전을 확인한 건축물의 구조도 등 구조 관련 서류에 설계자와 함께 서명날인하여야 한다. 〈개정 2014.11.28, 2018.12.4〉

⑨ 법 제67조제1항 각 호 외의 부분에서 "대통령령으로 정하는 기간"이란 2년을 말한다. 〈신설 2016.7.19, 2018.12.4〉
[전문개정 2008.10.29]

[시행규칙]

제36조의2【관계전문기술자】
① 삭제 〈2010.8.5〉

② 영 제91조의3제3항에 따라 건축물의 설계자 및 공사감리자는 다음 각 호의 어느 하나에 해당하는 사항에 대하여 「기술사법」에 따라 등록한 토목 분야 기술사 또는 국토개발 분야의 지질 및 기반 기술사의 협력을 받아야 한다. 〈개정 2016.5.30〉

1. 지질조사
2. 토공사의 설계 및 감리
3. 흙막이벽·옹벽설치 등에 관한 위해방지 및 기타 필요한 사항
[본조신설 1996.1.18]

요점 관계전문기술자와의 협력

(1) 관계전문기술자의 협력범위

설계자 및 공사감리자는 다음의 내용에 의한 설계 및 공사감리를 함에 있어 관계전문기술자의 협력을 받아야 한다.

■ 관계전문기술자
건축물의 구조·설비 등 건축물과 관련된 전문기술자격을 보유하고 설계 및 공사감리에 참여하여 설계자 및 공사감리자와 협력하는 자

내 용	대지의 안전, 건축물의 구조상 안전, 건축설비의 설치 등을 위한 설계 및 공사감리			
	법조항	내 용	법조항	내 용
1. 세부관련 규정	법제40조	대지의 안전 등	법제50조의2	고층건축물의 피난 및 안전관리
	법제41조	토지 굴착부분에 대한 조치 등	법제51조	방화지구 안의 건축물
	법제48조	구조내력 등	법제52조	건축물의 내부 마감재료
	법제48조2	건축물 내진등급의 설정		
	법제48조3	건축물의 내진능력 공개		
	법제48조4	부속구조물의 설치 및 관리		
	법제49조	건축물의 피난시설 및 용도제한 등	법제62조	건축설비기준 등
	법제49조2	피난시설 등의 유지·관리에 대한 기술지원		
	법제50조	건축물의 내화구조와 방화벽	법제64조	승강기
	녹색건축물조성지원법 제15조		녹색건축물 조성의 활성화	
2. 관계전문 기술자의 협력	1. 안전상 필요하다고 인정하는 경우 2. 관계법령이 정하는 경우 3. 설계계약 또는 감리계약에 의하여 건축주가 요청하는 경우			
3. 관계전문 기술자의 업무수행	관계전문기술자는 건축물이 이 법 및 이 법에 따른 명령이나 처분, 그 밖의 관계 법령에 맞고 안전·기능 및 미관에 지장이 없도록 업무를 수행하여야 한다.			
4. 관계전문 기술자의 자격	1. 기술사무소를 개설 등록한 자 (기술사법)			
	2. 건설엔지니어링사업자로 등록한 자 (건설기술 진흥법)			
	3. 엔지니어링사업자로 신고한 자 (엔지니어링산업 진흥법)			
	4. 설계업 및 감리업으로 등록한 자 (전력기술관리법)			
	■비고 「기술사법」에 따른 벌칙을 받은 후 2년이 경과되지 아니한 자는 제외한다.			

(2) 건축설비관련기술사의 협력

다음에 관한 건축설비의 설치 등을 위한 건축물의 설계 및 공사감리를 하는 경우 설계자 및 공사감리자는 건축설비 분야별 관계전문기술자의 협력을 받아야 한다.

1. 대상	① 연면적이 10,000m² 이상인 건축물(창고시설 제외한 모든 용도 해당)		
	② 에너지를 대량으로 소비하는 건축물	1. 냉동냉장시설·항온항습시설 또는 특수 청정시설로서 당해용도에 사용되는 바닥면적의 합계가 500m² 이상인 건축물	
		2. ·공동주택(아파트 및 연립주택)	─
		3. ·연구소 ·업무시설 ·판매시설	용도 바닥면적 합계 3,000m²
		4. ·기숙사(공동주택 중) ·의료시설 ·유스호스텔 ·숙박시설	용도 바닥면적 합계 2,000m²
		5. ·목욕장 ·실내수영장 ·실내물놀이형시설	용도 바닥면적 합계 500m²
		6. ·문화 및 집회시설 (동·식물원 제외) ·종교시설 ·장례시설 ·교육연구시설 (연구소 제외)	용도 바닥면적 합계 10,000m²

2. 관계 전문 기술자	구 분	기술자격	설비분야
	1. 전기	·건축전기설비기술사	전기, 승강기(전기분야만 해당) 및 피뢰침
		·발송배전기술사	
	2. 기계	·건축기계설비기술사	급수·배수(配水)·배수(排水)·환기·난방·소화(消火)·배연(排煙)·오물처리의 설비 및 승강기(기계분야만 해당)
		·공조냉동기계기술사	
	3. 가스	건축기계설비기술사, 공조냉동기계기술사, 가스기술사	

3. 서명 날인	·설계자 및 공사감리자에게 협력한 기술사는 설계자 및 공사감리자가 작성한 설계도서 또는 감리중간보고서 및 감리완료보고서에 함께 서명·날인하여야 함
4. 협력 사항	·건축물에 전기·승강기·피뢰침·가스·급수·배수(配水)·배수(排水)·환기·난방·소화·배연 및 오물처리설비를 설치하는 경우에는 건축사가 해당 건축물의 설계를 총괄하고, 기술사가 건축사와 협력하여 설계를 하여야 함. ·건축물에 건축설비를 설치한 경우에는 기술사가 그 설치상태를 확인한 후 건축주 및 공사감리자에게 건축설비설치확인서를 제출하여야 함.

(3) 토목분야기술사의 협력

다음의 경우 설계자 및 공사감리자는 토목 분야 기술사 또는 국토개발 분야의 지질 및 지반 기술사의 협력을 받아야 한다.

1. 대상	• 깊이 10m 이상의 토지 굴착공사 • 높이 5m 이상의 옹벽 등의 공사를 수반하는 건축물
2. 협력사항	• 지질조사 • 토공사의 설계 및 감리 • 흙막이벽·옹벽설치 등에 관한 위해방지 및 기타 필요한 사항
3. 설계도서 등에 서명·날인	• 설계자 및 공사감리자에 협력한 관계전문기술자는 설계자 및 공사감리자가 작성한 설계도서 또는 감리중간보고서 및 감리완료보고서에 함께 서명·날인하여야 한다.

(4) 공사감리시 구조기술사의 협력

특수구조건축물, 고층건물의 공사감리자는 감리업무수행 중에 지상 5개층마다 상부 슬라브 배근 완료시 건축구조기술사의 협력을 받아야 한다.

예제문제 29

"건축법"에 따라 건축물의 난방 및 환기 설비를 설치할 때 건축기계설비기술사의 협력을 받아야 하는 경우로 적절하지 않은 것은? 【16년 기출문제】

① 총 30세대인 아파트

② 바닥면적의 합계가 1만m² 인 물놀이형 시설

③ 바닥면적의 합계가 3천m² 인 의료시설

④ 바닥면적의 합계가 2천m² 인 연구소

해설 연구소의 경우에는 바닥면적의 합계 3,000m² 이상인 경우가 해당된다.

답 : ④

예제문제 30

"건축물의 설비기준 등에 관한 규칙"에 따라 에너지를 대량으로 소비하는 건축물에 건축설비를 설치하는 경우 관계전문기술자의 협력을 받아야 하는 건축물의 용도별 규모로 가장 적절한 것은?   【19 · 23년 기출문제】

① 500세대 아파트
② 바닥면적 합계가 2천제곱미터인 연구소
③ 바닥면적 합계가 5천제곱미터인 장례식장
④ 바닥면적 합계가 5천제곱미터인 종교시설

해설 건축설비 설치시 관계전문기술자 협력대상
1. 아파트 및 연립주택 : 규모와 관계없음.
2. 기숙사 : 용도바닥면적합계 2,000m² 이상
3. 연구소 : 용도바닥면적합계 3,000m² 이상
4. 장례식장, 종교시설 : 용도바닥면적합계 10,000m² 이상

답 : ①

예제문제 31

"건축법"에서 건축물의 설계 및 공사감리 시 건축설비 분야별 관계전문기술자의 협력을 받아야 하는 건축물(국토교통부령으로 정하는 에너지를 대량으로 소비하는 건축물)로 가장 적절하지 않은 것은?   【22년 기출문제】

① 해당 용도에 사용되는 바닥면적의 합계가 2천제곱미터인 실내수영장
② 해당 용도에 사용되는 바닥면적의 합계가 2천제곱미터인 의료시설
③ 해당 용도에 사용되는 바닥면적의 합계가 2천제곱미터인 기숙사
④ 해당 용도에 사용되는 바닥면적의 합계가 2천제곱미터인 판매시설

해설 판매시설은 3,000m² 이상인 경우이다.

답 : ④

예제문제 **32**

토목분야 기술자의 협력을 받아야 하는 대상 중 가장 타당한 것은?

① 깊이 5m 이상의 토지굴착공사 또는 높이 10m 이상의 옹벽공사
② 깊이 10m 이상의 토지굴착공사 또는 높이 5m 이상의 옹벽공사
③ 깊이 10m 미만의 토지굴착공사 또는 높이 5m 미만의 옹벽공사
④ 깊이 5m 미만의 토지굴착공사 또는 높이 10m 미만의 옹벽공사

해설 토목기술사의 협력대상
· 깊이 10m 이상의 토지굴착공사
· 높이 5m 이상의 옹벽 공사

답 : ②

예제문제 **33**

"건축법"과 "건축물의 설비기준 등에 관한 규칙"에 따른 관계전문기술자의 협력사항으로 가장 적절하지 <u>않은</u> 것은? 【20년 기출문제】

① 에너지를 대량으로 소비하는 건축물로서 국토교통부령으로 정하는 건축물에 건축설비를 설치하는 경우 관계전문기술자의 협력을 받아야 한다.
② 전기, 승강기(전기분야)를 설치하는 경우 건축사가 해당 건축물의 설계를 총괄하고 관계전문기술자는 협력하여야 한다.
③ 가스 · 환기 · 난방설비를 설치하는 경우 공조냉동기계기술사의 협력을 받아야 한다.
④ 해당 분야의 기술사가 그 설치상태를 확인한 후 건축설비설치확인서를 허가권자에게 직접 제출해야 한다.

해설 기술사는 작성한 건축설비설치 확인서를 건축주 및 공사감리자에게 제출하여야 한다.

답 : ④

2 기술적 기준

법	시행령
제68조【기술적 기준】 ① 제40조, 제41조, 제48조부터 제50조까지, 제50조의2, 제51조, 제52조, 제52조의2, 제62조 및 제64조에 따른 대지의 안전, 건축물의 구조상의 안전, 건축설비 등에 관한 기술적 기준은 이 법에서 특별히 규정한 경우 외에는 국토교통부령으로 정하되, 이에 따른 세부기준이 필요하면 국토교통부장관이 세부기준을 정하거나 국토교통부장관이 지정하는 연구기관(시험기관·검사기관을 포함한다), 학술단체, 그 밖의 관련 전문기관 또는 단체가 국토교통부장관의 승인을 받아 정할수 있다. 〈개정 2013.3.23, 2014.1.14, 2014.5.28〉 ② 국토교통부장관은 제1항에 따라 세부기준을 정하거나승인을 하려면 미리 건축위원회의 심의를 거쳐야 한다. 〈개정 2013.3.23〉 ③ 국토교통부장관은 제1항에 따라 세부기준을 정하거나 승인을 한 경우 이를 고시하여야 한다. 〈개정 2013.3.23〉 ④ 국토교통부장관은 제1항에 따른 기술적 기준 및 세부기준을 적용하기 어려운 건축설비에 관한 기술·제품이 개발된 경우, 개발한 자의 신청을 받아 그 기술·제품을 평가하여 신규성·진보성 및 현장 적용성이 있다고 판단하는 경우에는 대통령령으로 정하는 바에 따라 설치 등을 위한 기준을 건축위원회의 심의를 거쳐 인정할 수 있다. 〈신설 2021.1.18.〉	**제91조의4【신기술·신제품인 건축설비의 기술적 기준】** ① 법 제68조제4항에 따라 기술적 기준을 인정받으려는 자는 국토교통부령으로 정하는 서류를 국토교통부장관에게 제출해야 한다. ② 국토교통부장관은 제1항에 따른 서류를 제출받으면 한국건설기술연구원에 그 기술·제품이 신규성·진보성 및 현장 적용성이 있는지 여부에 대해 검토를 요청할 수 있다. 〈개정 2022.2.11〉 ③ 국토교통부장관은 제1항에 따라 기술적 기준의 인정 요청을 받은 기술·제품이 신규성·진보성 및 현장 적용성이 있다고 판단되면 그 기술적 기준을 중앙건축위원회의 심의를 거쳐 인정할 수 있다. ④ 국토교통부장관은 제3항에 따라 기술적 기준을 인정할 때 5년의 범위에서 유효기간을 정할 수 있다. 이 경우 유효기간은 국토교통부령으로 정하는 바에 따라 연장할 수 있다. ⑤ 국토교통부장관은 제3항 및 제4항에 따라 기술적 기준을 인정하면 그 기준과 유효기간을 관보에 고시하고, 인터넷 홈페이지에 게재해야 한다. ⑥ 제1항부터 제5항까지에서 정한 사항 외에 법 제68조제4항에 따른 건축설비 기술·제품의 평가 및 그 기술적 기준 인정에 관하여 필요한 세부 사항은 국토교통부장관이 정하여 고시할 수 있다. [본조신설 2021.1.8]
제68조의3【건축물의 구조 및 재료 등에 관한 기준의 관리】 ① 국토교통부장관은 기후 변화나 건축기술의 변화 등에 따라 제48조, 제48조의2, 제49조, 제50조, 제50조의2, 제51조, 제52조, 제52조의2, 제52조의4, 제53조의 건축물의 구조 및 재료 등에 관한 기준이 적정한지를 검토하는 모니터링(이하 이 조에서 "건축모니터링"이라 한다)을 대통령령으로 정하는 기간마다 실시하여야 한다. 〈개정 2019.4.23〉 ② 국토교통부장관은 대통령령으로 정하는 전문기관을 지정하여 건축모니터링을 하게 할 수 있다. [본조신설 2015.1.6]	**제92조【건축모니터링의 운영】** ① 법 제68조의3제1항에서 "대통령령으로 정하는 기간"이란 3년을 말한다. ② 국토교통부장관은 법 제68조의2제2항에 따라 다음 각 호의 인력 및 조직을 갖춘 자를 건축모니터링 전문기관으로 지정할 수 있다. 1. 인력:「국가기술자격법」에 따른 건축분야 기사 이상의 자격을 갖춘 인력 5명 이상 2. 조직: 건축모니터링을 수행할 수 있는 전담조직 [본조신설 2015.7.6]

요점 기술적 기준

[1] 기술적 기준

(1) 기술적 기준 적용 범위

국토교통부령에서 정할 기술적 기준에 관한 사항은 다음과 같다.

1. 내용	・대지의 안전 등 (법 제40조) ・토지 굴착 부분에 대한 조치 등 (법 제41조) ・구조내력 등 (법 제48조) ・건축물 내진등급의 설정 (법 제48조의2) ・건축물의 피난시설 및 용도제한 등 (법 제49조) ・건축물의 내화구조와 방화벽 (법 제50조) ・고층건축물의 피난 및 안전관리 (법 제50조의2) ・방화지구안의 건축물 (법 제51조) ・건축물의 내부 마감재료 (법 제52조) ・실내건축 (법 제52조의2) ・건축설비 기준 등 (법 제62조) ・승강기 (법 제64조)	
	・대지의 안전, 건축물의 구조상 안전, 건축설비 등에 관한 기술적 기준	
2. 기술적 기준의 규정	국토교통부령으로 정함	
3. 세부기준의 규정	・국토교통부장관이 정하거나 ・국토교통부장관이 지정하는 연구기관(시험기관・검사기관을 포함), 학술단체 그 밖의 관련전문기관 또는 단체가 국토교통부장관의 승인을 받아 정할 수 있음	・국토교통부장관은 세부기준을 정하거나 승인을 하고자 할 때에는 미리 건축위원회의 심의를 거쳐야 함 ・국토교통부장관은 세부기준을 정하거나 승인을 한 경우에는 이를 고시하여야 함

(2) 신기술, 신제품의 기술 기준

1. 신청	기술적 기준을 인정받으려는 자는 국토교통부령으로 정하는 서류를 국토교통부장관에게 제출해야 한다.
2. 검토	국토교통부장관은 서류를 제출받으면 한국건설기술연구원에 그 기술・제품이 신규성・진보성 및 현장 적용성이 있는지 여부에 대해 검토를 요청할 수 있다.
3. 심의와 인정	국토교통부장관은 기술적 기준의 인정 요청을 받은 기술・제품이 신규성・진보성 및 현장 적용성이 있다고 판단되면 그 기술적 기준을 중앙건축위원회의 심의를 거쳐 인정할 수 있다.
4. 유효기간 지정	국토교통부장관은 기술적 기준을 인정할 때 5년의 범위에서 유효기간을 정할 수 있다. (유효기간은 국토교통부령으로 정하는 바에 따라 연장 가능)
5. 고시	국토교통부장관은 기술적기준을 인정하면 그 기준과 유효기간을 관보에 고시하고, 인터넷 홈페이지에 게재해야 한다.

[2] 건축물 구조 및 재료 등에 관한 기준의 관리

① 국토교통부장관은 기후 변화나 건축기술의 변화 등에 따라 건축물의 구조 및 재료 등에 관한 다음의 기준이 적정한지를 검토하는 모니터링을 3년마다 실시하여야 한다.

1. 법 제48조 (구조내력 등)
2. 법 48조의2 (건축물 내진등급의 설정)
3. 법 제49조 (건축물의 피난시설 및 용도제한 등)
4. 법 제50조 (건축물의 내화구조와 방화벽)
5. 법 제50조의2 (고층건축물의 피난 및 안전관리)
6. 법 제51조 (방화지구 안의 건축물)
7. 법 제52조 (건축물의 마감재료)
8. 법 제52조의2 (실내건축)
9. 법 제52조의4 (복합자재의 품질관리 등)
10. 법 제53조 (지하층)

② 국토교통부장관은 다음과 같은 전문기관을 지정하여 건축모니터링을 하게 할 수 있다.

1. 인력	건축분야 기사 이상의 자격을 갖춘 인력 5명 이상
2. 조직	전담조직 편성

예제문제 34

"건축법"에서 기후 변화나 건축기술의 변화 등에 따라 국토교통부장관이 실시하여야 하는 건축모니터링의 대상과 관련되지 않는 조항을 모두 고른 것은? 【17년 기출문제】

ㄱ 제48조의3(건축물의 내진능력 공개)
ㄴ 제49조(건축물의 피난시설 및 용도제한 등)
ㄷ 제52조의2(실내건축)
ㄹ 제53조(지하층)
ㅁ 제53조의2(건축물의 범죄예방)

① ㄱ, ㄴ, ㄹ
② ㄱ, ㅁ
③ ㄴ, ㄷ, ㄹ
④ ㄷ, ㅁ

답 : ②

예제문제 35

"건축법"에서 규정하고 있는 기후 변화나 건축 기술의 변화 등에 따라 건축물의 구조 및 재료 등에 관한 기준이 적정한지를 검토하는 건축모니터링 주기는?

【20 · 23년 기출문제】

① 1년   ② 2년
③ 3년   ④ 5년

해설 기후 변화 등에 대해서는 3년마다 건축모니터링을 한다.

답 : ③

예제문제 36

"건축법"에서 거실이란 건축물 안에서 거주, 집무, 작업, 집회, 오락, 그 밖에 이와 유사한 목적을 위하여 사용되는 방으로 정의하고 있다. 다음의 건축법령 중 거실관련 규정과 가장 거리가 먼 것은?

【21년 기출문제】

① 건축법시행령 제34조 직통계단의 설치
② 건축법시행령 제89조 승용승강기의 설치
③ 건축법시행령 제61조 건축물의 마감재료
④ 건축법시행령 제32조 구조 안전의 확인

해설 구조안전의 확인은 당해 건축물의 규모, 용도, 위치 등의 영향을 받는다.

답 : ④

제3절 건축물의 열손실 방지 등

1 건축물의 냉방설비(축냉식 등의 중앙집중 방식)

> **설비규칙 제23조 【건축물의 냉방설비 등】**
> ① 삭제 〈1999.5.11〉
> ② 제2조제3호부터 제6호까지의 규정에 해당하는 건축물 중 산업통상자원부장관이 국토교통부장관과 협의하여 고시하는 건축물에 중앙집중냉방설비를 설치하는 경우에는 산업통상자원부장관이 국토교통부장관과 협의하여 정하는 바에 따라 축냉식 또는 는 가스를 이용한 중앙집중냉방방식으로 하여야 한다. 〈개정 2013.9.2〉

요점 축냉식 등의 중앙집중 냉방방식 대상

용 도	규 모	설계기준
·연구소(교육연구시설 중) ·업무시설 ·판매시설	용도 바닥면적의 합계 3,000m² 이상	산업통상자원부 장관이 국토교통부 장관과 협의하여 고시하는 건축물에 냉방설비를 설치하는 경우 협의된 바에 따라 축냉식 또는 가스를 이용한 중앙집중 냉방방식으로 하여야 함
·기숙사(공동주택 중) ·의료시설 ·유스호스텔 ·숙박시설	용도 바닥년적의 합계 2,000m² 이상	
·목욕장 ·실내수영장	용도 바닥면적의 합계 1,000m² 이상	
·문화 및 집회시설(동·식물원 제외) ·종교시설 ·장례시설 ·교육연구시설(연구소 제외)등	용도 바닥면적의 합계 10,000m² 이상	

예제문제 37

"건축물의 설비기준 등에 관한 규칙"에서 중앙집중 냉방설비를 설치하는 경우, 축냉식 또는 가스를 이용한 중앙집중냉방방식으로 하여야 하는 건축물의 면적 기준이 큰 용도 순으로 적합하게 나열한 것은?(단, 면적이란 해당 용도에 사용되는 바닥면적의 합계를 말한다.)　　　　　　　　　　　　　　　　　　　　　【17년 기출문제】

㉠ 제1종 근린생활시설 중 목욕장	㉡ 문화 및 집회시설(동ㆍ식물원은 제외)
㉢ 판매시설	㉣ 의료시설

① ㉡ - ㉢ - ㉣ - ㉠　　　　　　　　② ㉡ - ㉣ - ㉠ - ㉢
③ ㉢ - ㉡ - ㉠ - ㉣　　　　　　　　④ ㉢ - ㉣ - ㉡ - ㉠

[해설] ㉠ 500m² 이상 ㉡ 10000m² 이상 ㉢ 3000m² 이상 ㉣ 2000m² 이상

답 : ①

|참고| **건축물의 냉방설비에 대한 설치 및 설계기준[시행 2021.10.25]**

1. 건축물의 냉방설비에 대한 설치 및 설계기준

제1장 총 칙

제1조【목적】이 고시는 에너지이용합리화를 위하여 건축물의 냉방설비에 대한 설치 및 설계기준과 이의 시행에 필요한 사항을 정함을 목적으로 한다.

제2조【적용범위】이 고시는 제4조의 규정에 따른 대상 건축물 중 신축, 개축, 재축 또는 별동으로 증축하는 건축물의 냉방설비에 대하여 적용한다.

제3조【정의】이 고시에서 사용하는 용어의 정의는 다음 각 호와 같다.

1. "축냉식 전기냉방설비"라 함은 심야시간에 전기를 이용하여 축냉재(물, 얼음 또는 포접화합물과 공융염 등의 상변화물질)에 냉열을 저장하였다가 이를 심야시간 이외의 시간(이하 "그 밖의 시간"이라 한다)에 냉방에 이용하는 설비로서 이러한 냉열을 저장하는 설비(이하 "축열조"라 한다)ㆍ냉동기ㆍ브라인펌프ㆍ냉각수펌프 또는 냉각탑 등의 부대설비(제6호의 규정에 의한 축열조 2차측 설비는 제외한다)를 포함하며, 다음 각목과 같이 구분한다.
가. 빙축열식 냉방설비
나. 수축열식 냉방설비
다. 잠열축열식 냉방설비

2. "빙축열식 냉방설비"라 함은 심야시간에 얼음을 제조하여 축열조에 저장하였다가 그 밖의 시간에 이를 녹여 냉방에 이용하는 냉방설비를 말한다.

3. "수축열식 냉방설비"라 함은 심야시간에 물을 냉각시켜 축열조에 저장하였다가 그 밖의 시간에 이를 냉방에 이용하는 냉방설비를 말한다.

4. "잠열축열식 냉방설비"라 함은 포접화합물(Clathrate)이나 공융염(Eutectic Salt) 등의 상변화물질을 심야시간에 냉각시켜 동결한 후 그 밖의 시간에 이를 녹여 냉방에 이용하는 냉방설비를 말한다.

5. "심야시간"이라 함은 23:00부터 다음 날 09:00까지를 말한다. 다만, 한국전력공사에서 규정하는 심야시간이 변경될 경우는 그에 따라 상기 시간이 변경된다.

6. "2차측 설비"라 함은 저장된 냉열을 냉방에 이용할 경우에만 가동되는 냉수순환펌프, 공조용 순환펌프 등의 설비를 말한다.

7. "축냉방식"이라 함은 그 밖의 시간에 필요하여 냉방에 이용하는 열량(이하 "냉방열량"이라 한다)의 전부를 심야시간에 생산하여 축열조에 저장하였다가 이를 이용(이하 "전체축냉"이라 한다)하거나 냉방열량의 일부를 심야시간에 생산하여 축열조에 저장하였다가 이를 이용(이하 "부분축냉"이라 한다)하는 냉방방식을 말한다.

8. "축열률"이라 함은 통계적으로 연중 최대냉방부하를 갖는 날을 기준으로 그 밖의 시간에 필요한 냉방열량 중에서 이용이 가능한 냉열량이 차지하는 비율을 말하며 백분율(%)로 표시한다.

9. "이용이 가능한 냉열량"이라 함은 축열조에 저장된 냉열량 중에서 열손실 등을 차감하고 실제로 냉방에 이용할 수 있는 열량을 말한다.

10. "가스를 이용한 냉방방식"이라 함은 가스(유류포함)를 사용하는 흡수식 냉동기 및 냉·온수기, 액화석유가스 또는 도시가스를 연료로 사용하는 가스엔진을 구동하여 증기압축식 냉동사이클의 압축기를 구동하는 히트펌프식 냉·난방기(이하 "가스히트펌프"라 한다)를 말한다.

11. "지역냉방방식"이라 함은 집단에너지사업법에 의거 집단에너지사업허가를 받은 자가 공급하는 집단에너지를 주열원으로 사용하는 흡수식냉동기를 이용한 냉방방식과 지역냉수를 이용한 냉방방식을 말한다.

12. "신재생에너지를 이용한 냉방방식"이란 「신에너지 및 재생에너지 개발·이용·보급 촉진법」 제2조에 의해 정의된 신재생에너지를 이용한 냉방방식을 말한다.

13. "소형 열병합을 이용한 냉방방식"이라함은 소형 열병합발전을 이용하여 전기를 생산하고, 폐열을 활용하여 냉방 등을 하는 설비를 말한다.

제2장 냉방설비의 설치기준

제4조【냉방설비의 실치대상 및 설비규모】"건축물의 설비기준 등에 관한 규칙" 제23조 제2항의 규정에 따라 다음 각 호에 해당하는 건축물에 중앙집중 냉방설비를 설치할 때에는 해당 건축물에 소요되는 주간 최대 냉방부하의 60% 이상을 심야전기를 이용한 축냉식, 가스를 이용한 냉방방식, 집단에너지사업허가를 받은 자로부터 공급되는 집단에너지를 이용한 지역냉방방식, 소형 열병합발전을 이용한 냉방방식, 신재생에너지를 이용한 냉방방식, 그 밖에 전기를 사용하지 아니한 냉방방식의 냉방설비로 수용하여야 한다. 다만, 도시철도법에 의해 설치하는 지하철역사 등 산업통상자원부장관이 필요하다고 인정하는 건축물은 그러하지 아니하다.

1. 건축법 시행령 별표1 제7호의 판매시설, 제10호의 교육연구시설 중 연구소, 제14호의 업무시설로서 해당 용도에 사용되는 바닥면적의 합계가 3천제곱미터 이상인 건축물

2. 건축법 시행령 별표1 제2호의 공동주택 중 기숙사, 제9호의 의료시설, 제12호의 수련시설 중 유스호스텔, 제15호의 숙박시설로서 해당 용도에 사용되는 바닥면적의 합계가 2천제곱미터 이상인 건축물

3. 건축법 시행령 별표1 제3호의 제1종 근린생활시설 중 목욕장, 제13호의 운동시설 중 수영장(실내에 설치되는 것에 한정한다)으로서 해당 용도에 사용되는 바닥면적의 합계가 1천제곱미터 이상인 건축물

4. 건축법 시행령 별표1 제5호의 문화 및 집회시설(동·식물원은 제외한다), 제6호의 종교시설, 제10호의 교육연구시설(연구소는 제외한다), 제28호의 장례식장으로서 해당 용도에 사용되는 바닥면적의 합계가 1만제곱미터 이상인 건축물

제5조【축냉식 전기냉방의 설치】제4조의 규정에 따라 축냉식 전기냉방으로 설치할 때에는 축열률 40% 이상인 축냉방식으로 설치하여야 한다.

제3장 냉방설비의 설계기준

제6조【냉방설비의 설계】① 제4조에 따른 축냉식 전기냉방설비의 설계기준은 별표 1에 따른다.

② 제4조에 따른 가스를 이용한 냉방설비의 설계기준은 별표 2에 따른다.

제4장 보 칙

제7조【냉방설비에 대한 운전실적 점검】냉방용 전력수요의 첨두부하를 극소화하기 위하여 산업통상자원부장관은 필요하다고 인정되는 기간(연중 10일 이내)에 산업통상자원부장관이 정하는 공공기관 등으로 하여금 축냉식 전기냉방설비의 운전실적 등을 점검하게 할 수 있다.

제8조【적용제외】산업통상자원부장관은 축냉식 전기냉방설비 및 가스를 이용한 냉방설비에 관한 국산화 기술개발의 촉진을 위하여 필요하다고 인정하는 경우에는 제6조의 일부 규정을 적용하지 아니할 수 있다.

제9조【운영세칙】이 고시에 정한 것 이외에 이 고시의 운영에 필요한 세부사항은 산업통상자원부장관이 따로 정한다.

제10조【재검토기한】「훈령·예규 등의 발령 및 관리에 관한 규정」(대통령훈령 제334호)에 따라 이 고시 발령 후의 법령이나 현실여건의 변화 등을 검토하여 이 고시의 폐지, 개정 등의 조치를 하여야 하는 기한은 2023년 3월 31일까지로 한다.

2 지능형 건축물의 인증

> **법 제65조의2 【지능형 건축물의 인증】**
> ① 국토교통부장관은 지능형건축물[Intelligent Building]의 건축을 활성화하기 위하여 지능형건축물 인증제도를 실시한다. 〈개정 2013.3.23〉
> ② 국토교통부장관은 제1항에 따른 지능형건축물의 인증을 위하여 인증기관을 지정할 수 있다. 〈개정 2013.3.23〉
> ③ 지능형건축물의 인증을 받으려는 자는 제2항에 따른 인증기관에 인증을 신청하여야 한다.
> ④ 국토교통부장관은 건축물을 구성하는 설비 및 각종 기술을 최적으로 통합하여 건축물의 생산성과 설비 운영의 효율성을 극대화할 수 있도록 다음 각 호의 사항을 포함하여 지능형건축물 인증기준을 고시한다. 〈개정 2013.3.23〉
> 1. 인증기준 및 절차
> 2. 인증표시 홍보기준
> 3. 유효기간
> 4. 수수료
> 5. 인증 등급 및 심사기준 등
> ⑤ 제2항과 제3항에 따른 인증기관의 지정 기준, 지정 절차 및 인증 신청 절차 등에 필요한 사항은 국토교통부령으로 정한다. 〈개정 2013.3.23〉
> ⑥ 허가권자는 지능형건축물로 인증을 받은 건축물에 대하여 제42조에 따른 조경설치면적을 100분의 85까지 완화하여 적용할 수 있으며, 제56조 및 제60조에 따른 용적률 및 건축물의 높이를 100분의 115의 범위에서 완화하여 적용할 수 있다.
> [본조신설 2011.5.30]

요점 지능형 건축물의 인증

① 국토교통부장관이 지능형건축물 인증제도를 실시한다.
② 국토교통부장관이 인증기관을 지정한다.
③ 지능형건축물 인증기준

1. 인증기준 및 절차
2. 인증표시 홍보기준
3. 유효기간(인증일로부터 5년)
4. 수수료
5. 인증등급(5등급제) 및 심사기준

④ 지능형건축물 인증효력

완화기준	법 제42조(대지안의 조경)	85/100 까지 완화
	법 제56조(용적률) 법 제60조(건축물 높이 제한)	115/100 범위 안에서 완화

⑤ 지능형건축물의 인증은 건축주가 인증기관에 신청하여야 함

예제문제 38

건축법상 지능형 건축물 인증제도에 관한 설명 중 가장 부적당한 것은?

① 지능형 건축물 인증기관은 국토교통부장관이 정한다.
② 지능형 건축물의 인증은 국토교통부장관에게 신청한다.
③ 지능형 건축물에 대해서는 대지 안의 조경기준에 대하여 85/100 까지 적용한다.
④ 지능형 건축물에 대해서는 용적률 기준에 대하여 115/100 범위 안에서 적용한다.

해설 지능형 건축물의 인증은 인증기관에 신청하여야 한다.

답 : ②

예제문제 39

"건축법"에 따라 국토교통부 장관이 고시하는 "지능형건축물 인증기준"으로 가장 적절하지 않은 것은? 【22년 기출문제】

① 인증신청 절차
② 인증기준 및 절차
③ 수수료
④ 인증표시 홍보기준

해설 지능형건축물 인증기준
1. 인증기준 및 절차 2. 인증표시 홍보기준 3. 유효기간(인증일로부터 5년) 4. 수수료
5. 인증등급(5등급제) 및 심사기준

답 : ①

예제문제 40

"건축법"에 따라 국토교통부 장관이 고시하는 "지능형건축물 인증기준"에 포함되지 않는 것은? 【20년 기출문제】

① 인증기준 및 절차
② 인증기관의 지정 기준
③ 수수료
④ 유효기간

해설 인증기관의 지정 기준은 지능형 건축물의 인증에 관한 규칙 제3조에 따른다.

답 : ②

|참고| **지능형건축물 인증에 관한 규칙 및 인증기준 [시행 20.12.10]**

1. 목적
이 규칙은 「건축법」 제65조의2제5항에서 위임된 지능형건축물 인증기관의 지정 기준, 지정 절차 및 인증 신청 절차 등에 관한 사항을 규정함을 목적으로 한다.

2. 적용대상
지능형건축물 인증적용 대상 건축물은 다음과 같다.

1. 주거시설	· 단독주택 · 공동주택
2. 비주거시설	· 이외의 시설 건축물

3. 인증기관의 지정
(1) 인증기관 지정 신청기간 공고

국토교통부장관이 인증기관을 지정하려는 경우에는 지정 신청 기간을 정하여 그 기간이 시작되기 3개월 전에 신청 기간 등 인증기관 지정에 관한 사항을 공고하여야 한다.

(2) 인증기관 지정 신청

  1) 신청서식

1. 인증업무를 수행할 전담조직 및 업무수행체계에 관한 설명서
2. 제4항에 따른 심사전문인력을 보유하고 있음을 증명하는 서류(#1)
3. 인증기관의 인증업무 처리규정(#2)
4. 지능형건축물 인증과 관련한 연구 실적 등 인증업무를 수행할 능력을 갖추고 있음을 증명하는 서류
5. 정관(신청인이 법인 또는 법인의 부설기관인 경우만 해당한다)

  2) 심사전문인력(#2)

    ① 인증기관의 전문분야

전문분야	해당 세부분야
1. 건축계획 및 환경	건축계획 및 환경(건축)
2. 기계설비	건축설비(기계)
3. 전기설비	건축설비(전기)
4. 정보통신	정보통신(전자, 통신)
5. 시스템통합	정보통신(전자, 통신)
6. 시설경영관리	건축설비(기계, 전기)/정보통신(전자, 통신)

    ② 심사전문인력

인증기관은 전문분야별로 각 2명을 포함하여 12명 이상의 심사전문인력(심사전문인력 가운데 상근인력은 전문분야별로 1명 이상이어야 한다)을 보유하여야 하며, 이 경우 심사전문인력은 다음 각 호의 어느 하나에 해당하는 사람이어야 한다.

1. 해당 전문분야의 박사학위나 건축사 또는 기술사 자격을 취득한 후 3년 이상 해당 업무를 수행한 사람
2. 해당 전문분야의 석사학위를 취득한 후 9년 이상 해당 업무를 수행한 사람
3. 해당 전문분야의 학사학위를 취득한 후 12년 이상 해당 업무를 수행한 사람
4. 해당 전문분야의 기사 자격을 취득한 후 10년 이상 해당 업무를 수행한 사람

3) 인증업무처리규정(#2)

인증업무 처리규정에는 다음 각 호의 사항이 포함되어야 한다.

1. 인증심사의 절차 및 방법에 관한 사항
2. 인증심사단 및 인증심의위원회의 구성·운영에 관한 사항
3. 인증 결과 통보 및 재심사에 관한 사항
4. 지능형건축물 인증의 취소에 관한 사항
5. 인증심사 결과 등의 보고에 관한 사항
6. 인증수수료 납부방법 및 납부기간에 관한 사항

(3) 인증기관 지정·고시

① 신청을 받은 국토교통부장관은 신청인이 법인 또는 법인의 부설기관인 경우 법인 등기사항증명서를, 신청인이 개인인 경우에는 사업자등록증을 확인하여야 한다.

② 국토교통부장관은 지능형건축물 인증기관 지정 신청서가 제출되면 신청한 자가 인증기관으로서 적합한지를 검토한 후 인증운영위원회의 심의를 거쳐 지정한다.

③ 국토교통부장관은 인증기관으로 지정한 자에게 별지 제2호서식의 지능형건축물 인증기관 지정서를 발급하여야 한다.

④ 지능형건축물 인증기관 지정서를 발급받은 인증기관의 장은 기관명, 대표자, 건축물 소재지 또는 심사전문인력이 변경된 경우에는 변경된 날부터 30일 이내에 그 변경내용을 증명하는 서류를 국토교통부장관에게 제출하여야 한다.

4. 인증기관의 비밀보호 의무

인증기관은 인증 신청대상 건축물의 인증심사업무와 관련하여 알게 된 경영·영업상 비밀에 관한 정보를 이해관계인의 서면동의 없이 외부에 공개할 수 없다.

5. 인증기관 지정의 취소

① 국토교통부장관은 지정된 인증기관이 다음 각 호의 어느 하나에 해당하면 인증운영위원회의 심의를 거쳐 인증기관의 지정을 취소하거나 1년 이내의 기간을 정하여 업무의 전부 또는 일부의 정지를 명할 수 있다.

다만, 제1호에 해당하는 경우에는 지정을 취소하여야 한다.

1. 거짓이나 부정한 방법으로 지정을 받은 경우
2. 정당한 사유 없이 지정받은 날부터 2년 이상 계속하여 인증업무를 수행하지 아니한 경우
3. 제3조제4항에 따른 심사전문인력을 보유하지 아니한 경우
4. 인증의 기준 및 절차를 위반하여 지능형건축물 인증업무를 수행한 경우
5. 정당한 사유 없이 인증심사를 거부한 경우
6. 그 밖에 인증기관으로서의 업무를 수행할 수 없게 된 경우

② 제①항에 따라 인증기관의 지정이 취소되어 인증심사를 수행하기가 어려운 경우에는 다른 인증기관이 업무를 승계할 수 있다.

6. 지능형건축물 인증의 신청

(1) 인증신청

① 신청시기

1. 신청자	· 건축주 · 건축물 소유자 · 시공자(건축주나 건축물 소유자가 인증신청을 동의하는 경우만 해당한다)	
2. 신청 시기	· 건축법 　사용승인 후 · 주택법 　사용검사 후	인증결과에 따라 개별 법령에서 정하는 제도적·재정적 지원을 받는 경우에는 그러하지 아니하다.

② 신청서식

건축주 등이 지능형건축물 인증을 받으려면 인증신청서에 다음 각 호의 서류를 첨부하여 인증기관의 장에게 제출하여야 한다.

1. 지능형건축물 인증기준에 따라 작성한 해당 건축물의 지능형건축물 자체평가서 및 증명자료
2. 설계도면
3. 각 분야 설계설명서
4. 각 분야 시방서(일반 및 특기시방서)
5. 설계 변경 확인서
6. 에너지절약계획서
7. 예비인증서 사본(해당 인증기관 및 다른 인증기관에서 예비인증을 받은 경우만 해당한다)
8. 제1호부터 제6호까지의 서류가 저장된 콤팩트디스크

(2) 인증처리기간

1. 인증처리기간	신청서류 접수일로부터 40일 이내
2. 처리기간 연장	20일 이내의 범위에서 한 차례 연장 가능
3. 보완요청	· 신청서류 접수일로부터 20일 이내에 보완요청 가능 · 서류보완기간은 인증처리기간에 산입하지 아니한다.

7. 인증심사절차

① 인증기관의 장은 인증신청을 받으면 인증심사단을 구성하여 인증기준에 따라 서류심사와 현장실사(現場實査)를 하고, 심사 내용, 심사 점수, 인증 여부 및 인증 등급을 포함한 인증심사 결과서를 작성하여야 한다.

② 인증심사단은 인증기관의 심사전문인력으로 구성하되, 전문분야별로 각 1명을 포함하여 6명 이상으로 구성하여야 한다.

③ 인증기관의 장은 인증심사 결과서를 작성한 후 인증심의위원회의 심의를 거쳐 인증 여부 및 인증 등급을 결정한다.

④ 인증심의위원회는 해당 인증기관에 소속되지 아니한 전문분야별 전문가 각 1명을 포함하여 6명 이상으로 구성하여야 한다. 이 경우 인증심의위원회 위원은 다른 인증기관의 심사전문인력 또는 제13조에 따른 인증운영위원회 위원 1명 이상을 포함시켜야 한다.

```
                        ┌─────────────────┐
                        │  인증심사단 구성  │
        ┌────────┐      ├─────────────────┤      →
        │ 인증신청 │  →   │·서류심사, 현장실사│
        └────────┘      │·인증심사 결과서 작성│
                        └─────────────────┘

   ┌──────┐              ┌──────────────┐
   │  심의  │      →       │  인증등급결정  │
   ├──────┤              ├──────────────┤
   │·인증심의위원회│       │·인증기관의 장  │
   └──────┘              └──────────────┘
```

8. 인증기준

인증등급은 1등급부터 5등급까지로 하고, 그 세부기준은 국토교통부장관이 별도로 정하여 고시하며 인증 등급별 점수 기준은 다음과 같다.

등 급	심사점수	비고
1등급	85점 이상 득점	
2등급	80점 이상 85점 미만 득점	
3등급	75점 이상 80점 미만 득점	100점 만점
4등급	70점 이상 75점 미만 득점	
5등급	65점 이상 70점 미만 득점	

9. 인증서 발급

① 인증기관의 장은 인증심사 결과 지능형건축물로 인증을 하는 경우에는 건축주등에게 지능형건축물 인증서를 발급하고, 인증 명판(認證 名板)을 제공하여야 한다.

② 인증기관의 장은 제1항에 따라 인증서를 발급한 경우에는 인증대상, 인증 날짜, 인증 등급, 인증심사단의 구성원 및 인증심의위원회 위원의 명단을 포함한 인증심사 결과를 국토교통부장관에게 제출하여야 한다.

※ 지능형건축물 인증명판(예시 : 동판 가로 30cm×세로 30cm×두께 1.5cm)

■1등급 지능형건축물 인증 명판의 표시 및 규격

■5등급 지능형건축물 인증 명판의 표시 및 규격

10. 인증유효기간

① 인증의 유효기간은 인증일부터 5년으로 한다.

② 건축주 등이 인증 유효기간의 연장을 신청하는 경우에는 기간 만료일 90일 전까지 연장신청을 하여야 한다.

③ 예비인증은 사용승인 또는 사용검사일까지 유효하다.

11. 인증의 취소

① 인증기관의 장은 지능형건축물로 인증을 받은 건축물이 다음 각 호의 어느 하나에 해당하면 그 인증을 취소할 수 있다.

1. 인증의 근거나 전제가 되는 주요한 사실이 변경된 경우
2. 인증 신청 및 심사 중 제공된 중요 정보나 문서가 거짓인 것으로 판명된 경우
3. 인증을 받은 건축물의 건축주등이 인증서를 인증기관에 반납한 경우
4. 인증을 받은 건축물의 건축허가 등이 취소된 경우

② 인증기관의 장은 제①항에 따라 인증을 취소한 경우에는 그 내용을 국토교통부장관에게 보고하여야 한다.

12. 재심사요청

① 인증심사 결과나 인증취소 결정에 이의가 있는 건축주등은 인증기관의 장에게 재심사를 요청할 수 있다.

② 건축주 등은 재심사에 필요한 비용을 인증기관에 추가로 내야 한다.

13. 예비인증의 신청

① 건축주 등은 지능형건축물 인증신청 규정에도 불구하고 건축법에 따른 허가·신고 또는 주택법에 따른 사업계획승인을 받은 후 건축물 설계에 반영된 내용을 대상으로 예비인증을 신청할 수 있다.

다만, 예비인증 결과에 따라 개별 법령에서 정하는 제도적·재정적 지원을 받는 경우에는 그러하지 아니하다.

② 예비인증 시 제도적 지원을 받은 건축주 등은 본인증을 받아야 한다.

이 경우 본인증 등급은 예비인증 등급 이상으로 취득하여야 한다.

14. 건축법 완화기준의 적용방법

① 건축법에 따른 완화기준을 적용받고자 하는 자는 건축허가 또는 사업계획 승인 신청시 허가권자에게 예비인증서와 완화기준 적용 신청서 등 관계 서류를 첨부하여 제출하여야 하며, 이미 건축허가를 받은 건축물의 건축주 또는 사업주체도 허가사항 변경 등을 통하여 완화기준 적용 신청을 할 수 있다.

② 완화기준을 적용받은 건축주 또는 사업주체는 건축물의 사용승인 신청 전에 본인증을 취득하여 사용승인 신청시 허가권자에게 본인증서 사본을 제출하여야 한다. 이 경우 본인증 등급은 예비인증 등급 이상으로 취득하여야 한다.

③ 건축법 완화기준

■ 건축법 기준 완화(법 제65조의2)

1. 대지 안의 조경	기준값 85%까지
2. 용적률	기준값 115% 이내
3. 건축물의 높이 제한	

- 건축주 또는 사업주체가 지능형건축물 인증을 받은 경우 다음의 기준에 따라 건축기준 완화를 신청할 수 있다.

지능형건축물 인증등급	1등급	2등급	3등급	4등급	5등급
건축기준 완화 비율	15%	12%	9%	6%	0%

- 적용방법

1. 용적률 적용방법

   법 및 조례에서 정하는 기준 용적률 × [1+완화비율]

2. 조경면적 적용방법

   법 및 조례에서 정하는 기준 조경면적 × [1-완화비율]

3. 건축물 높이제한 적용방법

   법 및 조례에서 정하는 건축물의 최고높이 × [1+완화비율]

15. 인증을 받은 건축물의 사후관리

① 지능형건축물로 인증을 받은 건축물의 소유자 또는 관리자는 그 건축물을 인증받은 기준에 맞도록 유지·관리하여야 한다.

② 인증기관은 필요한 경우에는 지능형건축물 인증을 받은 건축물의 정상 가동 여부 등을 확인할 수 있다.

③ 인증운영위원장은 인증기관으로 하여금 사후관리 계획을 매년 수립하여 시행하도록 할 수 있으며 그 결과를 인증운영위원장에게 보고하게 할 수 있다.

④ 인증운영위원장은 제③항에 따라 보고받은 사후관리 결과를 국토교통부장관에게 보고하고, 필요한 조치를 강구하여야 한다.

16. 인증운영위원회

국토교통부장관은 지능형건축물 인증제도를 효율적으로 운영하기 위하여 인증운영위원회를 구성하여 운영할 수 있다.

1. 구성	① 위원	위원장 1명을 포함한 20명 이내
	② 위원장	국토교통부장관이 소속 고위공무원을 지정하여 임명
	③ 임기	위원장과 위원의 임기는 2년으로 하되, 1회에 한하여 연임할 수 있다. 다만, 공무원인 위원은 보직의 재임기간으로 한다.
2. 심의 사항	① 인증기관의 지정에 관한 사항 ② 인증기관 지정의 취소에 관한 사항 ③ 인증심사기준의 제·개정에 관한 사항 ④ 그 밖에 지능형건축물 인증제도의 운영과 관련된 중요사항	
3. 운영	① 개최	분기별 1회 개최를 원칙으로 하되, 필요한 경우 위원장이 이를 소집하거나 재적위원 3분의 1 이상의 요청으로 개최할 수 있다.
	② 의결	재적위원 과반수의 출석으로 개최하고 출석위원 과반수의 찬성으로 의결하되, 가부 동수인 경우에는 부결된 것으로 본다.

memo

제3편
에 너 지 법

제1장 에너지법

CHAPTER 01 에너지법

1 목적

법	시행령
제1조【목적】 이 법은 안정적이고 효율적이며 환경친화적인 에너지 수급(需給) 구조를 실현하기 위한 에너지정책 및 에너지 관련 계획의 수립·시행에 관한 기본적인 사항을 정함으로써 국민경제의 지속가능한 발전과 국민의 복리(福利) 향상에 이바지하는 것을 목적으로 한다. [전문개정 2010.6.8]	**제1조【목적】** 이 영은 「에너지법」에서 위임된 사항과 그 시행에 필요한 사항을 규정함을 목적으로 한다. [전문개정 2011.9.30]

요점 목적

목적	규제내용
·국민경제의 발전 ·국민복리향상	에너지수급구조 실현방안 ·안정적 ·효율적 ·환경친화적

■ 에너지법 주요내용
1. 지역에너지계획
2. 비상계획
3. 에너지기술개발계획
4. 에너지기술개발
5. 에너지위원회
6. 한국에너지기술평가원
7. 에너지관련통계 등

예제문제 01

에너지법의 목적을 실현하기 위한 구체적 규제내용에 해당되지 않는 것은?

① 에너지기술개발
② 지역에너지계획수립
③ 온실가스정의
④ 에너지사용시설정의

해설 온실가스는 기후대응을 위한 탄소중립·녹색성장기본법(제2조 제5호)에 의하여 정의된다.

답 : ③

2 용어의 정의

법	시행령
제2조【정의】이 법에서 사용하는 용어의 뜻은 다음과 같다. 〈개정 2014.12.30, 2019.8.20, 2021.9.24〉 1. "에너지"란 연료·열 및 전기를 말한다. 2. "연료"란 석유·가스·석탄, 그 밖에 열을 발생하는 열원(熱源)을 말한다. 다만, 제품의 원료로 사용되는 것은 제외한다. 3. "신·재생에너지"란 「신에너지 및 재생에너지 개발·이용·보급 촉진법」 제2조제1호 및 제2호에 따른 에너지를 말한다. 4. "에너지사용시설"이란 에너지를 사용하는 공장·사업장 등의 시설이나 에너지를 전환하여 사용하는 시설을 말한다. 5. "에너지사용자"란 에너지사용시설의 소유자 또는 관리자를 말한다. 6. "에너지공급설비"란 에너지를 생산·전환·수송 또는 저장하기 위하여 설치하는 설비를 말한다. 7. "에너지공급자"란 에너지를 생산·수입·전환·수송·저장 또는 판매하는 사업자를 말한다. 7의2. "에너지이용권"이란 저소득층 등 에너지 이용에서 소외되기 쉬운 계층의 사람이 에너지공급자에게 제시하여 냉방 및 난방 등에 필요한 에너지를 공급받을 수 있도록 일정한 금액이 기재(전자적 또는 자기적 방법에 의한 기록을 포함한다)된 증표를 말한다. 8. "에너지사용기자재"란 열사용기자재나 그 밖에 에너지를 사용하는 기자재를 말한다. 9. "열사용기자재"란 연료 및 열을 사용하는 기기, 축열식 전기기기와 단열성(斷熱性) 자재로서 산업통상자원부령으로 정하는 것을 말한다. 10. "온실가스"란 「기후위기 대응을 위한 탄소중립·녹색성장기본법」 제2조제5호에 따른 온실가스를 말한다. [전문개정 2010.6.8]	**[시행규칙]** **제2조【열사용기자재】**「에너지법」(이하 "법"이라 한다) 제2조제9호에서 "산업통상자원부령으로 정하는 것"이란 「에너지이용 합리화법 시행규칙」 제1조의2에 따른 열사용기자재를 말한다. 〈개정 2012.6.28, 2013.3.23〉 [전문개정 2011.12.30]

요점 용어의 정의

(1) 용어의 정의

① "에너지"란 연료·열 및 전기를 말한다.

② "연료"란 석유·가스·석탄, 그 밖에 열을 발생하는 열원(熱源)을 말한다. 다만, 제품의 원료로 사용되는 것은 제외한다.

③ "에너지사용시설"란 에너지를 사용하는 공장·사업장 등의 시설이나 에너지를 전환하여 사용하는 시설을 말한다.

④ "에너지사용자"란 에너지사용시설의 소유자 또는 관리자를 말한다.

⑤ "에너지공급설비"란 에너지를 생산·전환·수송 또는 저장하기 위하여 설치하는 설비를 말한다.

⑥ "에너지공급자"란 에너지를 생산·수입·전환·수송·저장 또는 판매하는 사업자를 말한다.

⑦ "에너지이용권"이란 저소득층 등 에너지 이용에서 소외되기 쉬운 계층의 사람이 에너지공급자에게 제시하여 냉방 및 난방 등에 필요한 에너지를 공급받을 수 있도록 일정한 금액이 기재된 증표를 말한다.

⑧ "에너지사용기자재"란 열사용기자재나 그 밖에 에너지를 사용하는 기자재를 말한다.

⑨ "신·재생에너지"란 「신에너지 및 재생에너지 개발·이용·보급 촉진법」 제2조 1호 및 제2호 따른 에너지를 말한다.

⑩ "열사용기자재"란 연료 및 열을 사용하는 기기, 축열식 전기기기와 단열성(斷熱性) 자재로서 산업통상자원부령으로 정하는 것을 말한다.

⑪ "온실가스"란 「기후위기 대응을 위한 탄소중립·녹색성장기본법」 제2조제5호에 따른 온실가스를 말한다.

■ 온실가스

온실가스 범위	GWP
1. 이산화탄소(CO_2)	1
2. 메탄(CH_4)	21
3. 아산화질소(N_2O)	310
4. 수소불화탄소(NFC_S)	1300
5. 과불화탄소(PFC_S)	7000
6. 육불화황(SF_6)	23900

■ GWP(지구온난화지수)

어떤 기체 1kg에 의한 온난화 정도
CO_2 1kg에 의한 온난화 정도

(2) 열사용기자재(에너지이용합리화법 시행규칙 별표1, 2022.1.21)

구분	품목명
1. 보일러	·강철제 보일러 ·주철제 보일러 ·소형 온수 보일러 ·구멍탄용 온수 보일러 ·축열식 전기 보일러 ·캐스케이드 보일러 ·가정용화목 보일러
2. 태양열집열기	·태양열 집열기
3. 압력용기	·1종 압력용기 ·2종 압력용기
4. 요로	·요업요로 ·금속요로

|참고|

법 신에너지 및 재생에너지 개발·이용·보급촉진법 제2조 【정의】

이 법에서 사용하는 용어의 뜻은 다음과 같다. 〈개정 2013.3.23, 2019.1.15〉

1. "신에너지"란 기존의 화석연료를 변환시켜 이용하거나 수소·산소 등의 화학 반응을 통하여 전기 또는 열을 이용하는 에너지로서 다음 각 목의 어느 하나에 해당하는 것을 말한다.
   가. 수소에너지
   나. 연료전지
   다. 석탄을 액화·가스화한 에너지 및 중질잔사유(重質殘渣油)를 가스화한 에너지로서 대통령령으로 정하는 기준 및 범위에 해당하는 에너지
   라. 그 밖에 석유·석탄·원자력 또는 천연가스가 아닌 에너지로서 대통령령으로 정하는 에너지

2. "재생에너지"란 햇빛·물·지열(地熱)·강수(降水)·생물유기체 등을 포함하는 재생가능한 에너지를 변환시켜 이용하는 에너지로서 다음 각 목의 어느 하나에 해당하는 것을 말한다.
   가. 태양에너지
   나. 풍력
   다. 수력
   라. 해양에너지
   마. 지열에너지
   바. 생물자원을 변환시켜 이용하는 바이오에너지로서 대통령령으로 정하는 기준 및 범위에 해당하는 에너지
   사. 폐기물에너지로서 대통령령으로 정하는 기준 및 범위에 해당하는 에너지
   아. 그 밖에 석유·석탄·원자력 또는 천연가스가 아닌 에너지로서 대통령령으로 정하는 에너지

3. "신에너지 및 재생에너지 설비"(이하 "신·재생에너지 설비"라 한다)란 신에너지 및 재생에너지(이하 "신·재생에너지"라 한다)를 생산하거나 이용하는 설비로서 산업통상자원부령으로 정하는 것을 말한다.

4. "신·재생에너지 발전"이란 신·재생에너지를 이용하여 전기를 생산하는 것을 말한다.

5. "신·재생에너지 발전사업자"란 「전기사업법」 제2조제4호에 따른 발전사업자 또는 같은 조 제19호에 따른 자가용전기설비를 설치한 자로서 신·재생에너지 발전을 하는 사업자를 말한다.

[전문개정 2010.4.12]

| 참고 |

법 「기후위기 대응을 위한 탄소중립·녹색성장기본법」 제2조 【정의】

5. "온실가스"란 이산화탄소(CO_2), 메탄(CH_4), 아산화질소(N_2O), 수소불화탄소(HFCs), 과불화탄소(PFCs), 육불화황(SF_6) 및 그 밖에 대통령령으로 정하는 것으로 적외선 복사열을 흡수하거나 재방출하여 온실효과를 유발하는 대기 중의 가스상태의 물질을 말한다.

예제문제 02

에너지법상 용어의 정의 기준으로 부적합한 것은?

① 에너지란 연료, 열, 전기를 말한다.
② 에너지사용시설이란 에너지를 생산, 전환, 수송 또는 저장하기 위하여 설치하는 시설을 말한다.
③ 에너지사용자란 에너지사용시설의 소유자 또는 관리자를 말한다.
④ 열사용기자재란 연료 및 열을 사용하는 기기, 축열식 전기기기와 단열성 자재로서 산업통상자원부령으로 정하는 것을 말한다.

해설 ·에너지사용시설 : 에너지를 사용하거나(공장, 사업장 등), 에너지를 전환하여 사용하는 시설을 말한다.
·②항은 에너지공급시설이다.

답 : ②

예제문제 03

"에너지이용 합리화법" 및 "에너지법"에 따른 용어 정의로 가장 적절하지 않은 것은?

【23년 기출문제】

① "에너지관리시스템"이란 에너지사용을 효율적으로 관리하기 위하여 센서·계측장비, 분석 소프트웨어등을 설치하고 에너지사용현황을 실시간으로 모니터링하여 필요시 에너지사용을 제어할 수 있는 통합관리시스템을 말한다.
② "에너지사용시설"이란 에너지를 생산·전환·수송 또는 저장하기 위하여 설치하는 설비를 말한다.
③ "에너지사용자"란 에너지사용시설의 소유자 또는 관리자를 말한다.
④ "에너지진단"이란 에너지를 사용하거나 공급하는 시설에 대한 에너지이용효율의 개선방안을 제시하는 모든 행위를 말한다.

해설 "에너지사용시설"란 에너지를 사용하는 공장·사업장 등의 시설이나 에너지를 전환하여 사용하는 시설을 말한다.

답 : ②

예제문제 04

다음 중 온실가스에 해당되지 않는 것은?

① 이산화탄소
② 과불화탄소
③ 수소불화탄소
④ 질소불화탄소

───────────────────────────

해설 온실가스
이산화탄소, 메탄, 아산화질소, 수소불화탄소, 과불화탄소, 육불화황

답 : ④

③ 책무

법	시행령
제4조【국가 등의 책무】 ① 국가는 이 법의 목적을 실현하기 위한 종합적인 시책을 수립·시행하여야 한다. ② 지방자치단체는 이 법의 목적, 국가의 에너지정책 및 시책과 지역적 특성을 고려한 지역에너지시책을 수립·시행하여야 한다. 이 경우 지역에너지시책의 수립·시행에 필요한 사항은 해당 지방자치단체의 조례로 정할 수 있다. ③ 에너지공급자와 에너지사용자는 국가와 지방자치단체의 에너지시책에 적극 참여하고 협력하여야 하며, 에너지의 생산·전환·수송·저장·이용 등의 안전성, 효율성 및 환경친화성을 극대화하도록 노력하여야 한다. ④ 모든 국민은 일상생활에서 국가와 지방자치단체의 에너지시책에 적극 참여하고 협력하여야 하며, 에너지를 합리적이고 환경친화적으로 사용하도록 노력하여야 한다. ⑤ 국가, 지방자치단체 및 에너지공급자는 빈곤층 등 모든 국민에게 에너지가 보편적으로 공급되도록 기여하여야 한다. [전문개정 2010.6.8]	

요점 책무

1. 국가	에너지 수급에 관한 종합적인 시책의 수립·시행	
2. 지방자치단체	지역에너지시책의 수립·시행	에너지의 보편적 공급에 기여
3. 에너지공급자 및 사용자	·국가와 지방자치단체의 에너지시책에 적극 참여 ·에너지생산, 저장 등의 안전성, 효율성, 환경친화성 극대화	
4. 국민	·국가와 지방자치단체의 에너지 시책에 적극 참여, 협력 ·에너지를 합리적, 환경친화적으로 사용	

4 적용 범위

법	시행령
제5조 【적용 범위】 에너지에 관한 법령을 제정하거나 개정하는 경우에는 「기후위기 대응을 위한 탄소중립 · 녹색성장기본법」 제39조에 따른 기본원칙과 이 법의 목적에 맞도록 하여야 한다. 다만, 원자력의 연구 · 개발 · 생산 · 이용 및 안전관리에 관하여는 「원자력 진흥법」 및 「원자력안전법」 등 관계 법률에서 정하는 바에 따른다. 〈개정 2011.7.25〉 [전문개정 2010.6.8]	

요점 적용범위

에너지에 관한 법령을 제정하거나 개정하는 경우에는 다음의 기준에 적합하여야 한다.

1. 에너지법 제1조에 따른 목적

2. 기후위기 대응을 위한 탄소중립 · 녹색성장기본법에 따른 기본원칙

■ 예외 : 원자력의 연구·개발·생산·이용 및 안전관리에 관하여는 「원자력 진흥법」 및 「원자력안전법」 등 관계법률에서 정하는 바에 따른다.

예제문제 05

에너지법과 관련된 다음의 기술 중 가장 부적당한 것은?

① 에너지법은 안정적이고 효율적이며 환경친화적인 에너지 수급구조를 실현하기 위한 기준을 정한다.

② 에너지 사용자란 에너지 소유자 또는 관리자를 말한다.

③ 국가, 지방자치단체 및 에너지 공급자는 모든 국민에게 에너지가 보편적으로 공급되도록 기여하여야 한다.

④ 에너지에 관한 모든 법령의 제·개정은 에너지법의 목적에 부합되어야 한다.

[해설] 에너지에 관한 법령은 기후위기 대응을 위한 탄소중립 · 녹색성장기본법 기본원칙과 에너지법의 목적에 부합되어야 하나 원자력진흥법 등 원자력에 관한 법률은 그러하지 아니하다.

답 : ④

5 지역에너지계획

법	시행령
제7조【지역에너지계획의 수립】 ① 특별시장·광역시장·특별자치시장·도지사 또는 특별자치도지사(이하 "시·도지사"라 한다)는 관할 구역의 지역적 특성을 고려하여 「기후위기 대응을 위한 탄소중립·녹색성장기본법」 제41조에 따른 에너지기본계획(이하 "기본계획"이라 한다)의 효율적인 달성과 지역경제의 발전을 위한 지역에너지계획(이하 "지역계획"이라 한다)을 5년마다 5년 이상을 계획기간으로 하여 수립·시행하여야 한다. 〈개정 2014.12.30〉 ② 지역계획에는 해당 지역에 대한 다음 각 호의 사항이 포함되어야 한다. 1. 에너지 수급의 추이와 전망에 관한 사항 2. 에너지의 안정적 공급을 위한 대책에 관한 사항 3. 신·재생에너지 등 환경친화적 에너지 사용을 위한 대책에 관한 사항 4. 에너지 사용의 합리화와 이를 통한 온실가스의 배출감소를 위한 대책에 관한 사항 5. 「집단에너지사업법」 제5조제1항에 따라 집단에너지공급대상지역으로 지정된 지역의 경우 그 지역의 집단에너지 공급을 위한 대책에 관한 사항 6. 미활용 에너지원의 개발·사용을 위한 대책에 관한 사항 7. 그 밖에 에너지시책 및 관련 사업을 위하여 시·도지사가 필요하다고 인정하는 사항 ③ 지역계획을 수립한 시·도지사는 이를 산업통상자원부장관에게 제출하여야 한다. 수립된 지역계획을 변경하였을 때에도 또한 같다. 〈개정 2013.3.23〉 ④ 정부는 지방자치단체의 에너지시책 및 관련 사업을 촉진하기 위하여 필요한 지원시책을 마련할 수 있다. [전문개정 2010.6.8]	

요점 지역에너지계획

(1) 수립

1. 수립목적	・기후위기 대응을 위한 탄소중립・녹색성장기본법 상의 에너지기본계획의 효율적 달성 ・지역경제의 발전
2. 수립권자	특별시장, 광역시장, 특별자치시장, 도지사(특별자치도지사 포함)
3. 대상지역	관할 행정구역
4. 수립기한	5년마다 5년 이상의 계획기간으로 수립

(2) 내용

1. 에너지 수급의 추이와 전망에 관한 사항
2. 에너지의 안정적 공급을 위한 대책에 관한 사항
3. 신・재생에너지 등 환경친화적 에너지 사용을 위한 대책에 관한 사항
4. 에너지 사용의 합리화와 이를 통한 온실가스의 배출감소를 위한 대책에 관한 사항
5. 「집단에너지사업법」에 따라 집단에너지공급대상지역으로 지정된 지역의 경우 그 지역의 집단에너지 공급을 위한 대책에 관한 사항
6. 미활용 에너지원의 개발・사용을 위한 대책에 관한 사항
7. 그 밖에 에너지시책 및 관련 사업을 위하여 시・도지사가 필요하다고 인정하는 사항

(3) 절차

① 지역계획을 수립한 시・도지사는 이를 산업통상자원부장관에게 제출하여야 한다. 수립된 지역계획을 변경하였을 때에도 또한 같다.
② 정부는 지방자치단체의 에너지시책 및 관련 사업을 촉진하기 위하여 필요한 지원시책을 마련할 수 있다.

예제문제 06

에너지법상 지역에너지계획 내용에 해당되지 않는 것은?

① 미활용 에너지원의 개발, 사용을 위한 대책에 관한 사항
② 온실가스 배출감소를 위한 대책에 관한 사항
③ 에너지의 안정적 공급을 위한 대책에 관한 사항
④ 에너지원간 대체에 관한 사항

해설 에너지원간 대체에 관한 사항은 에너지이용합리화법에 따라 산업통상자원부장관이 수립하는 에너지이용합리화 기본계획의 내용이다.

답 : ④

예제문제 07

에너지법에 의한 지역에너지계획에 관한 기술 중 가장 부적당한 것은?

① 지역에너지계획은 저탄소 녹색성장 기본법에 따른 에너지 기본계획의 효율적 달성 과 지역경제의 발전을 도모한다.

② 지역에너지계획에는 에너지의 안정적 공급을 위한 대책에 관한 사항이 포함되어야 한다.

③ 지역에너지계획은 5년마다 5년 이상을 계획기간으로 하여 수립·시행한다.

④ 지역에너지계획은 시·도지사가 수립하여 산업통상자원부장관의 승인을 받아야 한다.

해설 지역에너지계획을 수립한 시·도지사는 이를 산업통상자원부장관에게 제출한다.

답 : ④

예제문제 08

"에너지법"에서 규정하고 있는 사항으로 가장 적절하지 않은 것은?

① 시·도지사는 5년마다 10년 이상을 계획기간으로 하는 지역에너지계획을 수립·시행하 여야 한다.

② 정부는 10년 이상을 계획기간으로 하는 에너지 기술개발계획을 5년마다 수립하고, 이에 따른 연차별 실행계획을 수립·시행하여야 한다.

③ 에너지 총조사는 3년마다 실시하되, 산업통상 자원부장관이 필요하다고 인정할 경우 간 이 조사를 실시할 수 있다.

④ 에너지열량 환산기준은 5년마다 작성하되, 산업통상자원부장관이 필요하다고 인정할 경 우 수시로 작성할 수 있다.

해설 시·도지사는 5년마다 5년 이상의 계획기간으로 지역 에너지 계획을 수립·시행하여야 한다.

답 : ①

6 비상계획

법	시행령
제8조【비상시 에너지수급계획의 수립 등】 ① 산업통상자원부장관은 에너지 수급에 중대한 차질이 발생할 경우에 대비하여 비상시 에너지수급계획(이하 "비상계획"이라 한다)을 수립하여야 한다. 〈개정 2013.3.23〉 ② 비상계획은 제9조에 따른 에너지위원회의 심의를 거쳐 확정한다. 수립된 비상계획을 변경할 때에도 또한 같다. ③ 비상계획에는 다음 각 호의 사항이 포함되어야 한다. 1. 국내외 에너지 수급의 추이와 전망에 관한 사항 2. 비상시 에너지 소비 절감을 위한 대책에 관한 사항 3. 비상시 비축(備蓄)에너지의 활용 대책에 관한 사항 4. 비상시 에너지의 할당·배급 등 수급조정 대책에 관한 사항 5. 비상시 에너지 수급 안정을 위한 국제협력 대책에 관한 사항 6. 비상계획의 효율적 시행을 위한 행정계획에 관한 사항 ④ 산업통상자원부장관은 국내외 에너지 사정의 변동에 따른 에너지의 수급 차질에 대비하기 위하여 에너지 사용을 제한하는 등 관계 법령에서 정하는 바에 따라 필요한 조치를 할 수 있다. 〈개정 2013.3.23〉 [전문개정 2010.6.8]	

요점 비상계획

(1) 수립

1. 수립목적	에너지수급에 중대한 차질이 발생할 경우에 대비	
2. 수립권자	산업통상자원부장관	
3. 수립시기	에너지 수급에 중대한 차질이 예상될 때	
4. 수립절차	에너지위원회의 심의를 거쳐 확정	

■ 지역에너지계획
시·도지사가 관할구역에 대하여 5년마다 5년 이상의 계획기간으로 수립한다.

(2) 내용

1. 국내외 에너지 수급의 추이와 전망에 관한 사항
2. 비상시 에너지 소비 절감을 위한 대책에 관한 사항
3. 비상시 비축(備蓄)에너지의 활용대책에 관한 사항
4. 비상시 에너지의 할당·배급 등 수급조정 대책에 관한 사항
5. 비상시 에너지 수급 안정을 위한 국제협력 대책에 관한 사항
6. 비상계획의 효율적 시행을 위한 행정계획에 관한 사항

예제문제 09

에너지법에 의한 비상시 에너지수급계획(비상계획)에 관한 기준 중 가장 부적합한 것은?

① 비상계획은 에너지 수급에 중대한 차질이 발생한 경우에 산업통상자원부장관이 수립한다.

② 비상계획수립시에는 에너지위원회의 심의를 거쳐야 한다.

③ 비상계획에는 국내외 에너지수급의 추이와 전망에 관한 사항이 포함되어야 한다.

④ 산업통상자원부장관은 국내외 에너지 사정의 변동에 대비해 에너지 사용을 제한할 수 있다.

해설 비상계획은 에너지 수급에 중대한 차질이 발생할 경우에 대비하여 수립한다.

답 : ①

7 에너지기술 개발계획 등

법	시행령
제11조【에너지기술개발계획】 ① 정부는 에너지 관련 기술의 개발과 보급을 촉진하기 위하여 10년 이상을 계획기간으로 하는 에너지기술개발계획(이하 "에너지기술개발계획"이라 한다)을 5년마다 수립하고, 이에 따른 연차별 실행계획을 수립·시행하여야 한다. ② 에너지기술개발계획은 대통령령으로 정하는 바에 따라 관계 중앙행정기관의 장의 협의와 「국가과학기술자문회의법」에 따른 국가과학기술자문회의의 심의를 거쳐서 수립된다. 이 경우 위원회의 심의를 거친 것으로 본다. 〈개정 2013.3.23., 2018.4.17.〉 ③ 에너지기술개발계획에는 다음 각 호의 사항이 포함되어야 한다. 1. 에너지의 효율적 사용을 위한 기술개발에 관한 사항 2. 신·재생에너지 등 환경친화적 에너지에 관련된 기술개발에 관한 사항 3. 에너지 사용에 따른 환경오염을 줄이기 위한 기술개발에 관한 사항 4. 온실가스 배출을 줄이기 위한 기술개발에 관한 사항 5. 개발된 에너지기술의 실용화의 촉진에 관한 사항 6. 국제 에너지기술 협력의 촉진에 관한 사항 7. 에너지기술에 관련된 인력·정보·시설 등 기술개발자원의 확대 및 효율적 활용에 관한 사항 [전문개정 2010.6.8]	**제8조【연차별 실행계획의 수립】** ① 산업통상자원부장관은 법 제11조제1항에 따른 에너지기술개발계획에 따라 관계 중앙행정기관의 장의 의견을 들어 연차별 실행계획을 수립·공고하여야 한다. 〈개정 2013.3.23〉 ② 제1항에 따른 연차별 실행계획에는 다음 각 호의 사항이 포함되어야 한다. 〈개정 2013.3.23〉 1. 에너지기술 개발의 추진전략 2. 과제별 목표 및 필요 자금 3. 연차별 실행계획의 효과적인 시행을 위하여 산업통상자원부장관이 필요하다고 인정하는 사항 [전문개정 2011.9.30]

요점 에너지기술 개발계획 등

(1) 에너지기술개발계획

1. 수립목적	에너지관련 기술의 개발과 보급촉진을 위함
2. 수립	정부
3. 수립기한	5년마다 10년 이상의 계획기간으로 수립
4. 수립절차	(표: 관계행정기관장 — 협의 ↓ 국가과학기술자문회의 — 심의(에너지위원회 심의 간주) ↓ 수립)

5. 수립내용	• 에너지의 효율적 사용을 위한 기술개발에 관한 사항 • 신·재생에너지 등 환경친화적 에너지에 관련된 기술개발에 관한 사항 • 에너지 사용에 따른 환경오염을 줄이기 위한 기술개발에 관한 사항 • 온실가스 배출을 줄이기 위한 기술개발에 관한 사항 • 개발된 에너지기술의 실용화의 촉진에 관한 사항 • 국제 에너지기술협력의 촉진에 관한 사항 • 에너지기술에 관련된 인력·정보·시설 등 기술개발자원의 확대 및 효율적 활용에 관한 사항
6. 효력	연차별 실행계획의 수립·시행 의무

(2) 연차별 실행계획

■ **연차별 실행계획**
에너지기술개발계획에 따라 산업통상자원부 장관이 매년 수립

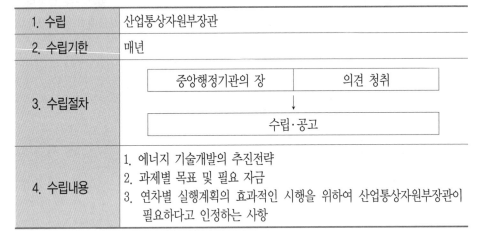

1. 수립	산업통상자원부장관
2. 수립기한	매년
3. 수립절차	
4. 수립내용	1. 에너지 기술개발의 추진전략 2. 과제별 목표 및 필요 자금 3. 연차별 실행계획의 효과적인 시행을 위하여 산업통상자원부장관이 필요하다고 인정하는 사항

중앙행정기관의 장	의견 청취
수립·공고	

예제문제 10

에너지법상의 에너지기술개발계획에 해당되는 내용으로 부적당한 것은?

① 에너지기술개발의 추진전략사항
② 에너지의 효율적 사용을 위한 기술개발사항
③ 개발된 에너지기술의 실용화 촉진에 관한 사항
④ 온실가스 배출을 줄이기 위한 기술개발에 관한 사항

해설 ①항은 연차별 실행계획의 내용이다.

답 : ①

에너지법의 에너지기술개발계획에 관한 기술 중 가장 부적당한 것은?

① 정부는 에너지 관련기술의 개발과 보급을 촉진하기 위하여 에너지기술개발계획을 수립하여야 한다.

② 에너지기술개발계획은 5년마다 20년 이상을 계획기간으로 하여 수립하여야 한다.

③ 에너지기술개발계획은 중앙행정기관장의 협의와 국가과학기술심의회의 심의를 거쳐 수립한다.

④ 산업통상자원부장관은 에너지기술개발계획에 따라 관계중앙행정기관장의 의견을 들어 연차별 실행계획을 수립하여야 한다.

해설 에너지기술개발계획은 5년마다 10년 이상을 계획기간으로 하여 수립한다.

답 : ②

8 에너지기술개발

법	시행령
제12조【에너지기술 개발】 ① 관계 중앙행정기관의 장은 에너지기술 개발을 효율적으로 추진하기 위하여 대통령령으로 정하는 바에 따라 다음 각 호의 어느 하나에 해당하는 자에게 에너지기술 개발을 하게 할 수 있다. 〈개정 2011.3.9, 2023.6.13〉 1. 「공공기관의 운영에 관한 법률」 제4조에 따른 공공기관 2. 국·공립 연구기관 3. 「특정연구기관 육성법」의 적용을 받는 특정연구기관 4. 「산업기술혁신 촉진법」 제42조에 따른 전문생산기술연구소 5. 「소재·부품·장비산업 경쟁력 강화 및 공급망 안정화를 위한 특별조치법」에 따른 특화선도기업등 6. 「정부출연연구기관 등의 설립·운영 및 육성에 관한 법률」에 따른 정부출연연구기관 7. 「과학기술분야 정부출연연구기관 등의 설립·운영 및 육성에 관한 법률」에 따른 과학기술분야 정부출연연구기관 8. 「연구산업진흥법」 제2조 제1호 가목의 사업을 전문으로 하는 기업 9. 「고등교육법」에 따른 대학, 산업대학, 전문대학 10. 「산업기술연구조합 육성법」에 따른 산업기술연구조합 11. 「기초연구진흥 및 기술개발지원에 관한 법률」 제14조제1항제2호에 따라 인정받은 기업부설연구소 12. 그 밖에 대통령령으로 정하는 과학기술 분야 연구기관 또는 단체 ② 관계 중앙행정기관의 장은 제1항에 따른 기술개발에 필요한 비용의 전부 또는 일부를 출연(出捐)할 수 있다. [전문개정 2010.6.8]	**제8조의2【에너지기술 개발의 실시기관】** 법 제12조제1항제12호에서 "대통령령으로 정하는 과학기술 분야 연구기관 또는 단체"란 다음 각 호의 연구기관 또는 단체를 말한다. 〈개정 2013.3.23〉 1. 「민법」 또는 다른 법률에 따라 설립된 과학기술 분야 비영리법인 2. 그 밖에 연구인력 및 연구시설 등 산업통상자원부장관이 정하여 고시하는 기준에 해당하는 연구기관 또는 단체 [전문개정 2011.9.30] **제9조【에너지기술개발사업 협약의 체결 등】** 관계 중앙행정기관의 장은 법 제12조제1항에 따른 에너지기술 개발에 관한 사업(이하 "에너지기술개발사업"이라 한다)을 실시하려는 경우에는 법 제12조제1항 각 호의 자 중에서 해당 에너지기술개발사업을 주관할 기관(이하 "사업주관기관"이라 한다)의 장과 에너지기술개발사업에 대한 협약을 체결하여야 한다. 다만, 관계 중앙행정기관의 장이 에너지기술개발사업을 효율적으로 추진하기 위하여 필요하다고 인정하는 경우에는 법 제13조제1항에 따른 한국에너지기술평가원(이하 "평가원"이라 한다)에 에너지기술개발사업에 대한 협약의 체결을 대행하게 할 수 있다. [전문개정 2011.9.30]

요점 에너지기술개발

(1) 에너지기술개발 실시기관

관계 중앙행정기관의 장은 에너지기술개발을 효율적으로 추진하기 위하여 다음에 해당하는 자에게 에너지기술개발을 하게 할 수 있다.

1. 공공기관
2. 국·공립 연구기관
3. 특정연구기관
4. 전문생산기술연구소
5. 특화선도기업
6. 정부출연연구기관
7. 과학기술분야 정부출연연구기관
8. 연구개발을 독립적으로 수행(위탁연구 포함)하는 산업
9. 대학, 산업대학, 전문대학
10. 산업기술연구조합
11. 기업부설연구소
12. 과학기술분야 비영리법인
13. 산업통상자원부장관이 정하여 고시하는 기준에 해당하는 연구기관 또는 단체

(2) 에너지기술개발사업협약

① 관계 중앙행정기관의 장은 에너지기술개발에 관한 사업을 실시하려는 경우에는 해당 에너지기술개발사업을 주관할 기관의 장과 에너지기술개발사업에 대한 협약을 체결하여야 한다.
② 관계 중앙행정기관의 장은 한국에너지기술평가원에 ①항에 의한 협약의 체결을 대행하게 할 수 있다.

(3) 비용의 지원

① 관계 중앙행정기관의 장은 기술개발에 필요한 비용의 전부 또는 일부를 출연(出捐)할 수 있다.
② 관계 중앙행정기관의 장은 사업주관기관이 정당한 사유없이 에너지기술개발사업에 대한 협약에서 정한 용도 외의 용도로 출연금을 사용한 경우에는 그 출연금의 전부 또는 일부를 회수할 수 있다.

예제문제 12

에너지법에 따른 에너지기술개발 기준에 관한 사항 중 가장 부적당한 것은?

① 관계 중앙행정기관의 장은 효율적인 에너지기술개발을 위해서 공공기관 및 국·공립 연구기관 등에게 에너지기술개발을 하게 할 수 있다.

② 관계 중앙행정기관의 장은 에너지기술개발사업을 실시하려는 경우 당해 사업주관기관의 장과 에너지기술개발사업에 대한 협약을 체결할 수 있다.

③ 관계 중앙행정기관의 장은 사업주관기관에 해당 기술개발에 필요한 비용의 전부 또는 일부를 출연할 수 있다.

④ 관계 중앙행정기관의 장은 출연금의 사용이 정한 용도 외로 사용된 경우에는 출연금의 전부 또는 일부를 회수할 수 있다.

[해설] 관계 중앙행정기관의 장은 에너지개발사업 주관기관과 협약을 체결하여야 한다.

<u>답 : ②</u>

9 에너지기술개발사업비

법	시행령
제14조【에너지기술개발사업비】 ① 관계 중앙행정기관의 장은 에너지기술개발사업을 종합적이고 효율적으로 추진하기 위하여 제11조제1항에 따른 연차별 실행계획의 시행에 필요한 에너지기술개발사업비를 조성할 수 있다. ② 제1항에 따른 에너지기술개발사업비는 정부 또는 에너지 관련 사업자 등의 출연금, 융자금, 그 밖에 대통령령으로 정하는 재원(財源)으로 조성한다. ③ 관계 중앙행정기관의 장은 평가원으로 하여금 에너지기술개발사업비의 조성 및 관리에 관한 업무를 담당하게 할 수 있다. ④ 에너지기술개발사업비는 다음 각 호의 사업 지원을 위하여 사용하여야 한다. 1. 에너지기술의 연구·개발에 관한 사항 2. 에너지기술의 수요 조사에 관한 사항 3. 에너지사용기자재와 에너지공급설비 및 그 부품에 관한 기술개발에 관한 사항 4. 에너지기술 개발 성과의 보급 및 홍보에 관한 사항 5. 에너지기술에 관한 국제협력에 관한 사항 6. 에너지에 관한 연구인력 양성에 관한 사항 7. 에너지 사용에 따른 대기오염을 줄이기 위한 기술개발에 관한 사항	

8. 온실가스 배출을 줄이기 위한 기술개발에 관한 사항
9. 에너지기술에 관한 정보의 수집·분석 및 제공과 이와 관련된 학술활동에 관한 사항
10. 평가원의 에너지기술개발사업 관리에 관한 사항
⑤ 제1항부터 제4항까지의 규정에 따른 에너지기술개발사업비의 관리 및 사용에 필요한 사항은 대통령령으로 정한다.
[전문개정 2010.6.8]

제15조 【에너지기술 개발 투자 등의 권고】 관계 중앙행정기관의 장은 에너지기술 개발을 촉진하기 위하여 필요한 경우 에너지 관련 사업자에게 에너지기술 개발을 위한 사업에 투자하거나 출연할 것을 권고할 수 있다.
[전문개정 2010.6.8]

제12조 【에너지기술 개발 투자 등의 권고】 ① 법 제15조에 따른 에너지 관련 사업자는 다음 각 호의 자 중에서 산업통상자원부장관이 정하는 자로 한다. 〈개정 2013.3.23〉
1. 법 제2조제7호에 따른 에너지공급자
2. 법 제2조제8호에 따른 에너지사용기자재의 제조업자
3. 「공공기관의 운영에 관한 법률」 제4조에 따른 공공기관 중 에너지와 관련된 공공기관
② 산업통상자원부장관은 법 제15조에 따라 에너지 관련 사업자에게 에너지기술 개발을 위한 사업에 투자하거나 출연할 것을 권고할 때에는 그 투자 또는 출연의 방법 및 규모 등을 구체적으로 밝혀 문서로 통보하여야 한다.
〈개정 2013.3.23〉
[전문개정 2011.9.30]

제12조의2 【에너지기술개발사업 운영규정】
관계중앙행정기관의 장은 에너지기술개발사업의 추진에 필요한 세부적인 운영규정을 정하여 고시할 수 있다. 〈2023.4.18〉

요점 에너지기술개발 사업비

(1) 사업비 조성

① 관계 중앙행정기관의 장은 에너지기술개발사업을 종합적이고 효율적으로 추진하기 위하여 에너지기술개발 계획에 따른 연차별 실행계획의 시행에 필요한 에너지기술개발사업비를 조성할 수 있다.
② 관계 중앙행정기관의 장은 한국에너지기술 평가원으로 하여금 에너지기술개발사업비의 조성 및 관리에 관한 업무를 담당하게 할 수 있다.
③ 관계 중앙행정기관의 장은 에너지기술개발을 촉진하기 위하여 필요한 경우 산업통상자원부장관이 정하는 다음의 사업자에게 에너지기술개발을 위한 사업에 투자하거나 출연할 것을 권고할 수 있다.

1. 에너지공급자
2. 에너지사용기자재의 제조업자
3. 에너지와 관련된 공공기관

(2) 사업비 지원 범위

에너지기술개발사업비는 다음 각 호의 사업 지원을 위하여 사용하여야 한다.

1. 에너지기술의 연구·개발에 관한 사항

2. 에너지기술의 수요 조사에 관한 사항

3. 에너지사용기자재와 에너지공급설비 및 그 부품에 관한 기술개발에 관한 사항

4. 에너지기술개발 성과의 보급 및 홍보에 관한 사항

5. 에너지기술에 관한 국제협력에 관한 사항

6. 에너지에 관한 연구인력 양성에 관한 사항

7. 에너지 사용에 따른 대기오염을 줄이기 위한 기술개발에 관한 사항

8. 온실가스 배출을 줄이기 위한 기술개발에 관한 사항

9. 에너지기술에 관한 정보의 수집·분석 및 제공과 이와 관련된 학술활동에 관한 사항

10. 평가원의 에너지기술개발사업 관리에 관한 사항

예제문제 13

에너지관련사업자 중 에너지기술개발 촉진을 위하여 관계 행정기관으로부터 에너지기술개발사업에의 투자 또는 출연권고대상에 해당되지 않는 기관은?

① 에너지 공급자　　　　　　② 에너지사용기자재 제조업자
③ 에너지 사용자　　　　　　④ 에너지 관련 공공기관

해설 에너지기술개발사업 투자, 권고대상
에너지 공급자, 에너지사용기자재 제조업자, 에너지 관련 공공기관

답 : ③

10 한국에너지기술평가원

법	시행령
제13조【한국에너지기술평가원의 설립】 ① 제12조제1항에 따른 에너지기술 개발에 관한 사업(이하 "에너지기술개발사업"이라 한다)의 기획·평가 및 관리 등을 효율적으로 지원하기 위하여 한국에너지기술평가원(이하 "평가원"이라 한다)을 설립한다. ② 평가원은 법인으로 한다. ③ 평가원은 그 주된 사무소의 소재지에서 설립등기를 함으로써 성립한다. ④ 평가원은 다음 각 호의 사업을 한다. 1. 에너지기술개발사업의 기획, 평가 및 관리 2. 에너지기술 분야 전문인력 양성사업의 지원 3. 에너지기술 분야의 국제협력 및 국제 공동연구사업의 지원 4. 그 밖에 에너지기술 개발과 관련하여 대통령령으로 정하는 사업 ⑤ 정부는 평가원의 설립·운영에 필요한 경비를 예산의 범위에서 출연할 수 있다. ⑥ 중앙행정기관의 장 및 지방자치단체의 장은 제4항 각 호의 사업을 평가원으로 하여금 수행하게 하고 필요한 비용의 전부 또는 일부를 대통령령으로 정하는 바에 따라 출연할 수 있다. ⑦ 평가원은 제1항에 따른 목적 달성에 필요한 경비를 조달하기 위하여 대통령령으로 정하는 바에 따라 수익사업을 할 수 있다. ⑧ 평가원의 운영 및 감독 등에 필요한 사항은 대통령령으로 정한다. ⑨ 삭제 〈2014.12.30〉 ⑩ 평가원에 관하여 이 법에 규정되지 아니한 사항은 「민법」 중 재단법인에 관한 규정을 준용한다. [전문개정 2010.6.8]	**제11조【평가원의 사업】** 법 제13조제4항제4호에서 "대통령령으로 정하는 사업"이란 다음 각 호의 사업을 말한다. 〈개정 2013.3.23〉 1. 에너지기술개발사업의 중장기 기술 기획 2. 에너지기술의 수요조사, 동향분석 및 예측 3. 에너지기술에 관한 정보·자료의 수집, 분석, 보급 및 지도 4. 에너지기술에 관한 정책수립의 지원 5. 법 제14조제1항에 따라 조성된 에너지기술개발사업비의 운용·관리(같은 조 제3항에 따라 관계 중앙행정기관의 장이 그 업무를 담당하게 하는 경우만 해당한다) 6. 에너지기술개발사업 결과의 실증연구 및 시범적용 7. 에너지기술에 관한 학술, 전시, 교육 및 훈련 8. 그 밖에 산업통상자원부장관이 에너지기술 개발과 관련하여 필요하다고 인정하는 사업 [전문개정 2011.9.30] **제11조의2【협약의 체결 및 출연금의 지급 등】** ① 중앙행정기관의 장 및 지방자치단체의 장은 법 제13조제6항에 따라 평가원에 같은 조 제4항 각 호의 사업을 수행하게 하려면 평가원과 다음 각 호의 사항이 포함된 협약을 체결하여야 한다. 1. 수행하는 사업의 범위, 방법 및 관리책임자 2. 사업수행 비용 및 그 비용의 지급시기와 지급방법 3. 사업수행 결과의 보고, 귀속 및 활용 4. 협약의 변경, 해지 및 위반에 관한 조치 5. 그 밖에 사업수행을 위하여 필요한 사항 ② 중앙행정기관의 장 및 지방자치단체의 장은 평가원에 법 제13조제6항에 따라 출연금을 지급하는 경우에는 여러 차례에 걸쳐 지급한다. 다만, 수행하는 사업의 규모나 시작시기 등을 고려하여 필요하다고 인정하는 경우에는 한 번에 지급할 수 있다.

③ 제2항에 따라 출연금을 지급받은 평가원은 그 출연금에 대하여 별도의 계정을 설정하여 관리하여야 한다.

[전문개정 2011.9.30]

제11조의3 【사업연도】

평가원의 사업연도는 정부의 회계연도에 따른다.

[본조신설 2009.4.21]

제11조의4 【평가원의 수익사업】

평가원은 법 제13조제7항에 따라 수익사업을 하려면 해당 사업연도가 시작하기 전까지 수익사업계획서를 산업통상자원부장관에게 제출하여야 하며, 해당 사업연도가 끝난 후 3개월 이내에 그 수익사업의 실적서 및 결산서를 산업통상자원부장관에게 제출하여야 한다. 〈개정 2013.3.23〉

[전문개정 2011.9.30]

제11조의5 【사업계획서 등의 제출】

① 평가원은 산업통상자원부장관이 정하는 바에 따라 사업계획서와 예산서를 작성하여 매 사업연도가 시작하기 전까지 산업통상자원부장관의 승인을 받아야 한다. 승인받은 사업계획과 예산을 변경하는 경우에도 또한 같다. 〈개정 2013.3.23〉

② 산업통상자원부장관은 제1항에 따른 사업계획과 예산을 승인하려는 경우에는 평가원의 사업계획과 예산이 법 제13조제4항 각 호의 사업을 효율적으로 추진하는 데에 필요한 것인지를 우선적으로 고려하여야 한다. 〈개정 2013.3.23〉

③ 평가원은 「공인회계사법」에 따른 회계법인 또는 공인회계사로부터 회계감사를 받은 매 사업연도의 세입·세출결산서에 다음 각 호의 서류를 첨부하여 다음 연도의 3월 31일까지 산업통상자원부장관에게 제출해야 한다.
〈개정 2013.3.23, 2021.1.5〉

1. 해당 사업연도의 재무상태표 및 손익계산서
2. 해당 사업연도의 사업계획과 그 집행실적
3. 해당 감사를 한 회계법인 또는 공인회계사의 감사 의견서 및 평가원의 해당 사업연도 감사 의견서
4. 그 밖에 결산 내용을 확인할 수 있는 참고 서류

[전문개정 2011.9.30]

요점 한국에너지기술평가원

(1) 설립

1. 설립 목적	에너지기술개발사업의 기획, 평가, 관리 등의 효율적 지원
2. 성립	주된 사무소 소재지에서 설립 등기로써 성립
3. 규정	• 평가원은 법인으로 등기 • 이 법에 규정되지 아니한 사항은 「민법」 중 재단법인에 관한 규정을 준용

■비고
정부는 평가원의 설립·운영에 필요한 경비를 예산의 범위에서 출연할 수 있다.

(2) 평가원 사업

1. 에너지기술개발사업의 기획, 평가 및 관리
2. 에너지기술 분야 전문인력 양성사업의 지원
3. 에너지기술분야의 국제협력 및 국제 공동연구사업의 지원
4. 에너지기술개발사업의 중장기 기술 기획
5. 에너지기술의 수요조사, 동향분석 및 예측
6. 에너지기술에 관한 정보·자료의 수집, 분석, 보급 및 지도
7. 에너지기술에 관한 정책수립의 지원
8. 에너지기술개발사업비의 운용·관리
9. 에너지기술개발사업 결과의 실증연구 및 시범적용
10. 에너지기술에 관한 학술, 전시, 교육 및 훈련
11. 그 밖에 산업통상자원부장관이 에너지기술개발과 관련하여 필요하다고 인정하는 사업

(3) 협약의 체결

① 중앙행정기관의 장 및 지방자치단체의 장은 (2)의 사업수행에 관하여 다음 사항이 포함된 협약을 평가원과 체결하여야 한다.

1. 수행하는 사업의 범위, 방법 및 관리책임자
2. 사업수행 비용 및 그 비용의 지급시기와 지급방법
3. 사업수행 결과의 보고, 귀속 및 활용
4. 협약의 변경, 해지 및 위반에 관한 조치
5. 그 밖에 사업수행을 위하여 필요한 사항

② 중앙행정기관의 장 및 지방자치단체의 장은 ①항의 사업을 평가원으로 하여금 수행하게 하고 필요한 비용의 전부 또는 일부를 출연할 수 있다.

(4) 평가원 수익사업

① 평가원은 설립목적 달성에 필요한 경비를 조달하기 위하여 수익사업을 할 수 있다.

② 평가원은 수익사업을 할 때 다음과 같은 서식을 산업통상자원부장관에게 제출하여야 한다.

1. 수익사업계획서	해당 사업연도가 시작하기 전까지
2. 수익사업실적서 및 결산서	해당 사업연도가 끝난 후 3개월 이내

③ 평가원의 사업연도는 정부의 회계연도에 따른다.

(5) 사업계획서의 제출

① 평가원은 사업계획서와 예산서를 작성하여 매 사업연도가 시작하기 전까지 산업통상자원부장관의 승인을 받아야 한다. 승인받은 사업계획과 예산을 변경하는 경우에도 또한 같다.

② 평가원은 회계감사를 받은 매 사업연도에 다음의 서류를 다음 연도의 3월 31일까지 산업통상자원부장관에게 제출하여야 한다.

1. 사업연도의 세입, 세출결산서
2. 해당 사업연도의 재무상태표 및 손익계산서
3. 해당 사업연도의 사업계획과 그 집행실적
4. 해당 감사를 한 회계법인 또는 공인회계사의 감사의견서 및 평가원의 해당 사업연도 감사 의견서
5. 그 밖에 결산 내용을 확인할 수 있는 참고 서류

예제문제 14

에너지법에 따른 한국에너지기술평가원에 대한 기술 중 가장 부적당한 것은?

① 한국에너지기술평가원은 주된 사무소 소재지에서 설립등기를 함으로써 성립된다.

② 한국에너지기술평가원은 법인으로 등기하며 에너지법이 정하지 아니한 사항에 대해서는 민법 중 사단법인 규정을 준용한다.

③ 한국에너지기술평가원은 설립목적 달성에 필요한 경비를 조달하기 위하여 수익사업을 할 수 있다.

④ 정부는 한국에너지기술평가원의 설립, 운영에 필요한 경비를 예산의 범위에서 출연할 수 있다.

해설 한국에너지기술평가원은 민법 중 재단법인 규정을 준용한다.

답 : ②

예제문제 15

한국에너지기술평가원의 사업내용에 해당되지 않는 것은?

① 에너지기술의 수요조사, 동향분석 및 예측사항

② 에너지기술에 관한 정책수립의 지원사항

③ 에너지기술개발사업 결과의 실증연구 및 시범적용사항

④ 에너지개발관련 갈등관리사항

해설 ④항은 에너지위원회 에너지개발전문위원회의 심의사항이다.

답 : ④

예제문제 16

한국에너지기술평가원의 수익사업에 관한 기술 중 가장 부적당한 것은?

① 평가원은 사업계획서와 예산서를 작성하여 해당 사업연도가 시작하기 전까지 산업통상부장관에게 제출하여야 한다.

② 평가원은 수익사업 실적서 및 결산서를 작성하여 해당 사업연도가 끝난 후 2개월 이내에 산업통상부장관에게 제출하여야 한다.

③ 평가원은 회계감사를 받은 사업연도에는 당해 사업연도의 세입, 세출 결산서를 작성하여 다음 연도 3월 31일까지 산업통상부장관에게 제출하여야 한다.

④ 평가원의 사업계획서와 예산서는 산업통상부장관의 승인을 받아야 한다.

해설 사업연도가 끝난 후 3개월 이내에 제출한다.

답 : ②

11 전문인력양성 등

법	시행령
제16조【에너지 및 에너지자원기술 전문인력의 양성】 ① 산업통상자원부장관은 에너지 및 에너지자원기술 분야의 전문인력을 양성하기 위하여 필요한 사업을 할 수 있다. 〈개정 2013.3.23〉 ② 산업통상자원부장관은 제1항에 따른 사업을 하기 위하여 자금지원 등 필요한 지원을 할 수 있다. 이 경우 지원의 대상 및 절차 등에 관하여 필요한 사항은 산업통상자원부령으로 정한다. 〈개정 2013.3.23〉 [전문개정 2010.6.8]	**[시행규칙]** **제3조【전문인력 양성사업의 지원대상 등】** ① 법 제16조제2항에 따라 산업통상자원부장관이 필요한 지원을 할 수 있는 대상은 다음 각 호와 같다. 〈개정 2013.3.23〉 1. 국·공립 연구기관 2. 「특정연구기관 육성법」에 따른 특정연구기관 3. 「정부출연연구기관 등의 설립·운영 및 육성에 관한 법률」에 따른 정부출연연구기관 4. 「고등교육법」에 따른 대학(대학원을 포함한다)·산업대학(대학원을 포함한다) 또는 전문대학 5. 「과학기술분야 정부출연연구기관 등의 설립·운영 및 육성에 관한 법률」에 따른 과학기술분야 정부출연연구기관 6. 그 밖에 에너지 빛 에너지자원기술 분야의 전문인력을 양성하기 위하여 산업통상자원부장관이 필요하다고 인정하는 기관 또는 단체 ② 제1항 각 호의 어느 하나에 해당하는 자 중에서 법 제16조제2항에 따른 지원을 받으려는 자는 지원받으려는 내용 등이 포함된 지원신청서를 산업통상자원부장관에게 제출하여야 한다. 〈개정 2013.3.23〉 ③ 산업통상자원부장관은 제2항에 따른 지원신청서가 접수되었을 때에는 60일 이내에 지원 여부, 지원 범위 및 지원 우선순위 등을 심사·결정하여 지원신청자에게 알려야 한다. 〈개정 2013.3.23〉 ④ 제2항과 제3항에 따른 신청자격 및 신청방법과 그 밖에 지원 절차에 관하여 필요한 세부사항은 산업통상자원부장관이 정하여 고시한다. 〈개정 2013.3.23〉 [전문개정 2011.12.30]
제17조【행정 및 재정상의 조치】 국가와 지방자치단체는 이 법의 목적을 달성하기 위하여 학술연구·조사 및 기술개발 등에 필요한 행정적·재정적 조치를 할 수 있다. [전문개정 2010.6.8]	
제18조【민간활동의 지원】 국가와 지방자치단체는 에너지에 관련된 공익적 활동을 촉진하기 위하여 민간부문에 대하여 필요한 자료를 제공하거나 재정적 지원을 할 수 있다.	**제14조【민간활동의 지원 대상】** 법 제18조에 따른 민간활동의 지원 대상은 제2조제2항에 따른 에너지 관련 시민단체와 「민법」 제32조에 따라 설립된 비영리법인으로 한다. [전문개정 2011.9.30]

요점 전문인력의 양성 등

(1) 전문인력의 양성

① 산업통상자원부장관은 에너지 및 에너지자원기술 분야의 전문인력을 양성하기 위하여 다음의 대상에 대하여 필요한 지원을 할 수 있다.

1. 국·공립 연구기관
2. 특정연구기관
3. 정부출연 연구기관
4. 대학(대학원을 포함한다)·산업대학(대학원을 포함한다) 또는 전문대학
5. 과학기술분야 정부출연 연구기관
6. 산업통상자원부장관이 필요하다고 인정하는 기관 또는 단체

② 제1항에 따른 지원을 받으려는 자는 지원받으려는 내용 등이 포함된 지원신청서를 산업통상부장관에게 제출하여야 한다.

③ 산업통상자원부장관은 지원신청서가 접수되었을 때에는 60일 이내에 지원 여부, 지원 범위 등을 심사·결정하여 지원신청자에게 알려야 한다.

(2) 행정지원 등

① 국가와 지방자치단체는 이 법의 목적을 달성하기 위하여 학술연구·조사 및 기술개발 등에 필요한 행정적·재정적 조치를 할 수 있다.

② 국가와 지방자치단체는 에너지에 관련된 공익적 활동을 촉진하기 위하여 에너지관련 시민단체와 비영리법인인 민간부문에 대하여 필요한 자료를 제공하거나 재정적 지원을 할 수 있다.

예제문제 17

에너지분야전문인력양성 지원신청을 받은 산업통상자원부장관의 지원 여부, 지원 범위 등에 대한 통지기간은?

① 10일 이내   ② 20일 이내
③ 30일 이내   ④ 60일 이내

답 : ④

12 에너지 복지사업 등

(1) 에너지 복지사업 실시

법	시행령
제16조의2【에너지복지 사업의 실시】 ① 정부는 모든 국민에게 에너지가 보편적으로 공급되도록 하기 위하여 다음 각 호의 사항에 관한 지원사업(이하 "에너지복지 사업"이라 한다)을 할 수 있다. 〈개정 2022.10.18.〉 1. 저소득층 등 에너지 이용에서 소외되기 쉬운 계층(이하 "에너지이용 소외계층"이라 한다)에 대한 에너지의 공급 2. 냉방·난방 장치의 보급 등 에너지이용 소외계층에 대한 에너지이용 효율의 개선 3. 그 밖에 에너지이용 소외계층의 에너지 이용 관련 복리의 향상에 관한 사항 ② 산업통상자원부장관은 에너지복지 사업을 실시하는 경우 3년마다 에너지이용 소외계층에 관한 실태조사를 하고 그 결과를 공표하여야 한다. 다만, 산업통상자원부장관이 필요하다고 인정하는 경우에는 추가로 간이조사를 할 수 있다. ③ 산업통상자원부장관은 제2항에 따른 실태조사 및 간이조사를 위하여 필요한 경우에는 관계 중앙행정기관의 장 또는 지방자치단체의 장에게 관련 자료의 제출을 요청할 수 있다. 이 경우 자료의 제출을 요청받은 중앙행정기관이 장 또는 지방자치단체의 장은 특별한 사유가 없으면 이에 따라야 한다. ④ 제2항에 따른 실태조사 및 간이조사의 내용·방법 등에 관하여 필요한 사항은 대통령령으로 정한다. **제16조의3【에너지이용권의 발급 등】** ① 산업통상자원부장관은 에너지이용 소외계층에 속하는 사람으로서 대통령령으로 정하는 요건을 갖춘 사람의 신청을 받아 에너지이용권을 발급할 수 있다. ② 산업통상자원부장관은 에너지이용권의 수급자 선정 및 수급 자격 유지에 관한 사항을 확인하기 위하여 가족관계 증명·국세 및 지방세 등에 관한 자료 등 대통령령으로 정하는 자료의 제공을 당사자의 동의를 받아 관계 중앙행정기관의 장 또는 지방자치단체의 장에게 요청할 수 있다. 이 경우 요청을 받은 중앙행정기관의 장 또는 지방자치단체의 장은 특별한 사유가 없으면 그 요청에 따라야 한다.	**제13조【에너지이용 소외계층에 관한 실태조사 등】** ① 산업통상자원부장관은 법 제16조의2제2항 본문에 따라 3년마다 「국민기초생활 보장법」에 따른 생계급여 수급자 등을 대상으로 다음 각 호의 사항에 대하여 법 제16조의2제1항제1호에 따른 에너지이용 소외계층(이하 "에너지이용 소외계층"이라 한다)에 관한 실태조사를 실시한다. 1. 재산 및 소득 규모 2. 세대원 수 등 세대정보(「주민등록법」 제30조제1항에 따른 주민등록전산정보자료 및 「가족관계의 등록 등에 관한 법률」 제9조제1항에 따른 가족관계 등록사항에 관한 전산정보자료를 포함한다) 3. 에너지원별 사용량 및 비용지출 등 에너지 사용에 관한 사항 4. 냉난방 가동시간 등 에너지 소비행태에 관한 사항 5. 에너지이용권 이용 실태에 관한 사항 6. 그 밖에 에너지이용 소외계층에 대한 실태조사를 위해 산업통상자원부장관이 필요하다고 인정하는 사항 ② 산업통상자원부장관은 제1항에 따른 실태조사를 하려는 경우 실태조사의 목적·대상자, 대상자 선정 기준, 내용·방법 및 기간 등을 포함한 실태조사 계획을 수립하여 해당 조사를 시작하기 전에 조사 대상자에게 통지해야 한다. ③ 산업통상자원부장관은 제1항에 따른 실태조사를 보완하기 위하여 필요한 경우 제1항 각 호의 전부 또는 일부에 대하여 법 제16조의2제2항 단서에 따른 간이조사(이하 "간이조사"라 한다)를 수시로 실시할 수 있다. ④ 제1항에 따른 실태조사 및 간이조사는 현장조사 또는 서면조사의 방법으로 하며, 효율적인 조사를 위해 필요한 경우에는 전자우편 등 정보통신망을 활용한 방식으로 할 수 있다. [본조신설 2023.4.18.] **제13조의2【에너지이용권의 수급자】** 법 제16조의3제1항에서 "대통령령으로 정하는 요건을 갖춘 사람"이란 다음 각 호의 요건을 모두 갖춘 사람을 말한다. 〈2016.10.4, 2021.6.29〉 1. 다음 각 목의 어느 하나에 해당하는 사람일 가. 다음의 어느 하나에 해당하는 사람이 속한 세대의 세대원(「국민기초생활 보장법」 제5조의2에 따른 수급자로서 주민등록법시행령 제6조의2 제1항에 따라 세대별 주민등록표에 기록된 인국인을 포함한다. 이하 같다.)으로서「국민기초생활 보장법」에 따른 생계급여 수급자 또는 의료급여 수급자

③ 산업통상자원부장관은 제2항에 따른 자료의 확인을 위하여 「사회복지사업법」 제6조의2제2항에 따른 정보시스템을 연계하여 사용할 수 있다.

④ 산업통상자원부장관은 에너지공급자, 그 밖의 에너지 관련 기관 또는 단체에 다음 각 호의 자료의 제공을 요청할 수 있다. 이 경우 요청을 받은 에너지공급자, 기관 또는 단체는 특별한 사유가 없으면 그 요청에 따라야 한다.

1. 에너지 공급 현황
2. 에너지 이용 현황
3. 그 밖에 에너지이용권 수급 자격 기준 마련에 필요한 자료

⑤ 제1항부터 제4항까지에서 규정한 사항 외에 에너지이용권의 신청 및 발급 등에 필요한 사항은 대통령령으로 정한다.

[본조신설 2014.12.30]

  1) 65세 이상의 사람
  2) 「영유아보육법」 제2조제1호에 따른 영유아
  3) 「장애인복지법」 제32조에 따라 등록된 장애인
  4) 「모자보건법」 제2조제1호에 따른 임산부
 나. 그 밖에 경제적·사회적·지리적 제약 등으로 인하여 에너지 이용에 대한 지원이 필요하다고 산업통상자원부장관이 인정하여 고시하는 사람

2. 제1호에 해당하는 사람이 속한 세대의 세대원이 다음 각 목의 어느 하나에 해당하지 아니할 것
 가. 법 제16조의2제1호에 따른 지원사업으로 난방유를 지원받는 경우
 나. 「국민기초생활 보장법」 제32조에 따른 보장시설에서 급여를 받는 경우
 다. 「긴급복지지원법」 제9조제1항제1호바목에 따라 연료비를 해당 연도에 지원받는 경우
 라. 삭제 〈2023.4.18〉
 마. 「석탄산업법」 제29조제7호에 따라 연탄을 지원받는 경우

제13조의6【예외지급】 ① 법 제16조의3제1항에 따른 에너지이용권 발급 요건을 갖춘 사람 또는 법 제16조의4제1항에 따른 이용자(이하 이 조에서 "이용자등"이라 한다)가 다음 각 호의 어느 하나에 해당하는 사유로 에너지이용권의 신청, 발급 또는 사용 등에 제한을 받는 경우에는 산업통상자원부령으로 정하는 바에 따라 금전 또는 현물 등의 지급(이하 "예외지급"이라 한다)을 산업통상자원부장관에게 신청할 수 있다. 〈2021.4.1〉

1. 「전기안전관리법 시행령」 제7조제4항제8호가목에 따른 고시원업의 시설을 이용하는 경우 등 에너지공급자로부터 직접 에너지를 공급받을 수 없거나 에너지이용권을 사용하여 에너지비용의 결제를 할 수 없는 경우

2. 행정상의 착오·지연 등 이용자등의 책임 없는 사유로 에너지이용권 발급이 불가능하게 되거나 지연된 경우

3. 제1호 및 제2호와 유사한 사유로서 산업통상자원부장관이 정하여 고시하는 사유에 해당하는 경우

② 제1항에 따른 신청을 받은 산업통상자원부장관은 검토한 결과 예외지급 사유에 해당하는 경우에는 예외지급의 방식을 결정하여 신청인에게 지급하여야 하며, 예외지급 사유에 해당하지 아니하는 경우에는 그 이유를 명시하여 신청인에게 서면 또는 전자문서 등으로 통지하여야 한다.

③ 제1항 및 제2항에서 규정한 사항 외에 예외지급의 방식 및 절차 등에 관한 사항은 산업통상자원부장관이 정하여 고시한다.

제13조의3 【자료제공 요청 대상】 법 제16조의3제2항 전단에서 "가족관계증명·국세 및 지방세 등에 관한 자료 등 대통령령으로 정하는 자료"란 다음 각 호의 자료를 말한다. 〈개정 2016.10.4, 2023.4.18〉

1. 제13조의2제1호에 해당하는지 여부를 확인하기 위한 다음 각 목의 자료
   가. 국민기초생활 수급자 증명서
   나. 주민등록표 등본(세대주 및 세대원의 성명과 주민등록번호가 표시된 것을 말한다. 이하 같다)
   다. 장애인 증명서
   라. 임신한 사실을 증명하는 의료기관의 진단서
2. 그 밖에 국세·지방세·토지·건물 등에 관한 자료 중 에너지이용권의 수급자 선정 및 수급 자격 유지에 관한 사항을 확인하기 위하여 산업통상자원부장관이 필요하다고 인정하여 고시하는 자료

[본조신설 2015.6.30]

제13조의4 【에너지이용권의 신청】 ① 법 제16조의3제1항에 따라 에너지이용권의 발급을 신청하려는 사람은 산업통상자원부령으로 정하는 에너지이용권 발급 신청서에 다음 각 호의 서류를 첨부하여 산업통상자원부장관에게 제출해야 한다. 다만, 제1호부터 제4호까지의 서류는 해당 서류의 당사자가 법 제16조의3제2항에 따른 자료의 제공에 동의하지 않는 경우만 제출한다. 〈2016.10.4, 2021.6.29〉

1. 국민기초생활 수급자 증명서
2. 주민등록표 등본(제13조의2제1호가목 또는 나목에 해당하는 경우만 제출한다)
3. 장애인 증명서(제13조의2제1호다목에 해당하는 경우만 제출한다)
4. 임신한 사실을 증명하는 의료기관의 진단서
5. 대리인이 신청하는 경우에는 다음 각 목의 서류
   가. 대리인의 신분증 사본
   나. 대리사실을 확인할 수 있는 위임장

② 제1항에서 규정한 사항 외에 에너지이용권의 신청에 필요한 사항은 산업통상자원부장관이 정하여 고시한다.

[본조신설 2015.6.30]

제16조의4 【에너지이용권의 사용 등】 ① 에너지이용권을 발급받은 사람(이하 "이용자"라 한다)은 에너지공급자에게 에너지이용권을 제시하고, 에너지를 공급받을 수 있다.

② 에너지이용권을 제시받은 에너지공급자는 정당한 사유 없이 에너지 공급을 거부할 수 없다.

③ 누구든지 에너지이용권을 판매·대여하거나 부정한 방법으로 사용해서는 아니 된다.

제13조의5 【에너지이용권의 발급 등】 ① 산업통상자원부장관은 제13조의4제1항에 따라 발급 신청을 받은 경우 에너지이용권을 발급할 것인지 여부를 결정하여 신청일부터 14일 이내에 서면 또는 전자문서로 신청인에게 알려야 한다.

② 산업통상자원부장관은 제1항에 따라 발급 결정 통보를 한 경우 세대 단위로 에너지이용권을 발급하여야 한다. 〈2016.10.4〉

④ 산업통상자원부장관은 이용자가 에너지이용권을 판매·대여하거나 부정한 방법으로 사용한 경우에는 그 에너지이용권을 회수하거나 에너지이용권 기재금액에 상당하는 금액의 전부 또는 일부를 환수할 수 있다.

⑤ 제1항부터 제4항까지에서 규정한 사항 외에 에너지이용권의 사용 등에 필요한 사항은 산업통상자원부령으로 정한다.

[본조신설 2014.12.30]

③ 법 제16조의3제1항에 따라 에너지이용권을 발급받은 사람이 다음 각 호의 어느 하나에 해당하게 된 경우에는 그가 속한 세대의 다른 세대원이 산업통상자원부장관에게 에너지이용권을 재신청할 수 있다.

1. 사망한 경우

2. 가출 또는 행방불명으로 경찰서 등 행정관청에 신고된 후 1개월이 지났거나 가출 또는 행방불명 사실을 특별자치시장·특별자치도지사·시장·군수·구청장(자치구의 구청장을 말한다)이 확인한 경우

④ 법 제16조의3제1항에 따라 에너지이용권을 발급받은 사람이 거주지를 변경하여 「주민등록법」에 따른 전입신고를 함에 따라 에너지이용권을 사용할 수 없게 된 경우에는 산업통상자원부장관에게 에너지이용권을 재신청할 수 있다.

⑤ 제1항부터 제4항까지에서 규정한 사항 외에 에너지이용권의 발급 및 재신청에 필요한 사항은 산업통상자원부장관이 정하여 고시한다. 〈2016.10.4〉

[본조신설 2015.6.30]

[시행규칙]

제3조의2【에너지이용권의 신청 및 발급 등】 ① 「에너지법 시행령」 (이하 "영"이라 한다) 제13조의4제1항 및 제13조의5제3항·제4항에 따른 에너지이용권 발급(재발급) 신청서는 별지 제1호서식과 같다.

② 영 제13조의4제1항제5호나목에 따른 위임장은 별지 제2호서식과 같다.

③ 영 제13조의5제1항에 따른 에너지이용권 결정 통지서는 별지 제3호서식과 같다.

④ 영 제13조의6제1항에 따라 금전 또는 현물 등의 지급을 신청하려는 사람은 별지 제4호서식의 에너지이용권 예외지급 신청서에 다음 각 호의 서류를 첨부하여 특별자치시장·특별자치도지사·시장·군수 또는 구청장(자치구의 구청장을 말한다. 이하 같다)에게 제출하여야 한다. 〈신설 2016.10.18.〉

1. 에너지 관련 영수증 또는 고지서

2. 신청인 또는 신청인이 속한 세대의 다른 세대원의 통장 사본

3. 신청인의 신분증(주민등록증, 운전면허증, 여권, 장애인 등록증 등 본인 및 주소를 확인할 수 있는 증명서를 말한다. 이하 같다) 사본

4. 대리인이 신청하는 경우에는 다음 각 목의 서류
   가. 대리인의 신분증 사본
   나. 대리사실을 확인할 수 있는 위임장

⑤ 특별자치시장·특별자치도지사·시장·군수·구청장(자치구의 구청장을 말한다)은 법 제16조의4제4항에 따라 에너지이용권을 회수하거나 에너지이용권 수급자가 수급자격을 상실하게 된 경우에는 별지 제3호서식에 따라 수급자에게 에너지이용권의 사용을 중지하여야 한다는 사실을 통지하여야 한다.

[본조신설 2015.7.1] 〈개정 2016.10.18〉

> **제3조의3【에너지공급 비용의 청구 및 지급】** ① 에너지공급자는 법 제16조의4제1항에 따라 에너지공급 비용을 법 제16조의5제1항에 따른 전담기관(이하 "전담기관"이라 한다)에 청구할 수 있다.
> ② 제1항에 따른 청구를 받은 전담기관은 그 내용을 확인하고 특별한 사유가 없으면 에너지공급자에게 공급 비용을 지급하여야 한다.
> [본조신설 2015.7.1]

요점 에너지 복지사업 실시

(1) 에너지복지사업

1. 사업목적	모든 국민에게 에너지가 보편적으로 공급되도록 하기 위함
2. 사업주관	정부
3. 사업범위	1. 저소득층 등 에너지 이용에서 소외되기 쉬운 계층에 대한 에너지의 공급 2. 냉·난방 보급 등 에너지이용 소외계층의 에너지이용효율의 개선 3. 그 밖에 에너지이용 소외계층의 에너지 이용 관련 복리의 향상에 관한 사항

(2) 실태조사

① 조사의 구분

1. 실태조사	3년마다	• 산업통상자원부장관이 실시
2. 간이조사	필요한 경우	• 산업통상자원부장관은 관계 중앙행정기관의 장·지방자치단체의 장에게 관련 자료 요청을 할 수 있으며, 요청을 받은 기관의 장은 특별한 사유가 없으면 이에 따라야 한다.

② 실태조사 항목

1. 재산 및 소득 규모
2. 세대원 수 등 세대정보
3. 에너지원별 사용량 및 비용지출 등 에너지 사용에 관한 사항
4. 냉난방 가동시간 등 에너지 소비행태에 관한 사항
5. 에너지이용권 이용 실태에 관한 사항
6. 그 밖에 에너지이용 소외계층에 대한 실태조사를 위해 산업통상자원부장관이 필요하다고 인정하는 사항

(3) 에너지 이용권 발급

■ 에너지 이용권 사용
  (산) : 발급 신청 공고
신청 ↑↓ 신청일 14일내 통지
  (대상자)
       ↓ 제시 후 사용
(에너지 공급자)
       ↓ 비용 청구
  (전담기관)

① 산업통상자원부장관은 다음의 조건을 모두 갖춘 에너지이용 소외계층에 해당하는 사람의 신청을 받아 에너지이용권을 발급할 수 있다.

  1. 다음 각 목의 어느 하나에 해당하는 사람일 것

    가. 다음의 어느 하나에 해당하는 사람이 속한 세대의 세대원으로서 「국민기초생활 보장법」에 따른 생계급여 수급자 또는 의료급여 수급자

1. 65세 이상의 사람
2. 「영유아보육법」에 따른 영유아
3. 「장애인복지법」에 따라 등록된 장애인
4. 「모자보건법」에 따른 임산부

    나. 그 밖에 경제적·사회적·지리적 제약 등으로 인하여 에너지 이용에 대한 지원이 필요하다고 산업통상자원부장관이 인정하여 고시하는 사람

  2. 제1호에 해당하는 사람이 속한 세대의 세대원이 다음 각 목의 어느 하나에 해당하지 아니할 것

1. 에너지소외계층 지원사업으로 난방유를 지원받는 경우
2. 「국민기초생활 보장법」에 따른 보장시설에서 급여를 받는 경우
3. 「긴급복지지원법」에 따라 연료비를 해당 연도에 지원받는 경우
4. 「석탄산업법」에 따라 연탄을 지원받는 경우

② 금전·현물 지급

에너지이용권 발급요건을 갖춘 사람 또는 이용자가 다음의 어느 하나에 해당 될 경우 금전 또는 현물 지급을 산업통상자원부 장관에게 신청할 수 있다.

1. 고시원업의 시설을 이용하는 경우 등 에너지공급자로부터 직접 에너지를 공급받을 수 없거나 에너지이용권을 사용하여 에너지비용의 결제를 할 수 없는 경우
2. 행정상의 착오·지연 등 이용자등의 책임 없는 사유로 에너지이용권 발급이 불가능하게 되거나 지연된 경우
3. 제1호 및 제2호와 유사한 사유로서 산업통상자원부장관이 정하여 고시하는 사유에 해당하는 경우

③ 산업통상자원부장관은 에너지이용권의 수급자 선정 및 수급 자격 유지에 관한 사항을 확인하기 위하여 가족관계증명·국세 및 지방세 등에 관한 자료의 제공을 당사자의 동의를 받아 관계 중앙행정기관의 장 또는 지방자치단체의 장에게 요청할 수 있다.

④ 산입통상자원부장관은 에너지공급자, 그 밖의 에너지 관련 기관 또는 단체에 다음 각호의 자료의 제공을 요청할 수 있다.

| 1. 에너지 공급 현황 |
| 2. 에너지 이용 현황 |
| 3. 그 밖에 에너지이용원 수급 자격 기준 마련에 필요한 자료 |

(4) 에너지이용권의 신청

① 에너지이용권의 발급을 신청하려는 사람은 산업통상자원부령으로 정하는 에너지이용권 발급 신청서에 다음 각 호의 서류를 첨부하여 산업통상자원부장관에게 제출하여야 한다.

| 1. 국민기초생활 수급자 증명서 |
| 2. 주민등록표 등본 |
| 3. 장애인 증명서 |
| 4. 임신한 사실을 증명하는 의료기관의 진단서 |
| 5. 대리인이 신청하는 경우에는 다음 각 목의 서류
 가. 대리인의 신분증 사본
 나. 대리사실을 확인할 수 있는 위임장 |

② 산업통상자원부장관은 발급 신청을 받은 경우 에너지이용원을 발급할 것인지 여부를 결정하여 신청일부터 14일 이내에 서면 또는 전자문서로 신청인에게 알려야 한다.

③ 산업통상자원부장관은 발급 결정 통보를 한 경우 개별 가구 단위로 에너지이용권을 발급하여야 한다.

④ 에너지이용권의 기재 내용은 다음과 같다.

| 1. 이용자의 성명 |
| 2. 에너지이용권의 일련번호 |
| 3. 에너지이용권의 사용기한 |

(5) 에너지이용권의 사용

① 에너지이용권을 발급받은 사람은 에너지공급자에게 에너지이용권을 제시하고, 에너지를 공급받을 수 있다.

② 에너지이용권을 제시받은 에너지공급자는 정당한 사유없이 에너지 공급을 거부할 수 없다.

③ 에너지공급자는 ②에 따른 에너지공급 비용을 에너지복지사업 전담기관에 청구할 수 있다.

④ ③에 따른 청구를 받은 전담기관은 그 내용을 확인하고 특별한 사유가 없으면 에너지공급자에게 공급 비용을 지급하여야 한다.

(6) 에너지이용권 사용제한

① 누구든지 에너지이용권을 판매·대여하거나 부정한 방법으로 사용해서는 아니 된다.
② 산업통상자원부장관은 이용자가 에너지이용권을 판매·대여하거나 부정한 방법으로 사용한 경우에는 그 에너지이용권을 회수하거나 에너지이용권 기재금액에 상당하는 금액의 전부 또는 일부를 환수할 수 있다.
③ 특별자치시장·특별자치도지사·시장·군수·구청장(자치구의 구청장을 말한다)은 에너지이용권을 회수하거나 에너지이용권 수급자가 수급자격을 상실하게 된 경우에는 수급자에게 에너지이용권의 사용을 중지하여야 한다는 사실을 통지하여야 한다.

예제문제 18

에너지법에 따른 에너지이용권에 관한 기준 중 가장 부적당한 것은?

① 국민기초생활보장법에 따른 생계급여 수급자 또는 의료급여 수급자로서 65세 이상인 사람을 포함한 가구의 구성원은 에너지이용권 이용 대상자이다.
② 산업통상자원부장관은 에너지이용권 발급신청을 받은 경의 신청일로부터 14일 이내에 서면 등을 통하여 신청인에게 알려야 한다.
③ 에너지공급자는 에너지이용권 수급자가 수급자격을 상실한 경우 에너지이용 사용중지사실을 통지하여야 한다.
④ 에너지공급자는 에너지이용권에 따른 에너지 공급 비용을 전담기관에 청구할 수 있다.

[해설] 에너지이용권의 사용중지사실 통지는 특별자치시장·특별자치지도사·시장·군수·구청장의 업무이다.

답 : ③

예제문제 19

에너지법에 따른 에너지복지사업의 일환인 에너지 이용권의 발급 및 사용에 관한 설명으로 적절하지 않은 것은? 【16년 기출문제】

① "국민기초생활 보장법"에 따른 생계급여 수급자로서 65세 이상인 사람은 에너지이용권의 수급대상이다.

② 산업통상자원부장관은 에너지이용권 발급신청을 받은 경우 발급할 것인지 여부를 결정하여 신청일부터 30일 이내에 서면 또는 전자문서로 신청인에게 알려야 한다.

③ 산업통상자원부장관은 에너지이용권 발급결정 통보를 한 경우 개별 가구 단위로 에너지이용권을 발급하여야 한다.

④ 에너지이용권을 제시받은 에너지공급자는 정당한 사유없이 에너지공급을 거부할 수 없다.

해설 산업통상자원부장관은 에너지이용권 발급 신청을 받은 경우 14일 이내에 신청인에게 발급여부를 알려야 한다.

답 : ②

(2) 에너지 복지사업 전담기관

법	시행령
제16조의5 【전담기관의 지정】 ① 산업통상자원부장관은 에너지 관련 업무를 전문적으로 수행하는 기관 또는 단체를 에너지복지 사업 전담기관(이하 "전담기관"이라 한다)으로 지정하여 에너지이용권의 발급 및 운영 등 에너지복지 사업 관련 업무를 수행하게 할 수 있다.	**제13조의7 【전담기관의 지정 기준 등】** ① 법 제16조의5제1항에 따른 에너지복지 사업 전담기관(이하 "전담기관"이라 한다)은 다음 각 호의 요건을 모두 갖추어야 한다. 1. 에너지 관련 업무를 전문적으로 수행하는 기관 또는 단체로서 다음 각 목의 어느 하나에 해당할 것 　가.「공공기관의 운영에 관한 법률」 제4조에 따른 공공기관 　나.「민법」에 따라 설립된 법인 2. 에너지복지 사업의 수행에 필요한 전담인력을 확보할 것 3. 에너지복지 사업의 수행에 필요한 재정적·기술적 능력을 갖추고 있을 것 ② 산업통상자원부장관은 법 제16조의5제1항에 따라 전담기관을 지정한 경우 이를 고시하여야 한다. ③ 산업통상자원부장관은 전담기관에 대하여 다음 각 호의 업무를 수행하게 할 수 있다. 1. 법 제16조의2에 따른 에너지복지 사업(이하 "에너지복지 사업"이라 한다)의 홍보 및 교육 2. 에너지복지 사업의 활성화를 위한 조사·연구 3. 에너지복지 사업의 통계 작성 및 관리 4. 에너지복지 사업의 원활한 수행을 위한 에너지공급자 간의 연계 업무 [본조신설 2015.6.30]

② 산업통상자원부장관은 예산의 범위에서 전담기관에 대하여 제1항의 사업을 수행하는 데 필요한 경비의 전부 또는 일부를 지원할 수 있다.

③ 전담기관의 지정 기준 및 절차 등에 관한 세부사항은 대통령령으로 정한다.

[본조신설 2014.12.30]

제16조의6【전담기관 지정의 취소】 ① 산업통상자원부장관은 전담기관이 다음 각 호의 어느 하나에 해당하는 경우에는 지정을 취소하거나 6개월의 범위에서 기간을 정하여 업무의 전부 또는 일부를 정지할 수 있다. 다만, 제1호에 해당하는 경우에는 지정을 취소하여야 한다.

1. 거짓이나 그 밖의 부정한 방법으로 지정을 받은 경우
2. 제16조의5제3항에 따른 지정 기준에 적합하지 아니하게 된 경우

② 제1항에 따른 행정처분의 세부기준은 그 사유와 위반의 정도를 고려하여 대통령령으로 정한다.

[본조신설 2014.12.30]

제16조의7【과징금처분】 ① 산업통상자원부장관은 제16조의6제1항에 따라 업무정지를 명하여야 할 경우로서 업무정지가 이용자 등에게 심한 불편을 주거나 공익을 해칠 우려가 있는 경우에는 대통령령으로 정하는 바에 따라 업무정지처분을 갈음하여 1천만원 이하의 과징금을 부과할 수 있다.

② 제1항에 따른 과징금을 부과하는 위반행위의 종류와 위반정도 등에 따른 과징금의 금액 등에 필요한 사항은 대통령령으로 정한다.

③ 제1항에 따라 과징금 부과처분을 받은 자가 과징금을 기한까지 납부하지 아니하면 국세 체납처분의 예에 따라 징수한다.

[본조신설 2014.12.30]

제13조의8【전담기관에 대한 행정처분의 기준】 법 제16조의6제1항에 따른 전담기관에 대한 지정취소 또는 업무정지의 세부기준은 별표 1과 같다.

[본조신설 2015.6.30]

제13조의9【과징금의 부과기준】 법 제16조의7제1항에 따른 위반행위의 종류와 위반정도 등에 따른 과징금의 금액은 별표 2와 같다.

[본조신설 2015.6.30]

제13조의10【과징금의 부과 및 납부】 ① 산업통상자원부장관은 법 제16조의7제1항에 따라 과징금을 부과할 때에는 위반행위의 종류와 과징금의 금액을 분명하게 적은 서면으로 알려야 한다.

② 제1항에 따라 통지를 받은 자는 통지받은 날부터 20일 이내에 과징금을 산업통상자원부장관이 정하는 수납기관에 내야 한다. 〈개정 2023.12.12〉

③ 제2항에 따라 과징금을 받은 수납기관은 과징금을 낸 자에게 영수증을 내주어야 한다.

④ 과징금의 수납기관은 제2항에 따라 과징금을 받았을 때에는 지체 없이 그 사실을 산업통상자원부장관에게 통보하여야 한다.

⑤ 삭제 〈2021.9.24〉

[본조신설 2015.6.30]

요점 에너지 복지사업 전담기관

(1) 전담기관의 지정 등

1) 지정기준

① 산업통상자원부장관은 다음의 조건을 모두 갖춘 경우 에너지복지사업 전담기구로 지정할 수 있다.

1. 에너지 관련 업무를 전문적으로 수행하는 기관 또는 단체로서 다음 각 목의 어느 하나에 해당할 것 가. 「공공기관의 운영에 관한 법률」에 따른 공공기관 나. 「민법」에 따라 설립된 법인
2. 에너지복지 사업의 수행에 필요한 전담인력을 확보할 것
3. 에너지복지 사업의 수행에 필요한 재정적 · 기술적 능력을 갖추고 있을 것

② 산업통상자원부장관은 ①항에 따라 전담기관을 지정한 경우 이를 고시하여야 한다.

2) 전담기관 업무

① 산업통상자원부장관은 전담기관에 대하여 다음 각 호의 업무를 수행하게 할 수 있다.

1. 에너지복지 사업의 홍보 및 교육
2. 에너지복지 사업의 활성화를 위한 조사 · 연구
3. 에너지복지 사업의 통계 작성 및 관리
4. 에너지복지 사업의 원활한 수행을 위한 에너지공급자 간의 연계 업무

② 산업통상자원부장관은 예산의 범위에서 전담기관에 대하여 제①항의 사업을 수행하는데 필요한 경비의 전부 또는 일부를 지원할 수 있다.

3) 전담기관지정의 취소

산업통상자원부장관은 전담기관이 다음 각 호의 어느 하나에 해당하는 경우에는 지정을 취소하거나 6개월의 범위에서 기간을 정하여 업무의 전부 또는 일부를 정지할 수 있다.

1. 거짓이나 그 밖의 부정한 방법으로 지정을 받은 경우	· 지정취소
2. 전담기관 지정 기준에 적합하지 아니하게 된 경우	· 지정취소 · 6개월 내 업무정지

■비고 : 전담기관 취소시에는 청문을 하여야 한다.

예제문제 20

에너지법에 따른 에너지 복지사업 전담기관의 업무에 해당되지 않는 것은?

① 에너지 복지사업의 홍보 및 교육
② 에너지 복지사업의 에너지 이용권 발급
③ 에너지 복지사업의 통계작성 및 관리
④ 에너지 공급자 간의 연계 업무

해설 에너지이용권은 산업통상자원부장관이 발급할 수 있다.

답 : ②

|참고|

■ 전담기관의 지정취소·업무정지 기준(시행령 별표1: 개정 2016.10.4)

1. 일반기준

가. 위반행위의 횟수에 따른 행정처분의 기준은 최근 1년간 같은 위반행위로 행정처분을 받은 경우에 적용한다. 이 경우 위반횟수는 같은 위반행위에 대하여 행정처분을 받은 날과 그 처분 후에 다시 같은 위반행위를 하여 적발된 날을 각각 기준으로 하여 계산한다.

나. 위반행위가 둘 이상인 경우로서 그에 해당하는 각각의 처분기준이 다른 경우에는 그 중 무거운 처분기준에 따른다.

다. 처분권자는 다음의 사유를 고려하여 제2호라목 및 마목에 따른 처분을 해당 처분기준의 2분의 1 범위에서 감경할 수 있다.

  1) 위반행위가 고의성이 없는 사소한 부주의로 인한 것으로 인정되는 경우
  2) 위반사실을 단기간 내에 시정한 경우
  3) 에너지복지 사업의 안정을 위하여 필요하다고 인정되는 경우

2. 개별기준

행정처분 사유	근거 법조문	행정처분 기준		
		1차 위반	2차 위반	3차 이상 위반
가. 거짓이나 그 밖의 부정한 방법으로 지정을 받은 경우	법 제16조의6 제1항제1호	지정 취소		
나. 법 제16조의5제3항을 위반하여 제13조의6제1항제1호의 기준에 적합하지 않게 된 경우	법 제16조의6 제1항제2호	지정 취소		
다. 법 제16조의5제3항을 위반하여 제13조의6제1항제2호의 기준에 적합하지 않게 된 경우	법 제16조의6 제1항제2호	업무정지 2개월	업무정지 4개월	업무정지 6개월
라. 법 제16조의5제3항을 위반하여 제13조의6제1항제3호의 기준에 적합하지 않게 된 경우	법 제16조의6 제1항제2호	업무정지 2개월	업무정지 4개월	업무정지 6개월

(2) 과징금 처분

1) 과징금의 부과

① 산업통상자원부장관은 업무정지를 명하여야 할 경우로서 업무정지가 이용자 등에게 심한 불편을 주거나 공익을 해칠 우려가 있는 경우에는 업무정지 처분을 갈음하여 1,000만원 이하의 과징금을 부과할 수 있다.

② 산업통상자원부장관은 과징금을 부과할 때에는 위반행위의 종류와 과징금의 금액을 분명하게 적은 서면으로 알려야 한다.

③ ②에 따라 통지를 받은 자는 통지받은 날부터 20일 이내에 과징금을 산업통상자원부장관이 정하는 수납기관에 내야 한다.

④ ③에 따라 과징금을 받은 수납기관은 과징금을 낸 자에게 영수증을 내주어야 한다.

⑤ 과징금의 수납기관은 과징금을 받았을 때에는 지체 없이 그 사실을 산업통상자원부장관에게 통보하여야 한다.

2) 과징금의 부과기준(시행령 별표2, 2016.10.4)

행정처분 사유	1차 위반		2차 위반		3차 이상 위반	
	업무정지 기간	과징금 금액	업무정지 기간	과징금 금액	업무정지 기간	과징금 금액
1. 에너지복지사업의 수행에 필요한 인력의 확보(영 제13조의6제1항제2호) 규정에 위반된 경우	2개월	3백만원	4개월	7백만원	6개월	1천만원
2. 에너지복지사업의 수행에 필요한 재정적·기술적 능력 확보(영 제13조의6제1항제3호) 규정에 위반된 경우	2개월	3백만원	4개월	7백만원	6개월	1천만원

13 에너지 관련 통계

법	시행령
제19조【에너지 관련 통계의 관리·공표】 ① 산업통상자원부장관은 기본계획 및 에너지 관련 시책의 효과적인 수립·시행을 위하여 국내외 에너지 수급에 관한 통계를 작성·분석·관리하며, 관련 법령에 저촉되지 아니하는 범위에서 이를 공표할 수 있다. 〈개정 2010.6.8, 2013.3.23〉 ② 산업통상자원부장관은 매년 다음 각 호에 따른 통계를 작성·분석하며, 그 결과를 공표할 수 있다. 〈개정 2010.6.8, 2013.3.23, 2019.8.20〉 1. 에너지사용 및 산업공정에서 발생하는 온실가스 배출량 2. 에너지이용 소외계층의 에너지 이용현황 등 ③ 삭제 〈2010.1.13〉 ④ 산업통상자원부장관은 제1항과 제2항에 따른 통계를 작성할 때 필요하다고 인정하면 에너지 유관기관의 장 또는 산업통상자원부령으로 정하는 에너지사용자에 대하여 자료의 제출을 요구할 수 있다. 이 경우 자료의 제출을 요구받은 에너지 유관기관의 장 또는 에너지사용자는 정당한 사유가 없으면 이에 따라야 한다. 〈개정 2022.10.18〉 ⑤ 산업통상자원부장관은 필요하다고 인정하면 대통령령으로 정하는 바에 따라 에너지 총조사를 할 수 있다. 〈개정 2013.3.23〉 ⑥ 산업통상자원부장관은 대통령령으로 정하는 바에 따라 전문성을 갖춘 기관을 지정하여 제1항과 제2항에 따른 통계의 작성·분석·관리 및 제5항에 따른 에너지 총조사에 관한 업무의 전부 또는 일부를 수행하게 할 수 있다. 〈개정 2022.10.18〉	**제15조【에너지 관련 통계 및 에너지 총조사】** ① 법 제19조제1항에 따라 에너지 수급에 관한 통계를 작성하는 경우에는 산업통상자원부령으로 정하는 에너지열량 환산기준을 적용하여야 한다. 〈개정 2013.3.23〉 **[시행규칙]** **제5조【에너지열량환산기준】** ① 영 제15조제1항에 따른 에너지열량환산기준은 별표와 같다. 〈개정 2017.12.28〉 ② 에너지열량환산기준은 5년마다 작성하되, 산업통상자원부장관이 필요하다고 인정하는 경우에는 수시로 작성할 수 있다. 〈개정 2013.3.23, 2017.12.28〉 [전문개정 2011.12.30] ③ 법 제19조제5항에 따른 에너지 총조사는 3년마다 실시하되, 산업통상자원부장관이 필요하다고 인정할 때에는 간이조사를 실시할 수 있다. 〈개정 2013.3.23〉 [전문개정 2011.9.30] **[시행규칙]** **제4조【에너지 통계자료의 제출대상 등】** ① 법 제19조제4항에 따라 산업통상자원부장관이 자료의 제출을 요구할 수 있는 에너지사용자는 다음 각 호와 같다. 〈개정 2013.3.23〉 1. 중앙행정기관·지방자치단체 및 그 소속기관 2. 「공공기관 운영에 관한 법률」 제4조에 따른 공공기관 3. 「지방공기업법」에 따른 지방직영기업, 지방공사, 지방공단 4. 에너지공급자와 에너지공급자로 구성된 법인·단체 5. 「에너지이용 합리화법」 제31조제1항에 따른 에너지다소비사업자 6. 자가소비를 목적으로 에너지를 수입하거나 전환하는 에너지사용자 ② 제1항에 따른 에너지사용자가 자료의 제출을 요구받았을 때에는 특별한 사유가 없으면 그 요구를 받은 날부터 60일 이내에 산업통상자원부장관에게 그 자료를 제출하여야 한다. 〈개정 2013.3.23〉 ③ 법 제19조제1항 및 제2항에 따른 통계의 작성서식 및 자료의 제출기한과 그 밖에 통계작성에 필요한 세부 사항은 산업통상자원부장관이 정하여 고시한다. 〈개정 2013.3.23〉 [전문개정 2011.12.30]

제15조의2【전문기관의 지정】 ① 산업통상자원부장관은 법 제19조제6항에 따라 다음 각 호의 기관 중에서 같은 조 제1항 및 제2항에 따른 통계의 작성·분석·관리와 같은 조 제5항에 따른 에너지 총조사에 관한 업무의 전부 또는 일부를 수행하는 전문성을 갖춘 기관(이하 "전문기관"이라 한다)을 지정할 수 있다.

1. 「정부출연연구기관 등의 설립·운영 및 육성에 관한 법률」에 따라 설립된 에너지경제연구원
2. 「에너지이용 합리화법」 제45조에 따른 한국에너지공단
3. 「공공기관의 운영에 관한 법률」에 따른 공공기관
4. 「통계법」 제15조에 따른 통계작성지정기관

② 산업통상자원부장관은 제1항에 따라 전문기관을 지정한 경우에는 지정기관 및 그 업무 수행의 범위를 고시해야 한다.

[본조신설 2023. 1. 17.]

요점 에너지관련통계

(1) 에너지관련 통계 공표

① 산업통상자원부장관은 기본계획 및 에너지관련 시책의 효과적인 수립·시행을 위하여 국내외 에너지 수급에 관한 통계를 작성·분석·관리하며, 관련 법령에 저촉되지 아니하는 범위에서 이를 공표할 수 있다.

② 산업통상자원부장관은 매년 다음의 통계를 작성·분석하며, 그 결과를 공표할 수 있다.

1. 에너지 사용 및 산업공정에서 발생하는 온실가스 배출량
2. 에너지이용 소외계층의 에너지 이용현황 등

(2) 자료제출요구

① 대상기관

산업통상자원부장관은 필요시 다음의 자들에게 자료의 제출을 요구할 수 있다.

1. 중앙행정기관·지방자치단체 및 그 소속기관
2. 공공기관
3. 지방직영기업, 지방공사, 지방공단
4. 에너지공급자와 에너지공급자로 구성된 법인·단체
5. 에너지다소비사업자
6. 자가소비를 목적으로 에너지를 수입하거나 전환하는 에너지사용자

② 에너지사용자가 자료의 제출을 요구받았을 때에는 특별한 사유가 없으면 그 요구를 받은 날부터 60일 이내에 산업통상부장관에게 그 자료를 제출하여야 한다.

■ 에너지 총조사 전문기관
1. 에너지경제연구원
2. 한국에너지공단
3. 공공기관
4. 통계작성지정기관

(3) 에너지 총조사

① 산업통상자원부장관은 에너지열량 환산기준을 정하기 위하여 다음과 같이 에너지 조사를 할 수 있다.

1. 에너지 총조사	3년마다 실시
2. 간이조사	산업통상자원부장관이 필요하다고 인정한 때 실시

② 에너지열량 환산기준

산업통상자원부장관은 에너지열량 환산기준을 5년마다 작성하되, 필요한 경우 수시로 작성할 수 있다.

에너지열량 환산기준(시행규칙 별표: 2022.11.21)

■ 주요에너지석유환산톤(10^{-3}toe)
• 도시가스(LPG) : 1.515
• 천연가스(LNG) : 1.308
• 원유 : 1.092
• 경유 : 0.902
• 등유 : 0.874
• 휘발유 : 0.775
• 국내 무연탄 : 0.471
• 전기(발전) : 0.213
• 전기(소비) : 0.229

구분	에너지원	단위	총발열량			순발열량		
			MJ	kcal	석유환산톤 (10^{-3}toe)	MJ	kcal	석유환산톤 (10^{-3}toe)
석유	원유	kg	45.7	10,920	1.092	42.8	10,220	1.022
	휘발유	ℓ	32.4	7,750	0.775	30.1	7,200	0.720
	등유	ℓ	36.6	8,740	0.874	34.1	8,150	0.815
	경유	ℓ	37.8	9,020	0.902	35.3	8,420	0.842
	바이오디젤	ℓ	34.7	8,280	0.828	32.3	7,730	0.773
	B-A유	ℓ	39.0	9,310	0.931	36.5	8,710	0.871
	B-B유	ℓ	40.6	9,690	0.969	38.1	9,100	0.910
	B-C유	ℓ	41.8	9,980	0.998	39.3	9,390	0.939
	프로판(LPG1호)	kg	50.2	12,000	1.200	46.2	11,040	1.104
	부탄(LPG3호)	kg	49.3	11,790	1.179	45.5	10,880	1.088
	나프타	ℓ	32.2	7,700	0.770	29.9	7,140	0.714
	용제	ℓ	32.8	7,830	0.783	30.4	7,250	0.725
	항공유	ℓ	36.5	8,720	0.872	34.0	8,120	0.812
	아스팔트	kg	41.4	9,880	0.988	39.0	9,330	0.933
	윤활유	ℓ	39.6	9,450	0.945	37.0	8,830	0.883
	석유코크스	kg	34.9	8,330	0.833	34.2	8,170	0.817
	부생연료유1호	ℓ	37.3	8,900	0.890	34.8	8,310	0.831
	부생연료유2호	ℓ	39.9	9,530	0.953	37.7	9,010	0.901
가스	천연가스(LNG)	kg	54.7	13,080	1.308	49.4	11,800	1.180
	도시가스(LNG)	Nm³	42.7	10,190	1.019	38.5	9,190	0.919
	도시가스(LPG)	Nm³	63.4	15,150	1.515	58.3	13,920	1.392
석탄	국내무연탄	kg	19.7	4,710	0.471	19.4	4,620	0.462
	연료용 수입무연탄	kg	23.0	5,500	0.550	22.3	5,320	0.532
	원료용 수입무연탄	kg	25.8	6,170	0.617	25.3	6,040	0.604
	연료용 유연탄(역청탄)	kg	24.6	5,860	0.586	23.3	5,570	0.557
	원료용 유연탄(역청탄)	kg	29.4	7,030	0.703	28.3	6,760	0.676
	아역청탄	kg	20.6	4,920	0.492	19.1	4,570	0.457
	코크스	kg	28.6	6,840	0.684	28.5	6,810	0.681

전기 등	전기(발전기준)	kWh	8.9	2,130	0.213	8.9	2,130	0.213
	전기(소비기준)	kWh	9.6	2,290	0.229	9.6	2,290	0.229
	신탄	kg	18.8	4,500	0.450	–	–	–

■ 비고
1. "총발열량"이란 연료의 연소과정에서 발생하는 수증기의 잠열을 포함한 발열량을 말한다.
2. "순발열량"이란 연료의 연소과정에서 발생하는 수증기의 잠열을 제외한 발열량을 말한다.
3. "석유환산톤"(toe: ton of oil equivalent)이란 원유 1톤(t)이 갖는 열량으로 10^7kcal를 말한다.
4. 석탄의 발열량은 인수식(引受式)을 기준으로 한다. 다만, 코크스는 건식(乾式)을 기준으로 한다.
5. 최종 에너지사용자가 사용하는 전력량 값을 열량 값으로 환산할 경우에는 1kWh=860kcal를 적용한다.
6. 1cal=4.1868J이며, 도시가스 단위인 Nm³은 0℃ 1기압(atm) 상태의 부피 단위(m³)를 말한다.
7. 에너지원별 발열량(MJ)은 소수점 아래 둘째 자리에서 반올림한 값이며, 발열량(kcal)은 발열량(MJ)으로부터 환산한 후 1의 자리에서 반올림한 값이다. 두 단위 간 상충될 경우 발열량(MJ)이 우선한다.

예제문제 21

산업통상자원부장관의 에너지 총조사 실시기한은?

① 1년마다　　　　　　　　　② 2년마다
③ 3년마다　　　　　　　　　④ 5년마다

답 : ③

예제문제 22

"에너지법"에 따라 산업통산자원부장관은 통계의 작성 · 분석 · 관리 및 에너지 총조사에 관한 업무의 전부 또는 일부를 수행하는 전문성을 갖춘 기관을 지정할 수 있다. 이에 해당하는 기관으로 가장 적절하지 않은 것은?　　　　【23년 기출문제】

① "정부출연연구기관 등의 설립 · 운영 및 육성에 관한 법률"에 따라 설립된 에너지경제연구원
② "에너지이용 합리화법"에 따른 한국에너지공단
③ "에너지이용 합리화법"에 따른 대학부설 에너지 관계 연구소
④ "통계법"에 따른 통계작성지정기관

해설 에너지 총조사 등의 전문기관
1. 에너지경제연구원
2. 한국에너지공단
3. 공공기관
4. 통계작성지정기관

답 : ③

예제문제 23

에너지열량환산기준에 따라 원유 1kg이 갖는 열량은?

① 10^7 kcal

② 10^5 kcal

③ 10^4 kcal

④ 10^3 kcal

해설 석유환산톤(toe)이란 원유 1ton이 갖는 열량으로 10^7 kcal를 말한다.
따라서, 석유 1kg의 열량은 10^4kcal에 해당된다.

답 : ③

예제문제 24

"에너지법"의 '에너지열량 환산기준'에 따른 에너지원 중 전기의 소비기준 석유환산톤에 해당하는 값은? 【21년 기출문제】

① 1MWh = 0.213toe

② 1MWh = 0.229toe

③ 1MWh = 0.245toe

④ 1MWh = 0.250toe

해설 석유 환산톤

구분		석유환산톤
전기	소비 기준	0.229
	발전 기준	0.213

답 : ②

예제문제 25

「에너지법」의 에너지 열량 환산기준에 따른 총 발열량 석유 환산톤이 높은 에너지원 순으로 맞는 것은?

㉠ 원유	㉡ 휘발유
㉢ 경유	㉣ 도시가스(LNG)

① ㉠-㉣-㉡-㉢

② ㉣-㉠-㉡-㉢

③ ㉠-㉣-㉢-㉡

④ ㉣-㉠-㉢-㉡

해설 열량환산기준에 따른 석유환산율

1. 원유 : 1.092

2. 도시가스(LNG) : 1.019

3. 경유 : 0.902

4. 휘발유 : 0.775

답 : ③

예제문제 26

"에너지법 시행규칙" [별표]에 따른 에너지열량 환산 기준에서 가스·유류별 총발열량이 큰 순서대로 나열한 것은? 【19년 기출문제】

〈가 스 (MJ/Nm³)〉   〈유 류 (MJ/리터)〉

① 도시가스(LNG) 〉 도시가스(LPG)   B-C유 〉 경유 〉 휘발유

② 도시가스(LNG) 〉 도시가스(LPG)   휘발유 〉 B-C유 〉 경유

③ 도시가스(LPG) 〉 도시가스(LNG)   경유 〉 B-C유 〉 휘발유

④ 도시가스(LPG) 〉 도시가스(LNG)   B-C유 〉 경유 〉 휘발유

해설 에너지 열량 환산기준
- 도시가스(LPG) : 63.4
- 도시가스(LNG) : 42.7
- B-C유 : 41.8
- 경유 : 37.8
- 휘발유 : 32.4

답 : ④

예제문제 27

"에너지법"에 따른 에너지열량 환산기준에 대한 설명으로 적합하지 않은 것은? 【15년 기출문제】

① 총발열량이란 연료의 연소과정에서 발생하는 수증기의 잠열을 포함한 발열량을 말한다.

② 석유환산톤은 원유 1톤이 갖는 열량으로 10^7kcal를 말한다.

③ 순발열량이란 연료의 연소과정에서 발생하는 수증기의 잠열을 제외한 발열량을 말한다.

④ Nm^3는 15℃, 1기압 상태의 단위체적(세제곱미터)을 말한다.

해설
Nm^3은 0℃ 1기압 상태의 단위체적(세제곱미터)을 말한다.

답 : ④

예제문제 28

"에너지법"에서 정하는 사항에 대한 다음 설명 중 틀린 것은? 【17년 기출문제】

① 시·도지사는 5년마다 5년 이상을 계획기간으로 하는 지역에너지계획을 수립·시행하여야 한다.

② 정부는 10년 이상을 계획기간으로 하는 에너지 기술개발계획을 5년마다 수립·시행하여야 한다.

③ 산업통상자원부장관은 에너지 총조사를 5년 마다 실시하되, 필요한 경우 간이조사를 실시 할 수 있다.

④ 에너지열량 환산기준은 5년마다 작성하되, 산업통상자원부장관이 필요하다고 인정할 경우 수시로 작성할 수 있다.

─────────────

해설 에너지 총조사는 3년마다 실시한다.

답 : ③

예제문제 29

"에너지법"에서 규정하고 있는 에너지열량 환산 기준에 대한 설명 중 적절하지 않은 것은? 【18년 기출문제】

① Nm³은 0℃ 1기압 상태의 단위체적(세제곱미터)를 말한다.

② "석유환산톤(toe: ton of oil equivalent)"이란 원유 1톤이 갖는 열량으로 10^7kcal를 말한다.

③ 최종에너지사용자가 사용하는 전기에너지를 열에너지로 환산할 경우에는 1kWh=860 kcal를 적용한다.

④ 에너지열량 환산기준은 10년마다 작성함을 원칙으로 한다.

─────────────

해설 에너지열량 환산기준은 5년마다 작성한다.

답 : ④

예제문제 30

"에너지법"에 따른 에너지열량 환산기준에 대한 설명으로 가장 적절한 것은?

【22년 기출문제】

① "석유환산톤"이란 원유 1톤(t)이 갖는 열량으로 10^7 kcal를 말한다.

② 석탄의 발열량은 건식을 기준으로 한다. 다만, 코크스는 인수식을 기준으로 한다.

③ 전기의 열량 환산기준값은 소비기준이 발전기준보다 크다.

④ 도시가스 단위인 Nm^3은 20℃ 1기압(atm) 상태의 부피 단위(m^3)을 말한다.

─────────────────────────────

해설 전기총발열량(MJ): 소비기준 9.6, 발전기준 8.9

답 : ③

14 국회보고

법	시행령
제20조【국회 보고】① 정부는 매년 주요 에너지정책의 집행 경과 및 결과를 국회에 보고하여야 한다. ② 제1항에 따른 보고에는 다음 각 호의 사항이 포함되어야 한다. 1. 국내외 에너지 수급의 추이와 전망에 관한 사항 2. 에너지·자원의 확보, 도입, 공급, 관리를 위한 대책의 추진 현황 및 계획에 관한 사항 3. 에너지 수요관리 추진 현황 및 계획에 관한 사항 4. 환경친화적인 에너지의 공급·사용 대책의 추진 현황 및 계획에 관한 사항 5. 온실가스 배출 현황과 온실가스 감축을 위한 대책의 추진 현황 및 계획에 관한 사항 6. 에너지정책의 국제협력 등에 관한 사항의 추진 현황 및 계획에 관한 사항 7. 그 밖에 주요 에너지정책의 추진에 관한 사항 ③ 제1항에 따른 보고에 필요한 사항은 대통령령으로 정한다. [전문개정 2010.6.8]	제16조【국회 보고】① 산업통상자원부장관은 법 제20조에 따른 보고서를 해마다 작성하여 다음 연도 2월 말일까지 국회에 제출하여야 한다. 〈개정 2013.3.23〉 ② 제1항에 따른 보고서는 분야별 전문위원회의 검토를 거쳐 작성되어야 한다. [전문개정 2011.9.30]

요점 국회보고

① 산업통상자원부장관은 분야별 전문위원회의 검토를 거쳐 에너지 정책에 관한 보고서를 해마다 작성하여 다음연도 2월 말일까지 국회에 보고하여야 한다.

② 보고서의 내용

1. 국내외 에너지 수급의 추이와 전망에 관한 사항
2. 에너지·자원의 확보, 도입, 공급, 관리를 위한 대책의 추진현황 및 계획에 관한 사항
3. 에너지 수요관리 추진현황 및 계획에 관한 사항
4. 환경친화적인 에너지의 공급·사용대책의 추진현황 및 계획에 관한 사항
5. 온실가스 배출현황과 온실가스 감축을 위한 대책의 추진현황 및 계획에 관한 사항
6. 에너지 정책의 국제협력 등에 관한 사항의 추진현황 및 계획에 관한 사항
7. 그 밖에 주요 에너지 정책의 추진에 관한 사항

예제문제 31

에너지법에 따른 국회보고와 관련기준 중 가장 부적당한 것은?

① 산업통상자원부장관은 매년 에너지 정책의 집행경과 및 결과를 국회에 보고하여야 한다.
② 국회보고서는 에너지위원회 분야별 전문위원회의 심의를 거쳐 작성되어야 한다.
③ 보고기한은 다음연도 2월 말일까지로 한다.
④ 에너지 수요관리 추진현황 및 계획에 관한 사항도 보고내용에 포함된다.

[해설] 에너지 중요정책의 수립 및 추진에 관한 사항은 에너지정책 전문위원회의 심의사항이 되나 국회보고는 에너지정책의 집행결과에 대한 사항이므로 심의대상이 아니라 검토사항이다.

답 : ②

---

15 질 문 및 조 사 등

법	시행령
제21조【질문 및 조사】 산업통상자원부장관은 다음 각 호의 어느 하나에 해당하는 경우에는 소속 공무원으로 하여금 에너지공급자, 에너지복지 사업의 대상자 또는 관계인에 대하여 질문하거나 장부 등 서류를 조사하게 할 수 있다. 1. 에너지복지 사업 대상자의 선정 및 자격 확인을 위하여 필요한 경우 2. 에너지이용권의 발급 및 사용의 적정성 여부 확인을 위하여 필요한 경우 3. 그 밖에 에너지복지 사업의 수행을 위하여 필요한 경우로서 대통령령으로 정하는 경우 [본조신설 2014.12.30]	**제16조의2【질문 및 조사】** 법 제21조제3호에서 "대통령령으로 정하는 경우"란 다음 각 호의 경우를 말한다. 1. 에너지이용권 기재금액의 산정 및 확인을 위하여 필요한 경우 2. 법 제16조의4제1항에 따라 에너지공급자가 이용자에게 에너지를 공급한 내용을 확인하기 위하여 필요한 경우 [본조신설 2015.6.30]

제23조【권한의 위임·위탁】 ① 이 법에 따른 산업통상자원부장관의 권한은 그 일부를 대통령령으로 정하는 바에 따라 시·도지사 또는 시장·군수·구청장(자치구의 구청장을 말한다)에게 위임할 수 있다.

② 이 법에 따른 산업통상자원부장관의 업무는 그 일부를 대통령령으로 정하는 바에 따라 전담기관에 위탁할 수 있다.

[본조신설 2014.12.30]

제24조【벌칙 적용에서의 공무원 의제】 다음 각 호의 어느 하나에 해당하는 사람은 「형법」 제129조부터 제132조까지의 규정을 적용할 때에는 공무원으로 본다.

1. 평가원의 임직원
2. 전담기관의 임직원(제16조의5제1항 또는 제23조제2항에 따른 업무에 종사하는 임직원에 한정한다)

[본조신설 2014.12.30]

제16조의3【권한의 위임·위탁】 ① 산업통상자원부장관은 법 제23조제1항에 따라 다음 각 호의 권한을 특별자치시장·특별자치도지사·시장·군수·구청장(자치구의 구청장을 말한다)에게 위임한다.

1. 법 제16조의3제1항에 따른 에너지이용권 신청의 접수
2. 법 제16조의3제1항에 따른 에너지이용권 발급 결정 및 통지
3. 법 제16조의4제2항에 따른 에너지공급 거부사유에 대한 정당성 여부 확인
4. 법 제16조의4제3항에 따른 에너지이용권의 부정 사용 여부 확인
5. 법 제16조의4제4항에 따른 에너지이용권의 회수 및 에너지이용권 기재금액에 상당하는 금액의 전부 또는 일부의 환수
6. 법 제21조에 따른 에너지공급자 등에 대한 질문 및 조사
7. 제13조의5제3항에 따른 에너지이용권 재신청에 대한 결정 및 통지
8. 제13조의6제1항에 따른 예외지급의 신청접수 및 에너지이용권 수급자 여부 확인

② 산업통상자원부장관은 법 제23조제2항에 따라 다음 각 호의 업무를 전담기관에 위탁한다.

1. 법 제16조의3제1항에 따른 에너지이용권의 발급에 관한 업무
2. 법 제16조의3제3항에 따른 정보시스템 연계에 관한 업무
3. 법 제16조의3제4항에 따른 자료요청에 관한 업무
4. 법 제16조의4제1항에 따른 에너지공급과 관련된 비용 정산에 관한 업무
5. 제13조의5제3항에 따른 에너지이용권의 재신청에 대한 발급에 관한 업무
6. 제13조의6에 따른 예외지급에 관한 업무(제1항제8호에 관한 사항은 제외한다.)

[본조신설 2015.6.30] 〈개정 2016.10.4〉

제17조【민감정보 및 고유식별정보의 처리】 산업통상자원부장관(제16조의3에 따라 산업통상자원부장관의 권한을 위임·위탁받은 자를 포함한다)은 다음 각 호의 사무를 수행하기 위하여 불가피한 경우 「개인정보 보호법」 제23조에 따른 건강에 관한 정보나 같은 법 시행령 제19조제1호 또는 제4호에 따른 주민등록번호 또는 외국인등록번호가 포함된 자료를 처리할 수 있다.

1. 법 제4조제5항에 따른 에너지의 보편적 공급을 위한 저소득층 에너지 이용 지원에 관한 사무
2. 법 제16조의2에 따른 에너지복지 사업에 관한 사무

[전문개정 2015.6.30]

요점 질문 및 조사 등

(1) 질문 및 조사

산업통상자원부장관은 다음 각 호의 어느 하나에 해당하는 경우에는 소속 공무원으로 하여금 에너지공급자, 에너지복지 사업의 대상자 또는 관계인에 대하여 질문하거나 장부 등 서류를 조사하게 할 수 있다.

1. 에너지복지 사업 대상자의 선정 및 자격확인을 위하여 필요한 경우
2. 에너지이용권의 발급 및 사용의 적정상 여부 확인을 위하여 필요한 경우
3. 에너지이용권 기재금액의 산정 및 확인을 위하여 필요한 경우
4. 에너지공급자가 이용자에게 에너지를 공급한 내용을 확인하기 위하여 필요한 경우

(2) 권한의 위임 · 위탁

산업통상자원부장관의 권한은 그 일부를 대통령령으로 정하는 바에 따라 시 · 도지사 또는 시장 · 군수 · 구청장 또는 전담기관에 위임 · 위탁할 수 있다.

(3) 공무원 의제

다음 각 호의 어느 하나에 해당하는 사람은 「형법」 제129조부터 제132조까지의 규정을 적용할 때에는 공무원으로 본다.

1. 평가원의 임직원
2. 전담기관의 임직원

- 형법
  · 제129조 : 수뢰, 사전수뢰
  · 제130조 : 제삼자 뇌물제공
  · 제131조 : 수뢰 후 부정치사 사후 수뢰
  · 제132조 : 알선수뢰

16 행정지원 등

법	시행령
제17조【행정 및 재정상의 조치】 국가와 지방자치단체는 이 법의 목적을 달성하기 위하여 학술연구 · 조사 및 기술개발 등에 필요한 행정적 · 재정적 조치를 할 수 있다. [전문개정 2010.6.8]	
제18조【민간활동의 지원】 국가와 지방자치단체는 에너지에 관련된 공익적 활동을 촉진하기 위하여 민간부문에 대하여 필요한 자료를 제공하거나 재정적 지원을 할 수 있다.	**제14조【민간활동의 지원 대상】** 법 제18조에 따른 민간활동의 지원 대상은 제2조제2항에 따른 에너지 관련 시민단체와 「민법」 제32조에 따라 설립된 비영리법인으로 한다. [전문개정 2011.9.30]

요점 행정지원 등

① 국가와 지방자치단체는 이 법의 목적을 달성하기 위하여 학술연구 · 조사 및 기술개발 등에 필요한 행정적 · 재정적 조치를 할 수 있다.

② 국가와 지방자치단체는 에너지에 관련된 공익적 활동을 촉진하기 위하여 다음의 민간부문에 대하여 필요한 자료를 제공하거나 재정적 지원을 할 수 있다.

1. 에너지관련 시민단체
2. 비영리법인

17 에너지위원회

(1) 에너지위원회 구성 등

법	시행령
제9조【에너지위원회의 구성 및 운영】 ① 정부는 주요 에너지정책 및 에너지 관련 계획에 관한 사항을 심의하기 위하여 산업통상자원부장관 소속으로 에너지위원회(이하 "위원회"라 한다)를 둔다. 〈개정 2013.3.23〉 ② 위원회는 위원장 1명을 포함한 25명 이내의 위원으로 구성하고, 위원은 당연직위원과 위촉위원으로 구성한다. ③ 위원장은 산업통상자원부장관이 된다. 〈개정 2013.3.23〉 ④ 당연직위원은 관계 중앙행정기관의 차관급 공무원 중 대통령령으로 정하는 사람이 된다. ⑤ 위촉위원은 에너지 분야에 관한 학식과 경험이 풍부한 사람 중에서 산업통상자원부장관이 위촉하는 사람이 된다. 이 경우 위촉위원에는 대통령령으로 정하는 바에 따라 에너지 관련 시민단체에서 추천한 사람이 5명 이상 포함되어야 한다. 〈개정 2013.3.23〉 ⑥ 위촉위원의 임기는 2년으로 하고, 연임할 수 있다.	**제2조【에너지위원회의 구성】** ① 「에너지법」(이하 "법"이라 한다) 제9조제4항에서 "대통령령으로 정하는 사람"이란 다음 각 호의 중앙행정기관의 차관(복수차관이 있는 중앙행정기관의 경우는 그 기관의 장이 지명하는 차관을 말한다)을 말한다. 〈개정 2013.3.23, 2017.7.26〉 1. 기획재정부 2. 과학기술정보통신부 3. 외교부 4. 환경부 5. 국토교통부 ② 법 제9조제5항 후단에 따른 에너지 관련 시민단체는 「비영리민간단체 지원법」 제2조에 따른 비영리민간단체 중 다음 각 호의 어느 하나의 사업을 정관에 따라 주된 사업으로 수행하고 있는 단체로 한다. 1. 에너지 절약과 이용 효율화에 관한 사업 2. 에너지와 관련된 환경 개선에 관한 사업 3. 에너지와 관련된 환경친화적 시민운동에 관한 사업 4. 에너지와 관련된 법령과 제도의 연구 · 개선에 관한 사업

5. 에너지와 관련된 사회적 갈등 조정과 예방에 관한 사업

③ 산업통상자원부장관은 법 제9조제5항 후단에 따라 에너지 관련 시민단체가 위촉위원을 추천할 수 있도록 추천기간 및 제출서류 등 추천에 필요한 사항을 정하여 7일 이상 공고하여야 한다. 〈개정 2013.3.23〉

④ 법 제9조제1항에 따른 에너지위원회(이하 "위원회"라 한다)의 사무를 처리하기 위하여 간사 1명을 두며, 간사는 산업통상자원부 소속 고위공무원단에 속하는 공무원 중에서 산업통상자원부장관이 지명하는 사람이 된다. 〈개정 2013.3.23〉

⑤ 법 제9조제6항에 따른 위촉위원이 궐위(闕位)된 경우 후임 위원의 임기는 전임 위원 임기의 남은 기간으로 한다.
[전문개정 2011.9.30]

제3조【위원회의 운영 등】

① 위원회의 위원장(이하 "위원장"이라 한다)은 위원회를 대표하며, 위원회의 업무를 총괄한다.

② 위원장이 부득이한 사유로 직무를 수행할 수 없을 때에는 산업통상자원부 제2차관이 그 직무를 대행한다. 〈개정 2021.8.9〉

③ 위원장은 회의를 소집하려면 회의의 일시·장소 및 안건을 회의 개최 7일 전까지 각 위원에게 알려야 한다. 다만, 긴급한 사정이나 그 밖의 부득이한 사유가 있는 경우에는 그러하지 아니하다.

④ 위원회의 회의는 재적위원 과반수의 출석으로 개의(開議)하고, 출석위원 과반수의 찬성으로 의결한다. 다만, 회의에 부치는 안건의 내용이 경미하거나 회의를 소집할 시간적 여유가 없는 등의 경우에는 문서로 의결할 수 있되, 재적위원 과반수의 찬성으로 의결한다.

⑤ 위원장은 안건을 심의하기 위하여 필요하다고 인정하면 그 안건과 관련된 「공공기관의 운영에 관한 법률」 제4조에 따른 공공기관의 장 등 이해관계인 또는 관계 전문가를 위원회에 참석시켜 의견을 제시하게 할 수 있다.

⑥ 위원장은 위원회에 회의록을 작성하여 갖추어 두어야 한다.

⑦ 제1항부터 제6항까지에서 규정한 사항 외에 위원회의 운영에 필요한 사항은 위원회의 의결을 거쳐 위원장이 정한다.
[전문개정 2011.9.30]

제10조【위원회의 기능】 위원회는 다음 각 호의 사항을 심의한다.

1. 「저탄소 녹색성장 기본법」 제41조제2항에 따른 에너지기본계획 수립·변경의 사전심의에 관한 사항
2. 비상계획에 관한 사항
3. 국내외 에너지개발에 관한 사항
4. 에너지와 관련된 교통 또는 물류에 관련된 계획에 관한 사항
5. 주요 에너지정책 및 에너지사업의 조정에 관한 사항
6. 에너지와 관련된 사회적 갈등의 예방 및 해소 방안에 관한 사항
7. 에너지 관련 예산의 효율적 사용 등에 관한 사항
8. 원자력 발전정책에 관한 사항
9. 「기후변화에 관한 국제연합 기본협약」에 대한 대책 중 에너지에 관한 사항
10. 다른 법률에서 위원회의 심의를 거치도록 한 사항
11. 그 밖에 에너지에 관련된 주요 정책사항에 관한 것으로서 위원장이 회의에 부치는 사항
[전문개정 2010.6.8]

요점 에너지위원회

1) 구성

1. 설치	산업통상자원부		
2. 위원장	산업통상자원부장관		
3. 위원	25명 이내 (위원장 1명 포함)	당연직 위원	· 기획재정부차관 · 과학기술정보통신부차관 · 외교부차관 · 환경부차관 · 국토교통부차관
		위촉위원	산업통상자원부장관이 위촉(시민단체에서 추천한 사람 5명 이상 포함)
4. 임기	2년(위촉위원의 경우이며 연임할 수 있다)		

■비고
1. 위원장이 부득이한 사유로 직무를 수행할 수 없을 때에는 산업통상자원부 제2차관이 그 직무를 대행한다.
2. 에너지위원회의 사무를 처리하기 위하여 간사 1명을 두며, 간사는 산업통상자원부 소속 고위공무원단에 속하는 공무원 중에서 산업통상자원부장관이 지명하는 사람이 된다.
3. 산업통상자원부장관은 에너지 관련 시민단체가 위촉위원을 추천할 수 있도록 추천기간 및 제출서류 등 추천에 필요한 사항을 정하여 7일 이상 공고하여야 한다.
4. 위촉위원이 궐위(闕位)된 경우 후임 위원의 임기는 전임 위원 임기의 남은 기간으로 한다.
5. 위원회의 회의에 부칠 안건을 검토하거나 위원회가 위임한 안건을 조사·연구하기 위하여 분야별 전문위원회를 둘 수 있다.

2) 운영

1. 소집 통지	개최 7일 전까지 통지
2. 개의	재적위원 과반수 출석
3. 의결	출석위원 과반수 찬성(경미한 사항 또는 시급한 사항인 경우에는 재적위원 과반수 문서 찬성으로 할 수 있다.)

3) 심의사항

| 1. 「저탄소 녹색성장 기본법」에 따른 에너지기본계획 수립·변경의 사전심의에 관한 사항 |
| 2. 비상계획에 관한 사항 |
| 3. 국내외 에너지개발에 관한 사항 |
| 4. 에너지와 관련된 교통 또는 물류에 관련된 계획에 관한 사항 |
| 5. 주요 에너지정책 및 에너지사업의 조정에 관한 사항 |
| 6. 에너지와 관련된 사회적 갈등의 예방 및 해소방안에 관한 사항 |
| 7. 에너지 관련 예산의 효율적 사용 등에 관한 사항 |
| 8. 원자력 발전정책에 관한 사항 |
| 9. 「기후변화에 관한 국제연합 기본협약」에 대한 대책 중 에너지에 관한 사항 |
| 10. 다른 법률에서 위원회의 심의를 거치도록 한 사항 |
| 11. 그 밖에 위원장이 회의에 부치는 사항 |

예제문제 32

에너지법에 따른 에너지위원회에 대한 기준 중 적당한 것은?

① 에너지위원회 위원장은 산업통상자원부차관이다.
② 에너지위원회는 당연직위원과 위촉위원으로 위원장을 제외한 25명으로 구성한다.
③ 위촉위원은 산업통상자원부장관이 위촉하되 시민단체에서 추천한 사람 3명 이상 포함되어야 한다.
④ 위촉위원의 임기는 2년이다.

해설 ① 위원장은 산업통상자원부장관이다.
② 위원장을 포함하여 25명 이내이다.
③ 시민단체 추천 5명 이상을 포함하여야 한다.

답 : ④

예제문제 33

에너지법에 따른 에너지위원회 운영에 관한 기준 중 가장 부적당한 것은?

① 위원회는 개최 5일 전까지 소집통지를 하여야 한다.
② 위원회는 재적위원 과반수 이상의 출석으로 개의한다.
③ 위원회는 출석위원 과반수 이상의 찬성으로 의결한다.
④ 위원회는 시급한 의결을 필요로 할 경우 재적위원 과반수 이상의 문서찬성으로 의결할 수 있다.

해설 위원회는 개최 7일 전까지 소집통지한다.

답 : ①

(2) 전문위원회

법	시행령
제9조【에너지위원회의 구성 및 운영】 ⑦ 위원회의 회의에 부칠 안건을 검토하거나 위원회가 위임한 안건을 조사·연구하기 위하여 분야별 전문위원회를 둘 수 있다. ⑧ 그 밖에 위원회 및 전문위원회의 구성·운영 등에 관하여 필요한 사항은 대통령령으로 정한다. [전문개정 2010.6.8]	**제4조【전문위원회의 구성 및 운영】** ① 법 제9조제7항에 따른 분야별 전문위원회는 다음 각 호와 같다. 〈개정 2013.1.28〉 1. 에너지정책전문위원회 2. 에너지기술기반전문위원회 3. 에너지개발전문위원회 4. 원자력발전전문위원회 5. 에너지산업전문위원회 6. 에너지안전전문위원회 ② 에너지정책전문위원회는 20명 이내의 위원으로 구성하고, 다음 각 호의 사항과 관련하여 위원회의 회의에 부칠 안건이나 위원회가 위임한 안건을 조사·연구한다. 〈개정 2013.1.28〉 1. 에너지 관련 중요 정책의 수립 및 추진에 관한 사항 2. 장애인·저소득층 등에 대한 최소한의 필수 에너지 공급 등 에너지복지정책에 관한 사항 3. 「저탄소 녹색성장 기본법」 제41조제2항에 따른 에너지 기본계획의 수립·변경 및 비상 시 에너지수급계획의 수립에 관한 사항 4. 에너지 산업의 구조조정에 관한 사항 5. 에너지와 관련된 교통 및 물류에 관한 사항 6. 에너지와 관련된 재원의 확보, 세제(稅制) 및 가격정책에 관한 사항 7. 에너지 관련 국제 및 남북 협력에 관한 사항 8. 에너지 부문의 녹색성장 전략 및 추진계획에 관한 사항 9. 에너지·산업 부문의 기후변화 대응과 온실가스의 감축에 관한 기본계획의 수립에 관한 사항 10. 「기후변화에 관한 국제연합 기본협약」 관련 에너지·산업 분야 대응 및 국내 이행에 관한 사항 11. 에너지·산업 부문의 기후변화 및 온실가스 감축을 위한 국제협력 강화에 관한 사항 12. 온실가스 감축목표 달성을 위한 에너지·산업 등 부문별 할당 및 이행방안에 관한 사항 13. 에너지 및 기후변화 대응 관련 갈등관리에 관한 사항 14. 그 밖에 에너지 및 기후변화와 관련된 사항으로서 에너지정책전문위원회의 위원장이 회의에 부치는 사항 ③ 에너지기술기반전문위원회는 20명 이내의 위원으로 구성하고, 다음 각 호의 사항과 관련하여 위원회의 회의에 부칠 안건이나 위원회가 위임한 안건을 조사·연구한다. 1. 에너지기술개발계획 및 신·재생에너지 등 환경친화적 에

너지와 관련된 기술개발과 그 보급 촉진에 관한 사항

2. 에너지의 효율적 이용을 위한 기술개발에 관한 사항

3. 에너지기술 및 신·재생에너지 관련 국제협력에 관한 사항

4. 신·재생에너지 및 에너지 분야 전문인력의 양성계획 수립에 관한 사항

5. 신·재생에너지 관련 갈등관리에 관한 사항

6. 그 밖에 에너지기술 및 신·재생에너지와 관련된 사항으로서 에너지기술기반전문위원회의 위원장이 회의에 부치는 사항

④ 에너지개발전문위원회는 20명 이내의 위원으로 구성하고, 다음 각 호의 사항과 관련하여 위원회의 회의에 부칠 안건이나 위원회가 위임한 안건을 조사·연구한다. 〈개정 2013.1.28〉

1. 외국과의 전략적 에너지(에너지 중 열 및 전기는 제외한다. 이하 이 항에서 같다)개발 촉진에 관한 사항

2. 국내외 에너지개발 관련 전략 수립 및 기본계획에 관한 사항

3. 국내외 에너지개발 관련 기술개발·인력양성 등 기반 구축에 관한 사항

4. 에너지개발 관련 기업 지원 시책 수립에 관한 사항

5. 에너지개발 관련 국제협력 지원 및 국내 이행에 관한 사항

6. 에너지의 가격제도, 유통, 판매, 비축 및 소비 등에 관한 사항

7. 에너지개발 관련 갈등관리에 관한 사항

8. 남북 간 에너지개발 협력에 관한 사항

9. 그 밖에 에너지개발과 관련된 사항으로서 에너지개발전문위원회의 위원장이 회의에 부치는 사항

⑤ 원자력발전전문위원회는 20명 이내의 위원으로 구성하고, 다음 각 호의 사항과 관련하여 위원회의 회의에 부칠 안건이나 위원회가 위임한 안건을 조사·연구한다.

1. 원전(原電) 및 방사성폐기물관리와 관련된 연구·조사와 인력양성 등에 관한 사항

2. 원전산업 육성시책의 수립 및 경쟁력 강화에 관한 사항

3. 원전 및 방사성폐기물관리에 대한 기본계획 수립에 관한 사항

4. 원전연료의 수급계획 수립에 관한 사항

5. 원전 및 방사성폐기물 관련 갈등관리에 관한 사항

6. 원전 플랜트·설비 및 기술의 수출 진흥, 국제협력 지원 및 국내 이행에 관한 사항

7. 그 밖에 원전 및 방사성폐기물과 관련된 사항으로서 원자력발전전문위원회의 위원장이 회의에 부치는 사항

⑥ 에너지산업전문위원회는 20명 이내의 위원으로 구성하

고, 다음 각 호의 사항과 관련하여 위원회의 회의에 부칠 안건이나 위원회가 위임한 안건을 조사·연구한다.

1. 석유·가스·전력·석탄 산업 관련 경쟁력 강화 및 구조조정에 관한 사항
2. 석유·가스·전력·석탄 관련 기본계획에 관한 사항
3. 석유·가스·전력·석탄의 안정적 확보 및 위기 대응에 관한 사항
4. 석유·가스·전력·석탄의 가격제도, 유통, 판매, 비축 및 소비 등에 관한 사항
5. 삭제 〈2013.1.28〉
6. 석유·가스·전력·석탄 관련 품질관리에 관한 사항
7. 석유·가스·전력·석탄 관련 갈등관리에 관한 사항
8. 석유·가스·전력·석탄 산업 관련 국제협력 지원 및 국내 이행에 관한 사항
9. 그 밖에 석유·가스·전력·석탄 산업과 관련된 사항으로서 에너지산업전문위원회의 위원장이 회의에 부치는 사항

⑦ 에너지안전전문위원회는 20명 이내의 위원으로 구성하고, 다음 각 호의 사항과 관련하여 위원회의 회의에 부칠 안건이나 위원회가 위임한 안건을 조사·연구한다. 〈신설 2013.1.28〉

1. 석유·가스·전력·석탄 및 신·재생에너지의 안전관리에 관한 사항
2. 에너지사용시설 및 에너지공급시설의 안전관리에 관한 사항
3. 그 밖에 에너지안전과 관련된 사항으로서 에너지안전전문위원회의 위원장이 회의에 부치는 사항

⑧ 각 전문위원회의 위원장은 각 전문위원회의 위원 중에서 호선(互選)한다. 〈개정 2013.1.28〉

⑨ 각 전문위원회의 위원은 다음 각 호의 사람 중에서 산업통상자원부장관이 위촉하는 사람과 중앙행정기관의 고위공무원단에 속하는 공무원 또는 지방자치단체의 이에 상응하는 직급에 속하는 공무원 중에서 해당 기관의 장이 지명하는 사람으로 할 수 있다. 〈개정 2013.1.28, 2013.3.23〉

1. 전문위원회 소관 분야에 관한 전문지식과 경험이 풍부한 사람
2. 경제단체, 「민법」 제32조에 따라 설립된 비영리법인 중 에너지 관련 단체, 「소비자기본법」 제29조에 따라 등록한 소비자단체 또는 제2조제2항에 따른 에너지 관련 시민단체의 장이 추천하는 관련 분야 전문가

⑩ 제9항에 따라 위촉된 위원의 임기는 2년으로 하며, 연임할 수 있다. 다만, 위촉위원이 궐위된 경우 후임 위원의 임기는 전임 위원 임기의 남은 기간으로 한다. 〈개정 2013.1.28〉

⑪ 각 전문위원회의 사무를 처리하기 위하여 간사위원 1명을 각각 두며, 간사위원은 고위공무원단에 속하는 산업통상자원부 소속 공무원 중 에너지에 관한 업무를 담당하는 사람으로서 산업통상자원부장관이 지명하는 사람으로 한다. 〈개정 2013.1.28, 2013.3.23〉

⑫ 제1항부터 제11항까지에서 규정한 사항 외에 전문위원회의 구성 및 운영에 필요한 사항은 위원회의 의결을 거쳐 위원장이 정한다. 〈개정 2013.1.28〉

[전문개정 2011.9.30]

제5조 【조사·연구의 의뢰】

① 위원회 또는 전문위원회는 안건의 심의와 그 밖의 업무 수행을 위하여 필요한 경우에는 국내외의 관계 기관이나 전문가에게 해당 사항에 대한 조사·연구를 의뢰할 수 있다.

② 제1항에 따라 조사·연구를 의뢰한 경우에는 예산의 범위에서 필요한 경비를 지급할 수 있다.

[전문개정 2011.9.30]

제6조 【여론의 수집】

위원회 또는 전문위원회는 업무수행을 위하여 필요한 경우에는 공청회·세미나, 설문조사 및 방송토론 등을 통하여 여론을 수집할 수 있다.

[전문개정 2011.9.30]

제7조 【수당 등】

위원회 또는 전문위원회에 출석한 위원(제3조제4항 단서에 따라 문서로 의결한 위원을 포함한다) 및 이해관계인과 의견을 제출한 전문가에게는 예산의 범위에서 수당 및 여비와 그 밖에 필요한 경비를 지급할 수 있다. 다만, 공무원인 위원이 그 소관 업무와 직접적으로 관련되어 위원회 또는 전문위원회에 출석하는 경우에는 그러하지 아니하다.

[전문개정 2011.9.30]

요점 **전문위원회**

1) 구성

1. 위원장	위원 중에서 호선	
2. 위원	20명 이내	・산업통상자원부장관이 위촉한 사람 ・행정기관의 장이 지명한 사람
3. 임기	2년(위촉위원의 경우로서 연임할 수 있다)	

■비고
각 전문위원회의 사무를 처리하기 위하여 간사위원 1명을 각각 두며, 간사위원은 산업통상자원부 소속 공무원 중 에너지에 관한 업무를 담당하는 사람으로서 산업통상자원부장관이 지명하는 사람으로 한다.

2) 심의사항

① 에너지 정책 전문 위원회	1. 에너지 관련 중요 정책의 수립 및 추진에 관한 사항 2. 장애인·저소득층 등에 대한 최소한의 필수 에너지 공급 등 에너지복지정책에 관한 사항 3. 「저탄소 녹색성장 기본법」 제41조 제2항에 따른 에너지기본계획의 수립·변경 및 비상시 에너지수급계획의 수립에 관한 사항 4. 에너지산업의 구조조정에 관한 사항 5. 에너지와 관련된 교통 및 물류에 관한 사항 6. 에너지와 관련된 재원의 확보, 세제(稅制) 및 가격정책에 관한 사항 7. 에너지 관련 국제 및 남북 협력에 관한 사항 8. 에너지 부문의 녹색성장 전략 및 추진계획에 관한 사항 9. 에너지·산업 부문의 기후변화 대응과 온실가스의 감축에 관한 기본계획의 수립에 관한 사항 10. 「기후변화에 관한 국제연합 기본협약」 관련 에너지·산업 분야 대응 및 국내 이행에 관한 사항 11. 에너지·산업 부문의 기후변화 및 온실가스 감축을 위한 국제협력 강화에 관한 사항 12. 온실가스 감축목표 달성을 위한 에너지·산업 등 부문별 할당 및 이행방안에 관한 사항 13. 에너지 및 기후변화 대응 관련 갈등관리에 관한 사항 14. 그 밖에 에너지 및 기후변화와 관련된 사항으로서 에너지정책전문위원회의 위원장이 회의에 부치는 사항
② 에너지 기술기반 전문 위원회	1. 에너지기술개발계획 및 신·재생에너지 등 환경친화적 에너지와 관련된 기술개발과 그 보급 촉진에 관한 사항 2. 에너지의 효율적 이용을 위한 기술개발에 관한 사항 3. 에너지기술 및 신·재생에너지 관련 국제협력에 관한 사항 4. 신·재생에너지 및 에너지 분야 전문인력의 양성계획 수립에 관한 사항 5. 신·재생에너지 관련 갈등관리에 관한 사항 6. 그 밖에 에너지기술 및 신·재생에너지와 관련된 사항으로서 에너지기술기반전문위원회의 위원장이 회의에 부치는 사항

■ **전문위원회 주요 심의사항**
1. 에너지정책전문위원회
 ・전반적 사안 심의
2. 에너지기술기반전문위원회
 ・에너지기술개발
 ・신·재생에너지 등
3. 에너지개발전문위원회
 ・에너지개발
 ・에너지가격제도, 유통 등
4. 원자력발전전문위원회
 ・원전에 관한 사안
5. 에너지산업전문위원회
 ・석유, 가스, 전력, 석탄에 관한 사안
6. 에너지안전전문위원회
 ・안전관리에 관한 사안

③ 에너지 개발 전문 위원회	1. 외국과의 전략적 에너지(에너지 중 열 및 전기는 제외한다.)개발 촉진에 관한 사항 2. 국내외 에너지개발 관련 전략 수립 및 기본계획에 관한 사항 3. 국내외 에너지개발 관련 기술개발·인력양성 등 기반 구축에 관한 사항 4. 에너지개발 관련 기업 지원 시책 수립에 관한 사항 5. 에너지개발 관련 국제협력 지원 및 국내 이행에 관한 사항 6. 에너지의 가격제도, 유통, 판매, 비축 및 소비 등에 관한 사항 7. 에너지개발 관련 갈등관리에 관한 사항 8. 남북 간 에너지개발 협력에 관한 사항 9. 그 밖에 에너지개발과 관련된 사항으로서 에너지개발전문위원회의 위원장이 회의에 부치는 사항
④ 원자력 발전 전문 위원회	1. 원전(原電) 및 방사성폐기물관리와 관련된 연구·조사와 인력양성 등에 관한 사항 2. 원전산업 육성시책의 수립 및 경쟁력 강화에 관한 사항 3. 원전 및 방사성폐기물관리에 대한 기본계획 수립에 관한 사항 4. 원전연료의 수급계획 수립에 관한 사항 5. 원전 및 방사성폐기물 관련 갈등관리에 관한 사항 6. 원전 플랜트·설비 및 기술의 수출 진흥, 국제협력 지원 및 국내 이행에 관한 사항 7. 그 밖에 원전 및 방사성폐기물과 관련된 사항으로서 원자력발전전문위원회의 위원장이 회의에 부치는 사항
⑤ 에너지 산업 전문 위원회	1. 석유·가스·전력·석탄 산업 관련 경쟁력 강화 및 구조조정에 관한 사항 2. 석유·가스·전력·석탄 관련 기본계획에 관한 사항 3. 석유·가스·전력·석탄의 안정적 확보 및 위기 대응에 관한 사항 4. 석유·가스·전력·석탄의 가격제도, 유통, 판매, 비축 및 소비 등에 관한 사항 5. 석유·가스·전력·석탄 관련 품질관리에 관한 사항 6. 석유·가스·전력·석탄 관련 갈등관리에 관한 사항 7. 석유·가스·전력·석탄 산업 관련 국제협력 지원 및 국내 이행에 관한 사항 8. 그 밖에 석유·가스·전력·석탄 산업과 관련된 사항으로서 에너지산업전문위원회의 위원장이 회의에 부치는 사항
⑥ 에너지 안전전문 위원회	1. 석유·가스·전력·석탄 및 신·재생에너지의 안전관리에 관한 사항 2. 에너지사용시설 및 에너지공급시설의 안전관리에 관한 사항 3. 그 밖에 에너지안전과 관련된 사항으로서 에너지안전전문위원회의 위원장이 회의에 부치는 사항

3) 운영

① 위원회 또는 전문위원회는 안건의 심의와 그 밖의 업무 수행을 위하여 필요한 경우에는 국내외의 관계기관이나 전문가에게 해당 사항에 대한 조사·연구를 의뢰할 수 있다.

② 위원회 또는 전문위원회는 업무수행을 위하여 필요한 경우에는 공청회·세미나 등을 통하여 여론을 수집할 수 있다.

③ 위원회 또는 전문위원회에 출석한 위원 및 이해관계인과 의견을 제출한 전문가에게는 예산의 범위에서 수당 및 여비와 그 밖에 필요한 경비를 지급할 수 있다. 다만, 공무원인 위원의 경우에는 그러하지 아니하다.

예제문제 34

에너지법상 에너지위원회의 분야별 전문위원회에 속하지 않는 것은?

① 에너지정책 전문위원회 ② 에너지절약 전문위원회
③ 에너지개발 전문위원회 ④ 원자력발전 전문위원회

해설 분야별 전문위원회
1. 에너지정책 전문위원회
2. 에너지기술기반 전문위원회
3. 에너지개발 전문위원회
4. 원자력발전 전문위원회
5. 에너지산업 전문위원회
6. 에너지안전 전문위원회

답 : ②

예제문제 35

에너지개발 전문위원회의 심의사항에 해당되지 않는 것은?

① 에너지의 가격제도, 유통, 판매 등에 관한 사항
② 에너지의 효율적 이용을 위한 기술개발에 관한 사항
③ 에너지개발 관련 갈등관리에 관한 사항
④ 남북간 에너지개발 협력에 관한 사항

해설 ②항은 에너지기술기반 전문위원회의 심의사항이다.

답 : ②

---

18 벌칙

법	시행령
제25조 【벌칙】 다음 각 호의 어느 하나에 해당하는 자는 1년 이하의 징역 또는 1천만원 이하의 벌금에 처한다. 1. 거짓 또는 그 밖의 부정한 방법으로 에너지이용권을 발급받거나 다른 사람으로 하여금 에너지이용권을 발급받게 한 자 2. 제16조의4제3항을 위반하여 에너지이용권을 판매·대여하거나 부정한 방법으로 사용한 자(해당 에너지이용권을 발급받은 이용자는 제외한다) [본조신설 2014.12.30]	
제26조 【과태료】 ① 정당한 사유 없이 제21조에 따른 질문에 대하여 진술 거부 또는 거짓 진술을 하거나 조사를 거부·방해 또는 기피한 에너지공급자에게는 500만 원 이하의 과태료를 부과한다.	제18조 【과태료】 법 제26조제1항 및 제2항에 따른 과태료의 부과기준은 별표 3과 같다. 〈개정 2023.4.18〉 [본조신설 2015.6.30]

② 정당한 사유 없이 제19조제4항에 따른 자료 제출 요구에 다르지 아니하거나 거짓으로 자료를 제출한 자에게는 100만원 이하의 과태료를 부과한다. 〈신설 2022.10.18〉

③ 제1항 및 제2항에 따른 과태료는 대통령령으로 정하는 바에 따라 산업통상자원부장관이 부과·징수한다. 〈개정 2022.10.18〉

요점 벌칙

(1) 벌칙

사유	벌칙
1. 거짓 또는 그 밖의 부정한 방법으로 에너지이용권을 발급받거나 다른 사람으로 하여금 에너지이용권을 발급받게한 자	·1년 이하 징역 ·1,000만 원 이하 벌금
2. 제16조의4제3항을 위반하여 에너지이용권을 판매·대여하거나 부정한 방법으로 사용한 자(해당 에너지이용권을 발급받은 이용자는 제외한다)	

(2) 과태료

산업통장자원부장관이 다음과 같이 부과한다.

부과사유	부과대상	부과금액
1. 정당한 사유 없이 에너지복지사업(법21조)에 따른 질문에 대하여 진술 거부 또는 거짓 진술을 하거나 조사를 거부·방해 또는 기피한 경우	에너지공급자	500만원 이하
2. 정당한 사유 없이 에너지통계(법19조 ④)등에 따른 요구에 따르지 않거나 거짓으로 자료를 제출한 경우	·유관기관장 ·에너지사용자	100만원 이하

|참고|

■ 과태료의 부과기준(시행령 별표3: 2023.4.18)

1. 일반기준

가. 위반행위의 횟수에 따른 과태료의 가중된 부과기준은 최근 1년간 같은 위반행위로 과태료 부과처분을 받은 경우에 적용한다. 이 경우 기간의 계산은 위반행위에 대한 과태료 부과처분일과 그 처분 후 다시 같은 위반행위를 하여 적발된 날을 기준으로 한다.

나. 가목에 따라 가중된 부과처분을 하는 경우 가중처분의 적용 차수는 그 위반행위 전 부과처분 차수(가목에 따른 기간 내에 과태료 부과처분이 둘 이상 있었던 경우에는 높은 차수를 말한다)의 다음 차수로 한다.

다. 산업통상자원부장관은 다음의 어느 하나에 해당하는 경우에는 제2호의 개별기준에 따른 과태료 금액의 2분의 1 범위에서 그 금액을 줄일 수 있다. 다만, 과태료를 체납하고 있는 위반행위자의 경우에는 그렇지 않다.

1) 위반행위가 사소한 부주의나 오류로 인한 것으로 인정되는 경우

2) 위반행위자가 법 위반상태를 시정하거나 해소하기 위하여 노력한 사실이 인정되는 경우

3) 그 밖에 위반행위의 정도, 위반행위의 동기와 그 결과 등을 고려하여 과태료 금액을 줄일 필요가 있다고 인정되는 경우

라. 산업통상자원부장관은 위반행위의 정도, 동기와 그 결과 등을 고려하여 제2호의 개별기준에 따른 과태료 금액의 2분의 1 범위에서 그 금액을 늘릴 수 있다. 다만, 법 제26조제1항 및 제2항에 따른 과태료 금액의 상한을 넘을 수 없다.

2. 개별기준

위반행위	근거 법조문	과태료 금액		
		1차 위반	2차 위반	3차 이상 위반
가. 정당한 사유 없이 법 제19조제4항에 따른 자료 제출 요구에 따르지 않거나 거짓으로 자료를 제출한 경우	법 제26조제1항	30만원	50만원	100만원
나. 정당한 사유 없이 법 제21조에 따른 질문에 대하여 진술 거부 또는 거짓 진술을 하거나 조사를 거부·방해 또는 기피한 경우	법 제26조제1항	100만원	200만원	300만원

memo

에너지이용합리화법

1 목 적

법	시행령
제1조【목적】 이 법은 에너지의 수급(需給)을 안정시키고 에너지의 합리적이고 효율적인 이용을 증진하며 에너지소비로 인한 환경피해를 줄임으로써 국민경제의 건전한 발전 및 국민복지의 증진과 지구온난화의 최소화에 이바지함을 목적으로 한다.	제1조【목적】 이 영은 「에너지이용 합리화법」에서 위임된 사항과 그 시행에 필요한 사항을 규정함을 목적으로 한다.

요점 목 적

목적	규제수단
· 국민경제의 건전한 발전 · 국민복지의 증진 · 지구온난화의 최소화	· 에너지 수급 안정 · 에너지 이용의 합리화 · 환경피해 최소화

■ 에너지이용합리화법 주요내용
1. 에너지이용합리화 기본계획
2. 수요관리투자계획
3. 에너지사용계획
4. 수급 안정조치(에너지저장 등)
5. 온실가스 배출 감축사업
6. 에너지사용 기자재관리(효율관리기자재 등)
7. 에너지절약전문기업
8. 에너지다소비사업자
9. 에너지진단
10. 냉난방온도제한
11. 열사용기자재관리(검사대상기기 등)
12. 한국에너지공단

예제문제 01

에너지이용합리화법의 목적을 실현하기 위한 구체적 규제 내용에 해당되지 않는 것은?

① 에너지절약전문기업 등록   ② 에너지총조사
③ 에너지진단   ④ 에너지사용계획

해설 에너지총조사는 에너지법에 따라 산업통상자원부장관이 3년마다 실시한다.

답 : ②

---

2 용어의 정의

법	시행령
제2조【정의】 ① 이 법에서 사용하는 용어의 뜻은 다음과 같다.	

1. "에너지경영시스템"이란 에너지사용자 또는 에너지공급자가 에너지이용효율을 개선할 수 있는 경영목표를 설정하고, 이를 달성하기 위하여 인적·물적 자원을 일정한 절차와 방법에 따라 체계적이고 지속적으로 관리하는 경영활동체제를 말한다.

2. "에너지관리시스템"이란 에너지사용을 효율적으로 관리하기 위하여 센서·계측장비, 분석 소프트웨어 등을 설치하고 에너지사용현황을 실시간으로 모니터링하여 필요시 에너지사용을 제어할 수 있는 통합관리시스템을 말한다.

3. "에너지진단"이란 에너지를 사용하거나 공급하는 시설에 대한 에너지 이용실태와 손실요인 등을 파악하여 에너지 이용효율의 개선 방안을 제시하는 모든 행위를 말한다.

② 제1항에 규정된 것 외에 이 법에서 사용하는 용어의 뜻은 「에너지법」 제2조 각 호에서 정하는 바에 따른다.

[전문개정 2015.1.28]

[시행규칙]

제1조의2 【열사용기자재】 「에너지이용 합리화법」(이하 "법"이라 한다) 제2조에 따른 열사용기자재는 별표 1과 같다. 다만, 다음 각 호의 어느 하나에 해당하는 열사용기자재는 제외한다. 〈개정 2013.3.23, 2017.1.28, 2022.10.13〉

1. 「전기사업법」 제2조제2호에 따른 전기사업자가 설치하는 발전소의 발전(發電)전용 보일러 및 압력용기. 다만, 「집단에너지사업법」의 적용을 받는 발전전용 보일러 및 압력용기는 열사용기자재에 포함된다.

2. 「철도사업법」에 따른 철도사업을 하기 위하여 설치하는 기관차 및 철도차량용 보일러

3. 「고압가스 안전관리법」 및 「액화석유가스의 안전관리 및 사업법」에 따라 검사를 받는 보일러(케스케이드 보일러는 제외한다) 및 압력용기

4. 「선박안전법」에 따라 검사를 받는 선박용 보일러 및 압력용기

5. 「전기용품안전 및 생활용품 관리법」 및 「의료기기법」의 적용을 받는 2종 압력용기

6. 이 규칙에 따라 관리하는 것이 부적합하다고 산업통상자원부장관이 인정하는 수출용 열사용기자재

[본조신설 2012.6.28]

요점 용어의 정의

(1) 용어

이 법에서 사용하는 용어의 뜻은 다음과 같이 정하는 바에 따른다.

① "에너지경영시스템"이란 에너지사용자 또는 에너지공급자가 에너지이용효율을 개선할 수 있는 경영목표를 설정하고, 이를 달성하기 위하여 인적 · 물적 자원을 일정한 절차와 방법에 따라 체계적이고 지속적으로 관리하는 경영활동체제를 말한다.

② "에너지관리시스템"이란 에너지사용을 효율적으로 관리하기 위하여 센서·계측장비 분석 소프트웨어 등을 설치하고 에너지사용현황을 실시간으로 모니터링하여 필요시 에너지사용을 제어할 수 있는 통합관리시스템을 말한다.

③ "에너지진단"이란 에너지를 사용하거나 공급하는 시설에 대한 에너지이용실태와 손실요일 등을 파악하여 에너지이용효율의 개선 방안을 제시하는 모든 행위를 말한다.

④ "열사용기자재"란 연료 및 열을 사용하는 기기, 축열식 전기기기와 단열성(斷熱性) 자재로서 산업통상자원부령으로 정한 에너지이용합리화법 시행규칙 별표1의 열사용기자재를 말한다.

(2) 에너지법 준용용어

① "에너지"란 연료·열 및 전기를 말한다.

② "연료"란 석유·가스·석탄, 그 밖에 열을 발생하는 열원(熱源)을 말한다. 다만, 제품의 원료로 사용되는 것은 제외한다.

③ "신·재생에너지"란 「신에너지 및 재생에너지 개발·이용·보급 촉진법」 제2조제1호에 따른 에너지를 말한다.

④ "에너지사용시설"이란 에너지를 사용하는 공장·사업장 등의 시설이나 에너지를 전환하여 사용하는 시설을 말한다.

⑤ "에너지사용자"란 에너지사용시설의 소유자 또는 관리자를 말한다.

⑥ "에너지공급설비"란 에너지를 생산·전환·수송 또는 저장하기 위하여 설치하는 설비를 말한다.

⑦ "에너지공급자"란 에너지를 생산·수입·전환·수송·저장 또는 판매하는 사업자를 말한다.

⑧ "에너지사용기자재"란 열사용기자재나 그 밖에 에너지를 사용하는 기자재를 말한다.

⑨ "온실가스"란 「기후대응을 위한 탄소중립·녹색성장기본법(제2조 제5호)」 제2조제9호에 따른 온실가스를 말한다.

⑩ "에너지이용권"이란 저소득층 등 에너지 이용에서 소외되기 쉬운 계층의 사람이 에너지공급자에게 제시하여 냉방 및 난방 등에 필요한 에너지를 공급받을 수 있도록 일정한 금액이 기재된 증표를 말한다.

■ 신에너지
1. 수소에너지
2. 연료전지
3. 석탄액화·가스화 에너지
4. 중질잔사유 가스화 에너지

■ 재생에너지
1. 태양에너지
2. 풍력
3. 수력
4. 해양에너지
5. 지열에너지
6. 폐기물에너지
7. 바이오에너지

■ 온실가스
1. 이산화탄소(CO_2)
2. 메탄(CH_4)
3. 아산화질소(N_2O)
4. 수소불화탄소(NFC_s)
5. 과불화탄소(PFC_s)
6. 육불화황(SF_6)

(3) 열사용기자재(시행규칙 별표1, 2022.1.21)

1. 보일러

품목명			적용범위
① 강철제 보일러, 주철제 보일러	강철제 보일러	·1종관류 보일러	·헤더 안지름 150mm이하 ·전열면적 5m² 초과 10m² 이하 ·최고사용압력 1MPa 이하

		·2종관류 보일러	·헤더 안지름 150mm이하 ·전열면적 5m² 이하 ·최고사용압력 1MPa 이하
		이외의 금속(주철포함)으로 만든 것	
② 소형 온수보일러	전열면적이 14m² 이하이고, 최고사용압력이 0.35MPa 이하의 온수를 발생하는 것.		
③ 구멍탄용 온수보일러	연탄을 연료로 사용하여 온수를 발생시키는 것으로서 금속제만 해당한다.		
④ 축열식 전기보일러	심야전력을 사용하여 온수를 발생시켜 축열조에 저장한 후 난방에 이용하는 것으로서 정격소비전력이 30kW 이하이고, 최소사용압력이 0.35MPa 이하인 것		
⑤ 캐스케이드 보일러	최고사용압력이 대기압을 초과하는 온수보일러 또는 온수기 2대 이상이 단일 연통으로 연결되어 서로 연동되도록 설치되며, 최대 가스사용량의 합이 17kg/h(도시가스는 232.6킬로와트)를 초과하는 것		
⑥ 가정용 화목보일러	·목재를 사용하여 90℃ 이하의 난방수 또는 65℃ 이하의 온수를 발생하는 것 ·표시 난방출력 70kW 이하로 옥외 설치할 것		

2. 태양열 집열기

3. 압력 용기

품목명	적용범위
① 1종 압력용기	최고사용압력(MPa)과 내부 부피(m³)를 곱한 수치가 0.004를 초과하는 것
② 2종 압력용기	최고사용압력이 0.2MPa를 초과하는 기체를 그 안에 보유하는 용기로서 다음 각 호의 어느 하나에 해당하는 것 1. 내부 부피가 0.04m³ 이상인 것 2. 동체의 안지름이 200mm 이상이고, 그 길이가 1,000mm 이상인 것

4. 요로(고온가열장치)

① 요업 요로
② 금속 요로

(4) 에너지이용합리화법의 적용을 받지 않는 열사용기자재

1. 「전기사업법」에 따른 발전소의 발전(發電) 전용보일러 및 압력용기, 다만, 집단에너지사업법의 적용을 받는 발전 전용 보일러 및 압력용기는 열사용기자재에 포함
2. 「철도사업법」에 따른 기관차 및 철도 차량용 보일러
3. 「고압가스안전관리법」 및 액화석유가스의 안전관리 및 사업법」에 따라 검사를 받는 보일러(캐스케이드 보일러는 제외) 및 압력용기
4. 「선박안전법」에 따라 검사를 받는 선박용 보일러 및 압력용기

■ 에너지이용합리화법의 적용
열사용기자재(별표1)는 이법의 적용을 받아야 하나, 발전소의 발전 전용보일러 등은 관계법의 적용을 받는다.

5. 「전기용품안전 관리법」 및 「의료기기법」의 적용을 받는 2종 압력용기
6. 산업통상자원부장관이 인정하는 수출용 열사용기자재

예제문제 02

"에너지이용 합리화법" 과 "에너지법" 에 따른 용어에 대한 설명으로 가장 적절하지 않은 것은? 【19년 기출문제】

① "에너지관리시스템" 이란 에너지사용을 효율적으로 관리하기 위하여 센서·계측장비, 분석 소프트웨어 등을 설치하고 에너지사용현황을 실시간으로 모니터링하여 필요 시 에너지 사용을 제어할 수 있는 통합관리시스템을 말한다.
② "에너지사용시설" 이란 에너지를 생산·전환·수송 또는 저장하기 위하여 설치하는 설비를 말한다.
③ "에너지사용자" 란 에너지사용시설의 소유자 또는 관리자를 말한다.
④ "에너지진단" 이란 에너지를 사용하거나 공급하는 시설에 대한 에너지 이용실태와 손실요인 등을 파악하여 에너지이용효율의 개선 방안을 제시하는 모든 행위를 말한다.

해설 "에너지사용시설" 이란 에너지를 사용하는 공장·사업장 등의 시설이나 에너지를 전환하여 사용하는 시설을 말한다.

답 : ②

예제문제 03

에너지이용합리화법 열사용기자재의 적용범위에 대한 기준 중 다음 ( )에 가장 적합한 것은?

소형 온수보일러는 전열면적 (㉠)m² 이하이고, 최고 사용압력이 (㉡)MPa 이하의 온수를 발생하는 것이다.

① ㉠ 5 ㉡ 1
② ㉠ 5 ㉡ 0.35
③ ㉠ 14 ㉡ 1
④ ㉠ 14 ㉡ 0.35

해설

품목	헤더 안지름(mm)	전열면적(m²)	최고사용압력(MPa)
1종 관류보일러	150 이하	5 초과 ~ 10 이하	1 이하
2종 관류보일러	150 이하	5 이하	1 이하
소형 온수보일러	-	14 이하	0.35 이하

답 : ④

예제문제 04

다음의 열사용기자재 중 에너지합리화법에 따른 기준을 적용받는 것은?

① 철도사업법에 의한 철도차량용 보일러

② 의료기기법에 의한 1종 압력 용기

③ 전기사업법에 따른 발전 전용 보일러

④ 수출용 열사용기자재

해설
의료기기법에 따른2종 압력용기가 에너지이용합리화법의 적용대상에서 제외된다.

답 : ②

3 국가 등의 책무

법	시행령
제3조【정부와 에너지사용자공급자 등의 책무】 ① 정부는 에너지의 수급안정과 합리적이고 효율적인 이용을 도모하고 이를 통한 온실가스의 배출을 줄이기 위한 기본적이고 종합적인 시책을 강구하고 시행할 책무를 진다. ② 지방자치단체는 관할 지역의 특성을 고려하여 국가에너지정책의 효과적인 수행과 지역경제의 발전을 도모하기 위한 지역에너지시책을 강구하고 시행할 책무를 진다. ③ 에너지사용자와 에너지공급자는 국가나 지방자치단체의 에너지시책에 적극 참여하고 협력하여야 하며, 에너지의 생산ㆍ전환ㆍ수송ㆍ저장ㆍ이용 등에서 그 효율을 극대화하고 온실가스의 배출을 줄이도록 노력하여야 한다. ④ 에너지사용기자재와 에너지공급설비를 생산하는 제조업자는 그 기자재와 설비의 에너지효율을 높이고 온실가스의 배출을 줄이기 위한 기술의 개발과 도입을 위하여 노력하여야 한다. ⑤ 모든 국민은 일상 생활에서 에너지를 합리적으로 이용하여 온실가스의 배출을 줄이도록 노력하여야 한다.	**제2조【지방자치단체 등에 대한 지원】** 산업통상자원부장관은 법 제3조제2항부터 제5항까지의 규정에 따라 지방자치단체, 에너지사용자와 에너지공급자, 에너지사용기자재와 에너지공급설비를 생산하는 제조업자 및 국민이 각각의 책무를 이행하여 에너지를 효율적으로 이용하고 이를 통한 온실가스배출을 줄일 수 있도록 필요한 사항을 지원할 수 있다. 〈개정 2013.3.23〉

요점 국가 등의 책무

구 분	의무사항	비 고
1. 정부	·에너지 수급 안정 도모 ·에너지 효율적 이용 도모 ·온실가스 배출저감시책 시행	산업통상 자원부장관은 필요사항을 지원할 수 있다.
2. 지방자치단체	·국가에너지정책의 효과적 수행 ·지역에너지시책 시행	
3. 에너지사용자 에너지공급자	·에너지시책 참여 ·에너지 생산, 전환, 수송 등의 효율 극대화 ·온실가스 배출 저감	
4. 제조업자	·기자재와 설비의 에너지효율 향상 ·온실가스배출 저감기술의 개발	
5. 국민	·에너지의 합리적 이용 ·온실가스배출 저감 노력	

CHAPTER

에너지이용합리화를 위한 계획 및 조치 등

1 에너지이용합리화 기본계획

법	시행령
제4조【에너지이용 합리화 기본계획】 ① 산업통상자원부장관은 에너지를 합리적으로 이용하게 하기 위하여 에너지이용합리화에 관한 기본계획(이하 "기본계획"이라 한다)을 수립하여야 한다. 〈개정 2008.2.29, 2013.3.23〉 ② 기본계획에는 다음 각 호의 사항이 포함되어야 한다. 〈개정 2008.2.29, 2013.3.23〉 1. 에너지절약형 경제구조로의 전환 2. 에너지이용효율의 증대 3. 에너지이용 합리화를 위한 기술개발 4. 에너지이용 합리화를 위한 홍보 및 교육 5. 에너지원간 대체(代替) 6. 열사용기자재의 안전관리 7. 에너지이용 합리화를 위한 가격예시제(價格豫示制)의 시행에 관한 사항 8. 에너지의 합리적인 이용을 통한 온실가스의 배출을 줄이기 위한 대책 9. 그 밖에 에너지이용 합리화를 추진하기 위하여 필요한 사항으로서 산업통상자원부령으로 정하는 사항 ③ 산업통상자원부장관이 제1항에 따라 기본계획을 수립하려면 관계 행정기관의 장과 협의한 후 「에너지법」 제9조에 따른 에너지위원회(이하 "위원회"라 한다)의 심의를 거쳐야 한다. 〈개정 2008.2.29, 2013.3.23, 2018.4.17〉 ④ 산업통상자원부장관은 기본계획을 수립하기 위하여 필요하다고 인정하는 경우 관계 행정기관의 장에게 필요한 자료를 제출하도록 요청할 수 있다. 〈신설 2018.4.17〉 제6조【에너지이용 합리화 실시계획】 ① 관계 행정기관의 장과 특별시장·광역시장·도지사 또는 특별자치도지사(이하 "시·도지사"라 한다)는 기본계획에 따라 에너지이용 합리화에 관한 실시계획을 수립하고 시행하여야 한다. ② 관계 행정기관의 장 및 시·도지사는 제1항에 따른 실시계획과 그 시행 결과를 산업통상자원부장관에게 제출하여야 한다. 〈개정 2008.2.29, 2013.3.23〉 ③ 산업통상자원부장관은 위원회의 심의를 거쳐 제2항에 따라 제출된 실시계획을 종합·조정하고 추진상황을 점검·평가하여야 한다. 이 경우 평가업무의 효과적인 수행을 위하여 대통령령으로 정하는 바에 따라 관계 연구기관 등에 그 업무를 대행하도록 할 수 있다. 〈신설 2018.4.17〉	제3조【에너지이용 합리화 기본계획 등】 ① 산업통상자원부장관은 5년마다 법 제4조제1항에 따른 에너지이용 합리화에 관한 기본계획(이하 "기본계획"이라 한다)을 수립하여야 한다. 〈개정 2013.3.23〉 ② 관계 행정기관의 장과 특별시장·광역시장·도지사 또는 특별자치도지사(이하 "시·도지사"라 한다)는 매년 법 제6조제1항에 따른 실시계획(이하 "실시계획"이라 한다)을 수립하고 그 계획을 해당 연도 1월 31일까지, 그 시행 결과를 다음 연도 2월 말일까지 각각 산업통상자원부장관에게 제출하여야 한다. 〈개정 2013.3.23〉 ③ 산업통상자원부장관은 제2항에 따라 받은 시행 결과를 평가하고, 해당 관계 행정기관의 장과 시·도지사에게 그 평가 내용을 통보하여야 한다. 〈개정 2013.3.23〉 제11조의2【에너지이용 합리화 실시계획의 추진상황 평가업무의 대행】 ① 법 제6조제3항 후단에 따라 에너지이용 합리화 실시계획 추진상황에 대한 평가업무를 대행할 수 있는 기관은 다음 각 호의 기관으로 한다. 〈개정 2018.10.16〉 1. 「정부출연연구기관 등의 설립·운영 및 육성에 관한 법률」 제8조제1항에 따라 설립된 정부출연연구기관 2. 「과학기술분야 정부출연연구기관 등의 설립·운영 및 육성에 관한 법률」 제8조제1항에 따라 설립된 정부출연연구기관 3. 법 제45조에 따라 설립된 한국에너지공단 ② 제1항에 따른 평가업무 대행의 내용, 방법 및 절차 등에 관하여 필요한 사항은 산업통상자원부장관이 정하여 고시한다. 〈개정 2013.3.23〉 [본조신설 2011.10.26]

요점 에너지이용합리화 계획

(1) 기본계획의 수립

산업통상자원부장관은 에너지를 합리적으로 이용하기 위하여 관계 행정기관의 장과 협의 후 에너지법에 따른 에너지 위원회의 심의를 거쳐 5년마다 기본계획을 수립한다.

■ 에너지이용합리화계획의 수립
1. 기본계획
   (산)이 5년마다 수립
2. 실시계획
   행정기관장과 시·도지사가
   매년 수립

1. 목적	에너지를 합리적으로 이용하기 위함
2. 절차	작성 ·산업통상자원부장관 ⇩ 협의 ·관계행정기관의 장 ⇩ 심의 ·에너지위원회 ⇩ 수립 ·산업통상자원부장관
3. 수립기한	5년마다 수립

(2) 기본계획의 내용

1. 에너지절약형 경제구조로의 전환
2. 에너지이용효율의 증대
3. 에너지이용 합리화를 위한 기술개발
4. 에너지이용 합리화를 위한 홍보 및 교육
5. 에너지원간 대체(代替)
6. 열사용기가재의 안전관리
7. 에너지이용 합리화를 위한 가격예시제(價格豫示制)의 시행에 관한 사항
8. 에너지의 합리적인 이용을 통한 온실가스의 배출을 줄이기 위한 대책
9. 그 밖에 에너지이용 합리화를 추진하기 위하여 필요한 사항으로서 산업통상자원부령으로 정하는 사항

(3) 실시계획의 수립

① 관계 행정기관의 장과 시·도지사는 매년 실시계획을 수립하여 다음과 같이 산업통상자원부장관에게 제출하여야 한다.

실시계획 수립 제출	해당 연도 1월 31일까지	매년수립
실시계획 시행결과 제출	다음 연도 2월 말일까지	

② 산업통상자원부장관은 제출받은 시행결과를 평가하고 해당 관계 행정기관의 장과 시·도지사에게 그 평가 내용을 통보하여야 한다.

③ 에너지이용합리화 실시계획 추진상황에 대한 평가업무 대행기관은 다음과 같다.

1. 정부출연연구기관
2. 한국에너지공단

예제문제 01

에너지이용합리화법에 따른 에너지이용합리화 기본계획의 기준 중 가장 적합한 것은?

① 기본계획은 산업통상자원부장관이 관계 행정기관의 장과 협의한 후 에너지위원회의 심의를 거쳐 10년마다 수립한다.
② 관계 행정기관의 장과 시·도지사는 매년 실시계획을 작성하여 산업통상자원부장관의 승인을 받아야 한다.
③ 시·도지사 등은 해당연도 1월 31일까지 실시계획을 산업통상자원부장관에게 제출하여야 한다.
④ 시·도지사 등은 다음 연도 3월 31일까지 실시계획 시행결과를 산업통상자원부장관에게 제출하여야 한다.

[해설] ① 5년마다 수립
② 산업통상자원부장관에게 제출
④ 2월 말일까지 제출

답 : ③

예제문제 02

다음 중 「에너지 이용합리화법」의 에너지 이용 합리화 기본계획에 관련 내용으로 맞는 것은?

① 한국에너지공단 이사장은 3년마다 에너지이용합리화기본계획을 수립한다.
② 에너지이용합리화를 위한 홍보 및 교육을 포함한다.
③ 행정기관 장과 시·도지사는 3년마다 실시계획을 수립하고 실시계획을 한국에너지공단 이사장에게 제출한다.
④ 한국에너지공단 이사장은 시행결과를 평가하고 산업통상지원부장관에게 그 평가 내용을 통보한다.

[해설] ① 산업통상자원부장관은 5년마다 에너지이용합리화기본계획을 수립하여야한다.
③ 관계 행정기관 장과 시·도지사는 매년 실시계획을 수립하여 산업통상자원부장관에게 제출하여야 한다.
④ 산업통상자원부장관은 시행결과를 평가하여 관계행정기관장과 시·도지사에게 통보하여야 한다.

답 : ②

예제문제 03

"에너지이용합리화법"에 따른 에너지이용 합리화에 관한 기본계획 수립 시 포함되어야 하는 내용으로 규정되지 않은 것은? 【20 · 23년 기출문제】

① 에너지절약형 경제구조로의 전환
② 열사용기자재의 안전관리
③ 에너지이용 합리화를 위한 기술 개발
④ 비상시 에너지 소비 절감을 위한 대책

해설 에너지이용합리화 기본계획의 내용
1. 에너지절약형 경제구조로의 전환
2. 에너지이용효율의 증대
3. 에너지이용 합리화를 위한 기술개발
4. 에너지이용 합리화를 위한 홍보 및 교육
5. 에너지원간 대체(代替)
6. 열사용기가재의 안전관리
7. 에너지이용 합리화를 위한 가격예시제(價格豫示制)의 시행에 관한 사항
8. 에너지의 합리적인 이용을 통한 온실가스의 배출을 줄이기 위한 대책

답 : ④

2 수급안정조치

법	시행령
제7조【수급안정을 위한 조치】 ① 산업통상자원부장관은 국내외 에너지사정의 변동에 따른 에너지의 수급차질에 대비하기 위하여 대통령령으로 정하는 주요 에너지사용자와 에너지공급자에게 에너지저장시설을 보유하고 에너지를 저장하는 의무를 부과할 수 있다.〈개정 2008.2.29, 2013.3.23〉	**제12조【에너지저장의무 부과대상자】** ① 법 제7조제1항에 따라 산업통상자원부장관이 에너지저장의무를 부과할 수 있는 대상자는 다음 각 호와 같다.〈개정 2010.4.13, 2013.3.23〉 1. 「전기사업법」 제2조제2호에 따른 전기사업자 2. 「도시가스사업법」 제2조제2호에 따른 도시가스사업자 3. 「석탄산업법」 제2조제5호에 따른 석탄가공업자 4. 「집단에너지사업법」 제2조제3호에 따른 집단에너지사업자 5. 연간 2만 석유환산톤(「에너지법 시행령」 제15조제1항에 따라 석유를 중심으로 환산한 단위를 말한다. 이하 "티오이"라 한다) 이상의 에너지를 사용하는 자 ② 산업통상자원부장관은 제1항 각 호의 자에게 에너지저장의무를 부과할 때에는 다음 각 호의 사항을 정하여 고시하여야 한다.〈개정 2013.3.23〉 1. 대상자 2. 저장시설의 종류 및 규모 3. 저장하여야 할 에너지의 종류 및 저장의무량 4. 그 밖에 필요한 사항

② 산업통상자원부장관은 국내외 에너지사정의 변동으로 에너지수급에 중대한 차질이 발생하거나 발생할 우려가 있다고 인정되면 에너지수급의 안정을 기하기 위하여 필요한 범위에서 에너지사용자·에너지공급자 또는 에너지사용기자재의 소유자와 관리자에게 다음 각 호의 사항에 관한 조정·명령, 그 밖에 필요한 조치를 할 수 있다. 〈개정 2008.2.29, 2013.3.23〉

1. 지역별·주요 수급자별 에너지 할당
2. 에너지공급설비의 가동 및 조업
3. 에너지의 비축과 저장
4. 에너지의 도입·수출입 및 위탁가공
5. 에너지공급자 상호 간의 에너지의 교환 또는 분배 사용
6. 에너지의 유통시설과 그 사용 및 유통경로
7. 에너지의 배급
8. 에너지의 양도·양수의 제한 또는 금지
9. 에너지사용의 시기·방법 및 에너지사용기자재의 사용 제한 또는 금지 등 대통령령으로 정하는 사항
10. 그 밖에 에너지수급을 안정시키기 위하여 대통령령으로 정하는 사항

③ 산업통상자원부장관은 제2항에 따른 조치를 시행하기 위하여 관계 행정기관의 장이나 지방자치단체의 장에게 필요한 협조를 요청할 수 있으며 관계 행정기관의 장이나 지방자치단체의 장은 이에 협조하여야 한다. 〈개정 2008.2.29, 2013.3.23〉

④ 산업통상자원부장관은 제2항에 따른 조치를 한 사유가 소멸되었다고 인정하면 지체 없이 이를 해제하여야 한다. 〈개정 2008.2.29, 2013.3.23〉

제13조【수급 안정을 위한 조치】

① 산업통상자원부장관은 법 제7조제2항에 따른 에너지수급의 안정을 위한 조치를 하려는 경우에는 그 사유기간 및 대상자 등을 정하여 조치 예정일 7일 이전에 에너지사용자·에너지공급자 또는 에너지사용기자재의 소유자와 관리자에게 예고하여야 한다. 〈개정 2013.3.23〉

② 에너지공급자가 그 에너지공급에 관하여 법 제7조제2항에 따른 조치를 받은 경우에는 제1항에 따라 예고된 바대로 에너지공급을 제한하고 그 결과를 산업통상자원부장관에게 보고하여야 한다. 〈개정 2013.3.23〉

제14조【에너지사용의 제한 또는 금지】

① 법 제7조제2항제9호에서 "에너지사용의 시기·방법 및 에너지사용기자재의 사용제한 또는 금지 등 대통령령으로 정하는 사항"이란 다음 각 호의 사항을 말한다.

1. 에너지사용시설 및 에너지사용기자재에 사용할 에너지의 지정 및 사용 에너지의 전환
2. 위생 접객업소 및 그 밖의 에너지사용시설에 대한 에너지사용의 제한
3. 차량 등 에너지사용기자재의 사용제한
4. 에너지사용의 시기 및 방법의 제한
5. 특정 지역에 대한 에너지사용의 제한

② 산업통상자원부장관이 제1항제1호에 따른 사용 에너지의 지정 및 전환에 관한 조치를 할 때에는 에너지원 간의 수급 상황을 고려하여 에너지사용시설 및 에너지사용기자재의 소유자 또는 관리인이 이에 대한 준비를 할 수 있도록 충분한 준비기간을 설정하여 예고하여야 한다. 〈개정 2013.3.23〉

③ 산업통상자원부장관이 제1항제2호부터 제5호까지의 규정에 따른 에너지사용의 제한조치를 할 때에는 조치를 하기 7일 이전에 제한 내용을 예고하여야 한다. 다만, 긴급히 제한할 필요가 있을 때에는 그 제한 전일까지 이를 공고할 수 있다. 〈개정 2013.3.23〉

④ 산업통상자원부장관은 정당한 사유 없이 법 제7조제2항에 따른 에너지의 사용제한 또는 금지조치를 이행하지 아니하는 자에 대하여는 에너지공급자로 하여금 에너지공급을 제한하게 할 수 있다. 〈개정 2013.3.23〉

요점 **수급안정조치**

(1) 조치사항

산업통상자원부장관은 국내외 에너지사정의 변동으로 에너지수급에 중대한 차질이 발생하거나 발생할 우려가 있다고 인정되면 에너지수급의 안정을 기하기 위하여 필요한 범위에서 에너지사용자·에너지공급자 또는 에너지사용기자재의 소유자와 관리자에게 다음과 같은 조치를 할 수 있다.

▪ **수급안정조치**
1. 권자 : (산)
2. 조치시기
   국내외에너지 사정의 변동
   중대한 차질이
      발생된 때
      발생할 우려가 있을 때
3. 조치목적
   에너지수급의 안정도모

---

1. 지역별·주요 수급자별 에너지 할당

2. 에너지공급설비의 가동 및 조업

3. 에너지의 비축과 저장

4. 에너지의 도입·수출입 및 위탁가공

5. 에너지공급자 상호간의 에너지의 교환 또는 분배 사용

6. 에너지의 유통시설과 그 사용 및 유통경로

7. 에너지의 배급

8. 에너지의 양도·양수의 제한 또는 금지

9. 에너지사용의 시기, 방법 및 에너지사용기자재의 사용제한 또는 금지에 관한 다음 사항
   ㉠ 에너지사용시설 및 에너지사용기자재에 사용할 에너지의 지정 및 사용 에너지의 전환
   ㉡ 위생 집객업소 및 그 밖의 에너지사용시설에 대한 에너지사용의 제한
   ㉢ 차량 등 에너지사용기자재의 사용제한
   ㉣ 에너지사용의 시기 및 방법의 제한
   ㉤ 특정 지역에 대한 에너지사용의 제한

(2) 절차

① 산업통상자원부장관은 수급안정에 따른 조치를 시행하기 위하여 관계 행정기관의 장이나 지방자치단체의 장에게 필요한 협조를 요청할 수 있으며 관계 행정기관의 장이나 지방자치단체의 장은 이에 협조하여야 한다.

② 산업통상자원부장관은 수급안정을 위한 조치를 하려는 경우에는 그 사유·기간 및 대상자 등을 정하여 조치 예정일 7일 이전에 에너지사용자·에너지공급자 또는 에너지사용기자재의 소유자와 관리자에게 예고하여야 한다. 단, (1)의 1) 9호 ㉡부터 ㉤까지 긴급히 제한할 필요가 있을 때에는 그 제한 전일까지 공고할 수 있다.

③ 에너지공급자가 그 에너지공급에 관하여 조치를 받은 경우에는 예고된 바대로 에너지공급을 제한하고 그 결과를 산업통상자원부장관에게 보고하여야 한다.

④ 산업통상자원부장관은 정당한 사유 없이 에너지의 사용제한 또는 금지조치를 이행하지 아니하는 자에 대하여는 에너지공급자로 하여금 에너지공급을 제한하게 할 수 있다.

⑤ 산업통상자원부장관은 조치를 한 사유가 소멸되었다고 인정하면 지체없이 이를 해제하여야 한다.

(3) 에너지저장

1) 부과대상

산업통상자원부장관은 국내외 에너지사정의 변동에 따른 에너지의 수급차질에 대비하기 위하여 다음의 에너지공급자 등에게 에너지저장시설을 보유하고 에너지를 저장하는 의무를 부과할 수 있다.

1. 전기사업자
2. 도시가스사업자
3. 석탄가공업자
4. 집단에너지사용자
5. 연간 2만 석유환산톤(티오이 toe) 이상의 에너지를 사용하는 자

|참고|

toe
석유환산톤(toe)이란 원유 1ton이 갖는 열량으로 10^7 kcal를 말한다.

2) 고지사항

산업통상자원부장관은 에너지저장의무를 부과할 때에는 다음의 사항을 정하여 고시하여야 한다.

1. 대상자
2. 저장시설의 종류 및 규모
3. 저장하여야 할 에너지의 종류 및 저장의무량
4. 그 밖에 필요한 사항

예제문제 04

에너지이용합리화법에 따라 에너지저장의무를 갖는 에너지사용자의 연간 에너지사용량의 기준은?

① 연간 1만 toe 이상
② 연간 2만 toe 이상
③ 연간 3만 toe 이상
④ 연간 5만 toe 이상

답 : ②

③ 수요관리투자계획

법	시행령
제9조【에너지공급자의 수요관리투자계획】 ① 에너지공급자 중 대통령령으로 정하는 에너지공급자는 해당 에너지의 생산·전환·수송·저장 및 이용상의 효율향상, 수요의 절감 및 온실가스배출의 감축 등을 도모하기 위한 연차별 수요관리투자계획을 수립·시행하여야 하며, 그 계획과 시행 결과를 산업통상자원부장관에게 제출하여야 한다. 연차별 수요관리투자계획을 변경하는 경우에도 또한 같다. 〈개정 2008.2.29, 2013.3.23〉 ② 산업통상자원부장관은 에너지수급상황의 변화, 에너지가격의 변동, 그 밖에 대통령령으로 정하는 사유가 생긴 경우에는 제1항에 따른 수요관리투자계획을 수정·보완하여 시행하게 할 수 있다. 〈개정 2008.2.29, 2013.3.23〉	**제16조【에너지공급자의 수요관리투자계획】** ① 법 제9조제1항 전단에서 "대통령령으로 정하는 에너지공급자"란 다음 각 호에 해당하는 자를 말한다. 〈개정 2013.3.23〉 1. 「한국전력공사법」에 따른 한국전력공사 2. 「한국가스공사법」에 따른 한국가스공사 3. 「집단에너지사업법」에 따른 한국지역난방공사 4. 그 밖에 대량의 에너지를 공급하는 자로서 에너지 수요관리투자를 촉진하기 위하여 산업통상자원부장관이 특히 필요하다고 인정하여 지정하는 자 ② 제1항에 따른 에너지공급자는 법 제9조제1항에 따른 연차별 수요관리투자계획(이하 "투자계획"이라 한다)을 해당 연도 개시 2개월 전까지, 그 시행 결과를 다음 연도 2월 말일까지 산업통상자원부장관에게 제출하여야 하며, 제출된 투자계획을 변경하는 경우에는 그 변경한 날부터 15일 이내에 산업통상자원부장관에게 그 변경된 사항을 제출하여야 한다. 〈개정 2013.3.23〉 ③ 투자계획에는 다음 각 호의 사항이 포함되어야 한다. 1. 장단기 에너지 수요 전망 2. 에너지절약 잠재량의 추정 내용 3. 수요관리의 목표 및 그 달성 방법 4. 그 밖에 수요관리의 촉진을 위하여 필요하다고 인정하는 사항 ④ 투자계획 및 그 시행 결과의 구체적인 기재 사항, 작성 방법, 그 밖에 필요한 사항은 산업통상자원부장관이 정하여 고시한다. 〈개정 2013.3.23〉 **제17조【투자계획의 수정·보완 사유】** ① 법 제9조제2항에서 "그 밖에 대통령령으로 정하는 사유"란 다음 각 호에 해당하는 경우를 말한다.

1. 법 제7조제1항 및 제2항에 따른 에너지 수급안정을 위한 조치에 따라 투자계획의 변경이 필요한 경우
2. 에너지자원의 효율적 이용을 도모하기 위하여 에너지공급자 상호간 에너지의 교환, 분배 등 공급의 조정이 필요한 경우
3. 투자계획에 제16조제3항의 내용이 포함되어 있지 않거나 투자계획이 제16조제4항에 따라 작성되지 않은 경우
② 에너지공급자는 법 제9조제2항에 따라 투자계획의 수정 또는 보완을 요구받은 경우에는 특별한 사유가 없으면 그 요구를 받은 날부터 30일 이내에 산업통상자원부장관에게 투자계획의 수정 또는 보완 결과를 제출하여야 한다. 〈개정 2013.3.23〉

제18조【수요관리전문기관】 법 제9조제3항에서 "대통령령으로 정하는 수요관리전문기관"이란 다음 각 호의 어느 하나에 해당하는 기관을 말한다. 〈개정 2013.3.23, 2015.7.24〉
1. 법 제45조에 따라 설립된 한국에너지공단
2. 그 밖에 수요관리사업의 수행능력이 있다고 인정되는 기관으로서 산업통상자원부령으로 정하는 기관

제19조【수요관리투자의 촉진 등】 산업통상자원부장관은 법 제9조에 따른 수요관리투자로 인하여 에너지공급자에게 발생되는 비용 및 손실을 최소화하기 위한 방안의 수립·시행을 위하여 필요하면 관계 행정기관의 장에게 관련 조치를 하여 줄 것을 요청할 수 있다. 〈개정 2013.3.23〉

③ 제1항에 따른 에너지공급자는 연차별 수요관리투자사업비 중 일부를 대통령령으로 정하는 수요관리전문기관에 출연할 수 있다.
④ 산업통상자원부장관은 제1항에 따른 에너지공급자의 수요관리투자를 촉진하기 위하여 수요관리투자로 인하여 에너지공급자에게 발생되는 비용과 손실을 최소화하는 방안을 수립·시행할 수 있다. 〈개정 2008.2.29, 2013.3.23〉

요점 **수요관리투자계획**

(1) 투자계획의 정의

에너지의 생산, 전환, 수송 및 이용상의 효율향상, 수요의 절감 및 온실가스배출의 감축 등을 도모하기 위한 계획

(2) 투자계획 수립권자

■ 수요관리투자계획수립
– 에너지공급자
• 한국전력공사
• 한국가스공사
• 한국지역난방공사

수립권자		수립시기	내용
에너지 공급자	• 한국전력공사 • 한국가스공사 • 한국지역난방공사 • 산업통상자원부장관이 지정한 자	매년	• 장·단기에너지 수요전망 • 에너지절약 잠재량의 추정 내용 • 수요관리의 목표 및 그 달성 방법 • 그 밖에 수요관리의 촉진을 위하여 필요하다고 인정하는 사항

(3) 투자계획의 제출

에너지공급자는 다음과 같이 연차별 수요관리투자계획을 산업통상자원부장관에게 제출하여야 한다.

1. 투자계획의 제출	해당 연도 개시 2개월 전까지
2. 시행결과의 제출	다음 연도 2월 말까지

■ 비고
변경투자계획의 제출 : 변경한 날로부터 15일 이내

(4) 투자계획 수정, 보완

산업통상자원부장관은 다음의 사유가 발생한 경우 수요관리투자계획을 수정, 보완하여 시행하게 할 수 있다.

1. 에너지수급상황의 변화

2. 에너지가격의 변동

3. 에너지 수급안정을 위한 조치에 따라 투자계획의 변경이 필요한 경우

4. 에너지자원의 효율적 이용을 도모하기 위하여 에너지공급자 상호간 에너지의 교환, 분배 등 공급의 조정이 필요한 경우

5. 투자계획에 (2)의 내용이 포함되어 있지 않거나 투자계획이 고시기준에 따라 작성되지 않은 경우

■ 비고
수정, 보완결과 제출 : 에너지공급자는 투자계획의 수정 또는 보완을 요구받은 경우에는 특별한 사유가 없으면 그 요구를 받은 날부터 30일 이내에 산업통상자원부장관에게 투자계획의 수정 또는 보완결과를 제출하여야 한다.

(5) 투자계획의 지원

① 산업통상자원부장관은 에너지공급자의 수요관리투자를 촉진하기 위하여 수요관리투자로 인하여 에너지공급자에게 발생하는 비용과 손실을 최소화하는 방안을 수립·시행할 수 있다.

② 산업통상자원부장관은 수요관리투자로 인하여 에너지공급자에게 발생하는 비용 및 손실을 최소화하기 위한 방안의 수립·시행을 위하여 필요하면 관계 행정기관의 장에게 관련조치를 하여 줄 것을 요청할 수 있다.

③ 제1항에 따른 에너지공급자는 연차별 수요관리투자사업비 중 일부를 한국에너지공단 등 수요관리전문기관에 출연할 수 있다.

예제문제 05

「에너지 이용합리화법」에서 대통령령으로 정하는 에너지 공급자에 해당되는 것은?

① 국가 및 지방자치단체
② 한국에너지공단
③ 한국수자원공사
④ 한국가스공사

해설 에너지공급자의 범위
1. 한국전력공사
2. 한국가스공사
3. 한국지역난방공사

답 : ④

예제문제 06

에너지이용합리화법에 따른 에너지공급자의 수요관리투자계획에 관한 기술 중 가장 부적당한 것은?

① 한국전력공사, 한국가스공사, 한국지역난방공사 등이 매년 투자계획을 수립, 시행하여야 한다.
② 한국전력공사 등은 해당연도 개시 2개월 전까지 투자계획을 수립하여 산업통상자원부장관에게 제출하여야 한다.
③ 투자계획을 변경할 경우 변경한 날로부터 15일 이내에 변경된 투자계획을 산업통상자원부장관에게 제출하여야 한다.
④ 에너지수급상황의 변화 등에 따라 산업통상자원부장관으로부터 투자계획, 수정, 보완 요구를 받은 경우 요구를 받은 날로부터 15일 이내에 산업통상자원부장관에게 수정, 보완결과를 제출하여야 한다.

해설 수정, 보완 요구받은 날로부터 30일 내 결과 제출

답 : ④

예제문제 07

에너지이용 합리화법에 따른 에너지공급자의 수요 관리투자계획에 대한 설명으로 적절하지 않은 것은? 【16년 기출문제】

① 에너지공급자는 수요관리투자계획을 변경하는 경우, 변경한 날부터 30일 이내에 산업통상자원부장관에게 그 변경된 사항을 제출하여야 한다.

② 에너지공급자는 연차별 수요관리투자계획 시행 결과를 다음 연도 2월 말일까지 산업통상자원부장관에게 제출하여야 한다.

③ 에너지공급자는 투자계획의 수정을 요구받은 경우, 요구를 받은 날부터 30일 이내에 산업통상자원부장관에게 투자계획의 수정 결과를 제출하여야 한다.

④ 에너지공급자는 연차별 수요관리투자사업비 중 일부를 한국에너지공단에 출연할 수 있다.

[해설] 수요관리투자계획이 변경된 경우 변경일로부터 15일 이내에 변경계획을 제출하여야 한다.

답 : ①

4 에너지사용계획

(1) 에너지사용계획 수립

법	시행령
제10조【에너지사용계획의 협의】 ① 도시개발사업이나 산업단지개발사업 등 대통령령으로 정하는 일정규모 이상의 에너지를 사용하는 사업을 실시하거나 시설을 설치하려는 자(이하 "사업주관자"라 한다)는 그 사업의 실시와 시설의 설치로 에너지수급에 미칠 영향과 에너지소비로 인한 온실가스(이산화탄소만을 말한다)의 배출에 미칠 영향을 분석하고, 소요에너지의 공급계획 및 에너지의 합리적 사용과 그 평가에 관한 계획(이하 "에너지사용계획"이라 한다)을 수립하여, 그 사업의 실시 또는 시설의 설치 전에 산업통상자원부장관에게 제출하여야 한다. 〈개정 2008.2.29, 2013.3.23〉 ② 산업통상자원부장관은 제1항에 따라 제출한 에너지사용계획에 관하여 사업주관자 중 제8조제1항 각 호에 해당하는 자(이하 "공공사업주관자"라 한다)와 협의하여야 하며, 공공사업주관자 외의 자(이하 "민간사업주관자"라 한다)로부터 의견을 들을 수 있다. 〈개정 2008.2.29, 2013.3.23〉	**제20조【에너지사용계획의 제출 등】** ① 법 제10조제1항에 따라 에너지사용계획을 수립하여 산업통상자원부장관에게 제출하여야 하는 사업주관자는 다음 각 호의 어느 하나에 해당하는 사업을 실시하려는 자로 한다. 〈개정 2013.3.23〉 1. 도시개발사업 2. 산업단지개발사업 3. 에너지개발사업 4. 항만건설사업 5. 철도건설사업 6. 공항건설사업 7. 관광단지개발사업 8. 개발촉진지구개발사업 또는 지역종합개발사업 ② 법 제10조제1항에 따라 에너지사용계획을 수립하여 산업통상자원부장관에게 제출하여야 하는 공공사업주관자(법 제10조제2항에 따른 공공사업주관자를 말한다. 이하 같다)는 다음 각 호의 어느 하나에 해당하는 시설을 설치하려는 자로 한다. 〈개정 2013.3.23〉 1. 연간 2천5백 티오이 이상의 연료 및 열을 사용하는 시설 2. 연간 1천만 킬로와트시 이상의 전력을 사용하는 시설 ③ 법 제10조제1항에 따라 에너지사용계획을 수립하여 산업통상자원부장관에게 제출하여야 하는 민간사업주관자(법 제10조제2항에 따른 민간사업주관자를 말한다. 이하 같다)는 다음 각 호의 어느 하나에 해당하는 시설을 설치하려는 자로 한다. 〈개정 2013.3.23〉 1. 연간 5천 티오이 이상의 연료 및 열을 사용하는 시설 2. 연간 2천만 킬로와트시 이상의 전력을 사용하는 시설 ④ 제1항부터 제3항까지의 규정에 따른 사업 또는 시설의 범위와 에너지사용계획의 제출 시기는 별표 1과 같다. ⑤ 산업통상자원부장관은 법 제10조제1항에 따라 에너지사용계획을 제출받은 경우에는 그날부터 30일 이내에 공공사업주관자에게는 그 협의 결과를, 민간사업주관자에게는 그 의견청취 결과를 통보하여야 한다. 다만, 산업통상자원부장관이 필요하다고 인정할 때에는 20일의 범위에서 통보를 연장할 수 있다. 〈개정 2013.3.23〉 **제21조【에너지사용계획의 내용 등】** ① 법 제10조제1항에 따른 에너지사용계획(이하 "에너지사용계획"이라 한다)에는 다음 각 호의 사항이 포함되어야 한다. 〈개정 2013.3.23〉

1. 사업의 개요
2. 에너지 수요예측 및 공급계획
3. 에너지 수급에 미치게 될 영향 분석
4. 에너지 소비가 온실가스(이산화탄소만 해당한다)의 배출에 미치게 될 영향 분석
5. 에너지이용 효율 향상 방안
6. 에너지이용의 합리화를 통한 온실가스(이산화탄소만 해당한다)의 배출감소 방안
7. 사후관리계획
8. 그 밖에 에너지이용 효율 향상을 위하여 필요하다고 산업통상자원부장관이 정하는 사항

② 에너지사용계획의 구체적인 기재 사항, 작성 방법, 그 밖에 필요한 사항은 산업통상자원부장관이 정하여 고시한다. 〈개정 2013.3.23〉

③ 사업주관자가 제1항에 따라 제출한 에너지사용계획 중 에너지 수요예측 및 공급계획 등 대통령령으로 정한 사항을 변경하려는 경우에도 제1항과 제2항으로 정하는 바에 따른다.

③ 법 제10조제3항에서 "대통령령으로 정한 사항을 변경하려는 경우"란 다음 각 호에 해당하는 경우를 말하며, 공공사업주관자의 경우에는 그 에너지사용계획의 변경 사항에 관하여 산업통상자원부장관에게 협의를 요청하여야 한다. 〈개정 2013.3.23〉
1. 토지나 건축물의 면적 또는 시설의 변경으로 인하여 법 제10조제1항에 따라 제출한 에너지사용계획의 에너지사용량이 100분의 10 이상 증가되는 경우
2. 집단에너지 공급계획의 변경, 냉난방 방식의 변경, 그 밖에 에너지사용계획에 큰 변동을 가져오는 사항으로서 산업통상자원부장관이 정하여 고시하는 사항이 변경되는 경우

[시행규칙]

제4조【변경협의 요청】 영 제21조제3항에 따라 공공사업주관자(법 제10조제2항에 따른 공공사업주관자를 말한다. 이하 같다)가 에너지사용계획의 변경 사항에 관하여 산업통상자원부장관에게 협의를 요청할 때에는 변경된 에너지사용계획에 다음 각 호의 사항을 적은 서류를 첨부하여 제출하여야 한다. 〈개정 2011.1.19, 2013.3.23〉
1. 에너지사용계획의 변경 이유
2. 에너지사용계획의 변경 내용

④ 사업주관자는 국공립연구기관, 정부출연연구기관 등 에너지사용계획을 수립할 능력이 있는 자로 하여금 에너지사용계획의 수립을 대행하게 할 수 있다.
⑤ 제1항부터 제4항까지의 규정에 따른 에너지사용계획의 내용, 협의 및 의견청취의 절차, 대행기관의 요건, 그 밖에 필요한 사항은 대통령령으로 정한다.

제22조【에너지사용계획수립대행자의 요건】 법 제10조제4항에 따라 에너지사용계획의 수립을 대행할 수 있는 기관은 다음 각 호의 어느 하나에 해당하는 자로서 산업통상자원부장관이 정하여 고시하는 인력을 갖춘 자로 한다. 〈개정 2011.1.17, 2013.3.23〉

⑥ 산업통상자원부장관은 제4항에 따른 에너지사용계획의 수립을 대행하는 데에 필요한 비용의 산정기준을 정하여 고시하여야 한다. 〈개정 2008.2.29, 2013.3.23〉

1. 국공립연구기관
2. 정부출연연구기관
3. 대학부설 에너지 관계 연구소
4. 「엔지니어링산업 진흥법」 제2조에 따른 엔지니어링사업자 또는 「기술사법」 제6조에 따라 기술사사무소의 개설등록을 한 기술사
5. 법 제25조제1항에 따른 에너지절약전문기업

| 참고 | 에너지사용계획의 협의대상사업 등의 범위 및 제출시기
(시행령 별표 1, 제20조제4항 관련, 2021.3.30)

1. 대상 사업

구분 및 대상 범위	에너지사용계획의 제출시기
가. 도시개발사업 1) 「도시개발법」 제2조제1항제2호에 따른 도시개발사업 중 면적이 30만 제곱미터 이상인 것. 다만, 민간사업주관자의 경우에는 면적이 60만 제곱미터 이상인 것만 해당한다.	○ 「도시개발법」 제17조제2항에 따른 실시계획의 인가 신청 전
2) 「도시개발법」 제2조제1항제2호에 따른 도시개발사업으로서 공업지역조성사업 중 면적이 30만 제곱미터 이상인 것	○ 「도시개발법」 제17조제2항에 따른 실시계획의 인가 신청 전
3) 「도시 및 주거환경정비법」 제2조제2호에 따른 정비사업 중 면적이 30만 제곱미터 이상인 것. 다만, 민간사업주관자의 경우에는 면적이 60만 제곱미터 이상인 것만 해당한다.	○ 지방자치단체가 시행하는 경우에는 「도시 및 주거환경정비법」 제52조에 따른 사업시행계획의 확정 전, 그 밖의 경우에는 「도시 및 주거환경정비법」 제50조에 따른 사업시행계획인가의 신청 전
4) 「주택법」 제16조에 따른 주택건설사업 또는 대지조성사업 중 면적이 30만 제곱미터 이상인 것. 다만, 민간사업주관자의 경우에는 면적이 60만 제곱미터 이상인 것만 해당한다.	○ 「주택법」 제16조에 따른 주택건설사업계획 또는 대지조성사업계획의 승인신청 전
5) 「택지개발촉진법」 제2조제1호에 따른 택지의 개발사업 또는 「공공주택건설 등에 관한 특별법」 제2조제3호가목에 따른 공공주택지구조성사업 중 면적이 30만 제곱미터 이상인 것. 다만, 민간사업주관자의 경우에는 면적이 60만 제곱미터 이상인 것만 해당한다	○ 「택지개발촉진법」 제9조제1항에 따른 택지개발사업 실시계획의 승인신청 전 또는 「공공주택건설 등에 관한 특별법」 제17조에 따른 공공주택지구계획의 승인신청 전
6) 「물류시설의 개발 및 운영에 관한 법률」 제2조제9호에 따른 물류단지개발사업 중 면적이 30만 제곱미터 이상인 것. 다만, 민간사업주관자의 경우는 면적이 40만 제곱미터 이상인 것만 해당한다.	○ 「물류시설의 개발 및 운영에 관한 법률」 제28조제1항에 따른 물류단지개발실시계획의 승인신청 전
나. 산업단지개발사업 1) 「산업입지 및 개발에 관한 법률」 제2조제5호가목에 따른 국가산업단지의 개발사업 중 면적이 15만 제곱미터 이상인 것. 다만, 민간사업주관자의 경우에는 면적이 30만 제곱미터 이상인 것만 해당한다.	○ 「산업입지 및 개발에 관한 법률」 제17조제1항에 따른 국가산업단지개발실시계획의 승인신청 전
2) 「산업입지 및 개발에 관한 법률」 제2조제5호나목에 따른 일반산업단지의 개발사업 중 면적이 15만 제곱미터 이상인 것. 다만, 민간사업주관자의 경우에는 면적이 30만 제곱미터 이상인 것만 해당한다.	○ 「산업입지 및 개발에 관한 법률」 제18조제1항에 따른 일반산업단지개발실시계획의 승인신청 전

구분 및 대상 범위	에너지사용계획의 제출시기
3) 「산업입지 및 개발에 관한 법률」 제2조제5호다목에 따른 도시첨단산업단지의 개발사업 중 면적이 15만 제곱미터 이상인 것. 다만, 민간사업주관자의 경우에는 면적이 30만 제곱미터 이상인 것만 해당한다.	○ 「산업입지 및 개발에 관한 법률」 제18조의2제1항에 따른 도시첨단산업단지개발실시계획의 승인신청 전
4) 「산업입지 및 개발에 관한 법률」 제2조제5호라목에 따른 농공단지의 개발사업 중 면적이 15만 제곱미터 이상인 것. 다만, 민간사업주관자의 경우에는 면적이 30만 제곱미터 이상인 것만 해당한다.	○ 「산업입지 및 개발에 관한 법률」 제19조에 따른 농공단지개발실시계획의 승인신청 전
5) 「자유무역지역의 지정 및 운영에 관한 법률」 제2조제1호에 따른 자유무역지역 중 면적이 15만 제곱미터 이상인 것. 다만, 민간사업주관자의 경우에는 면적이 30만 제곱미터 이상인 것만 해당한다.	○ 「자유무역지역의 지정 및 운영에 관한 법률」 제4조제1항에 따른 자유무역지역의 지정요청 전
다. 에너지개발사업 1) 「광업법」 제3조제2호에 따른 광업 중 에너지개발을 목적으로 하는 광업으로서 채광면적이 250만 제곱미터 이상인 것	○ 「광업법」 제42조제1항에 따른 채광계획의 인가신청 전
2) 「전기사업법」 제2조제14호에 따른 전기설비 중 발전설비(수력발전·원자력발전·집단에너지사업용발전 및 신·재생에너지이용발전을 위한 발전설비는 제외하되, 폐기물 에너지, 석탄을 액화·가스화한 에너지 또는 중질잔사유(重質殘渣油)를 가스화한 에너지 이용발전을 위한 발전설비를 포함한다)로서 발전설비용량이 2만 킬로와트 이상인 것	○ 「전기사업법」 제61조제1항 및 제62조제1항에 따른 전기설비 공사계획의 인가신청 전 또는 「전기사업법」 제61조제3항 및 제62조제2항에 따른 전기설비공사의 신고 전
3) 「한국가스공사법」 제16조의2에 따른 가스사업	○ 「한국가스공사법」 제16조의2에 따른 실시계획의 승인신청 전
라. 항만건설사업 1) 「항만법」 제2조제2호에 따른 무역항 및 같은 조 제3호에 따른 연안항의 항만시설 중 하역능력이 연간 1백만 톤 이상인 것	○ 해양수산부장관 또는 시·도지사가 시행하는 경우에는 「항만법」 제10조제1항에 따른 실시계획의 공고 전, 「항만공사법」에 따른 항만공사가 시행하는 경우에는 「항만공사법」 제22조에 따른 실시계획의 승인신청 전, 그 밖의 경우에는 「항만법」 제10조제2항에 따른 실시계획의 승인신청 전
2) 「신항만건설촉진법」 제2조제2호에 따른 신항만건설사업 중 하역능력이 연간 1백만 톤 이상인 것	○ 「신항만건설촉진법」 제8조제1항에 따른 신항만건설사업실시계획의 승인신청 전
마. 철도건설사업 1) 「철도건설법」 제2조제1호·제2호 및 제7호에 따른 철도건설사업 중 선로의 길이가 10킬로미터 이상인 것. 다만, 기존 철도노선의 직선화 및 복선화를 위한 사업은 제외한다.	○ 「철도건설법」 제9조에 따른 실시계획의 승인신청 전
2) 「도시철도법」 제2조제2호에 따른 도시철도의 건설사업 중 선로의 길이가 10킬로미터 이상인 것	○ 「도시철도법」 제7조제1항에 따른 도시철도사업계획 승인신청 전

구분 및 대상 범위	에너지사용계획의 제출시기
바. 공항건설사업 1)「항공법」제2조제8호에 따른 공항개발사업 중 면적이 40만 제곱미터 이상인 것. 다만, 여객터미널의 신축·개축이 포함되지 아니하는 건설사업은 제외한다.	○ 국토교통부장관이 시행하는 경우에는「항공법」제95조제1항에 따른 실시계획의 확정 전, 그 밖의 경우에는「항공법」제95조제3항에 따른 실시계획의 승인신청 전
2)「수도권신공항건설 촉진법」제2조제2호에 따른 신공항건설사업 중 면적이 40만 제곱미터 이상인 것. 다만, 여객터미널의 신축·개축이 포함되지 아니하는 건설사업은 제외한다.	○「수도권신공항건설 촉진법」제7조제1항에 따른 신공항건설사업실시계획의 승인신청 전
사. 관광단지개발사업 「관광진흥법」제2조제6호 및 제7호에 따른 관광지 또는 관광단지의 조성사업 중 관광시설계획면적이 30만 제곱미터 이상인 것. 다만, 민간사업주관자의 경우에는 관광시설계획의 면적이 50만 제곱미터 이상인 것만 해당한다.	○「관광진흥법」제54조제1항에 따른 조성계획의 승인신청 전
아. 개발촉진지구개발사업 또는 지역종합개발사업 1) 가목·나목 및 사목의 대상 범위에 해당되는 사업으로서「지역균형개발 및 지방중소기업 육성에 관한 법률」에 따른 개발촉진지구개발사업	○ 국가 또는 지방자치단체의 장이 시행하는 경우에는「지역균형개발 및 지방중소기업 육성에 관한 법률」제17조제1항 단서에 따른 개발촉진지구개발사업 실시계획의 확정 전, 그 밖의 경우에는「지역균형개발 및 지방중소기업육성에 관한 법률」제17조제1항 본문에 따른 실시계획의 승인신청 전
2) 가목·나목 및 사목의 대상 범위에 해당되는 사업으로서「지역균형개발 및 지방중소기업 육성에 관한 법률」에 따른 지역종합개발사업	○「지역균형개발 및 지방중소기업 육성에 관한 법률」제38조의5에 따른 지역종합개발사업 실시계획의 승인신청 전

2. 대상 사업

구분 및 대상 범위	에너지사용계획의 제출시기
가. 건축물 또는 공장 1) 공공사업주관자의 경우 연료 및 열의 경우 연간 2천5백 티오이 이상을 사용하거나, 전력의 경우 연간 1천만kWh 이상을 사용하는 건축물 또는 공장	○ 국가 또는 지방자치단체가 시행하는 경우에는「건축법」제29조에 따른 허가권자와의 협의 전, 그 밖의 경우에는「건축법」제11조에 따른 건축허가신청 전
2) 민간사업주관자의 경우 연료 및 열의 경우 연간 5천 티오이 이상을 사용하거나, 전력의 경우 연간 2천만kWh 이상을 사용하는 건축물 또는 공장	○「건축법」제11조에 따른 건축허가신청 전
나. 그 밖의 시설 1) 공공사업주관자의 경우 건축물 또는 공장 외의 시설로서 연료 및 열의 경우 연간 2천5백 티오이 이상을 사용하거나, 전력의 경우 연간 1천만kWh 이상을 사용하는 시설	○ 에너지사용기기 및 그 관련 설비의 실시설계 완료 전
2) 민간사업주관자의 경우 건축물 또는 공장 외의 시설로서 연료 및 열의 경우 연간 5천 티오이 이상을 사용하거나, 전력의 경우 연간 2천만kWh 이상을 사용하는 시설	○ 에너지사용기기 및 그 관련 설비의 실시설계 완료 전

요점 에너지사용계획 수립

1) 에너지사용계획의 정의

사업주관자가 시행하는 사업의 실시와 시설의 설치로 인하여 에너지수급, 이산화탄소 배출에 미칠 영향을 분석하고, 소요 에너지의 공급계획 및 에너지의 합리적 사용과 그 평가에 관하여 수립한 계획

■비고
사업주관자 : 도시개발사업, 관광단지개발사업 등에 있어서 일정 규모 이상의 에너지를 사용하는 사업을 실시하거나 시설을 설치하는 자로서 공공사업주관자와 민간사업주관자로 구분된다.

2) 사용계획 수립권자(사업주관자)

1. 공공사업 주관자	① 다음의 사업을 실시하려는 자 · 도시개발사업 · 산업단지개발사업 · 에너지개발사업 · 항만건설사업 · 철도건설사업 · 공항건설사업 · 관광단지개발사업 · 개발촉진지구개발사업 또는 지역종합개발사업 ② 다음의 시설을 설치하려는 자 · 연간 2천5백 티오이 이상의 연료 및 열을 사용하는 시설 · 연간 1천만 킬로와트시 이상의 전력을 사용하는 시설
2. 민간사업 주관자	① 상기 ①항 사업을 실시하려는 자 ② 다음의 시설을 설치하려는 자 · 연간 5천 티오이 이상의 연료 및 열을 사용하는 시설 · 연간 2천만 킬로와트시 이상의 전력을 사용하는 시설

3) 사용계획 수립 대행

사업주관자는 다음 각 호의 어느 하나에 해당하는 자로서 산업통상자원부장관이 정하여 고시하는 인력을 갖춘 자로 하여금 사용계획의 수립을 대행하게 할 수 있다.

1. 국공립 연구기관
2. 정부출연 연구기관
3. 대학부설 에너지관계연구소
4. 엔지니어링 사업자
5. 기술사사무소의 개설등록을 한 기술사
6. 에너지절약 전문기업

4) 사용계획의 내용

사업주관자는 다음의 사용계획을 수립하여 산업통상자원부장관에게 제출하여야 한다.

1. 사업의 개요

2. 에너지 수요예측 및 공급계획

3. 에너지 수급에 미치게 될 영향 분석

4. 에너지 소비가 온실가스(이산화탄소만 해당한다)의 배출에 미치게 될 영향 분석

5. 에너지이용효율 향상 방안

6. 에너지이용의 합리화를 통한 온실가스(이산화탄소만 해당한다)의 배출감소 방안

7. 사후관리계획

8. 그 밖에 에너지이용효율 향상을 위하여 필요하다고 산업통상자원부장관이 정하는 사항

■ **수요관리투자계획의 내용**
1. 장·단기에너지 수요전망
2. 에너지절약 잠재량 추정
3. 수요관리의 목표 및 달성방법

■ **사용계획 중 온실가스 분석**
: 이산화탄소 배출과 영향

예제문제 08

에너지이용합리화법에 따라 에너지사용계획을 수립하여야 하는 민간사업주관자에 해당되는 것은?

① 연간 1천만 kWh 이상의 전력사용시설 설치자

② 연간 2천만 kWh 이상의 전력사용시설 설치자

③ 연간 2500 toe 이상의 연료사용시설 설치자

④ 연간 2500 toe 이상의 열사용시설 설치자

해설 민간사업주관자 적용시설
· 연간 5000 toe 이상의 연료, 열사용시설 설치자
· 연간 2000만 kWh 이상이 전력사용시설 설치자

답 : ②

예제문제 09

"에너지이용 합리화법"에서 규정하고 있는 사항에 대한 설명으로 가장 적절하지 않은 것은? 【20년 기출문제】

① "집단에너지사업법"에 따른 집단에너지사업자는 에너지 저장의무 부과대상이다.

② 연간 에너지사용량이 3천 TOE인 자는 에너지 다소비사업자에 해당된다.

③ 연간 에너지사용량이 10만 TOE인 에너지다소비 사업자는 5년마다 에너지진단을 받아야 한다.

④ 연간 3천 TOE의 연료 및 열을 사용하는 시설을 설치하려는 민간사업주관자는 에너지사용계획을 제출하여야 한다.

해설 사용계획수립권자(사업주관자)

공공사업	• 연간 2500 TOE 이상의 연료 및 열사용 시설 • 연간 1000만 kw·h 이상의 전력 사용 시설
민간사업	상기 용량의 2배 이상 시설

답 : ④

예제문제 10

"에너지이용 합리화법"에 따른 에너지사용계획의 제출 대상으로 적절하지 않은 것은?

【21년 기출문제】

① 공공사업주관자가 설치하려고 하는 연간 2천만 킬로와트시의 전력을 사용하는 시설
② 민간사업주관자가 설치하려고 하는 연간 1천만 킬로와트시의 전력을 사용하는 시설
③ 공공사업주관자가 설치하여고 하는 연간 1만 티오이의 연료 및 열을 사용하는 시설
④ 민간사업주관자가 설치하려고 하는 연간 5천 티오이의 연료 및 열을 사용하는 시설

해설 민간사업주관자 적용시설

1. 연간 5000 toe 이상의 연료, 열사용시설 설치자

2. 연간 2000만 kWh 이상의 전력사용시설 설치자

답 : ②

예제문제 11

"에너지이용 합리화법"에 따라 에너지사용계획의 수립을 대행할 수 있는 기관으로 가장 적절하지 않은 것은?

【19년 기출문제】

① 국공립연구기관 또는 정부출연연구기관
② 대학부설 에너지 관계 연구소
③ "에너지이용합리화법"에 따른 에너지진단 전문기관
④ "엔지니어링산업 진흥법"에 따른 엔지니어링 사업자 또는 "기술사법"에 따른 기술사 사무소를 개설등록을 한 기술사

해설 에너지사용계획 수립 대행기관의 범위

1. 국공립 연구기관

2. 정부출연 연구기관

3. 대학부설 에너지관계연구소

4. 엔지니어링 사업자

5. 기술사사무소의 개설등록을 한 기술사

6. 에너지절약 전문기업

답 : ③

예제문제 12

에너지이용합리화법에 의해 사업주관자가 수립하여야 하는 에너지사용계획의 내용에 해당되지 않는 것은?

① 에너지원간 대체　　　　　　　② 에너지이용효율 향상 방안
③ 에너지 수요예측　　　　　　　④ 사후관리계획

해설 에너지원간 대체에 관한 사항은 산업통상자원부장관이 수립하는 에너지이용합리화에 관한 기본계획의 내용이다.

답 : ①

예제문제 13

에너지이용합리화법에 따른 에너지사용계획의 수립대상이 되는 온실가스는?

① 메탄　　　　　　　　　　　　② 아산화질소
③ 이산화탄소　　　　　　　　　④ 육불화황

해설 사용계획에 따라 감축되어야 할 온실가스 관리대상은 이산화탄소만 해당된다.

답 : ③

---

5) 사용계획의 제출시기(시행령 별표 1 참고)

① 대상사업

구분			제출시기
1. 도시개발사업 (정비사업)	공공사업	30만m² 이상	실시계획인가 신청 전 (시행계획인가 신청 전)
	민간사업	60만m² 이상	
2. 주택건설사업	공공사업	30만m² 이상	사업계획승인 신청 전
	민간사업	60만m² 이상	
3. 산업단지 개발사업	공공사업	15만m² 이상	실시계획인가 신청 전
	민간사업	30만m² 이상	

② 대상시설

구분				제출시기
1. 건축물 2. 공장	공공 사업	연료, 열	연간 2500 toe 이상	・국가, 지방자치단체 시행 : 협의 전 ・기타 : 건축허가 신청 전
		전력	연간 1000만 kWh 이상	
	민간 사업	연료, 열	연간 5000 toe 이상	・건축허가 신청 전
		전력	연간 2000만 kWh 이상	
3. 기타	공공 사업	연료, 열	연간 2500 toe 이상	・실시설계 완료 전
		전력	연간 1000만 kWh 이상	
	민간 사업	연료, 열	연간 5000 toe 이상	
		전력	연간 2000만 kWh 이상	

6) 사용계획의 협의 및 의견청취

산업통상자원부장관은 제출된 에너지사용계획에 대하여 공공사업주관자와 협의하여야 하며, 민간사업주관자로부터 의견을 들을 수 있으며 그 결과는 제출일로부터 30일 이내(20일 이내 연장 가능)에 통보하여야 한다.

7) 사용계획의 변경사유

산업통상자원부장관은 제출된 사용계획 중 다음에 해당되는 중대한 변경이 있으면 2)의 절차를 준용하여야 한다.

1. 에너지수요예측 및 공급계획
2. 사용계획의 에너지사용량이 10/100 이상 증가하는 경우
3. 집단에너지 공급계획의 변경
4. 냉·난방방식의 변경
5. 산업통상자원부장관이 고시하는 사항

■비고

변경에 따른 절차는 제출에 따른 협의 및 의견청취 절차를 준용하며 공공사업주관자의 경우에는 산업통상자원부장관에게 협의요청을 하여야 한다.

예제문제 14

다음 중 "에너지이용합리화법"에 의한 에너지사용계획 협의대상이 아닌 것은?

【17 · 23년 기출문제】

① 공공사업주관자가 연간 3천 티오이 이상의 연료 및 열을 사용하는 시설을 설치하고자 할 때

② 공공사업주관자가 연간 2천만 킬로와트시 이상의 전력을 사용하는 시설을 설치하고자 할 때

③ 민간사업주관자가 연간 3천 티오이 이상의 연료 및 열을 사용하는 시설을 설치하고자 할 때

④ 민간사업주관자가 연간 2천만 킬로와트시 이상의 전력을 사용하는 시설을 설치하고자 할 때

─────────────────────────────

해설
1. 공공사업주관자 ─ 특정개발사업자
　　　　　　　　 ├ 연간 2500toe 이상 연료, 열
　　　　　　　　 └ 연간 1천만KW·h 이상 전력
2. 민간사업주관자 ─ 특정개발사업자
　　　　　　　　 ├ 연간 5000toe 이상 연료, 열
　　　　　　　　 └ 연간 2천만KW·h 이상 전력

답 : ③

예제문제 15

"에너지이용 합리화법"에 따른 에너지사용계획 협의에 대한 내용으로 적합하지 않은 것은?

【15년 기출문제】

① 에너지사용계획의 수립을 대행할 수 있는 기관에는 "에너지이용 합리화법"에 따라 등록된 에너지절약 전문기업이 포함된다.

② 에너지사용계획의 에너지사용량이 100분의 10이상 감소되는 경우, 변경 협의를 요청하여야 한다.

③ 공공사업주관자의 경우 협의 대상은 연간 2천5백 티오이 이상의 연료 및 열을 사용하는 시설 또는 연간 1천만 킬로와트시 이상의 전력을 사용하는 시설이다.

④ 에너지사용계획 내용에는 에너지 수급에 미치게 될 영향 분석 및 사후관리계획이 포함된다.

─────────────────────────────

해설 에너지 사용계획의 에너지사용량 $\frac{10}{100}$ 이상 증가하는 경우 변경협의를 요청하여야 한다.

답 : ②

(2) 사용계획의 검토

법	시행령
제11조【에너지사용계획의 검토 등】 ① 산업통상자원부장관은 에너지사용계획을 검토한 결과, 그 내용이 에너지의 수급에 적절하지 아니하거나 에너지이용의 합리화와 이를 통한 온실가스(이산화탄소만을 말한다)의 배출감소 노력이 부족하다고 인정되면 대통령령으로 정하는 바에 따라 공공사업주관자에게는 에너지사용계획의 조정·보완을 요청할 수 있고, 민간사업주관자에게는 에너지사용계획의 조정·보완을 권고할 수 있다. 공공사업주관자가 조정·보완요청을 받은 경우에는 정당한 사유가 없으면 그 요청에 따라야 한다. 〈개정 2008.2.29, 2013.3.23〉 ② 산업통상자원부장관은 에너지사용계획을 검토할 때 필요하다고 인정되면 사업주관자에게 관련 자료를 제출하도록 요청할 수 있다. 〈개정 2008.2.29, 2013.3.23〉 ③ 제1항에 따른 에너지사용계획의 검토기준, 검토방법, 그 밖에 필요한 사항은 산업통상자원부령으로 정한다. 〈개정 2008.2.29, 2013.3.23〉	**[시행규칙]** **제3조【에너지사용계획의 검토기준 및 검토방법】** ① 법 제11조제1항에 따른 에너지사용계획의 검토기준은 다음 각 호와 같다. 1. 에너지의 수급 및 이용 합리화 측면에서 해당 사업의 실시 또는 시설 설치의 타당성 2. 부문별·용도별 에너지 수요의 적절성 3. 연료·열 및 전기의 공급 체계, 공급원 선택 및 관련 시설 건설계획의 적절성 4. 해당 사업에 있어서 용지의 이용 및 시설의 배치에 관한 효율화 방안의 적절성 5. 고효율에너지이용 시스템 및 설비 설치의 적절성 6. 에너지이용의 합리화를 통한 온실가스(이산화탄소만 해당한다) 배출감소 방안의 적절성 7. 폐열의 회수활용 및 폐기물 에너지이용계획의 적절성 8. 신·재생에너지이용계획의 적절성 9. 사후 에너지관리계획의 적절성 ② 산업통상자원부장관은 제1항에 따른 검토를 할 때 필요하면 관계 행정기관, 지방자치단체, 연구기관, 에너지공급자, 그 밖의 관련 기관 또는 단체에 검토를 의뢰하여 의견을 제출하게 하거나, 소속 공무원으로 하여금 현지조사를 하게 할 수 있다. 〈개정 2013.3.23〉 ③ 제1항 각 호의 기준에 관한 구체적인 내용은 산업통상자원부장관이 정한다. 〈개정 2013.3.23〉 **제23조【에너지사용계획에 대한 검토】** ① 산업통상자원부장관은 법 제11조제1항에 따른 에너지사용계획의 검토 결과에 따라 다음 각 호의 사항에 관하여 필요한 조치를 하여 줄 것을 공공사업주관자에게 요청하거나 민간사업주관자에게 권고할 수 있다. 〈개정 2013.3.23〉 1. 에너지사용계획의 조정 또는 보완 2. 사업의 실시 또는 시설설치계획의 조정 3. 사업의 실시 또는 시설설치시기의 연기 4. 그 밖에 산업통상자원부장관이 그 사업의 실시 또는 시설의 설치에 관하여 에너지 수급의 적정화 및 에너지사용의 합리화와 이를 통한 온실가스(이산화탄소만 해당한다)의 배출 감소를 도모하기 위하여 필요하다고 인정하는 조치

② 공공사업주관자는 제1항 각 호의 조치 요청을 받은 경우에는 산업통상자원부령으로 정하는 바에 따라 그 조치를 이행하기 위한 계획(이하 "이행계획"이라 한다)을 작성하여 산업통상자원부장관에게 제출하여야 한다. 〈개정 2013.3.23〉

[시행규칙]

제5조【이행계획의 작성 등】 영 제23조제2항에 따른 이행계획에는 다음 각 호의 사항이 포함되어야 한다. 〈개정 2013.3.23〉
1. 영 제23조제1항 각 호의 사항에 관하여 산업통상자원부장관으로부터 요청받은 조치의 내용
2. 이행 주체
3. 이행 방법
4. 이행 시기

제24조【이의 신청】 공공사업주관자는 법 제11조제1항에 따라 요청받은 조치에 대하여 이의가 있는 경우에는 산업통상자원부령으로 정하는 바에 따라 그 요청을 받은 날부터 30일 이내에 산업통상자원부장관에게 이의를 신청할 수 있다. 〈개정 2013.3.23〉

[시행규칙]

제6조【이의신청】
영 제24조에 따라 공공사업주관자가 이의신청을 하려는 경우에는 그 이유 및 내용을 적은 서류를 산업통상자원부장관에게 제출하여야 한다. 〈개정 2011.1.19, 2013.3.23〉

제25조【협의절차 완료 전 공사시행 금지 등】 ① 공공사업주관자는 에너지사용계획에 관한 협의절차가 완료되기 전에는 그 사업 등에 관련되는 공사를 시행할 수 없다.
② 산업통상자원부장관은 공공사업주관자가 협의절차의 완료 전에 공사를 시행하는 경우에는 관계 행정기관의 장에게 그 사업 또는 시설공사의 일시 중지 등 필요한 조치를 하여 줄 것을 요청할 수 있다. 〈개정 2013.3.23〉

요점 **사용계획의 검토 등**

1) 사용계획의 검토기준

산업통상자원부장관은 제출받은 에너지사용계획에 대하여 다음의 사항을 검토하여야
한다.

1. 에너지의 수급 및 이용 합리화 측면에서 해당 사업의 실시 또는 시설 설치의 타당성

2. 부문별·용도별 에너지 수요의 적절성

3. 연료·열 및 전기의 공급 체계, 공급원 선택 및 관련 시설 건설계획의 적절성

4. 해당 사업에 있어서 용지의 이용 및 시설의 배치에 관한 효율화 방안의 적절성

5. 고효율에너지이용 시스템 및 설비설치의 적절성

6. 에너지이용의 합리화를 통한 온실가스(이산화탄소만 해당한다) 배출감소 방안의 적절성

7. 폐열의 회수·활용 및 폐기물 에너지이용계획의 적절성

8. 신·재생에너지이용계획의 적절성

9. 사후 에너지관리계획의 적절성

2) 사용계획의 조정 등 조치

■ **사용계획의 협의 등**
┌ 공공사업주관자 : 협의
└ 민간사업주관자 : 의견청취

1. 조치권자	산업통상자원부장관	
2. 조치사유	에너지사용계획 검토의 결과 ·에너지수급 부적절 ·에너지이용 합리화 미흡 ·이산화탄소 배출저감 부족	
3. 조치내용	·에너지사용계획의 조정 또는 보완 ·사업의 실시 또는 시설설치계획의 조정 ·사업의 실시 또는 시설설치시기의 연기 ·산업통상자원부장관이 인정하는 조치	·공공사업주관자에게 요청 ·민간사업주관자에게 권고
4. 조치효력 (공공사업 주관자에 한하여 적용)	① 이행계획 작성 제출 　·요청받은 조치의 내용 　·이행주체 ┐ 산업통상자원부장관에게 제출 　·이행방법 ┘ 　·이행시기 ② 이의신청 요청을 받은 날로부터 30일 이내에 산업통상자원부장관에게 이의를 신청할 수 있다.	

예제문제 16

에너지이용합리화법에 따라 에너지사용계획을 제출받은 산업통상자원부장관의 에너지사용계획 검토에 관한 기준 중 가장 부적당한 것은?

① 산업통상자원부장관은 사용계획검토결과에 따라 공공사업주관자에게 사용계획의 조정 또는 보완을 권고할 수 있다.

② 산업통상자원부장관은 사용계획검토결과에 따라 민간사업주관자에게 사업의 실시시기 연기를 권고할 수 있다.

③ 산업통상자원부장관으로부터 조치를 받은 공공사업주관자는 조치이행계획을 작성하여 산업통상자원부장관에게 제출하여야 한다.

④ 공공사업주관자는 산업통상자원부장관에게 이의신청을 할 수 있다.

해설 산업통상자원부장관의 조치
- 공공사업주관자 : 요청
- 민간사업주관자 : 권고

답 : ①

3) 사용계획협의 등의 효력

① 공공사업주관자는 에너지사용계획에 관한 협의절차가 완료되기 전에는 그 사업 등에 관련되는 공사를 시행할 수 없다.

② 산업통상자원부장관은 공공사업주관자가 협의절차의 완료 전에 공사를 시행하는 경우에는 관계 행정기관의 장에게 그 사업 또는 시설공사의 일시중지 등 필요한 조치를 하여줄 것을 요청할 수 있다.

예제문제 17

"에너지이용 합리화법"에 따른 에너지사용계획에 대한 내용 중 가장 적절하지 않은 것은? 【18년 기출문제】

① 에너지사용계획에는 에너지 수요예측 및 공급 계획, 에너지이용 효율 향상 방안이 포함되어야 한다.
② 공공사업주관자의 집단 에너지 공급계획이 변경되는 경우 에너지사용계획 변경 협의 대상에 해당한다.
③ 에너지절약전문기업, 정부출연연구기관 또는 대학부설 에너지 관계 연구소는 에너지사용 계획의 수립을 대행할 수 있다.
④ 공공 및 민간사업주관자는 에너지사용에 관한 협의절차가 완료되기 전에는 공사를 시행할 수 없다.

해설 협의 절차 완료 전 공사시행금지에 관한 규정은 공공사업주관자에게 적용된다.(영 25조 ①항)

답 : ④

예제문제 18

"에너지이용 합리화법"에 따른 에너지이용 합리화를 위한 계획 및 조치에 대한 내용 중 가장 적절하지 않은 것은? 【18년 기출문제】

① 국가에너지절약추진위원회 당연직 위원에 국토교통부장관이 포함된다.
② 산업통상자원부장관은 "집단에너지사업법" 제 2조 제 3호에 따른 집단에너지사업자에게 에너지저장의무를 부과할 수 있다.
③ 산업통상자원부장관은 5년마다 에너지이용 합리화에 관한 기본계획을 수립하여야 한다.
④ 연간 1만 티오이 이상 연료 및 열을 사용하는 시설을 설치하려는 사업주관자는 에너지사용 계획 제출 대상이다.

해설 ①항은 2018.4.17기준으로 삭제된 내용이다.

답 : ①

(3) 사용계획의 사후관리

법	시행령
제12조 【에너지사용계획의 사후관리】 ① 산업통상자원부장관은 사업주관자가 에너지사용계획 또는 제11조제1항에 따라 요청받거나 권고받은 조치를 이행하는지를 점검하거나 실태를 파악할 수 있다. 〈개정 2008.2.29, 2013.3.23〉 ② 제1항에 따른 점검이나 실태파악의 방법과 그 밖에 필요한 사항은 대통령령으로 정한다.	제26조 【에너지사용계획의 사후관리 등】 ① 공공사업주관자는 에너지사용계획에 대한 협의절차가 완료된 경우에는 그 에너지사용계획 및 이행계획 중 그 사업 또는 시설의 실시설계서에 반영된 내용을 그 실시설계서가 확정된 후 14일 이내에 산업통상자원부장관에게 제출하여야 한다. 〈개정 2013.3.23〉 ② 산업통상자원부장관은 법 제12조에 따라 에너지사용계획 또는 제23조제1항에 따른 조치의 이행 여부를 확인하기 위하여 필요한 경우에는 공공사업주관자에 대하여는 소속 공무원으로 하여금 현지조사 또는 실태파악을 하게 할 수 있으며, 민간사업주관자에 대하여는 권고조치의 수용 여부 등의 실태파악을 위한 관련 자료의 제출을 요구할 수 있다. 〈개정 2013.3.23〉 ③ 산업통상자원부장관은 제2항에 따른 현지조사 또는 실태파악의 결과 에너지사용계획 또는 제23조제1항에 따른 조치를 이행하지 아니한 공공사업주관자에 대하여는 그 이행을 촉구하여야 한다. 〈개정 2013.3.23〉 ④ 산업통상자원부장관은 공공사업주관자가 제3항에 따른 이행의 촉구에노 불구하고 이를 이행하지 아니한 경우에는 그 사업을 관장하는 관계 행정기관의 장에게 사업 또는 시설공사의 일시 중지 등 필요한 조치를 하여 줄 것을 요청하여야 한다. 〈개정 2013.3.23〉 ⑤ 제20조제1항제1호 또는 제2호의 사업을 하는 공공사업주관자는 그 사업으로 조성된 토지를 공급하려고 공고할 때에는 그 사업이 법 제10조에 따른 에너지사용계획의 협의 대상사업이라는 사실도 함께 공고하여야 한다.

요점 사용계획의 사후관리

① 산업통상자원부장관은 사업주관자가 에너지사용계획 또는 요청받거나 권고받은 조치를 이행하는지를 점검하거나 실태를 파악할 수 있다.

② 공공사업주관자는 에너지사용계획에 대한 협의절차가 완료된 경우에는 실시설계서에 반영된 내용을 그 실시설계서가 확정된 후 14일 이내에 산업통상자원부장관에게 제출하여야 한다.

③ 산업통상자원부장관은 공공사업주관자가 이행의 촉구에도 불구하고 이를 이행하지 아니한 경우에는 그 사업을 관장하는 관계 행정기관의 장에게 사업 또는 시설공사의 일시중지 등 필요한 조치를 하여줄 것을 요청하여야 한다.

예제문제 19

에너지이용합리화법에 따른 에너지사용계획협의가 완료된 공공사업주관의 실시설계서 제출기한은?

① 실시설계서 확정 후 3일 이내

② 실시설계서 확정 후 7일 이내

③ 실시설계서 확정 후 14일 이내

④ 실시설계서 확정 후 30일 이내

답 : ③

5 에너지이용 효율화 조치

(1) 국가등의 온실가스 배출 감축사업 등

법	시행령
제8조【국가지방자치단체 등의 에너지이용 효율화조치 등】 ① 다음 각 호의 자는 이 법의 목적에 따라 에너지를 효율적으로 이용하고 온실가스 배출을 줄이기 위하여 필요한 조치를 추진하여야 한다. 이경우 해당조치에 관하여 위원회의 심의를 거쳐야 한다. 〈개정 2018.10.18〉 1. 국가 2. 지방자치단체 3. 「공공기관의 운영에 관한 법률」 제4조제1항에 따른 공공기관 ② 제1항에 따라 국가·지방자치단체 등이 추진하여야 하는 에너지의 효율적 이용과 온실가스의 배출 저감을 위하여 필요한 조치의 구체적인 내용은 대통령령으로 정한다.	**제15조【에너지이용 효율화조치 등의 내용】** 법 제8조제1항에 따라 국가·지방자치단체 등이 에너지를 효율적으로 이용하고 온실가스의 배출을 줄이기 위하여 추진하여야 하는 필요한 조치의 구체적인 내용은 다음 각 호와 같다. 1. 에너지절약 및 온실가스배출 감축을 위한 제도·시책의 마련 및 정비 2. 에너지의 절약 및 온실가스배출 감축 관련 홍보 및 교육 3. 건물 및 수송 부문의 에너지이용 합리화 및 온실가스배출 감축

요점 국가 등의 온실가스 배출 감축사업 등

1. 의무대상	① 국가 ② 지방자치단체 ③ 공공기관	
2. 조치내용	① 에너지절약 및 온실가스배출 감축을 위한 제도·시책의 마련 및 정비 ② 에너지의 절약 및 온실가스배출 감축 관련 홍보 및 교육 ③ 건물 및 수송 부문의 에너지이용합리화 및 온실가스배출 감축	• 에너지의 효율적 이용 • 온실가스 배출 저감

예제문제 20

「에너지 이용합리화법」에 따른 국가·지자체·공공기관 등이 에너지를 효율적으로 이용하고 온실가스 배출을 줄이기 위한 조치내용 중 적합한 것은?

① 건축물 에너지, 온실가스 정보체계의 운영
② 에너지 절약 및 온실가스 배출 감축 관련 홍보 및 교육
③ 신·재생 에너지 등 환경 친화적인 에너지 사용 및 보급 확대 방안
④ 건물 및 산업부문의 에너지이용 합리화 및 온실가스 배출 감축

정답 국가 등의 온실가스 배출감축사업

1. 의무대상	① 국가 ② 지방자치단체 ③ 공공기관
2. 조치내용	① 에너지절약 및 온실가스배출 감축을 위한 제도·시책의 마련 및 정비 ② 에너지의 절약 및 온실가스배출 감축 관련 홍보 및 교육 ③ 건물 및 수송 부문의 에너지이용합리화 및 온실가스배출 감축

* ①항은 녹색건축센터의 업무에 해당된다.

답 : ②

(2) 지원

법	시행령
제13조【에너지이용 합리화를 위한 홍보】 정부는 에너지이용 합리화를 위하여 정부의 에너지정책, 기본계획 및 에너지의 효율적 사용방법등에 관한 홍보방안을 강구하여야 한다. **제14조【금융·세제상의 지원】** ① 정부는 에너지이용을 합리화하고 이를 통하여 온실가스의 배출을 줄이기 위하여 대통령령으로 정하는 에너지절약형 시설투자, 에너지절약형 기자재의 제조·설치·시공, 그 밖에 에너지이용 합리화와 이를 통한 온실가스배출의 감축에 관한 사업과 우수한 에너지절약 활동 및 성과에 대하여 금융상·세제상의 지원, 경제적 인센티브 제공 또는 보조금의 지급, 그 밖에 필요한 지원을 할 수 있다. 〈개정 2015.1.28〉 ② 정부는 제1항에 따른 지원을 하는 경우 「중소기업기본법」 제2조에 따른 중소기업에 대하여 우선하여 지원할 수 있다.	**제27조【에너지절약형 시설투자 등】** ① 법 제14조제1항에 따른 에너지절약형 시설투자, 에너지절약형 기자재의 제조·설치·시공은 다음 각 호의 시설투자로서 산업통상자원부장관이 정하여 공고하는 것으로 한다. 〈개정 2013.3.23, 2021.1.5〉 1. 노후 보일러 및 산업용 요로(燎爐; 고온가열장치) 등 에너지 다소비 설비의 대체 2. 집단에너지사업, 열병합발전사업, 폐열이용사업과 대체 연료사용을 위한 시설 및 기기류의 설치 3. 그 밖에 에너지절약 효과 및 보급 필요성이 있다고 산업통상자원부장관이 인정하는 에너지절약형 시설투자, 에너지절약형 기자재의 제조·설치·시공 ② 법 제14조제1항에 따라 지원대상이 되는 그 밖에 에너지이용 합리화와 이를 통한 온실가스배출의 감축에 관한 사업은 다음 각 호의 사업으로서 산업통상자원부장관이 인정하는 사업으로 한다. 〈개정 2013.3.23〉 1. 에너지원의 연구개발사업 2. 에너지이용 합리화 및 이를 통하여 온실가스배출을 줄이기 위한 에너지절약시설 설치 및 에너지기술개발사업 3. 기술용역 및 기술지도사업 4. 에너지 분야에 관한 신기술·지식집약형 기업의 발굴·육성을 위한 지원사업

요점 지원

1) 에너지이용 합리화를 위한 홍보

정부는 에너지이용 합리화를 위하여 정부의 에너지정책, 기본계획 및 에너지의 효율적 사용방법 등에 관한 홍보방안을 강구하여야 한다.

2) 금융등의 지원

① 정부는 에너지이용을 합리화하고 온실가스의 배출 감축을 위하여 다음의 시설투자 등에 대하여 금융상, 세제상의 지원, 경제적 인센티브 제공 등을 지원 할 수 있다.

1. 다음에 해당되는 에너지절약형 시설투자, 에너지절약형 기자재의 제조·설치·시공

   가. 노후 보일러 및 산업용 요로(燎爐; 고온가열장치) 등 에너지다소비 설비의 대체

   나. 집단에너지사업, 열병합발전사업, 폐열이용사업과 대체연료사용을 위한 시설 및 기기류의 설치

   다. 그 밖에 에너지절약 효과 및 보급 필요성이 있다고 산업통상자원부장관이 인정하는 에너지절약형 시설투자, 에너지절약형 기자재의 제조·설치·시공

2. 다음에 해당되는 에너지이용 합리화와 온실가스배출의 감축사업

   가. 에너지원의 연구개발사업

   나. 에너지이용 합리화 및 이를 통하여 온실가스배출을 줄이기 위한 에너지절약시설 설치 및 에너지기술개발사업

   다. 기술용역 및 기술지도사업

   라. 에너지 분야에 관한 신기술·지식집약형 기업의 발굴·육성을 위한 지원사업

3. 우수한 에너지절약활동 및 성과

② 정부는 제1항에 따른 지원을 하는 경우 「중소기업기본법」 제2조에 따른 중소기업에 대하여 우선하여 지원할 수 있다.

예제문제 21

에너지 이용합리화법에 따라 에너지이용합리화 및 온실가스 배출감축을 위해 금융, 세제상의 지원대상에 해당되지 않는 것은?

① 노후 보일러 교체 사업
② 에너지원의 연구개발사업
③ 전문인력 양성 사업
④ 기술용역 및 기술지도 사업

정답
전문인력양성은 산업통상자원부장관의 업무이다.

답 : ③

CHAPTER 03 에너지이용합리화 시책

제1절 에너지사용기자재 관련 시책

1 효율관리기자재

(1) 효율관리기자재의 지정

법	시행령
제15조【효율관리기자재의 지정 등】 ① 산업통상자원부장관은 에너지이용 합리화를 위하여 필요하다고 인정하는 경우에는 일반적으로 널리 보급되어 있는 에너지사용기자재(상당량의 에너지를 소비하는 기자재에 한정한다) 또는 에너지관련기자재(에너지를 사용하지 아니하나 그 구조 및 재질에 따라 열손실 방지 등으로 에너지절감에 기여하는 기자재를 말한다. 이하 같다)로서 산업통상자원부령으로 정하는 기자재(이하 "효율관리기자재"라 한다)에 대하여 다음 각 호의 사항을 정하여 고시하여야 한다. 다만, 에너지관련기자재 중 「건축법」 제2조제1항의 건축물에 고정되어 설치·이용되는 기자재 및 「자동차관리법」 제29조제2항에 따른 자동차부품을 효율관리기자재로 정하려는 경우에는 국토교통부장관과 협의한 후 다음 각 호의 사항을 공동으로 정하여 고시하여야 한다. 〈개정 2008.2.29, 2013.3.23, 2013.7.30〉 1. 에너지의 목표소비효율 또는 목표사용량의 기준 2. 에너지의 최저소비효율 또는 최대사용량의 기준 3. 에너지의 소비효율 또는 사용량의 표시 4. 에너지의 소비효율 등급기준 및 등급표시 5. 에너지의 소비효율 또는 사용량의 측정방법 6. 그 밖에 효율관리기자재의 관리에 필요한 사항으로서 산업통상자원부령으로 정하는 사항 ② 효율관리기자재의 제조업자 또는 수입업자는 산업통상자원부장관이 지정하는 시험기관(이하 "효율관리시험기관"이	[시행규칙] 제7조【효율관리기자재】 ① 법 제15조제1항에 따른 효율관리기자재(이하 "효율관리기자재"라 한다)는 다음 각 호와 같다. 〈개정 2013.3.23〉 1. 전기냉장고 2. 전기냉방기 3. 전기세탁기 4. 조명기기 5. 삼상유도전동기(三相誘導電動機) 6. 자동차 7. 그 밖에 산업통상자원부장관이 그 효율의 향상이 특히 필요하다고 인정하여 고시하는 기자재 및 설비 ② 제1항 각 호의 효율관리기자재의 구체적인 범위는 산업통상자원부장관이 정하여 고시한다. 〈개정 2013.3.23〉 ③ 법 제15조제1항제6호에서 "산업통상자원부령으로 정하는 사항"이란 다음 각 호와 같다. 〈개정 2011.12.15, 2013.3.23〉 1. 법 제15조제2항에 따른 효율관리시험기관(이하 "효율관리시험기관"이라 한다) 또는 자체측정의 승인을 받은 자가 측정할 수 있는 효율관리기자재의 종류, 측정 결과에 관한 시험성적서의 기재 사항 및 기재 방법과 측정 결과의 기록 유지에 관한 사항 2. 이산화탄소 배출량의 표시 3. 에너지비용(일정기간 동안 효율관리기자재를 사용함으로써 발생할 수 있는 예상 전기요금이나 그 밖의 에너지 요금을 말한다) 제8조【효율관리기자재 자체측정의 승인신청】 법 제15조제2항 단서에 따라 효율관리기자재에 대한 자체측정의 승

라 한다)에서 해당 효율관리기자재의 에너지 사용량을 측정받아 에너지소비효율등급 또는 에너지소비효율을 해당 효율관리기자재에 표시하여야 한다. 다만, 산업통상자원부장관이 정하여 고시하는 시험설비 및 전문인력을 모두 갖춘 제조업자 또는 수입업자로서 산업통상자원부령으로 정하는 바에 따라 산업통상자원부장관의 승인을 받은 자는 자체측정으로 효율관리시험기관의 측정을 대체할 수 있다. 〈개정 2008.2.29, 2013.3.23〉

③ 효율관리기자재의 제조업자 또는 수입업자는 제2항에 따른 측정결과를 산업통상자원부령으로 정하는 바에 따라 산업통상자원부장관에게 신고하여야 한다.
〈개정 2008.2.29, 2013.3.23〉

④ 효율관리기자재의 제조업자·수입업자 또는 판매업자가 산업통상자원부령으로 정하는 광고매체를 이용하여 효율관리기자재의 광고를 하는 경우에는 그 광고내용에 제2항에 따른 에너지소비효율등급 또는 에너지소비효율을 포함하여야 한다. 〈개정 2008.2.29, 2013.3.23〉

⑤ 효율관리시험기관은 「국가표준기본법」 제23조에 따라 시험·검사기관으로 인정받은 기관으로서 다음 각 호의 어느 하나에 해당하는 기관이어야 한다.
〈개정 2008.2.29, 2013.3.23〉
1. 국가가 설립한 시험·연구기관
2. 「특정연구기관 육성법」 제2조에 따른 특정연구기관
3. 제1호 및 제2호의 연구기관과 동등 이상의 시험능력이 있다고 산업통상자원부장관이 인정하는 기관

인을 받으려는 자는 별지 제1호서식의 효율관리기자재 자체측정 승인신청서에 다음 각 호의 서류를 첨부하여 산업통상자원부장관에게 제출하여야 한다. 〈개정 2013.3.23〉
1. 시험설비 현황(시험설비의 목록 및 사진을 포함한다)
2. 전문인력 현황(시험 담당자의 명단 및 재직증명서를 포함한다)
3. 「국가표준기본법」 제23조에 따른 시험·검사기관 인정서 사본(해당되는 경우에만 첨부한다)

제9조【효율관리기자재 측정 결과의 신고】 ① 법 제15조제3항에 따라 효율관리기자재의 제조업자 또는 수입업자는 효율관리시험기관으로부터 측정 결과를 통보받은 날 또는 자체측정을 완료한 날부터 각각 90일 이내에 그 측정 결과를 법 제45조에 따른 한국에너지공단(이하 "공단"이라 한다)에 신고하여야 한다. 이 경우 측정 결과 신고는 해당 효율관리기자재의 출고 또는 통관 전에 모델별로 하여야 한다.
〈개정 2014.11.5., 2015.7.29., 2018.9.18.〉

② 제1항에 따른 효율관리기자재 측정 결과 신고의 방법 및 절차 등에 관하여 필요한 사항은 산업통상자원부장관이 정하여 고시한다. 〈신설 2018.9.18.〉

제10조【효율관리기자재의 광고매체】 법 제15조제4항에 따른 광고매체는 다음 각 호와 같다. 〈개정 2013.3.23〉
1. 「신문 등의 진흥에 관한 법률」 제2조제1호 및 제2호에 따른 신문 및 인터넷 신문
2. 「잡지 등 정기간행물의 진흥에 관한 법률」 제2조제1호에 따른 정기간행물
3. 「방송법」 제9조제5항에 따른 상품소개와 판매에 관한 전문편성을 행하는 방송채널사용사업자의 채널
4. 「전기통신기본법」 제2조제1호에 따른 전기통신
5. 해당 효율관리기자재의 제품안내서
6. 그 밖에 소비자에게 널리 알리거나 제시하는 것으로서 산업통상자원부장관이 정하여 고시하는 것
[전문개정 2011.12.15]

요점 효율관리기자재의 지정

1) 효율관리기자재의 종류

효율관리기자재란 널리 보급되어 있고 상당량의 에너지를 소비하는 다음의 기자재를 말한다.

① 에너지사용기자재 (널리 보급되어 있고 상당량이 에너지를 소비하는 기자재) ② 에너지관련기자재 (에너지를 사용하지 아니하나 그 구조 및 재질에 따라 에너지절감에 기여하는 기자재)	1. 전기냉장고
	2. 전기냉방기
	3. 전기세탁기
	4. 조명기기
	5. 삼상유도전동기(三相誘導電動機)
	6. 자동차
	7. 산업통상자원부장관이 인정하여 고시하는 기자재 및 설비 (효율관리기자재 운영 규정)

2) 효율관리기자재 품질기준

산업통상자원부장관은 효율관리기자재에 대한 품질기준을 다음과 같이 고시하여야 한다.

1. 에너지의 목표소비효율 또는 목표사용량의 기준	
2. 에너지의 최저소비효율 또는 최대사용량의 기준	
3. 에너지의 소비효율 또는 사용량의 표시	효율관리기자재 운용규정에 따라 에너지소비효율을 5등급제로 한다.
4. 에너지의 소비효율 등급기준 및 등급표시	
5. 에너지의 소비효율 또는 사용량의 측정방법	
6. 이산화탄소 배출량의 표시	
7. 에너지비용	
8. 효율관리시험기관 등	

■ 예외 : 건축물에 고정되어 설치 · 이용되는 기자재 및 자동차부품을 효율관리기자재로 정하려는 경우에는 국토교통부장관과 협의한 후 공동으로 정하여 고시하여야 한다.

3) 품질측정

① 효율관리시험기관

산업통상자원부장관으로 부터 지정을 받은 다음 기관에서 품질측정을 받아야 한다.

1. 국가가 설립한 시험, 연구기관
2. 특정연구기관
3. 산업통상자원부장관이 인정하는 기관

② 자체측정

산업통상자원부장관이 정하는 기준을 갖춘 제조업자 또는 수입업자는 다음의 서식을 산업통상자원부장관에게 제출하여 승인을 받은 경우 자체적으로 품질 측정을 할 수 있다.

1. 효율관리기자재 자체측정 승인 신청서
2. 시험설비 현황(시험설비의 목록 및 사진을 포함한다)
3. 전문인력 현황(시험 담당자의 명단 및 재직증명서를 포함한다)
4. 「국가표준기본법」 따른 시험·검사기관 인정서 사본(해당되는 경우에만 첨부한다)

4) 에너지소비효율 등급의 표시

① 표시

효율관리기자재의 제조업자 또는 수입업자는 효율관리시험기관에서 해당 효율관리 기자재의 에너지 사용량을 측정(산업통상자원부장관의 승인시 자체측정)받아 에너 지소비효율등급 또는 에너지소비효율을 해당 효율관리기자재에 표시하여야 한다.

② 신고

효율관리기자재의 제조업자 또는 수입업자는 효율관리시험기관으로부터 측정 결과 를 통보받은 날 또는 자체측정을 완료한 날부터 각각 90일 이내에 그 측정 결과를 한국에너지공단에 신고함으로서 산업통상자원부장관에게 신고한 것으로 본다.

예제문제 01

에너지이용합리화법에 따른 효율관리기자재에 해당되지 않는 것은?

① 자동차　　　　　　　② 컴퓨터
③ 조명기기　　　　　　④ 전기세탁기

해설 컴퓨터, 전자레인지 등은 대기전력저감대상제품이다.

<u>답 : ②</u>

예제문제 02

다음 보기 중 "효율관리기자재 운용규정"이 적용되는 효율관리기자재에 해당되는 품목만 고른 것은? 【22년 기출문제】

〈보 기〉

㉠ 삼상유도전동기　　　　　　　㉡ 무정전전원장치
㉢ 펌프　　　　　　　　　　　　㉣ 전기냉방기
㉤ 직화흡수식냉온수기　　　　　 ㉥ 산업·건물용 보일러
㉦ 전기온풍기　　　　　　　　　㉧ 폐열회수형 환기장치

① ㉠, ㉤, ㉥　　　　　　　　　② ㉠, ㉣, ㉦
③ ㉡, ㉢, ㉧　　　　　　　　　④ ㉣, ㉥, ㉧

해설 ㉡, ㉢, ㉤, ㉥, ㉧: 고효율에너지기자재

답 : ②

예제문제 03

에너지이용합리화법에 따른 효율관리기자재 품질기준에 관한 기술 중 부적당한 것은?

① 효율관리기자재는 효율관리시험기관에서 에너지사용량 측정을 받아야 한다.
② ①항의 측정결과를 통보받은 효율관리기자재 제조업자 또는 수입업자는 통보를 받는 날로부터 60일 이내에 측정결과를 산업통상자원부장관에게 제출하여야 한다.
③ 효율관리기자재 제조업자 또는 수입업자는 ①항의 측정을 받아 에너지소비효율등급을 표시하여야 한다.
④ 에너지소비효율등급을 효율관리기자재에 표시한 경우, 이를 산업통상자원부장관에게 신고하여야 한다.

해설 측정결과 통보일로부터 90일 이내에 한국에너지공단에 제출하여야 한다.

답 : ②

(2) 효율관리기자재의 사후관리

법	시행령
제16조【효율관리기자재의 사후관리】 ① 산업통상자원부장관은 효율관리기자재가 제15조제1항제1호·제3호 또는 제4호에 따라 고시한 내용에 적합하지 아니하면 그 효율관리기자재의 제조업자·수입업자 또는 판매업자에게 일정한 기간을 정하여 그 시정을 명할 수 있다. 〈개정 2008.2.29, 2013.3.23〉 ② 산업통상자원부장관은 효율관리기자재가 제15조제1항제2호에 따라 고시한 최저소비효율기준에 미달하거나 최대사용량기준을 초과하는 경우에는 해당 효율관리기자재의 제조업자·수입업자 또는 판매업자에게 그 생산이나 판매의 금지를 명할 수 있다. 〈개정 2008.2.29, 2013.3.23〉 ③ 산업통상자원부장관은 효율관리기자재가 제15조제1항제1호부터 제4호까지의 규정에 따라 고시한 내용에 적합하지 아니한 경우에는 그 사실을 공표할 수 있다. 〈개정 2008.2.29, 2013.3.23〉 ④ 산업통상자원부장관은 제1항부터 제3항까지의 규정에 따른 처분을 하기 위하여 필요한 경우에는 산업통상자원부령으로 정하는 바에 따라 시중에 유통되는 효율관리기자재가 제15조제1항에 따라 고시된 내용에 적합한지를 조사할 수 있다. 〈신설 2009.1.30, 2013.3.23〉	**제28조【효율관리기자재의 사후관리 등】** ① 산업통상자원부장관은 법 제16조에 따른 효율관리기자재의 사후관리를 위하여 필요한 경우에는 관계 행정기관의 장에게 필요한 자료의 제출을 요청할 수 있다. 〈개정 2013.3.23〉 ② 산업통상자원부장관은 법 제16조제1항 및 제2항에 따른 시정명령 및 생산·판매금지 명령의 이행 여부를 소속 공무원 또는 한국에너지공단으로 하여금 확인하게 할 수 있다. 〈개정 2013.3.23, 2015.7.24〉 **[시행규칙]** **제10조의2【효율관리기자재의 사후관리조사】** ① 산업통상자원부장관은 법 제16조제4항에 따른 조사(이하 "사후관리조사"라 한다)를 실시하는 경우에는 다음 각 호의 어느 하나에 해당하는 효율관리기자재를 사후관리조사 대상에 우선적으로 포함하여야 한다. 〈개정 2013.3.23〉 1. 전년도에 사후관리조사를 실시한 결과 부적합율이 높은 효율관리기자재 2. 전년도에 법 제15조제1항제2호부터 제5호까지의 사항을 변경하여 고시한 효율관리기자재 ② 산업통상자원부장관은 사후관리조사를 위하여 필요하면 다른 제조업자·수입업자·판매업자나 「소비자기본법」 제33조에 따른 한국소비자원 또는 같은 법 제2조제3호에 따른 소비자단체에게 협조를 요청할 수 있다. 〈개정 2013.3.23〉 ③ 그 밖에 사후관리조사를 위하여 필요한 사항은 산업통상자원부장관이 정하여 고시한다. 〈개정 2013.3.23〉 [본조신설 2009.7.30]

요점 효율관리기자재의 사후관리

1) 사후관리조사

산업통상자원부장관은 효율관리기자재에 대한 품질기준조사를 할 수 있다.

2) 사후관리 우선조사 제품

1. 전년도에 사후관리를 실시한 결과 부적합률이 높은 효율관리기자재
2. 전년도에 다음 사항을 변경하여 고시한 효율관리기자재
   • 에너지의 최저소비효율 또는 최대사용량의 기준
   • 에너지의 소비효율 또는 사용량의 표시
   • 에너지의 소비효율 등급기준 및 등급표시
   • 에너지의 소비효율 또는 사용량의 측정방법

3) 시정명령

① 산업통상자원부장관은 효율관리기자재의 품질이 기준에 미치지 못할 경우에는 당해제품의 제조업자, 수입업자, 판매업자에게 시정명령 등의 조치를 할 수 있다.

■ 기자재생산, 판매금지사항
1. 에너지최저소비효율 미달
2. 에너지최대사용량 초과

위반사항	조치사항	
• 에너지의 목표소비효율 또는 목표사용량의 기준 • 에너지의 소비효율 또는 사용량의 표시 • 에너지의 소비효율 등급기준 및 등급표시	• 시정명령	• 사실공표
• 에너지의 최저소비효율 또는 최대사용량의 기준	• 생산 또는 판매금지	

② 산업통상자원부장관은 효율관리기자재의 사후관리를 위하여 필요한 경우에는 관계 행정기관의 장에게 필요한 자료의 제출을 요청할 수 있다.
③ 산업통상자원부장관은 시정명령 및 생산·판매금지 명령의 이행 여부를 소속 공무원 또는 한국에너지공단으로 하여금 확인하게 할 수 있다.

예제문제 04

에너지이용합리화법에 따라 산업통상자원부장관의 품질기준 이하인 효율관리기자재에 대한 생산 또는 판매금지명령조치사유에 해당되는 것은?

① 에너지최저소비효율기준
② 에너지목표소비효율기준
③ 에너지사용량표시
④ 에너지소비효율등급표시

[해설] 생산 또는 판매금지명령사유
· 에너지최저소비효율기준
· 에너지최대사용량기준

답 : ①

---

2 고효율에너지기자재

법	시행령
제22조【고효율에너지기자재의 인증 등】 ① 산업통상자원부장관은 에너지이용의 효율성이 높아 보급을 촉진할 필요가 있는 에너지사용기자재 또는 에너지관련기자재로서 산업통상자원부령으로 정하는 기자재(이하 "고효율에너지인증대상기자재"라 한다)에 대하여 다음 각 호의 사항을 정하여 고시하여야 한다. 다만, 에너지관련기자재 중 「건축법」 제2조제1항의 건축물에 고정되어 설치·이용되는 기자재 및 「자동차관리법」 제29조제2항에 따른 자동차부품을 고효율에너지인증대상기자재로 정하려는 경우에는 국토교통부장관과 협의한 후 다음 각 호의 사항을 공동으로 정하여 고시하여야 한다. 〈개정 2008.2.29, 2013.3.23, 2013.7.30〉 1. 고효율에너지인증대상기자재의 각 기자재별 적용범위 2. 고효율에너지인증대상기자재의 인증 기준·방법 및 절차 3. 고효율에너지인증대상기자재의 성능 측정방법 4. 에너지이용의 효율성이 우수한 고효율에너지인증대상기자재(이하 "고효율에너지기자재"라 한다)의 인증 표시 5. 그 밖에 고효율에너지인증대상기자재의 관리에 필요한 사항으로서 산업통상자원부령으로 정하는 사항 ② 고효율에너지인증대상기자재의 제조업자 또는 수입업자가 해당 기자재에 고효율에너지기자재의 인증 표시를 하려면 해당 에너지사용기자재 또는 에너지관련기자재가 제1항제2호에 따른 인증기준에 적합한지 여부에 대하여 산업통상자원부장관이 지정하는 시험기관(이하 "고효율시험기관"	**[시행규칙]** **제20조【고효율에너지인증대상기자재】** ① 법 제22조제1항에 따른 고효율에너지인증대상기자재(이하 "고효율에너지인증대상기자재"라 한다)는 다음 각 호와 같다. 〈개정 2013.3.23〉 1. 펌프 2. 산업건물용 보일러 3. 무정전전원장치 4. 폐열회수형 환기장치 5. 발광다이오드(LED) 등 조명기기 6. 그 밖에 산업통상자원부장관이 특히 에너지이용의 효율성이 높아 보급을 촉진할 필요가 있다고 인정하여 고시하는 기자재 및 설비 ② 법 제22조제1항제5호에서 "산업통상자원부령으로 정하는 사항"이란 법 제22조제2항에 따른 고효율시험기관(이하 "고효율시험기관"이라 한다)이 측정할 수 있는 고효율에너지인증대상기자재의 종류, 측정 결과에 관한 시험성적서의 기재 사항 및 기재 방법과 측정 결과의 기록 유지에 관한 사항을 말한다. 〈개정 2013.3.23〉

이라 한다)의 측정을 받아 산업통상자원부장관으로부터 인증을 받아야 한다.
〈개정 2008.2.29, 2013.3.23, 2013.7.30〉

③ 제2항에 따라 고효율에너지기자재의 인증을 받으려는 자는 산업통상자원부령으로 정하는 바에 따라 산업통상자원부장관에게 인증을 신청하여야 한다.
〈개정 2008.2.29, 2013.3.23〉

④ 산업통상자원부장관은 제3항에 따라 신청된 고효율에너지인증대상기자재가 제1항제2호에 따른 인증기준에 적합한 경우에는 인증을 하여야 한다.
〈개정 2008.2.29, 2013.3.23〉

⑤ 제4항에 따라 인증을 받은 자가 아닌 자는 해당 고효율에너지인증대상기자재에 고효율에너지기자재의 인증 표시를 할 수 없다.

⑥ 산업통상자원부장관은 고효율에너지기자재의 보급을 촉진하기 위하여 필요하다고 인정하는 경우에는 제8조제1항 각 호에 따른 자에 대하여 고효율에너지기자재를 우선적으로 구매하게 하거나, 공장사업장 및 집단주택단지 등에 대하여 고효율에너지기자재의 설치 또는 사용을 장려할 수 있다. 〈개정 2008.2.29, 2013.3.23〉

⑦ 제2항의 고효율시험기관으로 지정받으려는 자는 다음 각 호의 요건을 모두 갖추어 산업통상자원부령으로 정하는 바에 따라 산업통상자원부장관에게 지정 신청을 하여야 한다. 〈개정 2008.2.29, 2013.3.23〉

1. 다음 각 목의 어느 하나에 해당할 것
   가. 국가가 설립한 시험·연구기관
   나. 「특정연구기관육성법」 제2조에 따른 특정연구기관
   다. 「국가표준기본법」 제23조에 따라 시험·검사기관으로 인정받은 기관
   라. 가목 및 나목의 연구기관과 동등 이상의 시험능력이 있다고 산업통상자원부장관이 인정하는 기관
2. 산업통상자원부장관이 고효율에너지인증대상기자재별로 정하여 고시하는 시험설비 및 전문인력을 갖출 것

⑧ 산업통상자원부장관은 고효율에너지인증대상기자재 중 기술 수준 및 보급 정도 등을 고려하여 고효율에너지인증대상기자재로 유지할 필요성이 없다고 인정하는 기자재를 산업통상자원부령으로 정하는 기준과 절차에 따라 고효율에너지인증대상기자재에서 제외할 수 있다.
〈신설 2013.7.30〉

제23조 【고효율에너지기자재의 사후관리】 ① 산업통상자원부장관은 고효율에너지기자재가 제1호에 해당하는 경우에는 인증을 취소하여야 하고, 제2호에 해당하는 경우에는

제21조 【고효율에너지기자재의 인증신청】 법 제22조제3항에 따라 고효율에너지기자재의 인증을 받으려는 자는 별지 제4호서식의 고효율에너지기자재 인증신청서에 다음 각 호의 서류를 첨부하여 공단에 인증을 신청하여야 한다. 〈개정 2012.10.5〉

1. 고효율시험기관의 측정 결과(시험성적서)
2. 에너지효율 유지에 관한 사항

제22조 【고효율시험기관의 지정신청】 법 제22조제7항에 따라 고효율시험기관으로 지정받으려는 자는 별지 제5호서식의 고효율시험기관 지정신청서에 다음 각 호의 서류를 첨부하여 산업통상자원부장관에게 제출하여야 한다. 〈개정 2013.3.23〉

1. 시험설비 현황(시험설비의 목록 및 사진을 포함한다)
2. 전문인력 현황(시험 담당자의 명단 및 재직증명서를 포함한다)
3. 「국가표준기본법」 제23조에 따른 시험·검사기관 인정서 사본(해당되는 경우에만 첨부한다)

제22조의2 【고효율에너지인증대상기자재의 제외 기준 등】

① 법 제22조제8항에 따라 산업통상자원부장관이 고효율에너지인증대상기자재를 제외하는 기준은 별표 2의2와 같다.

② 산업통상자원부장관은 법 제22조제8항에 따라 해당 기자재를 고효율에너지인증대상기자재에서 제외하려는 경우 관계 전문가 및 해당 고효율에너지인증대상기자재 제조업자 또는 수입업자 등의 의견을 들어야 한다.

인증을 취소하거나 6개월 이내의 기간을 정하여 인증을 사용하지 못하도록 명할 수 있다.
〈개정 2008.2.29, 2013.3.23〉
1. 거짓이나 그 밖의 부정한 방법으로 인증을 받은 경우
2. 고효율에너지기자재가 제22조제1항제2호에 따른 인증기준에 미달하는 경우

② 산업통상자원부장관은 제1항에 따라 인증이 취소된 고효율에너지기자재에 대하여 그 인증이 취소된 날부터 1년의 범위에서 산업통상자원부령으로 정하는 기간 동안 인증을 하지 아니할 수 있다. 〈개정 2008.2.29, 2013.3.23〉

③ 제1항 및 제2항에서 규정한 사항 외에 고효율에너지인증대상기자재의 제외와 관련된 세부 기준 및 절차 등은 산업통상자원부장관이 정하여 고시한다.
[본조신설 2014.2.21]

제23조【인증 제한 기간】 법 제23조제2항에서 "산업통상자원부령으로 정하는 기간"이란 1년을 말한다.
〈개정 2013.3.23〉

요점 고효율에너지기자재

(1) 고효율에너지기자재의 종류

고효율에너지인증대상기자재란 에너지이용의 효율성이 높아 보급을 촉진할 필요가 있는 다음의 에너지사용기자재 또는 에너지관련기자재를 말한다.

1) 고효율에너지인증대상기자재

1. 펌프
2. 산업건물용 보일러
3. 무정전전원장치
4. 폐열회수형 환기장치
5. 발광다이오드(LED) 등 조명기기
6. 그 밖에 산업통상자원부장관이 인정하여 고시하는 기자재 및 설비(고효율에너지기자재 보급촉진에 관한 규정)

예제문제 05

"에너지이용 합리화법"에 따른 고효율에너지인증 대상기자재에 해당되지 않은 것은?
【15년 기출문제】

① 삼상유도전동기　　② 무정전전원장치
③ (폐)열회수형 환기장치　　④ 펌프

답 : ①

2) 인증제품에서의 퇴출사유(시행규칙 별표2의2, 2014.2.21)

산업통상자원부장관은 고효율에너지인증대상기자재 중 기술 수준 및 보급정도 등을 고려하여 고효율에너지인증대상기자재로 유지할 필요성이 없다고 인정하는 기자재를 고효율에너지인증대상기자재에서 제외할 수 있다.

1. 기술수준	① 해당 기자재를 고효율에너지인증대상기자재로 정한지 10년이 지난 경우일 것 ② 해당 기자재의 에너지이용효율에 대한 기술 수준이 해당 기자재를 더 이상 고효율에너지인증 대상기자재로 인정할 필요성이 없을 만큼 이미 보편화되었을 것
2. 보급정도	① 해당 기자재의 연간 판매 대수가 해당 연도의 고효율에너지 인증대상기자재 전체 판매 대수의 100분의 10을 넘는 경우일 것 ② 해당 기자재에 대한 이용 및 보급이 해당 기자재를 더 이상 고효율에너지인증대상기자재로 인정할 필요성이 없을 만큼 이미 보편화되었을 것
3. 인증실적	① 해당 기자재를 고효율에너지인증대상기자재로 인증한 건수가 최근 3년간 연간 10건 이하인 경우일 것 ② 해당 기자재의 최근 3년간 생산·판매한 실적이 해당 기자재를 더 이상 고효율에너지인증대상기자재로 인정할 필요성이 없을 만큼 현저히 저조할 것
4. 기타	해당 기자재의 기술 수준 및 보급 정도 등을 고려할 때, 계속하여 고효율에너지인증대상기자재로 정할 만한 필요성이 낮다고 산업통상자원부장관이 인정하는 경우일 것

■비고 : 산업통상자원부장관은 해당 기자재를 고효율에너지인증대상기자재에서 제외하려는 경우 관계 전문가 및 해당 고효율에너지인증대상기자재 제조업자 또는 수입업자 등의 의견을 들어야 한다.

예제문제 06

다음 보기 중 "에너지이용 합리화법"에 따른 고효율 에너지인증대상기자재에 해당하는 품목만 고른 것은? 【19년 기출문제】

〈보 기〉

㉠ 삼상유도전동기	㉡ 전기 냉방기
㉢ 펌프	㉣ 홈게이트웨이
㉤ LED 조명기기	㉥ 산업·건물용 가스보일러
㉦ 무정전전원장치	㉧ 폐열회수형 환기장치
㉨ 도어폰	

① ㉠, ㉤, ㉥
② ㉢, ㉥, ㉦
③ ㉡, ㉦, ㉧
④ ㉣, ㉤, ㉨

해설 삼상유도전동기, 전기냉방기, 홈게이트웨이는 고효율에너지인증대상 기자재에 해당되지 않는다.

답 : ②

예제문제 07

산업통상자원부장관은 고효율에너지인증대상기자재로 유지할 필요성이 없다고 인정하는 기자재를 기준과 절차에 따라 인증대상 기자재에서 제외할 수 있다. 다음 중 인증대상 기자재 제외기준에 해당하지 않는 것은? 【16년 기출문제】

① 해당 기자재를 고효율에너지인증대상기자재로 정한지 10년이 지난 경우
② 해당 기자재의 연간 판매대수가 해당 연도의 고효율에너지인증대상 기자재 전체 판매대수의 100분의 10을 넘는 경우
③ 해당 기자재를 고효율에너지인증대상기자재로 인증한 건수가 최근 3년간 연간 10건 이하인 경우
④ 해당 기자재의 최근 2년간 생산·판매 실적이 현저히 저조한 경우

해설 해당 기자재의 최근 3년간 생산·판매 실적이 현저히 저조한 경우

답 : ④

예제문제 08

산업통상자원부장관은 고효율에너지인증대상기자재로 유지할 필요성이 없다고 인정하는 기자재를 기준과 절차에 따라 인증대상 기자재에서 제외할 수 있다. 다음 중 인증대상 기자재 제외기준에 해당하지 않은 것은? 【23년 기출문제】

① 해당 기자재를 고효율에너지인증대상기자재로 정한지 10년이 지난 경우
② 해당 기자재에 대한 이용 및 보급이 해당 기자재를 더 이상 고효율에너지인증대상기자재로 인정할 필요성이 없을 만큼 이미 보편화 되었을 경우
③ 해당 기자재를 고효율에너지인증대상기자재로 인증한 건수가 최근 3년간 연간 10건 이하인 경우
④ 해당 기자재의 최근 2년간 생산·판매한 실적이 현저히 저조한 경우

해설 해당 기자재의 최근 3년간 생산·판매 실적이 현저히 저조한 경우이다.

답 : ④

(2) 고효율에너지기자재 품질기준

산업통상자원부장관은 고효율 에너지기자재에 대한 품질기준을 다음과 같이 정하여 고시하여야 한다.

1. 고효율에너지인증대상기자재의 각 기자재별 적용범위

2. 고효율에너지인증대상기자재의 인증기준·방법 및 절차

3. 고효율에너지인증대상기자재의 성능측정방법

4. 고효율에너지인증대상기자재의 인증표시

5. 그 밖에 산업통상자원부령으로 정하는 사항

■ 예외 : 건축물에 고정되어 설치·이용되는 기자재 및 자동차부품을 고효율에너지인증대상기자재로 정하려는 경우에는 국토교통부장관과 협의한 후 공동으로 정하여 고시하여야 한다.

(3) 품질측정

1) 품질측정

산업통상자원부장관의 지정을 받은 고효율시험기관의 측정을 받아야 한다.

2) 고효율시험기관

① 지정신청자격

고효율시험기관으로 지정받으려는 자는 다음 각 호의 요건을 모두 갖추어야 한다.

1. 다음 각 목의 어느 하나에 해당할 것
   가. 국가가 설립한 시험·연구기관
   나. 「특정연구기관육성법」에 따른 특정연구기관
   다. 「국가표준기본법」에 따라 시험·검사기관으로 인정받은 기관
   라. 가목 및 나목의 연구기관과 동등 이상의 시험능력이 있다고 산업통상자원부장관이 인정하는 기관

2. 산업통상자원부장관이 고효율에너지인증대상기자재별로 정하여 고시하는 시험설비 및 전문인력을 갖출 것

② 지정신청서식

1. 고효율시험기관의 지정신청서

2. 시험설비 현황(시험설비의 목록 및 사진을 포함한다)

3. 전문인력 현황(시험 담당자의 명단 및 재직증명서를 포함한다)

4. 「국가표준기본법」따른 시험·검사기관 인정서 사본(해당되는 경우에만 첨부한다)

(4) 고효율에너지기자재의 인증

1) 인증절차

고효율에너지기자재의 인증을 받으려는 자는 산업통상자원부령으로 정하는 바에 따라 산업통상자원부장관에게 인증을 신청하여야 한다.

① 고효율에너지인증대상기자재의 제조업자 또는 수입업자가 해당 기자재에 고효율에너지기자재의 인증 표시를 하려면 해당 에너지사용기자재 또는 에너지관련기자재가 따른 인증기준에 적합한지 여부에 대하여 산업통상자원부장관이 지정하는 "고효율시험기관"의 측정을 받아 산업통상자원부장관으로부터 인증을 받아야 한다.

② 고효율에너지기자재의 인증을 받으려는 자는 다음 각 호의 서류를 첨부하여 한국에너지공단에 인증을 신청하여야 한다.

---

1. 고효율에너지기자재의 인증 신청서

2. 고효율시험기관의 측정 결과(시험성적서)

3. 에너지효율 유지에 관한 사항

---

③ 산업통상자원부장관은 신청된 고효율에너지인증대상기자재가 인증기준에 적합한 경우에는 인증을 하여야 한다.

■비고 : 고효율에너지기자재 인증권한은 에너지이용합리화법 제22조②항에 따라 산업통상자원부장관의 인증을 받아야 하나 에너지이용합리화법에 대한 위탁업무를 규정한 고효율에너지기자재 보급 촉진에 관한 규정 제6조에 따라 고효율에너지기자재의 인증은 한국에너지공단 이사장의 인증을 받게 된다.

2) 인증 효력

① 인증을 받은 자가 아닌 자는 해당 고효율에너지인증대상기자재에 고효율에너지기자재의 인증표시를 할 수 없다.

② 인증유효기간은 3년으로 한다.(고효율에너지기자재보급촉진에 관한 규정 제8조)

③ 산업통상자원부장관은 국가·지방자치단체·공공기관에게 인증제품의 우선 구매하게 하거나, 공장·사업장·집단주택단지등에 고효율에너지기자재의 설치·사용을 장려할 수 있다.

(5) 사후관리

1) 시정명령

산업통상자원부장관은 위반된 내용에 따라 다음과 같은 처분을 할 수 있다.

위반사유	조치내용
1. 거짓이나 부정한 방법으로 인증을 받은 경우	• 인증취소
2. 해당기자재와 인증방법·절차 및 인증기준에 미달인 경우	• 인증취소 • 6개월 이내의 인증사용금지

2) 재인증 제한

■ 재인증 제한기간
　인증취소된 날부터 1년

산업통상자원부장관은 인증이 취소된 고효율에너지기자재에 대하여 그 인증이 취소된 날부터 1년 동안 인증을 하지 아니할 수 있다.

예제문제 09

에너지이용합리화법에 따른 고효율에너지인증제에 대한 기준 중 가장 부적당한 것은?

① 대상기자재의 인증표시는 고효율시험기관의 측정을 받아 산업통상자원부장관의 인증을 받아야 한다.
② 거짓이나 부정한 방법으로 인증을 받은 경우 인증을 취소하여야 한다.
③ 대상 기자재가 인증기준에 미달된 경우에는 6개월 이내의 인증사용금지를 명할 수 있다.
④ 인증이 취소된 대상 기자는 인증이 취소된 날로부터 2년 동안 인증을 하지 아니할 수 있다.

[해설] 1년 동안 재인증제한이 가능하다.

답 : ④

---

3 대기전력저감대상제품

(1) 대기전력저감대상제품의 지정

법	시행령
제18조【대기전력저감대상제품의 지정】 산업통상자원부장관은 외부의 전원과 연결만 되어 있고, 주기능을 수행하지 아니하거나 외부로부터 켜짐 신호를 기다리는 상태에서 소비되는 전력(이하 "대기전력"이라 한다)의 저감(低減)이 필요하다고 인정되는 에너지사용기자재로서 산업통상자원부령으로 정하는 제품(이하 "대기전력저감대상제품"이라 한다)에 대하여 다음 각 호의 사항을 정하여 고시하여야 한다. 〈개정 2008.2.29, 2009.1.30, 2013.3.23〉 1. 대기전력저감대상제품의 각 제품별 적용범위 2. 대기전력저감기준 3. 대기전력의 측정방법 4. 대기전력 저감성이 우수한 대기전력저감대상제품(이하 "대기전력저감우수제품"이라 한다)의 표시 5. 그 밖에 대기전력저감대상제품의 관리에 필요한 사항으로서 산업통상자원부령으로 정하는 사항	**[시행규칙]** **제13조【대기전력저감대상제품】** ① 법 제18조에 따른 대기전력저감대상제품(이하 "대기전력저감대상제품"이라 한다)은 별표 2와 같다. ② 법 제18조제5호에서 "산업통상자원부령으로 정하는 사항"이란 법 제19조제2항에 따른 대기전력시험기관(이하 "대기전력시험기관"이라 한다) 또는 자체측정의 승인을 받은 자가 측정할 수 있는 대기전력저감대상제품의 종류, 측정 결과에 관한 시험성적서의 기재 사항 및 기재 방법과 측정 결과의 기록 유지에 관한 사항을 말한다. 〈개정 2013.3.23〉
제20조【대기전력저감우수제품의 표시 등】 ① 대기전력저감대상제품의 제조업자 또는 수입업자가 해당 제품에 대기전력저감우수제품의 표시를 하려면 대기전력시험기관의 측정을 받아 해당 제품이 제18조제2호의 대기전력저감기준에 적합하다는 판정을 받아야 한다. 다만, 제19조제2항 단서에 따라 산업통상자원부장관의 승인을 받은 자는 자체측정으로 대기전력시험기관의 측정을 대체 할 수 있다. 〈개정 2008.2.29, 2013.3.23〉	**제15조【대기전력 자체측정의 승인신청】** 법 제19조제2항 단서 또는 법 제20조제1항 단서에 따라 대기전력경고표지 대상제품 또는 대기전력저감대상제품에 대한 자체측정의 승인을 받으려는 자는 별지 제2호서식의 대기전력 저감(경고표지) 대상제품 자체측정 승인신청서에 다음 각 호의 서류를 첨부하여 산업통상자원부장관에게 제출하여야 한다. 〈개정 2013.3.23〉 1. 시험설비 현황(시험설비의 목록 및 사진을 포함한다) 2. 전문인력 현황(시험 담당자의 명단 및 재직증명서를 포함한다) 3. 「국가표준기본법」 제23조에 따른 시험·검사기관 인정서 사본(해당되는 경우에만 첨부한다)
② 제1항에 따른 적합 판정을 받아 대기전력저감우수제품의 표시를 하는 제조업자 또는 수입업자는 제1항에 따른 측정 결과를 산업통상자원부령으로 정하는 바에 따라 산업통상자원부장관에게 신고하여야 한다. 〈개정 2008.2.29, 2013.3.23〉 ③ 산업통상자원부장관은 대기전력저감우수제품의 보급을 촉진하기 위하여 필요하다고 인정되는 경우에는 제8조제1항 각 호에 따른 자에 대하여 대기전력저감우수제품을 우선적으로 구매하게 하거나, 공장·사업장 및 집단주택단지	**제18조【대기전력저감우수제품의 신고】** 법 제20조제2항에 따라 대기전력저감우수제품의 표시를 하려는 제조업자 또는 수입업자는 대기전력시험기관으로부터 측정 결과를 통보받은 날 또는 자체측정을 완료한 날부터 각각 60일 이내에 그 측정 결과를 공단에 신고하여야 한다.

등에 대하여 대기전력저감우수제품의 설치 또는 사용을 장려할 수 있다. 〈개정 2008.2.29, 2013.3.23〉

제19조【대기전력경고표지대상제품의 지정 등】

② 대기전력경고표지대상제품의 제조업자 또는 수입업자는 대기전력경고표지대상제품에 대하여 산업통상자원부장관이 지정하는 시험기관(이하 "대기전력시험기관"이라 한다)의 측정을 받아야 한다. 다만, 산업통상자원부장관이 정하여 고시하는 시험설비 및 전문인력을 모두 갖춘 제조업자 또는 수입업자로서 산업통상자원부령으로 정하는 바에 따라 산업통상자원부장관의 승인을 받은 자는 자체측정으로 대기전력시험기관의 측정을 대체할 수 있다. 〈개정 2013.3.23〉

⑤ 제2항의 대기전력시험기관으로 지정받으려는 자는 다음 각 호의 요건을 모두 갖추어 산업통상자원부령으로 정하는 바에 따라 산업통상자원부장관에게 지정 신청을 하여야 한다. 〈개정 2008.2.29, 2013.3.23〉

1. 다음 각 목의 어느 하나에 해당할 것
   가. 국가가 설립한 시험·연구기관
   나. 「특정연구기관 육성법」 제2조에 따른 특정연구기관
   다. 「국가표준기본법」 제23조에 따라 시험·검사기관으로 인정받은 기관
   라. 가목 및 나목의 연구기관과 동등 이상의 시험능력이 있다고 산업통상자원부장관이 인정하는 기관
2. 산업통상자원부장관이 대기전력저감대상제품별로 정하여 고시하는 시험설비 및 전문인력을 갖출 것

제17조【대기전력시험기관의 지정신청】

법 제19조제5항에 따라 대기전력시험기관으로 지정받으려는 자는 별지 제3호서식의 대기전력시험기관 지정신청서에 다음 각 호의 서류를 첨부하여 산업통상자원부장관에게 제출하여야 한다. 〈개정 2013.3.23〉

1. 시험설비 현황(시험설비의 목록 및 사진을 포함한다)
2. 전문인력 현황(시험 담당자의 명단 및 재직증명서를 포함한다)
3. 「국가표준기본법」 제23조에 따른 시험·검사기관 인정서 사본(해당되는 경우에만 첨부한다)

요점 대기전력저감대상제품의 지정

1) 용어의 정의

① 대기전력이란 외부의 전원과 연결만 되어있고 주기능을 수행하지 아니하거나 외부로부터 켜짐 신호를 기다리는 상태에서 소비되는 전력을 말한다.

② 대기전력저감대상제품이란 대기전력의 저감이 필요한 에너지사용기자재이다.

③ 대기전력저감우수제품이란 대기전력저감대상제품으로서 제품품질측정결과 대기전력저감효율이 높은 제품을 말한다.

2) 대기전력저감대상제품⟨(시행규칙 별표2 참고) 개정 2022.1.26⟩

1. 프린터
2. 복합기
3. 전자레인지
4. 팩시밀리
5. 복사기
6. 스캐너
7. 오디오
8. DVD플레이이
9. 라디오카세트
10. 도어폰
11. 유무선전화기
12. 비데
13. 모뎀
14. 홈게이트웨이
15. 자동절전제어장치
16. 손건조기
17. 서버
18. 디지털컨버터
19. 그 밖에 산업통상자원부장관이 대기전력의 저감이 필요하다고 인정하여 고시하는 제품

3) 품질기준

산업통상자원부장관은 대기전력저감대상제품에 대한 품질기준을 다음과 같이 정하여 고시하여야 한다.

1. 대기전력저감대상제품의 각 제품별 적용범위
2. 대기전력저감기준
3. 대기전력의 측정방법
4. 대기전력 저감성이 우수한 대기전력저감대상제품의 표시
5. 대기전력시험기관 또는 자체측정의 승인을 받은 자가 측정할 수 있는 대기전력저감대상제품의 종류, 측정결과에 관한 시험성적서의 기재사항 및 기재방법과 측정결과의 기록유지에 관한 사항

4) 품질측정

대기전력저감대상제품의 제조업자 또는 수입업자가 해당 제품에 대기전력저감우수제품의 표시를 하려면 대기전력시험기관의 측정을 받아 해당 제품이 대기전력저감기준에 적합하다는 판정을 받아야 한다.

다만, 산업통상자원부장관의 승인을 받은 자는 자체측정으로 대기전력시험기관의 측정을 대체 할 수 있다.

│참고│

1. 대기전력 시험기관 지정요건(법 제19조⑤)

대기전력시험기관으로 지정받으려는 자는 다음 각 호의 요건을 모두 갖추어 산업통상자원부장관에게 지정 신청을 하여야 한다.

1. 다음 각 목의 어느 하나에 해당할 것
   가. 국가가 설립한 시험·연구기관
   나. 「특정연구기관 육성법」에 따른 특정연구기관
   다. 「국가표준기본법」에 따라 시험·검사기관으로 인정받은 기관
   라. 가목 및 나목의 연구기관과 동등 이상의 시험능력이 있다고 산업통상자원부장관이 인정하는 기관
2. 산업통상자원부장관이 대기전력저감대상제품별로 정하여 고시하는 시험설비 및 전문인력을 갖출 것

2. 대기전력시험기관 지정신청서식(규칙 제17조)

1. 대기전력시험기관 지정신청서
2. 시험설비 현황(시험설비의 목록 및 사진을 포함한다)
3. 전문인력 현황(시험 담당자의 명단 및 재직증명서를 포함한다)
4. 「국가표준기본법」 따른 시험·검사기관 인정서 사본(해당되는 경우에만 첨부한다)

3. 자체측정승인 신청서식(규칙 제15조)

1. 대기전력저감(경고 표지) 대상제품 자체측정 승인 신청서

2 시험설비 현황(시험설비의 목록 및 사진을 포함한다)

3 전문인력 현황(시험 담당자의 명단 및 재직증명서를 포함한다)

4. 국가표준기본법」 따른 시험·검사기관 인정서 사본(해당되는 경우에만 첨부한다)

5) 우수제품의 표시

① 표시부착

대기전력저감대상제품의 제조업자 또는 수입업자가 해당 제품에 대기전력저감우
수제품의 표시를 하려면 대기전력시험기관의 측정을 받아야 한다. 다만, 산업통
상자원부장관의 승인을 받은 경우에는 자체측정 할 수 있다.

② 신고

제조업자 또는 수입업자는 측정 결과를 산업통상자원부장관에게 산업통상자
원부령에 따라 신고하여야 한다.

③ 측정결과 신고

②항에 따른 축정결과 신고는 대기전력시험기관으로부터 측정결과를 통보받
은 날 또는 자체측정을 완료한 날부터 각각 60일 이내에 그 측정결과를 한
국에너지공단에 신고하여야 한다.

④ 효력

산업통상자원부장관은 대기전력저감우수제품의 보급을 촉진하기 위하여 필요하
다고 인정되는 경우에는 국가·지방자치단체·공공기관에게 대기전력저감우수제품
을 우선적으로 구매하게 하거나, 공장·사업장 및 집단주택단지 등에 대하여 대
기전력저감우수제품의 설치 또는 사용을 장려할 수 있다.

(2) 대기전력경고표지대상제품

법	시행령
제19조 【대기전력경고표지대상제품의 지정 등】 ① 산업통상자원부장관은 대기전력저감대상제품 중 대기전력 저감을 통한 에너지이용의 효율을 높이기 위하여 제18조제2호의 대기전력저감기준에 적합할 것이 특히 요구되는 제품으로서 산업통상자원부령으로 정하는 제품(이하 "대기전력경고표지대상제품"이라 한다)에 대하여 다음 각 호의 사항을 정하여 고시하여야 한다. 〈개정 2008.2.29, 2013.3.23〉 1. 대기전력경고표지대상제품의 각 제품별 적용범위 2. 대기전력경고표지대상제품의 경고 표시 3. 그 밖에 대기전력경고표지대상제품의 관리에 필요한 사항으로서 산업통상자원부령으로 정하는 사항	**[시행규칙]** **제14조 【대기전력경고표지대상제품】** ① 법 제19조제1항에 따른 대기전력경고표지대상제품(이하 "대기전력경고표지대상제품"이라 한다)은 다음 각 호와 같다. 〈개정 2022.1.26〉 1. 삭제 〈2022.1.26〉 2. 삭제 〈2022.1.26〉 3. 프린터 4. 복합기 5. 삭제 〈2012.4.5〉 6. 삭제 〈2014.2.21〉 7. 전자레인지 8. 팩시밀리 9. 복사기 10. 스캐너 11. 삭제 〈2014.2.21〉 12. 오디오 13. DVD플레이어 14. 라디오카세트 15. 도어폰 16. 유무선전화기 17. 비데 18. 모뎀 19. 홈 게이트웨이 ② 법 제19조제1항제3호에서 "산업통상자원부령으로 정하는 사항"이란 법 제19조제2항에 따른 대기전력시험기관 또는 자체측정의 승인을 받은 자가 측정할 수 있는 대기전력경고표지대상제품의 종류, 측정 결과에 관한 시험성적서의 기재 사항 및 기재 방법과 측정 결과의 기록 유지에 관한 사항을 말한다. 〈개정 2013.3.23〉
② 대기전력경고표지대상제품의 제조업자 또는 수입업자는 대기전력경고표지대상제품에 대하여 산업통상자원부장관이 지정하는 시험기관(이하 "대기전력시험기관"이라 한다)의 측정을 받아야 한다. 다만, 산업통상자원부장관이 정하여 고시하는 시험설비 및 전문인력을 모두 갖춘 제조업자 또는 수입업자로서 산업통상자원부령으로 정하는 바에 따라 산업통상자원부장관의 승인을 받은 자는 자체측정으로 대기전력시험기관의 측정을 대체할 수 있다. 〈개정 2008.2.29, 2013.3.23〉	**제17조 【대기전력시험기관의 지정신청】** 법 제19조제5항에 따라 대기전력시험기관으로 지정받으려는 자는 별지 제3호서식의 대기전력시험기관 지정신청서에 다음 각 호의 서류를 첨부하여 산업통상자원부장관에게 제출하여야 한다. 〈개정 2013.3.23〉 1. 시험설비 현황(시험설비의 목록 및 사진을 포함한다) 2. 전문인력 현황(시험 담당자의 명단 및 재직증명서를 포함한다) 3. 「국가표준기본법」 제23조에 따른 시험·검사기관 인정서 사본(해당되는 경우에만 첨부한다)

③ 대기전력경고표지대상제품의 제조업자 또는 수입업자는 제2항에 따른 측정 결과를 산업통상자원부령으로 정하는 바에 따라 산업통상자원부장관에게 신고하여야 한다. 〈개정 2008.2.29, 2013.3.23〉

④ 대기전력경고표지대상제품의 제조업자 또는 수입업자는 제2항에 따른 측정 결과, 해당 제품이 제18조제2호의 대기전력저감기준에 미달하는 경우에는 그 제품에 대기전력경고표지를 하여야 한다.

⑤ 제2항의 대기전력시험기관으로 지정받으려는 자는 다음 각 호의 요건을 모두 갖추어 산업통상자원부령으로 정하는 바에 따라 산업통상자원부장관에게 지정 신청을 하여야 한다. 〈개정 2008.2.29, 2013.3.23〉

1. 다음 각 목의 어느 하나에 해당할 것
   가. 국가가 설립한 시험·연구기관
   나. 「특정연구기관 육성법」 제2조에 따른 특정연구기관
   다. 「국가표준기본법」 제23조에 따라 시험·검사기관으로 인정받은 기관
   라. 가목 및 나목의 연구기관과 동등 이상의 시험능력이 있다고 산업통상자원부장관이 인정하는 기관
2. 산업통상자원부장관이 대기전력저감대상제품별로 정하여 고시하는 시험설비 및 전문인력을 갖출 것

제15조 【대기전력 자체측정의 승인신청】 법 제19조제2항 단서 또는 법 제20조제1항 단서에 따라 대기전력경고표지대상제품 또는 대기전력저감대상제품에 대한 자체측정의 승인을 받으려는 자는 별지 제2호서식의 대기전력 저감 (경고표지) 대상제품 자체측정 승인신청서에 다음 각 호의 서류를 첨부하여 산업통상자원부장관에게 제출하여야 한다. 〈개정 2013.3.23〉

1. 시험설비 현황(시험설비의 목록 및 사진을 포함한다)
2. 전문인력 현황(시험 담당자의 명단 및 재직증명서를 포함한다)
3. 「국가표준기본법」 제23조에 따른 시험·검사기관 인정서 사본(해당되는 경우에만 첨부한다)

제16조 【대기전력경고표지대상제품 측정 결과의 신고】 법 제19조제3항에 따라 대기전력경고표지대상제품의 제조업자 또는 수입업자는 대기전력시험기관으로부터 측정 결과를 통보받은 날 또는 자체측정을 완료한 날부터 각각 60일 이내에 그 측정 결과를 공단에 신고하여야 한다.

요점 대기전력경고표지대상제품

1) 용어의 정의

대기전력경고표지대상제품이란 대기전력저감대상제품 중 대기전력저감을 통한 에너지이용의 효율을 높이기 위하여 지정된 제품을 말한다.

2) 대기전력경고표지대상제품

■ 대기전력저감대상제품18종 운용
1. 대기전력저감 우수제품
 ① 종류 : 18종 전부 해당
 ② 기준충족 제품조치 :
  (산)이 국가 등에게 우선구매 등 요청(이익규정)

2. 대기전력경고표지대상제품
 ① 종류 : 18종 중 14개 제품
  • 자동절전제어장치 ┐
  • 손건조기   │ 불포함
  • 서버   │
  • 디지털컨버터 ┘
 ② 기준미달제품조치 :
  경고표지부착(손실규정)

대기전력저감대상(우수)제품	대기전력경고표지대상제품
1. 프린터	1. 프린터
2. 복합기	2. 복합기
3. 전자레인지	3. 전자레인지
4. 팩시밀리	4. 팩시밀리
5. 복사기	5. 복사기
6. 스캐너	6. 스캐너
7. 오디오	7. 오디오
8. DVD플레이어	8. DVD플레이어
9. 라디오카세트	9. 라디오카세트
10. 도어폰	10. 도어폰
11. 유무선전화기	11. 유무선전화기
12. 비데	12. 비데
13. 모뎀	13. 모뎀
14. 홈게이트웨이	14. 홈게이트웨이
15. 자동절전제어장치	
16. 손건조기	*대기전력 경고표지대상제품에 해당되지 않는다.
17. 서버	
18. 디지털컨버터	

3) 품질기준

산업통상자원부장관은 대기전력경고표지대상제품에 대한 품질기준을 다음과 같이 정하여 고시하여야 한다.

1. 대기전력경고표지대상제품의 각 제품별 적용범위

2. 대기전력경고표지대상제품의 경고 표시

3. 그 밖에 대기전력경고표지대상제품의 관리에 필요한 사항

4) 품질측정

대기전력경고표지대상제품의 제조업자 또는 수입업자는 대기전력경고표지대상
제품에 대하여 산업통상자원부장관이 지정하는 "대기전력시험기관"의 측정을
받아야 한다. 다만, 산업통상자원부장관의 승인을 받은 제조업자 또는 수입업
자는 자체측정으로 대기전력시험기관의 측정을 대체할 수 있다.

5) 대기전력경고표지의 표시

① 표시부착

㉮ 대상제품의 제조업자 또는 수입업자는 대기전력시험기관의 측정을 받아야
한다. 다만, 산업통상자원부장관의 승인을 받은 경우에는 자체측정 할 수
있다.

㉯ 대상제품의 제조업자 또는 수입업자는 측정 결과, 해당 제품이 대기전력저
감기준에 미달하는 경우에는 그 제품에 대기전력경고표지를 하여야 한다.

② 측정결과 신고

대기전력경고표지대상제품의 제조업자 또는 수입업자는 대기전력시험기관
으로부터 측정 결과를 통보받은 날 또는 자체 측정을 완료한 날부터 각각
60일 이내에 그 측정 결과를 한국에너지공단에 제출하여 산업통상자원부
장관에게 신고하여야 한다.

예제문제 10

「에너지이용 합리화법」에서 정하고 있는 대기전력 경고표지 대상제품에 포함되지 않
는 것은?

① 전자레인지　　　　　　　② 도어폰
③ 복사기　　　　　　　　　④ 냉장고

해설 전기냉장고는 효율관리기자재에 포함된다.

답 : ④

에너지이용합리화법상 대기전력경고표지대상제품의 측정결과 통보시 한국에너지공단에 대한 신고기한은?

① 통보한 날로부터 60일 이내　　② 통보한 날로부터 30일 이내
③ 통보받은 날로부터 60일 이내　　④ 통보받은 날로부터 30일 이내

답 : ③

(3) 사후관리

법	시행령
제21조【대기전력저감대상제품의 사후관리】① 산업통상자원부장관은 대기전력저감우수제품이 제18조제2호의 대기전력저감기준에 미달하는 경우 산업통상자원부령으로 정하는 바에 따라 대기전력저감대상제품의 제조업자 또는 수입업자에게 일정한 기간을 정하여 그 시정을 명할 수 있다. 〈개정 2008.2.29, 2013.3.23〉 ② 산업통상자원부장관은 대기전력저감대상제품의 제조업자 또는 수입업자가 제1항에 따른 시정명령을 이행하지 아니하는 경우에는 그 사실을 공표할 수 있다. 〈개정 2008.2.29, 2013.3.23〉	[시행규칙] 제19조【시정명령】법 제21조제1항에 따라 산업통상자원부장관은 대기전력저감우수제품이 대기전력저감기준에 미달하는 경우 대기전력저감우수제품의 제조업자 또는 수입업자에게 6개월 이내의 기간을 정하여 다음 각 호의 시정을 명할 수 있다. 다만, 제2호는 대기전력저감우수제품이 대기전력경고표지대상제품에도 해당되는 경우에만 적용한다. 〈개정 2013.3.23〉 1. 대기전력저감우수제품의 표시 제거 2. 대기전력경고표지의 표시

요점 **사후관리**

1) 시정명령

산업통상자원부장관은 대기전력저감우수제품이 대기전력저감기준에 미달하는 경우 대기전력저감우수제품의 제조업자 또는 수입업자에게 6개월 이내의 기간을 정하여 다음 각 호의 시정을 명할 수 있다.

■ 기준미달제품 사후관리(예시)

1. 컴퓨터
(우수제품과 경고표지대상 제품임)
• 대기전력 우수제품 표시제거
• 대기전력 경고표지 표시부착

2. 손건조기
(우수제품에는 속하나 경고표지대상에는 불포함)
• 대기전력 우수제품 표시제거

시정명령사항	대기전력저감 우수제품	대기전력경고표지 대상제품
1. 대기전력저감우수제품의 표시	제거	제거
2. 대기전력경고표지의 표시	–	부착

2) 사실공표

산업통상자원부장관은 대기전력저감대상제품의 제조업자 또는 수입업자가 시정명령을 이행하지 아니하는 경우에는 그 사실을 공표할 수 있다.

예제문제 12

에너지이용합리화법에 따라 대기전력저감우수제품이 대기전력저감기준에 미달된 경우 산업통상자원부장관이 취할 수 있는 시정명령으로 부적당한 것은?

① 대기전력경고표지대상제품 – 대기전력경고표지의 표시
② 대기전력경고표지대상제품 – 대기전력저감우수제품의 표시 제거
③ 대기전력저감우수제품 – 대기전력저감우수제품의 표시 제거
④ 대기전력저감우수제품 – 대기전력경고표지의 표시

해설 대기전력경고표지의 표시는 대기전력저감우수제품이 대기전력경고표지대상제품에도 해당되는 경우 적용한다.

답 : ④

---

4 평균에너지소비효율

법	시행령
제17조【평균에너지소비효율제도】 ① 산업통상자원부장관은 각 효율관리기자재의 에너지소비효율 합계를 그 기자재의 총수로 나누어 산출한 평균에너지소비효율에 대하여 총량적인 에너지효율의 개선이 특히 필요하다고 인정되는 기자재로서「자동차관리법」제3조제1항에 따른 승용자동차 등 산업통상자원부령으로 정하는 기자재(이하 이 조에서 "평균효율관리기자재"라 한다)를 제조하거나 수입하여 판매하는 자가 지켜야 할 평균에너지소비효율을 관계 행정기관의 장과 협의하여 고시하여야 한다.〈개정 2008.2.29, 2013.3.23〉	**[시행규칙]** **제11조【평균효율관리기자재】** ① 법 제17조제1항에서 "「자동차관리법」제3조제1항에 따른 승용자동차 등 산업통상자원부령으로 정하는 기자재"란 다음 각 호의 어느 하나에 해당하는 자동차를 말한다. 1.「자동차관리법」제3조제1항제1호에 따른 승용자동차로서 총중량이 3.5톤 미만인 자동차 2.「자동차관리법」제3조제1항제2호에 따른 승합자동차로서 승차인원이 15인승 이하이고 총중량이 3.5톤 미만인 자동차 3.「자동차관리법」제3조제1항제3호에 따른 화물자동차로서 총중량이 3.5톤 미만인 자동차 ② 제1항에도 불구하고 다음 각 호의 어느 하나에 해당하는 자동차는 제1항에 따른 자동차에서 제외한다. 1. 환자의 치료 및 수송 등 의료목적으로 제작된 자동차 2. 군용(軍用)자동차 3. 방송·통신 등의 목적으로 제작된 자동차 4. 2012년 1월 1일 이후 제작되지 아니하는 자동차

5. 「자동차관리법 시행규칙」 별표 1 제2호에 따른 특수형 승합자동차 및 특수용도형 화물자동차
[전문개정 2016.12.9.]

제12조【평균에너지소비효율의 산정 방법 등】 ① 법 제17조제1항에 따른 평균에너지소비효율의 산정 방법은 별표 1의2와 같다. 〈개정 2012.6.28〉
② 법 제17조제2항에 따른 평균에너지소비효율의 개선 기간은 개선명령을 받은 날부터 다음 해 12월 31일까지로 한다.
③ 법 제17조제2항에 따른 개선명령을 받은 자는 개선명령을 받은 날부터 60일 이내에 개선명령 이행계획을 수립하여 산업통상자원부장관에게 제출하여야 한다. 〈개정 2013.3.23〉

④ 제3항에 따라 개선명령이행계획을 제출한 자는 개선명령의 이행 상황을 매년 6월 말과 12월 말에 산업통상자원부장관에게 보고하여야 한다. 다만, 개선명령이행계획을 제출한 날부터 90일이 지나지 아니한 경우에는 그 다음 보고 기간에 보고할 수 있다. 〈개정 2013.3.23〉
⑤ 산업통상자원부장관은 제3항에 따른 개선명령이행계획을 검토한 결과 평균에너지소비효율의 개선계획이 미흡하다고 인정되는 경우에는 조정·보완을 요청할 수 있다. 〈개정 2013.3.23〉

⑥ 제5항에 따른 조정·보완을 요청받은 자는 정당한 사유가 없으면 30일 이내에 개선명령이행계획을 조정·보완하여 산업통상자원부장관에게 제출하여야 한다. 〈개정 2013.3.23〉
⑦ 법 제17조제5항에 따른 평균에너지소비효율의 공표 방법은 관보 또는 일간신문에의 게재로 한다.

② 산업통상자원부장관은 제1항에 따라 고시한 평균에너지소비효율(이하 "평균에너지소비효율기준"이라 한다)에 미달하는 평균효율관리기자재를 제조하거나 수입하여 판매하는 자에게 일정한 기간을 정하여 평균에너지소비효율의 개선을 명할 수 있다. 다만, 「자동차관리법」 제3조제1항에 따른 승용자동차 등 산업통상자원부령으로 정하는 자동차에 대해서는 그러하지 아니하다. 〈개정 2008.2.29, 2013.3.23, 2013.7.30〉

③ 산업통상자원부장관은 제2항에 따른 개선명령을 이행하지 아니하는 자에 대하여는 그 내용을 공표할 수 있다. 〈개정 2008.2.29, 2013.3.23〉
④ 평균효율관리기자재를 제조하거나 수입하여 판매하는 자는 에너지소비효율 산정에 필요하다고 인정되는 판매에 관한 자료와 효율측정에 관한 자료를 산업통상자원부장관에게 제출하여야 한다. 다만, 자동차 평균에너지소비효율 산정에 필요한 판매에 관한 자료에 대해서는 환경부장관이 산업통상자원부장관에게 제공하는 경우에는 그러하지 아니하다. 〈개정 2008.2.29, 2013.3.23, 2013.7.30〉
⑤ 평균에너지소비효율의 산정방법, 개선기간, 개선명령의 이행절차 및 공표방법 등 필요한 사항은 산업통상자원부령으로 정한다. 〈개정 2008.2.29, 2013.3.23〉

제17조의2【과징금 부과】 ① 환경부장관은 「자동차관리법」 제3조제1항에 따른 승용자동차 등 산업통상자원부령으로 정하는 자동차에 대하여 「기후위기 대응을 위한 탄소중립·녹색성장기본법」 제32조제2항에 따라 자동차 평균에너지소비효율기준을 택하여 준수하기로 한 자동차 제조업자·수입업자가 평균에너지소비효율기준을 달성하지 못한 경우 그 정도에 따라 대통령령으로 정하는 매출액에 100분의 1을 곱한 금액을 초과하지 아니하는 범위에서 과징금을 부과할 수 있다. 다만, 「대기환경보전법」 제76조의5제2항에 따라 자동차 제조업자·수입업자가 미달성분을 상환하는 경우에는 그러하지 아니하다. 〈개정 2021.9.24〉
② 자동차 평균에너지소비효율기준의 적용·관리에 관한 사항은 「대기환경보전법」 제76조의5에 따른다.

제28조의2【매출액 기준】 법 제17조의2제1항 본문에서 "대통령령으로 정하는 매출액"이란 평균에너지소비효율기준을 달성하지 못한 연도에 과징금 부과 대상 자동차를 판매하여 얻은 매출액을 말한다.
[본조신설 2014.2.5]

제28조의3【과징금의 부과 및 납부】 ① 법 제17조의2제1항 본문에 따른 과징금의 부과기준은 별표 1의2와 같다.
② 환경부장관은 법 제17조의2제1항에 따라 과징금을 부과할 때에는 과징금의 부과사유와 과징금의 금액을 분명하게 적어 「대기환경보전법」 제76조의5제2항에 따른 평균에너지소비효율을 이월·거래 또는 상환하는 기간이 지난 다음 연도에 서면으로 알려야 한다.

③ 제1항에 따른 과징금의 산정방법·금액, 징수시기, 그 밖에 필요한 사항은 대통령령으로 정한다. 이 경우 과징금의 금액은 「대기환경보전법」 제76조의2에 따른 자동차 온실가스 배출 허용기준을 준수하지 못하여 부과하는 과징금 금액과 동일한 수준이 될 수 있도록 정한다.

④ 환경부장관은 제1항에 따라 과징금 부과처분을 받은 자가 납부기한까지 과징금을 내지 아니하면 국세 체납처분의 예에 따라 징수한다.

⑤ 제1항에 따라 징수한 과징금은 「환경정책기본법」에 따른 환경개선특별회계의 세입으로 한다.

[본조신설 2013.7.30]

③ 제2항에 따라 통지를 받은 자동차 제조업자 또는 수입업자는 통지받은 해 9월 30일까지 과징금을 환경부장관이 정하는 수납기관에 내야 한다. 〈개정 2023.12.12〉

④ 제3항에 따라 과징금을 받은 수납기관은 그 납부자에게 영수증을 발급하여야 한다.

⑤ 제1항부터 제4항까지에서 규정한 사항 외에 과징금의 부과에 필요한 세부기준은 환경부장관이 산업통상자원부장관과 협의하여 고시한다.

[본조신설 2014.2.5]

[시행규칙]

제12조의2【과징금 부과대상】 ① 법 제17조의2제1항 본문에서 "「자동차관리법」 제3조제1항에 따른 승용자동차 등 산업통상자원부령으로 정하는 자동차"란 다음 각 호의 어느 하나에 해당하는 자동차를 말한다.

1. 「자동차관리법」 제3조제1항제1호에 따른 승용자동차로서 총중량이 3.5톤 미만인 자동차
2. 「자동차관리법」 제3조제1항제2호에 따른 승합자동차로서 승차인원이 15인승 이하이고 총중량이 3.5톤 미만인 자동차
3. 「자동차관리법」 제3조제1항제3호에 따른 화물자동차로서 총중량이 3.5톤 미만인 자동차

② 제1항에도 불구하고 다음 각 호의 어느 하나에 해당하는 자동차는 제1항에 따른 자동차에서 제외한다.

1. 환자의 치료 및 수송 등 의료목적으로 제작된 자동차
2. 군용(軍用)자동차
3. 방송·통신 등의 목적으로 제작된 자동차
4. 2012년 1월 1일 이후 제작되지 아니하는 자동차
5. 「자동차관리법 시행규칙」 별표 1 제2호에 따른 특수형 승합자동차 및 특수용도형 화물자동차

[전문개정 2016.12.9]

요점 **평균에너지소비효율**

(1) 평균에너지소비효율 지정

1) 평균에너지 소비효율 지정

산업통상자원부장관은 다음과 같은 승용자동차등을 제조하거나 수입하여 판매하는 자가 지켜야 할 평균에너지소비효율을 관계행정기관의 장과 협의하여 고시하여야 한다.

1. 총중량 3.5t 미만인 승용자동차
2. 총중량 3.5t 미만이고 승차 인원 15인승 이하인 승합자동차
3. 총중량 3.5t 미만인 화물자동차

▪예외 의료 목적용 자동차, 군용자동차 등은 제외한다.

2) 평균에너지소비효율 산정방법((규칙 별표1의2 참고), 2013.3.23)

$$\text{평균에너지소비효율} = \frac{\text{기자재 판매량}}{\sum \left[\dfrac{\text{기자재의 종류별 국내 판매량}}{\text{기자재의 종류별 에너지소비효율}} \right]}$$

(2) 개선명령

산업통상자원부장관은 고시한 평균에너지소비효율에 미달하는 평균효율관리기자재를 제조하거나 수입하여 판매하는 자에게 다음과 같이 평균에너지소비효율의 개선을 명할 수 있다.

1. 개선기간	개선명령을 받은 날로부터 다음 해 12월 31일까지로 한다.
2. 이행계획 제출	개선명령을 받은 날로부터 60일 이내에 개선명령 이행계획을 수립하여 산업통상자원부장관에게 제출한다.
3. 조정요청	산업통상자원부장관은 개선명령이행계획을 검토한 결과 평균에너지소비효율의 개선계획이 미흡하다고 인정되는 경우에는 조정·보완을 요청할 수 있다.
4. 조정·보완보고	조정·보완을 요청받은 자는 정당한 사유가 없으면 30일 이내에 개선명령이행계획을 조정·보완하여 산업통상자원부장관에게 제출하여야 한다.
5. 이행상황 보고	개선명령이행계획을 제출한 자는 개선명령의 이행상황을 매년 6월 말과 12월 말에 산업통상자원부장관에게 보고하여야 한다. 다만, 개선명령이행계획을 제출한 날부터 90일이 지나지 아니한 경우에는 그 다음 보고기간에 보고할 수 있다.

▪비고
산업통상자원부장관은 개선명령을 이행하지 아니하는 자에 대하여는 그 내용을 공표할 수 있다.

(3) 과징금 부과

1. 부과대상	평균에너지소비효율기준을 달성하지 못한 자동차 제조업자·수입업자
2. 부과권자	환경부장관
3. 부과금액	해당연도에 과징금 부과 대상 자동차를 판매하여 얻은 매출액의 1/100 이내의 범위
4. 납부기한	통지 받은 해 9월 30일까지
5. 세부기준	환경부장관이 산업통상자원부장관과 협의하여 고시

예제문제 13

산업통상자원부령에서 정한 평균에너지소비효율 산출식은?

① $$\dfrac{\text{기자재 판매량}}{\sum \left[\dfrac{\text{기자재의 종류별 에너지소비효율}}{\text{기자재의 종류별 국내판매량}} \right]}$$

② $$\dfrac{\sum \left[\dfrac{\text{기자재의 종류별 국내판매량}}{\text{기자재의 종류별 에너지소비효율}} \right]}{\text{기자재 판매량}}$$

③ $$\dfrac{\text{기자재의 종류별 에너지소비효율}}{\sum \left[\dfrac{\text{기자재의 종류별 국내판매량}}{\text{기자재 판매량}} \right]}$$

④ $$\dfrac{\text{기자재 판매량}}{\sum \left[\dfrac{\text{기자재의 종류별 국내판매량}}{\text{기자재의 종류별 에너지소비효율}} \right]}$$

답 : ④

예제문제 14

에너지이용합리화법에 따른 평균에너지소비효율에 미달되는 평균효율관리기자재 제조 또는 수입판매자에 대한 개선명령 기준 중 가장 부적당한 것은?

① 산업통상자원부장관의 개선명령을 받은 날로부터 12월 31일까지를 개선기간으로 한다.

② 개선명령을 받은 날로부터 60일 이내에 개선명령 이행계획을 수립하여 산업통상자원부장관에게 제출하여야 한다.

③ 개선명령이행계획을 제출한 자는 매년 6월 말과 12월 말에 개선명령이행상황을 산업통상자원부장관에게 보고하여야 한다.

④ 산업통상자원부장관으로부터 개선명령이행계획 조정·보완요청을 받은 경우 30일 이내에 조정·보완한 개선계획을 산업통상자원부장관에게 제출하여야 한다.

해설 개선기간은 개선명령을 받은 날로부터 다음 해 12월 31일까지로 한다.

답 : ①

5 시험기관의 지정취소 등

법	시행령
제24조【시험기관의 지정취소 등】 ① 산업통상자원부장관은 효율관리시험기관, 대기전력시험기관 및 고효율시험기관이 다음 각 호의 어느 하나에 해당하는 경우에는 그 지정을 취소하거나 6개월 이내의 기간을 정하여 시험업무의 정지를 명할 수 있다. 다만, 제1호 또는 제2호에 해당하면 그 지정을 취소하여야 한다. 〈개정 2008.2.29, 2013.3.23〉 1. 거짓이나 그 밖의 부정한 방법으로 지정을 받은 경우 2. 업무정지 기간 중에 시험업무를 행한 경우 3. 정당한 사유 없이 시험을 거부하거나 지연하는 경우 4. 산업통상자원부장관이 정하여 고시하는 측정방법을 위반하여 시험한 경우 5. 제15조제5항, 제19조제5항 또는 제22조제7항에 따른 시험기관의 지정기준에 적합하지 아니하게 된 경우 ② 산업통상자원부장관은 제15조제2항 단서, 제19조제2항 단서에 따라 자체측정의 승인을 받은 자가 제1호 또는 제2호에 해당하면 그 승인을 취소하여야 하고, 제3호 또는 제4호에 해당하면 그 승인을 취소하거나 6개월 이내의 기간을 정하여 자체측정업무의 정지를 명할 수 있다. 〈개정 2008.2.29, 2013.3.23〉 1. 거짓이나 그 밖의 부정한 방법으로 승인을 받은 경우	

2. 업무정지 기간 중에 자체측정업무를 행한 경우 3. 산업통상자원부장관이 정하여 고시하는 측정방법을 위반하여 측정한 경우 4. 산업통상자원부장관이 정하여 고시하는 시험설비 및 전문인력 기준에 적합하지 아니하게 된 경우	

요점 **시험기관의 취소 등**

(1) 시험기관의 지정취소

산업통상자원부장관은 효율관리시험기관, 대기전력시험기관 및 고효율시험기관이 다음 각 호의 어느 하나에 해당하는 경우에는 그 지정의 취소 등을 명할 수 있다.

위반사유	조치내용
1. 거짓이나 그 밖의 부정한 방법으로 지정을 받은 경우	• 지정취소
2. 업무정지기간 중에 시험업무를 행한 경우	
3. 정당한 사유없이 시험을 거부하거나 지연하는 경우	• 지정취소 • 6개월 이내의 시험업무정지
4. 측정방법을 위반하여 시험한 경우	
5. 시험기관의 지정기준에 적합하지 아니하게 된 경우	

(2) 자체측정 승인취소

산업통상자원부장관은 자체측정승인을 받은 자가 다음 각 호의 어느 하나에 해당되는 경우에는 그 승인의 취소 등을 명할 수 있다.

위반사유	조치내용
1. 거짓이나 그 밖의 부정한 방법으로 지정을 받은 경우	• 승인취소
2. 업무정지기간 중에 자체측정업무를 행한 경우	
3. 측정방법을 위반하여 시험한 경우	• 승인취소 • 6개월 이내의 자체승인업무정지
4. 시험설비 및 전문인력 기준에 적합하지 아니하게 된 경우	

에너지이용합리화법에 따른 에너지사용기자재 시험기관지정 또는 자체측정승인에 대하여 산업통상자원부장관이 지정 또는 승인을 취소하여야 하는 사항은?

① 정당한 사유없이 시험을 거부하거나 지연하는 경우

② 업무정지기간 중에 시험업무를 행한 경우

③ 측정방법을 위반하여 시험한 경우

④ 시험설비기준에 적합하지 아니하게 된 경우

해설 ①, ③, ④항은 취소 또는 6월 이내의 업무정지사유에 해당된다.

답 : ②

제2절 산업 및 건물 관련 시책

1 에너지절약전문기업

법	시행령
제25조【에너지절약전문기업의 지원】 ① 정부는 제3자로부터 위탁을 받아 다음 각 호의 어느 하나에 해당하는 사업을 하는 자로서 산업통상자원부장관에게 등록을 한 자(이하 "에너지절약전문기업"이라 한다)가 에너지절약사업과 이를 통한 온실가스의 배출을 줄이는 사업을 하는 데에 필요한 지원을 할 수 있다. 〈개정 2008.2.29, 2013.3.23〉 1. 에너지사용시설의 에너지절약을 위한 관리·용역사업 2. 제14조제1항에 따른 에너지절약형 시설투자에 관한 사업 3. 그 밖에 대통령령으로 정하는 에너지절약을 위한 사업 ② 에너지절약전문기업으로 등록하려는 자는 대통령령으로 정하는 바에 따라 장비, 자산 및 기술인력 등의 등록기준을 갖추어 산업통상자원부장관에게 등록을 신청하여야 한다. 〈개정 2008.2.29, 2013.3.23〉	**제29조【에너지절약을 위한 사업】** 법 제25조제1항제3호에서 "그 밖에 대통령령으로 정하는 에너지절약을 위한 사업"이란 다음 각 호의 사업을 말한다. 1. 신에너지 및 재생에너지원의 개발 및 보급사업 2. 에너지절약형 시설 및 기자재의 연구개발사업 **제30조【에너지절약전문기업의 등록 등】** ① 법 제25조제1항에 따라 에너지절약전문기업으로 등록을 하려는 자는 산업통상자원부령으로 정하는 등록신청서를 산업통상자원부장관에게 제출하여야 한다. 〈개정 2013.3.23〉 ② 법 제25조제1항에 따른 에너지절약전문기업의 등록기준은 별표 2와 같다.

[시행규칙]

제24조【에너지절약전문기업의 등록신청】① 영 제30조제1항에 따른 에너지절약전문기업의 등록신청서 및 등록 사항을 변경하는 경우의 변경등록신청서는 별지 제6호 서식과 같다.

② 제1항에 따른 등록신청서에는 다음 각 호의 서류(변경등록의 경우에는 등록신청을 할 때 제출한 서류 중 변경된 것만을 말한다)를 첨부하여야 한다. 이 경우 신청을 받은 공단은 「전자정부법」 제36조제1항에 따른 행정정보의 공동이용을 통하여 법인 등기사항증명서(신청인이 법인인 경우만 해당한다)를 확인하여야 한다. 〈개정 2011.1.19〉

1. 사업계획서
2. 삭제 〈2011.1.19〉
3. 영 별표 2에 따른 보유장비명세서 및 기술인력명세서(자격증명서 사본을 포함한다)
4. 「부동산 가격공시 및 감정평가에 관한 법률」에 따른 감정평가업자가 평가한 자산에 대한 감정평가서(개인인 경우만 해당한다)

제25조【에너지절약전문기업 등록증】① 공단은 제24조제1항에 따른 신청을 받은 경우 그 내용이 영 제30조제2항에 따른 에너지절약전문기업의 등록기준에 적합하다고 인정하면 별지 제7호서식의 에너지절약전문기업 등록증을 그 신청인에게 발급하여야 한다.

② 제1항에 따른 등록증을 발급받은 자는 그 등록증을 잃어버리거나 헐어 못 쓰게 된 경우에는 공단에 재발급신청을 할 수 있다. 이 경우 등록증이 헐어 못 쓰게 되어 재발급신청을 할 때에는 그 등록증을 첨부하여야 한다.

제26조【에너지절약전문기업의 등록취소 등】산업통상자원부장관은 에너지절약전문기업이 다음 각 호의 어느 하나에 해당하면 그 등록을 취소하거나 이 법에 따른 지원을 중단할 수 있다. 다만, 제1호에 해당하는 경우에는 그 등록을 취소하여야 한다. 〈개정 2008.2.29, 2013.3.23〉

1. 거짓이나 그 밖의 부정한 방법으로 제25조제1항에 따른 등록을 한 경우
2. 거짓이나 그 밖의 부정한 방법으로 제14조제1항에 따른 지원을 받거나 지원받은 자금을 다른 용도로 사용한 경우
3. 에너지절약전문기업으로 등록한 업체가 그 등록의 취소를 신청한 경우
4. 타인에게 자기의 성명이나 상호를 사용하여 제25조제1항 각 호의 어느 하나에 해당하는 사업을 수행하게 하거나 산업통상자원부장관이 에너지절약전문기업에 내준 등록증

대여한 경우

5. 제25조제2항에 따른 등록기준에 미달하게 된 경우
6. 제66조제1항에 따른 보고를 하지 아니하거나 거짓으로 보고한 경우 또는 같은 항에 따른 검사를 거부·방해 또는 기피한 경우
7. 정당한 사유 없이 등록한 후 3년 이내에 사업을 시작하지 아니하거나 3년 이상 계속하여 사업수행실적이 없는 경우

제27조【에너지절약전문기업의 등록제한】 제26조에 따라 등록이 취소된 에너지절약전문기업은 등록취소일부터 2년이 지나지 아니하면 제25조제2항에 따른 등록을 할 수 없다.

제27조의2【에너지절약전문기업의 공제조합 가입 등】 ① 에너지절약전문기업은 에너지절약사업과 이를 통한 온실가스의 배출을 줄이는 사업을 원활히 수행하기 위하여 「엔지니어링산업 진흥법」 제34조에 따른 공제조합의 조합원으로 가입할 수 있다.
② 제1항에 따른 공제조합은 다음 각 호의 사업을 실시할 수 있다.
1. 에너지절약사업에 따른 의무이행에 필요한 이행보증
2. 에너지절약사업을 위한 채무 보증 및 융자
3. 에너지절약사업 수출을 위한 주거래은행 설정에 관한 보증
4. 에너지절약사업으로 인한 매출채권의 팩토링
5. 에너지절약사업의 대가로 받은 어음의 할인
6. 조합원 및 조합원에 고용된 자의 복지 향상을 위한 공제사업
7. 조합원 출자금의 효율적 운영을 위한 투자사업
③ 제2항제6호의 공제사업을 위한 공제규정, 공제규정으로 정할 내용 등에 관한 사항은 대통령령으로 정한다.
[본조신설 2011.7.25]

제30조의2【공제규정】 ① 법 제27조의2제1항에 따른 공제조합이 같은 조 제2항제6호에 따른 공제사업을 하려면 공제규정을 정하여야 한다.
② 제1항에 따른 공제규정에는 공제사업의 범위, 공제계약의 내용, 공제료, 공제금, 공제금에 충당하기 위한 책임준비금 등 공제사업의 운영에 필요한 사항이 포함되어야 한다.
[본조신설 2011.10.26]

요점 **에너지절약전문기업(ESCO : Energy Service Company)**

(1) 에너지절약전문기업

제3자로부터 위탁을 받아 다음의 사업을 하는 자로서 산업통상자원부장관에게 등록한 자이다.

1. 에너지사용시설의 에너지절약을 위한 관리·용역사업

2. 에너지절약형 시설투자에 관한 사업

3. 신에너지 및 재생에너지원의 개발 및 보급사업

4. 에너지절약형 시설 및 기자재의 연구개발사업

(2) 에너지절약전문기업 등록기준(시행령 별표2 2015.7.24)

구분	내용		기준
장비	1. 적외선 온도계		1대 이상
	2. 데이터 기록계		
	3. 온도·습도계		
자산	법인	자본금	2억 원 이상
	개인	자산평가액	4억 원 이상
기술인력	「국가기술자격법」에 따른 건축, 기계, 재료, 화공, 전기·전자, 정보통신, 에너지 또는 가스 분야의 기사		3명 이상

■비고
1. 법인인 경우 자본금은 납입자본금을 말하여, 납입자본금과 최근 1년 이내에 작성된 대차대조표상 자본총계(실질자본금으로서 총자산에서 총부채를 뺀 나머지를 말한다.)가 모두 등록기준의 자본금 이상이어야 한다. 다만, 주식회사 외의 법인인 경우 자본금은 출자금으로 한다.
2. 개인인 경우 자본금은 자산평가액으로 하되, 자산평가액은 등록된 사업에 제공되는 자산의 평가액을 말한다.
3. 기술인력 중 기사는 같은 분야의 기술사, 기능장, 박사학위 소지자 또는 한국에너지공단에서 인정한 에너지진단사로 대체할 수 있다.
4. 한 사람이 두 종류 이상의 자격증을 가지고 있는 경우에는 한 종류의 기술능력을 갖춘 것으로 본다.

(3) 에너지절약전문기업 등록

1) 등록신청

① 에너지절약전문기업으로 등록을 하려는 자는 등록신청서 등의 서식을 한국에너지공단에 제출하여야 한다.

1. 등록신청서
2. 사업계획서
3. 보유장비명세서
4. 기술인력명세서
5. 자산감정평가서(개인등록인 경우에 한함)
6. 공인회계사 또는 세무사가 검증한 최근 1년 이내의 대차대조표(법인인 경우에 한함)

② 한국에너지공단은 신청을 받은 경우 그 내용이 에너지절약전문기업의 등록기준에 적합하다고 인정하면 에너지절약전문기업 등록증을 그 신청인에게 발급하여야 한다.

■ ESCO 사업 방식
1. 성과배분(사업자 파이낸싱 성과배분계약)
   절약시설설치로 인하여 발생하는 에너지절감량(액)을 에너지절약전문기업과 에너지사용자가 합의한 조건에 따라 배분하는 것을 말한다.
2. 성과보증(사용자 파이낸싱 성과보증계약)
   절약시설설치로 인하여 발생하는 에너지절감량(액)을 에너지절약전문기업이 에너지사용자에게 보증하는 것을 말한다.
3. 사업자 파이낸싱 성과보증(계약)
   초기 투자비는 에너지절약전문기업이 부담하고 절약시설설치로 인하여 발생하는 에너지절감량(액)을 에너지절약전문기업이 에너지사용자에게 보증하며, 보증한 절감량을 초과하는 절감량에 대해서는 에너지절약전문기업과 에너지사용자가 합의한 조건에 따라 배분하는 것을 말한다.

|참고|

■ **성과보증범위**

1. 보증범위

   에너지절약전문기업은 에너지사용자와 사용자파이낸싱성과보증계약 또는 사업자파이낸싱성과보증계약을 체결하는 때에는 목표절감량(액)의 80%를 초과하는 범위에서 에너지사용자와 합의하여 보증절감량(액)을 설정하고 에너지사용자에게 이의 달성을 보증하여야 한다.

2. 금액보전 방식

1. 측정절감량(액)이 보증절감량(액)에 미달되는 경우	에너지절약전문기업은 보증절감량(액)과 측정절감량(액)의 차액을 에너지사용자에게 현금으로 보전하여야 한다.
2. 측정절감량(액)이 목표절감량(액)에 상회하는 경우	측정절감량(액)과 목표절감량(액)의 차액에 대해 에너지사용자와 에너지절약전문기업이 합의하여 배분의 비율을 정하며, 에너지사용자는 에너지절약전문기업에게 배분된 비율에 해당하는 금액을 현금으로 지급하여야 한다.
3. 측정절감량(액)이 보증절감량(액)에 목표절감량(액) 사이에 해당하는 경우	에너지사용자와 에너지절약전문기업은 제1호에 따른 차액보전 및 제2호에 따른 초과성과배분의 의무를 갖지 아니한다.

| 참고 |

■ 에너지이용 합리화법 시행규칙 [별지 제7호서식] 〈개정 2015.7.29.〉

등록번호   제   호

에너지절약전문기업등록증

1. 상호 또는 명칭:

2. 주 영업소 소재지:

3. 등 록 연 월 일: 년   월   일

「에너지이용 합리화법」 제25조제1항, 같은 법 시행령 제30조제1항 및 같은 법 시행규칙 제25조제1항에 따라 위와 같이 등록하였음을 증명합니다.

년   월   일

한국에너지공단이사장   직인

210mm×297mm[백상지 120g/㎡]

2) 등록취소

산업통상자원부장관은 에너지절약전문기업이 다음 각 호의 어느 하나에 해당되면 등록취소 등의 조치를 할 수 있다.

위반사유	조치내용
1. 거짓이나 그 밖의 부정한 방법으로 등록을 한 경우	강행 : 등록 취소
2. 거짓이나 그 밖의 부정한 방법으로 지원을 받거나 지원받은 자금을 다른 용도로 사용한 경우	임의 : 등록 취소 지원 중단
3. 에너지절약전문기업으로 등록한 업체가 그 등록의 취소를 신청한 경우	
4. 타인에게 자기의 성명이나 상호를 사용하여 사업을 수행하게 하거나 산업통상자원부장관이 에너지절약전문기업에 내준 등록증을 대여한 경우	
5. 등록기준에 미달하게 된 경우	
6. 보고를 하지 아니하거나 거짓으로 보고한 경우 또는 같은 항에 따른 검사를 거부·방해 또는 기피한 경우	
7. 정당한 사유없이 등록한 후 3년 이내에 사업을 시작하지 아니하거나 3년 이상 계속하여 사업수행실적이 없는 경우	

3) 등록제한

등록이 취소된 에너지절약전문기업은 등록취소일부터 2년이 지나지 아니하면 등록을 할 수 없다.

■ 고효율에너지기기자재 재인증
  제한기간 : 1년

(4) 공제조합가입

① 에너지절약전문기업은 「엔지니어링산업 진흥법」에 따른 공제조합의 조합원으로 가입할 수 있다.

② 공제조합사업

1. 에너지절약사업에 다른 의무이행에 필요한 이행보증

2. 에너지절약사업을 위한 채무보증 및 융자

3. 에너지절약사업 수출을 위한 주거래은행 설정에 관한 보증

4. 에너지절약사업으로 인한 매출채권의 팩토링

5. 에너지절약사업의 대가로 받은 어음의 할인

6. 조합원 및 조합원에 고용된 자의 복지향상을 위한 공제사업

7. 조합원 출자금의 효율적 운영을 위한 투자사업

예제문제 16

"에너지이용 합리화법"에 따라 등록된 에너지절약 전문기업에 대하여 정부에서 지원할 수 있는 사업으로 가장 적합하지 않은 것은?　【15 · 21년 기출문제】

① 에너지사용시설의 에너지절약을 위한 관리·용역 사업
② 신에너지 및 재생에너지원의 개발 및 보급사업
③ 에너지절약형 시설 및 기자재의 연구개발사업
④ 에너지 기술 분야의 국제협력 및 국제공동 연구사업

[해설] 에너지절약 전문기업 사업

1. 에너지사용시설의 에너지절약을 위한 관리·용역사업
2. 에너지절약형 시설투자에 관한 사업
3. 신에너지 및 재생에너지원의 개발 및 보급사업
4. 에너지절약형 시설 및 기자재의 연구개발사업

답 : ④

예제문제 17

에너지이용합리화법에 의한 에너지절약전문기업의 사업영역에 해당되지 않는 것은?

① 특정열사용기자재의 설치·시공사업
② 에너지절약형 시설투자에 관한 사업
③ 에너지사용시설의 에너지절약을 위한 관리사업
④ 신·재생에너지원의 개발 및 보급사업

[해설] 특정열사용기자재의 설치·시공·세관업은 시·도지사에게 등록한 시공업의 업무이다.

답 : ①

예제문제 18

에너지이용합리화법에 의한 에너지절약전문기업 등록에 관한 기준 중 가장 부적당한 것은?

① 에너지절약전문기업은 산업통상자원부장관에게 등록한다.
② 에너지절약전문기업의 법인등록시 출자금은 4억 원 이상이다.
③ 전기에너지절약전문기업 등록시 3명 이상의 전기기사 등을 보유하여야 한다.
④ 한 사람이 2종류 이상의 자격증을 가지고 있는 경우에는 한 종류만 기술능력을 갖춘 것으로 본다.

[해설] 에너지절약전문기업 자본금 또는 출자금

· 개인 자본금 : 4억 이상
· 법인 출자금 : 2억 이상

답 : ②

"에너지이용 합리화법"에 따라 등록된 에너지절약 전문기업에 대한 설명으로 가장 적절하지 않은 것은?

【22년 기출문제】

① 전문기업 등록기준에는 장비, 자산 및 기술인력이 포함되어 있다.

② 등록기준 미달로 등록이 취소된 전문기업은 등록 취소일부터 2년이 지나지 아니하면 다시 등록을 할 수 없다.

③ 도시개발사업의 에너지사용계획 수립 대행자가 될 수 있다.

④ 정당한 사유 없이 등록한 후 2년 이상 계속하여 사업 수행실적이 없는 경우에는 등록을 취소할 수 있다.

―――――――――――――――――――――――――――――――――――

해설 등록 후 3년 이상 실적이 없는 경우가 해당된다.

답 : ④

2 에너지다소비사업자

법	시행령
제31조 【에너지다소비사업자의 신고 등】① 에너지사용량이 대통령령으로 정하는 기준량 이상인 자(이하 "에너지다소비사업자"라 한다)는 다음 각 호의 사항을 산업통상자원부령으로 정하는 바에 따라 매년 1월 31일까지 그 에너지사용시설이 있는 지역을 관할하는 시·도지사에게 신고하여야 한다. 〈개정 2008.2.29, 2013.3.23, 2014.1.21〉 1. 전년도의 분기별 에너지사용량·제품생산량 2. 해당 연도의 분기별 에너지사용예정량·제품생산예정량 3. 에너지사용기자재의 현황 4. 전년도의 분기별 에너지이용 합리화 실적 및 해당 연도의 분기별 계획 5. 제1호부터 제4호까지의 사항에 관한 업무를 담당하는 자(이하 "에너지관리자"라 한다)의 현황 ② 시·도지사는 제1항에 따른 신고를 받으면 이를 매년 2월 말일까지 산업통상자원부장관에게 보고하여야 한다. 〈개정 2008.2.29, 2013.3.23〉 ③ 산업통상자원부장관 및 시·도지사는 에너지다소비사업자가 신고한 제1항 각 호의 사항을 확인하기 위하여 필요한 경우 다음 각 호의 어느 하나에 해당하는 자에 대하여 에너지다소비사업자에게 공급한 에너지의 공급량 자료를 제출하도록 요구할 수 있다. 〈신설 2014.1.21〉 1. 「한국전력공사법」에 따른 한국전력공사 2. 「한국가스공사법」에 따른 한국가스공사 3. 「도시가스사업법」제2조제2호에 따른 도시가스사업자 4. 「집단에너지사업법」제2조제3호에 따른 사업자 및 같은 법 제29조에 따른 한국지역난방공사 5. 그 밖에 대통령령으로 정하는 에너지공급기관 또는 관리기관	제35조 【에너지다소비사업자】법 제31조제1항 각 호 외의 부분에서 "대통령령으로 정하는 기준량 이상인 자"란 연료·열 및 전력의 연간 사용량의 합계(이하 "연간 에너지사용량"이라 한다)가 2천 티오이 이상인 자(이하 "에너지다소비사업자"라 한다)를 말한다.

요점 에너지다소비사업자

(1) 에너지다소비사업자

연간 에너지사용량이 2000toe 이상인 자

■ toe (석유환산톤)
석유 1ton이 갖는 열량으로
10^7 kcal를 말한다.

(2) 에너지사용량 신고

신고내용	신고기한	절차
1. 전년도의 분기별 에너지사용량·제품생산량	매년 1월 31일까지	에너지다소비사업자 ↓신고 시·도지사 ↓보고(2월말) 산업통상자원부장관
2. 해당 연도의 분기별 에너지사용예정량·제품생산예정량		
3. 에너지사용기자재의 현황		
4. 전년도의 분기별 에너지이용합리화실적 및 해당연도의 분기별 계획		
5. 에너지관리자현황		

■비고
시·도지사는 신고받은 내용을 매년 2월 말까지 산업통상자원부장관에게 보고하여야 한다.

■ 에너지사용량 신고 서식
(시행규칙 27조)
1. 에너지사용량 신고서
2. 사업장 내 에너지 사용 시설 배치도
3. 제품별 생산 공정도
4. 시설변경의 경우 에너지 사용 시설 현황

(3) 자료의 요청

산업통상자원부장관 및 시·도지사는 에너지다소비사업자가 신고한 사항을 확인하기 위하여 필요한 경우 다음 각 호의 어느 하나에 해당하는 자에 대하여 에너지다소비사업자에게 공급한 에너지의 공급량 자료를 제출하도록 요구할 수 있다.

1. 한국전력공사
2. 한국가스공사
3. 도시가스사업자
4. 집단에너지사업자 및 한국지역난방공사
5. 그 밖에 대통령령으로 정하는 에너지공급기관 또는 관리기관

예제문제 20

에너지이용합리화법에 따른 에너지다소비사업자의 기준은?

① 연간 에너지사용량 1000 toe 이상인 자
② 연간 에너지사용량 2000 toe 이상인 자
③ 연간 에너지사용량 10000 toe 이상인 자
④ 연간 에너지사용량 20000 toe 이상인 자

답 : ②

예제문제 21

에너지이용합리화법에 따른 에너지다소비사업자의 에너지사용량 신고기한은?

① 매년 2월 말일까지 산업통상자원부장관에게 신고
② 매년 1월 31일까지 산업통상자원부장관에게 신고
③ 매년 2월 말일까지 시·도지사에게 신고
④ 매년 1월 31일까지 시·도지사에게 신고

해설 시·도지사는 신고받은 내용을 매년 2월 말일까지 산업통상자원부장관에게 보고하여야 한다.

답 : ④

예제문제 22

"에너지이용 합리화법"에 따른 에너지다소비사업자에 대한 설명으로 가장 적절하지 않은 것은? 【22년 기출문제】

① 산업통상자원부장관은 에너지다소비사업자에게 에너지손실요인의 개선을 명할 수 있다.
② 에너지다소비사업자란 연료·열 및 전력의 연간 사용량의 합계가 2천 티오이 이상인 자를 말한다.
③ 연간 에너지사용량이 20만 티오이 이상인 자는 구역별로 부분진단을 받을 수 있다.
④ 연간 에너지사용량이 1만 티오이 이상인 자는 에너지관리시스템을 설치하여야 한다.

해설 산업통상자원부장관은 에너지다소비사업자(연간 에너지사용량 2,000toe 이상)에게 에너지관리시스템 도입을 권장할 수 있다.

답 : ④

3 에너지진단

(1) 에너지진단

법	시행령
제32조【에너지진단 등】 ① 산업통상자원부장관은 관계 행정기관의 장과 협의하여 에너지다소비사업자가 에너지를 효율적으로 관리하기 위하여 필요한 기준(이하 "에너지관리기준"이라 한다)을 부문별로 정하여 고시하여야 한다. 〈개정 2008.2.29, 2013.3.23〉 ② 에너지다소비사업자는 산업통상자원부장관이 지정하는 에너지진단전문기관(이하 "진단기관"이라 한다)으로부터 3년 이상의 범위에서 대통령령으로 정하는 기간마다 그 사업장에 대하여 에너지진단을 받아야 한다. 다만, 물리적 또는 기술적으로 에너지진단을 실시할 수 없거나 에너지진단의 효과가 적은 아파트·발전소 등 산업통상자원부령으로 정하는 범위에 해당하는 사업장은 그러하지 아니하다. 〈개정 2008.2.29, 2013.3.23, 2015.1.28〉 ③ 산업통상자원부장관은 대통령령으로 정하는 바에 따라 에너지진단업무에 관한 자료제출을 요구하는 등 진단기관을 관리·감독한다. 〈개정 2008.2.29, 2013.3.23〉	**제36조【에너지진단주기 등】** ① 법 제32조제2항에 따라 에너지다소비사업자가 주기적으로 에너지진단을 받아야 하는 기간(이하 "에너지진단주기"라 한다)은 별표 3과 같다. ② 에너지진단주기는 월 단위로 계산하되, 에너지진단을 시작한 달의 다음 달부터 기산(起算)한다. **[시행규칙]** **제28조【에너지진단 제외대상 사업장】** 법 제32조제2항 단서에서 "산업통상자원부령으로 정하는 범위에 해당하는 사업장"이란 다음 각 호의 어느 하나에 해당하는 사업상을 말한다. 〈개정 2011.1.19, 2013.3.23〉 1. 「전기사업법」 제2조제2호에 따른 전기사업자가 설치하는 발전소 2. 「건축법 시행령」 별표 1 제2호가목에 따른 아파트 3. 「건축법 시행령」 별표 1 제2호나목에 따른 연립주택 4. 「건축법 시행령」 별표 1 제2호다목에 따른 다세대주택 5. 「건축법 시행령」 별표 1 제7호에 따른 판매시설 중 소유자가 2명 이상이며, 공동 에너지사용설비의 연간 에너지사용량이 2천 티오이 미만인 사업장 6. 「건축법 시행령」 별표 1 제14호나목에 따른 일반업무시설 중 오피스텔 7. 「건축법 시행령」 별표 1 제18호가목에 따른 창고 8. 「산업집적활성화 및 공장설립에 관한 법률」 제2조제13호에 따른 지식산업센터 9. 「군사기지 및 군사시설 보호법」 제2조제2호에 따른 군사시설 10. 「폐기물관리법」 제29조에 따라 폐기물처리의 용도만으로 설치하는 폐기물처리시설 11. 그 밖에 기술적으로 에너지진단을 실시할 수 없거나 에너지진단의 효과가 적다고 산업통상자원부장관이 인정하여 고시하는 사업장

④ 산업통상자원부장관은 자체에너지절감실적이 우수하다고 인정되는 에너지다소비사업자에 대하여는 산업통상자원부령으로 정하는 바에 따라 에너지진단을 면제하거나 에너지진단주기를 연장할 수 있다. 〈개정 2008.2.29, 2013.3.23〉

⑤ 산업통상자원부장관은 에너지진단 결과 에너지다소비사업자가 에너지관리기준을 지키고 있지 아니한 경우에는 에너지관리기준의 이행을 위한 지도(이하 "에너지관리지도"라 한다)를 할 수 있다. 〈개정 2008.2.29, 2013.3.23〉

제29조【에너지진단의 면제 등】 ① 법 제32조제4항에 따라 에너지진단을 면제하거나 에너지진단주기를 연장할 수 있는 자는 다음 각 호의 어느 하나에 해당하는 자로 한다. 〈개정 2015.7.9, 2016.12.9, 2023.8.3〉

1. 법 제28조제1항에 따라 자발적 협약을 체결한 자로서 제26조제2항에 따른 자발적 협약의 평가기준에 따라 자발적 협약의 이행 여부를 확인한 결과 이행실적이 우수한 사업자로 선정된 자

1의 2. 법 제28조의2제1항에 따라 에너지경영시스템을 도입한 자로서 에너지를 효율적으로 이용하고 있다고 산업통상자원부장관이 정하여 고시하는 자

2. 에너지절약 유공자로서 「정부표창규정」 제10조에 따른 중앙행정기관의 장 이상의 표창권자가 준 단체표창을 받은 자

3. 에너지진단 결과를 반영하여 에너지를 효율적으로 이용하고 있다고 산업통상자원부장관이 인정하여 고시하는 자

4. 지난 연도 에너지사용량의 100분의 30 이상을 다음 각 목의 어느 하나에 해당하는 제품, 기자재 및 설비(이하 "친에너지형 설비"라 한다)를 이용하여 공급하는 자
    가. 법 제14조에 따른 금융·세제상의 지원을 받는 설비
    나. 법 제15조에 따른 효율관리기자재 중 에너지소비효율이 1등급인 제품
    다. 법 제20조에 따른 대기전력저감우수제품
    라. 법 제22조에 따라 인증 표시를 받은 고효율에너지기자재
    마. 「산업표준화법」 제15조에 따라 설비인증을 받은 신·재생에너지 설비

5. 산업통상자원부장관이 정하여 고시하는 요건을 갖춘 에너지관리시스템을 구축하여 에너지를 효율적으로 이용하고 있다고 산업통상자원부장관이 고시하는 자

6. 「기후위기 대응을 위한 탄소중립·녹색성장 기본법 시행령」 제17조제1항 각 호의 기관과 같은 법 시행령 제19조제1항에 따른 온실가스배출관리업체(이하 "목표관리업체"라 한다)로서 온실가스 목표관리 실적이 우수하다고 산업통상자원부장관이 환경부장관과 협의한 후 정하여 고시하는 자. 다만, 「온실가스 배출권의 할당 및 거래에 관한 법률」 제8조제1항에 따라 배출권 할당 대상업체로 지정·고시된 업체는 제외한다.

② 제1항에 따라 에너지진단을 면제 또는 에너지진단주기를 연장받으려는 자는 별지 제8호의2서식의 에너지진단 면제(에너지진단주기 연장) 신청서에 다음 각 호의 어느 하나에 해당하는 서류를 첨부하여 산업통상자원부장관에게 제출하여야 한다. 〈신설 2013.3.23, 2016.12.9, 2023.8.3〉

1. 자발적 협약 우수사업장임을 확인할 수 있는 서류
2. 중소기업임을 확인할 수 있는 서류
2의2. 에너지경영시스템 구축 및 개선 실적을 확인할 수 있는 서류
3. 에너지절약 유공자 표창 사본
4. 에너지진단결과를 반영한 에너지절약 투자 및 개선실적을 확인할 수 있는 서류
5. 친에너지형 설비 설치를 확인할 수 있는 서류(설비의 목록, 용량 및 설치사진 등을 말한다)
6. 에너지관리시스템 구축 및 개선 실적을 확인할 수 있는 서류
7. 목표관리업체로서 온실가스 목표관리 실적을 확인할 수 있는 서류

③ 산업통상자원부장관은 제2항에 따른 신청을 받은 경우에는 이를 검토하여 에너지진단 면제 또는 에너지진단주기 연장 신청결과를 별지 제8호의3서식에 따라 신청인에게 알려 주어야 한다. 〈신설 2011.3.15, 2013.3.23〉

④ 제1항에 따른 에너지진단의 면제 또는 에너지진단주기의 연장 범위는 별표 3과 같으며, 그 밖에 필요한 사항은 산업통상자원부장관이 정하여 고시한다. 〈개정 2011.3.15, 2013.3.23〉

⑥ 산업통상자원부장관은 에너지다소비사업지기 에니지진단을 받기 위하여 드는 비용의 전부 또는 일부를 지원할 수 있다. 이 경우 지원 대상규모 및 절차는 대통령령으로 정한다. 〈개정 2008.2.29, 2013.3.23〉

⑦ 진단기관의 지정기준은 대통령령으로 정하고, 진단기관의 지정절차와 그 밖에 필요한 사항은 산업통상자원부령으로 정한다. 〈개정 2008.2.29, 2013.3.23〉

⑧ 에너지진단의 범위와 방법, 그 밖에 필요한 사항은 산업통상자원부장관이 정하여 고시한다. 〈개정 2008.2.29, 2013.3.23〉

제38조【에너지진단비용의 지원】 ① 산업통상자원부장관이 법 제32조제6항에 따라 에너지진단을 받기 위하여 드는 비용 (이하 "에너지진단비용"이라 한다)의 일부 또는 전부를 지원할 수 있는 에너지다소비사업자는 다음 각 호의 요건을 모두 갖추어야 한다. 〈개정 2009.7.27, 2013.3.23〉

1. 「중소기업기본법」 제2조에 따른 중소기업일 것
2. 연간 에너지사용량이 1만 티오이 미만일 것

② 제1항에 해당하는 에너지다소비사업자로서 에너지진단비용을 지원받으려는 자는 에너지진단신청서를 제출할 때에 제1항제1호에 해당함을 증명하는 서류를 첨부하여야 한다.

③ 에너지진단비용의 지원에 관한 세부기준 및 방법과 그 밖에 필요한 사항은 산업통상자원부장관이 정하여 고시한다. 〈개정 2013.3.23〉

요점 에너지진단

1) 에너지관리기준

산업통상자원부장관은 관계 행정기관의 장과 협의하여 에너지다소비사업자가 에너지를 효율적으로 관리하기 위하여 필요한 에너지관리기준을 부문별로 정하여 고시하여야 한다.

2) 에너지진단대상

■ 에너지다소비사업자 :
  연간 에너지사용량 2000toe 이상인 자
■ 에너지: 연료, 열, 전기

1. 대상	에너지다소비사업자
2. 제외	① 발전소　　　　② 아파트 ③ 연립주택　　　④ 다세대주택 ⑤ 판매시설 중 소유자가 2명 이상이며, 공동 에너지사용설비의 연간 에너지사용량이 2천 티오이 미만인 사업장 ⑥ 일반업무시설 중 오피스텔 ⑦ 창고　　　　　⑧ 지식산업센터 ⑨ 군사시설　　　⑩ 폐기물처리시설 ⑪ 물리적, 기술적으로 진단이 불가능한 경우 ⑫ 그 밖에 기술적으로 에너지진단을 실시할 수 없거나 에너지진단의 효과가 적다고 산업통상자원부장관이 인정하여 고시하는 사업장

■ 연간 25만toe인 경우 부분진단 예시
1. 부분진단(1차) : 10만toe
2. 부분진단(2차) : 15만toe
* 부분진단은 10만toe 이상 실시하여야 함.

3. 진단주기	연간에너지사용량	에너지진단주기
	20만 toe 이상	1. 전체진단 : 5년 2. 부분진단 : 3년
	20만 toe 미만	5년

■비고
1. 연간 에너지사용량은 에너지진단을 하는 연도의 전년도 에너지사용량을 기준으로 한다.
2. 연간 에너지사용량이 20만toe 이상인 자에 대해서는 10만toe 이상의 사용량을 기준으로 구역별로 나누어 에너지진단(이하 "부분진단"이라 한다)을 할 수 있으며, 1개 구역 이상에 대하여 부분진단을 한 경우에는 에너지진단주기에 에너지진단을 받은 것으로 본다.
3. 부분진단은 10만toe 이상의 사용량을 기준으로 구역별로 나누어 순차적으로 실시하여야 한다.
4. 에너지진단주기는 월 단위로 계산하되, 에너지진단을 시작한 달의 다음 달부터 기산(起算)한다.

3) 에너지진단의 면제, 연장

1. 대상	① 자발적 협약을 체결한 자로서 이행실적이 우수한 사업자로 선정된 자 ② 중앙행정기관의 장 이상의 표창권자가 준 단체표창을 받은 에너지절약유공자 ③ 지난 연도 에너지사용량의 100분의 30 이상을 다음 각 목의 어느 하나에 해당하는 제품, 기자재 및 설비를 이용하여 공급하는 자 　가. 금융·세제상의 지원을 받는 설비 　나. 효율관리기자재 중 에너지소비효율이 1등급인 제품 　다. 대기전력저감우수제품 　라. 인증 표시를 받은 고효율에너지기자재 　마. 설비인증을 받은 신·재생에너지설비 ④ 에너지진단결과를 반영하여 에너지를 효율적으로 이용하고 있다고 산업통상자원부장관이 인정하여 고시하는 자 ⑤ 에너지의 공급 또는 사용에 관한 관리·제어 시스템에 관하여 산업통상자원부장관이 정하는 요건을 갖춘 에너지관리시스템을 구축하거나 에너지경영 시스템을 도입하여 에너지를 효율적으로 이용하고 있다고 산업통상자원부장관이 고시하는 자 ⑥ 공공기관과 온실가스 배출업체 및 에너지소비업체로서 온실가스·에너지 목표관리 실적이 우수하다고 산업통상자원부 장관이 환경부장관과 협의한 후 정하여 고시하는 자. 　(단, 배출권 할당 대상업체는 제외한다.)
2. 신청서식 **(산업통상** **자원부** **장관에게** **제출)**	① 신청서 ② 자발적 협약 우수사업장임을 확인할 수 있는 서류 ③ 중소기업임을 확인할 수 있는 서류 ④ 에너지절약 유공자 표창 사본 ⑤ 에너지진단결과를 반영한 에너지절약 투자 및 개선실적을 확인할 수 있는 서류 ⑥ 친에너지형 설비 설치를 확인할 수 있는 서류 ⑦ 에너지관리시스템 구축 내역을 확인할 수 있는 서류

3. 면제, **연장 범위** **(시행규칙** **별표3,** **2016.12.9)**	1. 에너지절약 이행실적 우수사업자	
	가. 자발적 협약 우수사업장으로 선정된 자 (중소기업인 경우)	에너지진단 1회 면제
	나. 자발적 협약 우수사업장으로 선정된 자 (중소기업이 아닌 경우)	1회 선정에 에너지진단주기 1년 연장
	2. 에너지절약 유공자	에너지진단 1회 면제
	3. 에너지진단 결과를 반영하여 에너지를 효율적으로 이용하고 있는 자	1회 선정에 에너지진단주기 3년 연장
	4. 지난 연도 에너지사용량의 100분의 30 이상을 친에너지형 설비를 이용하여 공급하는 자	에너지진단 1회 면제

	5. 에너지관리시스템을 구축하여 에너지를 효율적으로 이용하고 있다고 산업통상자원부장관이 고시하는 자	
	6. 에너지경영시스템을 도입한 자로서 에너지를 효율적으로 이용하고 있다고 산업통상자원부장관이 정하여 고시하는 자	에너지진단주기 2회 마다 에너지진단 1회 면제
	7. 목표관리업체로서 온실가스·에너지 목표관리 실적이 우수하다고 산업통상자원부장관이 환경부장관과 협의한 후 정하여 고시하는 자	

■ 친에너지형 설비
1. 금융세제상의 지원을 받은 설비
2. 에너지소비효율 1등급 제품
3. 대기전력 저감 우수제품
4. 고효율에너지기자재
5. 신·재생에너지 인증 설비

■비고
1. 에너지절약 유공자에 해당되는 자는 1개의 사업장만 해당한다.
2. 제1호, 제1호의2 및 제2호부터 제6호까지의 대상사업자가 동시에 해당되는 경우에는 어느 하나만 해당되는 것으로 한다.
3. 제1호가목 및 나목에서 "중소기업"이란 「중소기업기본법」 제2조에 따른 중소기업을 말한다.
4. 에너지진단이 면제되는 "1회"의 시점은 다음 각 목의 구분에 따라 최초로 에너지진단주기가 도래하는 시점을 말한다.
   가. 제1호가목의 경우 : 중소기업이 자발적 협약 우수사업장으로 선정된 후
   나. 제2호의 경우 : 에너지절약 유공자 표창을 수상한 후
   다. 제4호의 경우 : 100분의 30 이상의 에너지사용량을 친에너지형 설비를 이용하여 공급한 후

예제문제 23

에너지관리진단이라 함은?

① 유사업종간 실무자들이 적용우수사례 및 실패사례를 공유하는 것을 말한다.
② 에너지이용합리화법에 의한 에너지관리기준의 이행여부를 점검하는 것을 말한다.
③ 사업장별 전문가간 현장토론회를 통해 우수실증사례 효과 및 실패사례 등을 발표·토의하는 것이다.
④ 에너지사용시설(공정)에 대한 에너지이용실태를 측정, 분석하여 손실요인을 도출하고 개선방안 즉, 경제적인 투자방법을 제시하는 것이다.

[해설] 에너지진단(에너지진단 운용규정 제2조①항)
진단대상자의 에너지사용시설에 대한 에너지의 이용실태와 손실요인을 파악하여 에너지이용 효율 향상 개선방안을 제시하는 일체의 행위를 말한다.

답 : ④

예제문제 24

에너지이용합리화법령에서 정한 에너지진단주기에 관한 다음 사항 중 부적당한 것은?

① 연간 20만 toe 이상 에너지사용자의 진단주기는 전체진단시 5년, 부분진단시 3년이다.

② 연간 20만 toe 미만 에너지사용자의 진단주기는 5년이다.

③ 에너지진단주기는 연 단위로 계산하며, 에너지진단을 시작한 해의 다음 해부터 기산한다.

④ 진단주기를 정하기 위한 연간에너지사용량은 에너지진단을 실시하는 전년도 연간에너지사용량을 기준으로 한다.

[해설] 에너지진단주기는 월 단위로 계산하되, 에너지진단을 개시한 달의 다음 달부터 기산한다.

답 : ③

예제문제 25

에너지다소비사업자가 주기적으로 에너지진단을 받아야 하는 기간(에너지진단주기)에 대한 설명 중 틀린 것은?

① 연간 20만 티오이 미만 에너지사용 사업자 : 3년

② 연간 20만 티오이 이상 에너지사용 사업자(전체진단) : 5년

③ 연간 20만 티오이 이상 에너지사용 사업사(부분진단) : 3년

④ 연간 에너지사용량은 에너지진단을 하는 연도의 전년도 연간 에너지사용량을 기준으로 한다.

[해설] 연간 20만 티오이 미만 에너지사용량 사업자 : 5년

답 : ①

예제문제 26

에너지이용 합리화법에 따라 에너지관리시스템을 구축하여 에너지를 효율적으로 이용하는 자에게 주어질 수 있는 에너지진단 관련 혜택은? 【16년 기출문제】

① 에너지 진단주기 1년 연장

② 에너지 진단주기 2년 연장

③ 에너지 진단주기 2회마다 에너지 진단 1회 면제

④ 에너지 진단주기 3회마다 에너지 진단 1회 면제

해설 에너지 진단 기간의 연장 및 면제 사유

대상사업자	면제 또는 연장 범위
1. 에너지절약 이행실적 우수사업자	
가. 자발적 협약 우수사업장으로 선정된 자(중소기업인 경우)	에너지진단 1회 면제
나. 자발적 협약 우수사업장으로 선정된 자(중소기업이 아닌 경우)	1회 선정에 에너지진단주기 1년 연장
2. 에너지진단 결과를 반영하여 에너지를 효율적으로 이용하고 있는 자	1회 선정에 에너지진단주기 3년 연장
3. 에너지관리시스템을 구축하여 에너지를 효율적으로 이용하고 있다고 산업통상자원부장관이 고시하는 자	에너지진단주기 2회 마다 에너지진단 1회 면제

답 : ③

예제문제 27

에너지진단의 면제 또는 에너지진단주기의 연장범위에서 에너지진단주기 3년 연장에 해당하는 사업자는?

① 에너지절약 이행실적 우수사업자로서 자발적 협약 우수사업장으로 선정된 중소기업

② 에너지절약 유공자

③ 지난 연도 에너지사용량의 30% 이상을 친에너지형 설비를 이용하여 공급하는 자

④ 에너지진단결과를 반영하여 에너지를 효율적으로 이용하고 있는 자

해설 ①, ②, ③항은 에너지진단 1회 면제 사유이다.

답 : ④

예제문제 28

에너지관리시스템을 구축하여 에너지를 효율적으로 이용하고 있다고 산업통상자원부 장관이 고시하는 자에게 주어질 수 있는 에너지진단 관련 혜택은?　　【20년 기출문제】

① 진단주기 1년 연장
② 진단주기 2년 연장
③ 진단주기 2회마다 진단 1회 면제
④ 진단주기 3회마다 진단 1회 면제

[해설] 에너지 관리 · 경영 시스템 구축의 경우 에너지 진단 주기 2회마다 진단 1회를 면제할 수 있다.

답 : ③

예제문제 29

"에너지이용 합리화법"에 따라 에너지진단을 받아야 하는 대상으로 가장 적절한 것은?　　【22년 기출문제】

① "건축법 시행령"에 따른 의료시설 중 병원으로 연간 에너지사용량이 5천 티오이인 사업장
② "전기사업법"에 다른 전기사업자가 설치하는 발전소로 연간 에너지사용량이 20만 티오이인 사업장
③ "건축법 시행령"에 따른 아파트로 연간 에너지 사용량이 1만 티오이인 사업장
④ "산업집적활성화 및 공장설립에 관한 법률"에 따른 지식산업센터로 연간 에너지사용량이 5천 티오이인 시업징

[해설] 에너지진단제외대상
1. 전기사업자가 설치하는 발전소
2. 아파트
3. 연립주택
4. 다세대주택
5. 판매시설 중 소유자가 2명 이상이며, 공동에너지사용설비의 연간에너지 사용량이 2,000toe 미만인 사업장
6. 일반업무시설 중 오피스텔
7. 창고
8. 지식산업센터
9. 군사시설
10. 폐기물 처리의 용도만으로 설치하는 폐기물처리시설

답 : ①

예제문제 30

다음 중 「에너지 이용합리화법」에 따른 에너지 진단 대상으로 맞는 것은?

① 아파트
② 군사시설
③ 오피스텔
④ 다중이용시설

[해설] 에너지진단대상
에너지 다소비사업자(단, 아파트, 다세대주택, 오피스텔, 지식산업센터, 군사시설 등 제외)

답 : ④

예제문제 31

"에너지이용 합리화법"에 따른 에너지다소비사업자의 에너지사용량 신고와 에너지 진단을 받아야 하는 의무에 대한 설명으로 가장 적절하지 <u>않은</u> 것은? 【19년 기출문제】

① 에너지다소비사업자는 매년 1월 31일까지 에너지사용시설이 있는 지역을 관할하는 시·도지사에게 신고하여야 한다.
② 에너지다소비사업자의 에너지사용량 신고 내용에는 전년도의 분기별 에너지사용량이 포함되어야 한다.
③ 연간 에너지사용량이 10만 티오이 미만인 에너지다소비사업자가 받아야 하는 에너지 진단 주기는 3년이다.
④ "건축법 시행령" 별표 1에 따른 아파트, 오피스텔은 에너지진단 의무대상에서 제외된다.

해설 에너지 진단주기

연간에너지사용량	에너지진단주기
20만 toe 이상	1. 전체진단 : 5년 2. 부분진단 : 3년
20만 toe 미만	5년

답 : ③

(2) 에너지진단 전문기관

법	시행령
제32조【에너지진단 등】 ⑦ 산업통상자원부장관은 진단기관에 대하여 평가하고 그 결과를 공개할 수 있다. 이 경우 평가의 기준·방법 및 결과의 공개에 필요한 사항은 산업통상자원부령으로 정한다. 〈신설 2022.10.18〉 ⑧ 진단기관의 지정기준은 대통령령으로 정하고, 진단기관의 지정절차와 그 밖에 필요한 사항은 산업통상자원부령으로 정한다. 〈개정 2008.2.29, 2013.3.23, 2022.10.18〉 ⑨ 에너지진단의 범위와 방법, 그 밖에 필요한 사항은 산업통상자원부장관이 정하여 고시한다. 〈개정 2008.2.29, 2013.3.23, 2022.10.18〉	**제39조【진단기관의 지정기준】** 법 제32조제8항에 따라 진단기관이 보유하여야 하는 장비와 기술인력의 지정기준은 별표 4와 같다. 〈개정 2023.1.19〉 **[시행규칙]** **제30조【에너지진단전문기관의 지정절차 등】** ① 진단기관으로 지정받으려는 자 또는 진단기관 지정서의 기재 내용을 변경하려는 자는 법 제32조제8항에 따라 별지 제9호서식의 진단기관 지정신청서 또는 진단기관 변경지정신청서를 산업통상자원부장관에게 제출하여야 한다. 〈개정 2013.3.23, 2023.8.3〉 ② 제1항에 따른 진단기관 지정신청서에는 다음 각 호의 서류(변경지정신청의 경우에는 지정신청을 할 때 제출한 서류 중 변경된 것만을 말한다)를 첨부하여야 한다. 이 경우 신청을 받은 산업통상자원부장관은 「전자정부법」 제36조제1항에 따른 행정정보의 공동이용을 통하여 법인 등기사항증명서(신청인이 법인인 경우만 해당한다)를 확인하여야 한다. 〈개정 2010.1.18, 2011.1.19, 2013.3.23〉 1. 에너지진단업무 수행계획서 2. 보유장비명세서 3. 기술인력명세서(자격증 사본, 경력증명서, 재직증명서를 포함한다) ③ 산업통상자원부장관은 진단기관을 지정한 경우에는 별지 제10호서식의 진단기관 지정서를 발급하여야 한다. 〈개정 2013.3.23〉 ④ 제3항에 따라 지정서를 발급받은 자는 그 지정서를 잃어버리거나 헐어 못 쓰게 된 경우에는 산업통상자원부장관에게 재발급신청을 할 수 있다. 이 경우 지정서가 헐어 못 쓰게 되어 재발급신청을 할 때에는 그 지정서를 첨부하여야 한다. 〈개정 2013.3.23〉 ⑤ 제1항부터 제4항까지에서 규정한 사항 외에 진단기관의 지정절차 및 방법에 관하여 필요한 사항은 산업통상자원부장관이 정하여 고시한다. 〈신설 2023. 8. 3.〉
	제37조【에너지진단전문기관의 관리·감독 등】 산업통상자원부장관은 법 제32조제3항에 따라 다음 각 호의 사항에 관하여 법 제32조제2항 본문에 따른 에너지진단전문기관(이하 "진단기관"이라 한다)을 관리·감독한다. 〈개정 2013.3.23〉 1. 제39조에 따른 진단기관 지정기준의 유지에 관한 사항 2. 진단기관의 에너지진단 결과에 관한 사항 3. 에너지진단 내용의 이행실태 및 이행에 필요한 기술지도 내용에 관한 사항 4. 그 밖에 진단기관의 관리·감독을 위하여 산업통상자원부장관이 필요하다고 인정하여 고시하는 사항

제33조【진단기관의 지정취소 등】산업통상자원부장관은 진단기관의 지정을 받은 자가 다음 각 호의 어느 하나에 해당하면 그 지정을 취소하거나 2년 이내의 기간을 정하여 그 업무의 정지를 명할 수 있다. 다만, 제1호에 해당하는 경우에는 그 지정을 취소하여야 한다. 〈개정 2008.2.29, 2022.10.18〉

1. 거짓이나 그 밖의 부정한 방법으로 지정을 받은 경우
2. 에너지관리기준에 비추어 현저히 부적절하게 에너지진단을 하는 경우
3. 제32조제7항에 따른 평가 결과 진단기관으로서 적절하지 아니하다고 판단되는 경우
4. 제32조제8항에 따른 지정기준에 적합하지 아니하게 된 경우
5. 제66조제1항에 따른 보고를 하지 아니하거나 거짓으로 보고한 경우 또는 같은 항에 따른 검사를 거부·방해 또는 기피한 경우
6. 정당한 사유 없이 3년 이상 계속하여 에너지진단업무 실적이 없는 경우

[시행규칙]

제29조의2【에너지진단전문기관의 평가 및 결과 공개】 ① 공단은 법 제32조제7항에 따라 에너지진단전문기관(법 제32조제2항에 따른 에너지진단전문기관을 말하며, 이하 "진단기관"이라 한다) 중 전년도까지 지정된 진단기관을 대상으로 연 1회 평가를 실시한다.

② 제1항에 따른 평가는 다음 각 호의 사항을 기준으로 하여 실시한다.

1. 진단기관의 운영 및 기술인력 관리의 적정성
2. 에너지진단 추진 실적 및 달성도
3. 에너지진단 결과에 대한 개선 이행률
4. 진단기관에 대한 에너지다소비사업자의 만족도

③ 공단은 제1항에 따른 평가 결과를 진단기관에 알리고, 에너지다소비사업자가 알 수 있도록 공단의 홈페이지 등에 공개해야 한다.

④ 제1항부터 제3항까지에서 규정한 사항 외에 진단기관 평가의 기준·방법 및 결과의 공개에 관하여 필요한 사항은 산업통상자원부장관이 정하여 고시한다.

[본조신설 2023. 8. 3.]

제31조【진단기관의 지정취소 공고】산업통상자원부장관은 법 제33조에 따라 진단기관의 지정을 취소하거나 그 업무의 정지를 명하였을 때에는 지체 없이 이를 관보와 인터넷 홈페이지 등에 공고하여야 한다. 〈개정 2013.3.23〉

요점 에너지진단전문기관

1) 지정절차

① 에너지진단전문기관으로 지정, 변경을 하려는 자는 1종, 2종에 따른 다음의 서식을 산업통상자원부장관에게 제출하여야 한다.

■ 1종, 2종 수행업무범위

1종	에너지사용량 신고업체의 "에너지사용량통계"에서 분류하는 식품, 섬유, 제지·목재, 화공, 요업, 금속, 산업기타, 건물업종의 전체 사업장
2종	에너지사용량 신고업체의 "에너지사용량통계"에서 분류하는 산업기타, 건물업종의 전체 사업장과 식품, 섬유, 제지·목재, 화공, 요업, 금속업종의 연간 에너지사용량 1만toe 미만 사업장

1. 신청서
2. 에너지진단업무 수행계획서
3. 보유장비명세서
4. 기술인력명세서(자격증 사본, 경력증명서, 재직증명서를 포함한다)

■ 비고
기재내용 변경지정신청인 경우에는 변경된 것만을 제출한다.

② 산업통상자원부장관은 진단기관을 지정한 경우에는 진단기관 지정서를 발급하여야 한다.

|참고|

■ 에너지이용 합리화법 시행규칙 [별지 제10호서식] 〈개정 2023.8.3〉

지정번호   제   호

에너지진단전문기관 지정서

1. 업 체 명:

2. 본사 소재지:

3. 에너지진단전문기관 종류:

4. 지정 연월일: 년   월   일

「에너지이용 합리화법」 제32조제8항 및 같은 법 시행규칙 제30조제3항에 따라 위와 같이 에너지진단전문기관으로 지정합니다.

                              년   월   일

산업통상자원부장관 | 직인 |

2) 지정기준(시행령 별표4 참고) 〈개정 2021.1.15〉

① 장비

내용	1종	2종
가. 적외선 열화상 카메라 1) 온도 : -20℃ ~ 500℃ 2) 분해능 : 0.1℃	1대 이상	해당 없음
나. 초음파 유량계 1) 유량 및 유속 측정 자료 10,000개 이상 저장 가능 2) 온도 : 0℃ ~ 120℃ 3) 파이프 바깥지름 : 50mm ~ 2,000mm 4) 유속 : 0m/s ~ 10m/s	2대 이상	1대 이상
다. 디지털 압력계 0bar ~ 30bar	2대 이상	1대 이상

〈이하 생략〉

② 기술인력(국가기술자격법에 따른 자격자로서 에너지 분야 실무경력자)

내용	1종	2종
가. 기계·금속·화공 및 세라믹·전기·건축·에너지 분야의 기술사 또는 가스기술사	1명 이상	해당 없음
나. 에너지관리기사·가스기사·화공기사·전기기사·전기공사기사·공조냉동기계기사 또는 건축설비기사로서 10년 이상 실무	1명 이상	1명 이상
다. 에너지관리기사·가스기사 또는 화공기사로서 7년 이상 실무	2명 이상	해당 없음
라. 전기기사 또는 전기공사기사로서 7년 이상 실무	2명 이상	해당 없음
마. 에너지관리기사·가스기사 또는 화공기사로서 4년 이상 실무	1명 이상	1명 이상
바. 전기기사 또는 전기공사기사로서 4년 이상 실무	1명 이상	1명 이상
사. 공조냉동기계기사 또는 건축설비기사로서 4년 이상 실무	1명 이상	1명 이상
아. 기계·화공 및 세라믹·전기·건축·에너지·안전관리 분야의 기사	1명 이상	1명 이상

■ 비고
1. 기술인력은 해당 진단기관의 상근 임원이나 직원이어야 한다.
2. 에너지 분야의 업무란 에너지사용 설비 및 시설의 제조·설치·시공·조종·진단·검사 또는 유지관리 업무를 말한다.
3. 기술인력의 아목에 해당하는 사람은 기계, 화공 및 세라믹, 전기, 건축, 에너지, 안전관리 분야의 기능사 자격을 취득한 사람으로서 3년 이상 해당 분야의 업무를 수행한 사람으로 대체할 수 있다.
4. 기술인력 중 기사는 같은 분야 산업기사로 대체할 수 있고, 에너지 또는 전기 분야의 기사는 에너지진단을 목적으로 한국에너지공단에서 시행하고 있는 같은 분야 에너지진단사로 대체할 수 있다.
5. 한 사람이 2종류 이상의 자격을 취득한 경우에는 한 종류만 기술능력을 갖춘 것으로 본다.

〈이하 생략〉

3) 관리·감독

산업통상자원부장관은 다음에 대하여 에너지진단전문기관을 관리·감독한다.

1. 진단기관 지정기준의 유지에 관한 사항

2. 진단기관의 에너지진단결과에 관한 사항

3. 에너지진단 내용의 이행실태 및 이행에 필요한 기술지도 내용에 관한 사항

4. 그 밖에 진단기관의 관리·감독을 위하여 산업통상자원부장관이 필요하다고 인정하여 고시하는 사항

4) 평가 및 결과 공개

① 한국에너지공단은 전년도까지 지정된 진단기관을 대상으로 연1회 평가를 실시한다.

② 평가항목

1. 진단기관의 운영 및 기술인력 관리의 적정성

2. 에너지진단 추진 실적 및 달성도

3. 에너지진단 결과에 대한 개선 이행률

4. 진단기관에 대한 에너지다소비사업자의 만족도

③ 한국에너지공단은 제1항에 따른 평가 결과를 진단기관에 알리고, 에너지다소비사업자가 알 수 있도록 공단의 홈페이지 등에 공개해야 한다.

5) 지정취소

① 산업통상자원부장관은 진단기관의 지정을 받은 자가 다음 각 호의 어느 하나에 해당되면 지정취소 등의 조치를 명할 수 있다.

위반사유	조치내용	
1. 거짓이나 그 밖의 부정한 방법으로 지정을 받은 경우	·지정취소	강행
2. 에너지관리기준에 비추어 현저히 부적절하게 에너지진단을 하는 경우	·지정취소 ·2년 이내 업무정지	임의
3. 평가결과 진단기관으로서 적절하지 아니하게 된 경우		
4. 지정기준에 적합하지 아니하게 된 경우		
5. 보고를 하지 아니하거나 거짓으로 보고한 경우		
6. 검사를 거부·방해 또는 기피한 경우		
7. 정당한 사유없이 3년 이상 계속하여 에너지진단업무 실적이 없는 경우		

② 산업통상자원부장관은 진단기관의 지정을 취소하거나 그 업무의 정지를 명하였을 때에는 지체없이 이를 관보와 인터넷 홈페이지 등에 공고하여야 한다.

예제문제 **32**

진단기관의 지정신청서에 첨부하여야 하는 서류가 아닌 것은?

① 에너지진단업무 수행계획서　　　　② 보유장비명세서
③ 기술인력명세서　　　　　　　　　④ 자산에 대한 감정평가서

[해설] 에너지진단 전문기관으로 지정받기 위해서 다음 각 호의 서류를 첨부한 지정신청서를 산업통상자원부장관에게 제출하여야 한다.
1. 에너지진단업무 수행계획서
2. 보유장비명세서
3. 기술인력명세서(자격증 사본, 경력증명서, 재직증명서를 포함한다)

답 : ④

예제문제 **33**

에너지이용합리화법에 따른 에너지진단기관 등록기준 중 부적당한 것은?

① 에너지진단기관은 1종, 2종으로 구분하여 산업통상자원부장관에게 지정신청을 하여야 한다.
② 1종 에너지진단기관은 적외선 열화상 카메라를 1대 이상 보유하여야 한다.
③ 1종 에너지진단기관은 기계, 전기, 건축 등 분야의 기술사 또는 가스기술사를 2명 이상 보유하여야 한다.
④ 에너지 분야의 업무란 에너지사용설비 및 시설의 제조, 설치, 시공, 조정, 진단, 검사 또는 유지관리업무를 말한다.

[해설] 1명 이상 보유하여야 한다.

답 : ③

예제문제 **34**

진단기관의 기술인력에 대한 설명으로 부적당한 것은?

① 기술인력은 해당 진단기관의 상근 임원이나 직원이어야 한다.
② 기술인력 중 기술사는 해당분야의 박사학위 소지자로 대체할 수 있다.
③ 기술인력 중 기사는 같은 분야 산업기사로 대체할 수 있다.
④ 기술인력 중 에너지 또는 전기 분야의 기사는 같은 분야 에너지진단사로 대체할 수 있다.

[해설] 에너지절약전문기업은 기술인력 중 기술사를 박사학위 소지자(2008.8.28 이전 취득의 경우 인정)로 대체할 수 있지만 에너지진단기관은 기술사를 박사학위 소지자로 대체할 수는 없다.

답 : ②

예제문제 35

에너지진단전문기관(진단기관)의 지정취소 또는 업무정지의 요건에 해당하지 않는 것은?

① 거짓이나 그 밖의 부정한 방법으로 지정을 받은 경우
② 에너지관리기준에 비추어 현저히 부적절하게 에너지진단을 하는 경우
③ 지정기준에 적합하지 아니하게 된 경우
④ 정당한 사유없이 3년 이상 계속하여 사업수행실적이 없는 경우

해설 ①항은 반드시 지정을 취소하여야 하는 사유이다.

답 : ①

예제문제 36

"에너지이용 합리화법"에 따라 등록된 에너지절약 전문기업에 대한 설명으로 가장 적절하지 않은 것은? 【22년 기출문제】

① 전문기업 등록기준에는 장비, 자산 및 기술인력이 포함되어 있다.
② 등록기준 미달로 등록이 취소된 전문기업은 등록 취소일부터 2년이 지나지 아니하면 다시 등록을 할 수 없다.
③ 도시개발사업의 에너지사용계획 수립 대행자가 될 수 있다.
④ 정당한 사유 없이 등록한 후 2년 이상 계속하여 사업 수행실적이 없는 경우에는 등록을 취소할 수 있다.

해설 등록 후 3년 이상 실적이 없는 경우가 해당된다.

답 : ④

(3) 에너지진단비용의 지원

법	시행령
	제38조【에너지진단비용의 지원】 ① 산업통상자원부장관이 법 제32조제6항에 따라 에너지진단을 받기 위하여 드는 비용(이하 "에너지진단비용"이라 한다)의 일부 또는 전부를 지원할 수 있는 에너지다소비사업자는 다음 각 호의 요건을 모두 갖추어야 한다. 〈개정 2009.7.27, 2013.3.23〉 1. 「중소기업기본법」 제2조에 따른 중소기업일 것 2. 연간 에너지사용량이 1만 티오이 미만일 것 ② 제1항에 해당하는 에너지다소비사업자로서 에너지진단비용을 지원받으려는 자는 에너지진단신청서를 제출할 때에 제1항제1호에 해당함을 증명하는 서류를 첨부하여야 한다. ③ 에너지진단비용의 지원에 관한 세부기준 및 방법과 그 밖에 필요한 사항은 산업통상자원부장관이 정하여 고시한다. 〈개정 2013.3.23〉

요점 에너지진단비용의 지원

산업통상자원부장관은 연간 에너지사용량이 1만toe 미만인 중소기업 에너지진단비용의 전부 또는 일부를 지원할 수 있다.

예제문제 37

"에너지이용합리화법"에 따른 에너지진단제도와 관련된 다음 설명 중 가장 적합하지 않은 것은?　【17년 기출문제】

① 에너지다소비사업자는 에너지진단전문기관으로부터 3년 이상의 범위에서 대통령령으로 정하는 기간마다 에너지진단을 받는 것이 원칙이다.
② 「군사기지 및 군사시설보호법」에서 정의하는 군사시설은 에너지진단 제외 대상이다.
③ 산업통상자원부장관은 진단기관의 지정을 받은 자가 지정취소 요건에 해당하는 경우에는 그 지정을 취소하거나 2년 이내의 기간을 정하여 업무정지를 명할 수 있다.
④ 산업통상자원부장관은 중소기업기본법에 따른 중소기업으로서 연간 에너지사용량이 2만 티오이 미만인 에너지다소비사업자에게 에너지 진단비용의 일부 또는 전부를 지원할 수 있다.

답 : ④

(4) 개선명령

법	시행령
제34조【개선명령】① 산업통상자원부장관은 에너지관리지도 결과, 에너지가 손실되는 요인을 줄이기 위하여 필요하다고 인정하면 에너지다소비사업자에게 에너지손실요인의 개선을 명할 수 있다. 〈개정 2008.2.29, 2013.3.23〉 ② 제1항에 따른 개선명령의 요건 및 절차는 대통령령으로 정한다.	제40조【개선명령의 요건 및 절차 등】① 법 제34조제1항에 따라 산업통상자원부장관이 에너지다소비사업자에게 개선명령을 할 수 있는 경우는 법 제32조제5항에 따른 에너지관리지도 결과 10퍼센트 이상의 에너지효율 개선이 기대되고 효율 개선을 위한 투자의 경제성이 있다고 인정되는 경우로 한다. 〈개정 2013.3.23〉 ② 산업통상자원부장관은 제1항의 개선명령을 하려는 경우에는 구체적인 개선 사항과 개선 기간 등을 분명히 밝혀야 한다. 〈개정 2013.3.23〉 ③ 에너지다소비사업자는 제1항에 따른 개선명령을 받은 경우에는 개선명령일부터 60일 이내에 개선계획을 수립하여 산업통상자원부장관에게 제출하여야 하며, 그 결과를 개선기간 만료일부터 15일 이내에 산업통상자원부장관에게 통보하여야 한다. 〈개정 2013.3.23〉 ④ 산업통상자원부장관은 제3항에 따른 개선계획에 대하여 필요하다고 인정하는 경우에는 수정 또는 보완을 요구할 수 있다. 〈개정 2013.3.23〉 제41조【개선명령의 이행 여부 확인】산업통상자원부장관은 법 제34조제1항에 따른 개선명령의 이행 여부를 소속 공무원으로 하여금 확인하게 할 수 있다. 〈개정 2013.3.23〉

요점 개선명령

(1) 개선명령대상

산업통상자원부장관은 에너지관리지도 결과 10% 이상의 에너지효율개선을 위한 투자의 경제성이 기대되면 당해 에너지다소비사업자에게 에너지손실요인의 개선을 명할 수 있다.

(2) 개선계획 등의 제출 등

① 에너지다소비사업자는 개선계획 등을 다음과 같이 산업통상자원부장관에게 제출하여야 한다.

1. 개선계획제출	개선명령일로부터 60일 이내
2. 개선결과통보	개선기간 만료일부터 15일 이내

② 산업통상자원부장관은 개선계획에 대하여 필요하다고 인정하는 경우에는 수정 또는 보완을 요구할 수 있다.

③ 산업통상자원부장관은 개선명령의 이행 여부를 소속공무원으로 하여금 확인하게 할 수 있다.

예제문제 38

산업통상자원부장관은 에너지관리지도 결과 (   ) 이상의 에너지효율개선이 기대되고 효율개선을 위한 (   )의 (   )이 있다고 인정되는 경우 개선명령을 할 수 있다. (   )에 들어갈 말로 알맞은 것은?

① 5% – 투자 – 필요성

② 10% – 진단 – 경제성

③ 5% – 진단 – 필요성

④ 10% – 투자 – 경제성

[해설] 법 제34조 제1항에 따라 산업통상자원부장관이 에너지다소비사업자에게 개선명령을 할 수 있는 경우는 법 제32조 제5항에 따른 에너지관리지도 결과 10% 이상의 에너지효율개선이 기대되고 효율개선을 위한 투자의 경제성이 있다고 인정되는 경우로 한다. (시행령 제40조 ①항)

답 : ④

예제문제 39

에너지이용합리화법에 따른 개선명령을 받은 에너지다소비사업자가 개선계획을 수립하여 산업통상자원부장관에게 제출하여야 하는 기한은?

① 개선명령일로부터 15일 이내

② 개선명령일로부터 30일 이내

③ 개선명령일로부터 60일 이내

④ 개선명령일로부터 90일 이내

[해설] 1. 개선계획제출 : 개선명령일로부터 60일 이내
2. 개선결과통보 : 개선기간 만료일부터 15일 이내

답 : ③

예제문제 40

산업통상자원부장관이 에너지진단결과 에너지다소비사업자가 에너지관리기준을 지키고 있지 아니한 경우 취할 수 있는 조치는?

① 개선명령

② 이행권고

③ 에너지관리지도

④ 시정명령

[해설] 산업통상자원부장관은 에너지진단결과 에너지다소비사업자가 에너지관리기준을 지키고 있지 아니한 경우에는 에너지관리기준의 이행을 위한 에너지관리지도를 할 수 있다. (법 제32조 ⑤항)

답 : ③

예제문제 41

다음은 "에너지이용 합리화법"에 따른 에너지사용량 및 에너지사용시설 기준이다. 빈 칸 ㉠, ㉡, ㉢에 가장 알맞은 것은?　　　　　　　　　　　【15년 기출문제】

- 에너지저장의무 부과 대상자 : 연간 (㉠) 티오이 이상의 에너지를 사용하는 자
- 에너지진단비용 지원 대상자 : "중소기업기본법" 제2조에 따른 중소기업으로 연간 (㉡) 티오이 미만의 에너지를 사용하는 에너지 다소비사업자
- 에너지사용계획 제출 대상 민간사업 주관자 : 연간 (㉢) 티오이 이상의 연료 및 열을 사용하는 시설을 설치하려는 자

① ㉠ : 2만, ㉡ : 1천, ㉢ : 5천
② ㉠ : 2만, ㉡ : 1만, ㉢ : 5천
③ ㉠ : 5만, ㉡ : 1만, ㉢ : 3만
④ ㉠ : 5만, ㉡ : 2만, ㉢ : 3만

답 : ②

예제문제 42

다음 중 "에너지이용 합리화법"에 따른 기준으로 적절한 것은?　　　　　【16년 기출문제】

① 연간 1만 티오이의 에너지를 사용하는 자는 에너지 저장의무 부과대상이다.
② 연간 에너지사용량이 1천7백 티오이인 자는 에너지다소비사업자에 해당된다.
③ 연간 에너지사용량이 18만 티오이인 에너지다소비사업자는 5년마다 에너지진단을 받아야 한다.
④ 연간 3천 티오이의 연료 및 열을 사용하는 시설을 설치하려는 민간사업주관자는 에너지사용계획을 제출하여야 한다.

해설
① 에너지 저장의무 부과대상 : 연간 2만 toe 이상
② 에너지 다소비사업자 : 연간 2000toe 이상
③ 민간사업주관자 에너지 사용 계획 수립 대상
　┌ 연간 5000toe 이상 연료 열 사용자
　└ 연간 2000kwh 이상 전력 사용자

답 : ③

4 자발적 협약

법	시행령
제28조【자발적 협약체결기업의 지원 등】① 정부는 에너지사용자 또는 에너지공급자로서 에너지의 절약과 합리적인 이용을 통한 온실가스의 배출을 줄이기 위한 목표와 그 이행방법 등에 관한 계획을 자발적으로 수립하여 이를 이행하기로 정부나 지방자치단체와 약속(이하 "자발적 협약"이라 한다)한 자가 에너지절약형 시설이나 그 밖에 대통령령으로 정하는 시설 등에 투자하는 경우에는 그에 필요한 지원을 할 수 있다. ② 자발적 협약의 목표, 이행방법의 기준과 평가에 관하여 필요한 사항은 환경부장관과 협의하여 산업통상자원부령으로 정한다. 〈개정 2008.2.29, 2013.3.23〉	제31조【에너지절약형 시설 등】법 제28조제1항에서 "그 밖에 대통령령으로 정하는 시설 등"이란 다음 각 호를 말한다. 〈개정 2013.3.23〉 1. 에너지절약형 공정개선을 위한 시설 2. 에너지이용 합리화를 통한 온실가스의 배출을 줄이기 위한 시설 3. 그 밖에 에너지절약이나 온실가스의 배출을 줄이기 위하여 필요하다고 산업통상자원부장관이 인정하는 시설 4. 제1호부터 제3호까지의 시설과 관련된 기술개발 [시행규칙] 제26조【자발적 협약의 이행 확인 등】① 법 제28조에 따라 에너지사용자 또는 에너지공급자가 수립하는 계획에는 다음 각 호의 사항이 포함되어야 한다. 1. 협약 체결 전년도의 에너지소비 현황 2. 에너지를 사용하여 만드는 제품, 부가가치 등의 단위당 에너지이용효율 향상목표 또는 온실가스배출 감축목표(이하 "효율향상목표 등"이라 한다) 및 그 이행 방법 3. 에너지관리체제 및 에너지관리방법 4. 효율향상목표 등의 이행을 위한 투자계획 5. 그 밖에 효율향상목표 등을 이행하기 위하여 필요한 사항 ② 법 제28조에 따른 자발적 협약의 평가기준은 다음 각 호와 같다. 1. 에너지절감량 또는 에너지의 합리적인 이용을 통한 온실가스배출 감축량 2. 계획 대비 달성률 및 투자실적 3. 자원 및 에너지의 재활용 노력 4. 그 밖에 에너지절감 또는 에너지의 합리적인 이용을 통한 온실가스배출 감축에 관한 사항

요점 **자발적 협약**

(1) 용어의 정의

자발적 협약이란 에너지사용자 또는 에너지공급자로서 에너지의 절약과 합리적인 이용을 통한 온실가스의 배출을 줄이기 위한 목표와 그 이행방법 등에 관한 계획을 자발적으로 수립하여 이를 이행하기로 정부나 지방자치단체와 약속함으로써, 이행에 필요한 투자를 지원받을 수 있다.

(2) 자발적 협약 대상

1. 에너지절약형 시설
2. 에너지절약형 공정개선을 위한 시설
3. 에너지이용합리화를 통한 온실가스의 배출을 줄이기 위한 시설
4. 산업통상자원부장관이 인정하는 시설
5. 제2호부터 제4호까지의 시설과 관련된 기술개발

> ■ 협약대상범위
> 1. 연간 연료사용량이 500toe 이상이며 연간 에너지사용량이 2,000toe 이상
> 2. 연간 에너지사용량이 5,000toe 이상
> 3. 건물부문 연간 에너지사용량이 2,000toe 이상
>
> – 전담기관 : 한국에너지공단

(3) 이행계획의 내용

에너지사용자 또는 에너지 공급자가 수립하는 계획에는 다음 각 호의 사항이 포함되어야 한다.

1. 협약체결 전년도의 에너지소비현황
2. 단위당 에너지이용효율향상목표 또는 온실가스배출 감축목표 및 그 이행방법
3. 에너지관리체제 및 에너지관리방법
4. 효율향상목표 등의 이행을 위한 투자계획
5. 그 밖에 효율향상목표 등을 이행하기 위하여 필요한 사항

(4) 자발적 협약의 평가기준

1. 에너지절감량 또는 에너지의 합리적인 이용을 통한 온실가스배출 감축량
2. 계획 대비 달성률 및 투자실적
3. 자원 및 에너지의 재활용 노력
4. 그 밖에 에너지절감 또는 에너지의 합리적인 이용을 통한 온실가스배출 감축에 관한 사항

■ 비고
1. 자발적 협약의 목표, 이행방법의 기준과 평가에 관하여 필요한 사항은 환경부장관과 협의하여 산업통상자원부령으로 정한다.
2. 협약의 유효기간은 협약일로부터 5년간으로 한다.

예제문제 43

에너지절약 생산, 공급, 소비하는 기업, 사업자, 또는 단체가 정부와 협력하여 에너지절약 목표설정, 실천방법 등을 제시하고 정부는 기업을 지원함으로써 공동으로 에너지절약목표를 달성하는 제도는?

① 자발적 협약제도 ② 에너지절약전문기업 육성제도
③ 에너지절약 성능인정제도 ④ 에너지사용계획협의제도

답 : ①

예제문제 44

자발적 협약 체결기업 중 이행실적이 우수한 기업은 진단주기 연장 등 제도적 인센티브를 받고 있다. 다음 자발적 협약 이행의 평가기준이 아닌 것은?

① 에너지절감량 또는 에너지의 합리적 이용을 통한 온실가스의 배출감소량
② 계획대비 달성률 및 투자실적
③ 투자의 효율성
④ 자원 및 에너지의 재활용 노력

─────────────────────────────

해설 자발적 협약이행 평가기준
1. 에너지절감량 또는 에너지의 합리적인 이용을 통한 온실가스배출 감소량
2. 계획대비 달성률 및 투자실적
3. 자원 및 에너지의 재활용 노력
4. 그 밖에 에너지절감 또는 에너지의 합리적인 이용을 통한 온실가스배출 감축에 관한 사항

답 : ③

5 에너지경영시스템

법	시행령
제28조의2【에너지경영시스템의 지원 등】 ① 산업통상자원부장관은 에너지사용자 또는 에너지공급자에게 에너지효율 향상을 위한 전사적(全社的) 에너지경영시스템의 도입을 권장하여야 하며, 이를 도입하는 자에게 필요한 지원을 할 수 있다. 〈개정 2014.1.21〉 ② 제1항에 따른 에너지경영시스템의 권장 대상, 지원 기준·방법 등에 관하여 필요한 사항은 산업통상자원부령으로 정한다. 〈개정 2013.3.23., 2014.1.21, 2015.1.28〉 [본조신설 2011.7.25] [제목개정 2014.1.21]	**[시행규칙]** **제26조의2【에너지경영시스템의 지원 등】** ① 삭제 〈2015.7.29〉 ② 법 제28조의2제1항에 따른 전사적(全社的) 에너지경영시스템의 도입 권장 대상은 연료·열 및 전력의 연간 사용량의 합계가 영 제35조에 따른 기준량 이상인 자(이하 "에너지다소비업자"라 한다)로 한다. 〈신설 2014.8.6〉 ③ 에너지사용자 또는 에너지공급자는 법 제28조의2제1항에 따른 지원을 받기 위해서는 다음 각 호의 사항을 모두 충족하여야 한다. 〈개정 2014.8.6〉 1. 국제표준화기구가 에너지경영시스템에 관하여 정한 국제규격에 적합한 에너지경영시스템의 구축 2. 에너지이용효율의 지속적인 개선 ④ 법 제28조의2제2항에 따른 지원의 방법은 다음 각 호와 같다. 〈개정 2013.3.23., 2014.8.6〉 1. 에너지경영시스템 도입을 위한 기술의 지도 및 관련 정보의 제공 2. 에너지경영시스템 관련 업무를 담당하는 자에 대한 교육훈련 3. 그 밖에 에너지경영시스템의 도입을 위하여 산업통상자원부장관이 필요하다고 인정한 사항 ⑤ 제4항에 따른 지원을 받으려는 자는 다음 각 호의 사항이 포함된 계획서를 산업통상자원부장관에게 제출하여야 한다. 〈개정 2013.3.23., 2014.8.6.〉 1. 에너지사용량 현황 2. 에너지이용효율의 개선을 위한 경영목표 및 그 관리체제 3. 주요 설비별 에너지이용효율의 목표와 그 이행 방법 4. 에너지사용량 모니터링 및 측정 계획 ⑥ 에너지경영시스템의 권장 및 지원에 관한 세부 기준 및 절차 등에 필요한 사항은 산업통상자원부장관이 정하여 고시한다. 〈신설 2014.8.6.〉 [본조신설 2011.10.26.]
제28조의3【에너지관리시스템의 지원 등】 ① 산업통상자원부장관은 에너지관리시스템의 보급 활성화를 위하여 에너지사용자에게 에너지관리시스템의 도입을 권장할 수 있으며, 이를 도입하는 자에게 필요한 지원을 할 수 있다. ② 제1항에 따른 에너지관리시스템의 권장 대상, 지원 기준·방법 등에 필요한 사항은 산업통상자원부령으로 정한다. [본조신설 2015.1.28]	**제26조의3【에너지관리시스템의 지원 등】** ① 법 제28조의3제1항에 따른 에너지관리시스템의 도입 권장 대상은 에너지다소비사업자로 한다. ② 산업통상자원부장관은 법 제28조의3제1항에 따른 지원을 하기 위하여 매년 다음 각 호의 사항을 포함한 지원계획을 인터넷 홈페이지와 관보에 게재하여야 한다.

1. 지원대상 분야
2. 신청자격, 신청방법 및 신청기간
3. 지원대상자의 선정절차 및 선정기준
4. 지원비율, 지원기간 및 지원규모
5. 그 밖에 지원대상 선정을 위하여 필요하다고 산업통상자원부장관이 인정하는 사항

③ 법 제28조의3제1항에 따른 지원을 받으려는 자는 제2항에 따른 지원계획에 따라 에너지관리시스템 도입에 관한 다음 각 호의 사항이 포함된 수행계획서를 산업통상자원부장관에게 신청하여야 한다.

1. 사업목적, 사업기간 및 사업범위
2. 사업장 등의 현황 분석, 문제점 및 개선방향
3. 세부 추진계획 및 기대효과
4. 향후 사업관리계획
5. 그 밖에 제2항에 따른 지원계획에서 정하는 사항

④ 산업통상자원부장관은 제3항에 따라 제출된 수행계획서를 과제수행능력, 사업계획의 타당성, 사업 결과의 활용가능성 등을 고려하여 지원대상을 선정한다.

[본조신설 2015.7.29]

요점 에너지경영시스템

(1) 에너지경영시스템

1) 정의

「에너지경영시스템」이란 에너지다소비업자가 에너지이용효율을 개선할 수 있는 경영목표를 설정하고, 이를 달성하기 위하여 인적·물적자원 및 관리체제를 일정한 절차와 방법에 따라 체계적이고 지속적으로 관리하는 경영활동체제를 말한다.

2) 지원

① 지원신청조건

에너지다소비사업자는 다음의 조건을 모두 충족하여야 한다.

1. 국제표준화기구가 에너지경영시스템에 관하여 정한 국제규격에 적합한 에너지경영시스템의 구축

2. 에너지이용효율의 지속적인 개선

② 계획서 제출

지원을 받으려는 자는 다음 각 호의 사항이 포함된 계획서를 산업통상자원부장관에게 제출하여야 한다.

1. 에너지사용량 현황

2. 에너지이용효율의 개선을 위한 경영목표 및 그 관리체제

3. 주요 설비별 에너지이용효율의 목표와 그 이행 방법

4. 에너지사용량 모니터링 및 측정 계획

③ 지원방안

산업통상자원부장관은 에너지효율향상을 위하여 전사적(全社的) 에너지경영시스템을 도입하는 자에게 필요한 지원을 다음과 같이 할 수 있다.

1. 에너지경영시스템 도입을 위한 기술의 지도 및 관련 정보의 제공

2. 에너지경영시스템 관련 업무를 담당하는 자에 대한 교육훈련

3. 그 밖에 에너지경영시스템의 도입을 위하여 산업통상자원부장관이 필요하다고 인정한 사항

(2) 에너지관리시스템

1) 정의

「에너지관리시스템」이란 에너지다소비사업자가 에너지사용을 효율적으로 관리하기 위하여 센서·계측장비 분석 소프트웨어 등을 설치하고 에너지사용현황을 실시간으로 모니터링하여 필요시 에너지사용을 제어할 수 있는 통합관리시스템을 말한다.

2) 지원

① 지원신청공고

산업통상자원부장관은 매년 다음 각호의 사항을 포함한 지원계획을 인터넷 홈페이지와 관보에 게재하여야 한다.

1. 지원대상 분야
2. 신청자격, 신청방법 및 신청기간
3. 지원대상자의 선정절차 및 선정기준
4. 지원비율, 지원기간 및 지원규모
5. 그 밖에 지원대상 선정을 위하여 필요하다고 산업통상자원부장관이 인정하는 사람

② 지원신청

지원을 받으려는 에너지다소비사업자는 지원계획에 따라 다음 각 호의 사항이 포함된 수행계획서를 산업통상자원부장관에게 신청하여야 한다.

1. 사업목적, 사업기간 및 사업범위
2. 사업장 등의 현황 분석, 문제점 및 개선방향
3. 세부 추진계획 및 기대효과
4. 향후 사업관리계획
5. 그 밖에 지원계획에서 정하는 사람

③ 지원방안

1. 산업통상자원부장관은 에너지관리시스템의 보급 활성화를 위하여 에너지다소비사업자에게 에너지관리시스템의 도입을 권장할 수 있으며, 이를 도입하는 자에게 필요한 지원을 할 수 있다.
2. 산업통상자원부장관은 제출된 수행계획서의 과제수행능력, 사업계획의 타당성, 사업결과의 활용 가능성 등을 고려하여 지원대상을 선정한다.

6 온실가스배출감축

법	시행령
제29조【온실가스배출 감축실적의 등록·관리】 ① 정부는 에너지절약전문기업, 자발적 협약체결기업 등이 에너지이용합리화를 통한 온실가스배출 감축실적의 등록을 신청하는 경우 그 감축실적을 등록·관리하여야 한다. ② 제1항에 따른 신청, 등록·관리 등에 관하여 필요한 사항은 대통령령으로 정한다.	**제32조【온실가스배출 감축사업계획서의 제출 등】** ① 법 제29조에 따라 온실가스배출 감축실적의 등록을 신청하려는 자(이하 "등록신청자"라 한다)는 온실가스배출 감축사업계획서(이하 "사업계획서"라 한다)와 그 사업의 추진 결과에 대한 이행실적보고서를 각각 작성하여 산업통상자원부장관에게 제출하여야 한다. 〈개정 2013.3.23〉 ② 등록신청자는 사업계획서 및 이행실적보고서에 대하여 산업통상자원부장관이 지정하여 고시하는 에너지절약 관련 전문기관의 타당성 평가 및 검증을 받아 산업통상자원부장관에게 감축실적의 등록을 신청하여야 한다. 〈개정 2013.3.23〉 ③ 제1항 및 제2항에 관한 세부적인 사항은 산업통상자원부장관이 환경부장관과 협의를 거쳐 정하여 고시한다. 〈개정 2013.3.23〉
제30조【온실가스의 배출을 줄이기 위한 교육훈련 및 인력양성 등】 ① 정부는 온실가스의 배출을 줄이기 위하여 필요하다고 인정하면 산업계종사자 등 온실가스배출 감축 관련 업무담당자에 대하여 교육훈련을 실시할 수 있다.	**제33조【온실가스배출 감축 관련 교육훈련 대상 등】** ① 법 제30조제1항에 따른 교육훈련의 대상자는 다음 각 호의 어느 하나에 해당하는 자를 말한다. 1. 산업계의 온실가스배출 감축 관련 업무담당자 2. 정부 등 공공기관의 온실가스배출 감축 관련 업무담당자 ② 법 제30조제1항에 따른 교육훈련의 내용은 다음 각 호와 같다. 1. 기후변화협약과 대응 방안 2. 기후변화협약 관련 국내외 동향 3. 온실가스배출 감축 관련 정책 및 감축 방법에 관한 사항
② 정부는 온실가스 배출을 줄이는 데에 필요한 전문인력을 양성하기 위하여「고등교육법」제29조에 따른 대학원 및 같은 법 제30조에 따른 대학원대학 중에서 대통령령으로 정하는 기준에 해당하는 대학원이나 대학원대학을 기후변화협약특성화대학원으로 지정할 수 있다. ③ 정부는 제2항에 따라 지정된 기후변화협약특성화대학원의 운영에 필요한 지원을 할 수 있다. ④ 제1항에 따른 교육훈련대상자와 교육훈련 내용, 제2항에 따른 기후변화협약특성화대학원 지정절차 및 제3항에 따른 지원내용 등에 필요한 사항은 대통령령으로 정한다.	**제34조【기후변화협약특성화대학원의 지정기준 등】** ① 법 제30조제2항에서 "대통령령으로 정하는 기준에 해당하는 대학원 또는 대학원대학"이란 기후변화 관련 교통정책, 환경정책, 온난화방지과학, 산업활동과 대기오염 등 산업통상자원부장관이 정하여 고시하는 과목의 강의가 3과목 이상 개설되어 있는 대학원 또는 대학원대학을 말한다. 〈개정 2013.3.23〉 ② 법 제30조제2항에 따른 기후변화협약특성화대학원으로 지정을 받으려는 대학원 또는 대학원대학은 산업통상자원부장관에게 지정신청을 하여야 한다. 〈개정 2013.3.23〉 ③ 산업통상자원부장관은 법 제30조제2항에 따라 지정된 기후변화협약특성화대학원이 그 업무를 수행하는 데에 필요한 비용을 예산의 범위에서 지원할 수 있다. 〈개정 2013.3.23〉

④ 제1항 및 제2항에 따른 지정기준 및 지정신청 절차에 관한 세부적인 사항은 산업통상자원부장관이 환경부장관, 국토교통부장관 및 해양수산부장관과의 협의를 거쳐 정하여 고시한다. 〈개정 2013.3.23〉

요점 온실가스배출 감축

(1) 감축실적의 등록, 관리

■ 감축사업등록구분
(연간 CO₂ 배출 감축량)
• 500ton이상 : 일반감축사업
• 500ton미만 : 소규모감축사업

① 온실가스배출 감축실적의 등록을 신청하려는 자는 온실가스배출 감축사업계획서와 이행실적보고서를 작성하여 에너지절약 관련 전문기관의 타당성 평가 및 검증을 받아 산업통상자원부장관에게 등록신청하여야 한다.
② 산업통상자원부장관은 등록을 신청하는 경우 그 감축실적을 등록, 관리하여야 한다.

(2) 온실가스배출 감축을 위한 교육 및 인력양성

1) 기후변화협약특성대학원의 지정

① 기후변화협약특성대학원은 기후변화 관련 교통정책, 환경정책, 온난화방지과학, 산업활동과 대기오염 등 과목의 강의가 3과목 이상 개설되어 있는 대학원 또는 대학원대학을 말한다.
② 기후변화협약특성화대학원으로 지정을 받으려는 대학원 또는 대학원대학은 산업통상자원부장관에게 지정신청을 하여야 한다.
③ 산업통상자원부장관은 지정된 기후변화협약특성화대학원이 그 업무를 수행하는 데에 필요한 비용을 예산의 범위에서 지원할 수 있다.
④ ① 및 ②에 따른 지정기준 및 지정신청 절차에 관한 세부적인 사항은 산업통상자원부장관이 환경부장관, 국토교통부장관 및 해양수산부장관과의 협의를 거쳐 정하여 고시한다.

2) 교육훈련

① 교육훈련 대상자

| 1. 산업계의 온실가스배출 감축 관련 업무담당자 |
| 2. 정부 등 공공기관의 온실가스배출 감축 관련 업무담당자 |

② 교육훈련 내용

| 1. 기후변화협약과 대응방안 |
| 2. 기후변화협약 관련 국내외 동향 |
| 3. 온실가스배출 감축 관련 정책 및 감축방법에 관한 사항 |

7 냉난방온도제한

법	시행령
제36조의2 【냉난방온도제한건물의 지정 등】 ① 산업통상자원부장관은 에너지의 절약 및 합리적인 이용을 위하여 필요하다고 인정하면 냉난방온도의 제한온도 및 제한기간을 정하여 다음 각 호의 건물 중에서 냉난방온도를 제한하는 건물을 지정할 수 있다. 〈개정 2013.3.23〉 1. 제8조제1항 각 호에 해당하는 자가 업무용으로 사용하는 건물 2. 에너지다소비사업자의 에너지사용시설 중 에너지사용량이 대통령령으로 정하는 기준량 이상인 건물 ② 산업통상자원부장관은 제1항에 따라 냉난방온도의 제한온도 및 제한기간을 정하여 냉난방온도를 제한하는 건물을 지정한 때에는 다음 각 호의 구분에 따라 통지하고 이를 고시하여야 한다. 〈개정 2013.3.23〉 1. 제1항제1호의 건물: 관리기관(관리기관이 따로 없는 경우에는 그 기관의 장을 말한다. 이하 같다)에 통지 2. 제1항제2호의 건물: 에너지다소비사업자에게 통지	**제42조의2 【냉난방온도의 제한 대상 건물 등】** ① 법 제36조의2제1항제2호에서 "대통령령으로 정하는 기준량 이상인 건물"이란 연간 에너지사용량이 2천티오이 이상인 건물을 말한다. ② 산업통상자원부장관은 법 제36조의2제2항 각 호 외의 부분에 따른 고시를 하려는 경우에는 해당 고시 내용을 고시 예정일 7일 이전에 같은 항 각 호에 따른 통지 대상자에게 예고하여야 한다. 〈개정 2013.3.23〉 [본조신설 2009.7.27] **[시행규칙]** **제31조의3 【냉난방온도제한건물의 지정기준】** ① 법 제36조의2제1항에 따라 냉난방온도를 제한하는 건물(이하 "냉난방온도제한건물"이라 한다)은 법 제36조의2제1항 각 호의 건물로 한다. 다만, 법 제36조의2제1항제2호의 건물 중 「산업집적활성화 및 공장설립에 관한 법률」 제2조제1호에 따른 공장과 「건축법」 제2조제2항제2호에 따른 공동주택은 제외한다. ② 제1항의 본문에도 불구하고 냉난방온도제한건물 중 다음 각 호의 어느 하나에 해당하는 구역에는 냉난방온도의 제한온도를 적용하지 않을 수 있다. 〈개정 2013.3.23〉 1. 「의료법」 제3조에 따른 의료기관의 실내구역 2. 식품 등의 품질관리를 위해 냉난방온도의 제한온도 적용이 적절하지 않은 구역 3. 숙박시설 중 객실 내부구역 4. 그 밖에 관련 법령 또는 국제기준에서 특수성을 인정하거나 건물의 용도상 냉난방온도의 제한온도를 적용하는 것이 적절하지 않다고 산업통상자원부장관이 고시하는 구역 [본조신설 2009.7.30]
③ 제1항 및 제2항에 따라 냉난방온도를 제한하는 건물로 지정된 건물(이하 "냉난방온도제한건물"이라 한다)의 관리기관 또는 에너지다소비사업자는 해당 건물의 냉난방온도를 제한온도에 적합하도록 유지·관리하여야 한다.	**제31조의2 【냉난방온도의 제한온도 기준】** 법 제36조의2제1항에 따른 냉난방온도의 제한온도(이하 "냉난방온도의 제한온도"라 한다)를 정하는 기준은 다음 각 호와 같다. 다만, 판매시설 및 공항의 경우에 냉방온도는 25℃ 이상으로 한다. 1. 냉방: 26℃ 이상 2. 난방: 20℃ 이하 [본조신설 2009.7.30]

④ 산업통상자원부장관은 냉난방온도제한건물의 관리기관 또는 에너지다소비사업자가 해당 건물의 냉난방온도를 한온도에 적합하게 유지·관리하는지 여부를 점검하거나 실태를 파악할 수 있다. 〈개정 2013.3.23〉

⑤ 제1항에 따른 냉난방온도의 제한온도를 정하는 기준 및 냉난방온도제한건물의 지정기준, 제4항에 따른 점검 방법 등에 필요한 사항은 산업통상자원부령으로 정한다.
〈개정 2013.3.23〉

[본조신설 2009.1.30]

제36조의3【건물의 냉난방온도 유지·관리를 위한 조치】 산업통상자원부장관은 냉난방온도제한건물의 관리기관 또는 에너지다소비사업자가 제36조의2제3항에 따라 해당 건물의 냉난방온도를 제한온도에 적합하게 유지·관리하지 아니한 경우에는 냉난방온도의 조절 등 냉난방온도의 적합한 유지·관리에 필요한 조치를 하도록 권고하거나 시정조치를 명할 수 있다. 〈개정 2013.3.23〉

[본조신설 2009.1.30]

제31조의4【냉난방온도 점검 방법 등】 ① 냉난방온도제한건물의 관리기관 및 에너지다소비사업자는 냉난방온도를 관리하는 책임자(이하 "관리책임자"라 한다)를 지정하여야 한다. 〈개정 2011.1.19, 2014.8.6〉

② 관리책임자는 법 제36조의2제4항에 따른 냉난방온도 점검 및 실태파악에 협조하여야 한다.

③ 산업통상자원부장관이 법 제36조의2제4항에 따라 냉난방온도를 점검하거나 실태를 파악하는 경우에는 산업통상자원부장관이 고시한 국가교정기관지정제도운영요령에서 정하는 방법에 따라 인정기관에서 교정 받은 측정기기를 사용한다. 이 경우 관리책임자가 동행하여 측정결과를 확인할 수 있다. 〈개정 2013.3.23〉

④ 그 밖에 냉난방온도 점검을 위하여 필요한 사항은 산업통상자원부장관이 정하여 고시한다. 〈개정 2013.3.23〉

[본조신설 2009.7.30]

요점 냉난방온도제한

(1) 냉난방온도제한건물의 지정

산업통상자원부장관은 에너지의 절약 및 합리적인 이용을 위하여 필요하다고 인정하면 냉난방온도의 제한온도 및 제한기간을 정하여 다음 건물 중에서 냉난방온도를 제한하는 건물을 지정할 수 있다.

1. 국가, 지방자치단체, 공공기관이 업무용으로 사용하는 건물

2. 연간 에너지사용량이 2000 toe 이상인 건물

▪예외
다음의 경우에는 적용되지 아니한다.
① 공장, 공동주택
② 다음에 해당하는 구역

1. 의료기관의 실내구역
2. 식품 등의 품질관리를 위해 냉난방온도의 제한온도 적용이 적절하지 않은 구역
3. 숙박시설 중 객실 내부구역
4. 산업통상자원부장관이 고시하는 구역

(2) 냉난방온도의 제한온도

1. 냉방	26℃ 이상(판매시설 및 공항의 경우 25℃ 이상)
2. 난방	20℃ 이하

(3) 냉난방온도제한의 통지

① 산업통상자원부장관은 냉난방온도의 제한온도 및 제한기간을 정하여 냉난방온도를 제한하는 건물을 지정한 때에는 다음과 같이 통지하고 이를 고시하여야 한다.

통지대상자		통지내용
1. 국가, 지방자치단체, 공공기관 건물	관리기관	제한온도 및 제한기간 통지
2. 연간 2000toe 이상 사용건물	에너지다소비사업자	

② 산업통상자원부장관은 ①항 외의 부분에 따른 고시를 하려는 경우에는 해당 고시내용을 고시예정일 7일 이전에 통지 대상자에게 예고하여야 한다.

(4) 유지·관리조치

① 냉난방온도제한건물의 관리기관 및 에너지다소비사업자는 냉난방온도를 관리하는 "관리책임자"를 지정하여야 한다.
② 관리책임자는 냉난방온도 점검 및 실태파악에 협조하여야 한다.
③ 산업통상자원부장관은 냉난방온도의 조절 등 냉난방온도의 적합한 유지·관리에 필요한 조치를 하도록 권고하거나 시정조치를 명할 수 있다.
④ 산업통상자원부장관의 시정조치명령은 다음의 사항을 구체적으로 밝힌 서면으로 하여야 한다.

1. 시정조치명령의 대상건물 및 대상자

2. 시정조치명령의 사유 및 내용

3. 시정기한

예제문제 45

에너지이용합리화법에 따른 냉난방온도제한대상건물의 연간 에너지사용량 기준은?

① 연간 에너지사용량 1000 toe 이상인 건물
② 연간 에너지사용량 2000 toe 이상인 건물
③ 연간 에너지사용량 10000 toe 이상인 건물
④ 연간 에너지사용량 20000 toe 이상인 건물

해설 냉난방온도제한대상건물
1. 국가, 지방자치단체, 공공기관의 업무용으로 사용하는 건물
2. 연간 에너지사용량 2000 toe 이상인 건물

답 : ②

예제문제 46

"에너지이용합리화법"에 따른 냉난방온도 제한 대상 민간 건물 중 판매시설의 실내 냉난방 제한온도로 적절한 것은? 【18년 기출문제】

① 냉방 25℃ 이상, 난방 18℃ 이하
② 냉방 25℃ 이상, 난방 20℃ 이하
③ 냉방 26℃ 이상, 난방 18℃ 이하
④ 냉방 26℃ 이상, 난방 20℃ 이하

해설 냉·난방 온도 제한 기준

1. 냉방	26℃ 이상(판매시설 및 공항의 경우 25℃ 이상)
2. 난방	20℃ 이하

답 : ②

예제문제 47

에너지이용합리화법에 따른 냉난방온도제한에 대한 기준 중 부적당한 것은?

① 의료기관의 실내구역은 제한대상이 아니다.

② 냉방제한온도는 26℃ 이상이다.

③ 제한온도 및 제한기간 이외의 사항은 고시예정일 5일 전에 예고되어야 한다.

④ 산업통상자원부장관은 냉난방제한기준에 위배한 에너지다소비사업자에게 시정조치를 명할 수 있다.

해설 산업통상자원부장관은 제한온도 및 제한기간 이외의 사항을 고시할 때에는 고시예정일 7일 전에 예고하여야 한다.

답 : ③

예제문제 48

"에너지이용 합리화법"에 따른 냉난방온도제한에 대한 내용으로 적합한 것은?

【15년 기출문제】

① 냉난방온도제한 대상건물은 연간 에너지 사용량이 2천5백 티오이 이상인 건물을 말한다.

② 판매시설 및 공항의 냉방온도 제한 기준은 26℃ 이상이다.

③ "의료법" 제3조에 따른 의료기관의 실내구역, 숙박시설의 객실 내부구역은 냉난방온도의 제한온도를 적용하지 않을 수 있다.

④ 냉난방온도의 적합한 유지·관리에 필요한 시정조치명령을 정당한 사유 없이 이행하지 아니한 자에 대하여 500만 원 이하의 과태료를 부과한다.

해설 ① 2000 toe 이상 건축물

② 25℃ 이상

④ 300만 원 이하의 과태료

답 : ③

예제문제 49

"에너지이용 합리화법" 및 "공공기관 에너지이용합리화 추진에 관한 규정"에 따른 냉난방온도의 제한온도에 대한 기준으로 가장 적절하지 않은 것은?　　【22년 기출문제】

① 공공기관의 업무시설은 냉방설비 가동 시 평균 28°C 이상으로 실내온도를 유지하여야 한다.

② "의료법"에 따른 의료기관의 실내구역은 냉난방온도의 제한온도를 적용 하지 않을 수 있다.

③ 민간 판매시설의 경우 냉방온도의 제한온도기준은 26℃ 이상이다.

④ 공공기관이 계약전력 5% 이상의 에너지저장장치(ESS)를 설치한 경우에는 탄력적으로 실내온도를 유지할 수 있다.

해설 26°C 이상의 냉방온도를 유지한다.

답 : ①

8 목표에너지 원단위 등

법	시행령
제35조【목표에너지원단위의 설정 등】 ① 산업통상자원부장관은 에너지의 이용효율을 높이기 위하여 필요하다고 인정하면 관계 행정기관의 장과 협의하여 에너지를 사용하여 만드는 제품의 단위당 에너지사용목표량 또는 건축물의 단위면적당 에너지사용목표량(이하 "목표에너지원단위"라 한다)을 정하여 고시하여야 한다. 〈개정 2008.2.29, 2013.3.23〉 ② 산업통상자원부장관은 산업통상자원부령으로 정하는 바에 따라 목표에너지원단위의 달성에 필요한 자금을 융자할 수 있다. 〈개정 2008.2.29, 2013.3.23〉	
제36조【폐열의 이용】 ① 에너지사용자는 사업장 안에서 발생하는 폐열을 이용하기 위하여 노력하여야 하며, 사업장 안에서 이용하지 아니하는 폐열을 타인이 사업장 밖에서 이용하기 위하여 공급받으려는 경우에는 이에 적극 협조하여야 한다. ② 산업통상자원부장관은 폐열의 이용을 촉진하기 위하여 필요하다고 인정하면 폐열을 발생시키는 에너지사용자에게 폐열의 공동이용 또는 타인에 대한 공급 등을 권고할 수 있다. 다만, 폐열의 공동이용 또는 타인에 대한 공급 등에 관하여 당사자 간에 협의가 이루어지지 아니하거나 협의를 할 수 없는 경우에는 조정을 할 수 있다. 〈개정 2008.2.29, 2013.3.23〉 ③「집단에너지사업법」에 따른 사업자는 같은 법 제5조에 따라 집단에너지공급대상지역으로 지정된 지역에 소각시설이나 산업시설에서 발생되는 폐열을 활용하기 위하여 적극 노력하여야 한다.	**제42조【폐열 이용의 조정안 작성 등】** ① 산업통상자원부장관은 법 제36조제2항 단서에 따른 조정을 할 때에는 당사자로부터 의견을 듣고 조정안을 작성하여야 한다. 〈개정 2013.3.23〉 ② 산업통상자원부장관은 제1항에 따라 작성된 조정안을 당사자에게 알리고 60일 이내의 기간을 정하여 그 조정안을 수락할 것을 권고할 수 있다. 〈개정 2013.3.23〉
제35조의2【붙박이에너지사용기자재의 효율관리】 ① 산업통상자원부장관은 건설사업자(「주택법」 제4조에 따라 등록한 주택건설사업자 또는 「건축법」 제2조에 따른 건축주 및 공사시공자를 말한다. 이하 같다)가 설치하여 입주자에게 공급하는 붙박이 가전제품(건축물의 난방, 냉방, 급탕, 조명, 환기를 위한 제품은 제외한다)으로서 국토교통부장관과 협의하여 산업통상자원부령으로 정하는 에너지사용기자재(이하 "붙박이에너지사용기자재"라 한다)의 에너지이용 효율을 높이기 위하여 다음 각 호의 사항을 정하여 고시하여야 한다. 〈개정 2016.1.19, 2019.12.10〉 1. 에너지의 최저소비효율 또는 최대사용량의 기준 2. 에너지의 소비효율등급 또는 대기전력 기준	**[시행규칙]** **제31조의30【붙박이에너지사용기자재】** ① 법 제35조의2제1항에서 "산업통상자원부령으로 정하는 에너지사용기자재"란 다음 각 호의 에너지사용기자재를 말한다. 1. 전기냉장고 2. 전기세탁기 3. 식기세척기 4. 제1호부터 제3호까지 규정된 에너지사용기자재 외에 산업통상자원부장관이 국토교통부장관과의 협의를 거쳐 고시하는 에너지사용기자재 ② 제1항 각 호의 에너지사용기자재의 구체적인 범위는

3. 그 밖에 붙박이에너지사용기자재의 관리에 필요한 사항으로서 산업통상자원부령으로 정하는 사항

② 산업통상자원부장관은 건설사업자에게 제1항에 따라 고시된 사항을 준수하도록 권고할 수 있다. 〈개정 2019.12.10〉

③ 산업통상자원부장관은 붙박이에너지사용기자재를 설치한 건설사업자에 대하여 국토교통부장관과 협의하여 산업통상자원부령으로 정하는 바에 따라 제2항에 따른 권고의 이행 여부를 조사할 수 있다. 〈개정 2019.12.10〉

[본조신설 2013.7.30]

업통상자원부장관이 국토교통부장관과 협의하여 고시한다.

③ 산업통상자원부장관은 법 제35조의2제3항에 따라 건설업자에 대한 권고의 이행 여부를 조사하는 경우 해당 건설업자가 공급하였거나 공급할 에너지사용기자재의 종류 또는 규모 등 조사에 필요한 자료의 제출을 요청할 수 있다.

[본조신설 2014.2.21]

요점 목표에너지 원단위 등

(1) 목표에너지 원단위

① 정의 : 에너지의 이용효율을 높이기 위하여 에너지를 사용하여 만드는 제품의 단위당 에너지사용목표량 또는 건축물의 단위면적당 에너지사용목표량

② 기준 : 산업통상자원부장관이 관계 행정기관의 장과 협의하여 정한다.

|참고| 목표에너지 원단위

1. 업체별, 품목별 목표 원단위

연 료 : 석유환산 kg
전 기 : kWh
에너지 : 10^3 kcal

업종	No	업체명	품명	단위	규격	적용범위	구분	원단위
화공	1	○○ 공업 (충남 서천군)	이소부탄올	톤	L-BUT	생산율 옥탄올 : 84% 이상 부탄올 : 22% 이상 이소부탄올 : 70% 이상	에너지	5,234
							연료 전기 에너지	316.4 822.0 5,219
			용성인비	톤		공법 : 용융법 시설규모 : 108,000톤/년 생산율 : 30% 이상	연료 전기 에너지	162.9 84.5 1,840
	2	○○석유 화학공업 (전남 여수시)	브라운 아스팔트	톤	B-A	공법 : 산화반응법 시설규모 : 36,000톤/년 생산율 : 19% 이상	연료 전기 에너지	19.1 5.9 206
			한솔	톤	H-S	공법 : 상압증류법 시설규모 : 72,240톤/년 생산율 : 21% 이상	연료 전기 에너지	30.8 30.4 359
			몰타플라스	10^2R	M-P	공법 : 혼합정합법 시설규모 : 360,000Roll/년 생산율 : 15% 이상	연료 전기 에너지	19.3 27.9 263

2. 목표에너지 원단위 달성기한 : 00년 0월 0일까지

(2) 폐열의 이용

1) 폐열의 이용요구

1. 에너지사용자	・폐열이용에 노력 ・타인의 폐열공급요구에 적극적 협조
2. 집단에너지사업자	・집단에너지공급대상지역 내 소각시설이나 산업시설 폐열 적극 활용

2) 폐열공동이용협의

① 당사자간의 협의에 따른다.

② 당사자간의 협의가 이루어지지 아니하는 경우 산업통상자원부장관이 당사자의 의견을 들어 조정을 할 수 있다.

③ 산업통상자원부장관은 ②항의 조정안을 당사자에게 알리고 60일 이내의 기간을 정하여 그 조정안을 수락할 것을 권고할 수 있다.

예제문제 50

에너지이용합리화법에 따른 폐열이용에 관한 기준 중 가장 부적당한 것은?

① 산업통상자원부장관은 관계 행정기관의 장과 협의하여 목표에너지 원단위를 정하여 고시하여야 한다.

② 산업통상자원부장관은 폐열을 발생시키는 에너지사용자에게 폐열의 공동이용 또는 타인에 대한 공급 등을 명령할 수 있다.

③ 폐열공급 등에 관하여 당사자간에 협의가 이루어지지 않을 경우 산업통상자원부장관은 당사자의 의견을 들어 조정안을 작성할 수 있다.

④ 산업통상자원부장관은 조정안을 당사자에게 알리고 60일 이내의 기간을 정하여 조정안을 수락할 것을 권고할 수 있다.

해설 폐열의 공동이용 또는 타인에 대한 공급은 권고사항이다.

답 : ②

---

(3) 붙박이에너지사용기자재 효율관리

1) 효율관리대상

건설업자가 설치하여 입주자에게 공급하는 붙박이 가전제품	1. 전기냉장고	건축물의 난방·냉방·급탕·조명· 환기를 위한 제품은 제외함
	2. 전기세탁기	
	3. 식기세척기	

2) 효율기준사항

① 산업통상자원부장관이 국토교통부장관과 협의하여 에너지이용 효율을 높이기 위한 다음 사항을 정하여 고시하여야 한다.

---

1. 에너지의 최저소비효율 또는 최대사용량의 기준

2. 에너지 소비효율등급 또는 대기전력 기준

3. 그 밖에 붙박이에너지사용기자재의 관리에 필요한 사항으로서 산업통상자원부령으로 정하는 사항

---

② 산업통상자원부장관은 건설업자에게 ①에 따라 고시된 사항을 준수하도록 권고할 수 있다.

③ 산업통상자원부장관은 붙박이에너지사용기자재를 설치한 건설업자에 대하여 국토교통부장관과 협의하여 산업통장자원부령으로 정하는 바에 따라 ②에 따른 권고의 이행 여부를 조사할 수 있다.

예제문제 51

에너지이용 합리화법에 따른 붙박이에너지사용 기자재의 효율관리에 대한 설명으로 적절하지 않은 것은? 【16년 기출문제】

① 산업통상자원부장관은 건설업자가 설치·공급 하는 난방, 냉방 제품을 포함한 붙박이 가전제품에 관한 기준을 고시해야 한다.

② 산업통상자원부장관은 붙박이에너지사용기자재의 에너지 최저소비효율 또는 최대사용량의 기준을 고시해야 한다.

③ 산업통상자원부장관은 붙박이에너지사용기자재의 에너지 소비효율등급 또는 대기전력 기준을 고시해야 한다.

④ 산업통상자원부장관은 붙박이에너지사용기자재를 설치한 건설업자의 효율관리기준 준수 이행여부를 조사할 수 있다.

[해설] 붙박이 가전제품 기준 고시 대상 제품에는 난방, 냉방, 급탕, 조명, 환기 제품은 포함되지 않는다.

답 : ①

예제문제 52

"에너지이용 합리화법"에 따른 붙박이 에너지사용 기자재에 해당되지 않는 것은? 【20년 기출문제】

① 전기냉장고　　② 전기세탁기　　③ 전기냉방기　　④ 식기세척기

[해설] 붙박이 에너지사용 기자재 범위: 전기냉장고, 전기세탁기, 식기세척기

답 : ③

CHAPTER 04 열사용기자재의 관리

1 시공업 등록

법	시행령
제37조【특정열사용기자재】 열사용기자재 중 제조, 설치·시공 및 사용에서의 안전관리, 위해방지 또는 에너지이용의 효율관리가 특히 필요하다고 인정되는 것으로서 산업통상 자원부령으로 정하는 열사용기자재(이하 "특정열사용기자재"라 한다)의 설치·시공이나 세관(세관 : 물이 흐르는 관 속에 낀 물때나 녹따위를 벗겨 냄)을 업(이하 "시공업"이라 한다)으로 하는 자는 「건설산업기본법」 제9조제1항에 따라 시·도지사에게 등록하여야 한다. 〈개정 2008.2.29, 2013.3.23〉	[시행규칙] 제31조의5【특정열사용기자재】 법 제37조에 따른 특정열사용기자재 및 그 설치·시공범위는 별표 3의2와 같다. [본조신설 2012.6.28]
제38조【시공업등록말소 등의 요청】 산업통상자원부장관은 제37조에 따라 시공업의 등록을 한 자(이하 "시공업자"라 한다)가 고의 또는 과실로 특정열사용기자재의 설치, 시공 또는 세관을 부실하게 함으로써 시설물의 안전 또는 에너지효율 관리에 중대한 문제를 초래하면 시·도지사에게 그 등록을 말소하거나 그 시공업의 전부 또는 일부를 정지하도록 요청할 수 있다. 〈개정 2008.2.29, 2013.3.23〉	

요점 시공업 등록

(1) 시공업 등록

특정열사용기자재의 설치·시공·세관(관 속의 녹, 물 때 등을 벗겨내는 일)을 업으로 하고자 하는 자는 시·도지사에게 건설산업기본법에 따라 시공업 등록을 하여야 한다.

- 에너지절약전문기업 등록
  산업통상자원부장관에게 등록
- 에너지진단기관의 지정
  산업통상자원부장관의 지정

(2) 특정열사용기자재 및 그 설치, 시공범위(규칙 별표 3의2) 〈개정 2021.10.12〉

- **열사용기자재**
연료 및 열을 사용하는 기기·축열식전기기기와 단열성자재로서 에너지이용합리화법 시행규칙 별표1에 따른 다음의 열사용기자재를 말한다.
1. 보일러
2. 태양열집열기
3. 압력용기
4. 요로

구분	품목명	설치·시공범위
1. 보일러	·강철제 보일러 ·주철제 보일러 ·온수보일러 ·구멍탄용 보일러 ·축열식 전기보일러 ·캐스케이드 보일러 ·가정용 화목보일러	해당 기기의 설치·배관 및 세관
2. 태양열 집열기	·태양열 집열기	
3. 압력용기	·1종 압력용기 ·2종 압력용기	
4. 요업요로	·연속식 유리용융가마 ·불연속식 유리용융가마 ·유리용융도가니가마 ·터널가마 ·도염식각가마 ·셔틀가마 ·회전가마 ·석회용선가마	해당 기기의 설치를 위한 시공
5. 금속요로	·용선로 ·비철금속용융로 ·금속소둔로 ·철금속가열로 ·금속균열로	

- **특정열사용기자재**
열사용기자재 중 제조, 설치·시공 및 사용에서의 안전관리, 위해방지 또는 에너지이용의 효율관리가 특히 필요하다고 인정되는 것

(3) 등록말소 요청

산업통상자원부장관은 시공업자가 고의 또는 과실로 특정열사용기자재의 설치, 시공 또는 세관을 부실하게 함으로써 시설물의 안전 또는 에너지효율관리에 중대한 문제를 초래하면 시·도지사에게 그 등록을 말소하거나 그 시공업의 전부 또는 일부를 정지하도록 요청할 수 있다.

예제문제 01

에너지이용합리화법에 따른 특정열사용기자재 시공업 등록에 관한 기술 중 가장 적당한 것은?

① 산업통상자원부장관에게 시공업 등록을 하여야 한다.

② 보일러의 설치, 배관 및 세관은 시공업 등록업무이다.

③ 금속요로의 설치, 배관 및 세관은 시공업 등록업무이다.

④ 산업통상자원부장관은 부실시공 등의 경우 시공업 등록을 말소시킬 수 있다.

해설 ① 시·도지사에게 등록

③ 금속요로의 설치를 위한 시공만이 등록업무

④ 등록말소, 업무정지 등은 산업통상자원부장관이 시·도지사에게 요청하여 시·도지사가 조치한다.

답 : ②

2 검사대상기기

법	시행령
제39조【검사대상기기의 검사】 ① 특정열사용기자재 중 산업통상자원부령으로 정하는 검사대상기기(이하 "검사대상기기"라 한다)의 제조업자는 그 검사대상기기의 제조에 관하여 시·도지사의 검사를 받아야 한다. 〈개정 2008.2.29, 2013.3.23〉 ② 다음 각 호의 어느 하나에 해당하는 자(이하 "검사대상기기설치자"라 한다)는 산업통상자원부령으로 정하는 바에 따라 시·도지사의 검사를 받아야 한다. 〈개정 2008.2.29, 2013.3.23〉 1. 검사대상기기를 설치하거나 개조하여 사용하려는 자 2. 검사대상기기의 설치장소를 변경하여 사용하려는 자 3. 검사대상기기를 사용중지한 후 재사용하려는 자 ③ 시·도지사는 제1항이나 제2항에 따른 검사에 합격된 검사대상기기의 제조업자나 설치자에게는 지체 없이 그 검사의 유효기간을 명시한 검사증을 내주어야 한다. ④ 검사의 유효기간이 끝나는 검사대상기기를 계속 사용하려는 자는 산업통상자원부령으로 정하는 바에 따라 다시 시·도지사의 검사를 받아야 한다. 〈개정 2008.2.29, 2013.3.23〉 ⑤ 제1항제2항 또는 제4항에 따른 검사에 합격되지 아니한 검사대상기기는 사용할 수 없다. 다만, 시·도지사는 제4항에 따른 검사의 내용 중 산업통상자원부령으로 정하는 항목의 검사에 합격되지 아니한 검사대상기기에 대하여는 검사대상기기의 안전관리와 위해방지에 지장이 없는 범위에서 산업통상자원부령으로 정하는 기간 내에 그 검사에 합격할 것을 조건으로 계속 사용하게 할 수 있다. 〈개정 2008.2.29, 2013.3.23〉 ⑥ 시·도지사는 제1항제2항 및 제4항에 따른 검사에서 검사대상기기의 안전관리와 위해방지에 지장이 없는 범위에서 산업통상자원부령으로 정하는 바에 따라 그 검사의 전부 또는 일부를 면제할 수 있다. 〈개정 2008.2.29, 2013.3.23〉	**[시행규칙]** **제31조의6【검사대상기기】** 법 제39조제1항 및 법 제39조의2제1항에 따라 검사를 받아야 하는 검사대상기기는 별표 3의3과 같다. 〈개정 2017.12.3〉 [본조신설 2012.6.28] **제31조의7【검사의 종류 및 적용대상】** 법 제39조제1항·제2항·제4항 및 법 제39조의2제1항에 따른 검사의 종류 및 적용대상은 별표 3의4와 같다. 〈개정 2017.12.3〉 [본조신설 2012.6.28]

요점 검사대상기기

(1) 검사대상기기의 범위(시행규칙 별표 3의3)

다음에 해당되는 검사대상기기는 시·도지사의 검사를 받아야 한다.

(시행규칙 별표 3의3, 개정 2021.10.12)

■ 검사대상기기
강철제 보일러·주철제 보일러 중 2종 관류보일러 등은 검사대상에 포함되지 않는다.

구분	검사대상기기	적용범위
보일러	강철제 보일러, 주철제 보일러	다음 각 호의 어느 하나에 해당하는 것은 제외한다. 1. 최고사용압력이 0.1MPa 이하이고, 동체의 안지름이 300밀리미터 이하이며, 길이가 600밀리미터 이하인 것 2. 최고사용압력이 0.1MPa 이하이고, 전열면적이 5제곱미터 이하인 것 3. 2종 관류보일러 4. 온수를 발생시키는 보일러로서 대기개방형인 것
	소형 온수보일러	가스를 사용하는 것으로서 가스사용량이 17kg/h(도시가스는 232.6킬로와트)를 초과하는 것
	캐스케이드 보일러	별표 1에 다른 캐스케이드 보일러의 적용범위에 따른다.
압력용기	1종 압력용기, 2종 압력용기	별표 1에 따른 압력용기의 적용범위에 따른다.
요로	철금속가열로	정격용량이 0.58MW를 초과하는 것

(2) 검사의 종류

1) 제조검사

① 검사대상기기의 제조업자는 당해 기기의 제조에 관하여 시·도지사의 검사를 받아야 한다.

② 제조검사의 종류(시행규칙 별표 3의4 2022.1.21)

■ 검사의 종류
1. 제조검사
2. 설치검사
3. 개조검사
4. 설치장소 변경검사
5. 재사용검사
6. 계속사용검사
　　안전검사
　　운전성능검사

검사의 종류		적용대상
제조검사	용접검사	동체·경판 및 이와 유사한 부분을 용접으로 제조하는 경우의 검사
	구조검사	강판·관 또는 주물류를 용접·확대·조립·주조 등에 따라 제조하는 경우의 검사

2) 설치검사 등

다음에 해당되는 검사대상기기 설치자는 시·도지사의 검사를 받아야 한다.

① 설치검사대상

1. 검사대상기기를 설치하거나 개조하여 사용하려는 자

2. 검사대상기기의 설치장소를 변경하여 사용하려는 자

3. 검사대상기기를 사용중지한 후 재사용하려는 자

② 설치검사의 종류(시행규칙 별표 3의4 참고 2022.1.21)

1. 설치검사	신설한 경우의 검사(사용연료의 변경에 의하여 검사대상이 아닌 보일러가 검사대상으로 되는 경우의 검사를 포함한다)
2. 개조검사	다음 각 호의 어느 하나에 해당하는 경우의 검사 1. 증기보일러를 온수보일러로 개조하는 경우 2. 보일러 섹션의 증감에 의하여 용량을 변경하는 경우 3. 동체·돔·노통·연소실·경판·천정판·관판·관모음 또는 스테이의 변경으로서 산업통상자원부장관이 정하여 고시하는 대수리의 경우 4. 연료 또는 연소방법을 변경하는 경우 5. 철금속가열로로서 산업통상자원부장관이 정하여 고시하는 경우의 수리
3. 설치장소 변경검사	설치장소를 변경한 경우의 검사. 다만, 이동식 검사대상기기를 제외한다.
4. 재사용검사	사용중지 후 재사용하고자 하는 경우의 검사

3) 계속사용검사

① 설치검사 등의 유효기간이 끝나는 검사대상기기를 계속 사용하려는 자는 다시 시·도지사의 계속사용검사를 다음과 같이 받아야 한다.

② 계속사용검사의 종류(시행규칙 별표 3의4 참고 2022.1.21)

검사의 종류		적용대상
계속사용 검사	안전검사	설치검사·개조검사·설치장소 변경검사 또는 재사용검사 후 안전부문에 대한 유효기간을 연장하고자 하는 경우의 검사
	운전성능 검사	다음 각 호의 어느 하나에 해당하는 기기에 대한 검사로서 설치검사 후 운전성능부문에 대한 유효기간을 연장하고자 하는 경우일 때 실시한다. 1. 용량이 1 t/h(난방용의 경우에는 5 t/h) 이상인 강철제보일러 및 주철제보일러 2. 철금속가열로

| 참고 |

검사유효기간(시행규칙 별표 3의5 참고 2021.10.12)
·보일러 : 1년(설치검사시 운전성능 부문 : 3년 1개월)
·캐스케이드 보일러, 압력용기 및 철금속가열로 : 2년

예제문제 02

에너지이용합리화법에 따른 열사용기자재 중 제조검사 대상기기에 해당되지 않는 것은?

① 보일러
② 압력용기
③ 요로
④ 태양열 집열기

해설

열사용기자재	제조검사대상
1. 보일러 2. 압력용기 3. 요로	해당 (단, 2종 관류보일러 제외)
4. 태양열 집열기	–

답 : ④

예제문제 03

소형 온수보일러의 제조검사대상 기준으로 옳은 것은?

① 가스사용량 17 kg/h 이하인 것
② 가스사용량 17 kg/h 미만인 것
③ 가스사용량 17 kg/h 이상인 것
④ 가스사용량 17 kg/h 초과인 것

답 : ④

예제문제 04

에너지이용합리화법에 다른 열사용기자재의 설치검사대상에 해당되지 않는 것은?

① 검사대상기기를 설치 사용하려는 경우
② 검사대상기기의 유효기간 종료 후 계속 사용하려는 경우
③ 검사대상기기를 사용중지한 후 재사용하려는 경우
④ 검사대상기기의 설치장소를 변경하여 사용하려는 경우

해설 ②항은 계속사용검사대상에 해당된다.

답 : ②

예제문제 05

에너지이용합리화법에 따른 열사용기자재의 설치검사종류에 해당되지 않는 것은?

① 개조검사
② 용접검사
③ 재사용검사
④ 설치장소변경검사

해설 제조검사 : 용접검사, 구조검사

답 : ②

3 검사기준

법	시행령
제39조【검사대상기기의 검사】 ③ 시·도지사는 제1항이나 제2항에 따른 검사에 합격된 검사대상기기의 제조업자나 설치자에게는 지체 없이 그 검사의 유효기간을 명시한 검사증을 내주어야 한다. ⑧ 검사대상기기에 대한 검사의 내용·기준, 그 밖에 필요한 사항은 산업통상자원부령으로 정한다. 〈개정 2008.2.29, 2013.3.23〉	**[시행규칙]** **제31조의8【검사유효기간】** ① 법 제39조제2항 및 제4항에 따른 검사대상기기의 검사유효기간은 별표 3의5와 같다. ② 제1항에 따른 검사유효기간은 검사(법 제39조제5항 단서에 따른 검사에 합격되지 아니한 검사대상기기에 대한 검사 및 「기업활동 규제완화에 관한 특별조치법 시행령」 제19조제1항에 따른 동시검사를 포함한다)에 합격한 날의 다음 날부터 계산한다. 다만, 검사에 합격한 날이 검사유효기간 만료일 이전 30일 이내인 경우와 제31조의20에 따라 검사를 연기한 경우에는 검사유효기간 만료일의 다음 날부터 계산한다. ③ 산업통상자원부장관은 검사대상기기의 안전관리 또는 에너지효율 향상을 위하여 부득이 하다고 인정할 때에는 제1항에 따른 검사유효기간을 조정할 수 있다. 〈개정 2013.3.23〉 [본조신설 2012.6.28] **제31조의9【검사기준】** 법 제39조제1항·제2항·제4항 및 법 제39조의2제1항에 따른 검사대상기기의 검사기준은 「산업표준화법」 제12조에 따른 한국산업표준(이하 "한국산업표준"이라 한다) 또는 산업통상자원부장관이 정하여 고시하는 기준에 따른다. 〈개정 2017.12.3., 2018.7.23.〉 [본조신설 2012.6.28] **제31조의10【신제품에 대한 검사기준】** ① 산업통상자원부장관은 제31조의9에 따른 검사기준이 마련되지 아니한 검사대상기기(이하 "신제품"이라 한다)에 대해서는 제31조의11에 따른 열사용기자재기술위원회의 심의를 거친 검사기준으로 검사할 수 있다. 〈개정 2013.3.23〉 ② 산업통상자원부장관은 제1항에 따라 신제품에 대한 검사기준을 정한 경우에는 특별시장·광역시장·도지사 또는 특별자치도지사(이하 "시·도지사"라 한다) 및 검사신청인에게 그 사실을 지체 없이 알리고, 그 검사기준을 관보에 고시하여야 한다. 〈개정 2013.3.23〉 [본조신설 2012.6.28]

제31조의11 【열사용기자재기술위원회의 구성 및 운영】

① 제31조의10제1항에 따른 신제품에 대한 검사기준 등에 관한 사항을 심의하기 위하여 공단에 열사용기자재기술위원회를 둔다.

② 제1항에 따른 열사용기자재기술위원회의 구성 및 운영, 그 밖에 필요한 사항은 공단이 정하는 바에 따른다.

[본조신설 2012.6.28]

제31조의12 【검사기준의 제정·개정 신청】

① 법 제39조제1항·제2항 및 법 제39조의2제1항에 따라 신제품 등 검사 대상기기에 대한 검사를 받으려는 자는 산업통상자원부장관에게 검사기준을 제정하거나 개정할 것을 신청할 수 있다. 〈개정 2013.3.23, 2017.12.3〉

② 산업통상자원부장관은 제1항에 따른 신청을 받은 경우에는 신청일부터 30일 이내에 검사기준의 제정 또는 개정 여부 등을 검토하여 그 결과를 신청인에게 알려야 한다. 〈개정 2013.3.23〉

③ 제2항에 따른 통보를 받은 신청인은 그 결과에 대하여 이의가 있는 경우에는 그 통보받은 날부터 10일 이내에 이의를 신청할 수 있다.

[본조신설 2012.6.28]

요점 검사기준

(1) 검사유효기간

① 시·도지사는 검사에 합격한 검사대상기기의 제조업자나 설치자에게는 지체 없이 그 검사의 유효기간을 명시한 검사증을 내주어야 한다.

② 검사유효기간(시행규칙 별표 3의5 참고)

검사의 종류		검사유효기간
설치검사		1. 보일러 : 1년. 다만, 운전성능 부문의 경우에는 3년 1개월로 한다. 2. 압력용기 및 철금속가열로 : 2년
개조검사		1. 보일러 : 1년 2. 압력용기 및 철금속가열로 : 2년
설치장소 변경검사		1. 보일러 : 1년 2. 압력용기 및 철금속가열로 : 2년
재사용검사		1. 보일러 : 1년 2. 압력용기 및 철금속가열로 : 2년
계속사용 검사	안전검사	1. 보일러 : 1년 2. 압력용기 : 2년
	운전성능 검사	1. 보일러 : 1년 2. 철금속가열로 : 2년

■비고
1. 보일러의 계속사용검사 중 운전성능검사에 대한 검사유효기간은 해당 보일러가 산업통상자원부장관이 정하여 고시하는 기준에 적합한 경우에는 2년으로 한다.
2. 설치 후 3년이 지난 보일러로서 설치장소 변경검사 또는 재사용검사를 받은 보일러는 검사 후 1개월 이내에 운전성능검사를 받아야 한다.
3. 개조검사 중 연료 또는 연소방법의 변경에 따른 개조검사의 경우에는 검사유효기간을 적용하지 않는다.
4. 「고압가스 안전관리법」 제13조의2제1항에 따른 안전성향상계획과 「산업안전보건법」 제49조의2제1항에 따른 공정안전보고서를 작성하여야 하는 자의 검사대상기기에 대한 계속사용검사의 유효기간은 4년으로 한다. 다만, 보일러(제품을 제조·가공하는 공정에 사용되는 보일러만 해당한다) 및 압력용기의 안전검사 유효기간은 8년의 범위에서 산업통상자원부장관이 정하여 고시하는 바에 따라 연장할 수 있다.
5. 제31조의25제1항에 따라 설치신고를 하는 검사대상기기는 신고 후 2년이 지난 날에 계속사용검사 중 안전검사(재사용검사를 포함한다)를 하며, 그 유효기간은 2년으로 한다.
6. 법 제32조 제2항에 따라 에너지진단을 받은 운전성능검사 대상기기가 제31조의9에 따른 검사기준에 적합한 경우에는 에너지진단 이후 최초로 받는 운전성능검사를 에너지진단으로 갈음한다.(비고 4에 해당하는 경우는 제외한다.)

|참고|

규 **제31조의25 제1항**

시행규칙 제31조의25 제1항에 따라 설치신고를 하는 검사대상기기 : 설치검사와 면제되는 보일러

③ 검사유효기간은 검사에 합격한 날의 다음날부터 계산한다. 다만, 검사에 합격한 날이 검사유효기간 만료일 이전 30일 이내인 경우와 검사를 연기한 경우에는 검사유효기간 만료일의 다음 날부터 계산한다.

(2) 검사기준

① 검사대상기기의 검사기준은 한국산업표준 또는 산업통상자원부장관이 정하는 기준에 따른다.

② 산업통상자원부장관은 따른 검사기준이 마련되지 아니한 신제품에 대해서는 한국에너지공단에 설치된 열사용기자재기술위원회의 심의를 거친 검사기준으로 검사할 수 있다.

(3) 신제품에 대한 검사기준 신청

① 신제품 등 검사대상기기에 대한 검사를 받으려는 자는 산업통상자원부장관에게 검사기준을 제정하거나 개정할 것을 신청할 수 있다.

② 산업통상자원부장관은 신청을 받은 경우에는 신청일로부터 30일 이내에 검사기준의 제정 또는 개정여부 등을 검토하여 그 결과를 신청인에게 알려야 한다.

③ 통보를 받은 신청인은 그 결과에 대하여 이의가 있는 경우에는 그 통보받은 날부터 10일 이내에 이의를 신청할 수 있다.

예제문제 06

에너지이용합리화법에 따른 열사용기자재검사 유효기간 중 부적당한 것은?

① 보일러 개조검사 – 1년　　② 압력용기 재사용검사 – 2년
③ 철금속가열로 계속사용검사 – 2년　　④ 보일러 운전성능부문 설치검사 – 3년

해설 ④항의 경우 3년 1개월이다.

답 : ④

예제문제 07

에너지이용합리화법의 신제품 검사기준신청에 따른 이의신청기한으로 옳은 것은?

① 결과 통보가 있는 날부터 10일 이내
② 결과 통보가 있는 날부터 30일 이내
③ 결과 통보를 받은 날부터 10일 이내
④ 결과 통보를 받은 날부터 30일 이내

답 : ③

4 검사

(1) 검사신청

법	시행령
제39조【검사대상기기의 검사】 ① 특정열사용기자재 중 산업통상자원부령으로 정하는 검사대상기기(이하 "검사대상기기"라 한다)의 제조업자는 그 검사대상기기의 제조에 관하여 시·도지사의 검사를 받아야 한다. 〈개정 2008.2.29, 2013.3.23〉 ② 다음 각 호의 어느 하나에 해당하는 자(이하 "검사대상기기설치자"라 한다)는 산업통상자원부령으로 정하는 바에 따라 시·도지사의 검사를 받아야 한다. 〈개정 2008.2.29, 2013.3.23〉 1. 검사대상기기를 설치하거나 개조하여 사용하려는 자 2. 검사대상기기의 설치장소를 변경하여 사용하려는 자 3. 검사대상기기를 사용중지한 후 재사용하려는 자 ④ 검사의 유효기간이 끝나는 검사대상기기를 계속 사용하려는 자는 산업통상자원부령으로 정하는 바에 따라 다시 시·도지사의 검사를 받아야 한다. 〈개정 2008.2.29, 2013.3.23〉 ⑧ 검사대상기기에 대한 검사의 내용·기준, 그 밖에 필요한 사항은 산업통상자원부령으로 정한다. 〈개정 2008.2.29, 2013.3.23〉 **제39조의2【수입 검사대상기기의 검사】** ① 검사대상기기를 수입하려는 자는 제조업자로 하여금 그 검사대상기기의 제조에 관하여 산업통상자원부장관의 검사를 받도록 하여야 한다. 다만, 산업통상자원부장관은 수입 검사대상기기가 다음 각 호의 어느 하나에 해당하는 경우에는 검사대상기기의 안전관리와 위해방지에 지장이 없는 범위에서 산업통상자원부령으로 정하는 바에 따라 그 검사의 전부 또는 일부를 면제할 수 있다. 1. 산업통상자원부장관이 고시하는 외국의 검사기관에서 검사를 받은 경우 2. 전시회나 박람회에 출품할 목적으로 수입하는 경우 3. 그 밖에 산업통상자원부령으로 정하는 경우 ② 산업통상자원부장관은 제1항에 따른 검사에 합격된 검사대상기기의 제조업자에게는 지체 없이 검사증을 내주어야 한다. ③ 제1항에 따른 검사에 합격되지 아니한 검사대상기기는 수입할 수 없다. ④ 제1항에 따른 검사의 내용·기준, 그 밖에 필요한 사항은 산업통상자원부령으로 정한다. [본조신설 2016.12.2.]	**[시행규칙]** **제31조의14【용접검사신청】** ① 법 제39조제1항 및 법 제39조의2제1항에 따라 검사대상기기의 용접검사를 받으려는 자는 별지 제11호서식의 검사대상기기 용접검사신청서를 공단이사장 또는 검사기관의 장에게 제출하여야 한다. 〈개정 2017.12.3〉 ② 제1항에 따른 신청서에는 다음 각 호의 서류를 첨부하여야 한다. 다만, 검사대상기기의 규격이 이미 용접검사에 합격한 기기의 규격과 같은 경우에는 용접검사에 합격한 날부터 3년간 다음 각 호의 서류를 첨부하지 아니할 수 있다. 1. 용접 부위도 1부 2. 검사대상기기의 설계도면 2부 3. 검사대상기기의 강도계산서 1부 [본조신설 2012.6.28] **제31조의15【구조검사신청】** ① 법 제39조제1항 및 법 제39조의2제1항에 따라 검사대상기기의 구조검사를 받으려는 자는 별지 제11호서식의 검사대상기기 구조검사신청서를 공단이사장 또는 검사기관의 장에게 제출하여야 한다. ② 제1항에 따른 신청서에는 용접검사증 1부(용접검사를 받지 아니하는 기기의 경우에는 설계도면 2부, 제31조의13에 따라 용접검사가 면제된 기기의 경우에는 제31조의14제2항 각 호에 따른 서류)를 첨부하여야 한다. 다만, 검사대상기기의 규격이 이미 구조검사에 합격한 기기의 규격과 같은 경우에는 구조검사에 합격한 날부터 3년간 해당 서류를 첨부하지 아니할 수 있다. [본조신설 2012.6.28] 〈개정 2017.12.3〉 **제31조의16【용접검사 및 구조검사의 동시신청】** 법 제39조제1항 및 제8항에 따라 검사대상기기의 용접검사와 구조검사를 동시에 받으려는 자는 별지 제11호서식의 검사대상기기 용접(구조)검사신청서에 제31조의14제2항 각 호에 따른 서류와 제31조의15제2항에 따른 서류를 첨부하여 공단이사장 또는 검사기관의 장에게 제출하여야 한다. 다만, 제31조의15제2항에 따른 서류는 구조검사를 받을 때에 제출할 수 있다. [본조신설 2012.6.28] **제31조의17【설치검사신청】** ① 법 제39조제2항에 따라 검사대상기기의 설치검사를 받으려는 자는 별지 제12호서식의

검사대상기기 설치검사신청서를 공단이사장에게 제출하여야 한다. 〈개정 2017.12.3〉

② 제1항에 따른 신청서에는 다음 각 호의 구분에 따른 서류를 첨부하여야 한다. 〈개정 2017.12.3〉

1. 보일러 및 압력용기의 경우에는 검사대상기기의 용접검사증 및 구조검사증 각 1부 또는 제31조의21제8항에 따른 확인서 1부(수입한 검사대상기기는 수입면장 사본 및 법 제39조의2제1항에 따른 제조검사를 받았음을 증명하는 서류 사본 각 1부, 제31조의13제1항에 따라 제조검사가 면제된 경우에는 자체검사기록 사본 및 설계도면 각 1부)

2. 철금속가열로의 경우에는 다음 각 목의 모든 서류
   가. 검사대상기기의 설계도면 1부
   나. 검사대상기기의 설계계산서 1부
   다. 검사대상기기의 성능·구조 등에 대한 설명서 1부

[본조신설 2012.6.28]

제31조의18 【개조검사신청, 설치장소 변경검사신청 또는 재사용검사신청】

① 법 제39조제2항에 따라 검사대상기기의 개조검사, 설치장소 변경검사 또는 재사용검사를 받으려는 자는 별지 제12호서식의 검사대상기기 개조검사(설치장소 변경검사, 재사용검사)신청서를 공단이사장에게 제출하여야 한다. 〈개정 2017.12.3〉

② 제1항에 따른 신청서에는 다음 각 호의 서류를 첨부하여야 한다.

1. 개조한 검사대상기기의 개조부분의 설계도면 및 그 설명서 각 1부(개조검사인 경우만 해당한다)

2. 검사대상기기 설치검사증 1부

[본조신설 2012.6.28]

제31조의19 【계속사용검사신청】

① 법 제39조제4항에 따라 검사대상기기의 계속사용검사를 받으려는 자는 별지 제12호서식의 검사대상기기 계속사용검사신청서를 검사유효기간 만료 10일 전까지 공단이사장에게 제출하여야 한다. 〈개정 2017.12.3〉

② 제1항에 따른 신청서에는 해당 검사대상기기 설치검사증 사본을 첨부하여야 한다.

[본조신설 2012.6.28]

제31조의20 【계속사용검사의 연기】

① 법 제39조제4항에 따른 계속사용검사는 검사유효기간의 만료일이 속하는 연도의 말까지 연기할 수 있다. 다만, 검사유효기간 만료일이 9월 1일 이후인 경우에는 4개월 이내에서 계속사용검

사를 연기할 수 있다.

② 제1항에 따라 계속사용검사를 연기하려는 자는 별지 제 12호서식의 검사대상기기 검사연기신청서를 공단이사장에게 제출하여야 한다.

③ 다음 각 호의 어느 하나에 해당하는 경우에는 해당 검사일까지 계속사용검사가 연기된 것으로 본다.

1. 검사대상기기의 설치자가 검사유효기간이 지난 후 1개월 이내에서 검사시기를 지정하여 검사를 받으려는 경우로서 검사유효기간 만료일 전에 검사신청을 하는 경우

2. 「기업활동 규제완화에 관한 특별조치법 시행령」 제19조 제1항에 따라 동시검사를 실시하는 경우

3. 계속사용검사 중 운전성능검사를 받으려는 경우로서 검사유효기간이 지난 후 해당 연도 말까지의 범위에서 검사시기를 지정하여 검사유효기간 만료일 전까지 검사신청을 하는 경우

[본조신설 2012.6.28]

요점 **검사신청**

1) 검사신청

검사대상기기의 검사를 받으려는 자는 다음과 같이 신청서를 제출하여야 한다.

검사의 종류	제출서식	제출처
1. 용접검사	1. 용접부위도 1부 2. 검사대상기기의 설계도면 2부 3. 검사대상기기의 강도계산서 1부	• 공단이사장 • 검사기관의 장
2. 구조검사	별지 11호 서식	
3. 설치검사	별지 12호 서식	• 공단이사장
〈이하생략〉		

2) 계속사용검사 신청

① 검사대상기기의 계속사용검사를 받으려는 자는 검사대상기기 계속사용검사 신청서를 검사유효기간 만료 10일 전까지 한국에너지공단 이사장에게 제출하여야 한다.

② 계속사용검사는 검사유효기간의 만료일이 속하는 연도의 말까지 연기할 수 있다. 다만, 검사유효기간 만료일이 9월 1일 이후인 경우에는 4개월 이내에서 계속사용검사를 연기할 수 있다.

예제문제 08

에너지이용합리화법의 열사용기자재 계속사용검사신청에 관한 기준 중 가장 부적당한 것은?

① 검사유효기간은 검사에 합격한 날부터 계산한다.
② 계속사용검사신청은 검사유효기간 만료 10일 전까지 한국에너지공단 이사장에게 하여야 한다.
③ 계속사용검사는 검사유효기간의 만료일이 속하는 연도의 말까지 연기할 수 있다.
④ 검사유효기간 만료일이 9월 1일 이후인 경우에는 4개월 이내에서 계속사용검사를 연기할 수 있다.

해설 검사유효기간은 검사에 합격한 날의 다음날부터 계산한다.

답 : ①

(2) 검사의 통지

법	시행령
제39조【검사대상기기의 검사】⑤ 제1항·제2항 또는 제4항에 따른 검사에 합격되지 아니한 검사대상기기는 사용할 수 없다. 다만, 시·도지사는 제4항에 따른 검사의 내용 중 산업통상자원부령으로 정하는 항목의 검사에 합격되지 아니한 검사대상기기에 대하여는 검사대상기기의 안전관리와 위해방지에 지장이 없는 범위에서 산업통상자원부령으로 정하는 기간 내에 그 검사에 합격할 것을 조건으로 계속 사용하게 할 수 있다. 〈개정 2008.2.29, 2013.3.23〉	**[시행규칙]** 제31조의21【검사의 통지 등】① 공단이사장 또는 검사기관의 장은 제31조의14부터 제31조의19까지의 규정에 따른 검사신청을 받은 경우에는 검사지정일 등을 별지 제14호서식에 따라 작성하여 검사신청인에게 알려야 한다. 이 경우 검사신청인이 검사신청을 한 날부터 7일 이내의 날을 검사일로 지정하여야 한다. ② 공단이사장 또는 검사기관의 장은 제31조의14부터 제31조의19까지의 규정에 따라 신청된 검사에 합격한 검사대상기기에 대해서는 검사신청인에게 별지 제15호서식부터 별지 제19호서식에 따른 검사증을 검사일부터 7일 이내에 각각 발급하여야 한다. 이 경우 검사증에는 그 검사대상기기의 설계도면 또는 용접검사증을 첨부하여야 한다. ③ 공단이사장 또는 검사기관의 장은 제1항에 따른 검사에 불합격한 검사대상기기에 대해서는 불합격사유를 별지 제21호서식에 따라 작성하여 검사일 후 7일 이내에 검사신청인에게 알려야 한다. ④ 법 제39조제5항 단서에서 "산업통상자원부령으로 정하는 항목의 검사"란 계속사용검사 중 운전성능검사를 말한다. 〈개정 2013.3.23〉 ⑤ 법 제39조제5항 단서에서 "산업통상자원부령으로 정하는 기간"이란 제31조의7에 따른 검사에 불합격한 날부터 6개월(철금속가열로는 1년)을 말한다. 〈개정 2013.3.23〉

⑥ 제4항에 따라 계속사용검사 중 운전성능검사를 받으려는 자는 별지 제12호서식의 검사대상기기 계속사용검사신청서에 검사대상기기 설치검사증 사본을 첨부하여 공단이사장에게 제출하여야 한다.

⑦ 제2항에 따른 검사증을 잃어버리거나 헐어 못쓰게 되어 검사증을 재발급 받으려는 자는 별지 제20호서식의 검사대상기기검사증 재발급신청서를 공단이사장 또는 검사기관의 장에게 제출하여야 한다. 이 경우 검사증이 헐어 못 쓰게 되어 재발급을 신청하는 경우에는 그 검사증을 첨부하여야 한다.

⑧ 제31조의17제1항에 따른 검사신청을 하려는 자가 제2항에 따라 용접검사증 또는 구조검사증을 발급받은 자로부터 용접검사증 또는 구조검사증을 제공받지 못한 경우에는 공단이사장 또는 검사기관의 장에게 해당 검사대상기기가 용접검사 또는 구조검사에 합격한 것임을 증명하는 확인서를 발급하여 줄 것을 요청할 수 있다.

[본조신설 2012.6.28]

제31조의22【검사에 필요한 조치 등】① 공단이사장 또는 검사기관의 장은 법 제39조제1항·제2항·제4항 및 법 제39조의2제1항에 따른 검사를 받는 자에게 그 검사의 종류에 따라 다음 각 호 중 필요한 사항에 대한 조치를 하게 할 수 있다. 〈개정 2017.12.3〉

1. 기계적 시험의 준비
2. 비파괴검사의 준비
3. 검사대상기기의 정비
4. 수압시험의 준비
5. 안전밸브 및 수면측정장치의 분해·정비
6. 검사대상기기의 피복물 제거
7. 조립식인 검사대상기기의 조립 해체
8. 운전성능 측정의 준비

② 제1항에 따른 검사를 받는 자는 그 검사대상기기의 관리자(용접검사 및 구조검사의 경우에는 검사 관계자)로 하여금 검사 시 참여하도록 하여야 한다.

③ 공단이사장 또는 검사기관의 장은 다음 각 호의 어느 하나에 해당하는 사유로 인하여 검사를 하지 못한 경우에는 검사신청인에게 별지 제22호서식의 검사대상기기 미검사통지서에 따라 그 사실을 알려야 한다.

1. 제1항 각 호에 따른 검사에 필요한 조치의 미완료
2. 제2항에 따른 검사대상기기의 관리자(용접검사 및 구조검사의 경우에는 검사 관계자)의 참여조치의 불이행

④ 제3항에 따른 통지를 받은 검사신청인 중 검사일을 변경하여 검사를 받으려는 자는 별지 제11호서식의 검사대상기기 용접(구조)검사신청서 또는 별지 제12호서식의 검

> 사대상기기 설치검사(개조검사, 설치장소 변경검사, 재사용검사, 계속사용검사, 검사연기)신청서를 검사기관의 장 또는 공단이사장에게 제출하여야 한다. 이 경우 첨부서류는 제출하지 아니하여도 된다.
>
> [본조신설 2012.6.28]

요점 **검사의 통지**

1) 검사의 절차

① 공단이사장 또는 검사기관의 장은 검사신청을 받은 경우 신청한 날로부터 7일 이내의 날을 검사일로 지정하여 검사신청인에게 통지하여야 한다.

② 공단이사장 또는 검사기관의 장은 검사일로부터 7일 이내에 검사합격의 경우 검사증, 불합격의 경우 불합격사유를 검사신청인에게 통지하여야 한다.

2) 검사의 효력

검사에 합격되지 아니한 검사대상기기는 사용할 수 없다.

다만, 시·도지사는 검사에 불합격한 날로부터 6개월(철금속가열로는 1년) 이내에 당해 검사에 합격할 것을 조건으로 계속 사용하게 할 수 있다.

■ 임시사용기간
원칙 : 6개월
(철금속가열로 : 1년)

예제문제 **09**

에너지이용합리화법에 따른 열사용기자재검사의 절차기준 중 적당한 것은?

① 검사대상기기의 검사를 받으려는 자는 검사신청서를 시·도지사에게 제출하여야 한다.

② 검사신청을 받은 경우 신청한 날로부터 10일 이내에 검사를 실시하여야 한다.

③ 검사를 실시한 경우 검사일로부터 7일 이내에 검사증 또는 불합격사유를 검사신청인에게 통지하여야 한다.

④ 검사에 합격하지 아니한 검사대상기기는 사용할 수 없으나, 시·도지사는 철금속가열로의 경우 6개월 이내에 당해 검사에 합격할 것을 조건으로 계속 사용하게 할 수 있다.

해설 ① 검사의 종류에 따라 한국에너지공단이사장 또는 검사기관의 장에게 제출한다.

② 신청일로부터 7일 이내의 날을 검사일로 지정하여 검사신청인에게 통지한다.

④ 조건에 따른 계속사용기간

┌ 철금속가열로 : 1년 이내
└ 기타 : 6개월 이내

답 : ③

5 검사대상기기의 폐기 등

법	시행령
제39조【검사대상기기의 검사】 ⑦ 검사대상기기설치자는 다음 각 호의 어느 하나에 해당하면 산업통상자원부령으로 정하는 바에 따라 시·도지사에게 신고하여야 한다. 〈개정 2008.2.29, 2013.3.23〉 1. 검사대상기기를 폐기한 경우 2. 검사대상기기의 사용을 중지한 경우 3. 검사대상기기의 설치자가 변경된 경우 4. 제6항에 따라 검사의 전부 또는 일부가 면제된 검사대상기기 중 산업통상자원부령으로 정하는 검사대상기기를 설치한 경우	**[시행규칙]** **제31조의23【검사대상기기의 폐기신고 등】** ① 법 제39조제7항제1호에 따라 검사대상기기의 설치자가 사용 중인 검사대상기기를 폐기한 경우에는 폐기한 날부터 15일 이내에 별지 제23호서식의 검사대상기기 폐기신고서를 공단이사장에게 제출하여야 한다. ② 법 제39조제7항제2호에 따라 검사대상기기의 설치자가 그 검사대상기기의 사용을 중지한 경우에는 중지한 날부터 15일 이내에 별지 제23호서식의 검사대상기기 사용중지신고서를 공단이사장에게 제출하여야 한다. ③ 제1항 및 제2항에 따른 신고서에는 검사대상기기 설치검사증을 첨부하여야 한다. [본조신설 2012.6.28] **제31조의24【검사대상기기의 설치자의 변경신고】** ① 법 제39조제7항제3호에 따라 검사대상기기의 설치자가 변경된 경우 새로운 검사대상기기의 설치자는 그 변경일부터 15일 이내에 별지 제24호서식의 검사대상기기 설치자 변경신고서를 공단이사장에게 제출하여야 한다. ② 제1항에 따른 신고서에는 검사대상기기 설치검사증 및 설치자의 변경사실을 확인할 수 있는 다음 각 호의 어느 하나에 해당하는 서류 1부를 첨부하여야 한다. 1. 법인 등기사항증명서 2. 양도 또는 합병 계약서 사본 3. 상속인(지위승계인)임을 확인할 수 있는 서류 사본 [본조신설 2012.6.28] **제31조의25【검사면제기기의 설치신고】** ① 법 제39조제7항제4호에 따라 신고하여야 하는 검사대상기기(이하 "설치신고대상기기"라 한다)란 별표 3의6에 따른 검사대상기기 중 설치검사가 면제되는 보일러를 말한다. ② 설치신고대상기기의 설치자는 이를 설치한 날부터 30일 이내에 별지 제13호서식의 검사대상기기 설치신고서에 검사대상기기의 용접검사증 및 구조검사증 각 1부 또는 제31조의21제8항에 따른 확인서 1부(수입한 검사대상기기는 수입면장 사본 및 법 제39조의2제1항에 따른 제조검사를 받았음을 증명하는 서류 사본 각 1부, 제31조의13제1항에 따라 제조검사가 면제된 경우에는 자체검사기록 사본 및 설계도면 각 1부)를 첨부하여 공단이사장에게 제출하여야 한다. 〈개정 2017.12.3〉

③ 공단이사장은 제2항에 따라 신고된 설치신고대상기기에 대해서는 신고인에게 별지 제19호서식의 검사대상기기 신고 증명서를 발급하여야 한다.
[본조신설 2012.6.28]

요점 검사대상기기의 폐기

검사대상기기설치자는 기기의 폐기 등의 경우 다음과 같이 시·도지사에게 신고하여야 한다.

신고행위	신고기한(해당일 기준)
1. 검사대상기기를 폐기한 경우 2. 검사대상기기의 사용을 중지한 경우 3. 검사대상기기의 설치자가 변경된 경우	15일 이내
4. 설치검사가 면제되는 보일러를 설치하는 경우	30일 이내

예제문제 10

다음 행위에 따른 신고기한이 다른 하나는?

① 검사대상기기를 폐기한 경우

② 검사대상기기의 사용을 중지한 경우

③ 검사대상기기의 설치자가 변경된 경우

④ 설치검사가 면제된 보일러를 설치하는 경우

[해설] 신고기한
· ①, ②, ③ : 15일 이내에 시·도지사에게 신고
· ④ : 30일 이내에 시·도지사에게 신고

답 : ④

CHAPTER 05 시공업자단체

1 시공업자단체

법	시행령
제41조 【시공업자단체의 설립】 ① 시공업자는 품위 유지, 기술 향상, 시공방법 개선, 그 밖에 시공업의 건전한 발전을 위하여 산업통상자원부장관의 인가를 받아 시공업자단체를 설립할 수 있다. 〈개정 2008.2.29, 2013.3.23〉 ② 시공업자단체는 법인으로 한다. ③ 시공업자단체는 설립등기를 함으로써 성립한다. ④ 시공업자단체의 설립, 정관의 기재사항과 감독에 관하여 필요한 사항은 대통령령으로 정한다.	**제43조 【정관의 내용】** ① 법 제41조제1항에 따른 시공업자단체(이하 "시공업자단체"라 한다)의 정관에는 다음 각 호의 사항이 포함되어야 한다. 1. 목적 2. 명칭 3. 주된 사무소·지부에 관한 사항 4. 업무 및 그 집행에 관한 사항 5. 회원의 등록 및 권리·의무에 관한 사항 6. 회비에 관한 사항 7. 재산 및 회계에 관한 사항 8. 임원 및 직원에 관한 사항 9. 기구 및 조직에 관한 사항 10. 총회와 이사회에 관한 사항 11. 정관의 변경에 관한 사항 12. 해산에 관한 사항 ② 시공업자단체는 정관을 변경하려는 경우에는 산업통상자원부장관의 인가를 받아야 한다. 〈개정 2013.3.23〉 **제44조 【지도·감독】** ① 산업통상자원부장관은 법 제41조제4항에 따라 시공업자단체에 대하여 그 업무·회계 및 재산에 관하여 필요한 사항을 보고하게 하거나 소속 공무원으로 하여금 시공업자단체의 장부서류나 그 밖의 물건을 검사하게 할 수 있다. 〈개정 2013.3.23〉 ② 제1항에 따라 검사를 하는 공무원은 그 권한을 표시하는 증표를 지니고 관계인에게 내보여야 한다.

요점 **시공업자단체**

(1) 설립

① 시공업자는 품위유지, 기술향상, 시공방법개선, 그 밖에 시공업의 건전한 발전을 위하여 산업통상자원부장관의 인가를 받아 시공업자단체를 설립할 수 있다.

② 시공업자단체는 법인으로 한다.

③ 시공업자단체는 설립등기를 함으로써 성립한다.

④ 시공업자단체에 관하여 이 법에 규정한 것 외에는 「민법」 중 사단법인에 관한 규정을 준용한다.

⑤ 시공업자는 시공업자단체에 가입할 수 있다.

(2) 정관

① 정관의 내용

1. 목적
2. 명칭
3. 주된 사무소·지부에 관한 사항
4. 업무 및 그 집행에 관한 사항
5. 회원의 등록 및 권리·의무에 관한 사항
6. 회비에 관한 사항
7. 재산 및 회계에 관한 사항
8. 임원 및 직원에 관한 사항
9. 기구 및 조직에 관한 사항
10. 총회와 이사회에 관한 사항
11. 정관의 변경에 관한 사항
12. 해산에 관한 사항

② 시공업자단체는 정관을 변경하려는 경우에 산업통상자원부장관의 인가를 받아야 한다.

(3) 감독 등

① 산업통상자원부장관은 시공업자단체에 대하여 그 업무·회계 및 재산에 관하여 필요한 사항을 보고하게 하거나 소속 공무원으로 하여금 시공업자 단체의 장부·서류나 그 밖의 물건을 검사하게 할 수 있다.

② 시공업자단체는 시공업에 관한 사항을 정부에 건의하거나 정부의 자문에 응할 수 있다.

예제문제 01

에너지이용합리화법의 시공업자단체에 관한 기준 중 가장 부적당한 것은?

① 시공업자단체는 설립등기에 따라 성립한다.

② 시공업자단체는 에너지이용합리화법이 규정한 것 외에는 민법 중 사단법인 규정을 적용한다.

③ 시·도지사에게 등록한 시공업자는 시공업자단체에 가입하여야 한다.

④ 시공업자단체의 정관 또는 정관의 변경은 산업통상자원부장관의 인가를 받아야 한다.

해설 시공업자는 시공업자단체에 가입할 수 있다.

답 : ③

한국에너지공단

1 한국에너지공단 설립

(1) 설립

법	시행령
제45조【한국에너지공단의 설립 등】 ① 에너지이용 합리화 사업을 효율적으로 추진하기 위하여 한국에너지공단(이하 "공단"이라 한다)을 설립한다. 〈개정 2015.1.28〉 ② 정부 또는 정부 외의 자는 공단의 설립·운영과 사업에 드는 자금에 충당하기 위하여 출연을 할 수 있다. ③ 제2항에 따른 출연시기, 출연방법, 그 밖에 필요한 사항은 대통령령으로 정한다. [제목개정 2015.1.28] **제49조【설립등기】** ① 공단은 주된 사무소의 소재지에서 설립등기를 함으로써 성립한다. **제46조【법인격】** 공단은 법인으로 한다. **제64조【「민법」의 준용】** 공단에 관하여 이 법 및 「공공기관의 운영에 관한 법률」에 규정한 것 외에는 「민법」 중 재단법인에 관한 규정을 준용한다. 〈개정 2009.1.30〉 **제47조【사무소】** ① 공단의 주된 사무소의 소재지는 정관으로 정한다. ② 공단은 산업통상자원부장관의 승인을 받아 필요한 곳에 지부(支部), 연수원, 사업소 또는 부설기관을 둘 수 있다. 〈개정 2008.2.29, 2013.3.23〉 **제50조【유사명칭의 사용금지】** 공단이 아닌 자는 한국에너지공단 또는 이와 유사한 명칭을 사용하지 못한다. 〈개정 2015.1.28〉	**제45조【한국에너지공단에의 출연】** ① 정부가 법 제45조제2항에 따라 한국에너지공단(이하 "공단"이라 한다)의 설립 및 운영에 드는 자금에 충당하게 하기 위하여 출연하려 할 때에는 회계연도마다 이를 세출예산에 계상(計上)하여야 한다. 〈개정 2015.7.24, 2021.2.2〉 ② 정부외의 자가 법 제45조 제2항에 따라 공간의 운영과 그 사업에 드는 자금에 충당하기 위하여 출연하는 경우 출연시기·출연방법 등에 대해서는 산업통상자원부장관이 그 출연하려는 자와 협의하여 정할 수 있다. 〈신설 2021.2.2〉

요점 설립

(1) 설립목적

에너지이용합리화사업을 효율적으로 추진하기 위하여 한국에너지공단을 설립한다.

(2) 설립

① 공단은 주된 사무소의 소재지에서 등기함으로써 설립한다.
② 공단은 법인으로 한다.
③ 공단에 관하여 이 법 및 「공공기관의 운영에 관한 법률」에 규정한 것 외에는 「민법」중 재단법인에 관한 규정을 준용한다.
④ 공단은 산업통상자원부장관의 승인을 받아 필요한 곳에 지부(支部), 연수원, 사업소 또는 부설기관을 둘 수 있다.
⑤ 공단이 아닌 자는 한국에너지공단 또는 이와 유사한 명칭을 사용하지 못한다.

예제문제 01

한국에너지공단에 관한 다음 기준 중 가장 부적당한 것은?

① 공단은 주된 사무소 소재지에서 등기함으로써 설립한다.
② 공단에 관하여 에너지이용합리화법 및 공공기관의 운영에 관한 법률이 정한 이외의 사항은 민법 중 재단법인에 관한 규정을 적용한다.
③ 공단은 산업통상자원부장관의 승인을 받아 지부, 연수원, 사업소 및 부설기관을 두어야한다.
④ 공단이 아닌 자는 한국에너지공단 또는 이와 유사한 명칭을 사용하지 못한다.

해설 지부, 연수원 등은 산업통상자원부장관의 승인을 받아둘 수 있다.

답 : ③

(2) 등기

법	시행령
제49조【설립등기】 ① 공단은 주된 사무소의 소재지에서 설립등기를 함으로써 성립한다. ② 제1항에 따른 설립등기 사항은 다음 각 호와 같다. 1. 목적 2. 명칭 3. 주된 사무소, 지부, 연수원 및 사업소 4. 임원의 성명과 주소 5. 공고의 방법 ③ 설립등기 외의 등기에 관하여 필요한 사항은 대통령령으로 정한다.	**제46조【지부 등의 설치등기】** 공단이 지부·연수원·사업소 또는 부설기관(이하 "지부"라 한다)을 설치한 때에는 법 제49조제3항에 따라 다음 각 호의 구분에 따라 각각 등기하여야 한다. 1. 주된 사무소의 소재지에서는 2주일 내에 설치된 지부의 명칭과 소재지 2. 새로 설치된 지부의 소재지에서는 3주일 내에 다음 각 목의 사항 　가. 목적 　나. 명칭 　다. 주된 사무소의 소재지 　라. 이사장의 성명·주민등록번호 및 주소 　마. 공고의 방법 **제48조【변경등기】** 법 제49조제2항 각 호의 사항이 변경된 경우에는 주된 사무소의 소재지에서는 2주일 내에 변경등기를 하여야 한다. 이 경우 제46조제2호 각 목의 사항이 변경된 경우에는 지부의 소재지에서도 3주일 내에 변경된 사항을 등기하여야 한다. **제47조【이전등기】** ① 공단이 주된 사무소를 다른 등기소의 관할 구역으로 이전한 경우에는 종전의 소재지에서는 2주일 내에 그 이전한 사실을, 새로운 소재지에서는 3주일 내에 제46조제2호 각 목의 사항을 각각 등기하여야 한다. ② 공단이 지부를 다른 등기소의 관할 구역으로 이전한 경우에는 종전의 소재지에서는 2주일 내에 그 이전한 사실을, 새로운 소재지에서는 3주일 내에 제46조제2호 각 목의 사항을 각각 등기하여야 한다. **제49조【등기 기간의 기산】** 이 영에 따른 등기사항으로서 산업통상자원부장관의 인가 또는 승인을 받아야 할 사항이 있을 때에는 그 인가서 또는 승인서가 도달한 날부터 등기 기간을 기산한다. 〈개정 2013.3.23〉

요점 등기

1) 설립등기

공단은 주된 사무소의 소재지에서 다음의 사항을 등기함으로써 설립한다.

1. 목적
2. 명칭
3. 주된 사무소, 지부, 연수원 및 사업소
4. 임원의 성명과 주소
5. 공고의 방법

2) 지부의 설치등기

공단이 지부·연수원·사업소 또는 부설기관을 설치한 때에는 다음 각 호의 구분에 따라 각각 등기하여야 한다.

■ 공단 등기내용
1. 목적
2. 명칭
3. 주된사무소, 지부, 연수원 및 사업소
4. 임원의 성명과 주소
6. 공고의 방법

등기내용		등기기한
1. 주된 사무소 소재지 등기소	지부의 명칭, 소재지	2주일 내
2. 지부 등 설치 소재지 등기소	가. 목적 나. 명칭 다. 주된 사무소의 소재지 라. 이사장의 성명·주민등록번호 및 주소 마. 공고의 방법	3주일 내

3) 변경등기

공단이 설립등기된 내용 또는 지부설치 등기된 내용에 변경이 있는 경우 다음과 같이 변경된 사항을 등기하여야 한다.

1. 설립등기의 변경	주된 사무소 소재지에서 2주일 내
2. 지부설치등기의 변경	지부 소재지에서 3주일 내

4) 이전등기

공단이 주된 사무소 또는 지부를 다른 등기소의 관할구역으로 이전한 경우에는 다음과 같이 이전등기하여야 한다.

등기내용		등기기한
1. 종전소재지 등기소	이전한 사실	2주일 내
2. 새로운 소재지 등기소	가. 목적 나. 명칭 다. 주된 사무소의 소재지 라. 이사장의 성명·주민등록번호 및 주소 마. 공고의 방법	3주일 내

5) 등기기간의 기산

등기사항으로서 산업통상자원부장관의 인가 또는 승인을 받아야 할 사항이 있을 때에는 그 인가서 또는 승인서가 도달한 날부터 등기기간을 기산한다.

예제문제 02

한국에너지공단이 주된 사무소 소재지 이외의 장소에 지부를 설치한 경우 지부설치 소재지 관할 등기소 등기기한으로 옳은 것은?

① 산업통상자원부장관의 정관인가일로부터 2주일 내
② 산업통상자원부장관의 정관인가일로부터 3주일 내
③ 산업통상자원부장관의 정관인가서를 받은 날로부터 2주일 내
④ 산업통상자원부장관의 정관인가서를 받은 날로부터 3주일 내

해설 등기사항으로서 산업통상자원부장관의 인가를 받아야 할 사항이 있을 때에는 인가서가 도달한 날부터 등기기간을 기산한다.

답 : ④

(3) 정관 등

법	시행령
제48조【정관】공단의 정관에는 「공공기관의 운영에 관한 법률」 제16조제1항에 따른 기재사항 외에 다음 각 호의 사항을 포함하여야 한다. 1. 지부, 연수원 및 사업소에 관한 사항 2. 부설기관의 운영과 관리에 관한 사항 3. 재산에 관한 사항 4. 규약규정의 제정, 개정 및 폐지에 관한 사항 [전문개정 2009.1.30]	
제51조【임원】공단에 임원으로 이사장과 부이사장을 포함한 이사와 감사를 두며, 그 정수는 다음 각 호와 같이 한다.	

1. 이사장 1명
2. 부이사장 1명
3. 이사장, 부이사장을 제외한 이사 9명 이내(6명 이내의 비상임이사를 포함한다)
4. 감사 1명

제53조【임원의 직무】 ① 이사장은 공단을 대표하고, 공단의 업무를 총괄한다

② 부이사장은 이사장을 보좌한다. 〈개정 2009.1.30〉

③ 이사는 정관으로 정하는 바에 따라 공단의 업무를 분장한다. 〈개정 2009.1.30〉

④ 감사는 공단의 업무와 회계를 감사한다.

제56조【직원의 임면】 공단의 직원은 정관으로 정하는 바에 따라 이사장이 임면한다.

요점 정관 등

1) 정관

① 정관의 내용

근거	내용
1. 공공기관의 운영에 관한 법률 제16조 ①항	1. 목적 2. 명칭 3. 주된 사무소가 있는 곳 4. 자본금 5. 주식 또는 출자증권 6. 임원 및 직원에 관한 사항 7. 주주총회나 출자자총회 8. 이사회의 운영 9. 사업범위 및 내용과 그 집행 10. 회계 11. 공고의 방법 12. 사채의 발행 13. 정관의 변경 14. 그 밖에 대통령령이 정하는 사항
2. 에너지이용합리화법 제48조	1. 지부, 연수원 및 사업소에 관한 사항 2. 부설기관의 운영과 관리에 관한 사항 3. 재산에 관한 사항 4. 규약·규정의 제정, 개정 및 폐지에 관한 사항

② 공단의 주된 사무소의 소재지는 정관으로 정한다.

2) 임원

① 임원의 구성

1. 이사장 1명

2. 부이사장 1명

3. 이사장, 부이사장을 제외한 이사 9명 이내(6명 이내의 비상임이사를 포함한다)

4. 감사 1명

② 임원의 직무

1. 이사장은 공단을 대표하고 공단의 업무를 총괄한다.

2. 부이사장은 이사장을 보좌한다.

3. 이사는 정관으로 정하는 바에 따라 공단의 업무를 분장한다.

4. 감사는 공단의 업무와 회계를 감사한다.

③ 직원의 임면

공단의 직원은 정관으로 정하는 바에 따라 이사장이 임면한다.

2 한국에너지공단 사업

법	시행령
제57조 【사업】 공단은 다음 각 호의 사업을 한다. 〈개정 2008.2.29, 2013.3.23, 2013.7.30, 2015.1.28〉 1. 에너지이용 합리화 및 이를 통한 온실가스의 배출을 줄이기 위한 사업과 국제협력 2. 에너지기술의 개발·도입·지도 및 보급 3. 에너지이용 합리화, 신에너지 및 재생에너지의 개발과 보급, 집단에너지공급사업을 위한 자금의 융자 및 지원 4. 제25조제1항 각 호의 사업 5. 에너지진단 및 에너지관리지도 6. 신에너지 및 재생에너지 개발사업의 촉진 7. 에너지관리에 관한 조사·연구교육 및 홍보 8. 에너지이용 합리화사업을 위한 토지·건물 및 시설 등의 취득·설치·운영·대여 및 양도 9. 「집단에너지사업법」 제2조에 따른 집단에너지사업의 촉진을 위한 지원 및 관리 10. 에너지사용기자재·에너지관련기자재의 효율관리 및 열사용기자재의 안전관리 11. 사회취약계층의 에너지이용 지원	

12. 제1호부터 제11호까지의 사업에 딸린 사업

13. 제1호부터 제12호까지의 사업 외에 산업통상자원부장
관, 시·도지사, 그 밖의 기관 등이 위탁하는 에너지이용의
합리화와 온실가스의 배출을 줄이기 위한 사업

제58조【비용부담】 공단은 산업통상자원부장관의 승인을 받
아 그 사업에 따른 수익자로 하여금 그 사업에 필요한 비용
을 부담하게 할 수 있다. 〈개정 2008.2.29, 2013.3.23〉

제59조【자금의 차입】 공단이 제57조제4호에 따른 사업을
하는 경우에는 정부, 정부가 설치한 기금, 국내외 금융기
관, 외국정부 또는 국제기구로부터 자금을 차입할 수 있다.

제60조【회계 등】 ① 삭제 〈2009.1.30〉
② 공단은 매 회계연도 시작 전에 예산총칙·추정손익계산서
·추정대차대조표와 자금계획서로 구분하여 예산안을 편성
하여 이사회의 의결을 거쳐 산업통상자원부장관의 승인을
받아야 한다. 이를 변경하는 경우에도 또한 같다.
〈개정 2008.2.29, 2009.1.30, 2013.3.23〉
③ 삭제 〈2009.1.30〉

제61조【이익금의 처리】 공단은 매 회계연도의 결산결과 이
익금이 생긴 경우에는 이월손실금을 보전하는 데에 충당하
고, 나머지는 산업통상자원부장관이 정하는 바에 따라 적
립하여야 한다. 〈개정 2008.2.29, 2013.3.23〉

제62조【업무의 지도 및 감독】 ① 산업통상자원부장관은 다
음 각 호의 업무에 대하여 공단을 지도·감독하며, 그 사업
의 수행에 필요한 지시·처분 또는 명령을 할 수 있다.
〈개정 2008.2.29, 2013.3.23〉
1. 사업계획 및 예산편성
2. 사업실적 및 결산
3. 제57조에 따라 공단이 수행하는 사업
4. 제69조제3항에 따라 산업통상자원부장관이 위탁한 업무
② 산업통상자원부장관은 공단에 업무·회계 및 재산에 관하
여 필요한 사항을 보고하게 하거나 소속 공무원으로 하여
금 공단의 장부·서류, 그 밖의 물건을 검사하게 할 수 있다.
〈개정 2008.2.29, 2013.3.23〉
③ 제2항에 따라 검사를 하는 공무원은 그 권한을 표시하는
증표를 지니고 이를 관계인에게 내보여야 한다.

제63조【비밀누설 등의 금지】 공단의 임직원으로 근무하거
나 근무하였던 사람은 그 직무상 알게 된 비밀을 누설하거
나 도용하여서는 아니된다.

요점 한국에너지공단의 사업

(1) 공단사업의 범위

1. 에너지이용합리화 및 이를 통한 온실가스의 배출을 줄이기 위한 사업과 국제협력

2. 에너지기술의 개발·도입·지도 및 보급

3. 에너지이용합리화, 신에너지 및 재생에너지의 개발과 보급, 집단에너지공급사업을 위한 자금의 융자 및 지원

4. 다음의 사업
   가. 에너지사용시설의 에너지절약을 위한 관리·용역사업
   나. 에너지절약형 시설투자에 관한 사업
   다. 신에너지 및 재생에너지원의 개발 및 보급사업
   라. 에너지절약형 시설 및 기자재의 연구개발사업

5. 에너지진단 및 에너지관리지도

6. 신에너지 및 재생에너지 개발사업의 촉진

7. 에너지관리에 관한 조사·연구·교육 및 홍보

8. 에너지이용합리화사업을 위한 토지·건물 및 시설 등의 취득·설치·운영·대여 및 양도

9. 집단에너지사업의 촉진을 위한 지원 및 관리

10. 에너지사용기자재·에너지관련기자재의 효율관리 및 열사용기자재의 안전관리

11. 제1호부터 제10호가지의 사업에 딸린 사업

12. 산업통상자원부장관, 시·도지사, 그 밖의 기관 등이 위탁하는 에너지이용의 합리화와 온실가스의 배출을 줄이기 위한 사업

(2) 비용

① 정부 또는 정부 외의 자는 공단의 설립·운영과 사업에 드는 자금에 충당하기 위하여 출연을 할 수 있다.

② 공단은 산업통상자원부장관의 승인을 받아 그 사업에 따른 수익자로 하여금 그 사업에 필요한 비용을 부담하게 할 수 있다.

③ 공단이 (1)의 4호에 따른 사업을 하는 경우에는 정부, 정부가 설치한 기금, 국내외 금융기관, 외국정부 또는 국제기구로부터 자금을 차입할 수 있다.

④ 공단은 매 회계연도의 결산결과 이익금이 생긴 경우에는 이월손실금을 보전하는 데에 충당하고, 나머지는 산업통상자원부장관이 정하는 바에 따라 적립하여야 한다.

(3) 업무의 지도

① 산업통상자원부장관은 다음 각 호의 업무에 대하여 공단을 지도·감독하며, 그 사업의 수행에 필요한 지시·처분 또는 명령을 할 수 있다.

1. 사업계획 및 예산편성
2. 사업실적 및 결산
3. 공단이 수행하는 사업
4. 산업통상자원부장관이 위탁한 업무

② 공단의 임직원으로 근무하거나 근무하였던 사람은 그 직무상 알게 된 비밀을 누설하거나 도용하여서는 아니된다.

■ 비밀의 누설 및 도용의 벌칙(법 제72조)
2천만원 이하의 벌금 또는 2년 이하의 징역

예제문제 03

다음 중 한국에너지공단사업으로 부적합한 것은?

① 에너지기술의 개발·도입·지도 및 보급
② 에너지진단
③ 검사대상기기조종자 교육
④ 난방시공업기술자 교육

해설 난방시공업기술자 교육기관
1. 한국열관리시공협회
2. 전국보일러설비협회

답 : ④

CHAPTER

보 칙

1 교육

법	시행령
제65조【교육】① 산업통상자원부장관은 에너지관리의 효율적인 수행과 특정열사용기자재의 안전관리를 위하여 에너지관리자, 시공업의 기술인력 및 검사대상기기관리자에 대하여 교육을 실시하여야 한다. 〈개정 2008.2.29, 2013.3.23〉 ② 에너지관리자, 시공업의 기술인력 및 검사대상기기관리자는 제1항에 따라 실시하는 교육을 받아야 한다. ③ 에너지다소비사업자, 시공업자 및 검사대상기기설치자는 그가 선임 또는 채용하고 있는 에너지관리자, 시공업의 기술인력 또는 검사대상기기관리자로 하여금 제1항에 따라 실시하는 교육을 받게 하여야 한다. ④ 제1항에 따른 교육담당기관·교육기간 및 교육과정, 그 밖에 교육에 관하여 필요한 사항은 산업통상자원부령으로 정한다. 〈개정 2008.2.29, 2013.3.23〉	[시행규칙] 제32조【에너지관리자에 대한 교육】① 법 제65조에 따른 에너지관리자에 대한 교육의 기관·기간·과정 및 대상자는 별표 4와 같다. ② 산업통상자원부장관은 제1항에 따라 교육대상이 되는 에너지관리자에게 교육기관 및 교육과정 등에 관한 사항을 알려야 한다. 〈개정 2013.3.23〉 ③ 공단이사장은 다음 연도의 교육계획을 수립하여 매년 12월 31일까지 산업통상자원부장관의 승인을 받아야 한다. 〈개정 2012.6.28, 2013.3.23〉 제32조의2【시공업의 기술인력 등에 대한 교육】① 법 제65조에 따른 시공업의 기술인력 및 검사대상기기 관리자에 대한 교육의 기관·기간·과정 및 대상자는 별표 4의2와 같다. ② 산업통상자원부장관은 제1항에 따라 교육의 대상이 되는 시공업의 기술인력 및 검사대상기기 관리자에게 교육기관 및 교육과정 등에 관한 사항을 알려야 한다. 〈개정 2013.3.23〉 ③ 제1항에 따른 교육기관의 장은 다음 연도의 교육계획을 수립하여 매년 12월 31일까지 산업통상자원부장관의 승인을 받아야 한다. 〈개정 2013.3.23〉 ④ 제1항부터 제3항까지의 규정에도 불구하고 제31조의26제1항 단서에 따라 국방부장관이 관장하는 검사대상기기 관리자에 대한 교육은 국방부장관이 정하는 바에 따른다. [본조신설 2012.6.28]

요점 교육

(1) 교육대상

산업통상자원부장관은 에너지관리의 효율적인 수행과 특정열사용기자재의 안전관리를 위하여 에너지관리자, 시공업의 기술인력 및 검사대상기기관리자에 대하여 교육을 실시하여야 한다.

(2) 에너지관리자에 대한 교육(제32조제1항 관련 별표4 참고 2015.7.29)

교육과정	교육기간	교육대상자	교육기관
에너지관리자 기본교육과정	1일	에너지다소비사업자의 다음 신고사항업무 담당자로 신고된 사람 · 전년도에너지 사용량, 제품생산량 · 해당연도 에너지사용예정량, 제품생산예정량 · 에너지사용기자재의 현황 · 전년도에너지합리화실적 및 해당연도 계획(법 제31조 ①항 1호 내지 4호의 업무)	한국 에너지 공단

■ 비고
1. 에너지관리자 기본교육과정의 교육과목 및 교육수수료 등에 관한 세부사항은 산업통상자원부 장관이 정하여 고시한다.
2. 에너지관리자는 교육대상 업무를 담당하는 사람으로 최초로 신고된 연도(年度)에 교육을 받아야 한다.
3. 에너지관리자 기본교육과정을 마친 사람이 동일한 에너지다소비사업자의 에너지관리자로 다시 신고되는 경우에는 교육대상자에서 제외한다.
4. 공단이사장은 다음 연도의 교육계획을 수립하여 매년 12월 31일까지 산업통상자원부장관의 승인을 받아야 한다.

(3) 시공업의 기술인력 및 검사대상기기관리자에 대한 교육
(제32조의2제1항 관련 별표4의2 참고 2018.7.23)

■ 기술인력 및 관리자교육기간 : 1일

구분	교육과정	교육기간	교육대상자	교육기관
시공업의 기술인력	1. 난방시공업 제1종기술자과정	1일	난방시공업 제1종의 기술자로 등록된 사람	· 한국열관리 시공협회 · 전국보일러 설비협회
	2. 난방시공업 제2종·3종 기술자과정	1일	난방시공업 제2종 또는 난방시공업 제3종의 기술자로 등록된 사람	
검사대상 기기 관리자	1. 중·대형 보일러 관리자과정	1일	검사대상기기 조종자로 선임된 사람으로서 용량이 1t/h(난방용의 경우에는 5t/h)를 초과하는 강철제 보일러 및 주철제 보일러의 관리자	· 한국에너지 공단 · 한국에너지 기술인협회
	2. 소형보일러·압력용기 관리자 과정	1일	검사대상기기조종자로 선임된 사람으로서 제1호 외의 보일러 및 압력용기관리자	

■비고

1. 난방시공업 제1종기술자과정 등에 대한 교육과목, 교육수수료 및 교육 통지 등에 관한 세부 사항은 산업통상자원부장관이 정하여 고시한다.
2. 시공업의 기술인력은 난방시공업 제1종·제2종 또는 제3종의 기술자로 등록된 날부터, 검사대상기기 관리자는 법 제40조제1항에 따른 검사대상기기 관리자로 선임된 날부터 6개월 이내에, 그 후에는 교육을 받은 날부터 3년마다 교육을 받아야 한다.
3. 위 교육과정 중 난방시공업 제1종기술자과정을 이수한 경우에는 난방시공업 제2종·제3종기술자과정을 이수한 것으로 보며, 중·대형보일러 관리자과정을 이수한 경우에는 소형보일러·압력용기 관리자과정을 이수한 것으로 본다.
4. 산업통상자원부장관은 제도의 변경, 기술의 발달 등 안전관리환경의 변화로 효율 향상을 위하여 추가로 교육하려는 경우에는 교육의 기관·기간·과정 등에 관한 사항을 미리 고시하여야 한다.
5. 교육기관의 장은 다음 연도의 교육계획을 수립하여 매년 12월 31일까지 산업통상자원부장관의 승인을 받아야 한다.

예제문제 01

에너지이용합리화법에 따른 에너지관리자교육에 관한 기준 중 가장 부적당한 것은?

① 에너지관리자기본교육은 1일로 한국에너지공단에서 실시한다.
② 에너지다소비사업자의 일정 신고사항 업무를 담당하는 사람으로 최초로 신고된 연도에 교육을 받아야 한다.
③ 에너지관리자기본교육을 마친 사람이 다른 에너지다소비사업자의 에너지관리자로 신고되는 경우에는 교육대상자에서 제외된다.
④ 공단 이사장은 다음 연도의 교육계획을 수립하여 매년 12월 31일까지 산업통상자원부장관의 승인을 받아야 한다.

해설 기본교육을 마친 사람이 동일한 에너지다소비사업자의 에너지관리자로 다시 신고되는 경우 교육대상자에서 제외된다.

답 : ③

예제문제 02

에너지이용합리화법에 따른 에너지관리자 등의 교육기관으로 부적합한 것은?

① 에너지관리자 기본교육과정 – 한국에너지공단
② 난방시공업 제1종 기술자 과정 – 한국에너지기술인협회
③ 난방시공업 제2종 기술자 과정 – 한국열관리시공협회
④ 보일러관리자과정 – 한국에너지공단

해설 난방시공업 1종·2종·3종 기술자과정 교육기관
1. 한국열관리사공협회
2. 전국보일러설비협회

답 : ②

2 보고 및 검사

법	시행령
제66조【보고 및 검사 등】 ① 산업통상자원부장관이나 시·도지사는 이 법의 시행을 위하여 필요하면 산업통상자원령으로 정하는 바에 따라 효율관리기자재·대기전력저감대상제품·고효율에너지인증대상기자재의 제조업자·수입업자·판매업자 및 각 시험기관, 에너지절약전문기업, 에너지다소비사업자, 진단기관과 검사대상기기설치자에 대하여 그 업무에 관한 보고를 명하거나 소속 공무원 또는 공단으로 하여금 효율관리기자재 제조업자 등의 사무소·사업장·공장이나 창고에 출입하여 장부·서류·에너지사용기자재, 그 밖의 물건을 검사하게 할 수 있다. 〈개정 2008.2.29, 2013.3.23〉 ② 제1항에 따른 검사를 하는 공무원이나 공단의 직원은 그 권한을 표시하는 증표를 지니고 이를 관계인에게 내보여야 한다.	**[시행규칙]** **제33조【보고 및 검사 등】** ① 법 제66조제1항에 따라 산업통상자원부장관이 보고를 명할 수 있는 사항은 다음 각 호와 같다. 〈개정 2013.3.23〉 1. 효율관리기자재·대기전력저감대상제품·고효율에너지인증대상기자재의 제조업자·수입업자 또는 판매업자의 경우 : 연도별 생산·수입 또는 판매 실적 2. 에너지절약전문기업(법 제25조제1항에 따른 에너지절약전문기업을 말한다. 이하 같다)의 경우 : 영업실적(연도별 계약실적을 포함한다) 3. 에너지다소비사업자의 경우 : 개선명령 이행실적 4. 진단기관의 경우 : 진단 수행실적 ② 법 제66조제1항에 따라 산업통상자원부장관, 시·도지사가 소속 공무원 또는 공단으로 하여금 검사하게 할 수 있는 사항은 다음 각 호와 같다. 〈개정 2012.6.28, 2013.3.23〉 1. 법 제15조제2항에 따른 에너지소비효율등급 또는 에너지소비효율 표시의 적합 여부에 관한 사항 2. 법 제15조제2항에 따른 효율관리시험기관의 지정 및 자체측정의 승인을 위한 시험능력 확보 여부에 관한 사항 3. 법 제16조제1항 및 제2항에 따른 효율관리기자재의 사후관리를 위한 사항 4. 법 제19조제2항에 따른 대기전력시험기관의 지정 및 자체측정의 승인을 위한 시험능력 확보 여부에 관한 사항 5. 법 제19조제4항에 따른 대기전력경고표지의 이행 여부에 관한 사항 6. 법 제20조제1항에 따른 대기전력저감우수제품 표시의 적합 여부에 관한 사항 7. 법 제21조제1항에 따른 대기전력저감대상제품의 사후관리를 위한 사항 8. 법 제22조제5항에 따른 고효율에너지기자재 인증 표시의 적합 여부에 관한 사항 9. 법 제22조제7항에 따른 고효율시험기관의 지정을 위한 시험능력 확보 여부에 관한 사항 10. 법 제23조제1항에 따른 고효율에너지기자재의 사후관리를 위한 사항 11. 법 제24조제1항에 따른 효율관리시험기관, 대기전력시험기관 및 고효율시험기관의 지정취소요건의 해당 여부

에 관한 사항

12. 법 제24조제2항에 따른 자체측정의 승인을 받은 자의 승인취소 요건의 해당 여부에 관한 사항

13. 법 제25조제1항 각 호에 따른 에너지절약전문기업이 수행한 사업에 관한 사항

14. 법 제25조제2항에 따른 에너지절약전문기업의 등록기준 적합 여부에 관한 사항

15. 법 제31조제1항에 따른 에너지다소비사업자의 에너지사용량 신고 이행 여부에 관한 사항

16. 법 제32조제2항에 따른 에너지다소비사업자의 에너지진단 실시 여부에 관한 사항

17. 법 제32조제8항에 따른 진단기관의 지정기준 적합 여부에 관한 사항 〈개정 2023.8.3〉

18. 법 제33조에 따른 진단기관의 지정취소 요건의 해당 여부에 관한 사항

19. 법 제34조제1항에 따른 에너지다소비사업자의 개선명령 이행 여부에 관한 사항

20. 법 제39조제2항에 따른 검사대상기기설치자의 검사 이행에 관한 사항

21. 법 제39조제4항에 따른 검사대상기기를 계속 사용하려는 자의 검사 이행에 관한 사항

22. 법 제39조제7항 각 호에 따른 검사대상기기 폐기 등의 신고 이행에 관한 사항

23. 법 제40조제1항에 따른 검사대상기기관리자의 선임에 관한 사항

24. 법 제40조제3항에 따른 검사대상기기관리자의 선임·해임 또는 퇴직의 신고 이행에 관한 사항

③ 공단이사장 또는 검사기관의 장은 매달 검사대상기기의 검사 실적을 다음 달 10일까지 별지 제30호서식에 따라 작성하여 시·도지사에게 보고하여야 한다. 다만, 검사 결과 불합격한 경우에는 즉시 그 검사 결과를 시·도지사에게 보고하여야 한다. 〈신설 2012.6.28〉

요점 보고 및 검사

산업통상자원부장관, 시·도지사는 필요에 따라 다음과 같은 조치를 취할 수 있다.

1. 효율관리기자재 등의 제조업자 등에게 보고를 명함

2. 소속공무원 또는 공단으로 하여금 사업장 등을 출입하여 물품의 검사

3 수수료

법	시행령
제67조【수수료】 다음 각 호의 어느 하나에 해당하는 자는 산업통상자원부령으로 정하는 바에 따라 수수료를 내야 한다. 〈개정 2013.3.23, 2017.12.3〉 1. 제22조제3항에 따라 고효율에너지기자재의 인증을 신청하려는 자 2. 제32조제2항 본문에 따른 에너지진단을 받으려는 자 3. 제39조제1항·제2항 또는 제4항에 따라 검사대상기기의 검사를 받으려는 자 4. 제39조의2 제1항에 따라 검사대상기기의 검사를 받으려는 제조업자	**[시행규칙]** **제34조【수수료】** ① 공단은 법 제67조제1호에 따라 고효율에너지기자재의 인증을 신청하려는 제조업자 또는 수입업자가 내야 하는 수수료를 인증에 소요되는 일수(日數) 및 인력을 기준으로 정하되, 수수료는 직접 인건비, 직접 경비, 기술료 등 각종 경비로 구성한다. ② 진단기관은 법 제67조제2호에 따라 에너지진단을 받으려는 자가 내야 하는 수수료를 진단에 소요되는 일수 및 인력을 기준으로 정하되, 수수료는 직접 인건비, 직접 경비, 기술료 등 각종 경비로 구성한다. ③ 법 제67조제3호에 따른 검사대상기기의 검사수수료는 별표 4의3과 같다. 〈신설 2012.6.28〉 ④ 공단 또는 검사기관은 법 제67조제4호에 따라 검사대상기기의 검사를 받으려는 제조업자가 내야 하는 수수료를 검사에 소요되는 일수 및 인력을 기준으로 정하되, 수수료는 직접 인건비, 직접 경비, 기술료 등 각종 경비로 구성한다. 〈신설 2017.12.3〉 ⑤ 제1항부터 제4항까지의 규정에 따른 수수료는 현금 또는 정보통신망을 이용한 전자결재 등의 방법으로 공단이나 해당 진단기관 또는 검사기관에 내야 한다. 〈개정 2012.6.28, 2017.12.3〉

요점 수수료

수수료 납부대상

1. 고효율에너지기자재의 인증을 신청하는 자
2. 에너지진단을 받으려는 자
3. 검사대상기기의 검사를 받으려는 자
4. 수입 검사 대상기기의 제조업자

4 청문

법	시행령
제68조 【청문】 산업통상자원부장관은 다음 각 호의 어느 하나에 해당하는 처분을 하려면 청문을 하여야 한다. 〈개정 2008.2.29, 2011.7.25, 2013.3.23〉 1. 제16조제2항에 따른 효율관리기자재의 생산 또는 판매의 금지명령 2. 제23조제1항에 따른 고효율에너지기자재의 인증 취소 3. 제24조제1항에 따른 각 시험기관의 지정 취소 4. 제24조제2항에 따른 자체측정을 할 수 있는 자의 승인 취소 5. 제26조에 따른 에너지절약전문기업의 등록 취소. 다만, 같은 조 제3호에 따른 등록 취소는 제외한다. 6. 제33조에 따른 진단기관의 지정 취소	

요점 청문

산업통상자원부장관은 다음에 해당하는 처분을 하려면 처분 전에 청문을 하여야 한다.

1. 효율관리기사재의 생산 또는 판매의 금지명령

2. 고효율에너지기자재의 인증 취소

3. 각 시험기관의 지정 취소

4. 자체측정을 할 수 있는 자의 승인 취소

5. 에너지절약전문기업의 등록 취소. 다만, 등록취소신청에 따른 등록취소는 제외한다.

6. 진단기관의 지정 취소

예제문제 03

에너지이용합리화법에 따른 산업통상자원부장관의 청문사유가 아닌 것은?

① 고효율기자재의 인증취소　　　　② 에너지효율등급건축물의 인증취소

③ 에너지절약전문기업의 등록취소　④ 진단기관의 지정취소

해설 ②항은 녹색건축물 조성지원법에 따른 국토교통부장관의 청문사유이다.

답 : ②

5 권한의 위임·위탁

법	시행령
제69조 【권한의 위임·위탁】 ① 이 법에 따른 산업통상자원부장관의 권한은 대통령령으로 정하는 바에 따라 그 일부를 시·도지사에게 위임할 수 있다. 〈개정 2008.2.29, 2013.3.23, 2017.12.3〉 ② 시·도지사는 제1항에 따라 위임받은 권한의 일부를 산업통상자원부장관의 승인을 받아 시장·군수 또는 구청장(자치구의 구청장을 말한다)에게 재위임할 수 있다. 〈개정 2008.2.29, 2013.3.23〉 ③ 산업통상자원부장관 또는 시·도지사는 대통령령으로 정하는 바에 따라 다음 각 호의 업무를 공단·시공업자단체 또는 대통령령으로 정하는 기관에 위탁할 수 있다. 〈개정 2008.2.29, 2009.1.30, 2013.3.23, 2022.10.18〉 1. 제11조에 따른 에너지사용계획의 검토 2. 제12조에 따른 이행 여부의 점검 및 실태파악 3. 제15조제3항에 따른 효율관리기자재의 측정결과 신고의 접수 4. 제19조제3항에 따른 대기전력경고표지대상제품의 측정결과 신고의 접수 5. 제20조제2항에 따른 대기전력저감대상제품의 측정결과 신고의 접수 6. 제22조제3항 및 제4항에 따른 고효율에너지기자재 인증 신청의 접수 및 인증 7. 제23조제1항에 따른 고효율에너지기자재의 인증취소 또는 인증사용정지 명령 8. 제25조제1항에 따른 에너지절약전문기업의 등록 9. 제29조제1항에 따른 온실가스배출 감축실적의 등록 및 관리 10. 제31조제1항에 따른 에너지다소비사업자 신고의 접수 11. 제32조제3항에 따른 진단기관의 관리·감독 12. 제32조제5항에 따른 에너지관리지도 12의2. 제32조제7항에 따른 진단기관의 평가 및 그 결과의 공개 12의3. 제36조의2제4항에 따른 냉난방온도의 유지·관리 여부에 대한 점검 및 실태 파악 13. 제39조제1항부터 제4항까지 및 제7항에 따른 검사대상기기의 검사, 검사증의 교부 및 검사대상기기 폐기 등의 신고의 접수 13의2. 제39조의2 제1항 및 제2항에 따른 검사대상기기의 검사 및 검사증의 교부	제50조 【권한의 위임】 산업통상자원부장관은 법 제69조제1항에 따라 법 제78조제4항제1호와 제11호에 따른 과태료의 부과·징수에 관한 권한을 시·도지사에게 위임한다. 〈개정 2009.7.27, 2013.3.23〉 제51조 【업무의 위탁】 ① 산업통상자원부장관 또는 시·도지사는 법 제69조3항에 따라 다음 각 호의 업무를 공단에 위탁한다. 〈개정 2009.7.27, 2013.3.23, 2017.12.3〉 1. 법 제11조에 따른 에너지사용계획의 검토 2. 법 제12조에 따른 이행 여부의 점검 및 실태파악 3. 법 제15조제3항에 따른 효율관리기자재의 측정 결과 신고의 접수 4. 법 제19조제3항에 따른 대기전력경고표지대상제품의 측정 결과 신고의 접수 5. 법 제20조제2항에 따른 대기전력저감대상제품의 측정 결과 신고의 접수 6. 법 제22조제3항 및 제4항에 따른 고효율에너지기자재 인증 신청의 접수 및 인증 7. 법 제23조제1항에 따른 고효율에너지기자재의 인증취소 또는 인증사용 정지명령 8. 법 제25조에 따른 에너지절약전문기업의 등록 9. 법 제29조제1항에 따른 온실가스배출 감축실적의 등록 및 관리 10. 법 제31조제1항에 따른 에너지다소비사업자 신고의 접수 11. 법 제32조제3항에 따른 진단기관의 관리·감독 12. 법 제32조제5항에 따른 에너지관리지도 12의2. 법 제32조제7항에 따른 진단기관의 평가 및 그 결과의 공개 〈개정 2023.1.17〉 12의3. 법 제36조의2제4항에 따른 냉난방온도의 유지·관리 여부에 대한 점검 및 실태 파악 〈개정 2023.1.17〉 13. 법 제39조제2항 및 제4항에 따른 검사대상기기의 검사 14. 법 제39조제3항에 따른 검사증의 발급(제13호에 따른 검사만 해당한다) 15. 법 제39조제7항에 따른 검사대상기기의 폐기, 사용 중지, 설치자 변경 및 검사의 전부 또는 일부가 면제된 검사대상기기의 설치에 대한 신고의 접수 16. 법 제40조제3항에 따른 검사대상기기조종자의 선임·해임 또는 퇴직신고의 접수

14. 제40조제3항 및 제4항 단서에 따른 검사대상기기관리자의 선임·해임 또는 퇴직신고의 접수 및 검사대상기기관리자의 선임기한 연기에 관한 승인

② 법 제69조제3항에 따라 시·도지사의 업무 중 다음 각 호의 업무를 공단 또는 「국가표준기본법」제23조에 따라 인정받은 시험·검사기관 중 산업통상자원부장관이 지정하여고시하는 기관에 위탁한다. 〈개정 2013.3.23〉

1. 법 제39조제1항에 따른 검사대상기기의 검사
2. 법 제39조제3항에 따른 검사증의 발급(제1호에 따른 검사만 해당한다)

제52조 【보고】 제51조에 따라 권한의 위임 또는 업무의 위탁을 받은 자는 그 위임 또는 위탁받은 업무를 처리하였을 때에는 산업통상자원부장관 또는 시·도지사에게 그 처리 결과를 보고하여야 한다. 〈개정 2013.3.23〉

요점 권한의 위임 및 위탁

(1) 권한의 위임

산업통상자원부장관은 권한의 일부를 시·도지사에게 위임할 수 있으며 시·도지사는 위임받은 권한의 일부를 산업통상자원부장관의 승인을 받아 시장·군수·구청장에게 재위임할 수 있다.

(2) 권한의 위임 및 위탁

① 산업통상자원부장관 또는 시·도지사의 업무(위임업무 포함하되 과태료의 부과·징수업무 제외함) 중 다음 각 호의 업무를 한국에너지공단에 위탁한다.

1. 에너지사용계획의 검토
2. 이행여부의 점검 및 실태파악
3. 효율관리기자재의 측정결과 신고의 접수
4. 대기전력경고표지대상제품의 측정결과신고의 접수
5. 대기전력저감대상제품의 측정결과신고의 접수
6. 고효율에너지기자재 인증신청의 접수 및 인증
7. 고효율에너지기자재의 인증취소 또는 인증사용 정지명령
8. 에너지절약전문기업의 등록
9. 온실가스배출 감축실적의 등록 및 관리
10. 에너지다소비사업자 신고의 접수
11. 진단기관의 관리·감독
12. 진단기관의 평가·결과 공개

13. 에너지관리지도

14. 냉난방온도의 유지·관리여부에 대한 점검 및 실태파악

15. 검사대상기기의 검사

16. 14호 검사대상기기 검사증의 발급

17. 검사대상기기의 폐기, 사용중지, 설치자 변경 및 검사의 전부 또는 일부가 면제된 검사대상기기의 설치에 대한 신고의 접수

18. 수입 검사대상기기의 검사 및 검사증의 교부

19. 검사대상기기조종자의 선임·해임 또는 퇴직신고의 접수

② 시·도지사의 업무 중 다음 각 호의 업무를 공단 또는 산업통상자원부장관이 지정하여 고시하는 시험검사기관에 위탁한다.

1. 검사대상기기의 검사

2. 검사대상기기 검사증의 발급

(3) 보고

권한의 위임 또는 업무의 위탁을 받은 자는 그 위임 또는 위탁받은 업무를 처리하였을 때에는 산업통상자원부장관 또는 시·도지사에게 그 처리 결과를 보고하여야 한다.

예제문제 04

에너지이용합리화법 권한의 위임 및 위탁규정에 따른 한국에너지공단의 위탁업무에 해당되지 않는 것은?

① 에너지절약전문기업의 등록　　② 에너지다소비사업자신고

③ 검사대상기기폐기신고　　④ 과태료부과 및 징수

해설 과태료의 부과 및 징수업무는 산업통상자원부장관, 시·도지사의 업무영역으로 국한된다.

답 : ④

6 타법과의 관계

법	시행령
제70조【벌칙 적용 시의 공무원 의제】 산업통상자원부장관이 제69조제3항에 따라 위탁한 업무에 종사하는 기관 또는 단체의 임직원은 「형법」 제129조부터 제132조까지를 적용할 때에는 공무원으로 본다. 〈개정 2008.2.29, 2013.3.23〉 **제71조(다른 법률과의 관계)** ① 삭제 〈2009.1.30〉 ② 「집단에너지사업법」 제4조에 따라 집단에너지의 공급타당성에 관한 협의를 한 경우에는 제10조에 따른 에너지사용계획의 협의내용 중 집단에너지공급에 관한 사항을 협의한 것으로 본다.	

요점 타법과의 관계

① 산업통상자원부장관이 위탁한 업무에 종사하는 기관 또는 단체의 임직원은 「형법」 제129조부터 제132조까지를 적용할 때에는 공무원으로 본다.

② 「집단에너지사업법」 제4조에 따라 집단에너지의 공급타당성에 관한 협의를 한 경우에는 에너지사용계획의 협의내용 중 집단에너지공급에 관한 사항을 협의한 것으로 본다.

- 형법 제129조 등
- 제129조【수뢰·사전수뢰】
- 제130조【제삼자뇌물제공】
- 제131조【수뢰 후 부정처사·사후수뢰】
- 제132조【알선수뢰】

CHAPTER

벌 칙

1 벌 칙

법	시행령
제72조 【벌칙】 다음 각 호의 어느 하나에 해당하는 자는 2년 이하의 징역 또는 2천만 원 이하의 벌금에 처한다. 　1. 제7조제1항에 따른 에너지저장시설의 보유 또는 저장의무의 부과시 정당한 이유 없이 이를 거부하거나 이행하지 아니한 자 　2. 제7조제2항제1호부터 제8호까지 또는 제10호에 따른 조정·명령 등의 조치를 위반한 자 　3. 제63조를 위반하여 직무상 알게 된 비밀을 누설하거나 도용한 자 **제73조 【벌칙】** 다음 각 호의 어느 하나에 해당하는 자는 1년 이하의 징역 또는 1천만 원 이하의 벌금에 처한다. 　1. 제39조제1항제2항 또는 제4항을 위반하여 검사대상기기의 검사를 받지 아니한 자 　2. 제39조제5항을 위반하여 검사대상기기를 사용한 자 　3. 제39조의2 제3항을 위반하여 검사대상기기를 수입한 자 **제74조 【벌칙】** 제16조제2항에 따른 생산 또는 판매 금지명령을 위반한 자는 2천만원 이하의 벌금에 처한다. **제75조 【벌칙】** 제40조제1항 또는 제4항을 위반하여 검사대상기기관리자를 선임하지 아니한 자는 1천만원 이하의 벌금에 처한다. [전문개정 2009.1.30] **제76조 【벌칙】** 다음 각 호의 어느 하나에 해당하는 자는 500만 원 이하의 벌금에 처한다. 　1. 삭제 〈2009.1.30〉 　2. 제15조제3항을 위반하여 효율관리기자재에 대한 에너지사용량의 측정결과를 신고하지 아니한 자 　3. 삭제 〈2009.1.30〉 　4. 제19조제3항에 따라 대기전력경고표지대상제품에 대한 측정결과를 신고하지 아니한 자 　5. 제19조제4항에 따른 대기전력경고표지를 하지 아니한 자	

6. 제20조제1항을 위반하여 대기전력저감우수제품임을 표시하거나 거짓 표시를 한 자

7. 제21조제1항에 따른 시정명령을 정당한 사유 없이 이행하지 아니한 자

8. 제22조제5항을 위반하여 인증 표시를 한 자

제78조 【과태료】 ① 다음 각 호의 어느 하나에 해당하는 자에게는 2천만원 이하의 과태료를 부과한다. 〈개정 2013.7.30., 2018.5.1.〉

1. 제15조제2항을 위반하여 효율관리기자재에 대한 에너지소비효율등급 또는 에너지소비효율을 표시하지 아니하거나 거짓으로 표시를 한 자

2. 제32조제2항을 위반하여 에너지진단을 받지 아니한 에너지다소비사업자

3. 법 제40조의2 제1항을 위반하여 한국에너지공단에 사고의 일시, 내용 등을 통보하지 아니하거나 거짓으로 통보한 자

② 다음 각 호의 어느 하나에 해당하는 자에게는 1천만원 이하의 과태료를 부과한다. 〈개정 2009.1.30〉

1. 제10조제1항이나 제3항을 위반하여 에너지사용계획을 제출하지 아니하거나 변경하여 제출하지 아니한 자. 다만, 국가 또는 지방자치단체인 사업주관자는 제외한다.

2. 제34조에 따른 개선명령을 정당한 사유 없이 이행하지 아니한 자

3. 제66조제1항에 따른 검사를 거부·방해 또는 기피한 자

③ 제15조제4항에 따른 광고내용이 포함되지 아니한 광고를 한 자에게는 500만원 이하의 과태료를 부과한다. 〈신설 2009.1.30, 2013.7.30〉

1. 삭제 〈2013.7.30〉

2. 삭제 〈2013.7.30〉

④ 다음 각 호의 어느 하나에 해당하는 자에게는 300만원 이하의 과태료를 부과한다. 다만, 제1호, 제4호부터 제6호까지, 제8호, 제9호 및 제9호의2부터 제9호의4까지의 경우에는 국가 또는 지방자치단체를 제외한다. 〈개정 2009.1.30, 2015.1.28〉

1. 제7조제2항제9호에 따른 에너지사용의 제한 또는 금지에 관한 조정·명령, 그 밖에 필요한 조치를 위반한 자

2. 제9조제1항을 위반하여 정당한 이유 없이 수요관리투자계획과 시행결과를 제출하지 아니한 자

3. 제9조제2항을 위반하여 수요관리투자계획을 수정·보완하여 시행하지 아니한 자

4. 제11조제1항에 따른 필요한 조치의 요청을 정당한 이유 없이 거부하거나 이행하지 아니한 공공사업주관자

5. 제11조제2항에 따른 관련 자료의 제출요청을 정당한 이유 없이 거부한 사업주관자

제53조 【과태료의 부과기준】 ① 법 제78조제1항부터 제4항까지의 규정에 따른 과태료의 부과기준은 별표 5와 같다. [본조신설 2009.7.27]

6. 제12조에 따른 이행 여부에 대한 점검이나 실태 파악을 정당한 이유 없이 거부·방해 또는 기피한 사업주관자

7. 제17조제4항을 위반하여 자료를 제출하지 아니하거나 거짓으로 자료를 제출한 자

8. 제20조제3항 또는 제22조제6항을 위반하여 정당한 이유 없이 대기전력저감우수제품 또는 고효율에너지기자재를 우선적으로 구매하지 아니한 자

9. 제31조제1항에 따른 신고를 하지 아니하거나 거짓으로 신고를 한 자

   9의2. 제36조의2제4항에 따른 냉난방온도의 유지·관리 여부에 대한 점검 및 실태 파악을 정당한 사유 없이 거부방해 또는 기피한 자

   9의3. 제36조의3에 따른 시정조치명령을 정당한 사유 없이 이행하지 아니한 자

   9의4. 제39조제7항 또는 제40조제3항에 따른 신고를 하지 아니하거나 거짓으로 신고를 한 자

10. 제50조를 위반하여 한국에너지공단 또는 이와 유사한 명칭을 사용한 자

11. 제65조제2항을 위반하여 교육을 받지 아니한 자 또는 같은 조 제3항을 위반하여 교육을 받게 하지 아니한 자

12. 제66조제1항에 따른 보고를 하지 아니하거나 거짓으로 보고를 한 자

⑤ 제1항부터 제4항까지의 규정에 따른 과태료는 대통령령으로 정하는 바에 따라 산업통상자원부장관이나 시·도지사가 부과징수한다. 〈개정 2008.2.29, 2009.1.30, 2013.3.23〉

⑥ 삭제 〈2009.1.30〉

⑦ 삭제 〈2009.1.30〉

⑧ 삭제 〈2009.1.30〉

제77조【양벌규정】 법인의 대표자나 법인 또는 개인의 대리인, 사용인, 그 밖의 종업원이 그 법인 또는 개인의 업무에 관하여 제72조부터 제76조까지의 어느 하나에 해당하는 위반행위를 하면 그 행위자를 벌하는 외에 그 법인 또는 개인에게도 해당 조문의 벌금형을 과(科)한다. 다만, 법인 또는 개인이 그 위반행위를 방지하기 위하여 해당 업무에 관하여 상당한 주의와 감독을 게을리하지 아니한 경우에는 그러하지 아니하다.

[전문개정 2008.12.26]

요점 **벌칙**

(1) 2년 이하의 징역 또는 2천만원 이하의 벌금

1. 제7조제1항에 따른 에너지저장시설의 보유 또는 저장의무의 부과시 정당한 이유 없이 이를 거부하거나 이행하지 아니한 자

2. 제7조제2항제1호부터 제8호까지 또는 제10호에 따른 조정·명령 등의 조치를 위반한 자

3. 제63조를 위반하여 직무상 알게 된 비밀을 누설하거나 도용한 자

■ 법 제7조
[수급안정을 위한 조치]
① 에너지저장 의무
② 에너지할당 등

■ 법 제63조
[비밀 누설 등의 금지]

(2) 2천만원 이하의 과태료

1. 제32조제2항에 위반하여 에너지진단을 받지 아니한 에너지다소비사업자

2. 제15조제2항을 위반하여 효율관리기자재에 대한 에너지소비효율등급 또는 에너지소비효율을 표시하지 아니하거나 거짓으로 표시를 한 자

3. 제40조의2 제1항을 위반하여 한국에너지공단에 사고의 일시, 내용 등을 통보하지 아니하거나 거짓으로 통보한 자

(3) 양벌규정

법인의 대표자나 법인 또는 개인의 대리인, 사용인, 그 밖의 종업원이 그 법인 또는 개인의 업무에 관하여 벌칙(72조~76조)의 어느 하나에 해당하는 위반행위를 하면 그 행위자를 벌하는 외에 그 법인 또는 개인에게도 해당 조문의 벌금형을 과(科)한다. 다만, 법인 또는 개인이 그 위반행위를 방지하기 위하여 해당 업무에 관하여 상당한 주의와 감독을 게을리 하지 아니한 경우에는 그러하지 아니하다.

예제문제 01

에너지이용합리화법에 따른 2천만원 이하의 과태료 처분 사유는?

① 에너지진단을 받지 아니한 에너지다소비사업자
② 에너지저장시설의 보유의무를 정당한 이유없이 이행하지 아니한 자
③ 공단 직무상 알게 된 비밀을 누설하거나 도용한 자
④ 에너지의 양도, 양수의 제한명령을 위반한 자

해설 ②, ③, ④항은 2년 이하의 징역 또는 2천만원 이하의 벌금사유이다.

답 : ①

예제문제 02

"에너지이용 합리화법"에 따른 과태료 부과대상에 해당하는 자는? 【21년 기출문제】

① 에너지사용계획의 제출 대상으로 에너지사용계획을 제출하지 아니하거나 변경하여 제출하지 아니한 자

② 대기전력경고표지대상제품의 제조업자 또는 수입업자로 대기전력 경고 표지를 하지 아니한 자

③ 에너지저장의무 부과대상으로 에너지저장시설의 보유 또는 저장의무의 부과시 정당한 이유없이 이를 거부하거나 이행하지 아니한 자

④ 효율관리기자재 제조업자 또는 수입업자로 효율관리기자재에 대한 에너지사용량의 측정 결과를 신고하지 아니한 자

[해설] 에너지사용계획 미제출 등의 경우 1000만원 이하의 과태료 부과대상이다.

답 : ①

제5편

녹색건축물 관계법규 하위규정 등

제1장 녹색건축물 관계법규 관련 하위규정
제2장 에너지 정책

녹색건축물 관계법규 관련 하위규정

제1절 녹색건축인증에 관한 규칙(2021.4.1)

1 목적

이 규칙은 「녹색건축물 조성 지원법」에서 위임된 녹색건축 인증 대상 건축물의 종류, 인증기준 및 인증절차, 인증유효기간, 수수료, 인증기관 및 운영기관의 지정 기준, 지정 절차 및 업무범위 등에 관한 사항과 그 시행에 필요한 사항을 규정함을 목적으로 한다.

2 적용대상

(1) 일반적 적용 대상

건축법에 따른 건축물을 대상으로 녹색건축 인증을 운영한다.
다만, 군부대 주둔지 내의 국방, 군사시설은 제외한다.

(2) 녹색건축 인증 취득 의무 대상 건축물(영 제11조 참고)

다음에 해당되는 건축의 경우에는 녹색건축 예비인증 및 본인증을 취득하여야 한다.

1. 적용대상기관	・중앙행정기관 ・공공기관 ・국립·공립대학	・지방자치단체 ・지방공사 또는 지방공단 ・정부 등의 출연기관, 연구회
2. 규모	에너지절약계획서 제출대상 중 연면적합계 3,000m² 이상인 건축물의 신축, 별동의 증축 또는 재축	
3. 공공업무시설의 취득 등급	우수 등급(그린2등급) 이상을 취득하여야 함	

3 운영기관의 지정 등

(1) 지정

국토교통부장관은 환경부장관과의 협의 후 인증운영위원회의 심의를 거쳐 녹색건축센터 중 운영기관을 지정하여 고시하여야 한다.

(2) 운영기관의 업무

운영기관은 다음 각 호의 업무를 수행한다.

1. 인증관리시스템의 운영에 관한 업무

2. 인증기관의 심사 결과 검토에 관한 업무

3. 인증제도의 홍보, 교육, 컨설팅, 조사 · 연구 및 개발 등에 관한 업무

4. 인증제도의 개선 및 활성화를 위한 업무

5. 심사전문인력의 교육, 관리 및 감독에 관한 업무

6. 인증관련 통계분석 및 활용에 관한 업무

7. 인증제도의 운영과 관련하여 국토교통부장관 또는 환경부장관이 요청하는 업무

(3) 보고

운영기관의 장은 다음 각 호의 구분에 따른 시기까지 운영기관의 사업내용을 국토교통부장관과 환경부장관에게 각각 보고하여야 한다.

1. 전년도 사업추진 실적과 그 해의 사업계획 : 매년 1월 31일까지

2. 분기별 인증 현황 : 매 분기 말일을 기준으로 다음 달 15일까지

4 인증기관의 지정

(1) 인증기관 지정 신청기간 공고

국토교통부장관은 인증기관을 지정하려는 경우에는 환경부장관과 협의하여 지정 신청 기간을 정하고, 신청 기간이 시작되는 날의 3개월 전까지 신청 기간 등 인증기관 지정에 관한 사항을 공고하여야 한다.

(2) 인증기관 지정 신청

1) 신청서식

인증기관으로 지정을 받으려는 자는 신청 기간 내에 녹색건축 인증기관 지정 신청서에 다음 각 호의 서류를 첨부하여 국토교통부장관에게 제출하여야 한다.

1. 인증업무를 수행할 전담조직을 구성하고 업무수행체계를 수립할 것

2. 심사전문인력을 보유하고 있음을 증명하는 서류(#1)

3. 인증기관의 인증업무 처리규정(#2)

2) 심사전문인력(#1)

① 인증기관의 전문분야(인증규칙 별표 1 2021.4.1)

전문분야	해당 세부분야
1. 토지이용 및 교통	단지계획, 교통계획, 교통공학, 건축계획 또는 도시계획
2. 에너지 및 환경오염	에너지, 전기공학, 건축환경, 건축설비, 대기환경, 폐기물처리 또는 기계공학
3. 재료 및 자원	건축시공 및 재료, 재료공학, 자원공학 또는 건축구조
4. 물순환관리	수공학, 상하수도공학, 수질환경, 건축환경 또는 건축설비
5. 유지관리	건축계획, 건설관리, 건축설비 또는 건축시공 및 재료
6. 생태환경	건축계획, 생태건축, 조경 또는 생물학
7. 실내환경	온열환경, 소음·진동, 빛환경, 실내공기환경, 건축계획, 건축환경 또는 건축설비

② 심사전문인력

인증기관은 전문분야 중 5개 이상의 분야(에너지 및 환경오염 분야를 포함하여야 한다)에 분야별로 1명 이상의 상근(常勤) 심사전문인력을 보유하여야 하며, 이 경우 심사전문인력은 다음 각 호의 어느 하나에 해당하는 사람이어야 한다.

1. 건축사 자격을 취득한 사람

2. 해당 전문분야의 기술사 자격을 취득한 사람

3. 해당 전문분야의 기사 자격을 취득한 후 7년 이상 해당 업무를 수행한 사람

4. 해당 전문분야의 박사학위를 취득한 후 1년 이상 해당 업무를 수행한 사람

5. 해당 전문분야의 석사학위를 취득한 후 6년 이상 해당 업무를 수행한 사람

6. 해당 전문분야의 학사학위를 취득한 후 8년 이상 해당 업무를 수행한 사람

3) 인증업무 처리규정(#2)

인증업무 처리규정에는 다음 각 호의 사항이 포함되어야 한다.

1. 녹색건축 인증 심사의 절차 및 방법에 관한 사항

2. 인증심사단 및 인증심사위원회의 구성·운영에 관한 사항

3. 녹색건축 인증 결과의 통보 및 재심사에 관한 사항

4. 녹색건축 인증을 받은 건축물의 인증 취소에 관한 사항

5. 녹색건축 인증 결과 등의 보고에 관한 사항

6. 녹색건축 인증 수수료 납부방법 및 납부기간에 관한 사항

7. 녹색건축 인증 결과의 검증방법에 관한 사항

8. 그 밖에 녹색건축 인증업무 수행에 필요한 사항

(3) 인증기관 지정, 고시

① 신청을 받은 국토교통부장관은 신청인의 법인 등기사항증명서(법인인 경우만 해당한다) 또는 사업자등록증(개인인 경우만 해당한다)을 확인하여야 한다.

② 국토교통부장관은 녹색건축 인증기관 지정 신청서가 제출되면 해당 신청인이 인증기관으로 적합한지를 환경부장관과 협의하여 검토한 후 인증운영위원회의 심의를 거쳐 지정·고시한다.

5 인증기관 지정서의 발급 등

(1) 지정서 발급

① 국토교통부장관은 인증기관으로 지정받은 자에게 녹색건축 인증기관 지정서를 발급하여야 한다.

② 인증기관 지정의 유효기간은 녹색건축 인증기관 지정서를 발급한 날부터 5년으로 한다.

③ 국토교통부장관은 환경부장관과 협의한 후 인증운영위원회의 심의를 거쳐 지정의 유효기간을 5년마다 갱신할 수 있다.

④ 갱신기간은 갱신할 때마다 5년을 초과할 수 없다.

(2) 변경신고

① 녹색건축 인증기관 지정서를 발급받은 인증기관의 장은 다음 각 호의 어느 하나에 해당하는 사항이 변경되었을 때에는 그 변경된 날부터 30일 이내에 변경된 내용을 증명하는 서류를 운영기관의 장에게 제출하여야 한다.

1. 기관명
2. 기관의 대표자
3. 건축물의 소재지
4. 심사전문인력

② 운영기관의 장은 변경 내용을 증명하는 서류를 받으면 그 내용을 국토교통부장관과 환경부장관에게 각각 보고하여야 한다.

6 녹색건축 인증신청(본인증)

(1) 인증신청

1) 신청시기

1. 신청자		·건축주 ·건축물 소유자 ·사업주체 또는 시공자(건축주나 건축물 소유자가 인증 신청에 동의하는 경우에만 해당한다)
2. 신청 시기	본인증	·건축법 사용승인 후 ·주택법 사용검사 후
	예비인증	·당해 설계도서 작성 후

2) 신청서식

건축주 등이 녹색건축 인증을 받으려면 녹색건축 인증신청서에 다음 각 호의 서류를 첨부하여 인증기관의 장에게 제출하여야 한다.

1. 국토교통부장관과 환경부장관이 정하여 공동으로 고시하는 녹색건축 자체평가서
2. 녹색건축 자체평가서에 포함된 내용이 사실임을 증명할 수 있는 서류

(2) 인증처리기간

① 인증기관의 장은 신청서와 신청서류가 접수된 날부터 다음 각 호의 구분에 따른 기간 이내에 인증을 처리하여야 한다.

구분	처리기한
1. 30세대 미만인 단독주택	20일 이내
2. 1호 이외의 건축물	40일 이내

② 인증기관의 장은 제①항 각 호에 따른 기간 이내에 부득이한 사유로 인증을 처리할 수 없는 경우에는 건축주 등에게 그 사유를 통보하고 20일의 범위에서 인증 심사 기간을 한 차례만 연장할 수 있다.

③ 인증기관의 장은 건축주 등이 제출한 서류의 내용이 불충분하거나 사실과 다른 경우에는 서류가 접수된 날부터 20일 이내에 건축주 등에게 보완을 요청할 수 있으며 건축주등은 보완 요청일로부터 30일(10일 연장가능) 이내에 보완을 완료하여야 한다.

④ 건축주 등이 제출서류를 보완하는 기간 및 공휴일, 토요일은 제①항 각 호의 기간에 산입하지 아니한다.

7 인증심사절차

① 인증기관의 장은 인증 신청을 받으면 인증심사단을 구성하여 인증기준에 따라 서류심사와 현장실사(現場實査)를 하고, 심사 내용, 점수, 인증 여부 및 인증 등급을 포함한 인증심사결과서를 작성하여야 한다.

② 인증심사결과서를 작성한 인증기관의 장은 인증심의위원회의 심의를 거쳐 인증 여부 및 인증 등급을 결정한다.
다만, 단독주택 및 그린리모델링 인증에 대해서는 인증심의위원회의 심의를 생략할 수 있다.

③ 인증심사단은 해당 전문분야 중 5개 이상의 분야별 1명 이상의 심사전문인력으로 구성한다.
다만, 단독주택 및 그린리모델링 인증에 대해서는 해당 전문분야 중 2개 분야별 1명 이상의 심사전문인력으로 인증심사단을 구성할 수 있다.

④ 인증심의위원회는 해당 전문분야 중 4개 이상의 분야별 1명 이상의 전문가로 구성한다. 이 경우 인증심의위원회의 위원은 해당 인증기관에 소속된 사람이 아니어야 하며, 다른 인증기관의 심사전문인력을 1명 이상 포함하여야 한다.

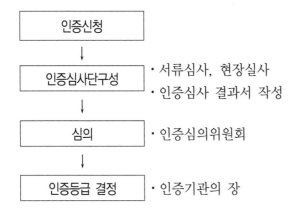

■ 인증신청의 반려
1. 신청일로부터 20일 이내에 신청서식 또는 수수료를 내지 않은 경우
2. 보완기간 내에 보완하지 않은 경우

8 인증기준

① 녹색건축 인증은 해당 전문분야별로 국토교통부장관과 환경부장관이 공동으로 정하여 고시하는 인증기준에 따라 부여된 종합점수를 기준으로 심사하여야 한다.

② 녹색건축 인증 등급은 최우수(그린1등급), 우수(그린2등급), 우량(그린3등급) 또는 일반(그린4등급)으로 한다.

③ 제①항에 따른 인증기준은 사용승인 또는 사용검사를 받은 날부터 5년이 지난 건축물과 그밖의 건축물로 구분하여 정할 수 있다.

|참고| **인증등급별 점수기준(인증기준 별표10 2023.7.1)**

구분		최우수 (그린1등급)	우수 (그린2등급)	우량 (그린3등급)	일반 (그린4등급)
신축	주거용 건축물	74점 이상	66점 이상	58점 이상	50점 이상
	단독주택	74점 이상	66점 이상	58점 이상	50점 이상
	비주거용 건축물	80점 이상	70점 이상	60점 이상	50점 이상
기존	주거용 건축물	69점 이상	61점 이상	53점 이상	45점 이상
	비주거용 건축물	75점 이상	65점 이상	55점 이상	45점 이상
그린 리모델링	주거용 건축물	69점 이상	61점 이상	53점 이상	45점 이상
	비주거용 건축물	75점 이상	65점 이상	55점 이상	45점 이상

■비고
복합건축물이 주거와 비주거로 구성되었을 경우에는 바닥면적의 과반 이상을 차지하는 용도의 인증 등급별 점수기준을 따른다.

9 인증서 발급 및 유효기간

(1) 본인증 유효기간 등

① 인증기관의 장은 녹색건축 인증을 할 때에는 녹색건축 인증서와 인증명판(認證名板)을 발급하여야 한다.

② 녹색건축 인증의 유효기간은 녹색건축 인증서를 발급한 날부터 5년으로 한다.

③ 인증서를 발급받은 건축주등은 인증 유효기간의 만료일 180일 전부터 만료일까지 유효기간의 연장을 신청할 수 있다.

④ 유효기간의 연장 신청을 받은 인증기관의 장은 기준에 적합하다고 인정되면 유효기간을 연장할 수 있다. 이 경우 연장된 유효기간은 유효기간의 만료일 다음 날부터 5년으로 한다.

⑤ 인증기관의 장은 인증서를 발급하였을 때에는 인증 대상, 인증 날짜, 인증 등급 및 인증심사단과 인증심사위원회의 구성원 명단을 포함한 인증 심사 결과를 운영기관의 장에게 제출하고, 인증심사결과를 인증관리시스템에 등록한다.

| 참고 | 녹색건축 인증명판(예시 : 동판 가로 30cm×세로 40cm×두께 1.5cm)

1. 최우수(그린1등급) 녹색건축 인증 명판의 표시

한글판   영문판

2. 우수(그린2등급) 녹색건축 인증 명판의 표시

한글판   영문판

〈이하 생략〉

(2) 예비인증 유효기간 등

① 인증기관의 장은 심사결과 예비인증을 하는 경우 녹색건축 예비인증서를 건축주 등에게 발급하여야 한다.

② 예비인증을 받은 건축주 등은 본인증을 받아야 한다.

이 경우 예비인증을 받아 제도적·재정적 지원을 받은 건축주 등은 예비인증 등급 이상의 본인증을 받아야 한다.

③ 녹색건축 예비인증의 유효기간은 녹색건축 예비인증서를 발급한 날부터 사용승인일 또는 사용검사일까지로 한다. 다만, 사용승인일 또는 사용검사일 전에 녹색건축인증을 받은 경우에는 해당 인증서 발급일까지로 한다.

10 재심사 요청

① 인증 심사 결과나 인증 취소 결정에 이의가 있는 건축주 등은 인증기관의 장에게 재심사를 요청할 수 있다.

② 재심사 결과 통보, 인증서 재발급 등 재심사에 따른 세부 절차에 관한 사항은 국토교통부장관과 환경부장관이 다음과 같이 정하여 공동으로 고시한다.

1. 건축주 등은 재심사 요청 사유서를 인증기관의 장에게 제출하여야 한다.
2. 재심사 요청에 대하여 인증처리기간(규칙 제6조 ③내지 ⑤), 인증심사절차(규칙 제7조 ①, ②), 인증기준(규칙 제8조), 인증취소(법 제20조) 규정을 준용한다.
3. 재심사 결과에 따라 인증서를 재발급할 경우에는 기존에 발급된 인증은 취소된다.
4. 재심사를 수행한 인증기관의 장은 재심사에 대한 전반적인 사항을 운영기관의 장에게 보고하여야 한다.

11 인증을 받은 건축물의 사후관리

(1) 관리 및 확인

① 녹색건축 인증을 받은 건축물의 소유자 또는 관리자는 그 건축물을 인증받은 기준에 맞도록 유지·관리하여야 한다.

② 인증기관의 장은 필요한 경우에는 녹색건축 인증을 받은 건축물의 정상 가동 여부 등을 확인할 수 있다.

③ 인증기관의 장이 녹색건축 등급인증을 받은 건축물의 정상 가동 여부 등을 확인할 경우에는 국토교통부장관과 환경부장관의 승인을 받아야 한다.

(2) 사후관리 범위

녹색건축 인증을 받은 건축물의 사후관리 범위 등 세부 사항은 국토교통부장관과 환경부장관이 다음과 같이 정하여 공동으로 고시한다.

1. 유지관리 및 생태환경현황 등의 조사
2. 에너지사용량 및 물사용량 등의 조사
3. 국토교통부장관 또는 환경부장관이 요청하는 사항

12 인증 수수료

(1) 인증 수수료

건축주 등은 녹색건축 인증 신청서 또는 녹색건축 예비인증 신청서를 제출하려는 경우 해당 인증기관의 장에게 국토교통부장관과 환경부장관이 정하여 공동으로 고시하는 인증 수수료를 신청서를 제출한 날로부터 20일 이내에 내야 한다.

|참고| 수수료

1. 단독주택 녹색건축 인증 및 예비인증 수수료(인증기준 별표12 발췌 2023.7.1)

규모별	수수료
85m² 이하	60만원
85m² 초과 ~ 250m² 이하	80만원
250m² 초과	120만원

2. 그린리모델링 녹색건축 인증 수수료

건축물용도별	수수료
주거용 건축물	60만원
비주거용 건축물	120만원

3. 인증 수수료 환불 비율

반려 시점	환불 비율
접수 후	90%
보완요청 후	60%
인증심사 후	30%
현장심사 후	15%
인증심의 후	0%

(2) 재심사 수수료

재심사를 신청하는 건축주 등은 인증 수수료의 50%에 해당되는 재심사 인증 수수료를 추가로 내야 한다.

13 인증운영위원회

① 국토교통부장관과 환경부장관은 녹색건축 인증제도를 효율적으로 운영하기 위하여 국토교통부장관이 환경부장관과 협의하여 정하는 기준에 따라 인증운영위원회를 구성하여 운영할 수 있다.

1. 구성	① 위원	위원장 1명을 포함한 20명 이내
	② 위원장	위원회를 운영하지 않는 부처의 국장급 이상의 소속 공무원
	③ 간사	위원회를 운영하는 부처의 소속 공무원
	④ 위원	1. 관련분야의 직무를 담당하는 중앙행정기관의 소속 공무원 2. 5년 이상 녹색건축 관련 경력이 있는 대학 조교수 이상인 자 3. 5년 이상 녹색건축 관련 연구기관에서 연구경력이 있는 선임연구원급 이상인 자 4. 기업에서 7년 이상 녹색건축 관련 분야에 근무한 부서장 이상인 자 5. 그 밖에 제1호 내지 제4호와 동등 이상의 자격이 있다고 국토교통부장관 또는 환경부장관이 인정하는 자
	⑤ 임기	위원장과 위원의 임기는 2년으로 한다. 다만, 공무원인 위원은 보직의 재임기간으로 한다.
2. 심의 사항		① 인증기관의 지정 및 지정의 유효기간 갱신에 관한 사항 ② 인증기관 지정의 취소 및 업무정지에 관한 사항 ③ 인증 심사 기준의 제정·개정에 관한 사항 ④ 그 밖에 녹색건축 인증제의 운영과 관련된 중요사항
3. 운영		① 위원회의 운영은 국토교통부와 환경부가 2년간 교대로 담당한다. ② 위원회는 반기별 1회 이상 개최함을 원칙으로 하되, 필요한 경우 위원장이 이를 소집할 수 있다. ③ 위원회의 회의는 재적위원 과반수의 출석으로 개최하고 출석위원 과반수의 찬성으로 의결하되, 가부 동수인 경우에는 부결된 것으로 본다.

② 국토교통부장관과 환경부장관은 인증운영위원회의 운영을 운영기관에 위탁할 수 있다.

예제문제 01

녹색건축 인증에 관한 규칙에 따라 공공업무시설이 취득하여야 할 최소 녹색건축인증 등급은?

① 최우수 등급 ② 우수 등급
③ 우량 등급 ④ 일반 등급

해설 공공업무시설은 우수 등급(그린2등급) 이상을 취득하여야 한다.

답 : ②

예제문제 02

녹색건축 인증에 관한 규칙상 녹색건축 인증을 받아야 하는 대상 건축물이 아닌 것은?

① 중앙행정기관의 연면적 합계 4,000m²인 청사 신축

② 지방공단의 연면적 합계 3,000m²인 연구동 별동 증축

③ 지방대학의 연면적 합계 5,000m²인 강의동 신축

④ 공공기관의 연면적 합계 4,000m²인 복지센터 신축

해설 녹색건축 인증 대상의 학교는 국립·공립학교에 해당된다.

답 : ③

예제문제 03

녹색건축 인증에 관한 규칙에 따른 인증기관에 관한 기술 중 가장 부적합한 것은?

① 인증기관 지정의 유효기간은 녹색건축 인증기관 지정서를 발급한 날부터 5년으로 한다.

② 국토교통부장관은 환경부장관과 협의한 후 인증운영위원회의 심의를 거쳐 지정의 유효기간을 5년마다 갱신할 수 있다.

③ ②항의 갱신기간은 갱신할 때마다 5년을 초과할 수 없다.

④ 녹색건축 인증기관 지정서를 발급받은 인증기관의 장은 심사전문인력 등의 사항이 변경되었을 때에는 그 변경된 날부터 30일 이내에 변경된 내용을 증명하는 서류를 국토교통부장관에게 제출하여야 한다.

해설 인증기관의 장은 30일 이내에 다음의 변경사항을 운영기관의 장에게 제출하여야 한다.
1. 기관명
2. 건축물의 소재지
3. 심사전문인력

답 : ④

예제문제 04

녹색건축 인증에 관한 기술 중 가장 부적합한 것은?

① 건축주 등이 녹색건축 인증을 받으려면 녹색건축 인증신청서 등의 서류를 인증기관의 장에게 제출하여야 한다.

② 녹색건축 인증신청은 원칙적으로 건축법의 건축허가 후 또는 주택법의 사용승인 후 신청하여야 한다.

③ 단독주택(30세대 미만인 경우)에 따른 인증처리기간은 신청서류가 접수된 날로부터 20일 이내이다.

④ ③항의 경우 인증기관의 장은 20일의 범위 안에서 인증심사기간을 한 차례만 연장할 수 있다.

해설 인증신청시기
건축법의 사용승인 후 또는 주택법의 사용검사 후

답 : ②

예제문제 05

녹색건축 인증에 관한 기술 중 가장 부적합한 것은?

① 인증심사결과서를 작성한 인증기관의 장은 인증심의위원회의 심의를 거쳐 인증 여부 및 인증등급을 결정한다.

② 인증심사단은 해당 전문분야 중 5개 이상의 분야(에너지 및 환경오염 분야를 포함하여야 한다)별 1명 이상의 심사전문인력으로 구성한다.

③ 인증심의위원회는 해당 전문분야 중 5개 이상의 분야별 1명 이상의 전문가로 구성한다.

④ 녹색건축 인증 등급은 최우수(그린1등급), 우수(그린2등급), 우량(그린3등급) 또는 일반(그린4등급)으로 한다.

해설 인증심의위원회는 해당 전문분야 중 4개 이상의 분야별 1명 이상의 전문가로 구성한다.

답 : ③

예제문제 06

녹색건축 인증의 유효기간은?

① 3년   ② 5년

③ 7년   ④ 10년

해설 녹색건축 인증의 유효기간은 녹색건축 인증서를 발급한 날부터 5년으로 한다.

답 : ②

예제문제 07

"녹색건축물 인증에 관한 규칙"및 "녹색건축 인증기준"에 관한 사항으로 가장 부적합한 것은? 【15년 기출문제】

① 녹색건축 인증 신청은 건축주, 건축물 소유자, 사업주체 또는 설계자(건축주나 건축물 소유자가 인증 신청에 동의하는 경우) 중 어느 하나가 할 수 있다.

② 녹색건축 인증은 7개의 전문분야에 대하여 평가하며, 공동주택에 대한 평가 결과가 74점 이상인 경우 최우수 등급에 해당한다.

③ 녹색건축 인증기관 지정의 유효기간은 지정서 발급일로부터 5년이며, 녹색건축 인증의 유효기간은 인증서 발급일로부터 5년으로 한다.

④ 인증처리 기간 산정 시에 토요일, "관공서의 공휴일에 관한 규정" 제2조에 따른 공휴일 또는 "근로자의 날 제정에 관한 법률"에 따른 근로자의 날은 제외한다.

[해설] 녹색건축인증신청은 건축주, 건축물 소유자, 사업주체 또는 시공자 중 어느 하나가 할 수 있다.

답 : ①

예제문제 08

녹색건축 인증신청시 인증 수수료 납부기한은?

① 신청서 제출일로부터 10일 이내
② 신청서 제출일로부터 15일 이내
③ 신청서 제출일로부터 20일 이내
④ 신청서 제출일로부터 30일 이내

[해설] 건축주 등은 신청서 제출일로부터 20일 이내에 일정한 수수료를 해당 인증기관의 장에게 납부하여야 한다.

답 : ③

|참고| **재활용 건축자재의 활용기준 〈발췌〉**

1. 적용대상

1. 지역	・전용주거지역 ・제1종 일반주거지역 ・제2종 일반주거지역	이외의 지역
2. 규모	연면적 500m² 이상인 철근콘크리트조 건축물	
3. 행위	・건축 ・대수선 ・용도변경	골조공사(기초, 기둥, 벽, 바닥, 보, 계단, 지붕 등)

2. 건축기준의 완화

완화규정	재활용 건축자재 사용량의 용적비율	기준 완화 적용 범위
1. 용적률 2. 건축물 높이	15% 이상 사용하는 경우	5%
	20% 이상 사용하는 경우	10%
	25% 이상 사용하는 경우	15%

■ 주1. 재활용 건축자재는 콘크리트용 순환굵은골재로서 사용비율은 30% 이하가 되도록 하여야 한다.
2. 완화적용을 받고자 하는 자는 완화요청서를 허가권자에게 제출하여야 한다.

제2절 기존 건축물의 에너지성능 개선기준〈2022.8.8〉

제 1 장 총 칙

제1조【목적】 이 기준은 「녹색건축물 조성 지원법」(이하 "법"이라 한다)」 제13
조와 제13조의2, 「녹색건축물 조성 지원법 시행령(이하 "영"이라 한다) 제9조
의2, 「녹색건축물 조성 지원법 시행규칙(이하 "규칙"이라 한다)」 제6조와 제6
조의2에 따른 공공건축물의 에너지소비량 보고, 공개 방법 및 기존 건축물의
녹색건축물 전환기준 및 방법 등을 정함을 목적으로 한다.

제2조【정의】 이 기준에서 사용하는 용어의 뜻은 다음 각 호와 같다.

1. "녹색건축물"이란 법 제2조에 따라 에너지이용 효율 및 신·재생에너지의
   사용비율이 높고 온실가스 배출을 최소화하면서 건축물과 환경에 미치는
   영향을 최소화하고 동시에 쾌적하고 건강한 거주환경을 제공하는 건축물을
   말한다.
2. "에너지 성능 및 효율개선(이하 "성능개선"이라 한다)"이란 건축물의 냉난
   방 부하량과 에너지 소요량 저감을 통해 에너지 소비량을 절감하는 것을
   말한다.
3. "성능개선 사업"이란 기존 건축물의 에너지효율을 높여 녹색건축물로 전환
   하는 사업으로서, 에너지성능, 노후도, 안전을 종합적으로 고려하여 설
   계·시공·유지관리·해체 등의 공정에서 단계별 에너지 절감 대책을 수립
   하여 이행하는 사업을 말한다.

제3조【업무의 위탁】 국토교통부장관은 법 제13조에 따른 기존 건축물의 에너
지 성능개선 업무 및 법 제13조2에 따른 공공건축물의 에너지 소비량 공개
등의 업무를 영 제19조에 따라 녹색건축센터로 지정된 기관 중 국토안전관리
원에 위탁한다.

제 2 장 성능개선 사업의 이행

제4조【에너지 소비량 보고대상 건축물】 법 제13조의2제1항에 의한 에너지 소
비량 보고대상 건축물이란 영 제9조의2제1항에 따른 건축물을 말한다.

제5조【에너지 소비량 보고】 ① 제4조에 따른 건축물의 사용자 또는 관리자
(이하 "사용자 등"이라 한다)는 규칙 제6조의2제1항 및 규칙 제6조의2제2항에

따라 에너지 소비량을 다음 각 호와 같이 지역, 규모별로 구분하여 매분기마다 제3조에 따라 업무를 위탁받은 녹색건축센터의 장(이하 "녹색건축센터의 장"이라 한다)에게 제출하여야 한다.

1. 지역은 「건축물의 에너지절약 설계기준」 [별표1]의 지역란의 구분에 따른다.

　가. 중부지역 : 서울특별시, 인천광역시, 경기도, 강원도(강릉시, 동해시, 속초시, 삼척시, 고성군, 양양군 제외), 충청북도(영동군 제외), 충청남도(천안시), 경상북도(청송군)

　나. 남부지역 : 부산광역시, 대구광역시, 광주광역시, 대전광역시, 울산광역시, 강원도(강릉시, 동해시, 속초시, 삼척시, 고성군, 양양군), 충청북도(영동군), 충청남도(천안시 제외), 전라북도, 전라남도, 경상북도(청송군 제외), 경상남도, 세종특별자치시

　다. 제주특별자치도

2. 규모는 다음 각 목과 같이 구분한다.

　가. 연면적 10,000제곱미터 이상

　나. 연면적 5,000제곱미터 이상 10,000제곱미터 미만

　다. 연면적 3,000제곱미터 이상 5,000제곱미터 미만

② 녹색건축센터의 장은 영 제9조의2제2항을 따라 에너지 소비량 보고대상 건축물의 에너지 소비량 정보 등을 매분기 마다 공개하여야 한다.

제5조의2 【에너지소비량 단계 구분】 녹색건축센터의 장은 제5조제1항 에 따라 제출된 에너지 소비량 정보를 분석하여 제6조제1항 에 해당하는 건축물에 대해 제13조 에 따른 운영세칙에서 정하는 바에 따라 지역·용도·규모별로 에너지 소비량 단계를 구분하여 그 내용을 공개할 수 있다.

제5조의3 【현장조사】 녹색건축센터의 장은 규칙 제6조의2제3항 에 따라 다음 각 호에 해당하는 에너지 소비량 보고 대상 건축물에 대하여 현장조사를 실시할 수 있다.

1. 제6조제1항 에 따라 성능개선 대상 기준에 부합되는 건축물
2. 에너지소비 특성 및 이용상황 등 적정성 검토가 필요하다고 판단되는 건축물
3. 그 밖에 녹색건축센터의 장이 현장조사가 필요하다고 인정한 건축물

제6조 【성능개선 사업의 이행】 ① 녹색건축센터의 장은 다음 각 호의 기준에 따라 선정된 건축물에 대하여 제13조의2제3항에 의한 성능개선을 요구 할 수 있다. 다만, 다음 각 호의 기준에 해당하더라도 건축물의 특성 등에 따라 불가피한 사유가 있는 경우에는 그러하지 않을 수 있다.

1. 지역 · 용도 · 규모별 에너지 소비량 상위 50% 이내의 공공건축물 중 냉방 또는 난방 에너지 소비량 상위 25% 이내 또는 제13조에 따른 운영세칙에서 건축물의 에너지소비 특성에 따라 용도별로 별도로 정한 기준을 초과하는 건축물

2. 제11조 에 따른 평가위원회에서 녹색건축물 조성 활성화를 위해 성능개선이 필요하다고 인정한 건축물

3. 그 밖에 녹색건축센터의 장이 성능개선이 필요하다고 인정한 건축물

② 제1항에 따라 성능개선 대상 건축물로 통보를 받은 사용자 등은 통보를 받은 날로부터 6개월 이내에 별지 제1호서식에 따른 사업 계획서를 작성하여 녹색건축센터의 장에게 제출하여야 한다.

③ 녹색건축센터의 장은 성능개선 사업 계획서를 검토하고 제12조에 따른 평가위원회 적격심의를 통해 별지 제2호서식에 따른 사업계획 확인서를 발급할 수 있다.

④ 성능개선 대상 건축물로 통보를 받은 사용자 등은 제3항의 사업계획 확인서에 따라 성능개선 사업을 이행하여야 한다.

⑤ 녹색건축센터의 장은 사업의 이행여부를 확인하기 위하여 사용자 등에게 사업의 이행단계별로 공정보고를 받을 수 있으며, 사업계획 확인서상의 내용과 상이한 경우에는 시정조치를 요구할 수 있다.

⑥ 제5항에 따른 공정보고 및 시정조치 등을 요청받은 사용자 등은 녹색건축센터의 장에게 협조하여야 한다.

⑦ 제2항에도 불구하고, 성능개선 대상 건축물로 통보받은 사용자 등이 예산 미반영 등 불가피한 사유로 사업계획서를 제출하지 못할 경우에는 6개월 이내에 별지 제5호서식에 따른 성능개선 사업 착수계획서(이하 "착수계획서"라 한다)를 제출하여야 한다. 이 경우 녹색건축센터의 장은 이를 검토한 후 사업계획서의 제출 시기를 별도로 정하여 별지 제6호서식의 성능개선 사업 착수계획 확인서를 발급할 수 있다.

제 3 장 기존 건축물의 녹색건축물 전환기준

제7조 【녹색건축물 전환기준】 제15조의2(전문기관의 지정) ① 제6조제1항에 따라 성능개선을 요구받은 건축물을 법 제13조제1항에 따른 녹색건축물로 전환하기 위해서는 다음 각 호 중 어느 하나를 만족해야 한다.

1. 「건축물 에너지효율등급 인증기준」에 따라 에너지효율등급 1등급 이상의 등급을 인증 받은 건축물

2. 성능개선 전후 대비 연간 단위면적당 냉·난방 에너지요구량을 30% 이상 개선하거나 연간 단위면적당 1차 에너지소요량을 30% 이상 개선하는 건축물

3. 「녹색건축물 조성 지원법」 제16조에 따른 녹색건축 인증을 「녹색건축 인증 기준」 별표 6과 별표 7의 그린리모델링 건축물 인증심사 기준에 따라 취득한 건축물

4. 제로에너지건축물 인증을 받은 건축물

5. 기존 건축물의 노후도, 안전성능, 에너지 효율 등의 성능을 종합적으로 개선하는 건축물

② 사용자 등은 녹색건축물로 전환 시 제1항 각 호의 어느 하나를 충족해야 한다.

③ 제1항 제2호의 평가는 ISO 13790 등 국제규격에 따라 제작된 프로그램으로 평가하되, 녹색건축센터의 장이 인정한 프로그램을 활용해야 한다. 다만, 세부기준은 「건축물 에너지효율등급 인증 및 제로에너지건축물 인증 기준」을 준용한다.

제8조【녹색건축물 전환 절차】 ① 사용자 등은 사업 완료 후 1개월 이내에 별지 제3호서식에 따른 녹색건축물 전환 인정 신청서를 작성하여 녹색건축센터의 장에게 제출하여야 한다.

② 녹색건축센터의 장은 건축물의 성능개선 사업의 결과가 제7조에서 정한 기준을 만족하는지를 확인하기 위하여 전환인정 신청서 평가와 현장실사를 하고, 제12조에 따른 평가위원회 적격심의를 통해 별지 제4호서식에 따른 녹색건축물 전환 인정서 및 [별표 1]에 따른 인증명판을 발급할 수 있다.

제9조【녹색건축물의 사후관리】 ① 녹색건축물 전환 인정서를 교부받은 기관의 장은 해당 건물의 주출입구에 인증명판을 부착하여 표시하고 명확하게 확인이 가능하도록 하여야 한다.

② 녹색건축물 전환 인정서를 발급 받은 건축물의 사용자등은 해당 건축물을 인증 받은 기준에 맞도록 유지·관리하여야 한다.

③ 녹색건축센터의 장은 필요한 경우에는 인정서를 받은 건축물의 에너지 사용 등에 따른 유지·관리 실태 등을 확인하기 위하여 필요한 자료를 사용자 등에게 요구할 수 있으며 자료를 요청받은 사용자 등은 이에 협조하여야 한다.

제10조【녹색건축물 전환 인정서의 유효기간】 녹색건축물 전환 인정서의 유효기간은 인정서를 발급 받은 날로부터 5년으로 한다.

제 4 장 평가위원회 구성 및 평가

제11조 【평가위원회 구성 및 운영 등】 ① 녹색건축센터의 장은 다음 각 호에 따라 평가위원회를 구성하여 운영할 수 있다.

1. 평가위원회는 평가위원장을 포함하여 5인 이내로 구성한다.
2. 평가위원장은 국토교통부 녹색건축과장으로 한다.
3. 평가위원은 평가위원장이 임명하고, 임기는 3년으로 한다.
4. 평가위원장은 필요한 경우 녹색건축센터의 장의 추천을 받아 평가위원을 임명할 수 있다.

② 평가위원회는 다음 각 호에 대한 사항 등에 관하여 심의·의결한다.

1. 연간 사업 추진 방향
2. 제도개선 및 운영세칙 제·개정사항 등에 대한 결정
3. 제5조의2 에 따른 건축물 에너지 소비량 단계 공개여부
4. 제3항에 따른 전문평가단의 구성에 대한 사항
5. 제1호부터 제4호까지의 사항 외에 공공건축물 에너지 소비량 보고·공개 및 기존 건축물의 에너지성능 개선 사업의 운영과 관련된 중요사항

③ 평가위원회에서는 사업 적격성 검증 등을 위해 필요한 경우 다음 각 호에 따라 전문위원으로 구성된 전문평가단을 구성하여 운영할 수 있다.

1. 전문평가단은 5인 이내로 구성한다.
2. 전문위원은 국토교통부장관의 승인을 받아 녹색건축센터의 장이 임명하고, 임기는 3년으로 한다.
3. 제12조 에 따른 적격심의 등을 위해 녹색건축센터의 장은 전문평가단을 소집할 수 있다.

제12조 【적격 심의】 ① 전문평가단은 성능개선 대상선정, 착수계획서, 성능개선 사업 계획서, 녹색건축물 전환 인정신청서, 녹색건축 전환 인정의 취소 등의 적격성을 심의할 수 있다.

② 착수계획서 및 사업 계획서의 적격 심의에 따른 결과는 다음 각 호와 같이 구분한다.

1. 착수계획서 및 사업 계획서의 검토결과 에너지 성능개선 정도가 제7조에서 정한 기준에 부합하고 평가위원의 2분의 1이상이 "인정"으로 심의한 경우 "인정"으로 의결한다.
2. "불인정"은 다음 각 목의 어느 하나에 해당하는 경우에 한다. 이 경우 해당 사용자등은 착수계획서 또는 사업 계획서를 재작성하여 3개월 이내에 녹색건축센터의 장에게 제출하여야 한다.

가. 성능개선의 정도가 제7조에서 정한 기준에 미달하는 경우

나. 착수계획서 또는 사업확인 신청서 및 제반내용이 허위로 작성된 경우

다. 위원회에서 사업의 실행이 불가능하다고 판단된 경우

3. "보완"은 착수계획서 또는 사업 계획서의 검토결과 착수계획서 또는 사업 계획서 및 제반내용을 일부 보완할 필요가 있는 경우에 한다. 사용자 등은 보완을 요청받은 날로부터 30일 이내에 녹색건축센터의 장에게 착수계획서 또는 사업계획서를 보완하여 제출하여야 한다.

③ 녹색건축물 전환 인정 신청서에 대한 적격 심의는 다음 각 호와 같이 구분하여 의결한다.

1. 녹색건축물 전환 인정 신청서의 검토결과 사업 계획서에 따라 사업이 이행되었고 성능개선 정도가 제7조에서 정한 기준에 부합하여 평가위원의 2분의 1이상이 "인정"으로 심의한 경우 "인정"으로 의결한다.

2. "불인정"은 다음 각 목의 어느 하나에 해당하는 경우에 한다. 이 경우 녹색건축센터의 장은 해당 신청서에 대한 인정서를 발급하지 아니한다.

가. 성능개선 사업이 계획서에 따라 이행되지 않은 경우

나. 성능개선의 정도가 제7조에서 정한 기준에 미달되는 경우

3. "보완"은 신청서의 검토결과 신청서 및 제반내용을 일부 보완할 필요가 있는 경우에 한다. 사용자 등은 보완을 요청받은 날로부터 30일 이내에 녹색건축센터의 장에게 녹색건축물 전환 인정 신청서를 보완하여 제출하여야 한다.

④ 제9조제3항에 따른 유지·관리 실태 등을 확인한 결과가 인증결과와 다른 경우에는 평가위원회의 심의를 거쳐 인증을 취소할 수 있다.

요점 **기존 건축물의 에너지 성능 개선기준**

[1] 용어의 정의

① "녹색건축물"이란 「녹색건축물 조성 지원법」에 따라 건축물과 환경에 미치는 영향을 최소화하고 동시에 쾌적하고 건강한 거주환경을 제공하는 건축물을 말한다.

② "에너지 성능 및 효율개선"이란 건축물의 냉난방 부하량과 에너지 소요량 저감을 통해 에너지 소비량을 절감하는 것을 말한다.

③ "성능개선 사업"이란 기존 건축물의 에너지효율을 높여 녹색건축물로 전환하는 사업으로서, 에너지성능, 노후도, 안전을 종합적으로 고려하여 설계·시공·유지관리·해체 등의 공정에서 단계별 에너지 절감 대책을 수립하여 이행하는 사업을 말한다.

[2] 업무의 위탁

① 국토교통부장관은 기존 건축물의 에너지 성능개선 업무 및 공공건축물의 에너지 소비량 공개 등의 업무를 국토안전관리원에 위탁한다.

② 기존 건축물의 사용자 등은 에너지 소비량을 지역 규모별로 구분하여 매분기마다 녹색건축센터장에게 제출하여야 한다.

③ 녹색건축센터장은 다음 각 호의 기준에 따라 선정된 건축물에 대하여 에너지효율 및 성능개선을 요구할 수 있다.

1. 지역·용도·규모별 에너지 소비량 상위 50% 이내의 공공건축물 중 냉방 또는 난방 에너지 소비량 상위 25% 이내의 건축물
2. 녹색건축센터장이 성능개선이 필요하다고 인정한 건축물

④ 성능개선 대상 건축물로 통보 받은 사용자 등은 통보 받은 날로부터 6개월이내에 사업계획서를 녹색건축센터장에게 제출하여야 한다.

[3] 녹색건축물 전환기준

① 기존건축물의 사용자등은 당해 건축물을 녹색건축물로 전환시 다음 각호의 성능을 만족시켜야 한다.

1. 「건축물 에너지효율등급 인증기준」에 따라 에너지효율등급 1등급 이상의 등급을 인증받아야 한다.
2. 에너지성능개선 전후 대비 연간 단위면적당 냉·난방 부하량 30% 이상개선
3. 에너지성능개선 전후 대비 연간 단위면적당 1차 에너지소요량 30% 이상 개선
4. 그린리모델링 건축물 인증
5. 제로에너지 건축물 인증

② 녹색건축센터장은 공공건축물의 그린리모델링 사업의 이행결과가 녹색건축물 전환 기준을 만족하는지를 확인하고 평가위원회 적격심의를 통해 녹색건축물 전환 인정서 및 인증명판을 발급할 수 있다.

③ 녹색건축물 전환 인정서의 유효기간은 인정서를 발급 받은 날로부터 5년으로 한다.

[4] 적격심의

1. 인정	평가위원 1/2 이상이 인정으로 심의	
2. 불인정	사유	• 성능개선정도가 기준에 미달 • 기재사항의 허위 • 사업시행의 불가능
	조치	사업계획서를 재작성하여 3개월 내 재제출
3. 보완	보완요청일로부터 30일 이내에 보완서 제출	

| 참고 | 녹색건축물 전환 인정서(별지4호)

녹색건축물 전환 인정서

인정번호		유효기간	

건축물 개요	기관명		대표자	
	건축물명			
	사용승인일	년 월 일	주용도	
	연면적/ 냉난방면적	㎡ ㎡	규모	(지상) 층 (지하) 층
	소재지 (도로명 주소)			

사업 개요	유효기간		20 년 월 일 부터 ~ 20 년 월 일 까지		
	성능 개선 내용	구분	개선 전	개선 후	성능향상률(%)
		연간 단위면적당 냉난방부하량	kWh/㎡·년	kWh/㎡·년	%
		연간 단위면적당 1차에너지소요량	kWh/㎡·년	kWh/㎡·년	%
		기타 사항			

「녹색건축물 조성 지원법」 제13조의2에 따라 ○○○ 건축물의 녹색건축물 전환을 인정합니다.

년   월   일

 국토교통부

예제문제 09

"기존 건축물의 에너지성능 개선기준"에 따른 설명으로 적절하지 않은 것은?

【16년 기출문제】

① "에너지성능 및 효율개선"이란 건축물의 냉난방 부하량과 에너지 소요량 저감을 통해 에너지 소비량을 절감하는 것을 말한다.

② 건축물의 사용자 또는 관리자는 성능개선 사업계획서에 대한 보완 요청을 받은 경우 30일 이내에 녹색건축센터의 장에게 사업계획서를 보완하여 제출하여야 한다.

③ 성능개선 이후에도 에너지효율등급 1등급 이상을 충족시키기 어려운 공공건축물은 연간 단위면적당 1차 에너지소요량을 30% 이상 개선하여야 한다.

④ 녹색건축센터의 장은 지역·용도·규모별 에너지 소비량 상위 30% 이내의 공공건축물에 대하여 성능개선을 요구할 수 있다.

[해설] 에너지 소비량 상위 50%이내로서 냉방 또는 난방 에너지 소비량 상위 25% 이내의 공공건축물을 대상으로 한다.

답 : ④

제3절 표준시방서

1 건축공사 표준시방서

[1] 공통사항

(1) 적용범위

① 이 시방서는 대한민국 내에서 수행되는 건축공사에 적용한다.

② 설계도면, 공사시방서, 현장설명서 및 질의응답서, 전문시방서에 기재된 사항 이 외는 이 표준시방서에 의하되, 이 시방서 중 당해 공사에 관계없는 사항은 이를 적용하지 않는다.

③ 이 시방서를 포함한 설계도서의 내용이 관련 법규의 규정과 상호 모순되는 경우 (건설공사 중에 관련 법규가 변경되고 변경된 규정에 따라야 할 경우를 포함한 다)에는 관련 법규의 규정을 우선하여 준수하여야 한다.

④ 이 시방서에 참조된 표준은 국내법에 기준한 한국산업표준 등을 적용하는 것을 원칙으로 한다. 단, 현재 일반적으로 사용되고 있는 재료 및 제품 등에 대한 국 내 표준이 없는 경우에 한하여 예외적으로 해외 표준 등을 참조할 수 있다.

(2) 용어의 정의

① 감독보조원 : 감독자의 대리 또는 감독자의 위임을 받아 감독업무를 보조하는 자를 말한다.

② 감독자 : 감독 책임기술자로서 당해 공사의 공사관리 및 기술관리 등을 감독하 는 자를 말한다.

③ 감리원 : 다음 각목에 규정된 자를 말한다.

1. 건축법규, 건축사법규, 주택법규의 규정에 의한 감리원 또는 공사감리자
2. 건설기술진흥법규의 규정에 의한 감리원
3. 건설산업기본법규의 규정에 의한 감리원

④ 건설기술자 : 국가기술자격법 등 관계 법률에 따른 건설공사 또는 건설기술용역 에 관한 자격을 가진 자 및 일정한 학력 또는 경력을 가진 자 중 국토교통부장 관에게 신고한 자로서 대통령령으로 정하는 자

⑤ 관계전문기술자(책임기술자) : 건축법에 따라 건축물의 구조, 설비 등 건축물과 관련된 전문기술자격을 보유하고 설계와 공사감리에 참여하여 설계자 및 공사감 리자와 협력하는 자를 말한다.

⑥ 담당원 : 다음 각목에 규정된 자를 말한다.

1. 발주자가 지정한 감독자 및 감독보조원

2. 건설기술진흥법 및 주택법의 규정에 따른 책임감리원

⑦ 발주자 : 시공자에게 건설공사를 도급주는 자를 말한다. 다만, 발주자에게 건설공사를 도급받은 자로서 도급받은 건설공사를 하도급주는 자는 제외한다.

⑧ 설계도서 : 설계도면, 시방서, 현장설명서 및 질의응답서를 말한다. 다만, 공사 추정가격이 1억 원 이상인 공사에 있어서 공종별 수량이 표시된 내역서를 포함한다.

⑨ 공인시험기관 : 국가표준기준법에 의거하여 기술표준원에서 운영하고 있는 "시험 및 검사기관 인정제도"에 따른 한국교정시험기관인정기구(KOLAS, Korea Laboratory Accreditation Scheme).

⑩ 시공자 : 건설산업기본법에 의한 건설업자 및 주택법의 규정에 의한 주택건설사업에 등록한 자로서 발주자로부터 건설공사를 도급받은 건설업자를 말하며, 하도급받은 시공업자를 포함한다.

⑪ 현장대리인 : 시공자가 건설산업기본법 및 기타 관련법령에 의거 공사현장에 임명, 배치한 자로서 이 공사에 대한 전반적인 공사관리 업무를 책임 있게 시행할 수 있는 권한을 가진 건설기술자를 말한다.

(3) 설계도서의 우선순위 및 적용규정

① 설계도서는 상호보완의 효력을 가지고 있으며, 상호 모순이 있거나 모호할 때에는 공사계약 일반조건에서 규정하는 바에 따른다.

② 이 시방서의 총칙과 총칙 이외의 시방서 내용 간에 상호모순이 있을 경우에는 총칙 이외에서 명시된 내용을 우선 적용한다.

③ 시공자는 다음과 같은 의의가 생긴 경우에 담당원에게 신속히 보고하고, 그 처리방법에 대하여 조정하여 결정한다.

1. 설계도서의 내용이 명확하지 않은 경우 또는 내용에 의문이 생긴 경우

2. 설계도서와 현장의 사정이 일치하지 않는 경우

3. 설계도서에 제시한 조건을 만족시킬 수 없는 경우

(4) 민원처리와 비용

시공자는 건설공사로 인하여 발생하는 민원에 대해서는 신속히 대처하여 공사완료 전에 해결해야 하며, 이에 소요되는 경비는 시공자가 부담한다.

[2] 공사기록과 인도

(1) 공사기록

1) 공사기록문서

시공자는 공사의 착수로부터 사용승인 시까지의 승인과 협의가 필요한 사항 및 시험과 검사 등 설계도서의 적합성을 증명하는 데 필요한 서류 등 공사 전반에 관하여 필요한 사항을 기록·비치하고 사용승인 신청 시 담당원에게 제출한다.

2) 준공도

시공자는 공사가 완성된 때는 공사시방서에 따라 준공도를 작성·정리하여 담당원에게 제출한다.

(2) 인수·인계

1) 인수·인계

공사 완료 후 사용승인이 되면 시공자는 담당원의 지시에 따라 다음에 제시한 서류 및 건축물을 발주자에게 인도한다.

1. 준공보고서 및 인도서
2. 준공도
3. 건축물 등의 유지관리에 관한 설명서
4. 설비기기의 성능시험성적서와 취급설명서
5. 관공서에 대한 수속서류
6. 열쇠인도서 및 열쇠함
7. 공구인도서 및 공구함
8. 공사시방서에 의한 예비재료 및 물품(설비용의 예비부품을 포함한다)
9. 담당원이 지시하는 기타의 자료, 재료, 기구류

2) 하자담보

① 계약서에 정해진 하자담보기간 내에 하자가 발생한 경우에는 발주자 및 담당원과 협의한 후 하자 전반에 대한 조사를 실시한다.

② 하자 조사 결과 건축물에 발생한 하자로 인정될 경우, 담당원과 협의한 후 신속하게 적절한 조치를 취한다.

[3] 환경관리 및 친환경시공

(1) 일반사항

1) 적용범위

① 이 절은 건축공사가 지구기후변화 및 환경에 미치는 영향을 최소화하기 위하여 건축물의 전과정(생애주기) 관점에서 환경적 고려를 할 수 있도록 하기 위한 표준적이고 일반적인 기준을 제시한다.

② 건축물의 환경관리 및 친환경시공에서는 지구기후변화 및 환경영향 최소화를 위하여 다음과 같은 환경적 요소와 이에 따른 환경영향을 고려하여야 한다.

2) 용어의 정의

① 건설 자재 : 건축물의 전과정 또는 기타 건축 행위에 사용되는 상품

② 제품 : 상품이나 서비스

③ 설계 수명 : 요구 사용 수명

④ 전과정(생애주기, life cycle) : 원재료 취득 또는 천연자원 채취에서부터 최종 처리에 이르기까지 제품 시스템 상의 연속적이고, 상호 연관된 단계. 생애주기라는 표현으로도 사용됨

⑤ 온실가스 : 지구의 표면, 대기 및 구름에 의해 복사되는 적외선 스펙트럼 중 특정 파장에서 복사열을 흡수하고 방출하는 대기 중의 자연적 또는 인위적 가스 성분

⑥ 폐기물 : 생산자나 소유자가 더 이상 사용하지 않아 환경으로 버려지거나 배출되는 것

⑦ 재생불가 자원 : 제한된 양만 존재하여 인간적 시간 척도에서는 재생되지 않는 자원

⑧ 친환경 자재 : 제품 전과정에 걸쳐 상대적으로 적은 자원·에너지를 사용하며, 인체·생태계에 유해영향을 최소화하며 폐기물 배출이 적은 자재

⑨ 환경(environment) : 공기, 물, 토양, 천연자원, 식물군, 동물군, 인간 및 이들 요소 간의 상호관계를 포함하여 조직이 운영되는 주변 여건

⑩ 환경성능(environmental performance) : 환경영향 및 환경적 요소와 관련된 건축물의 성능

⑪ 환경적 요소(environmental aspect) : 건축물, 건축물 일부, 공정, 서비스의 전과정에서 환경에 영향을 초래할 수 있는 요소

⑫ 환경영향(environmental impact) : 조직의 활동, 제품 또는 서비스로부터 전체적 또는 부분적으로 환경에 좋은 영향을 미치거나 또는 나쁜 영향을 미치는 환경 변화

⑬ 가공(premanufactured materials and components) : 원재료나 반제품을 인공적으로 처리하여 물질 또는 물품을 만들어 내는 행위

⑭ 가설공사(temporary work) : 건설공사를 하는 동안 사용할 시설물을 임시로 만드는 행위

⑮ 고객정보(customer information) : 조직의 환경성능에 의해 영향을 받거나 그 성과와 관련된 인원 또는 단체의 정보

⑯ 대기배출(emissions to air) : 대기로 나가는 환경배출물

⑰ 발열(heat) : 기계 또는 시설물에서 내보내거나 내뿜는 열

⑱ 방류(discharges to water) : 자연 수역으로 나가는 환경배출물

⑲ 방사(radiation) : 온도에 대응하여 전자기파 등의 물체로부터 방출되는 것

⑳ 배출(output) : 공정에서 나가는 재료, 제품, 물질 또는 에너지 흐름

㉑ 보강(strengthening) : 시설물의 내하력 회복 또는 향상을 목적으로 하는 행위

㉒ 보수(repair) : 손상된 시설물의 내구성, 안전성 및 미관 등 내하력 이외의 기능을 회복시킴을 목적으로 하는 행위

㉓ 본공사(construction work) : 장기적으로 사용, 유지, 관리되는 시설물을 만드는 총체적인 건설행위. 즉 건축물, 건축설비 및 부대시설 등이 장기적으로 기능을 발휘할 수 있도록 하는 건설행위

㉔ 사용(use) : 일정한 목적이나 기능에 맞게 씀

㉕ 사용단계에서의 기타(other relevant action) : 시설물의 손상 및 낡은 것에 관계없이 그 기능을 향상 또는 확장을 목적으로 하는 행위

㉖ 소각(incineration) : 불에 태워 없애는 행위

㉗ 소음(noise) : 일반적으로 장애를 일으키는 소리, 음색이 불쾌한 소리, 음성 등의 청취를 방해하는 소리 등 인간의 쾌적한 생활환경을 해치는 소리

㉘ 운송(transportation) : 사람, 물질 또는 물품을 실어 나르는 행위

㉙ 원재료(raw material) : 제품을 생산하는 데 사용되는 1차 또는 2차 물질. 여기서, 2차 물질은 재활용된 물질을 포함함

㉚ 유지관리(maintenance) : 완공된 시설물의 기능을 보전하고 시설물 이용자의 편의와 안전을 높이기 위하여 시설물을 일상적으로 점검, 정비하는 여러 가지 활동. 즉 건축물, 건축설비 및 부대시설 등의 기능이나 성능을 항상 적절한 상태로 유지할 목적으로 행하는 건축보전의 제 활동 및 관련 업무를 효과적으로 실시하기 위한 제반 관리활동

㉛ 재활용(reuse) : 기능이 다한 물질 또는 물건을 원료나 재료로 하여 원래의 용도 또는 그것에 가까운 용도의 제품으로 다시 만들어 쓰는 것

㉜ 진동(vibration) : 물체가 시간의 흐름에 따라 반복적으로 왔다 갔다 하면서 움직이는 상태 혹은 물리적인 값이 일정 값을 기준으로 상하 요동을 보이는 상태

㉝ 취득(acquisition) : 인위적인 사전변형 없이 환경으로부터의 원료획득 또는 채취

㉞ 토양배출(discharges to soil) : 토양으로 나가는 환경배출물

㉟ 투입(input) : 공정으로 들어가는 재료, 제품, 물질 또는 에너지 흐름. 여기서, 제품과 재료는 원료, 중간 제품 및 부산물을 포함

㊱ 폐기(disposal) : 소유자가 물질 또는 물건을 처분하는 행위

㊲ 해체(deconstruction) : 기능이 끝났거나 또는 내용연수가 경과된 시설물을 부숴 제거하는 것

3) 환경 영향

| 1. 지구 기후 변화(온실가스 등) |
| 2. 천연자원 감소(재료, 물, 연료 등) |
| 3. 성층권 오존층 감소 |
| 4. 산성화 |
| 5. 부영양화 |
| 6. 대기오염(스모그, 미립분에 의한 대기오염) |
| 7. 대지의 사용 및 서식지 변경 |
| 8. 수질오염 |
| 9. 토양오염 |
| 10. 방사선 물질에 의한 오염 |
| 11. 폐기물 발생에 의한 영향 |
| 12. 소음 및 진동 |
| 13. 대류권 오존 형성(광화학 산화물) |
| 14. 생태계 파괴물질·파괴행위 |

4) 환경적 요소

① 자원 및 에너지 사용

② 폐기물 발생

③ 배출

④ 대지와 관련한 토지이용

⑤ 실내환경

⑥ 기타 시공, 운반, 사용 및 유지관리와 관련된 사항

(2) 환경계획서 제출 및 승인

시공자는 다음 사항을 포함한 환경관리계획서를 발주자 또는 담당원에게 제출하여 승인을 받아야 한다.

기본내용	1. 건설폐기물 저감 및 재활용계획
	2. 산업부산물 재활용계획
	3. 작업장, 대지 및 대지 주변의 환경관리계획
추가내용	1. 온실가스 배출 저감 계획
	2. 천연자원 사용 저감 계획
	3. 수자원 활용 계획
	4. 친환경적 건설 기법
	5. 친환경 건설 관련 제 지침
	6. 작업자에 대한 친환경 건설 교육

(3) 전과정(생애주기) 단계

취득	시공	사용	최종
원재료 가공 운송	가설공사 본공사 운송	사용 유지관리 보수·보강 기타운송	해체 재활용 소각 폐기 운송

예제문제 10

표준시방서에 관한 다음 기술 중 가장 부적당한 것은?

① 총칙과 총칙 이외의 시방서 내용간에 상호모순이 있을 경우에는 총칙에 명시된 내용을 우선 적용한다.

② 하도급 받은 시공업자도 시공자에 포함된다.

③ 담당원이 시공순서 변경을 요구할 때 시공자는 품질에 나쁜 영향이 없는 한, 이를 반영하여야 한다.

④ 하자담보기간 내에 하자가 발생한 경우 시공자는 하자조사 결과 건축물의 하자로 인정될 경우 조치를 취하여야 한다.

해설 총칙 이외의 내용이 총칙에 우선한다.

답 : ①

예제문제 11

표준시방서 규정에 따라 사용승인 후 발주자에게 인도되어야 할 서식에 포함되지 않는 것은?

① 준공도　　　　　　　　　　② 설비기기의 성능시험성적서
③ 공정표　　　　　　　　　　④ 열쇠인도서

[해설] 공정표는 시공관리를 위하여 시공자가 담당원의 승인을 받아 작성, 운용한다.

답 : ③

예제문제 12

표준시방서 환경관리용어에 관한 기술 중 부적당한 것은?

① 환경성능이란 환경영향 및 환경적 요소와 관련된 건축물의 성능을 말한다.
② 보수란 시설물의 내하력 회복 또는 향상을 목적으로 하는 행위이다.
③ 배출이란 공정에서 나가는 재료, 제품, 물질 또는 에너지 흐름을 말한다.
④ 생애주기란 원재료 취득 또는 천연자원 채취에서부터 최종 처리에 이르기까지 제품 시스템 상의 연속적이고, 상호 연관된 단계를 말한다.

[해설] ②항은 보강에 해당된다.
· 보수 : 손상된 시설물의 내구성, 안정성 및 미관 등 내하력 이외의 기능을 회복시키는 행위

답 : ②

예제문제 13

표준시방서 규정에 따라 발주자 또는 담당원의 승인을 받아야 하는 환경관리계획서의 내용으로 가장 부적당한 것은?

① 건설폐기물 저감계획　　　　② 건설폐기물 재활용계획
③ 산업부산물 재활용계획　　　④ 건설자재 운송계획

[해설] 환경관리계획서 내용

1. 기본내용	· 건설폐기물 저감 및 재활용계획 · 산업부산물 재활용계획 · 작업장, 대지 및 대지 주변의 환경관리계획
2. 추가내용	· 온실가스 배출 저감계획 · 천연자원 사용 저감계획 · 수자원 활용계획 · 친환경적 건설기법 · 친환경 건설 관련 제지침 · 작업자에 대한 친환경 건설교육

답 : ④

2 건축전기설비설계기준 표준시방서(조명설비 부문 등)

[1] 건축전기설비의 역할

(1) 건축물의 쾌적성

① 건축물의 공간에서 인간의 감각에 직접 작용하는 기본적인 요소는 공기환경, 광환경, 음환경 등이며, 이들 환경 중 부적당한 것이 있으면 거주자에게 불쾌감을 주어 업무능률 저하를 초래하거나 휴식의 기능 등을 하지 못하게 되므로 공기환경, 광환경, 음환경 면에서 쾌적한 환경을 조성한다.

② 공기환경은 온도, 습도의 균일성과 공기의 청정도에 관여된 것으로 일반적으로 건축기계설비의 역할이며, 건축전기설비는 건축기계설비에 대한 전력의 공급과 제어를 시행한다.

③ 광환경은 건물 내·외부의 조명설비라고 할 수 있는데, 건축물의 기능에 따라 명시적인 광환경과 분위기적인 광환경으로 구분하며 또한, 에너지절약적인 광환경으로서 주간에는 주광과의 조화를 고려한다.

④ 음환경은 건축물 내부에서의 업무와 휴식에 맞는 소음차단 대책이며, 건축물 외부소음의 내부전달방지, 건축전기설비에 의한 발생소음을 차단하는 것으로서 종합적으로 대책을 수립한다.

(2) 건축물의 편리성

① 건축물의 중요 요소 중 하나는 거주자를 안락하고 편리하게 하는 것으로 내부동선을 단축하는 것과 건물 내·외부에서 발생하는 각종 정보를 빠르게 전달한다.

② 거주자의 동선을 단축하는 것으로는 행동시간 단축의 반송설비와 작업성 향상에 기여하기 위하여 콘센트아웃렛의 적정한 배치 등을 시설한다.

③ 정보전달에 기여하는 것으로는 주로 정보통신 및 약전설비가 해당되는 것으로 이들 설비는 음성정보 전달용인 전화설비, 데이터 송수신 및 멀티미디어 서비스가 가능토록 하는 구내정보통신설비, 인터폰설비, 관리자와 거주자간의 정보전달용인 방송설비, 시각적 정보전달요소인 전기시계 및 각종 표시설비, 거주자의 업무처리를 지원하는 사무자동화설비에 대하여 통합감시제어 등을 시설한다.

(3) 건축물의 안전성

① 건축물의 내부에 거주하는 인원, 재산 및 건축물 자체를 보호하고 건축전기설비의 운전신뢰도를 향상시키도록 한다.

② 인명 및 재산을 보호하는 설비로서는 낙뢰로부터 보호하는 피뢰설비, 범죄로부터 보호하는 방범설비, 화재로부터 보호하는 비상경보설비와 자동화재탐지설비 등을 시설한다.

③ 신뢰성을 향상시키는 설비로서는 전원공급의 신뢰성을 향상시켜 건축물의 안전성을 확보하는 설비로 배전계통의 보호설비, 감시제어설비 등을 시설한다.

④ 건축전기설비는 감전, 화재 그 밖의 사람에게 위해를 주거나, 건축물에 손상을 줄 우려가 없도록 시설한다.

⑤ 건축전기설비는 구조, 재질, 용도, 규모 등에 따른 화재의 위험성과 외부온도, 기계(물리)적 충격, 태양광 방사, 동물의 침입 등 전기설비가 설치되는 장소의 외부적 환경에 따른 위해 요소에 충분히 대응할 수 있도록 안전한 보호 대책을 강구하여 시설한다.

⑥ 건축전기설비는 인접한 물질에 화재의 원인을 제공하는 요인이 되지 않아야 하며, 또한 건축물에 화재 발생 시에 화재확산의 원인이 되지 않도록 설치하여야 한다.

[2] 건축설비 설계방향

건축전기설비가 건축물을 인위적으로 이상적인 환경을 조성하며 또한 유지 관리하는 기술(Engineering)이 확보된다면, 그 설비 내용은 적합성, 안전성, 관리성, 경제성과 같은 요소를 고려한다.

(1) 적합성

건축전기설비에 의한 건축공간의 쾌적성과 편리성 추구에 대한 설계로 되어야 하며 건축물과 기타 전기설비의 설치 목적에 적합해야 한다.

(2) 안전성

안전성은 건축물내의 사람과 재산에 대한 안전성과 건축전기설비 자체에 대한 안정성을 포함하여 고려해야 한다.

(3) 관리성

건축전기설비는 효율적인 기능발휘를 위해 적절한 관리가 필요하다. 이러한 관리는 「적합성」과 「안전성」의 추구에 의해 반영되지만 시스템의 선정에 있어서는 사용자 입장에서 설비를 생각하고 관리에 편리하도록 하여야 하며 사용실적, 유지보수, 수명을 고려해야 한다.

(4) 경제성

경제성은 설치까지의 비용인 설비비, 그리고 관리, 유지, 보수에 따른 운전비가 중요요소이고, 설비비는 「적합성」, 「안전성」에 따른 요소를 고려하여 경제적인 균형이 맞아야 한다.

(5) 미관

건축전기설비가 설치되는 장소의 건축물 미관이 주위 경관과 조화되도록 시설하고 가급적 전기설비의 설치로 인한 건축물의 손상이 최소화 되도록 고려한다.

[3] 에너지 절약 방안

1. 고효율 변압기 사용
2. 직강압방식 변전 시스템
3. 전력량계 설치
4. 최대수요 전력 제어
5. 역률개선용 커패시터 설치
6. 개별 스위치 설치 또는 솎음제어
7. 창측 조명 별도 제어 또는 일광조도 제어
8. 자동점멸 조명 장치
9. 팬 코일유닛(FCU) 제어회로 구성
10. 일괄 소등 스위치
11. 고효율 방전램프 사용 등

예제문제 14

"건축전기설비설계기준"에 따라 에너지절약 방안의 적용기준으로 가장 적합하지 않은 것은?　　　　　　　　　　　　　　　　　　　　　　　　　　　【17년 기출문제】

① 이단강압방식 변전시스템
② 전력량계 설치
③ 개별스위치 설치 또는 솎음제어
④ 팬 코일유닛(FCU) 제어회로 구성

해설 변전시스템은 직강압 방식으로 한다.

답 : ①

---

[4] 조명설비

(1) 설계진행 순서

조명설비설계 순서는 일반적으로 다음과 같이 이루어지며, 건축전기설비기술사(자)
또는 조명디자이너와 협조한다.

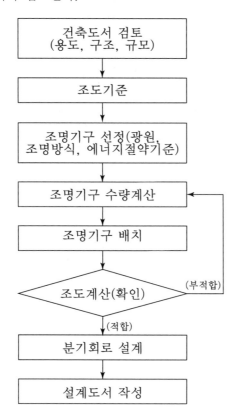

|참고|

1. 수·변전설비설계 진행순서

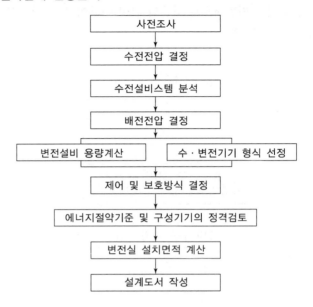

사전조사
↓
수전전압 결정
↓
수전설비스템 분석
↓
배전전압 결정
↓
변전설비 용량계산   수·변전기기 형식 선정
↓
제어 및 보호방식 결정
↓
에너지절약기준 및 구성기기의 정격검토
↓
변전실 설치면적 계산
↓
설계도서 작성

2. 동력설비 설계순서

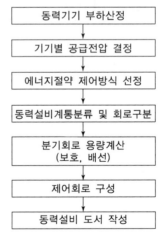

동력기기 부하산정
↓
기기별 공급전압 결정
↓
에너지절약 제어방식 선정
↓
동력설비계통분류 및 회로구분
↓
분기회로 용량계산
(보호, 배선)
↓
제어회로 구성
↓
동력설비 도서 작성

3. 간선 및 배선설비 설계순서

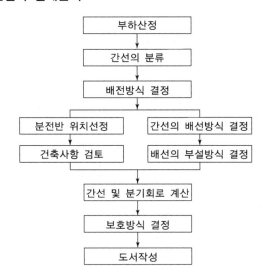

부하산정
↓
간선의 분류
↓
배전방식 결정
↓
분전반 위치선정 / 간선의 배선방식 결정
↓
건축사항 검토 / 배선의 부설방식 결정
↓
간선 및 분기회로 계산
↓
보호방식 결정
↓
도서작성

*간선크기를 정하는 중요 요소
① 전선의 허용전류
② 전압강하
③ 기계적 강도
④ 연결점의 허용온도
⑤ 열방산 조건

(2) 조명설계요소

조명방법과 좋은 조명 조건은 다음과 같은 사항을 참조하여 설계에 반영한다.

분류 / 항목	명시적 조명	장식적 조명	비고
1. 조도	필요한 밝기로서 적당한 밝기가 좋다.	필요한 밝기	표준조도
2. 휘도분포	얼룩이 없을수록 좋다.	계획적인 배분	추천값
3. 눈부심	눈부심(직시, 반사)이 없어야 좋다.	눈부심이 주의를 끈다.	조명방법
4. 그림자	방해되면 나쁘다.	입체감, 원근감 표현시 의도적	조명방법
5. 분광분포	표준주광이 좋다.	심리적으로 광색을 이용한다.	광원선택
6. 기분	맑은 날 옥외의 감각이 좋다.	목적에 따른 감각을 유도한다.	
7. 배치, 의장	단순하고 간단한 배열	계획된 미적 배치 및 조합	
8. 경제, 유지보수	광원효율이 높을 것	효과 달성도	

(3) 경관조명

경관조명 연출방법으로는 수목연출, 물 및 분수의 연출, 산책로 연출, 휴식공간의 연출, 건축물 투광조명, 랜드마크 창출, 도로교량 연출 등으로 구분한다.

1) 경관조명의 설계 진행 순서

프로세스	내 용
경관계획 수립	야간경관 기본계획 수립
⇩	
경관조명 계획 확정	사업배경, 목적명확화 및 사업비 확보
⇩	
자료 조사	사업계획의 이해, 주변 빛 환경조사
⇩	
빛의 컨셉 결정	빛의 이미지 스케치
⇩	
조명방식 디자인	빛의 분위기 결정, 조도, 색온도, 휘도 계획
⇩	
조명기구 개략 배치	조명기구, 제어기 개략 배치 및 사양결정
⇩	
조명기구 최종 배치	조명기구 최종배치, 설치상세도 작성
⇩	
배선도 등 작성	배선도, 조명기구 상세도, 시방서 작성
⇩	
공사비예산내역서 작성	수량산출서 및 공사비 예산내역서 작성

2) 경관조명 설계시 고려사항

1. 주변환경의 밝음
2. 대상물의 형상과 크기
3. 대상물의 표면의 재질 및 색
4. 보는 사람, 대상물, 조명기구의 위치 관계
5. 기대하는 조명효과
6. 대상물의 경년적 변화 및 자연상태와의 관계
7. 주간의 미관
8. 안정성과 보수성
9. 사용광원에 따른 조도조절
10. 주변환경조건

(4) 조도계산

1) 일반사항

① 조도계산 방법은 평균조도를 구하는 광속법과 축점조도법에 의해 계산한다.

② 광속법은 광원에서 나온 전광속이 작업면에 비춰지는 비율(조명률)에 의해 평균 조도를 구하는 것으로 실내전반 조명설계에 사용한다.

③ 축점법은 조도를 구하는 점에서 각 광원에 대해 구하는 것으로서 광속법에 비해 많은 계산을 필요로 하므로 국부조명 조도계산이나 경기장, 체육관 조명의 경우와 비상조명설비에 사용한다.

2) 평균조도(E)

N개의 램프에서 방사되는 빛을 평면상의 면적 A(m²)에 모두 집중 조사할 수 있다고 하고 램프 1개당 광속을 F(lm)이라 하면, 그 면의 평균조도는

$$E = \frac{F \cdot N}{A} \, [\text{lx}]$$

3) 조명률(U)

$$U = \frac{F_S}{F}$$

기호 F_S : 조명 목적면에 도달하는 광속(lm)

F : 램프의 전발산광속(lm)

4) 반사율

반사율은 조명률에 영향을 주며 천장과 벽 등이 특히 영향이 크다. 천장에 있어서 반사율은 높은 부분일수록 영향이 크다.

| 참고 |

1. 각종재료별 반사율

구분	재 료	반사율(%)	구분	재 료	반사율(%)
건축재료	플래스터 (백색)	60~80	유리	투명	8
	타일 (백색)	60~80		무광(거친면으로 입사)	10
	담색크림벽	50~60		무광(부드러운 면으로 입사)	12
	짙은 색의 벽	10~30		간유리(거친면으로 입사)	8~10
	텍스 (백색)	50~70		간유리(부드러운 면으로 입사)	9~11
	텍스 (회색)	30~50		연한 유백색	10~20
	콘크리트	25~40		짙은 유백색	40~50
	붉은 벽돌	10~30		거울면	80~90
	리놀륨	15~30	금속	알루미늄 (전해연마)	80~85
플라스틱	반 투 명	25~60		알루미늄 (연마)	65~75
				알루미늄 (무광)	55~65
도료	알루미늄페인트	60~75		스테인리스	55~65
	페인트(백색)	60~70		동 (연마)	50~60
	페인트(검정)	5~10		강철 (연마)	55~65

2. 각종 재료별 투과율

구분	재 료	형 태	투과율(%)
유리문	투명유리(수직입사)	투 명	90
	투명유리	투 명	83
	무늬유리(수직입사)	반투명	75~85
	무늬유리	반투명	60~70
	형관유리(수직입사)	반투명	85~90
	형관유리	반투명	60~70
	연마망입유리	투 명	75~80
	열반망입유리	반투명	60~70
	유백 불투명유리	확 산	40~60
	전유백유리	확 산	8~20
	유리블록(줄눈)	확 산	30~40
	사진용 색필터(옅은 색)	투 명	40~70
	사진용 색필터(짙은 색)	투 명	5~30
	트레이싱 페이퍼	반확산	65~75
종이류	얇은 미농지	반확산	50~60
	백색흡수지	확 산	20~30
	신 문 지	확 산	10~20
	모 조 지	확 산	2~5

구분	재료	형태	투과율(%)
헝겊류· 기타	투명 나일론천	반투명	66~75
	얇은 천, 흰 무명	반투명	2~5
	엷고 얇은 커튼	확 산	10~30
	짙고 얇은 커튼	확 산	1~5
	두꺼운 커튼	확 산	0.1~1
	차광용 검정 빌로드	확 산	0
	투명 아크릴라이트(무색)	투 명	70~90
	투명 아크릴라이트(짙은 색)	투 명	50~75
	반투명 플라스틱(백색)	반투명	30~50
	반투명 플라스틱(짙은색)	반투명	1~30
	얇은 대리석판	확 산	5~20

예제문제 15

「건축전기설비설계기준」에 의한 조명설계 순서로 맞는 것은?

① 조명기구배치 – 조도기준 – 조명기구선정 – 설계도서작성
② 조명기구선정 – 조명기구배치 – 조도기준 – 설계도서작성
③ 조도기준 – 조명기구선정 – 조명기구배치 – 설계도서작성
④ 조도기준 – 조명기구배치 – 조명기구선정 – 설계도서작성

해설 조명설계순서

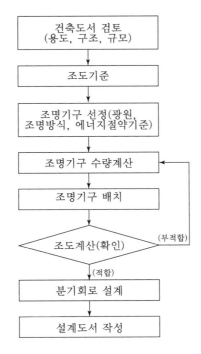

답 : ③

예제문제 16

「건축전기설비설계기준」에 따른 간선 및 배선설비 설계순서로 가장 적합한 것은?

㉠ 간선의 분류	㉡ 배전방식결정
㉢ 부하산정	㉣ 보호방식 결정
㉤ 간선 및 분기회로 계산	

① ㉠ - ㉡ - ㉢ - ㉣ - ㉤   ② ㉢ - ㉡ - ㉠ - ㉤ - ㉣

③ ㉡ - ㉢ - ㉣ - ㉠ - ㉤   ④ ㉢ - ㉠ - ㉡ - ㉤ - ㉣

해설 간선 및 배선설비 설계순서

부하산정
↓
간선의 분류
↓
배전방식 결정
↓
| 분전반 위치선정 | 간선의 배선방식 결정 |
| 건축사항 검토 | 배선의 부설방식 결정 |
↓
간선 및 분기회로 계산
↓
보호방식 결정
↓
도서작성

답 : ④

「건축전기설계기준」에서 경관조명설계시 고려할 사항으로 틀린 것은?

① 주변환경의 밝음
② 보는 사람, 대상물, 조명기구의 위치관계
③ 주간의 미관
④ 실내조도

해설 경관조명설계시 고려사항

1. 주변환경의 밝음
2. 대상물의 형상과 크기
3. 대상물의 표면의 재질 및 색
4. 보는 사람, 대상물, 조명기구의 위치 관계
5. 기대하는 조명효과
6. 대상물의 경년적 변화 및 자연상태와의 관계
7. 주간의 미관
8. 안정성과 보수성
9. 사용광원에 따른 조도조절
10. 주변환경조건

답 : ④

「건축전기설비설계기준」에서 벽이나 천장에 쓰이는 재료들 중 반사율이 높은 것부터 차례로 나열된 것은?

| (ㄱ) 타일(백색) | (ㄴ) 콘크리트 |
| (ㄷ) 연마 알루미늄 | (ㄹ) 짙은 유백색 유리 |

① (ㄱ)–(ㄷ)–(ㄹ)–(ㄴ)
② (ㄱ)–(ㄹ)–(ㄷ)–(ㄴ)
③ (ㄱ)–(ㄷ)–(ㄴ)–(ㄹ)
④ (ㄱ)–(ㄴ)–(ㄷ)–(ㄹ)

해설 재료별 반사율

| 타일백색 (60~80) | 연마 알루미늄 (65~75) |
| 콘크리트 (25~40) | 짙은 유백색 유리 (40~50) |

답 : ①

예제문제 19

「건축전기설비설계기준」에 따라 다음 재료별 투과율의 크기 순으로 옳은 것은?

① 형관유리(반투명) > 연마망입유리(투명) > 유리블록(확산)
② 연마망입유리(투명) > 전유백유리(확산) > 무늬유리(반투명)
③ 연마망입유리(투명) > 유리블록(확산) > 전유백유리(확산)
④ 형관유리(반투명) > 무늬유리(반투명) > 연마망입유리(투명)

해설 투과율
1. 연마망입유리(투명) : 75~80
2. 형관유리(반투명) = 무늬유리(반투명) : 60~70
3. 유리블록(줄눈)(확산) : 30~40
4. 전유백유리(확산) : 8~20

답 : ③

---

③ 건축기계설비공사 표준시방서(신·재생에너지부문)

[1] 신재생에너지 설비공사 (지열원 열펌프시스템)

(1) 용어의 정의

① 지열원 열펌프 냉·난방 시스템
물, 지하수 및 지하의 열 등의 온도차를 변환시켜 에너지를 생산하는 설비
② 지중열교환기
열교환을 위하여 지하에 매설하는 배관
③ 보어홀
지중열교환기를 매설하기 위하여 지중에 천공하는 구멍
④ 그라우팅(Grouting)
천공 주변의 암석과 지중열교환기를 물리적으로 결합시키기 위해 뒤채움재
(Grout)를 삽입하는 작업
⑤ 히트펌프
지중열교환기를 통해 열교환한 저온의 열원을 활용, 고온의 온수를 생산하는 열
생산 시스템

(2) 기기

① 열펌프
② 온도조절기 및 검출기

③ 순환펌프

순환펌프의 재료 및 구조와 부속품의 종류는 03010 2.9 펌프, 2.9.0 일반용펌프
에 표기된 내용에 따르며 전동기와 축이음으로 직결하여, 주철제 또는 강제의 공
통베드에 설치한 것으로서 주축과 임펠러는 STS 304이상의 재질을 사용하고 허
용온도 범위는 −15℃ +120℃로 제한한다.

④ 지중열교환기

지중 매설용 파이프는 다음과 같은 기본적 특성을 만족하는 PE 파이프 또는 용
도에 적합한 재질의 신축성 있는 파이프를 사용해야 한다.

1. 화학 안정성	산, 알칼리, 염분 등에 부식되지 않고 세균류가 번식되지 않을 것
2. 위생성	물의 순도가 유지되며, 물의 맛을 변질시키지 않을 것
3. 유동성	내벽이 매끈하여 유체들의 손실수두를 최소화 시킬 것
4. 내한성	영하 80℃까지는 물성변화가 없고 동파되지 않을 것

기본 물성 (단위)	요구성능
1. 밀도 (g/cm³)	0.953
2. 용융지수 (g/10min)	0.10
3. 항복인장강도 (kgf/cm²)	200 이상
4. 신율 (%)	600 이상
5. 충격강도 (kgf/cm²)	13
6. 비열 (kcal/kg℃)	0.55
7. 열전도율 (w/cm℃)	0.4
8. 연화온도 (℃)	121
9. 융점 (℃)	128
10. 저온취하온도 (℃)	−80 이하

⑤ 관 보온재

다음 표와 같이 관 보온재의 성능을 갖추어야 한다.

1. 내화학성	열경화성 : 화염확산과 불똥이 생기지 않음
2. 사용온도 (℃)	−57 ~ 175
3. 열전도율 (w/cm℃)	0.035 ~ 0.036
4. 열전도율 (5년경과 기준)	0.0382 (접착제 사용으로 완벽한 기밀유지)
5. 내후성 (옥외 햇빛 노출)	양호 (옥외노출에 강함)
6. 화염 차단성 / 연소성	양호 / 난연
7. 인체 유해성	양호 (특히, 다이옥신, PVC에 대해 안전할 것)

(3) 계측

① 계측기기 요구 성능

계측설비	성능	비고
1. 온도센서	정확도 ±0.5℃(−20~80℃) 이내	
2. 유량계	정확도 ±3% 이내	검정 기록지 제출
3. 전력량계	정확도 1% 이내	

② 모니터링 항목

모니터링 항목	전송데이터	측정위치
1. 일일열생산량(kJ)	24개(시간당)	
2. 생산시간(분)	1개(1일)	부하측 입출구 온도차, 유량
3. 전력소비량(kwh)	24개(시간당)	히트펌프, 기타펌프류

③ 기밀시험

1. 지중 열교환기는 별도로 각 공정 완료 후 기밀시험을 수행하여야 한다.
2. 기밀시험은 물(음용수 수준) 또는 오일이 섞이지 않은 순수 공기를 사용한다.
3. 기밀시험은 최고 사용 압력의 1.1배 이상 또는 980kPa($10kg_f/cm^2$) 중 높은 압력으로 120분 이상 시행하여야 한다.

[2] 도시가스설비공사

(1) 용어의 정의

1) 고압

고압이라 함은 1.0 MPa 이상의 압력(게이지 압력을 말한다. 이하 같다)을 말한다. 다만, 액화상태의 액화가스의 경우에는 이를 고압으로 본다.

2) 중압

중압이라 함을 0.1 MPa 이상, 1.0 MPa 미만의 압력을 말한다. 다만, 액화 가스가 기화되고 다른 물질과 혼합되지 아니한 경우에는 0.01 MPa 이상, 0.2 MPa 미만의 압력을 말한다.

3) 저압

저압이라 함은 0.1 MPa 미만의 압력을 말한다. 다만, 액화가스가 기화되고 다른 물질과 혼합되지 아니한 경우에는 0.01 MPa 미만의 압력을 말한다.

4) 액화가스

액화가스라 함은 상용의 온도 또는 35℃의 온도에서 압력이 0.2 MPa 이상이 되는 것을 말한다.

(2) 시공

1) 가스계량기의 부착

① 가스계량기는 화기(그 시설 안에서 사용하는 자체화기를 제외한다)와 2m 이상의 우회거리를 유지하는 곳으로서 수시로 환기가 가능한 장소에 설치하되, 직사광선 또는 빗물을 받을 우려가 있는 곳에 설치하는 경우에는 격납상자 안에 설치한다.

② 가스계량기(30m³/h 미만에 한한다)의 설치높이는 바닥으로부터 1.6m 이상 2m 이내에 수직·수평으로 설치하고 밴드·보호가대 등 고정장치로 고정시켜야 한다. 다만, 격납상자 내에 설치하는 경우에는 설치 높이를 제한하지 않는다.

③ 가스계량기와 전기계량기 및 전기개폐기와의 거리는 60cm 이상, 굴뚝(단열조치를 하지 아니한 경우에 한한다)·전기점멸기 및 전기접속기와의 거리는 30cm 이상, 절연조치를 하지 아니한 전선과의 거리는 15cm 이상의 거리를 유지한다.

2) 가스누설 자동 차단장치의 설치

① 검지부는 천정으로부터 검지부 하단까지의 거리다 30cm 이하가 되도록 설치한다. 그러나 공기보다 무거운 가스를 사용하는 경우에는 바닥면으로부터 검지부 상단까지의 거리가 30cm 이하가 되도록 설치한다.

② 차단부는 건축물의 외부 또는 건축물 벽에서 가장 가까운 내부 배관에 설치한다.

3) 배관

1. 관의 지지 간격	관지름	15mm 미만	1m 마다
		20mm 이상 32mm 미만	2m 마다
		40mm 이상	3m 마다
2. 매설깊이	부지내에 보도 및 차량 통행이 없는 곳		0.6m 이상
	4m 이상 8m 미만 도로		1m 이상
	8m 이상 도로		1.2m 이상
	기타		0.8m 이상

■ 비고
배관이 특별 고압 지중 전선과 접근할 경우 등에는 1m 이상 이격한다.

(3) 기밀시험

배관은 최고 사용 압력의 1.1배 또는 8.4kPa 중 높은 압력 이상으로 도장하기 전에 기밀시험을 실시한다.

예제문제 20

건축기계설비표준시방서에서 지중열교환기의 매설용파이프가 만족해야 할 기본적 특성으로 틀린 것은?

① 화학안정성   ② 내열성
③ 위생성   ④ 내한성

해설 지중열교환기의 매설용 파이프의 요구 성능

1. 화학안정성
2. 위생성
3. 유동성
4. 내한성

답 : ②

예제문제 21

건축기계설비공사 표준시방서 규정에 의한 지열원 열펌프시스템의 지중 열교환기에 대한 기밀시험 기준으로 부적당한 것은?

기밀시험은 최고사용압력의 (①)배 이상 또는 (②)kPa 중 (③)압력으로 (④)분 이상 시행하여야 한다.

① 1.1   ② 980
③ 낮은   ④ 120

해설 기밀시험은 최고 사용 압력의 1.1배 이상 또는 980kPa($10kgf/cm^2$) 중 높은 압력으로 120분 이상 시행하여야 한다.

답 : ③

예제문제 22

건축기계설비공사 표준시방서 규정에 따른 도시가스설비공사 기준 중 용어의 정의에 가장 부적합한 것은?

① 고압이라 함은 1.0MPa 이상의 게이지 압력을 말한다. 다만, 액화상태의 액화가스의 경우에는 이를 고압으로 본다.

② 중압이라 함은 0.1MPa 이상, 1.0MPa 미만의 압력을 말한다. 다만, 액화 가스가 기화되고 다른 물질과 혼합되지 아니한 경우에는 0.01MPa 이상, 0.2MPa 미만의 압력을 말한다.

③ 저압이라 함은 0.1MPa 미만의 압력을 말한다. 다만, 액화가스가 기화되고 다른 물질과 혼합되지 아니한 경우에는 0.01MPa 미만의 압력을 말한다.

④ 액화가스라 함은 상용의 온도 또는 45℃의 온도에서 압력이 0.2MPa 이상이 되는 것을 말한다.

해설 액화가스란 상용의 온도 또는 35℃의 온도에서 압력이 0.2MPa 이상이 되어야 한다.

답 : ④

예제문제 23

건축기계설비공사 표준시방서 규정상 도시가스설비공사 기준 중 가스계량기와 전기계량기의 최소 이격거리로 가장 적당한 것은?

① 30cm 이상
② 45cm 이상
③ 60cm 이상
④ 90cm 이상

해설 가스계량기 최소 이격거리 기준

대상	이격거리
• 전기계량기, 전기개폐기	60cm 이상
• 굴뚝, 전기점멸기, 전기접속기	30cm 이상
• 절연조치를 하지 아니한 전선	15cm 이상

답 : ③

제4절 건축물의 설계도서 작성기준(발췌)

1 목적

이 기준은 건축사법 규정에 의하여 업무신고를 한 건축사가 건축물을 설계함에 있어 이에 필요한 설계도서의 작성기준을 정하여 양질의 건축물을 건립하도록 함을 목적으로 한다.

2 용어의 정의

① "설계도서"라 함은 건축물의 건축 등에 관한 다음의 서류를 말한다.

1. 공사용 도면
2. 구조계산서
3. 시방서
4. 건축설비계산 관계서류
5. 토질 및 지질 관계서류
6. 기타 공사에 필요한 서류

② "설계"라 함은 건축사가 자기책임하에(보조자의 조력을 받는 경우를 포함한다) 건축물의 건축·대수선, 용도변경, 리모델링, 건축설비의 설치 또는 공작물의 축조를 위한 설계도서를 작성하고 그 설계도서에서 의도한 바를 설명하며 지도·자문하는 행위를 말한다.

③ "기획업무"라 함은 건축물의 규모검토, 현장조사, 설계지침 등 건축설계 발주에 필요하여 건축주가 사전에 요구하는 설계업무를 말한다.

④ "건축설계업무"라 함은 건축주의 요구를 받아 수행하는 건축물의 계획(설계목표, 디자인 개념의 설정), 연관분야의 다각적 검토(인·허가 관련 사항 포함), 계약 및 공사에 필요한 도서의 작성 등의 업무를 말하며, "계획설계", "중간설계", "실시설계"로 구분된다.

⑤ "계획설계"라 함은 건축사가 건축주로부터 제공된 자료와 기획업무 내용을 참작하여 건축물의 규모, 예산, 기능, 질, 미관 및 경관적 측면에서 설계목표를 정하고 그에 대한 가능한 계획을 제시하는 단계로서, 디자인 개념의 설정 및 연관분야(구조, 기계, 전기, 토목, 조경 등을 말한다. 이하 같다)의 기본시스템이 검토된 계획안을 건축주에게 제안하여 승인을 받는 단계이다.

⑥ "중간설계"라 함은 계획설계 내용을 구체화하여 발전된 안을 정하고, 실시설계 단계에서의 변경 가능성을 최소화하기 위해 다각적인 검토가 이루어지는 단계로서, 연관분야의 시스템 확정에 따른 각종 자재, 장비의 규모, 용량이 구체화된 설계도서를 작성하여 건축주로부터 승인을 받는 단계이다.

⑦ "실시설계"라 함은 중간설계를 바탕으로 하여 입찰, 계약 및 공사에 필요한 설계도서를 작성하는 단계로서, 공사의 범위, 양, 질, 치수, 위치, 재질, 질감, 색상 등을 결정하여 설계도서를 작성하며, 시공중 조정에 대해서는 사후설계관리업무 단계에서 수행방법 등을 명시한다.

⑧ "사후설계관리업무"라 함은 건축설계가 완료된 후 공사시공 과정에서 건축사의 설계의도가 충분히 반영되도록 설계도서의 해석, 자문, 현장여건 변화 및 업체 선정에 따른 자재와 장비의 치수·위치·재질·질감·색상·규격 등의 선정 및 변경에 대한 검토·보완 등을 위하여 수행하는 설계업무를 말한다.

3 적용범위

① 이 기준은 건축사가 건축주의 위탁을 받아 건축물에 관한 설계도서를 작성하는 데 적용한다.

② 공사계획의 변경으로 인하여 설계도서를 변경하는 경우에도 이 기준을 적용한다.

③ 주택법에 따라 사업승인을 받아 건설하는 주택을 설계하는 경우에는 주택법에 따른다.

4 설계도서의 작성

설계도서는 [별표1]에서 정하는 설계도서 작성방법에 의하여 작성하되, 건축사와 건축주간의 설계계약서에서 정하는 바에 따라 그 범위를 조정한다.

|참고|

■ **설계도서 작성방법(별표1)**
　　　ㅇ ： 기본업무
　　빈 칸 ： 추가업무(계약에 따른 업무)

1. 기획업무

업무의 내용			도서작성구분
규모검토서 (공간계획)	법규검토	대지 및 건축물의 규모, 용도 등을 개략적으로 검토하기 위한 법규 검토	
	개략배치도	건축물의 개략 배치	
	대지종횡단면도	대지의 경사 및 건축물과 관계표시	
	개략평면도	1층 및 기준층 평면도	
		각 층 평면도	
	개략단면도	층수 층고표시의 개략 단면	

업무의 내용			도서작성구분
현장조사	대지 및 주변현황 확인	대지상태, 주변건축물	
	대지 및 주변현황 분석	교통, 수목, 시각분석, 기후분석	
	사용자 조사	면담, 행태조사, 회의	
	기존 시설물 분석	설계도서, 설비용량	
설계지침서		용역대상 및 범위, 계약조건	
		설계목표, 제한, 성능, 요구, 개념	
		공간프로그램, 운영프로그램	
		공사관련 예산서 작성	
프로젝트 공정표		심의·허가 등 설계공정 및 기타 공정	
기존유사건물조사비교		규모, 층수, 용도비교	
		마감재, 시설비교	
		공사비 비교	

2. 계획설계의 도서내용

종류		내용	도서작성구분
건축	공사비 개산서	재료·장비선정에 따른 개략 공사비	
	법규검토	제반법규검토, 인허가절차 파악	○
		설계구상안	○
	건축계획서	설계개요	○
		배치계획	
		평면계획	
		입면계획	
		단면계획	
		외장재료 비교 분석	
	모형	Sketch 또는 Study Model	
	건축 도면	배치도	○
		대지 종·횡단면도	○
		각 층 평면도	○
		입면도(2면 이상)	○
		단면도(종·횡단면도)	○
	심의 도서	심의대상인 경우	
구조	구조계획서	구조계획개요	
		기본 구조적용 시스템 및 대안, 경제적 타당성 검토	
	심의 도서	구조심의대상인 경우	

종류		내용	도서작성구분
기계	기계설비 계획서	건축주 요구사항의 수용여부와 설계방침의 확정	
		기계설비 계획개요	
		각종 개통도 및 zoning 계획	
		적용 시스템 비교 검토	
		개략 공사비 추정	
	심의 도서	심의대상인 경우	
전기	전기설비 계획서	해당 법규 검토	
		설계방향 설정, 전기설비계획개요	
		추정 부하 산정	
		개략 예산 검토	
	심의 도서	심의대상인 경우	
토목	토목계획서	개략 흙막이 계획서	
		흙막이 계획도	
		우·오수처리계획서와 상수계획서	
		예상공사비 계산서	
조경	조경계획서	녹지 및 공개공지 계획도	
		식재 계획도	
		시설물 계획 및 포장계획도	
	심의 도서	심의대상인 경우	
방재	심의 도서	법규 체크리스트 및 소방개략계획서	

〈이하 생략〉

■ 건축사설계 대상(건축법 제23조)

1. 건축허가

2. 건축신고

3. 주택법에 따른 건축물의 리모델링

4. 바닥면적 합계 500m² 이상인 허가대상 용도변경

■ 예외

① 바닥면적 합계 85m² 미만의 증축·개축 또는 재축

② 연면적 200m² 미만이고 3층 미만인 건축물의 대수선

③ 읍·면지역(시장 또는 군수가 지역계획 또는 도시·군계획에 지장이 있다고 인정하여 지정·공고한 구역은 제외)에서 건축하는 건축물 중 연면적이 200m² 이하인 창고 및 농막과 연면적 400m² 이하인 축사 및 작물 재배사

④ 가설건축물로서 건축조례로 정하는 신고대상 가설건축물

⑤ 국토교통부령이 정하는 바에 의하여 작성하거나 인정하는 표준설계도서 또는 특수한 공법을 적용한 설계도서에 의하여 건축물을 건축하는 경우

5 흙막이 구조도면의 작성

지하 2층 이상의 지하층을 설치하는 경우에는 건축법에서 정하는 바에 의거 흙막이 구조도면을 작성하여 착공신고시에 제출한다.

6 공사시방서의 작성

공사시방서에는 중간설계 및 실시설계도면에 구체적으로 표시할 수 없는 내용과 공사수행을 위한 시공 방법, 자재의 성능·규격 및 공법, 품질시험 및 검사 등 품질관리, 안전관리, 환경관리 등에 관한 사항을 기술한다.

7 설계도서 해석의 우선순위

설계도서·법령해석·감리자의 지시 등이 서로 일치하지 아니하는 경우에 있어 계약으로 그 적용의 우선순위를 정하지 아니한 때에는 다음의 순서를 원칙으로 한다.

1. 공사시방서
2. 설계도면
3. 전문시방서
4. 표준시방서
5. 산출내역서
6. 승인된 상세시공도면
7. 관계법령의 유권해석
8. 감리자의 지시사항

8 설계도서 작성자의 서명날인

설계도서를 작성하는데 참여한 자 및 협력한 관계전문기술자는 관계법령 및 그 규정에 의한 명령이나 처분 등에 적합하게 작성되었는지를 확인한 후 당해 도서에 서명·날인한다.

9 적용의 예외

건축법에 따라 표준설계도서 등의 운영에 관한 규칙에 의한 표준설계도서 또는 특수한 공법을 적용한 설계도서에 따라 건축물을 건축하는 경우에는 이 기준을 적용하지 아니한다.

예제문제 24

건축물의 설계도서 작성기준에 따른 설계도서의 범위에 속하지 않는 것은?

① 시방서
② 상세시공도
③ 구조계산서
④ 토질관계서류

해설 상세시공도면은 연면적 합계 5,000m² 이상인 경우 공사감리자의 요청에 따라 건축시 공자가 작성하는 도면이다.

답 : ②

예제문제 25

계획설계 내용 중 기본업무 범위에 속하지 않는 것은?

① 설계개요
② 배치도
③ 법규검토
④ 구조계획서

해설 기본업무범위
1. 법규검토
2. 설계개요
3. 건축도면(배치도, 대지 종·횡단면도, 각층 평면도, 입면도, 단면도)

답 : ④

예제문제 26

건축물의 규모 검토, 현장조사, 설계지침 등 건축설계 발주에 필요하여 건축주가 사전에 요구하는 설계업무는?

① 건축설계업무
② 계획설계업무
③ 중간설계업무
④ 기획업무

답 : ④

예제문제 27

다음 중 건축사의 설계에 의하지 아니할 수 있는 대상은?

① 건축허가대상
② 건축신고대상
③ 주택법에 따른 건축물의 리모델링
④ 특수한 공법을 적용한 설계도서

[해설] 건축사 설계대상
1. 건축허가, 신고대상 건축물
2. 주택법에 따른 건축물의 리모델링
3. 바닥면적 합계 500m² 이상인 허가대상 용도변경

답 : ④

예제문제 28

설계도서, 감리자 지시 등이 일치하지 않을 경우 보기의 내용 중 일반적인 우선순위 순으로 나열된 것은?

㉠ 공사시방서	㉡ 표준시방서
㉢ 설계도면	㉣ 관계법령 유권해석

① ㉣-㉠-㉡-㉢
② ㉡-㉠-㉣-㉢
③ ㉢-㉡-㉠-㉣
④ ㉠-㉢-㉡-㉣

[해설] 설계도서 등의 우선해석순위
1. 공사시방서
2. 설계도면
3. 전문시방서
4. 표준시방서
5. 산출내역서
6. 승인된 상세시공도면
7. 관계법령의 유권해석
8. 감리자의 지시사항

답 : ④

예제문제 29

「건축물설계도서작성기준」에서 설계도서간에 상호모순이 있을 경우 적용되는 우선순위로 맞는 것은?

① 공사시방서 > 설계도면 > 표준시방서 > 감리자 지시사항
② 설계도면 > 표준시방서 > 공사시방서 > 감리자 지시사항
③ 설계도면 > 표준시방서 > 감리자 지시사항 > 공사시방서
④ 감리자 지시사항 > 표준시방서 > 공사시방서 > 설계도면

[해설] 시방서와 설계도면의 내용이 서로 다를 경우에는 공사시방서, 설계도면, 표준시방서의 순으로 해석되어야 한다.

답 : ①

예제문제 30

설계도서, 법령해석 및 감리자의 지시 등이 서로 일치하지 아니하는 경우 "건축물의 설계도서 작성 기준"에 따른 적용 우선순서로 가장 적절한 것은? (단, 계약으로 그 적용의 우선순위를 정하지 아니한 경우에 한한다.) 【19년 기출문제】

① 설계도면–공사시방서–산출내역서–감리자의 지시사항

② 공사시방서–감리자의 지시사항–설계도면–산출내역서

③ 설계도면–감리자의 지시사항–산출내역서–공사시방서

④ 공사시방서–설계도면–산출내역서–감리자의 지시사항

답 : ④

제5절 효율관리기자재 운용규정(2023.8.21)

1 목적

이 규정은 「에너지이용 합리화법」(이하 "법"이라 한다) 제15조, 제16조, 제24조, 제66조, 제68조, 제69조, 동법 시행령 및 동법 시행규칙에서 효율관리기자재와 관련하여 위임·위탁한 사항과 그 시행에 관하여 필요한 사항을 규정함을 목적으로 한다.

2 적용범위

	적용 기준 대상	제외
효율관리 기자재	1. 목표소비효율 또는 목표사용량의 기준 2. 최저소비효율 또는 최대사용량의 기준 3. 소비효율 또는 사용량의 표시 4. 소비효율 또는 사용량의 측정방법 5. 소비효율 등급기준 및 등급표시 등	수출용 에너지사용기자재

3 용어정의

① 효율관리기자재 : 보급량이 많고 그 사용량에 있어서 상당량의 에너지를 소비하는 기자재중 에너지이용합리화에 필요하다고 산업통상자원부장관이 인정하여 제4조에서 지정한 에너지사용기자재

② 소비효율 : 효율관리시험기관 또는 자체측정승인업자가 이 규정에서 정한 측정방법에 의하여 측정한 에너지소비효율 또는 에너지사용량을 말한다.

③ 최저소비효율기준 : 효율관리기자재의 효율 개선 및 고효율 제품 보급 확대를 위하여 일정 효율수준 이하 또는 일정 소비전력량수준 이상 제품의 생산·판매를 제한하고자 이 규정에서 설정한 최저소비효율, 최대소비전력량, 최대소비전력, 최대대기전력 또는 최대열관류율 기준을 말한다.

④ 최저소비효율달성률 : 측정한 소비효율과 최저소비효율기준의 비를 말한다.

⑤ 소비효율등급 : 이 규정에서 정한 절차에 의하여 소비효율등급부여지표를 적용시 해당하는 등급(최상위 1등급부터 5등급까지)을 말한다.

⑥ 난방열효율 : 가정용가스보일러의 라벨에 표시되는 열효율로 제조업자 또는 수입업자가 「액화석유가스의 안전관리 및 사업법」 제20조제4항에 따른 설계단계검사 또는 KS표준의 형식승인검사에서 측정된 난방열효율을 말한다. 난방열효율은 전부하 및 부분부하를 모두 포함하며, 소비효율등급 부여기준은 별표 1에 따른다.

⑦ 표시온수열효율 : 가스온수기의 라벨에 표시되는 열효율로 제조업자 또는 수입업자가 「액화석유가스의 안전관리 및 사업법」 제20조제4항에 따른 설계단계검사 또는 KS표준의 형식승인검사에서 측정된 온수열효율 또는 효율관리시험기관·자체측정승인업자가 측정한 온수열효율(이하 "측정온수열효율"이라 한다) 보다 같거나 낮게 선택하여 표시한 것을 말한다.

⑧ 대기전력 : 기기가 외부의 전원과 연결된 상태에서 해당기기의 주기능을 수행하지 않거나 외부로부터 켜짐 신호를 기다리는 상태에서 소비하고 있는 전력

⑨ 고효율 변압기 : 표준소비효율을 만족하는 변압기를 말한다.

4 효율관리기자재의 범위와 측정방법 등

① 전기냉장고	KS C IEC 62552의 규정에 의한 정격소비전력이 500W 이하인 냉각장치를 갖는 것으로서 유효내용적이 1,000L 이하인 냉장고 및 냉동냉장고에 한하며, 측정방법은 KS C IEC 62552의 규정에 의하여 측정한 월간 소비전력량(여기서 "월간 소비전력량"이라 함은 1일 소비전력량×365/12로 산출한 값을 말한다)
② 김치냉장고	KS C 9321의 규정에 의한 김치저장실 유효내용적이 전체 유효내용적의 50% 이상이고 전체 유효내용적이 1,000L 이하인 김치냉장고에 한하며, 측정방법은 별표1에 따른 월간소비선력량
③ 전기냉방기	KS C 9306의 규정에 의한 전동기 정격소비전력의 합계가 7.5kW 이하인 에어컨디셔너로서 정격냉방능력 23kW 미만인 것에 한하며, 수냉식, 이동식, 덕트접속식 구조의 것은 제외한다. 다만, 분리형으로서 하나의 실외기에 둘 이상의 실내기를 접속해서 이용하고 있는 구조인 홈 멀티형 전기냉방기는 스탠드형 실내기 정격냉방능력 4kW이상 10kW미만, 실외기와 실내기의 용량 조합비율이 100% ~ 160%인 경우에 한하여 적용하며, 실내기의 조합은 스탠드형을 기본으로 해서 벽걸이형이 추가되는 것으로 한정한다. 측정방법은 KS C 9306의 규정에 의하여 측정한 냉방기간에너지소비효율(CSPF)을 말한다.
④ 전기세탁기	가. 일반세탁기 KS C IEC 60456에 의한 표준세탁용량 2kg 이상 25kg 이하의 가정용 수직축 세탁기로서, KS C 9608의 제트식, 임펠러식, 교반봉식, 교반판식, 세탁조 회전식에 한한다. 측정방법은 별표 1에 따른 측정방법에 의하여 측정한 1kg당 소비전력량(여기서 "1kg당 소비전력량"이라 함은 1회 세탁(표준코스) 가능한 표준세탁용량(kg)에 소비되는 전기에너지사용량(Wh)의 비를 말하며, Wh/kg로 표시한다.)

	나. 드럼세탁기 KS C IEC 60456에 의한 가정용의 수평드럼세탁기(전열장치가 있는 것, 탈수장치 및 건조장치를 가지는 겸용 구조의 것 포함, 무세제식 제외)로서, 표준세탁용량이 2kg 이상 25kg 이하이면서 표준세탁 프로그램이 온수세탁이거나 표준세탁용량이 2kg 이상 5kg 이하이면서 표준세탁 프로그램이 냉수세탁인 가정용 세탁기에 한한다. 측정방법은 별표 1에 따른 측정방법에 의하여 측정한 1kg당 소비전력량(여기서 "1kg당 소비전력량"이라 함은 1회 세탁 가능한 표준세탁용량(kg)에 소비되는 전기에너지사용량(Wh)의 비를 말하며, Wh/kg로 표시한다.)
⑤ 전기냉온수기	별표 1에 따른 정격 입력전압이 단상 교류 220V, 정격 주파수가 60Hz인 저장식 및 순간식 전기 냉온수기에 한하며, 측정방법은 별표 1에 따른 "비교소비전력량"을 말한다.
⑥ 전기밥솥	별표 1에 따른 전기솥 및 전기보온밥통의 기능을 겸해서 가지고 있는 취사용량 20인용 이하인 전기밥솥으로서, 측정방법은 별표 1에 따른 측정방법에 의하여 측정한 1인분소비전력량(여기서 "1인분소비전력량"이라 함은 별표 1의 1회취사보온소비전력량에 150g을 곱하고 취사시 쌀의 질량으로 나눈 값(Wh/인분)을 말한다.)
⑦ 전기 진공청소기	정격소비전력 800W 이상 2500W 이하의 것으로 이동형(건식 전용)에 한하며, 측정방법은 KS C IEC 60312의 규정에 의하여 측정한 청소효율(여기에서 "청소효율"이라 함은 최대 흡입일률과 측정소비전력의 비를 말한다.)
⑧ 선풍기	KS C 9301의 규정에 의한 날개의 지름이 20cm 이상 41cm 이하의 일반 가정 및 사무실 등 이와 유사한 목적에 사용되는 일반형 선풍기(탁상용, 좌석용, 스탠드용)로서 유도전동기에 의해 구동되는 축류형 단일 날개를 가진 것에 한하며, 측정방법은 별표 1에 따른 측정방법에 의하여 측정한 풍량효율(여기서 "풍량효율"이라 함은 표준풍량을 소비전력으로 나눈 값을 말한다.)
⑨ 공기청정기	KS C 9314의 적용범위중 기계식과 복합식 공기청정기로서 정격소비전력이 200W 이하인 제품에 한한다. 단, 여과재를 사용하지 않고 물 분무 등을 이용하여 집진, 탈취 및 가스제거를 하는 것은 제외한다. 측정방법은 별표 1에 따른 측정방법에 의하여 측정한 1㎡당 소비전력(여기서 "1㎡당 소비전력"이라 함은 측정소비전력(W)을 표준사용면적(㎡)으로 나눈 값을 말하며, W/㎡로 표시한다.)
⑩ 백열전구	KS C 7501의 규정에 의한 220V 백열 텅스텐 전구로서 소비전력이 25W 이상 150W 이하 전구로 무색투명, 내면 프로스트, 백색도장, 백색박막도장 전구를 포함한다. 측정방법은 KS C 7501의 규정에 의하여 측정한 전구의 전(온)광속을 전구의 소비전력으로 나눈 값(광효율 : lm/W).
⑪ 형광램프	KS C 7601의 규정에 의한 직관형(20W형, 28W형, 32W형, 40W형), 둥근형(32W형, 40W형), 콤팩트형(FPX 13W형, FDX 26W형, FPL 27W형, FPL 32W형, FPL 36W형, FPL 45W형, FPL 55W형) 형광램프 및 K 61195, K 61199의 규정에 의한 직관형(20W형, 32W형, 40W형), 콤팩트형(FPL 36W형) 싸인용 형광램프(색온도 7100K 초과 하는 것으로서 일반조명용으로 사용될 수 있는 것)로, 측정방법은 KS C 7601의 규정에 의하여 측정한 램프의 전광속을 램프의 소비전력으로 나눈 값(광효율 : lm/W). 다만, FPL 32W형 및 FPL 45W형, FPL 55W형 측정방법은 안전인증규정을 따른다.

⑫ 안정기내장형 램프	KS C 7621의 규정에 의한 정격소비전력 5W 이상 60W 이하의 안정기내장형램프로서 시동과 안정된 동작에 필요한 모든 요소를 일체화시키고, 부품을 교환할 수 없는 형광램프 장치에 한한다. 다만, 글로브 타입은 제외한다. 측정방법은 KS C 7621에서 규정하는 시험방법에 의하여 측정한 기구의 전광속(lm)을 입력전력으로 나눈 값(광효율 : lm/W).
⑬ 삼상 유도전동기	별표 1의 삼상유도전동기 적용범위에 해당 되는 정격출력 0.75kW 이상 375kW 이하인 삼상유도전동기에 한한다. 측정방법은 KS C IEC 60034-2-1의 규정에 의하여 측정한 전부하효율(%).
⑭ 가정용 가스보일러	KS B 8109 및 KS B 8127에서 정한 가스소비량 70kW 이하의 가스온수보일러로, 측정방법은 KS B 8109 및 KS B 8127에서 규정하는 시험방법에 의하여 측정한 난방열효율(%).
⑮ 어댑터·충전기	외장형 전원장치로서 단일출력전압으로 명판표시 출력전력 150W 이하의 어댑터와 정격 입력전력 20W 이하로서 리튬이온 배터리를 충전하는 충전기를 대상으로 하며, 측정방법은 별표 1에 따라 측정한 동작효율
⑯ 전기냉난방기	KS C 9306의 규정에 의한 전동기 정격소비전력의 합계가 7.5kW 이하이고, 정격냉방능력 23kW 미만인 전기냉난방기(전기열펌프)를 대상으로 한다. 다만, 전열장치를 갖는 것에 있어서는 그 전열장치의 정격소비전력이 30kW 이하인 것에 한하며, 수냉식, 이동식, 덕트식 및 분리형으로서 하나의 실외기에 둘 이상의 실내기를 접속해서 이용하고 있는 구조의 것은 제외하며, 측정방법은 KS C 9306의 규정에 의하여 측정한 냉방효율과 난방효율의 산술평균의 값인 냉난방효율
⑰ 상업용 전기냉장고	별표 1에 따른 상업용(업소용) 냉장고, 냉동냉장고 및 냉장진열대에 한하며, 측정방법은 KS C IEC 62552의 규정(단, 차폐판은 설치하지 않으며, 냉장진열대의 경우 시험 중 조명 전부 점등)에 의하여 측정한 월간 소비전력량(여기서 "월간 소비전력량"이라 함은 1일 소비전력량×365/12로 산출한 값을 말한다.)
⑱ 가스온수기	KS B 8116에서 정한 표시 가스소비량 70.0kW 이하의 가스온수기로, 측정방법은 KS B 8116에서 규정하는 시험방법에 의하여 측정한 온수열효율(%)
⑲ 변압기	KS C 4306, KS C 4311, KS C 4316, KS C 4317 및 별표 1 에서 규정한 변압기로, 측정방법은 KS C IEC 60076-1 및 KS C IEC 60076-11 규정에 의하여 측정한 값을 기준 환산온도의 50% 부하율 기준으로 환산한 효율(%)
⑳ 창 세트	KS F 3117 규정에 의한 창 세트로서 건축물중 외기와 접하는 곳에서 사용되면서 창 면적이 1㎡ 이상이고 프레임 및 유리가 결합되어 판매되는 창 세트, 측정방법은 KS F 2278 규정에 의하여 측정하거나 ISO 15099 규정에 의하여 계산한 열관류율 및 KS F 2292 규정에 의한 기밀성(여기서 "열관류율"은 W/($m^2 \cdot K$)로 표시한다.)
㉑ 텔레비전 수상기	디지털 튜너를 내장하고 화면대각선길이 47cm 이상부터 216cm 이하이며, 수직해상도가 4,320 미만인 텔레비전수상기로 판매되는 제품에 한한다. 다만, 브라운관(CRT) 및 플라즈마 디스플레이 패널(PDP) 텔레비전수상기는 제외하며, 측정방법은 KS C IEC 62087의 규정에 의하여 측정한 동작모드 소비전력을 화면면적의 제곱근으로 나눈 값인 "1 $\sqrt{m^2}$ 당 소비전력"(여기서 화면면적의 제곱근은 $\sqrt{m^2}$ 로, "1 $\sqrt{m^2}$ 당 소비전력"은 W/ $\sqrt{m^2}$ 로 표시한다)

㉒ 전기온풍기	「전기용품안전 관리법」 시행규칙의 별표 2 안전인증대상 전기용품중 정격소비전력이 500W 이상 10kW 이하인 전기온풍기에 한한다. 측정방법은 별표 1에 따른 측정방법에 의하여 측정한 난방효율 및 소비전력
㉓ 전기스토브	「전기용품안전 관리법」 시행규칙의 별표 2 안전인증대상 전기용품 중 정격소비전력이 500W 이상 10kW 이하인 전기스토브에 한한다. 측정방법은 별표 1에 따른 측정방법에 의하여 측정한 대기전력 및 소비전력
㉔ 멀티전기히트 펌프시스템	별표 1에 따른 단일 실외유닛 기준 정격냉방용량이 70kW 미만, 하나의 실내유닛 기준 정격냉방용량이 30kW 미만인 것으로 전기를 에너지원으로 구동하는 냉방전용기기 또는 냉난방 겸용기기를 대상으로 한다. 다만, 냉난방 겸용기기의 경우 실내유닛에 전열장치를 갖는 것에 있어서는 그 전열장치의 정격소비전력이 하나의 실내유닛 기준 30kW 미만인 것에 한하며, 측정방법은 별표 1의 규정에 의하여 측정한 냉난방효율, 통합냉방효율, 난방효율, 표준난방효율, 한냉지난방효율을 말한다.
㉕ 제습기	별표 1에 따른 단상 교류로서 정격 전압 220V를 사용하고 실내의 습도를 저하시키는 것을 목적으로 하며 압축식 냉동기, 송풍기 등을 하나의 캐비닛에 내장한 것으로서 정격소비전력 1,000W 이하의 전기제습기에 한하며, 측정방법은 KS C 9317에 따른 측정방법에 의하여 측정한 제습효율(여기서 제습효율이라 함은 측정제습능력(L)을 측정소비전력(W)÷1000×24(h)으로 나눈 값을 말한다.)
㉖ 전기레인지	정격 입력전압이 단상 교류 220V, 정격 주파수 60Hz이고, 정격 소비전력이 1kW 이상 10kW 이하인 전기레인지로 [별표 1]의 적용범위에 해당되는 기기에 한하며, 측정방법은 [별표 1]에 따른 측정방법의 의하여 측정한 월간 소비전력량
㉗ 셋톱박스	정격소비전력 150W 이하로 텔레비전 또는 디스플레이 장치로 영상과 음향을 송신하는 유료방송용 셋톱박스로서 케이블방송, 위성방송, IP TV방송 중 어느 1개 이상의 방송 수신 기능을 포함하는 셋톱박스(단, 디지털컨버터는 제외)에 한하며, 측정방법은 [별표 1]에 따른 측정방법의 의하여 측정한 소비전력
㉘ 컨버터 내장형 LED램프	KS C 7651의 규정에 의한 AC 220V, 60Hz 에서 사용하는 용량 제한이 없는 일반 조명용 컨버터 내장형 LED램프에 대하여 규정한다. 단, 150W초과도 포함한다. 측정방법은 KS C 7651을 따른다.
㉙ 컨버터 외장형 LED램프	KS C 7652의 규정에 의한 정격전압 AC/DC 50V 이하에서 사용하는 30W 이하의 일반 조명용 컨버터 외장형 LED램프에 대하여 규정한다. 측정방법은 KS C 7652를 따른다.
㉚ 냉동기	압축기, 증발기, 응축기, 팽창장치, 부속 냉매 배관 및 제어 장치 등으로 냉동 사이클을 구성하는 원심식 냉동기로서 정격냉동능력 7,032kW[2,000USRT] 이하에 한하며, [별표 1]에 따른 특수목적용 냉동기(원자력 발전 전용, 방폭형, 선박용 등)는 제외한다. 측정방법은 KS B 6270에 따른다.
㉛ 공기압축기	KS B 6351의 규정에 의하여 압축비가 1.3 초과인 제품에 대하여 적용하며, 토출 게이지 압력이 30kPa 이상, 1,000kPa 이하인 전동기 구동방식의 공기압축기로 [별표 1]의 적용범위에 해당한다. 왕복 동식 압축기는 전동기 출력 2.2kW 이상 15kW 이하이고, 스크류식 압축기는 전동기 출력 15kW 초과 110kW 이하이다. 측정방법은 KS B 6351에 따른다.

㉜ 사이니지 디스플레이	가시화면 대각선 길이가 30.48cm 이상, 154.94cm 이하인 사이니지 디스플레이로 [별표 1]의 적용범위에 해당하는 기기에 한하며, 측정방법은 [별표 1]에 따른 측정방법의 의하여 측정한 온모드, 슬립모드, 오프모드 소비전력을 말한다.
㉝ 의류건조기	별표 1에 따른 표준건조용량 1kg 이상 20kg 이하의 회전식 의류 건조기로서, 단상 220V, 전기용품 안전인증서 상의 정격소비전력이 3,000W 이하의 의류건조기에 한한다. 측정방법은 별표 1dp 따른 측정방법에 의하여 측정한 1kg당 소비전력량(여기서 "1kg당 소비전력량"은 1회 건조시 소비전력량(Wh)을 표준건조용량의 0.8승으로 나눈 값을 말한다.)
㉞ 모니터	가시화면 대각선 화면길이 153cm 이하의 모니터로 [별표1]의 적용범위에 해당하는 기기에 한하며, 측정방법은 [별표1]에 따른 측정방법에 의하여 측정한 온모드·슬립모드·오프모드 소비전력을 말한다.

■ 비고 : 효율관리기자재는 목표 소비효율 또는 목표 사용량의 기준, 최저소비효율기준 및 소비효율등급 부여 기준을 모두 적용하여야 하나 다음의 기자재는 최저소비효율기준만 적용한다.

1. 삼상유도전기	8. 백열전구	15. 모니터
2. 어댑터·충전기	9. 선풍기	
3. 변압기	10. 형광램프	
4. 전기온풍기	11. 안정기 내장형 램프	
5. 전기스토브	12. 전기레인지	
6. 냉동기	13. 셋톱박스	
7. 공기압축기	14. 사이니지 디스플레이	

5 시험성적서

(1) 시험성적서 발급

① 효율관리시험기관 또는 자체측정승인업자는 제조업자·수입업자의 측정의뢰 또는 자체측정에 따라 시험성적서를 발급할 수 있다.

② 효율관리시험기관은 제조업자·수입업자·공단이사장 또는 이해관계자로부터 효율관리기자재에 대한 측정의뢰가 있을 때에는 이를 거부하여서는 아니되며, 공단이사장이 측정 의뢰하는 시료를 우선적으로 측정하여야 한다. 다만, 시험업무를 수행할 수 없는 사유가 발생하여 미리 그 사유를 명시하여 산업통산자원부장관에게 통보한 경우에는 예외로 한다.

③ 효율관리시험기관은 해외에서 수입하는 효율관리기자재에 대하여 해외출장 시험 후 시험성적서를 발급할 수 있다.

■ 효율관리시험기관
산업통상자원부장관이 다음의 범위에서 지정한다.
1. 국가가 설립한 시험·연구기관
2. 「특정연구기관 육성법」에 따른 특정연구기관
3. 산업통상자원부장관이 인정하는 기관
＊ 효율관리기자재의 제조업자, 수입업자는 산업통상자원부장관의 승인을 받아 자체측정을 할 수 있다.

(2) 시험성적서 기재항목

효율관리 기자재	기재항목	
1. 전기냉장고	· 월간소비전력량 · 냉동실유효내용적 · 보정유효내용적 · 시험성적서 기재내용 · 1시간사용시 CO_2 배출량 · 연간에너지비용	· 냉장실유효내용적 · 자동제상기능여부 · 1시간소비전력량 · 연간소비전력량 · 소비효율등급
2. 김치냉장고	· 월간소비전력량 · 냉동실유효내용적 · 보정유효내용적 · 문(Door)의 개수 · 1시간소비전력량 · 연간소비전력량 · 소비효율등급	· 김치저장실유효내용적 · 기타실유효내용적 · 형태(스탠드형/뚜껑형 등) · 김치저장실수 · 1시간사용시 CO_2 배출량 · 연간에너지비용
3. 전기냉방기	· 냉방기간에너지소비효율 · 정격냉방능력 · 냉방표준소비전력 · 1시간소비전력량 · 연간소비전력량 · 소비효율등급 · 홈멀티 또는 싱글 여부	· 냉방기간월간소비전력량 · 냉방표준능력 · 대기전력 · 1시간사용시 CO_2 배출량 · 월간에너지비용 · 스마트기능 구현 여부 및 내용

〈이하 생략〉

(3) 시험성적서의 측정값 기재

① 효율관리시험기관 또는 자체측정승인업자가 시험성적서를 발급할 경우에는 측정한 모델명, 안전인증번호, KS허가번호 등 제품의 명판 표시사항과 별표 1의 측정시료 수량별로 각 측정 결과값을 기재하여야 한다.

② 효율관리시험기관 또는 자체측정승인업자는 별표 1에 따른 측정결과 어느 하나의 시료라도 최저소비효율기준에 미달(삼상유도전동기를 5대의 시료로 측정한 때에는 불합격) 할 때에는 시험성적서에 「최저소비효율기준 미달제품으로 법 제16조 제2항에 따라 생산이나 판매가 금지되며, 위반시 2000만원 이하의 벌금에 처할 수 있음」을 표시하여 발급하고, 효율관리시험기관은 지체없이 공단이사장에게 시험성적서 사본을 통보하여야 한다.

③ 효율관리시험기관 또는 자체측정승인업자는 시험성적서 발급시 "시험성적서 발급한 날로부터 90일 이내에 한국에너지공단에 신고하여야 한다"라고 기재하여야 한다.

(4) 측정결과 신고 등

① 효율관리기자재의 제조업자 또는 수입업자는 시험성적서를 효율관리시험기관으로부터 통보받은 날 또는 자체측정을 완료하여 시험성적서를 발급한 날, 추가모델의 경우 제품 출하일로부터 각각 90일 이내에 한국에너지공단 이사장에게 신고(인터넷을 활용할 수 있다)하여야 한다.

② 동일 모델명의 측정결과가 중복하여 통보된 경우 나중의 것을 유효한 것으로 하며, 효율이 향상된 경우는 정당한 사유를 구체적으로 제시하여야 한다.

③ 효율관리시험기관 또는 자체측정승인업자는 시험성적서 발급내용을 기록 유지하여야 한다.

6 소비효율 또는 소비효율등급라벨 표시항목

(1) 표시항목

효율관리 기자재	표시항목		
1. 전기냉장고	・월간소비전력량 ・1시간 사용시 CO_2 배출량	・용량 ・연간에너지비용	・소비효율등급
2. 김치냉장고	・월간소비전력량 ・1시간 사용시 CO_2 배출량	・용량 ・연간에너지비용	・소비효율등급
3. 전기냉방기	・월간소비전력량 ・1시간 사용시 CO_2 배출량	・정격냉방능력 ・월간에너지비용	・냉방효율 ・소비효율등급
4. 전기세탁기	・1회 세탁시 소비전력량 ・1회 세탁시 CO_2 배출량	・1회 세탁시 물사용량 ・연간에너지비용	・소비효율등급
5. 전기냉온수기	・비교소비전력량 ・1시간 사용시 CO_2 배출량	・용량 ・연간에너지비용	・소비효율등급
6. 전기밥솥	・1인분 소비전력량 ・1시간 사용시 CO_2 배출량	・1회 취사보온소비전력량 ・연간에너지비용	・소비효율등급
7. 전기 진공청소기	・청소효율 ・1시간 사용시 CO_2 배출량	・미세먼지방출량 ・연간에너지비용	・소비효율등급
8. 선풍기	・풍량효율	・최저소비효율기준 만족여부	
9. 공기청정기	・1m^2 당 소비전력 ・1시간 사용시 CO_2 배출량	・표준사용면적 ・연간에너지비용	・소비효율등급
10. 백열전구	・광효율	・최저소비효율기준 만족여부	
11. 형광램프			
12. 안정기내장형 램프			

효율관리 기자재	표시항목	
13. 삼상 유도전동기	·전부하효율 ·1시간 사용시 CO_2 배출량	·정격출력/극수 ·연간에너지비용
14. 가정용 가스보일러	·난방열효율 ·난방출력(콘덴싱출력)	·가스소비량 ·소비효율등급
15. 어댑터·충전기	·최저소비효율기준 만족여부	
16. 전기냉난방기	·냉방기간월간소비전력량 ·정격냉방능력/정격난방능력 ·난방기간 1시간 사용시 CO_2 배출량 ·냉/난방기간 에너지 소비효율	·난방기간월간소비전력량 ·냉방기간 1시간 사용시 CO_2 배출량 ·냉/난방기간월간에너지비용 ·냉/난방 소비효율등급
17. 상업용 전기냉장고	·월간소비전력량 ·1시간 사용시 CO_2 배출량	·용량 ·연간에너지비용 ·소비효율등급
18. 가스온수기	·표시온수열효율	·가스소비량 ·소비효율등급
19. 변압기	·효율(50% 부하율 기준)	·1차 전압 / 2차 전압 ·상수 ·용량
20. 창 세트	·열관류율 ·유리	·기밀성(통기량, 등급) ·프레임재질 ·소비효율등급
21. 텔레비전 수상기	·1 $\sqrt{m^2}$ 당 소비전력 ·1시간 사용시 CO_2 배출량 ·동작모드 소비전력	·연간에너지비용 ·소비효율등급
22. 전기온풍기	·소비전력 ·월간에너지비용	·1시간 사용시 CO_2 배출량
23. 전기스토브		
24. 멀티전기히트 펌프시스템	·냉난방효율 ·한냉지난방용량(-15℃) ·소비효율등급	·정격냉방용량/정격난방용량 ·1시간 사용시 CO_2 배출량
25. 제습기	·제습효율 ·1시간 사용시 CO_2 배출량	·측정제습능력 ·월간에너지비용
26. 전기레인지	·kg당 소비전력량 ·연간에너지비용	·1시간 사용시 CO_2 배출량
27. 셋톱박스	·능동대기모드 소비전력 또는 수동대기모드 소비전력	
28. 컨버터 내장형 LED 램프	·광효율 ·1시간 사용 시 CO_2 배출량 ·소비효율등급	·입력전력 ·광원색
29. 컨버터 외장형 LED 램프		

효율관리 기자재	표시항목	
30. 냉동기	·COP(성능계수) ·정격냉동능력	·1시간 사용 시 CO_2 배출량 ·정격냉동소비전력
31. 공기압축기	·압축기 종합효율 ·연간에너지비용	·1시간 사용 시 CO_2 배출량
32. 사이니지 디스플레이	·소비전력	·1시간 사용 시 CO_2 배출량
33. 의류건조기	·1kg당 소비전력량 ·연간에너지비용	·1시간 건조 시 CO_2 배출량 ·소비효율등급
34. 모니터	·온모드 소비전력	·최저 소비효율 기준 만족도

(2) 표시기준

① 표시는 제조일자를 기준으로 한다.

다만, 제품을 부분 분해하여 소비자에게 배달한 후 최종 조립하는 때에는 최종 조립상태에서 부착할 수 있으며, 이 경우도 제조일자를 기준으로 한다.

② 효율관리기자재의 제조업자·수입업자 또는 판매업자는 매년 3월 31일까지 전년도 생산·수입 또는 판매실적을 공단이사장에게 제출하여야 하며, 공단이사장은 이를 수집 분석하여 지체 없이 산업통상자원부장관에게 보고하여야 한다.

7 사후관리

(1) 사후관리 검사

공단이사장은 효율관리기자재의 제조업자·수입업자 또는 판매업자의 사무소·사업장·공장이나 창고에 출입하여 사후관리를 위한 다음의 검사를 실시할 수 있다.

1. 표시 의무의 이행 상태

2. 사후관리 시료의 측정결과와 표시한 소비효율 또는 소비효율등급 내용의 일치 여부

3. 광고 내용에 소비효율 또는 소비효율등급의 포함 여부

4. 최저소비효율기준 미달제품의 생산·수입 또는 판매 여부

5. 기타 산업통상자원부장관이 특별히 검사가 필요하다고 인정하는 사항 등

(2) 이해관계자의 사후관리 참가

① 효율관리기자재의 제조업자·수입업자·판매업자 또는 이해관계가 있는 자는 자기의 비용부담으로 시중에서 자유롭게 효율관리기자재를 채취하여 효율관리시험기관에 사후관리를 위한 측정을 의뢰할 수 있다.

② 이해관계자(자체측정의 승인을 받은 수입업자 포함)는 효율관리시험기관이 시험성적서를 발급한 날부터 60일 이내에 서면으로 해당 시험성적서를 첨부하여 공단이사장에게 필요한 조치를 취하여 줄 것을 요청할 수 있다.

③ 공단이사장은 제2항에 따른 요청을 받은 경우에는 사후관리의 결과 조치에 따라 필요한 조치를 취하여야 한다.

(3) 사후관리 결과조치 및 청문

1) 청문사유

공단이사장은 사후관리검사, 이해관계인의 요청 등이 다음 각 호의 어느 하나에 해당하는 경우에는 결과를 통보받은 날로부터 30일 이내에 해당 제조업자·수입업자 또는 판매업자에게 의견을 진술할 기회를 부여하여야 한다. 이 경우 정하여진 기간 내에 특별한 사유 없이 의견 제시가 없을 경우 위반사항을 인정한 것으로 본다.

1. 총시료 중에서 최저소비효율기준에 미달하는 시료가 불합격허용개수를 초과하는 경우(삼상유도전동기는 제외한다)

2. 총시료 중에서 표시한 소비효율등급보다 낮은 등급의 시료가 불합격허용개수를 초과하는 경우

3. 총시료 중에서 검사항목(최저소비효율기준 및 소비효율등급을 제외한다)에 따른 허용오차범위를 벗어나는 시료가 불합격허용개수를 초과하는 경우

4. 추가된 모델이 원 모델의 성능에 변화를 줄 수 있는 부분을 변경한 경우

5. 소비효율 및 소비효율등급을 측정 받지 않거나 측정 받지 않고 표시한 경우

6. 효율관리시험기관 또는 자체측정승인업자가 발급한 시험성적서에 기재된 소비효율등급 또는 소비효율보다 높게 소비효율등급 또는 소비효율을 표시한 경우

2) 사후관리검사 재실시 등

① 공단이사장은 청문절차에 따라 해당 제조업자·수입업자 또는 판매업자의 의견을 청취한 결과, 정당한 사유가 인정될 때에는 제조업자·수입업자 또는 판매업자의 부담으로 1회에 한하여 동일 모델의 제품으로 사후관리 검사를 다시 실시할 수 있다.

② 공단이사장은 청문절차에 따라 검사를 실시한 결과를 통보받은 날로부터 15일 이내에 산업통상자원부장관에게 해당 제조업자·수입업자 또는 판매업자에 대하여 필요한 조치를 취하여 줄 것을 요청하여야 한다.

③ 산업통상자원부장관은 해당 제조업자·수입업자 또는 판매업자에 90일 이내에 시정을 하도록 명할 수 있다.

예제문제 31

「효율관리기자재운용규정」에 따른 효율관리기자재에 대한 적용기준에 해당되지 않는 것은?

① 목표소비효율기준　　　　　　② 최대소비효율기준
③ 소비효율등급기준　　　　　　④ 소비효율측정방법

[해설] 효율관리기자재에 대한 최저소비효율기준을 정한다.

답 : ②

예제문제 32

「효율관리기자재운용규정」에 의한 용어의 정의 중 부적당한 것은?

① 효율관리기자재 : 보급량이 많고 그 사용량에 있어서 상당량의 에너지를 소비하는 기자재중 에너지 이용합리화에 필요하다고 산업통상자원부장관이 인정하여 지정한 에너지사용기자재
② 소비효율 : 효율관리시험기관 또는 자체측정승인업자가 이 규정에서 정한 측정방법에 의하여 측정한 에너지소비효율 또는 에너지사용량을 말한다.
③ 최저소비효율 달성률 : 측정한 소비효율과 최저소비효율기준의 비를 말한다.
④ 소비효율등급 : 이 규정에서 정한 정차에 의하여 소비효율등급부여지표를 적용시 해당하는 등급(최상위 1등급부터 4등급까지)을 말한다.

[해설] 소비효율등급은 1등급부터 5등급까지로 구분한다.

답 : ④

예제문제 33

「효율관리기자재운용규정」에서 정의한 용어 중 적합한 것은?

① 최저소비효율 달성률이란 측정한 소비효율과 최대소비효율 기준의 비를 말한다.
② 소비효율은 효율관리 시험기관 또는 자체측정 승인업자가 이규정에서 정한 측정방법에 의하여 측정한 에너지소비효율 또는 에너지 사용량을 말한다.
③ 고효율변압기는 최저소비효율을 만족하는 변압기를 말한다.
④ 효율관리 시험기관은 한국에너지공단 이사장이 지정한다.

[해설] 1. 소비효율과 최저소비효율기준의 비
2. 표준소비효율에 만족
3. 산업통상자원부장관이 지정한다.

답 : ②

예제문제 34

「효율관리기자재운용규정」에 따른 효율관리기자재에 해당되지 않는 것은?

① 삼상유도전동기
② 변압기
③ 펌프
④ 전기라디에이터

―――――――――――――――――――――――――――――――――――

해설 펌프는 고효율에너지기자재에 속한다.

답 : ③

예제문제 35

"효율관리기자재 운용규정"에 따른 효율관리기자재 대상 품목에 해당되지 않는 것은?

【21년 기출문제】

① 삼상유도전동기
② 전기냉난방기
③ 변압기
④ 전력저장장치

―――――――――――――――――――――――――――――――――――

해설 전력저장장치(ESS)는 고효율에너지 인증 대상이다.

답 : ④

예제문제 36

다음 보기 중 "효율관리기자재 운용규정"이 적용되는 효율관리기자재에 해당되는 품목만 고른 것은?

【22년 기출문제】

〈보기〉
㉠ 삼상유도전동기　　　　　㉡ 무정전전원장치
㉢ 펌프　　　　　　　　　　㉣ 전기냉방기
㉤ 직화흡수식냉온수기　　　㉥ 산업·건물용 보일러
㉦ 전기온풍기　　　　　　　㉧ 폐열회수형 환기장치

① ㉠, ㉤, ㉥
② ㉠, ㉣, ㉦
③ ㉡, ㉢, ㉧
④ ㉣, ㉥, ㉧

―――――――――――――――――――――――――――――――――――

해설 ㉡, ㉢, ㉤, ㉥, ㉧ : 고효율에너지기자재

답 : ②

예제문제 **37**

「효율관리기자재운용규정」에 따른 가정용가스보일러의 시험성적서 기재항목에 속하지 않는 것은?

① 1시간 사용시 CO_2 배출량
② 난방열효율
③ 대기전력
④ 가스소비량

───────────────────────────

해설 가정용가스보일러 시험성적서 기재내용
1. 난방열효율
2. 가스소비량
3. 난방출력(콘덴싱출력)
4. 대기전력
5. 소비효율등급

답 : ①

───────────────────────────

예제문제 **38**

「효율관리기자재운용규정」에 따른 효율관리기자재 시험에 관한 다음 기준 중 가장 부적당한 것은?

① 시험성적서에 각 시료별로 기재된 측정값을 최저소비효율기준, 소비효율 또는 소비효율등급에 적용할 경우에는 평균값을 결과값으로 한다.
② 효율관리기자재의 제조업자 또는 수입업자는 시험성적서를 효율관리시험기관으로부터 통보받은 날 또는 자체측정을 완료하여 시험성적서를 발급한 날, 추가모델의 경우 제품 출하일로부터 각각 30일 이내에 공단이사장에게 신고하여야 한다.
③ 동일 모델명의 측정결과가 중복하여 통보된 경우 나중의 것을 유효한 것으로 하며, 효율이 향상된 경우는 정당한 사유를 구체적으로 제시하여야 한다.
④ 효율관리시험기관 또는 자체측정 승인업자는 시험성적서 발급내용을 기록 유지하여야 하며, 효율관리시험기관은 그 발급내용을 매월 25일까지(이해관계자에게 시험성적서를 발급하는 경우는 지체없이) 공단이사장에게 통보하여야 한다.

───────────────────────────

해설 90일 이내에 공단이사장에게 신고하여야 한다.

답 : ②

───────────────────────────

예제문제 **39**

「효율관리기자재운용규정」에 따른 소비효율 또는 소비효율등급 라벨 표시 기준일은?

① 기자재 시험성적서 발급 기준
② 기자재 제조일자 기준
③ 기자재 유통일자 기준
④ 기자재 판매일자 기준

───────────────────────────

해설 제조일자를 기준으로 표시한다.

답 : ②

예제문제 40

"효율관리기자재 운용규정"의 용어정의에 대한 설명으로 가장 적절하지 <u>않은</u> 것은?

【20년 기출문제】

① "최저소비효율 달성률"은 측정한 소비효율과 최저소비효율기준의 비를 말한다.
② "효율관리시험기관"은 한국에너지공단 이사장이 효율관리기자재의 시험기관으로 지정하는 기관이다.
③ "난방열효율"은 가정용가스보일러의 라벨에 표시되는 열효율로 전부하 및 부분부하를 모두 포함한다.
④ 최저 소비효율 달성률은 측정한 소비효율과 최저 소비효율 기준의 비를 말한다.

[해설] 효율관리 시험기관은 산업통상자원부장관이 지정한다.

답 : ②

예제문제 41

"고효율에너지기자재 보급촉진에 관한 규정"과 "효율관리기자재 운용규정"에 대한 설명 중 적절하지 <u>않은</u> 것은?

【18년 기출문제】

① 고효율에너지기자재로서의 인증효력은 인증서를 교부받은 날로부터 생산된 제품에 정해진 기준에 따라 적합하게 인증표시를 함으로써 발생한다.
② 고효율에너지기자재의 인증유효기간은 인증서 발급일로부터 3년을 원칙으로 하며, 인증유효기간이 만료되는 경우에는 신청에 따라 유효기간을 3년 단위로 연장할 수 있다.
③ 효율관리기자재의 소비효율은 효율관리시험기관 또는 자체측정승인업자가 "효율관리기자재 운용규정"에 따라 측정한 에너지소비 효율 또는 에너지사용량을 말한다.
④ 효율관리기자재 중 전기냉방기의 소비효율 또는 소비효율등급라벨의 표시항목에는 월간 소비전력량, 1시간 사용시 CO_2 배출량, 최저소비 효율기준 만족여부가 포함된다.

[해설] 전기냉방기 라벨 표시 항목

1. 월간소비전력량
2. 1시간 사용시 CO_2 배출량
3. 정격냉방능력
4. 월간에너지비용
5. 소비효율등급
6. 냉방효율

답 : ④

제6절 고효율에너지기자재 보급촉진에 관한 규정(2021.10.25)

1 목적

이 규정은 「에너지이용 합리화법」, 같은 법 시행령 및 같은 법 시행규칙에서 고효율에너지기자재의 보급촉진과 관련하여 위임한 사항과 그 시행에 필요한 사항을 규정함을 목적으로 한다.

2 용어의 정의

① "고효율에너지인증대상기자재"란 에너지이용의 효율성이 높아 보급을 촉진할 필요가 있는 에너지사용기자재를 말한다.

② "고효율에너지기자재"란 고효율에너지인증대상기자재로서 이 규정에 따른 인증기준에 적합하여 한국에너지공단 이사장이 인증한 기자재를 말한다.

③ "고효율인증업자"란 고효율에너지기자재의 제조업자 또는 수입업자를 말한다.

④ "고효율시험기관"이란 고효율에너지인증대상기자재에 대하여 에너지효율을 측정할 수 있도록 산업통상자원부장관으로부터 지정받은 시험기관을 말한다.

⑤ "모델"이란 고효율에너지기자재를 구별하기 위하여 그 설계, 부품, 성능 등이 서로 다른 제품별로 각각의 고유한 명칭을 부여한 하나의 제품을 말한다.

⑥ "기본모델"이란 고효율에너지기자재 인증 기술기준 및 측정방법에 따른 전 항목 시험 후 인증을 득한 최초의 모델을 말한다.

⑦ "파생모델"이란 기본모델에서 일부 부품 등의 변경으로 인해 고효율에너지기자재 인증 기술기준 및 측정방법에 따라 인정된 추가 모델을 말한다.

3 고효율에너지인증대상 기자재

고효율에너지인증대상기자재와 각 기자재별 적용범위는 [별표 1]과 같다.

|참고|

별표 1 고효율에너지인증대상기자재 및 적용범위(제3조 관련)

기자재	적 용 범 위
1. 산업·건물용 가스보일러	발생열매구분에 따라 증기보일러는 정격용량 20T/h이하, 최고사용압력 0.98MPa(10.0kg/㎠) 이하의 것 또한 온수보일러는 2,000,000 kcal/h이하 최고사용압력 0.98MPa(10.0kg/㎠) 이하의 것으로 연료는 가스를 사용하는 것
2. 펌 프	토출구경의 호칭지름이 2,200mm 이하인 터보형 펌프

기자재	적 용 범 위
3. 스크류냉동기	응축기, 부속냉매배관 및 제어장치 등으로 냉동 사이클을 구성하는 스크류 냉동기로서 KS B 6275에 따라 측정한 냉동능력이 1,512,000kcal/h(1,758.1kW, 500 USRT) 이하인 것
4. 무정전전원장치	1) 단상 : 단상 50 kVA이하는 KS C 4310 규정에서 정한 교류 무정전원장치 중 온라인 방식인 것으로 부하감소에 따라 인버터 작동이 정지되는 것 2) 삼상 : 삼상 300 kVA이하는 KS C 4310 규정에서 정한 교류 무정전원장치 중 온라인 방식인 것. 단, 부하감소에 따라 인버터 작동이 정지되지 않아도 됨
5. 인버터	전동기 부하조건에 따라 가변속 운전이 가능하여 에너지를 절감하기 위한 인버터로 최대용량 220kW 이하의 것
6. 직화흡수식 냉온수기	가스, 기름을 연소하여 냉수 및 온수를 발생시키는 직화흡수식 냉온수기로서 정격난방능력 2466kW(2121000kcal/h), 정격냉방능력 2813kW(800USRT) 이하의 것
7. 원심식 송풍기	압력비가 1.3이하 또는 송출압력이 30kPa 이하인 직동·직결 및 벨트 구동의 원심식 송풍기(이하, 송풍기 또는 팬이라 한다)로서, 그 크기는 임펠러의 깃 바깥지름이 160mm에서 1,800mm까지에 적용하며, 건축물과 일반공장의 급기·배가환기 및 공기조화용 등으로 사용하는 것
8. 터보압축기	압력비가 1.3 초과 또는 송출압력이 30 kPa 초과로서 전동기 구동방식의 터보형블로어
9. LED 유도등	LED(Light Emitting Diode)를 광원으로 사용하는 유도등
10. 항온항습기	항온항습기 중 정격냉방능력이 6kW(5160kcal/h) 이상 35kW (30100kcal/h) 이하인 것
11. 가스히트펌프	천연가스를 연료로 사용하는 가스 엔진에 의해서 증기 압축 냉동 사이클의 압축기를 구동하는 히트 펌프식 냉·난방 기기이며, 실외기 기준 정격 냉방능력이 23kW 이상인 것
12. 전력저장장치 (ESS)	전지협회의 배터리에너지저장장치용 이차전지 인증을 취득한 '이차전지'를 이용하고, 스마트그리드협회 표준 'SPS-SGSF-025-4 전기저장 시스템용 전력변환장치의 성능시험 요구사항'에 따른 안전성능시험을 완료한 PCS(Power conditioning system)로 제작한 전력저장장치. 단, 절연변압기는 포함하지 않음 이 기준에서 정한 전력저장장치의 정격 및 적용 범위는 정격 출력(kW)으로 연속하여 부하에 공급할 수 있는 시간은 2시간 이상인 것
13. 최대수요전력 제어장치	최대수요전력제어에 사용되는 최대수요전력제어장치와 이와 함께 사용되는 주변 장치(전력량 인출 장치, 동기 접속 장치, 외부 릴레이 장치, 원격 제어 장치, 모니터링 소프트웨어)에 대하여 규정하며, 제어전원은 AC 110V~220V 및 DC 110V~125V를 포함하는 Free volt, 통신방식은 RS232C, RS485, 및 Ethernet 통신이 모두 가능해야 하고, 직접 제어하는 접점(10 A, 250V)이 8개 이상이고, 사용소비전력은 20W 이하인 것
14. 문자간판용 LED모듈	문자 간판에 사용되는 DC 50V 이하의 LED 모듈(광원)

15. 가스진공 온수보일러	보일러 내부가 진공상태를 유지하며 온수를 발생하는 보일러로서, 연료는 가스를 사용하며 정격난방용량 200만Kcal/Hr 이하, 급탕용량 200만Kcal/Hr 이하인 것
16. 중온수 흡수식 냉동기	중저온의 가열용 온수를 1중 효용형의 가열원으로 사용하는 정격 냉동능력이 2813kW(800USRT) 이하인 중온수 흡수식냉동기로 중온수 1단 흡수식냉동기와 보조사이클을 추가한 중온수 2단 흡수식냉동기를 포함
17. 전기자동차 충전장치	KS C IEC 61851-23 또는 KC 61851-23에서 규정하는 전기자동차 전도성(Conductive) 직류 충전장치로서, 전기용품 및 생활용품 안전관리법에 따라 KC인증을 득한 것
18. 등기구	1) 실내용 LED등기구 　　AC 220V, 60 Hz에서 일체형 또는 내장형 광원으로 사용하는 등기구 2) 실외용 LED등기구 　　AC 220V, 60 Hz에서 일체형 또는 내장형 광원으로 사용하는 등기구 3) PLS등기구 　　1000V 이하의 ISM 대역의 마이크로파 에너지를 이용하는 700W 또는 1000W 등기구 4) 초정압방전램프용등기구 　　AC 220V, 60Hz에서 사용하는 150W 이하의 등기구 5) 무전극 형광램프용 등기구 　　AC 220V, 60Hz에서 사용하는 무전극 형광램프용 등기구
19. LED램프	1) 직관형 LED램프(컨버터외장형) 　　램프전력이 22W 이하이고 KC60061-1에 규정된 G13 캡과 KC20001에 규정된 D12 캡을 사용하는 직관형 LED램프(컨버터외장형)와 이 램프를 구동시키는 LED컨버터를 포함 2) 형광램프 대체형 LED 램프(컨버터내장형) 　　이중 캡 및 단일 캡 형광램프를 대체하여 호환사용이 가능한 컨버터내장형 LED램프(G13캡을 사용하는 형광램프 20W, 32W, 40W 대체형 LED램프, 2G11캡을 사용하는 형광램프 36W, 55W 대체형 LED램프)
20. 스마트LED 조명시스템	스마트LED조명시스템은 LED램프/등기구를 스마트 센서와 스마트제어장치를 통하여 다양한 기능의 제어를 할 수 있도록 하나의 시스템으로 구성되어야 하며, 각 기능별 최소 1개 이상의 기능이 복합적으로 구현되어야 한다.

4 인증기준 등

① 고효율에너지인증대상기자재 인증기준은 기자재별 제품심사기준과 제조공장에 대한 공장심사기준으로 이루어진다.

② 고효율에너지인증대상기자재의 인증기준 제정 또는 개정시에는 성능기준을 시기별로 사전에 예고할 수 있다.

5 인증신청

① 고효율에너지인증대상기자재의 제조업자 또는 수입업자가 해당 기자재에 고효율에너지기자재의 인증을 받으려면 고효율시험기관에서 측정을 받아 한국에너지공단 이사장에게 인증을 신청하여야 한다.

다만, 다른 법령에서 성능측정을 받은 경우와 파생모델로 인정을 신청하는 경우에는 [별표2]에 따라 일부 또는 전항목의 측정을 생략할 수 있다.

② 공단이사장은 중소기업을 지원하기 위하여 예산의 범위 내에서 제1항의 측정에 소요되는 비용을 지원할 수 있다.

③ 인증신청서식 : 고효율에너지기자재로 인증을 받으려는 자는 고효율에너지기자재 인증신청서에 다음 각 호의 서류를 첨부하여 공단이사장에게 제출하여야 한다.

1. 고효율시험기관의 측정결과(신청일 기준 1년 이내에 발행한 시험성적서를 말한다)	
2. 에너지효율의 유지에 관한 사항	① 업체현황 ② 해당 기자재의 설명서 및 규격사항 ③ 제조설비 및 시험·검사설비의 보유 내역 ④ 일부 또는 전 항목의 측정을 생략한 경우에는 다른 법령에 따른 인증서, 측정결과 등의 사본 ⑤ 기본모델 대비 파생모델 비교 현황(파생모델만 해당) ⑥ 그 밖에 에너지효율을 입증하는데 필요한 자료

6 인증심사 및 인증서 발급

① 공단이사장은 인증신청을 받은 경우에는 고효율에너지인증대상기자재 품목별 최초 인증에 한하여 공장심사(동일 모델을 생산하는 다수의 공장인 경우에는 제조공장별로 각각 시행함)를 실시하여야 한다.

② 고효율에너지인증대상기자재 품목 중 유사품목으로 고효율기자재 인증을 받은 제조공장 또는 고효율에너지인증대상기자재로 KS인증을 보유한 제조공장에 대해서는 공장심사를 서류 확인으로 대체할 수 있다.

③ 공단이사장은 신청된 고효율에너지인증대상기자재가 인증기준에 적합한 경우에는 인증서를 발급하여야 하며, 인증기준에 부적합한 경우에는 그 사유를 신청인에게 통보하여야 한다.

④ 고효율인증업자는 인증서를 발급받는 경우에 공단이사장에게 영문 인증서 발급 및 제품특징 등의 기재를 요청할 수 있다.

7 인증표시

① 고효율에너지기자재로서의 인증효력은 인증서를 교부받은 날로부터 생산된 제품에 인증표시를 함으로써 발생한다.

② 고효율인증업자는 고효율에너지기자재에 인증표시를 할 수 있으며, 광고매체 그 밖의 인쇄물에 인증표시 또는 인증받은 내용을 광고할 수 있다.

|참고| **인증표시(규정 별표4, 5)**

1. 고효율에너지기자재의 인증표시 및 표시방법(인증번호, 모델명 부착)

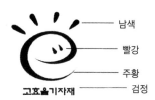

2. LED 조명 성능표시방법

8 인증유효기간

① 고효율에너지기자재의 인증유효기간은 인증서 발급일부터 3년을 원칙으로 한다.

② 공단이사장은 제1항에 따른 인증유효기간이 만료되는 경우에는 고효율인증업자의 신청에 따라 유효기간을 3년 단위로 연장할 수 있다.

③ 고효율인증업자는 인증유효기간 만료일을 기준으로 90일전부터 고효율에너지기자재 인증유효기간 연장신청서를 공단이사장에게 제출하여야 한다.

④ 고효율인증업자는 인증 받은 내용이 변경되는 경우에는 변경된 날부터 30일 이내에 고효율에너지기자재 인증내용 변경신청서를 공단이사장에게 제출하여야 한다.

9 사후관리

① 공단이사장은 「에너지이용 합리화법」에 따라 고효율에너지기자재가 에너지효율을 유지하고 있는지를 확인하기 위하여 고효율인증업자의 사무소·사업장·제조공장 또는 창고 등에 출입하여 검사를 실시할 수 있다.

② 공단이사장은 고효율에너지기자재의 판매업소·제조공장·창고 또는 설치현장에서 고효율에너지기자재 시료를 채취하여 인증기술기준의 적합 여부를 확인하기 위하여 고효율시험기관에 의뢰하여 측정을 실시할 수 있다.

③ 측정을 실시할 경우의 시료 및 시험수수료는 공단이사장이 부담하는 것을 원칙으로 하되, 시료 구입이 곤란한 경우에는 고효율인증업자로부터 임차하여 측정할 수 있다.

10 고효율에너지기자재 인증의 취소

공단이사장은 사후관리 실시결과에 따라 다음과 같은 조치를 한다.

위반사유	조치명령
1. 거짓 또는 그 밖의 부정한 방법으로 인증을 받은 경우	인증취소명령(강행규정)
2. 고효율에너지기자재가 다음 각 목의 어느 하나와 같이 인증기준에 미달하는 경우 • 고효율에너지기자재가 인증기술기준에 미달하는 경우 • 고효율인증업자의 에너지효율 유지사항이 현저히 미흡하다고 인정되는 경우 • 고효율인증업자가 인증 받은 고효율에너지기자재와 동일하지 않은 기자재를 공급하는 경우	• 인증취소(임의규정) • 6개월 이내 인증사용정지

■ 비고 : 1. 공단이사장은 인증취소 또는 인증사용 정지명령을 하기 전에 고효율인증업자에게 의견을 진술할 기회를 부여하여야 한다.
이 경우 정해진 기간 내에 특별한 사유 없이 의견 제시를 하지 않을 경우에는 위반사항을 인정한 것으로 본다.
2. 공단이사장은 의견청취 결과 정당한 사유가 있는 경우에는 고효율인증업자의 부담으로 사후관리에 따른 측정을 추가로 1회에 한하여 실시할 수 있다.
이 경우 시료의 채취는 공단이사장이 실시한다.
3. 공단이사장은 인증이 취소된 고효율에너지기자재에 대하여 인증을 취소한 날부터 1년 동안 인증을 하지 아니할 수 있다.

11 고효율시험기관의 지정범위

산업통상자원부장관은 다음의 기관으로부터 지정신청을 받아 고효율시험기관으로 지정할 수 있다.

1. 국가가 설립한 시험·연구기관

2. 「특정연구기관육성법」에 따른 특정연구기관

3. 「국가표준기본법」에 따라 시험·검사기관으로 인정받은 기관

4. 제1호 및 제2호의 연구기관과 동등 이상의 시험능력이 있다고 산업통상자원부장관이 인정하는 기관

12 고효율시험기관의 지정 취소

① 산업통상자원부장관은 고효율시험기관이 다음 각 호의 어느 하나에 해당하는 경우에는 그 지정을 취소하거나 6개월 이내의 기간을 정하여 고효율에너지인증대상기자재 시험업무의 정지를 명할 수 있다.

1. 거짓 또는 그 밖의 부정한 방법으로 지정을 받은 경우	· 지정취소
2. 업무정지 기간 중에 고효율에너지인증대상기자재의 시험업무를 행한 경우	
3. 정당한 사유 없이 고효율에너지인증대상기자재의 시험을 거부하거나 지연하는 경우	· 지정취소 · 6개월 이내 업무정지
4. 측정방법을 위반하여 시험한 경우	
5. 시험기관의 지정기준에 적합하지 아니하게 된 경우	

② 산업통상자원부장관은 공단이사장에게 고효율시험기관의 사무소·사업장에 출입하여 제①항 각 호의 요건에 해당하는지 여부에 관한 사항을 검사하게 할 수 있다.

③ 산업통상자원부장관은 고효율시험기관의 지정을 취소하기 전에 고효율시험기관의 장에게 의견을 진술할 기회를 부여하여야 한다. 이 경우 고효율시험기관의 장이 정하여진 기간 내에 특별한 사유 없이 의견 제시를 하지 않을 경우에는 위반사항을 인정한 것으로 본다.

④ 산업통상자원부장관은 고효율시험기관의 지정취소 또는 업무정지 명령을 하는 경우에는 공단이사장에게 통보하여야 하며, 그 사실을 공표할 수 있다.

13 보고

① 고효율인증업자는 매년 3월 31일까지 전년도 생산·수입 또는 판매실적을 공단이사장에게 제출하여야 하며, 공단이사장은 이를 수집·분석하여 지체 없이 산업통상자원부장관에게 보고하여야 한다.

② 공단이사장은 수집·분석한 자료를 활용하여 산업통상자원부장관에게 고효율에너지기자재의 적용범위 또는 인증기준의 변경 등을 요청할 수 있다.

고효율에너지기자재 보급촉진에 관한 규정에 의한 인증기준에 관한 기술 중 가장 부적당한 것은?

① 고효율에너지인증대상기자재 인증기준은 제품심사기준과 공장심사기준으로 이루어진다.

② 고효율에너지인증대상기자재의 제조업자 또는 수입업자가 해당 기자재에 고효율에너지기자재의 인증을 받으려면 고효율시험기관에서 측정을 받아 한국에너지공단 이사장에게 인증을 신청하여야 한다.

③ 고효율인증업자는 중소기업을 지원하기 위하여 예산의 범위 내에서 ②항의 측정에 소요되는 비용을 지원할 수 있다.

④ 고효율에너지인증대상기자재 품목 중 유사품목으로 3년 이내에 고효율기자재 인증을 받은 제조공장 또는 고효율에너지인증대상기자재로 KS인증을 보유한 제조공장에 대해서는 공장심사를 서류 확인으로 대체할 수 있다.

해설 중소기업을 지원하기 위하여 한국에너지공단 이사장이 측정에 소요되는 비용을 지원할 수 있다.

답 : ③

고효율에너지기자재 보급촉진에 따른 기준 중 가장 부적합한 것은?

① 한국에너지공단이사장은 신청된 고효율에너지인증 대상기자재가 인증기준에 적합한 경우 인증서를 발급하여야 한다.

② 인증효력은 인증서를 교부받은 날로부터 생산된 제품에 인증표시를 함으로써 발생한다.

③ 인증유효기간은 인증서 발급일로부터 5년을 원칙으로 한다.

④ 고효율 인증업자는 인증유효기간 만료일 90일 전부터 인증유효기간 연장신청서를 한국에너지공단 이사장에게 제출하여야 한다.

해설 인증유효기간 : 인증서 발급일로부터 3년(인증유효기간이 만료되는 경우에는 고효율 인증업자의 신청에 따라 유효기간을 3년 단위로 연장할 수 있다.)

답 : ③

예제문제 44

"고효율에너지기자재 보급촉진에 관한 규정"에 따른 설명 중 적합하지 않은 것은?

【15년 기출문제】

① 고효율에너지기자재로서의 인증효력은 인증서를 교부받은 날로부터 생산된 제품에 정해진 기준에 따라 적합하게 인증표시를 함으로써 발생한다.

② 고효율에너지기자재의 인증유효기간은 인증서발급일로부터 5년을 원칙으로 한다.

③ 한국에너지공단 이사장은 인증유효기간이 만료되는 경우에는 고효율인증업자의 신청에 따라 유효기간을 3년단위로 연장할 수 있다.

④ 고효율인증업자는 매년 3월 31일까지 전년도 생산, 수입 또는 판매실적을 한국에너지공단 이사장에게 제출하여야 한다.

해설 인증 유효기간 : 3년

답 : ②

예제문제 45

산업통상자원부장관이 고효율시험기관 지정취소명령을 하여야 하는 사유로 적합한 것은?

① 업무정지기간 중에 고효율에너지인증대상기자재의 시험업무를 행한 경우

② 정당한 사유 없이 고효율에너지인증대상기자재의 시험을 거부하거나 지연하는 경우

③ 측정방법을 위반하여 시험한 경우

④ 시험기관의 지정기준에 적합하지 아니하게 된 경우

정답 1. 지정취소사유(강행규정)

   1. 거짓 또는 그 밖의 부정한 방법으로 지정을 받은 경우

   2. 업무정지기간 중에 고효율에너지인증대상기자재의 시험업무를 행한 경우

2. ②, ③, ④항 : 지정취소 또는 6개월 이내의 업무정지(임의규정)

답 : ①

제7절 공공기관 에너지이용합리화 추진에 관한 규정(2023.9.1)

1 목적

이 규정은 에너지이용합리화법 제8조 및 같은 법 시행령 제15조의 규정에 따라 국가, 지방자치단체 등 공공기관의 에너지의 효율적 이용과 온실가스의 배출 저감을 위하여 공공기관이 추진하여야 하는 사항을 규정함을 목적으로 한다.

2 용어의 정의

① "공공기관"이라 함은 중앙행정기관, 지방자치단체 및 다음 각 목의 기관을 말한다.

---

1. 「지방교육자치에 관한 법률」에 따른 시·도 교육청
2. 「공공기관의 운영에 관한 법률」 따른 공공기관
3. 「지방공기업법」 따른 지방공사 및 지방공단
4. 「국립대학병원 설치법」, 「국립대학치과병원 설치법」, 「서울대학교병원 설치법」 및 「서울대학교치과병원 설치법」에 따른 병원
5. 「초중등교육법」 따른 국립·공립 학교
6. 「고등교육법」 따른 국립·공립 학교

---

② "에너지절약전문기업(ESCO)"이란 「에너지이용합리화법」 제25조에 의거 산업통상자원부에 등록한 자로 에너지절약사업 및 이를 통한 온실가스의 배출을 줄이는 사업을 하는 기업을 말한다.

③ "건축물"이라 함은 「건축법」 제2조에 따른 건축물을 말한다.

④ "거실"이란 「건축물의 에너지절약설계기준」 제15조제10호가목에 따른 거실을 말한다.

⑤ "건물에너지관리시스템(BEMS : Building Energy Management System)"라 함은 쾌적한 실내환경을 유지하고 에너지를 효율적으로 사용하도록 지원하는 제어·관리·운영 통합시스템을 말한다.

⑥ "에너지저장장치(ESS : Energy Storage System)"란 생산된 전력을 저장하였다가 전력이 필요할 때 공급하는 전력시스템을 말하며 전력저장장치, 전력변환장치 및 제반운영시스템으로 구성된다.

⑦ 지능형 전력 계량 시스템(AMI : Advanced Metering Infrastructure)이란 양방향 통신망을 이용하여 전력사용량, 시간대별 요금 정보를 실시간으로 고객에게 제공하는 시스템을 말한다.

⑧ "공공기관 에너지이용 합리화 관리시스템"이란 「에너지이용합리화법」 제45조에 따른 한국에너지공단(이하 "한국에너지공단"이라 한다)에서 운영하며, 공공기관이 에너지이용 합리화 추진계획 및 실적 등을 입력하는 시스템을 말한다.

3 추진체계

① 산업통상자원부는 공공기관 에너지이용합리화 추진 시책의 수립·시행, 추진상황 점검 등 공공기관 에너지이용합리화 시책을 추진한다.

② 한국에너지공단은 에너지이용합리화 추진업무를 실무적으로 지원한다.

③ 각 공공기관은 부기관장을 위원장으로 하는 자체 온실가스 감축 및 에너지절약 추진위원회를 구성하고, 상·하반기 각 1회 이상 위원회를 개최하여 자체 에너지절약 추진계획의 수립 및 추진실적에 대한 분석·평가를 실시하여야 한다.

④ 공공기관은 소속 및 산하기관의 에너지절약 추진과 관련, 다음 각 호의 내용 등에 대하여 총괄 조정 및 지도·감독하여야 한다.

1. 자체 점검반을 편성하여 연 1회 이상 지도·점검

2. 소속 및 산하기관별 에너지절약 추진실적에 대한 분석·평가 및 개선 조치

3. 그 밖에 기관별 특성에 맞는 에너지이용 합리화 추진 사항

4 건축물 부문 에너지이용 합리화

(1) 제로에너지건축물 인증

공공기관은 「녹색건축물조성지원법 시행령」 별표1에 따라 제로에너지건축물 인증을 취득하여야 한다.

1. 대상 공공기관	① 중앙행정기관 ② 지방자치단체 ③ 공공기관 ④ 지방공사, 지방공단 ⑤ 정부출연기관 · 연구회(과학기술분야 포함) ⑥ 지방자치단체 출연 연구원 ⑦ 국 · 공립대학		
2. 대상 건축물 (기숙사 제외)	① 공동주택	30세대 이상	신축 · 재축 별동 증축
	② 기타 건축물	연면적 500m^2 이상	
3. 에너지절약 계획서 제출 대상일 것			

|참고| **에너지절약계획서 제출대상 건축물**

대상건축물	예외

연면적 합계 500m² 이상 건축물의
·건축법 11조에 다른 건축허가
 (대수선 제외)
·건축법 19조에 따른 용도 변경
 → 허가신청 시 건축주가 허가권자에
   게 제출
	1. 연면적합계 500m² 미만인 건축물
	2. 건축신고 대상 건축물
	3. 단독주택
	4. 동·식물원
	5. 냉방 및 난방설비를 모두 설치하지 아니하는 다음
	   의 건축물
	① 공장
	② 창고시설
	③ 위험물 저장 및 처리 시설
	④ 자동차 관련 시설
	⑤ 동물 및 식물 관련 시설
	⑥ 자원순환 관련 시설
	⑦ 교정(矯正)및 군사 시설
	⑧ 방송통신시설
	⑨ 발전시설
	⑩ 묘지 관련 시설
	⑪ 운동시설
	⑫ 위락시설
	⑬ 관광휴게시설

2) 적용행위

·신축 ·재축 ·연면적 1000m² 이상의 별동 증축	공동주택 제외

3) 취득등급

·제로에너지 건축물 인증

(2) 건축물에너지 효율화

① 공공기관이 소유하는 기존 건축물(신축중인 건축물을 포함한다)에 대하여 산업통
상자원부장관과 행정안전부장관은 에너지이용 효율화를 위해 필요하다고 인정되
는 경우에는 건축물 에너지효율등급 향상 등의 시설개선을 권고할 수 있다.

② 공공기관에서는 에너지이용 효율화 및 비용절감을 위해 가급적 건축물의 신축보
다는 리모델링을 추진하여야 한다.

(3) 건축물에너지 관리시스템 (BEMS)설치

1) 대상

	예외
·공공기관 건축물로서 에너지절약계획서 제출 대상 중 연면적 10,000m² 이상의 건축물	·공동주택 ·오피스텔 ·공장 ·자원 관련 순환시설 ·발전시설

2) 적용행위

·신축 ·별동증축	BEMS 구축시 한국에너지공단의 설치확인을 받아야 한다.

3)설치기준

① 건물에너지 관리시스템(BEMS)을 구축·운영하여야 한다.
② 공공기관은 설치 확인 후 5년 이내에 한국에너지공단을 통해 BEMS 운영성과 확인을 받아야 한다.

(4) 에너지진단

1) 원칙

연면적 3000m² 이상 건축물은 5년마다 에너지진단을 받아야 한다.

2) 예외

① 연간 에너지 사용량 2000toe 이상인 경우에는 에너지이용합리화법에 따른다.
② 제로에너지건축물인증을 취득하거나 BEMS 설치확인을 받은 건축물은 1회에 한해 에너지진단을 면제할 수 있다.
③ BEMS 운영성과 확인결과 5% 이상의 에너지절감 성과 달성 건축물은 에너지진단 주기 2회마다 에너지진단 1회를 면제 받을 수 있다.

(5) ESCO 추진

에너지진단 결과 에너지 절감효과가 5% 이상이고 투자비회수기간이 10년(창호, 단열 등을 포함하는 시설개선사업인 경우는 15년) 이하인 공공기관은 에너지진단이 종료된 시점으로부터 2년 이내에 ESCO 사업을 추진하여야 한다.
단, 이전계획이 있는 기관은 제외한다.

(6) 기존 건축물의 에너지이용 효율화 등

① 공공기관이 소유하는 기존 건축물(신축중인 건축물을 포함한다)에 대하여 산업통상자원부장관과 행정자치부장관은 에너지이용 효율화를 위해 필요하다고 인정되는 경우에는 건축물 에너지효율등급 향상 등의 시설개선을 권고할 수 있고, 각 공공기관에서는 에너지이용 효율화 및 비용절감을 위해 가급적 건축물의 신축보다는 리모델링을 추진하여야 한다.

② 공공기관에서 건축물을 신축, 증축 또는 개축하는 경우에는 「신에너지 및 재생에너지 개발·이용·보급 촉진법」에 따라 신·재생에너지 설비를 의무적으로 설치하여야 하며, 건축허가 전에 신·재생에너지설비 설치계획서를 신·재생에너지센테에서 검토 받아야 한다.

(7) 전력수요관리시설 설치

1) 대상

공공기관에서 연면적 $1,000m^2$ 이상의 건축물에 대한 다음의 경우에는 전력수요관리방식을 2)항과 같은 냉방방식을 설치하여야 한다.

1. 연면적 $1,000m^2$ 이상의 신축
2. 연면적 $1,000m^2$ 이상의 증축
3. 냉방설비를 전면 개체할 경우

■ 예외
1. 지하철역사
2. 냉방공간의 연면적 합계가 $500m^2$ 미만인 경우
3. 도시가스 미공급 지역에 건축하는 시설 중 연면적 $3,000m^2$ 미만인 경우
4. 공동주택
5. 국방·군사시설 중 병영생활관, 간부숙소
6. 공공준주택
7. 그 밖에 산업통상자원부장관이 인정하는 경우

2) 전력수요관리방식

1. 주간 최대 냉방부하의 60% 이상을 심야전기를 이용한 축냉식
2. 가스를 이용한 냉방방식
3. 집단에너지를 이용한 지역냉방방식
4. 소형 열병합발전을 이용한 냉방방식
5. 신재생에너지를 이용한 냉방방식
6. 전기를 사용하지 아니한 냉방방식

(8) LED 조명기기 설치 등

① 공공기관은 해당기관이 소유한 조명기기를 다음의 연도별 보급목표에 따라 LED 제품으로 교체 또는 설치하여야 하며, 지하주차장을 우선적으로 검토하여야 한다.

연도별 LED 보급 목표

구분	2013	2014	2015	2017	2020
신축건축물(설치비율)	30%	45%	60%	100%	–
기존건축물(보급비율)	40%	50%	60%	80%	100%

주1) 설치비율은 허가 신청일을 기준으로 함
주2) 보급비율은 해당연도 말일을 기준으로 함

② 공공기관은 신축, 증축, 개축 시 신규 설치하는 지하 주차장의 조명기기는 모두 LED 또는 스마트 LED 제품으로 설치하여야 한다.

③ 건축물 미관이나 조형물, 수목, 상징물 등을 위하여 옥외 경관조명을 설치하여서는 아니 된다. 다만, 특별한 사유에 의해 설치하는 경우에는 반드시 LED조명을 사용하여야 한다.

④ 홍보전광판 등 옥외광고물은 심야(23:00~익일 일출시)에는 소등하여야 한다. 단, 기관명 표시, 안내 표시 등은 예외로 할 수 있다.

(9) 적정 실내온도 준수

1. 난방온도	평균 18℃ 이하
2. 냉방온도	평균 28℃ 이상

▪예외 : 다음의 경우에는 자체위원회 결정에 따라 탄력적으로 실내 온도를 유지할 수 있다.

1. 학교, 도서관, 교정시설, 교육시설, 콜센터, 민원실 등 일정 공간에 다수가 이용하는 시설(단, 사무공간은 제외)
2. 의료기관, 아동 관련 시설(어린이집 등), 노인복지시설 등 적정 온도 관리가 필요한 시설
3. 미술품 전시실, 전산실, 식품관리시설(구역) 등 특정온도 유지가 필요한 시설
4. 공항, 철도,지하철 역사, 버스터미널 등 대중교통시설
5. 수련원, 기숙사 등 숙박관련시설
6. 계약전력 5% 이상의 에너지저장장치(ESS)를 설치한 시설
7. 별도의 냉난방 온도 조절이 가능한 휴게 공간
8. 중앙집중식 냉난방 방식 중 설비의 노후화 등으로 냉난방의 불균일이 발생하는 시설
9. 공공기관 소유의 건축물 중 민간이 임차하여 사용하는 공간
10. 민간 소유의 건축물 중 공공기관이 임차하여 사용하는 공간의 개별냉난방온도 제어가 되지 않는 경우
11. 그 밖에 산업통상자원부장관이 인정하는 시설

비고 비전기식 개별 냉난방설비와 비전기식 냉난방설비가 60% 이상 설치된 중앙집중식 냉난방 방식인 경우에는 평균 실내온도 기준을 2℃ 범위 이내에서 완화하여 적용할 수 있다.

(10) ESS(전력저장장치) 설치 등

① 공공기관은 전력피크 저감을 위해 계약전력 1,000kW 이상의 건축물에 계약전력 5% 이상의 전력저장장치(ESS)를 설치하여야 한다.

- **■예외) 다음의 건축물은 제외한다.**
  1. 임대 · 임차건축물
  2. 발전시설(집단에너지 공급시설을 포함한다), 전기공급시설, 가스공급시설, 석유비축시설, 상하수도시설 및 빗물 펌프장
  3. 공항, 버스 · 철도 및 지하철 시설
  4. 병원, 초 · 중 · 고등학교, 노인복지 시설
  5. 최대 피크전력이 계약전력의 100분의 30미만인 시설
  6. 신재생에너지설비의 용량이 계약전력의 5% 이상 설치된 시설(단, 타 법령에 따라 의무적으로 설치한 용량은 제외한다.)
  7. 그 밖에 전력피크대응 건물, 에너지저장장치(ESS) 설치에 따른 피크전력 저감 및 전기요금 절감 효과가 미미한 시설 등으로서 산업통상자원부장관이 인정하는 시설

② 공공기관은 에너지기자재 신규·교체 등에는 다음과 같은 제품으로 우선 구매하여야 한다.

1. 신규 또는 교체	고효율에너지기자재 인증제품, 에너지소비효율 1등급 제품
2. 대기전력 저감	대기전력 1W 이하 제품

③ 공공기관은 4층 이하 운행금지, 5층 이상 격층 운행 등으로 엘리베이터를 효율적으로 운행하여야 한다.

(11) 에너지기기자재

① 에너지기기자재의 신규 또는 교체수요 발생시 특별한 사유가 없는 한 고효율에너지기기자재 또는 에너지소비효율 1등급 제품을 우선 구매하여야 한다.
② 컴퓨터 등 사무기기 및 가전기기 신규 구입 또는 교체 시 에너지절약마크가 표시된 제품을 의무적으로 사용하여야 한다.
③ 건축물을 신축 · 증축 또는 개축하는 경우에는 자동절전제어장치를 통해 제어되는 콘센트 개수가 거실에 설치되는 전체 콘센트 개수의 30% 이상이 되도록 노력하여야 한다.

5 추진실적 제출 등

① 공공기관은 반기 1회 이상 자체적으로 에너지이용합리화 추진실적 보고서를 작성하여 점검, 분석, 평가하여야 한다.

② 공공기관은 다음과 같이 추진계획 등을 작성하여 산업통상자원부장관에게 제출하여야 한다.

1. 추진계획	매년 1월 31일까지
2. 추진실적	매년 3월 31일까지

③ 산업통상자원부장관은 유관 기관과 합동으로 에너지이용합리화 추진실적 및 이행여부 등에 대한 점검을 연 2회 이상 실시하여야 한다.

④ 산업통상자원부장관은 추진실적을 검토한 후 추진실적이 미흡한 기관에 대하여 필요한 조치를 명할 수 있다.

⑤ ④항에 따라 조치명령을 받은 공공기관의 장은 명령을 받은 날로부터 30일 이내에 그에 대한 조치결과 및 향후계획 등을 산업통상자원부장관에게 보고하여야 한다.

예제문제 46

"공공기관 에너지이용합리화 추진에 관한 규정"의 다음 설명 중 가장 적합하지 않은 것은?　【17년 기출문제】

① 공공기관이 증축·개축 시 신규 설치하는 지하주차장의 조명기기는 LED제품으로 설치하여야 한다.

② 에너지진단결과 10% 이상의 절감 효과를 볼 수 있는 공공기관 건축물은 에너지진단을 받아야 한다.

③ 공공기관에서 에너지절약계획서 제출 대상인 연면적 10,000m^2 이상의 공공업무시설을 신축하는 경우 건물에너지관리시스템(BEMS)을 구축·운영하여야 한다.

④ 건축 연면적이 3,000m^2 이상인 건축물을 소유한 공공기관은 5년마다 에너지진단 전문기관으로부터 에너지진단을 받아야 한다.

해설 ┌ 에너지 절감 효과 5% 이상
　　 └ 투자비 회수기간 10년 이하

답 : ②

예제문제 **47**

공공기관 에너지이용합리화 조치에 따른 건물에너지관리시스템(BEMS) 구축 대상은?

① 연면적 5,000m² 이상 건축물의 신축

② 연면적 10,000m² 이상 건축물의 신축

③ 연면적 5,000m² 이상 건축물의 건축

④ 연면적 10,000m² 이상 건축물의 건축

해설 BEMS 구축대상

공공기관에서 연면적 10,000m² 이상의 건축물을 신축·별동 증축하는 경우

답 : ②

예제문제 **48**

에너지진단 및 ESCO 사업추진에 관한 기술 중 가장 부적당한 것은?

① 연면적 3,000m² 이상인 업무시설은 에너지진단 대상이다.

② 에너지진단기간은 5년마다 실시한다.

③ 이전 계획이 있는 공공기관 건축물은 ESCO 사업을 시행하지 아니한다.

④ 에너지진단결과 에너지 절감효과가 5% 이상이고 투자비 회수기간이 10년 이하인 경우에는 3년 이내에 ESCO 사업을 추진하여야 한다.

해설 에너지진단이 종료된 시점으로부터 2년 이내에 에너지절약전문기업에 의한 에너지절약사업(ESCO)을 추진한다.

답 : ④

예제문제 **49**

"공공기관 에너지이용합리화 추진에 관한 규정"에 따른 적정실내온도(난방 실내온도 평균 18℃ 이하, 냉방 실내온도 평균 28℃ 이상) 준수와 관련하여 탄력적으로 실내온도를 유지하거나 완화하여 적용할 수 있는 대상으로 가장 적절하지 않은 것은?　【19년 기출문제】

① 계약전력의 3%를 에너지저장장치(ESS)로 설치한 시설
② 전체 냉난방설비 중 비전기식 냉난방설비가 60% 설치된 중앙집중식 냉난방방식인 경우
③ 공항, 철도·지하철 역사 등 대중교통시설
④ 공공기관 소유의 건축물 중 민간이 임차하여 사용하는 공간

─────────────────────

해설 계약전력 5% 이상의 에너지저장장치(ESS)를 설치한 시설이 해당된다.

답 : ①

예제문제 **50**

"공공기관 에너지이용합리화 추진에 관한 규정"에 대한 설명 중 적절하지 않은 것은?

【18년 기출문제】

① 공공기관이 건축물을 신축 또는 증축하는 경우에는 비상용 예비전원으로 에너지저장장치(ESS)를 설치하여야 한다.
② 이 규정에 따른 에너지진단 의무 대상 중 제로에너지 건축물 인증을 받은 건축물은 1회에 한해 에너지진단을 면제받을 수 있다.
③ 공공기관은 해당기관이 소유한 건축물의 실내 조명기기를 연도별 보급목표에 따라 LED 제품으로 교체 또는 설치하여야 한다.
④ 공공기관이 "신에너지 및 재생에너지 개발이용·보급 촉진법"에 따라 신재생에너지를 의무적으로 설치하는 경우 건축허가 전에 신재생에너지설비 설치계획서를 신재생에너지센터에서 검토 받아야 한다.

─────────────────────

해설 계약전력 1,000kW 이상의 건축물에 계약전력 5% 이상의 전력저장장치(ESS)를 설치하도록 한다.

답 : ①

예제문제 51

"공공기관 에너지이용합리화 추진에 관한 규정"에 대한 설명 중 가장 적절하지 않은 것은? 【21년 기출문제】

① 연면적 10,000m²인 업무시설을 신축하는 경우 건물에너지관리시스템(BEMS)을 구축·운영 하여야 한다.

② 연면적 5,000m²인 건축물을 소유한 공공기관은 5년마다 에너지진단전문기관으로부터 에너지 진단을 받아야 한다.

③ 건축물 인증 기준이 마련된 연면적 1,000m²인 업무시설 건축물을 신축하는 경우 제로에너지 건축물 인증을 취득하여야 한다.

④ 계약전력 1,000kW 이상인 업무시설 건축물은 계약전력 3%이상 규모의 에너지저장장치를 설치하여야 한다.

해설 공공기관은 전력피크 저감을 위해 계약전력 1,000kW 이상의 건축물에 계약 전력 5% 이상의 전력저장장치(ESS)를 설치하여야 한다.

답 : ④

예제문제 52

"공공기관 에너지이용합리화 추진에 관한 규정"의 다음 설명 중 가장 적절하지 않은 것은? 【23년 기출문제】

① 공공기관이 증축·개축 시 신규 설치하는 지하 주차장의 조명기기는 모두 LED 또는 스마트 LED 제품으로 설치하여야 한다.

② 공공기관에서 연면적 500m² 이상의 공공업무시설을 신축할 경우 건축물 에너지효율 1+등급 이상을 의무적으로 취득하여야 한다.

③ 공공기관에서 에너지절약계획서 제출 대상 중 연면적 10,000m² 이상의 공공업무시설을 신축하는 경우 건물에너지관리시스템(BEMS)을 구축·운영하여야 한다.

④ 건축 연면적이 3,000m² 이상인 건축물을 소유한 공공기관은 5년마다 에너지진단전문기관으로부터 에너지진단을 받아야 한다.

해설 연면적 500m² 이상의 공공기관이 소유·관리하는 특정건축물은 에너지효율등급인증을 받아야 한다.

답 : ②

예제문제 53

공공기관의 에너지이용합리화 추진계획의 제출기한은?

① 매년 1월 10일까지

② 매년 1월 31일까지

③ 매년 3월 10일까지

④ 매년 3월 31일까지

해설 공공기관은 다음과 같이 산업통상자원부장관에게 제출하여야 한다.

1. 추진계획	매년 1월 31일까지
2. 추진실적	매년 3월 31일까지

답 : ②

CHAPTER 02 에너지 정책

제1절 지구온난화

화석에너지 사용량의 증가로 다량의 온실가스가 배출되고 이러한 온실가스로 인해 지구 밖으로 방출되는 복사열이 감소하여 지구의 평균표면온도가 상승하는 현상을 지구온난화라 한다.

지구온난화는 결국 홍수, 폭우, 가뭄, 사막화, 태풍과 같은 이상기후를 유발했고 이로 인해 발생한 자연재해는 인류의 생존까지 위협하고 있다.

1 기후변화협약(UNFCCC : United nations Framework Convention on Climate Change)

지구기후변화 문제는 지역적으로 자국 내에서 해결하고 대책을 세울 수 있는 환경문제가 아니라 범지구적 차원에서 공통의 노력을 기울여야 할 문제이다.

이러한 문제를 해결하기 위하여 전세계가 1992년 6월 브라질의 리우환경회의에서 지구온난화에 따른 이상 기후현상을 예방하기 위한 목적으로 "기후변화에 관한 UN기본협약(UNFCCC)"을 채택하였다.

(1) 목적

대기 중의 온실가스를 기후에 위험한 영향을 미치지 않는 수준으로 안정화시키는 것이다.

(2) 기본원칙

1. 차별적 책임론	선진국과 개도국의 차별화된 책임 및 능력에 입각한 의무 부담의 원칙
2. 국가별 특수성 고려	개발도상국의 특수 사정 배려의 원칙
3. 예방조치	기후변화의 예측, 방지를 위한 예방적 조치 시행의 원칙
4. 개발권	각 국가의 구체적 여건과 경제성장을 고려한 개별적인 환경정책 위임의 원칙
5. 자유무역	기후변화 방지를 구실로 자의적인 차별조치 또는 위장된 무역규제조치 금지의 원칙

(3) 의무부담

1) 공통의무사항 : 정보제공의무

① 온실가스 배출 감축을 위한 국가전략의 수립 및 시행과 공개
② 온실가스 배출량 및 흡수량에 대한 국가통계와 정책이행에 관한 국가보고서 작성 및 제출

2) 차별화된 책임 : 온실가스의 배출제한

① Annex I 국가는 2000년까지 온실가스를 1990년 수준으로 줄이는 의무 이행
② Annex II 국가는 개발도상국 및 도서국가들의 온실가스 감축을 위한 기술 및 경제적 지원

UNFCCC에서 규정하고 있는 국가군별 특정 의무

Annex I 국가	협약체결 당시 OECD 24개국, EU와 동구권국가 등 40개국
	온실가스 배출량을 1990년 수준으로 감축 노력, 강제성을 부여하지 않음
Annex II국가	Annex I 국가에서 동구권 국가가 제외된 OECD 24개국 및 EU
	개발도상국에 재정지원 및 기술이전 의무를 가짐
Non-Annex I 국가	기후협약에 서명한 Annex I 이외의 국가
	국가보고서 제출 등의 협약상 일반적 의무만 수행(감축의무 없음)

※ 우리나라는 Non-Annex(비부속서) I 국가로 1993년 12월 14일에 비준하여 1994년 3월 21일부터 국내에서 효력을 발생하였다.

2 교토의정서

교토의정서는 기후변화협약(UNFCCC)에 근거해 1997년 12월 교토에서 열린 지구온난화방지 교토회의에서 의결한 의정서이다.

강제적 의무와 이행방안이 없는 기후협약에 따른 노력만으로는 지구기후변화방지가 불충분함을 인지함에 따라, 교토의정서는 온실가스 감축에 대한 법적구속력이 있는 국제협약으로 이를 이행하기 위하여 누가, 얼마만큼, 어떻게 줄이는가에 대한 구체적인 방법이 명시되어 있다.

(1) 내용

1. 목표년도	2008~2012년(1차 공약기간)
2. 온실가스 감축 목표율	1990년 대비 평균 5.2% 감축 (각 국별로 −8% ~ +10%까지 차별화된 배출량을 규정)
3. 대상국가	38개국(한국 제외, 개발도상국으로 분류)

4. 감축대상가스	이산화탄소(CO_2), 메탄(CH_4), 아산화질소(N_2O), 수소불화탄소(HFCs), 과불화탄소(PFCs), 육불화황(SF_6)
5. 감축수단(교토메카니즘)	청정개발체제(CDM), 배출권 거래제도(EF), 공동이행제도(JI)
6. 국제법적 구속력(온실가스 배출 허용량 초과시)	• 배출권 매입 • 1톤당 약 100유로 정도의 벌금 • 다음 해 배출권 할당량을 30% 감축

(2) 교토메카니즘 : 온실가스 감축수단

1) 청정개발체제(CDM : Clean Development Mechanism)

선진국이 개발도상국에 기술·자금 등의 지원을 실시해 온실가스 배출량을 삭감, 또는 흡수량을 증폭하는 사업을 실시한 결과로서 삭감하게 된 배출량의 일정량을 선진국 온실가스 배출량의 삭감분의 일부로 획득할 수 있는 제도이다.

2) 배출권 거래(ET : Emissions Trading)

온실가스 감축의무가 있는 국가에 배출한도량을 부여한 후 실체 배출량과 배출한도량의 차이만큼 국가 또는 기업간 거래를 허용하는 제도

3) 공동이행제(JI : Joint Implementation)

선진국간에 기술·자본 등을 공유, 온실가스 배출량을 삭감하여, 획득한 삭감량을 기대하는 제도

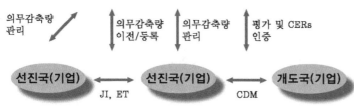

(3) 교토의정서의 연장

① 2012년 12월 제18차 유엔기후변화협약(UNFCCC) 당사국 총회에 참가한 195개국은 교토의정서의 효력을 2020년까지 연장하기로 합의했다.

② 효력연장에는 성공했지만 일본, 캐나다, 러시아, 뉴질랜드가 더는 감축의무를 지지 않겠다고 선언함으로써 연장된 교토의정서는 전세계 온실가스 배출량의 약 15%만 규제할 수 있다.

(4) 2015 파리 기후 회의

① 195개국에 의한 법적 구속력이 있는 보편적인 첫 기후합의를 도출하였다.

② 2100년까지 기후온난화 억제 목표온도를 2℃ 아래로 유지하는 것을 목표로 1.5℃까지 제한 할 수 있도록 노력한다.

③ 선진국은 2020년부터 개발도상국의 기후변화 대처사업을 지원하기 위하여 매년 $1000억(한화 118조원)을 출연한다.

④ 회원국의 자발적 기여방안(INDCs)은 5년마다 갱신되며 2023년부터 5년마다 탄소감축 이행사항을 검토한다.

(5) 한국의 현황

① 교토의정서 연장으로 우리나라는 온실가스 감축문제에서 당분간 개도국의 지위를 유지하게 됐다.

② 우리나라는 1990~2000년 온실가스 누적 배출량 세계 11위, 1990~2005년 배출 증가율은 99%로 OECD국가 중 1위이므로 2020년 발효될 새 기후체제에서는 의무감축대상국에 포함될 가능성이 크다.

③ 우리나라는 2030년 배출전망치(BAU)보다 온실가스를 37% 감축하겠다는 계획을 발표하였다.

예제문제 01

다음 기후변화협약에 대한 설명 중 부적당한 것은?

① 우리나라는 기후변화협약 및 교토의정서를 비준하였다.

② 교토메카니즘은 시장원리에 근거하여 온실가스 감축의무이행을 낮은 비용으로 달성할 수 있도록 하기 위하여 도입된 것이다.

③ 우리나라는 2008년 이후 온실가스의 배출을 1990년 대비 5% 감축시켜야 한다.

④ 우리나라에서 발생하는 대부분의 온실가스는 화석연료의 연소과정에서 발생한다.

[해설] 1. 1990년 온실가스 배출량 대비 평균 5.2% 감축을 목표로 한다.

2. 우리나라는 1993년 12월 14일에 비준하여 1994년 3월 21일부터 국내에서 효력이 발생하였다.(비부속서 I 국가로 가입되어 의무부담국에 해당되지 않으므로 감축목표는 정해지지 않았으나 2030년 BAU 37% 감축을 선언하였다)

답 : ③

예제문제 02

1997년 12월 일본 교토에서 채택된 교토의정서의 내용 중 가장 적합한 것은?

① 1990년 온실가스 배출량 대비 평균 5.2%의 감축을 목표로 하고 있다.

② 감축목표년도는 2007년~2012년이다.

③ 온실가스 감축수단으로 배출권거래(ET)만을 인정하고 있다.

④ 온실가스 감축노력 중 온실가스 흡수원을 통한 감축노력은 인정하지 않고 있다.

해설 ② 감축목표년도 : 2008년~2012년(2012년 제18차 UNFCCC 총회에서 교토의정서 효력
을 2020년까지 연장하기로 합의했다)
③ 온실가스 감축수단
　1. 배출권 거래(ET)
　2. 청정개발체제(CDM)
　3. 공동이행제(JI)
④ 산림녹화 등 온실가스 흡수원을 통한 감축(CDM)도 인정된다.

답 : ①

예제문제 03

**온실가스 감축의무가 있는 국가에 배출한도량을 부여한 후 실제 배출량과 배출한도
량의 차이만큼 국가 또는 기업간 거래를 허용하는 온실가스 감축수단은?**

① 청정개발체제　　　　　　　　② 배출권 거래

③ 공동이행제　　　　　　　　　④ 배출량 평가

답 : ②

예제문제 04

1997년 12월 교토의정서에 의한 국가별 온실가스 의무감축목표의 기준년도는?

① 1980년　　　　　　　　　　② 1985년

③ 1990년　　　　　　　　　　④ 1995년

해설 목표 기준년도인 1990년도의 온실가스배출량 대비 평균 5.2% 저감

답 : ③

예제문제 05

지구온난화를 일으키는 온실가스로 기후변화협약에서 규정하지 않은 가스는?

① 오존(O_3)

② 메탄(CH_4)

③ 이산화탄소(CO_2)

④ 수소불화탄소(HFCs)

해설 1. 온실가스와 지구온난화지수(GWP : Global Warming Potential)

1. 육불화황(SF_6)	23,900	할로겐 화합물
2. 과불화탄소(PFCs)	7,000	
3. 수소불화탄소(HFCs)	1,300	
4. 아산화질소(N_2O)	310	
5. 메탄(CH_4)	21	
6. 이산화탄소(CO_2)	1	

2. 지구온난화지수(GWP) : 온실가스가 지구온난화에 기여하는 정도

$$GWP = \frac{어떤\ 기체\ 1kg에\ 의한\ 온난화\ 정도}{CO_2\ 1kg에\ 의한\ 온난화\ 정도}$$

답 : ①

제2절 신·재생에너지활성화

1 온실가스 배출감축

(1) 온실가스 배출감축사업

공정개선이나 연료의 전환 등을 통하여 기존의 온실가스 배출량을 보다 낮은 수준으로 줄이는 것을 목적으로 시행하는 사업

CO_2 환산량 기준

구분	연간 온실가스 배출감축 예상량
1. 일반감축사업	500ton 이상
2. 소규모감축사업	500ton 미만

(2) 온실가스 감축 국가목표

① 정부는 2050년까지 탄소중립사회로 이행한다.
② 정부는 국가 온실가스 배출량을 2030년까지 2018년 국가 온실가스 배출량 대비 40% 감축을 목표로 한다.

2 신·재생에너지보급

(1) 신에너지

기존의 화석연료를 변환시켜 이용하거나 수소·산소 등의 화학반응을 통하여 전기 또는 열을 이용하는 에너지로서 다음 각 목의 어느 하나에 해당하는 것을 말한다.

1. 수소에너지

2. 연료전지

3. 석탄을 액화·가스화한 에너지 및 중질잔사유(重質殘渣油)를 가스화한 에너지로서 대통령령으로 정하는 기준 및 범위에 해당하는 에너지

4. 그 밖에 석유·석탄·원자력 또는 천연가스가 아닌 에너지로서 대통령령으로 정하는 에너지

(2) 재생에너지

햇빛·물·지열(地熱)·강수(降水)·생물유기체 등을 포함하는 재생 가능한 에너지를 변환시켜 이용하는 에너지로서 다음 각 목의 어느 하나에 해당하는 것을 말한다.

| 1. 태양에너지 |
| 2. 풍력 |
| 3. 수력 |
| 4. 해양에너지 |
| 5. 지열에너지 |
| 6. 생물자원을 변환시켜 이용하는 바이오에너지로서 대통령령으로 정하는 기준 및 범위에 해당하는 에너지 |
| 7. 폐기물에너지로서 대통령령으로 정하는 기준 및 범위에 해당하는 에너지 |
| 8. 그 밖에 석유·석탄·원자력 또는 천연가스가 아닌 에너지로서 대통령령으로 정하는 에너지 |

|참고|

신·재생에너지 3대 중점분야

1. 수소연료전지
2. 태양광
3. 풍력

(3) 신·재생에너지 공급의무 비율

다음의 건축물에서는 예상에너지사용량의 일정비율 이상을 신·재생에너지로 사용하여야 한다.

1. 국가 및 지방자치단체	
2. 「공공기관의 운영에 관한 법률」에 따른 공기업	
3. 정부가 대통령령으로 정하는 금액 이상을 출연한 정부출연기관	신축, 증축, 개축하는 부분의 연면적이 1,000m² 이상인 건축물
4. 「국유재산법」에 따른 정부출자기업체	
5. 지방자치단체 및 제2호부터 제4호까지의 규정에 따른 공기업, 정부출연기관 또는 정부출자기업체가 대통령령으로 정하는 비율 또는 금액 이상을 출자한 법인	
6. 특별법에 따라 설립된 법인	

예제문제 06

온실가스 배출 일반감축사업의 이산화탄소 환산량 기준 연간감축예상량은?

① 연간 100t 이상　　　　　　② 연간 200t 이상

③ 연간 300t 이상　　　　　　④ 연간 500t 이상

해설　　　　　　　　　　　　　　　　　　　　　　CO_2 환산량 기준

구분	연간 온실가스 배출감축 예상량
1. 일반감축사업	500ton 이상
2. 소규모감축사업	500ton 미만

답 : ④

예제문제 07

위기 대응을 위한 탄소중립 · 녹색성장기본법에서 정한 우리나라의 2030년 온실가스 감축목표는 2018년 배출전망치(BAU) 대비 몇 % 감축을 목표로 하는가?

① 25%　　　　　　　　　　　② 30%

③ 40%　　　　　　　　　　　④ 50%

해설 BAU(Business As Usual, 온실가스 배출전망치) : 온실가스 감축을 위해 아무런 기술도 사용하지 않을 경우에 자연적 온실가스 배출량의 전망치를 말한다.

답 : ③

memo

과년도 출제문제

제1과목 : 녹색건축물 관계법규

1. "녹색건축물 조성지원법"에 정해진 기존건축물 에너지 성능개선기준 중 가장 적합한 것은?

① 건축물 에너지 효율을 높이기 위하여 기준 건축물을 녹색건축물로 전환하는 경우에는 산업통상자원부장관의 고시하는 기준에 적합하여야 한다.

② 중앙행정기관의 장, 지방자치단체장, 공공기관 및 교육기관의 장이 관리하는 건축물을 대상으로 한다.

③ 사용승인 받은 후 20년 이상, 에너지 성능 진단결과, 고시 기준에 따른 에너지성능 및 효율개선이 필요한 건축물을 대상으로 한다.

④ 공사의 범위는 대상 건축물의 리모델링, 증축, 개축, 용도변경, 대수선 및 수선(창호, 단열재 및 마감재의 교체로 한정한다)으로 한다.

[해설] ① 국토교통부장관의 기준 고시
③ 사용승인 후 10년 이상 건축물
④ 기존 건축물 에너지 성능개선공사의 범위
리모델링, 증축, 개축, 대수선 및 창호·단열재·설비 교체에 대한 수선

답 : ②

2. "녹색건축물 조성지원법"에 따른 에너지평가서 운영에 관한 기준 중 가장 부적합한 것은?

① 국토교통부장관은 연간 에너지사용량·온실가스배출량 또는 해당 건축물의 에너지효율등급 등이 표시된 건축물에너지평가서를 전자적방식으로 공개하여야 한다.

② 국토교통부장관은 한국에너지공단을 에너지소비증명제 운영기관으로 지정할 수 있다.

③ 공인중개사의 업무 및 부동산 거래신고에 관한 법률에 따른 중개업자가 단지내 전체 세대수 150세대 이상인 공동주택을 중개할 때에는 거래계약서에 중개대상 건축물의 에너지평가서를 확인할 수 있도록 안내할 수 있다.

④ 하나의 건축물이 여러 세대·가구 등으로 구분되어 건축물에너지·온실가스 정보가 관리되는 경우 인증기관은 각각의 세대·가구로 구분하여 에너지평가서를 공개할 수 있다.

[해설] 에너지소비증명제 운영기관의 장이 구분 공개할 수 있다.

답 : ④

3. "녹색건축물 조성지원법" 세부사항을 규정하기 위한 고시가 아닌 것은?

① 건축물 에너지 효율등급 인증규칙
② 녹색건축인증기준
③ 건축물 냉방설비에 대한 설치 및 설계기준
④ 재활용 건축자재 활용기준

[해설] 건축물 냉방설비에 대한 설치 및 설계기준은 건축법 관련규정에 해당된다.

답 : ③

4. "녹색건축물 조성지원법"에서 정하고 있는 지역 녹색건축물 조성계획에 포함되는 내용으로 <u>부적당한</u> 것은?

① 녹색건축물의 조성 및 지원에 관한 사항
② 녹색건축물 조성의 기본방향과 달성 목표에 관한 사항
③ 녹색건축물 조성계획의 추진에 따른 재원, 전문 인력의 조달 사항
④ 녹색건축물 조성계획의 추진에 따른 재원의 조달계획

[해설] 녹색건축물 전문인력의 육성, 지원 등에 관한 사항은 녹색건축물 기본계획에 해당된다.

답 : ③

5. "녹색건축물 조성지원법"에서 녹색 건축물 조성 시범사업에 해당되는 것은?

① 태양열발전단지 조성사업
② 기존주택의 녹색건축물 전환사업
③ 민간기관이 시행하는 사업
④ 풍력발전관리 조성사업

[해설] **녹색건축물 조성 시범사업의 범위**

1. 공공기관이 시행하는 사업
2. 기존 주택을 녹색건축물로 전환하는 사업
3. 기존 주택 외의 건축물을 녹색건축물로 전환하는 사업(건축물의 리모델링, 증축, 개축, 대수선 및 창호·단열재·설비교체에 관한 수선)

답 : ②

6. "녹색건축물 조성지원법"에서 정하고 있는 건축물의 에너지효율등급 인증을 위한 평가항목으로 <u>틀린</u> 것은?

① 냉방 에너지 소요량
② 급탕 에너지 소요량
③ 조명 에너지 소요량
④ 가전 에너지 소요량

[해설] **건축물 에너지효율등급 인증 평가항목(1차 에너지 소요량)**

1. 난방 에너지 소요량
2. 냉방 에너지 소요량
3. 급탕 에너지 소요량
4. 조명 에너지 소요량
5. 환기 에너지 소요량

답 : ④

7. "에너지 이용합리화법"에 따른 국가·지자체·공공기관 등이 에너지를 효율적으로 이용하고 온실가스 배출을 줄이기 위한 조치내용 중 적합한 것은?

① 건축물에너지·온실가스 정보체계의 운영
② 에너지 절약 및 온실가스 배출 감축 관련 홍보 및 교육
③ 신·재생 에너지 등 환경 친화적인 에너지 사용 및 보급 확대 방안
④ 건물 및 산업부문의 에너지이용 합리화 및 온실가스 배출 감축

[해설] **국가 등의 온실가스 배출감축사업**

1. 부과 대상	① 국가 ② 지방자치단체 ③ 공공기관
2. 부과 의무	① 에너지절약 및 온실가스배출 감축을 위한 제도·시책의 마련 및 정비 ② 에너지의 절약 및 온실가스배출 감축 관련 홍보 및 교육 ③ 건물 및 수송 부문의 에너지이용합리화 및 온실가스배출 감축

* ①항은 녹색건축센터의 업무에 해당된다.
  ③항은 신에너지 및 재생 에너지 개발·이용·보급 촉진법 사항이다.
  ④ 건물 및 수송부문이 해당된다.

답 : ②

3. 다음 중 "에너지 이용합리화법"의 에너지 이용합리화 기본계획에 관련 내용으로 맞는 것은?

① 에너지관리공단 이사장은 3년마다 에너지이용합리화 기본계획을 수립한다.
② 에너지이용합리화를 위한 홍보 및 교육을 포함한다.
③ 행정기관 장과 시·도지사는 3년마다 실시계획을 수립하고 계획을 에너지관리공단 이사장에게 제출한다.
④ 에너지관리공단 이사장은 시행결과를 평가하고 산업통상자원부장관에게 그 평가 내용을 통보한다.

> 해설 ① 산업통상자원부장관은 5년마다 에너지이용합리화 기본계획을 수립하여야 한다.
> ③ 관계 행정기관 장과 시·도지사가 매년 실시계획을 수립하여 산업통상자원부장관에게 제출하여야 한다.
> ④ 산업통상자원부장관은 시행결과를 평가하여 관계 행정기관 장과 시·도지사에게 통보하여야 한다.
>
> 답 : ②

9. 다음 중 "에너지 이용합리화법"에 따른 에너지 진단 대상으로 맞는 것은?

① 아파트　　　② 군사시설
③ 오피스텔　　④ 다중이용시설

> 해설 에너지진단 대상
> 에너지 다소비사업자(단, 아파트, 다세대주택, 오피스텔, 지식산업센터, 군사시설 등 제외)
>
> 답 : ④

10. "에너지 이용합리화법"에서 대통령령으로 정하는 에너지 공급자에 해당되는 것은?

① 국가 및 지방자치단체
② 에너지 관리공단
③ 한국수자원공사
④ 한국가스공사

> 해설 에너지공급자의 범위
> 1. 한국전력공사
> 2. 한국가스공사
> 3. 한국지역난방공사
>
> 답 : ④

11. "에너지법"의 에너지 열량 환산기준에 따른 석유 환산율이 높은 에너지원순으로 맞는 것은?

| ㉠ 원유 | ㉡ 휘발유 |
| ㉢ 경유 | ㉣ 도시가스(LNG) |

① ㉠-㉣-㉡-㉢　　② ㉣-㉠-㉡-㉢
③ ㉠-㉣-㉢-㉡　　④ ㉣-㉠-㉢-㉡

> 해설 열량환산기준에 따른 석유환산율
> 1. 원유(1.075)
> 2. 도시가스(LNG) (1.029)
> 3. 경유(0.903)
> 4. 휘발유(0.781)
>
> 답 : ③

12. "건축법"에 태양열을 이용하는 주택의 건축면적 선정방법은?

① 건축물 외벽 중 외측 내력벽의 중심선을 기준
② 건축물 외벽 두께 합의 중심선을 기준
③ 건축물 외벽 중 내측 내력벽의 중심선을 기준
④ 건축물 기둥의 중심선을 기준

> 해설 태양열주택의 건축면적은 건축물의 외벽 중 내측 내력벽의 중심선으로 구획된 면적으로 산정한다.
>
> 답 : ③

13. "건축법"에서 건축물 유지관리 점검항목이 아닌 것은?

① 지능형 건축물 인증
② 건축선 지정
③ 건축물의 건폐율
④ 인근 건축물의 연결 복도나 통로

┌─────────┐
│ 삭 제 │
└─────────┘

해설 문제의 근거가 되는 건축법 제35조는 2020.5.1 건축물관리법으로 이관됨.

답 : ④

14. "건축법"에 따른 건축물의 면적 산정 방법으로 부적합한 것은?

① 1층 바닥면으로부터 1m 이하는 건축면적에 산입되지 않는다.
② 공중의 통행에 전용되는 필로티부분은 바닥면적에 산정되지 아니한다.
③ 건축물을 리모델링을 하는 경우로서, 미관향상, 열의 손실방지 등을 위하여, 외벽에 부가하여 마감재 등을 설치하는 부분은 바닥면적에 산입되지 않는다.
④ 단열재를 구조체의 외기측에 설치하는 단열공법으로 건축된 건물의 경우, 단열재가 설치된 외벽 중 내측내력벽의 중심선을 기준으로 산정한 면적을 건축면적으로 한다.

해설 건축면적 산정시 지표면으로부터 1m 이하인 부분을 제외한다.

답 : ①

15. "건축법"에서 정하는 다가구 주택의 조건으로 적합한 것은?

① 20세대 이하
② 주택으로 쓰는 층수 4층 이하
③ 1층 바닥면적의 1/2을 필로터 구조의 주차장으로 사용시 주택용도 중에서 제외
④ 1개동의 바닥면적은 주차장 제외하고 330m² 이하

해설 1. 19세대 이하
2. 주택으로 쓰이는 층수를 3개층 이하
3. 용도바닥면적 660m² 이하

답 : ③

16. "건축물 설비기준 등에 관한 규칙"에서 열손실 방지조치를 하지 않아도 되는 건축물의 부위는?

① 노인복지주택의 세대간 경계벽
② 바닥난방을 하는 층간바닥
③ 최하측에 있는 거실의 바닥
④ 공동주택 측벽

해설 열손실 방지조치 대상 범위(건축물의 에너지절약 설계기준 제2조)

1. 거실의 외벽
2. 최상층에 있는 거실의 반자 또는 지붕
3. 최하층에 있는 거실의 바닥
4. 바닥난방을 하는 층간바닥
5. 창 및 문

답 : ①

17. "건축법" 용어의 정의 중 적합한 것은?

① 대지란 원칙적으로 공간정보의 구축 및 관리 등에 관한 법률에 따라 각 필지로 나눈 토지를 말한다.
② 주요구조부는 내력벽, 기둥, 바닥, 보, 옥외계단 및 기초를 말한다.

③ 리모델링이란 건축물의 노후화를 억제하거나 기능향상 등을 위하여 증축하거나 재축하는 행위를 말한다.

④ 초고층 건축물이란 층수가 50층 이상이거나 높이가 150m 이상인 건축물을 말한다.

해설 ② 옥외계단 및 기초는 주요구조부에 해당되지 않는다.
③ 리모델링이란 증축 및 대수선에 해당되는 행위이다.
④ 초고층건축물이란 50층 이상이거나 건축물 높이 200m 이상이다.

답 : ①

18. "건축전기설비설계기준"에서 벽이나 천장에 쓰이는 재료들 중 반사율이 높은 것부터 차례로 나열된 것은?

| (ㄱ) 타일(백색) | (ㄴ) 콘크리트 |
| (ㄷ) 연마 알루미늄 | (ㄹ) 짙은 유백색 유리 |

① (ㄱ)-(ㄷ)-(ㄹ)-(ㄴ)   ② (ㄱ)-(ㄹ)-(ㄷ)-(ㄴ)
③ (ㄱ)-(ㄷ)-(ㄴ)-(ㄹ)   ④ (ㄱ)-(ㄴ)-(ㄷ)-(ㄹ)

해설 **재료별 반사율**

| 타일백색(60~80) |
| 연마 알루미늄(65~75) |
| 짙은 유백색 유리(40~50) |
| 콘크리트(25~40) |

답 : ①

19. "건축기계설비공사표준시방서"에서 설계도서 간에 상호모순이 있을 경우 적용되는 우선순위로 맞는 것은?

① 공사시방서 〉 설계도면 〉 표준시방서 〉 감리자 지시사항
② 설계도면 〉 표준시방서 〉 공사시방서 〉 감리자 지시사항
③ 설계도면 〉 공사시방서 〉 표준시방서 〉 감리자 지시사항
④ 감리자 지시사항 〉 공사시방서 〉 표준시방서 〉 설계도면

해설 시방서와 설계도면의 내용이 서로 다를 경우에는 공사시방서, 설계도면, 표준시방서의 순으로 해석되어야 한다.

답 : ①

20. 다음 중 녹색건축물 관계법규의 특성을 설명한 것으로 적합한 것은?

① 녹색건축물 조성지원법은 건축법에 따른 녹색건축물의 조성에 필요한 사항을 정한다.
② 건축법은 대지를 제외한 건축물의 구조 설비기준 및 용도 등을 정한다.
③ 에너지이용합리화법은 에너지 수급을 안정시키고 에너지의 합리화와 효율적인 이용을 하기 위함이다.
④ 에너지법은 에너지에 관한 법령을 재정, 개정하는 경우 에너지이용합리화법의 기본원칙을 따른다.

해설 1. 녹색건축물 조성지원법은 저탄소녹색성장기본법에 따른 녹색건축물 조성에 필요한 사항을 정한다.
2. 건축법은 대지·구조·설비기준 및 용도에 관하여 기준한다.
3. 에너지법은 에너지에 관한 법령을 재·개정하는 경우 저탄소녹색성장기본법의 기본원칙을 따른다.

답 : ③

제1과목 : 녹색건축물 관계법규

1. 다음 중 "녹색건축물 조성지원법"에서 정하고 있는 에너지 절약계획서 제출에 관한 설명으로 맞는 것은?

① 숙박시설, 의료시설, 창고시설 중 냉방 또는 난방설비를 설치하지 않는 경우 연면적 500m² 이상인 건축물에서도 에너지절약 계획서를 제출하지 않아도 된다.

② 건축설계자는 건축허가 신청, 용도변경의 허가신청 또는 신고 등의 경우 에너지절약 계획서를 제출하여야 한다.

③ 건축법 시행령 별표1 제 1호에 따른 단독 주택 등을 포함하여 연면적의 합계가 500m² 이상인 건축물이 제출대상이다.

④ 에너지 절약계획서 제출시에는 에너지 절약 계획서 내용은 증명할 수 있는 서류 및 에너지 절약 설계 검토서를 첨부한다.

[해설] ① 숙박시설, 의료시설은 에너지절약계획서를 제출하여야 한다.
② 건축주가 허가권자에게 제출하여야 한다.
③ 단독주택은 에너지절약계획서 제출대상에서 제외된다.

답 : ④

2. "녹색건축물조성지원법" 관련법상의 용어정의로 적합한 것은?

① 주거용 건축물이란 단독주택과 공동주택·오피스텔 등 주거를 목적으로 사용되는 건축물을 말한다.

② 주거용 이외의 건축물이란 단독주택과 공동주택, 오피스텔 이외의 건축물로서 주거를 목적으로 사용되는 건축물을 말한다.

③ 사용면적이란 해당 건축물의 바닥면적의 합계를 말하며, 공동주택의 경우 공용부 면적을 포함한다.

④ 사용면적당 1차에너지 소요량이란 에너지 사용량에 연료의 채취, 가공, 운송, 변환, 공급 과정들의 손실을 포함한 사용면적당 에너지량을 말한다.

[해설] 1. 오피스텔은 주거용건축물에 해당되지 아니한다.
2. 사용면적이란 해당건축물의 바닥면적의 합계를 말하되, 공동주택의 경우 공용부 면적을 제외한 단위세대의 전용면적을 말한다.

답 : ④

3. "녹색건축물 조성지원법"에서 정하고 있는 내용으로 틀린 것은?

① 건축물 에너지소비증명
② 에너지 사용계획 수립
③ 녹색건축물 조성기술의 연구개발
④ 지역별 건축물의 에너지 소비총량 관리

[해설] 에너지사용계획은 에너지이용합리화법률이 정한 바에 따른다.

답 : ②

4. "녹색건축물 조성지원법"에서 정하고 있는 건축물의 에너지효율등급 인증대상 건축물로 **틀린** 것은?

① 주택으로 쓰는 층수가 5개층 이상인 아파트
② 1개동의 주택으로 쓰이는 바닥면적 합계가 660m² 이하이고 층수가 3개층 이하이며, 19세대 이하가 거주하는 다가구 주택
③ 단독주택
④ 판매시설 및 교육연구시설

해설 에너지효율등급인증 대상 건축물

1. 단독주택
2. 공동주택(아파트, 연립, 다세대, 기숙사)
3. 업무시설
4. 냉방 또는 난방면적 500m² 이상인 건축물

답 : ④

5. "녹색건축물 조성지원법"에서 정하고 있는 건축물 에너지효율등급 평가서(에너지 평가서)에 기재되는 내용으로 **틀린** 것은?

① 건축물 에너지효율등급
② 단위면적당 1차에너지 소요량
③ 월별 건축물 에너지 사용량
④ 연간 온실가스 배출량

해설 건축물 에너지 사용량은 연간사용량으로 기재한다.

답 : ③

6. "녹색건축물 조성지원법"에서 녹색건축물의 건축을 활성화하기 위한 건축기준 완화 대상이 아닌 것은?

① 녹색건축 인증 건축물
② 건축물이 신축공사를 위한 골조공사에 재활용 건축자재를 100분의 15 이상 사용한 건축물
③ 지능형 건축물 인증 건축물
④ 녹색건축물 조성시범사업대상 건축물

해설 녹색건축물 활성화를 위한 건축기준의 완화대상

1. 국토교통부장관이 정하여 고시하는 설계·시공·감리 및 유지·관리에 관한 기준에 맞게 설계된 건축물
2. 녹색건축의 인증을 받은 건축물
3. 건축물의 에너지효율등급 인증을 받은 건축물
4. 제로에너지 건축물 인증을 받은 건축물
5. 녹색건축물 조성 시범사업 대상으로 지정된 건축물
6. 건축물의 신축공사를 위한 골조공사에 국토교통부장관이 고시하는 재활용 건축자재를 100분의 15 이상 사용한 건축물

답 : ③

7. "녹색건축물 조성지원법"에서 정하고 있는 녹색건축물의 건축활성화를 위해 허가권자가 완화하여 적용할 수 있는 기준으로 적합한 것은?

① 조경면적을 115/100 범위에서 완화
② 건축물 용적률을 115/100 범위에서 완화
③ 건축물 높이를 120/100 범위에서 완화
④ 건축물 건폐율을 120/100 범위에서 완화

해설 녹색건축물 활성화를 위한 완화기준

1. 용적률(건축법 56조) 2. 건축물 높이 제한(건축법 60조) 3. 일조 등의 확보를 위한 건축물의 높이 제한(건축법 61조)	기준의 115/100 이내

답 : ②

8. "효율관리 기자재 운용규정"에서 정의한 용어 중 적합한 것은?

① 소비효율등급은 최상위 1등급부터 4등급까지로 구분된다.
② 소비효율은 효율관리 시험기관 또는 자체측정승인업자가 이 규정에서 정한 측정방법에 의하여 측정한 에너지소비효율 또는 에너지사용량을 말한다.
③ 고효율변압기는 최저소비효율을 만족하는 변압기를 말한다.
④ 에너지프론티어 기준은 에너지 소비효율 1등급 기준보다도 에너지 효율이 25% 더 높은 초고효율 제품 기준으로 목표 소비효율 또는 목표 사용량의 기준을 말한다.

해설 1. 소비효율등급은 5등급제로 구분된다.
 2. 표준소비효율에 만족
 3. 에너지 소비효율 1등급 기준보다 에너지 효율이 30% 더 높은 것

답 : ②

9. "효율관리 기자재 운용규정"에서 정하는 전기냉난방기의 에너지소비효율등급 라벨의 표시항목 중 틀린 것은?

① 월간소비전력량
② 연간에너지비용
③ 1시간 사용시 CO_2 배출량
④ 정격냉난방능력

해설 전기냉난방기 에너지소비효율등급 라벨 표시항목

1. 월간소비전력량
2. 정격냉난방능력
3. 1시간 사용시 CO_2 배출량
4. 월간 에너지비용
5. 소비효율등급

답 : ②

10. "에너지이용 합리화법"에서 정하고 있는 에너지이용 합리화법 기본계획에 포함되는 내용 중 틀린 것은?

① 에너지이용 효율의 증대
② 에너지이용 효율의 평가
③ 에너지원간 대체
④ 에너지의 합리적인 이용을 통한 온실가스배출을 줄이기 위한 대책

해설 에너지이용합리화 기본계획의 내용

1. 에너지절약형 경제구조로의 전환
2. 에너지이용 효율의 증대
3. 에너지이용 합리화를 위한 기술개발
4. 에너지이용 합리화를 위한 홍보 및 교육
5. 에너지원간 대체(代替)
6. 열사용기자재의 안전관리
7. 에너지이용 합리화를 위한 가격예시제(價格豫示制)의 시행에 관한 사항
8. 에너지의 합리적인 이용을 통한 온실가스의 배출을 줄이기 위한 대책

답 : ②

11. "에너지이용 합리화법"에서 정하고 있는 대기전력 경고표지 대상제품에 포함되지 않는 것은?

① 전자레인지　　② 도어폰
③ 복사기　　④ 냉장고

해설 대기전력경고표지대상 제품
컴퓨터, 모니터, 프린터, 복합기, 셋톱박스, 전자레인지, 팩시밀리, 복사기, 스캐너, 비디오테이프레코더, 오디오, DVD 플레이어, 라디오카세트, 도어폰, 유무선전화기, 비데, 모뎀, 홈게이트웨이

답 : ④

12. "건축물의 설비기준 등에 관한 규칙"에서 정하고 있는 개별난방설비기준 중 적합한 것은?

① 보일러실 아랫부분에 지름 10cm 이상의 공기흡입구 및 배기구를 항상 열려 있는 상태로 바깥공기를 접하도록 설치할 것
② 보일러의 연도는 방화구조로서 공동연도로 설치할 것
③ 보일러실 윗부분에는 그 면적이 1m² 이상인 환기창을 설치할 것
④ 보일러실과 거실사이의 경계벽은 출입구를 제외하고는 내화구조의 벽으로 구획할 것

해설 1. 직경 10cm 이상의 공기흡입구(보일러실 아랫부분)와 배기구(보일러실 윗부분)를 각각 설치하여야 한다.
2. 내화구조의 공동연도 설치
3. 0.5m² 이상의 환기창 설치

답 : ④

13. "건축법"의 용도별 건축물의 종류 중에서 단독주택에 해당되는 것은?

① 아파트
② 다가구주택
③ 연립주택
④ 기숙사

해설 공동주택 : 아파트, 연립주택, 다세대주택, 기숙사
(다가구주택은 단독주택에 해당됨)

답 : ②

14. "건축법"에서 실내채광이나 환기를 위한 창문 또는 설비를 설치해야 되는 건축물로 <u>틀린</u> 것은?

① 공동주택의 거실
② 근린생활시설의 학원교실
③ 의료시설의 병실
④ 숙박시설의 객실

해설 교육연구시설 중 학교의 교실인 경우에 창문 등의 설치대상이 된다.

답 : ②

15. "건축법"에 의한 〈보기〉 건축물의 용적률을 산정하는데 필요한 바닥면적의 합계는 얼마인가?

> · 지하층 바닥면적 : 300m²
> · 1층 바닥면적 : 200m²(100m²는 주차면적임)
> · 2층 바닥면적 : 200m²
> · 3층 바닥면적 : 200m²
> · 4층 바닥면적 : 100m²
> · 옥상 물탱크실 : 50m²

① 500m²
② 600m²
③ 650m²
④ 950m²

해설 용적률 산정시 지하층 바닥면적, 지상층 부설 주차장 면적과 옥탑이 거실 이외의 용도(옥상 물탱크실)로 사용되는 경우에는 연면적에 포함되지 않는다.

답 : ②

16. "건축법"상 용어에 대한 설명으로 적합한 것은?

① 연면적 : 하나의 건축물 각층의 건축면적의 합계
② 층고 : 해당 층의 바닥구조체 윗면으로부터 위층 바닥구조체의 아랫면 면까지의 높이
③ 건축면적 : 건축물이 내벽인 중심선으로 둘러싸인 부분의 수평투영면적
④ 건축물의 높이 : 지표면으로부터 그 건축물의 상단까지의 높이

해설 건축면적이란 건축물의 외벽의 중심선으로 둘러싸인 부분의 수평투영면적으로 산정한다.

답 : ④

17. "건축물의 설비기준 등에 관한 규칙"에서 공동주택의 열손실 방지를 위하여 기준으로 정한 열관류율 이하로 하지 <u>않아도</u> 되는 곳은?

① 세대간벽
② 외벽
③ 층간바닥
④ 창

1. 거실의 외벽

2. 최상층에 있는 거실의 반자 또는 지붕

3. 최하층에 있는 거실의 바닥

4. 바닥난방을 하는 층간바닥

5. 창 및 문

답 : ①

18. "건축전기설비설계기준"에 의한 조명설계 순서로 맞는 것은?

① 조명기구배치 – 조도기준 – 조명기구선정 – 설계도서작성

② 조명기구선정 – 조명기구배치 – 조도기준 – 설계도서작성

③ 조도기준 – 조명기구선정 – 조명기구배치 – 설계도서작성

④ 조도기준 – 조명기구배치 – 조명기구선정 – 설계도서작성

[해설] 조명설계순서

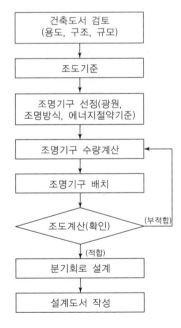

답 : ③

19. "건축기계설비공사표준시방서"에서 지중열교환기의 매설용파이프가 만족해야 할 기본적 특성으로 **틀린** 것은?

① 화학안정성　　② 내열성

③ 위생성　　　　④ 내한성

[해설] 지중열교환기의 매설용 파이프의 요구성능

1. 화학안정성

2. 위생성

3. 유동성

4. 내한성

답 : ②

20. "건축전기설비설계기준"에서 경관조명설계시 고려할 사항으로 **틀린** 것은?

① 대상물의 형상과 크기

② 사용광원에 따른 조도조절

③ 주간의 미관

④ 실내조도

[해설] 경관조명설계시 고려사항

1. 주변 환경의 밝음

2. 대상물의 형상과 크기

3. 대상물의 표면의 재질 및 색

4. 보는 사람, 대상물, 조명기구의 위치 관계

5. 기대하는 조명효과

6. 대상물의 경년적 변화 및 자연상태와의 관계

7. 주간의 미관

8. 안정성과 보수성

9. 사용광원에 따른 조도조절

10. 주변환경조건

답 : ④

제1과목 : 건물에너지 관계법규

1. "녹색건축물 조성 지원법"에서 녹색건축물 기본계획과 지역녹색건축물 조성계획의 수립에 관련된 규정으로 가장 <u>부적합한</u> 것은?

① 국토교통부장관은 5년마다 녹색건축물 기본계획을 수립하여야 한다.

② 시·도지사는 조성계획 시행에 필요한 사업비를 5년마다 세출 예산에 계상하여야 한다.

③ 시·도지사는 조성계획을 수립한 때에 그 내용을 국토교통부장관에게 보고하고, 관할 지역의 일반인이 열람할 수 있게 하여야 한다.

④ 시·도지사는 조성계획에 대하여 지방녹색성장위원회 또는 지방건축위원회의 심의를 거쳐야 한다.

해설 시·도지사는 조성계획 시행 사업비를 매 회계연도마다 세출예산에 계상하여야 하며, 시장·군수·구청장에게 통보하여 일반에게 열람할 수 있게 하여야 한다.

답 : ②

2. "녹색건축물 조성 지원법"에서 사용승인을 받은 후 10년이 지난 연면적 3천 제곱미터 이상의 공공건축물 중 에너지소비량 공개 대상으로 가장 <u>부적합한</u> 것은?

① 문화 및 집회 시설

② 노유자 시설

③ 운수 시설

④ 대학교 도서관

해설 에너지소비량 공개대상 건축물의 범위
1. 문화 및 집회시설
2. 운수시설
3. 도서관
4. 업무시설
5. 수련시설
6. 중·고등·대학교
7. 병원

답 : ②

3. "녹색건축물 조성 지원법"에서 규정하고 있는 녹색건축물 조성의 활성화를 위한 건축기준 완화대상 건축물이 <u>아닌</u> 것은?

① 녹색건축물 조성 시범사업 대상으로 지정된 건축물

② 건축물의 신축공사를 위한 골조공사에 국토교통부 장관이 고시하는 재활용 건축자재를 100분의 15이상 사용한 건축물

③ 친환경주택의 건설기준 및 성능에 적합한 공동주택

④ 건축물의 에너지효율등급 인증을 받은 건축물

해설 **건축기준 완화대상 건축물의 범위**
① 국토교통부장관이 정하여 고시하는 설계·시공·감리 및 유지·관리에 관한 기준에 맞게 설계된 건축물
② 녹색건축의 인증을 받은 건축물
③ 건축물의 에너지효율등급 대상으로 지정된 건축물
④ 제로에너지 건축물 인증을 받은 건축물
⑤ 녹색건축물 조성 시범사업 대상으로 지정된 건축물
⑥ 건축물의 신축공사를 위한 골조공사에 국토교통부장관이 고시하는 재활용 건축자재를 100분의 15이상 사용한 건축물

답 : ③

4. "녹색건축물 조성 지원법"에 따른 그린리모델 링 사업자의 등록기준이 <u>아닌</u> 것은?

① 인력기준   ② 실적기준
③ 장비기준   ④ 시설기준

[해설] 그린리모델링 사업자 등록기준
1. 인력기준
2. 장비기준
3. 시설기준

답 : ②

5. "녹색건축물 조성 지원법"에서 건축물에너지평 가사의 자격취소에 해당하는 경우가 <u>아닌</u> 것은?

① 최근 1년 이내에 두 번의 자격정지처분을 받고 다시 자격정지처분에 해당하는 행위를 한 경우
② 거짓이나 그 밖에 부정한 방법으로 건축물 에너지평가사 자격을 취득한 경우
③ 자격정지처분 기간 중에 건축물에너지평가 사 업무를 한 경우
④ 고의로 건축물에너지평가 업무를 부실하게 수행하여 벌금 이하의 형을 선고받고, 그 형이 확정된 경우

[해설] 벌금이하의 형을 선고받고 확정된 경우는 자격정지 2년의 처분사유이다.

답 : ④

6. "녹색건축물 조성 지원법"에 따른 에너지 절 약계획서 검토 및 수수료에 대한 사항 중 가장 <u>부적합한</u> 것은?

① 1등급 이상의 건축물 에너지효율등급을 인증 받은 경우 검토수수료를 감면받을 수 있다.
② 에너지 관련 전문기관이 에너지절약계획서를 검토하는 경우 접수일로부터 10일 이내 검토 및 보완을 완료하여야 하며, 건축주가 보완하 는 기간은 검토 및 보완기간에서 제외한다.
③ 에너지 관련 전문기관은 에너지절약계획서 검토 및 보완을 하는 경우 건축주로부터 수 수료를 받을 수 있으며, 주거부분 최대 검 토 수수료를 받는 기준면적은 6만 제곱미터 이상이다.
④ 열손실방지 등의 조치 예외대상이었으나, 건 축물대상 기재내용의 변경으로 조치대상이 되 는 경우 검토 수수료를 감면받을 수 있다.

[해설] 에너지절약계획서 최대 검토수수료 기준 면적
1. 주거부분 : 120,000㎡ 이상
2. 비주거부분 : 60,000㎡ 이상

답 : ③

7. "녹색건축물 인증에 관한 규칙" 및 "녹색건축 인증기준"에 관한 사항으로 가장 <u>부적합한</u> 것은?

① 녹색건축 인증 신청은 건축주, 건축물 소유자, 사업주체 또는 설계자(건축주나 건축물 소유자가 인증 신청에 동의하는 경우) 중 어느 하나가 할 수 있다.

② 녹색건축 인증은 7개의 전문분야에 대하여 평가하며, 공동주택에 대한 평가 결과가 74점 이상인 경우 최우수 등급에 해당한다.

③ 녹색건축 인증기관 지정의 유효기간은 지정서 발급일로부터 5년이며, 녹색건축 인증의 유효기간은 인증서 발급일로부터 5년으로 한다.

④ 인증처리 기간 산정 시에 토요일, "관공서의 공휴일에 관한 규정" 제2조에 따른 공휴일은 제외한다.

해설 **녹색건축인증신청자 범위**
1. 건축주
2. 건축물소유자
3. 사업주체
4. 시공자

답 : ①

8. "녹색건축물 조성 지원법"에서 공공기관이 신축하는 건축물 중 에너지 소비 절감을 위한 차양설치 의무대상으로 가장 적합한 것은?

① 연면적 1천 제곱미터 이상의 업무시설
② 연면적 3천 제곱미터 이상의 교육연구시설
③ 연면적 1천 제곱미터 이상의 문화 및 집회시설
④ 연면적 3천 제곱미터 이상의 판매시설

해설 **차양설치 의무대상 건축물** : 연면적 3,000m² 이상인 교육연구시설, 업무시설의 건축 또는 리모델링

답 : ②

9. "에너지이용 합리화법"에 따른 에너지사용계획 협의에 대한 내용으로 적합하지 <u>않은</u> 것은?

① 에너지사용계획의 수립을 대행할 수 있는 기관에는 "에너지이용 합리화법"에 따라 등록된 에너지절약 전문기업이 포함된다.

② 에너지사용계획의 에너지사용량이 100분의 10이상 감소되는 경우, 변경 협의를 요청하여야 한다.

③ 공공사업주관자의 경우 협의 대상은 연간 2천5백 티오이 이상의 연료 및 열을 사용하는 시설 또는 연간 1천만 킬로와트시 이상의 전력을 사용하는 시설이다.

④ 에너지사용계획 내용에는 에너지 수급에 미치게 될 영향 분석 및 사후관리계획이 포함된다.

해설 에너지 사용계획의 에너지사용량 $\frac{10}{100}$ 이상 증가하는 경우 변경협의를 요청하여야 한다.

답 : ②

10. "에너지이용 합리화법"에 따른 고효율에너지 인증 대상기자재에 해당되지 <u>않은</u> 것은?

① 삼상유도전동기
② 무정전전원장치
③ (폐)열회수형 환기장치
④ 펌프

해설 **고효율에너지 기자재 범위**
① 펌프
② 산업건물용 보일러
③ 무정전 전원장치
④ 폐열회수형 환기장치
⑤ 발광다이오드(LED) 등 조명기기
⑥ 그 밖에 산업통상자원부장관이 인정하여 고시(고효율에너지기자재 보급촉진규정)하는 기자재 및 설비

답 : ①

11. "에너지이용 합리화법"에 따른 냉난방온도제한에 대한 내용으로 적합한 것은?

① 냉난방온도제한 대상건물은 연간 에너지 사용량이 2천5백 티오이 이상인 건물을 말한다.
② 판매시설 및 공항의 냉방온도 제한 기준은 26℃ 이상이다.
③ "의료법" 제3조에 따른 의료기관의 실내구역, 숙박시설의 객실 내부구역은 냉난방온도의 제한온도를 적용하지 않을 수 있다.
④ 냉난방온도의 적합한 유지·관리에 필요한 시정조치명령을 정당한 사유 없이 이행하지 아니한 자에 대하여 500만 원 이하의 과태료를 부과한다.

해설 ① 2000 toe 이상 건축물
② 25℃ 이상
④ 300만 원 이하의 과태료

답 : ③

12. "에너지이용 합리화법"에 따라 등록된 에너지절약 전문기업에 대하여 정부에서 지원할 수 있는 사업으로 가장 적합하지 않은 것은?

① 에너지사용시설의 에너지절약을 위한 관리·용역사업
② 신에너지 및 재생에너지원의 개발 및 보급사업
③ 에너지절약형 시설 및 기자재의 연구개발사업
④ 에너지 기술 분야의 국제협력 및 국제공동 연구사업

해설 에너지절약 전문기업 사업
① 에너지사용시설의 에너지절약을 위한 관리·용역사업
② 에너지절약형 시설투자에 관한 사업
③ 신에너지 및 재생에너지원의 개발 및 보급사업
④ 에너지절약형 시설 및 기자재의 연구개발사업

답 : ④

13. 다음은 "에너지이용 합리화법"에 따른 에너지사용량 및 에너지사용시설 기준이다. 빈칸 ㉠, ㉡, ㉢에 가장 알맞은 것은?

- 에너지저장의무 부과 대상자 : 연간 (㉠) 티오이 이상의 에너지를 사용하는 자
- 에너지진단비용 지원 대상자 : "중소기업기본법" 제2조에 따른 중소기업으로 연간 (㉡) 티오이 미만의 에너지를 사용하는 에너지 다소비사업자
- 에너지사용계획 제출 대상 민간사업 주관자 : 연간 (㉢) 티오이 이상의 연료 및 열을 사용하는 시설을 설치하려는 자

① ㉠ : 2만, ㉡ : 1천, ㉢ : 5천
② ㉠ : 2만, ㉡ : 1만, ㉢ : 5천
③ ㉠ : 5만, ㉡ : 1만, ㉢ : 3만
④ ㉠ : 5만, ㉡ : 2만, ㉢ : 3만

답 : ②

14. "에너지법"에 따른 에너지열량 환산기준에 대한 설명으로 적합하지 않은 것은?

① 총발열량이란 연료의 연소과정에서 발생하는 수증기의 잠열을 포함한 발열량을 말한다.
② 석유환산톤은 원유 1톤이 갖는 열량으로 10^7 kcal를 말한다.
③ 순발열량이란 연료의 연소과정에서 발생하는 수증기의 잠열을 제외한 발열량을 말한다.
④ Nm^3는 15℃, 1기압 상태의 단위체적(세제곱미터)을 말한다.

해설 Nm^3은 0℃ 1기압 상태의 단위체적(세제곱미터)을 말한다.

답 : ④

15. 다음은 "건축법" 제1조 목적에 대한 설명이다. ( )에 알맞은 것은?

> 이 법은 건축물의 대지·구조·( ) 및 용도 등을 정하여 건축물의 안전·기능·환경 및 미관을 향상시킴으로써 공공복리의 증진에 이바지하는 것을 목적으로 한다.

① 설계 기준
② 마감재료
③ 허가 기준
④ 설비 기준

답 : ④

16. "건축법"에서 규정하고 있지 <u>않은</u> 내용은?

① 건축물의 범죄예방
② 건축 행정 전산화
③ 건축물 부설주차장의 설치
④ 건축종합민원실의 설치

[해설] 건축물 부설 주차장의 설치는 주차장법에 관한 사항이다.

답 : ③

17. "건축법"에서 건축물의 유지관리를 위한 정기점검의 대상 항목이 <u>아닌</u> 것은?

① 높이 및 형태
② 색채
③ 에너지 및 친환경 관리
④ 건축 설비

삭 제

[해설] 문제의 근거가 되는 건축법 제35조는 2020.5.1 건축물관리법으로 이관됨.

답 : ②

18. "건축법"에서 국토교통부령으로 정하는 기준에 따라 방습을 위한 조치를 하여야 하는 대상이 <u>아닌</u> 것은?

① 건축물의 최하층 바닥이 목조인 경우의 거실
② 제1종 근린생활시설 중 목욕장의 욕실과 휴게음식점 및 제과점의 조리장
③ 숙박시설의 욕실
④ 공동주택의 주방과 욕실

[해설] **거실 등의 방습**

구분	기준
목조바닥(최하층)	지표면상 45cm 이상
① 1종근린생활시설 중 목욕장의 욕실과 휴게 음식점의 조리장 ② 2종근린생활시설 중 일반음식점 및 휴게 음식점의 조리장 ③ 숙박시설의 욕실	바닥 및 안벽 1m까지 내수재료 사용

답 : ④

19. "건축법"에서 배연설비 설치대상이 <u>아닌</u> 건축물은?

① 5층 규모 건축물의 1층에 위치한 문화 및 집회시설로서 해당면적이 3,000 제곱미터인 건축물

② 6층 규모 건축물의 6층에 위치한 업무시설로서 해당면적이 1,200 제곱미터인 건축물

③ 10층 규모 건축물의 8층에 위치한 운동시설로서 해당면적이 500 제곱미터인 건축물

④ 6층 규모 건축물의 6층에 위치한 관광휴게시설로서 해당면적이 2,500 제곱미터인 건축물

해설 배연설비는 6층 이상의 건축물로서 업무시설, 문화 및 집회시설 등의 용도로 쓰이는 거실과 특별피난계단의 부속실 등에 설치한다.

답 : ①

20. "건축물의 설비기준 등의 규칙"에서 온수온돌 설비 설치의 구성순서로 적합한 것은?

① 마감층 → 배관층 → 채움층 → 단열층 → 바탕층

② 마감층 → 배관층 → 단열층 → 채움층 → 바탕층

③ 마감층 → 채움층 → 배관층 → 단열층 → 바탕층

④ 마감층 → 채움층 → 단열층 → 배관층 → 바탕층

해설 온수온돌 구조

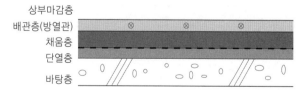

상부마감층
배관층(방열관)
채움층
단열층
바탕층

답 : ①

제1과목 : 건물에너지 관계법규

1. "녹색건축물 조성 지원법"에 따른 개별 건축물의 에너지 소비 총량 제한에 대한 설명으로 적절하지 <u>않은</u> 것은?

① 국토교통부장관은 연차별로 건축물 규모에 따른 에너지소비량 허용기준을 제시하여야 한다.
② 국토교통부장관은 신축 건축물뿐만 아니라 기존 건축물의 에너지소비총량을 제한할 수 있다.
③ 개별 건축물의 에너지소비총량을 제한하려면 그 적용대상과 허용기준 등을 중앙건축 위원회의 심의를 거쳐 고시하여야 한다.
④ 국토교통부장관은 정부출연연구기관 또는 국립대학의 장이 관리하고 있는 선축물에 내하여 에너지 소비총량 제한 기준을 따로 정하여 고시할 수 있다.

해설 국토교통부장관은 연차별로 건축물 용도에 따른 에너지 소비량 허용기준을 제시하여야 한다.

답 : ①

2. "녹색건축물 조성 지원법"에 따라 녹색건축물 조성 활성화를 위해 완화할 수 있는 건축법 조항에 해당하는 것은?

a. 제42조(대지의 조경)
b. 제55조(건폐율)
c. 제56조(용적률)
d. 제60조(건축물의 높이 제한)
e. 제61조(일조 등의 확보를 위한 건축물의 높이 제한)

① a, b, c
② a, c, d
③ b, d, e
④ c, d, e

해설 건축법 완화규정
1. 용적률
2. 건축물 높이제한
3. 일조 등의 확보를 위한 건축물의 높이제한

답 : ④

3. "녹색건축물 조성 지원법"에 따른 그린리모델링 사업에 대한 설명으로 적절하지 <u>않은</u> 것은?

① 국토교통부장관은 그린리모델링 창조센터를 설립하고자 하는 경우 산업통상자원부장관과 사전에 협의를 하여야 한다.
② 그린리모델링 창조센터에 의해 지원을 받을 수 있는 그린리모델링 사업의 범위에는 에너지절감 예상액의 배분을 기초로 재원을 조달하는 사업이 포함된다.
③ 그린리모델링 창조센터는 건축물의 에너지 성능 향상 및 효율개선에 관한 조사·연구·교육 및 홍보사업을 수행할 수 있다.
④ 시·도지사는 정부 외의 자로부터의 출연금 및 기부금, 일반회계 또는 다른 기금으로부터의 전입금을 재원으로 하여 그린리모델링 기금을 설치 할 수 있다.

해설 국토교통부장관은 그린리모델링 창조센터 설립시 기획재정부장관과 협의하여야 한다.

답 : ①

4. "녹색건축물 조성 지원법"에 따른 지역별 건축물의 에너지 총량 관리에 있어서 시·도지사가 시·도의 조례로 정할 수 있는 사항이 <u>아닌</u> 것은?

① 에너지 소비 총량 설정 방법 등에 관하여 필요한 사항

② 에너지 소비 총량 관리 대상 등에 관하여 필요한 사항

③ 에너지 소비 총량 관리 절차 및 의견조회 방법 등에 관하여 필요한 사항

④ 에너지 소비 총량 협약 체결 및 이행 방법 등에 관하여 필요한 사항

해설 **지역별 건축물 에너지소비총량 관리시 시·도 조례 위임사항**
1. 소비총량 설정방법
2. 소비총량 대상
3. 소비총량 절차
4. 소비총량 의견조회방법

답 : ④

5. "녹색건축물 조성 지원법"에 따른 건축물에너지평가사의 자격·경력관리 및 교육훈련에 대한 설명으로 적절하지 <u>않은</u> 것은?

① 건축물에너지평가사는 전문기관의 장이 실시하는 교육훈련을 1년마다 20시간 이상 받아야 한다.

② 건축물에너지효율등급 인증평가업무를 하려면 자격시험에 합격하고 3개월 이상의 실무교육을 받아야 한다.

③ 건축물에너지평가사 자격증을 다른 사람에게 2회 이상 빌려주어 업무를 하게 할 경우 자격이 취소된다.

④ 전문기관의 장은 자격·경력관리, 교육훈련 등 필요한 사항에 대하여 신청인으로부터 일정한 수수료를 받을 수 있다.

해설 **에너지평가사 교육**
① 실무교육 : 3개월 이상
② 보수교육 : 3년마다 20시간 이상

답 : ①

6. "녹색건축물 조성 지원법"에 따른 녹색건축물 조성의 기본원칙에 해당하지 <u>않는</u> 것은?

① 기존 건축물에 대한 에너지효율화 추진

② 환경 친화적이고 지속가능한 녹색건축물 조성

③ 신·재생에너지 활용 및 자원 절약적인 녹색건축물 조성

④ 녹색건축물의 조성에 대한 건축물 용도 간, 규모 간 균형성 확보

해설 녹색건축물 조성에 대한 계층 간, 지역간 균형성 확보

답 : ④

7. "녹색건축물 조성 지원법"에 따른 건축물에너지성능정보의 공개 및 활용에 대한 설명으로 적절하지 <u>않은</u> 것은?

① 전체 세대수가 500세대인 주택단지 내의 공동주택은 정보공개대상에서 제외된다.

② 연면적 5천제곱미터의 오피스텔은 정보공개 대상에서 제외된다.

③ 대통령령으로 정하는 정보공개 대상 건축물이란 건축물에너지·온실가스 정보체계가 구축된 지역에 있는 건축물을 말한다.

④ 국토교통부장관이 지정한 단체의 인터넷 홈페이지를 통해 정보공개대상건축물의 에너지평가서를 공개할 수 있다.

해설 ① 100세대 이상인 공동주택이 정보공개 대상에 해당된다.

답 : ①

8. 다음 중 "에너지이용 합리화법"에 따른 기준으로 적절한 것은?

① 연간 1만 티오이의 에너지를 사용하는 자는 에너지 저장의무 부과대상이다.

② 연간 에너지사용량이 1천7백 티오이인 자는 에너지다소비사업자에 해당된다.

③ 연간 에너지사용량이 18만 티오이인 에너지다소비사업자는 5년마다 에너지진단을 받아야 한다.

④ 연간 3천 티오이의 연료 및 열을 사용하는 시설을 설치하려는 민간사업주관자는 에너지사용계획을 제출하여야 한다.

해설 ① 에너지 저장의무 부과대상 : 연간 2만 toe 이상
② 에너지 다소비사업자 : 연간 2000toe 이상
④ 민간사업주관자 에너지사용계획 수립대상
　　－연간 5000toe 이상 연료·열 사용자
　　－연간 2000kWh 이상 전력사용자

답 : ③

9. "에너지이용 합리화법"에 따른 에너지공급자의 수요 관리투자계획에 대한 설명으로 적절하지 <u>않은</u> 것은?

① 에너지공급자는 수요관리투자계획을 변경하는 경우, 변경한 날부터 30일 이내에 산업통상자원부장관에게 그 변경된 사항을 제출하여야 한다.

② 에너지공급자는 연차별 수요관리투자계획 시행 결과를 다음 연도 2월 말일까지 산업통상자원부장관에게 제출하여야 한다.

③ 에너지공급자는 투자계획의 수정을 요구받은 경우, 요구를 받은 날부터 30일 이내에 산업통상자원부장관에게 투자계획의 수정 결과를 제출하여야 한다.

④ 에너지공급자는 연차별 수요관리투자사업비 중 일부를 한국에너지공단에 출연할 수 있다.

해설 에너지공급자 투자계획을 변경하는 경우 15일 이내에 변경된 투자 계획을 산업통상자원부장관에게 제출하여야 한다.

답 : ①

10. 산업통상자원부장관은 고효율에너지인증대상기자재로 유지할 필요성이 없다고 인정하는 기자재를 기준과 절차에 따라 인증대상 기자재에서 제외할 수 있다. 다음 중 인증대상 기자재 제외기준에 해당하지 <u>않는</u> 것은?

① 해당 기자재를 고효율에너지인증대상기자재로 정한지 10년이 지난 경우

② 해당 기자재의 연간 판매대수가 해당 연도의 고효율에너지인증대상 기자재 전체 판매대수의 100분의 10을 넘는 경우

③ 해당 기자재를 고효율에너지인증대상기자재로 인증한 건수가 최근 3년간 연간 10건 이하인 경우

④ 해당 기자재의 최근 2년간 생산·판매 실적이 현저히 저조한 경우

해설 해당 기자재의 최근 3년간 생산·판매 실적이 현저히 저조한 경우

답 : ④

11. "에너지이용 합리화법"에 따라 에너지관리시스템을 구축하여 에너지를 효율적으로 이용하는 자에게 주어질 수 있는 에너지진단 관련 혜택은?

① 에너지 진단주기 1년 연장

② 에너지 진단주기 2년 연장

③ 에너지 진단주기 2회마다 에너지 진단 1회 면제

④ 에너지 진단주기 3회마다 에너지 진단 1회 면제

해설 에너지 진단기간의 연장 및 면제 사유

대상사업자	면제 또는 연장 범위
1. 에너지 절약 이행실적 우수사업자	
가. 자발적 협약 우수사업장으로 선정된 자 (중소기업인 경우)	에너지진단 1회 면제
나. 자발적 협약 우수사업장으로 선정된 자 (중소기업이 아닌 경우)	1회 선정에 에너지 진단주기 1년 연장
2. 에너지진단 결과를 반영하여 에너지를 효율적으로 이용하고 있는 자	1회 선정에 에너지 진단주기 3년 연장
3. 에너지관리시스템을 구축하여 에너지를 효율적으로 이용하고 있다고 산업통상자원부장관이 고시하는 자	에너지진단주기 2회마다 에너지 진단 1회 면제

답 : ③

12. "에너지이용 합리화법"에 따른 붙박이에너지 사용 기자재의 효율관리에 대한 설명으로 적절하지 <u>않은</u> 것은?

① 산업통상자원부장관은 건설업자가 설치·공급 하는 난방, 냉방 제품을 포함한 붙박이 가전제품에 관한 기준을 고시해야 한다.

② 산업통상자원부장관은 붙박이에너지사용기자재의 에너지 최저소비효율 또는 최대사용량의 기준을 고시해야 한다.

③ 산업통상자원부장관은 붙박이에너지사용기자재의 에너지 소비효율등급 또는 대기전력 기준을 고시해야 한다.

④ 산업통상자원부장관은 붙박이에너지사용기자재를 설치한 건설업자의 효율관리기준 준수이행여부를 조사할 수 있다.

해설 붙박이 가전제품 기준 고시 대상 제품에는 난방·냉방·급탕·조명·환기 제품은 포함되지 않는다.

답 : ①

13. "에너지법"에 따른 에너지복지사업의 일환인 에너지 이용권의 발급 및 사용에 관한 설명으로 적절하지 <u>않은</u> 것은?

① "국민기초생활 보장법"에 따른 생계급여 수급자로서 65세 이상인 사람은 에너지이용권의 수급대상이다.

② 산업통상자원부장관은 에너지이용권 발급신청을 받은 경우 발급할 것인지 여부를 결정하여 신청일부터 30일 이내에 서면 또는 전자문서로 신청인에게 알려야 한다.

③ 산업통상자원부장관은 에너지이용권 발급결정 통보를 한 경우 개별 가구 단위로 에너지이용권을 발급하여야 한다.

④ 에너지이용권을 제시받은 에너지공급자는 정당한 사유없이 에너지공급을 거부할 수 없다.

해설 산업통상자원부장관은 에너지이용권 발급신청을 받은 경우 14일 이내에 신청인에게 알려야 한다.

답 : ②

14. "건축법"에 따른 설명 중 적절하지 <u>않은</u> 것은?

① "건축물"이란 토지에 정착(定着)하는 공작물 중 지붕과 기둥 또는 벽이 있는 것과 이에 딸린 시설물, 지하나 고가(高架)의 공작물에 설치하는 공연장·차고·창고, 그 밖에 대통령령으로 정하는 것을 말한다.

② "건축설비"란 건축물에 설치하는 전기·전화 설비, 초고속 정보통신 설비, 지능형 홈네트워크 설비, 가스·급수·배수(配水)·배수(排水)·환기·난방·소화(消火)·배연(排煙) 및 오물처리의 설비, 굴뚝, 승강기, 피뢰침, 국기 게양대, 공동시청 안테나, 유선방송 수신시설, 우편함, 저수조(貯水槽), 방범시

설, 그 밖에 국토교통부령으로 정하는 설비
를 말한다.

③ "공사시공자"란 건축물의 건축·대수선·용도
변경, 건축설비의 설치 또는 공작물의 축조
에 관한 공사를 발주하거나 현장 관리인을
두어 스스로 그 공사를 하는 자를 말한다.

④ "리모델링"이란 건축물의 노후화를 억제하거나
기능 향상 등을 위하여 대수선·개축하거나
일부 증축하는 행위를 말한다.

해설 건축물의 건축·대수선 등의 행위를 하는 자는 건축
주에 해당된다.

답 : ③

15. "건축물의 설비기준 등에 관한 규칙"에 따른
공동주택 및 다중이용시설의 환기설비기준에
대한 설명으로 적절하지 <u>않은</u> 것은?

① 신축 또는 리모델링하는 30세대 이상의 공동
주택은 시간당 0.5회 이상의 환기가 이루어질
수 있도록 자연환기설비 또는 기계환기설비를
설치할 것

② 다중이용시설의 기계환기설비 용량기준은
시설이용 시간 당 환기량을 원칙으로 산정
할 것

③ 기계환기설비는 다중이용시설로 공급되는 공
기의 분포를 최대한 균등하게 하여 실내 기류
의 편차가 최소화될 수 있도록 할 것

④ 공기공급체계·공기배출체계 또는 공기흡입
구·배기구 등에 설치되는 송풍기는 외부의
기류로 인하여 송풍능력이 떨어지는 구조가
아닐 것

해설 다중이용시설의 기계환기설비 용량기준은 시설이용
인원당 환기량을 원칙으로 산정한다.

답 : ②

16. "건축법"에 따른 건축물의 마감재료 중 복합
자재의 품질관리서에 기재할 내용으로 가장 적
절한 것은?

① 난연 성능
② 단열 성능
③ 방수 성능
④ 방음 성능

해설 복합자재의 품질관리서는 당해 자재의 난연성능을
확인하도록 하여야 한다.

답 : ①

17. "건축법"에 따른 건축설비 설치의 원칙에 대
한 설명 중 적절하지 <u>않은</u> 것은?

① 건축설비는 건축물의 안전·방화, 위생, 에
너지 및 정보통신의 합리적 이용에 지장이
없도록 설치하여야 하고, 배관피트 및 닥트
의 단면적과 수선구의 크기를 해당 설비의
수선에 지장이 없도록 하는 등 설비의 유지
·관리가 쉽게 설치하여야 한다.

② 국토교통부장관은 건축물에 설치하는 냉방·
난방·환기 등 건축설비의 설치 및 에너지
이용합리화와 관련한 기술적 기준에 관하여
산업통상자원부장관과 협의하여 정한다.

③ 연면적이 500제곱미터 이상인 건축물의 대지
에는 국토교통부령으로 정하는 바에 따라 「전
기사업법」 제2조제2호에 따른 전기사업자가
전기를 배전(配電)하는 데 필요한 전기설비를
설치할 수 있는 공간을 확보하여야 한다.

④ 해풍이나 염분 등으로 인하여 건축물의 재
료 및 기계설비 등에 조기 부식과 같은 피
해 발생이 우려되는 지역에서는 해당 지방
자치단체는 이를 방지하기 위하여 해풍이나
염분 등에 대한 내구성 설계기준 및 허용기
준을 조례로 정할 수 있다.

해설 건축물에 설치하는 냉방·난방·환기 등 건축설비의 설치기준은 국토교통부장관이 정한다. 다만, 당해 건축설비가 에너지이용 합리화와 관련된 기술적 기준에 해당 될 때에는 산업통상자원부장관과 협의하여 정하여야 한다.

답 : ②

18. "건축법"에 따라 건축물의 난방 및 환기 설비를 설치할 때 건축기계설비기술사의 협력을 받아야 하는 경우로 적절하지 <u>않은</u> 것은?

① 총 30세대인 아파트
② 바닥면적의 합계가 1만제곱미터인 물놀이형 시설
③ 바닥면적의 합계가 3천제곱미터인 의료시설
④ 바닥면적의 합계가 2천제곱미터인 연구소

해설 연구소의 경우에는 바닥면적의 합계 3,000m² 이상인 경우가 해당된다.

답 : ④

19. "건축법"에 따른 거실의 채광 및 환기에 대한 기술 중 가장 적절하지 <u>않은</u> 것은?

① 다세대 주택의 거실은 거실 바닥면적의 1/10 이상의 채광을 위한 창문 등이나 설비를 설치해야 한다.
② 학원의 교실은 환기를 위해 각층 바닥면적의 1/20 이상의 개폐창을 설치해야 한다.
③ 의료시설의 병실은 기계환기장치가 있는 경우 환기창을 설치하지 않아도 된다.
④ 수시로 개방할 수 있는 미닫이로 구획된 2개의 거실은 이를 1개의 거실로 본다.

해설 학교의 교실인 경우에 채광 및 환기규정이 적용된다.

답 : ②

20. "기존 건축물의 에너지성능 개선기준"에 따른 설명으로 적절하지 <u>않은</u> 것은?

① "에너지성능 및 효율개선"이란 건축물의 냉난방 부하량과 에너지 소요량 저감을 통해 에너지 소비량을 절감하는 것을 말한다.
② 건축물의 사용자 또는 관리자는 성능개선 사업계획서에 대한 보완 요청을 받은 경우 30일 이내에 녹색건축센터의 장에게 사업계획서를 보완하여 제출하여야 한다.
③ 성능개선 이후에도 에너지효율등급 1등급 이상을 충족시키기 어려운 공공건축물은 연간 단위면적당 1차 에너지소요량을 30% 이상 개선하여야 한다.
④ 녹색건축센터의 장은 지역·용도·규모별 에너지 소비량 상위 30% 이내의 공공건축물에 대하여 성능개선을 요구할 수 있다.

해설 에너지 소비량 상위 50% 이내로서 냉방 또는 난방 에너지 소비량 상위 25% 이내의 공공건축물을 대상으로 한다.

답 : ④

제1과목 : 건물에너지 관계법규

1. 다음은 "녹색건축물 조성 지원법" 제3조의 녹색 건축물 조성의 기본원칙을 나타낸 것이다. 적합한 것을 모두 고른 것은?

> ㉠ 기존건축물에 대한 에너지효율화 추진
> ㉡ 신·재생에너지 활용 및 자원절약적인 녹색 건축물 조성
> ㉢ 환경친화적이고 지속가능한 녹색건축물 조성
> ㉣ 온실가스 배출량 감축을 통한 녹색건축물 조성
> ㉤ 녹색건축물 조성에 대한 계층간, 지역간 균형성 확보

① ㉠, ㉡, ㉢, ㉣, ㉤
② ㉠, ㉡, ㉢, ㉣
③ ㉠, ㉡, ㉣, ㉤
④ ㉠, ㉢, ㉣, ㉤

해설 **녹색건축물 조성의 기본원칙**

1. 온실가스 배출량 감축을 통한 녹색건축물 조성
2. 환경 친화적이고 지속 가능한 녹색건축물 조성
3. 신·재생에너지 활용 및 자원 절약적인 녹색건축물 조성
4. 기존 건축물에 대한 에너지 효율화 추진
5. 녹색건축물 조성에 대한 계층간, 지역간 균형성 확보

답 : ①

2. "녹색건축물 조성 지원법"에서 건축물 에너지·온실가스 정보를 국토교통부장관에게 제출하도록 명시 되어 있지 <u>않은</u> 기관은?

① 「한국가스공사법」에 따른 한국가스공사
② 「대한석탄공사법」에 따른 대한석탄공사
③ 「도시가스사업법」 제2조제2호에 따른 도시가스사업자
④ 「정부출연연구기관 등의 설립·운영 및 육성에 관한 법률」 제8조에 따른 에너지경제연구원

해설 **에너지 공급기관 또는 관리기관**

1. 「한국전력공사법」에 따른 한국전력공사
2. 「한국가스공사법」에 따른 한국가스공사
3. 「한국석유공사법」에 따른 한국석유공사
4. 「도시가스사업법」에 따른 도시가스사업자
5. 「집단에너지사업법」에 따른 사업자 및 한국지역난방공사
6. 「수도법」에 따른 수도사업자
7. 「액화석유가스의 안전관리 및 사업법」에 따른 액화석유가스 판매사업자
8. 「공동주택관리법」에 따른 관리주체 및 공동주택 및 공동주택관리정보시스템 운영기관
9. 「집합건물의 소유 및 관리에 관한 법률」에 따른 관리단 또는 관리단으로부터 건물의 관리에 대하여 위임을 받은 단체
10. 「에너지이용 합리화법」에 따른 한국에너지공단
11. 「정부출연 연구기관 등의 설립·운영 및 육성에 관한 법률」에 따른 에너지경제연구원

답 : ②

3. "녹색건축물 조성 지원법"에서 녹색건축물 조성의 활성화를 위한 건축기준 완화 내용으로 가장 적합한 것은?

① 건축물의 높이는 100분의 120 이하의 완화기준이 적용된다.

② 조경설치면적은 기준의 100분의 85 이내의 완화기준이 적용된다.

③ 용적률은 기준의 100분의 120 이하의 완화기준이 적용된다.

④ 건축물의 신축공사를 위한 골조공사에 국토교통부장관이 고시하는 재활용 건축자재를 100분의 20 이상 사용한 건축물은 완화 대상이다.

해설 **녹색건축물 활성화를 위한 완화기준**

1. 용적률(건축법 56조)	기준의 115/100 이내
2. 건축물 높이제한(건축법 60조)	
3. 일조 등의 확보를 위한 건축물 높이제한(건축법 61조)	

답 : ④

4. 다음은 "녹색건축물 조성 지원법"에서 정하는 녹색 건축물 기본계획수립 관련 사항을 나타낸 것이다. 적합한 것을 모두 고른 것은?

> ㉠ 녹색건축물 연구·개발에 관한 사항
> ㉡ 에너지 이용효율이 높고 온실가스 배출을 최소화할 수 있는 건축설비 효율화 계획
> ㉢ 녹색건축물 설계·시공·유지·관리·해체 등의 단계별 에너지절감 및 비용절감 대책
> ㉣ 녹색건축물 설계·시공·감리·유지·관리업체 육성 정책

① ㉠, ㉡

② ㉠, ㉡, ㉢

③ ㉡, ㉢, ㉣

④ ㉠, ㉡, ㉢, ㉣

해설 **기본계획 내용**

1. 녹색건축물의 현황 및 전망에 관한 사항

2. 녹색건축물의 온실가스 감축, 에너지 절약 등의 달성목표 설정 및 추진 방향

3. 녹색건축물의 정보체계의 구축·운영에 관한 사항

4. 녹색건축물의 관련 연구·개발에 관한 사항

5. 녹색건축물 전문인력의 육성·지원 및 관리에 관한 사항

6. 녹색건축물 조성사업의 지원에 관한 사항

7. 녹색건축물 조성 시범사업에 관한 사항

8. 녹색건축물 조성을 위한 건축자재 및 시공 관련 정책방향에 관한 사항

9. 에너지 이용 효율이 높고 온실가스 배출을 최소화할 수 있는 건축설비 효율화 계획에 관한 사항

10. 녹색건축물의 설계·시공·유지·관리·해체 등의 단계별 에너지 절감 및 비용 절감 대책에 관한 사항

11. 녹색건축물 설계·시공·감리·유지·관리업체 육성 정책에 관한 사항

답 : ④

5. "녹색건축물 조성 지원법"에서 정하는 건축물 에너지 평가사에 대한 다음 설명 중 <u>틀린</u> 것은?

① 건축물에너지평가사 자격이 취소된 후 3년이 지나지 아니한 사람은 건축물에너지평가가 될 수 없다.

② 건축물에너지평가사 자격시험에 합격한 사람이 건축물에너지효율등급 인증평가 업무를 하려면 국토교통부장관이 실시하는 교육훈련을 이수하여야 한다.

③ 피성년 후견인은 건축물에너지평가사가 될 수 없다.

④ 최근 1년 이내에 한 번의 자격정지처분을 받고 다시 자격정지처분에 해당하는 행위를 한 경우에는 그 자격을 취소한다.

해설 최근 1년 이내에 2번의 자격정지 처분시의 기준에 해당된다.

답 : ④

6. 다음 중 "녹색건축물 조성 지원법" 제41조에 따른 2천만 원 이하의 과태료 부과대상에 해당되지 <u>않는</u> 것은?

① 건축물에너지평가사 자격증을 다른 사람에게 빌려준 경우

② 일사의 차단을 위한 차양 등 일사조절장치 설치 대상인 건축물이 이를 설치하지 않은 경우

③ 에너지 관련 전문기관이 에너지절약계획서 검토업무 및 사전확인을 거짓으로 수행한 경우

④ 에너지 절약계획서 제출대상인 건축주가 정당한 사유없이 허가권자에게 에너지 절약계획서를 제출하지 않은 경우

해설 자격증을 다른 사람에게 빌려주는 경우 :
1년 이하의 징역 또는 1천만원 이하의 벌금

답 : ①

7. "녹색건축물 조성 지원법"에서 정하는 에너지소비량 또는 정보 공개와 관련된 내용으로 가장 적합하지 <u>않은</u> 것은?

① '건축물의 에너지·온실가스 정보체계 구축 등' 조항에 의한 건축물 에너지·온실가스 정보

② '공공건축물의 에너지소비량 공개 등' 조항에 의한 공공건축물의 온실가스 배출량

③ '건축물 에너지성능정보의 공개 및 활용 등' 조항에 의한 전체 세대수 100세대 이상 주택 단지 내 공동주택의 건축물 에너지 평가서

④ '건축물 에너지성능정보의 공개 및 활용 등' 조항에 의한 연면적 2천제곱미터 이상 업무 시설의 연간 에너지 사용량

해설 **건축물에너지 성능정보의 공개 대상**

건축물 에너지·온실가스 정보체계가 구축된 지역에 있는	• 전체 세대수가 100세대 이상인 주택단지 내의 공동주택 • 연면적 2,000m² 이상의 업무 시설(오피스텔 제외)	매매 또는 임대계약시

답 : ②

8. "에너지법"에서 정하는 사항에 대한 다음 설명 중 <u>틀린</u> 것은?

① 시·도지사는 5년마다 5년 이상을 계획기간으로 하는 지역에너지계획을 수립·시행하여야 한다.

② 정부는 10년 이상을 계획기간으로 하는 에너지 기술개발계획을 5년마다 수립·시행하여야 한다.

③ 산업통상자원부장관은 에너지 총조사를 5년마다 실시하되, 필요한 경우 간이조사를 실시할 수 있다.

④ 에너지열량 환산기준은 5년마다 작성하되, 산업통상자원부장관이 필요하다고 인정할 경우 수시로 작성할 수 있다.

해설 에너지 총조사는 3년마다 실시한다.

답 : ③

9. "에너지이용합리화법"에 의한 국가에너지절약 추진위원회와 관련된 다음 설명 중 <u>틀린</u> 것은?

① 에너지절약 정책의 수립 및 추진에 관한 사항을 심의한

② 위원장은 □ **삭 제** □ 이 된다.

③ 위원회의 회의는 재적위원 2/3이상 출석으로 개의하고, 출석위원 과반수의 찬성으로 의결한다.

④ 위촉위원의 임기는 3년이다.

해설 문제의 근거가 되는 에너지이용합리화법 제5조는 2018.10.18 기준으로 삭제되었음.

답 : ③

10. 다음 중 "에너지이용합리화법"에 의한 에너지 사용계획 협의대상이 <u>아닌</u> 것은?

① 공공사업주관자가 연간 3천 티오이 이상의 연료 및 열을 사용하는 시설을 설치하고자 할 때
② 공공사업주관자가 연간 2천만 킬로와트시 이상의 전력을 사용하는 시설을 설치하고자 할 때
③ 민간사업주관자가 연간 3천 티오이 이상의 연료 및 열을 사용하는 시설을 설치하고자 할 때
④ 민간사업주관자가 연간 2천만 킬로와트시 이상의 전력을 사용하는 시설을 설치하고자 할 때

[해설] 에너지사용계획 협의 및 의견 청취 대상

1. 공공사업주관자	① 도시개발사업 등 사업실시자 ② 다음의 시설을 설치하려는 자 • 연간 2천5백toe 이상의 연료 및 열을 사용하는 시설 • 연간 1천만 킬로와트시 이상의 전력을 사용하는 시설
2. 민간사업주관자	① 도시개발사업 등 사업실시자 ② 다음의 시설을 설치하려는 자 • 연간 5천toe 이상의 연료 및 열을 사용하는 시설 • 연간 2천만 킬로와트시 이상의 전력을 사용하는 시설

답 : ③

11. "에너지이용합리화법"에 따른 에너지진단제도와 관련된 다음 설명 중 가장 적합하지 <u>않은</u> 것은?

① 에너지다소비사업자는 에너지진단전문기관으로부터 3년 이상의 범위에서 대통령령으로 정하는 기간마다 에너지진단을 받는 것이 원칙이다.
② 「군사기지 및 군사시설보호법」에서 정의하는 군사시설은 에너지진단 제외 대상이다.
③ 산업통상자원부장관은 진단기관의 지정을 받은 자가 지정취소 요건에 해당하는 경우에는 그 지정을 취소하거나 2년 이내의 기간을 정하여 업무정지를 명할 수 있다.

④ 산업통상자원부장관은 중소기업기본법에 따른 중소기업으로서 연간 에너지사용량이 2만 티오이 미만인 에너지다소비사업자에게 에너지 진단비용의 일부 또는 전부를 지원할 수 있다.

[해설] 산업통상자원부장관은 연간 에너지사용량이 1만toe 미만인 중소기업 에너지진단 비용의 전부 또는 일부를 지원할 수 있다.

답 : ④

12. "공공기관 에너지이용합리화 추진에 관한 규정"의 다음 설명 중 가장 적합하지 <u>않은</u> 것은?

① 공공기관이 증축·개축 시 신규 설치하는 지하주차장의 조명기기는 모두 LED제품으로 설치하여야 한다.
② 에너지진단결과 10% 이상의 절감효과를 볼 수 있는 공공기관건축물은 에너지진단을 받아야 한다.
③ 공공기관에서 에너지절약계획서 제출 대상인 연면적 10,000m² 이상의 공공업무시설을 신축하는 경우 건물에너지관리시스템(BEMS)을 구축·운영하여야 한다.
④ 건축 연면적이 3,000m² 이상인 건축물을 소유한 공공기관은 5년마다 에너지진단 전문기관으로부터 에너지진단을 받아야 한다.

[해설] ┌ 에너지 절감 효과 5% 이상
└ 투자비 회수 기간 10년 이내

답 : ②

13. "고효율에너지기자재 보급촉진에 관한 규정"에 따른 설명 중 적합하지 <u>않은</u> 것은?

① 고효율에너지기자재로서의 인증효력은 인증서를 교부받은 날로부터 생산된 제품에 정해진 기준에 따라 적합하게 인증표시를 함으로써 발생한다.

② 고효율에너지기자재의 인증유효기간은 인증서 발급일로부터 5년을 원칙으로 한다.

③ 한국에너지공단 이사장은 인증유효기간이 만료되는 경우에는 고효율인증업자의 신청에 따라 유효기간을 3년단위로 연장할 수 있다.

④ 고효율인증업자는 매년 3월 31일까지 전년도 생산, 수입 또는 판매실적을 한국에너지공단 이사장에게 제출하여야 한다.

[해설] 인증유효기간은 인증서 발급일로부터 3년을 원칙으로 한다.

답 : ②

14. "건축법"에 따른 정의로 가장 적합한 것은?

① '거실'이란 건축물 안에서 거주, 집무, 작업, 집회, 오락, 그 밖에 이와 유사한 목적을 위해 사용되는 방을 말하나, 특별히 거실이 아닌 냉·난방 공간 또는 거실에 포함된다.

② '고층건축물'이란 층수가 50층 이상이거나 높이가 200미터 이상인 건축물을 말한다.

③ '증축'이란 기존 건축물이 있는 대지에서 건축물의 건축면적, 연면적, 층수 또는 높이를 늘리는 것을 말한다.

④ '이전'이란 건축물의 주요 구조부를 해체하지 않고 인접 대지로 옮기는 것을 말한다.

[해설] ① "거실"이란 건축물 안에서 거주, 집무, 작업, 집회, 오락, 그 밖에 이와 유사한 목적을 위하여 사용되는 방을 말한다.
② "고층건축물"이란 30층 이상이거나 건축물 높이 120m 이상이다.

④ "이전"이란 건축물의 주요 구조부를 해체하지 아니하고 같은 대지의 다른 위치로 옮기는 것을 말한다.

답 : ③

15. 다음 중 "건축법"을 적용해야 하는 건축물로 가장 적합한 것은?

① 「문화재보호법」에 따른 지정문화재
② 철도나 궤도의 선로 부지(敷地)에 있는 운전 보안시설
③ 「한옥 등 건축자산의 진흥에 관한 법률」에 따른 한옥
④ 「하천법」에 따른 하천구역 내의 수문조작실

[해설] **건축법 적용제외 건축물**

1. 지정 · 가지정 문화재
2. 철도 또는 궤도의 선로 부지안에 있는 시설
3. 고속도로 통행료 징수시설
4. 컨테이너를 이용한 간이창고
5. 수문조작실

답 : ③

16. "건축법"에 따라 외벽에 사용하는 마감재료를 방화에 지장이 없는 재료로 하여야 하는 건축물로 가장 적합하지 <u>않은</u> 것은? (단, 보기는 지역/용도/해당 용도로 쓰는 바닥면적의 합계/층수/높이를 의미한다.)

① 일반상업지역 / 판매시설 / 2,000m² / 2층 / 19m
② 일반상업지역 / 종교시설 / 1,500m² / 5층 / 22m
③ 근린상업지역 / 숙박시설 / 2,500m² / 2층 / 8m
④ 근린상업지역 / 업무시설 / 3,500m² / 5층 / 24m

건축물 외부 마감재료 제한 대상

1. 상업지역(근린상업 지역 제외)의 건 축물	다중이용업 건축물로 그 용도로 쓰는 바닥면적의 합계 2,000m² 이상인 건축물
	공장(화재 위험이 적은 공장 제외) 에서 6m 이내에 위치한 건축물
2. 3층 이상 건축물	
3. 높이 9m 이상 건축물 등	

답 : ③

17. "건축법"에서 기후 변화나 건축기술의 변화 등에 따라 국토교통부장관이 실시하여야 하는 건축모니터링의 대상과 관련되지 <u>않는</u> 조항을 모두 고른 것은?

> ㉠ 제48조의3(건축물의 내진능력 공개)
> ㉡ 제49조(건축물의 피난시설 및 용도제한 등)
> ㉢ 제52조의2(실내건축)
> ㉣ 제53조(지하층)
> ㉤ 제53조의2(건축물의 범죄예방)

① ㉠, ㉡, ㉣
② ㉠, ㉤
③ ㉡, ㉢, ㉣
④ ㉢, ㉤

모니터링 적용 기준

1. 법 제48조 (구조내력 등)
2. 법 48조의2 (건축물 내진등급의 설정)
3. 법 제49조 (건축물의 피난시설 및 용도제한 등)
4. 법 제50조 (건축물의 내화구조와 방화벽)
5. 법 제50조의2 (고층건축물의 피난 및 안전관리)
6. 법 제51조 (방화지구 안의 건축물)
7. 법 제52조 (건축물의 마감재료)
8. 법 제52조의2 (실내건축)
9. 법 제52조의3 (복합자재의 품질관리 등)
10. 법 제53조 (지하층)

답 : ②

18. "건축법"에서 태양열을 주된 에너지원으로 이용하는 주택의 건축면적 산정을 위한 기준으로 적합한 것은?

① 건축물의 내부 마감선
② 건축물의 외벽의 중심선
③ 건축물의 외벽중 단열재의 중심선
④ 건축물의 외벽중 내측 내력벽의 중심선

태양열주택의 건축면적은 외벽 중 내측 내력벽의 중심선으로 구획된 면적으로 한다.

답 : ④

19. "건축물의 설비기준 등에 관한 규칙"에서 중앙집중 냉방설비를 설치하는 경우, 축냉식 또는 가스를 이용한 중앙집중냉방방식으로 하여야 하는 건축물의 면적 기준이 큰 용도 순으로 적합하게 나열한 것은? (단, 면적이란 해당 용도에 사용되는 바닥면적의 합계를 말한다.)

> ㉠ 제1종 근린생활시설 중 목욕장
> ㉡ 문화 및 집회시설(동·식물원은 제외)
> ㉢ 판매시설
> ㉣ 의료시설

① ㉡ - ㉢ - ㉣ - ㉠
② ㉡ - ㉣ - ㉠ - ㉢
③ ㉢ - ㉡ - ㉠ - ㉣
④ ㉢ - ㉣ - ㉡ - ㉠

축냉식 또는 가스 중앙집중냉방방식 대상
㉠ 목욕장 : 500m² 이상
㉡ 문화 및 집회시설(동·식물원 제외) : 10000m² 이상
㉢ 판매시설 : 3000m² 이상
㉣ 의료시설 : 2000m² 이상

답 : ①

20. "건축전기설비설계기준"에 따라 에너지절약 방안의 적용기준으로 가장 적합하지 않은 것은?

① 이단강압방식 변전시스템
② 전력량계 설치
③ 개별스위치 설치 또는 솎음제어
④ 팬 코일유닛(FCU) 제어회로 구성

해설 에너지 절약 방안 기준

1. 전력량계 설치
2. 개별스위치 설치 또는 솎음제어
3. 팬 코일유닛(FUC) 제어화로 구성
4. 역률개선용 커패시터 설치
5. 일괄 소등 스위치 설치 등

* 변전시스템은 직강압방식으로 한다.

답 : ①

제1과목 : 건물에너지 관계법규

1. "에너지법"에서 규정하고 있는 에너지열량 환산기준에 대한 설명 중 적절하지 <u>않은</u> 것은?

① Nm³은 0℃ 1기압 상태의 단위체적(세제곱미터)를 말한다.

② "석유환산톤(toe: ton of oil equivalent)"이란 원유 1톤이 갖는 열량으로 10^7kcal를 말한다.

③ 최종에너지사용자가 사용하는 전기에너지를 열에너지로 환산할 경우에는 1kWh=860 kcal를 적용한다.

④ 에너지열량 환산기준은 10년마다 작성함을 원칙으로 한다.

해설 에너지열량 환산기준은 5년마다 작성한다.

답 : ④

2. "에너지이용합리화법"에 따른 냉난방온도 제한 대상 민간 건물 중 판매시설의 실내 냉난방 제한온도로 적절한 것은?

① 냉방 25℃ 이상, 난방 18℃ 이하

② 냉방 25℃ 이상, 난방 20℃ 이하

③ 냉방 26℃ 이상, 난방 18℃ 이하

④ 냉방 26℃ 이상, 난방 20℃ 이하

해설 냉·난방 온도 제한 기준

1. 냉방	26℃ 이상(판매시설 및 공항의 경우 25℃ 이상)
2. 난방	20℃ 이하

답 : ②

3. "에너지이용 합리화법"에 따른 에너지사용계획에 대한 내용 중 가장 적절하지 <u>않은</u> 것은?

① 에너지사용계획에는 에너지 수요예측 및 공급계획, 에너지이용 효율 향상 방안이 포함 되어야 한다.

② 공공사업주관자의 집단 에너지 공급계획이 변경되는 경우 에너지사용계획 변경 협의 대상에 해당한다.

③ 에너지절약전문기업, 정부출연연구기관 또는 대학부설 에너지 관계 연구소는 에너지사용계획의 수립을 대행할 수 있다.

④ 공공 및 민간사업주관자는 에너지사용에 관한 협의절차가 완료되기 전에는 공사를 시행할 수 없다.

해설 협의 절차 완료 전 공사시행금지에 관한 규정은 공공사업주관자에게 적용된다.(영 25조 ①항)

답 : ④

4. "에너지이용 합리화법"에 따른 에너지이용 합리화를 위한 계획 및 조치에 대한 내용 중 가장 적절하지 <u>않은</u> 것은?

① 국가에너지절약추진위원회 당연직 위원에 국토교통부장관이 포함된다.

② 산업통상자원부장관은 "집단에너지사업법" 제2조 제 3호에 따른 집단에너지사업자에게 에너지저장의무를 부과할 수 있다.

③ 산업통상자원부장관은 5년마다 에너지이용 합리화에 관한 기본계획을 수립하여야 한다.

④ 연간 1만 티오이 이상 연료 및 열을 사용하는 시설을 설치하려는 사업주관자는 에너지사용계획 제출 대상이다.

[해설] ①항은 2018.4.17기준으로 삭제된 내용이다.

답 : ①

5. "고효율에너지기자재 보급촉진에 관한 규정"과 "효율관리기자재 운용규정"에 대한 설명 중 적절하지 <u>않은</u> 것은?

① 고효율에너지기자재로서의 인증효력은 인증서를 교부받은 날로부터 생산된 제품에 정해진 기준에 따라 적합하게 인증표시를 함으로써 발생한다.

② 고효율에너지기자재의 인증유효기간은 인증서 발급일로부터 3년을 원칙으로 하며, 인증유효기간이 만료되는 경우에는 신청에 따라 유효기간을 3년 단위로 연장할 수 있다.

③ 효율관리기자재의 소비효율은 효율관리시험기관 또는 자체측정승인업자가 "효율관리기자재 운용규정"에 따라 측정한 에너지소비 효율 또는 에너지사용량을 말한다.

④ 효율관리기자재 중 전기냉방기의 소비효율 또는 소비효율등급라벨의 표시항목에는 월간 소비전력량, 1시간사용시 CO_2 배출량, 최저소비효율기준 만족여부가 포함된다.

[해설] 전기냉방기 라벨 표시 항목

| 1. 월간소비전력량 |
| 2. 1시간 사용시 CO_2 배출량 |
| 3. 정격냉방능력 |
| 4. 월간에너지비용 |
| 5. 소비효율등급 |

답 : ④

6. "공공기관 에너지이용합리화 추진에 관한 규정"에 대한 설명 중 적절하지 <u>않은</u> 것은?

① 공공기관이 건축물을 신축 또는 증축하는 경우에는 비상용 예비전원으로 에너지저장장치(ESS)를 설치하여야 한다.

② 이 규정에 따른 에너지진단 의무 대상 중 제로에너지 건축물 인증을 받은 건축물은 1회에 한해 에너지진단을 면제받을 수 있다.

③ 공공기관은 해당기관이 소유한 건축물의 실내 조명기기를 연도별 보급목표에 따라 LED제품으로 교체 또는 설치하여야 한다.

④ 공공기관이 "신에너지 및 재생에너지 개발·이용·보급 촉진법"에 따라 신재생에너지를 의무적으로 설치하는 경우 건축허가 전에 신재생에너지설비 설치계획서를 신재생에너지 센터에서 검토 받아야 한다.

[해설] 계약전력 1,000kW 이상의 건축물에 계약전력 5% 이상의 전력저장장치(ESS)를 설치하도록 한다.

답 : ①

7. "녹색건축물 조성 지원법"에 따른 녹색건축물 기본계획의 수립에 대한 내용으로 적절하지 <u>않은</u> 것은?

① 녹색건축물의 온실가스 감축, 에너지 절약 등의 달성목표 설정 및 추진방향이 포함되어야 한다.

② 국토교통부장관은 기본계획안을 작성하여 관계 중앙행정기관장 및 시도지사와 사전 협의 후 국가건축정책위원회의 의견을 청취해야 한다.

③ 국토교통부장관은 기본계획을 수립하거나 변경하는 경우 「건축법」 제4조에 따른 건축 위원회의 심의를 거쳐야 한다.

④ 기본계획에 따른 사업추진에 드는 비용을 100분의 10 이내에서 증감시키는 경우에는 사전 협의 및 의견 청취, 심의를 생략할 수 있다.

답 : ②

8. "녹색건축물 조성 지원법"에 따른 건축물 에너지·온실가스 정보체계 구축 등과 관련한 내용으로 적절하지 <u>않은</u> 것은?

① 건축물 에너지·온실가스 정보체계를 구축하는 때에는 국가 온실가스 종합정보관리 체계에 부합하도록 하여야 한다.
② 에너지경제연구원은 국토교통부장관에게 건축물 에너지·온실가스 정보를 제출하여야 한다.
③ 에너지공급기관은 건축물의 온실가스 배출량 및 에너지 사용량과 관련된 정보 및 통계를 매월 말일까지 국토교통부장관에게 제출하여야 한다.
④ 국토교통부장관은 온실가스 배출량 및 에너지 사용량을 지역·용도·규모별로 구분하여 공개할 수 있다.

답 : ③

9. "녹색건축물 조성 지원법"에 따라 공공건축물의 사용자 또는 관리자가 국토교통부장관에게 제출해야 하는 공공건축물의 에너지소비량 보고서("녹색건축물 조성 지원법 시행규칙" 별지 제2호서식)에 포함되는 내용으로서 가장 적절하지 <u>않은</u> 것은?

① 건축물의 냉난방 면적 및 냉난방 방식
② 분기별·에너지원별 건축물 에너지 소비량

③ 연간 단위면적당 1차 에너지 소비량
④ 비교 건물군의 연간 단위면적당 1차 에너지 소비량

답 : ④

10. "녹색건축물 조성 지원법"에 따른 녹색건축센터에 대한 설명으로 적절하지 <u>않은</u> 것은?

① 녹색건축물 조성기술의 연구·개발 및 보급등을 효율적으로 추진하기 위해 지정한다.
② 수행업무에는 제로에너지 건축물 시범사업 운영 및 인증 업무가 포함된다.
③ 국토교통부장관은 업무의 내용과 기능에 따라 녹색건축지원센터, 녹색건축사업센터, 제로에너지건축물 지원센터로 구분하여 지정할 수 있다.
④ 녹색건축센터로 지정받으려는 자로서 건축물의 에너지효율등급 인증을 수행하려는 경우, 해당 인증업무를 수행할 수 있는 전문인력을 5명 이상 보유해야 한다.

답 : ④

11. "녹색건축물 조성 지원법"에 따라 국토교통부장관이 녹색건축물 조성 시범사업의 지원을 결정하기 위해 고려해야 할 사항으로 가장 적절하지 <u>않은</u> 것은?

① 국가 및 지방자치단체의 녹색건축물 조성 목표 설정 기여도

② 건축물의 용적률 및 높이에 대한 건축기준완화 적용 여부

③ 건축물의 온실가스 배출량 감소 정도

④ 실효적인 녹색건축물 조성 기준 개발 가능성

해설 시범사업 지원 결정 기준

1. 국가 및 지방자치단체의 녹색건축물 조성 목표 설정 기여도

2. 건축물의 온실가스 배출량 감소 정도

3. 실효적인 녹색건축물 조성 기준 개발 가능성

답 : ②

12. "녹색건축물 조성 지원법"에 따라 국토교통부장관이 지원할 수 있는 그린리모델링 사업의 종류로 적절하지 <u>않은</u> 것은?

① 그린리모델링 건축자재 및 설비의 성능평가 인증

② 기존 건축물을 녹색건축물로 전환하는 사업

③ 그린리모델링 사업발굴, 기획, 타당성 분석, 설계·시공 및 사후관리 등에 관한 사업

④ 그린리모델링을 통한 에너지 절감 예상액의 배분을 기초로 재원을 조달하여 그린리모델링을 하는 사업

해설 그린리모델링 사업 범위

1. 건축물의 에너지 성능향상 또는 효율개선 사업

2. 기존 건축물을 녹색건축물로 전환하는 사업

3. 그린리모델링 사업발굴, 기획, 타당성 분석, 설계·시공 및 사후관리 등에 관한 사업

4. 그린리모델링을 통한 에너지절감 예상액을 배분을 기초로 재원을 조달하여 그린리모델링을 하는 사업

답 : ①

13. "녹색건축물 조성 지원법"에 따른 건축물에너지평가사 자격의 취소 또는 정지 기준에 관하여 위반행위와 행정처분기준이 바르게 연결된 것은?

① 징역형의 집행유예 기간 중에 있는 사람 - 자격취소

② 최근 1년 이내에 두 번의 자격정지처분을 받고 다시 자격정지처분에 해당하는 행위를 한 경우 - 자격정지 3년

③ 고의 또는 중대한 과실로 건축물에너지평가 업무를 거짓 또는 부실하게 수행하여 벌금 이하의 형을 선고받고 그 형이 확정된 경우 - 자격정지 1년

④ 건축물에너지평가사 자격정지처분 기간 중에 건축물에너지평가서 업무를 한 경우 - 자격정지 2년

해설 ① 결격사유 중 하나 - 자격 취소 사유

② 자격 취소 사유

③ 자격 정지 2년 사유

④ 자격 취소 사유

답 : ①

14. "건축법"에 따른 정의로 가장 적절한 것은?

① "지하층"이란 건축물의 바닥이 지표면 아래에 있는 층으로서 바닥에서 지표면까지 최대 높이가 해당 층 높이의 2분의 1이상인 것을 말한다.

② "설계자"란 자기의 책임으로 설계도서를 작성하고 그 설계도서에서 의도하는 바를 해설하며, 지도하고 자문에 응하는 자를 말한다.

③ "내화구조"란 화염의 확산을 막을 수 있는 성능을 가진 재료로서 국토교통부령으로 정하는 기준에 적합한 구조를 말한다.

④ "불연재료"란 불에 잘 타지 아니하는 성능을 가진 재료로서 국토교통부령으로 정하는 기준에 적합한 재료를 말한다.

[해설] ① 지하층 : 바닥에서 지표면까지 평균 높이가 해당
층 높이의 1/2 이상
② 내화 구조 : 화재에 견딜 수 있는 성능
③ 불연 재표 : 불에 타지 아니하는 성질

답 : ②

15. 다음 보기 중 "건축법"에 따른 실내건축의 재료 또는 장식물에 해당하는 것을 모두 고른 것은?

> ㉠ 벽, 천장, 바닥 및 반자틀의 재료
> ㉡ 실내에 설치하는 난간, 창호 및 출입문의 재료
> ㉢ 실내에 설치하는 전기·가스·급수(給水), 배수(排水)·환기시설의 재료
> ㉣ 실내에 설치하는 충돌·끼임 등 사용자의 안전사고 방지를 위한 시설의 재료

① ㉠
② ㉠, ㉡
③ ㉠, ㉡, ㉢
④ ㉠, ㉡, ㉢, ㉣

[해설] 실내건축의 범위

1. 내부공간을 칸막이로 구획	
2. 벽·천장·바닥 및 반자틀 설치	
3. 실내에 설치하는	난간, 창호 및 출입문 설치
	전기, 가스, 급수, 배수, 환기시설 설치
	충돌, 끼임 등 사용자의 안전시설 설치

답 : ④

16. "건축법" 제 11조에 따라 건축허가를 받으면 허가 등을 받거나 신고를 한 것으로 보는 사항으로 적절하지 <u>않은</u> 것은?

① 「건축법」 제83조에 따른 공작물의 축조신고
② 「주택법」 제15조에 따른 사업계획의 승인
③ 「도로법」 제61조에 따른 도로의 점용 허가
④ 「물환경보전법」 제33조에 따른 수질오염 물질 배출시설 설치의 허가나 신고

[해설] 주택법의 사업계획이 승인된 경우 건축법의 건축허가를 받은 것으로 본다.

답 : ②

17. "건축법"에 따라 사용승인을 받은 건축물의 용도를 변경하려고 할 때 용도변경의 허가를 받아야 하는 경우로 가장 적절한 것은?

〈기 존〉 〈변 경〉
① 문화 및 집회시설 → 위락시설
② 방송통신시설 → 교육연구시설
③ 종교시설 → 노유자시설
④ 업무시설 → 공장

[해설] ① 4군 → 4군 : 임의
② 3군 → 6군 ⎤ 신고
③ 4군 → 6군 ⎦
④ 8군 → 2군 : 허가

답 : ④

18. 다음 보기 중 "건축법"에서 정하여 실시하는 건축물 인증제도에 해당하는 것을 모두 고른 것은?

> ㉠ 지능형건축물 인증제
> ㉡ 녹색건물 인증제
> ㉢ 건축물 에너지효율등급 인증제
> ㉣ 장애물 없는 생활환경 인증제

① ㉠
② ㉠, ㉣
③ ㉡, ㉢
④ ㉠, ㉡, ㉢

[해설]
• 녹색건축 인증제 ⎤
• 건축물에너지 효율등급 인증제 ⎦ 녹색건축물 조성 지원법

• 장애물 없는 생활환경 인증제 – 장애인·노인·임산부 등의 편의증진 보장에 관한 법률

답 : ①

19. "건축물의 설비기준 등에 관한 규칙"에 따라 기계환기설비를 설치하여야 하는 다중이용시설 및 각 시설의 필요 환기량에 대한 설명으로 가장 적절하지 <u>않은</u> 것은?

① '다중이용시설'이란 「건축법 시행령」 제2조에서 정의하는 '다중이용 건축물'을 말한다.

② 필요 환기량 기준(m^3/인·h)은 지하시설 중 지하역사에 대해 25 이상, 업무시설에 대해 29 이상으로 규정된다.

③ 판매시설의 필요 환기량은 예상 이용인원이 가장 높은 시간대를 기준으로 산정한다.

④ 자동차 관련 시설의 필요 환기량은 단위면 적당 환기량(m^3/m^2·h)으로 산정한다.

해설 건축물의 설비기준 등에 관한 규칙에 따른 다중이용 시설 등은 동규칙 별표 1의 6에 따른 것이다.
(예 : 모든 지하역사 및 연면적 2,000m^2 이상인 지하도 상가는 기계 환기 설치대상인 다중이용시설에 해당된다.)

답 : ①

20. "설비 설계기준" 중 「열원기기 설계기준」에 따른 냉열원기기 선정기준으로 적절하지 <u>않은</u> 것은?

① 냉열원기기의 배치계획에 대하여 유지보수관리 공간 및 열교환기 튜브교체 공간을 합리적으로 확보한다.

② 냉열원기기는 보일러와 같은 위치에 설치하는 것을 기본으로 한다.

③ 압축식 냉동기를 설치하는 실의 벽, 천정, 바닥은 철근콘크리트조 등 방화상 유효한 구조로 하고 2개소 이상의 출입구를 설치한다.

④ 냉온수 배관 회로 설치 시 순환 펌프는 냉열원기기마다 각 1대씩 설치하는 것을 기본으로 한다.

해설 냉열원기기와 보일러는 안전·효율 증진 등을 위하여 별도의 공간에 설치하는 것을 원칙으로 한다.

답 : ②

제1과목 : 건물에너지 관계법규

1. "녹색건축물 조성 지원법"에 따른 개별 건축물의 에너지 소비 총량 제한에 대한 설명으로 가장 적절 하지 <u>않은</u> 것은?

① 국토교통부장관은 신축 건축물 뿐만 아니라 기존 건축물의 에너지 소비 총량을 제한할 수 있다.

② 국토교통부장관은 분기별로 건축물 규모에 따른 에너지 소비량 허용기준을 제시하여야 한다.

③ 국토교통부장관은 중앙행정기관의 장 또는 지방자치단체의 장이 관리하고 있는 건축물에 대하여 에너지 소비 총량 제한 기준을 따로 정하여 고시할 수 있다.

④ 개별 건축물의 에너지 소비 총량을 제한하려면 적용대상과 허용기준 등을 국토교통부에 두는 건축위원회의 심의를 거쳐 고시하여야 한다.

해설 국토교통부장관은 연차별로 건축물 용도에 따른 에너지 소비량 허용기준을 제시하여야 한다.

답 : ②

2. "녹색건축물 조성 지원법"에 의한 실태조사에 관한 내용으로 가장 적절하지 <u>않은</u> 것은?

① 실태조사 사항에는 지역별 에너지 소비 총량 관리 현황이 포함된다.

② 실태조사 사항에는 녹색건축물 조성 시범사업 현황이 포함된다.

③ 정기조사란 국토교통부장관이 기본계획 및 조성계획 등을 효율적으로 수립·집행하기 위하여 필요하다고 인정하는 경우 실시하는 조사이다.

④ 국토교통부장관은 관계 중앙행정기관의 장의 요구가 있는 경우 합동으로 실태조사를 하여야 한다.

해설 국토교통부장관은 매년 녹색건축물 조성 정책수립 등에 활용하기 위하여 정기조사를 실시하여야 한다.

답 : ③

3. "녹색건축물 조성 지원법"에 따라 에너지성능 정보를 공개해야 하는 건축물에 해당하지 <u>않는</u> 것은? (단, 해당 건축물이 건축물 에너지·온실 가스 정보 체계가 구축된 지역에 있는 것을 전제로 한다.)

① 전체 세대수가 300세대인 주택단지 내의 공동주택

② 전체 세대수가 500세대인 주택단지 내의 공동주택

③ 연면적 3,000제곱미터 사무소

④ 연면적 5,000제곱미터 오피스텔

해설 에너지성능정보 공개대상 건축물

건축물 에너지·온실가스 정보 체계가 구축된 지역에 있는	• 전체 세대수가 300세대 이상인 주택단지 내의 공동주택 • 연면적 3,000m² 이상의 업무시설(오피스텔 제외)	매매 또는 임대계약시

답 : ④

4. "녹색건축물 조성 지원법"에 따른 기존 건축물의 에너지성능개선 및 그린리모델링 사업에 대한 설명으로 가장 적절하지 <u>않은</u> 것은?

① 기존 건축물의 에너지 성능개선 공사범위에 창·문의 수선을 통한 에너지성능 개선공사는 포함되고, 대수선은 포함되지 않는다.

② 기존 건축물은 사용승인을 받은 후 10년이 지난 건축물이다.

③ 그린리모델링 사업자 등록기준에는 인력기준, 장비기준, 시설기준이 있다.

④ 그린리모델링 사업 범위에는 기존 건축물을 녹색건축물로 전환하는 사업이 포함된다.

해설 기존 건축물에 대한 에너지 성능개선사업은 다음과 같다.

1. 리모델링, 증축, 개축, 대수선
2. 창·문, 설비·기기, 단열재 등을 통하여 에너지성능을 개선하기 위한 수선 공사

답 : ①

5. "녹색건축물 조성 지원법"에 따른 에너지 절약계획서 검토 및 수수료에 대한 사항 중 가장 적절하지 <u>않은</u> 것은?

① 에너지 절약계획서 검토기관은 검토요청을 받은 경우 수수료가 납부된 날부터 10일 이내에 검토를 완료하고 결과를 지체 없이 허가권자에게 제출하여야 한다.

② 주거부분 수수료가 가장 높은 기준면적은 12만 제곱미터 이상이다.

③ 열손실방지 등의 조치 예외대상이었으나, 건축물대장 기재내용의 변경으로 조치대상이 되는 경우 수수료 감면 대상이다.

④ 건축물 에너지효율등급 인증 '3등급'을 받은 경우 수수료 감면 대상이다.

해설 1등급 이상의 건축물 에너지효율등급 인증을 받은 경우 등에 있어서 기준 금액의 50%를 감면받을 수 있다.

답 : ④

6. "녹색건축물 조성 지원법"에서 정하는 건축물 에너지 평가사에 대한 설명으로 가장 적절하지 <u>않은</u> 것은?

① 고의 또는 중대한 과실로 건축물에너지평가 업무를 거짓 또는 부실하게 수행하여 벌금 이하의 형을 선고받고 그 형이 확정된 경우 행정처분 기준은 1년 자격정지이다.

② 건축물에너지평가사 자격시험에 합격한 사람이 건축물 에너지효율등급 인증 평가 업무를 하려면 전문기관의 장이 실시하는 실무교육을 3개월 이상 받아야 한다.

③ 시험과목의 일부 면제 대상자에 관한 사항, 시험 선발인원 결정에 관한 사항은 건축물 에너지평가사 자격심의위원회 심의사항에 해당된다.

④ 최근 1년 이내에 두 번의 자격정지처분을 받고 다시 자격정지처분에 해당하는 행위를 한 경우에는 자격 취소사유에 해당한다.

해설 자격정지 2년에 해당된다.

답 : ①

7. "녹색건축물 조성 지원법"에 의거한 과태료의 부과 기준 중 개별기준에 따른 과태료 금액이 가장 높은 위반행위에 해당하는 것은?

① 국토교통부장관에게 건축물 에너지·온실가스 정보를 제출하여야 하는 에너지 공급기관 또는 관리기관이 이를 위반하여 제출하지 아니한 경우

② 에너지 관련 전문기관이 에너지 절약계획서 검토업무 및 사전확인을 거짓으로 수행한 경우

③ 건축물의 소유자 또는 관리자가 녹색건축 인증, 에너지효율등급 인증 및 제로에너지 건축물 인증 신청서류를 거짓으로 작성하여 제출한 경우

④ 에너지 절약계획서를 제출하여야 하는 건축 주가 정당한 사유없이 허가권자에게 제출하지 않은 경우

해설 사안별 개별기준에 따른 과태료 부과금액
①항 100만원
②항 300만원
③항 100만원
④항 100만원

답 : ②

8. "에너지법 시행규칙" [별표]에 따른 에너지열량 환산 기준에서 가스·유류별 총발열량이 큰 순서대로 나열한 것은?

〈가스 (MJ/Nm³)〉　　〈유류 (MJ/리터)〉

① 도시가스(LNG) 〉 도시가스(LPG)　　B-C유 〉 경유 〉 휘발유

② 도시가스(LNG) 〉 도시가스(LPG)　　휘발유 〉 B-C유 〉 경유

③ 도시가스(LPG) 〉 도시가스(LNG)　　경유 〉 B-C유 〉 휘발유

④ 도시가스(LPG) 〉 도시가스(LNG)　　B-C유 〉 경유 〉 휘발유

해설 에너지 열량 환산기준
• 도시가스(LPG) : 63.4
• 도시가스(LNG) : 42.7
• B-C유 : 41.8
• 경유 : 37.8
• 휘발유 : 32.4

답 : ④

9. "에너지이용 합리화법"과 "에너지법"에 따른 용어에 대한 설명으로 가장 적절하지 <u>않은</u> 것은?

① "에너지관리시스템"이란 에너지사용을 효율적으로 관리하기 위하여 센서·계측장비, 분석 소프트웨어 등을 설치하고 에너지사용현황을 실시간으로 모니터링하여 필요시 에너지 사용을 제어할 수 있는 통합관리시스템을 말한다.

② "에너지사용시설"이란 에너지를 생산·전환·수송 또는 저장하기 위하여 설치하는 설비를 말한다.

③ "에너지사용자"란 에너지사용시설의 소유자 또는 관리자를 말한다.

④ "에너지진단"이란 에너지를 사용하거나 공급하는 시설에 대한 에너지 이용실태와 손실요인 등을 파악하여 에너지이용효율의 개선 방안을 제시하는 모든 행위를 말한다.

해설 "에너지사용시설"이란 에너지를 사용하는 공장·사업장 등의 시설이나 에너지를 전환하여 사용하는 시설을 말한다.

답 : ②

10. "에너지이용 합리화법"에 따라 에너지사용계획의 수립을 대행할 수 있는 기관으로 가장 적절하지 <u>않은</u> 것은?

① 국공립연구기관 또는 정부출연연구기관

② 대학부설 에너지 관계 연구소

③ "에너지이용합리화법"에 따른 에너지진단 전문기관

④ "엔지니어링산업 진흥법"에 따른 엔지니어링 사업자 또는 "기술사법"에 따른 기술사 사무소를 개설등록을 한 기술사

에너지사용계획 수립 대행기관의 범위

1. 국공립 연구기관

2. 정부출연 연구기관

3. 대학부설 에너지관계연구소

4. 엔지니어링 사업자

5. 기술사사무소의 개설등록을 한 기술사

6. 에너지절약 전문기업

답 : ③

11. "에너지이용 합리화법"에 따른 에너지다소비 사업 자의 에너지사용량 신고와 에너지진단을 받아야 하는 의무에 대한 설명으로 가장 적절하지 않은 것은?

① 에너지다소비사업자는 매년 1월 31일까지 에너지사용시설이 있는 지역을 관할하는 시·도지사에게 신고하여야 한다.

② 에너지다소비사업자의 에너지사용량 신고 내용에는 전년도의 분기별 에너지사용량이 포함되어야 한다.

③ 연간 에너지사용량이 10만 티오이 미만인 에너지다소비사업자가 받아야 하는 에너지 진단 주기는 3년이다.

④ "건축법 시행령" 별표 1에 따른 아파트, 오피스텔은 에너지진단 의무대상에서 제외된다.

해설 에너지 진단주기

연간에너지사용량	에너지진단주기
20만 toe 이상	1. 전체진단 : 5년 2. 부분진단 : 3년
20만 toe 미만	5년

답 : ③

12. 다음 보기 중 "에너지이용 합리화법"에 따른 고효율 에너지인증대상기자재에 해당하는 품목 만 고른 것은?

〈보 기〉

㉠ 삼상유도전동기　　㉡ 전기 냉방기

㉢ 펌프　　㉣ 홈게이트웨이

㉤ LED 조명기기　　㉥ 산업·건물용 가스보일러

㉦ 무정전전원장치　　㉧ 폐열회수형 환기장치

㉨ 도어폰

① ㉠, ㉤, ㉥　　② ㉢, ㉥, ㉦

③ ㉡, ㉦, ㉧　　④ ㉣, ㉤, ㉨

해설 삼상유도전동기, 전기냉방기, 홈게이트웨이는 고효율에너지인증대상 기자재에 해당되지 않는다.

답 : ②

13. "공공기관 에너지이용합리화 추진에 관한 규정"에 따른 적정실내온도(난방 실내온도 평균 18℃ 이하, 냉방 실내온도 평균 28℃ 이상) 준수와 관련하여 탄력적으로 실내온도를 유지하거나 완화하여 적용할 수 있는 대상으로 가장 적절하지 않은 것은?

① 계약전력의 3%를 에너지저장장치(ESS)로 설치한 시설

② 전체 냉난방설비 중 비전기식 냉난방설비가 60% 설치된 중앙집중식 냉난방방식인 경우

③ 공항, 철도·지하철 역사 등 대중교통시설

④ 공공기관 소유의 건축물 중 민간이 임차하여 사용하는 공간

해설 계약전력 5% 이상의 에너지저장장치(ESS)를 설치한 시설이 해당된다.

답 : ①

14. "건축법"과 "녹색건축물 조성 지원법"에 따른 건축 기준 완화에 대한 설명으로 가장 적절하지 않은 것은?

① 녹색건축 인증, 건축물 에너지효율등급 인증 및 제로에너지건축물 인증을 받은 건축물은 건폐율, 용적률 및 건축물의 높이제한을 100분의 115 범위내에서 완화 가능

② 신축 건축물 골조공사에서 재활용 건축자재를 사용한 경우 용적률 및 건축물의 높이제한을 100분의 115 범위내에서 완화 가능

③ 리모델링이 쉬운 구조의 공동주택 건축 시 용적률, 건축물의 높이 제한 및 일조 등의 확보를 위한 건축물의 높이 제한 기준을 100분의 120 범위내에서 완화 가능

④ 지능형건축물 인증을 받은 건축물은 조경설치 면적의 100분의 85까지 완화 가능, 용적률 및 건축물의 높이제한을 100분의 115 범위 내에서 완화 가능

해설 녹색건축 인증 등을 받은 경우 건축법 완화기준

1. 용적률(건축법 56조)	
2. 건축물 높이제한(건축법 60조)	기준의 115/100 이내
3. 일조 등의 확보를 위한 건축물 높이 제한(건축법 61조)	

답 : ①

15. "건축법"에 따라 가구·세대 간 소음 방지를 위해 국토교통부령으로 정하는 경계벽을 설치해야 하는 건축물의 용도 및 기준으로 가장 적절하지 않은 것은?

① 다가구주택의 각 가구 간 경계벽
② 다중주택의 실 간 경계벽
③ 다중생활시설의 호실 간 경계벽
④ 노유자시설의 노인요양시설의 호실 간 경계벽

해설 기준 경계벽 설치대상 건축물

대상 건축물	구획되는 부분
1. 공동주택(기숙사 제외) 2. 다가구 주택	각 세대간 또는 가구간의 경계벽 (발코니 부분은 제외)
3. 기숙사의 침실 4. 의료시설의 병실 5. 학교의 교실 6. 숙박시설의 객실	각 거실간의 칸막이벽
7. 다중생활시설 (고시원 : 2종근린생활시설 포함)	호실간 칸막이벽
8. 노인 복지주택	세대간 경계벽

답 : ②

16. "건축법"에 따라 건축물대장에 기재하는 사항에 해당하지 않는 것은?

① 제로에너지건축물 인증의 에너지자립률
② 에너지성능 **삭 제**
③ 건축물 에 ~~~~ 온실가스 배출량
④ 녹색건축 인증의 유효기간

해설 문제의 근거가 되는 건축물대장서식(별지1)이 2023.8.1 개정되어 문제가 성립되지 아니함.

답 : ③

17. "건축법"에 따라 외벽에 사용하는 마감재료를 방화에 지장이 없는 재료로 하여야 하는 건축물로 가장 적절하지 <u>않은</u> 것은?

① 일반주거지역 내 층수 6층의 도시형생활주택
② 근린상업지역 내 높이 25미터의 판매시설
③ 일반상업지역 내 해당 용도로 쓰는 바닥면적 합계가 2천제곱미터인 근린생활시설
④ 근린상업지역 내 층수 2층, 높이 8미터의 업무시설

해설 외벽 마감재료 제한 대상 건축물

1. 상업지역(근린상업 지역 제외)의 건축물	다중이용업 건축물로 그 용도로 쓰는 바닥면적의 합계 2,000㎡ 이상인 건축물
	공장(화재 위험이 적은 공장 제외)에서 6m 이내에 위치한 건축물
2. 3층 이상 건축물	
3. 높이 9m 이상 건축물 등	

답 : ④

18. 건축물의 소유자나 관리자가 "건축법"에 따라 건축물을 유지·관리하고 정기점검을 실시하는 내용으로 가장 적절하지 <u>않은</u> 것은?

① 사용승인일을 기준으로 10년이 지난 날부터 2년마다 한 번 정기점검을 실시해야 한다.
② "공동주택┊ ┊┊주체가 관리 하는 공동┊ **삭 제** ┊한 정기점검 대상에서 ┊제외할 수 있다.┊
③ 공동주택이 "주택법"에 따라 안전점검을 실시한 경우에도 정기점검을 실시하여야 한다.
④ 건축법에서 정의하는 준다중이용 건축물 중 특수구조 건축물은 정기점검 대상에 해당된다.

해설 문제의 근거가 되는 건축법 제35조는 2020.5.1 건축 물관리법으로 이관됨.

답 : ③

19. "건축물의 설비기준 등에 관한 규칙"에 따라 에너지를 대량으로 소비하는 건축물에 건축설비를 설치하는 경우 관계전문기술자의 협력을 받아야 하는 건축물의 용도별 규모로 가장 적절한 것은?

① 500세대 아파트
② 바닥면적 합계가 2천제곱미터인 연구소
③ 바닥면적 합계가 5천제곱미터인 장례식장
④ 바닥면적 합계가 5천제곱미터인 종교시설

해설 건축설비 설치시 관계전문기술자 협력대상
 1. 아파트 및 연립주택 : 규모와 관계없음.
 2. 연구소 : 용도바닥면적합계 3,000㎡ 이상
 3. 장례식장, 종교시설 : 용도바닥면적합계 10,000㎡ 이상

답 : ①

20. 설계도서, 법령해석 및 감리자의 지시 등이 서로 일치하지 아니하는 경우 "건축물의 설계도서 작성 기준"에 따른 적용 우선순서로 가장 적절한 것은? (단, 계약으로 그 적용의 우선순위를 정하지 아니한 경우에 한한다.)

① 설계도면-공사시방서-산출내역서-감리자의 지시사항
② 공사시방서-감리자의 지시사항-설계도면-산출내역서
③ 설계도면-감리자의 지시사항-산출내역서-공사시방서
④ 공사시방서-설계도면-산출내역서-감리자의 지시사항

답 : ④

제1과목 : 건물에너지 관계법규

1. "녹색건축물 조성 지원법"에 따라 업무시설에 적용되는 의무사항 중 면적기준이 다른 것은?

① 공공건축물의 에너지 소비량 공개 대상

② 에너지 절약계획서 제출 대상

③ 건축물의 에너지 소비 절감을 위한 차양 등의 설치 대상

④ 건축물 에너지성능정보의 공개 및 활용 대상

해설

• 공공건축물의 에너지 소비량 공개대상(법 13조의2) • 차양등의 설치(법 14조의 2) • 에너지성능정보의 공개 및 활용 대상(법 18조)	연면적 3000m² 이상
• 에너지절약계획서(법 14조)	연면적 500m² 이상

답 : ②

2. "녹색건축물 조성 지원법"에 따른 '공공건축물의 에너지 소비량 보고 및 공개'에 대한 설명으로 가장 적절하지 않은 것은?

① 공공건축물의 사용자 또는 관리자는 해당 공공건축물의 에너지 소비량 보고서를 매 년 국토교통부장관에게 제출하여야 한다.

② 국토교통부장관은 보고받은 에너지 소비량의 에너지소비 특성 및 이용 상황 등에 대한 적정성 검토를 위하여 현장조사를 실시할 수 있다.

③ 공공건축물 사용자 등은 공개된 에너지 소비량을 해당 공공건축물의 주출입구에 게시할 수 있다.

④ 공공건축물의 에너지효율 및 성능개선 요구 기준 등 에너지 소비량 공개에 관한 세부사항은 국토교통부장관이 정하여 고시한다.

해설 에너지 소비량 보고서는 매 분기마다 보고해야 한다.

답 : ①

3. "녹색건축물 조성 지원법"에 따라 건축물에너지평가사의 자격을 취소 또는 정지시킬 수 있는 사유가 아닌 것은?

① 정당한 사유 없이 건축물에너지평가 업무 수행을 거부한 경우

② 고의 또는 중대한 과실로 건축물에너지평가 업무를 거짓 또는 부실하게 수행한 경우

③ 자격증을 다른 사람에게 빌려주거나, 다른 사람에게 자기의 이름으로 건축물에너지 평가사의 업무를 하게 한 경우

④ 자격정지처분 기간 중에 건축물에너지평가 업무를 한 경우

해설 에너지평가 업무수행의 거부행위는 평가사 자격 취소·정지사유에 해당되지 아니한다.

답 : ①

4. "녹색건축물 조성 지원법" 제1조에 따른 목적에 해당하는 것을 보기에서 모두 고른 것은?

<보 기>
㉠ 국민경제의 지속가능한 발전
㉡ 저탄소 녹색성장 실현
㉢ 건설산업의 건전한 발전을 도모
㉣ 국민의 복리 향상

① ㉠, ㉡   ② ㉡, ㉢
③ ㉡, ㉣   ④ ㉠, ㉢

해설

목 적	규제수단
• 저탄소 녹색성장 실현 • 국민복리 향상	• 녹색건축물 조성사항 • 건축물 온실가스 배출량 감축 • 녹색건축물 확대

답 : ③

5. "녹색건축물 조성 지원법"에 따른 그린리모델링 사업에 대한 설명으로 가장 적절하지 않은 것은?

① 그린리모델링을 효율적으로 시행하기 위해 시·도 지사는 그린리모델링기금을 설치하여야 한다.
② 그린리모델링 창조센터는 그린리모델링 사업 발굴, 기획, 타당성 분석 및 사업관리 등을 수행한다.
③ 그린리모델링 사업자로 등록하려는 자는 장비, 자산, 기술인력 등의 등록기준을 갖추어 국토교통부장관에게 등록을 신청하여야 한다.
④ 그린리모델링 사업자가 거짓이나 부정한 방법으로 등록을 한 경우 국토교통부장관은 1년 이내의 업무 정지를 명할 수 있다.

해설 거짓이나 부정한 방법으로 그린리모델링 사업자 등록한 경우에는 그 등록을 취소하여야 한다.

답 : ④

6. "녹색건축물 조성 지원법"에 따른 사업 중 국토교통부 장관이 협의해야 할 사업과 협의대상이 바르게 연결되지 않은 것은?

① 그린리모델링 창조센터 설립 – 기획재정부장관
② 녹색건축물 전문인력의 양성 및 지원 – 고용 노동부장관
③ 녹색건축 인증제 운영과 인증기관 취소 – 환경부장관
④ 건축물 에너지효율등급 인증제 운영과 인증 기관 취소 – 산업통상자원부장관

해설 녹색건축물 전문인력의 양성 및 자원은 국토교통부 장관의 전권사항이다.

답 : ②

7. "녹색건축물 조성 지원법"에 따른 '제로에너지건축물 인증 및 에너지효율등급 인증 표시 의무 대상'에 관한 설명으로 가장 적절한 것은?

① 연면적 330제곱미터인 단독주택은 의무 대상이다.
② "건축법 시행령" [별표 1] 제2호에 따른 아파트는 연면적 3천제곱미터 이상인 경우 제로에너지건축물 인증 표시 의무 대상이다.
③ 기숙사는 제로에너지건축물 인증 표시 의무 대상에서 제외된다.
④ 증축에 따른 의무 대상은 기존 건축물 층수를 늘리는 경우로 한정한다.

해설 ① 단독주택은 연면적 500m² 이상인 경우임
② 아파트는 30세대 이상인 경우임
④ 증축의 경우 동일 대지 내 별개의 건축물 증축만 해당됨

답 : ③

8. "에너지법"에서 규정하고 있는 사항으로 가장 적절하지 않은 것은?

① 시·도지사는 5년마다 10년 이상을 계획기간으로 하는 지역에너지계획을 수립·시행하여야 한다.

② 정부는 10년 이상을 계획기간으로 하는 에너지기술개발계획을 5년마다 수립하고, 이에 따른 연차별 실행계획을 수립·시행하여야 한다.

③ 에너지 총조사는 3년마다 실시하되, 산업통상 자원부장관이 필요하다고 인정할 경우 간이 조사를 실시할 수 있다.

④ 에너지열량 환산기준은 5년마다 작성하되, 산업통상자원부장관이 필요하다고 인정할 경우 수시로 작성할 수 있다.

해설 시·도지사는 5년마다 5년 이상의 계획기간으로 지역 에너지 계획을 수립·시행하여야 한다.

답 : ①

9. "에너지이용합리화법"에 따른 에너지이용 합리화에 관한 기본계획 수립 시 포함되어야 하는 내용으로 규정되지 않은 것은?

① 에너지절약형 경제구조로의 전환
② 열사용기자재의 안전관리
③ 에너지이용 합리화를 위한 기술 개발
④ 비상시 에너지 소비 절감을 위한 대책

해설 기복계획의 내용

1. 에너지절약형 경제구조로의 전환
2. 에너지이용효율의 증대
3. 에너지이용 합리화를 위한 기술개발
4. 에너지이용 합리화를 위한 홍보 및 교육
5. 에너지원간 대체(代替)
6. 열사용기자재의 안전관리
7. 에너지이용 합리화를 위한 가격예시제(價格例示制)의 시행에 관한 사항
8. 에너지의 합리적인 이용을 통한 온실가스의 배출을 줄이기 위한 대책

답 : ④

10. "에너지이용 합리화법"에서 규정하고 있는 사항에 대한 설명으로 가장 적절하지 않은 것은?

① "집단에너지사업법"에 따른 집단에너지사업자는 에너지 저장의무 부과대상이다.

② 연간 에너지사용량이 3천 TOE인 자는 에너지다소비사업자에 해당된다.

③ 연간 에너지사용량이 10만 TOE인 에너지다소비사업자는 5년마다 에너지진단을 받아야 한다.

④ 연간 3천 TOE의 연료 및 열을 사용하는 시설을 설치하려는 민간사업주관자는 에너지사용계획을 제출하여야 한다.

해설 사용계획수립권자(사업주관자)

공공사업	• 연간 2500 TOE 이상의 연료 및 열사용 시설 • 연간 1000만 kw·h 이상의 전력 사용 시설
민간사업	상기 용량의 2배 이상 시설

답 : ④

11. "에너지이용 합리화법"에 따른 붙박이 에너지사용 기자재에 해당되지 않는 것은?

① 전기냉장고   ② 전기세탁기
③ 전기냉방기   ④ 식기세척기

해설 붙박이 에너지사용 기자재 범위: 전기냉장고, 전기세탁기, 식기세척기

답 : ③

12. 에너지관리시스템을 구축하여 에너지를 효율적으로 이용하고 있다고 산업통상자원부장관이 고시하는 자에게 주어질 수 있는 에너지진단 관련 혜택은?

① 진단주기 1년 연장
② 진단주기 2년 연장
③ 진단주기 2회마다 진단 1회 면제

④ 진단주기 3회마다 진단 1회 면제

에너지 관리·경영 시스템 구축의 경우 에너지 진단 주기 2회마다 진단 1회를 면제할 수 있다.

답 : ③

13. "효율관리기자재 운용규정"의 용어정의에 대한 설명으로 가장 적절하지 않은 것은?

① "최저소비효율 달성률"은 측정한 소비효율과 최저소비효율기준의 비를 말한다.

② "효율관리시험기관"은 한국에너지공단 이사장이 효율관리기자재의 시험기관으로 지정하는 기관이다.

③ "난방열효율"은 가정용가스보일러의 라벨에 표시되는 열효율로 전부하 및 부분부하를 모두 포함한다.

④ 최저 소비효율 달성률은 측정한 소비효율과 최저 소비효율 기준의 비를 말한다.

효율관리 시험기관은 산업통상자원부장관이 지정한다.

답 : ②

14. "건축법"에 따른 용어정의로 가장 적절하지 않은 것은?

① "지하층"이란 건축물의 바닥이 지표면 아래에 있는 층으로서 바닥에서 지표면까지 평균높이가 해당 층 높이의 3분의 1 이상인 것을 말한다.

② "거실"이란 건축물 안에서 거주, 집무, 작업, 집회, 오락, 그 밖에 이와 유사한 목적을 위하여 사용되는 방을 말한다.

③ "대수선"이란 건축물의 기둥, 보, 내력벽, 주계단 등의 구조나 외부 형태를 수선·변경하거나 증설하는 것으로서 대통령령으로 정하는 것을 말한다.

④ "리모델링"이란 건축물의 노후화를 억제하거나 기능 향상 등을 위하여 대수선하거나 건축물의 일부를 증축 또는 개축하는 행위를 말한다.

"지하층"이란 건축물의 바닥이 지표면 아래에 있는 층으로서 바닥에서 지표면까지 평균높이가 해당 층 높이의 2분의 1 이상인 것을 말한다.

답 : ①

15. "건축법"에 따라 건축물 안전영향평가를 실시하는 대상 및 평가절차에 대한 설명으로 가장 적절하지 않은 것은?

① 층수가 50층 이상인 초고층 건축물을 대상으로 한다.

② 연면적이 10만 제곱미터 이상인 건축물 또는 16층 이상인 건축물을 대상으로 한다.

③ 평가대상 건축물의 건축주는 건축허가 신청 전에 허가권자에게 안전영향평가를 의뢰하여야 한다.

④ 허가권자는 건축물 안전영향평가를 국토교통부장관이 지정 고시한 안전영향평가기관에 의뢰하여 실시하여야 한다.

안전 영향 평가 대상

1. 초고층 건축물
2. 건축물 한동의 연면적이 10만m^2 이상이며 16층 이상인 건축물

답 : ②

16. "건축법"에서 규정하고 있는 기후 변화나 건축기술의 변화 등에 따라 건축물의 구조 및 재료 등에 관한 기준이 적정한지를 검토하는 건축모니터링 주기는?

① 1년   ② 2년

③ 3년   ④ 5년

기후 변화 등에 대해서는 3년마다 건축모니터링을 한다.

답 : ③

17. "건축법"에 따른 건축자재의 품질관리에 대한 설명으로 가장 적절하지 않은 것은?

① 품질관리서를 제출해야 하는 건축자재는 복합자재(불연재료인 양면 철판과 불연재료가 아닌 심재로 구성된 것)를 포함한 마감재료, 방화문 등이다.

② 건축자재의 제조업자, 유통업자는 한국건설기술연구원 등 대통령령으로 정하는 시험기관에 성능시험을 의뢰해야 한다.

③ 건축물의 외벽에 사용하는 마감재료로서 단열재는 국토교통부장관이 고시하는 기준에 따라 해당 건축자재에 대한 정보를 표면에 표시하여야 한다.

④ 건축자재의 제조업자, 유통업자는 품질관리서를 공사계획을 신고할 때에 허가권자에게 제출해야 한다.

해설 품질관리서는 건축주가 사용승인 신청 시 허가권자에게 제출한다.

답 : ④

18. "건축법"에 따라 국토교통부 장관이 고시하는 "지능형건축물 인증기준"에 포함되지 않는 것은?

① 인증기준 및 절차
② 인증기관의 지정 기준
③ 수수료
④ 유효기간

해설 인증기관의 지정 기준의 지능형 건축물의 인증에 관한 규칙 제3조에 따른다.

답 : ②

19. "건축법"과 "건축물의 설비기준 등에 관한 규칙"에 따른 관계전문기술자의 협력사항으로 가장 적절하지 않은 것은?

① 에너지를 대량으로 소비하는 건축물로서 국토교통부령으로 정하는 건축물에 건축설비를 설치하는 경우 관계전문기술자의 협력을 받아야 한다.

② 전기, 승강기(전기분야)를 설치하는 경우 건축사가 해당 건축물의 설계를 총괄하고 관계전문기술자는 협력하여야 한다.

③ 가스·환기·난방설비를 설치하는 경우 공조냉동기계기술사의 협력을 받아야 한다.

④ 해당 분야의 기술사가 그 설치상태를 확인한 후 건축설비설치확인서를 허가권자에게 직접 제출해야 한다.

해설 기술사는 작성한 건축설비설치 확인서를 건축주 및 공사감리자에게 제출하여야 한다.

답 : ④

20. "건축물의 설비기준 등에 관한 규칙"에 따라 다중이용시설을 신축하는 경우 기계환기설비의 구조 및 설치에 대한 기준으로 가장 적절하지 않은 것은?

① 기계환기설비 용량기준은 시설면적 당 환기량을 원칙으로 산정한다.

② 공기흡입구·배기구 등에 설치되는 송풍기는 외부의 기류로 인하여 송풍능력이 떨어지는 구조가 되지 않도록 한다.

③ 배기구는 배출되는 공기가 공기흡입구로 직접 들어가지 아니하는 위치에 설치한다.

④ 다중이용시설로 공급되는 공기의 분포를 최대한 균등하게 하여 실내 기류의 편차가 최소화될 수 있도록 한다.

해설 기계환기설비 용량기준은 시설이용 인원당 환기량을 원칙으로 산정한다.(설비규칙 별표 1의 6)

답 : ①

제1과목 : 건물에너지 관계법규

1. "녹색건축물 조성 지원법"에 따른 실태조사에 대한 내용으로 가장 적절하지 않은 것은?

① 정기조사란 국토교통부장관이 기본계획 및 조성계획 등을 효율적으로 수립·집행하기 위하여 필요하다고 인정하는 경우 실시하는 조사이다.

② 실태조사 사항에는 녹색건축물 조성 시범사업 현황이 포함된다.

③ 국토교통부장관은 실태조사를 할 때에는 조사 대상을 정하고, 조사의 일시, 취지 및 내용 등을 포함한 조사계획을 조사 대상자에게 미리 알려야 한다.

④ 국토교통부장관은 관계 중앙행정기관의 장의 요구가 있는 경우 합동으로 실태를 조사 하여야 한다.

해설 정기조사는 매년 국토교통부장관이 실시하여야 한다.

답 : ①

2. "녹색건축물 조성 지원법"에 따른 제로에너지건축물 인증 표시 의무 대상 건축물의 각 요건과 대상이 바르게 연결되지 않은 것은?

요 건	인증 표시 의무 대상
① 에너지 절약 계획서 제출 대상 여부	제출 대상일 것
② 소유 또는 관리주체	시행령 제9조제2항 각 호의 기관장, 교육감
③ 건축물의 연면적	500 제곱미터 이상
④ 건축 및 리모델링의 범위	신축·개축 또는 별개의 건축물로 증축

해설 건축 및 리모델링의 범위는 신축, 재축, 동일대지내 별개 건축물의 증축이 해당된다.

답 : ④

3. "녹색건축물 조성 지원법"에 따른 용어의 정의로 적절하지 않은 것은?

① 건축물에너지관리시스템이란 건축물의 쾌적한 실내환경 유지와 효율적인 에너지 관리를 위해 에너지 사용내역을 모니터링하여 최적화된 건축물에너지 관리 방안을 제공하는 통합 시스템을 말한다.

② 제로에너지건축물이란 건축물에 필요한 에너지 부하를 최소화하고 신에너지 및 재생에너지를 활용하여 에너지 요구량을 제로화 하는 녹색건축물을 말한다.

③ 녹색건축물 조성이란 녹색건축물을 건축하거나 녹색건축물의 성능을 유지하기 위한 건축활동을 말한다.

④ 건축물에너지평가사란 에너지효율등급 인증평가 등 건축물의 건축·기계·전기·신재생 분야의 효율적인 에너지관리를 위한 업무를 할 수 있는 자격을 취득한 사람을 말한다.

해설 「제로에너지건축물」이란 건축물에 필요한 에너지 부하를 최소화하고 신에너지 및 재생에너지를 활용하야 에너지 소요량을 최소화하는 녹색건축물을 말한다.

답 : ②

4. "녹색건축물 조성 지원법"에 따른 과태료 부과와 관련하여 적절하지 않은 것은?

① 에너지효율등급 인증 또는 제로에너지건축물 인증 표시 의무 대상이나 인증의 결과를 표시하지 아니한 자에게 부과한다.

② 에너지 절약계획서 검토업무 및 사전확인을 거짓으로 수행한 에너지 관련 전문기관에게 부과한다.

③ 에너지 절약계획서 제출대상이나 에너지 절약계획서를 제출하지 아니한 건축주에게 부과한다.

④ 녹색건축 인증의 결과를 표시하지 아니한 경우 운영기관의 장에게 부과한다.

해설 녹색건축 인증 결과 표시의 의무는 건축주에게 있으므로 과태료는 건축주에게 부과한다.

답 : ④

5. "녹색건축물 조성 지원법"에 따라 건축물의 에너지 효율등급 인증 및 제로에너지건축물 인증 취소 요건이 아닌 것은?

① 인증의 근거나 전제가 되는 주요한 사실이 변경된 경우

② 인증을 받은 건축물의 건축주 등이 인증서를 인증기관에 반납한 경우

③ 정당한 사유없이 건축물 에너지 · 온실가스 정보 공개를 거부한 경우

④ 인증을 받은 건축물의 건축허가 등이 취소된 경우

해설 건축물의 인증 취소
녹색건축의 인증 및 에너지 효율등급 인증제에 따라 지정된 인증기관의 장은 인증을 받은 건축물이 다음 각 호의 어느 하나에 해당하면 그 인증을 취소하여야 한다.

1. 인증의 근거나 전제가 되는 주요한 사실이 변경된 경우
2. 인증 신청 및 심사 중 제공된 중요 정보나 문서가 거짓인 것으로 판명된 경우
3. 인증을 받은 건축물의 건축주 등이 인증서를 인증기관에 반납한 경우
4. 인증을 받은 건축물의 건축허가 등이 취소된 경우

답 : ③

6. "녹색건축물 조성 지원법"에 따른 신축 건축물의 건축허가 신청 시 에너지 절약계획서 제출대상이 아닌 것은? (용도는 건축법 시행령 별표1에 따름)

① 연면적의 합계가 600 제곱미터인 다가구주택

② 냉방 및 난방 설비를 모두 설치하지 아니하는 연면적의 합계가 500 제곱미터인 제2종 근린생활시설 중 일반음식점

③ 연면적의 합계가 1천 제곱미터인 업무시설

④ 냉방 및 난방 설비를 모두 설치하는 연면적의 합계가 500 제곱미터인 공장

해설 다가구주택 [단독주택에 해당됨]은 제외된다.

답 : ①

7. "녹색건축물 조성 지원법"에 따른 녹색건축물 기본계획의 수립에 관한 내용으로 적절하지 않은 것은?

① 녹색건축물의 온실가스 감축, 에너지 절약 등의 달성목표 설정 및 추진방향을 포함하여야 한다.

② 국토교통부장관은 기본계획안을 작성하여 관계 중앙행정기관의 장 및 시 · 도지사와 협의한 후 녹색성장위원회의 의견을 들어야 한다.

③ 기본계획의 수립 중 경미한 사항의 변경은 기본계획 중 녹색건축물의 온실가스 감축 및 에너지 절약 목표량을 100분의 5를 상향하여 정하는 경우도 해당한다.

④ 국토교통부장관은 녹색건축물 기본계획을 5년마다 수립하여야 한다.

8. "에너지이용 합리화법"에 따른 에너지사용계획의 제출 대상으로 적절하지 않은 것은?

① 공공사업주관자가 설치하려고 하는 연간 2천만 킬로와트시의 전력을 사용하는 시설
② 민간사업주관자가 설치하려고 하는 연간 1천만 킬로와트시의 전력을 사용하는 시설
③ 공공사업주관자가 설치하여고 하는 연간 1만 티오이의 연료 및 열을 사용하는 시설
④ 민간사업주관자가 설치하려고 하는 연간 5천 티오이의 연료 및 열을 사용하는 시설

해설 민간사업주관자 적용시설

1. 연간 5000 toe 이상의 연료, 열사용시설 설치자
2. 연간 2000만 kWh 이상의 전력사용시설 설치자

답 : ②

9. "공공기관 에너지이용합리화 추진에 관한 규정"에 대한 설명 중 가장 적절하지 않은 것은?

① 연면적 10,000㎡인 업무시설을 신축하는 경우 건물에너지관리시스템(BEMS)을 구축·운영 하여야 한다.
② 연면적 5,000㎡인 건축물을 소유한 공공기관은 5년마다 에너지진단전문기관으로부터 에너지 진단을 받아야 한다.
③ 건축물 인증 기준이 마련된 연면적 1,000㎡인 업무시설 건축물을 신축하는 경우 제로에너지 건축물 인증을 취득하여야 한다.
④ 계약전력 1,000kW 이상인 업무시설 건축물은 계약전력 3%이상 규모의 에너지저장장치를 설치하여야 한다.

해설 공공기관은 전력피크 저감을 위해 계약전력 1,000kW 이상의 건축물에 계약전력 5% 이상의 전력저장장치(ESS)를 설치하여야 한다.

답 : ④

10. "에너지이용 합리화법"에 따라 에너지절약전문기업이 수행하는 위탁사업 중 정부의 지원대상이 아닌 것은?

① 에너지절약형 시설 및 기자재의 연구개발사업
② 신에너지 및 재생에너지원의 개발 및 보급사업
③ 에너지의 도입·수출입 및 위탁가공사업
④ 에너지사용시설의 에너지절약을 위한 관리·용역사업

해설 에너지절약전문기업 지원사업범위

1. 에너지사용시설의 에너지절약을 위한 관리·용역사업
2. 에너지절약형 시설투자에 관한 사업
3. 신에너지 및 재생에너지원의 개발 및 보급사업
4. 에너지절약형 시설 및 기자재의 연구개발사업

답 : ③

11. "에너지이용 합리화법"에 따른 과태료 부과대상에 해당하는 자는?

① 에너지사용계획의 제출 대상으로 에너지사용계획을 제출하지 아니하거나 변경하여 제출하지 아니한 자
② 대기전력경고표지대상제품의 제조업자 또는 수입업자로 대기전력 경고 표지를 하지 아니한 자
③ 에너지저장의무 부과대상으로 에너지저장시설의 보유 또는 저장의무의 부과시 정당한 이유 없이 이를 거부하거나 이행하지 아니한 자
④ 효율관리기자재 제조업자 또는 수입업자로 효율관리기자재에 대한 에너지사용량의 측정결과를 신고하지 아니한 자

답 : ①

12. "효율관리기자재 운용규정"에 따른 효율관리기
자재 대상 품목에 해당되지 않는 것은?

① 삼상유도전동기
② 전기냉난방기
③ 변압기
④ 전력저장장치

해설 전력저장장치(ESS)는 고효율에너지 인증 대상이다.

답 : ④

13. "에너지법"의 '에너지열량 환산기준'에 따른 에
너지원 중 전기의 소비기준 석유환산톤에 해당하
는 값은?

① 1MWh = 0.213toe
② 1MWh = 0.229toe
③ 1MWh = 0.245toe
④ 1MWh = 0.250toe

해설

구분		석유환산톤
전기	소비 기준	0.229
	발전 기준	0.213

답 : ②

14. "건축법"에 따라 품질관리서를 허가권자에게
제출하여야 하는 건축자재로 가장 적절하지 않은
것은?

① 불연재료인 양면 철판과 불연재료가 아닌 심
재(心材)로 구성된 복합자재
② 외벽에 사용하는 마감재료로서 단열재
③ 외기에 직접 면하는 창호
④ 방화구획을 구성하는 자동방화셔터

해설

1. 복합자재
2. 외벽마감 단열재
3. 방화문 등

답 : ③

15. "건축법"에 따른 건축설비 설치의 원칙에 대한
설명 중 적절하지 않은 것은?

① 건축설비는 에너지 및 정보통신의 합리적 이
용에 지장이 없도록 설치하여야 한다.
② 건축물에 설치하는 냉방·난방·환기 등 건축
설비의 설치에 관한 기술적 기준은 국토교통
부령으로 정한다.
③ 건축물에 설치하는 에너지 이용 합리화와 관
련한 건축설비의 기술적 기준은 관계전문기술
자와 협의하여 정한다.
④ 건축물에 설치하는 방송수신설비의 설치 기준
은 과학기술정보통신부장관이 정하여 고시하
는 바에 따른다.

해설 에너지 이용 합리화와 관련한 건축설비의 기술적 기
준에 관하여는 산업통상자원부장관과 협의하여 정한다.

답 : ③

16. "건축법"에 따라 건축물의 거실에 배연설비를 설
치해야 하는 규모와 용도로 적절하지 않은 것은?

① 5층 요양병원
② 5층 판매시설
③ 6층 업무시설
④ 6층 연구소

해설 판매시설의 경우에는 6층 이상인 건축물에서 해당
된다.

답 : ②

7. "건축법"에서 거실이란 건축물 안에서 거주, 집무, 작업, 집회, 오락, 그 밖에 이와 유사한 목적을 위하여 사용되는 방으로 정의하고 있다. 다음의 건축법령 중 거실관련 규정과 가장 거리가 먼 것은?

① 건축법시행령 제34조 직통계단의 설치
② 건축법시행령 제89조 승용승강기의 설치
③ 건축법시행령 제61조 건축물의 마감재료
④ 건축법시행령 제32조 구조 안전의 확인

해설 구조안전의 확인은 당해 건축물의 규모, 용도, 위치 등의 영향을 받는다.

답 : ④

18. "건축법"에 따른 건축허가에 대한 내용으로 적절한 것은?

① 특별시나 광역시에 21층 이상이거나 연면적의 합계가 10만 제곱미터 이상인 건축물을 건축하는 경우 특별시장 또는 광역시장의 허가를 받아야 한다.
② 허가를 받은 날부터 1년 이내에 공사에 착수하지 아니한 경우에는 허가를 취소할 수 있다.
③ 허가를 받은 날부터 1년 이내에 공사에 착수하지 아니한 경우라도 정당한 사유가 있다고 인정되면 1년의 범위에서 공사의 착수기간을 연장할 수 있다.
④ 건축위원회의 심의 결과를 통지 받은 날부터 1년 이내에 건축허가를 신청하지 아니하면 건축위원회 심의의 효력이 상실된다.

해설
2. 허가를 받은 후 2년 내 미착공시 허가취소
3. 허가를 받은 후 2년 내 미착공시 착공연기 신청(1년 연장 가능)
4. 심의결과 통지 후 2년 내 건축허가 미신청시 심의효력 상실

답 : ①

19. "건축법"에 따른 대수선과 관련된 설명으로 가장 적절하지 않은 것은?

① 건축물의 노후화를 억제하거나 기능 향상 등을 위하여 대수선하는 행위는 리모델링에 해당한다.
② 대수선은 건축물의 기둥, 보, 내력벽, 주계단 등의 구조나 외부형태를 수선·변경하거나 증설하는 것으로 증축 또는 개축을 포함한다.
③ 연면적 200제곱미터 미만이고 3층 미만인 건축물의 대수선은 신고로 건축허가를 받은 것으로 본다.
④ 방화벽 또는 방화구획을 위한 바닥 또는 벽을 해체하는 대수선은 건축허가를 받아야 한다.

해설 증축·개축은 건축에 포함되는 행위이다.

답 : ②

20. "건축물의 설비기준 등에 관한 규칙"에 따라 개별난방설비에 관한 기준으로 가장 적절하지 않은 것은?

① 개별난방방식을 적용한 공동주택의 보일러는 거실외의 곳에 설치하되, 보일러를 설치하는 곳과 거실사이의 경계벽은 출입구를 제외하고는 내화구조의 벽으로 구획하여야 한다.
② 개별난방방식을 적용한 오피스텔의 경우에는 난방구획을 방화구획으로 구획하여야 한다.
③ 가스보일러에 의한 난방설비를 설치하고 가스를 중앙집중공급방식으로 공급하는 오피스텔의 경우에는 난방구획마다 내화구조로 된 벽·바닥과 방화문으로 된 출입문으로 구획하여야 한다.
④ 허가권자는 개별 보일러를 옥외에 설치하는 건축물의 경우 소방청장이 정하여 고시하는 기준에 따라 일산화탄소 경보기를 설치하여야 한다.

해설 허가권자는 개별 보일러를 설치하는 건축물의 경우 소방청장이 정하여 고시하는 기준에 따라 일산화탄소 경보기를 설치하도록 권장할 수 있다.

답 : ④

제1과목 : 건물에너지 관계법규

1. "녹색건축물 조성 지원법"에 따른 녹색건축물 조성의 기본원칙에 해당하는 것을 보기에서 모두 고른 것은?

〈보 기〉

㉠ 온실가스 배출량 감축을 통한 녹색건축물 조성
㉡ 건축물의 안전, 기능, 환경 및 미관 향상
㉢ 기존 건축물에 대한 에너지효율화 추진
㉣ 녹색건축물의 조성에 대한 계층 간, 지역 간 균형성 확보

① ㉠, ㉢
② ㉢, ㉣
③ ㉠, ㉢, ㉣
④ ㉠, ㉡, ㉢, ㉣

해설 녹색건축물 조성기본원칙
1. 기존 건축물 에너지효율
2. 녹색건축물 조성
3. 신·재생에너지 활용
4. 계층간, 지역 간 균형성 확보

답 : ③

2. "녹색건축물 조성 지원법"에 따른 그린리모델링 사업의 범위를 보기에서 모두 고른 것은?

〈보 기〉

㉠ 건축물의 에너지성능 향상 또는 효율 개선 사업
㉡ 그린리모델링을 위한 건축 자재 및 설비 개발 사업
㉢ 그린리모델링 사후관리에 관한 사업
㉣ 그린리모델링 사업 발굴, 기획, 타당성 분석에 관한 사업
㉤ 기존 건축물을 녹색건축물로 전환하는 사업
㉥ 그린리모델링을 통한 에너지절감 예상액의 배분을 기초로 재원을 조달하여 그린리모델링을 하는 사업

① ㉠, ㉣
② ㉠, ㉡, ㉢, ㉣
③ ㉠, ㉢, ㉣, ㉤
④ ㉠, ㉢, ㉣, ㉤, ㉥

해설 그린리모델링 사업범위
1. 건축물의 에너지 성능향상 또는 효율개선 사업
2. 기존 건축물을 녹색건축물로 전환하는 사업
3. 그린리모델링 사업발굴, 기획, 타당성 분석, 설계·시공 및 사후관리 등에 관한 사업
4. 그린리모델링을 통한 에너지절감 예상액을 배분을 기초로 재원을 조달하여 그린리모델링을 하는 사업

답 : ④

3. "녹색건축물 조성 지원법"에 따라 녹색건축물 조성 시범사업이 원활하게 추진될 수 있도록 자문할 수 있는 전문가에 해당되지 않는 자는?

① 법 제23조1항에 따른 녹색건축센터의 장
② 건축물에너지평가사
③ 건축물의 에너지효율등급 및 제로에너지건축물 인증기관의 장
④ "기술사법"에 따른 기술사(건축, 에너지 또는 설비분야)

해설 자문 전문가
1. 녹색건축센터의 장
2. 건축물에너지평가사
3. 건축사
4. 기술사
5. 관련분야 대학·연구기관의 부교수 이상의 직위자

답 : ③

4. "녹색건축물 조성 지원법"에 따라 국토교통부장관이 녹색건축물 조성 시범사업의 실시에 필요한 지원을 결정할 때 고려사항으로 가장 적절하지 않은 것은?

① 안정적이고 효율적이며 환경친화적인 에너지 수급 구조
② 건축물의 온실가스 배출량 감소 정도
③ 실효적인 녹색건축물 조성 기준 개발 가능성
④ 국가 및 지방자치단체의 녹색 건축물 조성 목표 설정 기여도

해설 지원 고려사항
1. 국가 및 지방자치단체의 녹색건축물 조성 목표 설정 기여도
2. 건축물의 온실가스 배출량 감소 정도
3. 실효적인 녹색건축물 조성 기준 개발 가능성

답 : ①

5. "녹색건축물 조성 지원법"에 따라 건축물의 에너지 효율등급 인증제 및 제로에너지건축물 인증제의 운영과 관련하여 국토교통부와 산업통상자원부의 공동부령으로 정하는 사항을 보기에서 모두 고른 것은?

〈보 기〉
㉠ 수수료
㉡ 인증기관 및 운영기관의 지정 기준, 지정 절차 및 업무범위
㉢ 인증받은 건축물에 대한 점검이나 실태조사
㉣ 인증 결과의 표시 방법
㉤ 인증 평가에 대한 건축물에너지평가사의 업무범위

① ㉡, ㉢
② ㉡, ㉢, ㉤
③ ㉠, ㉡, ㉢, ㉣
④ ㉠, ㉡, ㉢, ㉣, ㉤

답 : ④

6. "녹색건축물 조성 지원법 시행규칙"의 별지 서식으로 가장 적절하지 않은 것은?

① 에너지절약계획서
② 에너지절약계획 설계 검토서
③ 건축물 에너지 소비량 보고서
④ 건축물 에너지 평가서

해설 에너지절약계획 설계 검토서는 국토교통부장관이 고시한다.

답 : ②

7. "녹색건축물 조성 지원법"에 따른 건축물에너지평가사에 대한 설명으로 가장 적절하지 않은 것은?

① 건축물에너지효율등급 인증평가 업무를 하려면 전문기관의 장이 실시하는 실무교육을 3개월 이상 받아야 한다.

② "건축물에너지평가사"란 건축물 에너지 효율등급 인증평가 등 건축물의 건축·기계·전기·신재생 분야의 효율적인 에너지 관리를 위한 업무를 하는 사람으로서 제31조에 따라 자격을 취득한 사람을 말한다.

③ 건축물 에너지소비총량평가 업무는 인증기관에 소속되거나 등록된 건축물에너지평가사가 수행하여야 한다.

④ 건축물에너지평가사는 그린리모델링 사업자의 등록기준(인력기준)에 포함된다.

해설 실무교육을 받은 건축물에너지평가사는 건출물에너지 효율등급 및 제로에너지 건축물 인증에 관한 업무 등을 수행한다.

답 : ③

8. "에너지이용 합리화법"에 따라 에너지진단을 받아야 하는 대상으로 가장 적절한 것은?

① "건축법 시행령"에 따른 의료시설 중 병원으로 연간 에너지사용량이 5천 티오이인 사업장

② "전기사업법"에 다른 전기사업자가 설치하는 발전소로 연간 에너지사용량이 20만 티오이인 사업장

③ "건축법 시행령"에 따른 아파트로 연간 에너지 사용량이 1만 티오이인 사업장

④ "산업집적활성화 및 공장설립에 관한 법률"에 따른 지식산업센터로 연간 에너지사용량이 5천 티오이인 사업장

해설 에너지진단제외대상
1. 전기사업자가 설치하는 발전소
2. 아파트
3. 연립주택
4. 다세대주택
5. 판매시설 중 소유자가 2명 이상이며, 공동에너지사용 설비의 연간에너지 사용량이 2,000toe 미만인 사업장
6. 일반업무시설 중 오피스텔
7. 창고
8. 지식산업센터
9. 군사시설
10. 폐기물 처리의 용도만으로 설치하는 폐기물처리시설

답 : ①

9. "에너지이용 합리화법"에 따라 등록된 에너지절약 전문기업에 대한 설명으로 가장 적절하지 않은 것은?

① 전문기업 등록기준에는 장비, 자산 및 기술인력이 포함되어 있다.

② 등록기준 미달로 등록이 취소된 전문기업은 등록 취소일부터 2년이 지나지 아니하면 다시 등록을 할 수 없다.

③ 도시개발사업의 에너지사용계획 수립 대행자가 될 수 있다.

④ 정당한 사유 없이 등록한 후 2년 이상 계속하여 사업 수행실적이 없는 경우에는 등록을 취소할 수 있다.

해설 등록 후 3년 이상 실적이 없는 경우가 해당된다.

답 : ④

10. "에너지이용 합리화법" 및 "공공기관 에너지이용합리화 추진에 관한 규정"에 따른 냉난방온도의 제한온도에 대한 기준으로 가장 적절하지 않은 것은?

① 공공기관의 업무시설은 냉방설비 가동 시 평균 28°C 이상으로 실내온도를 유지하여야 한다.

② "의료법"에 따른 의료기관의 실내구역은 냉난방온도의 제한온도를 적용 하지 않을 수 있다.

③ 민간 판매시설의 경우 냉방온도의 제한온도기준은 26°C 이상이다.

④ 공공기관이 계약전력 5% 이상의 에너지저장장치(ESS)를 설치한 경우에는 탄력적으로 실내온도를 유지할 수 있다.

해설 26°C 이상의 냉방온도를 유지한다.

답 : ①

11. "에너지이용 합리화법"에 따른 에너지다소비사업자에 대한 설명으로 가장 적절하지 않은 것은?

① 산업통상자원부장관은 에너지다소비사업자에게 에너지손실요인의 개선을 명할 수 있다.

② 에너지다소비사업자란 연료·열 및 전력의 연간 사용량의 합계가 2천 티오이 이상인 자를 말한다.

③ 연간 에너지사용량이 20만 티오이 이상인 자는 구역별로 부분진단을 받을 수 있다.

④ 연간 에너지사용량이 1만 티오이 이상인 자는 에너지관리시스템을 설치하여야 한다.

해설 산업통상자원부장관은 에너지다소비사업자(연간 에너지사용량 2,000toe 이상)에게 에너지관리시스템 도입을 권장할 수 있다.

답 : ④

12. 다음 보기 중 "효율관리기자재 운용규정"이 적용되는 효율관리기자재에 해당되는 품목만 고른 것은?

〈보 기〉

㉠ 삼상유도전동기	㉡ 무정전전원장치
㉢ 펌프	㉣ 전기냉방기
㉤ 직화흡수식냉온수기	㉥ 산업·건물용 보일러
㉦ 전기온풍기	㉧ 폐열회수형 환기장치

① ㉠, ㉤, ㉥   ② ㉠, ㉣, ㉦
③ ㉡, ㉢, ㉧   ④ ㉣, ㉥, ㉧

해설 ㉡, ㉢, ㉤, ㉥, ㉧ : 고효율에너지기자재

답 : ②

13. "에너지법"에 따른 에너지열량 환산기준에 대한 설명으로 가장 적절한 것은?

① "석유환산톤"이란 원유 1톤(t)이 갖는 열량으로 106 kcal를 말한다.

② 석탄의 발열량은 건식을 기준으로 한다. 다만, 코크스는 인수식을 기준으로 한다.

③ 전기의 열량 환산기준값은 소비기준이 발전기준보다 크다.

④ 도시가스 단위인 Nm^3은 20°C 1기압(atm) 상태의 부피 단위(m^3)을 말한다.

해설 전기총발열량(MJ) : 소비기준 9.6, 발전기준 8.9

답 : ③

14. "건축법"에 따라 소리를 차단하는데 장애가 되는 부분이 없도록 경계벽을 설치하여야 하는 건축물의 용도 및 기준으로 가장 적절한 것은?

① 다중주택의 실 간 경계벽
② 업무시설의 사무실 간 경계벽
③ 학교의 교실 간 경계벽
④ 도서관의 열람실 간 경계벽

해설 차음구조의 경계벽 설치 대상
1. 공동주택(기숙사 제외) ┐
2. 다가구주택 ┘ 세대간 경계벽
3. 기숙사 침실
4. 의료시설 병실
5. 학교의 교실 등

답 : ③

15. "건축법"에서 건축물의 설계 및 공사감리 시 건축설비 분야별 관계전문기술자의 협력을 받아야 하는 건축물(국토교통부령으로 정하는 에너지를 대량으로 소비하는 건축물)로 가장 적절하지 않은 것은?

① 해당 용도에 사용되는 바닥면적의 합계가 2천 제곱미터인 실내수영장
② 해당 용도에 사용되는 바닥면적의 합계가 2천 제곱미터인 의료시설
③ 해당 용도에 사용되는 바닥면적의 합계가 2천 제곱미터인 기숙사
④ 해당 용도에 사용되는 바닥면적의 합계가 2천 제곱미터인 판매시설

해설 판매시설은 3,000m² 이상인 경우이다.

답 : ④

16. "건축법"에 따른 거실의 채광 및 환기에 대한 기술 중 가장 적절하지 않은 것은?

① 숙박시설의 객실은 각층 바닥면적의 10분의 1 이상의 채광창을 설치하여야 한다.
② 의료시설의 병실은 기계환기장치가 설치되어 있는 경우 환기창을 설치하여야 한다.
③ 기계환기장치 및 중앙관리방식의 공기조화설비가 없는 학교 교실의 경우 바닥면적의 20분의 1 이상의 환기창을 설치하여야 한다.
④ 수시로 개방할 수 있는 미닫이로 구획된 2개의 거실은 이를 1개의 거실로 본다.

해설 기계환기장치와 중앙관리방식의 공기조화설비를 설치한 경우에 예외규정을 적용한다.

답 : ②

17. "건축법"에 따라 국토교통부 장관이 고시하는 "지능형건축물 인증기준"으로 가장 적절하지 않은 것은?

① 인증신청 절차
② 인증기준 및 절차
③ 수수료
④ 인증표시 홍보기준

해설 지능형건축물 인증기준
1. 인증기준 및 절차
2. 인증표시 홍보기준
3. 유효기간(인증일로부터 5년)
4. 수수료
5. 인증등급(5등급제) 및 심사기준

답 : ①

18. "건축법"에 따른 용어 정의로 가장 적절한 것은?

① "지하층"이란 건축물의 바닥이 지표면 아래에 있는 층으로서 바닥에서 지표면까지 최대높이가 해당 층 높이의 2분의 1 이상인 것을 말한다.

② "리모델링"이란 건축물의 노후화를 억제하거나 기능향상을 위하여 대수선하거나 일부를 증축 또는 개축하는 행위를 말한다.

③ "방화구조"란 화재에 견딜 수 있는 성능을 가진 구조로서 국토교통부령으로 정하는 기준에 적합한 구조를 말한다.

④ "난연재료"란 불에 타지 아니하는 성능을 가진 재료로서 국토교통부령으로 정하는 기준에 적합한 재료를 말한다.

해설 ① 최대 높이 → 평균높이
③ 화재에 견디는 성능 → 화염 확산 방지 성능
④ 불에 타지 않는 성능 → 불에 잘 타지 않는 성능

답 : ②

19. "건축물의 설비기준 등에 관한 규칙"에 따라 기계환기 설비를 설치하여야 하는 다음 보기의 다중이용시설 중 필요환기량(㎥/인·h)이 큰 용도 순으로 나열한 것은?

〈보 기〉

㉠ 지하시설 중 지하역사
㉡ 문화 및 집회시설
㉢ 교육연구시설

① ㉢ 〉 ㉠ 〉 ㉡   ② ㉢ 〉 ㉡ 〉 ㉠
③ ㉡ 〉 ㉠ 〉 ㉢   ④ ㉡ 〉 ㉢ 〉 ㉠

해설 필요환기량(㎥/인·h)
㉠ 지하역사: 25 이상
㉡ 문화 및 집회시설: 29 이상
㉢ 교육연구시설: 36 이상

답 : ②

20. "건축물의 설비기준 등에 관한 규칙"에서 온수온돌의 단열층에 대한 설명 중 가장 적절하지 않은 것은?

① 단열재는 내열성 및 내구성이 있어야 하며, 단열층 위의 적재하중 및 고정하중에 버틸 수 있는 강도를 가지거나 그러한 구조로 설치 되어야 한다.

② 온수온돌의 배관층에서 방출되는 열이 바탕층 아래로 손실되는 것을 방지하기 위하여 배관층과 바탕층 사이에 단열재를 설치하는 층을 말한다.

③ 바탕층의 축열을 직접 이용하는 심야전기이용 온돌의 경우에는 단열재를 바탕층 아래에 설치할 수 있다.

④ 최하층 바닥인 경우, 단열층의 열저항은 해당 바닥에 요구되는 열관류 저항의 50% 이상 이어야 한다.

해설 최하층바닥 열관류저항은 70% 이상이다.

답 : ④

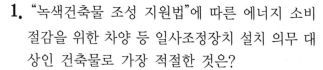

제1과목 : 건물에너지 관계법규

1. "녹색건축물 조성 지원법"에 따른 에너지 소비 절감을 위한 차양 등 일사조정장치 설치 의무 대상인 건축물로 가장 적절한 것은?

① 지방자치단체의 장이 관리하는 연면적 5천제 곱미터 운수시설의 리모델링

② 지방자치단체의 장이 관리하는 연면적 4천제 곱미터 문화 및 집회시설의 건축

③ 공공기관의 장이 관리하는 연면적 3천제곱미터 교육연구시설의 리모델링

④ 공공기관의 장이 관리하는 연면적 2천제곱미터 업무시설의 건축

[해설] 차양 등의 설치 대상
공공기관 등이 소유 · 관리하는 연면적 3000m² 이상의 업무시설 · 교육연구시설의 건축 또는 리모델링

답 : ③

2. 다음은 "녹색건축물 조성 지원법"에 따른 녹색건축물 기본계획을 변경하고자 하는 경우 '대통령령으로 정하는 경미한 사항의 변경'에 대한 설명이다. 빈칸(㉠, ㉡)에 들어갈 내용으로 적절한 것은?

- 녹색건축물 기본계획 중 녹색건축물의 온실가스 감축 및 에너지 절약 목표량 100분의 (㉠) 이내에서 상향하여 정하는 경우
- 녹색건축물 기본계획에 따른 사업 추진에 드는 비용을 100분의 (㉡) 이내에서 증감시키는 경우

① ㉠ 2, ㉡ 5   ② ㉠ 2, ㉡ 10
③ ㉠ 3, ㉡ 5   ④ ㉠ 3, ㉡ 10

[해설] 협의 · 의견청취 및 심의 생략(경미한 변경의 경우)
1. 기본계획 중 녹색건축물의 온실가스 감축 및 에너지 절약 목표량을 100분의 3 이내에서 상향하여 정하는 경우
2. 기본계획에 따른 사업 추진에 드는 비용(사업비)을 100분의 10 이내에서 증감시키는 경우
3. 목표량 설정과 사업비 산정에서 착오 또는 누락된 부분을 정정하는 경우

답 : ④

3. "녹색건축물 조성 지원법"에서 정하는 건축물 에너지 성능정보의 공개 및 활용에 대한 설명으로 가장 적절하지 않은 것은?

① 건축물 에너지 · 온실가스 정보체제가 구축된 지역에 있는 건축물 중 연면적 3천제곱미터 오피스텔은 정보공개대상에 포함된다.

② 건축물 에너지 · 온실가스 정보체제가 구축된 지역에 있는 건축물 중 연면적 2천제곱미터 업무시설은 정보공개대상에 포함된다.

③ 건축물 에너지 · 온실가스 정보체제가 구축된 지역에 있는 건축물 중 전체 세대수가 100세대인 주택단지 내의 공동주택은 정보공개대상에 포함된다.

④ 국토교통부 장관이 지정하는 기관 · 단체가 운영하는 인터넷 홈페이지를 통해 정보공개대상 건축물 에너지 정보를 공개할 수 있다.

해설 업무시설 중 오피스텔은 제외된다.

답 : ①

4. "녹색건축물 조성 지원법"에 따라 녹색건축물의 조성을 활성화하기 위하여 대통령령으로 정하는 기준에 적합한 건축물에 대해 완화할 수 있는 건축법 조항에 해당하는 것을 모두 고른 것은?

〈보 기〉

㉠ 제42조(대지의 조경)

㉡ 제55조(건폐율)

㉢ 제56조(용적율)

㉣ 제60조(건축물의 높이 제한)

㉤ 제61조(일조 등의 확보를 위한 건축물의 높이 제한)

① ㉠, ㉡, ㉢   ② ㉠, ㉢, ㉣

③ ㉡, ㉢, ㉣   ④ ㉢, ㉣, ㉤

해설 건축법에 따른 다음 각 호의 범위 내 완화

① 용적률(건축법 56조)

② 건축물 높이 제한(건축법 60조)

③ 일조 등의 확보를 위한 건축물 높이 제한(건축법 61조)
   ⇒ 기준의 115/100

답 : ④

5. "녹색건축물 조성 지원법"에 따라 국토교통부 장관은 녹색건축물 조성에 필요한 기초자료를 확보하기 위하여 녹색건축물 조성에 관한 실태조사를 실시할 수 있다. 다음 항목 중 실태조사 항목으로 가장 적절하지 않은 것은?

① 에너지 절약 계획서 및 건축물 에너지소비 증명 현황

② 녹색건축물 전문인혁 교육 및 양성 현황

③ 녹색건축물 조성을 위한 녹색기술의 연구개발 및 사업화 현황

④ 녹색건축 인증 운영기관 및 인증기관 현황

해설 녹색건축인증 운영기관 등에 관한 기준은 녹색건축인증에 관한 규칙으로 정한다.

답 : ④

6. "녹색건축물 조성 지원법"에 따른 제로에너지건축물 인증 및 에너지효율등급 인증 표시 의무 대상 건축물로 가장 적절한 것은?

① 공공기관이 관리하는 연면적 1천제곱미터 기숙사 신축

② 교육감이 관리하는 연면적 1천제곱미터 학교 신축

③ 공공주택사업자가 관리하는 30세대 공동주택 리모델링

④ 개인이 소유한 연면적 1천제곱미터 업무시설 신축

해설 ① 기숙사 : 연면적 $3000m^2$ 이상(제로에너지건축물 인증 제외)

② 교육감이 관리하는 연면적 $500m^2$ 이상의 국·공립대학

④ 공공기관 등이 소유·관리하는 건축물

답 : ③

7. "녹색건축물 조성 지원법" 제10조 따라 건축물 에너지·온실가스 정보를 국토교통부장관에게 제출하도록 명시되어 있는 기관으로 가장 적절하지 않은 것은?

① "한국부동산원법"에 따른 한국부동산원

② "한국석유공사법"에 따른 한국석유공사

③ "공동주택관리법" 제8조에 따른 공동주택관리정보시스템의 운영기관

④ "정부출연연구기관 등의 설립·운영 및 육성에 관한 법률" 제8조에 따른 에너지경제연구원

해설 한국부동산원은 정보체계 운영을 위탁 받을 수 있다.

답 : ①

8. "에너지이용 합리화법"에 따라 에너지사용계획을 수립하여 산업통상자원부장관에게 제출하여야 하는 시설이 아닌 것은?

① 공공사업주관자가 설치하려는 연간 2천 티오이의 연료 및 열을 사용하는 시설

② 공공사업주관자가 설치하려는 연간 1천만 킬로와트시의 전력을 사용하는 시설

③ 민간사업주관자가 설치하려는 연간 5천 티오이의 연료 및 열을 사용하는 시설

④ 민간사업주관자가 설치하려는 연간 2천만 킬로와트시의 전력을 사용하는 시설

해설 에너지사용계획의 수립

1. 공공사업주관자
   - 특정개발사업자
   - 연간 2500 toe 이상 연료, 열
   - 연간 1천만KW·h 이상 전력

2. 민간사업주관자
   - 특정개발사업자
   - 연간 5000 toe 이상 연료, 열
   - 연간 2천만KW·h 이상 전력

답 : ①

9. "에너지이용 합리화법"에 따른 에너지이용 합리화에 관한 기본계획에 포함되어야 하는 사항이 아닌 것은?

① 에너지절약형 경제구조로의 전환
② 에너지이용효율의 증대
③ 에너지이용 합리화를 위한 가격예시제(價格豫示制)의 시행에 관한 사항
④ 해당 지역에 대한 에너지 수급의 추이와 전망에 관한 사항

해설 에너지이용합리화 기본계획의 내용
1. 에너지절약형 경제구조로의 전환
2. 에너지이용효율의 증대
3. 에너지이용 합리화를 위한 기술개발
4. 에너지이용 합리화를 위한 홍보 및 교육
5. 에너지원간 대체(代替)
6. 열사용기자재의 안전관리
7. 에너지이용 합리화를 위한 가격예시제(價格豫示制)의 시행에 관한 사항
8. 에너지의 합리적인 이용을 통한 온실가스의 배출을 줄이기 위한 대책

답 : ④

10. "공공기관 에너지이용합리화 추진에 관한 규정"의 다음 설명 중 가장 적절하지 않은 것은?

① 공공기관이 증축·개축 시 신규 설치하는 지하 주차장의 조명기기는 모두 LED 또는 스마트 LED 제품으로 설치하여야 한다.
② 공공기관에서 연면적 500m² 이상의 공공업무시설을 신축할 경우 건축물 에너지효율 1+등급 이상을 의무적으로 취득하여야 한다.
③ 공공기관에서 에너지절약계획서 제출 대상 중 연면적 10,000m² 이상의 공공업무시설을 신축하는 경우 건물에너지관리시스템(BEMS)을 구축·운영하여야 한다.
④ 건축 연면적이 3,000m² 이상인 건축물을 소유한 공공기관은 5년마다 에너지진단 전문기관으로부터 에너지진단을 받아야 한다.

해설 연면적 500m² 이상의 공공기관이 소유·관리하는 특정건축물은 에너지효율등급인증을 받아야 한다.

답 : ②

11. 산업통상자원부장관은 고효율에너지인증대상기자재로 유지할 필요성이 없다고 인정하는 기자재를 기준과 절차에 따라 인증대상 기자재에서 제외할 수 있다. 다음 중 인증대상 기자재 제외기준에 해당하지 않은 것은?

① 해당 기자재를 고효율에너지인증대상기자재로 정한지 10년이 지난 경우
② 해당 기자재에 대한 이용 및 보급이 해당 기자재를 더 이상 고효율에너지인증대상기자재로 인정할 필요성이 없을 만큼 이미 보편화되었을 경우
③ 해당 기자재를 고효율에너지인증대상기자재로 인증한 건수가 최근 3년간 연간 10건 이하인 경우
④ 해당 기자재의 최근 2년간 생산·판매한 실적이 현저히 저조한 경우

해설 해당 기자재의 최근 3년간 생산·판매 실적이 현저히 저조한 경우이다.

답 : ④

12. "에너지이용 합리화법" 및 "에너지법"에 따른 용어 정의로 가장 적절하지 않은 것은?

① "에너지관리시스템"이란 에너지사용을 효율적으로 관리하기 위하여 센서·계측장비, 분석 소프트웨어등을 설치하고 에너지사용현황을 실시간으로 모니터링하여 필요시 에너지사용을 제어할 수 있는 통합관리시스템을 말한다.

② "에너지사용시설"이란 에너지를 생산·전환·수송 또는 저장하기 위하여 설치하는 설비를 말한다.

③ "에너지사용자"란 에너지사용시설의 소유자 또는 관리자를 말한다.

④ "에너지진단"이란 에너지를 사용하거나 공급하는 시설에 대한 에너지이용효율의 개선방안을 제시하는 모든 행위를 말한다.

해설 "에너지사용시설"이란 에너지를 사용하는 공장·사업장 등의 시설이나 에너지를 전환하여 사용하는 시설을 말한다.

답 : ②

13. "에너지법"에 따라 산업통산자원부장관은 통계의 작성·분석·관리 및 에너지 총조사에 관한 업무의 전부 또는 일부를 수행하는 전문성을 갖춘 기관을 지정할 수 있다. 이에 해당하는 기관으로 가장 적절하지 않은 것은?

① "정부출연연구기관 등의 설립·운영 및 육성에 관한 법률"에 따라 설립된 에너지경제연구원

② "에너지이용 합리화법"에 따른 한국에너지공단

③ "에너지이용 합리화법"에 따른 대학부설 에너지 관계 연구소

④ "통계법"에 따른 통계작성지정기관

해설 에너지 총 조사 등의 전문기관
1. 에너지경제연구원
2. 한국에너지공단
3. 공공기관
4. 통계작성지정기관

답 : ③

14. "건축법"에 따라 건축관계자는 방화성능, 품질관리 등과 관련하여 품질인정을 받은 '건축자재등(건축자재와 내화구조)'을 사용하여 시공하여야 한다. 다음 중 품질인정 대상 '건축자재등'으로 가장 적절하지 않은 것은?

① 강판과 불연재료가 아닌 심재로 이루어진 복합자재

② 연기 및 불꽃을 차단할 수 있는 시간이 30분 미만인 방화문

③ 방화와 관련된 내화채움성능이 인정된 구조

④ 방화구획에 사용되는 자동방화셔터

해설 방화문의 품질관리 기준

구분	연기·불꽃 차단시간	열차단시간
1. 60분+방화문	60분 이상	30분 이상
2. 60분 방화문	60분 이상	—
3. 30분 방화문	30분 이상 60분 미만	

답 : ②

15. "건축법"에 따른 용어 정의로 가장 적절하지 않은 것은?

① "지하층"이란 건축물의 바닥이 지표면 아래에 있는 층으로서 바닥에서 지표면까지 평균 높이가 해당 층 높이의 2분의 1 이상인 것을 말한다.

② "거실"이란 건축물 안에서 거주, 집무, 작업, 집회, 오락, 그 밖에 이와 유사한 목적을 위하여 사용되는 방을 말한다.

③ "대수선"이란 건축물의 기둥, 보, 내력벽, 주계단 등의 구조나 외부 형태를 수선·변경하거나 증설하는 것으로서 대통령령으로 정하는 것을 말한다.

④ "리모델링"이란 건축물의 노후화를 억제하거나 기능 향상 등을 위하여 대수선하거나 건축물의 일부를 증축 또는 재축하는 행위를 말한다.

해설 "리모델링"이란 건축물의 노후화를 억제하거나 기능 향상 등을 위하여 대수선하거나 일부를 증축 또는 개축하는 행위를 말한다.

답 : ④

16. "건축법"에 따라 공동주택을 리모델링이 쉬운 구조로 건축허가를 신청할 경우 용적률 등 건축기준을 완화하여 적용할 수 있다. 다음 중 리모델링이 쉬운 구조의 요건으로 가장 적절하지 않은 것은?

① 인접한 세대와 수평 방향으로 통합할 수 있는 구조

② 인접한 세대와 수직 방향으로 통합할 수 있는 구조

③ 구조체에서 실내 붙박이 가구를 분리할 수 있는 구조

④ 개별 세대 안에서 구획된 실의 위치 등을 변경할 수 있는 구조

해설 리모델링이 용이한 구조
• 각 세대는 인접한 세대와 수직 또는 수평방향으로 통합하거나 분할할 수 있을 것
• 구조체에서 건축설비, 내부 마감재료 및 외부 마감재료를 분리할 수 있을 것
• 개별 세대 안에서 구획된 실의 크기, 개수 또는 위치 등을 변경할 수 있을 것

답 : ③

17. 기후 변화나 건축기술의 변화 등에 따라 "건축법"에서 규정하고 있는 건축물의 구조 및 재료 등에 관한 기준이 적정한지를 검토하는 모니터링의 실시 주기로 가장 적절한 것은?

① 1년　　　　② 2년
③ 3년　　　　④ 5년

해설 국토교통부장관은 기후 변화나 건축기술의 변화 등에 따라 건축물의 구조 및 재료 등에 관한 기준이 적정한지를 검토하는 모니터링을 3년마다 실시하여야 한다.

답 : ③

18. "건축법"에 따라 이미 허가를 받았거나 신고한 사항을 변경할 경우 사용승인 신청시 일괄하여 신고가 가능한 사항으로 가장 적절하지 않은 것은?

① 대수선에 해당하는 경우
② 건축물의 동수나 층수를 변경하지 아니하면서 변경되는 부분의 바닥면적의 합계가 85제곱미터 이하인 경우
③ 건축물의 동수나 층수를 변경하지 아니하면서 변경되는 부분의 연면적 합계의 10분의 1 이하인 경우
④ 건축 중인 부분의 위치가 1미터 이내에서 변경되는 경우

[해설] 사용승인 신청시 일괄신고의 범위 (건축법 시행령 12조)

일괄변경 신고대상	조건
1. 변경되는 부분의 바닥면적의 합계가 50m² 이하로서 다음의 요건을 모두 갖춘 경우 ① 변경되는 부분의 높이가 1m 이하이거나 전체높이의 1/10 이하일 것 ② 위치변경 범위가 1m 이내일 것 ③ 신고에 의한 건축물인 경우 변경 후 건축허가 규모가 아닐 것	건축물의 동수나 층수를 변경하지 아니하는 경우에 한함
2. 변경되는 부분이 연면적 합계의 1/10 이하인 경우 (연면적이 5,000m² 이상인 경우 각층 바닥면적이 50m² 이하인 경우로 한다)	
3. 대수선에 해당하는 경우	–
4. 변경되는 부분의 높이가 1m 이하이거나 전체 높이의 1/10 이하인 경우	건축물의 층수를 변경하지 아니하는 경우에 한함
5. 변경되는 부분의 위치가 1m 이하인 경우	–

답 : ②

19. "건축물의 설비기준 등에 관한 규칙"에 따라 30세대의 신축공동주택에 기계환기설비를 설치하는 경우 해당 기준으로 가장 적절하지 않은 것은?

① 세대의 환기량 조절을 위하여 환기설비의 정격풍량을 최소·적정·최대의 3단계 또는 그 이상으로 조절할 수 있는 체계를 갖추어야 한다.
② 환기설비의 정격풍량 조절 단계 중 최소 단계의 필요환기량은 세대를 시간당 0.5회로 환기할 수 있는 풍량을 확보하여야 한다.
③ 모든 세대가 시간당 0.5회의 환기횟수를 만족할 수 있도록 24시간 가동할 수 있어야 한다.
④ 바깥공기를 공급하는 송풍기가 있는 환기체계의 경우 공기여과기는 한국산업표준(KS B 6141)에 따른 입자 포집률이 계수법으로 측정하여 60퍼센트 이상이 되어야 한다.

[해설] 적정단계의 필요환기량을 기준으로 한다.

답 : ②

20. "건축법" 및 "건축물의 설비기준 등에 관한 규칙"에 따라 에너지를 대량으로 소비하는 건축물에 건축설비를 설치하는 경우 관계전문기술자의 협력을 받아야 하는 건축물로 가장 적절한 것은?

① 500세대 아파트
② 바닥면적 합계가 2천제곱미터인 연구소
③ 바닥면적 합계가 5천제곱미터인 장례식장
④ 바닥면적 합계가 5천제곱미터인 종교시설

[해설] 관계전문기술자 협력대상 (공동주택의 경우)
1. 아파트·연립주택 : 규모제한 없음
2. 기숙사: 용도바닥면적 합계 2,000m² 이상

답 : ①

건축물에너지평가사

❶ 건 물 에 너 지 관 계 법 규

定價 30,000원

저 자 건축물에너지평가사
수험연구회

발행인 이 종 권

2013年 7月 29日 초 판 발 행
2014年 6月 10日 1차개정1쇄 발행
2015年 1月 5日 2차개정1쇄 발행
2015年 3月 9日 2차개정2쇄 발행
2016年 3月 14日 3차개정1쇄 발행
2017年 3月 2日 4차개정1쇄 발행
2018年 2月 6日 5차개정1쇄 발행
2019年 3月 13日 6차개정1쇄 발행
2020年 3月 11日 7차개정1쇄 발행
2021年 3月 10日 8차개정1쇄 발행
2023年 1月 10日 9차개정1쇄 발행
2024年 3月 13日 10차개정1쇄 발행

發行處 (주)한솔아카데미

(우)06775 서울시 서초구 마방로10길 25 트윈타워 A동 2002호
TEL : (02)575-6144/5   FAX : (02)529-1130
〈1998. 2. 19 登錄 第16-1608號〉

※ 본 교재의 내용 중에서 오타, 오류 등은 발견되는 대로 한솔아
카데미 인터넷 홈페이지를 통해 공지하여 드리며 보다 완벽한
교재를 위해 끊임없이 최선의 노력을 다하겠습니다.

※ 파본은 구입하신 서점에서 교환해 드립니다.

www.inup.co.kr / www.bestbook.co.kr

ISBN 979-11-6654-505-4 13540